KB192573

자동차정비산업기사

필기

교재 외의 도움이 될만한 자료는 에듀웨이 카페에서 확인하세요!

1. 아래 기입란에 카페 가입 닉네임을 볼펜(또는 유성 네임펜)으로 기입합니다. (연필 기입 안됨)

2. 아래 기입란을 스마트폰으로 촬영한 후 에듀웨이출판사 카페 (eduway.net)에 가입 및 도서인증을 합니다.

3. 카페 매니저가 등업처리하면 카페 메뉴 하단에 위치한 [자료실 – 자동차정비산업기사] 에서 확인할 수 있습니다.

에듀웨이출판사 카페 닉네임 기입란

EDUWAY

Preface

12.85 | 14.41 | 17.18 | 28.3 | 30.0

위 수치는 2022년 (3회), 2023년, 2024년 자동차정비산업기사 필기시험 합격률(%)입니다. 출제기준이 변경된 후 합격률은 점차 높아지는 추세이지만 출제과목 및 출제유형 변경, NCS 학습모듈 적용에 따라 2021년 이전과 크게 달라지면서 기출로만으로는 합격이 어려워졌습니다. 그만큼 출제의도와 출제유형을 파악하기 어렵습니다.

새로운 출제과목의 변경과 출제기준 변경

그동안 많은 수험생을 괴롭혀 온 '일반기계공학' 과목이 삭제되고 친환경자동차(하이브리드 자동차, 전기자동차, 수소연료전지차)가 신설되었으며, 자동차전기·전자 과목에서 자동차 네트워크, 주행안전장치, 편의장치 과목 또한 신설되었습니다. 신설 과목의 기출이 거의 없으며, 출제기준이 가늠하기 어려우므로 출제유형을 파악하기 어렵습니다. 이에 신설과목에서 합격의 당락이 크게 좌우될 것입니다. 또한, NCS(국가직무능력표준) 학습모듈을 일부 반영하여 출제됩니다.

2021년 시험부터 CBT(Computer Base Test)로 변경되면서 기출을 문제와 보기 변경없이 그대로 반영하기 시작했습니다. CBT의 특징은 장기간 축적된 기출 중 공단 측에서 출제난이도, 출제기준 적합성, 유형별 등을 선택하여 출제됩니다. CBT 시험은 기존의 1회분 시험에 대해 일시에 치르는 방식이 아닌 약 10일에 걸쳐 나누어 시험이 치르

> 새로운 출제기준을 반영하여
> 기존 내용을 재정리하였으며,
> 출제유형을 파악할 수 있도록 하였습니다.

기 때문에 수험자마다 문제가 다르며, 출제 범위와 문제 난이도 또한 달라질 수 있습니다. 그래서 동일한 학습을 해도 어떤 수험자는 합격할 수도 있고, 어떤 수험자는 탈락할 수 있습니다.

또한 반드시 기출 반영에만 충실하지 않습니다. 전체 기출반영도는 평균 50% 정도밖에 되지 않습니다. (기출의 경우 연도 관계없이 다양하게 출제됩니다) 즉, 기출만 충실히 공부한다고 합격할 수 없다는 의미입니다.

집필 방향에 대하여...

이 책은 2022년~2023년 출제유형을 적극 검토하여 NCS 학습모듈 반영을 토대로, 위에 언급한 과목들에 대해 좀더 내용을 보강하였으며, 예상문제의 경우 10년 이상의 기출을 각 섹션별로 분류하여 수록하였습니다.

이 책은 60~70점까지만 목표로 합니다

새로운 과목에 대한 학습 : NCS 학습모듈 내용에 맞춰 이론 및 관련 내용을 참고하여 어느 정도 학습에 도움이 되도록 하였습니다. 출제위원이 아닌 이상 '이 책에서 반드시 나온다'라고 말할 수 없으나 최대한 수록하려고 했습니다. NCS 학습모듈을 반영하였기에 각 장치별 기본 특징 및 역할, 작동원리 외에도 고장진단, 정비 시 주의사항, 각종 측정값, 관련 정비 과정 등 전반적으로 학습하시기 바랍니다. 새로운 과목은 최근 신기술을 바탕으로 하므로 내용정립이 확실하지 않아 다소 혼란을 줄 수 있는 문제들도 간혹 출제됩니다.

당부드릴 말씀은 이 책에 수록된 내용 안에서 모두 출제되지 않습니다. 그동안 필기시험의 합격률이 낮은 원인 중 하나가 기출 반영도가 높지 않고 매번 특정 과목에 예상하지 못한 범위의 신규문제가 다수 출제되어 과락을 유도시키기 때문에 정확한 출제범위 및 출제유형을 파악하기 어렵습니다. 다만 기출이라도 완벽히 숙지하고 신규 과목의 기초 이론을 어느 정도 정립한다면 과락은 피할 수 있습니다.

또한, 공단측에서 제시한 출제기준 이외의 부분에서도 출제되므로 전반적인 학습이 필요합니다. NCS 학습모듈을 기반으로 학습하되, 관련 자료 및 서적들을 적극 참조하기 바랍니다.

카페에 방문하여 시험후기를 검토하기 바랍니다

마지막으로 이 책을 구입하신 독자님들에게 합격에 도움되길 바라며, 이 책이 나오기까지 도움을 주신 자동차전문 관계자 및 ㈜에듀웨이 임직원, 편집 전문위원, 디자인 실장님에게 지면을 빌어 감사드립니다. **집필 과정 중 인지하지 못했거나 정보부족, 편집오류, 문장해석 오류, 내용상 오류가 있을 수 있으니** 에듀웨이 카페를 통해 알려주시면 빠른 시일 내에 피드백을 드리겠습니다. 또한 이 책에 대한 **정오내용이 있을 시 카페에 올릴 예정이니 질문하기 전에 먼저 정오표 체크** 부탁드립니다.(카페 메뉴 > 정오표) 감사합니다.

㈜에듀웨이 R&D연구소(자동차부문) 드림

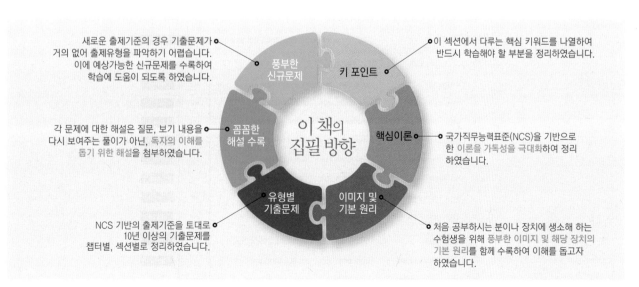

새로운 출제기준의 경우 기출문제가 거의 없어 출제유형을 파악하기 어렵습니다. 이에 예상가능한 신규문제를 수록하여 학습에 도움이 되도록 하였습니다.

이 섹션에서 다루는 핵심 키워드를 나열하여 반드시 학습해야 할 부분을 정리하였습니다.

각 문제에 대한 해설은 질문, 보기 내용을 다시 보여주는 풀이가 아닌, 독자의 이해를 돕기 위한 해설을 첨부하였습니다.

국가직무능력표준(NCS)을 기반으로 한 이론을 가독성을 극대화하여 정리하였습니다.

NCS 기반의 출제기준을 토대로 10년 이상의 기출문제를 챕터별, 섹션별로 정리하였습니다.

처음 공부하시는 분이나 장치에 생소해 하는 수험생을 위해 풍부한 이미지 및 해당 장치의 기본 원리를 함께 수록하여 이해를 돕고자 하였습니다.

이 책의 집필 방향 : 풍부한 신규문제 / 키 포인트 / 핵심이론 / 이미지 및 기본 원리 / 유형별 기출문제 / 꼼꼼한 해설 수록 여러가지 공부방법이 있지만 학습효율을 위해 먼저 기출문제(예상문제)를 먼저 확인하면서 이론을 정립해 가기 바랍니다. (단, 문제는 이론정립에 도움되는 정도로만 활용하기 바랍니다)

기능사 시험과 달리 산업기사 시험은 기출만으로 시험준비가 될 수 없습니다. 반드시 해당 기출에 관한 전반적인 이론정립이 필요합니다.

이에 문제를 풀 때 단순히 답을 암기하는 것은 매우 어리석은 방법입니다. 다른 선지도 함께 학습하기 권장합니다.

출제기준이 바뀌면서 기출의 재출제율이 높아지는 과목도 있으나 과목당 4~5문제는 NCS 학습모듈을 포함한 신규문제가 꾸준히 출제됩니다. 이에 필요에 따라 NCS 학습모듈을 가급적 학습하셔야 합니다. 특히, 기관·섀시 과목에서도 기출된 적이 없던 범위에서 출제되기도 합니다.

본 교재에서는 지면할애상 NCS 내용이 다소 방대하여 전부 수록하지 못했습니다. 이에 카페의 자료실이나 **www.ncs.go.kr**에 방문하여 자료를 다운받으실 수 있습니다. (학습모듈 자료는 최신버전으로 업데이트될 수 있으니 체크하시기 바랍니다) 또한, 자동차 관련 법규에서도 약 3~5문제는 출제되므로 꼼꼼하게 학습하셔야 합니다.

[페이지 하단 화면] NCS 및 학습모듈 검색 – [15.기계] 클릭

[06. 자동차]–[03.자동차정비] 클릭

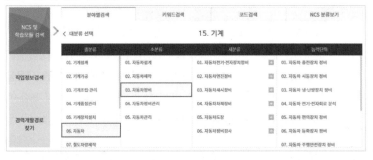

각 학습모듈명에 따른 첨부파일 다운로드

NCS학습모듈

❀ 학습모듈 관련 문의(한국직업능력연구원): 044-415-3926   저작재산권 관련 고지

순번	학습모듈명	분류번호	능력단위명	첨부파일	이전 학습모듈
1	자동차 충전장치정비	LM1506030101_20v4	자동차 충전장치 정비	PDF	이력보기
2	자동차 시동장치정비	LM1506030102_20v4	자동차 시동장치 정비	PDF	이력보기
3	자동차 냉·난방장치정비	LM1506030103_20v4	자동차 냉·난방장치 정비	PDF	이력보기
4	자동차 전가·전자회로분석	LM1506030104_20v4	자동차 전가·전자회로 분석	PDF	이력보기
5	자동차 편의장치정비	LM1506030105_20v4	자동차 편의장치 정비	PDF	이력보기
6	자동차 등화장치정비	LM1506030106_20v4	자동차 등화장치 정비	PDF	이력보기
7	자동차 주행안전장치정비	LM1506030107_20v4	자동차 주행안전장치 정비	PDF	이력보기
8	자동차 네트워크통신장치정비	LM1506030108_20v4	자동차 네트워크통신장치 정비	PDF	이력보기
9	하이브리드자동차 특화시스템정비	LM1506030109_20v4	하이브리드자동차 특화시스템 정비	PDF	이력보기
10	전기자동차 특화시스템정비	LM1506030117_20v3	전기자동차 특화시스템 정비	PDF	이력보기
11	자동차 고전압전기장치 정비	LM1506030118_20v1	자동차 고전압전기장치 정비	PDF	

자동차정비산업기사 필기 출제비율

전체 80문항으로 각 과목별 20문항씩 출제되며, 전체적으로 예상문항 수는 다음과 같습니다.
(단, 개인별·횟차별로 차이가 있을 수 있습니다.)

제1장 25%

자동차
엔진

제2장 25%

자동차
섀시

제3장 25%

자동차
전기 · 전자

제4장 25%

친환경자동차

과목	항목	예상 출제문항수	학습목표
【제1장】 자동차 엔진 (20문항)	1. 엔진 성능(단위, 마력 등)	1~3	
	2. 엔진 본체	2~3	
	3. 가솔린 전자제어장치	2~3	
	4. 디젤 일반, 디젤전자제어장치	4~5	
	5. LPG, LPI, CNG 기관	0~1	
	6. 과급장치	1~2	
	7. 배출가스장치	1~3	
	8. 관련 법규	2~3	
【제2장】 자동차 섀시 (20문항)	1. 자동변속기, DCT, VGT	3~4	
	2. 현가장치	3~5	
	3. 조향장치 및 휠 얼라이먼트	4~5	
	4. 제동장치	4~5	
	5. 관련 법규	0~1	
【제3장】 자동차 전기·전자 (20문항)	1. 전기·전자 회로분석	2~3	
	2. 네트워크 통신장치	4~5	
	3. 편의장치	1~2	
	5. 냉·난방장치	1~2	
	6. 발전기 및 전동기	2~3	
	7. 점화장치	1	
	8. 주행안전장치	4~5	
	9. 관련 법규	1~2	
【제4장】 친환경 자동차 (20문항)	1. 하이브리드 고전압장치	7~9	
	2. 전기자동차	5~7	
	3. 수소연료전지자동차	4~5	
	4. 관련 법규	2~3	

출제
Examination Question's Standard
기준표

- 시 행 처 | 한국산업인력공단
- 자격종목 | 자동차정비산업기사
- 필기검정방법 | 객관식 (4 과목 – 과목별 20문항, 총 80문항)
- 필기과목 | 자동차 엔진 정비, 자동차 섀시 정비, 자동차 전기·전자 정비, 친환경 자동차 정비
- 시험시간 | 2시간 (과목별 시험시간을 구분하지 않음)
- 합격기준 | 100점을 만점으로 하여 과목당 40점 이상(8개 이상),
  전과목 평균 60점 이상(48개 이상)

주요항목	세부항목	세세항목
1과목 : 자동차 엔진 정비 (20문항)		
1 엔진 본체 정비	1. 엔진본체 점검 · 진단	고장원인 파악 / 구조 · 장치 파악 / 진단장비 활용 고장요소 점검 / 엔진 종류별 규정값 점검 / 진단장비 및 측정기 / 산업안전 관련 규정
	2. 엔진본체 관련 부품 조정	진단장비 활용 규정값 조정
	3. 엔진본체 수리	수리 가능여부 확인 / 장치 규정값 확인 / 수리 후 정상 작동상태 확인
	4. 엔진본체 관련부품 교환	엔진 종류별 관련부품 교환 / 실린더헤드 등 단위부품 교환 / 토크렌치 및 각도법 등 조임 방법 / 교환 작업절차
	5. 엔진본체 검사	작동상태 검사 / 성능 검사 / 엔진종류별 규정값 검사
2 가솔린 전자제어 장치 정비	1. 가솔린 전자제어장치 점검 · 진단	점검 · 진단 절차 / 전자제어장치 이해
	2. 가솔린 전자제어장치 조정	진단장비 및 규정값 범위조정
	3. 가솔린 전자제어장치 수리 · 교환	단품센서 이해 / 전기흐름 파악 / 입 · 출력 데이터 비교분석 / 부품 위치 파악 / 진단장비 활용 부품 판독 / 부품 교환 절차
	4. 가솔린 전자제어장치 검사	관련 단품 검사 / 성능상태 검사 / 센서의 파형분석 기술
3 디젤 전자제어 장치 정비	1. 디젤 전자제어장치 점검 · 진단	고장원인 파악 / 관련부품 · 배선 점검 및 판독 / 작동상태 파악 / 진단장비 / 자동차 관련 법규
	2. 디젤 전자제어장치 조정	관련 부품 조정장비 선택 / 디젤 차종별 이상부품 기준값 조정
	3. 디젤 전자제어장치 수리 · 교환	관련 회로도 분석 / 진단장비 활용 / 분해 · 조립 절차 / 이상부품 교환
	4. 디젤 전자제어장치 검사	분사펌프 분사시기 측정과 조정 / 단품 검사 / 성능 검사 / 작업 후 결과 검사 / 배출가스 측정
4 과급장치 정비	1. 과급장치 점검 · 진단	장치 이해 / 작동상태 파악 / 장치 점검 / 고장원인 파악
	2. 과급장치 조정	조정부품 규정값 확인 및 조정
	3. 과급장치 수리 · 교환 · 검사	수리가능여부 판단 / 관련 장비 활용 과급장치 수리 / 교환절차 / 진단장비 활용 검사 / 과급장치 검사절차

주요항목	세부항목	세세항목
4 배출가스장치 정비	1. 배출가스장치 점검 · 진단	대기환경보전법 / 배출가스 생성원리 / 진단장비 사용 및 고장원인 분석 / 배출가스 후처리 장치
	2. 배출가스장치 조정	배출가스 저감장치 / 배출가스 규정값 확인 및 조정
	3. 배출가스장치 수리 · 교환	분석 및 수리 / 교환 · 수리가능여부 판단 / 이상부품 수리 / 배출가스 장비 활용 이상부품 교환
	4. 배출가스장치 검사	검사 및 고장요소 분석 / 작업 후 작동 상태 · 성능 검사
2과목 : 자동차 섀시 정비 (20문항)		
1 자동변속기 정비	1. 자동변속기 점검 · 진단	작동상태 확인 / 고장원인 파악 / 오일상태와 유압 확인 / 구조 및 작동원리
	2. 자동변속기 조정	조정부품 규정값 조정 / 관련 장비 사용
	3. 자동변속기 수리 · 교환	수리 가능여부 판단 / 이상부품 수리 / 수리 안전작업 / 진단장비 활용 이상부품 확인 / 공구사용 방법 / 구성부품 위치 / 탈부착 순서
	4. 자동변속기 검사	진단장비 활용 자동변속기 검사 / 작업 후 검사 / 구성부품 역할과 작동원리
2 유압식 현가장치 정비	1. 유압식 현가장치 점검 · 진단	점검 및 진단방법 / 세부점검목록 / 고장원인 파악
	2. 유압식 현가장치 교환 · 검사	진단장비 활용 이상부품 확인 / 작동원리 및 교환절차 / 작동상태 검사 / 성능검사 및 작업 후 검사
3 전자제어 현가장치 정비	1. 전자제어 현가장치 점검 · 진단	원리 / 작동상태 확인 / 점검 / 고장원인 파악
	2. 전자제어 현가장치 조정	조정부품 규정값 확인 및 조정 / 조정 후 측정 및 진단장비 사용
	3. 전자제어 현가장치 수리 · 교환	구성 회로도 분석 및 수리 / 이상부품 교환
	4. 전자제어 현가장치 검사	작업 후 성능검사
4 전자제어 조향장치 정비	1. 전자제어 조향장치 점검 · 진단	장치의 구조 / 작동상태 확인 / 점검 / 고장원인 파악
	2. 전자제어 조향장치 조정	부품 규정값 확인 및 조정 / 조정 후 진단장비 활용
	3. 전자제어 조향장치 수리 · 교환	구성 회로도 분석 및 수리 / 교환 · 수리가능 여부 판단 / 수리부품 확인 / 이상부품 교환 /
	4. 전자제어 조향장치 검사	측정 진단장비 활용 조향장치 검사 / 작업 후 성능검사 / 휠 얼라인먼트
5 전자제어 제동장치 정비	1. 전자제어 제동장치 점검 · 진단	작동원리 / 고장 시 차량 이상 현상 / 전자제어 제동장치 점검 / 진단절차 / 제동장치 검차장비(제동력 테스터기)
	2. 전자제어 제동장치 조정	조정내용 파악 / 조정부품 규정값 확인 및 조정 / 조정부품 관련 장비
	3. 전자제어 제동장치 수리 · 교환	구성 회로도 분석 및 수리 / 교환 · 수리가능 여부 판단 및 수리부품 확인 부품별 교환 방법
	4. 전자제어 제동장치 검사	작업 후 진단 장비 활용 전자제어 · 공압식 제동장치 작동 상태 검사

주요항목	세부항목	세세항목
	**3과목 : 자동차 전기 · 전자 정비 (20문항)**	
1 전기 · 전자회로 분석	1. 전기 · 전자회로 점검 · 진단	전기 · 전자 특성 / 전기 · 전자 회로도 파악 및 상태 점검 / 진단장비 활용 고장원인 분석
	2. 전기 · 전자회로 수리	회로 수리 안전사항 / 장비 활용 회로 수리
	3. 전기 · 전자회로 교환 · 검사	이상부품 교환 / 수리 후 작동상태 및 성능 검사
2 네트워크 통신장치 정비	1. 네트워크통신장치 점검 · 진단	차량 네트워크 기초 지식 / 통신별 장치 · 네트워크 특성 · 작동상태 파악 / 점검 · 진단 / 진단장비 활용 고장원인 분석 및 파악
	2. 네트워크통신장치 수리	네트워크 회로도 판독 / 배선 결선작업
	3. 네트워크통신장치 교환	이상부품 교환
	4. 네트워크통신장치 검사	제어 알고리즘 이해 / 진단장비 활용 장치 검사
3 주행안전장치 정비	1. 주행안전장치 점검 · 진단	구조 및 작동원리 / 관련부품 이해 및 진단장비 선택 / 고장코드 / 진단데이터 판단
	2. 주행안전장치 수리	회로도 분석 / 수리 후 정상 작동상태 확인
	3. 주행안전장치 교환	작업 후 영점보정 / 진단장비 활용 규정값 조정 / 모듈 인식(코딩) 작업
	4. 주행안전장치 검사	진단장비 사용 안전장치 검사 / 작업 후 안전장치 성능검사 / 모듈 인식(코딩) 검사 / 관련 법규
4 냉 · 난방장치 정비	1. 냉 · 난방장치 점검 · 진단	이상유무 판단 / 냉방 사이클 / 제어장치
	2. 냉 · 난방장치 수리	회로도 판독
	3. 냉 · 난방장치 교환 · 검사	이상부품 교환 / 작동상태 및 성능 검사
5 편의장치 정비	1. 편의장치 점검 · 진단	고장유무 판단 / 회로도 판독 / 모듈 인식
	2. 편의장치 조정	편의장치 선택 / 편의장치 규정값 조정
	3. 편의장치 수리	편의장치 이해 / 점검 / 분석 / 통신네트워크 장치 이해
	4. 편의장치 교환 · 검사	입 · 출력신호 / 단품 상태 확인 / 성능 검사 / 측정 · 진단장비 활용 / 자동차 규칙

주요항목	세부항목	세세항목
4과목 : 친환경 자동차 정비 (20문항)		
1 하이브리드 고전압 장치 정비	1. 하이브리드 전기장치 점검 · 진단	정비 시 위험성 인지 및 안전장비 착용 / 작동상태 파악 / 진단장비 활용 고장원인 파악 / 고전압 배터리 장치 및 BMS / HEV 공조 장치 제어 / HEV 모터 장치
	2. 하이브리드 전기장치 수리 · 교환	차량 수리 안전수칙 / 전기회로도 활용 장치 분석 / 분해 조립 및 보정 / 특수공구 / 이상부품 수리 / 부품교환 절차 / 이상부품 교환
	3. 하이브리드 고전압 장치 정비	작업 후 작동 상태 · 성능 검사 / 단품별 검사 / 배선간 검사
2 전기자동차 정비	1. 전기자동차 고전압 배터리 정비	고전압 위험성 인지 및 안전장비 / 고전압 차단 / 고전압 배터리 구성부품 / 고전압 배터리 작동원리 / 진단장비 활용 고전압 배터리 구성부품 검사 / 고전압 배터리 이상부품 교환 / 고전압 배터리 충전장치(급속 · 완속)
	2. 전기자동차 전력통합제어장치 정비	구성 부품 종류 / 작동원리 / 구성부품 진단 / 이상부품 교환 / 회로도 분석 및 점검
	3. 전기자동차 구동장치 정비	구성 부품 종류 / 작동원리 / 구성부품 진단 / 이상부품 교환 / 수리 후 작동상태 및 성능검사
	4. 전기자동차 편의 · 안전장치 정비	구성 부품 종류 / 작동원리 / 구성부품 진단 / 이상부품 교환 / 수리 후 작동상태 및 성능검사
3 수소연료전지차 정비 및 그 밖의 친환경 자동차	1. 수소 공급장치 정비	작동원리 / 수소 고압용기의 누설 상태점검 / 수소 공급 감압장치 점검 / 수소 감압라인 이상 부품 점검 / 수소 감압라인 이상 부품 교환
	2. 수소 구동장치 정비	스택 전기 생성의 작동 원리 / 전력 생성 및 고전압 발생 경로 / 전력 변환 및 구동장치 점검 / 전력 변환 및 구동장치 이상 부품 교환
	3. 그 밖의 친환경자동차	바이오 디젤 / 석탄액화가스, 수소 및 지열에너지 / 재생에너지, 바이오매스, 태양에너지

※ 공단측에서 제시하는 출제기준(범위)과 실제 출제문제와는 다소 차이가 있을 수 있습니다.

국가직무능력표준(NCS)를 기반으로 시험과목, 출제기준 등을 직무 중심으로 개편하여 시행합니다.

필기응시절차
Accept Application - Objective Test Process

말풍선: 원서접수기간, 필기시험일 등 큐넷 홈페이지에서 해당 종목의 시험일정을 확인합니다.

01 시험일정 확인

기사·산업기사 검정 시행일정은 큐넷 홈페이지를 참조하거나 에듀웨이 카페에 공지합니다.

※ 자동차정비산업기사 필기시험은 현재 1년에 3회 실시합니다.

02 원서접수

① 큐넷 홈페이지(q-net.or.kr)에서 상단 오른쪽에 로그인 을 클릭합니다.

② '로그인 대화상자가 나타나면 아이디/비밀번호를 입력합니다.

※ 회원가입 : 만약 q-net에 가입되지 않았으면 회원가입을 합니다.
(이때 반명함판 크기의 사진(200kB 미만)을 반드시 등록합니다.)

③ 원서접수를 클릭하면 [자격선택] 창이 나타납니다. 접수하기 를 클릭합니다.

※ 원서접수기간이 아닌 기간에 원서접수를 하면
현재 접수중인 시험이 없습니다. 이라고 나타납니다.

④ [종목선택] 창이 나타나면 응시종목을 [자동차정비산업기사]로 선택하고 [다음] 버튼을 클릭합니다. 간단한 설문 창이 나타나고 다음을 클릭하면 [응시유형] 창에서 [장애여부]를 선택하고 [다음] 버튼을 클릭합니다.

말풍선: 원서접수는 모바일(큐넷 전용 앱 설치) 또는 PC에서 접수하시기 바랍니다. (빠른 접수를 하려면 모바일을 이용하세요)

필기 시험은 1년에 3번 볼 수 있어요. 그리고 필기 합격자 발표날짜를 기준으로 2년 동안 필기시험이 면제됩니다.

5 [장소선택] 창에서 원하는 지역, 시/군구/구를 선택하고 조회 🔍 를 클릭합니다. 그리고 시험일자, 입실시간, 시험장소, 그리고 접수가능인원을 확인한 후 선택 을 클릭합니다. 결제하기 전에 마지막으로 다시 한 번 종목, 시험일자, 입실시간, 시험장소를 꼼꼼히 확인한 후 접수하기 를 클릭합니다.

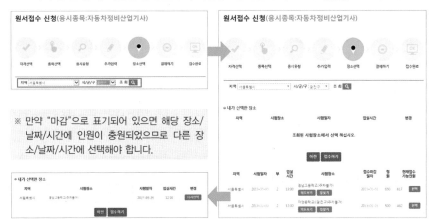

※ 만약 "마감"으로 표기되어 있으면 해당 장소/날짜/시간에 인원이 충원되었으므로 다른 장소/날짜/시간에 선택해야 합니다.

마지막 수험표 확인은 필수! – 반드시 출력할 필요는 없어요.

6 [결제하기] 창에서 검정수수료를 확인한 후 원하는 결제수단을 선택하고 결제를 진행합니다.
(필기 : 19,400원 / 실기 : 58,200원)

03
필기시험
응시

필기시험 당일 유의사항

1 필수 준비물 : 규정 신분증
기타 선택 : 필기도구, 공학용계산기, 수험표, 시각표시 기능만 있는 시계

2 규정 신분증 미지참 시 시험에 응시할 수 없음

3 CBT(모니터 화면에서 문제를 보고, 마우스로 정답을 체크)

4 공학용 계산기의 경우 공단 지정기기 외의 계산기는 사용할 수 없으며, 시험 당일 공학용 계산기 지참 시 감독관의 지시에 따라 리셋 후 사용 가능 (공단이 지정한 공학용 계산기 기종은 옆 QR코드를 참조할 것)

[공학용 계산기 기종]

04
합격자 발표 및
실기시험 접수

• 합격자 발표 : 해당 횟차의 합격자 발표일에 큐넷의 '마이페이지'에서 '합격자발표 조회하기'에서 조회 가능
• 실기시험 접수 : 필기시험 합격자에 한하며, 응시자격서류가 만족할 경우 실기시험 접수기간에 Q-net 홈페이지에서 접수

[응시자격 및 서류]

※ 기타 사항은 큐넷 홈페이지(www.q-net.or.kr)를 방문하거나 또는 전화 1644-8000에 문의하시기 바랍니다.

이 책의 구성과 특징

Main Key Point

직렬방식, 병렬방식(FMED/TMED), HEV
HPCU, 인버터, LDC, AAF, AHB, 오토스

키 포인트
2022년 1회 시험을 토대로 출제문항수를 수록하였으며, 시험을 토대로 간단한 학습팁을 설명했습니다.

반드시 알아둘 사항은 형광펜으로 표시

핵심이론요약
직무 중심의 NCS의 내용을 분석하여
단문형 노트 형태로 정리하여 가독성을 높였습니다.

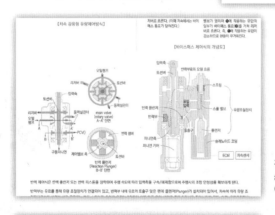

장치의 기본 원리 정리
해당 장치의 원리 또는 작동순서를 정리하여
이론 정립에 도움이 되도록 하였습니다.

기출이 없는 부분도
예상문제를 수록하여
시험준비에 도움이
되도록 하였습니다.

1300여 개의 기출문제 및 신규 예상문제
새 출제기준에 맞는 기출을 챕터별, 섹션별로 선별하여 수록하였으며, 출제기준 중 기출에 없는 새로운 영역에 대한 출제예상문제도 함께 수록하여 대략적인 출제유형을 파악할 수 있도록 하였습니다.
또한, 문제 상단에 해당 출제 [연도-횟차]를 표기했으며, 저자가 직접 만든 문제는 [참고]로 표기했습니다.

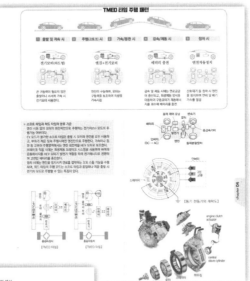

이해하기 어려운
장치는 삽화를
참고하시면
보다 쉬워질꺼예요

이론과 관련된 풍부한 그림 자료
장치의 작동 원리나 구조 등 이해가 필요한 부분은
최대한 쉽게 접근할 수 있도록 이미지를 수록하였으
며, NCS 교재의 이미지 중 이해가 어렵거나 가독성이
떨어지는 이미지도 보다 쉽게 표현하여 본문 이해를
돕도록 하였습니다.

전체 흐름의 이해를 돕는 다이어그램 및 정리

부가 설명 및 각종 학습장치
초보자를 위해 생소하고 어렵게 느껴지는 용어는 부가 설명을 첨
부하여 빠른 이해를 돕고자 하였으며 내용 정리에 도움이 될만한
장치의 분류, 다이어그램, 주요 비교 등도 수록하였습니다.

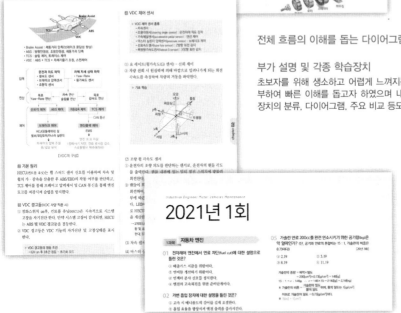

2018~2021년 기출문제 및 상세한 해설
지문과 보기가 유사한 문제가 나올 경우를 대비하여 문
제와 관련된 전반적인 내용을 함께 수록하여 문제의 요
점을 파악하는데 도움이 되고자 하였습니다.

NCS 출제기준에
맞게 선별한
최근 CBT 문제 및
기출을 통해 출제경향을
체크하세요.

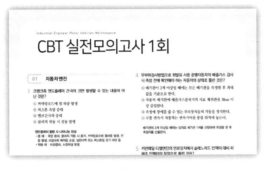

CBT 실전모의고사
2022~2024년 출제기준을 분석한 모의고사 수록

Contents

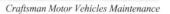

CBT 수검요령
computer-based testing

수시로 현재 [안 푼 문제 수]와 [남은 시간]를 확인하여 시간 분배합니다. 또한 답안 제출 전에 [수험번호], [수험자명], [안 푼 문제 수]를 다시 한번 더 확인합니다.

글자 크기 및 화면 배치 조정
시험을 보기 편한 글자 크기로 변경할 수 있으며, 한 화면에 문제 배열 방식을 2문제/2단/1문제로 조정할 수 있습니다.

정답 체크
문제의 번호에 정답을 클릭하거나 [답안 표기란]의 각 문제 번호에 정답을 클릭합니다.

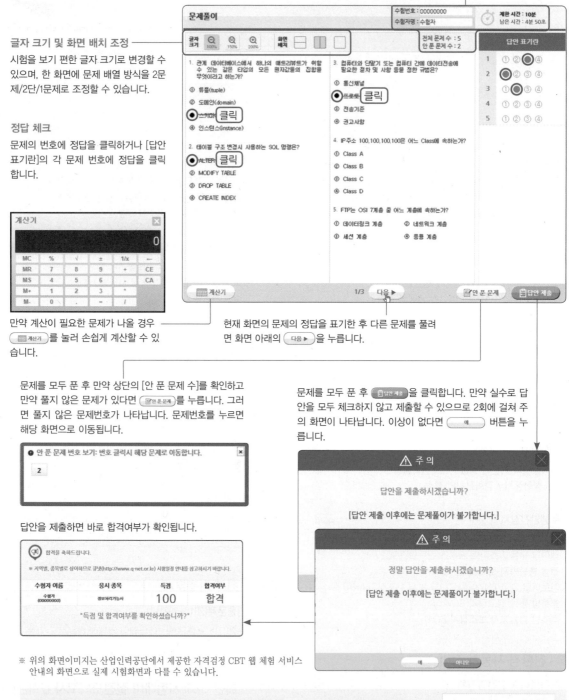

만약 계산이 필요한 문제가 나올 경우 [계산기]를 눌러 손쉽게 계산할 수 있습니다.

현재 화면의 문제의 정답을 표기한 후 다른 문제를 풀려면 화면 아래의 [다음▶]을 누릅니다.

문제를 모두 푼 후 만약 상단의 [안 푼 문제 수]를 확인하고 만약 풀지 않은 문제가 있다면 [안 푼 문제]를 누릅니다. 그러면 풀지 않은 문제번호가 나타납니다. 문제번호를 누르면 해당 화면으로 이동됩니다.

문제를 모두 푼 후 [답안 제출]을 클릭합니다. 만약 실수로 답안을 모두 체크하지 않고 제출할 수 있으므로 2회에 걸쳐 주의 화면이 나타납니다. 이상이 없다면 [예] 버튼을 누릅니다.

❶ 안 푼 문제 번호 보기: 번호 클릭시 해당 문제로 이동합니다.

2

⚠ 주 의
답안을 제출하시겠습니까?
[답안 제출 이후에는 문제풀이가 불가합니다.]

⚠ 주 의
정말 답안을 제출하시겠습니까?
[답안 제출 이후에는 문제풀이가 불가합니다.]

답안을 제출하면 바로 합격여부가 확인됩니다.

🎖 합격을 축하합니다.
※ 지역별, 종목별로 상이하므로 큐넷(http://www.q-net.or.kr) 시험일정 안내를 참고하시기 바랍니다.

수험자 이름	응시 종목	득점	합격여부
수험자 (00000000)	정보처리기능사	100	합격

"득점 및 합격여부를 확인하셨습니까?"

※ 위의 화면이미지는 산업인력공단에서 제공한 자격검정 CBT 웹 체험 서비스 안내의 화면으로 실제 시험화면과 다를 수 있습니다.

자격검정 CBT 웹 체험 서비스 안내
큐넷 홈페이지 우측하단에 'CBT 체험하기'를 클릭하면 CBT 체험을 할 수 있는 동영상을 보실 수 있습니다. (스마트폰에서는 동영상을 보기 어려우므로 PC에서 확인하시기 바랍니다)
※ 필기시험 전 약 20분간 CBT 웹 체험을 할 수 있습니다.

처음 방문하셨나요?
큐넷 서비스를 미리 체험해보고 사이트를 쉽고 빠르게 이용할 수 있는 이용 안내, 큐넷 길라잡이를 제공.

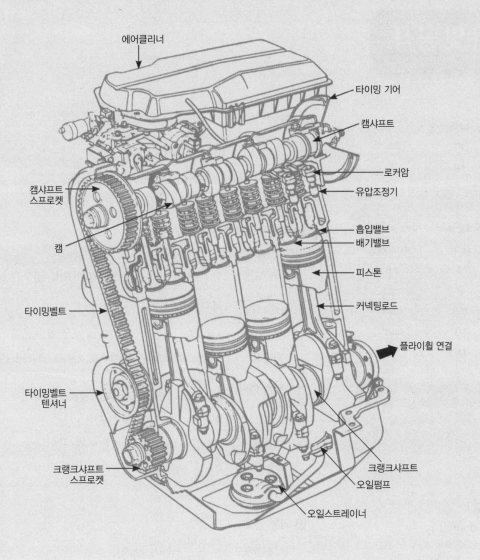

에어클리너

타이밍 기어

캠샤프트

로커암

유압조정기

흡입밸브

배기밸브

피스톤

커넥팅로드

플라이휠 연결

캠샤프트
스프로켓

캠

타이밍벨트

타이밍벨트
텐셔너

크랭크샤프트
스프로켓

크랭크샤프트

오일펌프

오일스트레이너

AUTOMOBILE
ENGINE

CHAPTER

01

자동차 엔진

☐ 엔진 본체 ☐ 가솔린 전자제어장치 ☐ 디젤전자제어 장치 ☐ 과급장치 정비 ☐ 배출가스장치

1 SI 단위(국제단위계)와의 비교

구분	SI	MKS	CGS
길이(거리)	m	m	cm
질량	kg	kg	g
시간		s	
온도		K(켈빈)	
힘	N	N, kg·m/s²	dyn, g·m/s²
압력(응력)	Pa	N/m²	dyn/cm²
에너지, 일	J	J	erg
일률	W	W	erg/s
속도	m/s	m/s	cm/s
가속도	m/s²	m/s²	cm/s²
평면각		rad	

▶ kg와 kgf : kg은 물체의 순수 질량(고유값)을 의미하며, kgf는 질량 1kg의 물체 9.8 [m/s²]의 중력가속도를 곱한 물체의 무게(힘)로 지구상에서 측정한 값을 의미한다.

▶ N : SI단위로 질량 1 kg의 물체를 1 [m/s²]의 중력가속도로 움직이는 힘을 의미한다.

2 주요 단위 환산

구분	설명
힘 (무게)	• 1 [kgf] = 9.8 [N] = 9.8 [kg·m/s²] → 지구에서 잰 무게는 질량×중력가속도 • 1 [N] = 1 [kg·m/s²] = 질량×중력가속도 → 뉴턴 [N] : 물질의 질량을 끌어당기는 지구의 중력을 양으로 측정한 것 → 1 [kg·m/s²] : 1 kg의 질량을 갖는 물체를 1 m/s²만큼 가속시키는데 필요한 힘
압력	• 1 [Pa] = 1 [N/m²] = 1/9.8 [kgf/m²] • 1 [MPa] = 10⁶ [Pa] = 1 [N/mm²] = 100 [N/cm²] ≒ 10 [kgf/cm²]
일 (토크)	• 일 = 힘×거리(W = F×s) • 1 [kgf·m] = 9.8 [N·m] = 9.8 [J] • 1 [J] = 1 [N·m] = 1 [W·s] • 1 [cal] = 4.18 [J], 1 [J] = 0.24 [cal] • 1 [kcal] = 427 [kgf·m]
마력 (동력, 일률)	• 마력 = $\dfrac{일}{시간}$ = $\dfrac{힘×거리}{시간}$ = 힘×속도 • 1 [W] = 1 [N·m/s] = 1 [J/s] • 1 [PS] = 75 [kgf·m/s] ≒ 736 [W] • 1 [kW] = 102 [kgf·m/s] = 735.5 [W] • 1 [kW] = 1.36 [PS] • 1 [HP] ≒ 746 [W]
밀도	• kg/cm³

구분	설명
부피	• 1 cc = 1 [cm³] • 1 L = 10³ [cm³] = 10⁻³ [m³]
각도	• 1 [rad] = $\dfrac{180}{\pi}$[°] • 360 [°] = 2π [rad]

3 직선운동과 회전운동의 비교

구분	직선운동	회전운동
힘과 토크	힘 F [N]	토크(돌리힘) T [N·m]
변위 (위치의 변화)	거리 s [m]	각도 θ [rad]
속도	$v = ds/dt$ [m/s]	각속도 $\omega = d\theta/dt$ [rad/s]
가속도	$a = dv/dt$ [m/s²]	각가속도 $\alpha = d\omega/dt$ [rad/s²]
뉴턴의 법칙	$F = m \cdot a$ (m : 질량, a : 가속도)	토크 $T = I \cdot \theta$ (I : 관성모멘트, θ : 회전각)
일[J]	$W = F \cdot s$	$W = T \cdot \theta$
일률[w]	$P = F \cdot v$	$P = T \cdot \omega$ (ω : 각속도)
운동에너지[J]	$E = \dfrac{1}{2}\,mv^2$	$E = \dfrac{1}{2}\,I\omega^2$

4 기본 공식

① (평균)속도 $v = \dfrac{변위(s)}{시간(t)}$ [m/s, km/h]

② (평균)가속도 $\alpha = \dfrac{속도변화량(v-v_0)}{시간(t)}$ [m/s²]

③ 등가속도 $2as = v^2 - v_0{}^2$, [m²/s²]

   (a : 가속도, s : 거리, v : 나중 속도, v_0 : 처음 속도)

④ 압력(P) = $\dfrac{힘(F)}{단면적(A)}$ [Pa, N/m²]

⑤ 뉴턴의 운동법칙
   • 제1법칙 : 관성의 법칙
   • 제2법칙 : $F = ma$ (F : 힘, m : 질량, a : 가속도)
   • 제3법칙 : 작용-반작용의 법칙

⑥ 등가속도 운동
   $2aS = V^2 - V_o{}^2$ (a : 가속도, V : 나중 속도, V_o : 처음 속도)

⑦ 운동에너지 $E_k = \dfrac{1}{2}\,mv^2$

⑧ 밀도(ρ) : 단위 체적당 유체의 질량

$$\rho = \frac{\text{질량}(m)}{\text{체적}(V)} \text{ [kg/m}^3\text{, kgf}\cdot\text{s}^2/\text{m}^4]$$

• 물의 밀도 : $\rho_w = 1000 \text{ [kg/m}^3] = 1000 \text{ [N}\cdot\text{s}^2/\text{m}^4]$
$$= 102 \text{ [kgf}\cdot\text{s}^2/\text{m}^4]$$

⑨ 비중량(γ) : 단위 체적당 유체의 중량

$$\gamma = \frac{\text{중량}(W)}{\text{체적}(V)} \text{ [kgf/m}^3\text{, N/m}^3]$$
$$= \frac{mg}{V} = \frac{\rho Vg}{V} = \rho \times g \text{ (밀도} \times \text{중력가속도)}$$

• 물의 비중량 : $1000 \text{ [kgf/m}^3] = 9800 \text{ [N/m}^3]$

⑩ 비체적(v, v_S) : 단위 질량당 유체의 체적(밀도의 역수)

$$v = \frac{\text{체적}(V)}{\text{질량}(m)} \text{ [m}^3/\text{kg]} = \frac{1}{\rho}, \quad v_S = \frac{\text{체적}(V)}{\text{중량}(W)}$$

⑪ 비중(S) : 1기압, 4℃일 때의 물의 밀도 ρ_w(또는 비중량 γ_w)에 대한 어떤 물질의 밀도 ρ(또는 비중량 γ)의 비

$$S = \frac{\text{어떤 물질의 밀도}(\rho)}{\text{물의 밀도}(\rho_w)}, \text{ 무차원(단위 없음)}$$

⑫ 경사각에서의 물체가 내려가는 힘
$$F = \mu mg \times sin\theta$$

⑬ 경사각에서의 마찰력
$$F = \mu mg \times cos\theta$$

※ μ : 마찰계수, m : 질량, g : 중력가속도, θ : 경사각

⑭ 표준대기압(atm) : 지구의 국소대기압의 대기압의 평균값

1기압(atm) $= 760 \text{ mmHg} ≒ 100 \text{ kPa} ≒ 1 \text{ bar} = 1.03 \text{ kgf/cm}^2$
$$= 14.69 \text{ psi}$$

⑮ 도체의 저항 $F = $ 고유저항(ρ) $\times \dfrac{\text{길이}(L)}{\text{단면적}(A)}$

⑯ 전자기력(자기장 속에서 전류가 흐르는 도선이 받는 힘)
$$F = BLIsin\theta$$
※ B : 전기장의 세기, L : 도선의 길이, I : 전류의 세기,
θ : 자기장과 전류의 각도

⑰ 전구의 밝기 : 전력에 비례 ($P = $ 전압 $\times$ 전류 $= VI$)

⑱ 섭씨온도, 화씨온도, 절대온도 관계식

$$℃ = \frac{5}{9}(℉\text{-}32), \quad ℉ = \frac{9}{5}℃+32, \quad K = 273.15+℃$$

▶ **비중량, 비체적의 '비'(比, 견줄 비)에 대해**
비중량은 '비'와 '중량'을 분리하여, 중량을 분자로 보내어 '(체적)에 대한 중량' 즉 '체적에 견준 중량'으로 이해한다. 또한 비체적은 (질량)에 대한 체적으로 이해한다.

⑲ 삼각함수

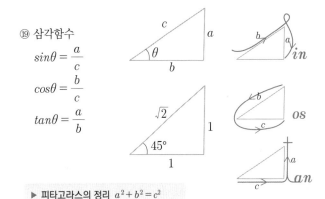

$$sin\theta = \frac{a}{c}$$
$$cos\theta = \frac{b}{c}$$
$$tan\theta = \frac{a}{b}$$

▶ 피타고라스의 정리 $a^2 + b^2 = c^2$

5 원의 속도와 동력

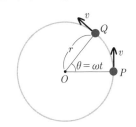

원주 = 원둘레 길이 $= \pi D \ (= 2r\pi)$

1초당 회전속도 : n [rps = 1/s]

원의 속도(바퀴의 속도) = 원주 $\times$ 1초당 회전속도 $= \pi D n$ [m/s]

일 $= \underset{\text{힘}}{F} \times \underset{\text{거리}}{s} = F \times r \times \theta = T \times \theta$

└→ 모멘트(토크) = 힘 $\times$ 반지름

거리 = 호의 길이 = 반지름 $\times$ 각도[rad]

동력(마력) $= \dfrac{\text{일}}{\text{시간}} = \dfrac{T \times \theta}{t} = \underset{\text{토크}}{T} \times \omega = \dfrac{2\pi NT}{60}$

N[rpm] = 분당회전수

각속도 $= \dfrac{2\pi N}{60}$ [rad/s]

각속도 변환 이해) 1 rpm = 1 rev/min $= \dfrac{1\text{회전}}{1\text{분}}$ 이며,

1회전(360°) $= 2\pi$[rad], 1분 = 60s이므로, N[rpm] $= \dfrac{2\pi N}{60}$

▶ **2π 의 의미**
호도법(각도→라디안)은 호의 길이가 반지름의 몇 배인지를 각도로 나타낸 방식으로, 1 [rad]이란 '$r = l$' 일 때 이루는 각이다.

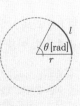

$$\theta \text{ [rad]} = \frac{\text{호의 길이 }(l)}{\text{반지름 }(r)}$$

• $360° = \dfrac{2\pi r}{r} = 2\pi$ ← 원둘레 = $2\pi \times$ 반지름

• $1° = \dfrac{\pi}{180}$ [rad], 1[rad] $= \dfrac{180}{\pi}$[°]

01 엔진 성능

Main Key Point

[출제문항수 : 약 1~3문제] 이 섹션의 출제문항수의 변동은 큰 편입니다. 기능사 정도의 계산문제이므로 크게 어렵지 않으나 산업기사 계산문제는 단위변환에 주의해야 합니다. 열역학 및 사이클 부분은 어렵게 느껴지면 다른 부분에 집중할 것을 권장합니다.

01 마력과 효율

1 직선운동에서의 일과 일률(동력, 마력)

① 일(W) : 힘×이동거리 [kgf·m 또는 N·m]

② 일률(출력, 마력, P) : 단위시간당 하는 일
　→ 1 [kgf·m] = 9.8 [N·m]
　→ 즉, 시간당 얼마나 일을 했는가

$$일(W) = 힘(F)×이동거리(s)$$
$$일률(P) = \frac{일}{시간} = \frac{힘×거리}{시간} = 힘(F)×속도(v)$$

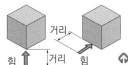
⬆ 직선운동에서의 일

2 회전운동에서의 일과 일률

$$일(W) = F×s = F×(r×\theta) = T×\theta$$
$$일률(P) = \frac{W}{t} = \frac{T×\theta}{t} = T×\omega$$

T : 토크, r : 회전반경, θ : 회전각도 [rad], ω : 각속도 [rad/s]

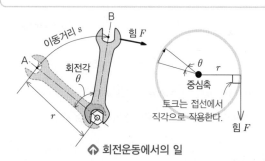
⬆ 회전운동에서의 일

힘 F에 의해 A지점에서 B지점까지 이동했을 때 일은 $F×s$로 표현하며, 이를 '토크'로 표현한다.

▶ 토크(T, Torque, 돌림힘, 회전력)
어떤 물체에 힘을 가해 회전시켰을 때의 필요한 힘을 말한다. 또한, 토크는 축을 비트는 모멘트(힘×거리) 즉, 비틀림 모멘트와 같은 의미이기도 하다.

▶ 토크의 단위 : 1 [N·m] – 회전체의 중심축에서 1m 떨어진 곳에 1N의 힘을 수직으로 가했을 때 축에 발생하는 힘

엔진의 회전수는 N[rpm]으로 나타내며, 각속도와 회전수 사이에는 다음 관계식으로 나타낸다.

$$\omega = \frac{2\pi N}{60} \text{ [rad/s]}$$

⬆ 토크와 마력
개념 정리
(출처 : 치콩)

▶ 각속도(ω)
물체를 한 바퀴 돌릴 때(2π [rad])의 시간(T [s])을 말한다.
$\omega = \frac{각속도(\theta)}{시간(t)} = \frac{2\pi}{T}$ [rad/s]

▶ 도(°)와 rad 변환(호도법)
$360° = 2\pi$ [rad], $1° = \frac{\pi}{180}$ [rad]

따라서, 일률은 다음과 같이 나타낼 수 있다.

$$P = T×\omega = T[\text{kgf·m}] × \frac{2\pi N}{60}[\text{rad/s}] = \frac{2\pi NT}{60} [\text{kgf·m/s}]$$

3 마력(Horse Power)

일률(단위시간 당 일의 양)을 말 한 마리 기준으로 나타낸 PS, kW 단위로 변환한 것을 말하며 영마력(HP), 불마력(PS)을 사용한다.

$$[\text{PS] 단위} : \frac{힘 [\text{kgf}]×거리 [\text{m}]}{75×시간 [\text{sec}]}$$

- 1 PS = 75 kgf·m/s = **736 W** = 736 N·m/s
　= 736 J/s = 0.736 kW
- 1 HP = 76 kgf·m/s = 746 W = 0.746 kW

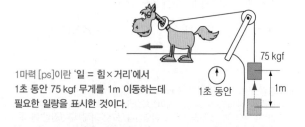

1마력 [ps]이란 '일 = 힘×거리'에서 1초 동안 75 kgf 무게를 1m 이동하는데 필요한 일량을 표시한 것이다.

1마력으로 1시간 동안 한 일을 열량으로 환산하면
$1 [\text{PS}] = \frac{75×3600}{427} = 632.3 [\text{kcal/h}]$ (1 kcal = 427 kgf·m)

4 지시마력(IHP, Indicated Horse Power)

① 동일용어 : 이론마력, 도시(圖示)마력

② **실린더 내부**에서 실제로 발생한 동력 또는 기관 실린더 내의 폭발 압력으로부터 직접 측정한 마력

③ 지시마력 = 제동마력 + 손실마력(마찰마력)

$$IHP = \frac{P_{mi} \times A \times L \times Z \times n}{2 \times 75 \times 60 \times 100}$$

→ 1 ps = 75 kgf·m/s의 조건에 맞추려면 'cm'를 'm'로 변환하기 위해 100으로 나눠준다.

'rpm'은 분당 회전수이므로 1[min] = 60[sec]

PS 단위로 환산하기 위해 1[kgf·m/s] = $\frac{1}{75}$[ps]

해당 기통이 4행정이라면 '2', 2행정이라 '1'을 대입한다. (4행정은 크랭크 축 2회전에 1회 동력이 발생되기 때문)

• P_{mi} : 지시평균유효압력 [kgf/cm²]

• A : 실린더 단면적 [cm²] ⟶ $\frac{\pi}{4} \times D^2 = 0.785 \times D^2$ (D : 피스톤 직경)

• L : 피스톤 행정 [cm]

• Z : 실린더 수 ⟶ • V : 배기량, 행정체적 [cm³ = cc]

• n : 엔진 회전수[rpm]

• 75 : 1PS = 75 kgf·m/s

• 60 : 분당 회전수를 초당 회전수로 변환한 값

▶ **2행정 사이클 기관의 지시마력**

IHP = $\frac{P_{mi} \times A \times L \times Z \times n}{75 \times 60 \times 100}$

▶ 지시평균유효압력이란 기관의 실제 지압선도로부터 구한 평균유효압력을 말한다.

---

5 제동마력(BHP, Brake Horse Power)

① 동일용어 : 실제마력, 정미마력, 축출력, 출력

② 기관의 **크랭크축**에서 발생한 실제 출력을 측정한 마력으로 밸브 작동, 엔진 내부의 마찰력 등이 제외된 실제로 유효하게 이용되는 마력을 말한다.

$$BHP = \frac{2\pi \times T \times n}{75 \times 60} = \frac{T \times n}{716.5}[ps]$$

$$= \frac{2\pi \times T \times n}{102 \times 60} = \frac{T \times n}{974.5}[kW]$$

※ 1kW = 1.36ps

• T : 크랭크축 회전력(=토크, 축 토크)[kgf·m]

• n : 엔진 회전수[rpm]

▶ **정미(正味)란**

'net, 알짜, 뺄 것 다 뺀, 순~'의 의미, 즉 지시마력에서 각종 기계적 손실을 제외한 실제 크랭크축을 회전시키는 마력을 말한다.

---

6 손실마력(FHP, Friction Horse Power, 마찰마력)

기계 부분의 마찰에 의하여 손실되는 동력과 새로운 가스를 흡입하고 배출하는 데에서 오는 동력의 손실을 말한다.

$$FHP = IHP - BHP = \frac{Fv}{75} = \frac{\mu Pv}{75}$$

• F : 총마찰력[kgf]

• v : 피스톤 평균속도[m/s]

• μ : 마찰계수

• P : 베어링에 작용하는 하중[kgf]

• v : 미끄럼 속도[m/s]

▶ **마력의 크기 순서**
지시마력(IHP) > 제동마력(BHP) > 손실마력(FHP)

▶ **총마찰력(Pt)** : 엔진의 전체 링의 마찰력을 합한 것
$P_t [kgf] = P_r \times N \times Z$
여기서, P_r : 링 1개당 마찰력, N : 링의 수, Z : 실린더 수

---

7 기계효율(η_m) ⟵ 효율 = $\frac{효과}{투자}$

피스톤에서 발생하는 일이 실제 크랭크축에 얼마만큼 전달되었느냐를 나타낸다. 즉 부품간의 마찰, 흡배기로 인한 행정운동, 발전기나 워터펌프, 오일펌프 등 엔진 구동에 필요한 액세서리를 구동에 필요한 일(손실)을 최소화를 말한다.

$$기계효율(\eta_m) = \frac{제동마력}{지시마력} \times 100(\%)$$

---

8 체적효율(Volumetric efficiency, η_v)

$$\eta_v = \frac{실제 흡입한 공기 체적(양)}{총 배기량}$$

① 엔진출력을 증대시키기 위해 더 많은 공기가 연소실로 흡입되어야 하는데, 엔진에 얼마만큼의 공기를 빨아들일 수 있는지의 효율을 말한다.

② 흡입공기가 열을 받으면 공기체적이 팽창(밀도가 감소)되어 체적효율이 떨어진다.(노킹 유발)

▶ **체적효율 향상 대책**
• 흡기온도를 낮춘다.
• 밸브지름이나 밸브 리프트를 크게 하거나, 밸브의 저항이 최소로 한다.
• 과급기를 설치한다.
• 연소된 가스를 최대한 배출한다.

▶ **충전효율**
• 실제로 흡입된 공기량을 표준대기상태(760mmHg, 15℃)로 환산하여 행정체적으로 나눈 값이다.
• 동일한 공기량이지만 고도나 온도에 따라 출력이 변한다.

⑨ 연료소비량과 연료소비율

① 기관의 실용적인 성능을 표시할 때 사용
② 연료소비량 : 매시간당 기관이 소비한 연료의 양 [kg/h]
③ 연료소비율
   • 단위 출력당(1시간동안 1 PS) 소비되는 연료소비량(g)을 의미한다. [g/PS-h]
   • 연료 1리터당 주행거리 [km/L]
④ 리터출력 : 단위 행정체적(배기량) 당 제동출력 [kW/L]

> ▶ 리터출력이 크다는 것은 부하가 크다는 것을 말하므로 작아야 한다.
> ▶ 연료소비율은 다른 엔진과 비교할 수 있도록 엔진을 다이나모미터 (Dynamo Meter)에 설치하여 측정한다.

⑩ 열효율(thermal efficiency)

① 의미 : 기관의 출력을 위하여 실린더 내에서 유효하게 이용된 열량의 비율
② 도시 열효율 = 100% − 손실 열효율
   (각종 기계적 손실의 합)
③ 제동 열효율(η_e, net thermal efficiency, 정미 열효율) : 엔진의 크랭크축에 발생한 출력으로부터 얻어지는 제동일에 대한 열효율
④ 도시 열효율과 기계효율로 제동 열효율 구하기

$$제동\ 열효율(\eta_e) = \frac{도시\ 열효율 \times 기계효율}{100}$$

⑤ 제동마력, 연료소비율, 저위발열량으로 제동 열효율 구하기

$$제동\ 열효율(\eta_e) = \frac{632.3 \times BPS}{G \times H_l} \times 100(\%)$$
$$= \frac{632.3}{B_e \times H_l} \times 100(\%)$$

• 632.3 : 제동마력을 시간당 열량으로 나타낸 값 [kcal/h]
• BPS : 제동마력 [PS]
• G : 시간당 연료소비량 [kg/h]
• B_e : 제동연료 소비율 [kg/ps-h]
• H_l : 저위발열량 [kcal/kg]

> ▶ **저위발열량** : 연료 중 수증기 열량을 고려하지 않은 실제 이용가능한 열량을 의미
> ▶ **저위발열량 [kJ/kgf]과 제동마력 [kW]이 주어질 때 제동열효율**
> $$\eta_e = \frac{3600 \times BPS}{B \times H_l} \times 100(\%)$$
> ▶ 엔진 성능에 영향을 주는 인자
> 흡입효율, 체적효율, 충전효율, 배기량, 기통수, 회전속도, 평균유효압력, 압축비, 냉각수 온도, 점화시기, 마찰 등

---

02 엔진 성능

1 행정(stroke)

피스톤이 상사점에서 하사점으로 이동하는 거리

상사점	• TDC(Top Dead Center) • 피스톤 운동의 상한점(최대로 상승한 지점)
하사점	• BDC(Bottom Dead Center) • 피스톤 운동의 하한점(최대로 하강한 지점)

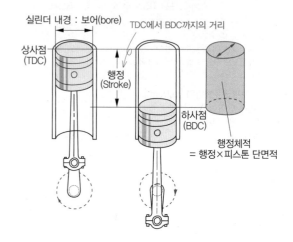

2 행정체적(배기량)과 총행정체적

(1) 행정체적(Stroke Volume, V_S, cm³) = 배기량

피스톤이 1행정 하였을 때의 흡입 또는 배출한 공기나 혼합기의 체적을 말하며, 피스톤의 단면적과 행정의 곱으로 나타낸다.

π/4는 0.785로 암기하자!

$$V_S = \frac{\pi}{4} \times D^2 \times L = 0.785 \times D^2 \times L$$

• D : 내경(실린더의 안지름) [cm]
• L : 행정 [cm]

(2) 총행정체적(Total Stroke Volume, V_T, cm³)

행정체적와 전체 실린더 수의 곱을 말하며, '총배기량'과 동일한 의미이다.

$$V_T = V_S \times Z = \frac{\pi}{4} \times D^2 \times L \times Z$$

• V_S : 행정체적 • Z : 실린더 수

❸ 압축비

피스톤이 상사점에 있을 때 실린더의 체적(행정체적+연소실체적)과 연소실 체적과의 비를 말한다. 즉, 피스톤이 혼합기를 몇 분의 1의 체적으로 압축하는가를 나타낸다.

$$압축비(\varepsilon) = \frac{실린더\ 체적}{연소실\ 체적}$$
$$= 1 + \frac{행정체적}{연소실\ 체적}$$
$$= \frac{실린더\ 체적}{실린더\ 체적 - 행정체적}$$

❹ 피스톤의 평균 속도(v)

$$v(m/sec) = \frac{2NL}{60} = \frac{NL}{30}$$

- N : 엔진 회전수(rpm) = 크랭크축 회전수
- L : 행정(m)

- 2 : 크랭크축 1회전당 피스톤이 움직인 거리는 행정거리의 2배이므로
- 60 : rpm은 분당 회전수이므로 초(s)단위로 변경

❺ 가솔린 엔진의 성능 곡선도

가솔린 엔진에서의 회전력, 축 출력, 연료소비율의 관계를 나타내는 선도를 말한다.

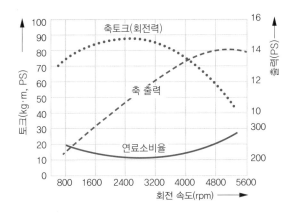

▶ **기관 출력성능의 증대**
배기량 증대, 기통수 증대, 회전속도 증가, 평균유효압력 증가, 압축비 증가 등
▶ **기관설계의 주요 요소**
압축비, 점화시기, 공연비, 연소실 형상, 온도제어

---

❶ 가솔린 연료와 디젤 연료의 구비조건 비교

가솔린 연료	디젤 연료
• 기화성이 좋을 것	• 착화성(세탄가)이 좋을 것 (착화 온도가 낮을 것)
• 발열량이 클 것	• 발열량이 클 것
• 인화점이 적당할 것	• 내폭성이 클 것
• 앤티 노크성(옥탄가)이 클 것	• 점도가 적당하고, 점도지수가 클 것
• 내부식성이 클 것	
• 점도가 적당하고, 점도지수가 클 것	

▶ **발열량** : 단위 중량당 발생하는 열량을 말하며, 발열량이 클수록 효율이 좋다.
▶ **인화점** : 외부 열원(불꽃)에 의해 불이 붙을 수 있는 최저온도를 말한다. 인화점이 너무 높으면 연소가 잘 안되고, 너무 낮으면 너무 쉽게 연소되어 역화나 베이퍼록, 조기점화 등이 일어난다.
▶ **착화점(발화점)** : 디젤 기관과 같이 외부 열원 없이 스스로 연소(착화)되기 시작하는 최저온도이다.
▶ 점도가 높으면 분사 및 기화가 잘 되지 않고, 점도가 낮으면 분사장치의 과도한 마모를 유발시키게 되므로 **적당**해야 한다.
▶ **점도지수** : 온도에 따른 점도의 변화정도를 나타내는 수치로, **변화가 적을수록 크다.**

❷ 가솔린의 조성 및 물리적 특성

- 성분 : C_8H_{18} (이소옥탄)
- 인화점 : 약 -43℃ (경유 : 50~80°)
- 비중 : 약 0.65~0.75
- 발화점은 약 300℃로서 경유(280℃)에 비하여 높다.
- 발열량은 약 11,000kcal/kg로서 경유에 비해 높다.

▶ **가솔린의 연소반응 화학식**
$2C_8H_{18}$(옥탄) + $25O_2$(산소) → $16CO_2$(이산화탄소) + $18H_2O$(물)

❸ 이론 공연비와 공기과잉률

① 이론 공연비 : 이론상 완전연소가 일어나는 공기와 연료의 비율(연료 1kg을 연소하는데 필요한 이론공기량 : 14.7kg)

② 공기 과잉률(λ) = $\dfrac{실제\ 흡입된\ 공기량}{완전\ 연소에\ 필요한\ 공기량}$

- $\lambda = 1$: 이론 공연비
- $\lambda > 1$: 희박 혼합기(공기 과잉)
- $\lambda < 1$: 농후 혼합기(공기 부족)

③ 전부하상태에서는 λ = **0.90~0.95로 약간 농후 혼합기로 출력이 최대**가 되며, 부분 부하상태에서는 λ = **1.1로 희박 혼합기**이며, 공회전에서 λ = 1에 가깝게 된다.

▶ 연소에 필요한 공기량 = 부피×혼합비×비중

4 가솔린 엔진의 노크와 옥탄가

(1) 노크(knock)

화염면이 정상적으로 도달하기 전에 말단가스가 국부적으로 자기착화하여 비정상적 연소로 인해 연소실 내에 급격한 압력상승이 발생하며, 가스가 진동하여 큰 진폭의 압력파가 발생하여 충격 타음(打音)을 발생시킨다.

> ▶ 가솔린 기관의 정상적인 전파 연소속도는 약 20~30m/s이며,
> 노크 시 약 300~500m/s이다.

(2) 앤티노크성(Anti-knock, 내폭성, 제폭성)

노크를 일으키기 어려운 성질을 말한다. 가솔린의 앤티노크성은 일반적으로 옥탄가(O.N, octane number)로 표시되고 앤티노크성이 높은 가솔린일수록 옥탄가가 높다.

$$옥탄가(O.N) = \frac{이소옥탄}{이소옥탄 + 노멀헵탄} \times 100[\%]$$

> ▶ **C.F.R 기관**(앤티노크 측정 기관)
> 연료의 옥탄가를 측정하기 위하여 압축비를 임의로 변화시킬 수 있는 가변압축기관

> ▶ 참고) 옥탄가 80이란 : 이소옥탄 80%에 노멀헵탄 20%의 혼합물인 표준연료와 같은 정도의 앤티노크성이 있다.
> • 이소옥탄(C_8H_{18}) : 노크를 가장 일으키기 어려움(옥탄가 100)
> • 노멀헵탄(C_7H_{16}) : 노크를 가장 일으키기 쉬움

(3) 노킹의 원인

① 부적당한 연료 사용
② 빠른 점화시기
③ 실린더 내 혼합기 불균일
④ 실린더 내 온도 상승
⑤ 높은 압축비(가솔린 : 9~12 이상, 디젤 : 12~24 이상)

(4) 노킹의 영향

① 기관의 열효율 및 출력 저하
② 실린더 과열
③ 순간 폭발압력은 증가하나, 평균 유효압력은 낮아짐
④ 기관 주요 각부의 응력 증가

(5) 노킹 방지대책

① 고옥탄가 연료 사용
② 화염전파 속도가 빠르고, 자연착화(발화)온도가 높은 연료 사용
③ 화염 진행거리를 단축
④ 동일 압축비에서 혼합기 온도를 낮추는 연소실 형상을 사용
⑤ 냉각수 온도 및 흡입공기 온도를 낮출 것
⑥ 혼합가스의 와류를 증가
⑦ MBT보다 점화시기를 지각(늦춘다)
⑧ 퇴적된 카본을 제거 – 열방출이 불량하므로

> ▶ **MBT**(Most effective spark advance for Best Torque)
> 최대토크를 발생시키기 위한 점화시기(노크 발생 전의 점화시기)

▶ 가솔린과 디젤 노크 방지대책 비교

조건	가솔린 엔진	디젤 엔진
점화 시기	점화플러그의 점화시점	연료분사시점
노킹 발생시기	정상 점화시기 이전 (조기점화)	정상 점화시기 이후 (지연점화)
노킹 발생 행정	압축행정	폭발행정
압축행정 시 기체상태	공기+연료	공기
폭발행정 시 기체상태	공기+연료	공기+연료
옥탄가 및 세탄가	옥탄가 ↑	세탄가 ↑
압축비	↓	↑
점화시기	↓	↑
흡입공기 온도 및 압력	↓	↑
연소실 체적 및 압력	↓	↑
실린더 벽 온도	↓	↑
회전 속도	↑	↓
연료의 착화온도	↑	↓
연료의 착화지연	길게	짧게

🔢 열역학적 사이클에 의한 기본 분류 – 지압선도(P–V선도)

기관 작동 중 실린더 내의 압력과 부피와의 관계를 나타낸 선도로 1사이클을 완성할 때 피스톤이 한 일의 양을 나타낸다.

구분	정적 사이클 (오토 사이클) – 가솔린 기관	정압 사이클 (디젤 사이클) – 저중속 디젤기관	복합 사이클 (사바테 사이클, 2중 사이클) – 고속 디젤기관
정의	일정한 체적(靜積, static volume)하에서 연소하는 사이클	일정한 압력(정압靜壓, static pressure)하에서 연소하는 사이클	정적사이클과 정압사이클을 복합한 형태의 기관으로 연소과정이 일부는 정압 하에, 일부는 정적 하에 연소되는 사이클
식	$\eta_o = 1 - (\frac{1}{\varepsilon})^{k-1}$ • η_o : 정적 사이클의 이론 열효율 • ε : 압축비 • k : 비열비	$\eta_d = 1 - (\frac{1}{\varepsilon})^{k-1} \cdot \frac{\sigma^k - 1}{k(\sigma - 1)}$ • η_d : 정압 사이클의 이론 열효율 • ε : 압축비 • σ : 체절비(단절비)	$\eta_s = 1 - (\frac{1}{\varepsilon})^{k-1} \cdot \frac{\rho \cdot \sigma^k - 1}{(\rho - 1) + k \cdot \rho(\sigma - 1)}$ • η_s : 복합 사이클의 이론 열효율 • ε : 압축비 • σ : 체절비(단절비) • ρ : 압력비(폭발비) ※ 사바테 사이클은 압력비(폭발비)가 1에 가까우면 정압사이클에, 체절비(단절비)가 1에 가까우면 정적사이클에 가까워진다.
PV 선도	평균유효압력은 피스톤의 평균압력이며, 일량(①–②–③–④의 면적)을 행정체적으로 나눈 값이다. ⑤ → ① : 흡기 ① → ② : 단열압축 ② → ③ : 정적가열 ③ → ④ : 단열팽창 ④ → ① : 정적방열 ① → ⑤ : 배기	 ⑤ → ① : 흡기 ① → ② : 단열압축 ② → ③ : 정압가열 ③ → ④ : 단열팽창 ④ → ① : 정적방열 ① → ⑤ : 배기	 ① → ② : 단열압축 ② → ③′ : 정적가열 ③′ → ③ : 정압가열 ③ → ④ : 단열팽창 ④ → ① : 정적방열

▶ 압축비 : 피스톤이 하사점에 있을 때의 총체적과 상사점에 도달했을 때의 연소실 체적과의 비율

▶ 단절비(체적비, 절단비, 차단비, 정압팽창비) : 정압사이클에서 정압과정에서 '③의 체적/②의 체적'을 말하며, 복합사이클에서는 정압과정에서 '③의 체적/③′의 체적'을 말한다.

▶ 폭발비 : 정적과정에서 '③′의 압력/②의 압력'을 말한다.

▶ 어느 사이클에서나 압축비가 증가할수록 열효율이 향상되나, 압축비의 제한(디젤기관의 경우 15~20)이 따르며, 압축비가 동일할 경우 폭발비가 클수록 단절비가 작을수록 열효율이 향상된다.

▶ 사이클의 각 요소에 따른 열효율 증대
• 정적 사이클 : 압축비 ε↑, 비열비 k↑
• 정압 사이클 : 압축비 ε↑, 체절비 σ↓, 비열비 k↑
• 사바테 사이클 : 압축비 ε↑, 체절비 σ↓, 압력비 ρ↑

▶ 비열(C) – 열량을 단위화, 정량화시킴
$$C = \frac{열량}{질량 \times 온도변화}$$
• 1kg의 물질을 1℃ 높이는데 필요한 열량(kcal/kg·K)
• 기체의 경우 온도와 압력의 영향을 많이 받음
• 정압비열(Cp) : 물질의 압력을 일정한 상태에서 가열했을 때의 비열
• 정적비열(Cv) : 물질의 부피를 일정한 상태에서 가열했을 때의 비열

▶ 비열비(k) = $\frac{정압비열}{정적비열}$ > 1, 참고 : 공기의 비열비 k = 1.4

└ 모든 물질의 Cp는 Cv보다 크다.

사이클 순환을 위해 변화상태를
다시 원래의 상태로 변화하는 과정

② 카르노 사이클(가역과정)

① **2개의 등온과정과 2개의 단열과정**으로 구성되며, **이상기체를 사용**하여 에너지 손실없이 열기관의 최고 열효율을 알기 위한 가장 이상적인 열기관 사이클이다.

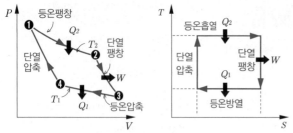

※ 내부면적 : 기체가 외부에 한 일
※ 열역학 제1법칙에서 열량(Q) = 내부에너지(ΔU) + 외부에 한 일(W)

- 과정 ①→②(등온 팽창) : 온도를 일정하게 유지하기 위해 흡열하면서 팽창한다. → $\Delta U = 0$이므로 $Q = \Delta U + W = W$
- 과정 ②→③(단열 팽창) : 기체가 단열 팽창하면서 부피가 증가하며 온도를 내린다. → ΔU 감소
- 과정 ③→④(등온 압축) : 온도를 일정하게 유지하기 위해 방열하면서 압축한다. → $\Delta U = 0$, $-Q = -W$
- 과정 ④→①(단열 압축) : 기체가 단열 압축하면서 온도를 높인다. → ΔU 증가

② 순환과정에서 기체가 한 일 : $W = Q_1 - Q_2 > 0$

③ 카르노 사이클의 열효율

$$\eta_{th} = \frac{W}{Q_1} = \frac{Q_1 - Q_2}{Q_1} = 1 - \frac{Q_2}{Q_1} = 1 - \frac{T_2}{T_1}$$

W : 일, Q_2 : 공급받는 열량, Q_1 : 방출되는 열량
T_2 : 고온, T_1 : 저온

- 카르노사이클에서는 열이 온도로 바뀐다.
- 효율 증대 방법 : 일의 면적을 넓히기 위해 고온측 온도를 높이고 저온측 온도를 낮춘다.

▶ 일반 열기관 사이클의 열효율

$$\eta_{th} = 1 - \frac{Q_2}{Q_1} < 1 - \frac{T_2}{T_1}$$

⬆ 이상사이클과 실제사이클의 비교

---

③ 이상기체와 열역학 법칙

(1) 기체법칙

기체의 온도, 압력, 부피 사이의 관계를 나타냄

⬆ 보일-샤를의 법칙

(2) 이상기체의 상태 방정식

① 보일의 법칙(등온과정) : PV = 일정, 또는 $P_1V_1 = P_2V_2$

② 샤를의 법칙(등압과정) : $\frac{V}{T}$ = 일정, 또는 $\frac{V_1}{T_1} = \frac{V_2}{T_2}$

③ 보일-샤를의 법칙

$$\frac{PV}{T} = \text{일정}, \quad PV = nRT$$

P : 압력, V : 부피, T : 온도, n : 몰수, R : 기체상수

④ 게이뤼삭의 법칙(등압과정)

$$\frac{P}{T} = \text{일정}, \quad \text{또는} \quad \frac{P_1}{T_1} = \frac{P_2}{T_2}$$

(3) 기체가 하는 일(W)

$$W = PV$$
→ 이상기체의 일은 압력변화보다 부피변화로 일을 결정한다.

(4) 이상기체 내부에너지(U)

$$U = \frac{3}{2}nRT$$

⬆ 내부에너지와 열역학 법칙

(5) 열역학 제1법칙(에너지 보존법칙)

$$Q = \Delta U + W = \Delta U + P\Delta V$$
Q : 열(열량), ΔU : 내부에너지, $P\Delta V$: 외부에 한 일
※ 내부에너지 변화는 온도 변화와 관계가 있다.

(6) 열역학 제2법칙(비가역 현상, 엔트로피 법칙)

$$\Delta S = \oint \frac{\delta Q}{T} \geq 0 \qquad S : \text{엔트로피}$$

- 클라우지우스의 부등식에서 절대온도 T인 열역학적 계가 열 Q를 흡수하면 엔트로피는 $\Delta S = \oint \delta Q / T$만큼 증가한다.
- 고립계에서는 엔트로피가 감소되지 않는 방향으로 진행된다. (즉 가역과정에서는 0, 비가역과정에서는 증가된다)
※ 주회적분($\oint$) : 폐곡선을 따르는 적분, 즉 1사이클을 적분함
※ 비가역이란 : A→B로 변할 때 B→A로는 변환되지 않는 것을 말하며, 엔트로피 법칙의 예로는 물 속에 퍼진 잉크는 다시 잉크방울로 변환되지 않는다.

1 [11-2]
다음 중 단위 표기가 잘못된 것은?

① 회전수 : rpm, 압축압력 : kgf/cm^2

② 전류 : A, 축전지용량 : Ah

③ 연료 소비율 : km/h, 토크 : kgf · h

④ 전압 : V, 체적 : cc

> • 연료소비율 : 기관 출력 1 kW 또는 1 PS 당 1시간 동안 소비되는 연료의 양, 즉 g/kW·h 또는 g/PS·h
> • 토크 : kgf·m(힘×거리)

2 [09-2]
1.2 kJ을 W·s 단위로 환산한 값은?

① 120 W·s ② 1200 W·s

③ 4320 W·s ④ 72 W·s

> 1 J = 1 W·s 이므로 1.2×1000 [W·s]

3 [07-3]
단위 환산을 나타낸 것으로 맞는 것은?

① 1 [J] = 1 [N·m] = 1 [W·s]

② 1 [J] = 1 [W] = 1 [PS·h]

③ 1 [J] = 1 [N/s] = 1 [W·s]

④ 1 [J] = 1 [cal] = 1 [W·s]

4 [09-1]
총중량 1톤인 자동차가 72 km/h로 주행 중 급제동하였을 때 운동에너지가 모두 브레이크 드럼에 흡수되어 열로 되었다면 그 열량은? (단, 노면의 마찰계수는 1 이다)

① 47.79 kcal ② 52.30 kcal

③ 54.68 kcal ④ 60.25 kcal

> 물체에 일을 가하면 운동에너지의 변화가 생기고, 이 운동에너지를 열로 환산한다.
>
> 운동 에너지 $= \frac{1}{2}mv^2 = \frac{1}{2} \times \frac{1000}{9.8} [kg \cdot s^2/m] \times (\frac{72}{3.6})^2 [m^2/s^2]$
>
> $= 20408 [kgf \cdot m]$
>
> $1 [km/h] = \frac{1}{3.6} [m/s]$
>
> $1 [kgf] = 9.8 [N] = 9.8 [kg \cdot m/s^2]$이므로
>
> 1[kcal] = 427[kg·m] 이므로
>
> 일의 열당량 $= \frac{20408 [kg \cdot m]}{427 [kg \cdot m/kcal]} = 47.79 [kcal]$

5 [17-3, 12-2]
출력 50 kW의 엔진을 1분간 운전했을 때의 제동출력이 전부 열로 바뀐다면 몇 kJ인가?

① 2500 kJ ② 3000 kJ

③ 3500 kJ ④ 4000 kJ

> 1 [W] = 1 [J/s] = 1 [N·m/s]
> J = W·s → 50 [kW]×60 [s] = 3000 [kJ]

6 [12-1]
압축상사점에서 연소실체적 V_c = 0.1 L, 이 때의 압력은 P_c = 30 bar 이다. 체적이 1.1 L로 커지면 압력은 몇 Bar가 되는가? (단, 동작유체는 이상기체이며, 등온 과정으로 가정한다.)

① 약 2.73 bar ② 약 3.3 bar

③ 27.3 bar ④ 33 bar

> 보일의 법칙은 온도가 일정할 때 'PV = 일정'하다.
> 즉 $P_1 V_1 = P_2 V_2$이므로 $P_2 = \frac{0.1 \times 30}{1.1} = 2.73$ bar

7 [08-1]
이상기체의 정의에 속하지 않는 것은?

① 이상기체 상태 방정식을 만족한다.

② 보일-샤를의 법칙을 만족한다.

③ 완전가스라고도 부른다.

④ 분자 간 충돌 시 에너지가 변화한다.

> **이상기체(보일-샤를의 법칙)**
> • 이상기체 상태 방정식($PV = nRT$) : 보일의 법칙(압력과 부피는 반비례), 샤를의 법칙(부피와 온도는 비례), 아보가드로 법칙을 하나의 식으로 표현
> • 분자의 부피가 0이고, 분자간 상호작용이 없는 가상적인 기체
> • 내부에너지가 밀도와 관계없는 온도만의 함수이다.

8 [18-2, 09-3]
연소실의 벽면 온도가 일정하고, 혼합가스가 이상기체라고 가정하면 이 엔진이 압축행정일 때 연소실 내의 열과 내부에너지의 변화는?

① 열 = 방열, 내부에너지 = 증가

② 열 = 흡열, 내부에너지 = 불변

③ 열 = 흡열, 내부에너지 = 증가

④ 열 = 방열, 내부에너지 = 불변

> 문제에서 이상기체를 언급했으므로 카르노 사이클이라는 것을 알 수 있으며, 온도가 일정하고 압축행정이므로 등온압축과정이라는 것을 알 수 있다.
> 등온압축과정에서는 온도를 일정하게 유지하기 위해 방열하면서 압축한다.
> 즉, 내부에너지의 변화(ΔU)는 0이고, 압축상태(일을 받음)이므로 Q는 마이너스, 즉 방열상태이다.

정 답 1 ③ 2 ② 3 ① 4 ① 5 ② 6 ① 7 ④ 8 ④

9 내연기관에 적용되는 공기 표준 사이클은 여러 가지 가정 하에서 작성된 이론 사이클이다. 가정에 대한 설명으로서 틀린 것은?

① 동작유체는 일정한 질량의 공기로서 이상 기체법칙을 만족하며, 비열은 온도에 관계없이 일정하다.

② 급열은 실린더 내부에서 연소에 의해 행해지는 것이 아니라 외부의 고온 열원으로부터의 열전달에 의해 이루어진다.

③ 압축과정은 단열과정이며, 이때의 단열지수는 압축압력이 증가함에 따라 증가한다.

④ 사이클의 각 과정은 마찰이 없는 이상적인 과정이며, 운동 에너지와 위치 에너지의 변화는 무시된다.

▶ 공기 표준 사이클
엔진 사이클에서는 혼합기의 '흡입-압축-폭발-배기'의 개방 사이클이지만 이론적으로 해석하기 어려움으로 열역학적 해석을 위해 작동 유체를 표준 공기로 가정한 밀폐 사이클로 가정하여 해석한다.

▶ 공기 표준 사이클의 기본 가정
• 작동 유체는 이상 기체이며, 비열은 일정하다.
• 압축 및 팽창과정 : 단열(열손실 없음) 상태로 가정
• 운동 에너지와 위치 에너지의 변화는 무시한다.
• 기관 각 부의 마찰손실이 없는 것으로 가정
• 열에너지의 공급 및 방출은 외부와의 열전달에 의해 이뤄짐
• 사이클 과정 중 작동 유체의 양은 항상 일정하다.
• 급열과정은 정확한 사점(상사점, 하사점)에 일어남
• 사이클을 이루는 모든 과정은 가역 과정으로 이루어진다.

10 이론 사이클에서 이론 지압선도를 작성하기 위한 여러 가정 중에 포함되지 않는 것은?

① 밸브개폐는 정확히 사점에서 이루어진다.

② 급열과정은 정확히 사점에서 시작된다.

③ 압축과 팽창은 단열 과정이다.

④ 기관 각 부에는 마찰 손실이 존재한다.

11 이상적인 열기관인 카르노 사이클 기관에 대한 설명으로 틀린 것은?

① 다른 기관에 비해 열효율이 높기 때문에 상대 비교에 많이 이용된다.

② 동작가스와 실린더 벽 사이에 열교환이 있다.

③ 실린더 내에는 잔류가스가 전혀 없고, 새로운 가스로만 충전된다.

④ 이상 사이클로서 실제로는 외부에 일을 할 수 있는 기관으로 제작할 수 없다.

카르노 사이클 기관은 투입된 에너지가 외부와의 열전도 없이(열손실이 없음) 온전하게 모두 일로 사용되는 가장 열효율이 높은 이상적인 기관이다.

12 열역학 제 2법칙을 설명한 것으로 맞는 것은?

① 일은 쉽게 모두 열로 변화하나 열을 일로 바꾸는 것은 용이하지 않다.

② 열은 쉽게 모두 일로 변화하나 일을 열로 바꾸는 것은 용이하지 않다.

③ 일은 쉽게 모두 열로 변화하며, 열도 쉽게 모두 일로 변화한다.

④ 일은 열로 바꾸는 것이 용이하지 않으며, 열도 일로 바꾸는 것이 용이하지 않다.

• 열역학 제1법칙(에너지 보존법칙) : 열과 일은 형태만 변하고 에너지 총량은 일정하다.
• 열역학 제 2법칙(엔트로피 증가법칙) : 에너지는 열로 변환이 가능하지만 열을 다시 에너지로 변환은 불가능하다.

13 열역학 제2법칙의 표현으로 적당하지 못한 것은?

① 열은 저온의 물체로부터 고온의 물체로 이동하지 않는다.

② 제2종의 영구 운동 기관은 존재한다.

③ 열기관에서 동작 유체에 일을 시키려면 이것보다 더 저온인 물체가 필요하다.

④ 마찰에 의하여 열을 발생하는 변화를 완전한 가역 변화로 할 수 있는 방법은 없다.

제2종 영구기관은 외부에서 받은 열을 그대로 모두 일로 바꾸는 효율 100%의 열기관이지만, 실제 기관에서는 마찰이나 열 발생 등으로 인한 에너지 손실로 존재하지 않는다.
※ 제1종 영구기관 : 에너지의 공급을 받지 않고 일을 계속할 수 있는 기계

14 지압선도를 설명한 것은?

① 실린더 내의 가스 상태 변화를 압력과 체적의 상태로 표시한 도면이다.

② 실린더 내의 압축 상태를 평균 유효 압력과 마력의 상태로 표시한 도면이다.

③ 실린더 내의 온도 변화를 압력과 체적의 상태로 표시한 도면이다.

④ 기관의 도시마력을 그림으로 나타낸 것이다.

지압선도(P-V선도) : 기관 내에 연소되어 사이클을 마칠 때까지의 가스상태 변화를 실린더 내의 압력과 체적의 상태변화를 표시한 도면

정답 ▶ 9 ③ 10 ④ 11 ② 12 ① 13 ② 14 ①

15 자연계에서 엔트로피의 현상을 바르게 나타낸 것은?

① $\oint \dfrac{\delta Q}{T} \leq 0$ ② $\oint \dfrac{\delta Q}{T} < 0$

③ $\oint \dfrac{\delta Q}{T} > 0$ ④ $\oint \dfrac{\delta Q}{T} \geq 0$

엔트로피로 표현된 열역학 제2법칙
고립계에서 총 엔트로피(무질서도)의 변화는 항상 증가하거나 일정하며, 절대 감소하지 않는다. 이를 클라우지우스의 부등식으로 표현하면 다음과 같다. → 절대온도 T인 열역학적 계가 열 Q를 흡수하면 엔트로피는 $\Delta S = \oint \delta Q/T \geq 0$ 즉, 항상 증가한다는 의미이다.
※ 주회적분($\oint$) : 폐곡선을 따르는 적분, 즉 1사이클을 적분함

[19-1, 08-2]

16 다음 그림과 같은 디젤 사이클의 P-V 선도를 설명한 것으로 틀린 것은?

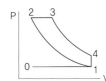

① 1 → 2 : 단열 압축과정
② 2 → 3 : 정적 팽창과정
③ 3 → 4 : 단열 팽창과정
④ 4 → 1 : 정적 방열과정

그래프에서 '2→3'은 압력을 일정하고, 부피가 증가했으므로 정압팽창과정이다.

[12-2]

17 내연기관의 연소가 정적 및 정압 상태에서 이루어지기 때문에 2중 연소 사이클이라고 하는 것은?

① 오토 사이클 ② 디젤 사이클
③ 사바테 사이클 ④ 카르노 사이클

복합 사이클 (2중 연소 사이클, 사바테 사이클)
정적-정압 두 부분에서 이루어지므로 정적-정압 사이클을 말한다. 고속디젤기관에서 피스톤의 속도가 빠르므로 연료의 연소시간을 충분히 주기 위해서 연료분사를 압축 행정 말(피스톤이 상사점 전에 있을 때)에 연료의 일부를 분사시켜 정적 하에서 연소시키고, 연료의 일부는 피스톤이 상사점 후에 분사하여 정압 하에서 연소된다.

[19-3, 15-2, 10-3, 13-1 유사]

18 오토사이클의 압축비가 8.5일 경우 이론 열효율은?
(단, 공기의 비열비는 1.4이다.)

① 57.5% ② 49.6%
③ 52.4% ④ 54.6%

오토 사이클의 이론 열효율(η_0) $= 1 - \left(\dfrac{1}{\varepsilon}\right)^{k-1} = 1 - \left(\dfrac{1}{8.5}\right)^{1.4-1}$
$= 1 - 0.425 = 0.575$

[18-2, 10-1]

19 기관에서 도시 평균 유효압력은?

① 이론 PV선도로부터 구한 평균유효압력
② 기관의 기계적 손실로부터 구한 평균유효압력
③ 기관의 크랭크축 출력으로부터 계산한 평균유효 압력
④ 기관의 실제 지압선도로부터 구한 평균유효압력

[13-3]

20 자동차 기관의 유효압력에 대한 설명으로 틀린 것은?

① 도시평균유효압력 = 이론평균 유효압력×선도계수
② 평균유효압력 = 1사이클의 일÷실린더 용적
③ 제동평균유효압력 = 도시평균 유효압력×기계효율
④ 마찰손실 평균유효압력 = 도시평균 유효압력 − 제동 평균 유효압력

평균유효압력은 실린더 내의 압력은 피스톤의 위치에 따라 순간순간에 변화한다. 이 압력의 평균값이 평균유효압력이 된다. 내연기관에서는 이 압력에 발생되는 일의 양을 행정체적으로 나눈 값이다.

평균유효압력 $= \dfrac{1사이클\ 동안\ 한\ 일}{행정\ 체적}$

[13-1]

21 실린더 내경이 73mm, 행정이 74mm 인 4행정 사이클 4실린더 기관이 6,300 rpm으로 회전하고 있을 때, 밸브구멍을 통과하는 가스의 속도는? (단, 밸브면의 평균지름은 30 mm이고, 밸브 스템의 굵기는 무시한다.)

① 62.01 m/s ② 72.01 m/s
③ 82.01 m/s ④ 92.01 m/s

피스톤의 평균속도(s) $= \dfrac{L \times n}{30}$ • L : 행정거리
  • n : 회전수

$= \dfrac{0.74\,[m] \times 6300\,[rpm]}{30} = 15.54\,[m/s]$

속도 = 압력/면적에 의해

가스 속도 $= \dfrac{밸브\ 압력}{밸브\ 면적}$, 피스톤 속도 $= \dfrac{피스톤\ 압력}{피스톤\ 면적}$

피스톤과 밸브에 작용하는 압력은 동일하므로

$\dfrac{가스\ 속도}{피스톤\ 속도} = \dfrac{피스톤\ 면적}{밸브\ 면적}$

가스 속도 $= \dfrac{0.073^2\,[m^2]}{0.03^2\,[m^2]} \times 15.54\,[m/s] = 92.01\,[m/s]$

[14-1]

22 기관의 지시마력과 관련이 없는 것은?

① 평균유효압력 ② 배기량
③ 기관회전속도 ④ 흡기온도

정답 15 ④ 16 ② 17 ③ 18 ① 19 ④ 20 ② 21 ④ 22 ④

[13-2, 10-2, 07-2, 17-1 유사]

23 4행정 사이클 기관의 실린더 내경과 행정이 100 mm × 100 mm이고, 회전수가 1800 rpm일 때 축 출력은?
(단, 기계효율은 80%이며, 도시평균 유효압력은 9.5 kgf/cm²이고, 4기통 기관이다.)

① 35.2 PS   ② 39.6 PS

③ 43.2 PS   ④ 47.8 PS

4행정 기관의 지시마력$(IHP) = \dfrac{PALZn}{2 \times 75 \times 60 \times 100}$

여기서, P : 평균 유효압력 = 9.5 kgf/cm²
       A : 실린더 단면적 = 0.785×10^2 = 78.5 cm²
       L : 피스톤 행정 = 10 cm
       Z : 실린더 수 = 4
       n : 엔진 회전수 = 1,800 rpm

$\therefore IHP = \dfrac{9.5 \, (kgf/cm^2) \times 78.5 \, (cm^2) \times 10 \, (cm) \times 4 \times 1,800}{2 \times 75 \, (kgf \cdot m/s) \times 60 \, (s) \times 100}$
          $\fallingdotseq 59.66$ PS

기계효율 $= \dfrac{제동마력}{지시마력} \times 100\%$ (축출력 = 축마력 = 제동마력)

$\therefore$ 축출력 $= 0.8 \times 59.66 \fallingdotseq 47.7$ PS

[18-1, 11-2]

24 제동 열효율을 설명한 것으로 옳지 못한 것은?

① 제동일로 변환된 열량과 총 공급된 열량의 비다.
② 작동가스가 피스톤에 한 일로써 열효율을 나타낸다.
③ 정미열효율이라고도 한다.
④ 도시열효율에서 기관 마찰부분의 마력을 뺀 열효율을 말한다.

지시열효율 : 동작가스가 피스톤에 가하는 일을 지시일이라 하며, 이때의 열효율을 말한다.

[07-3]

25 내연기관의 열효율에 대한 설명 중 틀린 것은?

① 열효율이 높은 기관일수록 연료를 유효하게 쓴 결과가 되며, 그만큼 출력도 크다.
② 기관에 발생한 열량을 빼앗는 원인 중 기계적 마찰로 인한 손실이 제일 크다.
③ 기관에서 발생한 열량은 냉각, 배기, 기계마찰 등으로 빼앗겨 실제의 출력은 1/4 정도이다.
④ 열효율은 기관에 공급된 연료가 연소하여 얻어진 열량과 이것이 실제의 동력으로 변한 열량과의 비를 열효율이라 한다.

열량 손실 중 외부로 방출되는 열이 가장 크다.

[09-2]

26 고온 327℃, 저온 27℃의 온도 범위에서 작동되는 카르노 사이클의 열효율은?

① 30%   ② 40%

③ 50%   ④ 60%

$\eta_{th} = \dfrac{W}{Q_1} = \dfrac{Q_1 - Q_2}{Q_1} = 1 - \dfrac{Q_2}{Q_1} = 1 - \dfrac{T_2}{T_1} \times 100\%$

W : 일, Q_1 : 공급받는 열량, Q_2 : 방출되는 열량 T_1 : 고온, T_2 : 저온

$\eta_{th} = 1 - \dfrac{T_2}{T_1} = 1 - \dfrac{273 + 27}{273 + 327} \times 100 = 50\%$

[18-2]

27 피스톤의 단면적 40 cm², 행정 10 cm, 연소실 체적 50 cm³인 기관의 압축비는 얼마인가?

① 3 : 1   ② 9 : 1

③ 12 : 1   ④ 18 : 1

압축비 $= 1 + \dfrac{행정체적}{연료실 체적} = 1 + \dfrac{400}{50} = 9$

※ 행정체적 = 단면적 × 행정 = 40 cm² × 10 cm = 400 cm³

[13-3, 15-3 유사]

28 가솔린 기관에서 압축비 $\varepsilon = 7$, 비열비 $k = 1.4$ 일 경우 이론 열효율은 약 얼마인가?

① 45.4%   ② 59.3%

③ 48.5%   ④ 54.1%

오토 사이클의 이론 열효율$(\eta_0) = 1 - \left(\dfrac{1}{\varepsilon}\right)^{k-1} = 1 - \left(\dfrac{1}{7}\right)^{1.4-1}$
                           $= 0.5408$

[09-3, 08-1]

29 어떤 오토사이클 기관의 실린더 간극체적이 행정체적의 15%일 때 이 기관의 이론열효율은 약 몇 %인가?
(단, 비열비 = 1.4)

① 39.23%   ② 46.23%

③ 51.73%   ④ 55.73%

• 오토사이클의 이론열효율$(\eta_o) = 1 - \left(\dfrac{1}{\varepsilon}\right)^{k-1}$ • ε : 압축비
• 압축비$(\varepsilon) = 1 + \dfrac{V_s}{V_c}$ • k : 비열비
                               • V_s : 행정 체적
실린더 간극체적 = 연소실체적   • V_c : 연소실 체적

$\therefore \varepsilon = 1 + \dfrac{V_s}{V_c} = 1 + \dfrac{1}{0.15} = 7.67$

$\therefore \eta_o = 1 - \dfrac{1}{7.67}^{1.4-1} = 0.5573$

30
[19-2, 07-1]

기관의 회전수가 2000 rpm일 때 회전력이 7.16 kgf·m이였다. 이 기관의 축마력은?

① 15 PS   ② 20 PS

③ 30 PS   ④ 10 PS

'축마력 = 제동마력'이므로

제동마력$(BHP) = \dfrac{2\pi \times T \times n}{75 \times 60} = \dfrac{T \times n}{716}$ (1 PS = 75 kgf·m/s)

여기서, T : 엔진 회전력 [kgf·m], n : 회전수 [rpm]

$\therefore BHP = \dfrac{7.16 \,[\text{kgf·m}] \times 2000 \,[\text{rpm}]}{716} = 20 \text{ PS}$

31
[18-2, 13-3]

배기량 400 cc, 연소실 체적 50 cc인 가솔린 기관에서 rpm이 3000 rpm이고, 축토크가 8.95 kgf·m일 때 축출력은?

① 약 15.5 PS   ② 약 35.1 PS

③ 약 37.5 PS   ④ 약 38.1 PS

축마력 = 제동마력, 회전력 = 토크

제동마력$(BHP) = \dfrac{T \times n}{716}$ • T : 엔진 회전력 [kgf·m]
  • n : 회전수 [rpm]

$\therefore BHP = \dfrac{8.95 \,[\text{kgf·m}] \times 3000 \,[\text{rpm}]}{716} = 37.5 \text{ PS}$

32
[07-3, 19-1 유사]

엔진 최대토크가 6 kgf·m, 회전수가 2500 rpm 일 때 엔진 출력은?

① 18.95 PS   ② 19.95 PS

③ 20.95 PS   ④ 21.95 PS

엔진 출력(제동마력) = $\dfrac{T \times n}{716} = \dfrac{2500 \times 6}{716} = 20.95 \text{ PS}$

33
[11-3]

4행정 사이클 가솔린 기관을 동력계에 의하여 시험한 결과 2500 rpm에서 9.23 kgf·m의 회전 토크가 나왔다면 이 기관의 축마력은?

① 약 30.1 PS   ② 약 32.2 PS

③ 약 33.3 PS   ④ 약 33.5 PS

축마력(제동마력) = $\dfrac{T \times n}{716} = \dfrac{2500 \times 9.23}{716} = 32.2 \text{ PS}$

34
[08-2]

기관의 출력시험에서 크랭크축에 밴드 브레이크를 감고 3 m의 거리에서 끝의 힘을 측정하였더니 4.5 kgf, 기관 속도계가 2800 rpm을 지시하였다면 이 기관의 제동마력은?

① 약 84.1 PS   ② 약 65.3 PS

③ 약 52.8 PS   ④ 약 48.2 PS

• 제동마력 = $\dfrac{T \times n}{716}$

• 회전력(토크) = 힘 × 거리 [kgf·m]

• $BHP = \dfrac{4.5 \times 3 \times 2800}{716} = 52.79 \text{ PS}$

35
[13-2]

2000 rpm에서 10 kgf·m의 토크를 내는 기관 A와 800 rpm에서 25 kgf·m의 토크를 내는 기관 B가 있다. 이 두 상태에서 A와 B의 출력을 비교하면?

① A > B 이다.   ② A < B 이다.

③ A = B 이다.   ④ 비교할 수 없다.

제동마력(출력) = $\dfrac{T \times n}{716}$ (T : 토크, n : 엔진회전수)

$A = \dfrac{2000 \times 10}{716}$, $B = \dfrac{800 \times 25}{716}$

$\therefore A = B$

36
[13-1, 07-1]

내경 87 mm, 행정 70 mm인 6기통 기관의 출력은 회전속도 5600 rpm에서 90 kW이다. 이 기관의 비체적 출력, 즉 리터출력 (kW/L)은?

① 6 kW/L   ② 9 kW/L

③ 15 kW/L   ④ 36 kW/L

리터출력은 행정체적(배기량) 1 [L]로 낼 수 있는 출력 [kW]을 말한다.

총배기량 = 단면적 × 행정 × 기통수
    = $(0.785 \times 8.7^2) \times 7 \times 6 = 2495.5 \text{ cm}^3 = 2.495 \text{ L}$
    ($1 \text{ cm}^3 = 1 \text{ cc} = 0.001 \text{ L}$이므로)

$\therefore$ 리터당 출력 = $\dfrac{90 \,[\text{kW}]}{2.495 \,[\text{L}]} = 36 \,[\text{kW/L}]$

정답 **30** ② **31** ③ **32** ③ **33** ② **34** ③ **35** ③ **36** ④

[16-3, 09-1]

37 연료의 저위 발열량을 H_L (kcal/kgf), 연료 소비량을 B (kgf/h), 도시 출력을 P_i (PS), 연료 소비시간을 t (s)라 할 때 도시 열효율 i를 구하는 식은?

① $i = \dfrac{632 \times P_i}{B \times H_l}$ 　② $i = \dfrac{632 \times H_L}{B \times t}$

③ $i = \dfrac{632 \times t \times H_L}{B \times P_i}$ 　④ $i = \dfrac{632 \times t \times P_i}{B \times H_l}$

열효율 = 열기관이 한 일/공급열량(발열량)

$$\eta_i = \frac{P_i}{Q_{IN}} = \frac{P_i\,[\text{PS}]}{B\,[\text{kg/h}] \times H_l\,[\text{kcal/kg}]} = \frac{632.3 \times P_i}{B \times H_l}$$

- P_i : 도시마력 [PS]
- Q_{IN} : 공급연료의 열에너지
- B : 시간당 연료소비량 [kg/h]
- H_l : 연료의 저위발열량 [kcal/kg]

※ why? 632.3

$$\frac{\text{PS}}{\frac{\text{kg}}{\text{h}} \times \frac{\text{kcal}}{\text{kg}}} = \frac{\text{PS}}{\frac{\text{kcal}}{\text{h}}} = \frac{75\,\frac{\text{kgf·m}}{\text{s}}}{\frac{427\,\text{kgf·m}}{3600\,\text{s}}} = \frac{75 \times 3600}{427} = 632.3$$

(1 kcal = 427 kgf·m) – 일을 열량을 바꿀 때

[08-3, 19-2 유사]

38 기관의 제동마력이 380PS, 시간당 연료소비량 80kg, 연료 1kg당 저위발열량이 10,000kcal 일 때 제동열효율은 얼마인가?

① 13.3% 　　② 30%

③ 35% 　　④ 60%

제동 열효율$(\eta_b) = \dfrac{632.3 \times BPS}{B \times H_l} \times 100\%$

$\eta_b = \dfrac{632.3 \times 380}{80 \times 10{,}000} \times 100\% \fallingdotseq 30\%$

여기서,
BPS : 제동마력 [PS]
B : 연료소비량 [kgf/h]
H_l : 저위발열량 [kcal/kg]

[10-2]

39 제동마력 : BPS, 도시마력 : IPS, 기계효율 : m이라 할 때 상호 관계식을 올바르게 표현한 것은?

① $m = \dfrac{IPS}{BPS} \times 100\%$

② $BPS = \dfrac{m}{IPS}$

③ $m = \dfrac{BPS}{IPS} \times 100\%$

④ $IPS = \dfrac{m}{BPS}$

기계효율$(\eta_m) = \dfrac{\text{제동마력(BPS)}}{\text{지시마력(IPS)}} \times 100\%$

[19-2, 11-3, 09-3]

40 내연기관에서 기계효율을 구하는 공식으로 맞는 것은?

① $\dfrac{\text{마찰마력}}{\text{제동마력}} \times 100\%$ 　② $\dfrac{\text{도시마력}}{\text{이론마력}} \times 100\%$

③ $\dfrac{\text{제동마력}}{\text{도시마력}} \times 100\%$ 　④ $\dfrac{\text{마찰마력}}{\text{도시마력}} \times 100\%$

[15-1, 14-2, 10-3, 08-1]

41 가솔린 기관의 열손실을 측정한 결과 냉각수에 의한 손실이 25%, 배기 및 복사에 의한 손실이 35%이었다. 기계효율이 90%이면 정미효율은?

① 54% 　　② 36%

③ 32% 　　④ 20%

- 기계효율 = $\dfrac{\text{제동 열효율}}{\text{도시 열효율}} \times 100\%$, (정미효율 = 제동열효율)
- 도시 열효율 = 100% − 손실 열효율의 합 = 100% − (25+35)% = 40%
- ∴ 제동 열효율 = (90×40)/100 = 36%

[15-3, 11-1]

42 간극체적 60 cc, 압축비 10일 실린더의 배기량은?

① 540 cc 　　② 560 cc

③ 580 cc 　　④ 600 cc

- 압축비$(\varepsilon) = \dfrac{V_S + V_C}{V_C} = 1 + \dfrac{V_S}{V_C}$ 　- V_S : 행정 체적
- 간극체적(통간체적) = 연소실 체적 　- V_C : 연소실 체적
- 배기량 = 행정 체적
- ∴ $10 = 1 + \dfrac{V_S}{60}$, $V_S = (10-1) \times 60 = 540$ cc

---

[07-3]

43 4실린더 4행정 기관의 내경×행정(85×90mm)이다. 이 기관이 3000 rpm으로 운전할 때 도시평균 유효압력이 9 kgf/cm²이며, 기계효율이 75%이면 제동마력은 얼마인가?

① 15.3 PS 　　② 46 PS

③ 61.3 PS 　　④ 92 PS

4행정 기관의 도시마력$(IHP) = \dfrac{PALZn}{2 \times 75 \times 60 \times 100}$

여기서, P : 도시평균 유효압력 = 9 kgf/cm²
　　　A : 실린더 단면적 = $\pi/4 \times 8.5^2 = 0.785 \times 8.5^2 = 56.7$ cm²
　　　L : 피스톤 행정 = 9 cm
　　　Z : 실린더 수 = 4
　　　n : 엔진 회전수 = 3000 rpm

∴ $IHP = \dfrac{9\,(\text{kgf/cm}^2) \times 56.7\,(\text{cm}^2) \times 9\,(\text{cm}) \times 4 \times 3000}{2 \times 75\,(\text{kgf·m/s}) \times 60\,(\text{s}) \times 100} \fallingdotseq 61.236$ ps

└ cm를 m로 통일

기계효율 = $\dfrac{\text{제동마력}}{\text{도시마력}} \times 100\%$

제동마력 = 0.75 × 61,236 ≒ 46 [PS]

정답 37 ① 38 ② 39 ③ 40 ③ 41 ② 42 ① 43 ②

[17-1, 16-2, 10-3]

44 실린더의 지름×행정이 100mm×100mm일 때 압축비가 17 : 1이라면 연소실 체적은?

① 29 cc   ② 49 cc

③ 79 cc   ④ 109 cc

- 압축비$(\varepsilon) = \dfrac{V_S + V_C}{V_C} = \dfrac{V_S}{V_C} + 1$ · V_S : 행정 체적
     · V_C : 연소실 체적
- 행정 체적 $= 0.785 \times 10^2 \times 10 = 785 \text{cm}^3 = 785 \text{cc}$
- $\therefore \ 17 = \dfrac{785}{V_C} + 1 \ \rightarrow \ V_C = \dfrac{785}{(17-1)} \fallingdotseq 49 \text{ cc}$

[12-2]

45 일반적인 기관 성능 곡선도의 설명으로 맞는 것은?

① 엔진 회전속도가 저속일 때 연료 소비율이 가장 적고 축토크가 가장 적다.

② 엔진 회전이 중속일 때 연료 소비율이 가장 적고 축토크가 가장 크다.

③ 연료 소비율은 엔진 회전속도가 저속과 고속에서 가장 낮다.

④ 엔진 회전속도가 고속일 때 흡입 기간이 길어 체적효율이 높다.

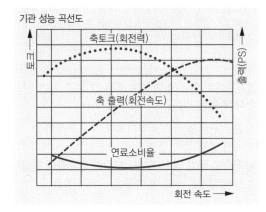

[09-3]

46 기관의 회전수가 2,400rpm일 때 화염전파에 소요되는 시간이 1/1,000초라면 TDC 전 몇 도에서 점화하면 되는가? (단, TDC에서 최고 압력이 나타나는 것으로 한다.)

① 12.4°   ② 13.4°

③ 14.4°   ④ 15.4°

점화시기 회전각도$(I_t) = \dfrac{N}{60} \times 360 \times t = 6 \times N \times t$

(N : 엔진회전수, t : 화염지연시간)

$I_t = 6 \times 2400 \times \dfrac{1}{1000} = 14.4°$

[09-1, 19-1 유사]

47 실린더 내경이 73 mm, 행정이 74 mm인 4행정 사이클 4실린더 기관이 6300 rpm으로 회전하고 있을 때 밸브 구멍을 통과하는 가스의 속도는? (단, 밸브면의 평균지름은 30 mm이고 밸브 스템의 굵기는 무시한다)

① 62.01 m/s   ② 72.01 m/s

③ 82.01 m/s   ④ 92.01 m/s

피스톤의 평균속도$(Vs) = \dfrac{LN}{30} = \dfrac{0.074 \times 6300}{30} = 15.54 \,[m/s]$

L : 행정, N : 회전수

$d_m = D\sqrt{\dfrac{V_S}{V_g}} = 0.073\sqrt{\dfrac{15.54}{V_g}} = 0.03$

d_m : 밸브면의 평균지름, D : 실린더 지름

V_S : 피스톤의 평균속도, V_g : 밸브의 속도

$V_g = (\dfrac{0.073}{0.03})^2 \times 15.54 = 92.01 \,[m/s]$

[17-2, 17-1, 16-2]

48 회전력이 20kgf·m 이고, 실린더 내경이 72 mm, 행정이 120mm인 6기통 기관의 SAE 마력은 얼마인가?

① 약 12.9 PS   ② 약 129 PS

③ 약 19.3 PS   ④ 약 193 PS

SAE 마력 $= \dfrac{M^2 Z}{1613}$ (M : 실린더 내경 [mm], Z : 실린더 수)

$= \dfrac{72^2 \times 6}{1613} = 19.28 \text{ PS}$

[09-3]

49 대형 화물자동차에서 기관의 회전속도가 2500 rpm일 때 기관의 회전토크는 808 N·m이였다. 이 때 기관이 제동 출력은?

① 약 561.1 kW   ② 약 269.3 kW

③ 약 7.48 kW   ④ 약 211.5 kW

방법 1 : 토크 단위가 [N·m]일 때 출력[kW]을 구하기

제동 출력[W] = 토크×각속도 $= 808 \,[N·m] \times \dfrac{2500}{9.55} \,[/s]$

$\fallingdotseq 211518 \,[N·m/s] = 211518 \,[W] \fallingdotseq 211.5 \,[kW]$

방법 2 : 토크 단위가 [kgf·m]일 때 출력[kW]을 구하기

제동 출력[PS] $= \dfrac{2\pi \times T\,[kgf·m] \times n\,[rpm]}{75 \times 60} \fallingdotseq \dfrac{T \times n}{716.5}$

$= \dfrac{808\,[N·m] \times 2500\,[rpm]}{716.5 \times 9.8} \fallingdotseq 287.6 \,[PS]$

1 [kW] = 1.36 [PS]이므로 287.6/1.36 $\fallingdotseq$ 211.5 [kW]

※ 1 [PS] = 75 [kgf·m/s], 1 [kW] = 102 [kgf·m/s]

※ 1 [N·m] = 1/9.8 [kgf·m]

정답 **44** ② **45** ② **46** ③ **47** ④ **48** ③ **49** ④

50 공기과잉률(λ)에 대한 설명이 바르지 못한 것은?

① 연소에 필요한 이론적 공기량에 대한 공급된 공기량과의 비를 말한다.

② 기관에 흡입된 공기의 중량을 알면 연료의 양을 결정할 수 있다.

③ 공기과잉률이 1에 가까울수록 출력은 감소하며 검은 연기를 배출하게 된다.

④ 자동차 기관에서는 전부하(최대분사량)일 때 0.8~ 0.9 정도가 된다.

공기과잉률(λ)

$$= \frac{\text{실제 공연비}}{\text{이론 공연비}} = \frac{\text{실제 흡입 공기량}}{\text{이론상 필요 공기량}}$$

• λ = 1.0 : 이론 공연비
• λ > 1.0 : 희박 혼합기
• λ < 1.0 : 농후 혼합기
※ 부분부하 상태 : 희박(1.1)
※ 전부하 상태 : 농후(0.8~0.9) – 출력 최대
※ 1에 가까울수록 이론공연비 부근

---

51 가솔린 300cc를 연소시키기 위하여 몇 kg의 공기가 필요한가 (단, 혼합비는 15, 가솔린 비중은 0.75로 한다)

① 2.18kg

② 3.42kg

③ 3.37kg

④ 39.2kg

가솔린 300 [cc] = 300 [cm³] = 0.3 [L]　　　　※ 1cc = 1mL

체적[L]×비중 = 무게 [kg] → 0.3 [L]×0.75 = 0.225 [kg]
혼합비가 15:1(공기:연료)이므로 공기가 0.225 [kg]×15 = 3.375 [kg]

---

52 공기과잉률 람다(λ)에 관한 설명으로 틀린 것은?

① 람다(λ) 값은 1을 기준으로 한다.

② 람다(λ) 값이 클수록 혼합비가 희박하다.

③ 람다(λ) 값이 1보다 낮을수록 CO와 HC가 많이 배출된다.

④ 이론공연비를 실제 흡입공기량으로 나눈 값이다.

---

53 전자제어 연료 분사장치에서 연료가 완전 연소하기 위한 이론 공연비와 가장 밀접한 관계가 있는 것은?

① 공기와 연료의 산소비

② 공기와 연료의 중량비

③ 공기와 연료의 부피비

④ 공기와 연료의 원소비

이론공연비 = 공기의 중량비 : 연료의 중량비

---

54 가솔린 엔진에서 공급과잉률(λ)에 대한 설명으로 틀린 것은?

① λ값은 1일 때 이론 혼합비 상태이다.

② λ값은 1보다 크면 공기과잉 상태이고, 1보다 작으면 공기부족상태이다.

③ λ값이 1에 가까울 때 질소산화물(NO_x)의 발생량이 최소가 된다.

④ 엔진에 공급된 연료를 완전 연소시키는 데 필요한 이론공기량과 실제로 흡입한 공기량과의 비이다.

NO_x 발생량은 λ = 1.1 정도에서 가장 높게 나타나는데, 이론공연비에 가까워질수록 점차 증가하다가 희박연소로 갈수록 점차 낮아진다.
(섹션 7. 배출가스장치 참고)

---

55 내연기관에서 연소에 영향을 주는 요소 중 공연비와 연소실에 대해 옳은 것은?

① 가솔린 기관에서 이론 공연비보다 약간 농후한 15.7~16.5 영역에서 최대 출력 공연비가 된다.

② 일반적으로 엔진 연소기간이 길수록 열효율이 향상된다.

③ 연소실의 형상은 연소에 영향을 미치지 않는다.

④ 일반적으로 가솔린 기관에서 연료를 완전 연소시키기 위하여 가솔린 1에 대한 공기의 중량비는 14.7이다.

---

① 최대 출력 공연비는 이론공연비보다 10~15% 과농한 혼합비에서 얻어진다. (12.5~13)
② 열효율 : 연소전 압축이 높을수록, 연소기간이 짧을수록, 연소가 상사점에서 일어날수록 좋다.
③ 연소실 형상에 따라 압축비, 화염전파속도, 와류발생, 돌출부, 체적비 등이 결정되므로 연소에 영향이 크다.

정답　**50** ③　**51** ③　**52** ④　**53** ②　**54** ③　**55** ④

56 가솔린을 완전 연소시켰을 때 발생되는 것은?

① 이산화탄소, 물
② 아황산가스, 질소
③ 수소, 일산화탄소
④ 이산화탄소, 납

가솔린의 연소반응 화학식
$2C_8H_{18}$(옥탄) + $25O_2$(산소) → $16CO_2$(이산화탄소) + $18H_2O$(물)

[19-1, 11-3]

57 어떤 기관에서 연료 10.4 kg을 연소시키는데 152 kg의 공기를 소비하였다. 공기와 연료의 비는?
(단, 공기밀도는 1.29 kg/m³이다.)

① 14.6kg 공기 / 1kg 연료
② 14.6m³ 공기 / 1m³ 연료
③ 12.6kg 공기 / 1kg 연료
④ 12.6m³ 공기 / 1m³ 연료

공연비 = 공기 : 연료 = 152 : 10.4 = 14.6 : 1

[13-2]

58 가솔린 기관에 사용되는 연료의 발열량에 대한 설명 중 증발열이 포함되지 않은 경우의 발열량으로 가장 적합한 것은?

① 연료와 산소가 혼합하여 완전연소할 때 발생하는 저위 발열량을 말한다.
② 연료와 산소가 혼합하여 예연소할 때 발생하는 고위발열량을 말한다.
③ 연료와 수소가 혼합하여 완전연소할 때 발생하는 저위발열량을 말한다.
④ 연료와 질소가 혼합하여 완전연소할 때 발생하는 열량을 말한다.

연료의 발열량의 표시법으로 고위 발열량과 저위 발열량이 있다. 저위 발열량은 연료 중에 포함되어 있는 수증기의 열량(증발열)을 고려하지 않은 열량으로 실제 기관에서 이용할 수 있는 열량이다.
(저위 발열량 = 총발열량−수증기 잠열)

[19-1, 12-3]

59 연료 옥탄가에 대한 설명으로 옳은 것은?

① 옥탄가의 수치가 높은 연료일수록 노크를 일으키기 쉽다.
② 옥탄가 90 이하의 가솔린은 4 에틸납을 혼합한다.
③ 노크를 일으키지 않는 기준연료를 이소옥탄으로 하고 그 옥탄가를 0으로 한다.
④ 탄화수소의 종류에 따라 옥탄가가 변화한다.

• 가솔린은 CH(탄화수소)의 종류에 따라 옥탄가가 변한다.
• 4에틸납은 옥탄가 향상제(노킹억제)로, 가솔린의 옥탄가가 55~65로 낮기 때문에 4에틸납을 첨가한 유연 휘발유이다.
• 옥탄가의 수치가 높을수록 노킹이 억제된다.
• 노크를 일으키지 않는 기준연료를 이소옥탄으로 하고 그 옥탄가를 100으로 한다.

[12-3]

60 가솔린기관의 노크에 대한 설명으로 틀린 것은?

① 실린더 벽을 해머로 두들기는 것과 같은 음이 발생한다.
② 기관의 출력을 저하시킨다.
③ 화염전파 속도를 늦추면 노크가 줄어든다.
④ 억제하는 연료를 사용하면 노크가 줄어든다.

화염속도를 빠르게 하면 말단가스가 자기발화를 일으키기 전에 화염면으로 말단가스를 연소시켜 노크가 줄어든다.

[12-3]

61 가솔린 엔진의 노크 발생을 억제하기 위하여 엔진을 제작할 때 고려해야 할 사항에 속하지 않는 것은?

① 압축비를 낮춘다.
② 연소실 형상, 점화장치의 최적화에 의하여 화염전파 거리를 단축시킨다.
③ 급기 온도와 급기 압력을 높게 한다.
④ 와류를 이용하여 화염전파속도를 높이고 연소기간을 단축시킨다.

▶ **가솔린과 디젤 노크 방지대책 비교**

조건	가솔린 엔진	디젤 엔진
옥탄가 및 세탄가	옥탄가 ↑	세탄가 ↑
발화점 (또는 착화점)	↑	↓
압축비	↓	↑
점화시기	↓	↑
흡입공기온도 실린더 벽 온도	↓	↑
연소실 압력	↓	↑

chapter 01

[14-3]

62 어떤 오토 기관의 배기가스 온도를 측정한 결과 전부하 운전 시에는 850℃, 공전 시에는 350℃일 때 각각 절대온도(K)로 환산한 것으로 옳은 것은? (단, 소수점 이하는 제외한다.)

① 1850, 1350

② 850, 350

③ 1123, 623

④ 577, 77

절대온도 $K = 273.15 + ℃$

[14-3]

63 48 PS 내는 가솔린 기관이 8시간에 120 L의 연료를 소비하였다면 제동연료 소비율은 몇 g/PS·h 인가? (단, 연료의 비중은 0.74이다.)

① 약 180

② 약 231

③ 약 251

④ 약 280

연료소비율 : 단위 출력당(1시간동안 1PS) 소비되는 연료소비량(g)을 의미한다. [g/PS·h] ※ $1L = 10^3 mL = 10^3 g$

제동연료 소비율 $\eta = \dfrac{0.74 \times 120 \times 10^3}{8 \times 48} = 231.25$

[14-2]

64 실린더 안지름 60mm, 행정 60mm 인 4실린더 기관의 총 배기량은?

① 약 750.4cc

② 약 678.2cc

③ 약 339.2cc

④ 약 169.7cc

총배기량 = 배기량(행정×체적)×실린더 수
= $(\pi/4) \times 6^2 \times 6 \times 4 = 678.24\ cm^3 ≒ 678.24\ cc$

[14-1]

65 가솔린 엔진에서의 노크 발생을 감지하는 방법이 아닌 것은?

① 실린더 내의 압력측정

② 배기가스 중의 산소농도 측정

③ 실린더 블록의 진동 측정

④ 폭발의 연속음 설정

[14-1]

66 자동차로 15 km의 거리를 왕복하는데 40분이 걸렸고 연료소비는 1830 cc 이었다면 왕복 시 평균속도와 연료소비율은 약 얼마인가?

① 23 km/h, 12 km/L

② 45 km/h, 16 km/L

③ 50 km/h, 20 km/L

④ 60 km/h, 25 km/L

평균속도 = $\dfrac{15 \times 2\,[km]}{2/3\,[h]} = 45\,[km/h]$

연료소비율 = $\dfrac{거리}{연료소비량} = \dfrac{15 \times 2\,[km]}{1.83\,[L]} = 16.39\,[km/L]$

※ 1 L = 1000 cc

[14-1]

67 직경×행정이 78 mm×78 mm인 4행정 4기통의 기관에서 실제 흡입된 공기량이 1120.7 cc라면 체적효율은?

① 약 55%

② 약 62%

③ 약 75%

④ 약 83%

체적효율 $\mu_v = \dfrac{실제\ 흡입한\ 공기량}{총\ 배기량} \times 100\%$

$= \dfrac{1120.7\,[cm^3]}{0.785 \times 7.8^2 \times 7.8 \times 4\,[cm^3]} \times 100\% ≒ 75\%$

[14-1]

68 정비용 리프트에서 중량 13500 N인 자동차를 3초 만에 높이를 1.8 m로 상승시켰을 경우 리프트의 출력은?

① 24.3 kW

② 8.1 kW

③ 22.5 kW

④ 10.8 kW

$P = \dfrac{13500\,[N] \times 1.8\,[m]}{3\,[s]} = 8,100\,[W]$

출력에 대한 문제가 나오면 다음 3가지 중 하나를 사용한다.
(이 때 문제에 제시된 단위는 다음 단위에 맞게 변환시킨다)

① 1 W = 1 N·m/s

② 1 kW = 102 kgf·m/s

③ 1 ps = 75 kgf·m/s

02 엔진 본체

Industrial Engineer Motor Vehicles Maintenance

[출제문항수 : 약 2~3문제] 기초적인 내용뿐만 아니라 점검 및 측정·테스트에 관해 중점을 두기 바랍니다.

01 실린더 헤드 및 실린더 블록

1 실린더 헤드와 실린더 헤드 개스킷

① 실린더 윗면에 설치되어 실린더, 피스톤과 함께 연소실을 형성
② 흡·배기 밸브나 점화플러그(또는 분사밸브)가 장착
③ 실린더 헤드의 재질 : 주철 또는 Al 합금

▶ 실린더 헤드를 알루미늄 합금으로 제작하는 이유 : 열전도성이 좋고 가벼우며, 고온에서 기계적 강도가 크기 때문

④ 실린더헤드 개스킷 : 실린더 헤드와 실린더 블록 사이에 설치되어 연소가스, 냉각수, 오일의 누설을 방지한다.
⑤ 실린더 헤드의 장·탈착 방법

탈착 시	바깥쪽에서 안쪽으로 향하여 대각선으로 푼다.
장착 시	안쪽에서 바깥에서 향하여 대각선으로 체결한다.

2 연소실

① 연소실의 형상에 따른 구분 : 반구형, 쐐기형, 지붕형, 욕조형 등
② 연소실의 형상은 엔진의 압축비와 밀접한 관련이 있으므로 엔진의 압축비에 따라 연소실 체적을 설계해야 한다.

▶ DOHC 엔진의 경우 흡·배기 밸브의 위치를 안정되게 설치할 수 있으므로 지붕형 연소실을 많이 사용한다.

⬆ 반구형　⬆ 쐐기형　⬆ 욕조형　⬆ 지붕형

(2) 실린더 행정 높이와 실린더 지름에 따른 연소실 분류

실린더 내경 = D

행정 = L

D = L	D > L	D < L
스퀘어 엔진 정방행정 엔진 (정사각형)	오버 스퀘어 엔진 단행정(행정 높이가 짧은) 엔진	언더 스퀘어 엔진 장행정(행정 높이가 긴) 엔진

구분	특징
단행정 (오버스퀘어) 기관	• 회전력이 작으나 회전속도는 빠르다. • 흡·배기 밸브의 지름을 크게 하여 흡입효율을 증대 • 단위 체적당 출력을 크게 할 수 있다. • 기관의 높이를 낮게 설계 할 수 있다. • 내경이 커서 피스톤이 과열이 심하고 측압이 크다.
장행정 (언더스퀘어) 기관	• 회전 속도가 늦은 반면 회전력이 크고 측압이 적다. • 중·저속형 엔진에 주로 사용된다. • 디젤엔진은 가솔린엔진보다 압축비(약 2배)를 높이기 위해 실린더의 높이가 더 긴 특징이 있다.

▶ 크롬 도금한 라이너에는 크롬 도금된 피스톤링을 사용하지 않는다.
즉, 링을 크롬 도금한 경우 도금하지 않은 라이너를 사용한다.

3 실린더 라이너(cylinder liner)

① 실린더의 안쪽 벽에 삽입하는 얇은 두께의 원통으로 열전도성, 내마모성, 내식성을 갖고 있는 특수 주철로 만들어진다.
(마모 시 교체)
② 종류

건식 라이너	실린더 라이너와 냉각수가 직접 접촉 되는 않는 형태	가솔린 기관
습식 라이너	실린더 라이너와 냉각수가 직접 접촉 되는 형태	디젤기관

④ 실린더 마멸과 보링

(1) 기관 실린더의 마멸 원인
① 실린더와 피스톤 링의 접촉
② 연소 생성물에 의한 부식
③ 흡입가스 중의 먼지와 이물질에 의한 마모
④ 피스톤링의 호흡작용으로 인한 유막 끊김

(2) 기관 실린더의 마멸 영향
① 엔진오일의 희석 및 소모
② 피스톤 슬랩 현상 발생 ── 피스톤이 실린더 벽을 타격함
③ 압축압력 저하 및 블로바이 가스 발생
④ 연료소모 증가 및 엔진 출력저하

> ▶ **실린더에서 마모량이 실린더 윗부분이 큰 이유**
> • 피스톤 헤드에 미치는 압력이 가장 크므로 피스톤 링과 실린더 벽과의 밀착력이 최대가 되기 때문
> • 피스톤링의 호흡작용으로 인한 유막 끊김
> ※ 마모량이 가장 적은 부분 : 실린더 하단부

(3) 실린더 벽 마멸량 점검 기구
① 실린더 보어 게이지
② 내측 마이크로미터
③ 텔레스코핑 게이지 및 외측 마이크로미터

(4) 실린더 벽의 두께

> 실린더 벽의 두께 $t = \dfrac{PD}{2\sigma}$ [mm]
>
> P : 폭발압력, D : 실린더 직경, σ : 허용응력

(5) 실린더 보링(boring)
일체식 실린더가 마멸 한계 이상으로 마모되었을 때 보링 머신으로 피스톤의 오버 사이즈에 맞추어 진원으로 절삭하는 작업이다.

> ▶ **보링값 계산**
> 1. **신품 실린더 내경+마멸량+수정절삭값**(0.2)
> 2. 실린더 지름이 70 mm 이상일 경우는 0.20 mm 이상, 70 mm 이하인 경우에는 0.15 이상 마멸된 때 보링작업
> 3. 실린더 마멸이 심한 방향 : 측압 (크랭크축 직각방향)
> 4. 오버 사이즈 한계는 실린더 지름이 70 mm 이상은 1.50 mm, 70 mm 이하는 1.25 mm이다.
>
> ▶ **호닝(horning)** : 엔진의 보링한 절삭면에 바이트 자국을 없애기 위해 연마하는 작업 (오차 한계 : **0.02~0.05mm**)

---

02 피스톤 어셈블리

① 피스톤의 재질
구리계 Y합금, 규소계 로엑스(Lo-Ex) 합금, 특수 주철
Al+Cu+Ni+Mg   Al+Cu+Ni+Si+Mg+Fe

② 피스톤의 종류
① 오프셋(offset) : 피스톤의 **측압 및 슬랩(slap)을 감소**시키기 위해 피스톤 핀을 중심으로 1.5mm 정도로 오프셋시켜 장착
② 슬리퍼형(slipper) : 측압을 받지 않는 스커트부를 떼어낸 형상으로 피스톤 무게를 줄이고, 마찰력을 감소하여 고속 기관에 많이 사용하며, 하강 시 카운터웨이트에 간섭이 줄어들어 행정이 좀더 긴 장점이 있다.
③ 스플리트형(split) : 가로홈(스커트로의 열전달 억제)과 세로홈(전달에 의한 팽창 억제)을 둔다.
④ 솔리드형(solid) : 스커트 형상이 완전한 원형형으로 열팽창에 대한 보상장치가 없다.
⑤ 타원형 : 보스방향의 지름을 적게 함(열팽창 억제)
⑥ 테이퍼형 : 피스톤 헤드부의 지름을 작게 한 것(열팽창 억제)
⑦ 인바스트럿형 : 인바제 스트럿을 피스톤과 일체 주조(열팽창 억제) ← 인바의 특징 : 열팽창계수가 적음

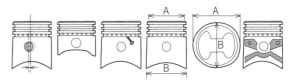

옵셋   슬리퍼   스플리트   테이퍼(A<B)   타원(A>B)   인바스트럿

> ▶ **히트댐(heat dam)**
> 피스톤의 헤드부와 스커트부 사이에 홈을 말하며, 헤드부의 고열이 스커트부에 전달되는 것을 방지한다.

③ 피스톤 핀의 고정 방법
① 고정식 : 피스톤 보스부에 볼트로 고정
② 반부동식 : 커넥팅 로드 소단부를 클램프 볼트로 고정
③ 전부동식 : 보스부 양 단면에 스냅링을 끼워 피스톤 핀이 빠지지 않도록 한다.

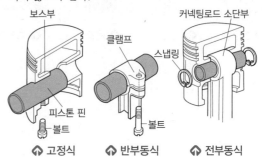

보스부   클램프   커넥팅로드 소단부   스냅링

피스톤 핀   볼트   볼트

⬆ 고정식   ⬆ 반부동식   ⬆ 전부동식

> ▶ **피스톤의 측압과 가장 관계있는 것**
> 커넥팅 로드 길이와 행정, 피스톤의 옵셋, 피스톤링 절개구

4 실린더와 피스톤의 간극

① 피스톤 간극에 따른 영향

피스톤 간극이 클 때	• 압축 압력의 저하(연소가스가 피스톤 밖으로 누설되는 블로바이에 의해) → 출력 저하 • 오일의 희석(가솔린이 오일에 섞임) • 피스톤 슬랩(slap, 피스톤이 실린더 벽을 때림)이 발생 • 백색 배기가스 발생(오일이 연소실에 유입되어 연소됨)
피스톤 간극이 작을 때	• 마찰로 인한 마멸 증가 • 마찰열로 인한 소결(고착, 타붙음)

② 측정공구 : 실린더 보어 게이지와 외경마이크로미터, 텔레스코핑 게이지와 외경마이크로미터

5 피스톤 링

(1) 피스톤 링의 3대 작용

기밀유지 작용 / 열전도 작용 / 오일제어 작용

(2) 피스톤링 절개구의 종류

⚑ 버트 이음
butt – 세로방향
으로 끊김

⚑ 각 이음
lap–경사

⚑ 랩 이음
lap–계단모양

⚑ 실 이음
seal – 끝을 밀봉한

(3) 피스톤링 형태별 구분

① 동심형 링 : 실린더 벽에 가해지는 압력이 불균형

② 편심형 링 : 실린더 벽에 가해지는 압력이 일정

동심형 링

편심형 링

(4) 피스톤링 장력 점검

① 장력게이지 사용 : 링을 게이지의 벨트에 끼운 후 핸들을 돌려 링의 앤드갭이 닫힐 때 눈금을 읽음

② 스프링 저울 사용 : 라쳇을 돌려 피스톤 힝 앤드갭이 닫힐 때의 스프링 눈금을 읽음

6 피스톤 링의 이상 현상

(1) 스커핑 현상(Scuffing)

피스톤의 상사점과 하사점에서 일단정지한 후 방향이 바뀌게 되며 또 동시에 링의 호흡작용에 의해 실린더벽의 유막단절로 링과 실린더 벽이 직접 접촉되고 동시에 폭발행정시 상사점에서 더해지는 폭발압력으로 피스톤링이 실린더 벽을 강력하게 밀착할 때의 마찰열에 의해 온도가 상승되고 국부적으로 용해되거나 나아가서는 융착을 일으켜 실린더 벽과 피스톤링 외주에 홈이 생기게 되는 현상

(2) 스틱 현상(Stick)

연소생성물인 카본, 오일 찌꺼기(sludge)가 고형화되어 피스톤링 홈 안에 퇴적이 되고 퇴적이 지속되면서 고착되는 현상

(3) 플러터(flutter) 현상

엔진의 회전속도가 증가하면 피스톤링이 링 홈면에 밀착되지 않고 홈 안에서 뜨며 피스톤링이 링 홈 속에서 진동하는 현상으로, 가스 압력에 비해 피스톤링의 관성력이 커져서 링이 홈 내에서 떨리게 되어 링이 정상적으로 기밀을 유지하지 못하고 이로 인해서 블로바이 가스가 급증한다.

(4) 호흡작용

피스톤의 상하운동에 따라 각 행정마다 피스톤링의 위치가 바뀌는 것을 말한다. 호흡작용에 의해 유막이 상단까지 도달하지 못해 피스톤헤드부의 마멸이 하단보다 심해진다.

흡입	피스톤의 홈과 링의 윗면이 접촉하여 홈에 있는 소량의 오일의 침입을 막는다.
압축	피스톤이 상승하면 링은 아래로 밀리게 되어 위로부터의 혼합기가 아래로 누설되지 않게 한다.
동력	폭발가스의 압력에 의해 링이 아랫면이 접촉하여 링 아래로 가스가 누설되는 것을 방지한다.
배기	피스톤이 상승하면 링은 아래로 밀리게 되어 위로부터의 연소가스가 아래로 누설되지 않게 한다.

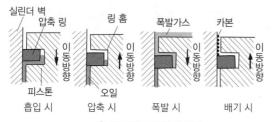

↑ 행정별 압축링의 작용

7 커넥팅 로드의 길이에 따른 영향

길 때	측압이 작다. 엔진 높이가 높다. 중량이 증가, 강성이 적다.
짧을 때	측압이 크다. 중량이 가볍다. 강성이 증대된다. 고속용 엔진에 적합하다.

03 밸브 기구

1 캠축(cam shaft) 구동방식(타이밍 기어의 구동방식)
① 크랭크축의 동력을 통해 캠축을 구동하여 흡배기 밸브를 개폐를 하는 역할을 한다.
② 캠축은 캠 높이에 따라 흡·배기 밸브가 열리는 정도를 결정하며, 캠 높이에서 기초원을 뺀 부분이 밸브를 열고 닫는 양정(lift)이 된다.

2 밸브기구의 형식(밸브와 캠의 배열에 의한 분류)
(1) SOHC형(Single Over Head Camshaft)
① 1개의 캠축을 이용하여 흡·배기 캠이 실린더마다 각각 1개씩 설치한 구조이다.

② 밸브 타이밍이 정확하고 부품의 수가 적어 엔진의 회전 관성이 적기 때문에 응답성은 우수하다.
③ DOHC 엔진보다 출력이 낮고, 현재 사용하지 않는다.

(2) DOHC형(Double Over Head Camshaft)
① 2개의 캠축을 사용하여 흡·배기 캠이 실린더마다 각각 2개씩 총 4개의 캠이 설치
② 실린더마다 4개의 흡·배기 밸브가 장착되어 엔진 구동 시 흡·배기 효율 및 연소효율이 우수하므로 엔진 출력(허용최고 회전수 향상)을 높일 수 있다.
③ 구조가 복잡하고 가격이 비싸다.
④ SOHC 엔진보다 구조가 복잡하고 소음이 크다.

3 밸브와 밸브시트
(1) 밸브 스템 엔드

밸브 스템의 끝부분 면은 캠이나 로커암과 접촉되는 부분으로 평면으로 다듬어져야 한다.

(2) 밸브 가이드
① 밸브 스템의 상하 운동을 유지하도록 안내하는 역할을 한다.
② 밸브 스템과의 마찰을 위해 윤활 오일을 이용
(윤활 오일 누설 방지를 위해 밸브 가이드 오일실이 부착됨)

(3) 밸브시트

밸브면(페이스)과 밀착하여 압력이 새는 것을 방지하고, 연소로 인한 밸브면의 열을 실린더 헤드에 전달한다.

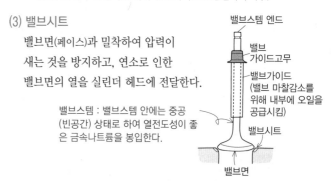

밸브스템 : 밸브스템 안에는 중공(빈공간) 상태로 하여 열전도성이 좋은 금속나트륨을 봉입한다.

▶ **밸브시트의 침하로 인한 현상**
- 밸브스프링의 장력이 약해짐 · 가스의 저항이 커짐
- 밸브 닫힘이 완전하지 못함 · 블로바이 현상이 일어남
- 공회전 부조가 일어남

▶ **밸브를 회전시키는 목적**
- 밸브 면과 시트의 카본 퇴적 방지 및 스템의 편마모 방지, 소결방지
- 밸브 헤드의 온도를 균일하게 하여 응력 방지

▶ **밸브 마진**
밸브의 재사용 여부 결정, 규정값 : 0.8mm 이상

(4) 밸브 불량에 따른 영향

흡입불량, 압축압력 저하, 역화, 배기가스 흡입 등을초래로 인해 정상적인 연소를 방해하여 출력 저하(가속, 공회전 불량) 및 엔진 부조(떨림 현상)를 초래한다.

4 밸브 간극

① 로커암과 밸브스템 또는 밸브 리프터(태핏)와 밸브스템과의 간격을 말한다.

② 밸브 간극이 변화하면 밸브 개폐 시기에 영향을 주므로 항상 적절하게 조정해야 한다.

> ▶ 밸브 간극의 점검 : 시크니스 게이지
> ▶ 간극이 너무 크면 → 늦게 열리고 일찍 닫힘, 실린더 내 온도 상승, 흡기효율 저하, 소음 및 충격 발생
> ▶ 간극이 너무 작으면 → 일찍 열리고 늦게 닫혀 밸브 열림 기간이 길어짐, 역화 또는 후화가 발생, 밀착 불량, 과열, 소결
> ▶ 블로바이(blow-by) : 실린더와 피스톤 사이로 압축가스 또는 폭발가스가 새는 것
> ▶ 블로백(blow back) : 폭발행정일 때 밸브와 밸브시트 사이에서 가스가 누출되는 것

5 흡입효율 향상(고속회전)을 위한 밸브 상태

① 3-밸브 또는 4-밸브 : **흡입효율을 높이기 위하여** 흡기밸브 2개와 흡기보다 직경이 큰 배기밸브 1개를 설치하거나 흡배기밸브를 각각 2개씩 설치한다.

② 흡기밸브를 크게 함 : 더 많은 공기가 연소실로 흡입하여 흡입효율(체적효율)을 증대하기 위해 흡기밸브를 크게 한다.

6 유압식 밸브 리프터(hydraulic valve lifter)

① 윤활장치의 유압을 이용하여 온도 변화에 관계없이 밸브 간극을 항상 '0'이 되도록 하여 밸브 개폐 시기가 정확하게 유지되도록 하는 장치이다.

② **밸브 간극 조정이나 점검이 필요없다.**

③ 밸브 개폐시기가 정확하게 되어 기관의 성능이 향상된다.

④ 충격을 흡수하기 때문에 밸브 작동이 조용하고, 밸브 기구의 내구성이 향상된다.

⑤ 구조가 복잡하다.

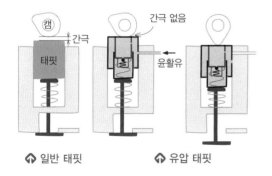

⬆ 일반 태핏   ⬆ 유압 태핏

> ▶ 캠축의 캠형상 : 접선형, 볼록형, 오목형, 원호형

7 밸브 스프링

(1) 밸브 스프링의 구비 조건

① 블로바이(blow by)가 생기지 않을 정도의 탄성 유지

② 밸브가 캠의 형상대로 움직일 수 있을 것

③ 내구성이 크고, 서징 현상이 없을 것

(2) **밸브 스프링의 점검사항**

① 장력 : 스프링 장력의 감소는 표준값의 **15%** 이내일 것

② 자유고 : 자유높이의 변화량은 **3%** 이내일 것

③ 직각도 : 직각도는 자유높이 **3%** 이내일 것

④ 접촉면의 상태는 2/3 이상 수평일 것

(3) 밸브 스프링의 서징 현상과 방지책

① 밸브의 서징(Surging) 현상 : 밸브 스프링의 고유 진동수와 고속 회전에 따른 캠의 강제 진동수가 서로 공진하여, 밸브 스프링이 캠의 진동수와 상관없이 심하게 진동하는 현상이다.

② **서징 방지법**

• 부등피치 스프링, 부등피치 원추형 스프링, 피치가 서로 다른 2중 스프링 사용

• 스프링 정수를 크게 한다.

• 스프링의 고유 진동수를 높게 한다.

> ▶ 스프링 정수
> 스프링 장력의 세기, 즉 스프링에 작용하는 힘과 길이변화의 비례관계를 표시하는 정수를 말하며 스프링 재질마다 다르다. 동일 하중이 작용할 때 변형이 적으면 장력(스프링 정수)이 커진다.

8 캠축의 회전속도과 밸브의 개폐시기

(1) 캠축의 회전속도

4행정 사이클 기관에서 크랭크축 2회전에 캠축은 1회전한다.

(2) 밸브 타이밍(valve timing)

① 흡·배기 밸브의 개폐시기를 말한다.

② 피스톤 상사점 또는 하사점을 기준으로 각 밸브의 열림 시작과 닫힘 종료 시점을 크랭크축의 회전각도로 표시한다.

③ 기동전동기는 정상 작동하지만 시동이 걸리지 않으면 밸브 타이밍이 맞지 않기 때문이다.

9 밸브 오버랩

① 밸브 오버랩 = **BTDC + ATDC**

② 흡기 밸브·배기 밸브가 동시에 열려있는 기간

③ 목적 : 관성을 이용한 흡입효율증대, 배기효율증대, 배기가스의 온도 감소

04 크랭크축과 베어링

1 크랭크축의 점검부위

① 축과 베어링 사이의 오일 간극 측정
② 축의 축방향 흔들림
③ 크랭크축의 굽힘
④ 크랭크 핀 저널 및 메인저널 마멸량 점검

2 크랭크 축의 비틀림 진동 발생원인

① 크랭크 축의 회전력이 클 때
② 크랭크 축의 길이가 길수록
③ 강성이 작을수록

3 베어링의 오일 간극에 따른 영향

클 때	오일 소비 증가로 오일 부족으로 유압 저하
작을 때	마찰 증대, 마모 촉진, 소결현상 발생

4 크랭크축 베어링(축받이)

① 종류 : 분할형, 스러스트형, 부시형
② 크랭크축 베어링의 돌기 : 베어링을 하우징의 홈에 끼우는 부분으로 베어링이 하우징 내에서 축방향 또는 회전방향으로 움직이지 않게 하는 역할
③ 간극 측정 : 플라스틱 게이지
④ 크랭크축의 균열검사 : 자기탐상법, 형광탐상법, X선투과법
⑤ 베어링 크러시와 베어링 스프레드

베어링 크러시	• 베어링 바깥둘레와 하우징 안둘레와의 차이 • 밀착성 증대, 열전도 양호 • 크러시가 너무 크면 베어링이 찌그러짐
베어링 스프레드	미장착시 베어링 외경과 하우징 내경과의 차이 밀착성 증대, 이탈방지, 찌그러짐 방지

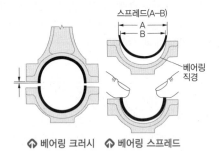

↑ 베어링 크러시   ↑ 베어링 스프레드

▶ **메인저널과 베어링 간극이 커지게 되면**
• 윤활유가 많이 소모되며 유압이 떨어진다.
• 오일이 누설되어 백색 연기가 배출된다.
• 피스톤이 제대로 고정되지 않으므로 타음(knocking)이 난다.

▶ **베어링 재질**
• 배빗베탈(화이트 메탈) : Sn + Sb + Cu + Zn (주석+안티몬+구리+아연)
• 켈밋메탈(적 메탈) : Cu + Pb (구리+납)
• 트리메탈 : 강재 + 켈밋메탈(중) + 배빗메탈(표면)

5 플라이 휠(flywheel)

① 크랭크축의 회전수와 실린더의 수가 적으면 무겁게 하여 회전관성을 크게 하고, 많으면 가볍게 한다.(중앙부는 두께가 얇고 주위는 두껍게 한 원판으로 되어 있다.)
② 실린더 수와 엔진 회전속도에 반비례
③ 비틀림 진동 방지기(진동 댐퍼) : 플라이 휠로 인한 비틀림 진동을 방지, 크랭크축 풀리 앞에 설치

1 압축 압력 점검

(1) 개요

① 압축 압력 시험은 엔진 부조, 출력 부족 시 시험하는 방법으로, 크랭킹을 하면서 측정한다.

점화플러그를 제거하고, 압축 압력 게이지를 장착한다.

② 엔진을 분해, 수리하기 전에 필수적으로 해야 하는 점검으로 피스톤 링의 마모 상태, 밸브의 접촉 상태, 실린더의 마모 상태 등을 점검하여 압축압력이 규정값보다 낮거나 높을 경우에는 엔진을 분해·수리해야 한다.

③ 건식 측정 방법과 습식 측정 방법이 있으며, 건식 측정방법으로 피스톤 링, 밸브의 누설 여부를 판단하기 어려울 경우 습식 측정 방법을 이용한다.

⚫ NCS 동영상

▶ 기관 분해 시기(overhaul)
  • 압축압력 70% 이하일 때
  • 연료소비율 60% 이상일 때
  • 오일소비량 50% 이상일 때

(2) 측정 방법

① 정상 작동온도(85~95℃)로 워밍업 후 정지시키고, 공기청정기 탈거 및 연료 공급차단 및 점화 1차선 분리(시동 방지)

② **모든 점화플러그를 제거**하고 압축 압력 게이지 설치

③ 스로틀 밸브를 100% 전개시키고, ➜ 공회전이 아님
엔진 크랭킹 4~6회전(250~300rpm)하여 최고 압력을 측정

④ 습식 압축압력 시험 : ③번 과정 이후, 점화플러그 구멍에 엔진오일을 10cc 정도 넣고 1분 후 재측정한다.

→ 습식 압축압력 시험은 인위적으로 피스톤링과 실린더 벽 사이에 유막을 형성시켰을 때 압축압력이 정상이라면 이 부위의 누설로 판정하고, 압축압력이 낮아지면 밸브부분, 헤드개스킷 등의 누설로 판정

(3) 판정

① 정상 : **규정압력의 90~100% 이내 (각 실린더간 차이는 10% 이내)**

② 불량 : 규정 압력의 70% 이하 또는 110% 이상 (각 실린더간 차이는 10% 이상)

▶ 압축압력이 규정값보다 10% 이상일 경우 : 연소실 내 카본이 원인이다.(→ 카본이 다량 부착되면 연소실 체적이 작아져 압축비, 압축압력이 높아짐)
▶ 실린더 벽 및 피스톤 링의 마멸인 경우 : 계속되는 행정에서 조금씩 압력이 상승하며, 습식시험에서는 뚜렷하게 상승한다.
▶ 밸브불량 : 규정값보다 낮으며 습식시험을 하여도 압축압력이 상승하지 않는다.
▶ 헤드 개스킷 불량, 실린더 헤드 변형 : 인접한 실린더의 압축 압력이 비슷하게 낮으며, 습식 시험을 하여도 압력이 상승하지 않는다.

2 흡기 다기관의 진공도 점검

① 흡입행정 시 공회전 상태에서 피스톤 하강에 따라 흡입 다기관이 밀폐되어 진공이 발생하는데, 진공정도(진공도)를 측정하여 **점화시기, 밸브 작동 상태, 배기장치 막힘 등**을 판정한다.

→ 엔진 시동 후 엔진이 흡입공기를 빨아들여 연료와 함께 연소된다. 이때 가속페달을 밟지 않으면 흡기 다기관의 스로틀밸브가 약 15% 닫혀져 있어 흡기 다기관은 부압상태(대기압보다 압력이 낮음, 부분 진공상태)가 된다. 이 부압을 측정하여 정상 여부를 확인한다.

(1) 점검사항

① 엔진 출력 저하
② 실린더 벽, 피스톤 링 마모
③ 밸브 타이밍(개폐 시기) 불량
④ 점화시기 및 밸브 밀착 불량
⑤ 실린더헤드 개스킷 누설
⑥ 밸브 소손
⑦ 배기장치 막힘

⚫ 진공 게이지

(2) 준비사항

엔진 워밍업 후 서지탱크의 연료압력조절기나 진공배력장치를 구동하기 위한 진공 구멍 등에 진공 게이지 호스를 연결한다.

(3) 판정

주의) 진동도 시험 시 공회전 상태에서 측정하므로 엔진을 정지시키지 않는다.

시동 후, 공회전 상태에서 진공계 눈금으로 판독하여 **약 45~ 50 cmHg에서 바늘의 흔들림이 없을 때 정상**으로 판정한다.

→ 참고) 대기압상태에는 76cmHg이며, 스로틀 밸브가 닫혀있어도 완전 진공상태가 아니다.
→ 가속 및 감속상태에서는 게이지 압력 변화가 있어야 정상이다.

▶ **불량 판정**
  • 실린더 벽, 피스톤 링 마모 : 30~40cmHg에서 정지
  • 밸브 타이밍(개폐 시기)이 맞지 않음 : 20~40cmHg에서 정지
  • 밸브 밀착불량 및 점화시기 지연 : 정상보다 5~8cmHg 낮음
  • 실린더헤드 개스킷 파손 : 13~45cmHg
  • 배기장치 막힘 : 조기 정상에서 0으로 하강 후 다시 회복하여 40~43cmHg

▶ **출력 저하 시 압축압력 시험을 하기 전에 흡기다기관**
  배기 장치의 막힘, 실린더 압축 압력의 누출 등 엔진의 작동 상태에 이상이 있는지 판단할 수 있다.

▶ 알아두기) 흡기다기관의 진공을 이용한 장치
  • 연료압력조절기
  • 브레이크 진공배력장치
  • 서지탱크의 MAP 센서
  • EGR밸브(배기저감장치)
  • 진공진각장치(기계식 점화장치)
  • 블로우바이가스 재순환 장치(PCV밸브) 등

chapter 01

3 실린더 누설 점검

① 엔진 조립 상태를 확인하기 위해 압축공기를 주입하여 누설게이지를 이용하여 누설 여부를 점검하는 것이다.

② 측정 전 **점화플러그를 모두 제거**한 후 차례로 측정하고자 하는 실린더를 상사점(TDC)에 위치시키고 실린더 누설 시험 게이지를 점화플러그 구멍에 장착하고, 게이지의 다른 한쪽을 컴프레서로부터 압축공기에 연결한다.

③ 압축공기의 압력이 **3 kg/cm²**가 되도록 레귤레이터를 조정하여 실린더 내로 주입시켜 게이지에 나타나는 지침을 읽는다.

④ 결과치가 **각 실린더별 10% 이상 차이가 있거나 한 실린더가 40% 이하의 값이 나올 경우 습식으로 측정**한다.

4 실린더 파워 밸런스 점검

① 점화계통, 연료계통, 흡기계통을 종합적으로 점검

② 점검 시 주의사항 : 장시간 점검 시 삼원촉매장치에 손상 우려가 있으므로 **빠른 시간 내에 점검**해야 한다.

③ 점검 방법 : 엔진 시동을 걸고(공회전) 엔진 회전수를 확인한다. 각 실린더의 **점화플러그 배선을 하나씩 제거**하며 배선 제거 전·후의 엔진 회전수를 비교한다.

→ 점화플러그 제거 후 변화가 없다면 해당 실린더에 문제가 있으며, 변화가 있다면 해당 실린더는 문제없다.

5 엔진 공회전 점검

연료소비와 밀접하므로 엔진 공회전수가 규정값에 맞는지 점검해야 한다.

(1) 공회전 측정

① 냉각수 온도가 정상 온도(85~95℃)가 되도록 워밍업한다.

② 스캐너(자기진단기)를 자동차에 연결하여 공회전 속도가 800~850 rpm인지 점검한다.

→ 전자 스로틀 밸브 타입(ETC)과 공회전 조절 밸브(ISA) 타입의 경우에도 동일하게 시험한다.

(2) 공회전 불량 시 점검 – 공회전 속도에 따른 점검사항

규정치보다 낮을 경우	스로틀 바디 내부의 퇴적된 카본을 확인하고, 흡기 클리닝을 통해 제거
규정치보다 높을 경우	외부 공기가 흡기관으로 많이 유입되는지 확인

6 엔진 소음

(1) 밸브 소음 점검(유압 리프터 / 기계식)

① 엔진 점검용 청진기를 이용하여 로커암 부위를 점검한다.

② 기계식 밸브리프터는 심(shim)을 이용하여 간극을 규정에 맞게 조정한다.

③ 가장 소음이 많이 나는 실린더가 있을 경우 유압 리프터를 탈거하여 점검하고 필요 시 교환한다.

(2) 타이밍 벨트 소음 점검

시동 중 "끼르륵" 소음이 발생하면 벨트가 미끄러지는 것으로 타이밍 벨트 또는 타이밍 텐셔너를 교환한다.

▶ 엔진 소음 점검 전 엔진오일의 양 및 색깔을 점검한 후 정상일 때 점검한다.

(3) 밸브 간극 점검 및 조정(기계식)

① 밸브 간극의 점검 및 조정 : 시동을 정지하고 냉각수온이 20~30℃가 되도록 한 후 실시한다.

② 1번 실린더의 피스톤을 압축 상사점에 위치시켜 흡·배기 간극을 점검한다.

→ 크랭크축 풀리를 시계방향으로 회전시켜 타이밍 체인 커버의 타이밍 마크 "T"와 댐퍼 풀리의 홈을 일치시킨다.

→ CVVT 스프로킷의 경우 : TDC 마크가 실린더 헤드 상면과 일직선이 되게 회전시켜 1번 실린더가 압축 상사점에 오게 한다.

③ 크랭크축을 1회전(360°)시켜 4번 실린더의 피스톤이 압축 상사점에 위치할 경우 밸브 간극을 측정한다.

④ 흡·배기 밸브 간극을 조정한다. 이때 태핏을 분리하여 마이크로미터를 사용하여 태핏의 두께를 측정한다.

⑤ 밸브 간극이 규정값 내에 오도록 새로운 태핏의 두께를 계산한다.

(가) 흡기 : $N = T + (A - 0.20mm)$
(나) 배기 : $N = T + (A - 0.30mm)$

• T : 분리된 태핏의 두께, A : 측정된 밸브의 간극, N : 새로운 태핏의 두께
• 태핏 두께 : 0.015 mm 간격으로 3.0~3.69 mm까지 47개 사이즈가 있다.

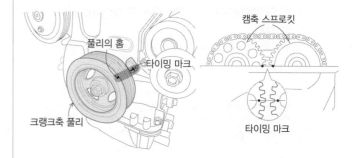

캠축 스프로킷

풀리의 홈

타이밍 마크

크랭크축 풀리

타이밍 마크

(4) 밸브스프링 장력 점검

① 엔진의 소음 원인 중 밸브 장력에 의한 소음도 발생할 수 있으므로 엔진 분해 조립시에 밸브 스프링 장력 시험기를 이용하여 **밸브 장력 및 자유높이**를 점검하여야 한다.

② 캠축의 캠 높이를 측정하여 마모가 심한 경우는 캠축을 교환한다.

⊙ 밸브 스프링 장력 시험기

(5) 캠축 높이, 양정, 캠축 휨 점검

캠축 마모로 인한 소음 발생 및 밸브 개폐의 불량으로 연료소비율과 출력이 감소될 수 있다.

(6) 엔진 기계적 고장 진단

엔진 부조	시동 후 한 개의 실린더를 중지시키면서 엔진의 회전수를 살펴보면서 회전수에 변화를 확인
엔진 소음	밸브 소음, 피스톤 소음, 벨트 소음, 밸브 간극, 밸브 고착, 타이밍 체인 정렬 불량, 밸브 간극 불량, 밸브 스프링 등
엔진 오일 누유	실린더헤드 커버의 오일실(oil seal)과 오일 팬 쪽 부위, 피스톤링 마모, 밸브 실(seal) 마모, 플라이휠과 변속기 사이의 오일실 누유 여부
냉각수 누수	실린더 헤드 개스킷 결함, 라디에이터 연결 호스 부위와 히터 호스 부위 확인
엔진 출력 부족	엔진의 스톨 시험을 통해서 엔진 또는 변속기 불량여부 확인

06 엔진 본체 정비

1 실린더 블록의 평편도 검사

곧은자와 필러게이지를 이용하여 곧은자와 블록 평면 사이에 필러 게이지가 삽입되는지 여부로 평편도를 검사한다. 이 때 6 방향으로 검사한다.

2 실린더 헤드 정비

(1) 실린더 헤드 탈착

① 볼트를 풀 때 변형 방지를 위해 바깥쪽에서 중앙을 향해 2~3회 나누어 푼다.

② 고착 등으로 인해 탈착이 어려우면 나무 또는 고무 재질의 해머로 두드리거나 압축압력이나 자중을 이용하여 분리한다.

(2) 실린더 헤드 장착

① 실린더 블록에 액상 접착제를 바른 후 개스킷을 설치하고, 개스킷 윗면에 접착제를 바르고 실린더 헤드를 장착한다.

② 볼트로 조일 때 변형 방지를 위해 탈착과 반대로 중앙에서 바깥쪽을 향해 조이며, 최종적으로 조일 때는 지침서의 규정값대로 토크법 및 각도법을 이용한다.

> ▶ 각도법을 주로 사용하는 이유
> 보다 정확하게 균등한 힘으로 볼트를 조이기 위함이다. 토크법을 이용하면 볼트머리 및 나사면의 마찰력이 일정하지 않으므로 각 볼트별로 체결력의 차이가 발생한다.

▶ **각도법 체결 방법의 예**

① 조립순서에 맞게 토크렌치를 이용하여 초기 토크(3.5kgf·m)로 볼트를 조인다.

② 토크 앵글 게이지를 볼트에 끼운 후 0점 조정하고, 메뉴얼에 지시한 각도만큼 조인다.

지시바늘 / 각도판을 회전하여 영점 조정 / 각도판 / 조정렌치

3 피스톤 링 및 피스톤 조립

① 피스톤 링 장착 방법 : 링의 엔드갭(End Gap)이 크랭크축 방향과 크랭크 축 직각 방향을 피해서 **120~180° 간격으로 설치한다.** → 절개부 쪽으로 압축이 새는 것을 방지하기 위하여

② 피스톤 링 1조가 4개로 되어 있을 경우 맨 밑에 오일링을 먼저 끼운 다음 압축링을 차례로 끼운다.

③ 피스톤 링을 조립할 경우에는 피스톤 링에 오일을 도포한다.

④ 피스톤을 실린더에 장착하기 위해서는 피스톤 링 압축 공구를 이용하며, 피스톤 링을 압축한 후 망치를 이용하여 힘을 조절하여 조립한다.

⑤ 피스톤을 실린더에 장착할 경우 반드시 방향을 맞추고 조립하여야 한다.

⑥ 피스톤은 1개 실린더씩 조립하고 커넥팅로드 캡의 너트를 조립한 후 토크렌치를 이용하여 너트를 조립한다.

⑦ 피스톤은 1개 조립 후 크랭크 축을 돌려 원활하게 돌아가는지 점검하면서 조립한다.

⑧ 모든 피스톤을 조립한 후에는 1번 실린더와 4번 실린더가 상사점에 올라오도록 맞춘다.

> ▶ 주의할 점은 각인(표시: STD)되어 있는 부분이 피스톤 헤드부로 오게 하면서 끼워야 한다는 것이다.

◢ 크랭크축의 분해, 검사, 조립

(1) 크랭크축 분해

① 크랭크축 분해 시 크랭크축 메인저널 베어링 캡이 섞이지 않도록 분해한다.

② 크랭크 축을 분해하고 세척 후에 손상 여부를 확인한다.

(2) 크랭크축의 휨 측정

① V 블록 위에 크랭크축 앞뒤 메인저널을 올려놓고 다이얼 게이지를 직각으로 설치하고 0점 조정한 후, 크랭크축을 회전시키면서 다이얼 게이지의 눈금을 읽는다.

→ 이 때 최대값과 최소값의 차이의 1/2이 크랭크축의 휨 값이다.

② 크랭크축 메인 저널, 피스톤 핀 저널 측정 시 직각방향으로 두 번 측정한다.

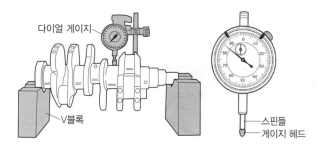

다이얼 게이지

V블록

스핀들
게이지 헤드

> ▶ 다이얼 게이지는 수치을 직접 측정하는 공구가 아니라, 휨 정도 등을 통해 간접적으로 측정한다.

(3) 크랭크축 엔드플레이(축방향 유격)

① 크랭크축 엔드플레이란 크랭크축의 좌우의 유격을 말하며, 피스톤의 상하운동 및 커넥팅 로드에 영향을 미친다.

② 측정 : 다이얼게이지, 플라이 바(일자 드라이버)

③ 엔드플레이 불량 시 나타나는 현상 - 엔드플레이는 적당해야 함

클 경우	• 측압증대 • 커넥팅 로드에 휨하중 작용 • 진동 및 클러치 작동 시 충격
작을 경우	• 마찰증대, 소결현상 발생 → 크랭크암과 스러스트 베어링의 측면이 미끄럼 운동을 하여 회전상태가 무거움

④ 수정 : 스러스트 베어링 교환

⑤ 축방향 움직임은 0.3 mm이내이며, 스러스트 플레이트로 조정

일자 드라이버를 끼운 후
재껴 게이지의 눈금을 측정

◳ 스로틀 보디 청소

① 엔진 워밍업 후, 시동을 끈다.

② 공회전 조절 모터의 커넥터 및 공회전 조절 모터를 탈거하여 세척액으로 스로틀 보디와 모터를 세척한다.

③ 세척 후 공회전 조절 모터의 개스킷을 교환하고 조립한다.

④ 배터리 터미널 ⊖ 단자를 15초 간 떼었다 장착한다.

⑤ 엔진을 시동하여 워밍업을 하고 에어컨 및 자동 변속기의 레버를 주행으로 한 후 엔진 공회전 상태를 점검한다.

⑥ 가속한 후에 공회전 상태를 여러 번 점검하여 이상이 없는지를 확인한다.

> ▶ 주행 거리 증가에 따라 공회전 조절 모터의 내부에 타르 및 카본 과다 퇴적으로 인해 공회전 제어 불량 현상이 발생하게 되므로, 일정한 주행 거리 주행 후에는 카본을 제거해 주어야 한다.
> ▶ 전자 제어 스로틀 밸브는 진단기를 이용하여 초기화를 해 주어야 한다.

⑥ 팬 벨트 교환

① 팬 벨트는 일체형으로 되어 있다.

② 가장 먼저 스패너를 이용하여 장력 조절 **아이들러 베어링의 장력을 이완**한다.

③ 이완된 상태에서 팬 벨트를 탈거하고 각종 베어링 상태를 점검한다.

④ 각종 장력 조절 베어링을 포함하여 베어링 상태를 점검하여 필요시에는 교환한다.

⑤ 각종 풀리에 홈이 맞는가를 확인한 후 조립하고, 장력 조절 베어링의 벨트 부위를 마지막으로 조립한다.

⑥ 벨트 조립 후 시동을 걸어 소음 및 베어링의 진동 여부를 확인한다.

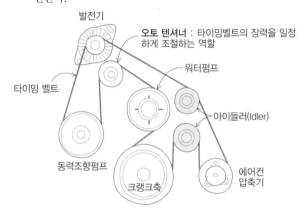

⑦ 구동벨트 장력 측정 및 조정

① 5분 이상 운전한 벨트는 구품 벨트의 장력 규정값을 따른다.

② 장력계의 손잡이를 누른 상태에서 풀리와 풀리 또는 풀리와 아이들러 사이의 벨트를 장력계(Tension Guage) 아래의 스핀들과 갈고리 사이에 끼운다.

③ 장력계의 손잡이에서 손을 뗀 후 지시계가 가리키는 눈금을 확인한다.

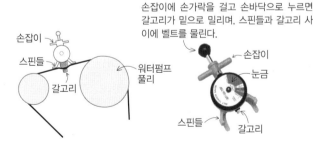

⑧ 엔진 조립 후 최종 작업

① 엔진 오일을 주입한다.

② 라디에이터와 리저버 탱크에 냉각수를 주입한다.

③ 연료의 누설 여부를 확인한다.

④ 연료 라인 조립 후 점화키를 ON으로 하여 약 2초간 연료 펌프를 구동시켜 연료 라인에 압력을 향상시킨다.

⑤ 위 작업을 2~3회 반복 후 연료 라인의 연료 누설을 점검한다.

⑥ 냉각장치의 공기빼기 작업을 한다. 이때 엔진을 가동하면서 부동액을 서서히 보충해야 한다.

→ 공기빼기가 잘 되지 않으면 냉각수의 순환이 불량하여 기관 과열의 원인이 될 수 있다.

⑦ 엔진을 워밍업 하여 냉각팬이 회전되는지 확인한다.

⑧ 냉각팬이 회전하면 라디에이터와 리저버 탱크에 냉각수를 계속 보충한다.

⑨ 위 작업을 계속하여 냉각 계통의 공기를 제거한다.

[12-3]

1 내연기관에서 장행정 기관과 비교할 경우 단행정 기관의 장점으로 틀린 것은?

① 흡·배기 밸브의 지름을 크게 할 수 있어 흡·배기 효율을 높일 수 있다.

② 피스톤의 평균속도를 높이지 않고 기관의 회전속도를 빠르게 할 수 있다.

③ 직렬형 기관인 경우 기관의 높이를 낮게 할 수 있다.

④ 직렬형 기관인 경우 기관의 길이가 짧아진다.

> **단행정(오버스퀘어) 기관의 특징**
> • 흡·배기 밸브의 지름을 크게 하여 흡입효율을 증대한다.
> • 피스톤의 평균속도를 올리지 않고 회전수를 높일 수 있다.
> • 단위 체적당 출력을 크게 할 수 있다.
> • 기관의 높이를 낮게 설계할 수 있다.
> • 내경이 커서 피스톤이 과열되기 쉽다.

[12-2]

2 캠축에서 캠의 각 부 명칭이 아닌 것은?

① 양정   ② 로브
③ 플랭크   ④ 오버랩

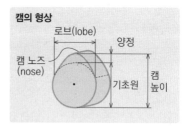

캠의 형상

로브(lobe) / 양정 / 캠 노즈 (nose) / 기초원 / 캠 높이

[15-1, 12-2]

3 밸브의 양정이 15mm일 때 일반적으로 밸브의 지름은?

① 60mm   ② 50mm
③ 40mm   ④ 20mm

> **밸브양정** $h = \dfrac{d}{4}$ (d : 밸브 지름), $d = 15 \times 4 = 60$ mm

[19-3, 09-3]

4 DOHC 기관의 장점이 아닌 것은?

① 구조가 간단하다.

② 연소효율이 좋다.

③ 최고 회전속도를 높일 수 있다.

④ 흡입 효율의 향상으로 응답성이 좋다.

> **DOHC 기관의 특징**
> • OHC는 1개의 캠축에 흡배기 밸브가 작동하지만 DOHC는 각각의 캠축에 흡배기 밸브가 작동한다.
> • 흡입효율이 향상
> • 허용최고 회전수의 향상
> • 높은 연소효율
> • 구조가 복잡하고 가격이 비싸다.

[17-3, 12-3]

5 가솔린 기관에서 블로바이 가스의 발생 원인으로 맞는 것은?

① 엔진 부조

② 실린더 헤드 가스켓의 조립불량

③ 흡기밸브의 밸브시트 면의 접촉 불량

④ 엔진의 실린더와 피스톤 링의 마멸

[12-3]

6 4행정 사이클 기관에서 블로다운(blow-down) 현상이 일어나는 행정은?

① 배기행정 말 ~ 흡입행정 초

② 흡입행정 말 ~ 압축행정 초

③ 폭발행정 말 ~ 배기행정 초

④ 압축행정 말 ~ 폭발행정 초

[09-3, 07-3]

7 실린더 헤드의 재료로 경합금을 사용할 경우 주철에 비해 갖는 특징이 아닌 것은?

① 경량화 할 수 있다.

② 연소실 온도를 낮추어 열점(Hot Spot)을 방지할 수 있다.

③ 열전도 특성이 좋다.

④ 변형이 전혀 생기지 않는다.

> 알루미늄계 실린더 헤드는 열전도성이 좋고 가벼운 장점이 있으나, 열팽창률이 크고 내구성이 비교적 적은 단점이 있다.

[14-1, 09-3]

8 자동차 기관에서 피스톤 구비조건이 아닌 것은?

① 무게가 가벼워야 한다.

② 내마모성이 좋아야 한다.

③ 열의 보온성이 좋아야 한다.

④ 고온에서 강도가 높아야 한다.

정답 1④ 2④ 3① 4① 5④ 6③ 7④ 8③

[07-3]

9 조기점화에 대한 설명 중 **틀린** 것은?

① 조기점화가 일어나면 연료소비량이 적어진다.

② 점화플러그 전극에 카본이 부착되어도 일어난다.

③ 과열된 배기밸브에 의해서도 일어난다.

④ 조기점화가 일어나면 출력이 저하된다.

> **조기점화** : 혼합기가 점화플러그에 의한 점화에 앞서 연소실 내의 카본이나 돌출부 등의 열점이나 과열된 밸브에 의해 먼저 점화되는 현상을 말한다. 조기점화로 인해 급격한 압력상승 및 진동으로 노킹이 발생하고 심할 경우 피스톤, 실린더헤드 등의 파손을 유발한다.

[07-2]

10 흡기다기관의 진공시험으로 그 결함을 알아내기 어려운 것은?

① 점화시기 틀림

② 밸브스프링의 장력

③ 실린더 마모

④ 흡기계통의 가스킷 누설

> **진공도의 판단 사항**
> • 엔진 출력 저하
> • 실린더 압축 압력 저하(흡기 계통 누출, 실린더 헤드부 누출실린더 벽 또는 피스톤 링 마멸, 밸브 소손, 밸브 접촉불량, 밸브가이드 마멸, 밸브 닫힘 불량)
> • 밸브 타이밍 불량
> • 점화시기 불량, 점화플러그의 실화상태
> • 배기 계통이 막힘

[11-3, 07-2]

11 가솔린 기관이 폭발압력이 $40\,\text{kgf/cm}^2$이고, 실린더 벽 두께가 $4\,\text{mm}$일 때 실린더 직경은? (단, 실린더 벽의 허용응력 : $360\,\text{kgf/cm}^2$)

① $62\,\text{mm}$ ② $72\,\text{mm}$

③ $82\,\text{mm}$ ④ $92\,\text{mm}$

> **실린더벽의 두께**
> $t = \dfrac{PD}{2\sigma}$ (P : 폭발압력, D : 실린더 직경, σ : 허용응력)
> $4\,\text{mm} = \dfrac{40\,\text{kgf/cm}^2 \times D}{2 \times 360\,\text{kgf/cm}^2} \rightarrow D = \dfrac{2 \times 360 \times 4}{40} = 72\,\text{mm}$

[08-3]

12 크랭크축의 재질로 사용되지 않는 것은?

① 니켈 – 크롬강

② 구리 – 마그네슘 합금

③ 크롬 – 몰리브덴강

④ 고 탄소강

> **크랭크축의 재질** : 고탄소강, 크롬–몰리브덴강, 니켈–크롬강 등으로 단조하여 사용

[09-2]

13 자동차 기관에서 베어링 재료로 사용되고 있는 켈밋합금 (kelmet alloy)에 대한 설명으로 옳은 것은?

① 주석, 안티몬, 구리를 주성분으로 하는 합금이다.

② 구리와 납을 주성분으로 하는 합금이다.

③ 알루미늄과 주석을 주성분으로 하는 합금이다.

④ 구리, 아연, 주석을 주성분으로 하는 합금이다.

> **베어링의 재질**
> • 배빗베탈(화이트 메탈) : Sn+Sb+Cu+Zn (주석+안티몬+구리+아연)
> • 켈밋메탈 : Cu+Pb(구리+납)
> • 트리메탈 : 강재+켈밋메탈(중)+배빗메탈(표면)
> • 포드메탈 : Al+Sn (알루미늄+주석)

[12-3]

14 융착에 의한 마모현상으로 거리가 먼 것은?

① 스커핑

② 스코링

③ 고착

④ 스크래칭

> • 융착 : (녹일 융, 붙을 착) 열을 받아 금속이 녹아 붙는 현상을 의미
> • 스커핑(scuffing) : 과열로 인해 윤활유 유막이 없어져 긁혀 흠자국이 나는 것으로 주로 피스톤 주위나 캠에서 발생한다.
> • 스코링(scoring) : 스커핑 마모보다 심한 경우로 일부가 뜯겨져 나간 듯한 마모로 주로 기어에 의해 발생한다.
> • 고착 : 과열로 인하여 접촉부분이 녹아 붙는 것

[13-2]

15 피스톤 슬랩(piston slap)에 관한 설명으로 관계가 먼 것은?

① 피스톤 간극이 너무 크면 발생한다.

② 오프셋 피스톤에서 잘 일어난다.

③ 저온 시 잘 일어난다.

④ 피스톤 운동 방향이 바뀔 때 실린더 벽으로의 충격이다.

> **피스톤 슬랩**
> • 실린더와 피스톤 사이의 간극 증대로 피스톤의 운동방향이 바뀔 때 실린더 벽을 치는 현상
> • 저온에서 현저하게 발생
> • 피스톤 링 및 피스톤 링 홈의 마멸이 발생되며, 피스톤 링의 기능 저하로 오일 소비 증대의 원인이 되기도 한다.
> • 오프셋 피스톤을 사용하면 감소한다.

정답 9 ① 10 ② 11 ② 12 ② 13 ② 14 ④ 15 ②

[13-3]

16 피스톤 핀을 피스톤 중심으로부터 오프셋(offset) 하여 위치하게 하는 이유는?

① 피스톤을 가볍게 하기 위하여

② 옥탄가를 높이기 위하여

③ 피스톤 슬랩을 감소시키기 위하여

④ 피스톤 핀의 직경을 크게 하기 위하여

피스톤 오프셋의 목적 피스톤의 왕복 전환 시 원활한 운동을 위한 것으로 측압 및 피스톤 슬랩을 감소시킨다.

[참고]

17 피스톤과 실린더 간극이 클 때 일어나는 사항이 아닌 것은?

① 압축압력이 저하된다.

② 오일이 연소실로 올라온다.

③ 피스톤 슬랩 현상이 발생한다.

④ 피스톤과 실린더의 소결이 발생한다.

④ 간극이 작을 때 발생
※ 슬랩(slap) : 피스톤이 행정을 바꿀 때 실린더 벽에 충격을 주는 것

[16-3, 13-1]

18 피스톤 링에 대한 설명으로 틀린 것은?

① 오일을 제어하고, 피스톤의 냉각에 기여한다.

② 내열성 및 내마모성이 좋아야 한다.

③ 높은 온도에서 탄성을 유지해야 한다.

④ 실린더블록의 재질보다 경도가 높아야 한다.

실린더 벽보다 경도가 작게 하여 실린더 벽의 마멸이 적어야 한다.

[11-1]

19 표준 내경이 78mm인 실린더에서 사용 중인 실린더의 내경을 측정한 결과 0.32mm가 마모되었을 때 보링한 후 치수로 가장 적당한 것은?

① 78.25 mm   ② 78.50 mm

③ 78.75 mm   ④ 79.00 mm

❶ 수정절삭량 : 실린더 지름이 70mm 이상일 경우 → 0.2
　　　　　　　　　 70mm 이하일 경우 → 0.15

보링값 = 마모량 + 수정절삭량(0.2)
　　　　 = 0.32 + 0.2 = 0.52

❷ 다음 '피스톤 오버 사이즈'에 맞지 않으면 계산한 보링값보다 크면서 가장 가까운 값으로 선정한다.

※ 피스톤 오버 사이즈 기준 : 0.25, 0.50, 0.75, 1.00, 1.25, 1.50으로 정해져 있음(0.25mm씩 증가)

∴ 0.52보다 큰 0.75를 선택해야 하므로
　치수는 78 + 0.75 = 78.75mm

[08-2, 17-1 유사]

20 밸브 스프링에서 공진 현상을 방지하는 방법이 아닌 것은?

① 원뿔형 스프링을 사용한다.

② 부등 피치 스프링을 사용한다.

③ 스프링의 고유진동을 같게 하거나 정수비로 한다.

④ 2중 스프링을 사용한다.

밸브 서징 방지책
원뿔형 스프링 사용 / 부등 피치 스프링 사용 / 2중 스프링 사용
※ 고유진동을 같게 하거나 정수비로 하면 공진이 증폭되므로 고유 진동수 (스프링 정수)를 높인다.

[16-2, 09-2]

21 고속 회전을 목적으로 하는 가솔린 기관에서 흡기 밸브와 배기 밸브의 크기를 비교한 설명으로 옳은 것은?

① 양 밸브 크기는 동일하다.

② 흡기밸브가 더 크다.

③ 배기밸브가 더 크다.

④ 1, 4번 배기밸브만 더 크다.

고속 회전을 위해 흡입 효율을 높이는 방법으로 흡기 밸브를 크게 하거나, 흡기밸브 2개와 배기 밸브 1개를 설치한다.

[13-1]

22 엔진에서 밸브 가이드 실이 손상되었을 때 발생할 수 있는 현상으로 가장 타당한 것은?

① 압축 압력 저하

② 냉각수 오염

③ 밸브간극 증대

④ 백색 배기가스 배출

밸브가이드 실(seal)은 밸브 가이드와 밸브 스템과의 마찰 감소를 위해 오일을 이용하므로 윤활유밸브 가이드실이 손상되면 엔진오일이 연소실로 누유되어 백색 배기가스가 배출된다.

[08-3]

23 기관 정비 시 실린더 헤드 가스킷에 대한 설명으로 적합하지 않은 것은?

① 실린더 헤드를 탈거하였을 때는 새 헤드 가스킷으로 교환해야 한다.

② 압축압력 게이지를 이용하여 헤드 가스킷이 파손된 것을 알수 있다.

③ 기밀유지를 위해 고르게 연마하고 헤드 가스킷의 접촉면에 강력한 접착제를 바른다.

④ 라디에이터 캡을 열고 점검하였을 때 기포가 발생되거나 오일방울이 보이면 헤드 가스킷이 파손되었을 가능성이 있다.

가스킷에는 강력 접착제가 아니라 액상의 기밀용 접착제(실리콘)를 바른다.

정답   16 ③   17 ④   18 ④   19 ③   20 ④   21 ②   22 ④   23 ③

[12-2, 10-3]

24 가솔린 기관에서 밸브 개폐시기의 불량 원인으로 <u>거리 가 먼</u> 것은?

① 타이밍 벨트의 장력 감소
② 타이밍 벨트 텐셔너의 불량
③ 크랭크축과 캠축 타이밍 마크 틀림
④ 밸브면의 불량

- 밸브 개폐시기 : 크랭크축의 회전에 맞추어 밸브의 개폐를 정확히 유지하는 것
- 개폐시기 불량 원인 : 타이밍벨트 장력 감소, 텐셔너 불량, 타이밍마크 틀림
- ※ 밸브면은 기밀유지와 압축압력과 밀접하며 기관 출력에 영향을 미친다.

[08-2]

25 기관에서 블로다운(blow down) 현상의 설명으로 옳은 것은?

① 밸브와 밸브 시트 사이에서의 가스의 누출현상
② 배기행정 초기에 배기밸브가 열려 배기가스 자체의 압력에 의하여 가스가 배출되는 현상
③ 압축행정시 피스톤과 실린더 사이에서 공기가 누출되는 현상
④ 피스톤이 상사점 근방에서 흡배기 밸브가 동시에 열려 배기류의 잔류가스를 배출시키는 현상

- 블로 다운(blow down)현상 : 배기밸브가 열려 배기 가스 자체의 압력으로 배출되는 현상
- 블로 바이(blow-by)현상 : 압축 및 폭발행정에서 가스가 피스톤과 실린더 사이로 누출되는 현상
- 블로 백(blow back)현상 : 압축 및 폭발행정에서 가스가 밸브와 밸브 시트 사이로 누출되는 현상

[15-1, 11-3, 09-3]

26 다음 중 플라이 휠과 관계<u>없는</u> 것은?

① 회전력을 균일하게 한다.
② 링기어를 설치하여 기관의 시동을 걸 수 있게 한다.
③ 동력을 전달한다.
④ 무부하 상태로 만든다.

플라이 휠의 기능
- 관성력을 이용하여 각 실린더의 폭발에 따른 불균일한 회전력을 고르게 하는 역할을 한다.
- 플라이 휠에는 클러치나 토크컨버터에 동력을 전달하며, 링기어가 부착되어 시동모터의 피니언 기어를 구동시킨다.
- ※ 무부하 상태란 엔진과 바퀴의 연결을 차단하여 엔진에 부하가 걸리지 않는 의미로, 무부하 상태로 만드는 것은 클러치다.

[08-2]

27 피스톤 평균속도를 증가시키지 않고 기관의 회전속도를 높이려고 할 때의 설명으로 옳은 것은?

① 실린더 내경을 작게, 행정을 크게 해야 한다.
② 실린더 내경을 크게, 행정을 작게 해야 한다.
③ 실린더 내경과 행정을 동일하게 해야 한다.
④ 실린더 내경과 행정을 모두 작게 해야 한다.

피스톤 평균속도 $= \dfrac{2NL}{60}$ (N : 회전속도, L : 행정)
속도를 일정하게 유지할 때 행정을 작게 하고, 회전수를 높일 수 있으며, 단행정일 경우(내경 > 행정)일 경우 같은 피스톤 평균속도라도 회전속도를 높일 수 있다.

[09-2]

28 아래 사항에서 기관의 분해시기를 모두 고른 것은?

A. 압축압력 70% 이하일 때
B. 압축압력 80% 이하일 때
C. 연료소비율 60% 이상일 때
D. 연료소비율 50% 이상일 때
E. 오일소비량 50% 이상일 때
F. 오일소비량 50% 이하일 때

① A, C, F   ② A, C, E
③ B, C, F   ④ B, D, F

기관의 분해 시기
- 압축압력의 규정의 70% 이하일 때
- 연료소비율이 60% 이상일 때
- 윤활유소비율이 50% 이상일 때

[12-1]

29 왕복 피스톤 기관의 피스톤 속도에 대한 설명으로 가장 <u>옳은</u> 것은?

① 피스톤의 이동속도는 상사점에서 가장 빠르다.
② 피스톤의 이동속도는 하사점에서 가장 빠르다.
③ 피스톤의 이동속도는 BTDC 90° 부근에서 가장 빠르다.
④ 피스톤의 이동속도는 ATDC 10° 부근에서 가장 빠르다.

TDC(Top Dead Center)와 BDC(Bottom Dead Center) 사이가 180°이므로 피스톤 속도는 중간 지점인 BTDC 90°, ABDC 90°, ATDC 90°, BBDC 90° 부근에서 가장 빠르다.

정답 24 ④   25 ②   26 ④   27 ②   28 ②   29 ③

[09-3]
30 다이얼 게이지로 측정 할 수 <u>없는</u> 것은?

① 축의 휨

② 축의 엔드플레이

③ 기어의 백래시

④ 피스톤 직경

> 다이얼 게이지는 길이를 직접 측정하는 것이 아니라 비교 측정도구이다.

[12-1]
31 크랭크축 메인베어링 저널의 오일간극 측정에 가장 적합한 것은?

① 필러 게이지를 이용하는 방법

② 플라스틱 게이지를 이용하는 방법

③ 시임을 이용하는 방법

④ 직각자를 이용하는 방법

> **크랭크축 오일 간극 측정 도구**
> • 플라스틱게이지 사용(주로 사용)
> • 마이크로미터 사용
> • 심 스톡 방식

[12-1]
32 기계식 밸브 기구가 장착된 기관에서 밸브간극이 <u>없을</u> 때 일어나는 현상은?

① 밸브에서 소음이 발생한다.

② 밸브가 닫힐 때 밸브 면과 밸브 시트가 서로 밀착되지 않는다.

③ 밸브 열림 각도가 작아 흡입효율이 떨어진다.

④ 실린더 헤드에 열이 발생한다.

> • 밸브 간극이 크면 : 오버랩이 커짐, 비정상 혼합비, 엔진과열, 소음 발생, 출력 저하
> • 반대로 간극이 작으면 : 밸브가 완전히 닫히지 않으며 압축 누출 발생

[12-3]
33 점화순서를 정하는데 있어 고려할 사항으로 <u>틀린</u> 것은?

① 연소가 일정한 간격으로 일어나게 한다.

② 크랭크축에 비틀림 진동이 일어나지 않게 한다.

③ 혼합기가 각 실린더에 균일하게 분배되게 한다.

④ 인접한 실린더가 연이어 점화되게 한다.

> 인접한 실린더로 순차로 폭발하면 집중부하로 인한 크랭크축 변경 및 진동, 회전 불균형이 발생된다.

[10-3]
34 기관의 압축압력 점검결과 압력이 인접한 실린더에서 동일하게 낮은 경우 원인으로 가장 옳은 것은?

① 흡기 다기관의 누설

② 점화시기 불균일

③ 실린더 헤드 개스킷의 소손

④ 실린더 벽이나 피스톤 링의 마멸

> 실린더 헤드 개스킷은 실린더 블록과 헤드 사이에 설치되어 있으며, 구조상 여러 실린더에 걸친 하나의 유닛이므로 인접한 실린더에 영향을 미칠 수 있다.

[18-3]
35 4행정 사이클 가솔린엔진에서 점화 후 최고압력에 도달할 때까지 1/400초가 소요된다. 2100 rpm으로 운전될 때의 점화시기는? (단, 최고 폭발압력에 도달하는 시기는 ATDC 10°이다.)

① BTDC 19.5° ② BTDC 21.5°

③ BTDC 23.5° ④ BTDC 25.5°

> **진각 공식**
> 연소지연시간 동안 크랭크축의 회전각을 진각이라고 한다.
>
> $$진각 = \frac{엔진회전수\,[rpm]}{60\,[s]} \times 360° \times 점화지연시간\,[s]$$
> $$= 6 \times 엔진회전수 \times 점화지연시간$$
> $$= 6 \times 2100\,[rpm] \times \frac{1}{400}\,[s] = 31.5°$$
>
> ※ 최고폭발압력이 ATDC 10°이므로 31.5° 진각하면 −21.5°가 된다.
> (여기서 '−'는 TDC 기준으로 Before(진각)를 의미)

[14-3]
36 동일한 배기량으로 피스톤 평균속도를 증가시키지 않고, 기관의 회전속도를 높이려고 할 때의 설명으로 옳은 것은?

① 실린더 내경을 작게, 행정을 크게 해야 한다.

② 실린더 내경을 크게, 행정을 작게 해야 한다.

③ 실린더 내경과 행정을 모두 크게 해야 한다.

④ 실린더 내경과 행정을 모두 작게 해야 한다.

> 동일한 배기량일 때 단행정 엔진(실린더 내경은 크고, 행정 높이가 짧음)은 피스톤 평균속도를 증가시키지 않고, 기관의 회전속도를 높일 수 있다.

[22-1, 14-3]
37 2행정 사이클 기관의 소기 방식과 관계가 <u>없는</u> 것은?

① 루프 소기식 ② 단류 소기식

③ 횡단 소기식 ④ 복류 소기식

> 2행정 사이클의 소기방식 : 루프, 단류, 횡단 소기식

정 답 　30 ④　31 ②　32 ②　33 ④　34 ③　35 ②　36 ②　37 ④

38 언더 스퀘어 엔진에 대한 설명으로 옳은 것은?

[14–2]

① 속도보다 힘을 필요로 하는 중·저속형 엔진에 주로 사용된다.

② 피스톤의 행정이 실린더 내경보다 작은 엔진을 말한다.

③ 엔진 회전속도가 느리고 회전력이 작다.

④ 엔진 회전속도가 빠르고 회전력이 크다.

> **언더스퀘어(장행정) 기관의 특징**
> • 피스톤 높이(피스톤 행정) > 피스톤 지름
> • 피스톤 행정이 길기 때문에 엔진 회전속도가 느리며, 저속이므로 회전력(토크)가 크다. 또한 측압이 적다. (즉 속도보다 힘을 필요로 하는 중·저속형 엔진에 주로 사용)

39 다음 중 DOHC형(Double Over Head Camshaft) 엔진에 대한 설명으로 틀린 것은?

[참고]

① 밸브 타이밍이 정확하고 부품의 수가 적어 엔진의 회전 관성이 적기 때문에 응답성은 우수하다.

② 2개의 캠축을 사용하여 흡·배기 캠이 실린더마다 각각 2개씩 총 4개의 캠이 설치되어 있다.

③ 실린더마다 4개의 흡·배기 밸브가 장착되어 엔진 구동 시 흡·배기 효율 및 연소효율이 우수하므로 엔진 출력을 높일 수 있다.

④ 구조가 복잡하고 소음이 크다.

> ①은 SOHC(Single Over Head Camshaft)에 대한 설명이다.

40 기관의 실린더(cylinder) 마멸량이란?

[참고]

① 실린더 안지름의 최대 마멸량

② 실린더 안지름의 최대 마멸량과 최소 마멸량의 차이값

③ 실린더 안지름의 최소 마멸량

④ 실린더 안지름의 최대 마멸량과 최소 마멸량의 평균값

41 실린더 벽이 마멸되었을 때 나타나는 현상 중 틀린 것은?

[참고]

① 엔진오일의 희석 및 소모

② 피스톤 슬랩 현상 발생

③ 압축압력 저하 및 블로바이 가스 발생

④ 연료소모 저하 및 엔진 출력저하

> 실린더 벽이 마모되면 피스톤 아래로 연소가 누설될 수 있으므로 연료소모가 증가하고, 엔진 출력이 저하된다.

42 실린더의 마멸조건과 원인으로 가장 관계가 적은 것은?

[참고]

① 피스톤 스커트의 접촉

② 혼합가스 중 이물질에 의해 마모

③ 피스톤링의 호흡작용으로 인한 유막 끊김

④ 연소 생성물에 의한 부식

> 피스톤 스커트는 피스톤 하단에 위치하므로 실린더 마멸과 관련이 적다.

43 실린더 상부의 마모가 가장 크다. 그 이유에 대한 설명으로 가장 타당한 것은?

[참고]

① 크랭크축의 회전방향이기 때문이다.

② 피스톤 헤드가 받는 압력이 가장 크므로 피스톤 링과 실린더 벽과의 밀착력이 최대가 되기 때문이다.

③ 피스톤의 열전도가 잘 되기 때문이다.

④ 크랭크축이 순간적으로 정지되기 때문이다.

44 실린더 상부의 마모가 가장 크다. 다음 중 제일 마모가 크다고 생각되는 것은?

[참고]

① 크랭크축의 회전방향이기 때문이다.

② 윤활상태가 불량하기 때문이다.

③ 피스턴의 열전도가 잘 되기 때문이다.

④ 크랭크축이 순간적으로 정지되기 때문이다.

> 실린더 윗 부분에서 주로 마멸이 큰 데 그 이유는 폭발압력으로 피스톤 링이 실린더 벽에 강력하게 밀착되고, 상사점에서 피스톤 정지에 의해 피스톤 링의 호흡작용에 의해 유막이 끊어져 윤활이 불량해진다.

45 실린더 마멸의 원인 중에 부적당한 것은?

[참고]

① 실린더와 피스톤 링의 접촉

② 피스톤 랜드에 의한 접촉

③ 흡입가스 중의 먼지와 이물질에 의한 것

④ 연소 생성물에 의한 부식

> 피스톤 랜드는 피스톤 링 사이를 말하며, 피스톤 링이 직접적으로 실린더 벽과 접촉되므로 가장 거리가 멀다.

정답　38 ①　39 ①　40 ②　41 ④　42 ①　43 ②　44 ②　45 ②

46 자동차 기관의 실린더 벽 마모량 측정기기로 사용할 수 없는 것은?

① 실린더 보어 게이지
② 내측 마이크로미터
③ 텔레스코핑 게이지와 외측 마이크로미터
④ 사인바 게이지

> 사인바 게이지는 각도를 측정하는 게이지이다.

[참고]

47 실린더 헤드 볼트를 규정 토크로 조이지 않았을 경우에 발생되는 현상과 거리가 먼 것은?

① 냉각수가 실린더에 유입된다.
② 압축압력이 낮아질 수 있다.
③ 엔진오일이 냉각수와 섞인다.
④ 압력저하로 인한 피스톤이 과열한다.

> 규정 토크로 조이지 않았을 경우 냉각수 유입, 엔진 부조, 압축가스 누설, 압력저하, 연료 소비량 증가 등의 영향이 있다.

[10-3]

48 기관의 압축압력 점검결과 압력이 인접한 실린더에서 동일하게 낮은 경우 원인으로 가장 옳은 것은?

① 흡기 다기관의 누설
② 점화시기 불균일
③ 실린더 헤드 개스킷의 소손
④ 실린더 벽이나 피스톤 링의 마멸

> 실린더 헤드 개스킷은 실린더 블록과 실린더 헤드 사이에 설치되어 있으며, 구조상 여러 실린더에 걸친 하나의 부품이므로 소손 시 실린더 모두 누설로 인해 압력이 낮아질 수 있다.

[참고]

49 실린더 헤드의 평편도 점검 방법으로 옳은 것은?

① 마이크로미터로 평면도를 측정 점검한다.
② 곧은 자와 틈새 게이지로 측정 점검한다.
③ 실린더 헤드를 3개 방향으로 측정 점검한다.
④ 틈새가 0.05mm 이상이면 연삭한다.

> • 실린더 헤드의 평편도를 점검하는 이유는 기밀유지를 목적으로 하며, 실린더 헤드에 곧은 자로 올려놓고 헤드와 자 사이에 틈새(필러) 게이지를 이용하여 틈새가 있는지 점검하는 것이다.
> • 평편도 검사 시 최소한 6개 방향으로 점검한다.
> • 변형 한계값은 실린더 블록은 0.05 mm, 실린더 헤드는 0.02 mm이다.
> • 연삭은 평면 연삭기로 연마 수정한다.

[17-1]

50 실린더 압축압력시험에 대한 설명으로 틀린 것은?

① 압축압력시험은 엔진을 크랭킹하면서 측정한다.
② 습식시험은 실린더에 엔진오일을 넣은 후 측정한다.
③ 건식시험에서 실린더 압축압력이 규정값보다 낮게 측정되면 습식시험을 실시한다.
④ 습식시험 결과 압축압력의 변화가 없으면 실린더 벽 및 피스톤 링의 마멸로 판정할 수 있다.

> 정상압력은 규정값의 70~100%이다. 만약 건식시험 결과 압력이 규정값보다 70% 미만이라면 습식시험을 하여 실린더 벽과 피스톤 링 사이에 강한 유막을 형성시켜준다. 이때 압력을 측정했을 때 정상압력이라면 이 부위에 누설이 있음을 알 수 있다.
> 만약 습식시험에도 압력이 상승하지 않으면 헤드개스킷이나 밸브 시트 불량 등이 원인이다.

[참고]

51 기관의 실린더 직경을 측정할 때 사용되는 측정 기기는?

① 간극 게이지
② 버니어 캘리퍼스
③ 다이얼 게이지
④ 내측용 마이크로미터

> • 간극 게이지 = 필러 게이지(feeler gauge) = 두께 게이지
> • 다이얼 게이지 : 치수를 재는 도구가 아니라 비교 측정하는 도구이다.
> • 버니어 캘리퍼스 : 외경, 내경, 깊이를 측정할 수 있으며, 0.02 mm까지 읽을 수 있으나, 마이크로미터(0.01)에 비해 정밀도가 떨어짐
> • 내측용 마이크로미터

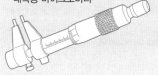

[12-1]

52 크랭크축 메인베어링 저널의 오일간극 측정에 가장 적합한 것은?

① 필러 게이지를 이용하는 방법
② 플라스틱 게이지를 이용하는 방법
③ 시임을 이용하는 방법
④ 직각자를 이용하는 방법

> **크랭크축 오일 간극 측정 도구**
> 플라스틱 게이지법, 마이크로미터법(텔레스코핑 게이지, 외측 마이크로미터)

[09-3]

53 다이얼 게이지로 측정 할 수 없는 것은?

① 크랭크 축의 휨
② 캠축의 엔드플레이
③ 기어의 백래시
④ 크랭크 축의 마멸량

> 다이얼 게이지는 길이를 직접 측정하는 것이 아니라 비교 측정도구이다. 축의 마멸량은 외측 마이크로미터로 직경을 직접 측정한다.

정답 ▶ **46** ④ **47** ④ **48** ③ **49** ② **50** ④ **51** ④ **52** ② **53** ④

54 엔진의 크랭크축 휨을 측정할 때 사용되는 기기 중 없어도 되는 것은?

① 블록 게이지 ② 정반
③ V블럭 ④ 다이얼게이지

크랭크축의 휨 측정은 다이얼 게이지(간접 측정도구)를 사용한다.

참고) 블록 게이지
정밀한 길이를 측정하는 직접 측정도구이며, 단면측정기로 직육면체의 합금 공구강으로 면이 정확하게 평형한 평면으로 두께가 호칭치수로 되어 있으며, 비교측정의 기준 게이지로 사용된다.

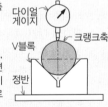

다이얼 게이지
크랭크축
V블럭
정반

[07-3]
55 크랭크축 메인 베어링의 오일 간극을 점검 및 측정할 때 필요한 장비가 <u>아닌</u> 것은?

① 마이크로미터 ② 시크니스 게이지
③ 텔레스코핑 게이지 ④ 플라스틱 게이지

[참고]
56 엔진 본체 성능 점검에 해당하지 않는 것은?

① 엔진 공회전 점검 ② 압축압력 점검
③ 엔진 실린더 누설 점검 ④ 엔진 진동 점검

엔진 본체 성능 점검의 종류
압축 압력 점검, 엔진 실린더 누설 점검, 파워 밸런스 점검, 공회전 점검, 엔진 소음 점검

[참고]
57 기관에 이상이 있을 때 또는 기관의 성능이 현저하게 저하되었을 때 분해수리의 여부를 결정하기 위한 시험은?

① 엔진 공회전 시험
② 흡기 다기관의 진공도 시험
③ 압축압력 시험
④ 실린더 파워 밸런스 시험

엔진 이상 및 엔진 성능 저하 시 압축압력 시험을 통해 분해수리 여부를 결정한다.

[참고]
58 기관의 실린더 누설 시험에 대한 설명으로 <u>틀린</u> 것은?

① 압축공기를 주입하여 누설 여부를 확인한다.
② 엔진 분해 전에 엔진상태를 점검하기 위한 것이다.
③ 결과치가 각 실린더별로 10% 이상이면 습식 방식으로 재측정한다.
④ 측정 전에 모든 점화플러그를 제거한다.

실린더 누설 시험은 엔진 조립 후 누설 여부를 점검하는 것이다.

[참고]
59 가솔린 기관의 압축압력 측정 조건으로 옳은 것은?

① 1개의 점화 플러그를 떼어낸 상태
② 엔진 회전수는 800rpm 이상인 상태
③ 모든 점화 플러그를 떼어낸 상태
④ 스로틀 밸브가 닫혀 있는 상태

• 압축압력 측정 시 엔진에 장착된 모든 점화플러그를 탈거하고 압축 압력 게이지를 설치하고 스로틀 밸브를 완전히 열고 엔진을 크랭킹 시킨다.
• 엔진 회전수는 약 700~900rpm이다.

[참고]
60 압축압력 시험에 대한 설명으로 옳은 것은?

① 압축 압력이 규정 압력의 100% 이상일 때 정상이다.
② 엔진이 과냉 및 과열 시 점검하는 시험이다.
③ 피스톤 링, 밸브의 누설 여부를 판단하기 어려울 경우 습식 측정 방법으로 점검한다.
④ 습식 측정 시 점화플러그 구멍에 가솔린을 투입하여 1분 이내 점검해야 한다.

① 압축 압력이 정상 압력의 70~100%일 때 정상이며, 압축 압력이 규정 압력의 110% 이상 또는 70% 미만, 실린더 간 압축 압력 차이가 10% 이상일 때 불량이다.
② 압축압력 시험과 엔진 온도 점검과는 무관하다.
④ 습식 측정의 경우 점화플러그 구멍을 통해 엔진 오일을 약 10cc 정도 투입하고 1분 정도 경과 후 압축 압력을 측정한다.

[참고]
61 압축압력 시험에서 압축압력이 떨어지는 요인으로 가장 <u>거리가 먼</u> 것은?

① 헤드 개스킷 소손
② 피스톤링 마모
③ 밸브 시트 마모
④ 밸브 가이드 고무 마모

헤드 개스킷, 피스톤 링, 밸브시트 불량 시 혼합가스가 누설되어 압축압력이 떨어진다.
밸브 가이드 고무는 상하운동을 하는 밸브의 윤활을 목적으로 공급되는 오일이 연소실 안으로 들어가지 못하도록 막아주는 역할을 하며 압축압력과는 거리가 멀다.

chapter 01

62 연소실 압축압력이 규정 압축압력보다 높을 때 원인으로 옳은 것은?

① 연소실 내 카본 다량 부착

② 연소실 내에 돌출부 없어짐

③ 압축비가 작아짐

④ 옥탄가가 지나치게 높음

> 연소실내 카본이 다량 부착되면 연소실 체적이 감소하여 압축압력이 높아진다.

63 실린더 누설 시험에 대한 설명으로 틀린 것은?

① 시험하기 전에 모든 점화플러그를 제거해야 한다.

② 실린더 누설 시험 게이지의 한 쪽은 점화플러그 구멍에 장착하고 다른 쪽은 컴프레셔에 연결한다.

③ 피스톤이 상사점(TDC)에 위치하도록 한 후 실린더 누설 게이지를 점화플러그에 장착하여 측정한다.

④ 결과치가 10% 이내일 경우 습식으로 측정한다.

> 결과치가 각 실린더별 10% 이상 차이가 있거나 한 실린더가 40% 이하의 값이 나올 경우 습식으로 측정한다.

64 실린더 파워 밸런스 방법으로 틀린 것은?

① 엔진 시동을 걸고 각 실린더의 점화플러그 배선을 하나씩 제거한다.

② 한 개 실린더의 점화플러그 배선을 제거하였을 경우 엔진 회전수를 비교한다.

③ 파워밸런스 점검으로 각각의 엔진 회전수를 기록하고 판정하여 차이가 많은 실린더는 압축압력 시험으로 재측정한다.

④ 점화플러그 배선을 제거하였을 때의 엔진 회전수가 점화플러그 배선을 빼지 않고 확인한 엔진 회전수와 차이가 있다면 해당 실린더는 문제가 있는 실린더로 판정한다.

> ㉠ 점화플러그 배선을 빼지 않았을 때의 회전수
> ㉡ 점화플러그 배선을 제거했을 때의 회전수
> – ㉠, ㉡의 차이가 있으면 : 해당 실린더가 문제 無
> – ㉠, ㉡의 차이가 없으면 : 해당 실린더가 문제 有

65 공회전 측정에 대한 설명으로 틀린 것은?

① 스캐너를 자동차에 연결하여 엔진 공회전이 800~850rpm일 때 정상이다.

② 엔진의 냉각수 온도가 정상 온도(85~95℃)가 되도록 워밍업 한다.

③ 공회전 불량 시 예상되는 고장 증상은 대부분 연료공급이 원활하지 않기 때문이다.

④ 공회전 불량 시 필요할 경우 흡기 매니폴드의 흡입 공기 누설 여부도 점검하여야 한다.

> 공회전 불량 시 예상되는 고장 증상은 주로 흡입공기의 유입이 원활하지 않아 발생되면 필요에 따라 경우 흡기 매니폴드의 흡입 공기 누설 여부도 점검하여야 한다.

66 엔진의 흡·배기 밸브의 간극이 작을 때 일어나는 현상으로 틀린 것은?

① 블로바이로 인해 엔진 출력이 증가한다.

② 흡입 밸브 간극이 작으면 역화가 일어난다.

③ 배기 밸브 간극이 작으면 후화가 일어난다.

④ 일찍 열리고 늦게 닫혀 밸브 열림 기간이 길어진다.

> • 흡기밸브 간극이 작으면 : 역화 발생
> • 배기밸브 간극이 작으면 : 후화 및 블로바이 현상 발생
> ※ 간극이 크면 : 밸브가 늦게 열리고 일찍 닫혀 열림 시간이 짧아 흡입량이 부족하여 출력이 저하됨
> ※ 간극이 작으면 : 밸브가 일찍 열리고 늦게 닫혀 열림 시간이 길어져 역화, 실화, 후화 및 블로바이 현상이 발생
> ※ 블로바이 현상 : 실린더와 피스톤 사이로 압축 또는 폭발 가스가 크랭크 케이스로 새어나가므로 출력이 저하됨

67 기계식 밸브 간극 및 조정에 대한 설명으로 틀린 것은?

① 밸브 간극 조정은 냉간 시 작업해야 한다.

② 1번 실린더의 피스톤을 압축 상사점에 위치하게 한다.

③ 압축 상사점에 위치시키려면 크랭크축 풀리를 시계방향으로 회전시켜 타이밍 체인 커버의 타이밍 마크 "T"와 댐퍼 풀리의 홈을 일치시킨다.

④ 흡·배기 밸브의 간극을 조정할 때 태핏을 분리하여 마이크로미터를 사용하여 태핏의 두께를 측정한다.

> 엔진의 시동을 정지하고 냉각수온이 20~30℃가 되도록 한 후 밸브 간극을 점검하고 조정해야 한다.

68 [참고]
엔진의 밸브간극이 과대할 때 나타낼 수 있는 현상은?

① 흡입량 증대로 출력 증대
② 배기량 감소로 출력 감소
③ 밸브스프링 장력 감소
④ 푸시로드 또는 로커암의 휨

69 [참고]
엔진의 기계적 고장 증상과 그 원인의 연결과 거리가 가장 먼 것?

① 엔진 소음 – 팬 벨트의 손상
② 엔진 오일 소모 과다 – 높은 압축비
③ 냉각수 소모 – 실린더 헤드 개스킷 결함
④ 비정상적인 밸브 소음 – 밸브의 고착 및 밸브 간극 불량

> 엔진 오일의 소모가 과다할 경우 대부분 연소와 누설이다. 주로 피스톤 링이 불량하거나 윤활장치로 작동하는 밸브 가이드의 고무가 찢어져 발생된다. 또는 실린더 헤드 커버의 오일 실(seal)과 오일 팬 쪽부위, 플라이 휠과 변속기 사이의 오일 실 누유가 원인이다.

70 [참고]
크랭크축의 엔드 플레이를 점검하기 위하여 사용되는 기구는?

① 외측 마이크로미터
② 내측 마이크로미터
③ 다이얼 게이지
④ 버니어 캘리퍼스

71 [참고]
밸브 스프링 자유 높이의 감소는 표준 치수에 대하여 몇 % 이내이어야 하는 가?

① 3%　　　　　② 8%
③ 10%　　　　　④ 12%

72 [참고]
밸브스프링의 점검 항목 및 점검 기준으로 틀린 것은?

① 장력 : 스프링 장력의 감소는 표준값의 10% 이내일 것
② 자유고 : 자유고의 낮아짐 변화량은 3% 이내일 것
③ 직각도 : 직각도는 자유높이 100mm당 3mm 이내일 것
④ 접촉면의 상태는 2/3 이상 수평일 것

> **밸브스프링의 점검 항목**
> 장력 : 15% 이내, 자유고 : 3% 이내, 직각도 : 3% 이내

73 [참고]
기관에서 흡입밸브의 밀착이 불량할 때 나타나는 현상으로 가장 거리가 먼 것은?

① 압축압력 저하
② 가속 불량
③ 윤활유 소비 과다
④ 공회전 불량

> 밸브 밀착불량은 흡입불량, 압축압력 저하, 불완전한 배기효율을 초래하고, 연소를 방해하여 가속·공회전·출력이 저하된다.
> ※ 윤활유 소비 과다는 실린더와 피스톤 사이의 간극, 피스톤링 마모, 엔진 과열 등이 주원인이며, 밸브 밀착 불량과는 거리가 멀다.

74 [참고]
가솔린 기관에서 밸브 개폐시기의 불량 원인으로 거리가 먼 것은?

① 타이밍 벨트의 장력감소
② 타이밍 벨트 텐셔너의 불량
③ 크랭크축과 캠축 타이밍 마크 틀림
④ 밸브면의 불량

> • 밸브 개폐시기 : 크랭크축의 회전에 맞추어 밸브의 개폐를 정확히 유지하는 것
> • 개폐시기 불량 원인 : 타이밍벨트 장력 감소, 텐셔너 불량, 타이밍마크 틀림
> ※ 밸브면은 기밀유지와 압축압력과 밀접하며 기관 출력에 영향을 미친다.

75 [참고]
기관정비 작업 시 피스톤링의 이음 간극을 측정할 때 측정 도구로 알맞은 것은?

① 마이크로미터
② 버니어캘리퍼스
③ 시크니스게이지
④ 다이얼게이지

> **피스톤링 이음 간극의 측정 도구** 시크니스 게이지
> ※ 크랭크축과 베어링 사이의 간극, 저널의 편마멸 측정 : 플라스틱 게이지

76 [참고]
실린더와 피스톤의 간극이 클 때 일어나는 현상 중 맞지 않는 것은?

① 피스톤과 실린더의 소결이 일어난다.
② 피스톤 슬랩(piston slap)이 일어난다.
③ 압축압력이 저하한다.
④ 오일이 연소실로 올라온다.

> 피스톤과 실린더의 소결은 간극이 작을 때 발생할 수 있다.

[참고]
77 피스톤 간극(piston clearance) 측정은 어느 부분에 시크니스 게이지(thickness gauge)를 넣고 하는가?

① 피스톤 링 지대
② 피스톤 스커트부
③ 피스톤 보스부
④ 피스톤 링 지대 윗부분

시크니스 게이지의 측정 부위
→ 밸브간극, 피스톤 스커트부, 피스톤 링의 이음간극
※ 피스톤 간극이란 실린더의 안지름과 피스톤 최대 바깥지름(스커트부 지름)의 차이를 말한다.(즉, 피스톤 간극은 스커트 부분을 측정한다) 피스톤 간극을 두는 이유는 엔진 작동 중 발생하는 열팽창을 고려한 것이다.

[참고]
78 커넥팅 로드의 비틀림이 엔진에 미치는 영향에 대한 설명이다. 옳지 않은 것은?

① 압축압력의 저하
② 회전에 무리를 초래
③ 저널 베어링의 마멸
④ 타이밍 기어의 백래시 촉진

커넥팅 로드가 휘거나 비틀리면 압축압력 저하, 실린더 벽, 피스톤 및 피스톤링, 크랭크축 저널 등에 영향을 준다.

[14-1, 09-3]
79 자동차 기관에서 피스톤 구비조건이 아닌 것은?

① 무게가 가벼워야 한다.
② 내마모성이 좋아야 한다.
③ 열의 보온성이 좋아야 한다.
④ 고온에서 강도가 높아야 한다.

방열성이 좋아야 한다.

[참고]
80 크랭크축의 점검부위에 해당되지 않는 것은?

① 축과 베어링 사이의 간극
② 축의 축방향 흔들림
③ 크랭크축의 중량
④ 크랭크축의 굽힘

크랭크축 점검사항
• 축과 베어링 사이의 오일 간극 측정
• 축방향 엔드 플레이 점검(흔들림)
• 크랭크축의 휨 측정
• 크랭크 핀 및 메인저널 마멸량 점검

[참고]
81 기관에서 크랭크축의 휨 측정시 가장 적합한 것은?

① 스프링 저울과 V블록
② 버니어 캘리퍼스와 곧은자
③ 마이크로미터와 다이얼 게이지
④ 다이얼 게이지와 V블록

크랭크 축의 휨 측정
V블록 위에 크랭크 축을 올려 놓고 다이얼 게이지를 직각으로 설치하고 0점 조정한 후, 크랭크 축을 돌려서 이 때 움직인 다이얼 게이지의 눈금을 읽는다. 측정값은 움직인 값의 1/2이다.

[참고]
82 엔진 조립 시 피스톤링 절개구 방향은?

① 피스톤 사이드 스러스트 방향을 피하는 것이 좋다.
② 피스톤 사이드 스러스트 방향으로 두는 것이 좋다.
③ 크랭크축 방향으로 두는 것이 좋다.
④ 절개구의 방향은 관계없다.

사이드 스러스트 크랭크축이 회전할 때 상승 시 우측, 하강 시 좌측으로 피스톤이 한쪽으로 치우쳐 측압(thrust)이 발생된다. 이로 인해 실린더 벽을 타격, 소음을 발생하며, 이를 피스톤 슬랩(piston slap)이라 한다.
그러므로 피스톤링 절개구(틈새가 측압 방향에 있으면 피스톤 링에 의한 측압 보호가 되지 못하므로 측압을 받는 부위에 마멸이 촉진된다.

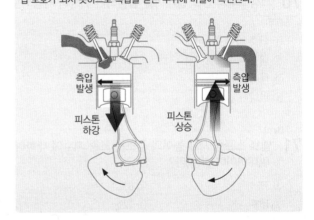

[참고]
83 플라이 휠(fly wheel)의 무게를 좌우하는 것과 가장 밀접한 관계가 있는 것은?

① 행정의 크기
② 크랭크축의 강도
③ 링기어의 잇수와 지름
④ 회전수와 실린더 수

플라이 휠의 역할 중 하나는 엔진의 회전속도를 고르게 한다. 크랭크축의 회전수와 실린더의 수가 적으면 각 행정에 따라 회전속도의 변화가 불규칙하므로 무겁게 하여 회전관성을 크게 하고, 많으며 가볍게 한다.

정 답 77 ② 78 ④ 79 ③ 80 ③ 81 ④ 82 ① 83 ④

84 흡기다기관의 진공도 시험으로 알아낼 수 있는 사항이 아닌 것은?

① 연료회로의 불량

② 압축압력 누설

③ 실린더 헤드 개스킷 불량

④ 밸브면과 시트와의 밀착 불량

흡기다기관 진공도 시험 점화시기 틀림, 밸브작동 불량, 실린더 압축압력 저하, 배기장치 막힘 등

[참고]

85 현재 엔진의 흡기밸브 간극을 측정했을 때 0.22mm이고, 분리한 태핏 심(seam)의 두께가 2.4mm라고 할 때 새로운 태핏 심의 두께는 얼마가 되어야 하는가? (단, 흡기밸브의 규정 간극은 0.2mm이다)

① 2.4 mm

② 2.42 mm

③ 2.34 mm

④ 2.87 mm

새로운 흡기밸브의 태핏 심 두께 $N = T + (A - 0.20)$
T : 분리된 태핏 심의 두께, A : 측정된 밸브의 간극
$N = 2.4 + (0.22 - 0.20) = 2.42$
※ 흡기밸브/배기밸브의 규정 간극값이 주어지지 않을 수 있으므로 암기해둔다.

[11-2]

86 점화순서가 1-3-4-2인 4행정 4실린더 기관에서 1번 실린더가 폭발(팽창)시 4번 실린더의 행정은?

① 압축

② 폭발

③ 흡입

④ 배기

그림에서 동력에 1번을 입력한 후, 시계반대방향으로 점화순서에 따라 3, 4, 2를 입력한다. 그러면 4번 실린더는 흡입행정임을 알 수 있다.

[17-1, 09-3, 08-1]

87 자동차 기관 점화순서가 1-3-4-2인 직렬형 4기통 기관에서 2번 실린더가 배기행정일 때 1번 실린더는 어떤 행정을 하는가?

① 흡입 행정

② 압축 행정

③ 폭발 행정

④ 배기 행정

4기통 기관이므로 옆 다이어그램을 이용한다. 그림에서 배기에 2번을 입력한 후, 시계반대방향으로 점화순서에 따라 1, 3, 4를 입력한다. 그러면 1번 실린더는 동력(폭발)행정임을 알 수 있다.

88 4행정 6실린더 기관의 제 3번 실린더 흡기 및 배기 밸브가 모두 열려 있을 경우 크랭크축을 회전 방향으로 120° 회전시켰다면 압축 상사점에 가장 가까운 상태에 있는 실린더는? (단, 점화순서는 1-5-3-6-2-4)

① 1번 실린더

② 2번 실린더

③ 4번 실린더

④ 6번 실린더

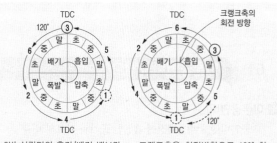

3번 실린더의 흡기/배기 밸브가 모두 열려 있으므로 배기 말~흡입 초 사이에 위치시킨다. 그리고 시계반대방향으로 점화순서 (3-6-2-4-1-5)대로 120°씩 입력한다.

크랭크축을 회전방향으로 120° 회전하므로 시계방향으로 120° 이동시키면 1번 실린더가 압축 상사점(TDC, 압축이 끝나고 폭발 직전에)에 위치한다.

❤ 4실린더 엔진의 점화순서 기본 다이어그램

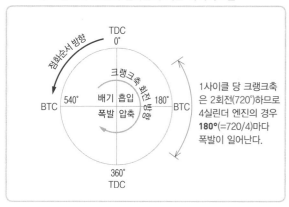

1사이클 당 크랭크축은 2회전(720°)하므로 4실린더 엔진의 경우 **180°(=720/4)**마다 폭발이 일어난다.

❤ 6실린더 엔진의 점화순서 기본 다이어그램

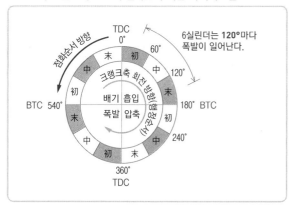

6실린더는 **120°**마다 폭발이 일어난다.

가솔린 전자제어장치

Main Key Point

[출제문항수 : 약 2~3문제] 합격변별을 위해 관련 기초 지식뿐만 아니라 좀더 심화된 문제가 출제되기도 합니다. 전반적으로 출제되나, NCS 학습모듈에서도 출제되므로 가급적 정리하기 바랍니다. 장치 점검 부분은 NCS 학습모듈을 기반으로 정리했습니다.

01 이론공연비와 람다(λ)

■ 이론공연비

① 공연비(혼합비) : 엔진에 흡입한 공기와 연료의 비율

② **이론 공연비** : 이론상 완전연소가 일어나는 공연비를 말하며, 가솔린 차량은 연료 1kg을 연소하는데 필요한 이론공기량은 14.7kg이다.(즉, 공기 : 연료 = 14.7 : 1)

③ 동력의 최대점과 유해 배출가스의 배출 최소점이 일치하는 구간을 의미한다.

② 공기 과잉률(공기비, λ)

① 연료를 완전히 연소시키는 데 필요한 이론 공기량과 실제로 기관이 흡입한 공기량과의 비율

$$공기 과잉률 = \frac{실제로 흡입한 공기량}{이론상 필요한 공기량} = \frac{실제 공연비}{이론 공연비}$$

② 공기과잉률 λ = 1일 때 이론공연비이다.
→ 1보다 크면 희박상태(공기 과잉), 1보다 작으면 농후상태(공기 부족)

③ MPI(Multi Point Injection) 엔진은 'λ = 0.9~1.1'로 제어하며, 삼원촉매가 정화할 수 있는 범위이다.

▶ **농후한 혼합기가 기관에 미치는 영향**
동력 감소, 불안전 연소(유해가스 배출), 기관 과열, 카본 생성

02 전자제어장치의 일반

■ 전자제어 가솔린 분사장치 개요

① 궁극적 목적 : 이론공연비에 맞게 엔진을 제어하여 유해 배출가스를 저감 및 엔진 효율 향상

② 기본 작동 : ECU(Engine Control Unit)는 각종 센서의 정보를 받아 엔진의 작동상태에 따라 연료 분사 시기와 연료 분사량을 판단하여 공연비 제어를 하고, 적절한 점화시기를 제어한다.

▶ **참고) 전자제어 가솔린 분사장치의 특성**
• 엔진 성능·출력·연비 향상(연료 소비 감소)
• 배기가스의 유해성분 감소
• 온도변화에 따른 공연비 보상
• 혼합비의 정밀한 제어로 엔진의 신속한 응답성
• **월 웨팅**(wall wetting : 연료가 액체 상태로 남아 흐름) 현상으로 흡기 온도가 떨어져 흡기 냉각 효과에 따른 충전 효율(체적 효율)이 향상되어 저속에서도 토크 증대 및 노크 개선 효과가 있다.
• 체적 효율을 높여 흡기 다기관 설계가 가능하다.
• 냉각수 온도를 감지하므로 저·고속에서 회전력 영역의 변경이 가능하며, 온·냉간상태에서도 최적의 성능을 보장한다.

② 전자제어 연료분사 방식의 분류

(1) 연료 간접분사 방식(MPI : Multi Point Injection)

① 인젝터를 각 실린더 마다 1개씩 설치하고, 흡입밸브 바로 앞에서 연료를 분사시킨다.

② MPI의 특징
• 엔진 내구성이 좋고, 진동과 소음이 적어 정숙성이 좋다.
• 구조 간단, 저렴한 가격, 정비성 우수
• GDI에 비해 연비, 출력, 분사압력, 압축비가 낮다.

③ MPI의 종류 : 동기분사, 그룹분사, 동시분사

동기분사 (독립분사, 순차분사)	• 크랭크축 2회전(1사이클) 당 1회 분사 • 점화 순서에 맞추어 실린더의 흡입 행정의 초기에 분사 • 분사 순서 : TDC 센서의 신호로 점화순서에 따라 순차적으로 분사 • 분사 시기 : 크랭크각센서의 신호에 따라 각 실린더의 인젝터를 동시에 개방하여 연료 공급
그룹분사	• 2개의 실린더를 그룹으로 묶어 분사 • 인젝터 수의 1/2씩 연료 분사
동시분사 (비동기분사)	• 시동 또는 가속 시 일시적으로 모든 인젝터에 연료를 분사시킴 • 크랭크축 1회전 당 1회 분사

→ 현재 동시분사 및 그룹분사는 단독으로 사용하지 않음

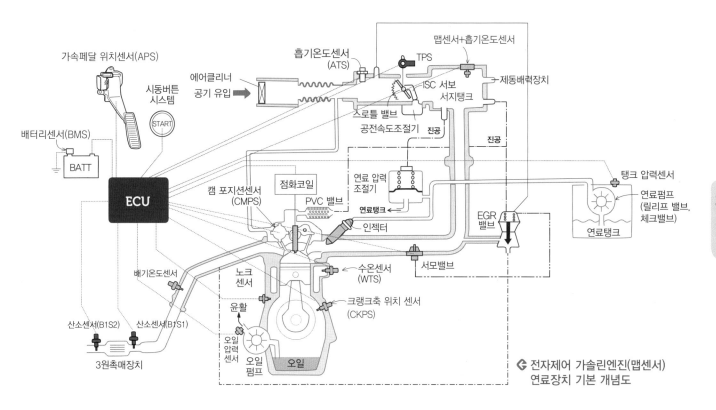

▲ 전자제어 가솔린엔진(맵센서)
연료장치 기본 개념도

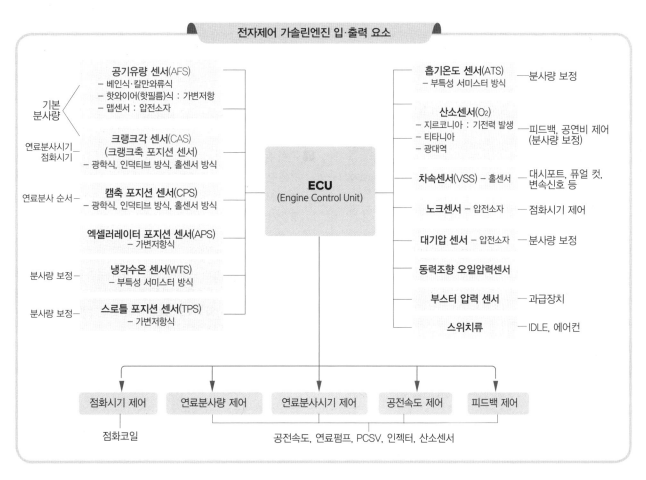

전자제어 가솔린엔진 입·출력 요소

기본
분사량

공기유량 센서(AFS)
– 베인식·칼만와류식
– 핫와이어(핫필름)식 : 가변저항
– 맵센서 : 압전소자

연료분사시기
점화시기

크랭크각 센서(CAS)
(크랭크축 포지션 센서)
– 광학식, 인덕티브 방식, 홀센서 방식

연료분사 순서

캠축 포지션 센서(CPS)
– 광학식, 인덕티브 방식, 홀센서 방식

엑셀러레이터 포지션 센서(APS)
– 가변저항식

분사량 보정

냉각수온 센서(WTS)
– 부특성 서미스터 방식

분사량 보정

스로틀 포지션 센서(TPS)
– 가변저항식

ECU
(Engine Control Unit)

흡기온도 센서(ATS)
– 부특성 서미스터 방식 — 분사량 보정

산소센서(O₂)
– 지르코니아 : 기전력 발생
– 티타니아
– 광대역
— 피드백, 공연비 제어
(분사량 보정)

차속센서(VSS) – 홀센서 — 대시포트, 퓨얼 컷,
변속신호 등

노크센서 – 압전소자 — 점화시기 제어

대기압 센서 – 압전소자 — 분사량 보정

동력조향 오일압력센서

부스터 압력 센서 — 과급장치

스위치류 — IDLE, 에어컨

점화시기 제어

연료분사량 제어

연료분사시기 제어

공전속도 제어

피드백 제어

점화코일

공전속도, 연료펌프, PCSV, 인젝터, 산소센서

▶ 분사 시기 제어

기본 분사 시기는 동기 분사 방식이지만, **시동 시나 부하 영역** 등에는 동시 분사 방식과 그룹 분사 방식이 추가로 결합되어 분사한다. 이는 동기 분사로 공급한 연료의 부족분에 대해 두 방식을 추가하여 충분한 연료를 공급하기 위해서이다.

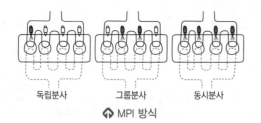

독립분사   그룹분사   동시분사

⚙ MPI 방식

⚙ MPI 방식   ⚙ GDI 방식

▶ MPI와 GDI의 비교

조건	MPI	디젤 엔진
연비 및 출력	↓	↑
소음 및 진동	↓	↑
추가부품		고압인젝터, 고압펌프
압축비	↓	↑
분사압력	↓	↑
구조	단순	복잡
미세먼지(PM)	↓	↑

(2) 직접분사방식 (GDI – Gasoline Direct Injection)

① 디젤엔진과 같이 실린더 내부에 인젝터가 설치된 형태로, 실린더 내부에 공기만 압축시킨 다음 인젝터에서 연료를 **고압으로 직접 분사**하는 방식이다.

② GDI 연료분사 방식의 특징

• 연료 공급 압력은 일반 전자제어 연료분사 방식(약 2.4~5.9 kgf/cm²)에 비해 매우 높다.(약 50~100 kgf/cm²)

• 약 30~40 : 1의 초희박 공연비로도 연소가 가능하다.

→ 시동이나 급가속시 간접식에 비해 혼합기의 농후 정도가 낮아도 된다.

• 연소실에 직접 연료를 분사하므로 흡입 과정에서 흡입 공기 온도가 낮아지고(내부 냉각 효과), 밀도가 높아져 출력을 향상시킨다.

• 배기가스 저감 효과가 있다.

• 층상 급기 모드를 통해 EGR 비율을 많이 높일 수 있다.

→ 층상 급기(stratified charge) : 배기 중의 CO, HC, NOx의 생성을 줄이기 위하여 희박 혼합기를 공급하고 이것을 연소시키기 쉽게 하는 방식으로, 점화 플러그 부근의 부연소실에 희박 혼합기와 별도로 약간 농후한 혼합기를 공급하고, 이것을 점화시켜 주연소실의 희박 혼합기를 확실히 연소시킨다.

• 시동시나 급가속시 간접식에 비해 혼합기의 농후 정도가 낮아도 된다.

③ 초희박 연소를 유도하여 **연료 소비율이 향상**된다.

• 부분부하 영역에서 혼합기의 질을 제어하므로 평균유효압력을 크게 높일 수 있다.

• 고압연료펌프 및 고압 인젝션을 사용하므로 연료분사 압력이 높으나, MPI에 비해 소음 및 진동이 크다.

→ 연료공급압력이 일반 전자제어 연료분사 방식에 비해 매우 높다.

④ GDI 구성품 : 실린더 내의 유동을 제어하는 직립형 흡입 포트, 연소를 제어하는 바울형 피스톤, 고압 연료 펌프, 스월 인젝터 등

---

03 가솔린 전자제어장치의 제어

엔진 ECU는 AFS의 신호를 받아 기본 연료 분사량을 결정하지만 시동 시, 시동 후, 냉각수온, 흡기온도, 배터리 전압, 가속 및 출력 증가, 감속 등에 운전 조건에 따라 각종 센서 데이터를 받아 연료 분사량을 가감한 후 인젝터 작동 시간(통전시간)을 제어하여 인젝터의 니들밸브 열림을 결정한다.

1 기본 분사량 제어

기본 분사량이란 크랭크축 포지션 센서(CKPS)와 공기유량 센서(AFS, MAPS)의 신호를 이용하여 배기량 값을 고려하여 결정된 맵핑값(신호값에 따라 지정된 규정값)이다.

2 크랭킹 시 분사량 제어

① 엔진 시동 시 흡입 공기량을 확인하기 어려우므로 배기량에 따른 공기량을 기준으로 시동 성능 향상을 위해 **크랭킹 신호(점화 스위치 ST)와 WTS 신호**를 추가로 전달받아 공전 시보다 연료 분사량을 증가시켜야 한다.

② GDI 시스템에서는 분사 시기까지 제어하게 된다.

3 시동 후 분사량 제어

엔진 시동 직후, 공전 속도를 안정시키기 위해 일정한 시간 동안 연료를 증가시킨다. 증량비는 크랭킹할 때 최대가 되고(농후 상태), 시동 후 시간이 흐름에 따라 점차 감소하며, 증량 지속 시간은 냉각수 온도에 따라서 다르다.

4 냉각수 온도에 따른 제어

일반적으로 냉각수 온도 80℃(열간 시)를 기준(증량비 1)으로 하여 그 이하의 온도에서는 분사량을 증량시키고, 그 이상의 온도에서는 기본 분사량으로 분사한다.

→ 즉, 냉간시에는 농후하게 하여 워밍업 시간을 단축시킴

5 흡기 온도에 따른 제어

흡기온도 20℃(증량비 1)를 기준으로 그 이하의 온도에서는 분사량을 증량시키고, 그 이상의 온도에서는 분사량을 감소시킨다.

6 배터리(발전기) 전압에 따른 제어

인젝터의 분사량은 ECU에서 보내는 분사신호 시간 외에 배터리 전압에도 영향을 받는다. 공급전원 전압이 낮으면 솔레노이드 코일의 자화가 지연되어 분사 시간이 짧아진다.

→ 즉, 공급전원 전압이 낮아질 경우에는 ECU는 분사신호 시간을 연장하여 분사량을 보정한다.

7 (급)가속 시 분사량 제어

① 일시적으로 혼합비가 희박(스로틀 밸브가 갑자기 열려 공기가 과다)해지는 현상을 방지하기 위해 **냉각수 온도에 따라** 분사량이 증가하는데, **TPS나 APS를 기준으로 엔진 회전수**와 함께 연산하여 판단한다.

② 가속하는 순간에 최대의 증량비가 얻어지고, 시간이 경과함에 따라 증량비가 낮아진다.

8 감속 시 연료 분사 차단(대시포트 제어)

① 차량이 일정속도로 주행을 하다가 감속을 위해 가속페달에 발을 떼었을 때, 스로틀밸브가 급격히 닫힐 경우 엔진의 회전 속도가 목표치를 상회하는 경우 일시적으로 연료 분사를 차단(Fuel cut)하는 것을 말한다.

② Fuel cut의 목적 : 연료 절감, 탄화수소(HC) 과다 발생 방지, 촉매 컨버터의 과열 방지

→ 흡기 부압이 높아져 연료가 공전 포트를 통해 다량의 연료가 분출되어 혼합비가 농후해짐

9 공회전 속도 제어

① 엔진 ECU가 목표로 하는 엔진 회전수 또는 엔진 토크량을 맞추기 위하여 제어하는 것을 말하며, 주로 회전수보다 엔진 토크를 기준으로 한다.

② 공전속도 제어의 역할

• 시동 시 ISC-SERVO(공전속도 조절기구)의 구동신호를 바꾸어 스로틀밸브를 직접 열거나, 바이패스 장치인 ISA(Idle Speed Aactuator)를 열어 흡입공기를 충분히 유입시켜 시동성을 향상

• 냉각수 온도에 따라 fast idle을 제어하여 워밍업을 빠르게 함

• 에어컨(압축기)이나 자동변속기(오일펌프) 등의 부하 발생 시 엔진 회전수의 저하로 인하여 시동 꺼짐 등을 방지하기 위해 공회전수 및 엔진토크를 향상시킴

• Dash-pot 작용 : 운행 중 급감속으로 인한 시동 꺼짐 방지

▶ **공전속도 제어 입력신호**
• 기관 회전속도
• 수온센서
• 인히비터 신호(P, N 레인지 상태)
• 엔진부하 신호(에어컨, 오일펌프, 발전기 등 크랭크축에 연동된 전기장치)
• 동력조향장치의 유압 오일 스위치
• 모터위치센서 등

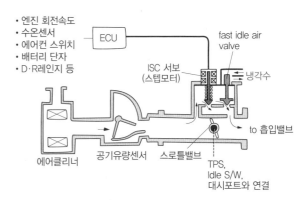

♠ **바이패스형 ISC 방식**

(1) ISC 밸브 공전조절 서보 모터

① ISC(Idle Speed Control) 모터 : 냉각수 온도, 에어컨 작동 여부, 각종 전기부하, 자동변속기의 변속위치 등에 따라 최적의 공회전 속도를 유지(보상)하기 위해 닫혀있는 스로틀밸브 대신 바이패스 통로를 통해 공기를 공급하는 방식으로, 솔레노이드 밸브에 **듀티 신호(전류)를 보내** 열림 정도를 제어한다.

모터위치센서(MPS, motor position sensor)
가변저항식으로 ISC 모터의 플런저 위치를 검출하여 ECU에 보내(피드백) 모터 회전 오차를 줄여 정밀도를 높인다.

② 스텝모터 : ISA 모터 대신 스텝모터(펄스 신호에 의해 회전)를 사용하여 스텝각으로 모터를 회전시켜 보다 정밀한 공전속도를 디지털 신호로 제어한다.

③ FIVA(fast idle air valve) : 주로 냉간 시동을 위한 장치로, 냉각수 온도에 따라 추가로 공기를 공급하는 장치이다.

④ Idle S/W : TPS와 마찬가지로 스로틀밸브와 연결되어 엑셀레이터를 놓으면 아이들 스위치가 ON되며, ECU에 입력되어 ISC 서보를 구동하여 흡입공기량을 조절한다.

> ISC 액추에이터, 스텝모터는 'ISC 서보'라고도 한다.

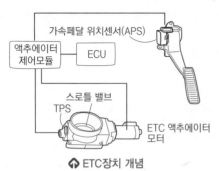

↑ ETC장치 개념

ETC 장치의 작동 원리 : 운전자가 가속페달을 밟으면 → 페달에 부착된 APS가 페달의 위치를 검출하여 ECU에 보냄 → 다른 센서의 입력 신호와 함께 스로틀 밸브의 열림량을 연산 → 스로틀 보디의 부착된 모터를 구동시켜 스로틀 밸브의 열림을 구동

▶ **ETC의 점검** : 스캔툴 진단기를 ECU와 연결한 후 ETC 모터를 강제 구동하여 스로틀 포지션 센서값을 측정한다.

(2) ISA 센서 데이터 점검·진단
① ISA 센서데이터 진단 시 엔진을 시동하고, 충분히 워밍업이 된 상태에서 작동 듀티를 점검한다.
② **무부하 공회전 상태에서 점검**한다.
→ ISA는 엔진의 부하에 따라 작동하는데, 에어컨 가동 또는 전조등 등 각종 전기적·물리적 부하가 가해지면 엔진 ECU는 부하를 감당하기 위해 ISA의 듀티를 증가시킨다. 따라서 엔진에 부하가 가해지지 않는 순수 공회전 상태에서 엔진 회전수와 ISA 듀티양을 확인한다.

🔟 노크 제어 – 노크센서
① 과급 압력, 흡입 공기 온도 상승 및 연료 및 점화 상태에 따라 노킹이 발생할 수 있으며, 노킹 발생은 치명적인 엔진 고장을 일으킬 수 있으므로 미연에 방지하여야 한다.
② 노크 제어는 노크센서(실린더 블록에 장착)를 이용하여 엔진의 적정 회전수를 엔진 ECU가 감지하여 **점화시기를 지각**시켜 이상적인 점화 상태를 유지한다.

🔟🔟 피드백 제어(feed back control) – 산소 센서
① 산소 센서로부터 배기가스 중의 산소 농도를 검출하고, 이를 엔진 ECU로 피드백(feed back)시켜 연료 분사량을 보정하여 이론 혼합비 부근이 되도록 분사량을 제어한다.
② 산소센서가 피드백 신호를 보내는 것은 폐회로(Close loop)를 의미한다. 즉, 공연비 보정은 폐회로일 경우 보정값이 의미가 있다. 만일 엔진이 워밍업되지 않은 등 피드백 정지 조건이거나 센서의 고장 등으로 보정이 안된다면 개회로(Open loop)이다.

▶ **피드백 제어(산소센서의 작동) 정지 조건**
• 엔진 시동 시
• 엔진 시동 후 분사량을 증가시킬 때
• 냉각수 온도가 낮을 때(약 300℃ 이하)
• 엔진의 출력을 증가할 때
• 연료 공급을 일시 차단할 때(Fuel cut) – 엔진 시동 또는 냉간 시, 급가속, 급감속시 혼합기는 농후/희박상태가 되므로 이론공연비에 맞추기 어렵기 때문에 피드백이 의미가 없다.

🔟🔟 점화 시기 제어
점화시기 제어는 파워 트랜지스터를 제어하여 점화 코일의 1차 전류를 ON/OFF시켜 점화시기를 제어한다.

🔟🔟 연료 펌프 제어
① 시동성 향상을 위해 연료펌프 구동 시 시동에 필요한 연료압력을 미리 형성한다. 또한, 시동 후에는 연료가 계속 공급되도록 연료펌프를 상시 구동하도록 제어한다.
② GDI의 경우 엔진 부하에 따라 필요한 연료량을 가변 제어하여 연료펌프의 수명 향상에 기여한다.

🔟🔟 ISG 제어(Idle Stop & Go)
신호 대기 중 엔진을 정지하고 출발할 때 자동으로 엔진을 시동하는 장치로 공회전 시간을 줄여 연비 향상 및 배기가스 배출 절감 효과가 있다.

▶ **가솔린 전자제어의 출력 장치**
인젝터, 연료압력조절기(GDI), 연료 펌프점화코일

04 전자제어장치의 제어 센서

1 공기유량 센서(AFS, Air Flow Sensor)

엔진으로 흡입되는 공기량을 감지하여 흡입공기량을 전자적인 신호로 바꿔 엔진 ECU로 보낸다. 엔진 ECU는 엔진에 공급할 연료량 및 기본 연료분사 시간을 결정한다.

▶ 전자제어엔진의 기본 분사량(기본 분사시간) 결정 요소
흡입공기량(에어플로우 센서), 엔진회전수(크랭크각 센서)

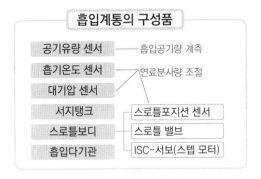

흡입계통의 구성품

- 공기유량 센서 ── 흡입공기량 계측
- 흡기온도 센서 ┐
- 대기압 센서 ┘ 연료분사량 조절
- 서지탱크 ── 스로틀포지션 센서
- 스로틀보디 ── 스로틀 밸브
- 흡입다기관 ── ISC-서보(스텝 모터)

(1) 열선식(Hot wire), 열막식(Hot film)

① 공기질량 검출방식, 유입된 공기질량을 직접 계측방식
② 핫 와이어(발열체)로 가느다란 백금선을 이용
③ 원리 : 공기 유량 증가 → 열선 냉각 → ECU는 설정온도로 유지하기 위해 핫 와이어를 가열하기 위해 전류 증가 → 이 전류값(또는 주파수 변화)에 통해 공기량을 계측
④ 응답성이 빠르고, 공기의 맥동오차 및 고도 변화에 따른 오차가 없다.
   → 외부 온도나 고도 등에 영향을 받지 않음(대기압 센서나 흡기온도 센서를 생략)
⑤ 열선에 오염퇴적으로 인해 측정 오차가 크기 때문에 엔진 정지시 가열시켜 퇴적물을 연소·제거
   → 이를 방지하기 위해 자기청정 기능의 열선이 있다. 열막식은 열선식에 비해 오염에 덜 민감하여 클린 버닝(clean burning)이 필요없다.

(2) 맵(**MAP**, Manifold Absolute Pressure) 센서식

① **절대압력(밀도) 검출방식**, 간접 계측방식
② 설치 위치 : 스로틀밸브 뒤쪽 서지탱크
③ 원리 : **압전소자(피에조 소자)**를 이용한 것으로, **대기압과 진공압의 차**를 저항값(휘스톤 브리지 회로)으로 변환하여 흡입공기량을 **간접적으로 검출**
④ 흡기 다기관의 절대압력과 기관의 회전속도로 1 사이클 당 흡입 공기량을 검출
⑤ 진공도가 커지면 절대압력이 낮아져 출력 전압이 낮아지고, 진공도가 작아지면 절대압력이 커져 출력 전압이 커진다.
   (절대압력은 출력전압에 비례)

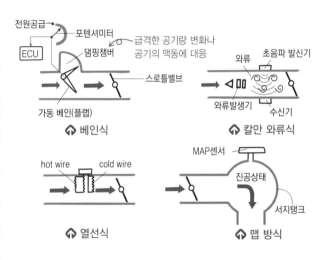

↑ 베인식   ↑ 칼만 와류식

↑ 열선식   ↑ 맵 방식

▶ **베인식**(Vane AFM, Air Flow Meter)
- 공기체적유량 검출방식
- 흡입공기량에 따라 베인의 열림 정도가 달라지며, 베인에 연결된 포텐셔미터(Potentio Meter)에 의해 전압비로 공기 체적을 검출
- 사용 유량 전역에서 높은 정확도의 유량계측이 가능하나, 고속, 저속에 응답성이 느리다.

▶ **칼만 와류식**(karman vortex AFS)
- 공기체적 검출방식, 초음파식
- 출력 : 디지털 신호(전기 펄스)
- 원리 : 흡입다기관에 돌기를 장착 → 돌기 뒤에 발생하는 공기의 소용돌이(와류) 수를 초음파로 변조하여 공기유량을 계측하는 방식
- 단점 : 유량급변에 따른 반응이 부적절하여 대용량에 맞지 않음
- 연료량 보정 : 흡기온도센서, 대기압센서

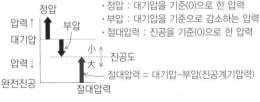

- 정압 : 대기압을 기준(0)으로 한 압력
- 부압 : 대기압을 기준으로 감소하는 압력
- 절대압력 : 진공을 기준(0)으로 한 압력
- 절대압력 = 대기압−부압(진공계기압력)

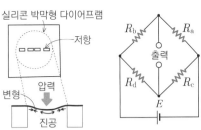

맵센서의 기본 원리 : 다이어프램의 구조와 피에조 저항을 집적한 형태로, 실리콘 박막형 다이어프램 표면에 저항 브리지 회로를 형성한 후 압력이 가해지면 저항 브리지에 변형이 일어나 저항률(전기 도전율)의 변화를 검출하여 압력을 산출한다.

이 압력값과 온도센서의 온도값을 기체상태방정식에 대입하여 공기의 밀도를 구하고, 다시 배기량을 곱하면 공기질량을 구할 수 있다.

▶ **피에조 저항형 센서** : 다이어그램 상하의 압력차를 전압으로 검출하여 압력을 측정

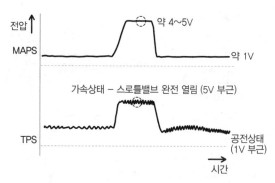

↑ 맵센서와 TPS 오실로스코프 출력 파형

② 스로틀 포지션 센서(TPS, Throttle Position Sensor)

① **가변저항을 이용**하여 스로틀밸브 개도량에 따른 전압값 변화를 감지하여 연료분사량과 점화시기를 보정한다.(홀센서 방식을 주로 사용)

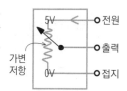

② 검출 전압 범위 : **0~5V**

③ **공기유량센서(AFS) 고장 시 TPS 신호에 의해 분사량을 결정**

④ **변속시기를 결정**하는 역할

⑤ 최근 전자식 스로틀밸브 엔진에는 **엑셀러레이터 포지션 센서(APS)가 TPS를 대신**함

⑥ 위치 : 대시포트 패널 전방 또는 라디에이터 후미

⑦ TPS의 점검방법 : 전압 측정, 저항 측정, 스캐너 측정

⑧ 슬라이더 암과 레일저항이 일체형으로, 센서 자체를 분해해서 수리는 할 수 없으므로 센서 불량이 판정되면 **센서 자체를 교환**한다.

> ▶ **TPS 고장 시 증상**
> • 엔진 정지
> • 공회전 불량
> • 매연 배출 증가(CO, HC)
> • 가속 응답성 저하
> • 연료 소모 증가(연비 불량)
> • 자동변속기의 변속 지연 및 충격 발생

③ 엑셀러레이터 포지션 센서(APS, Acceleration Position Sensor)

① APS는 가속페달과 일체로 구성되며, **TPS와 동일한 원리**(가변저항)이다.

② 2개의 센서(APS1, APS2)로 구성한다.

• APS1 : 연료량과 분사시기가 결정

• APS2 : **APS1의 이상 신호 감지 및 차량의 급출발 방지 역할**

④ 크랭크축 위치 센서(CKPS, Crankshaft Position Sensor) 또는 크랭크각 센서(CAS, Crank Angle Sensor)

① 역할
  • **엔진의 회전속도 검출 : 연료의 기본 분사량 결정**
  • 피스톤의 상사점 인식 : 크랭크축의 회전각도에 따른 피스톤의 위치를 파악하여 **연료분사시기와 점화시기를 결정**

② CPS의 종류 : 광학식, 마그네틱 픽업 방식(인덕티브 방식, 아날로그 신호), 홀센서 방식(디지털 신호)

③ 장착 위치 : 차종에 따라 실린더 블록에 장착된 방식(톤 휠을 플라이휠에 장착)과 변속기 하우징에 장착한 방식이 있다.

④ CAS 고장 시 증상 : 시동 꺼짐 또는 시동 불량, 엔진 경고등 점등 (※크랭킹은 된다)

⑤ 캠축 위치 센서(CMPS, Cam Position Sensor)

① 다른 이름 : No 1. TDC(Top Dead Center) 센서

② 역할 : 1번 또는 1, 4번 실린더의 압축상사점을 검출하여 연료 분사 순서를 결정하며(6행정 기관인 경우 1, 3, 5번 실린더의 상사점을 검출), CVVT 제어와 **CKPS의 고장 시 CMPS로 시동을 걸 수 있다.**

③ 작동 방식 : 광학식, 홀센서 방식으로 작동원리는 CKPS와 동일

> ▶ **대표적인 홀센서 방식 적용 센서**
> 크랭크축 위치 센서(CKPS), 캠축 위치 센서(CMPS), 차속 센서(VSS), 스로틀 포지션 센서

접지 5V 공급
센서 신호

접지 5V 또는 12V 공급
센서 신호

↑ 마그네틱 픽업 방식　　**↑ 홀센서 방식**

⑥ 흡기 온도 센서(ATS, Air Temperature Sensor)

① 흡입되는 공기의 온도 및 밀도의 변화에 따라 연료분사량을 보정한다.

② NTC 서미스터 이용

(흡기온도↑→저항값↓→ 출력전압↓)

> ▶ **서미스터(thermistor)**
> • 정특성 서미스터(PTC, Positive Temperature Coefficient) : 온도가 증가하면 저항이 증가(예 : 전자온도계, PTC 히터)
> • 부특성 서미스터(NTC, Negative Temperature Coefficient) : 온도가 증가하면 저항이 감소(예 : **ATS, WTS**)

CKPS 센서 유형

◐ 광학식 - 디지털 신호

크랭크축과 동기화시킨 구멍 뚫린 슬릿(Slit)판이 캠축과 같이 회전할 때 발광다이오드에 전원을 공급하면 슬릿의 구멍을 통과하여 포토다이오드(수광부)에서 빛을 받아 전압을 발생한다. 즉, 슬릿 수만큼 펄스 신호를 발생하며, 이 신호로부터 엔진 회전속도를 검출한다.

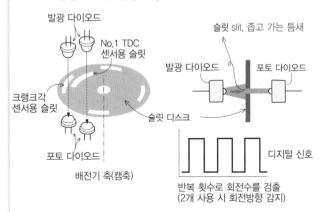

◐ 마그네틱 픽업(인덕션) 방식 - 아날로그 신호

발전기의 원리(전자유도작용)와 동일

① 영구자석과 코일이 감긴 철심 및 톤 휠(tone wheel, 또는 트리거 휠)으로 구성된다. 톤 휠은 변속기 출력축 또는 플라이휠 앞 크랭크축 등에 고정시켜 크랭크 각 센서, 차속센서 등에 이용한다.
② 톤 휠이 회전할 때 센서와 톤 휠의 돌기부분이 일치하고 벗어나면 전자유도작용에 의해 자속이 변화하여 사인파형의 교류 전압이 발생한다.
③ 돌기(60개)가 있는 철강-자상의 트리거 휠에는 2개의 돌기가 없는 부분(missing tooth)이 있는데, 이 부분의 간극이 실린더 1 위치에 할당된다. 60개의 돌기는 360개이며 1개 돌기의 간극은 6도가 된다. 이것을 다시 8등분하여 0.75도씩 등분하여 미세하게 피스톤의 위치를 감지한다.
④ 발전기 원리와 같이 기전력이 발생하므로 **전원공급이 필요없다.**

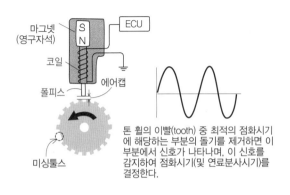

톤 휠의 이빨(tooth) 중 최적의 점화시기에 해당하는 부분의 돌기를 제거하면 이 부분에서 신호가 나타나며, 이 신호를 감지하여 점화시기(및 연료분사시기)를 결정한다.

◆ 마그네틱 픽업

◐ 홀센서(Hall sensor) 방식 - 디지털 신호

① 홀 효과를 이용한 전자 스위치로 펄스 신호를 발생
② 신호전압의 크기가 엔진속도와 관계없이 일정하여 아주 낮은 회전속도를 감지할 수 있다.
③ 구조 및 설치위치가 인덕티브 방식과 동일하다.
④ 반도체 홀소자의 전극에 5V 또는 12V 전압을 인가하여 전류를 흐르게 한 후 수직방향으로 자기장이 생기면 전류와 자기장 방향에 수직방향으로 전위차가 발생하며, 이를 홀 전압이라 한다.
⑤ 사용 예 : 크랭크 각 센서, 캠각센서, ABS 휠 스피드 센서, 차속센서

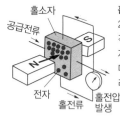

홀효과
2개의 영구자석 사이에 도체(홀소자)를 직각으로 설치하고 도체에 전류를 공급 → 자속에 의해 홀소자 한쪽의 전자는 과잉. 다른 한쪽은 부족 → 도체 양면을 가로질러 전압이 발생

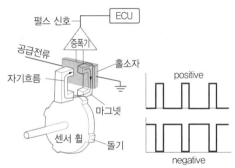

홀센서는 자기장의 변화에 따라 전압이 변함
기본 원리 : 홀 효과에 따라 → 센서 휠의 돌기부분이 자기 흐름을 방해하여 홀소자에 전압이 발생되지 않고, 돌기가 없는 부분에서는 전압이 발생 → 돌기의 회전을 감지하여 회전수 검출

◆ 홀 센서

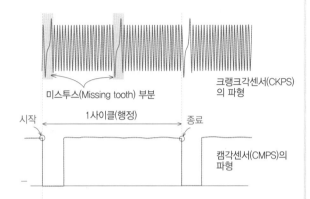

CKPS의 파형에서 1행정당 2회전임을 알 수 있으며, CMPS의 파형에서 1회전임을 알 수 있으며, 캠각센서의 시작점과 크랭크각센서의 미스투스 시작부분의 일치하는 지 점검해야 한다.

7 냉각수 온도 센서(WTS, Water Temperature Sensor)

① 부특성 서미스터 이용

② 연료분사량 및 점화시기를 보정 – 냉간 시 연료분사량을 증가시켜 시동성을 향상시킨다.

　→ 엔진 온도는 혼합기 형성에 영향을 미치며 냉간 시에는 무화된 연료가 차가운 연소실 내에서 압축되기 전까지 실린더 벽면 등에 응축되어 연소가 잘 이루어지지 않아 시동성을 떨어뜨린다.

③ WTS 고장 증상

• 공회전 상태가 불안정해지고 냉간 시동이 불량해진다.

• 연료분사량 보정이 어렵다.

• 워밍업 시기에 PM 배출이 증가되며, 배기가스 중에 CO 및 HC가 증가된다.

8 노킹센서(Knocking Sensor)

① **압전소자(피에조 소자)** 이용 – 엔진 블록의 진동 감지

② **점화시기 제어**

③ 기본 원리 : 노킹 검출 시 공진점을 벗어난 주파수 발생 → 노킹센서가 이 주파수를 감지하여 전압으로 변환 → ECU로 보냄 → 배전기의 점화시기를 늦추어 노킹을 방지

④ 노킹센서 고장 시 증상 : 출력 및 연비 저하, 엔진 과열, 엔진 내구성 저하

▶ **압전 소자** : 엔진 진동의 크기를 감지하여 전기신호로 변환

9 차속 센서(VSS, Vehicle Speed Sensor)

① **시동 꺼짐을 방지하기 위해 대시포트 기능**에 사용하는 신호로 활용

② 엔진의 회전수와 비교하여 속도를 줄이기 위해 엔진브레이크가 걸리면 **퓨얼 컷**(fuel cut) 기능을 하는데, 최고 속도를 제한하기 위하여 사용되기도 한다.

10 산소센서 (λ센서, O₂)

(1) 개요

① 배기가스 중의 산소농도를 검출하여 피드백 제어 신호(전압)를 ECU로 보내어 혼합기를 **이론공연비에 가깝게 연료분사량을 보정**한다.

　→ 출력전압이 크면 분사량을 감소, 작으면 분사량을 증가

　→ 배기가스를 감지하는 것이 아니라, 배기가스의 산소만 감지

② **삼원촉매의 정화율을 최대**로 높이기 위한 역할도 한다. 삼원촉매의 전·후단부에 장착되며, **후단부에 설치된 산소센서는 삼원촉매의 상태를 파악**하는게 활용된다.

　→ 삼원촉매 후단부의 산소농도는 적어야 정상이다.

③ 종류 : 지르코니아, 티타니아, 광대역

(2) 지르코니아 형식

① 이론 공연비 부근에서 출력 전압이 급격하게 변화하며, 대기의 산소농도와 배기가스의 **산소농도를 비교하여 그 농도차에 의해 기전력을 발생**시키는 일종의 미니발전기이다.

　→ 지르코니아 방식은 1V 미만의 전압을 생성하나(전원이 필요없음), 티타니아 방식은 ECU 전원이 필요하다.

② 출력값 : **이론 공연비(14.7 : 1)에서 약 0.45V가 발생되며, 이 값보다 높으면 농후, 낮으면 희박**하다.

　→ 공연비 농후 : 배기가스의 산소농도 작음 → 산소농도차 큼 → 출력전압 큼

　→ 공연비 희박 : 배기가스의 산소농도 큼 → 산소농도차 작음 → 출력전압 작음

③ 산소센서의 구성(배선수 4가닥) : 센서 출력, 센서 접지, 히터 전원, 히터 접지 제어선

　→ 산소센서의 히터 역할 : 센서의 활성화 온도 도달 시간을 줄이기 위해 히터 전원이 PWM(펄스폭 변조) 제어를 통하여 작동된다.

④ 지르코니아 산소센서의 비작동 조건 : 시동·워밍업 등 **300℃ 이하에서는 작동하지 않는다.**

⑤ 지르코니아 산소센서 점검·취급 시 주의사항

• 기관을 워밍업(약 300℃ 이상)한 후 점검할 것

• 전압 측정 시 디지털 멀티미터 또는 오실로스코프를 이용할 것

• 산소 센서의 내부저항이 작기 때문에 절대로 멀티테스터기로 내부저항을 측정하지 말 것

　→ 일반적으로 저항 측정 방식은 멀티미터의 건전지 전압을 통전시켜 측정하며, 이 전압에 의해 미세전압을 발생시키는 산소센서의 기능이 소실된다.

• 출력 전압을 단락(쇼트)시키지 말 것

• 무연 휘발유만 사용할 것 ─── 옥탄가 향상 목적

　→ 유연 휘발유에 포함된 4에틸납의 납이 연소되어 무수납 또는 산화납으로 변해 백금 도금에 붙어 센서 성능이 떨어짐

• 충격을 주지 말 것 → 지르코니아의 내·외부 벽에 코팅된 백금 도금이 떨어져 나가기 쉬움

(3) 티타니아 형식

① 산화티타니아(TiO₂) 소자를 이용

② 이론 공연비 부근에서 저항값이 급격하게 변화하는 일종의 **가변저항기**이다.

　→ ECU의 전원을 이용하여 대기 중의 산소농도와 배기다기관의 산소 농도차에 따라 변화된 저항에 의해 전압을 측정값으로 이용

③ 티타니아 산소센서가 작동하기 위한 활성화 온도에 빠르게 도달시키기 위해 히터선이 공급된다.

④ 농후할수록 0V에 가깝고, 희박할수록 5V에 가까운 전압이 출력(시스템마다 반대의 전압값이 출력되는 경우도 있다.)

⑤ 반응성 : 지르코니아 방식보다 우수

▶ **지르코니아 · 티타니아 타입의 비교**

구분	지르코니아 센서	티타니아 센서
재료	산화지르코니아(ZrO_2)	산화티타늄(TrO_2)
기본 원리	산소 농도차에 따라 **발생하는 기전력 이용**	산소 농도차에 따른 **저항값의 변화** 이용
전원공급	**없음** (히팅만 전원 공급)	**ECU의 전원(5V) 이용**
출력전압	0~1 V	0~5 V
기준전압	0.45 V	2.5 V
희박범위	0.45 V 이하	2.5 V 이상
농후범위	0.45 V 이상	2.5 V 이하

(4) 광역 산소센서

(람다센서, 전영역 산소센서, Wide Band Oxygen Sensor)

① 가솔린 엔진에서 사용하는 바이너리(Binary) 산소센서는 이론 공연비($\lambda=1$) 근처에서 반응폭(전압폭)이 크나, 과희박/과농후 상태에서는 반응폭이 매우 작아 혼합비를 검출할 수 없다. 그 러므로 **GDI 엔진, 전자제어 디젤엔진**은 광역산소센서를 사용 하여 **이론 공연비보다 넓은 범위의 공연비를 정량적으로 정확 하게 검출**할 수 있다.

② 측정 원리 : 배기가스의 산소농도와 기준실의 산소농도 차가 없을 때를 '$\lambda=1$'로 기준으로 하고, 농도차가 발생하면 이 농 도차를 없애기 위해 ECU에서 직류전류(펌핑전류)를 공급하거 나 받아들여 산소이온을 펌핑하는데, ECU는 이 펌핑전류값 을 측정하여 배기가스의 산소농도를 측정한다.

→ 희박($\lambda>1$) : 컴퓨터의 펌핑셀 전압단에서 람다 센서로 ⊕ 펌핑 전류를 보 내어 $\lambda=1$(펌핑 전류 0)이 되도록 함

→ 농후($\lambda<1$) : 람다 센서에서 컴퓨터의 펌핑셀 전압단으로 ⊖ 펌핑 전류를 받아들여 $\lambda=1$이 되도록 함

③ 출력값 : 종류에 따라 0~3V ($\lambda=1$에서 약 1.5V) 또는 0~5V ($\lambda=1$에서 약 2.5V)

④ 람다 센서 고장 시 EGR 제어 및 연료 분사량 보정이 중단

→ 참고) 람다 센서는 EURO 4 이후 커먼레일 엔진 또는 가솔린 GDI 엔 진에 적용됨

▶ **지르코니아 산소(O_2) 센서의 원리**

• 산소센서의 내부(대기 중의 산소농도)와 외부(배기가스의 산소농도)의 차이를 통해 산소량을 검출

• 농후 혼합비 : 연소하고 남은 배기가스의 산소량이 적으므로 대기 중 산 소가 배기다기관 쪽으로 이동

• 백금촉매는 산소이온과의 반응을 돕기 위해 소자 주위에 발라져 있다.

• 히팅코일 장착 : 지르코니아 소자는 저온에서는 저항이 크므로 히팅코일 을 장착하여 반응을 촉진한다.

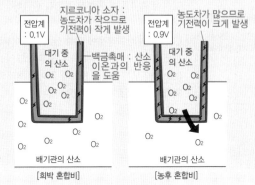

⬆ 지르코니아 산소센서의 원리

▶ 산소센서는 기전력(전압)을 발생시키는 아날로그 신호 출력방식이다.

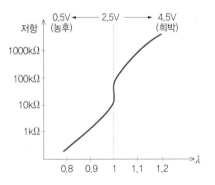

⬆ 혼합비에 따른 티타니아 산소센서의 저항 특성

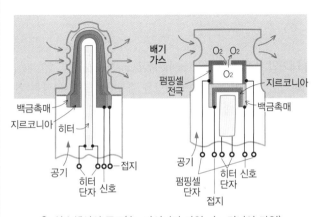

⬆ 산소센서의 구조(左-바이너리 타입, 右-리니어 타입)

(5) 촉매컨버터 전·후의 산소센서의 역할 (추가 설명 127페이지 참조)

촉매 전단의 산소센서 (up stream) B1S1	• 배기가스 중의 산소농도를 측정하여 EGR 제어 및 연료분사량 제어에 사용 • 이론공연비의 window screen 영역에서 피드백 제어가 이루어져야 함
촉매 후단의 산소 센서 (down stream) B1S2	• LNT(132페이지) 재생 시 NOx의 흡장량을 비교하여 촉매의 재생 종료 시점을 판단하는데 사용 • CO, HC의 산화작용에 의해 산소를 많이 사용하였으므로 산소가 부족하여 농후한 영역인 **0.6~0.7 V 부근에서 변화가 없어야 촉매의 정화 및 엔진 연료 제어는 정상**이다.

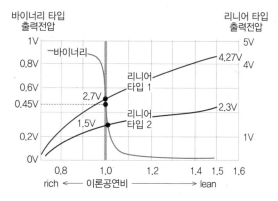

⬆ 혼합비에 따른 람다센서의 작동 특성

▶ 출력값에 따른 산소센서의 구분

바이너리 (Binary)	• 협대역 방식 (narrow band) • 사인파 파형출력 • 이론공연비 부근으로 검출범위가 좁다.($\lambda = 1$)
리니어 (Linear)	• 광대역 방식 (wide band) • 전자제어디젤엔진, CNG, GDI 엔진 • 과희박/과농후 영역에서도 작동되므로 검출범위가 넓다. ($\lambda = 0.65{\sim}1.9$)

Ⅲ 대기압 센서(BPS, Barometric Pressure Sensor)

피에조 저항형 센서로, 대기압을 검출하여 고도에 따른 연료분사량을 보정한다.(MAP 센서방식에는 대기압 보정이 필요없음)

Ⅻ 부스터 압력 센서(BPS, Boost Pressure Sensor)

과급기에 있는 엔진에 장착된 센서로, 과급된 흡기다기관의 압력을 검출하여 전압변화를 ECU로 신호를 보낸다.

① 육안 점검·진단

① 엔진오일 점검·진단 : 엔진오일량, 색상, 점도 등
② 냉각수 점검·진단 : 냉각수량, 색상, 비중 등

② 자기진단 기능(OBD, On-Board Diagnosis) -경고등 점등 상태

비정상적인 신호가 특정 시간 이상이 되면 엔진 ECU는 OBD에서 규정한 센서나 액추에이터의 진단고장코드(DTC, Diagnostic Trouble Code)를 기억한 후 계기판(클러스터)에 엔진 경고등을 보낸다.

→ 시동 전 key on 상태(IGN2)에서 엔진체크 경고등이 점등되는지 확인하고, 5초 후에 소등되지만 비정상 항목이 있으면 15초 정도 점등되며 3초 후 소등된다.

→ OBD는 다음 페이지 참조

③ 스캔툴 진단기를 활용한 점검·진단

(1) 차량 통신 시스템 점검·진단

① 스캔툴 진단기의 전원과 DLC 케이블을 연결한 후, 시동을 걸거나 Key on을 시킨다.

② 스캔툴 진단기 화면에서 차량 통신을 위한 기능(스캔테크)을 선택 → 차량제조사 → 차량명 → 차량 연식 → 시스템을 차례대로 선택하고, 엔진 ECU와 통신하여 고장코드를 점검한다.

③ 엔진의 고장코드 발생 시 상태 정보를 실행시켜 우선적으로 고장 상태가 현재인지 과거인지 구분한다.

→ 시스템 선택 시 최초의 고장 코드를 확인할 경우 엔진 고장이 의심된다고 엔진에만 집중하여 점검하지 말고 차량에 장착된 모든 시스템을 선택하여 전체 시스템의 고장 코드를 확인한다.

→ 일시적으로 발생한 과거 고장인 경우 기억 소거하여 재점검하지만 현재 고장인 경우 고장 코드가 삭제가 되지 않는다.

④ 오실로스코프 진단 장비를 활용한 점검

① 특정 부품/장치에 대한 시각적 분석을 위해 사용된다.

② 시간 축(가로)/전압 축(세로)을 표시하며 파형을 통해 입력신호에 대한 응답변화, 불량요소에 대한 신호왜곡, 잡음 분석 및 저장을 위해 사용된다.

③ 정밀도가 높으며, 2개 이상의 기능을 있는 비교 분석에 적합하다.

④ **트리거 기능** : '방아쇠'란 의미로 오실로스코프에서는 동기를 맞추기 위해서 사용한다. 즉, 'mS' 단위로 빠르게 변하는 사인파 형태의 신호를 정지한 모습으로 보이게 하여 신호 분석에 용이한다. 트리거는 사용자 설정에 따라 조정할 수 있다.

ECU의 학습 초기화(소거)

가솔린 전자제어장치에서 엔진 컴퓨터는 사용자의 운전습관 및 엔진 상태에 따른 각종 학습치를 누적하여 관리한다. 주로 공연비와 점화시기가 여기에 해당된다.

- **공연비 학습** : 산소센서의 신호를 피드백 받아 연료량을 가감하여 촉매 정화효율을 극대화시키는 것이다. 하지만 공연비 관련 시스템 고장 발생 시 학습 누적치가 비정상적으로 적용되어 엔진의 컨디션 및 배출가스에 영향을 줄 수 있다.
- **점화 시기 학습** : 노크센서의 신호에 의해 노킹 발생 시 점화시기를 지연시키는 학습을 수행하게 되는데, 비정상적인 학습이 누적되면 연비 및 엔진 출력이 떨어지는 결과로 나타날 수 있다.

그러므로 스캔툴 진단화면에서 이 학습치를 소거하여 초기화시킬 필요가 있으며, 타 차량에 사용된 동일 모델 엔진 ECU로 교환 시 초기화해야 한다.

---

06 배출가스의 규제와 경고등(MIL)

1 OBD(On Board Diagnosis)의 개요

① OBD는 엔진 컴퓨터(On Board)가 실시하는 고장 진단을 의미한다. 전자제어장치 차량에 있어 주로 배출가스 제어장치 및 시스템을 감시하고 고장 진단 시 수리를 유도하기 위한 규제이다.

② 현재 규제를 강화된 OBD II(KOBD : Korea On-Board Diagnostics) 규정으로 감시항목이 확장되고 있다.

→ **OBD-II 규정 배출가스 제어 대상** : EGR장치, 산소센서 감지장치, 실화 감지장치, 증발가스 감지장치, 점화장치, 삼원촉매장치, 연료계통 감지장치 등

③ OBD II는 OBD I의 단순한 단선/단락 진단뿐만 아니라 세부적이고 연계된 모니터링이 가능한 고장진단 체계로 변경되었는데, 고장 진단 시 스캔툴을 통한 DTC(diagnostic trouble code) 표시 뿐만 아니라 클러스터에 경고등(Mil)을 점등시킨다.

→ 초기 OBD I는 차량마다 진단항목 및 고장코드, 프로토콜(통신규약)이 달랐으며, 센서 명칭이 통일되지 않았으며, 커넥터(DLC, Data Link Connector)가 표준화되지 않아 제조사마다, 차량마다 개별적인 커넥터가 필요하다.

2 OBD II의 특징

① 커넥터(DLC)와 프로토콜의 표준화

→ 하나의 커넥터로 모든 차량의 연결이 가능해짐

② 전자제어장치와 센서의 용어 통일

③ 고장코드의 표준화(DTC, Diagnostic Trouble Code)를 규정

④ 진단항목의 세분화 – 고장 판별이 용이해짐

⑤ 배출가스 진단 외에 파워트레인(엔진+변속기), 바디 전장(BCM), 섀시, 통신 네트워크 등의 영역으로 확장됨

▶ OBD-II의 규정 중 커넥터 및 DTC는 SAE J2012에 따라 정해졌다.
▶ OBD I와 OBD II의 비교
예를 들어, 산소센서 고장의 경우 아래 표와 같이 OBD는 산소센서로만 표시하고, OBD-II는 고장 정보를 좀더 자세하게 분류하여 고장진단이 보다 쉽다.

OBD	OBD-II
심각한 고장이나 운행이 어렵다고 판단되는 경우에만 경고등 점등	배출가스 기준을 초과하는 고장 뿐만 아니라 관련 부품의 결함 발생시에도 경고등 점등
산소센서	P0130 산소센서 회로 이상(B1S1) P0131 산소센서(B1S1)−신호값 낮음 P0132 산소센서(B1S1)−신호값 높음 P0134 산소센서 신호변화 없음 P0135 산소센서 히터회로 이상
고장코드 갯수 1개	고장코드 갯수 5개

3 DTC(diagnosis trouble code, 진단코드) 점검

① 대부분의 스캔툴 진단기에는 OBD-II 모드를 지원하며, 이를 통해 제작사의 전용 진단기가 아니라도 배출가스와 관련된 장치의 고장을 수리할 수 있는 고장 코드를 읽을 수 있다.

→ 다만, 엔진과 변속기의 고장 즉 유해한 배출가스를 발생할 수 있는 장치의 고장에 대하여만 표시해 준다.

② OBD와 관련된 모니터링 항목은 삼원촉매의 열화 감지와 각 실린더의 실화 감지, 연료시스템 감시, 증발 가스 누출 감지 외 유해 배출가스를 발생시킬 수 있는 부분을 모두 감시한다.

③ OBD 진단과 관련된 통신프로토콜 : 9141 통신, KWP 2000, CAN 통신, 'SAE J2534' (최근)

④ 코드 구성 : 영문 1자리와 숫자 4자리

- 배기가스 관련 엔진 제어 고장코드는 P로 시작한다.

P0130

세분화된 고유코드(99종)

고장진단 항목의 중간 분류

SAE 표준코드를 사용할 경우 0
제작자 지정코드를 사용할 경우 1

- P (Powertrain) : 파워트레인(엔진+변속기)
- B (Body) : 바디 전장(BCM)
- C (Chassis) : 차체 관련 장치
- U (Network) : 통신 장치

⚙ DTC 코드

▶ OBDⅡ에 적용된 센서 및 액추에이터
- Upstream O2 Sensor (Bx / S1 : 촉매 전방 산소센서)
- Downstream O2 Sensor (Bx / S2 : 촉매 후방 산소센서)
- Idle Speed Actuator (ISA : 공회전 속도조절장치)
- Mass Air Flow Sensor (MAFS : 공기유량센서)
- Throttle Position Sensor (TPS : 스로틀위치센서)
- Crankshaft Position Sensor (CKP : 크랭크축 위치 센서)
- Camshaft Position Sensor (CMP : 캠축 위치 센서)
- Intake Air Temp Sensor (ITS 또는 ATS : 흡기온도센서)
- Coolant Temperature Sensor (CTS 또는 WTS : 냉각수온도센서)
- Purge Control Solenoid Valve (PCSV : 증발 가스 재순환 솔레노이드 밸브)
- Fuel Tank Pressure Sensor (FTPS : 연료탱크 압력 감지 센서)
- Canister Close Valve (CCV : 캐니스터 닫힘 밸브)
- 기타 : 차속센서, 노크센서, PCV 밸브 등

4 클러스터의 경고등(MIL, Malfunction Indicating Lamp)

경고등은 **OBD 규정에 따라** 점등된다.

(1) 경고등의 색상

색상	의미 및 예
청색 또는 초록색	해당 장치가 작동 중임을 알리는 경고등으로, 운전자가 조작하고 작동 중임을 나타낸다. 예 미등 표시등, 안개등 표시등, 전조등 상향 표시등 외
황색	해당 장치에 문제가 발생되었지만 엔진구동은 멈추지 않고, 운행에 주의가 필요하다. 예 이모빌라이저 경고등, 체크엔진 경고등, VDC 경고등, VDC OFF 경고등, ABS 경고등, EPB 경고등, TPMS 경고등
적색	황색 계열의 경고등보다 좀 더 높은 강도의 고장을 의미하며, 차량 운행 및 안전에 직접적으로 지장을 줄 정도의 위험이 있다. 예 배터리 경고등, 엔진오일 경고등, 브레이크 경고등, 에어백 경고등, MDPS 경고등

(2) 경고등의 종류 및 역할

① 체크엔진 경고등 : 엔진의 전자제어와 관련하여 고장 시 점등
② VDC(Vehicle Dynamic Control) 경고등 : 차량 자세제어장치 고장 시 점등
③ ABS(Anti-lock braking system) 경고등 : ABS 고장 시 점등
④ 에어백 경고등 : 에어백 시스템 고장 시 점등
⑤ 브레이크 경고등 : 사이드 브레이크 또는 브레이크 장치 고장 시 점등
⑥ 배터리 경고등 : 발전기 고장으로 전원 공급 불량 시 점등
⑦ MDPS(Motor Driven Power Steering) 경고등 : 조향핸들이 모터구동 방식인 MDPS의 고장 시 점등
⑧ EPB(Electric park brake) 경고등 : 전자식 주차브레이크 장치의 고장 시 점등

⑨ TPMS(Tire Pressure Monitoring System) 경고등 : 타이어 공기압 문제 발생 시 점등
⑩ 엔진오일 경고등 : 엔진오일이 부족하거나 공급이 되지 않을 때 점등
⑪ 미등, 안개등, 전조등 상향등 표시등 : 각 조명등이 작동할 때 점등
⑫ 워셔액 부족 경고등 : 워셔액 부족 시 점등
⑬ 연료부족 경고등 : 연료 부족 시 점등
⑭ 이모빌라이저 경고등 : 전자식 열쇠의 작동 여부
⑮ VDC off 경고등 : 차량 자세제어장치를 off 시 점등
⑯ 엔진 온도계 : 엔진의 온도 표시
⑰ 연료량 표시계 : 연료량 표시

5 EMS(Engine Management System)

EMS는 엔진에서 발생하는 배출가스 중 유해한 배출가스를 줄이고, 에너지 효율을 높여 연비를 향상시키는 역할을 한다.

07 가솔린 전자제어장치의 검사

1 공연비 검사

(1) 스캔툴 진단기를 이용한 검사

① 엔진을 충분히 워밍업 시키고 스캔툴 진단기를 연결한 후 센서 데이터를 검사한다.
② '공연비 제어 활성화' 및 '공연비 연료 보정 활성화'가 ON 상태인지 확인한다.
→ 엔진의 공연비 제어 여부를 가장 먼저 확인해야 한다. 공연비 보정 상태가 폐회로(close)로 되어 있을 경우 보정값이 의미가 있다. 만일 보정 상태가 개회로(open)다면 아직 엔진이 워밍업 되지 않은 상태이거나 센서 고장 등으로 인하여 보정을 하지 않는 상태이므로 고장 코드 검색을 수행하여 고장 상태를 점검하고 보정하지 않는 이유를 찾아서 정비한다.
③ 공연비 보정 상태가 희박 또는 농후 중 한쪽으로 기울어져 있는지 검사한다.
→ '공연비 순시 보정(현재의 공연비 조정치)', '공연비 학습치-공회전', '공연비 학습치-중부하'가 어느 한쪽으로 기울어져서는 안된다.

(2) 오실로스코프 진단 장비를 이용한 산소센서 검사

① 오실로스코프 파형의 **시간 축과 전압 축**을 조정한다.
→ 지르코니아 산소센서는 전압 축을 1V로 조정하고, 티타니아 방식은 5V로 조정한다. 시간 축은 산소센서의 주기적인 파형이 한 화면에 충분히 나올 수 있도록 조정한다.
② **각 채널의 접지선은 배터리 (-) 단자에 연결하고, 측정선은 산소센서의 출력 단자에 연결**한다.
③ 엔진의 공회전 상태, 급감속, 급가속 상태에서 각각 산소센서의 파형을 측정하고 측정된 파형을 정비지침서의 기준값과

비교하여 검사한다.

④ 급가속 시 연료를 추가 분사함으로써 농후하여 파형이 1V에 가까운 파형으로 나타나고, 급감속 시 fuel-cut 함으로써 희박하여 0V에 가까운 파형으로 나타난다.

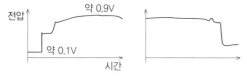

↟ 급가속(좌) 및 급감속(우) 시 산소센서 파형

→ 산소센서의 정보를 직접 보고 검사하면 즉각적인 정보를 얻을 수 있는데 반하여 엔진의 센서데이터에서 검사할 경우 엔진 ECU의 성능에 따라 빠르게 반응하지 않을 수 있다.

❷ 삼원촉매장치 검사

삼원촉매는 OBD-II에서 가장 중요한 진단 항목으로 규정하고 있다. 삼원촉매장치의 진단은 **전단에 장착된 바이너리 산소센서의 정상적인 피드백 제어 상태를 통해 확인**한다.

(1) 스캔툴을 이용한 점검

① 엔진 시동, 난기 운전(80℃ 이상) 후 공회전 상태 유지

② 산소센서의 **활성화 온도가 300℃ 이상**인지 확인

→ 활성화 온도가 더디게 진행되면 산소센서의 히터 작동 듀티(%)값이 출력여부 확인

③ 산소센서의 출력전압이 **사인파**인지 점검

(2) 오실로스코프를 이용한 점검

오실로스코프 ⊖ 프로브를 배터리 ⊖ 단자에 연결하고, 오실로스코프 ⊕ 프로브를 산소센서 4핀 커넥터에 1개씩 차례로 산소센서 출력 단자에 연결한다.

→ 배터리 ⊖ 단자에 연결하였던 오실로스코프 ⊖ 프로브를 산소센서 접지 단자에 연결하여 파형의 노이즈 잡음을 최소화시켜 파형 분석에 방해를 받지 않게 한다.

(3) 삼원촉매장치 검사

B1S1(삼원촉매의 전단에 장착) 산소센서와 B1S2(삼원촉매의 후단에 장착) 산소센서의 출력값을 비교하여 삼원촉매의 노후화를 판단할 수 있으며, **후단에 장착된 B1S2 산소센서는 항상 농후를 가리키고 있어야 한다.** (추가 설명은 127페이지 참조)

→ 예상문제) 엔진 ECU가 직접 제어할 수 없는것은? 삼원촉매장치

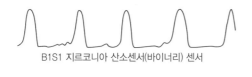

B1S1 지르코니아 산소센서(바이너리) 센서

B1S2 지르코니아 산소센서(바이너리) 센서

[삼원촉매의 전·후단 산소센서의 정상파형]

❸ 엔진 부조 검사

(1) 스캔툴 진단기 이용

① 스캔툴 진단기의 엔진 센서 데이터에서 실화에 관련된 항목을 선택하고 실화 횟수가 많은 실린더를 검사한다.

→ 실화 발생 시 OBD-II가 적용된 엔진 ECU는 센서데이터로 감지된 실화가 표시되는데, 이때 유해 배출가스로 배출될 수 있는 실화와 삼원촉매에 영향을 줄 수 있는 실화로 구분되어 표시된다.

② 센서데이터와 강제 구동을 이용한 검사 : 엔진의 센서데이터에서 '엔진 회전수' 항목을 선택하고, 그래프로 변환한 다음 강제 구동에서 '인젝터 연료 Cut' 기능을 이용하여 실린더마다 인젝터의 작동을 멈춰 부조 여부를 검사한다.

③ 엔진의 부가 기능에서 '실린더 파워밸런스 테스트' 항목을 선택한 후 검사한다. 검사가 완료되면 그래프로 변환한 다음 비교하여 판정한다.

(2) 오실로스코프 진단 장비 이용

① 종합 진단 장비의 '부조실린더 검사 모드' 기능 이용

• 엔진 회전수 판단을 위하여 CKPS의 출력 상태와 1번 실린더 판별을 위한 CMPS의 방식을 선택한다.

• 측정된 부조실린더 검사에서 엔진 회전수 저하가 심한 실린더의 고장으로 판정하되 여러 차례 반복하여 동일 실린더의 문제인지 검사 후 판정한다.

② 종합 진단 장비의 배터리 전압을 이용한 부조실린더 검사

• 오실로스코프 진단 장비에서 2채널 모드로 설정한다.

• **채널 1번 : 배터리 전압을 측정하기 위해 측정 프로브는 배터리의 ⊕ 단자에, 접지 프로브는 배터리의 ⊖ 단자에 연결**한다.

• **채널 2번 : 1번 실린더의 점화코일 제어선에 연결**한다.

→ 반드시 점화코일이거나 1번일 필요는 없다. 채널 2번의 연결은 엔진의 기통 판별을 위함이다.

• 고장 진단 : 1번 실린더의 점화를 기준으로 점화 순서대로 배터리 전압의 상승폭이 상대적으로 낮은 실린더가 고장이므로 부조가 발생하는 실린더로 판단한다.

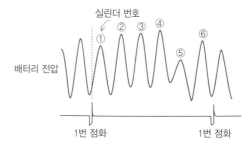

6기통 엔진일 때 ⑤번 실린더가 배터리 전압 상승폭이 낮으므로 부조 실린더로 판단한다.

◢ 증발 가스 누설 검사

(1) 스캔툴 진단기를 이용한 검사

① 스캔툴 진단기를 이용하여 엔진 ECU와 통신하고, 부가 기능에서 증발 가스 누설 시험을 선택하고 실행한다.

② 검사가 시작되면 엔진 방식에 따라 가압 또는 부압을 일으켜 엔진 ECU에서 스스로 엔진 회전수를 상승시키면서 검사를 진행한다.

③ 누설 시험 중 증발가스의 누설이 판단되면 시험은 자동으로 멈추고 증발 가스의 발생 정도가 대량인지 소량인지 확인한다. 증발 가스의 누설이 없다면 정상적으로 종료가 된다.

(2) 오실로스코프 진단 장비를 이용한 검사

① 스캔툴 진단기를 이용하여 누설 시험 모드를 실행한다.

② 오실로스코프 진단 장비를 이용하여 PCSV, CCV, FTPS의 파형을 측정하고 검사한다.

◢ 관련 센서 점검·진단시 체크사항

(1) TPS 센서

엑셀페달을 밟아 가감하면서 출력값이 변화하는 정도를 보며 작동상태를 점검한다. 차량에 따라 TPS의 출력 값이 '%'로 표시되기도 하는데 가급적 전압을 나타내는 데이터로 진단해야 오진을 방지할 수 있다.

(2) ISA 센서

① 데이터 진단 시 엔진을 시동하고, 충분히 워밍업이 된 상태에서 작동 듀티를 점검한다.

→ 냉간 시 아이들 업을 위하여 엔진 ECU가 ISA의 듀티를 늘려 패스트 아이들 기능을 수행하기 때문에 자칫 오진할 수 있다.

② 무부하 공회전 상태에서 점검한다.

→ 에어컨 가동 또는 전조등 등 각종 부하가 가해지면 ISA의 듀티를 증가시킨다. 따라서 엔진에 부하가 가해지지 않는 순수 공회전 상태에서 엔진 회전수와 ISA 듀티량을 확인한다.

[18-1]

1 전자제어 엔진의 연료분사장치 특징에 대한 설명으로 가장 적절한 것은 ?

① 연료 과다 분사로 연료소비가 크다.

② 진단장비 이용으로 고장수리가 용이하지 않다.

③ 연료분사 처리속도가 빨라서 가속 응답성이 좋다.

④ 연료 분사장치 단품의 제조원가가 저렴하여 엔진가격이 저렴하다.

[참고]　　　　　　　　　　　　　　　　　　　　　기사

2 전자제어 가솔린엔진(MPI)의 연료분사방식에 대한 설명 중 동시분사방식에 해당하는 것은?

① 엔진 1회전에 모든 실린더에 1회 연료 분사한다.

② 엔진 2회전에 모든 실린더에 1회 연료 분사한다.

③ 인젝터별 최적의 타이밍으로 개별 연료 분사한다.

④ 인젝터를 몇 개의 그룹으로 나누어 연료 분사한다.

> 동시분사 : 1회전당 1회 분사 / 동기분사 : 2회전당 1회 분사

[18-2, 16-2, 08-1]

3 전자제어 기관의 기본 분사량 결정 요소는?

① 냉각수온　　　　　　② 흡기온도

③ 흡기량　　　　　　　④ 배기량

> 기본 분사량이란 엔진이 정상운전할 때 이상적인 혼합비를 형성할 수 있도록 분사되는 연료량을 말하며, 흡입공기량(에어플로우 센서)과 엔진회전수(크랭크각 센서)에 의해 결정된다. 운전 상태에 따라 기본 분사량을 기준으로 WTS, ATS, O_2 센서 등 다른 입력값을 통해 연료량이 보정된다.

[16-2, 07-1]

4 가솔린엔진 연료분사장치에서 기본 분사량을 결정하는 것으로 맞는 것은?

① 흡기온 센서와 냉각수온 센서

② 에어플로 센서와 스로틀 보디

③ 크랭크각 센서와 에어플로 센서

④ 냉각수온 센서와 크랭크각 센서

[참고]　　　　　　　　　　　　　　　　　　　　　기사

5 전자제어 가솔린기관에서 분사량 보정 내용으로 틀린 것은?

① 엔진회전수가 과도할 때

② 냉각수 온도에 따라

③ 흡기온도에 따라

④ 가속 및 전부하 시

> 엔진회전수는 기본 분사량 결정 사항이다.

[13-1]

6 전자제어 가솔린 연료 분사장치에서 흡입공기량과 엔진회전수의 입력만으로 결정되는 분사량은?

① 부분부하 운전 분사량

② 기본 분사량

③ 엔진시동 분사량

④ 연료차단 분사량

> **운전 상태에 따른 연료분사량의 결정 요소**
> • 기본 : 흡입공기량, 엔진회전수
> • 공전 시 분사량 : 수온센서, 차속센서, 에어컨 SW, 오일압력스위치, 대시포트, 엑셀레이터 위치 센서(스로틀밸브) 등
> • 전부하 시 : 수온센서, 엑셀레이터 위치 센서(스로틀밸브), 차속센서, 대기압센서, 흡기온도센서 등
> • 연료차단 시 : 수온센서, 엑셀레이터 위치 센서 등

[15-2, 10-3]

7 전자제어 가솔린 분사장치의 기본 분사시간을 결정하는데 필요한 변수는?

① 냉각수 온도와 흡입공기 온도

② 흡입공기량과 엔진 회전속도

③ 크랭크 각과 스로틀 밸브의 열린 각

④ 흡입공기의 온도와 대기압

> **기본 분사량 결정**
> • 전자제어 가솔린 기관 : 공기유량센서(AFS) + 엔진회전속도 신호(CKPS)
> • 커먼레일 기관 : 가속페달 위치 센서(APS) + 엔진회전속도 신호(CKPS)

[12-3]

8 전자제어 가솔린기관에서 사용되는 센서 중 흡기온도 센서에 대한 내용으로 틀린 것은?

① 온도에 따라 저항값이 보통 1~15kΩ 정도 변화되는 NTC형 서미스터를 주로 사용한다.

② 엔진 시동과 직접 관련되며 흡입공기량과 함께 기본 분사량을 결정하게 해주는 센서이다.

③ 온도에 따라 달라지는 흡입 공기밀도 차이를 보정하여 최적의 공연비가 되도록 한다.

④ 흡기온도가 낮을수록 공연비는 증가된다.

> 흡입공기의 온도를 검출하는 부특성 서미스터(NTC형, 온도↑→ 저항값↓→ 출력 전압↓)으로, 흡입공기의 온도를 검출하여 온도에 따른 밀도 변화에 대응하는 연료 분사량을 보정한다.(증량 분사량)
> ④ : 흡기온도가 낮아지면 밀도가 높아져 공기유입이 많아지므로 공연비(=공기량/연료량)가 증가한다.
> ※ 기본 분사량 결정 요소 : 흡입공기량, 엔진 회전수

정답 1 ③　2 ①　3 ③　4 ③　5 ①　6 ②　7 ②　8 ②

[08-2]

9 자동차에서 배기가스가 검게 나오며, 연비가 떨어지고 엔진 부조 현상과 함께 시동성이 떨어진다면 예상되는 고장 부위의 부품은?

① 공기유량 센서
② 인히비터 스위치
③ 에어컨 압력센서
④ 점화스위치

[08-3]

10 전자제어 엔진에서 입력신호에 해당되지 않는 것은?

① 냉각수온 센서 신호
② 흡기온도 센서 신호
③ 에어플로 센서 신호
④ 인젝터 신호

> 인젝터 신호(연료 분사 신호)는 출력신호에 해당된다.

[08-1, 18-2 유사]

11 열선식(hot wire type) 흡입공기량 센서의 장점으로 맞는 것은?

① 기계적 충격에 강하다.
② 먼지나 이물질에 의한 고장 염려가 적다.
③ 출력 신호 처리가 복잡하다.
④ 질량 유량의 검출이 가능하다.

> **열선식의 특징**
> • 질량유량으로 검출
> • 응답성이 빠르며, 흡입공기량의 계측 범위가 넓다.
> • 공기의 관성력에 의한 오차가 없다.
> • 기계적 충격에 약하다.
> • 이물질에 의한 감도 저하가 있다(버닝오프기능-태워서 제거)
> • 출력신호처리가 간단하지만 고가이다.

[참고 – 응용]

12 열선식(hot wire type) 공기유량 센서의 특징으로 옳은 것은?

① 응답성이 느리다.
② 대기압력을 통해 공기질량을 검출한다.
③ 초음파 신호로 공기 부피를 감지한다.
④ 자기청정 기능의 열선이 있다.

> ① 응답성이 빠르다.
> ② 맵센서에 해당
> ③ 칼만와류식에 해당 (※ 체적측정 : 베인식, 칼만와류식)

[13-1]

13 가솔린 전자제어 기관의 공기유량센서에서 핫 와이어(hot wire) 방식의 설명이 아닌 것은?

① 응답성이 빠르다.
② 맥동오차가 없다.
③ 공기량을 체적유량으로 검출한다.
④ 고도 변화에 따른 오차가 없다.

> 핫 와이어 방식(핫 필름식)은 공기질량유량을 측정한다.
> ※ 체적유량 검출방식 : 베인식, 칼만와류 방식

[13-2]

14 전자제어 기관의 공기유량센서 중에서 MAP 센서의 특징에 속하지 않는 것은?

① 흡입계통의 손실이 없다.
② 흡입공기 통로의 설계가 자유롭다.
③ 공기밀도 등에 대한 고려가 필요없는 장점이 있다.
④ 고장이 발생하면 엔진 부조 또는 가동이 정지된다.

> MAP 센서는 서지탱크의 압력을 통해 흡입공기량을 간접 측정하므로 흡입공기 온도(공기밀도와 밀접)에 민감하다. 따라서 흡기온도 센서가 필수로 장착되며, 흡기온도 센서가 함께 장착된 TMAP (Temperature Manifold Absolute Pressure) 센서가 있다.

[07-1]

15 맵센서(MAP sensor) 출력 특성으로 알맞은 것은?

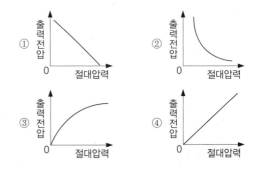

> • 진공도가 커지면 : 절대압력이 낮아져 출력전압이 낮아짐
> • 진공도가 작아지면 : 절대압력이 높아져 출력전압이 높아짐
> ※ 맵센서는 압전소자는 출력전압에 정비례한다.

[09-2]

16 MAP 센서에서 ECU(Electronic Control Unit)로 입력되는 전압이 가장 높은 때는?

① 감속 시 ② 기관 공전 시
③ 저속 저부하 시 ④ 고속 주행 시

> 맵센서의 출력전압은 절대압력(부압)에 비례한다.

정답 **9** ① **10** ④ **11** ④ **12** ④ **13** ③ **14** ③ **15** ④ **16** ④

17 전자제어 엔진의 MAP 센서에 대한 설명으로 옳은 것은?

① 흡기 다기관의 절대 압력을 측정한다.
② 고도에 따르는 공기의 밀도를 계측한다.
③ 대기에서 흡입되는 공기 내의 수분 함유량을 측정한다.
④ 스로틀 밸브의 개도에 따른 점화 각도를 검출한다.

[17-3]

> MAP 센서 : 피에조 소자(압력저항소자)를 이용하며 흡입다기관에 설치하여 흡입다기관의 절대압력(부압) 변화를 저항값으로 변화시켜 전압신호로 이용한다.

18 칼만 와류(karman vortex)식 흡입공기량 센서를 적용한 전자제어 가솔린 엔진에서 대기압 센서를 사용하는 이유는?

① 고지에서의 산소 희박 보정
② 고지에서의 습도 희박 보정
③ 고지에서의 연료 압력 보정
④ 고지에서의 점화 시기 보정

[12-2]

> 고지에서는 공기압 감소로 산소밀도(무게비율)가 낮아져 산소량이 부족해진다. 그러므로 연료분사량 및 점화시기를 보정해야 한다. 대기압을 기초로 흡기 매니폴드의 압력을 측정하는 맵 방식과 달리 베인식이나 칼만와류식은 고도변화에 따른 산소량 변화를 검출하기 위해 대기압 센서를 사용한다.

19 전자제어 가솔린엔진에서 패스트 아이들 기능에 대한 설명으로 옳은 것은?

① 정차 시 시동 꺼짐 방지
② 연료 계통 내 빙결 방지
③ 냉간 시 웜업 시간 단축
④ 급감속 시 연료 비등 활성

[17-1]

> **패스트 아이들(fast idle) 제어**
> 냉각수 온도가 낮을 때 워밍업 시간 단축을 위해 작동하며, 에어밸브가 패스트 아이들에 필요한 공기를 제어하며, 흡입공기는 스로틀밸브를 바이패스하여 서지탱크로 흐른다.

20 다음은 스로틀 밸브(Throttle Valve)의 구성에 대한 설명이다. 틀린 것은?

① 스로틀밸브는 엔진공회전 시 전폐(全閉) 위치에 있다.
② 스로틀밸브의 크기는 엔진출력과는 무관하다.
③ 스로틀밸브 개도(開度) 특성과 액셀러레이터 조작량과의 관계는 운전성을 고려하여 결정하도록 한다.
④ 스로틀밸브는 리턴스프링의 힘에 의해 전폐(全閉) 상태로 되돌아온다.

[07-2]

21 급가속 시 혼합비가 농후해지는 이유로 올바른 것은?

① 연비 증가를 위해
② 배기가스 중의 유해가스를 감소하기 위해
③ 최저의 연료 경제성을 얻기 위해
④ 최대 토크를 얻기 위해

[09-3]

22 전자제어 가솔린 엔진에 대한 설명으로 틀린 것은?

① 흡기 온도센서는 공기밀도 보정 시 사용된다.
② 공회전 속도제어는 스텝 모터를 사용하기도 한다.
③ 산소센서 신호는 이론공연비 제어신호로 사용된다.
④ 점화시기는 점화 2차 코일의 전류를 크랭크각 센서가 제어한다.

[16-1, 11-2]

> 점화시기는 1차코일의 전류를 제어한다.

23 전자제어 자동차에서 ECU로 입력되는 신호 중 디지털 신호가 아닌 것은?

① 홀센서 방식의 차속 센서 신호
② 에어컨 스위치 신호
③ 클러치 스위치 신호
④ 가속페달위치 센서 신호

[14-3]

> 가속페달위치 센서, 스로틀 포지션 센서 : 가변저항 방식(아날로그 신호)

24 가변 저항의 원리를 이용한 것은?

① 스로틀 포지션 센서　　② 노킹 센서
③ 산소 센서　　④ 크랭크각 센서

[16-1]

> • 노킹 센서 – 압전소자를 이용한 기전력 발생 원리
> • 산소 센서 – 지르코니아 방식(자체 기전력 발생), 티타니아 방식(저항값 변화 이용)
> • 크랭크각 센서 – 인덕티브 방식(자기유도작용 원리), 홀센서 방식(홀효과 원리)
> ※ 가변 저항의 원리 : 스로틀 포지션 센서, 가속 페달 센서

25 전자제어 가솔린 기관에서 전부하 및 공전의 운전 특성값과 가장 관련성 있는 것은?

① 배전기
② 시동 스위치
③ 스로틀 밸브 스위치
④ 공기비 센서

[09-1]

정답 17 ① 18 ① 19 ③ 20 ② 21 ④ 22 ④ 23 ④ 24 ① 25 ③

26 기관에서 디지털 신호를 출력하는 센서는?

① 전자유도 방식을 이용한 크랭크축각도 센서

② 압전 세라믹을 이용한 노크 센서

③ 칼만 와류 방식을 이용한 공기유량 센서

④ 가변저항을 이용한 스로틀포지션 센서

> ① 전자유도 방식 : 교류전압(기전력) 발생 – 발전기와 같음
> ② 압전소자 : 압력(충격)에 의한 소자의 양 끝에서 발생하는 기전력 효과
> ③ 칼만와류식 : 초음파 변화에 의한 펄스 신호
> ④ 가변저항 : 저항 변화에 따른 전압 변화
> ※ 교류전압(유도기전력) 발생 신호는 아날로그, 펄스발생 신호는 디지털 신호를 출력한다.
> ※ 기전력을 발생(①,②)하거나 저항을 이용(④)한 센서는 아날로그 신호를 출력한다.

[16-2, 11-2]

27 스로틀 포지션 센서(TPS)의 기본 구조 및 출력특성과 가장 유사한 것은?

① 차속 센서

② 인히비터 스위치

③ 노킹 센서

④ 엑셀러레이터 포지션 센서

> TPS와 APS는 가변저항을 이용한 센서로 열림 정도에 따라 전류값이 변한다.
> ※ **가변저항 방식** (아날로그 신호) : 스로틀 포지션 센서(TPS), 엑셀러레이터 포지션 센서(APS), 티타니아 산소센서, 베인식 AFS 등
>
> 참고) 신호에 따른 분류
>
> | 아날로그 신호 | AFS(열선·열막식, 베인식, MAP 방식), 수온 센서(WTS), 흡기온도 센서(ATS), 스로틀 포지션 센서(TPS), 마그네틱 픽업 방식 센서, 대기압 센서(BPS), 산소 센서, 노크 센서, 엑셀러레이터 포지션 센서(APS) 등 |
> |---|---|
> | 디지털 신호 | AFS(칼만와류식), 광전식(옵티컬 방식) 센서, 홀센서 방식, TDC, ISC 스위치, 스텝모터 식 액추에이터, 리드 스위치 등 |

[13-2]

28 스로틀 포지션 센서(TPS) 고장 시 나타나는 현상과 가장 거리가 먼 것은?

① 주행시 가속력이 떨어진다.

② 공회전시 엔진 부조 및 간헐적 시동꺼짐 현상이 발생한다.

③ 출발 또는 주행 중 변속시 충격이 발생할 수 있다.

④ 일산화탄소(CO), 탄화수소(HC) 배출량이 감소하거나 연료소모가 증대될 수 있다.

> TPS는 기본 연료량 결정, 변속단 결정, 전자제어현가장치·전자제어동력조향장치의 입력요소이며 고장시 출력부족, 엔진 부조, 시동꺼짐, 유해가스 증가, 연료소모 증대, 변속충격 등에 영향이 있다.

[15-2]

29 TPS(스로틀 포지션 센서)에 관한 사항으로 가장 <u>거리가 먼</u> 것은?

① 스로틀바디의 스로틀 축과 같이 회전하는 가변저항기이다.

② 자동변속기 차량에서는 TPS신호를 이용하여 변속단을 만드는데 사용된다.

③ 피에조 타입을 많이 사용한다.

④ TPS는 공회전 상태에서 기본값으로 조정한다.

> TPS는 가변저항방식으로 피에조 타입(압전소자)과는 거리가 멀다. TPS의 출력전압은 스로틀밸브의 개도량에 비례한다.

[19-2, 16-2, 13-3]

30 다음 그림은 스로틀 포지션 센서(TPS)의 내부 회로도이다. 스로틀 밸브가 그림에서 B와 같이 닫혀 있는 현재 상태의 출력전압은 약 몇 V인가? (단, 공회전 상태이다.)

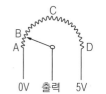

① 0 V

② 약 0.5 V

③ 약 2.5V

④ 약 5 V

> TPS는 개도량에 따라 0.2~4.7V 범위에 출력되며, 공회전상태이므로 약 0.5V 정도가 된다.
> ※ TPS의 출력전압은 스로틀밸브 개도량에 비례한다.

[11-1]

31 전자제어 가솔린 기관에서 크랭킹은 가능하나 시동이 되지 않는 현상과 거리가 먼 것은?

① 엔진 컴퓨터에 이상이 있다.

② 연료펌프 릴레이에 이상이 있다.

③ 크랭크각 및 1번 상사점 센서의 불량이다.

④ TPS의 불량이다.

> **크랭킹 불량 원인**
> → 배터리, 발전기, 배선, 마그네틱스위치, 시동모터 불량 등
>
> **크랭킹이 된 후 시동 불량 원인**
> → 연료제어계통, 실린더 압축 압력, 점화계통, 컨트롤릴레이, ECU, CAS 및 TDC센서(분사시기 결정)
> ※ TPS는 엔진 회전수와 더불어 연료분사량 및 점화시기를 결정해주는 센서로 TPS의 주요 고장 증상은 다음과 같다.
> • 엔진 공회전 불안정
> • 가속 시 응답성 불량
> • 자동변속기의 경우 변속 지연 및 불안정

정답 26 ③ 27 ④ 28 ④ 29 ③ 30 ② 31 ④

32 수온 센서의 역할이 <u>아닌</u> 것은?

① 냉각수 온도 계측
② 점화시기 보정에 이용
③ 연료 분사량 보정에 이용
④ 기본 연료 분사량 결정

수온 센서는 연료분사량, 분사시기, 점화시기의 보정 데이터로 사용된다.

[참고]　　　　　　　　　　　　　　　　　　　　기사
33 가솔린엔진에서 저온 시동성 향상과 관계가 있는 것은?

① 산소 센서　　　　　② 대기압 센서
③ 냉각수온 센서　　　④ 흡입공기량 센서

냉각수온 상태를 감지하여 저온 시 시동성 향상을 위해 농후상태로 제어한다.

[09-3]
34 냉각 수온센서 고장 판단 시 나타나는 현상으로 가장 거리가 먼 것은?

① 엔진이 정지　　　　② 공전속도가 불안정
③ CO 및 HC 증가　　④ 웜업 후 검은 연기 배출

WTS 고장 증상
공전속도 불안정, 연료분사량 보정 불량, 연료소비율 증가, 회전저항 증대, CO·HC 배출 증가, 시동 꺼짐 등
(엔진이 정지될 수 있으며, 보기 중에서는 가장 거리가 멀다)

[16-1, 11-3]
35 전자제어 연료분사 장치 기관의 냉각수 온도 센서로 가장 많이 사용되는 것은?

① 정특성 서미스터　　② 트랜지스터
③ 다이오드　　　　　④ 부특성 서미스터

자동차의 각 시스템의 온도감지범위가 넓으므로 온도 변화에 대한 저항값이 큰 부특성 서미스터(NTC)를 사용한다. 정특성 서미스터(PTC)는 주로 발열 소자에 사용된다.

[17-1]
36 냉각수 온도 센서의 역할로 <u>틀린</u> 것은?

① 기본 연료 분사량 결정
② 냉각수 온도 계측
③ 연료 분사량 보정
④ 점화시기 보정

기본 연료 분사량 결정 : 공기유량센서, 크랭크각센서

[04-3]
37 시동 후 수온센서(부특성)의 출력전압은 시간이 지남에 따라 어떻게 변화하는가?

① 변화 없다.
② 크게 상, 하로 움직인다.
③ 계속 상승하다 일정하게 된다.
④ 엔진온도 상승에 따라 전압값이 감소한다.

시동 후 냉각수 온도가 상승하므로 부특성 서미스터의 성질에 의해 저항이 감소하므로 전압값이 감소한다.

[10-3]
38 수온센서 고장 시 엔진에서 예상되는 증상으로 잘못 표현한 것은?

① 연료소모가 많고, CO 및 HC의 발생이 감소한다.
② 냉간 시동성이 저하될 수 있다.
③ 공회전시 엔진의 부조현상이 발생할 수 있다.
④ 공회전 및 주행 중 시동이 꺼질 수 있다.

• 엔진 과냉 시 연소온도가 낮아져 불완전연소가 이루어지며, 열효율이 낮아져 엔진 출력이 낮아진다. 저하된 출력을 높이기 위해 연료소모가 많아지고 CO, HC 배출량 증가한다.
• 냉간 시 연료 분사량을 줄어들면 냉간시동성 저하, 시동꺼짐 및 공회전 시 엔진 부조현상 발생 등

[14-3]
39 전자제어 가솔린기관에서 수온센서의 신호를 이용한 연료분사량 보정이 <u>아닌</u> 것은?

① 인젝터 분사기간 보정
② 배기온도 증량 보정
③ 시동 후 증량 보정
④ 난기 증량 보정

[참고]　　　　　　　　　　　　　　　　　　　　기사
40 전자제어 가솔린엔진에서 흡기온도를 감지하는 목적으로 가장 적합한 것은?

① 산소센서가 고장 시 대체 역할을 한다.
② 점화시기 제어에 기준이 되는 역할을 한다.
③ 흡기유량센서 고장 시 연료분사를 조절하는 역할을 한다.
④ 흡기온도에 따른 흡기공기의 밀도 변화를 보정하는 역할을 한다.

정답 32 ④ 33 ③ 34 ① 35 ④ 36 ① 37 ④ 38 ① 39 ② 40 ④

41 기본점화시기 및 연료분사시기와 가장 밀접한 관계가 있는 센서는?

① 수온센서　　　　② 대기압센서
③ 크랭크각센서　　④ 흡기온센서

- 수온센서 : 연료분사량, 점화시기 조정
- 대기압센서 : 연료분사량, 점화시기 조정
- 크랭크각센서 : 점화시기, 연료분사시기 조정
- 흡기온도센서 : 연료분사량 보정

[17-2]

42 전자제어 엔진에서 크랭크각 센서의 역할에 대한 설명으로 틀린 것은?

① 운전자의 가속의지를 판단한다.
② 엔진 회전수(rpm)를 검출한다.
③ 크랭크축의 위치를 감지한다.
④ 기본 점화시기를 결정한다.

크랭크각 센서의 역할
- 기본 연료분사량 결정 : 크랭크각 센서의 출력신호와 공기유량 센서의 출력신호 등으로 ECU의 신호에 의해 인젝터가 구동되며, 분사횟수는 앞의 두 신호에 비례한다.
- 점화시기 제어 : 크랭크의 회전각도(상사점에 의한 피스톤 위치 감지)를 검출하여 ECU의 신호에 의해 점화코일 1차 전류를 ON-OFF하여 제어
- 크랭킹 시 시동성능 보정 : 크랭킹 신호와 수온센서 신호에 의해 연료분사량을 보정
※ 운전자의 가속의지 판단 : APS

[참고]　　　　　　　　　　　　　　　　기사

43 크랭크 각 센서의 역할에 대한 설명으로 틀린 것은?

① 이론 공연비를 결정한다.
② 크랭크각 위치를 감지한다.
③ ECU는 이 신호를 기초로 하여 엔진 회전속도를 연산한다.
④ 연료분사 시기는 이 신호를 기본으로 결정된다.

[12-1]

44 전자제어 엔진에서 연료분사시기와 점화시기를 결정하기 위한 센서는?

① TPS(throttle position sensor)
② CAS(crank angle sensor)
③ WTS(water temperature sensor)
④ ATS(air temperature sensor)

CAS(크랭크각센서, CKPS)는 크랭크축의 회전수 및 회전각도를 검출하여 점화시기와 연료분사시기를 결정한다.
※ TPS, WTS, ATS : 연료분사량 조정

[참고]　　　　　　　　　　　　　　　　기사

45 전자제어 가솔린엔진의 점화시기 제어에 영향을 주는 센서가 아닌 것은?

① 수온 센서　　　　② 차압 센서
③ 노킹 센서　　　　④ 스로틀 포지션 센서

차압 센서는 DPF의 전후의 압력을 감지하여 포집된 매연입자를 연소시켜 DPF를 재생하는 역할을 한다. (섹션 5. 배출가스장치 정비 참조)

[17-3]

46 고도가 높은 지역에서 대기압 센서를 통한 연료량 제어 방법으로 옳은 것은?

① 기본 분사량을 증량
② 기본 분사량을 감량
③ 연료 보정량을 증량
④ 연료 보정량을 감량

고지대에서는 산소의 희박에 의해 혼합기가 농후해지므로 연료 보정량을 감량시킨다.
※ 연료분사량은 '기본 분사량+연료보정량'을 의미하며, 연료 보정에는 냉각수온도에 의한 보정, 흡기온도 보정, 고회전 고부하, 산소센서에 의한 보정, 인젝터의 전압보정 등이 있다.
※ 대기압 센서는 피에조 저항형으로 고도에 따라 연료분사량 및 점화시기를 보정한다.

[15-3]

47 크랭크각 센서에 활용되고 있지 않은 검출방식은?

① 홀(hall) 방식
② 전자유도(induction) 방식
③ 광전(optical) 방식
④ 압전(piezo) 방식

- 크랭크각 센서 방식 : 전자유도식, 광전식, 홀센서 방식
- 압전(piezo) 방식 : 노크센서, MAP센서, G센서

[08-2]

48 노크센서에 이용되는 기본적인 원리는?

① 홀 효과　　　　② 피에조 효과
③ 자계실드 효과　④ 펠티어 효과

- 피에조 효과 : 물질에 압력을 주면 전기분극에 의해 전압이 발생하는 현상
- 노크센서는 피에조 효과를 이용한 압전소자로, 실린더 블록에 설치되어 기관의 노크발생을 검출하여 ECU를 통해 점화시기를 지각시켜 노킹을 방지한다.
※ 압전소자(피에조 효과) 이용 센서 : MAP센서, 대기압센서, 노크센서

[13-3]

49 노크센서를 사용하는 가장 큰 이유는?

① 최대 흡입공기량을 좋게 하여 체적효율을 향상시키기 위함이다.

② 노킹 영역을 검출하여 점화시기를 제어하기 위함이다.

③ 기관의 최대 출력을 얻기 위함이다.

④ 기관의 노킹 영역을 결정하여 이론공연비로 연소시키기 위함이다.

> 노크센서의 역할은 노크방지를 위해 점화시기를 지각시킨다.

[참고]   기사

50 전자제어 가솔린 엔진의 노크센서에 대한 설명으로 틀린 것은?

① 노크센서를 설치하면 기관의 내구성이 좋아진다.

② 노크 신호가 검출되면, 엔진은 점화시기를 진각시킨다.

③ 노크센서를 부착함으로써 기관 회전력 및 출력이 증대된다.

④ 피에조 소자를 이용하여 연소 중에 실린더 내에 이상 진동을 검출한다.

[18-1]

51 산소센서를 설치하는 목적으로 옳은 것은?

① 연료펌프의 작동을 위해서

② 정확한 공연비 제어를 위해서

③ 컨트롤 릴레이를 제어하기 위해서

④ 인젝터의 작동을 정확히 조절하기 위해서

> 산소센서의 궁극적 목적은 이론공연비에 근접하기 위한 피드백 제어이다.

[18-3]

52 산소센서의 피드백 작용이 이루어지고 있는 운전조건으로 옳은 것은?

① 시동 시   ② 연료 차단 시

③ 급 감속 시   ④ 통상 운전 시

> 산소센서는 감지부 온도가 300℃ 이하에서는 작동되지 않는다.

[참고]   기사

53 전자제어 엔진에서 혼합기의 농후, 희박 상태를 감지하여 연료 분사량을 보정하는 센서는?

① 냉각수온센서   ② 흡기온도센서

③ 대기압센서   ④ 산소센서

> 산소센서는 배기가스의 산소량을 측정하여 ECU에 피드백하여 혼합기 상태를 판단하여 연료 분사량을 보정한다.

[14-1, 09-3]

54 지르코니아 O_2 센서의 출력 전압이 1V에 가깝게 나타나면 공연비가 어떤 상태인가?

① 농후하다.

② 희박하다.

③ 14.7 : 1(공기 : 연료)을 나타낸다.

④ 농후하다가 희박한 상태로 되는 경우이다.

> • 지르코니아 : 약 0V(희박) ~ 1V(농후), 이론 공연비 : 약 0.5V
> • 티타니아   : 약 0V(농후) ~ 5V(희박), 이론 공연비 : 약 2.5V

[12-2, 08-3]

55 산소센서 출력 전압에 영향을 주는 요소로 틀린 것은?

① 연료온도

② 혼합비

③ 산소센서의 온도

④ 배출가스 중의 산소농도

> ②, ④ 대기의 산소농도와 배기가스의 산소농도에 의해 출력전압이 변화
> ③ 약 300℃ 이하에서는 센서가 작동하지 않음(정상 작동 온도 : 약 300~800℃)

[참고]   기사

56 지르코니아 산소센서에 대한 설명 중 틀린 것은?

① 지르코니아 소자와 백금이 사용된다.

② 일정온도 이상이 되어야 전압이 발생한다.

③ 이론 혼합비에서 출력전압이 900mV로 고정된다.

④ 배기가스 중의 산소농도와 대기 중의 산소농도의 차이로 공연비를 검출한다.

> 이론 혼합비에서 출력전압이 450mV(0.45V)로 고정된다.

[12-1]

57 전자제어 가솔린기관에서 엔진 부조가 심하고 지르코니아 산소(ZrO_2)센서에서 0.12V 이하로 출력되며 출력값이 변화하지 않는 원인이 아닌 것은?

① 인젝터의 막힘

② 계량되지 않는 흡입공기의 유입

③ 연료 공급량 부족

④ 연료 압력의 과대

> 산소센서의 출력값(기전력)이 낮은 것은 혼합비가 희박하다는 의미로, 연료 공급 부족이나 흡입공기의 과다가 원인이다.

정답 49 ② 50 ② 51 ② 52 ④ 53 ④ 54 ① 55 ① 56 ③ 57 ④

58 전자제어 엔진의 지르코니아 산소센서에 대한 설명 중 틀린 것은?

① 배기가스 중의 산소 농도를 검출한다.

② 공연비 피드백 제어를 위하여 필요한 센서이다.

③ 정상 작동 온도 이하에서는 산소 농도의 정확한 검출이 불가능하다.

④ 배기가스 중 산소 농도가 높을수록 산소센서의 기전력은 약 5V 정도로 발생한다.

지르코니아 산소센서는 약 0~1V의 기전력을 발생한다.

[12-2]

59 전자제어 가솔린 분사장치에서 이론 공연비 제어를 목적으로 클로즈드 루프 제어(Closed loop control)를 하는 보정 분사 제어는?

① 아이들 스피드 제어

② 피드백 제어

③ 연료 순차분사 제어

④ 점화시기 제어

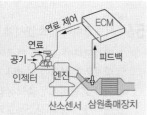

산소센서에서 배기가스의 산소량을 측정하여 ECM에 피드백하여 이 정보를 비교하고 목표(이론 공연비)에 맞게 연료 분사량을 보정한다. Closed loop control은 피드백 제어와 동일한 개념이다.

※ 참고) 만약 산소센서가 활성화되지 못하는 300℃ 이하이거나 고장으로 인해 페일 세이프 모드에서의 제어는 Open loop control 상태이다.

[13-2, 07-3]

60 배기가스 중에 산소량이 많이 함유되어 있을 때 산소센서의 상태는 어떻게 나타나는가?

① 희박하다.

② 농후하다.

③ 농후하기도 하고 희박하기도 하다.

④ 아무런 변화도 일어나지 않는다.

산소량이 많으면(희박) → 산소센서 내 대기압 산소농도차가 거의 없음 → 산소센서 내에 기전력이 거의 발생되지 않음(0V에 가까움)

61 지르코니아 산소센서의 주요 구성 물질은?

① 강 + 주석　　　　　② 백금 + 주석

③ 지르코니아 + 백금　④ 지르코니아 + 주석

62 전자제어 가솔린 연료분사장치의 피드백 제어에 관한 사항으로 틀린 것은?

① 냉각수 온도가 현저히 낮으면 피드백 제어를 하지 않는다.

② 피드백 제어의 입력 요소는 산소센서이고 출력요소는 인젝터이다.

③ 지르코니아 산소센서의 기전력이 커지면 인젝터 분사기간을 짧게 한다.

④ 배기가스 중의 산소 농도가 증가하면 지르코니아 산소센서의 기전력은 커진다.

[17-2]

63 전자제어 가솔린엔진의 지르코니아 산소센서에서 약 0.1 V 정도로 출력값이 고정되어 발생되는 원인으로 틀린 것은?

① 인젝터의 막힘　　② 연료 압력의 과대

③ 연료 공급량 부족　④ 흡입공기의 과다유입

산소센서의 출력값이 0.45V 이하이면 혼합기가 희박하다.

[18-1]

64 지르코니아 방식의 산소센서에 대한 설명으로 틀린 것은?

① 지르코니아 소자는 백금으로 코팅되어 있다.

② 배기가스 중의 산소농도에 따라 출력 전압이 변화한다.

③ 산소센서의 출력전압은 연료분사량 보정제어에 사용된다.

④ 산소센서의 온도가 100℃ 정도가 되어야 정상적으로 작동하기 시작한다.

지르코니아 산소센서의 고체전해질의 정상 작동온도는 약 300~600℃이다. 또한 배기온도가 300℃ 이하 때에는 작동되지 않으며, 900℃가 넘으면 센서는 고장을 일으키기 쉽다.

[09-1]

65 전자제어 엔진에서 혼합비의 농후가 주 원인일 때 지르코니아 센서방식의 O_2 센서 파형으로 가장 적절한 것은?

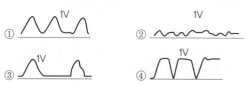

지르코니아의 산소센서의 파형
이론 공연비 근처의 파형은
농후(1V) : 희박(0V) 비율이 약 50:50 이며,
④는 1V의 비율이 더 크므로 농후에 가깝다.

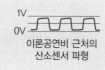

이론공연비 근처의 산소센서 파형

정답　58 ④　59 ②　60 ①　61 ③　62 ④　63 ②　64 ④　65 ④

66 지르코니아 소자의 O₂(산소)센서 기능 설명 중 **틀린 것**은?

① 연료혼합비(A/F)가 희박할 때는 약 0.1V의 전압이 나온다.

② 산소의 농도차이에 따라 출력전압이 변화한다.

③ 연료혼합비(A/F)가 농후할 때는 약 0.9V 정도가 된다.

④ 연료혼합의 피드백(Feed Back Control) 보정은 할 수 없다.

[17-1, 12-1, 08-1]

67 전자제어 가솔린분사 차량의 분사량 제어에 대한 설명으로 **틀린 것**은?

① 엔진 냉간시에는 공전시보다 많은 양의 연료를 분사한다.

② 급감속시 연료를 일시적으로 차단한다.

③ 축전지 전압이 낮으면 인젝터 통전시간을 길게 한다.

④ 지르코니아 방식의 산소센서의 출력값이 높으면 연료 분사량도 증가한다.

> 산소센서의 출력값↑ → 혼합비 농후 → 피드백 보정 시 연료분사시간을 짧게하여 분사량↓
> ① 연료밀도를 높여 체적효율을 향상시켜 냉간시동성 향상

[참고]   기사

68 전자제어 가솔린기관에서 공연비 피드백제어의 작동 조건을 설명한 것으로 **거리가 먼 것**은?

① 주행 중 급가속 시

② 산소 센서가 활성화 온도 이상일 때

③ 냉각수 온도가 일정 온도 이상일 때

④ 스로틀 포지션 센서의 아이들 접점이 ON 시

> **Closed Loop(피드백 제어) 조건**
> • 냉각수온 45℃ 이상 일 것 (TPS의 아이들 접점 스위치 ON 조건)
> – 만약, 아이들 접점 OFF 일 경우 35℃ 이상 일 것
> • 산소센서의 활성온도 300℃ 이상일 것
> • 엔진 시동 후 일정 시간 경과할 것
> ※ 시동시, 급감/급가속, 고부하시, WOT(Wide Open Throttle)에는 이론 공연비보다 농후/희박해지므로 피드백 제어가 의미없는 Open Loop 제어에 해당된다.

[13-1, 15-3 유사]

69 전자제어 가솔린 기관에서 티타니아 산소센서의 경우 전원은 어디에서 공급되는가?

① ECU   ② 파워TR

③ 컨트롤 릴레이   ④ 축전지

> 티타니아 산소센서는 지르코니아 센서와 달리 기전력이 발생하지 못하며, ECU로부터 전원(5V)을 공급받고 다른 한 선으로 산소량에 따라 저항값을 전압값으로 변환하여 ECU에 보낸다.

[12-1]

70 산소센서의 튜브에 카본이 많이 끼었을 때의 현상으로 **옳은 것**은?

① 출력전압이 높아진다.

② 피드백제어로 공연비를 정확하게 제어한다.

③ 출력신호를 듀티제어하므로 기관에 미치는 악영향은 없다.

④ ECU는 공연비가 희박한 것으로 판단한다.

> 카본 누적 → 배기가스 측의 산소 이동이 어려워져 출력전압이 낮아짐 → ECU가 희박으로 인식하여 연료량을 늘림 → 불완전 연소 발생

[참고]   기사

71 디젤기관의 질소산화물(NOx) 저감을 위한 배기가스 재순환장치에서 배기가스 중의 산소농도를 측정하여 EGR밸브를 보다 정밀하게 제어하기 위해 사용되는 센서는?

① 노크 센서

② 차압 센서

③ 배기 온도 센서

④ 광역 산소 센서

[17-2]

72 전자제어 연료분사장치에서 인젝터 분사시간에 대한 설명으로 **틀린 것**은?

① 급감속할 경우 연료분사가 차단되기도 한다.

② 배터리 전압이 낮으면 무효분사시간이 길어진다.

③ 급가속할 경우 순간적으로 분사시간이 길어진다.

④ 지르코니아 산소센서의 전압이 높으면 분사시간이 길어진다.

> 지르코니아 산소센서에서 전압이 높다 → 센서 내외의 농도차(대기 중의 산소와 배기가스의 산소)가 크다 → 배기가스 내 산소농도가 작다 → 농후 혼합기로 판단 → 연료분사량을 줄이기 위해 분사시간을 짧게 한다.

[11-1]

73 전자제어 가솔린 엔진에서 엔진의 점화시기가 지각되는 이유는?

① 노크 센서의 시그널이 입력되었다.

② 크랭크각 센서의 간극이 너무 크다.

③ 점화 코일에 과전압이 걸려 있다.

④ 인젝터의 분사시기가 늦어졌다.

> 정상 화염 전파가 끝나기 전에 미연소 가스 발화 등에 의해 노킹 발생 시 실린더 내 강한 압력파가 발생되며, 노크 센서는 이 진동음을 감지하여 ECU에 보내며, ECU는 점화시기를 지각시킨다.

정답 66 ④ 67 ④ 68 ① 69 ① 70 ④ 71 ④ 72 ④ 73 ①

74 전자제어 가솔린 엔진에 대한 설명으로 <u>틀린</u> 것은?

① 흡기 온도센서는 공기밀도 보정 시 사용된다.

② 공회전 속도제어는 스텝 모터를 사용하기도 한다.

③ 산소센서 신호는 이론공연비 제어신호로 사용된다.

④ 점화시기는 점화 2차 코일의 전류를 크랭크각 센서가 제어한다.

> **점화시기 제어 순서**: CAS 센서 등의 신호 → ECU(최적의 점화시기 결정) → 파워TR → 점화1차코일

75 전자제어 연료분사 엔진에서 수온센서 계통의 이상으로 인해 ECU로 정상적인 냉각수온값이 입력되지 않으면 연료 분사는?

① 엔진 오일온도를 기준으로 분사

② 흡기 온도를 기준으로 분사

③ 연료 분사를 중단

④ ECU에 의한 페일 세이프 값을 근거로 분사

> **페일 세이프**(fail safe)
> • 만약 센서 등의 고장이나 오작동으로 인해 측정 데이터값이 없거나 기준 범위에서 벗어날 경우, 해당 시스템의 기본 작동을 위해 제조사는 ECU 의 롬(ROM)에 각 센서의 페일 세이프 값을 입력하여 이 값으로 기준으로 ECU는 분사량 등을 계산한다.
> • 페일 세이프 작동센서 : MAP, ATS, WTS, TPS, ABS 등
> ※ CAS의 경우 페일 세이프 모드가 없으므로(대체할 센서가 없음) 고장 시 곧바로 정지하며, CMPS가 대신한다.

76 MPI 전자제어 엔진에서 연료분사 방식에 의한 분류에 속하지 않는 것은?

① 독립분사방식　　　② 동시분사방식

③ 그룹분사방식　　　④ 혼성분사방식

> **전자제어 연료분사 방식에 의한 분류**
> 독립(순차) 분사방식, 동시(비동기)분사방식, 그룹분사방식

77 전자제어 가솔린기관에서 급가속 시 연료를 분사할 때 어떻게 하는가?

① 동기분사　　　② 순차분사

③ 비동기분사　　　④ 간헐분사

> 가속응답성을 좋게 하기 위해 일괄 분사하는 비동기식(동시분사)을 사용한다.

78 4행정 가솔린기관의 연료 분사 모드에서 동시 분사 모드에 대한 특징을 설명한 것 중 <u>거리가 먼</u> 것은?

① 급가속시에만 사용된다.

② 1사이클에 2회씩 연료를 분사한다.

③ 기관에 설치된 모든 분사밸브가 동시에 분사한다.

④ 시동 시, 냉각수 온도가 일정 온도 이하일 때 사용된다.

> 동시분사 모드는 급가속 외에 초기 시동시(저온 시동시)에도 사용된다.

79 전자제어 분사장치에서 공전 스텝모터의 기능으로 적합하지 <u>않은</u> 것은?

① 냉간 시 rpm 보상

② 결함코드 확인 시 rpm 보상

③ 에어컨 작동 시 rpm 보상

④ 전기 부하 시 rpm 보상

> ECU는 냉간 시나 에어컨 작동, 라디에이터 팬 등 전기 부하로 인한 공전 회전수 보상을 위해 공전 스텝모터를 통해 보조 공기량을 조절한다.

80 전자제어 엔진에서 각종 센서들이 엔진의 작동 상태를 감지하여 컴퓨터가 분사량을 보정함으로써 최적의 상태로 연료를 공급한다. 여기에서 컴퓨터(ECU)가 분사량을 보정하지 못하는 인자는?

① 시동 증량　　　② 연료압력 보정

③ 냉각수온 보정　　　④ 흡기온 보정

> **보정의 종류**
> • 수온증량보정 : 시동 후 증량보정, 난기증량보정, 고온증량보정
> • 흡기온도보정
> • 가·감속 시 증량보정
> • 고회전, 고부하시 증량보정
> • 전압보정(무효분사시간 보정)
> ※ 연료압력은 연료압력조절기에 의해 일정하게 유지시키며, 분사량 보정 요소는 아니다.

81 전자제어 가솔린기관에서 연료 분사량을 결정하기 위해 고려해야 할 사항과 가장 <u>거리가 먼</u> 것은?

① 점화전압　　　② 흡입공기 질량

③ 목표 공연비　　　④ 대기압력

> 기본분사량 요소와 보정 요소는 결국 목표 공연비에 최적화하기 위해 제어한다.
> • 흡입공기 질량 : 열선식(질량유량을 검출)과 관련
> • 대기압력 : MAP 센서, BPS(대기압센서)와 관련

정답 74 ④　75 ④　76 ④　77 ③　78 ①　79 ②　80 ②　81 ①

82 전자제어 연료분사장치에서 분사량 보정과 관계없는 것은?

① 아이들 스피드 액추에이터
② 수온 센서
③ 배터리 전압
④ 스로틀 포지션 센서

배터리 전압의 경우 인젝터의 분사량은 ECU에서 보내는 분사 신호 시간에 의해 결정되므로 분사 시간이 일정해도 공급전원 전압이 낮으면 인젝터의 기계적 작동이 지연되어 실제 분사 시간이 짧아진다. 그러므로 공급전원 전압이 낮아지면 ECU는 분사 신호 시간을 연장시켜 분사량을 보정한다.

※ **아이들 스피드 액추에이터(ISA)** : 아이들 스피드 안정성을 위해 스로틀바디의 바이패스 통로를 통해 공기를 흡입하여 아이들 회전수를 보상되도록 듀티제어한다.

83 전자제어 기관의 연료 분사량 보정으로 거리가 먼 것은?

① 흡기온 보정
② 냉각수온 보정
③ 시동 보정
④ 초크 증량 보정

초크 밸브는 기화기식 연료분사장치에서 기관 시동시 연료분사량을 증가시켜 농후혼합기를 공급하는 역할을 한다.
※ 기화기식 연료분사장치 : 전자제어 연료분사장치 이전에 사용되던 방식으로 벤츄리관과 노즐을 통해 공기와 연료를 혼합한다.

84 가솔린기관에서 점화계통의 이상으로 연소가 이루어지지 않았을 때 산소센서(지르코니아 방식)에 대한 진단기에서의 출력값으로 옳은 것은?

① 0～200 mV 정도 표시된다.
② 400～500 mV 정도 표시된다.
③ 800～1000 mV 정도 표시된다.
④ 1500～1600 mV 정도 표시된다.

연소가 이뤄지지 않으므로 산소센서 안팎의 산소농도차가 거의 없으므로 0V 근처의 출력값을 갖는다.

85 전자제어 가솔린엔진에서 티타니아 산소센서의 경우 전원은 어디에서 공급되는가?

① ECU   ② 축전지
③ 컨트롤 릴레이   ④ 파워TR

지르코니아 방식은 자체 기전력(전압)이 발생하는 방식이고, 티타니아 방식은 스스로 전압을 생성하지 못하고 ECU에서 공급된 전압을 받아 전자 전도체인 티타니아가 주위의 산소분압에 대응하여 변화된 전기저항을 전압으로 변환시켜 ECU로 보낸다.

86 티타니아 산소센서에 대한 설명 중 거리가 가장 먼 것은?

① 센서의 원리는 전자 전도성이다.
② 지르코니아 산소 센서에 비해 내구성이 크다.
③ 입력전원 없이 출력전압이 발생한다.
④ 지르코니아 산소센서에 비해 가격이 비싸다.

• 지르코니아 방식 : 산소농도차에 의해 발생되는 기전력(0~1V)을 통해 ECU에서 이론공연비를 제어
• 티타니아 방식 : ECU의 공급전압(5V)을 받아 전도체인 티타니아가 주위의 산소분압에 대응하여 산화·환원되어 변화하는 전기저항을 전압으로 바꿔 ECU에 보냄

87 전자제어 연료분사 기관에서 흡입공기 온도는 35℃, 냉각수 온도가 60℃일 때 연료 분사량 보정은? (단, 분사량 보정 기준은 흡입공기 온도는 20℃, 냉각수온 온도는 80℃이다.)

① 흡기온 보정 – 증량, 냉각수온 보정 – 증량
② 흡기온 보정 – 증량, 냉각수온 보정 – 감량
③ 흡기온 보정 – 감량, 냉각수온 보정 – 증량
④ 흡기온 보정 – 감량, 냉각수온 보정 – 감량

흡기온도가 보정기준에 비해 높으므로 감량, 냉각수온은 보정기준보다 낮으므로 증량한다.

88 희박 상태일 때 지르코니아 고체 전해질에 정(+)의 전류를 흐르게 하여 산소를 펌핑셀 내로 받아들이고, 그 산소는 외측 전극에서 일산화탄소(CO) 및 이산화탄소(CO_2)를 환원하는 특징을 가진 것은?

① 티타니아 산소센서
② 갈바닉 산소센서
③ 압력 산소센서
④ 전 영역 산소센서

광역산소센서(전 영역 산소센서)
린번 엔진에서 사용되며, 기존 지르코니아 산소센서는 이론공연비 전후에서 보정하므로 과희박/과농후상태에서의 기전력의 변화가 작아 공연비 조절이 어렵다. 이에 반해 광역산소센서는 선형적으로 변하므로 희박 영역에서도 공연비 조절이 가능하다.
기본 원리는 공급과잉률 1.0을 기준으로, 공급되는 펌핑전류량(⊕ 전류)과 회수되는 펌핑전류량(⊖ 전류)으로 산소농도를 검출한다. ECM에서 전류가 공급되면 산소농도가 낮고, 전류를 받아들이면 산소농도가 높다고 인식한다.

정답 **82** ① **83** ④ **84** ① **85** ① **86** ③ **87** ③ **88** ④

[15-2]

89 전자제어 가솔린 기관에서 티타니아 산소센서의 출력전압이 약 4.3~4.7V로 높으면 인젝터의 분사시간은?

① 길어진다.
② 짧아진다.
③ 짧아졌다 길어진다.
④ 길어졌다 짧아진다.

혼합기가 희박하면 약 4.3~4.7V이 출력되므로 분사시간을 길어진다.
(농후 : 0.3~0.8V)

[15-2]

90 전자제어 가솔린기관에서 연료압력이 높아지는 원인이 아닌 것은?

① 연료리턴 라인의 막힘
② 연료펌프 체크 밸브의 불량
③ 연료압력조절기의 진공 불량
④ 연료리턴 호스의 막힘

체크밸브는 잔압 유지 및 역류방지 역할을 하며, 연료압의 감소와 관계가 있으나 연료압 상승과는 무관하다.

[16-3]

91 전자제어 가솔린기관의 연료압력조절기 내의 압력이 일정압력 이상일 경우 어떻게 작동하는가?

① 흡기관의 압력을 낮추어 준다.
② 인젝터에서 연료를 추가 분사시킨다.
③ 연료펌프의 토출압력을 낮추어 연료공급량을 줄인다.
④ 연료를 연료탱크로 되돌려 보내 연료압력을 조정한다.

[17-1]

92 최적의 점화시기를 의미하는 MBT(Minimum spark advance for Best Torque)에 대한 설명으로 옳은 것은?

① BTDC 약 10°~15° 부근에서 최대 폭발압력이 발생되는 점화시기
② ATDC 약 10°~15° 부근에서 최대 폭발압력이 발생되는 점화시기
③ BBDC 약 10°~15° 부근에서 최대 폭발압력이 발생되는 점화시기
④ ABDC 약 10°~15° 부근에서 최대 폭발압력이 발생되는 점화시기

MBT는 최대 폭발압력(최대 토크)을 얻는 최소 점화시기라는 뜻으로, 최적의 출력을 얻으려면 피스톤이 상사점 후(ATDC) 10~15°부근이며, 이에 맞춰 점화시기를 결정한다.

[13-2]

93 센서의 고장진단에 대한 설명으로 가장 옳은 것은?

① 센서는 측정하고자 하는 대상의 물리량(온도, 압력, 질량 등)에 비례하는 디지털 형태의 값을 출력한다.
② 센서의 고장 시 그 센서의 출력값을 무시하고 대신에 미리 입력된 수치로 대체하여 제어할 수 있다.
③ 센서의 고장 시 백업(Back-up)기능이 없다.
④ 센서 출력값이 정상적인 범위에 들면, 운전상태를 종합적으로 분석해 볼 때 타당한 범위를 벗어나더라도 고장으로 인식하지 않는다.

① 센서는 물리량에 대한 비례/반비례 값을 아날로그 및 디지털 신호로 출력하며, 아날로그 신호는 A/D 컨버터를 통해 디지털 신호로 변환된다.
② 페일 세이프(Fail safe)에 관한 설명이다.
③ 대부분의 센서 고장 시 ECU는 백업기능이 있다.
④ 센서 출력값이 타당한 범위를 벗어나면 ECU는 고장으로 인식하여 롬(ROM)에 입력된 대체값으로 제어한다.

정답 89 ① 90 ② 91 ④ 92 ② 93 ②

SECTION 04 디젤 엔진

Main Key Point

[출제문항수 : 약 4~5문제] 기출문제와 NCS의 신규문제가 혼합하여 출제되었습니다. 주로 기출 및 디젤 관련 이론 위주로 출제되지만 경우에 따라 NCS 학습모듈의 내용도 출제됩니다.

01 디젤엔진 연료장치 일반

◢ 디젤엔진의 특징(가솔린기관과 비교했을 때)

장점	• 압축비와 충진효율이 높아 연비 및 제동열효율이 높다. • 넓은 회전속도 범위에 걸쳐 회전 토크가 크다.
단점	• 마력당 기관 중량이 크다. • 소음, 진동이 크며, 매연발생이 많다. • 가솔린에 비해 기관의 최고속도가 느리다. • 시동에 소요되는 기동전동기의 동력이 크므로 시동이 어렵다.

◢ 디젤의 연소 과정

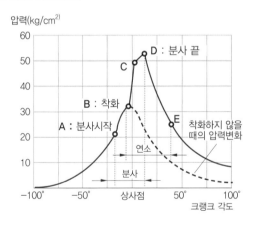

① 착화 지연 기간(A~B) : 연료가 분사되어 압축공기에 의해 가열되어 착화 될 때까지의 기간
② 화염 전파 기간(B~C) : 착화 지연 기간 동안에 형성된 혼합기가 착화되는 기간
③ 직접 연소 기간(C~D) : 분사된 연료가 분사 즉시 연소되는 기간으로 D 지점에서 압력이 최대가 된다.
④ 후기 연소 기간(D~E) : 분사가 종료되지만, 완전 연소되지 않은 미립자 연료가 연소하는 기간

◢ 디젤 엔진의 노크와 세탄가

(1) 디젤 엔진의 노크

압축행정 시 고온고압의 압축공기에 연료의 착화지연기간이 길어질 경우 지연된 시간만큼 누적된 연료가 일시에 착화 연소하여 정상연소 압력보다 급격한 압력상승으로 충격이 가해지게 된다.

(2) 세탄가(C.N, cetane number)
① 디젤기관의 착화성을 나타내는 수치
② 세탄과 α-메틸 나프탈렌의 혼합액으로 세탄의 함량에 따라서 다르다.
③ 세탄가가 클수록 착화 지연시간이 짧아지고, 착화성이 좋다.

$$세탄가(C.N) = \frac{세탄}{세탄 + \alpha\text{-메틸나프탈렌}} \times 100[\%]$$

※ 세탄가는 가솔린의 옥탄값과 대응되는 개념이다.

▶ **착화 촉진제의 종류**
초산에틸, 아초산에틸, 초산아밀, 아초산아밀, 질산아밀, 아질산아밀, 질산에틸 등

(3) **디젤 노킹의 발생원인**
① 낮은 세탄가 연료 : 착화성이 낮아, 착화지연기간지연(길어짐)
② 낮은 압축비 : 착화지연기간이 길어져 연료량 증가를 유발
③ 낮은 온도 : 착화지연기간이 길어짐
④ 과다 연료분사량 : 잔여 연료가 발생하며, 다음 착화 시의 연료량에 더해져 압력상승 유발
⑤ 분사 시기가 빠를 때, 분사 상태 불량

(4) **디젤 노킹 방지책**
① 고세탄가(착화성이 좋은) 연료를 사용
② 실린더의 압축비를 높임
③ 흡기 온도, 실린더 벽 온도 및 압력을 높임
④ 실린더 내의 와류 발생
⑤ 착화 지연 기간 중 연료 분사량을 조정(분사초기의 분사량을 적게 하고 착화 후 분사량을 많게 한다.)
⑥ 분사시기를 상사점을 중심으로 평균온도 및 압력이 최고가 되도록 함

chapter 01

▶ 디젤 노킹의 원인의 대부분은 착화지연기간 지연이며, 대책은 착화지연기간을 짧게 하기 위한 방법이다.

▶ 가솔린과 디젤 노크 방지대책 비교

조건	가솔린 엔진	디젤 엔진
옥탄가 및 세탄가	옥탄가 ↑	세탄가 ↑
발화점(또는 착화점)	↑	↓
압축비	↓	↑
점화시기	↓	↑
흡입공기온도	↓	↑
실린더 벽 온도	↓	↑
연소실 압력	↓	↑

(5) 착화지연 각도 및 지연시간

$$지연각도 = \frac{회전속도}{60} \times 360° \times 착화지연시간(s)$$

4 디젤엔진의 구비조건
① 착화성이 좋은 연료(세탄가가 높은 연료)를 사용한다.
② 압축비를 높여 실린더 내의 압력·온도를 상승시킨다.
③ 연소실 내에서 **공기 와류가 일어나도록 한다.**
④ 냉각수의 온도를 높여서 연소실 벽의 온도를 높게 유지한다.
⑤ **착화기간 중의 분사량을 적게 한다.**

5 디젤엔진의 연소실 종류
(1) 직접분사식

분사노즐

피스톤 헤드부의 요철부에만 연소실이 있다.

① 실린더 헤드와 피스톤 헤드로 만들어진 단일 연소실 내에 직접 연료를 분사하는 방법으로 흡기 가열식 예열장치를 사용한다.
(분사압력 : 200~300kgf/cm²)
② 특징 : 주연소실만 있고, 부연소실이 없다.

장점	• 실린더 헤드 구조가 간단 • 연소실 표면적이 작아 냉각 손실이 적음 • 열효율 및 연료소비율이 좋음이 가장 높음 • 시동성 양호
단점	• 분사펌프와 노즐 등의 수명이 짧다. • 분사노즐의 상태와 연료의 질에 민감하다. • 연료계통의 연료누출의 염려가 크다. • 분사압력이 가장 높고, 노크가 일어나기 쉽다.

(2) 예연소실식(간접분사식)

분사노즐
예연소실
예열플러그

① 피스톤과 실린더 헤드 사이에 주연소실 이외에 별도의 부연소실을 갖춘 것으로, 분사 압력(100~120kg/cm²)이 비교적 낮다.
② 오리피스 형태의 분사구멍으로 인한 온도 강하로 예열플러그가 필요하다.
③ 예연소실로 인해 열손실이 크고, 연료 소비율이 크다.
④ 특징

장점	• 단공노즐을 사용할 수 있다. • 분사 압력이 낮아 연료장치의 고장이 적다. • 연료 성질 변화에 둔하고 선택범위가 넓다. • 작동이 부드럽고 진공이나 소음이 적다. • 착화지연이 짧아 노크가 적다.
단점	• 연소실 표면이 커서 냉각 손실이 크다. • 한냉시 예열 플러그가 필요하다. • 연효율, 연료소비율이 직접분사식 보다 나쁘다. • 실린더 헤드에 예연소실이 있으므로 구조가 복잡

(3) 와류실식(간접분사식)

와류실
주연소실

① 노즐 가까이에서 많은 공기 와류를 얻을 수 있도록 설계된 형식으로 직접 분사식과 예연소실식의 중간 정도이다.
② 특징

장점	• 주실과 부실을 좁은 통로로 연결하여 강한 와류가 발생한다. • 고속 운전에 적합하다.
단점	• 주연소실과 부연소실이 있어 구조가 복잡하다. • 분사노즐의 상태와 연료의 질에 민감하다. • 열효율, 연료 소비율이 나쁘다.

(4) 공기실식

공기실

예연소실식과 와류실식의 경우 부실에 분사노즐이 설치되어 있지만 이 형식은 부실의 대칭되는 위치에 노즐이 설치되어 있다.

▶ 직접분사식은 구멍형 노즐을 사용하며 예연소실식, 와류실식, 공기실식은 핀틀형 노즐을 사용한다.

6 디젤 기관의 예열장치 방식

예열 플러그식	• 연소실 내의 압축공기를 직접 예열 • 종류 : 코일형, 실드형 • 예연소실과 와류실에 사용
흡기 가열식	• 흡기다기관에 설치하여 흡기온도를 가열 • 종류 : 가열식(흡기 히터식), 히터 레인지식

02 기계식 디젤기관의 연료장치

1 연료공급 순서

연료탱크 → 연료 여과기 → 연료 공급 펌프 → 연료 여과기 →
분사펌프 → 고압 파이프 → 분사노즐 → 연소실

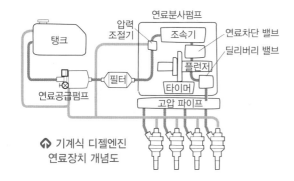

⬆ 기계식 디젤엔진
연료장치 개념도

2 연료 여과기

① 여과지식 연료 여과기 : 불순물과 수분을 동시에 제거
② 오버플로우 밸브의 기능
  • 여과기 내의 압력이 규정 이상으로 상승 방지
  • 엘리먼트 보호, 운전 중 공기빼기, 공급펌프의 소음 방지, 연료탱크의 기포방지, 여과 성능 향상 등

3 연료 분사펌프(fuel injection pump)

연료를 고압으로 압축하여 각 실린더의 폭발순서에 따라 분사노즐로 압송하는 역할

(1) 연료 분사량 및 연료분사시기 조정

① 연료 분사량 : 제어 슬리브와 제어 피니언의 관계위치 변경을 통해 플런저의 유효 행정을 변화시켜 연료 분사량을 조절한다.
② 분사시기 조정 : 펌프와 타이밍 기어의 커플링으로 조정

▶ 연료 분사 압력 조정은 분사 노즐 홀더에서 한다.

(2) 분사량 조정
(제어 기구의 작동순서)

가속페달(거버너) →

제어 래크 →

제어 피니언 →

제어 슬리브 →

플런저의 회전

기본 원리

가속페달을 밟으면 거버너가 제어 래크를 움직여 제어 피니언 및 제어 슬리브를 회전시키므로 고정되어 있던 플런저가 회전하여 플런저 배럴 안의 연료 분사량을 증감시킨다.

(3) 플런저 리드와 분사시기와의 관계

① 정리드 플런저 : 분사개시 때의 분사시기는 일정하고, 분사말기에 변화하는 형식
② 역리드 플런저 : 분사개시 때의 분사시기가 변화하고 분사말기가 일정한 형식
③ 양리드 플런저 : 분사개시와 말기가 모두 변화되는 형식

(4) 조속기(거버너, governor)

① 엔진의 회전속도나 부하변동에 따라 자동으로 연료 분사량을 조절하여 최고 회전속도를 제어하고 과속 방지 및 저속운전을 안정시키는 역할을 한다.
② 제어래크를 움직여 플런저 행정을 제어하여 분사량을 조정
③ 종류 : 기계식, 공기식(진공과 대기압에 의한 다이어프램), 유압식, 전자식(속도센서 등의 기관 작동 조건에 맞도록 전자제어 유닛을 통해 제어)

▶ **조속기의 헌팅** : 조속기 작동이 둔해져 회전수가 반복적으로 변동하는 것으로, 엔진이 공회전 중 수십회 주기적으로 증감하며 진동한다.

④ 앵글라이히 장치 : 제어랙이 동일한 위치에 있어도 회전속도가 빨라지면 연료분사는 증가하지만 공기가 부족하거나 저속에서의 연료부족을 보완하기 위해 공연비를 알맞게 연료와 공기의 비율을 균일하게 유지시키는 역할을 한다.

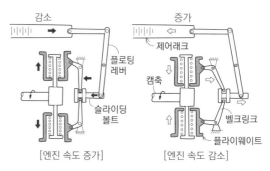

[엔진 속도 증가]   [엔진 속도 감소]

• 엔진 속도 증가(캠축 속도 증가) → 원심력에 의해 플라이웨이트가 스프링 장력을 이기고 벌어짐 → 분사량 감소
• 엔진 속도 감소(캠축 속도 감소) → 스프링 장력에 의해 플라이웨이트가 원상회복 → 분사량 증가

(5) 플런저(plunger)

플런저의 예행정을 크게 하면 분사시기가 변화하고, 유효행정은 연료 분사량(송출량)에 비례한다.

(6) 딜리버리 밸브(delivery valve)

분사파이프에서 펌프로의 연료의 역류방지, 연료 라인의 잔압유지(재시동성 향상), 노즐에서의 후적 방지

> ▶ 후적(dribbling)
> 분사 노즐에서 연료 분사가 완료 후 노즐 팁에 연료 방울이 생기는 현상으로 엔진 출력이 저하되고, 후기 연소 기간에 연소되어 엔진이 과열한다.

① 딜리버리 밸브 기능 저하 현상 : 연료소모량 증가, 매연 증가, 출력 저하, 시동불량
② 점검 사항 : 딜리버리밸브 스프링의 정수변화, 밸브시트면과의 밀착

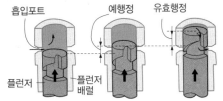

흡입포트 예행정 유효행정

플런저 플런저 배럴

예비행정 : 피스톤이 하사점에서부터 플런저가 상승하면서 플런저 배럴에 흡입포트의 연료가 유입되고 플런저 윗면이 흡입포트를 막을 때까지

유효행정 : 흡입포트가 막혀 연료 공급이 차단된 시점에서 피스톤이 상사점이 될 때 플런저의 바이패스 슬롯이 분출포트와 일치하여 연료가 송출되는 시점까지

(7) 프라이밍 펌프(priming pump)

수동용 펌프로, 엔진 정지 시 연료탱크의 연료를 연료 공급펌프까지 공급하거나 연료 라인 내의 공기빼기 등에 사용한다.

❹ 타이머

분사펌프는 캠축에 의해 작동되며 엔진부하, 회전속도에 따라 분사시기를 조정한다.

❺ 분사노즐

(1) 분사노즐의 구비조건
① 연료를 미세한 입자로 분사하여 착화를 용이하게 할 것
② 연소실 전체에 균일하게 분무하여 공기와의 혼합이 잘 될 것
③ 후적이 없을 것 외

(2) 연료분사상태의 조건
① 무화 : 미세하게 작은 입자상태(미립화)
② 관통력 : 연료입자가 공기 중을 뚫고 퍼지는 힘
③ 분포 : 연소실 내에 균일하게 분포
④ 분산도, 분사각, 분사율 등이 적당할 것

(3) 분사노즐의 종류

개방형	• 끝이 항상 열려 있는 형식 • 압력 스프링과 니들 밸브 등이 없어 구조가 간단 • 분사 파이프 내에 공기가 머물지 않음 • 분사압력 조정이 불가능하여 후적을 일으키기 쉬움
밀폐형	• 분사펌프와 노즐 사이에 압력 스프링과 니들 밸브를 설치하여 필요시에만 자동으로 연료를 분사한다. • 종류 : 구멍형(단공형, 다공형), 핀틀형, 스로틀형

> ▶ 분사 개시 압력
> • 니들 밸브가 열릴 때의 분사 압력을 말한다.
> • 분사 개시 압력이 낮으면 : 무화 불량, 노즐의 후적이 생기기 쉬움, 연소실 내 카본 퇴적이 발생

❻ 분사량 불균율
① 각 실린더의 분사량 차이의 평균값을 말하며, 불균율이 크면 엔진의 진동이 일어나고 효율이 떨어진다.
② 불균율은 분사 펌프 시험기로 측정한다.
③ 일반적으로 전부하 상태에서 ±3%이며, 무부하 상태에서는 10~15% 정도이다.

$$+ \text{불균율}\ (\varepsilon) = \frac{\text{최대 분사량} - \text{평균 분사량}}{\text{평균 분사량}} \times 100\%$$

$$- \text{불균율}\ (\varepsilon) = \frac{\text{평균 분사량} - \text{최소 분사량}}{\text{평균 분사량}} \times 100\%$$

$$\text{평균 분사량} = \frac{\text{각 실린더의 분사량 합계}}{\text{실린더 수}} \times 100\%$$

❼ 감압장치(디젤 보조시동 장치)
① 시동 시 감압 레버를 잡아당겨 캠축의 운동과 관계없이 흡·배기 밸브를 강제로 열어 실린더 내의 압력을 낮추어 시동을 용이하게 한다.
② 겨울철 엔진오일의 점도가 높을 때 시동 시 이용
③ 기관의 점검 조정 및 고장 점검에 이용

> ▶ 디젤엔진의 시험
> • 디젤엔진의 분사노즐 시험항목 : 분사각도, 분무상태, 분사압력
> • 디젤 분사펌프 시험기의 시험항목 : 연료 분사량, 조속기 작동, 분사시기의 조정, 자동 타이머 조정, 연료 공급펌프

03 전자제어 커먼레일 시스템

① 유해 배기가스의 배출 감소 : 완전연소에 가깝게 연소시켜 유해 배기가스의 배출을 억제

→ NOx 배기가스 규제를 유지하면서 이산화탄소 20%, 일산화탄소 40%, 탄화수소 50%, 입자상 배출물 60%까지 감소

② 연비 향상 : 기존 기계식 디젤엔진(인젝션 펌프 사용)에 비해 20% 정도 연료 소비율 향상

③ 엔진의 성능 향상 : 저속에서 회전력을 50% 정도 향상시킬 수 있어 출력을 25% 정도 증가

→ 분사 압력은 엔진의 회전 속도 및 부하 조건과는 관계없기 때문에 저속에서 큰 부하가 걸릴 경우에도 고압으로 연료 분사가 가능하므로

④ 운전 성능의 향상 : 파일럿 분사를 도입하여 진동과 소음 감소

⑤ 콤팩트한 설계와 경량화

→ 인젝터를 콤팩트화 하여 2밸브·4밸브가 가능하며, 기존의 디젤엔진에 비해 무게 감소

▶ 커먼레일 엔진의 주요 특징은 연료 분사 압력 발생 과정과 분사 과정이 서로 분리되어 있다.

04 연료 분사장치 구성품

1 전자제어 연료분사장치의 특징

① 컴퓨터는 각 센서의 입력 신호를 기준으로 운전자의 가속 페달의 열림 신호를 받아 계측하고 엔진과 자동차의 순간적인 작동 상황을 종합적으로 제어한다.

② 컴퓨터는 센서들의 신호를 데이터 라인을 통하여 입력받고, 이 정보를 기초로 하여 공연비를 효율적으로 제어한다.

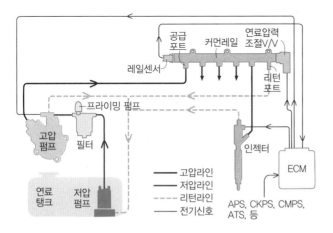

♠ 출구제어식 커먼레일 시스템의 구성

③ 연료공급과정 : 연료탱크 - 저압펌프 - 연료필터 - 고압펌프 - 커먼레일 파이프 - 인젝터

저압라인 구성품	저압펌프, 연료필터(프라이밍 펌프, 연료가열장치, 수분감지기, 히터 등)
고압라인 구성품	고압 펌프, 커먼레일 파이프, 레일센서, 연료압력조절밸브, 인젝터

2 저압 펌프

경유는 휘발유에 비해 점도가 커 저온에서 연료 흐름이 원활하지 않으므로 저압 펌프는 고압 펌프까지 연료를 이송해 주는 역할을 한다.

(1) 저압펌프의 분류

기계식	• 탱크의 연료를 진공으로 흡입하는 방식 • 고압 펌프와 일체로 구성되고, 캠축 또는 타이밍 체인에 의해 구동 • 프라이밍 펌프가 장착되어 연료 탱크로부터 고압 펌프까지 연료를 공급 • 정상여부 확인 : 연료의 부압을 측정 (점검 시 **진공 게이지**로 점검)
전기식	• 연료 필터에 오버플로 밸브가 부착되어 있어 저압 라인의 압력을 일정하게 유지 • 정상여부 확인 : 연료의 정압을 측정

(2) 전기식 저압펌프의 오버플로우(over-flow) 시험

연료 저압 점검용 압력 게이지를 연료필터 **입구에 설치**하고 저압 연료 측정용 게이지를 오버플로우 라인에 장착하여 점화스위치를 ON하여 저압이 2.62bar 정도에서 오버플로 여부를 점검한다.

규정값보다 저압에서 오버플로 될 때	• 오버플로 밸브에 스프링 장력이 낮거나 밸브에 이물질이 낀 것으로 판단 • 증상 : 연료 저압이 규정값보다 낮아지고 장시간 주차 후 초기 시동지연이 발생
규정값보다 고압에서 오버플로 될 때	• 오버플로 밸브에 이물질이 낀 것으로 판단 • 증상 : 저압펌프에 부하가 많이 걸림

(3) 기계식 저압펌프의 진공시험

연료 저압 점검용 압력 게이지를 연료필터 출구에 설치하고 진공 측정(진공 게이지 이용)

8~19cmHg	정상
20~60cmHg	연료필터 또는 저압 라인 막힘
0~7cmHg	저압 라인 누설 또는 흡입 펌프 손상

❸ 연료 필터 어셈블리

(1) 개요

① 불순물 제거 외에 수분 제거, 연료 가열, 수분감지 센서(필터 내 물의 양을 감지)와 연료온도스위치(연료 온도 감지), 연료히터가 장착되어 있다.

② 연료필터의 구분

1차 연료필터	스트레이너와 동일하다. 연료 탱크에 내장되어 있으며, 그물망과 같은 형식으로 비교적 큰 이물질을 여과한다.
2차 연료필터	엔진룸에 설치되어 있으며 연료 속의 이물질과 수분을 여과한다.

(2) 연료 가열장치

① 연료필터 내에 설치되어 있으며, 겨울철이나 추운 지역에서는 연료 흐름이 원활하지 않아 시동성이 나빠지므로 연료를 가열하는 역할을 한다.

→ 경유의 파라핀 성분(응고되기 쉬움)으로 인해 저온 시 점도가 증가한다.

② 연료 온도스위치 : 연료 가열장치의 작동 S/W로, 점화스위치 ON 시 연료 가열장치에 전원이 공급되며, 연료 온도가 약 5℃가 되면 접점이 열려 전원이 차단된다.

(3) 수분 감지기

연료계통 내 수분 방지를 위해 필터에서 수분을 분리하며, 필터 아래로 가라앉은 수분은 수분감지센서를 통해 계기판으로 수분의 유무를 경고한다.

→ 수분의 영향 : 경유의 점도·냉각에 영향을 주며, 국부연소로 실화 발생, 연소 불안정, 인젝터 막힘, 연료계통 고장, 시동꺼짐 등

(4) 프라이밍 펌프

① 저압 라인에 기계식 저압 펌프를 이용한 경우 초기 연료 공급에 문제가 발생할 수 있다. 이를 방지하기 위해 프라이밍 펌프를 수동으로 펌핑하여 연료 라인의 공기빼기 작업 또는 연료라인 정비 후 분사펌프 전에 연료를 공급하는 역할을 한다.

② 장착 위치 : 저압 연료 라인 중간 또는 연료 필터 상부

❹ 고압 펌프

① 연료의 압력은 고압 펌프 단독으로는 불가능하며 반드시 압력 조절 밸브의 듀티 제어가 있어야 가능하다

② 일반적인 주행에서 커먼레일 연료 압력은 약 250~1000 bar의 압력을 생성한다. (최고 압력이 형성될 때는 급가속할 때이다.)

③ 구동 방식

• D엔진 : 캠축에 의해 구동되며, 레디얼 펌프방식으로 저압펌프에서 송출된 연료를 바로 고압으로 만들어 커먼레일로 공급 → 레디얼 펌프(radial) : 3개의 피스톤(플런저) 펌프를 방사형으로 결합한 형태

• U, A, J, S엔진 : 타이밍 체인 또는 벨트에 의해 구동되며, 장착 위치는 기존 디젤엔진의 인젝션 펌프와 같다.(입구 제어식)

→ 입구제어식은 저압펌프, 고압펌프, 연료 압력 조절밸브가 일체형으로 구성되어 정비시 주의해야 하며, 연료탱크와 저압펌프 간의 거리가 멀므로 시동이 원활하지 않은 단점이 있다.

• R엔진 : 한 개의 펌프만 사용하여 엔진 부하를 줄여준다.

> ▶ **상태에 따른 레일 압력**
> • 시동 시 필요한 최소 레일압력 : 100 bar
> • 공전 시 : 250 bar 이상
> • 일반 주행 시 : 250~1000 bar
> • 최대 가속 시 : 1350 bar(최근에는 1600~2000 bar)
> • 전원 off 시 : 먼저 스프링 압력인 100 bar까지 압력강하 후, 0 bar 까지 서서히 떨어짐
> ※ 연료압력조절기는 100 bar 이상일 때 인젝터가 작동할 수 있음

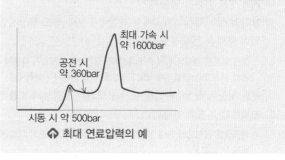

⬆ 최대 연료압력의 예

❺ 커먼레일(common rail) – 고압 어큐뮬레이터

고압펌프에서 보낸 고압 연료를 압축·저장하며, 모든 실린더로 일정한 고압으로 연료를 공급한다. 연료분사로 인해 연료가 빠져나가도 파이프 내부 압력을 항상 일정하게 유지시켜 분사압력을 일정하게 한다.
　　　　　　　　　　　　↳어큐뮬레이터 효과

❻ 커먼레일 인젝터

(1) 솔레노이드 인젝터

① 전자식의 솔레노이드 밸브 등을 이용하여 **연료분사량**은 기관 회전속도나 고압펌프의 회전속도와 관계없이 ECM의 분사 신호에 의해 **솔레노이드 밸브의 통전시간에 비례**한다.

② 인젝터 노즐의 역할 : 분사된 연료의 측정(분사 시간과 크랭크축 회전당 분사된 연료량), 연료 관리(분사 제트의 수, 분무 형상, 그리고 분무의 무화), 연소실에서의 연료 분포, 연소실로부터 발생하는 압력에 대해 기밀을 유지한다.

> ▶ **인젝터 작동 4단계**
> 1) 인젝터 닫힘 (분사 전 고압이 항상 적용)
> 2) 인젝터 열림 (분사 개시 시작)
> 3) 인젝터 완전 열림
> 4) 인젝터 닫힘 (분사 완료)

⬆ 커먼레일 인젝터 작동원리

(2) 피에조 인젝터(piezo type injector)

① 기본 구조 및 작동방식은 솔레노이드 타입과 같으나, 주요 차이점은 솔레노이드 코일을 피에조 소자로 대체하여 소자의 팽창/수축에 의해 분사 방식이다.

→ 피에조 효과(물리적 압력을 가하면 전압이 발생)를 역으로 이용하여 ECM에서 전압을 공급하면 소자의 팽창/수축 변화에 의해 변위량(길이 변화)이 일어나며, 이 변위량을 유압 커플링(증폭기)을 통해 2배로 확대시켜 니들밸브를 위로 올려 연료를 분사시킴

② 주요 구성품 : 피에조 액추에이터, 유압커플링, 니들밸브

③ 피에조 인젝터의 특징
(솔레노이드 형식과 비교할 때)

· 보다 높은 분사압력에서도 **빠른 분사 응답성으로 정밀한 제어, 정숙성, 매연 저감 효과** → 빠른 응답성 : ECM의 분사신호와 연료 분사 사이의 시간차가 없음을 의미

· 리턴 라인의 압력이 저압펌프의 압력과 연결되어 있어 기존 솔레노이드 인젝터처럼 리턴 유량 시험을 할 수 없다.

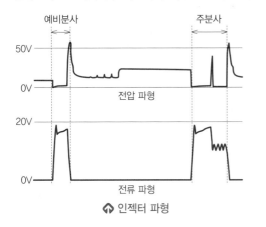

↑ 인젝터 파형

---

05 커먼레일 시스템의 입력 요소

1 공기 유량 센서와 흡기온도 센서

① 공기 유량 센서 : 핫필름(hot-film) 방식을 채택하며, 흡기온도 센서와 함께 장착된다. 가솔린 엔진과 달리 디젤엔진에서 **공기유량센서의 주 기능은 NOx저감을 위한 EGR 장치(배기가스 재순환 장치)의 피드백 제어**이며, 부가적으로 스모그 제한 부스트 압력을 제어한다.

② 흡기온도 센서(NTC 타입) : 연료량 제어 및 분사 시기에 따른 연료량 제어 등의 보정 신호로 사용한다.

③ 공기유량 센서 고장 시 : **EGR 밸브는 작동되지 않으며 연료량이 제한**된다.

2 크랭크 각 센서

① 크랭크축의 회전속도 측정에 의해 피스톤 위치를 감지하여 **분사시기를 결정**하는 역할을 한다.

② 종류 : 인덕티브 방식, 마그네틱 픽업방식, 홀소자 방식
└→ 별도 전원이 필요없음

3 캠축 센서 또는 NO 1. TDC 센서

① 캠축에 설치되어 캠축 1회전(크랭크축 2회전)당 1개의 펄스 신호를 발생시켜 컴퓨터로 입력시킨다. 컴퓨터는 이 신호에 의해 **1번 실린더의 압축 상사점을 검출하며, 연료 분사순서를 결정**한다.

② 홀 센서 방식(배터리 전압 이용, 센서 출력 및 접지 단자가 있다.)

▶ **크랭크 각 센서(CKPS)와 캠축 센서(CMPS)의 동기화 점검**
개요) 오실로스코프 1번 채널, 2번 채널을 각각 CKP, CMP에 연결하여 동기 파형을 점검하는 방법이다.

· CKPS 신호가 불량해도 캠축 센서 신호가 정상이면 크랭킹 중 자기진단기의 센서 출력에서 엔진 회전수가 측정된다.

· CMPS 신호는 자기진단기의 센서 출력 항목에 표시되지 않는다.

· CKPS는 크랭크축의 회전 속도에 비례하여 출력 주파수가 높아지는 특성이 있다. 따라서 일정 주파수 이하가 되면 시동이 지연되거나 불량일 수 있으므로 배터리는 충전 상태에서 점검해야 주파수 값의 판독에 방해가 되지 않는다.

· CKPS와 CMPS 파형의 동기가 규정과 맞지 않으면 타이밍이 맞지 않는 경우이므로 타이밍 벨트나 체인의 상태를 점검한다.

4 냉각수 온도 센서 (부특성 서미스터)

시동 시, 분사개시와 사후분사에 대한 연료량 제어 및 분사 시기에 따른 연료량 제어 등의 보정 신호 등에 사용한다.

5 엑셀레이터 포지션 센서(APS) – 아날로그 신호

① TPS(스로틀 포지션 센서)와 동일한 원리로, **가변저항**의 변화로 발생한 전기적 신호를 받아 운전자가 가속 페달을 밟은 양과 작동시간을 감지한다.

→ 가솔린, LPG 연료 방식은 스로틀 포지션 센서 방식으로 적용하며, 디젤(경유) 연료 방식의 경우는 가속 페달위치 센서를 통해 수행한다.

② 엑셀레이터 포지션 센서는 2개의 센서가 조합된 구조(APS1, APS2)이다.

· APS 1 : **연료량과 점화시기 결정**, 에어컨 제어, 엔진의 구동 조건(아이들링, 부분 부하, 전부하 등) 결정

· APS 2 : **자동차의 급출발을 방지**하기 위해 APS 1을 감시하는 역할을 한다. → APS의 고장으로 인해 가속페달을 밟지 않았는데 밟은 것으로 인식할 경우 매우 위험하므로 안전장치로 사용한다.

③ APS 센서 출력 (0~5V)

	아이들 시	전개 시
APS1	0.7~0.8 V	3.85~4.35 V
APS2	0.29~0.46 V	1.93~2.18 V

6 레일 압력 센서(RPS : rail pressure sensor)

① **압전소자(피에조 효과)**를 이용하여, 커먼레일의 연료 압력을 측정하여 ECM에 보내어 **연료량, 분사시기의 보정** 신호로 사용한다.

② 고압펌프에서 공급된 연료는 연료압력 조절밸브에서 조절되어 레일 압력 센서로부터 값을 얻는다.

7 흡기 압력 센서(BPS : boost pressure sensor)

① 흡기다기관에 장착되어 터보차저에 의해 과급된 흡기관 내의 압력을 검출하여 정밀한 공기량을 계측하여 **EGR 작동량을 보정하며, VGT 솔레노이드 밸브의 작동량을 결정**한다.

② 터보차저의 이상으로 흡기관의 과급 압력이 과도하게 높을 경우에는 이를 감지해 엔진 출력을 제한하여 엔진을 보호하는 역할도 수행한다.

③ **압전소자**를 이용한다. (가솔린 엔진의 맵센서와 동일)

→ 맵센서와 흡기압력센서 차이점 : 맵센서는 대기압보다 낮은 압력을 검출하는 반면, 부스트 압력 센서는 대기압보다 높은 압력을 검출한다.(보통 디젤 엔진의 공전 시 흡기압은 대기압과 거의 같으므로 약 100kPa(1bar)정도로 출력된다.)

8 람다센서(광역 산소센서)

배기가스 중의 산소 농도를 검출하여 EGR 제어 및 혼합기에 따른 연료량 제어 역할을 한다.

9 배기가스 온도 센서

배기 매니폴드, 후처리 장치에 각각 1개씩 장착되어 있으며 후처리 장치 재생 시 촉매 필터에 장착된 배기가스 온도를 이용해 재생에 필요한 온도를 감지한다.

06 커먼레일 시스템의 출력 요소

1 연료분사제어 – 다단 분사

연료 분사 시 3단계(예비분사 - 주분사 - 사후분사)로 나누어 연소 효율 향상 및 유해가스 저감 효과, 소음 및 진동 감소 효과가 있다. 연료분사는 연료의 압력과 온도에 따라서 분사량과 분사시기가 보정된다.

(1) 제 1단계 : **예비 분사**(pilot injection, 파일럿 분사, 점화 분사)

주 분사가 이뤄지기 전에 분사하여 메인 분사 시 연소실의 압력 상승을 부드럽게 하여 원활한 연소가 이뤄지도록 하며 착화지연 기간 감소, 질소산화물 발생 감소, **엔진 소음 및 진동 감소, 서징 현상 억제**의 역할을 한다.

> ▶ 예비 분사 중단 조건
> • 예비 분사가 주 분사를 너무 앞지를 경우
> • 엔진 회전 속도가 3000 rpm 이상 고속인 경우
> • 분사량이 너무 적거나 주 분사량이 불충분한 경우
> • 엔진 자동 중단에 오류가 발생하거나 연료 압력이 최소값(100 bar)이하인 경우

(2) **주 분사**(main injection, 메인 분사)

엔진 토크 발생을 위한 분사로, 착화 분사가 실행되었는지를 고려하여 연료량을 계측한다. 주 분사의 기본값으로 사용되는 것은 엔진 회전력(APS값), 엔진 회전수, 냉각수 온도, 흡기온도, 대기 압력 등이다.

(3) **사후 분사**(post injection, 포스트 분사)

① 1~2 단계는 엔진 출력을 위한 분사라면, 3단계는 배기가스 저감을 위한 분사이다.

② **CPF(배기가스 후처리장치)에 축적된 PM(입자성 물질) 연소(재생) 또는 LNT에 디젤연료(HC)가 필요할 때 실시**한다.

③ 사후 분사의 계측은 **20 ms** 간격으로 동시에 실행되며, 최소 연료량과 작동 시간을 계산하여 필요시 20 ㎳마다 실시한다.

④ **사후분사는 항상 실시하는 것이 아니라**, ECM에 의해 사후 분사시기를 판단하여 실시한다.

> ▶ 사후 분사 중단 조건
> • 공기 유량 센서 및 람다 센서 고장 시
> • 배기가스 재순환(EGR) 관련 계통 고장 시

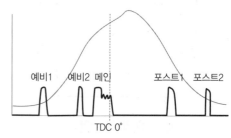

⚙ 다단분사에 따른 연소압력

2 연료 압력 조절밸브(PCV : pressure control valve)

① 저압 펌프를 통해 고압펌프에서 토출된 연료는 압력 조절 밸브의 듀티 제어에 의해 최종적으로 레일 압력이 형성되며, 압력 조절밸브는 커먼레일의 연료압력이 항상 일정하게 유지되도록 제어한다.

② 설치 위치에 따른 제어방식

출구 제어 방식(PRV) – 레일측	• PRV : pressure regulating valve
	• 커먼레일 파이프 출구에 장착하며, 닫힘량을 듀티 제어한다.
	  → 레일압력 과도 : 밸브를 열어 연료탱크로 리턴
	  → 레일압력 부족 : 밸브를 닫아 고압을 형성할 때까지 레일 압력을 유지
	• ECM에서 레일압력센서를 통해 모니터링하고 엔진의 각종 센서의 정보값을 통해 목표압력이 정해지면 이 목표값은 레일압력조절밸브를 통해 조절된다.
	• 요구 압력 대비 고압펌프의 에너지 손실이 크다.
	• 저압펌프 – 고압펌프 – 커먼레일 – 연료 압력조절 밸브에서 연료라인

입구 제어 방식(IMV) – 펌프측	• IMV : inlet metering valve • 빠른 연료압력을 형성할 때 • 저압 펌프와 고압 펌프 중간에 설치되어 고압펌프 및 커먼레일에 공급되는 연료량을 조절하여 레일 압력이 결정한다. • 시동 시 및 급가속 시에는 연료압력을 상승하는 시간이 길어 빠른 연료압력 상승이 어려움 • 저압펌프 – 연료압력조절밸브 – 고압펌프 – 커먼레일
듀얼 제어 방식	• 레일 압력의 빠른 응답성을 위해 입구(펌프 측)와 출구(레일 측)를 동시에 제어하여 엔진 영역에 따라 신속하고 정밀한 제어가 가능

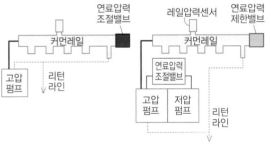

※ 입구제어방식의 연료압력 조절밸브는 'Inlet Metering Valve'라고도 한다.
※ 입구제어방식에는 연료압력제한밸브가 있으며 안전밸브 역할을 한다.
  (최고압력 이상일 때 열림)

⬆ 출구 제어 방식(좌)과 입구 제어 방식(우)의 차이

▶ 듀얼 제어 방식의 작동

	펌프측	레일측
시동 시 (빠른 연료압력상승을 위해)	OPEN	CLOSE
저회전영역	OPEN	제어
중속 영역 이상	동시에 정밀 제어	
시동 OFF 시 (신속한 잔압 제거를 위해)	CLOSE	OPEN

• 목표레일압력이 높은 가속구간의 경우 입구에서 유량 증가로 빠르게 압력을 상승

③ 연료 압력 조절밸브의 작동 원리

밸브는 **NO(normal open) 타입**으로 평상 시 열려있어 전기 공급이 커질수록 닫히는 구조이며, 솔레노이드 코일의 듀티값에 의해 제어된다. **연료압력조절밸브는 듀티가 증가하면 통로가 좁아짐**
  → 커먼레일의 입구는 열수록, 출구는 닫을수록 레일압력이 높아진다.
  → ECM은 엔진 부하값과 목표 연료 압력을 결정하게 되면 연료 압력 조절밸브의 듀티 제어를 통해 목표 설정값이 되도록 지속적으로 조정하게 된다.

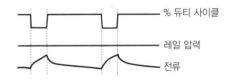

⬆ 연료압력조절밸브 파형

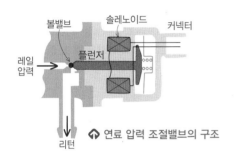

⬆ 연료 압력 조절밸브의 구조

❸ 공기조절밸브(ACV: air control valve)

흡입다기관에 설치되어 있으며 '스로틀 플랩(throttle flap)'이라고도 한다. 가솔린엔진의 스로틀 밸브와 구조가 같고 흡입 공기량을 제어하지만 가솔린 엔진과 달리 출력 제어가 목적이 아니라 다음의 역할을 한다.

공기조절밸브(ACV)

① 정확한 EGR 제어를 위해 배기가스가 재순환될 때 ACV를 작동시켜 흡입공기량을 조절(50%)
  → 람다 센서, 흡입공기량 측정센서 이용
② 후처리 장치(CPF) 재생 시 배기가스 상승(농후한 연료분사)을 위해 공기량을 줄임
③ 시동 OFF 시 흡입통로를 차단시켜 디젤링 현상을 억제
  → 디젤링(dieseling) : 시동 OFF 후에도 엔진 과열로 인해 잔류가스가 자연착화되어 시동이 꺼지지 않는 현상

❹ 터보 액추에이터 제어

배기가스 흐름을 이용하여 흡입되는 공기량을 증가시키는 터보 장치는 엔진의 변화하는 운전조건에서도 흡입되는 공기량이 효과적으로 유입될 수 있게 하는 '가변식 터보 장치'이며, 액추에이터를 이용하여 정밀한 제어를 통해 공기압력을 제어한다.

5 EGR 액추에이터

① 가속 직후(혼합비 매우 희박)는 질소산화물(NOx)이 다량으로 배출되는 구간에서 EGR 밸브가 작동하게 된다.

② 센서 출력이 5% 이하 : EGR 미작동(워밍업 후에 작동됨)

> ▶ **EGR 중지 명령 조건**
> • 공회전 시 (단, 1000rpm 이상 가속 직후 52초 동안)
> • AFS 및 EGR 밸브 고장 시
> • 냉각수온 37℃ 이하 또는 100℃ 이상 시
> • 배터리 전압이 8.99V 이하 시
> – 연료량이 42mm 이상 분사 시
> – 시동 시 및 대기압이 기준값 이하일 경우

---

06 커먼레일 시스템의 점검

1 인젝터 리턴량 시험(injector back leak test)

① **고압라인 점검, 고압펌프의 압력 점검 및 인젝터 불량 및 누설량 점검**에 매우 유용하다.

② 리턴량 시험에는 정적 테스트-크랭킹, 동적 테스트-시동시으로 구분한다. (주로 동적 테스트로 점검)

정적 테스트	• 연료압력이 최대인 상태에서 리턴량을 점검하는 것 • 테스트 시 배터리 전원을 레일압력조절밸브에 연결한 후 시동키만 돌려 크랭킹시켜 리턴되는 연료량을 측정한다. • 연료 리턴량 높이가 200mm 이하일 때 정상
동적 테스트	• 시동 및 1분간 공회전한 후 30초간 3000rpm (full 가동)으로 유지시킨 후 리턴량을 측정한다. • 매뉴얼 상 리턴 규정량에 맞는지 측정하고, 리턴량의 최대치와 최소치 차이가 3배 이상이면 인젝터가 불량하다.

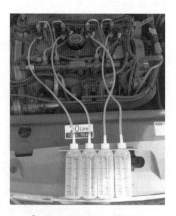
⬆ 인젝터 리턴량 시험 모습

2 인젝터 개시 압력 및 분사량 점검

① 분사 개시 압력이 120 bar를 넘는 인젝터는 시동성을 불량하게 만들고 공회전 시 부조 현상을 일으킨다.

② 분사 개시 압력이 일정한 상태에서 분사량의 편차가 적을수록 좋다.

3 압축압력시험

연료가 분사되지 않은 상태에서 각 실린더별 엔진회전수를 비교하여 압축압력, 즉 기계적 결함(인젝터 동와셔, 피스톤링 불량, 레드 불량 등)을 점검한다.

> ▶ **검사조건**
> • 변속레버 : P 또는 N
> • 엔진 : 정지(IG ON)
> • 모든 전기부하 : OFF
> • 배터리 상태 : 정상

4 분사시험 목표량 시험

① 각 실린더의 분사 보정량을 정확하게 확인할 수 있는 기능으로 연료장치를 진단하는 기초 데이터는 중요한 정보가 된다. 여기에서 최종적으로 비교된 보정량의 평균값은 인젝터의 분사 시간 가운데 주 분사시간을 늘려 연료를 보정한 값이다.

② 연료 보정량이 $\pm 4\ mm^3$ 이상 나오면 노즐 팁의 마모 및 긁힘, 홀의 오염 및 막힘, 볼 밸브 기밀 불량 등 인젝터가 불량 상태이다.

5 EGR 작동 상태 점검

① 자기진단기를 연결하여 **EGR 밸브 액추에이터의 구동 듀티값**으로 EGR 밸브의 작동을 점검한다.

② 공회전 상태에서 **워밍업(냉각수온 70℃ 이상)**

③ 공회전→ 가속 → 감속 → 공회전 모드를 반복하면서 EGR 액추에이터의 듀티값을 점검한다.

④ EGR 밸브 및 솔레노이드는 진공시험을 한다.

6 매연 검사 (출제기준 높음)

매연포집장치를 이용한 '광투과식 무부하 급가속 모드' 검사법을 이용한다. (매연 검사방법은 5장 『자동차 검사기준』 참조)

01 디젤기관 일반

[10-3]

1 가솔린 기관에 비하여 디젤기관의 장점으로 맞는 것은?

① 압축비를 크게 할 수 있다.
② 매연발생이 적다.
③ 기관의 최고속도가 높다.
④ 마력당 기관의 중량이 가볍다.

디젤기관의 특징
• 압축비와 충진효율이 높아 연비 및 제동열효율이 크다.
• 넓은 회전속도 영역에서 회전토크가 크다.
• 가솔린 기관에 비해 매연발생이 많고, 기관의 최고속도는 느리다.
• 마력당 기관의 중량이 크고, 진동과 소음이 크다.
• 기동전동기의 동력이 커 시동이 어렵다.

[16-3, 13-2]

2 디젤 기관이 가솔린 기관에 비하여 좋은 점은?

① 시동이 쉽다.
② 제동 열효율이 높다.
③ 마력당 기관의 무게가 가볍다.
④ 소음진동이 적다.

[11-3]

3 디젤 연료의 세탄가와 관계없는 것은?

① 세탄가는 기관성능에 크게 영향을 준다.
② 세탄가란 세탄과 알파 메틸나프탈린의 혼합액으로 세탄의 함량에 따라서 다르다.
③ 세탄가가 높으면 착화지연시간을 단축시킨다.
④ 세탄가는 점도지수로 나타낸다.

세탄가 : 디젤기관 연료의 착화성을 표시하는 값으로 클수록 착화성이 좋다.

[07-3]

4 디젤노크를 일으키는 원인과 직접적인 관계가 없는 것은?

① 압축비   ② 회전속도
③ 연료의 발열량   ④ 엔진의 부하

디젤노크 원인
• 낮은 세탄가 연료 사용   • 착화지연이 길어질 때
• 연소실의 낮은 압축비   • 연소실의 낮은 온도
• 과다 연료분사량
• 분사 시기가 빠를 때 및 연료 분사 상태 불량

[13-1, 16-1 유사]

5 디젤기관의 노킹 발생 원인이 아닌 것은?

① 흡입공기 온도가 너무 높을 때
② 기관 회전속도가 너무 빠를 때
③ 압축비가 너무 낮을 때
④ 착화온도가 너무 높을 때

[17-3, 11-1, 18-1 유사]

6 디젤엔진의 노크 방지책으로 틀린 것은?

① 압축비를 높게 한다.
② 흡입공기 온도를 높게 한다.
③ 연료의 착화성을 좋게 한다.
④ 착화지연기간을 길게 한다.

디젤 노킹 방지법
• 고 세탄가(착화성이 좋은) 연료를 사용
• 흡입공기, 압축비, 압축압력, 압축온도를 높임
• 실린더 내의 와류 발생
• 착화 지연 기간 중 연료 분사량을 조정(분사초기의 분사량을 적게 하고 착화 후 분사량을 많게 한다.)
• 분사시기를 상사점을 중심으로 평균온도 및 압력이 최고가 되도록 함
※ 디젤 노킹의 원인은 대부분 착화지연기간 지연에 관한 것이며, 대책은 착화지연기간을 짧게 하기 위한 방법이다.

[12-2]

7 디젤 노크를 일으키는 원인과 관련이 없는 것은?

① 기관의 부하
② 기관의 회전 속도
③ 점화플러그의 온도
④ 압축비

[09-2, 17-1 유사]

8 디젤 기관의 노킹 발생을 줄일 수 있는 방법은?

① 압축 압력을 낮춘다.
② 기관의 온도를 낮춘다.
③ 흡기 압력을 낮춘다.
④ 착화지연을 짧게 한다.

압력압력↑, 흡기압력↑, 기관 온도↑, 착화지연 짧게

[15-1, 09-3]

9 디젤 노킹(knocking) 방지책으로 틀린 것은?

① 착화성이 좋은 연료를 사용한다.
② 압축비를 높게 한다.
③ 실린더 냉각수 온도를 높인다.
④ 세탄가가 낮은 연료를 사용한다.

정답 1① 2② 3④ 4③ 5① 6④ 7③ 8④ 9④

[11-1]

10 디젤 노크의 방지책으로 맞는 것은?

① 회전수를 높인다.

② 압축비를 낮춘다.

③ 착화지연기간 중 분사량을 많게 한다.

④ 흡기압력을 높인다.

[08-3]

11 디젤노크에 대한 설명으로 가장 적합한 것은?

① 연료가 실린더 내 고온 고압의 공기 중에 분사하여 착화할 때 착화지연기간이 길어지면 실린더 내에 분사하여 누적된 연료량이 일시에 급격히 착화 연소 팽창하게 되어 고열과 함께 심한 충격이 가해지게 된다.

② 연료가 실린더 내 고온 고압의 공기 중에 분사하여 점화될 때 점화지연기간이 길어지면 실린더 내에 분사하여 누적된 연료량이 일시에 급격히 착화 연소 팽창하게 되어 고열과 함께 충격이 가해지게 된다.

③ 연료가 실린더 내 저온 저압의 공기 중에 분사하여 착화될 때 착화지연기간이 짧아지면 실린더 내에 분사하여 누적된 연료량이 서서히 증가하고 착화 연소 팽창하게 되어 고열과 함께 심한 충격이 가해지게 된다.

④ 연료가 실린더 내 저온 저압의 공기 중에 분사하여 점화될 때 점화지연기간이 짧아지면 실린더 내에 분사하여 누적된 연료량이 서서히 증가하고 점화 연소 팽창하게 되어 고열과 함께 심한 충격이 가해지게 된다.

[11-2]

12 디젤엔진의 구성품에 속하지 않는 것은?

① 유닛인젝터

② 점화장치

③ 연료분사장치

④ 냉시동 보조장치

> 점화장치는 가솔린 엔진에 해당한다. (디젤엔진은 압축착화방식)

[08-2]

13 디젤기관의 직접분사식 연소실 장점이 <u>아닌</u> 것은?

① 연소실 표면적이 작기 때문에 열손실이 적고 교축 손실과 와류 손실이 적다.

② 연소가 완만히 진행되므로 기관의 작동상태가 부드럽다.

③ 실린더 헤드의 구조가 간단하므로 열변형이 적다.

④ 연소실의 냉각손실이 작기 때문에 한냉지를 제외하고는 냉시동에도 별도의 보조장치를 필요로 하지 않는다.

> ②는 예연소실식 연소실의 장점이다.

[17-3, 07-3]

14 직접분사실식 디젤기관에 비해 예연소실식 디젤 기관의 장점으로 맞는 것은?

① 사용 연료의 변화에 민감하지 않다.

② 시동시 예열이 필요 없다.

③ 출력이 큰 엔진에 적합하다.

④ 연료소비율이 높다.

예연소실식 기관의 특징	
장점	• 단공노즐을 사용할 수 있다. • 분사 압력이 낮아 연료장치의 고장이 적다. • 사용 연료의 변화에 민감하지 않아 선택범위가 넓다. • 작동이 부드럽고 진공이나 소음이 적다. • 착화지연이 짧아 디젤노크가 적다.
단점	• 연소실 표면이 커서 냉각 손실이 크다. • 연료 소비율이 많고, 구조가 복잡하다.

[13-1]

15 디젤기관에서 감압장치의 설명 중 틀린 것은?

① 흡입 효율을 높여 압축 압력을 크게 한다.

② 겨울철 기관오일의 점도가 높을 때 시동 시 이용한다.

③ 기관 점검, 조정에 이용한다.

④ 흡입 또는 배기밸브에 작용하여 감압한다.

> 시동 시 감압 레버를 잡아당겨 캠축의 운동과 관계없이 흡·배기 밸브를 강제적으로 열어 실린더 내의 압력을 낮추어 시동을 용이하게 한다.

[18-2, 15-3, 08-3]

16 디젤기관에서 기관의 회전속도나 부하의 변동에 따라 자동으로 분사량을 조절해 주는 장치는?

① 조속기

② 딜리버리 밸브

③ 타이머

④ 첵 밸브

> 조속기 : 엔진의 회전속도나 부하의 변동에 따라서 자동적으로 제어 래크를 움직여 분사량을 가감하는 장치이다.

[12-3]

17 4행정 디젤기관에서 각 실린더의 분사량을 측정하였더니 최대 분사량은 80cc, 최소 분사량은 60cc일 때 평균 분사량이 70cc이면 분사량의 (+) 불균율은?

① 약 9%

② 약 14%

③ 약 18%

④ 약 20%

> $$(+) \text{ 불균율} = \frac{\text{최대 분사량} - \text{평균분사량}}{\text{평균분사량}} \times 100$$
> $$= \frac{80-70}{70} \times 100 = 14.28\%$$

정답 **10** ④ **11** ① **12** ② **13** ② **14** ① **15** ① **16** ① **17** ②

18 4행정 사이클 디젤기관의 분사펌프 제어래크를 전부하 상태로 최대 회전수를 2000rpm으로 하여 분사량을 시험하였더니 1실린더 107cc, 2실린더 115cc, 3실린더 105cc, 4실린더 93cc일 때 수정할 실린더의 수정치 범위는 얼마인가? (단, 전부하 시 불균율 4%로 계산한다.)

① 100.8~109.2 cc ② 100.1~100.5 cc

③ 96.3~103.6 cc ④ 89.7~95.8 cc

$$평균분사량 = \frac{각\ 실린더의\ 분사량\ 합}{실린더\ 수} = \frac{107+115+105+93}{4} = 105cc$$

불균율이 4%이므로 105×0.04 = 4.2cc
(−) 불균율 = 105−4.2 = 100.8cc
(+) 불균율 = 105+4.2 = 109.2cc

19 디젤기관의 연료공급 장치에서 연료공급 펌프로부터 연료가 공급되나 분사펌프로부터 연료가 송출되지 않거나 불량한 원인으로 틀린 것은?

① 연료여과기의 여과망 막힘

② 플런저와 플런저배럴의 간극과다

③ 조속기 스프링의 장력 약화

④ 연료여과기 및 분사펌프에 공기흡입

조속기는 기관의 회전속도나 부하의 변동에 따라 자동으로 분사량을 조절해 주는 역할을 하며, 조속기가 불량하면 연료는 송출되나 과농후 또는 과희박의 원인이 될 수 있다.
분사펌프로부터의 연료송출이 되지 않거나 불량한 경우 연료필터 막힘, 연료분사량을 제어하는 플런저 불량, 딜리버리 밸브가 주 원인이며, 필터 및 분사펌프에 공기가 유입되면 연료공급이 불안정하여 연소의 불안정, 엔진 부조, 시동불량이 일어난다.

20 디젤기관의 조속기에서 헌팅(hunting) 상태가 되면 어떠한 현상이 일어나는가?

① 공전운전 불안정 ② 공전속도 정상

③ 중속 불안정 ④ 고속 불안정

유압식 조속기의 헌팅 : 공회전의 회전수가 주기적으로 증감하여 불안정한 상태를 말하며, 조속기 링크의 고착, 스프링 장력 등으로 조속기 동작이 둔해진다.

21 디젤기관의 회전속도가 1800 rpm일 때 20°의 착화지연시간은 얼마인가?

① 2.77 ms ② 0.10 ms

③ 66.66 ms ④ 1.85 ms

$$지연각도 = \frac{회전속도[rpm]}{60} \times 360° \times 착화지연시간$$

$$착화지연시간 = \frac{지연각도}{6 \times 회전속도} = \frac{20°}{6 \times 1800} = 0.00185\ [s] = 1.85\ [ms]$$

22 기관회전수가 750rpm, 착화 지연시간이 2ms, 착화 후 최대 폭발압력이 나타날 때까지 시간이 2ms 일 때 ATDC 10°에서 최대압력이 발생되게 하는 점화시기는?

① ATDC 6° ② BTDC 6°

③ BTDC 8° ④ BTDC 18°

$$착화지연각도 = \frac{N}{60} \times 360° \times 착화지연시간(초)$$

= 750×6×0.002 = 9°가 착화지연되며, 착화 후 최대폭발압력까지 2 ms가 걸리므로 9°를 추가하면 전체 18°가 된다.
문제에서 최대폭발압력이 상사점 후 10°에서 발생되므로 18−10 = 8° 즉, 상사점 전(BTDC) 8°에서 점화되어야 한다.

23 착화지연기간에 대한 설명으로 맞는 것은?

① 연료가 연소실에 분사되기 전부터 자기착화 되기까지 일정한 시간이 소요되는 것을 말한다.

② 연료가 연소실 내로 분사된 후부터 자기착화 되기까지 일정한 시간이 소요되는 것을 말한다.

③ 연료가 연소실에 분사되기 전부터 후기연소기간까지 일정한 시간이 소요되는 것을 말한다.

④ 연료가 연소실 내로 분사된 후부터 후기연소기간까지 일정한 시간이 소요되는 것을 말한다.

연소준비기간(착화지연기간)
연소가 실린더 속에 분사된 후 자기착화되기까지의 기간

24 디젤기관에서 연료 분사량이 부족한 원인이 <u>아닌</u> 것은?

① 딜리버리 밸브의 접촉이 불량하다.

② 분사펌프 플런저가 마멸되어 있다.

③ 딜리버리 밸브 시트가 손상되어 있다.

④ 기관의 회전속도가 낮다.

• 딜리버리 밸브의 역할 : 연료의 역류방지, 연료 라인의 잔압유지(재시동성 향상), 노즐의 후적방지
• 딜리버리 밸브 불량 시 증상 : 연료소모량 증가, 출력저하, 재시동 불량 및 시동진동 발생

정답 18 ① 19 ③ 20 ① 21 ④ 22 ③ 23 ② 24 ④

25 디젤엔진의 분사펌프에서 분사 초기에는 분사시기를 변경시키고 분사 말기는 일정하게 하는 리드 형식은?

① 역 리드   ② 양 리드

③ 정 리드   ④ 각 리드

> **리드의 제어방법에 의한 종류**
> • 정 리드 : 분사초 일정, 분사말 변화
> • 역 리드 : 분사초 변경, 분사말 일정
> • 양 리드 : 분사초, 분사말 모두 변화

[08-2]

26 디젤 연료분사 중 파일럿 분사에 대한 설명으로 옳은 것은?

① 출력은 향상되나 디젤 노크가 생기기 쉽다.

② 주분사 직후에 소량의 연료를 분사하는 것이다.

③ 주분사의 연소를 확실하게 이루어지게 한다.

④ 배기초기에 급격히 실린더 압력을 상승하도록 한다.

> 파일럿 분사(예비 분사)는 주분사가 이뤄지기 전에 연료를 분사시켜 연비 향상, 소음 및 진동 감소, 서징현상 억제의 역할을 한다.

[07-2]

27 디젤엔진의 제어래크가 동일한 위치에 있어도 일정 속도 범위에서 기관에 필요로 하는 공기와 연료의 비율을 균일하게 유지하는 장치는?

① 프라이밍 장치

② 원심 장치

③ 앵글라이히 장치

④ 딜리버리밸브 장치

> • 프라이밍 장치 : 수동 펌프로, 엔진 정지 시 연료탱크의 연료를 연료 공급펌프까지 공급, 연료 라인 내의 공기빼기에 사용
> • 원심 장치 : 조속기에 이용
> • 앵글라이히 장치 : 엔진의 모든 속도 범위에서 공기와 연료의 비율이 알맞게 유지되도록 하는 기구
> • 딜리버리밸브 장치 : 연료의 역류방지, 잔압유지, 후적 방지

[14-1]

28 디젤엔진의 연소실에서 간접분사식에 비해 직접분사식의 특징으로 틀린 것은?

① 열손실이 적어 열효율이 높다.

② 비교적 세탄가가 낮은 연료를 필요로 한다.

③ 피스톤이나 실린더 벽으로의 열전달이 적다.

④ 압축 시 방열이 적다.

> 직접분사식은 연료 착화성에 민감하여 세탄가가 높은 연료를 사용한다.

[17-2, 13-1]

29 다공 노즐을 사용하는 직접분사식 디젤엔진에서 분사노즐의 구비 조건이 아닌 것은?

① 연료를 미세한 안개 모양으로 하여 쉽게 착화되게 할 것

② 저온, 저압의 가혹한 조건에서 단기간 사용할 수 있을 것

③ 분무가 연소실의 구석구석까지 뿌려지게 할 것

④ 후적이 일어나지 않을 것

> **분사노즐의 조건**
> • 미립화(무화) : 미세하게 작은 연료 입자상태를 말한다. 연소실에 분사되는 연료는 미세할수록 자기착화가 쉽다.
> • 관통력 : 압축공기 중을 뚫고 펴지는 거리를 말한다. 분사된 연료가 전체적으로 분포되기 위해서는 관통력이 좋아야 한다.
> • 분포성 : 연소실에 분사된 연료는 골고루 분포되어야 완전연소가 이루어진다.
> ※ 후적 : 분사 후 노즐에 남거나 새어나오는 연료방울

[08-1]

30 다음 중 디젤기관에서 분사노즐의 조건이 아닌 것은?

① 폭발력   ② 관통도

③ 무화   ④ 분산도

---

02   전자제어 디젤엔진

[18-3, 12-3]

1 커먼레일 연료분사장치에서 파일럿 분사가 중단될 수 있는 경우가 아닌 것은?

① 파일럿 분사가 주분사를 너무 앞지르는 경우

② 연료압력이 최소값 이상인 경우

③ 주 분사 연료량이 불충분한 경우

③ 엔진 가동 중단에 오류가 발생한 경우

> **파일럿(예비분사)를 실시하지 않는 경우**
> • 파일럿분사가 주분사를 너무 앞지르는 경우
> • 주 분사 연료량이 불충분한 경우
> • 엔진 회전수가 고속인 경우
> • 엔진회전수가 3000rpm 이상인 경우
> • 분사량이 너무 적은 경우
> • 연료압력이 최소 100bar 이하인 경우

[16-1]

2 디젤기관 후처리장치(DPF)의 재생을 위한 연료분사는?

① 점화 분사   ② 주 분사

③ 사후 분사   ④ 직접 분사

> • 예비분사 : 엔진의 폭발 소음과 진동 저감
> • 주분사 : 엔진의 출력을 내기 위한 메인 분사
> • 사후분사 : 매연 저감, 배기가스 후처리장치(DPF)의 재생

[참고]　　　　　　　　　　　　　　　　　　　　　　　기사

3 전자제어 디젤엔진에서 커먼레일 방식 분사장치의 특징에 대한 설명으로 **틀린** 것은?

① 파일럿 분사가 가능하다.

② 운전상태의 변화에 따라 분사압력을 제어한다.

③ ECM이 분사량, 분사시간 등을 조절하여 출력을 향상시킨다.

④ 최대 분사압력을 800 bar 정도로 유지하여 유해배기가스를 줄인다.

배기가스 정밀 제어를 위해 1350 bar에서 최대 2000 bar까지 가압시킨다.

[14-1]

4 커먼레일 디젤 분사장치의 장점으로 **틀린** 것은?

① 기관의 작동상태에 따른 분사시기의 변화폭을 크게 할 수 있다.

② 분사압력의 변화폭을 크게 할 수 있다.

③ 기관의 성능을 향상 시킬 수 있다.

④ 원심력을 이용해 조속기를 제어할 수 있다.

조속기는 기계식 디젤기관의 부속품으로 기관의 회전속도에 따라 분사펌프의 분사량을 제어하는 역할을 하며, 커먼레일 엔진에서 레일압력센서, 크랭크축 회전속도, 온도, 흡입공기량, 주행속도 등 각 입력신호를 근거로 분사량을 제어한다.

[08-2]

5 디젤 연료분사 중 파일럿 분사에 대한 설명으로 옳은 것은?

① 출력은 향상되나 디젤 노크가 생기기 쉽다.

② 주분사 직후에 소량의 연료를 분사하는 것이다.

③ 주분사의 연소를 확실하게 이루어지게 한다.

④ 배기초기에 급격히 실린더 압력을 상승하도록 한다.

파일럿 분사(예비 분사)는 주분사 전에 연료를 분사시켜 연소 초기의 착화성 향상, 폭발에 따른 소음 및 진동 감소, 서징현상 억제의 역할을 한다.

[18-3]

6 전자제어 디젤엔진의 연료분사장치에서 예비(파일럿)분사가 중단될 수 있는 경우로 **틀린** 것은?

① 연료분사량이 너무 작은 경우

② 연료압력이 최소압보다 높을 경우

③ 규정된 엔진회전수를 초과하였을 경우

④ 예비(파일럿)분사가 주분사를 너무 앞지르는 경우

예비분사를 실시하지 않는 조건
• 예비분사가 주 분사를 너무 앞지르는 경우
• 엔진회전수 3,000 rpm 이상 고속일 경우
• 분사량이 너무 적은 경우
• 주 분사량의 연료량이 충분하지 않을 경우
• 연료압력이 최소값 이하인 경우(약 100~120 bar 정도)

[18-1]

7 전자제어 디젤연료분사장치에서 예비분사에 대한 설명으로 옳은 것은?

① 예비분사는 디젤엔진의 시동성을 향상시키기 위한 분사를 말한다.

② 예비분사는 연소실의 연소압력 상승을 부드럽게 하여 소음과 진동을 줄여준다.

③ 예비분사는 주분사 후에 미연가스의 완전연소와 후처리 장치의 재연소를 위해 이루어지는 분사이다.

④ 예비분사는 인젝터의 노후화에 따른 보정분사를 실시하여 엔진의 출력저하 및 엔진부조를 방지하는 분사이다.

커먼레일 디젤기관의 연료의 분사과정
• 예비분사 : 주분사 전에 연료를 분사해 연소가 원활히 되도록 하여 소음과 진동 감소 효과를 줌
• 주분사 : 분사과정 전체를 통해 분사 압력이 일정하게 유지될 수 있도록 제어
• 사후분사 : 촉매 변환기에서 배기가스를 통해 같이 공급된 연료를 연소시켜 DPF와 같은 촉매 변환기의 성능을 향상시켜 NOx를 줄이는 역할

[참고]　　　　　　　　　　　　　　　　　　　　　　　기능사

8 직접고압 분사방식(CRDI) 디젤엔진에서 예비분사를 실시하지 않는 경우로 **틀린** 것은?

① 엔진 회전수가 고속인 경우

② 분사량의 보정제어 중인 경우

③ 연료 압력이 너무 낮은 경우

④ 예비 분사가 주 분사를 너무 앞지르는 경우

[참고]　　　　　　　　　　　　　　　　　　　　　　　기사

9 전자제어 디젤엔진(CRDI)의 사후분사에 대한 설명으로 옳은 것은?

① 엔진의 출력을 위한 기본 분사이다.

② 연소실의 압력상승을 부드럽게 한다.

③ 엔진의 폭발 소음과 진동을 감소시킨다.

④ 배기가스 후처리장치의 재생을 돕는다.

[14-1]

10 소형 전자제어 커먼레일 기관의 연료압력조절 방식에 대한 설명 중 **틀린** 것은?

① 출구제어 방식에서 조절밸브 작동 듀티값이 높을수록 레일 압력은 높다.

② 커먼레일은 일종의 저장창고와 같은 어큐뮬레이터이다.

③ 입구제어방식은 커먼레일 끝 부분에 연료 압력조절밸브가 장착되어 있다.

④ 입구제어 방식에서 조절밸브 작동 듀티값이 높을수록 레일 압력은 낮다.

정답 ▶ 3④ 4④ 5③ 6② 7② 8② 9④ 10③

커먼레일 끝에 연료 압력조절밸브가 장착된 것은 출구제어방식이며, ECU에 의해 듀티율을 제어하여 조절한다.
- 입구제어방식 : 압력조절밸브를 저압펌프, 고압펌프 사이에 장착하며 듀티율을 상승하면 연료압을 막아 연료공급이 차단하므로 압력을 높일 경우 듀티율을 낮춘다.
- 출구제어방식 : 듀티값을 상승하면 커먼레일의 출구를 막아 레일압력을 높여주는 방식이다.

[참고]

11 핫필름(hot-film) 형식의 공기유량 센서를 장착한 기관에서 전압계로 센서를 점검할 경우 공기의 질량 유량이 많아지면 출력 전압의 변화는? **기사**

① 공기의 질량유량이 증가하면 출력전압은 감소한다.
② 공기의 질량유량이 증가하면 출력전압은 상승한다.
③ 공기의 질량유량은 출력전압과 관계없다.
④ 핫필름 센서는 공기의 온도와 관계가 있으므로 출력 전압과는 관계없다.

핫필름 회로는 공기가 유입될 때 냉각되는 소자를 가열하기 위한 전류값을 측정하여 유속으로 환산하여 계측한다.

[참고]

12 커먼레일 방식의 디젤 연료 라인에서 기계식 저압 연료 펌프를 이용한 경우, 저압 연료 라인의 공기빼기 작업을 위한 구성품은? **기사**

① 연료압력 조절밸브 ② 프라이밍 펌프
③ 연료 가열장치 ④ 오버플로 밸브

[15-2]

13 전자제어 디젤 연료분사 방식 중 다단분사에 대한 설명으로 가장 적합한 것은?

① 후분사는 소음 감소를 목적으로 한다.
② 다단분사는 연료를 분할하여 분사함으로써 연소효율이 좋아지며 PM과 NOx를 동시에 저감시킬 수 있다.
③ 분사시기를 늦추면 촉매환원성분인 HC가 감소된다.
④ 후분사 시기를 빠르게 하면 배기가스 온도가 하강한다.

커먼레일 엔진의 경우 1사이클에 필요한 연료 분사 시 1~2회 예비분사, 1회 주분사, 1~2회 사후분사로 여러 번 나누어 분사하여 연소효율 향상 및 소음·진동 감소, NOx·PM 감소 효과가 있다.
① 후분사는 유해배기가스 저감을 목적으로 한다.
③ 분사시기를 늦추면 HC는 증가, NOx는 감소한다.
④ 사후분사를 빠르게 하면 배기가스온도가 상승한다.

[참고]

14 전기식 저압펌프의 작동점검에 대한 설명으로 틀린 것은?

① 규정값보다 낮은 압력에서 오버플로가 되면 오버플로 밸브에 스프링 장력이 낮거나 밸브에 이물질이 낀 것으로 판단할 수 있다.
② IG ON상태에서 최고압력을 확인한다.
③ 점화스위치의 ON-OFF를 반복하여 공기빼기를 한다.
④ 연료 저압 점검용 진공 게이지로 측정한다.

- 전기식 저압펌프 : 연료의 정압을 측정하므로 압력 게이지로 측정
- 기계식 저압펌프 : 연료의 부압을 측정하므로 진공 게이지로 측정

[참고]

15 솔레노이드 인젝터를 장착한 전자제어 디젤엔진에서 연료분사량을 제어하는 것은?

① 기관의 회전속도
② 고압펌프의 회전속도
③ 솔레노이드 밸브의 통전시간
④ 연료압력조절기

연료분사량은 기관의 회전속도 및 고압펌프의 회전속도와는 무관하며, 압력이 일정할 경우 솔레노이드밸브의 통전시간에 비례한다.

[참고]

16 압전소자(피에조 효과)를 이용하여 커먼레일의 연료 압력을 측정하여 ECM에 보내어 연료량, 분사시기를 조정하는 신호로 사용하는 것은?

① 부스트 압력 센서
② 레일 압력 센서
③ 람다 센서
④ 연료압력 조절 밸브

[참고]

17 솔레노이드 인젝터에 비해 피에조 인젝터의 특징이 아닌 것은?

① 응답성이 좋다.
② 정밀한 제어가 가능하다.
③ 인젝터의 크기가 크고 무겁다.
④ 연비 향상 및 유해배출가스가 저감된다.

피에조 인젝터의 특징
- 응답성이 좋아 소음 감소, 연비 향상, 유해배출가스 저감 효과가 있다.
- 다중 분사가 가능하며, 파일럿 분사 시 극소량 분사에 유리하다.
- 기관출력 향상
- 크기가 작고, 가볍다.

정 답 11 ② 12 ② 13 ② 14 ④ 15 ③ 16 ② 17 ③

chapter 01

③ 터보차저 윤활 회로 고착 또는 마모

④ 전자식 EGR 컨트롤 밸브 열림 고착

> EGR 밸브가 열린 채 고착되면 60℃ 이하의 워밍업 단계에서 배기가스가 혼합기에 포함되어 흡입공기량이 줄어들어 공회전 시 공기조절 불량 및 시동꺼짐, 울컥거림, 매연 과다 배출, 출력저하 등의 증상이 나타난다.

[참고] 기능사

23 커먼레일 디젤엔진 차량의 계기판에서 경고등 및 지시등의 종류가 <u>아닌</u> 것은?

① DPF 경고등　　　　② 예열플러그 작동지시등

③ 연료수분 감지 경고등　④ 연료 차단 지시등

> **커먼레일 디젤엔진 차량의 경고·지시등**
> ① DPF 경고등 : soot가 일정량 이상 쌓이면 표시하며, 재생조건에 맞으면 주행 시 태워서 제거시킨다.
> ② 예열플러그 작동지시등 : 예열 상태를 표시
> ③ 연료수분 감지 경고등 : 필터 내 수분을 감지
> ※ 연료 차단 지시등은 LPG연료 차단 스위치를 누르면 점등된다.

[참고]

24 연료필터에서 오버플로우 밸브의 역할이 <u>아닌</u> 것은?

① 필터 각 부의 보호 작용

② 운전 중의 공기빼기 작용

③ 분사펌프의 압력상승 작용

④ 연료공급 펌프의 소음발생 방지

> **디젤기관의 오버플로우 밸브**
> • 오버플로우 밸브는 필터 내 압력을 규정값 이하로 유지하여 필터의 구성품을 보호한다.
> • 오버플로우 밸브를 통해 공기를 제거하여 레일로 연료이송을 돕는다.
> • 펌프에서 발생하는 소음을 감소한다.

[참고]

25 디젤엔진의 흡기다기관에 장착된 공기조절밸브(ACV: air control valve)의 기능이 <u>아닌</u> 것은?

① 밸브를 열면서 출력을 제어한다.

② 시동 정지 시에 흡입통로를 차단한다.

③ 정확한 EGR 제어를 위한 것으로 배기가스가 재순환될 때 공기 조절 밸브를 작동시켜 흡입 공기량을 제어한다.

④ 후처리 장치 재생 시 배기가스 상승을 위해 작동된다.

> 가솔린 엔진의 스로틀 밸브는 공기량을 제어(부압상태)하여 출력(연료량)을 제어한다. 디젤엔진의 공기조절밸브(ACV)는 스로틀 밸브와 유사한 형태로 100% open 상태(정압상태)로 연료량만 제어하여 엔진 출력을 제어한다. 다만, ACV는 다음의 역할을 위해 닫힘을 제어한다.
> • 시동 off 시 공기를 차단하여 디젤링을 방지
> • 정확한 EGR 제어를 위해 EGR 작동 시 흡입공기량을 제어
> • CPF 재동 시 배기온도 상승을 위해 흡입공기량을 낮추어 공연비를 농후하게 함(디젤기관은 일반적으로 희박 연소상태이므로)

[참고]

18 연료압력 조절밸브에 대한 설명으로 <u>틀린</u> 것은?

① 출구 제어 방식은 밸브의 열림량을 제어한다.

② 출구 제어 방식은 레일 압력이 목표 압력이 되도록 피드백한다.

③ 입구 제어 방식은 저압펌프와 고압펌프 중간에 설치한다.

④ 연료압력 조절 밸브는 NO(normal open) 형식이다.

> 출구 제어 방식은 밸브의 닫힘량을 제어한다.

[참고]

19 디젤엔진의 전자식 연료분사장치에서 인젝터의 분사량 제어를 위한 입력신호가 <u>아닌</u> 것은?

① 부스터 압력　　　② 냉각수 온도

③ 흡입 공기량　　　④ 엔진 회전속도

[참고]

20 디젤 전자제어장치에 사용되는 고압펌프에 대한 설명으로 맞는 것은?

① 주로 레디얼 피스톤 펌프 방식을 사용한다.

② 연료 분사 시에만 작동하여 연료를 고압으로 압축시킨다.

③ 고압펌프 단독으로 연료압력 제어가 가능하다.

④ 저압 펌프가 고장나도 고압펌프 단독으로 레일에 고압의 연료를 공급할 수 있다.

> ② 연료 분사와 관계없이 레일에 항상 고압의 연료를 공급한다.
> ③ 고압펌프에서 토출된 연료는 압력 조절 밸브의 듀티 제어에 의해 레일 압력이 형성된다.
> ④ 저압펌프가 고장나면 고압펌프에서 연료를 레일에 고압으로 공급할 수 없기 때문에(인젝터 최소 분사 개시 압력인 120 bar에 미달) 시동이 불가능해진다.

[19-1]

21 커먼레일 디젤엔진에서 연료압력조절밸브의 장착 위치는? (단, 입구 제어 방식)

① 고압펌프와 인젝터 사이

② 저압펌프와 인젝터 사이

③ 저압펌프와 고압펌프 사이

④ 연료필터와 저압펌프 사이

> 입구 제어 방식은 압력조절밸브가 저압펌프와 고압펌프 사이에 위치하여 저압측의 연료분사 압력을 제어한다.

[참고]

22 전자제어 디젤 기관이 주행 후 시동이 꺼지지 않는다. 가능한 원인 중 거리가 가장 먼 것은?

① 엔진 컨트롤 모듈 내부 프로그램 이상

② 엔진 오일 과다 주입

26 커먼레일 디젤엔진의 레일 압력 조절밸브에 대한 설명으로 <u>틀린</u> 것은?

① 커먼레일의 연료 압력을 조정한다.

② 연료 온도가 높을 경우에도 조정한다.

③ 최근에는 레일압력 제어의 빠른 응답을 위하여 입구와 출구를 동시에 제어하는 경우가 많다.

④ 전원이 공급되면 밸브가 열리는 방식이다.

레일 압력 조절밸브
- 연료 온도가 높을 경우에는 연료 온도를 제한하기 위해 압력을 특정 작동점 수준으로 낮추기도 한다.
- NO(normal open) 형식으로 듀티 제어에 의해 전원 공급이 커질수록 차단된다.

[16-3]

27 전자제어 디젤 기관의 인젝터 연료분사량 편차보정기능(IQA)에 대한 설명 중 가장 <u>거리가 먼</u> 것은?

① 인젝터의 내구성 향상에 영향을 미친다.

② 강화되는 배기가스규제 대응에 용이하다.

③ 각 실린더별 분사 연료량의 편차를 줄여 엔진의 정숙성을 돕는다.

④ 각 실린더별 분사 연료량을 예측함으로써 최적의 분사량 제어가 가능하게 한다.

IQA(Injection Quantity Adaptation)
생산되는 인젝터마다 전부하, 부분부하, 공전상태, 파일럿 분사 구간에 따른 분사량을 측정하여 엔진 조립 시 이 정보를 ECU에 저장하여 연료 분사량을 정밀하게 제어한다.

[17-1]

28 디젤엔진에서 착화지연의 원인으로 <u>틀린</u> 것은?

① 높은 세탄가

② 압축압력 부족

③ 분사노즐의 후적

④ 지나치게 빠른 분사시기

주요 착화지연 원인
- 낮은 세탄가 연료 사용
- 빠른 분사시기
- 분사노즐의 후적(연료의 미립도나 분사상태 불량)
- 낮은 실린더 온도 및 압축압력 저하

[19-2]

29 다음 설명에 해당하는 커먼레일 인젝터는?

> 운전 전영역에서 분사된 연료량을 측정하여 이것을 데이터베이스화한 것으로, 생산 계통에서 데이터베이스 정보를 ECU에 저장하여 인젝터별 분사시간 보정 및 실린더 간 연료분사량의 오차를 감소시킬 수 있도록 문자와 숫자로 구성된 7자리 코드를 사용한다.

① 일반 인젝터

② IQA 인젝터

③ 클래스 인젝터

④ 그레이드 인젝터

인젝터의 종류
- 일반 인젝터 : 분사량 보정을 위해 등급을 나누지 않음
- 그레이드 인젝션 : 분사량 편차에 따라 X, Y, Z 3등급으로 분류
- 클래스화 인젝션 : 분사량 편차 감소를 위해 C1, C2, C3 클래스로 나누어 ECU에 입력하여 이 값에 따라 분사량을 조정
- IQA(injection qualntity adaptation) 인젝터 : 인젝터 간의 연료분사량 편차를 보정하는 것으로, 생산되는 인젝터마다 전부하, 부분부하, 공전상태, 파일럿 분사구간에 따라 분사량을 측정하여 이 정보를 인젝션에 코딩하고, 엔진 조립 시 이 정보를 ECU에 저장하여 인젝션별로 분사시간과 분사량을 조정함으로써 편차를 보정하고, 연료 분사량을 보다 정밀하게 제어한다.
- IQA + IVA 인젝터 (피에조 인젝터) : 솔레노이드 형식이 아닌 피에조 액추에이터에 의해 밸브를 개폐함으로써 응답성 및 출력을 향상시킨다.

[20-3]

30 커먼레일 디젤엔진의 솔레노이드 인젝터 열림(분사 개시)에 대한 설명으로 <u>틀린</u> 것은?

① 솔레노이드 코일에 전류를 지속적으로 가한 상태이다.

② 공급된 연료는 계속 인젝터 내부에 유입된다.

③ 노즐 니들을 위에서 누르는 압력은 점차 낮아진다.

④ 인젝터 아랫부분의 제어 플런저가 내려가면서 분사가 개시된다.

인젝터의 작동
인젝터 노즐까지 항상 고압의 연료가 유입된 상태에서 솔레노이드 코일의 강한 자력으로 아마추어 플레이트-밸브바디를 당김 → 밸브바디와 결합된 제어 플런저(피스톤 밸브)가 올라감 → 밸브바디의 볼이 빠지며 인젝터 흡입부의 연료가 연료탱크로 빠져나감 → 압력이 낮아져 인젝터 하부의 연료 압과의 차에 의해 니들밸브가 노즐을 누르는 압력이 낮아지며 올라감 → 노즐이 열려 분사가 개시된다. 즉, 인젝터 아랫부분의 니들밸브가 연료압 차이에 의해 올라가며 분사가 개시된다.

[솔레노이드 인젝터 이미지 QR 코드 참조]

정답 **26** ④ **27** ① **28** ① **29** ② **30** ④

[참고]
31 전자제어 디젤엔진의 공기조절 밸브의 역할이 <u>아닌</u> 것은?

① 흡기량을 측정하여 공연비를 제어한다.
② 정확한 EGR 제어를 위한 것으로 배기가스가 재순환될 때 공기 조절 밸브를 작동시켜 흡입 공기량을 제어한다.
③ 후처리 장치 재생시 배기가스 상승을 위해 작동된다.
④ 시동 정지 시에 흡입 통로를 차단한다.

가솔린 엔진의 스로틀 밸브와 달리 디젤엔진의 공기조절밸브는 공연비 제어와는 무관하다.

[참고]
32 커먼레일 시스템의 공기유량센서의 특징이 <u>아닌</u> 것은?

① NOx저감을 위한 EGR 장치의 피드백 제어 기능을 한다.
② 공기량을 감지하여 기본 연료량을 결정한다.
③ 주로 핫필름(hot-film) 방식을 채택한다.
④ 연료 분사량 및 분사시기를 보정한다.

가솔린 엔진의 공기유량센서와 비교할 것

[참고]
33 직접고압 분사방식(CRDI) 디젤엔진에서 예비분사를 실시하지 않는 경우로 <u>틀린</u> 것은?

① 엔진 회전수가 고속인 경우
② 분사량의 보정제어 중인 경우
③ 연료 압력이 너무 낮은 경우
④ 예비 분사가 주 분사를 너무 앞지르는 경우

예비분사를 실시하지 않는 경우
• 엔진 회전수가 고속인 경우
• 연료 압력이 100bar 이하로 너무 낮은 경우
• 예비 분사가 주 분사를 너무 앞지르는 경우
• 분사량이 너무 작고, 연료량이 충분하지 않은 경우

[참고]
34 출구제어방식 압력조절밸브에 대한 설명으로 <u>틀린</u> 것은?

① 커먼레일 파이프 출구에 장착하며, 닫힘량을 듀티 제어한다.
② 요구 압력 대비 고압펌프의 에너지 손실이 크다.
③ 시동 시 및 급가속 시에는 연료압력을 상승하는 시간이 길어 빠른 연료압력 상승이 어렵다.
④ 밸브는 듀티가 증가하면 닫혀지는 구조이다.

[NCS 학습모듈-응용]
35 커먼레일 시스템의 점검 사항이 <u>아닌</u> 것은?

① 인젝터 후적 시험
② 압축압력시험
③ 인젝터 리턴량 시험
④ 분사시험 목표량 시험

커먼레일 시스템의 점검 사항
• 인젝터 리턴량 시험
• 인젝터 개시 압력 및 분사량 점검
• 압축압력시험
• 분사시험 목표량 시험
• EGR 작동 상태 점검
• 매연 검사

[참고]
36 인젝터 점검에서 고압 펌프의 압력을 점검할 수 있어 고압 라인 점검과 인젝터 누설량을 동시에 점검할 수 있는 점검방법은?

① 인젝터 리턴량 점검
② 인젝터 분사량 점검
③ 레일압력 점검
④ 고압 펌프 출구 압력 점검

인젝터 리턴포트에 나오는 연료량을 측정하여 고압라인 점검, 고압펌프의 압력 점검 및 인젝터 불량 및 누설량 점검에 이용한다.

정답 31 ① 32 ② 33 ② 34 ③ 35 ① 36 ①

Main
Key
Point

[출제문항수 : 약 1문제] LPG, LPI, CNG가 번갈아 출제되며 기출 외에도 신출문제가 출제되니 전반적으로 정리하기 바랍니다.

01 LPG 기관 일반

1 LPG의 특징

① 액화 및 기화가 용이하다.

② LPG연료의 구성 : **부탄**(C_4H_{10})+**프로판**(C_3H_8)

③ **기체상태에서는 비중이 1.5~2.0으로 공기(비중 : 1)보다 무겁고, 액체상태는 물보다 0.5배 가볍다.**

④ 무색, 무취, 무미이며 대기압 상온에서 기체상태이다.

⑤ 가솔린보다 **옥탄가가 10% 정도 높다.**

> ▶ **참고) 프로판의 역할**
> 부탄의 비점은 약 -0.5℃ 이고, 프로판의 비점은 약 -42.1℃이다. 즉 겨울철(-0.5℃ 이하)에 부탄은 기화되지 않아 사용이 어려우므로 비점이 낮은 프로판을 혼합하여 시동을 용이하게 한다.
> (여름철 : 부탄 100%, 겨울철 : 부탄 70% + 프로판 30%)

2 LPG 엔진의 특징

① 연소효율 좋음

→ 기체 상태로 공기와 혼합하므로 혼합 상태가 균일하고, 이론 공연비에 가까운 값에서 완전연소가 이루어짐

② 점화플러그 수명 연장 → 연소실에 카본 부착이 없음

③ 엔진오일 수명 증가

→ LPG는 비점이 낮아 실린더 내부에서 완전 기화되어 오일을 묽게 만들지 않으며, 첨가제를 넣지 않아 카본이나 회분에 의해 오일이 오염될 염려가 없다. 따라서 오일의 희석·오염·카본의 고착·금속의 부식이 거의 없으므로 오일 교환시기가 연장됨

④ 퍼콜레이션, 베이퍼록 현상이 없음

→ 퍼콜레이션(percolation) : 연료가 열을 받아 증기가 발생하여 혼합기가 농후해지는 상태를 말한다.

⑤ 매연 발생이 적고, 유황성분이 적어 배기가스에 의한 금속류의 부식 등 손상이 적음

⑥ 열효율이 높으며, 엔진 작동이 정숙하다.

⑦ 냉간시동이 곤란하다.

⑧ 가스상태로 실린더 내에 들어오므로 체적효율이 저하되어 가솔린 차보다 출력이 낮다.

→ LPG는 가솔린에 비해 연료밀도가 낮아 단위 체적당 발열량이 낮기 때문

▶ 가솔린 차량보다 점화시기가 빠르게 해야 한다.

▶ 베이퍼라이저가 장착된 LPG기관은 기체를 사용하므로 저온 시동성이 불량하다.

02 LPG 연료분사장치

1 봄베(Bombe)

① 연료를 저장 및 충전하는 고압탱크

② 봄베 내 연료는 기체+액체로 공존

③ 봄베의 밸브

기상 밸브 (황색)	냉각수 온도가 낮을 때 시동성을 좋게 하기 위해 기체상태 LPG 분사시키기 위한 밸브
액상 밸브 (적색)	액상 솔레노이드 밸브로 가스 송출(액체상태 LPG는 출력 저하 방지)
충전 밸브 (녹색)	가스 충전 시 작동하는 밸브

④ 봄베의 안전장치

안전밸브 (과충전 방지 밸브)	• 연료 주입 시 가스의 팽창 폭발 방지를 위해 **충전량은 85%로 제한** • 봄베 내 압력이 규정값(24 kgf/cm^2) 이상이면 열려 대기중으로 배출 (16 kgf/cm^2 이하에서는 다시 닫혀 봄베 내 압력을 일정하게 유지) • 충전 밸브와 일체식으로 설치
긴급차단 밸브	• 주행 중 돌발사고로 엔진 정지 시 연료를 차단하여 화재 위험을 방지 • 액·기상 솔레노이드 밸브와 병렬로 연결
과류방지 밸브	• 배관, 연결부 파손 등으로 인해 가스가 규정값 (7~10 kgf/cm^2) 이상으로 과도하게 흐르면 밸브가 닫히며 가스 유출을 차단 • 송출 밸브 아래에 설치

베이퍼라이저에서 연료가 액체 → 기체로 바뀌므로 '베이퍼라이저 출구 – 믹서'에서 연료가 기체상태로 존재한다.

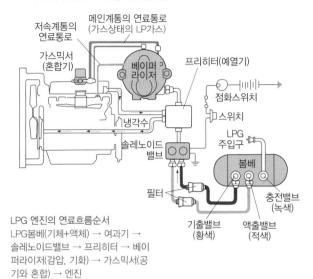

LPG 엔진의 연료흐름순서
LPG봄베(기체+액체) → 여과기 → 솔레노이드밸브 → 프리히터 → 베이퍼라이저(감압, 기화) → 가스믹서(공기와 혼합) → 엔진

2 기상/액상 솔레노이드 밸브

① 기상 솔레노이드 밸브 : 냉간시동 시(15℃ 이하) 기체 LPG 공급하여 시동 꺼짐 현상을 방지

② 액상 솔레노이드 밸브 : 냉각수 온도가 15℃ 이상일 때 액체 LPG 공급하여 엔진 출력 저하를 방지

▶ 기상/액상 솔레노이드 밸브는 LPI, CNG 기관에는 없으며, 믹서는 LPG, CNG에만 있다.

3 베이퍼라이저(Vaporizer, 기화장치)

① 가솔린 엔진의 기화기에 해당

② 액상 LPG압력을 낮추어 기체상태로 변환시켜(액상 LPG를 기체 LPG로 기화) LPG 압력을 일정하게 조절하는 작용을 한다.

③ 엔진의 부하 증감에 따라 기화량을 조절

▶ 베이퍼라이저의 3가지 작용 : 감압, 기화, 압력조절

④ 고압의 LPG 배출로 인해 공연비가 농후하므로 1차 감압실에서 0.3 kgf/cm² 으로 낮추고, 2차 감압실에서 대기압에 가깝게 감압시킨다.

⑤ 베이퍼라이저의 냉각수 통로의 역할 : LPG가 기화될 때 온도가 낮아져 동결 방지

⑥ 부압실 : 시동 정지 후 LPG 누출 방지

4 가스믹서

① 베어퍼라이저의 기화된 연료가 믹서의 스로틀보디로 들어가 공기와 혼합하여 연소실에 공급하는 장치

② LPG : 공기의 혼합비 – 15.5 : 1

③ 믹서에는 연료가 기체 상태로만 존재한다.

④ 전기장치나 에어컨 등에 의해 엔진부하가 증가하면 이를 보상해주는 장치를 장착되어 있다.

5 기타 장치

① 액·기상 전환 솔레노이드 밸브 : 봄베에서 엔진으로 LPG가 공급되는 중간에 장착되며, 액상의 연료와 기상의 연료를 차단시켜주는 장치이다.

→ 즉, 냉간 시동시에는 기상의 연료를 공급하고, 냉각수 온도가 15℃ 이상일 때는 액상의 연료를 공급한다.

② 프리히터(예열기) : LPG를 가열하여 LPG 가스를 기화시켜 베이퍼라이저에 공급

③ 시동 솔레노이드 : 엔진 시동시, 주행중 감속 시 등의 조건에서 ECU의 신호에 따라 ON/OFF 작동 제어되어 시동성 향상 및 타행 주행중 시동꺼짐을 방지하는 역할

④ 메인 듀티 솔레노이드 밸브(공연비 제어장치) : 산소농도에 따라 공급/차단 신호시간을 조정하여 솔레노이드에 신호를 보내 연료량을 조절

⑤ 슬로우 듀티 솔레노이드 밸브 : 시동 시나 각종 부하 시 필요한 연료를 믹서에 추가 공급

⑥ 아이들 스피드 컨트롤 액추에이터(ISCA) : 공전시 아이들 회전수 안정성 확보를 위해 스로틀 밸브에 의해 혼합기 양을 제어한다. 또한 파워 스티어링, 에어컨 압축기 구동 등 각종 엔진 부하에 따른 아이들 회전수 저하를 보상

⑦ 메인 조정 스크류 : 연료유량 조정

03 LPI 연료분사장치

1 LPI 연료분사장치의 특징(LPG 엔진과 비교했을 때)

① 가솔린 엔진과 유사한 방식으로, LPG 엔진과 달리 액체 상태의 가스만 사용

→ LPG 엔진보다 저온 시동성이 좋음, 고압 인젝션으로 타르 생성 및 역화 발생 억제

② 연료펌프(봄베 내장형) → 연료압력조절기 → 인젝터로 보내져 ECU의 신호에 의해 연료가 분사

▶ LPG 엔진, LPI 엔진, CNP 엔진의 주요 구성품 비교
• LPG 엔진 : 액상·기상 솔레노이드 밸브, 베이퍼라이저, 믹서
• LPI 엔진 : 연료펌프, 연료압력조절기, 고압인젝터
• CNP 엔진 : 연료압력조절기, 연료미터링 밸브, 가스열교환기, 믹서

2 주요 구성품

① 연료펌프 : 봄베 내에 내장하며 과류방지밸브, 릴리프 밸브, 연료차단 솔레노이드 밸브, 수동밸브, 송출밸브, 충전밸브, 체크밸브로 구성된 멀티유닛과 연결

② 연료차단 솔레노이드 밸브 : 시동키의 ON/OFF에 따라 연료를 공급/차단시킴

③ 과류방지밸브 : 자동차 사고 등으로 인한 LPG 공급라인 파손으로부터 LPG 누출을 방지

④ 수동밸브(액체상태 LPG 송출밸브) : 장시간 차량 정지 시 수동으로 조작하여 연료토출 통로를 차단

⑤ 릴리프 밸브 : LPG 공급라인의 압력을 액체상태로 유지시켜 열간 재시동성 향상 및 과도압력을 제한한다.

⑥ 아이싱팁 : LPG 분사 후 기화 잠열로 인한 빙결로 인한 성능 저하를 방지하기 위해 인젝션 끝에 설치한다.

⑦ 연료압력조절기 : 봄베에서 송출된 고압의 LPG를 다이어프램과 스프링의 균형을 이용하여 공급라인의 압력을 5bar로 유지한다. 또한, 분사량 보상을 위한 가스압력 측정센서, 가스온도센서, 연료차단 솔레노이드 밸브를 내장하여 LPG 공급라인의 공급/차단을 제어

→ 가스압력센서 : 공급압력 변화에 따른 LPG 공급량 보정 신호, 기관 시동 시 연료펌프 구동제어에 영향을 준다.

→ 가스온도센서 : 온도에 따른 LPG 공급량 보정 신호, LPG 성분 비율을 판정

04 CNG 연료분사장치

1 천연가스(Natural Gas)

① 성분 : **메탄**(CH_4) 80~90%, 에탄(C_2H_6), 프로판(C_3H_8)

② 비중이 0.6으로 **LPG에 비해 낮고**, 열효율은 높다.

③ 옥탄가가 130정도로 높고, 앤티노크성이 우수하다.

④ 디젤엔진에 비해 낮은 압축비로 소음·진동 감소 및 출발성능 우수

⑤ CNG 엔진은 냉각과 단열 장치에 필요한 비용을 절감할 수 있어 LNG에 비해 경제적이다.

▶ LNG(Liquid Natural Gas)
-162℃ 이하로 냉각시킨 액체상태이며, CNG는 상온에서 200 bar 이상의 고압으로 압축한 기체상태를 말한다.

2 CNG(Compressed Natural Gas) 연료장치 계통

① 가스충전밸브 : 충전시에만 캡을 열고 충전 후에는 캡을 막아 이물질에 의한 밸브 손상을 방지하며, 충전밸브 후단에 체크밸브가 연결되어 충전 시 역류를 방지

② 용기 밸브 : CNG 용기에서 엔진으로 공급되는 가스를 공급, 차단하는 밸브로 각각의 용기에 설치되고, 수동으로 밸브를 열고 닫는다.

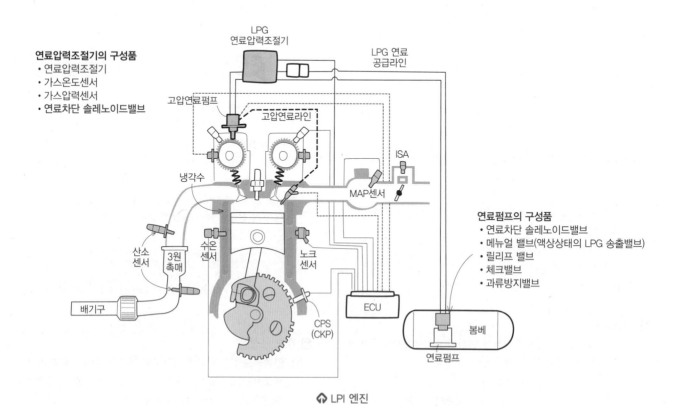

연료압력조절기의 구성품
• 연료압력조절기
• 가스온도센서
• 가스압력센서
• **연료차단 솔레노이드밸브**

연료펌프의 구성품
• 연료차단 솔레노이드밸브
• 메뉴얼 밸브(액상상태의 LPG 송출밸브)
• 릴리프 밸브
• 체크밸브
• 과류방지밸브

⚙ LPI 엔진

③ PRD 밸브(Pressure Relief valve) : 릴리프 밸브와 유사한 역할을 하지만 차이점은 밸브 내의 연납이 녹으면서 가스를 방출시킨다.(용기의 파열 예방, 폭발사고 방지)

④ GFI 솔레노이드 밸브(용기밸브) : 시동키 ON/OFF에 따라 가스를 엔진에 공급/차단하는 역할

⑤ 매뉴얼 밸브 : 수동으로 탱크에서 엔진에 공급되는 가스를 공급/차단

⑥ 수동차단밸브(볼밸브) : 수동으로 고압 연료 라인을 차단하여 엔진정비 시 엔진 내에 잔류 가스 제거시 사용

→ 수동차단밸브를 잠그고 엔진 시동을 걸어 엔진측 배관 내의 잔류 가스가 제거되면 엔진은 자동으로 정지

⑦ 가스 필터 : 가스 내 불순물 여과

→ 가스 필터 점검 또는 교환시에는 반드시 수동차단밸브를 잠그고 엔진이 자동으로 정지된 후 작업할 것

⑧ CNG탱크 온도센서 : 부특성 서미스터로 탱크 내 연료온도를 측정하며 압력센서와 함께 사용

⑨ 고압차단밸브(high pressure lock-off V/V) : CNG용기에서 엔진에 공급되는 압축천연가스 누기 발생시 차량과 엔진을 보호하기 위하여 고압가스라인을 차단하는 안전밸브다. 또한, 시동 ON/OFF 시 ECU 신호에 의해 밸브가 open/close 된다.

⑩ 가스압력조절기(regulator) : 고압차단밸브에서 공급된 가스를 0.62 MPa로 감압시키며, 출구에는 과도압력 조절기가 장착되어 가스압력이 1.1 MPa 이상일 때 가스를 대기중으로 방출한다.

→ 감압에 의한 결빙 방지를 위해 냉각수로 히팅

⑪ 가스열교환기 : 가스압력조절기를 통과하면서 팽창된 가스는 온도가 저하되어 유동성이 나빠지므로 냉각수를 공급하여 가스온도를 -40~45℃로 유지시키는 역할을 한다. (베이퍼라이저의 냉각수 통로와 유사)

⑫ 연료미터링 밸브(fuel metering V/V) : 디젤엔진의 인젝션 펌프와 유사한 역할을 한다. 운전조건에 따라 ECM의 펄스신호에 의해 인젝터의 개방시간으로 연료량을 제어한다. (구성품 : 저압차단밸브, 가스압력/온도센서, 인젝터)

⑬ 가스 온도조절기(Gas Thermostat) : 엔진 냉각수의 유입을 자동적으로 조절하여 가스의 과열 방지

⑭ 가스탱크 압력센서(NGTP) : 가스 실린더에서 토출되는 가스의 압력을 측정하며, 연료압력 레귤레이터(regulator)에 장착되어 레귤레이터로 공급되는 CNG 연료의 압력을 측정하여 엔진 ECU로 측정값을 보낸다.

⑮ 믹서 : 연료미터링밸브에 공급된 가스와 압축공기를 혼합

⑯ EDM(electronic distribution module) : 점화장치 ECU로 ECU 신호에 의해 Power T/R의 기능인 점화 1차 코일을 단속하여 6개의 점화코일을 폭발 순서에 맞도록 점화시기를 제어한다.

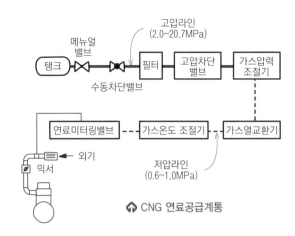

⤒ CNG 연료공급계통

▶ CNC용기의 검사기준 (주요 내용만)
- 긁힘, 흠, 마모에 의한 손상 깊이는 금속재 0.5mm 이하, 복합재 1.25mm 이하일 것
- 산화 또는 부식으로 인한 깊이가 용기 최소두께의 15%미만이고, 부식의 면적이 용기표면의 25%미만일 것
- 함몰로 인해 손상된 깊이가 직경의 1%를 초과하는 것으로서 손상된 깊이가 1.6mm미만이고, 그 손상의 직경 또는 길이가 50mm 이상
- 배관 및 접합부는 최소 60cm마다 차체에 고정한다.

[10-1]

1 LPG 엔진의 특징을 옳게 설명한 것은?

① 기화하기 쉬워 연소가 균일하다.

② 겨울철 시동이 쉽다.

③ 베이퍼록이나 퍼큘레이션이 일어나기 쉽다.

④ 배기가스에 의한 배기관, 소음기 부식이 쉽다.

② 저온에서의 시동이 곤란하다.
③ 연료가 기체상태이므로 노킹, 베이퍼록, 퍼큘레이션 발생이 거의 없다.
④ 배기가스가 비교적 깨끗하다.

[10-1]

2 LPG 기관의 장점이 아닌 것은?

① 공기와 혼합이 잘 되고 완전연소가 가능하다.

② 배기색이 깨끗하고 유해 배기가스가 비교적 적다.

③ 베이퍼라이저가 장착된 LPG 기관은 연료 펌프가 필요없다.

④ 베이퍼라이저가 장착된 LPG 기관은 가스를 연료로 사용하므로 저온 시동성이 좋다.

LPG 기관은 저온 시동성이 나쁘다.

[12-1]

3 자동차용 LPG의 장점이 아닌 것은?

① 대기오염이 적고 위생적이다.

② 엔진 소음이 정숙하다.

③ 증기폐쇄(vapor lock)가 잘 일어난다.

④ 이론 공연비에 가까운 값에서 완전 연소한다.

LPG기관의 장점
• LPG가 기체상태로 공기와 혼합 상태가 균일하고 이론공연비에 가까운 값으로 완전연소하므로 연소효율이 좋다.
• 옥탄가가 높아 노킹이 적고, 엔진 소음이 적다.
• 열에 의한 베이퍼록이나 퍼컬레이션 등이 발생되지 않음
• 카본퇴적이 적어 점화플러그 수명 연장 및 배기계통의 부식이 적음

[13-1]

4 LPG 자동차에 대한 설명으로 틀린 것은?

① 배기량이 같을 경우 가솔린엔진에 비해 출력이 낮다.

② 일반적으로 NOx는 가솔린엔진에 비해 많이 배출된다.

③ LP가스는 영하의 온도에서는 기화되지 않는다.

④ 탱크는 밀폐식으로 되어 있다.

• LP가스 : 프로판+부탄으로 구성
• 프로판의 비점 : -42℃, 부탄의 비점 : -0.5℃이므로 영하의 온도에서도 기화가 된다. (비점 : 액체가 기체로 바뀌는 온도)
• LP엔진의 배출가스 : 가솔린 엔진에 비해 CO, HC 배출량은 적으나 NOx 배출량이 많다.

[11-2, 10-3]

5 LPG 연료에 대한 설명으로 틀린 것은?

① 기체 가스는 공기보다 무겁다.

② 연료의 저장은 가스 상태로 한다.

③ 연료는 탱크용량의 약 85% 정도 충진한다.

④ 탱크 내 온도상승에 의해 압력상승이 일어난다.

LPG의 특징
• 기체 가스는 공기보다 무겁다. (비중 : 1.5~2.0)
• LPG는 기화상태에서 체적이 커지므로 액체상태로 저장한다.
• 온도상승에 따른 팽창으로 봄베의 고압상승을 방지하기 위해 85%까지 충진한다.

[13-3]

6 LPG(Liquefied Petroleum Gas) 차량의 특성 중 장점이 아닌 것은?

① 엔진 연소실에 카본의 퇴적이 거의 없어 스파크 플러그의 수명이 연장된다.

② 엔진 오일의 가솔린과는 달리 연료에 의해 희석되므로 실린더의 마모가 적고 오일교환 기간이 연장된다.

③ 가솔린에 비해 쉽게 기화되므로 연소가 균일하여 엔진 소음이 적다.

④ 베이퍼록(vapor lock)과 퍼콜레이션(percolation) 등이 발생하지 않는다.

LPG는 비점이 낮아(휘발유 : 30℃ 이상, LPG의 부탄 : -0.1℃) 보통 상온에서 완전 기화상태이므로 오일을 묽게 만들지 않을뿐더러 첨가제를 따로 넣지 않아도 카본이나 회분에 의해 오일이 오염될 염려가 없다. 따라서 오일의 희석·오염·카본의 고착·금속의 부식이 거의 없으므로 오일 교환시기가 연장(가솔린 대비 약 1.5~2)된다.

[13-1]

7 LPG자동차의 연료장치에서 증기압력에 대한 설명으로 가장 적합한 것은?

① 프로판과 부탄의 혼합비율에 따라 압력이 변화한다.

② 온도가 상승하면 압력이 저하된다.

③ 부탄의 성분이 많으면 압력이 상승한다.

④ 액체 상태의 양이 많으면 압력이 저하된다.

• 증기압 : 임의 온도에서 액체와 평형을 이루었을 때의 증기압력을 말하며, 프로판의 증기압은 대기압보다 높아 펌프없이 연소실로 공급된다.
• '게이뤼삭의 법칙'에 의해 압력은 온도에 비례하며, 증기압이 높을수록 휘발성이 크다.
• 부탄은 비점이 높아 저온에서 압력이 떨어져 시동에 문제가 발생할 수 있으므로 겨울철에는 프로판을 30%까지 첨가한다.
• 부피와 온도가 일정할 때 액체상태의 양이 많으면 압력이 증가된다.

정답 1① 2④ 3③ 4③ 5② 6② 7①

8 LPG 자동차에서 법적으로 연료탱크의 최고 충전을 85% 만 채우도록 되어있는데 그 이유로 가장 타당한 것은?

① 충돌 시 봄베 출구밸브의 안전을 고려하여
② 봄베 출구에서의 LPG 압력을 조절하기 위하여
③ 온도 상승에 따른 팽창을 고려하여
④ 베이퍼라이저에 과다한 압력이 걸리지 않도록하기 위하여

9 LP가스를 사용하는 자동차의 봄베에 부착되지 않는 것은?

① 충전밸브
② 송출밸브
③ 안전밸브
④ 메인 듀티 솔레노이드 밸브

> 봄베에는 충전밸브, 송출밸브, 안전밸브(릴리프밸브), 체크밸브, 연료차단 솔레노이드 밸브, 매뉴얼 밸브가 부착되어 있다.
> ※ 메인 듀티 솔레노이드 밸브 : 믹서에 부착

10 LPI엔진의 연료장치에서 장시간 차량 정지 시 수동으로 조작하여 연료토출 통로를 차단하는 밸브는?

① 과류방지 밸브
② 매뉴얼 밸브
③ 리턴 밸브
④ 릴리프 밸브

> • 과류방지밸브 : 차량 전복 등으로 인해 LPG 공급라인이 파손되었을 때 LPG 송출을 차단
> • 매뉴얼 밸브(수동밸브) : 장기간 차량을 운행하지 않을 경우 연료를 수동으로 공급라인을 차단
> • 리턴 밸브 : 규정압 이상일 때 LPG를 봄베로 리턴시킴
> • 릴리프 밸브 : LPG 공급라인의 압력을 액체 상태로 유지시켜 기관이 뜨거운 상태에서 재시동을 할 때 시동 성능을 향상

11 LPI 기관에서 연료압력과 연료온도를 측정하는 이유는?

① 최적의 점화시기를 결정하기 위함이다.
② 최대 흡입공기량을 결정하기 위함이다.
③ 최대로 노킹 영역을 피하기 위함이다.
④ 연료 분사량을 결정하기 위함이다.

> LPI 기관의 연료압력조절기는 봄베에서 송출된 고압의 LPG를 다이어프램과 스프링의 균형을 이용하여 공급라인압을 5bar로 유지하며, 조절기에 내장된 가스압력센서 및 가스온도센서는 LPG 분사량을 보정하는 역할을 한다.

12 LPG 엔진에서 공전회전수의 안정성을 확보하기 위해 혼합된 연료를 믹서의 스로틀 바이패스 통로를 통하여 추가로 보상하는 것은?

① 아이들업 솔레노이드 밸브
② 대시포트
③ 공전속도 조절 밸브
④ 스로틀 위치 센서

> 공전속도 조절밸브(ISCV)는 공회전의 안정성을 확보하기 위해 스로틀 밸브의 바이패스 통로를 통해 추가로 보상한다.

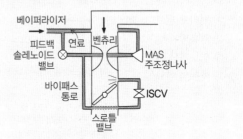

13 전자제어 압축천연가스(CNG) 자동차의 기관에서 사용하지 않는 것은?

① 연료 온도센서
② 연료펌프
③ 연료압력 조절기
④ 습도센서

> CNG 엔진은 LPG 엔진과 마찬가지로 봄베의 연료 압력으로 연료를 공급하기 때문에 연료펌프가 없다.
> ※ LPI 엔진만 봄베 내에 연료펌프가 있다.

14 LPG 기관에 사용하는 베이퍼라이저의 설명으로 틀린 것은?

① 베이퍼라이저의 1차실은 연료를 저압으로 감압시키는 역할을 한다.
② 베이퍼라이저의 1차실 압력 측정은 압력계를 설치한 후 기관의 시동을 끄고 측정한다.
③ 베이퍼라이저의 1차실 압력 측정은 기간이 웜업된 상태에서 측정함이 바람직하다.
④ 베이퍼라이저에는 냉각수의 통로가 설치되어 있어야 한다.

> 압력게이지를 설치하고 엔진을 워밍업시킨 후 압력을 측정한다.
> ① 베이퍼라이저의 1차실은 $0.3kg/cm^2$으로, 2차실에는 대기압에 가깝게 감압
> ④ 감압으로 인한 베이퍼라이저 밸브의 동결 방지를 위해 냉각수 통로를 설치하여 기화에 필요한 열을 공급

chapter 01

15 LP가스를 사용하는 자동차에서 차량전복 등 비상사태 발생 시 LP가스 연료를 차단하는 것은?

① 영구자석
② 긴급차단 솔레노이드 밸브
③ 체크 밸브
④ 감압 밸브

[14-3]

16 LPI 기관에서 연료를 액상으로 유지하고 배관 파손 시 용기 내의 연료가 급격히 방출되는 것을 방지하는 것은?

① 릴리프 밸브
② 과류방지 밸브
③ 연료차단 밸브
④ 매뉴얼 밸브

> 긴급차단 솔레노이드 밸브는 봄베 몸체에 장착되어 있으며 액상·기상 연료를 차단시키고, 시동 off 시 봄베와 인젝터 사이의 연료라인을 차단시킨다.
> ※ 참고) 과류방지 밸브 : 봄베 내부에 액상 밸브와 일체형으로 장착되어 있으며, 사고 시 연료라인이 파손되어 연료탱크 내의 연료가 외부로 토출되는 것을 자동으로 차단시킨다.
> ※ 긴급차단 솔레노이드 밸브, 과류방지 밸브 모두 사고 시 연료 차단 역할을 한다.

[12-1]

17 LPG 자동차에 액상 분사시스템(LPI)에 대한 설명 중 틀린 것은?

① 빙결 방지용 인젝터를 사용한다.
② 연료펌프를 설치한다.
③ 가솔린 분사용 인젝터와 공용으로 사용할 수 있다.
④ 액·기상 전환밸브의 작동에 따라 분사량이 제어되기도 한다.

> LPI 엔진은 액체상태 연료를 사용하며 액·기상 전환밸브가 없다.

[10-1, 18-1 유사, 15-1 유사, 09-2 유사]

18 LPG 연료장치에서 LPG를 감압·기화시켜 일정 압력으로 기화량을 조절하는 것은?

① LPG 연료탱크
② LPG 필터
③ 솔레노이드 밸브
④ 베이퍼라이저

> 봄베의 가스는 고압으로 저장되어 있으므로 베이퍼라이저는 연료 압력을 0.3kg/cm²으로 감압 및 기화(액체를 기체로 변환)하여 믹서로 공급하는 역할을 한다.

[15-2, 07-2]

19 LPG 기관의 주요구성부품에 속하지 않는 것은?

① 베이퍼라이저
② 긴급차단 솔레노이드 밸브
③ 퍼지솔레노이드 밸브
④ 액상·기상 솔레노이드 밸브

> 퍼지솔레노이드 밸브는 연료증발가스(HC)를 포집하는 캐니스터 장치의 구성품에 속한다.

[14-1]

20 LPG 기관에서 공전회전수의 안정성을 확보하기위해 혼합된 연료를 믹서의 스로틀 바이패스 통로를 통하여 추가로 보상하는 것은?

① 메인듀티 솔레노이드 밸브
② 대시포트
③ 공전속도 조절 밸브
④ 스로틀 위치 센서

[12-2]

21 압축 천연가스(CNG) 자동차에 대한 설명으로 틀린 것은?

① 연료라인 점검 시 항상 압력을 낮춰야 한다.
② 연료 누출 시 공기보다 가벼워 가스는 위로 올라간다.
③ 시스템 점검 전 반드시 연료 실린더 밸브를 닫는다.
④ 연료 압력조절기는 탱크의 압력보다 약 5bar가 더 높게 조절한다.

> ④는 LPG 차량에 해당되며, CNG에서는 6.2bar로 감압시킨다.
> CNG의 비중은 0.6으로 공기보다 가볍지만, LPG의 비중은 1.5~2.0으로 공기보다 무겁다.

[08-3]

22 LPG 엔진의 베이퍼라이저 1차실 압력측정에 대한 설명으로 틀린 것은?

① 베이퍼라이저 1차실의 압력은 약 0.3kgf/cm² 정도이다.
② 압력게이지를 설치하여 압력이 규정치가 되는지 측정한다.
③ 압력 측정시에는 반드시 시동을 끈다.
④ 1차실의 압력 조정은 압력조절스크류를 돌려 조정한다.

> **베이퍼라이저 1차실 압력측정 방법**
> ① 연료라인 내 연료를 제거한다.
> ② 베이퍼라이저 상부의 1차실 압력 측정부의 플러그를 분리하고 압력계를 장착한다.
> ③ 봄베의 송출밸브를 연 후 엔진을 시동시킨다.
> ④ 엔진 워밍업 후 압력계의 지시치가 약 0.3kgf/cm² 내에 있는지 점검한다.
> ⑤ 압력이 규정치에서 벗어날 경우 1차 조정나사를 돌려 압력을 조정한다.

정답 15 ②　16 ②　17 ④　18 ④　19 ③　20 ③　21 ④　22 ③

[12-3]

23 LPG 엔진에서 액상·기상 솔레노이드 밸브에 대한 설명으로 틀린 것은?

① 기관의 온도에 따라 액상과 기상을 전환한다.

② 냉간 시에는 액상연료를 공급하여 시동성을 향상시킨다.

③ 기상의 솔레노이드가 작동하면 봄베 상부에 형성된 기상의 연료가 공급된다.

④ 수온 스위치의 신호에 따라 액상·기상이 전환된다.

냉간시에는 기화가 잘 안되므로 기상 연료를 공급하여 시동성을 향상시킨다.

[08-2]

24 LP가스를 사용하는 기관의 설명으로 틀린 것은?
(단, LPI system 제외)

① 옥탄가가 높아 노킹 발생이 적다.

② 연소실에 카본 퇴적이 적다.

③ 연료 펌프의 수명이 길다.

④ 겨울철 시동성이 나쁘다.

LPG 기관에는 연료펌프가 없이 봄베 내의 압력(2.5kgf/cm²)에 의해 공급이 이루어진다.

[14-3]

25 가솔린 기관과 비교한 LPG 기관에 대한 설명으로 옳은 것은?

① 저속에서 노킹이 자주 발생한다.

② 프로판과 부탄을 사용한다.

③ 액화가스는 압축행정말 부근에서 완전 기체상태가 된다.

④ 타르의 생성이 없다.

LPG연료의 구성 : 부탄 80% + 프로판 20%

[14-1]

26 LPG 기관과 비교할 때 LPI 기관의 장점으로 틀린 것은?

① 겨울철 냉간 시동성이 향상된다.

② 봄베에서 송출되는 가스압력을 증가시킬 필요가 없다.

③ 역화 발생이 현저히 감소된다.

④ 주기적인 타르 배출이 불필요하다.

LPI 기관은 봄베 내의 증기압이 아닌 연료탱크 내에 설치된 연료펌프에 의해 고압으로 송출되는 액상연료를 직접 인젝터로 분사시킨다.

[14-2]

27 자동차용 연료인 LPG에 대한 설명으로 틀린것은?

① 기체 가스는 공기보다 무겁다.

② 연료의 저장은 가스 상태로 한다.

③ 연료는 탱크용량의 85%까지 충전한다.

④ 탱크 내 온도상승에 의해 압력상승이 일어난다.

엔진에 공급되는 용량이 동일할 경우 기체상태보다 액체상태의 저장 시 더 많은 연료를 충전할 수 있다.

[14-1]

28 LPG 기관의 믹서에 장착된 메인듀티 솔레노이드밸브의 파형에서 작동구간에 해당하는 것은?

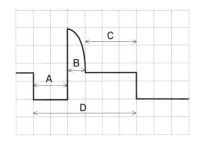

① A구간　　　　② B구간

③ C구간　　　　④ D구간

① A : 솔레노이드 ON 구간

[참고]

29 LPG 기관을 시동하여 냉각수 온도가 낮은 상태에서 무부하 고속회전을 하였을 때 나타날 수 있는 현상으로 가장 부적합한 것은?

① 증발기(Vaporizer)의 동결현상이 생긴다.

② 가스의 유동정지 현상이 발생한다.

③ 혼합가스가 과농상태로 된다.

④ 기관의 시동이 정지될 수 있다.

베이퍼라이저 내의 연료는 액체 상태에서 기체로 될 때 주위에서 증발 잠열을 빼앗아 온도가 낮아지기 때문에 이를 방지하기 위해 베이퍼라이저 내에 온수 통로를 설치하여 냉각수를 순환시켜 기화에 필요한 열을 공급시킨다. 베이퍼라이저는 액상 LPG 압력을 낮추어 기체상태로 변환시켜 연소실 쪽으로 보내는데, 시동 시 냉각수 온도가 낮을 경우 증발기가 동결될 수 있어 가스의 유동이 정지되고, 기화가 어려워져 기관 시동이 정지될 수 있다.

06 과급장치

Main
Key
Point

[출제문항수 : 약 2~3문제] 기초 이론 외 점검에서도 출제되니 반드시 정리하기 바랍니다.(특히 NCS 학습모듈의 출제비중이 높습니다)

01 과급장치 개요

1 과급장치의 필요성

엔진 출력 향상 방법에는 다량의 공기와 연료를 공급하기 위해 실린더 용량, 기통수, 압축비 증가 등이 방법이 있으나 물리적 한계가 있으므로 '**흡입 공기량 증가**(또는 혼합기 전부·일부) → **밀도증가 → 충진효율**(체적효율) **증가 → 평균유효압력 향상 → 출력 증가**로 이어지며 엔진 회전력을 증대시킨다.

2 과급장치의 효과

> 실제 흡입한 공기 체적을 한 실린더의 행정체적으로 나눈 값으로, 체적효율이 좋을수록 출력 증가

① 출력 증가 및 충진 효율(체적 효율) 증가
② 기관이 고출력일 때 배기가스 온도를 낮출 수 있어 CO, HC, Nox 등 배기가스의 저감 효과
③ 착화지연시간 단축, 노킹 저감
④ 동일 출력에 대해 단위 마력당 출력이 증가되므로 엔진 크기와 중량을 줄일 수 있다.
⑤ 고지대에서의 출력저하 감소를 보완

> ▶ **과급장치의 기타 특징**
> • 과급기 설치로 엔진 무게가 10~15% 증가하지만, 출력은 약 35~45% 증대된다.
> • 디젤기관에는 필수품이며, 원심식 과급기가 주로 사용된다.

3 과급장치의 분류

① 터보차져(Turbocharger) : 배기가스의 압력을 이용
  • 웨이스트 게이트식 터보차져(WGT) – 터보 과급의 특성을 개선할 목적으로 터빈에 웨이스트 게이트 액추에이터를 부착하는 방식
  • 가변용량식 터보차져(VGT) – 엔진의 저속과 고속 회전 영역에서 과급기의 배기 터빈의 입구 면적을 가변으로 제어하여 터보 효율을 높이기 위한 방식
② 슈퍼차져(Supercharger) : 크랭크축의 동력을 벨트를 통해 컴프레셔을 회전시켜 압축공기를 생성

02 과급장치의 기본 원리

1 과급장치의 구조

① 기본 구성품 : 터빈, 컴프레서, 센터 하우징, 웨이스트 게이트 컨트롤
② 터빈과 컴프레서는 휠과 하우징으로 구성되어 있으며, 휠은 축의 끝단에 설치되어 있다. 센터 하우징은 축을 보호·지지하며, 컴프레서의 하우징도 지지한다.
③ 하우징의 내부는 베어링과 축의 윤활 및 냉각을 위한 오일 통로와 냉각수 통로로 구성되어 있다.

2 웨이스트 게이트 과급장치의 기본 원리

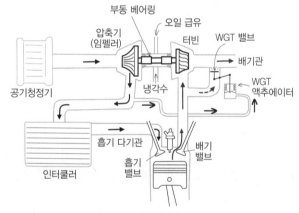

고온·고압의 배기가스가 터빈으로 유입되어 터빈을 회전시킴 → 동시에 압축기가 구동되어 흡입공기가 압축·고온 → 인터쿨러를 통해 냉각(충진효율 증대) → 실린더 내 다량 공기유입

임펠러 휠   터빈 휠

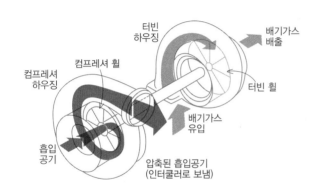

3 부동 베어링(floating bearing, 플로팅)

① 터빈축은 베어링에 의해 지지되지만 터빈축이나 하우징에 고정되지 않지 않고 오일에 감싸여져 축회전과 개별적으로 회전한다.

② 베어링 윤활은 **엔진 윤활유**를 사용한다.

→ 윤활유 공급 압력은 약 2.8 kgf/cm²이고, 0.7 kgf/cm² 이하로 유압이 저하되면 베어링이 마멸되어 터빈이나 압축기 쪽의 오일 실(oil seal)이 손상될 우려가 크며, 이로 인하여 과도한 윤활유 소비가 야기될 수 있다.

③ 경우에 따라 윤활유의 열화 방지를 위해 냉각수를 순환시킨다.

> ▶ 참고) 과급장치 장착 차량을 고속주행 직후 바로 시동 OFF할 때의 영향
> 시동을 꺼도 터빈이 바로 멈추는 것이 아니라 수초간 회전상태가 유지되므로 베어링에 윤활유가 공급되지 않아(오일펌프가 작동하지 않기 때문) 고착으로 인한 베어링 마모를 유발할 수 있다. 그러므로 고속 주행 직후에는 곧바로 엔진을 정지시키지 말고 충분히 공전시키며 과급장치를 서서히 냉각시켜 터빈 회전이 멈출 때 시동을 끄는 것이 좋다.

4 웨이스트게이트 밸브

① 과급압력이 지나치게 상승하면 엔진 노크 또는 이상 연소를 일으킨다. 그러므로 일정한 과급압을 넘지 않도록 하기 위해 WGT를 설치하여 배기가스가 터빈을 거치지 않고, 곧바로 배기관으로 바이패스시킨다.

② 기계식 제어 : 컴프레셔의 압축공기를 끌어들여 기압차를 이용한 다이어프램에 의해 액추에이터를 움직인다. 압축기쪽 흡기압이 상승하면 WGT 밸브를 열어 바이패스시킨다.

③ 전자식 제어 : 솔레노이드 밸브를 설치하여 ECM에서 듀티제어하여 WGT 밸브를 정밀 제어한다.

→ 솔레노이드 밸브 불량 시 : 액추에이터 작동이 안되므로 엔진 출력이 떨어지고 가속되지 않음

5 인터쿨러(inter cooler)

① 고온·고압의 흡입공기를 냉각시켜 흡입 효율 향상

② 노크 감소

→ 압축기에 의해 공기 압축 시 흡기 온도가 100~150℃ 정도로 상승하므로 밀도가 저하되어 과급률 저하, 충전 효율 저하 및 불완전한 연소로 인한 노킹으로 토크 저하

---

03 웨이스트 게이트 (WGT, waste-gate turbochager)

→ 필요 이상의(쓰레기) 압력을 게이트로 내보낸다는 의미이다.

압축기, 터빈, 웨이스트게이트 밸브, 부동베어링, 인터쿨러 등

1 압축기(compressor, impeller)

① 임펠러 : 원심식으로, 최고 15000 rpm까지의 고속 회전으로 공기에 압력을 가함

② 디퓨저(diffuser) : 흐름 속도가 빠를 때 감속하여 속도 에너지를 압력 에너지로 변환

③ 임펠러의 형상에 따라 직선형으로 된 레이디얼형과 나선 모양으로 된 백워드형 등이 있으며, 레이디얼형은 디젤 기관에, 백워드형은 가솔린 기관에 적합한다.

④ 압축기의 효율은 임펠러와 디퓨저에 의하여 결정되며, 효율이 불량하면 흡입 공기의 온도 상승으로 노크가 발생하고 배압이 증대하므로 출력이 감소한다.

2 터빈(turbine)

① 고온·고압의 배기가스에 의해 구동되므로 내부식성, 내열성 및 충분한 강도가 있어야 한다.

② 레이디얼형을 사용한다.

③ 응답성을 높이기 위해 터빈의 날개 두께를 선단 부분에서 0.5 mm 정도로 한다.

④ 저속형/고속형의 선택 기준은 A/R의 비율로 결정한다.

→ A는 터빈 하우징의 단면적이 가장 좁은 부분이며, R은 A의 중심과 터빈 중심 사이의 거리이다. A를 작게 하면 저속형이고, A를 크게 하면 고속형이다.

→ VGT : Variable Geometry Turbo charger
→ Variable : 가변, Geometry : 공간, 용량, 즉 용량을 변화시킴

1 개요

① 필요성 : 기존 터보엔진은 고속에서는 효율적이지만, 초반 가속이나 저속에서 배기가스의 압력이 낮아 과급 작용의 발생 시간이 지체되는 터보랙(Turbo lag)이 발생한다. WGT 과급장치는 배기가스량에 따라 흡입공기량이 함께 증감되지만, VGT는 엔진 부하에 따라 배기가스량을 조절하여 터빈 전달 에너지를 효율적으로 전달하여 엔진성능을 향상시켜준다.

→ 효과 : 엔진 출력 및 최대 토크 향상, 차량 가속 성능 향상, 연비 향상 등

② VGT의 구분 : 부압 제어식(진공부압을 이용), 전자 제어식(ECU에 의해 직접 제어)

2 VGT 구조와 작동 원리

① 터빈 날개(vane)를 변화(배기 통로를 변화)시켜 터빈 용량을 변화

저속영역	배기가스 배출이 적으므로 베인을 좁혀 배기가스 유로를 축소시켜 속도를 빠르게 하여 구동력을 높여 토크 증대 및 가속성능 향상
고속영역	배출가스 배출이 많으므로 배기 유로 확대만으로도 터빈구동력을 높아지므로 출력 향상

② 작동 원리 : VGT 액추에이터의 움직인 양만큼 베인 액추에이터 레버를 거쳐 유니슨 링이 움직인다. 유니슨 링에 연결된 전체 베인이 회전하며 터빈에 유입되는 배기량을 조절한다.

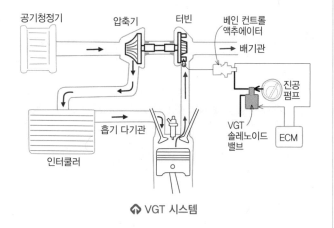

⬆ VGT 시스템

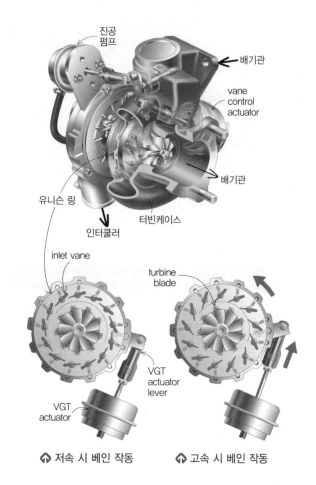

⬆ 저속 시 베인 작동   ⬆ 고속 시 베인 작동

3 VGT 제어 장치

ECU는 입력 신호를 참고하여 목표 흡입공기의 압축압력을 계산하고, 터보차저에 의해 압축된 공기압력을 **부스터센서를 통해 확인하면서 목표 부스터 압력이 되도록 VGT 컨트롤 액추에이터를 듀티제어**한다. 그런 후 진공펌프의 진공을 VGT 액추에이터에 적용하여 유니슨 링을 조절하여 배기가스의 유로면적을 제어한다.

(1) 입력 신호

흡입공기량 센서, 엔진 회전수(CAS), 스로틀 플랩, 가속 페달 센서(APS), 수온 센서(WTS), 흡기온 센서(ATS), 차속 센서(VSS), 클러치 스위치 신호 등

→ 엔진 회전수와 연료 분사량, 부스터 압력센서 값을 메인으로 하여 VGT 솔레노이드 밸브의 개폐신호로 이용한다.

(2) 출력 신호

① ECU는 듀티값으로 VGT 솔레노이드 밸브를 제어하고, 컨트롤 액추에이터를 구동하여 터빈 부스터 압력을 제어한다.

→ 솔레노이드 밸브 불량 시 진공 해제가 늦어져 VGT에 베인이 좁혀진 상태로 가속이 되면서 부스터 압력이 과다하게 올라가며 가속 불량이 된다

→ 가속 시 VGT 솔레노이드 밸브 작동 듀티값은 감소하며 부스트 압력값은 증가한다.

→ **엔진 워밍업 후 아이들 시 VGT 솔레노이드 밸브 작동 듀티값 : 76%**

→ 부스트 압력값이 일정 이상 증가되면 VGT 솔레노이드 밸브의 작동 듀티값은 더 이상 감소하지 않고 일정하게 유지된다. 이때 액셀 페달을 OFF하면 엔진 회전수가 아이들 상태로 되며 VGT 솔레노이드 밸브의 작동 듀티값은 약 70%로 복원된다.

(3) 베인 컨트롤 액추에이터의 제어 센서

① 부스트(boost) 압력 센서 : 터보에 의해 과급되는 부스트 압력을 측정하기 위해 부스트 온도 센서와 같이 흡기다기관의 상부에 부착되어 있다. 부스트 압력 변화에 따라 저항값이 변화하는 **피에조 저항식**을 이용하여 유입되는 공기압력을 측정하여 ECU가 터보의 베인 컨트롤 액추에이터를 제어하는 데 필요한 데이터로 활용한다.

→ 아이들 시 부스트 압력센서 출력값 : 약 1013±100 hPa

② 부스트 온도 센서 : 터보에 의한 부스트 압력의 변화에 따라 저항값이 변화하는 **부특성(NTC) 제어 방식**으로 온도를 측정하여 ECU에 입력시키면 터보의 베인 컨트롤 액추에이터를 제어한다.

▶ **VGT 작동 금지 조건**
• 엔진 회전수가 700 rpm 이하인 경우
• 냉각 수온이 0℃ 이하인 경우
• VGT 관련 부품이 고장인 경우

05　과급장치의 점검

◩ 과급장치 일반 점검

① 에어 흡기 호스, 에어클리너 상태 오염·불량 시 : 과급기로 유입되는 공기량이 줄고 과급장치의 전단부의 압력이 낮아져 과급장치가 손상되거나 누유가 발생할 수 있으며, 이물질로 인한 컴프레셔 휠 손상의 우려가 있다.

② 인터쿨러 호스 및 파이프 균열 및 연결 불량 시 : 압축 공기가 누출되어 과급장치의 허용속도가 초과되어 과급장치가 손상되거나 엔진 출력이 떨어진다.

③ 엔진 오일 상태 불량 및 오일량 부족 시 : 윤활 성능의 저하로 인해 축 베어링 소착 등 과급장치를 손상시킬 수 있다.

④ 인젝터 및 각종 센서, 밸브 등이 손상되어 작동하지 않거나 오작동 시 : 엔진 출력이 떨어진다.

◪ 솔레노이드 밸브 상태 점검·수리

① 솔레노이드 밸브가 손상되면 과급기의 액추에이터가 작동하지 않아 **엔진 출력이 떨어지고 가속이 되지 않는다.** 또한 솔레노이드 밸브의 필터가 막히면 **진공이 해제되지 않아** 과급기

가 계속 작동함으로써 손상될 수 있다.

② 솔레노이드 밸브의 손상 여부 : 스캐너로 액추에이터 강제 구동 모드를 시행하여 진공호스 탈거 후 진공 형성 여부를 확인한다.

③ 솔레노이드 밸브의 필터 막힘 여부 : 스캐너로 액추에이터 강제 구동 모드를 시행하여 최대 입력 듀티(약 95%) 인가 후 최저 입력 듀티(약 5%) 인가하여 진공 해소 여부를 확인한다.

◪ VGT 시스템 점검

(1) **VGT 솔레노이드 밸브 점검**

① VGT 솔레노이드 밸브 전원선 : 11.5~13.0 V 측정 시 정상
② VGT 솔레노이드 밸브 제어선 : 3.2~3.7 V 측정 시 정상
③ VGT 솔레노이드 밸브 제어선 단선 여부 : 1.0 Ω 이하 정상
④ 단품점검 : 저항측정 : 14~17 Ω
⑤ 작동 듀티값
• 엔진 워밍업 후 아이들 시 VGT 솔레노이드 밸브 작동 듀티값 : 76%
• VGT 진공액추에이터 측 진공호스를 탈거한 후 진공호스에서 진공이 느껴지는지 점검한다.
• 엔진을 급가속 후 감속 시(VGT 솔레노이드 밸브 작동 듀티값 45%) 진공호스에서 진공이 느껴지는지 점검한다. 점검 결과 VGT 솔레노이드 밸브 작동 듀티값 76%에서 진공이 발생되고, VGT 솔레노이드 밸브 작동 듀티값 45%에서 진공이 발생되지 않으면 정상이다.

(2) 부스트 압력센서 데이터 점검

① 엔진 워밍업 후 아이들 시 부스트 압력센서 출력값은 약 1013 hPa이다.

② **가속 시 VGT 솔레노이드 밸브 작동 듀티값은 감소하며 부스트 압력값은 증가한다.**

③ 부스트 압력값이 일정 이상 증가되면 VGT 솔레노이드 밸브의 작동 듀티값은 더 이상 감소하지 않고 일정하게 유지된다. 이때 액셀 페달을 OFF하면 엔진회전수가 아이들 상태로 되며 VGT 솔레노이드 밸브의 작동 듀티값은 약 70%로 복원된다.

④ 부스트 압력센서 전원선 점검 : 약 5V 측정 시 정상
⑤ 부스트 압력센서 신호선 단선 점검 : 1.0 Ω 이하 측정 시 정상
⑥ 부스트 압력센서 신호선 단락 점검 : ∞ Ω 측정 시 정상

◪ 과급장치의 스캐너 점검

① 점검 시 워밍업 후 전기장치 및 에어컨 OFF 한다.
② 스캐너 모드에서 'VGT 액추에이터'와 '부스트 압력센서' 상태를 점검한다.

[참고]

1 자동차 기관에서 과급을 하는 주된 목적은?

① 기관의 출력을 증대시킨다.
② 기관의 회전수를 빠르게 한다.
③ 기관의 윤활유 소비를 줄인다.
④ 기관의 회전수를 일정하게 한다.

> 과급기의 가장 주요 목적은 엔진의 출력 증대이다.

[참고]

2 디젤기관에서 과급기의 사용 목적으로 틀린 것은?

① 엔진의 출력이 증대된다.
② 체적효율이 작아진다.
③ 평균유효압력이 향상된다.
④ 회전력이 증가한다.

> **과급기의 사용 목적**
> 흡입 공기량 증가 → 체적 효율 증가 → 평균유효압력이 향상 → 출력 증가 → 엔진 회전력 증대

[참고]

3 디젤기관에서 과급할 경우의 장점이 아닌 것은?

① 충전효율이 상승한다.
② 연료소비율(g/kW)이 낮아진다.
③ 배기 소음이 증폭된다.
④ 출력이 증가한다.

[참고]

4 과급기(turbo charger)가 부착된 기관에 대한 설명으로 옳은 것은?

① 배기에 속도에너지를 주는 기관이다.
② 공기와 연료와의 혼합을 효율적으로 하는 기관이다.
③ 실린더에 공급되는 흡입공기 효율을 향상시키는 기관이다.
④ 피스톤의 펌프 운동에 의해 공기를 흡입하는 기관이다.

> 과급기는 흡기관과 배기관에 각각 압축기와 터빈을 두고 이를 연결시킨 후 배기가스가 터빈을 회전시키면 압축기도 회전하며, 이로 인한 공기압축으로 흡기 공기량을 증가시킨다.

[14-2, 13-1]

5 터보차저(turbo charger) 구성부품 중 과급기 케이스 내부에 설치되며, 속도 에너지를 압력 에너지로 바꾸어 주는 것은?

① 디퓨저 ② 루트 슈퍼차저
③ 베인 ④ 터빈

> 디퓨저(diffuser, 확산)에서 유체의 유로를 넓혀 흐름속도를 느리게 하고 체적을 확대하여 흡기의 속도에너지는 압력에너지로 변환된다.

[16-1]

6 가변용량제어 터보차저에서 저속 저부하(저유량) 조건의 작동원리를 나타낸 것은?

① 베인 유로 좁힘 → 배기가스 통과속도 증가 → 터빈 전달 에너지 증대
② 베인 유로 넓힘 → 배기가스 통과속도 증가 → 터빈 전달 에너지 증대
③ 베인 유로 넓힘 → 배기가스 통과속도 감소 → 터빈 전달 에너지 증대
④ 베인 유로 좁힘 → 배기가스 통과속도 감소 → 터빈 전달 에너지 증대

> 저속 저부하에서는 배기가스 발생량(배기압)이 적으므로 터빈 구동력이 작아진다. 이 때 베인 사이의 유로를 좁혀 '유량 = 면적×속도'에 의해 배기가스의 속도를 증가시켜 터빈 전달에너지를 증대한다.

[참고]

7 디젤기관의 인터쿨러 터보(Inter Cooler Turbo) 장치는 어떤 효과를 이용한 것인가?

① 압축된 공기의 밀도를 증가시키는 효과
② 압축된 공기의 온도를 증가시키는 효과
③ 압축된 공기의 수분을 증가시키는 효과
④ 배기가스를 압축시키는 효과

> 인터쿨러는 과급된 압축공기의 온도를 감소시키고 밀도를 증가시키는 역할을 한다.

[참고]

8 실제 흡입된 실린더 내의 공기 질량을 이론적으로 흡입 가능한 공기의 질량으로 나눈 것은?

① 기계효율 ② 정미효율
③ 정격효율 ④ 체적효율

정답 1① 2② 3③ 4③ 5① 6① 7① 8④

9 충전효율에 영향을 주는 요소 중 가장 <u>거리가 먼 것</u>은?

① 흡입 공기의 입구온도
② 흡입공기의 입구압력
③ 점화시기
④ 흡입공기관 내의 유동저항

[참고]
10 다음 중 과급장치의 주요 구성품이 <u>아닌</u> 것은?

① 스로틀 밸브
② 웨이스트 게이트 밸브
③ 인터쿨러
④ 임펠러

압축기, 터빈, 터빈 축, 웨이스트 게이트 밸브, 부동 베어링 등

[참고]
11 전자제어 디젤엔진에서 시동 OFF 시 디젤링 현상을 방지하거나 EGR 작동 시 배기가스를 보다 정밀하게 제어하기 위한 흡입공기 제어장치는?

① 공기 제어 밸브(ACV)
② 가변 흡기 장치
③ 배기가스 후처리 장치
④ ISC 액추에이터

[참고]
12 과급시스템에서 터빈에 유입되는 배기가스의 양을 제어하는 밸브는?

① 서모 밸브
② 터보 밸브
③ 캐니스터 밸브
④ 웨이스트 게이트 밸브

[참고]
13 자동차 엔진에서 인터쿨러 장치의 작동에 대한 설명으로 옳은 것은?

① 차량의 속도 변화
② 흡입 공기의 와류 형성
③ 배기 가스의 압력 변화
④ 온도 변화에 따른 공기의 밀도 변화

압축기(임펠러)에 의해 강제압축된 공기의 온도가 높아짐에 따라 공기밀도가 감소한다. 그러므로 충전 효율이 감소하거나 노킹을 일으키기 쉬우므로 과급된 인터쿨러에서 온도를 낮추어 밀도를 높이는 역할을 한다.
※기본개념 : 온도와 밀도는 반비례관계이다.

[참고]
14 과급장치를 장착한 자동차에서 압축기의 오일 실(seal)이 손상되었다. 그 원인으로 가장 적당한 것은?

① 오일량이 과다할 경우
② 추운 날씨에 단거리 운전만 했을 경우
③ 습관적으로 장거리 고속주행 후 바로 시동을 껐을 경우
④ 솔레노이드 밸브가 고장났을 경우

과급장치 장착 차량을 고속주행 직후 바로 시동을 끄면 부동 베어링에 윤활유가 공급되지 않아 베어링 마모를 유발할 수 있으며, 터빈이나 압축기 쪽의 오일 실(oil seal)이 손상되어 윤활유 누설을 야기할 수 있다.

[참고]
15 과급기가 설치된 엔진에 장착된 센서로서 급속 및 증속에서 ECU로 신호를 보내주는 센서는?

① 부스터 센서　　　② 노크 센서
③ 산소 센서　　　　④ 수온 센서

부스터 압력 센서는 전자제어 디젤기관에 사용되는 것으로 과급된 흡입공기의 압력을 측정하여 출력전압을 ECU로 신호를 보내준다.

[참고]
16 과급기(turbo charger) 장치 중 터빈의 허용 과급압력을 제한하는 것은?

① 디퓨저　　　　　② 웨이스트 게이트 밸브
③ 인터쿨러　　　　④ 임펠러

웨이스트 게이트 액추에이터 및 밸브는 일정한 과급압력을 넘지 않도록 하는 과급 압력 제어 장치이다.

[참고]
17 가변용량 제어 과급장치(VGT)에 대한 특징으로 <u>틀린 것</u>은?

① 엔진의 작동에 따라 가변 흡입 날개에 의해 터빈 입구의 배기가스 유로 면적을 변화시킨다.
② 고속 영역에서는 배기유로를 축소시켜 터빈 구동력을 높여 토크를 증대시킨다.
③ WGT 시스템보다 엔진 출력 향상, 차량 가속 성능 향상, 연비 향상 등의 효과가 있다.
④ 배기가스의 흐름을 조절하여 흡입 공기량을 증감시키는 터보 과급장치의 일종이다.

저속 영역에서는 배기유로를 축소하여 토크를 증대시키고, 고속 영역에서는 유로를 확대하여 출력을 향상시킨다.

정답 9 ③　10 ①　11 ①　12 ④　13 ④　14 ③　15 ①　16 ②　17 ②

chapter 01

[참고]
18 VGT 장치에서 가변 베인을 작동시켜 유로 변환에 이용되는 원리에 해당하는 것은?

① 관성의 법칙 ② 지렛대 원리
③ 벤투리 효과 ④ 보일-샤를의 법칙

> 벤투리 효과 : 관 속에 공기가 흐를 때 면적을 좁게 하면 그 부분에서 속도가 빨라지고 압력은 떨어지는 것을 말한다.

[참고]
19 가변용량 터보차저(VGT) 장치의 작동 금지 조건이 <u>아닌</u> 것은?

① 급가속인 경우
② 냉각 수온이 0℃ 이하인 경우
③ 엔진 회전수가 700rpm 이하인 경우
④ VGT 관련 부품이 고장인 경우

> **VGT 시스템 작동금지조건**
> • 엔진회전수가 700rpm 이하인 경우(공회전·저속 구간에는 VGT 가동효과가 거의 없다.)
> • 냉각수온이 약 0℃ 이하인 경우
> • EGR, VGT 액추에이터, 부스터 압력센서, 흡입 공기량센서, 스로틀 플랫 장치가 고장인 경우
> • 가속페달 센서 고장인 경우에는 가변용량 터보차저를 ECU에서는 제어하지 않는다.

[참고]
20 VGT(Variable Geometry Turbocharger) 방식의 과급장치에 VGT제어를 위해 ECU에 입력되는 요소가 <u>아닌</u> 것은?

① 대기압 센서
② 노킹 센서
③ 부스터 압력 센서
④ 차속 센서

[참고]
21 흡기다기관의 상부에 부착되어 터보에 의한 압력 변화에 따라 피에조 저항식을 이용하여 유입되는 공기압력을 측정하여 ECU에 터보의 베인 컨트롤 액추에이터를 제어하는 데 필요한 데이터를 제공하는 센서는?

① 크랭크각 센서
② 노킹 센서
③ 부스트(boost) 압력 센서
④ 대기압 센서

> 부스트(boost) 압력 센서 : 터보에 의해 과급되는 부스트 압력을 측정하기 위해 흡기다기관의 상부에 부착되어 있다. ECU가 실제 부스터 압력을 계측해 목표 부스터 압력값에 맞추도록 피드백 제어를 하기 위한 것으로 피드백 제어에 의해 보다 정밀한 제어가 가능하게 된다.

[참고]
22 전자식 가변용량 터보차저(VGT)에서 목표 부스트압력을 결정하기 위한 입력요소와 가장 <u>거리가 먼</u> 것은?

① 연료 압력
② 부스트 압력
③ 가속페달 위치
④ 엔진 회전속도

[참고]
23 VGT 솔레노이드 밸브 점검시 점검 대상이 <u>아닌</u> 것은?

① 가변 베인
② VGT 액추에이터
③ 부스트 압력센서
④ 진공펌프

[참고]
24 VGT 장착 자동차에서 주행 중 엔진 출력이 떨어질 때 그 원인으로 <u>거리가 먼</u> 것은?

① 인터쿨러의 균열
② 오일 압력의 증가
③ 부스터 압력센서의 불량
④ VGT 솔레노이드 밸브의 손상

> • 인터쿨러 균열 : 압축공기가 누출되어 과급기의 허용속도가 초과되어 과급장치가 손상되거나 엔진 출력이 떨어진다.
> • 오일 압력 감소 : 과급장치의 축 베어링이 소착될 수 있다.
> • 부스터 압력센서 불량 : 터빈에서 생성된 흡입공기의 압력을 ECM로 전달하며, 고장 시 흡입공기압을 제대로 전달하지 못하므로 혼합기 조정이 안되어 불완전연소, 노킹, 부조현상을 초래한다.
> • VGT 솔레노이드 밸브 손상 : 과급기의 액추에이터가 작동하지 않아 엔진 출력이 떨어지고 가속이 되지 않는다.
> ※ 그 외 컴프레셔·터빈 휠의 손상, 솔레노이드 밸브에 연결된 진공호스의 손상 및 연결상태 불량, 액추에이터 불량 등도 원인이 된다.

[참고]
25 디젤 전자제어장치에 사용되는 부스트 압력센서에 대한 설명으로 틀린 것은?

① 터보차저에 의해 과급된 흡기관 내의 압력을 검출한다.
② 과급 압력이 과도하게 높을 경우 엔진 출력을 제한한다.
③ EGR 작동량을 보정하며, VGT 솔레노이드 밸브의 작동량을 결정한다.
④ 맵센서와 동일한 부압을 검출하는 방식이다.

> 흡기압력센서(부스트 압력센서)는 부압을 검출하는 맵센서와 달리 대기압보다 높은 압력을 검출하는 방식이다.

정답 18 ③ 19 ① 20 ② 21 ③ 22 ① 23 ① 24 ② 25 ④

[참고]

26 VGT 솔레노이드 밸브의 정상 작동 시 진동이 발생되는 듀티값은 약 얼마 정도인가?

① 35% ② 45%

③ 76% ④ 95%

> VGT 솔레노이드 밸브 작동 : 듀티값 76%에서 진공이 발생되고, VGT 솔레노이드 밸브 작동 듀티값 45%에서 진공이 발생되지 않으면 정상이다.

[참고]

27 VGT장치의 부스터 압력에 대한 설명으로 틀린 것은?

① 엔진 워밍업 후 아이들 시 부스트 압력센서 출력값은 약 1013hPa이다.
② 가속시 VGT 솔레노이드 밸브 작동 듀티값은 감소하며 부스트 압력값은 증가한다.
③ 부스트 압력값이 일정 이상 증가되면 VGT 솔레노이드 밸브의 작동 듀티값도 증가한다.
④ 엔진회전수에 비해 부스트 압력이 낮으면 부스터 압력센서의 고장일 수 있다.

> • 엔진 워밍업 후 아이들 시 부스트 압력센서 출력값은 약 1013hPa이다.
> • 가속시 VGT 솔레노이드 밸브 작동 듀티값은 감소하며 부스트 압력값은 증가한다.
> • 부스트 압력값이 일정 이상 증가되면 VGT 솔레노이드 밸브의 작동 듀티값은 더 이상 감소하지 않고 일정하게 유지된다. 만약 엔진회전수가 아이들 상태로 되면 VGT 솔레노이드 밸브의 작동 듀티값은 약 70%로 복원된다.(공회전 시 VGT 솔레노이드 밸브 작동 듀티값이 76%이다.)

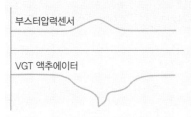

[참고]

28 VGT의 작동 원리에 대한 설명으로 틀린 것은?

① 저속에서 배기 통로를 축소시켜 배기 속도를 최대화시킨다.
② VGT 액추에이터는 ECU의 듀티율 변화로 유로를 조절한다.
③ 고속 영역에서 배기 통로를 확대시켜 배기 유량을 최대화하고 배압을 증가시킨다.
④ 저속에서는 베인 날개에 설치된 유니슨 링을 시계반대방향(CCW)으로 움직이고, 고속에서는 시계방향(CW)으로 움직인다.

> 고속 영역에서 배기 통로를 확대시켜 배기 유량을 최대화하므로 배압이 감소된다.

[14-3]

29 기관의 가변흡입장치(variable intake control system)의 작동원리에 대한 내용으로 틀린 것은?

① 기관의 저속과 고속에서 기관 출력을 향상시킨다.
② 기관이 저속일 때 흡기다기관의 길이를 짧게 한다.
③ 기관이 고속일 때 흡입공기 흐름의 회로를 짧게 한다.
④ 기관 회전속도에 따라 흡입공기흐름의 회로를 자동적으로 조정하는 것이다.

> • 저속 시 : 통로를 길게 하여 토크(회전력) 증가
> • 고속 시 : 흡입구를 짧게 하여 엔진출력 증가

[13-1]

30 자동차의 흡배기 장치에서 건식 공기 청정기에 대한 설명으로 틀린 것은?

① 작은 입자의 먼지나 오물을 여과할 수 있다.
② 습식 공기청정기보다 구조가 복잡하다.
③ 설치 및 분해조립이 간단하다.
④ 청소 및 필터교환이 용이하다.

> 필터만 있는 건식에 비해 습식공기청정기는 오일과 필터가 함께 있는 구조로 필터(천이나 울)가 오일에 젖어있다. 공기 통과 시 무거운 먼지는 오일에, 가벼운 먼지는 필터에 부착하는 방식이다.

[NCS 학습모듈-응용]

31 VGT 터보장치에서 VGT 솔레노이드 밸브 점검방법으로 틀린 것은?

① VGT 솔레노이드 밸브 저항 측정
② VGT 솔레노이드 밸브 제어선 전압측정
③ VGT 솔레노이드 밸브 전원선 전압측정
④ VGT 솔레노이드 밸브 신호선 전압측정

> • VGT 솔레노이드 밸브 전원선
> • VGT 솔레노이드 밸브 제어선
> • 단품점검(저항 측정)

chapter **01**

배출가스장치

Main
Key
Point

[출제문항수 : 약 0~1문제] 이 섹션은 출제기준에 포함되어 있지만 '디젤기관의 배출가스 특성' 정도로만 출제되었습니다. 대신 5장의 배출가스 검사에 대한 문제가 출제되었습니다. 향후 시험에는 출제여부를 알 수 없으나 기출 위주로 가볍게 학습하시기 바랍니다.

01 배출가스 성분

1 배출가스의 종류와 성분

① 배출가스의 종류 : 배기가스, 블로바이 가스, 연료증발 가스
② 배출가스의 구분

무해가스	질소(N_2), 이산화탄소(CO_2), 산소(O_2)
유해가스	탄화수소(HC), 질소산화물(NOx), 일산화탄소(CO), PM

2 유해배기가스의 주요 성분 및 특징

탄화수소
(HC)
	• 농후 및 희박 시 발생
	  → 농후한 연료로 인한 불완전 연소
	  → 희박한 혼합비로 인한 실화
	• 가솔린 엔진의 작동 온도가 낮을 때
	• 배출 형태 : 연료 증발가스(15%), 블로바이 가스(25%), 배기가스(60%)

질소산화물 (NOx)	• 질소와 산소의 화합물로, 연소온도가 높을수록 많이 배출 • 가솔린 엔진보다 디젤엔진에서 가장 많이 배출 • 호흡기 계통에 영향, 광화학 스모그의 주요 원인 • 농후 영역(λ : 0.9)에서는 산소농도가 낮아 NOx 발생이 억제되며, 희박 영역(λ : 1.1)에서 풍부한 산소 농도로 인해 연소온도를 높여져 NOx가 최대가 됨
일산화탄소 (CO)	• 인체에 가장 해롭다.(연탄가스) • 혼합비가 농후할수록 다량으로 배출되며 이론혼합비 이후의 희박 영역에서는 거의 발생하지 않는다.
입자상 고형 물질 (PM)	• PM(particulate matter) : 디젤 엔진의 배기가스 중 미세매연먼지를 말함(SOOT라고도 함) • 혼합비가 농후할수록 배출량이 증가한다.(희박한 영역에서 많이 배출되는 질소산화물과 대별된다.)
황 화합물 (SOx)	• 경유에 포함된 황(S) 성분이 연소실에서 산소와 반응하여 만들어진 산화물

3 기관별 배기가스 비중

① 가솔린기관 : CO(80%) > HC·NOx > PM
② 디젤기관 : NOx(50%) > PM > CO·HC·SO_2

→ 디젤기관은 공기과잉상태(희박)에서 연소가 진행되며, 압축비, 고온연소로 인해 NOx 비중이 크다.

4 가솔린엔진의 유해가스의 배출 특성

혼합비	HC	CO	NOx
매우 농후 (주로 저온)	↑	↑	↓
이론공연비보다 약간 희박 (주로 고온)	↓	↓	↑
매우 희박 (주로 저온)	↑	↓	↓

▶ **기관상태에 따른 배출가스 영향**

	HC	CO	NOx
공전·감속	↑ (공기 부족)	↑ (공기 부족)	↓
가속	↑ (미연소 가스 증가)	↑ (미연소 가스 증가)	↑ (온도 상승)

제동평균유효압력

⬆ 가솔린엔진의 혼합비에 따른 배기가스 배출농도

1 블로우바이(Blow-By) 가스 제어장치(환원) – PCV 밸브

(1) 가솔린 엔진의 블로우바이 가스 제어장치

① 피스톤 압축 또는 폭발행정 시 실린더 벽이나 밸브 가이드를 타고 누출되는 가스로, 크랭크케이스를 통하여 대기로 방출되는 가스

② 주성분 : **탄화수소(HC)** - 미연소 가스

③ 영향 : 크랭크실 압력 증가, 피스톤 펌핑 손실 증대, 출력 저하, 오일 산화 및 누유

④ **PCV(positive crankcase ventilation) 밸브** : 스로틀밸브의 열림 정도에 따라 흡입다기관 부압(진공압, 빨아당기는 압력)과 대기압의 관계를 이용하여 부압이 커지면 개방된다. 운전 부하에 따라 블로우가스가 빠져나가는 통로를 2군데로 나누어 제어한다.

• 공회전 및 감속(저부하 시) : 흡입 다기관의 진공이 커져 PCV 밸브가 열려 블로바이 가스가 서지탱크로 유입

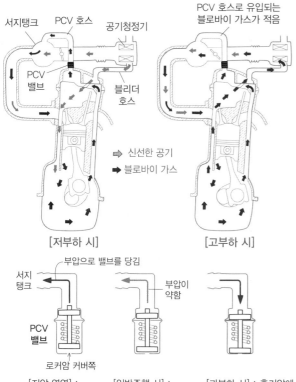

[저부하 시]   [고부하 시]

부압으로 밸브를 당김

서지
탱크

부압이
약함

PCV
밸브

로커암 커버쪽

[저압 영역] :   [일반주행 시] :   [과부하 시] : 흡기압에
밸브의 열림이 커짐   밸브의 열림이 작아짐   의해 밸브를 밀어냄

➡ 신선한 공기
➡ 블로바이 가스

저부하 시 : 신선한 공기 → 블리더 호스 → 엔진 내부에 신선한 공기와 블로바이 가스 혼합 → 스로틀밸브의 개방각도가 작아 진공이 커져 PCV 밸브 열림 → PCV 호스 → 서지탱크 → 흡입 다기관

고부하 시 : 크랭크케이스 내 압력이 커지고, 진공이 없어 PCV 밸브 거의 닫힘 → 블로바이 가스가 PCV 호스뿐만 아니라 블리더 호스로도 유입 → 스로틀 밸브 → 신선한 공기와 블로바이 가스 혼합 → 서지탱크 → 흡입 다기관

• 일반주행 및 가속(고부하 시) : PCV 밸브의 열림이 작거나 닫혀 헤드커버 안의 블로바이 가스는 블리더(breather) 호스를 통해 서지탱크로 흡입

(2) 블로우바이 가스 점검

① 블로우바이 가스 제어는 가솔린, 디젤, LPi 엔진에 해당

② 엔진 회전수를 3000rpm으로 가속 후, 오일 레벨게이지 통로를 통하여 블로우바이 가스가 토출되는지 확인

③ PCV(positive crankcase ventilation) 밸브 점검 시 또는 조립 후 진공압을 체크한다.

④ 블로바이 가스 과다 토출 시 실린더 벽 긁힘 및 피스톤링 불량이 의심되므로 압축압력을 시험한다.

2 연료증발가스(HC) 저감장치

① 연료탱크 내에 연료의 휘발성으로 인해 발생하는 증발가스(HC)의 대기 중 방출을 방지하는 역할로, **가솔린 엔진에만** 적용된다.

② 가솔린 엔진에서 배출되는 유해가스 중 HC의 약 20%는 가솔린의 증발에 의하여 발생한다.

③ 연료증발 방지는 연료탱크 캡의 압력밸브, 롤오버 밸브, 연료탱크 압력 센서, 캐니스터, PCSV 등에 의해 제어된다.

> ▶ **참고) OBD II의 적용대상**
> • 삼원촉매장치와 연료증발가스 저감장치는 OBD-II의 점검대상에 해당하며 기능이 상실되면 계기판의 경고등이 점등된다.
> • 연료증발가스 저감장치 : 연료탱크 압력 센서(FTPS), 에어필터, 캐니스터 닫힘 밸브(CCV)

(1) 연료탱크

① **연료 탱크 캡**

연료 소모 또는 기온 강하로 인해 압력 저하로 탱크가 찌그러질 수 있어 연료탱크 캡의 진공밸브가 열려 공기를 유입시킨다. 또한, 탱크 내의 증기압력이 높아지면 압력 밸브가 닫힘으로써 증발가스가 외부로 유출되는 것을 방지한다.

② **필러 넥 호스(filler neck hose)**

탱크에 가솔린이 주유되면 탱크 체적은 작아지고 증기압력은 높아진다. 이 압력을 빼주지 않으면 연료가 원활히 주유될 수 없기 때문에 필러 넥 호스를 병렬로 연결하여 원활한 주유를 도와주며, 필러 넥 호스를 통해 빠지는 증발가스는 롤 오버 밸브를 거쳐 캐니스터로 유입된 후 활성탄에 흡착된다.

③ **롤 오버 밸브(roll over valve)**

차량 전복 시 연료가 외부로 유출되는 것을 막아주는 장치로, 일종의 체크밸브이다. 차량이 90° 이상 기울어지면 연료가 차단된다. 롤 오버 밸브를 거쳐 캐니스터로 증발가스가 유출된다.

④ 연료 탱크 압력 센서(FTPS, fuel tank pressure sensor)

'배출'의 의미

- 탱크 내의 연료 증기압을 감지하여 ECU에 신호를 보내 **퍼지 제어의 기준**이 되며, **출력 전압의 변화량**으로 증발가스의 누설을 감지한다.

→ 증기 압력에 비례하여 출력 전압도 증가

- 연료 탱크 상부 혹은 캐니스터에 장착되어 있으며, 대기압에서 약 4.2V 또는 2.5V 정도가 출력

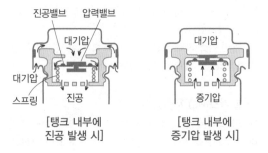

[탱크 내부에 진공 발생 시]   [탱크 내부에 증기압 발생 시]

- 연료탱크 내부에 진공이 발생할 때 : 캡과 주입구 사이의 틈새로 유입된 대기압이 스프링 힘을 누르고 진공밸브를 열어 탱크 내외의 압력을 동일하게 유지

- 연료탱크 내부의 증기압이 커질 때 : 내부 증기압이 대기압보다 크므로 압력밸브가 주입구를 막아 증기압의 외부 유출을 막음

(2) 캐니스터(canistor)

① **차량 정지** 시 증발가스를 캐니스터에서 포집(흡착·저장)하였다가 엔진이 워밍업되었을 때 ECM에 의해 **PCSV(퍼지컨트롤 솔레노이드 밸브)**를 열어 흡기다기관을 통해 재연소시킨다.

→ 캐니스터는 활성탄이 내장되어 연료증발가스(HC)를 흡착하여 저장

② 캐니스터는 연료탱크에서 발생된 증발가스 유입포트, PCSV를 거쳐 흡기다기관으로 나가는 증발가스 유출포트, 대기압과 연결되는 CCV 포트로 구성되어 있다.

③ 작동 조건에서 PCSV가 열리면 대기압 포트로 공기가 흡입되면서 증발가스가 공기와 함께 흡기다기관으로 유출된다.

④ 대기압 포트가 막히면 연료 탱크가 찌그러질 수 있고 연료캡을 열었을 때 증기압이 빠지는 소리가 날 수 있다.

⑤ 캐니스터가 정상일 경우, 증발 가스가 없을 시 연료탱크의 압력은 대기압을 유지한다.

(3) PCSV(퍼지 컨트롤 솔레노이드 밸브, purge control solenoid valve)

① 캐니스터의 포집된 연료증발가스를 흡기다기관으로 이송·조절하는 밸브이며, ECM에 의하여 듀티율(%)로 제어된다.

② NC(Normal Close) 타입으로 평상 시 닫혀 있다가 **엔진이 정상 온도에 도달 후 가속 시 PCSV가 열려 흡입공기량에 비례하여 작동**한다.

→ PCSV는 냉각수 온도가 낮거나 공회전 시에는 밸브가 닫혀 있다가 주로 가속 주행 시 밸브가 개방되어 증발가스가 서지탱크로 유입된다. 급가속 후 또는 감속 시에는 작동하지 않는다. %값이 높을수록 PCSV 열림량이 많다.

▶ PCSV의 작동조건

작동 조건	비작동 조건
• 냉각수 온도 70℃ 이상 • 아이들 스위치 OFF • 연료 피드백 보정 실시 • 엔진회전수 1500rpm 이상 가속 시	• 공회전 시 • 냉각수 온도가 일정 온도 이하 (예 50℃ 이하) • 시동 후 냉각 수온에 따라 일정 시간 동안 공연비 피드백 제어가 미실시 중이거나 피드백 제어 시 농후 상태가 일정 시간 지속 시 • DTC 고장 코드 감지 시 (누설 진단, 촉매 진단, PCSV 진단, CCV 진단 시)

(4) CCV(캐니스터 닫힘 밸브, canistor closed valve)

① 캐니스터의 대기환기 포트로 이용하며, 증발가스누설 검사 시에만 작동한다.

② NO(normal open) 타입으로 평상시에는 열려 있다가 증발 가스 누출이 감지되면 닫히는 구조다.

③ 캐니스터로 유입되는 공기 정화를 위해 에어필터가 장착됨

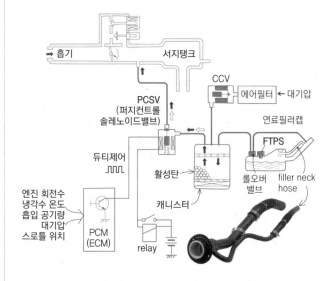

⬆ 증발가스 제어장치(PCM 제어방식)

(5) 주유캡

증발가스 대기방출 방지, 연료시스템 고장으로 부압이 발생하면 대기 환기 포트 역할

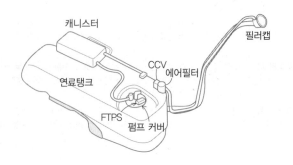

(6) 연료증발가스 누설 감지

> - 구성 : 증발가스 제어장치, FTPS, CCV
> - 누설 감지 : 연료탱크의 압력 변화(FTPS)를 이용하여 누설 여부를 ECM에서 판단
> - PCSV와 CCV를 이용해 연료탱크의 압력변화를 유도

① 자기진단 시 클러스터에 점등된 경고등(MIL)을 확인하고 스캔 툴을 이용하여 DTC 코드를 점검한다.

② 연료증발가스 누설 시험 : KOBD II가 적용된 2007년 이후 가 솔린 차량에서만 연료 증발 가스 누설 모니터링을 실시

→ 2007년 이전의 차량에서는 캐니스터 닫힘 밸브(CCV) 및 연료탱크 압력 센서(FTPS)가 없으므로 누설 판단을 할 수 없다.

→ KOBD : OBD II 시스템을 국내 환경에 맞춰 적용한 법규

③ 증발가스 누설 진단

- 누설 발생 – 대량 누설 발생, 소량 누설 발생
- 구성부품 고장 – PCSV, CCV, FTPS 회로 이상

구간	PCSV	CCV	설명
퍼지 제어	Open	Open	운행 중 퍼지 제어 여부 (워밍업 후 공회전 이상 가속 시 작동)
증발 가스량 (누설감시 1단계)	Close	Close	• 연료탱크 내 압력이 증발가스 생성 량에 따라 서서히 상승 • PCSV가 열림 고착 시 연료탱크 압력이 상승하지 못하고 감소(누설 감지모드 중단)
과다 누설 진단 (누설감시 2단계)	Open	Close	• 서지탱크의 진공에 따라 연료탱크에 부압 형성으로 누설 여부를 판단하는 구간 • 증발가스가 대량 누설 시 압력이 잘 떨어지지 않는다.
지연 (누설감시 3단계)	Close	Close	• 진공압력이 차단되어 연료량과 온 도에 따라 연료탱크 압력이 완만 히 상승 • 증발가스가 소량 누설 시 압력 상승 이 빠르다.
CCV 진단 (누설감시 4단계)	Close	Open	• PCSV가 닫힌 상태에서 CCV를 열면 압력이 급격히 상승 • 압력이 급격히 상승되지 않으면 CCV 닫힘 고착으로 판단

> ▶ **연료캡이 완전히 닫혀지지 않으면**
> 엔진경고등이 켜질 수 있으며, 진단기 측정 시 '증발가스 대량 누설' 메시지가 나타난다.

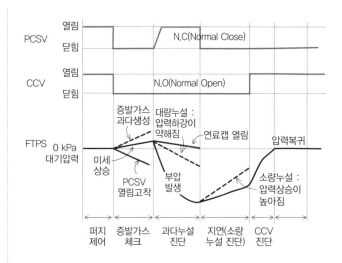

→ N.C(Normal Close) : 평상 시 닫혀있다가 전원 인가 시 열림
→ N.O(Normal Open) : 평상 시 열려있다가 전원 인가 시 닫힘

> ▶ **증발가스 누설시험 검사 조건**
> - 엔진 : 공회전(클로즈루프 상태 - 피드백), 냉각수온 80℃ 이상
> - 차속/흡기온센서, 공회전속도, 냉각수온센서 관련 증발가스/ 연료시 스템에 코장코드 없을 때
> - 연료탱크 압력이 안정된 상태, 배터리 전압 : 11V 이상
> - 시간제한 : 2분 대기(엔진 구동 후), 5분 대기(증발가스 누출검사 성공 후 재검사 시)

> ▶ **증발가스 누출 감시 방법**
> - 가압식 : 연료탱크에 압력을 가한 후 연료탱크 압력센서를 이용하여 일정 시간 동안 압력이 유지되는 정도를 판단한다.
> - 부압식 : 가압식의 반대로 엔진의 PCSV를 열어 연료탱크 및 라인을 부압 상태로 만든 후 연료탱크 압력센서를 이용하여 일정 시간 동안 압력이 유지되는 정도를 판단한다.
> - 두 방식 모두 연료라인의 누출을 검사하여 누출 정도에 따라 소량/대 량 누설 고장코드를 작동시킨다.

(7) 연료증발가스 기밀시험 – 스캔툴

① 누설 관련 DTC 감지 시 실시한다.

② 시동을 끄고 점화스위치 ON 상태에서 스캔툴 센서 출력에서 **연료탱크의 압력**을 확인한다.

③ 차량을 리프트로 올리고 캐니스터 닫힘 밸브(CCV)의 커넥터에 배터리 전압을 강제로 인가하고 일정 시간 후 FTPS의 출력 전압이 상승(외기 온도에 비례)하는지 확인한다.

→ 이때 연료 주입구 캡을 열어 FTPS가 대기압 상태의 전압인 2.5V(혹은 4.2V)로 떨어지면 FTPS와 연료주입구 캡은 정상이라고 판단한다.

④ 캐니스터에서 PCSV로 연결된 호스를 탈거한 후, 탈거된 호스에 압축 공기를 주입하여 FTPS의 전압이 4.5V(또는 2.8V)가 되도록 한다. 약 20초 후에 출력 전압이 떨어지면 증발가스의 누설이 있는 것으로 판단한다.

(8) PCSV 단품 점검

① 시동 ON, 엔진정지상태, 멀티미터로 PCSV 커넥터에서 솔레노이드 코일 저항을 측정

② 불량 시 : 누설 검사 불가

③ PCSV 진공호스에 진공펌프를 연결하고 진공압을 가한 후 진공 유지되고, 액추에이터 강제구동(PCSV 커넥터에 배터리 전압을 강제로 인가) 시 진공이 해제되면 정상

→ PCSV의 밸브는 평상 시 닫혀 있음으로 진공을 가하면 진공이 유지되어야 하고, 전압 인가 시 솔레노이드 코일이 작동하여 밸브가 열리면 진공이 해제된다.

(9) FTPS(연료탱크 압력센서) 단품 점검

① 센서 출력 확인, 누설 검사 시 전압 변화 확인

② 전압이 변화지 않으면 단품 불량 및 누설 가능성 높음

③ 공회전에서 0 kPa 이상/이하일 경우 연료캡을 탈거하여 변화값을 확인

❸ 배기가스 재순환장치 – EGR(Exhaust Gas Recirculation)

① 기본 원리 : NOx는 **고온의 희박한 혼합기**에서 다량 생성된다. EGR 밸브를 이용하여 배기가스의 일부를 연소실로 재순환시켜 연소실의 폭발 **온도를 낮추어 질소산화물**(NOx)의 발생을 감소시킨다.

→ 배기가스 유입으로 인해 공기의 산소농도가 낮으므로 온도가 낮아짐

② 운전영역 : EGR로 NOx 발생률은 낮출 수 있으나, 착화 성능 및 기관의 출력이 감소하며 CO 및 HC량이 증가하므로 질소산화물이 다량 배출되는 영역(**냉각수 온도가 65℃ 이상이고, 중속 이상**)에서만 작동되도록 한다.

▶ **EGR 액추에이터 비작동 조건**
- 엔진 냉간 시(냉각수 온도 65℃ 이하일 때)
- 급가속 시(3000rpm, 고부하) – 가속성능 향상을 위해 차단시킴
- 후처리 장치 재생 시
- 냉간 시동 또는 일부 공회전 상태(EGR 액추에이터 작동 듀티값이 5% 미만)
- EGR 제어 관련 부품 고장 시

(1) 가솔린 엔진의 EGR 특징

① NOx 배출량을 약 60%까지 감소시킬 수 있다.

② 가솔린 엔진의 EGR율은 최대 20% 이하로 제어된다.

③ **가솔린 엔진은 디젤보다 연소실 온도가 낮기 때문에 EGR 쿨러를 사용하지 않는다.**

④ 발전기의 진공펌프에서 EGR 밸브의 다이어프램으로 연결되는 진공 압력을 솔레노이드 밸브가 제어하는 방법을 사용하다가, 현재는 가변 밸브타이밍(VVT)을 통한 내부 EGR 제어 방식으로 변경되었다.

⑤ **EGR율** : 실린더가 흡입한 공기량 중 EGR을 통해 유입된 가스량과의 비율

$$EGR율 = \frac{EGR\ 가스량}{흡입\ 공기량 + EGR\ 가스량} \times 100\%$$

(2) 기계식(고압) EGR

① EGR 밸브와 솔레노이드 밸브가 분리되어 진공호스로 연결되어 있으며, 솔레노이드는 EGR 밸브의 진공 포트에 걸리는 부압을 컴퓨터에 의해 듀티율로 조절하며 배기가스를 재순환시킨다.

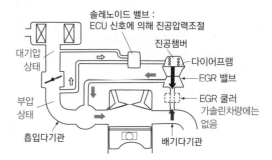

작동원리 : EGR 솔레노이드 밸브의 진공압을 조절하여 EGR 밸브의 다이어프램이 움직여 EGR밸브가 열려 배기가스가 흡기다기관으로 흐름

⬆ 가솔린 엔진의 기계식 EGR

(3) 내부 EGR(VVT, variable valve timing, 가변 밸브 타이밍)

① EGR 장치를 이용하지 않고, VVT를 통해 **밸브 오버랩을 최적화하여 EGR 효과**를 발생시키는 방법이다.

→ NOx는 연소실의 온도가 높을수록 많이 배출되므로 온도가 낮은 저속 구간(공회전) 시에는 작동하지 않으며(under lap), 중속 및 부분 부하 시에는 밸브 오버랩(흡기밸브의 열림 시점을 진각)시켜 배기가스의 일부를 흡기 쪽으로 유도시켜 흡기밸브가 열렸을 때 새로운 공기와 함께 연소실로 유입되어 펌핑 loss 저감 효과 및 EGR 효과가 발생함으로써 NOx를 저감시킨다. 이 때 오버랩을 최적으로 하기 위한 장치로 가변 밸브 타이밍(운전조건에 따라 밸브의 개폐시기를 변화시킴)이다.

② VVT 제어로 처리하지 못한 NOx 배출량은 삼원 촉매에서 후처리되고, VVT시스템이 고장나면 진각되지 못하므로 밸브오버랩은 작아져 엔진 가속이 불량해진다.

▶ 참고) **밸브 오버랩**(valve overlap)**과 구간별 효과**
밸브 오버랩 : 피스톤 상사점 부근에서 흡·배기밸브가 동시에 열려 있는 동안 크랭크축의 이동각으로, 흡기밸브가 열리는 각도를 진각시켜 밸브 오버랩을 증가시킨다.

- **저속 구간** : 밸브 오버랩을 최소화하여 안정된 연소를 유도하여 공회전 속도를 낮춤으로써 연비 향상
- **고속 구간** : 밸브 개폐 속도가 빠르기 때문에 연소실에 충분한 혼합비가 유입될 수 있는 시간적인 여유가 없으므로 밸브 오버랩을 크게 하여 충진효율을 향상시켜 출력 향상

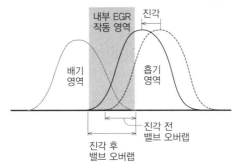

↑ 밸브오버랩과 EGR 효과

자기 자신은 변하지 않고
다른 물질의 화학 변화를 촉진시키는 물질

4 삼원촉매장치(촉매 컨버터)(TWC)

(1) 삼원촉매 개요

① 배기가스가 컨버터를 통과할 때 3가지 유해가스(CO, HC, NOx)의 산화/환원반응을 촉진시켜 N_2, CO_2, H_2O, H_2로 변화시키는 장치이다.

② 촉매재료와 작용

구분	촉매재료 및 대략적인 반응식
산화반응 (CO, HC)	• 백금(플라티늄, Pt), 파라듐(Pd) • $CO + 1/2 O_2 \rightarrow CO_2$, $CO + H_2O \rightarrow CO_2 + H_2$ • $HC + O_2 \rightarrow CO_2 + H_2O$ • $HC + H_2O \rightarrow CO_2 + H_2$
환원반응 (NOx)	• 로듐(Rh) • $NO + CO \rightarrow N_2 + CO_2$ • $NO + HC \rightarrow N_2 + H_2O + CO_2$ • $NO + H_2 \rightarrow N_2 + H_2O$

▶ **조촉매제(산화세륨)**

CO, HC는 산소와의 반응이 좋아 배기가스 중 산소가 많으면(희박) 산소를 흡장(흡수)하고, 산소가 적으면(농후) 저장된 산소를 배출한다.

- 혼합비가 농후하여 NOx 발생량이 적을 경우에는 CO, HC의 배출량이 상대적으로 늘어나는데, 이때 산화세륨에서 배출된 산소를 이용하여 CO, HC의 산화 작용을 돕는다.
- 반대로 혼합비가 희박하여 NOx 발생량이 많을 경우에는 로듐에 의해 NOx에서 분리된 산소(환원)를 산화세륨에서 흡장한다.

③ 촉매는 LOT(약 250~300℃) 이상일 때 활성화되며, 800℃ 이상에서 장시간 노출되면 촉매는 열영향으로 인해 효율 저하, 수명단축, 변형 등을 야기하므로 약 **400~800℃**(적정 온도)를 유지하는 것이 좋다.

→ 공회전 시 배출가스 온도가 낮아(약 200~300℃ 이하) 삼원촉매장치의 효율이 10% 이하로 떨어져 주행시와 비교하여 CO는 6.5배, HC는 2.5배 더 많이 배출된다.

→ 알아두기) 산소센서도 약 300℃ 이상일 때 작동된다.

④ 촉매 구조 : 세라믹으로 구성된 담체에 촉매 물질을 얇게 바른 와시코트 층이 코팅되어 벌집 모양의 형태로 표면적을 넓혀 분포되어 있다.

⑤ 효율 향상을 위해 **2차 공기 공급장치와 함께 사용**한다.

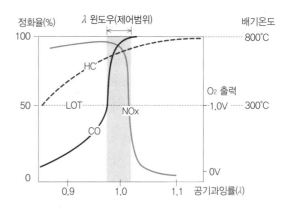

※ 이론공연비에서 정화효율(약 80% 이상)이 최대이다.

※ λ **윈도우**(windows) : 삼원촉매장치의 정화효율은 배출가스의 공연비에 영향을 많이 받는다. 삼원촉매의 정화효율은 유입되는 배출가스의 공연비가 이론공연비 부근의 일정 범위 내에서 높으며, 이 범위를 말한다.

※ **LOT**(light of temperature, 활성개시 온도) : 촉매의 정화율이 50%가 되는 시점의 온도 (약 250~300℃)

↑ 공연비에 따른 삼원촉매의 정화율

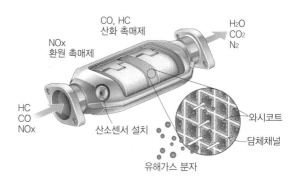

↑ 삼원촉매장치

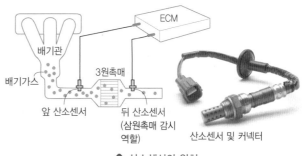

↑ 산소센서의 위치

(2) 삼원촉매의 전·후방 산소센서

① 삼원촉매를 기준으로 전·후단으로 산소센서가 장착되며, 전방 산소센서는 이론공연비를 위한 피드백 제어로 이용되며, **후방의 산소센서는 촉매제 성능을 감시(감지)하는 역할을 한다.**

→ 후방에 위치한 Down-stream 산소센서의 반응 상태로써 삼원촉매의 상태를 판단한다.

② 후방 산소센서의 출력은 가·감속 시 크게 반응해서는 안 되며, 전단의 산소센서와 동일하게 움직이지만 가·감속 시 급격한 반응을 보이면 삼원촉매의 불량이다. 삼원촉매를 거쳐나온 배기가스에서 <u>산소농도는 감소한다.</u>(농후상태, 0.6~0.7V 부근에서 출력변화가 없음)

→ 즉, 산소가 다량 존재한다면 삼원촉매의 정화율이 떨어진다.

▶ 참고) **위치에 따른 산소센서의 구분**
- 촉매 전단의 산소센서 : Up-stream 산소센서, S1로 표시
- 촉매 후단의 산소센서 : Down-stream 산소센서, S2로 표시

▶ 참고) **삼원촉매장치 장착 차량의 주의사항**
- 가솔린은 반드시 무연가솔린을 사용한다.
- 엔진을 최상의 상태로 유지한다.
- 엔진 파워 밸런스 시험은 실린더 당 10초 이내로 한다.
- 차량을 밀어서 시동을 걸지 않는다.
- 주행중 절대로 점화 스위치를 끄지 않는다.
- 잔디, 낙엽, 카펫 등 가연성 물질 위에 주차시키지 않는다.
- 엔진 작동 중 촉매나 배출가스 정화장치에 손대지 않는다.

---

(3) 삼원촉매 정화율 점검

① 엔진 시동 및 워밍업
② 스캔툴 연결 및 센서 출력에서 O_2 센서 관련 데이터 선택
③ O_2 센서에 공급되는 열선 듀티값의 측정 확인
④ 공회전 시 삼원촉매 전단(S1) O_2 센서가 피드백 제어 여부 확인
⑤ 공회전 시 삼원촉매 후단(S2) O_2 센서가 일정한 전압을 유지하는지 확인

▶ **삼원촉매의 고장진단**
- 촉매 정화율이 60% 이하에서는 S1·S2 산소센서의 출력전압이 동일한 패턴으로 출력되므로, S2 산소센서의 진폭이 200mV 이상이 넘어가면 촉매 불량이 의심된다.

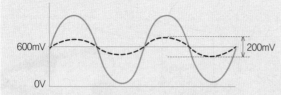

- S2 산소센서를 탈거 후 배압게이지를 설치하여 촉매의 막힘여부를 검사할 수 있다.
- 산소센서의 출력전원 외에 삼원 촉매 전·후단의 온도를 측정하여 촉매의 작동을 간접적으로 점검할 수 있다. 온도차가 지나치게 크면 실화로 인한 촉매의 온도 상승을 의심할 수 있다.

---

1 디젤엔진의 배출 특성

① 가솔린 엔진은 이론공연비에 가까운 제어로 배출가스 중 HC, CO, NOx을 삼원 촉매로 정화 효율이 높지만, 디젤 엔진은 **NOx**의 정화가 어렵고, **PM**(입자상 물질) 배출이 많다.

→ 디젤 엔진은 이론 공연비 제어가 어렵고 공연비가 희박하기 때문(디젤 엔진은 공기 과잉율이 큰 영역에서 연소가 이루어짐)

② 저감 대책 : 연소실 형상, 고압연료분사, EGR 등 엔진 본체의 개선과 더불어 NOx 흡장(흡수저장) 환원형, SCR(선택 환원형)

2 디젤배출가스 규제

① EURO-6C : 도로 주행 측정 방식과 연동하여 배기가스 측정
② 배기가스 후처리장치 : 유해가스(PM과 NOx) 저감을 위한 DPF, LNT, SCR, 저압 EGR 등

3 블로우바이 가스 제어장치

① 디젤 엔진의 압축압력이 가솔린 엔진보다 높으므로 블로우바이 가스가 더 많이 형성되고, 대부분 과급기가 장착되어 있어 과급기(펌프) 출구의 압력은 대기압보다 항상 높다. 따라서 블로우바이 가스의 유입이 어려우므로 **블리더 호스를 과급기 입구의 에어클리너 호스와 연결**하여 블로우바이 가스를 흡입 다기관 및 연소실로 유입시킨다.

② 오일 분리기(oil separator) : 디젤 블로우바이 가스는 발생량이 많고, 고압이기 때문에 가스 유입 시 크랭크실의 엔진 오일도 함께 빨려 나갈 수 있으므로 블리더 호스 사이에 오일을 걸러주는 오일 분리기를 설치한다. 오일 분리기는 구조상 PCV 밸브와 결합되어 비중차에 의해 유분를 분리시켜 오일팬으로 다시 보낸다.

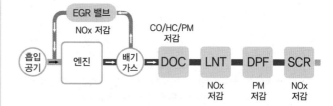

※ 그림과 같이 모든 저감장치를 장착하는 것이 아닌 선택적으로 장착한다.

↟ 디젤엔진의 배기가스 저감장치 개요

구분	저감가스	비고
EGR V/V	NOx	
DOC(디젤산화촉매)	HC, CO, PM	DPF, SCR 촉매 성능 향상
DPF(디젤매연필터)	PM	
LNT (디젤질소산화물흡장촉매)	NOx	흡장 및 재생
SCR(선택적 촉매환원)	NOx	요소수 사용

4 디젤산화촉매(DOC, diesel oxidation catalyst)

① **HC**(탄화수소)와 **CO**를 80% 이상 감소시키고, **PM**(매연, 입자상 고형물질)의 용해성 유기물질인 SOF 성분을 50~80% 제거한다.

> → DOC가 산화 반응하기 위해 산소가 필요한데, 디젤엔진은 희박 연소하기 때문에 CO, HC의 정화에 큰 어려움은 없다.

② 배기가스 온도가 300℃ 이상에서 이산화황(SO_2)은 산소와 반응하여 삼산화황(SO_3)과 황산(H_2SO_4)을 생성한다.

③ 촉매제 : 백금(Pt)이나 팔라듐(Pd), 로듐(Rh)

> → 저온 활성화(디젤기관의 배기가스 온도가 약 800℃ 이하로 낮음)가 우수하기 때문이다.
> → 참고) 가솔린 엔진의 배기가스 온도 : 1050℃

④ LOT(촉매의 활성화 개시온도)를 고려하여 배기 매니폴드에 장착되는 MCC(manifold catalitic convertor) 타입이며, DOC+(C)DPF, LNT+(C)DPF의 형태로 설치된다.

> → CDPF : 촉매기능이 포함한 DPF, LNT : Lean NOx Trap

⑤ 디젤산화촉매의 기능

> • 산화 작용 : CO를 CO_2로, HC를 H_2O로 변환하면서 이때 발생하는 **산화 반응열로 배기가스 온도를 높여 DPF의 재생(regeneration)을 돕는 역할**을 한다.
> • NO를 NO_2로 산화 반응 : DPF에서 soot의 연소 온도를 낮추는 기능

5 매연 저감 장치(DPF, diesel particulate filter)

(1) DPF 개요

> → 주로 고온, 희박에 다량 발생

① PM(매연)은 NOx와 반대로 **혼합비가 농후할 때** 발생한다. DPF는 배기가스 중 PM을 포집한 후 일정량이 누적되면 연소(재생)를 통해 태운다.

② CDPF : DPF에 촉매기능이 포함된 것

> ▶ **PM의 종류**
> • 고체상 입자(SOL, solid fraction) : PM의 대부분을 차지하는 시커먼 매연(soot)
> • 용해성 입자(SOF, soluble organic fraction) : PM의 40%를 차지하고 DOC에서 80% 이상 용해 분해됨
> • 황산화물 입자(SO_4, sulfate particles) : 소량 포함

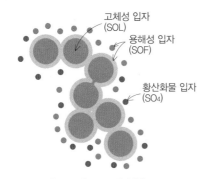

고체성 입자 (SOL)
용해성 입자 (SOF)
황산화물 입자 (SO_4)

⬆ **PM의 구조 및 성분**

(2) DPF 구조

DPF는 사각형 모양의 통로(채널)가 벌집 모양으로 배열되어 백금이 코팅되어 있는 필터이다. 채널 입구와 출구가 교대로 막혀 있어 채널 입구로 유입된 배출가스는 터널 출구가 막혀 있기 때문에 다공질 벽을 통과해 옆 채널 출구로 빠져나가며, 입자상 매연은 채널에 걸려 포집된다.

> → 백금 : 재생(연소)을 촉진하는 역할

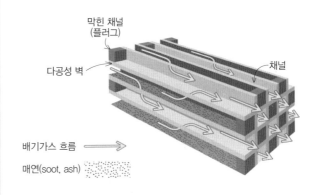

막힌 채널 (플러그)
다공성 벽
채널
배기가스 흐름
매연(soot, ash)

(3) DPF 재생(regeneration) 기능

① 포집된 매연(soot)이 과다 퇴적되면 배압이 높아져 배기가스의 흐름이 원활하지 못하여 출력·연비 저하, 매연 과다 발생, 배기계통 손상 등을 초래하므로 SOOT(PM)을 태워 제거하는 '재생' 과정이 필요하다.

② 재생은 16g 퇴적시마다 자연적으로 재생하는 자연재생과 주기적·인위적으로 태우는 강제 재생이 있다.

(4) DPF 재생 방법

DPF 재생(산화) 시 **약 550~600℃의 온도가 요구**되며, 두 번에 걸친 **후분사(post injection)를 통하여 실시**한다.

> → 고부하 운전에서는 문제가 없지만 중·저부하에서는 배기가스 온도가 낮기 때문에 재생이 불가능하므로, 후분사를 통해 CO, HC 배출을 극대화시켜 **DOC 산화열을 이용하여 DPF 재생을 수행**한다.
> → 후분사(post injection) : 디젤 연료를 촉매컨버터에 공급하여 DPF 재생하거나 LNT에 공급하여 NOx 저감을 위한 분사
> → post1 분사에 의한 연소열과 DOC에서 CO, HC 산화과정에 발생한 반응열로 추가로 온도를 올려 600℃의 고열을 발생

(5) DPF 자연 재생

구간	설명
차압센서 이용	• **DPF 전·후방에 발생한 압력차로 soot 축적량을 간접 계산하는 방법**이다. • 매연 입자량이 많을수록 입구와 출구의 압력 차가 커지는 것을 이용하여 차압센서 기준 16g의 퇴적 시마다 재생 시기로 판단하여 자연 재생시킨다.
주행거리 이용	• 운전 조건에 상관없이 일정한 주행 거리를 초과하면 재생을 하도록 하는 방법이다. • 일반적으로 이전 재생 시점으로부터 500km 주행 시마다 자연 재생시킨다. → 고속 주행을 주로 할 경우 배기가스 온도가 높아 매연 입자 포집에 의한 엔진 성능 저하를 걱정하지 않아도 되지만, 단거리·저속 운행을 주로 하는 경우 배기가스 온도가 충분히 상승되지 않으므로 일정 거리를 주행한 후에도 매연 입자가 필터 내에 쌓여 악영향을 미칠 수 있다.
엔진구동시간 이용	• 차압 센서나 주행 거리를 이용한 재생이 일어나지 않았을 경우 이전 재생 시점부터 엔진구동시간을 계산해 약 15시간마다 자연 재생시킨다.
컴퓨터 시뮬레이션 이용	• ECM에서 주행 거리, 엔진 구동 시간, 연료 분사량 등 다양한 운전 조건을 계산한 후 PM이 쌓인 양을 예측하여 자연 재생시킨다.
스캔툴 이용	• 자연 재생 방법으로 재생이 원활하지 못해 soot량이 퇴적될 경우 스캔툴을 이용하여 강제 재생시킨다. • 주로 시내 주행 위주로 운행할 경우에 적용

(6) DPF 강제 재생

① 반복적인 저속 운행(5~10km/h) 또는 단거리 주행(10분 이내), 빈번한 정차 운전(아이들 운전)으로 DPF 재생이 수행되지 않을 경우, 진단장비를 이용하여 강제적으로 DPF를 재생한다.

② 재생이 완료 후 정지 버튼을 누르면 엔진 회전수가 공회전으로 감소되며 DPF soot량은 0g에서 약간 상승한다.

③ 강제 재생 시간은 약 30분 이상이 소요되며, 강제 재생이 끝나면 무부하 급가속 시 DPF 전단 압력을 점검한다.

(7) 오일 딜루션 현상과 PDF 전용 오일

① 오일 딜루션(dilution) 현상 : 재생은 사후 분사를 통해 이루어지므로, 일부 후분사된 연료가 피스톤링을 타고 크랭크케이스로 유입되어 엔진 오일 속에 연료가 섞여 오일 양이 늘어나는 현상을 말한다.

→ 따라서 반복하여 강제 재생을 하지 않도록 하며, **재생이 끝난 후에는 오일 양을 반드시 체크하고 경우에 따라 오일을 교환**하여야 한다.

② 촉매 보호를 위해 '황'과 '인'의 함량을 최소화한 친환경 C등급을 통과한 DPF 전용 오일을 사용해야 한다. 최근 차량의 고성능화로 연비 절감 등을 이유로 C1~C4 등급 중 C3등급 이상(C1, C2, C3)을 사용해야 한다.

> ▶ **DPF 강제 재생 조건**
> • 냉각수 온도 : 약 70℃
> • 엔진 공회전
> • P단(A/T) 또는 중립(M/T)
> • 배터리 전압의 정상 상태
> • 전기 부하 상태 (에어컨 ON, 블로워모터 부하 최대, 헤드램프 ON, 기타 램프 ON 등)
> • 엔진 후드 열림
>
> ▶ **DPF 재생 금지 조건**
> • ECM 모듈 내 결함코드 발생 시
> • 연료탱크 내 연료가 약 25% 이하일 경우
> • 배기가스 온도 및 냉각수온이 낮을 경우
> • 정차 또는 저속 주행만 할 경우
>
> ▶ 강제 재생 도중 가속페달을 밟으면 재생을 실패한다.

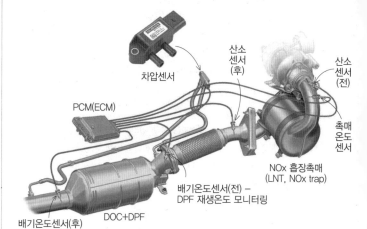

⤴ 디젤엔진의 배기계통의 예

6 디젤엔진 EGR - (배기가스 재순환장치, NOx 감소장치)

EGR은 가솔린·디젤엔진 모두 사용되나, **디젤엔진의 NOx저감이 가솔린엔진보다 어렵다**. 그러므로 디젤엔진에서는 NOx 저감을 위해 SCT/LNT와 함께 사용된다.

→ 디젤엔진은 희박 연소 및 높은 압축비로, 가솔린 엔진에 비해 NOx 배출량이 많으며, EGR 제어가 복잡하다.

→ 가솔린 엔진처럼 스로틀 밸브가 없기 때문에 흡기라인에 부압이 발생하지 않아 흡·배기의 압력차가 크지 않아 배기가스 재순환 유량조절에 어렵다. 따라서 과급기의 터빈 전방의 고온고압의 EGR가스를 흡입다기관으로 유입시켜야 한다.

(1) 기계식(고압) EGR

가솔린 엔진의 기계식 EGR 밸브처럼 EGR 밸브와 솔레노이드가 분리되어 진공 호스로 연결되어 있으며, 솔레노이드는 EGR 밸브의 진공 포트에 걸리는 부압을 ECU에 의해 듀티율로 조절하며 배기가스를 재순환시킨다.

→ 이 방식은 EURO 3까지 적용되었으며, 재순환되는 배기가스를 EGR 쿨러를 사용하여 냉각 후 흡기다기관에 유입시킨다. 공기 유량 센서(MAFS)를 이용하여 EGR을 제어한다.

(2) 전자식(고압) EGR

기계식과 달리 EGR 밸브와 솔레노이드를 통합된 형태이며, ECU의 전기적인 듀티율로 조절되고 기계식처럼 진공(부압)이 필요없다.

→ 최근에는 EGR 밸브와 모터를 하나의 통합되어 있으며, EGR 밸브 위치를 감지하는 센서가 적용되어 있다. MAFS 및 람다 센서 그리고 에어컨트롤밸브(ACV)를 통하여 정밀한 EGR 제어를 수행한다.

(3) 전자식(저압) EGR (Low pressure loop EGR)

① DPF가 장착된 경우 DPF 후단에서 고압 EGR보다 깨끗한 배기가스를 추출하여 과급기의 펌프 전단에 공급하는 방식이다.
② 저압 EGR의 특징

장점	• 배기가스가 과급기와 EGR로 분산되지 않으므로 엔진 출력이 상승하며, DPF 후단에서 PM을 감소시킨 배기가스를 추출하므로 엔진 내구성이 좋다. • DPF 후단 온도가 과급기 전단보다 낮으므로 EGR 쿨러의 용량을 줄일 수 있으며, 고압 EGR 제어보다 NOx를 더욱 저감할 수 있다. • 과급기 펌프 입구로 배기가스를 공급하여 신선한 공기와의 혼합을 고르게 할 수 있다.
단점	• DPF의 효율이 저하될수록 과급기의 펌프를 손상시킬 수 있으며, 재순환되는 배기가스 내 수분이 응축하여 산성을 띠며 관내를 흘러 부식을 유발한다. • 파이프의 길이 증가로 인해 가속 시 반응속도가 늦어지므로 DPF 후단에 DC모터 형식의 배압 조절 밸브를 두어 배기가스의 유속과 압력을 변화시켜야 한다. • 저압 EGR 밸브 및 솔레노이드 밸브, EGR 위치 센서, 저압 EGR 쿨러, 저압 EGR 차압 센서(DPF 후단과 과급기 펌프 전단의 압력차를 판단) 등 시스템이 복잡하다.

(4) 듀얼(저압+고압) EGR

고압 EGR과 저압 EGR은 구별되어 사용하는 것이 아니라 둘 다 같이 사용한다.

① 저속 저부하 시 : 고압 EGR 사용
→ 기관의 열 과부하가 심하지 않으므로 빠른 응답을 위해
② 고속 고부하 시 : 저압 EGR 사용
→ DPF를 통과한 깨끗하고 냉각이 된 저압 EGR을 사용하여 연소실 내부의 공연비 장애를 덜 일으키게 함으로써 엔진 출력 향상 및 NOx 저감률을 높인다.

(5) EGR 쿨러

① 디젤엔진의 EGR장치는 EGR 쿨러가 필요하다.
② 저온 소량의 EGR 가스를 주입
→ EGR 가스의 증가만큼 흡입 공기량이 감소하므로 PM이 증가하고 연비가 악화 우려가 있기 때문
③ 배기가스 온도를 100℃까지 내려야 하므로 내열성 및 부석 및 오염성에 강한 재질이어야 한다.

(6) EGR 쿨러 바이패스 밸브

EGR 쿨러 바이패스는 LNT를 재생하거나 엔진 냉각수 온도가 약 55℃ 이하일 경우 EGR 가스가 쿨러를 거치지 않고 흡기다기관으로 바이패스 시키며, 55℃ 이상일 경우에는 정상적으로 쿨러를 통해 EGR 가스를 냉각시킨다.

→ 이유 : PM(농후)과 NOx(희박, 고온)의 발생 조건이 상반되기 때문에 중간의 절충점을 찾기 위해서이다.

▶ 과급기 터빈 전방의 EGR 가스를 흡입다기관 유입 시 문제점 및 대책

• 수냉식 EGR 쿨러 장착 이유 : 배기가스 흐름이 과급기 터빈과 EGR로 분산되므로 과급압력이 떨어져(충진 효율 저하) 엔진 출력이 저하된다. 그러므로 고온의 EGR 가스로 인한 충진 효율 저하 방지를 위해 고용량의 수냉식 EGR 쿨러가 필요함 (→ 냉각시켜 공기밀도를 높여 충진효율을 높임)
• EGR 열림 고착 시 → 과급효과가 떨어져 출력 부족 및 매연 발생
• 정화되지 않은 배기가스의 매연 성분으로 인해 EGR 밸브 및 흡기 라인의 카본 오염 발생
• EGR 가스가 연소실에 직분사하기 때문에 새로운 공기와의 혼합이 좋지 않고 혼합기의 균일성이 떨어져 PM 발생 증가 및 엔진오일 오염 초래
• 에어컨트롤밸브(ACV) 장착 이유 : 가솔린 엔진의 스로틀 밸브와 유사하나 EGR 가스 감소 목적으로 장착된다. 디젤 엔진의 흡기다기관의 압력은 가솔린 엔진처럼 부압 상태가 아니기 때문에 배기가스가 유입되기 위해서는 EGR 가스의 유입량만큼 흡입 공기량이 감소되어야 한다. 특히, 저속 영역에서는 배기가스의 배압이 낮아 EGR 가스가 흡기쪽으로 유입되기 어렵다. 이로 인해 강화된 NOx 규제에 만족하기 위해 ACV를 장착해 흡입 공기량을 감소시켜 EGR율을 흡입 공기량 전체의 50%에 가깝게 한다.

구형 디젤엔진에서는 출력제어를 위해 공기 흐름을 제어하지 않으므로 ACV가 없다. 반면 현재 디젤엔진에서 에어컨트롤밸브(ACV)를 장착하여 EGR를 돕는 역할을 하여 연소온도를 낮추어 NOx 감소를 목적으로 함

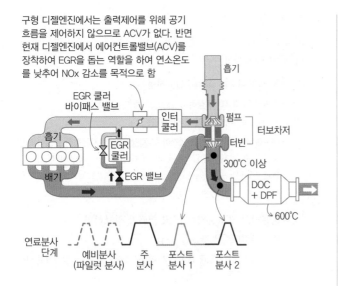

↑ 고압 EGR

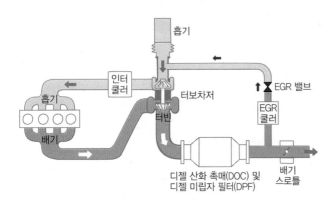

↑ 저압 EGR

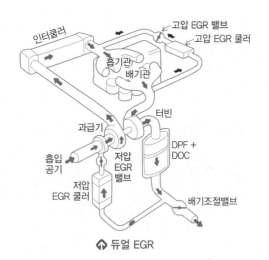

↑ 듀얼 EGR

7 NOx 흡장 촉매(LNT, lean NOx trap)
– NSR(NOx storage reduction), NSC(NOx storage catalyst)

① LNT는 기존의 디젤산화촉매(DOC)에 탄산바륨($BaCO_3$)을 코팅한 촉매제로, <u>EGR 시스템에서 처리하고 남은 NOx</u> 배출량을 정화시킨다.

② 기본 원리 : 통상 주행(희박 모드) 시 LNT 촉매에 NOx를 흡장(흡착·저장)했다가 공연비가 농후할 때 촉매 반응을 통해 N_2로와 CO_2로 배출하는 동시에 NOx trap 기능을 복원시킨다.

→ 희박 모드($\lambda > 1$)로 주행 시 NOx 배출량이 많아진다.

③ 주로 배기량이 상대적으로 적은 디젤 차량의 배기가스 후처리 장치로 사용된다.

④ 구성 : DOC와 LNT가 함께 어셈블리로 구성되어 매연 저감 장치(DPF)와 직렬로 구성된다.

⑤ LNT 재생의 종료 : LNT 전·후방에 장착된 람다 센서의 출력 값을 비교하거나, 재생 시작 10~12초 후에 자동 종료된다.

⑥ LNT의 저장과 재생반응

모드	반응
LNT 저장 (NOx 흡장) – 희박모드	디젤산화촉매(DOC)의 백금(Pt)에 의해 NOx의 NO 성분과 O_2와 만나 NO_2로 산화되고, 탄산바륨($BaCO_3$)과 반응하여 질산염 $Ba(NO_3)_2$ 형태로 흡장되면서 CO_2를 배출시킨다. → NO + O_2 → NO_2 + $BaCO_3$ → $Ba(NO_3)_2$ + CO_2 (촉매제) (흡장 형태)
LNT 재생 (NOx 탈장) – 농후모드	컴퓨터는 인젝터 후분사(Post injection)를 통해 농후 혼합비로 제어하여 LNT에 HC, CO 등이 공급되고 로듐(Rh) 촉매에 의해 질산염($Ba(NO_3)_2$)이 질소(N_2)와 탄산바륨($BaCO_3$)으로 환원된다.

↖ 산소를 잃는 것

[희박 시– 흡장]   [농후 시 – 재생]

↑ LNT 환원 원리

8 선택적 환원 촉매 (SCR, Selective Catalytic Reduction)

(1) 개요

① 필요성 : NOx 저감장치인 EGR는 연소실 온도가 내려가면 매연이 증가하므로, 이를 보완하기 위해 DPF 용량을 증가시키면 시간에 따라 점차 배압이 증가되므로 엔진 출력 저하를 초래한다.

② 배출가스에 탄화수소(HC), 암모니아(NH_3) 등의 환원제를 이용하여 NOx를 저감시키는 방법이다.

③ 촉매(환원)제에 따른 SCR의 분류 : <u>Urea-SCR, HC-SCR</u>

④ 역할 : SCR 촉매를 사용하면 EGR의 역할은 줄게 되고 고온고압 연소가 가능하게 되어 **출력과 연비를 향상**시킬 수 있다. 또한 매연 발생량도 줄게 되어 DPF의 용량을 줄일 수 있으므로 불필요한 배압이 발생되지 않는다.

⑤ 필수 장착 대상 : **EURO-6 기준**에 적용받는 디젤 차량 중 배기량 2500cc 이상

▶ SCR, LNT는 통상 단독 사용이 아니라 EGR와 함께 설치된다.
　예) 1) EGR, DOC+DPF, SCR
　예) 2) EGR, LNT+DPF, SCR

(2) Urea-SCR (암모니아 SCR)

① SCR 촉매 전단에 요소수(암모니아+물)를 분사하여 배기가스 중 NOx를 선택적으로 환원하여 질소와 물로 환원하는 방식이다.(요소수의 경우 가스열로 물은 증발되고, 암모니아만 남는다.)

$$→ \quad 4NO \quad + \quad 4NH_3 \quad + 6O_2 → 4N_2 + 6H_2O$$
　　　　(일산화질소)　(암모니아)　　　　(질소)　(물)

② Urea-SCR 특징 : 다른 NOx 저감방식에 비해 저감효율이 가장 높고, 연비 특성이 우수하며 제어가 쉽고 안정적이다.

　→ 200℃에서 NOx 저감율은 50~60%, 300℃에서는 90%의 저감율

③ 요소수의 특징 : 무독성, 어는점 -11℃

④ 요소수의 관리 : 요소수의 농도가 규정치를 미달/초과 시 교체해야 하며, 장기간 보관 및 고온, 자외선에 노출되면 요소수 분해에 영향을 미친다.

⑤ HC-SCR보다 NOx 저감효과가 높지만 요소수 탱크 및 펌프, 분사노즐, 제어장치와 같은 별도의 공급장치가 필요하여 **장치가 복잡해진다.**

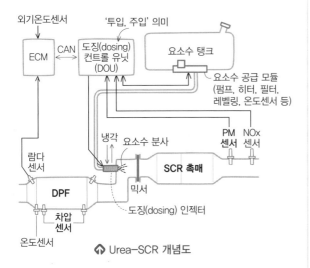

↑ Urea-SCR 개념도

⑥ Urea-SCR 장치에 사용되는 센서

NOx 센서	• SCR 촉매 전·후방에 각각 장착하여 SCR 정화율을 모니터링하여 불량 시 DTC(고장코드) 경고등을 점등시킨다. • NOx 센서는 충격에 매우 취약하므로 주의해야 함
PM 센서	• DPF 후단에 사용되는 센서와 동일한 기능 • EURO 6 매연감지 장착 대상
배기가스 온도 센서 (EGTS)	SCR의 정상 작동을 가능하게 하고, 외기 온도 센서를 이용하여 요소수 공급 라인의 열선 튜브선 작동을 제어한다.(요소수의 어느점이 -11℃이므로)

(3) HC-SCR (탄화수소 SCR)

① DPF와 LNT 재생 시 후분사(post injection)를 통한 환원제로 경유(HC, 탄화수소) 사용한다.

② HC-SCR은 별도의 장치 및 제어기술 없이 연소 후, 배출가스 중의 HC를 환원제로 사용하여 NOx를 저감하는 방식으로 첨가제 없이 직접 배출되는 가스를 이용하기 때문에 촉매만 설치되므로 비용이 저렴하고, 장치가 매우 단순한 장점이 있으나, Urea-SCR에 비해 디젤엔진의 배출가스온도 범위에서 **NOx 환원율이 낮다.**

③ 복합 : DOC+DPF와 같은 구조로, 전단에 HC-SCR을, 후단에 UREA-SCR을 붙여 2개의 환원제로 SCR을 구성하기도 한다.

▶ **유해가스 저감장치 정리**

유해가스	저감장치
HC	• DOC, PCV
CO	• DOC
PF	• DPF
NOx	• EGR • LNT(Lean NOx Trap) • SCR(Selective Catalytic Reduction)

▶ **암모니아정화촉매**(AOC : Ammonia Oxidation Catalyst)
• SCR 촉매 후단에 배치하여 SCR 촉매에서 미 반응하여 배출되는 암모니아(NH_3)를 NOx가 아닌 N_2로 변환시킨다.
• NH_3와 O_2 조건에서는 NH_3를 N_2로 정화시키고 NH_3와 NOx 조건에서는 SCR 기능을 통해 NOx을 정화한다.

[12-1]

1 가솔린 기관에서 배출가스와 배출가스 저감장치의 상호 연결이 틀린 것은?

① 증발가스 제어 장치 – HC 저감

② EGR 장치 – NOx 저감

③ 삼원 촉매 장치 – CO, HC, NOx 저감

④ PCV 장치 – NOx 저감

> PCV 장치 – HC 저감

[18-3]

2 차량에서 발생되는 배출가스 중 지구온난화에 가장 큰 영향을 미치는 것은?

① NOx ② CO_2

③ O_2 ④ HC

[12-3, 08-3]

3 배출가스 저감 및 정화를 위한 장치에 속하지 않는 것은?

① EGR 밸브 ② 캐니스터

③ 삼원촉매 ④ 대기압 센서

[16-2, 10-2, 07-2]

4 자동차 기관에서 발생되는 유해가스 중 블로바이가스의 주성분은 무엇인가?

① CO ② HC

③ NOx ④ SO

> 블로바이 가스는 피스톤과 실린더의 틈새를 통해 누출되는 미연소 유해가스로 주성분은 탄화수소(HC)이다.
> ※ CO : 일산화탄소, NOx : 질소산화물, SO : 일산화황

[참고]

5 엔진의 배출가스 배출에 대한 설명으로 옳은 것은?

① 가솔린 엔진은 CO 배출량이 가장 많다.

② 디젤 엔진의 배출가스는 희박하므로 PM 배출이 가장 많다.

③ HC는 혼합비가 농후할수록 다량으로 배출되며 이론혼합비 이후의 희박 영역에서는 거의 발생하지 않는다.

④ HC는 블로바이 가스 형태로 가장 많이 배출된다.

> ② 디젤 엔진은 고압축 공기에 연료를 분사시키므로 희박 연소 특징이 있어 NOx를 가장 많이 배출한다. (※ PM은 농후할 때 많이 발생)
> ③ CO는 농후할수록 다량으로 배출되며 이론혼합비 이후의 희박 영역에서는 거의 발생하지 않으나, HC는 희박할수록 다량 발생된다.
> ④ HC의 배출 : 배기가스(60%) > 블로바이 가스(25%) > 연료증발가스(15%)

[참고] 기사

6 가솔린 엔진의 혼합비와 배기가스 배출 특성의 관계 그래프에서 (가), (나), (다)에 알맞은 유해가스를 순서대로 나타낸 것은?

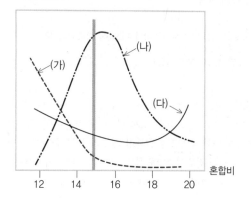

① HC, CO, NOx ② CO, NOx, HC

③ HC, NOx, CO ④ CO, HC, NOx

> **혼합비와 배기가스 배출 특성 이해하기** (암기: 일질탄)
> 먼저 이론공연비(14.6) 부근에서 가장 많이 발생하는 것은 NOx (나)이므로 답은 ②, ③ 중 하나일 것이다.
> CO는 공기가 희박할 때(농후혼합기) 많이 발생하고, HC는 과농후하거나 희박혼합기에서 실화(미연소)로 인해 발생한다.
>
> **이해**
> • CO : 연료는 산소와 만나 완전한 연소가스(CO_2)를 배출시킨다. 하지만 산소가 부족해지면(농후혼합기) 완전 연소가 되지 못하여 산소 원자(O)가 부족한 CO가 된다.
> • HC : HC는 연료의 성분이다. 그러므로 농후혼합기 상태에서는 연소시킬 산소가 부족하므로 미연소 가스로 배출되고, 과희박할 경우 실화로 인해 연소되지 못하고 배출된다.

[참고]

7 기관의 상태에 따른 점화 요구전압, 점화시기, 배출가스에 대한 설명 중 틀린 것은?

① 질소산화물(NOx)은 점화시기를 진각함에 따라 증가한다.

② 탄화수소(HC)는 점화시기를 진각함에 따라 감소한다.

③ 연소실의 혼합비가 희박할수록 점화 요구 전압은 커진다.

④ 실린더 압축 압력이 높을수록 점화 요구 전압도 커진다.

> NOx, HC 발생량은 점화시기의 진각에 비례하여 증가하며, CO 발생량은 거의 무관하다.
> 점화 요구 전압은 점화 플러그의 전극 사이에 혼합가스가 초기회로를 형성하는 용량 성분의 방전 전압을 말하는데 희박할수록, 압축압력이 높을수록 커진다.

정답 1 ④ 2 ② 3 ④ 4 ② 5 ① 6 ② 7 ②

[16-1, 13-3]

8 삼원 촉매장치를 장착하는 근본적인 이유는?

① HC, CO, NOx를 저감하기 위하여

② CO_2, N_2, H_2O를 저감하기 위하여

③ HC, CO_2를 저감하기 위하여

④ H_2O, SO_2, CO_2를 저감하기 위하여

삼원 촉매장치는 환원작용에 의해 NOx는 N과 O_2로 변환되고, 산화작용에 의해 HC·CO는 O_2가 결합하여 CO_2, H_2O로 변환된다.

[17-2]

9 자동차 배기가스 중에서 질소산화물을 산소, 질소로 환원시켜 주는 배기장치는?

① 블로바이가스 제어장치

② 배기가스 재순환장치

③ 증발가스 제어장치

④ 삼원촉매장치

NOx는 삼원촉매장치의 로듐(Rh)에 의해 1차로 N와 O_2로 환원되며, O_2는 배기가스 중 CO와 반응하여 CO_2로 된다.
※ 배기가스 재순환장치 : 연소온도를 낮추어 NOx 배출을 감소하는 것이지 환원작용으로 정화시키는 것이 아니다.

[08-1, 15-3 유사, 14-1]

10 다음 배출가스 중 삼원촉매 장치에서 저감되는 요소가 아닌 것은?

① 질소(N_2)

② 일산화탄소(CO)

③ 탄화수소(HC)

④ 질소산화물(NOx)

[13-2, 09-1]

11 가솔린 기관의 배출가스 중 CO의 배출량이 규정보다 많을 경우 다음 중 가장 적합한 조치방법은?

① 이론 공연비와 근접하게 맞춘다.

② 공연비를 농후하게 한다.

③ 이론공연비(λ) 값을 1 이하로 한다.

④ 배기관을 청소한다.

CO는 농후할 때 배출비율이 크므로 이론 공연비 이하로 희박하게 조치한다.
주의) λ값이 1보다 작으면 농후, 1보다 크면 희박

[참고]

12 가솔린 기관의 냉간 급가속 시 발생하는 유해가스를 바르게 짝지은 것은?

① CO, NOx

② PM, HC

③ HC, NOx

④ CO, HC

냉간 급가속 시 혼합기가 농후해지므로 CO, HC의 발생률이 커진다.

[12-2]

13 전자제어 가솔린 기관에서 EGR 장치에 대한 설명으로 맞는 것은?

① 배출가스 중에 주로 CO와 HC를 저감하기 위하여 사용한다.

② EGR량을 많이 하면 시동성이 향상된다.

③ 기관 공회전 시, 급가속 시에는 EGR장치를 차단하여 출력을 향상시키도록 한다.

④ 초기 시동시 불완전 연소를 억제하기 위해 EGR량을 90% 이상 공급하도록 한다.

① 주로 NOx 저감한다.
② EGR량이 많으면 시동 및 출력이 감소된다.
④ EGR밸브는 고온에서 작동되며, 초기 시동에는 원활한 시동을 위해 EGR 밸브가 닫아 배기가스를 차단한다.

[참고]

14 전자제어 가솔린기관에서 EGR밸브 외에 NOx를 저감할 수 있는 방법으로 가장거리가 먼 것은?

① 가변밸브 타이밍 장치 적용

② 공연비 제어 기술 향상

③ 삼원촉매 장치의 성능 향상

④ DPF 시스템 적용

DPF 시스템은 디젤엔진의 PM 저감 장치이다.

[14-3 변형]

15 전자제어 기관에서 질소산화물을 감소시키기 위한 장치가 아닌 것은?

① PCSV 장치   ② EGR 장치

③ LNT 장치   ④ SCR 장치

구분	저감가스
EGR V/V	NOx
DOC (디젤산화촉매)	HC, CO, PM
DPF (디젤매연필터)	PM
LNT (디젤질소화물흡장촉매)	NOx
SCR (선택적 촉매환원)	NOx

정답   8 ①   9 ④   10 ①   11 ①   12 ④   13 ③   14 ④   15 ①

16 전자제어 가솔린 기관의 EGR(Exhaust Gas Recirculation) 장치에 대한 설명으로 틀린 것은?

① EGR은 NOx의 배출량을 감소시키기 위해 전운전영역에서 작동된다.

② EGR을 사용 시 혼합기의 착화성이 불량해지고, 기관의 출력은 감소한다.

③ EGR량이 증가하면 연소의 안정도가 저하되며 연비도 악화된다.

④ NOx를 감소시키기 위해 연소 최고온도를 낮추는 기능을 한다.

NOx 배출은 이론공연비 부근에서 높으므로 엔진 냉간 시(냉각수 온도가 50~65℃ 이하일 때), 급가속 시, 공회전 및 시동, 고부하 시에는 작동하지 않는다.

[09-3]

17 삼원촉매의 정화율은 약 몇 ℃ 이상의 온도부터 정상적으로 나타나기 시작하는가?

① 20℃

② 95℃

③ 320℃

④ 900℃

삼원촉매 변환기는 약 250~300℃부터 반응하며, 600℃에서 가장 정화율이 높고 정상운전 온도가 되기 전에는 유해가스를 그대로 배출한다.
EGR 밸브는 80℃가 되면 서모밸브의 부압에 의해 EGR 밸브가 열린다.

[13-2]

18 다음 중 전자제어 가솔린엔진에서 EGR 제어 영역으로 가장 타당한 것은?

① 공회전 시

② 냉각수온 약 65℃ 미만, 중속, 중부하 영역

③ 냉각수온 약 65℃ 이상, 저속, 중부하 영역

④ 냉각수온 약 65℃ 이상, 고속, 고부하 영역

EGR의 비작동 조건
• 엔진 냉간 시(냉각수 온도가 약 65℃ 이하일 때)
• 공회전 및 시동, 고부하(고속) 시
• 엔진관련 센서 고장 시

[참고]

19 배기가스 재순환(EGR) 밸브가 열려 있을 경우 발생하는 현상으로 맞는 것은?

① 질소산화물(NOx)의 배출량이 증가한다.

② 기관의 출력이 감소한다.

③ 연소실의 온도가 상승한다.

④ 흡기의 흡입량이 증가한다.

• EGR 밸브는 배기가스의 일부를 연소실로 재순환시켜 연소온도를 낮춰 NOx 발생을 감소시키는 장치이다.
• EGR 밸브가 열리면 배기가스로 인해 화염전파가 느려지고 산소센서는 배기가스로 인해 농후 혼합기로 인식하여 희박으로 보정되므로 출력 감소, 시동 꺼짐, 매연 발생 등이 나타난다.

[17-3]

20 가솔린 엔진에서 블로바이 가스 발생 원인으로 옳은 것은?

① 엔진 부조

② 실린더와 피스톤 링의 마멸

③ 실린더 헤드 개스킷의 조립 불량

④ 흡기밸브의 밸브 시트면 접촉 불량

블로바이 현상 : 실린더 벽이나 피스톤 링의 마모로 인해 압축·폭발가스가 실린더와 피스톤 사이로 새는 것

[15-2, 11-3, 07-2]

21 연료 증발가스를 활성탄에 흡착 저장 후 엔진 워밍업 시 흡기 매니폴드로 보내는 부품은?

① 차콜 캐니스터

② 플로트 챔버

③ PCV장치

④ 삼원촉매장치

캐니스터는 엔진 정지 시 연료증발가스를 포집(흡착·저장)하였다가 엔진 워밍업 되었을 때 흡기관으로 배출시켜 재연소시킨다.
※ PCV 장치 : 블로바이 가스(HC) 감소
※ 삼원촉매장치 : CO, HC, NOx 감소

[10-2]

22 자동차 배출가스 저감장치로 삼원 촉매장치는 어떤 물질로 주로 구성되어 있는가?

① Pt, Rh   ② Fe, Sn

③ As, Sn   ④ Al, Sn

삼원 촉매장치의 촉매제
• 산화작용 : 플라티늄(백금, Pt), 팔라듐(Pd)
• 환원작용 : 로듐(Rh)

정답 16 ① 17 ③ 18 ③ 19 ② 20 ② 21 ① 22 ①

[16-1, 12-2]

23 가솔린 기관의 유해 배출물 저감에 사용되는 차콜 캐니스터(charcoal canister)의 주 기능은?

① 연료 증발가스의 흡착과 저장
② 질소산화물의 정화
③ 일산화탄소의 정화
④ PM(입자상 물질)의 정화

> 캐니스터는 엔진 정지 시 연료증발가스를 포집(흡착·저장)하였다가 엔진 워밍업 되었을 때 흡기관으로 배출시켜 재연소시킨다.
> • 질소산화물 : EGR, 삼원촉매장치
> • 일산화탄소 : 삼원촉매장치
> • PM : DPF(Diesel Particular Filter)

[13-1]

24 연료탱크 증발가스 누설시험에 대한 설명으로 맞는 것은?

① ECM은 시스템 누설관련 진단 시 캐니스터 클로즈 밸브를 열어 공기를 유입시킨다.
② 연료탱크 캡에 누설이 있으면 엔진 경고등을 점등시키면 진단 시 리크(leak)로 표기된다.
③ 캐니스터 클로즈 밸브는 항상 닫혀 있다가 누설시험시 서서히 밸브를 연다.
④ 누설시험 시 퍼지컨트롤 밸브는 작동하지 않는다.

연료탱크 증발가스 누설시험
OBD Ⅱ를 적용함에 따라 배기가스에 영향을 줄 수 있는 부품 또는 시스템에 문제가 발생할 경우 고장 코드를 표시하는 것으로 규제대상이다.

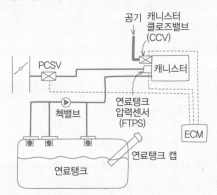

• 점검방법 : 누설 점검 시 CCV는 닫힘 상태로, PCSV는 닫힘-열림-닫힘 단계를 거쳐 연료탱크의 압력을 모니터링하여 누설발생을 시험한다.
• 누설이 있으면 엔진 경고등을 점등시키면 진단시 리크(leak)로 표기 (탱크 내 압력이 규정값을 초과해도 표기됨)
• 연료캡 누설 시에도 경고등이 점등

[17-1]

25 촉매 컨버터 전·후방에 장착된 지르코니아 방식 산소센서의 출력파형이 동일하게 출력된다면 예상되는 고장 부위는?

① 정상
② 촉매 컨버터
③ 후방 산소센서
④ 전방 산소센서

> 가솔린 차량에는 촉매 컨버터 전·후방에 산소센서가 설치한다. 전방 산소센서는 피드백 제어(이론공연비 제어)를 위해, 후방 산소센서는 촉매장치의 상태를 감시하는 역할을 한다.
> 또한, 촉매 컨버터의 촉매(산화) 작용에 의해 산소가 사용하므로 후방 산소센서는 산소가 부족한 농후상태(0.6~0.7V)의 거의 일정한 출력파형이 나타난다. 만약 전·후방의 출력 파형이 동일하다면 촉매 작용이 되지 않는다는 것을 뜻하므로 삼원촉매의 기능 저하로 판단한다.

[12-2]

26 가솔린 자동차로부터 배출되는 유해물질 또는 발생부분과 규제 배출가스를 짝지은 것으로 틀린 것은?

① 블로바이가스 – HC
② 로커암 커버 – NOx
③ 배기가스 – CO, HC, NOx
④ 연료탱크 – HC

> 로커암 커버 – HC

[참고]

27 캐니스터의 작동에 대한 설명 중 틀린 것은?

① PCSV는 주로 공전 시 밸브가 개방되어 서지탱크로 유입된다.
② PCSV는 ECU의 듀티율로 제어되며, 듀티율이 높을수록 열림량이 크다.
③ 차량 정지 시 증발가스를 캐니스터에서 포집한다.
④ 냉각수 온도가 50℃ 이하에서는 작동하지 않는다.

> PCSV는 산소센서의 피드백 제어, 냉각수 온도가 70℃ 이상, 스로틀 밸브를 열어서 엔진 회전수가 1500rpm 이상 조건에서 작동된다.

[11-1]

28 가솔린 엔진에서 연료 증발가스의 배출을 감소시키기 위한 장치는?

① 배기가스 재순환 장치
② 촉매 변환기
③ 캐니스터
④ 산소센서

29 연료증발가스 누설 감지 시험으로 대량 누설을 진단할 때 PCSV와 CCV의 개폐 조건으로 옳은 것은?

① PCSV - 열림, CCV - 열림

② PCSV - 닫힘, CCV - 닫힘

③ PCSV - 열림, CCV - 닫힘

④ PCSV - 닫힘, CCV - 열림

> 정상 작동일 때 'PCSV-열림, CCV-열림' 상태가 되어 CCV의 대기압이 유입되어 캐니스터-PCSV를 거쳐 흡기다기관으로 포집된 증발가스가 유입되며 탱크는 대기압 상태가 된다. 'PCSV-열림, CCV-닫힘' 조건으로 하면 탱크압력은 대기압 밑으로 크게 떨어진다. 이때 대량 누설이 있다면 압력이 잘 떨어지지 않는 것으로 진단한다. (이론 이미지 참조)

[17-1, 11-3]

30 가솔린기관에서 공기와 연료의 혼합비(λ=람다)에 대한 설명으로 틀린 것은?

① λ값이 1일 때를 이론혼합비라 하고, CO의 양은 적다.

② λ값이 1보다 크면 공기 과잉 상태이다.

③ λ값이 1보다 작으면 농후해지고 CO의 양은 많아진다.

④ λ값이 1 부근일 때 질소산화물의 양은 최소이다.

> λ = 1 부근(이론공연비)에서 NOx 발생이 최대가 되고 CO, HC 발생은 최소가 된다.
> 참고) λ = 1.0 : 이론 공연비, λ > 1.0 : 희박 혼합기, λ < 1.0 : 농후 혼합기
> ※ 부분부하 상태 : 희박(1.1)
> ※ 전부하 상태 : 농후(0.8~0.9) - 출력 최대
> ※ 1에 가까울수록 이론공연비 부근으로 공회전 운전

[참고]

31 디젤 엔진의 배출가스 후처리장치(DPF 또는 CPF)에서 필터에 포집된 PM의 재생시기를 판단하는 방법으로 틀린 것은?

① 주행거리에 의한 재생시기 판단

② 필터 전·후방 온도센서에 의한 재생시기 판단

③ 필터 전·후방 압력차에 의한 포집량 예측 및 재생시기 판단

④ 엔진조건 시뮬레이션에 의한 포집량 예측 및 재생시기 판단

> DPF의 재생시기 판정기준 : 차압센서 이용, 주행거리 이용, 엔진구동시간 이용, 컴퓨터 시뮬레이션 이용, 스캔툴 이용

[19-1]

32 디젤엔진 후처리장치의 재생을 위한 연료 분사는?

① 주 분사   ② 점화 분사

③ 사후 분사   ④ 직접 분사

> 사후 분사는 디젤연료(HC)를 촉매 변환기에 공급하여 배기가스의 NOx를 감소하기 위한 분사이다.

[참고]

33 디젤기관의 배출가스 저감 대책에 대한 설명으로 옳은 것은?

① EGR 밸브로 NOx와 PM을 동시에 감소할 수 있다.

② 디젤 산화촉매는 NOx 저감장치이다.

③ 가솔린 기관에 비해 NOx의 정화가 쉽고, PM의 배출이 적다.

④ NOx 저감장치에는 EGR밸브, NOx 흡장 촉매(LNT), 선택적 환원 촉매(SCR)가 있다.

> ① NOx은 고온·희박에서, PM은 농후할 때 다량 발생하므로 동시 감소가 어렵다.
>
> | NOx ↓ | soot ↑ | | soot ↓ | NOx ↑ |
> |---|---|---|---|---|
> | 연소온도가 낮을 때 | | | 연소온도가 높을 때 | |
>
> ※ 흡기온도가 높아지면 → 실린더 내 폭발온도 상승 → NOx 증가 → 연소온도를 낮추기 위해 EGR 밸브를 사용하면 NOx는 낮아지나 soot 가 증가
> ② 디젤 산화촉매 : CO, HC, PM 저감
> ③ 가솔린 기관에 비해 NOx의 정화가 어렵고, PM의 배출이 많다.

[참고]

34 최근 커먼레일 디젤엔진의 배기가스 후처리 장치(DPF)가 장착된 엔진에 사용하는 오일등급은?

① A 등급   ② B 등급   ③ C등급   ④ S 등급

> 배기가스 후처리 장치가 장착된 엔진의 경우에는 매연 저감 장치와 같은 촉매를 보호하기 위하여 '황'과 '인'의 함량을 최소화한 친환경 C등급을 통과한 DPF 전용 오일을 사용해야 한다. 최근 차량의 고성능화로 연비 절감 등을 이유로 C1~C4 등급 중 C3등급 이상(C1, C2, C3)을 사용하고 있다.
> ※ A, S등급 : 가솔린 엔진용, B등급 : 일반디젤 승용차용

[참고]

35 매연 저감 장치에 작동에 대한 설명으로 틀린 것은?

① 매연이 과다 퇴적되면 연비가 저하된다.

② DPF의 재생은 약 300℃ 이상에서 수행한다.

③ PM 성분 중 대부분 고체형태로 입자를 띤다.

④ PM은 사각형 모양의 채널 사이 통과하며 채널에 걸려 포집된다.

> DPF의 재생은 약 550~600℃ 이상에서 수행한다.

[참고]

36 매연 포집 필터(DPF)의 재생에 대한 설명으로 틀린 것은?

① 차압센서 기준으로 soot 퇴적량이 16g마다 자연 재생을 한다.

② 정상적인 DPF 전단 압력은 공회전 상태에서 대기압(0 bar) 수준이다.

③ DPF 내의 차압은 soot 및 ash의 축적량에 반비례한다.

④ 퇴적 soot량을 g단위로 계산한다.

정답 29 ③ 30 ④ 31 ② 32 ③ 33 ④ 34 ③ 35 ② 36 ③

37 디젤엔진의 DPF 강제 재생에 대한 설명으로 **틀린 것은?**

① 진단장비를 이용하여 인위적으로 재생하는 것을 말한다.

② 반복적인 저속 운전이나 잦은 단거리 운행 차량의 경우 적합한 방법이다.

③ 디젤 연소 시 메인 분사과정에서 농후 배기가스를 연소시키는 방법이다.

④ PDF가 장착된 차량은 PDF 전용 오일을 사용하는 것이 좋다.

> DPF 강제 재생은 폭발행정 후 포스트 분사하여 배기가스를 약 600℃ 상승시켜 SOOT를 태운다.

[참고]

38 DPF의 재생(regeneration) 시 주의사항으로 **틀린 것은?**

① 반복적으로 강제 재생을 자주 실시한다.

② 화재 위험이 없는 실외의 안전한 구역에서 실시해야 한다.

③ 강제 재생 도중 가속페달을 밟지 않는다.

④ 재생 시 약 600℃ 온도가 되지 않으면 재생이 원활히 이루어지지 않는다.

> 반복적인 강제 재생은 오일 딜루션 현상을 유발할 수 있어 엔진 오일량이 증가하므로 강제 재생 후 오일량을 점검한다.

[참고]

39 디젤기관의 배출가스 중 질소산화물의 발생 원인으로 거리가 가장 먼 것은?

① 연소온도가 낮을 때

② 엔진의 부하가 과도한 조건에서 운전할 때

③ 냉각수 온도가 높을 때

④ 압축비가 높을 때

> NOx는 주로 고온연소에서 발생된다. 엔진회전수 및 엔진부하가 증가할수록 많은 연료의 연소가 일어나 연소실 내의 온도, 압력이 상승한다. 또한, 냉각수 온도가 높거나 압축비가 높으면 연소온도가 높아지므로 NOx 발생률이 높다.

[참고]

40 디젤 산화촉매기(DOC)의 설명으로 **틀린 것은?**

① HC 가스를 포집한다.

② 촉매물질은 Pt, Pd, Rh 등이 있다.

③ 담체 재료는 AlO_3, CeO_2, ZrO_2 등이 있다.

④ 세라믹 또는 금속의 담체로 구성되어 있다.

> 디젤 산화촉매기(DOC)는 산화 작용을 통해 CO를 CO_2로, HC를 H_2O로 변환하며, PM 중 용해성 입자(SOF)를 제거한다.
> 포집은 캐니스터, DPF의 작용에 해당된다.
> ※ 포집/재생과 환원/산화작용의 구분이 필요

[참고]

41 디젤 산화촉매기(DOC)의 기능으로 **틀린 것은?**

① PM의 저감

② CO, HC의 저감

③ NO를 NH_3로 변환

④ 촉매 가열기(burner) 기능

> **디젤 산화촉매기(DOC)의 기능**
> • CO, HC를 산화 : CO를 CO_2로, HC를 H_2O로 변환
> • PM 중 용해성 입자(SOF)를 80% 산화 제거
> • 산화 반응열 : DPF 재생 도움(촉매 가열기)
> • NO를 NO_2로 산화 반응 : DPF에서 soot의 연소 온도를 낮추는 기능

[참고]

42 전자제어 기관에서 연소실 내부의 온도를 낮추어 질소산화물(NOx) 생성을 감소시키는 데 관계가 있는 것은?

① EGR 장치

② PCV 장치

③ PCSV 장치

④ ECS 장치

[참고]

43 배기가스 중의 일부를 흡기다기관으로 재순환시킴으로서 연소온도를 낮춰 NOx의 배출량을 감소시키는 것은?

① EGR 장치

② 캐니스터

③ 촉매 컨버터

④ 과급기

[참고]

44 가솔린 EGR 장치와 비교할 때 디젤 EGR 장치의 특징이 **아닌 것은?**

① 연비를 향상시킨다.

② EGR 유량조절이 어렵다.

③ 흡기계통에서 과급기 터빈 전방에 배기가스를 유입시키는 구조이다.

④ 디젤엔진의 NOx 제어가 어렵다.

> 가솔린 엔진의 EGR은 배기온도 감소 외에 노킹 저항성 향상(진각 가능) 및 열효율 향상으로 연비를 향상시킨다. 가솔린 엔진은 EGR율을 최대 20%까지 제어되지만 디젤 엔진은 배기가스 규제에 의해 50%까지 정화시키기 위해 가동율을 상승시키므로 연료 효율이 낮아진다.
> 참고) EGR로 인해 흡기 효율은 감소되나 과급기를 통해 만회된다.

정답 37 ③ 38 ① 39 ① 40 ① 41 ③ 42 ① 43 ① 44 ①

chapter 01

45 EGR 장치에 장착된 디젤엔진의 흡기다기관에 에어컨트롤밸브(ACV)가 장착된 목적으로 가장 거리가 먼 것은?

① 정확한 EGR 제어

② 충진효율 증대

③ DPF 재생

④ 시동 OFF 시 흡입공기 차단

> **에어 컨트롤 밸브(ACV)의 기능**
> • CRDI 엔진의 스로틀 플랩 기능이 있어 시동 OFF 시 흡입공기를 차단해 **디젤링 현상**(엔진 과열로 자연착화로 인해 시동 OFF 후에도 시동이 꺼지지 않는 현상)을 방지한다.
> • 정확한 EGR 제어를 위해 배기가스가 재순환 될 때 ACV를 작동하여 흡입공기량을 제어한다. (유로-6 규제에 의해 EGR율을 흡입공기량의 50%에 가깝게 제어)
> • **DPF 재생** 시 밸브를 닫아 흡입공기량을 낮춰 공연비를 농후하게 하여 배기온도를 상승시킨다. 상승된 배기가스 온도에 의해 재생기능을 원활히 한다.
> ※ 흡입공기량을 계측하지만 이론공연비 제어 또는 충진효율 향상의 기능과는 거리가 멀다.

46 EGR 액추에이터의 비작동 조건이 아닌 것은?

① 공회전 시

② 엔진 회전수 3000rpm 이상

③ EGR 제어 관련 장치 고장 시

④ 냉각수온이 100℃일 때

> • EGR 액추에이터 작동 조건 : 냉각수가 적정 온도 이상으로 워밍업 후 가속 시 및 감속 후 일정 시간(52초)의 공회전 상태에서 작동하며, 차량이 실제 주행 상태에서 EGR 액추에이터 작동률이 더 높게 제어된다.
> • EGR 액추에이터의 비작동 조건 : 공회전 시, 엔진 회전수 3000rpm 이상, 후처리 장치 재생 시, EGR 제어 관련 부품 고장 시 등

47 배출가스 중 질소산화물을 저감시키기 위해 사용하는 장치가 아닌 것은?

① 매연 필터(DPF)

② 삼원 촉매 장치(TWC)

③ 선택적 환원 촉매(SCR)

④ 배기가스 재순환 장치(EGR)

> DPF는 배기가스 중 미세먼지 배출량을 감소시키는 장치이다.

48 EGR 시스템의 설명으로 틀린 것은?

① NOx 저감 효과가 있다.

② 연소실의 온도를 낮추는 효과가 있다.

③ EGR 밸브가 열렸을 때 외부 흡입공기량이 증가한다.

④ 배기다기관과 흡기다기관 사이의 배기가스 재순환 통로에 EGR 밸브가 설치된다.

> EGR 밸브는 흡입다기관으로 보내는 배기가스 양을 조절하며, 외부 흡입공기량과는 무관하다.

49 배기가스 재순환(EGR) 밸브가 열린 채 고착될 때 발생하는 현상으로 맞는 것은?

① 질소산화물(NOx)의 배출량이 증가한다.

② 기관의 출력이 감소한다.

③ 연소실의 온도가 상승한다.

④ 흡기의 흡입량이 증가한다.

> 열린 채로 고착되면 배기가스가 계속해서 흡기매니폴드쪽으로 들어오게 되므로 출력 저하, 연소실 온도 하강, 공전 시 신공노의 서하와 산소량 부족으로 엔진부조를 일으킨다. 또한 농후 혼합기로 인한 검은 매연 발생, 촉매 작용 불량, DPF 재생 불량 등의 원인이 된다.
> ※ 참고) 닫힌 채 고장 시 : 시동 불가, 시동 꺼짐, 출력 감소, 엔진 부조

50 전자제어 가솔린 기관의 EGR(Exhaust Gas Recirculation) 장치에 대한 설명으로 틀린 것은?

① EGR은 NOx의 배출량을 감소시키기 위해 전운전영역에서 작동된다.

② EGR을 사용 시 혼합기의 착화성이 불량해지고, 기관의 출력은 감소한다.

③ EGR량이 증가하면 연소의 안정도가 저하되며 연비도 악화된다.

④ NOx를 감소시키기 위해 연소 최고온도를 낮추는 기능을 한다.

> NOx 배출은 이론공연비 부근에서 높으므로 EGR은 엔진 냉간 시(냉각수 온도가 50~65℃ 이하일 때), 급가속 시, 공회전, 고부하 시에는 작동하지 않는다.

51 디젤엔진의 배출가스 특성에 대한 설명으로 틀린 것은?

① NOx 저감 대책으로 연소온도를 높인다.

② 가솔린 기관에 비하여 CO, HC 배출량이 적다.

③ 입자상물질(PM)을 저감하기 위해 필터(DPF)를 사용한다.

④ NOx 배출을 줄이기 위해 배기가스 재순환 장치를 사용한다.

> NOx는 고온·희박에서 배출량이 증가한다.
> • ② : CO, HC는 주로 공기가 부족할 경우 발생되며, 디젤기관은 압축 착화 방식이므로 실린더 내에 공기가 충분하므로 CO, HC 배출량이 적다.
> • NOx 배출 감소 장치 : EGR, 삼원촉매장치

정답 45 ② 46 ④ 47 ① 48 ③ 49 ② 50 ① 51 ①

[기초]

52 EGR율(EGR ratio)을 나타내는 식으로 옳은 것은?

① $\dfrac{\text{EGR 가스량}}{\text{흡입공기량 + EGR 가스량}} \times 100\%$

② $\dfrac{\text{EGR 가스량}}{\text{흡입공기량 - EGR 가스량}} \times 100\%$

③ $\dfrac{\text{흡입공기량}}{\text{흡입공기량 + EGR 가스량}} \times 100\%$

④ $\dfrac{\text{흡입공기량}}{\text{흡입공기량 - EGR 가스량}} \times 100\%$

[참고]

53 배기가스 재순환 장치(EGR)의 종류에 따른 설명으로 **틀린 것**은?

① 기계식 EGR은 흡기다기관의 부압을 이용한다.
② 전자식 고압 EGR은 전기적인 듀티율로 조절되며 진공(부압)이 필요 없다.
③ 전자식 저압 EGR은 DPF가 장착된 경우 사용이 적합하다.
④ 기계식 EGR은 에어컨트롤 밸브(ACV)에 의해 EGR을 제어한다.

기계식 EGR은 공기유량센서에 의해 제어되고, 고압 전자식 EGR은 공기유량센서, 람다 센서, 에어컨트롤 밸브(ACV)를 통하여 정밀한 EGR 제어를 수행한다.

[참고]

54 디젤엔진에 사용되는 전자식 저압 EGR 장치의 입력 신호가 **아닌** 것은?

① 공기 유량 센서(MAFS)
② 람다 센서
③ 에어컨트롤밸브(ACV)
④ 스로틀 포지션 센서

전자식 EGR 제어 입력 신호 : MAFS, O_2 센서, ACV
※ ACV(throttle flap) : 선형적으로 제어할 수 있어 EGR을 정밀 제어하며, CPF 제어 시 공기량 조절 가능

[참고]

55 디젤기관의 질소산화물(NOx) 저감을 위한 배기가스 재순환장치에서 배기가스 중의 산소농도를 측정하여 EGR밸브를 보다 정밀하게 제어하기 위해 사용되는 센서는?

① 지르코니아 산소센서
② 차압 센서
③ 배기 온도 센서
④ 광역 산소 센서

[참고]

56 배기량이 상대적으로 적은 디젤 차량에서 배기가스 후처리 장치로 사용되어 EGR 시스템에서 처리하고 남은 NOx 배출량을 정화하는 목적으로 설치하는 장치는?

① DOC
② LNT(lean NOx trap)
③ DPF
④ SCR

LNT 방식은 NOx의 일부를 내보내지 않고 필터에 묶어두는(트랩) 방식이다. 이후 연료를 내보내 필터에 쌓인 NOx를 태워 필터를 환원한다.

[참고]

57 질소산화물의 저감방식에 있어 다른 디젤기관의 비해 저감 효율이 가장 높고, 연비 특성이 우수하며 제어가 쉬운 장치는?

① EGR
② LNT(lean NOx trap)
③ HC-SCR
④ Urea-SCR

Urea-SCR은 다른 NOx 저감방식에 비해 저감효율이 가장 높고, 연비 특성이 우수하며 제어가 쉽고 안정적이다.

[참고]

58 Urea-SCR(암모니아 SCR)에 대한 설명으로 **틀린 것**은?

① HC-SCR(탄화수소 SCR)보다 NOx 저감효과가 높다.
② 정화장치가 간단하여 사용이 편하다.
③ SCR 촉매 전단에 요소수를 분사하여 배기가스 중 NOx를 선택적으로 환원한다.
④ 연비 특성이 우수하며 제어가 쉽다.

요소수 탱크 및 펌프, 분사노즐, 제어장치와 같은 별도의 정화장치가 필요하여 장치가 복잡하다.

[참고]

59 Urea-SCR 장치에 대한 설명으로 **틀린 것**은?

① 암모니아(NH_3)를 환원제로 이용한다.
② NOx를 질소(N_2)와 물(H_2O)로 변환한다.
③ 요소수는 농도가 낮아도 환원작용에 영향이 없다.
④ 요소수는 장기간 보관하면 가수분해에 영향을 줄 수 있다.

요소수의 농도가 규정치를 미달 또는 초과 시 교체해야 한다.

[참고]

60 NOx 흡장 촉매(LNT, lean NOx trap)의 환원제로 사용하는 물질은?

① 암모니아
② 백금
③ 탄산바륨
④ 탄화수소

정답 52 ① 53 ④ 54 ④ 55 ④ 56 ② 57 ④ 58 ② 59 ③ 60 ③

chapter 01

61 OBD (On-Board Diagnosis)에 대한 설명으로 <u>틀린 것</u>은?

① 유해 물질인 HC, CO, NOx 등을 줄이기 위해 시스템을 진단하기 위한 목적이다.

② OBD I은 하나의 진단 케이블로 모든 국내 제작 차량에 적용할 수 있는 진단시스템이다.

③ OBD II은 표준화된 DTC(Diagnostic Trouble Code)를 사용하여 고장 발생 시 고장데이터를 표준화하였다.

④ OBD-II은 고장 정보를 구체적으로 확인할 수 있어 정비사가 엔진의 고장을 훨씬 쉽게 판별할 수 있다.

> 초기 OBD I 진단시스템은 제조사마다, 차량에 따라 진단 커넥터가 다르며, 고장코드 및 센서 명칭도 달라 정비가 쉽지 않다.

[참고]

62 다음 보기는 OBD-II의 진단 코드(DTC, Diagnosis Trouble Code)이다. "P"가 의미하는 것은?

> P 0 1 0 5

① 고장내용의 고유번호

② SAE standard code

③ 제작사의 고유 코드

④ 검출 영역

> P 0 1 0 5
> └─ 고장내용의 고유 번호
> └── SAE의 고장코드
> 고장난 영역(Power Train)

[11-3]

63 연료증기를 활성탄에 흡착 저장 후 증발가스와 함께 흡기매니폴드에 흡입시키는 부품은?

① 차콜 캐니스터

② 플로트 챔버

③ PCV 장치

④ 삼원촉매장치

64 OBD-2 시스템에서 진단하는 항목으로 가장 <u>거리가 먼</u> 것은?

① 인젝터 불량 감지

② O₂ 센서 불량 감지

③ 오일압력 불량 감지

④ 에어플로센서 불량 감지

> **OBD-2 시스템**(Onboard Diagnostics, 자기진단)
> 배출가스 규제 및 고장진단 장치이며 배출가스 발생 장치(인젝터, EGR, PCV), 공연비 제어장치(에어플로센서, O₂센서), 촉매장치, 실화 등을 감지한다.

[참고] 기사

65 전자제어 가솔린엔진에서 OBD-II로 진단하는 항목으로 옳은 것은?

① 실화감지, 촉매성능 감지, 산소센서 이상 유무 감지

② 오일압력감지, 촉매성능 감지, 증발가스 제어 장치 감지

③ 실화감지, 블로바이가스 감지, 배터리 전압 감지

④ 실화감지, ISC모터 이상감지, 산소센서 이상 유무 감지

[08-3]

66 다음 그림은 자기진단 출력 단자에서 전압의 변화를 시간대로 나타낸 것이다. 이 자기진단 출력이 10진법 2개 코드 방식일 때 맞는 것은?

① 112   ② 23

③ 12   ④ 44

> 오실로스코프 파형의 굵은 것은 십 단위로, 가느다란 것은 일 단위로 읽는다.

▶ 참고) 가솔린 엔진과 디젤 엔진의 배기가스 배출율(상대 비교)

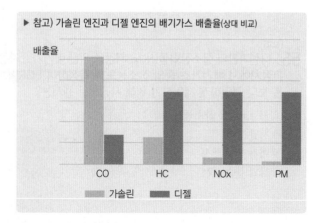

CHAPTER

02

자동차 섀시

자동변속기

Main
Key
Point

[출제문항수 : 약 3~4문제] 자동변속기에서는 정리된 내용 및 기출은 기본적으로 학습하면 충분히 점수를 획득할 수 있으나 최근에는 기초에 대한 지식을 깊게 요구하는 문제도 출제되고 있습니다.

01 자동변속기 일반

1 자동변속기 오일의 구비조건
① 기포 발생이 없고 청정 분산성 및 방청성이 있을 것
② 유성이 좋아야 함
③ 점도가 적당하고, 저온 유동성이 좋을 것
④ 내열 및 내산화성, 윤활성이 좋을 것
⑤ 인화점 및 발화점이 높을 것
⑥ 비중이 클 것(원활한 동력 전달을 위해)
⑦ 마찰계수가 적당할 것 – 마찰특성은 변속품질과 관계가 있음
→ 마찰계수가 낮으면 변속기의 클러치나 브레이크 작동 시 미끄러짐으로 출력 및 연비가 저하된다. 마찰계수가 높으면 변속충격이 발생할 수 있다.

▶ **자동변속기의 오일 온도**
• 정상 작동 온도 : 80~100℃
• 120℃ 이상 : 열화 및 점도 변화, 변속시기 지연, 기포 발생 및 오일실 (seal) 등에 영향을 줌

02 토크컨버터

1 유체 클러치(fluid clutch, 유체 커플링)
① 터빈의 회전력은 속도비가 0에서 가장 크고, 1일 때 0이 된다. 또한 속도비 0(펌프는 회전하지만, 터빈의 회전이 정지될 때)인 상태를 '스톨 포인트'라 한다.
→ 펌프 임펠러와 터빈 러너의 회전 속도가 동일할 때 전달 토크는 0이 된다.
② 터빈의 회전 속도에 관계없이 항상 토크비는 1이다.
③ 유체 클러치 효율은 속도비에 직선적으로 비례하나(마찰클러치와 거의 같음), 스톨포인트를 넘어 약 0.95~0.98 부근에서 최대가 된다.
→ 속도비가 증가함에 따라 효율이 증대된다. (입력속도 대비 출력속도가 얼마나 나왔는가?)

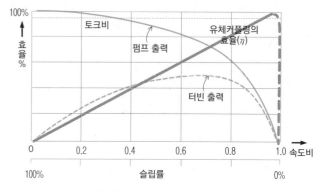

⭡ 유체 커플링의 성능곡선

2 토크컨버터(Torque Convertor)의 특징
① 유체클러치의 개량형으로, 토크컨버터의 토크비는 2~3 : 1이다.(동력전달효율 : 약 80% 이상)
② **스톨 포인트**(stall point, 실속점) : 차량이 정지되었을 때 엔진 회전에 의해 펌프(입력축)는 회전하나 터빈(출력축)이 정지되어 있는 지점으로, **속도비가 '0'이나, 토크비가 가장 크고 회전력이 최대이다.**
③ **클러치 포인트**(clutch point) : 터빈속도가 증가하다가 토크비는 저하하여 **토크비가 1**이 되는 지점을 말한다. 또는 터빈의 회전 속도가 펌프의 회전속도에 가까워져 스테이터가 공전(free wheeling)하기 시작하는 시점(유체클러치로 작동)이다.
→ 스테이터 뒷면에 오일이 작용하면 원웨이 클러치가 작동되어 점차 스테이터, 펌프, 터빈이 같은 방향, 같은 속도로 회전한다.

▶ **클러치 포인트를 벗어나면**
토크컨버터는 유체클러치로 작용하여 토크 증대가 일어나지 않고 토크 변환비율(토크비)은 '1'이 된다.

④ **속도비 0.6~0.7에서 효율이 가장 좋다.**
⑤ 토크컨버터의 전달효율

토크컨버터의 전달효율 = 속도비 × 토크비 × 100%

▶ 속도비 = $\dfrac{\text{터빈축의 회전속도}}{\text{펌프축의 회전속도}}$, 토크비 = $\dfrac{\text{터빈축 토크}}{\text{펌프축 토크}}$

→ 토크컨버터의 성능에 영향을 주는 요소 : 전달 효율, 속도비, 토크비

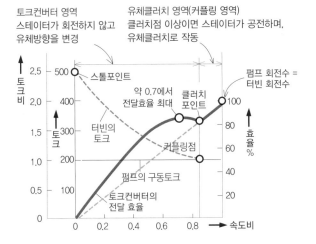

토크컨버터 영역
스테이터가 회전하지 않고
유체방향을 변경

유체클러치 영역(커플링 영역)
클러치점 이상이면 스테이터가 공전하며,
유체클러치로 작동

스톨포인트

약 0.7에서
전달효율 최대

클러치
포인트

펌프 회전수 =
터빈 회전수

터빈의
토크

커플링점

펌프의 구동토크

토크컨버터의
전달 효율

⬆ 토크컨버터의 성능곡선

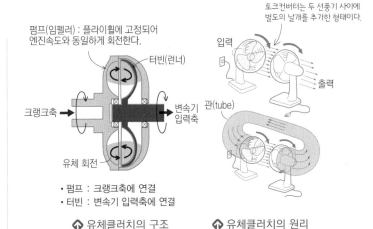

펌프(임펠러) : 플라이휠에 고정되어
엔진속도와 동일하게 회전한다.

터빈(런너)

크랭크축

변속기
입력축

유체 회전

토크컨버터는 두 선풍기 사이에
별도의 날개를 추가한 형태이다.

입력

출력

관(tube)

• 펌프 : 크랭크축에 연결
• 터빈 : 변속기 입력축에 연결

⬆ 유체클러치의 구조   ⬆ 유체클러치의 원리

타이어의 슬립률 공식과 동일

⑥ 클러치의 슬립률

$$\text{클러치의} \atop \text{미끄럼률} = \frac{\text{펌프축 회전수} - \text{터빈축 회전수}}{\text{펌프축 회전수}} \times 100\%$$

→ 유체클러치의 슬립률 : 2~3%, 토크컨버터의 슬립률 : 1~2%

❸ 토크컨버터의 역할

① 클러치 : 엔진 토크를 변속기에 원활하게 전달
② 토크 증대 : 토크 변환
③ 플라이휠 : 토크 전달 시 충격 및 크랭크축의 비틀림 완화

❹ 토크컨버터의 구성

펌프 (임펠러)	• 크랭크축과 연결된 컨버터 하우징에 결합 • 엔진 구동력에 의해 회전된다. (크랭크축 회전력 = 펌프 회전력)
터빈 (런너)	• 회전하는 펌프의 유체의 운동에너지가 터빈을 회전하여 변속기 입력축에 동력을 전달한다.
스테이터	• 터빈에서 돌아오는 오일의 방향을 바꾸어 펌프 임펠러 회전방향과 일치되게 변환하여 회전력을 증대(터빈에 전달하는 유압을 증대시킴) • 원웨이 클러치(한쪽 방향으로만 회전)에 의해 토크 컨버터 하우징에 지지되어 있다.
가이드링	• 오일 순환 시 유체 충돌로 인한 와류(맴돌이 흐름, 클러치 효율 저하)를 방지한다.

→ 유체클러치의 구성 : 펌프, 터빈, 가이드링

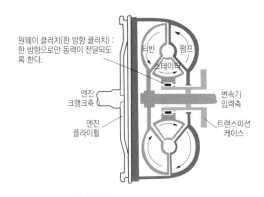

원웨이 클러치(한 방향 클러치) :
한 방향으로만 동력이 전달되도
록 한다.

터빈   펌프

스테이터

엔진
크랭크축

변속기
입력축

엔진
플라이휠

트랜스미션
케이스

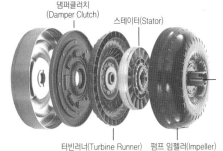

댐퍼클러치
(Damper Clutch)

스테이터(Stator)

터빈러너(Turbine Runner)   펌프 임펠러(Impeller)

⬆ 토크컨버터의 구조

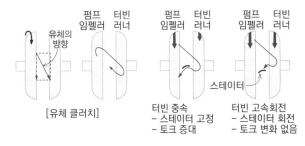

펌프
임펠러   터빈
러너

유체의
방향

[유체 클러치]

펌프
임펠러   터빈
러너

펌프
임펠러   터빈
러너

스테이터

터빈 중속
– 스테이터 고정
– 토크 증대

터빈 고속회전
– 스테이터 회전
– 토크 변화 없음

• 유체 클러치 : 엔진 회전 → 펌프 회전 → 원심력에 의해 터빈 외측에서 중심축으로 흐름 → 다시 펌프로 돌아오며 펌프의 회전을 방해하며 토크증대가 없음
• 토크컨버터 : 터빈에서 되돌아오는 유체가 스테이터 앞면에 부딪혀 방향 변환되어 펌프의 회전을 돕는 방향으로 작용하여 토크 증대를 도모하며, 토크의 증가는 펌프보다 터빈의 회전수가 적을수록 크다. 또한, 터빈속도가 증가하면 펌프속도와 터빈속도가 같아지며, 이때 오일은 스테이터 뒷면에 작용하여 스테이터를 회전하며 다시 유체 클러치와 같은 상태가 되며, 토크변환비는 1이 된다.

⬆ 유체 클러치와 토크컨버터의 기본 원리

▶ 유체클러치와 토크컨버터의 비교

	유체클러치	토크컨버터
주요 구성	펌프, 터빈	펌프, 터빈, 스테이터
토크변환비	1 : 1	2~3 : 1
전달효율 변화	터빈의 회전속도가 증가함에 직선으로 변환 (98%)	• 펌프의 회전속도에 비해 터빈이 느리면 : 큰 회전력을 얻음 • 터빈이 펌프의 회전속도에 가까워지면 : 효율이 증가하다가 클러치점을 지나면 저하되어 유체클러치의 작동을 한다.

▶ 변속기 오일의 점검
- 조건 : 평탄한 곳에 주차 후 워밍업(냉각수가 정상온도일 때), 오일 온도가 70~80°C에서 점검한다.
- 주차브레이크 레버를 당기고 브레이크 페달을 밟은 상태에서 제동변속 레버를 P-R-N-D-3-2-1 순으로 여러 번 반복하여 토크컨버터와 유압회로에 오일을 채운 후 P 또는 N 위치에서 점검한다.

▶ 토크컨버터 내부의 압력이 부족한 이유
- 오일펌프 누유
- 오일쿨러 막힘
- 압력축의 씰링 손상
- 댐퍼클러치 조절밸브 고착

03 자동변속부 및 유압제어부

1 변속제어요소

주행속도, 변속레버의 위치에 따라 유압으로 다판 클러치 및 브레이크 밴드에 작동하여 링기어, 선기어, 캐리어의 각각을 구동/고정시켜 엔진의 동력을 변속시킨다.

클러치	습식 다판식으로 3조의 클러치(다이렉트, 프론트, 리어 클러치)를 사용하여 동력을 전달하거나 차단한다.
브레이크	저속, 후진 등에 밴드브레이크를 사용하여 유성기어 유닛을 고정
원웨이 클러치 (One way)	유성기어 유닛을 한쪽 방향으로만 회전하도록 고정시킴(종류 : 래칫형, 스프래그형, 롤러형)
엔드 클러치	3속과 오버 드라이브 시 구동력을 유성기어 캐리어에 전달

2 유성 기어 장치(planetary gear)

(1) 주요 구성요소

변속기 주축의 구동축에 고정되어 회전력을 전달하는 **선기어**(sun gear)와, 구동력을 추진축으로 전달하는 **링기어**(ring gear), 선기어와 링기어 사이의 **유성기어**, **유성기어 캐리어**(carrier)에 의해 지지되어 있는 기어로, 오버드라이브 기구의 한 구성 부품이다.

(2) 유성기어 장치의 증감속 및 변속비

선기어	링기어	캐리어	출력 결과	변속비
고정	출력	입력	증속	$\dfrac{D}{A+D}$
출력	고정	입력		$\dfrac{A}{A+D}$
고정	입력	출력	감속	$\dfrac{A+D}{D}$
입력	고정	출력		$\dfrac{A+D}{A}$
입력	출력	고정	역전 감속	$-\dfrac{D}{A}$
출력	입력	고정	역전 증속	
앞선 기어(A') 고정, 뒤선 기어(A) 구동			• 캐리어 : 감속 • BB' : 공전기어 • D : 공회전	$\dfrac{A+A'}{A}$
링기어(D) 고정, 뒤선 기어(A) 구동			• 캐리어 : 역전·감속 • BB' : 공전기어 • A' : 공회전	$\dfrac{A-D}{A}$

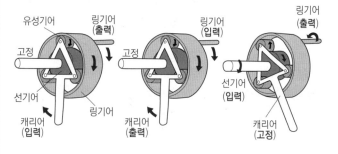

🔼 증속시   🔼 감속시   🔼 후진시

▶ 정리) **캐리어 상태에 따른 증감속**
- 캐리어가 구동(입력) 시 : 항상 증속
- 캐리어가 피동(출력) 시 : 항상 감속
- 캐리어가 고정 시 : 항상 역전

▶ 3요소 중 2요소를 고정시키면(결과는 유성기어 세트가 고정) 직결(회전수가 같음)상태가 되며, 3요소 모두 구속되지 않으면(자유) 중립상태가 된다.

▶ 입력축 회전속도 = 해당 변속비×출력축 회전속도

▶ 참고) 제3속일 때 변속비는 1 : 1이다.(입·출력 회전속도가 동일)

(3) 유성기어장치의 작동기구

① 프런트 클러치, 리어 클러치, 엔드 클러치, 킥다운 밴드 브레이크, 저속 후진 브레이크, 일방향 클러치 등

② 각 클러치 및 브레이크는 유압에 의해 작동되어 입력축이 선기어, 유성캐리어, 킥다운 드럼, 피니언 등에 작동하여 변속한다.

단순 유성기어장치의 변속 원리

⑦ 증속 : 변속비가 1보다 작은 경우 (토크 감소)

> A : 선기어, B : 유성기어 ── 구동(엔진동력 입력)
> C : 캐리어, D : 링기어 ── 출력(변속기 출력축)
> ── 고정

선기어(A)를 고정시키고,
캐리어(C)를 구동할 때 링기어(D)가 **증속**된다.

변속비 $= \dfrac{D}{A+D}$

예) 선기어 잇수 = 20, 링기어 잇수가 80일 때

변속비 $= \dfrac{80}{20+80} = 0.8$

링기어(D)를 고정시키고,
캐리어(C)를 구동할 때 선기어(A)가 **증속**된다.

변속비 $= \dfrac{D}{A+D} = \dfrac{20}{20+80} = 0.2$

> 참고) 변속비(기어비) $= \dfrac{\text{출력기어 잇수}}{\text{입력기어 잇수}} = \dfrac{\text{입력기어 회전수}}{\text{출력기어 회전수}}$
>
> 캐리어 잇수 = 선기어 잇수 + 링기어 잇수

⑭ 감속 : 변속비가 1보다 클 경우 (토크 증가)

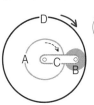

선기어(A)를 고정시키고,
링기어(D)를 **구동**할 때 캐리어(C)가 **감속**된다.

변속비 $= \dfrac{A+D}{D} = \dfrac{20+80}{80} = 1.25$

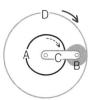

링기어(D)를 고정시키고,
선기어(A)를 **구동**할 때 캐리어(C)가 **감속**된다.

변속비 $= \dfrac{A+D}{A} = \dfrac{20+80}{20} = 5$

⑮ 역회전(후진)시키는 경우

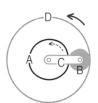 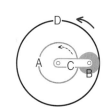

캐리어(C)를 고정시키고,
선기어(A)를 구동할 때
링기어(D)가 역회전된다.

캐리어(C)를 고정시키고,
링기어(D)를 구동할 때
선기어(A)가 역회전된다.

---

❸ 유압제어장치

(1) 오일 펌프

① 토크 컨버터의 케이스(엔진에 의해 구동)가 오일 펌프의 드라이브 기어를 회전시켜 유압을 형성한 후, 유압은 압력조절밸브에서 적절한 유압으로 조정되어 토크컨버터 및 밸브바디를 통해 클러치, 브레이크 밴드 등 각 요소를 작동시킨다.

> → 프런트 펌프 : 토크컨버터의 펌프에 의해 구동되고 주로 컨버터의 작동유를 공급, 유성기어장치, 클러치를 윤활한다.
> → 리어 펌프 : 출력축에 의해 구동, 유압제어장치의 유압 공급, 클러치 및 브레이크 밴드의 작동유압을 공급

② 자동변속기 오일(ATF)의 과도한 온도 상승을 방지하기 위하여 오일 쿨러가 펌프 주변에 장착되어 있다.

③ 종류 : 내접기어 펌프(주로 사용), 베인 펌프, 로터리 펌프

(2) 제어밸브 – 원통형의 스풀밸브

① 압력조정밸브 : 유압을 조정(레귤레이터 밸브, 감압밸브, 토크컨버터 제어밸브, 댐퍼클러치 제어밸브, 스로틀 밸브, 킥다운밸브)

② 방향제어밸브 : 오일의 흐름 방향을 변환(매뉴얼밸브, 시프트 조정밸브, 레인지 조정밸브, 셔틀밸브 등)

③ 유량제어밸브 : 유압실린더나 유압모터의 속도를 조정

(3) 클러치

3개 이상(프런트, 리어, 엔드)의 클러치가 적용되며 클러치에 사용하는 **습식 다판클러치**는 마찰제인 클러치 디스크 사이에 금속 플레이트가 한 장씩 삽입되어 있으며 클러치에 유압이 작용하여 피스톤이 움직이면 클러치 디스크와 플레이트가 압착되면서 유성기어 장치의 입력과 출력을 제어한다.

> ▶ 디스크 교체 시 주의사항
> 디스크를 교환할 경우에는 오토트랜스미션 오일에 디스크를 2~3시간 정도 침수시켜 오일에 흠뻑 적셔진 디스크로 교환해야 한다.

(4) 브레이크

① 유압이 피스톤에 작용하면 브레이크 밴드가 브레이크 드럼에 조이며 드럼을 제동시키는 원리이다.

② 자동변속기의 브레이크는 유성기어 장치의 각 부를 고정시키는 역할을 한다.

③ 약 2~3개 정도 사용한다.

(5) 어큐뮬레이터(accumulator)

클러치에 공급되는 유압을 일시적으로 축적해 두었다가 필요에 따라 방출하여 **변속 시 충격을 방지**하여 부드러운 변속이 되도록 한다.

FF 자동변속기 개략도

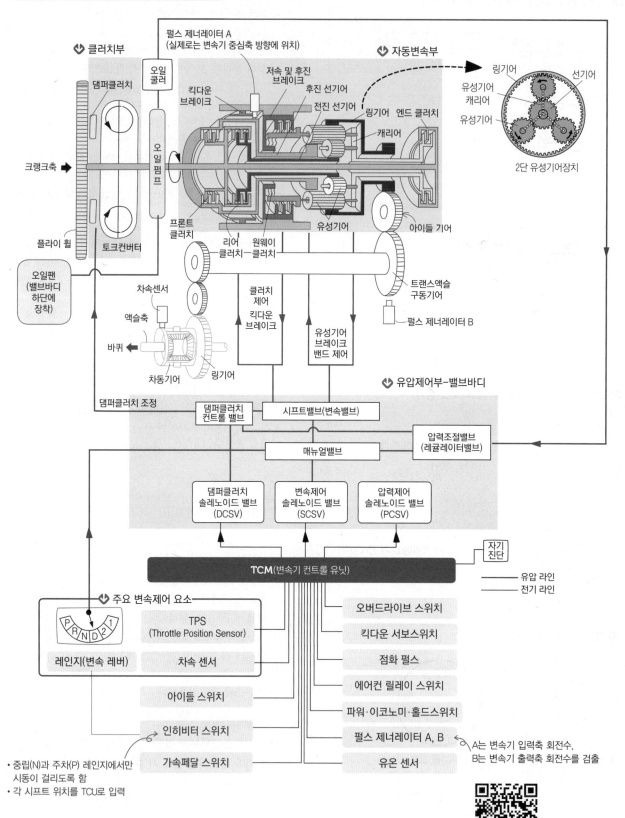

펄스 제너레이터 A
(실제로는 변속기 중심축 방향에 위치)

⏶ 클러치부

⏶ 자동변속부

오일
쿨러

링기어
선기어
유성기어
캐리어
유성기어

2단 유성기어장치

댐퍼클러치

킥다운
브레이크

저속 및 후진
브레이크

후진 선기어

전진 선기어

링기어 엔드 클러치

캐리어

오일
펌프

크랭크축 ▶

프론트
클러치

리어
클러치

원웨이
클러치

유성기어

아이들 기어

플라이 휠

토크컨버터

유성기어

오일팬
(밸브바디
하단에
장착)

차속센서

액슬축

바퀴 ◀

차동기어   링기어

클러치
제어
킥다운
브레이크

유성기어
브레이크
밴드 제어

트랜스액슬
구동기어

펄스 제너레이터 B

⏶ 유압제어부–밸브바디

댐퍼클러치 조정

댐퍼클러치
컨트롤 밸브

시프트밸브(변속밸브)

압력조절밸브
(레귤레이터밸브)

매뉴얼밸브

댐퍼클러치
솔레노이드 밸브
(DCSV)

변속제어
솔레노이드 밸브
(SCSV)

압력제어
솔레노이드 밸브
(PCSV)

자기
진단

TCM(변속기 컨트롤 유닛)

유압 라인
전기 라인

⏶ 주요 변속제어 요소

P R N D 2 1

TPS
(Throttle Position Sensor)

레인지(변속 레버)

차속 센서

아이들 스위치

인히비터 스위치

가속페달 스위치

오버드라이브 스위치

킥다운 서보스위치

점화 펄스

에어컨 릴레이 스위치

파워·이코노미·홀드스위치

펄스 제너레이터 A, B

유온 센서

A는 변속기 입력축 회전수,
B는 변속기 출력축 회전수를 검출

• 중립(N)과 주차(P) 레인지에서만
  시동이 걸리도록 함
• 각 시프트 위치를 TCU로 입력

⏴ 자동변속기 원리
(출처 : 치콩)

4 컨트롤 밸브 바디

자동변속기의 클러치, 브레이크 및 토크컨버터 등에 유압을
공급하여 TCM의 변속신호에 의해 적정한 시점(변속 시점)에
변속을 자동으로 해주는 역할

매뉴얼 밸브	• 운전석의 변속레버에 의해 작동되는 수동 밸브로, 변속레버의 위치에 따라 유로를 변경시켜 라인압력을 공급/배출시킴
시프트 밸브	• 유성기어장치를 주행속도나 기관 부하에 따라 자동으로 변속하는 역할
토크컨버터 압력제어밸브	• 토크컨버터의 댐퍼클러치가 해제될 때 유압을 일정하게 유지
압력 조절 밸브	• 각 작동 요소에 공급되는 유압을 압력 컨트롤 솔레노이드 밸브의 제어에 따라 조절하여 변속 시 충격의 발생을 방지 • 압력 컨트롤 솔레노이드 밸브는 TCU의 제어 신호에 따라 듀티 제어되며, 각 작동 요소의 제어를 위하여 전기적인 신호를 압력 조절 밸브에 작용하는 유압으로 변환
압력제어밸브 (PCV)와 압력제어 솔레노이드 밸브(PCSV)	• PCSV는 TCM의 신호에 의해 듀티 제어되어 전기 신호를 받아 PCV의 유로를 개폐하여 유압을 클러치와 브레이크 작동압력을 제어한다. • TCM의 신호를 받아 스위치(ON-OFF) 역할을 하여 오일 흐름을 제어 • PCV와 PCSV는 후진 클러치를 제외한 각 요소에 1조씩 설치 • 클러치 유압 해제 시 유압이 급격히 떨어지는 것을 방지하며, 클러치 대 클러치 제어 시 입력축 회전속도의 상승률을 억제
스위치 밸브	• 오버드라이브 클러치 작동 시 스위치 밸브를 경유한 유압이 레귤레이터 밸브로 공급 • 페일세이프 시 저속 및 후진 브레이크의 유압 공급을 차단
댐퍼 클러치 컨트롤 솔레 노이드 밸브 (DCSV)	• 댐퍼 클러치 작동과 해제 제어하는 밸브 • TCM의 신호에 의해 듀티 제어되며 전기적 신호를 받아 유로를 열고 닫는다.
페일세이프 밸브	• 페일세이프 시 저속 및 후진 브레이크 유압, 2nd 브레이크의 유압, 스위치 밸브로부터 다이렉트 클러치로의 유압을 차단시킴

자동변속기의 TCM(Transmission Control Module)은 변속에 관련된
각종 신호를 받아 최적의 변속이 되도록 유압장치를 제어한다.

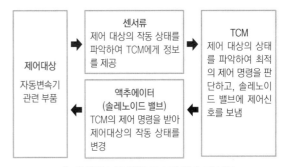

⬆ 자동변속기 제어 시스템 기초 구성도

1 TCM의 기능

① 차량의 운전 조건을 고려하여 최적의 변속단 제어
② 댐퍼 클러치(D/C)의 제어
③ 토크를 판단하여 최적 라인압으로 제어
④ 변속기의 고장 여부 진단

2 TCM의 주요 입력 신호

(1) 유온센서(NTC형)

자동변속기의 오일 온도를 검출하여 **변속단 제어 및 댐퍼클러치 작동 영역을 검출**하고, 유압의 보정정보로 사용한다.

→ 불량 시 : 온도에 따른 오일의 점도변화로 변속을 담당하는 솔레노이드 밸브의 개폐 시기를 정확히 제어할 수 없으므로 충격이나 이상 변속 유발
→ 온도와 저항값은 반비례한다.

(2) 펄스 제너레이터 A · B(입·출력축 속도센서)

① 변속단에 따른 회전수를 판단하여 피드백 제어, 댐퍼 클러치 제어, 변속단 설정 제어, 라인압 제어, 클러치 작동압 제어, 기타 센서 고장 판단 등의 제어 정보로 사용된다.
② 종류 : 영구자석 방식, 홀센서 방식 및 액티브 방식
③ 펄스 제너레이터 A(입력축) : 변속기 입력축(킥다운 드럼축)의 회전수를 감지
④ 펄스 제너레이터 B(출력축) : 트랜스퍼 구동기어의 회전속도를 검출하여 입력된 각종 신호를 연산하여 주행상태에 따른 **변속시기를 결정**하여 제어

chapter 02

(3) 인히비터(Inhibit) 스위치

① 각 변속단의 위치를 감지하여 TCU로 입력하는 역할

② P단과 N단에서만 시동이 걸릴 수 있도록 제어

③ R레인지 위치에서 후진등 점등

(4) 스로틀 포지션 센서(TPS)

① **댐퍼클러치 제어 및 변속시 유압 제어 및 변속 패턴 제어**를 위해 스로틀 밸브의 개도량을 검출

② 전자제어 자동변속기에서 **변속단 결정에 가장 중요한 역할**

③ 에어컨 릴레이 : 스로틀 밸브의 개도량을 보정하기 위해 에어컨 릴레이의 ON/OFF를 검출

❸ TCM의 주요 제어

(1) 변속제어

기본 변속은 운전자의 의지(APS 또는 TPS 신호값)와 출력축 속도 센서 신호를 이용한다.

> ▶ 자동변속시점을 결정하는 주요 요소
> 엔진 스로틀 개도(TPS), 출력축 차속

(2) **변속 패턴**

업시프트	1속 → 2속 → 3속 → 4속으로 증속하는 것
다운시프트	4속 → 3속 → 2속 → 1속으로 감속하는 것
킥 다운 (kick down)	언덕길을 오르거나 추월 등 급가속을 할 때 가속페달을 순간적으로 깊게 밟아 Shift Down 되는 현상 - (rpm이 증가하며, 토크가 증대)
킥 업 (kick up)	킥다운이 일어난 후 스로틀 개도를 그대로 유지하면 (가속페달을 계속 유지) 큰 구동력에 의해 차속이 증가되어 Shift Up 되는 현상
리프트 풋업 (lift foot up)	킥 다운과 반대로, 급감속을 위해 가속페달을 떼는 경우이다. 스로틀 밸브가 많이 열린 상태에서 주행하다 갑자기 가속페달을 놓으면 차량이 고속에서 Shift Up 되는 현상
시프트 프로텍션	엔진 및 변속기 보호를 위해 다운시프트 시 허용 rpm이 설정되어 규정 rpm 이하가 되면 Shift Down 되는 현상

> ▶ 킥다운 서보 스위치 작동
> 스로틀 개도와 차속을 비교하여 차속에 비해 스로틀 개도가 급격할 경우 TCM은 킥다운 서보 스위치를 작동 → 킥다운 서보 피스톤이 킥다운 드럼을 둘러싼 밴드 브레이크를 당김 → 킥다운 드럼의 회전수 감소 → 킥다운 드럼에 의해 구동하는 전진 선기어의 회전이 느려져 변속단이 내려감

❹ 댐퍼 클러치(Damper clutch, 록업 클러치) 제어

① 댐퍼 클러치의 필요성 : 토크컨버터의 터빈이 펌프의 속도에 근접하면 스테이터가 공전(free wheeling)하는 클러치 포인트가 된다. 이때 펌프-스테이터-터빈이 같은 방향, 같은 속도로 회전한다. 클러치 포인트 이상이 되면 이 상태에서는 유체클러치로 작용하여 토크 증대가 일어나지 않고 슬립이 발생하여 효율이 저하된다. 이에 댐퍼 클러치를 설치하여 특정 운전조건에서 엔진 동력을 유체를 거치지 않고 직접 터빈(변속기 입력축)에 전달한다.

② 동력 전달 효율 및 연비를 향상시킨다.

③ 고속회전 시 펌프(임펠러)와 터빈(러너)의 회전차가 없도록 수동변속기와 같이 기계적으로 직결시켜 토크컨버터의 슬립에 의한 손실을 최소화한다.

④ 댐퍼 클러치 작동 상태에서는 **토크 증대 작용은 없어진다.**

⑤ **동력전달순서** : 엔진 → 컨버터 케이스(프론트 커버) → 댐퍼 클러치 → 터빈러너 허브 → 변속기 입력축

⑥ **효과** : 동력손실 최소화 및 연비 향상, 정숙성 확보

⑦ **작동원리** : DCCSV(댐퍼클러치 컨트롤 솔레노이드밸브)에 의해 유압으로 댐퍼클러치를 토크컨버터에 밀착되어 터빈축이 엔진 토크를 직접 받는다.

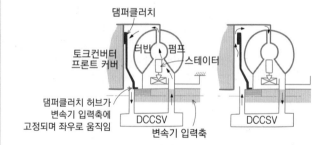

작동 : DCCSV ON → 유압이 펌프와 스테이터 축 사이로 흘러 댐퍼클러치 플레이트를 왼쪽으로 밀어냄 → 플레이트의 마찰재와 토크컨버터 커버(프론트 커버)가 밀착 → 크랭크축에 연결된 토크컨버터 커버의 동력이 터빈축에 전달 → 변속기 입력축에 전달

해제 : DCCSV OFF → 토크컨버터에 공급되는 오일이 댐퍼클러치가 작동할 때의 역방향으로 흐름 → 댐퍼클러치 앞의 유압이 높아 프론트 커버로부터 분리시킴

⬆ 록업 클러치의 작동원리

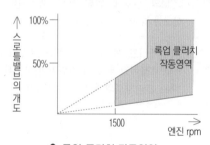

⬆ 록업 클러치 작동영역

▶ **댐퍼클러치 작동 입력 요소 – 댐퍼클러치 작동/비작동 영역 판단**
- 스로틀 포지션 센서(TPS)
- 유온 센서
- 펄스 제너레이터 B (변속기 출력축 회전속도)
- 가속페달 스위치
- 점화신호 (스로틀 밸브 열림량 보정, 엔진 회전속도 검출)
- 에어컨 스위치 등

⑧ **댐퍼클러치의 작동 조건**
- 4단 이상에서의 고속 저부하(약 70km/h 이상으로 스로틀 개도가 급격히 크지 않을 경우)
- 냉각수 온도가 약 75℃ 이상 올랐을 때
- 브레이크 페달을 밟지 않을 때

▶ **댐퍼클러치의 비작동 조건**
- 1속 및 후진 시 : 가속성능 확보하기 위해 2속부터 작동
- 공회전 시 : 엔진부하에 의해 시동꺼짐 방지
- 엔진 브레이크 시 : 감속 시 충격 방지
- 변속, 급가속(2000rpm 이하에서 스로틀 밸브의 열림이 클 때) 및 급감속 (800rpm 이하) 시 : 변속감 향상을 위해
- 오일 온도 60~65℃ 이하일 때 : 작동의 안정화 및 내구성 향상을 위해
- 브레이크 제동 시 : 감속구간에서 댐퍼작동이 무의미함

5 변속 시 유압 제어

① **클러치 대 클러치 변속** : 기존의 변속제어 솔레노이드 밸브 및 압력제어 솔레노이드 밸브로 통해 유압을 공동으로 제어하는 방식이 아니라, 입력축 회전속도와 출력축 회전속도 신호를 받아 필요한 유압을 계산하고 4개의 솔레노이드 밸브로 출력신호를 보내 클러치의 결속/해제를 동시에 제어함으로써 변속 중 기관의 런업(run up)이나 클러치 고정 방지 및 원활하고 빠른 응답성을 실현

② **스킵 변속 제어** : 각 클러치에 솔레노이드 밸브를 사용하여 킥다운 또는 하이백(HIVEC) 제어*에 의해 스킵변속이 가능

→ 킥다운 시 3단→1단와 같이 중간 변속단을 거치지 않고 변속을 가능케 함으로써 변속기간을 단축시키고 주행 가속성능을 향상시킴

③ **피드백 변속 제어** : 각 변속단계로 변속 시 입력축의 속도변화를 설정된 목표 변화비율과 일치하도록 솔레노이드 밸브의 듀티비율을 피드백하여 제어한다.

* **하이백 제어(HIVEC)** : 다양한 도로조건에 따른 최적의 변속단계를 얻을 수 있도록 전체 운전영역의 최적 제어와 가속페달 사용, 주행속도, 풋 브레이크 등을 통해 운전자의 운전습관에 맞은 최적의 변속단계로 변환하는 학습제어를 말한다.

6 변속 품질제어

라인 압력 제어	변속상황에 따른 최적 변속감각을 얻기 위해 변속명령, 스로틀 개도, 엔진속도, 에어컨 ON/OFF 여부, 유온, 모드 스위치 등의 정보를 통해 변속에 적합한 유압특성을 판단하여 라인 압력을 제어한다.
오버랩 제어	변속 시 변속된 기어단 클러치에 작용하는 유압은 낮추면서, 동시에 변속되어야 할 기어단 클러치에 작용하는 유압을 증가시켜 슬립상태에서 매끄럽게 변속되도록 한다.
변속 중 점화시기 제어	변속 중 점화시기를 지각시켜 엔진 토크를 감소시켜 변속이 쉽게 이루어지며, 클러치 슬립이 감소한다.
피드백 제어	변속품질을 위해 최적의 조건을 만족하기 위한 피드백 학습제어 기능이다.

7 TCM의 출력제어

변속기는 다음의 신호를 받아 컨트롤밸브 바디 내에 압력, 유량, 방향, 작동시기를 조절한다.

① 변속단 관련 솔레노이드 밸브(SCSV-A, B) : 입력된 신호를 통해 주행상태에 따른 최적의 변속으로 제어
② 변속시 유압 제어 : 입력된 신호를 통해 주행상태에 따른 변속 시기를 결정하여 솔레노이드 밸브(PCSV)에 듀티 신호로 제어
③ 댐퍼클러치 제어 : 댐퍼클러치의 작동시기를 결정
④ 고장 시 자기진단 코드(DTC) 출력신호

8 히스테리시스(hysteresis) – 자동변속기의 변속패턴 결정

가속페달의 밟는 정도에 따라 적절한 변속단이 결정될 때 변속점 부근에서 시프트업과 시프트다운이 된다. 이 때 변속점 부근에서 빈번하게 변속되어 잦은 변속충격이 일어난다. 이를 방지하기 위해 시프트업과 시프트다운의 변속점에 차이를 두도록 설정하여 승차감을 향상시키는 것을 말한다.

9 오버드라이브(over driver)

변속기와 추진축 사이에 설치하여 40km/h 이상 주행(중·고속) 시 엔진의 여유 출력을 이용하기 위한 장치로, 변속기의 입력회전수(엔진 회전속도)보다 변속기의 출력회전수(추진축의 회전속도)를 빠르게 하는 증속장치이다.

→ 자전거로 예를 들면 페달을 돌리는 속도보다 바퀴가 더 빠르게 회전하는 경우를 말한다. 즉 페달을 돌리는 힘을 줄일 수 있다.

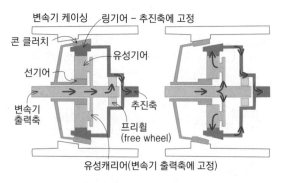

변속기 케이싱   링기어 – 추진축에 고정
콘 클러치
유성기어
선기어
변속기 출력축
추진축
프리휠 (free wheel)
유성캐리어(변속기 출력축에 고정)

⇧ OD OFF   ⇧ OD ON

오버드라이브 OFF : 유성캐리어와 선기어를 물리게 하면 유성캐리어와 선기어가 동시에 구동되어 링기어도 동일 회전시켜 직결상태가 된다. (오버드라이브 OFF 시 프리휠을 통해 동력이 전달)

오버드라이브 ON : 변속기 출력축은 유성캐리어 → 유성기어→링기어 증속됨 (즉, 선기어가 고정되고 캐리어가 구동되어 링기어는 증속됨)

05 자동변속기 점검

1 자동변속기 오일량의 점검

점검, 교환 모두 평탄한 곳에 주차하고 시동을 건 상태에서 엔진이 충분히 워밍업(유온 50~60℃) 후 브레이크를 밟고 선택레버를 P-R-N-D-N-R-P 순으로 각 위치별로 약 2~3초간 유지하며 2회 반복한 후 P단에 위치시킨다.

→ 엔진오일과 달리 자동변속기 오일량 측정 시 시동 ON, 열간상태에서 측정한다.

2 스톨 테스트(stall test)

(1) 스톨 테스트의 목적

자동변속기의 이상 유무를 확인하기 위한 시험으로, D·R 레인지에서 **최고 엔진속도를 측정**하여 **엔진 성능, 토크컨버터, 변속기 브레이크 및 브레이크 밴드, 클러치의 슬립 유무 등**을 파악하기 위한 시험이다.

(2) 스톨 테스트 방법

① **조건** : 자동변속기 오일 온도 : 60~70℃, 엔진 수온 온도 90~100℃, 바퀴에 고임목 설치, 주차 브레이크를 당기고 브레이크 페달을 완전히 밟는다.

② 엔진 워밍업 후 변속 레버를 **'D' 또는 'R' 위치**에 놓고 **브레이**

크 페달 및 가속페달을 완전히 밟은 **상태**에서 엔진 회전수가 더 이상 증가하지 않는 순간의 RPM을 읽어 판독한다.

③ 가속 페달을 밟는 시험시간은 **5초 이내**이어야 한다.

④ 스톨 테스트 판정 (규정 엔진 스톨 회전수 : 2000~2400rpm)

D, R 레인지 모두 스톨 회전수가 낮음	• **엔진의 출력 부족** • **토크 컨버터 불량**
D, R 레인지 모두 스톨 회전수가 높음	• 낮은 라인 압력 • 로-리버스 **브레이크의 슬립** • D 레인지에서 작동하는 클러치 이상
D 레인지에서 스톨 회전수가 높음	• 낮은 라인 압력 • **전진 클러치** 이상 • **원웨이 클러치** 이상 • D 레인지에서 작동하는 클러치 이상
R 레인지에서 스톨 회전수가 높음	• 낮은 라인 압력 • 프론트(전진) **브레이크** 이상 • 로-리버스 브레이크 이상 • D 레인지에서 작동하는 **클러치** 이상

→ 정리) 스톨 회전수가 높으면 낮은 압력 및 클러치, 브레이크 이상으로 인한 슬립 판단

3 자동변속기 유압 점검

(1) 유압 점검의 목적

유압 부족 시 자동변속기의 충격, 마모, 출력저하, 슬립이 발생할 우려가 있다. 유압 점검을 통해 **오일펌프 및 각 요소의 피스톤 오일 실(또는 O링) 불량으로 인한 누설 여부** 등을 간접적으로 확인할 수 있다.

(2) 유압 시험 방법 (오일압력게이지)

① 워밍업(유온 70~80℃ 정상온도) 후 리프트로 상승시킨다.

② 특수 공구 오일 압력 게이지 및 어댑터(RED 및 DIR용 압력)를 각 유압 측정구에 장착한다.

③ 기준 유압표에 있는 조건으로 각 부의 유압을 측정하고 기준치를 초과할 경우에는 유압 진단표를 기초로 하여 조치를 취

한다.

→ 측정 위치 : 로우–리버스 브레이크 압력, 엔드클러치 압력, 프런트클러치 압력, 리어클러치 압력, 댐버클러치 압력

4 자동변속기 유압 현상별 고장현상 및 원인

고장현상	원인
라인 압력이 너무 낮거나 높을 때	• 오일필터의 막힘 • 레귤레이터 밸브 오일압력(라인압력)의 조정이 불량함 • 레귤레이터 밸브가 고착됨 • 밸브 바디의 조임부가 풀림 • 오일펌프 배출 압력이 부적당함
토크 컨버터의 압력이 부적당할 때	• 댐퍼 클러치 제어 솔레노이드 밸브(DCCSV) 혹은 댐퍼 클러치 제어 밸브가 고착 • 오일쿨러 및 혹은 파이프가 막히거나 누설 • 토크 컨버터 불량
감압이 부적당할 때	• 라인압력이 부적당 • 감압의 조정이 불량 • 감압밸브가 고착 • 밸브 바디의 조임 부위가 풀림
킥다운 브레이크 압력이 부적당할 때	• O링 불량 • 밸브 바디 어셈블리의 기능이 불량 • 밸브 바디 조임 부위가 풀림
프론트 클러치 압력이 부적당할 때	• O링 불량 • 밸브 바디 장착 부위가 풀림 • 프론트 클러치 피스톤, 리테이너가 마모 • 밸브 바디 어셈블리 불량
엔드 클러치 압력이 부적당할 때	• O링 불량 • 밸브 바디 조임 부위가 풀림 • 밸브 바디 어셈블리 불량

5 TCM 학습

① 변속기 제품간 편차(유압, 클러치 유격 등)를 보정하여 학습시간을 단축하고, 초기 안전 안전성을 확보하는데 있다.
② **학습이 필요한 경우** : 자동변속기 또는 TCM 교체 시, 학습 데이터가 초기화된 후 변속 충격 또는 슬립 발생 시
③ TCM 학습 조건 : ATF 온도 40~100℃
④ TCM 학습 과정 : 정지 학습, 주행 학습

① 수동변속기의 높은 변속효율과 자동 변속을 조합한 형태로 2개의 클러치를 통해 동력을 부드럽게 변속되는 특징이 있다.
② **특징**
  • 작동이 빠르고 구동력 손실이 적다.
  • 변속충격이 적다.
  • 가속성능 및 연비가 우수하다.
  • 자동변속기에 비해 구조가 간단하고 중량이 가볍다.
  • 수동변속기를 기반으로 하지만 TCU(변속기 제어유닛)을 통해 자동변속기와 같은 기어 변속이 가능하다.
  • 변속을 위해 클러치 페달로 동력을 끊어지는 과정이 필요없다.(즉, 변속은 변속기 제어모듈에 의해 클러치가 서로 교차되면서 단속하므로 항상 엔진과 연결된 상태가 된다.)
③ 기본 구성 : TCU, 홀수단 클러치와 짝수단 클러치, 클러치와 엔진축 단속을 위한 2개의 클러치 액추에이터, 기어 셀렉터를 기어단에 단속하기 위한 기어 액추에이터(수동변속기의 기어조작에 해당)

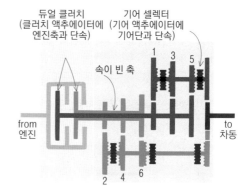

작동원리 : 홀수단(1·3·5) 축과 짝수단(2·4·6) 축에 각각의 클러치를 연결된다. 1단에서 2단으로 변속할 경우 TCU의 제어신호에 의해 기어 액추에이터 – 기어 셀렉터가 작동하여 2단 기어가 미리 물리게 한 후 클러치 액추에이터에 의해 홀수단 클러치가 떨어지고 짝수단 클러치를 연결하면 동력 차단과정 없이 빠르게 변속된다.

⬥ DCT 개념도

07 무단변속기(CVT)

CVT(Continously Variable Transmission)는 유성기어를 사용하지 않으며, 구동륜에 피동 풀리, 엔진에 구동풀리를 연결하는 강제 V벨트와 풀리의 지름비를 변화시키기 위해 컴퓨터 유압제어장치로 구성되며, 연속적인 연속비를 얻을 수 있는 변속기를 말한다.

■ 무단변속기의 특징

① 소형, 경량화
② 배기가스 저감
③ 연비 및 가속성능 향상
④ 변속 충격 감소
⑤ 큰 동력 전달은 어려움(소형차 이하에서 사용)

2 무단변속기의 종류

변속방식에 따라	• 벨트 구동방식 – 고무 또는 금속벨트 또는 금속 체인과 가변 홈 풀리 이용 • 트랙션 구동방식 – 전동차 사이의 접촉에 의한 동력 전달 방식 • 유압모터와 펌프 조합식 – 엔진 출력부에 유압 펌프를, 변속기에 유압모터를 연결
동력전달방식 에 따라	토크컨버터 방식, 멀티클러치 방식, 전자파우더 방식

(1) 벨트식 – 고무벨트, 금속벨트(주로 사용), 금속체인

(2) 트랙션(트로이달) 구동방식

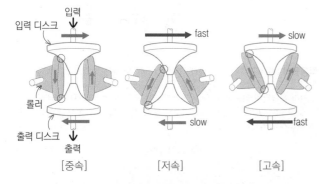

피스톤에 의해 롤러를 회전시키며 변속을 제어한다. 중속일 때는 입력디스크 및 출력디스크와 롤러가 닿는 부분이 동일하므로 회전력이 같다.

• 저속 : 입력디스크와 롤러가 물린 부위는 지름이 작기 때문에 회전이 빠르지만, 출력 디스크와 롤러가 물린 부위는 지름이 크기 때문에 회전이 느리다.
• 고속 : 입력디스크와 롤러가 물린 부위는 지름이 크기 때문에 회전이 느리지만, 출력 디스크와 롤러가 물린 부위는 지름이 작기 때문에 회전이 빨라진다.

⬆ 트랙션 구동방식

(3) 유압모터와 펌프 조합식의 특징

① 구동모터의 정격회전속도에 대해서 주행차량의 부하가 변하여도 일정 범위 내에서 작업속도를 미세하게 조절할 수 있는 것이 특징이다.
② 사판형 피스톤펌프를 이용한 방식으로 사판각을 레버로 변화시켜 유압토출량을 증감시켜 유량에 따라 모터의 회전속도가 변하게 되어 변속된다.
③ 주로 농업용 및 소형 산업용 장비 등에 사용된다.

> ▶ **전자파우더방식(Electronic powder clutch, 전자기 클러치)**
> 구동축과 출력축 사이의 밀폐된 틈새에 전자입자(철분 파우더)를 넣고 구동축의 여자코일에 전류를 흘리면 철분이 체인상태로 연결되어 두 축을 고정시키는 방식이다. 전류에 세기에 따라 제어되는데, 전류를 차단시키면 파우더 연결이 해제되어 클러치가 분리되어 동력이 차단된다. 미끄럼 발생 및 열이 많이 발생하는 단점이 있다.

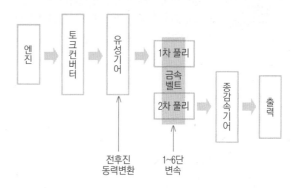

⬆ CVT 동력전달 순서 개념도

3 각종 센서의 구성 및 작동 원리

(1) 듀티 솔레노이드 밸브

라인압 컨트롤 솔레노이드 밸브	레귤레이트 밸브 작동을 컨트롤해서 2차 풀리로 보내는 압력을 제어
시프트 컨트롤 솔레노이드 밸브	1차 풀리 유압을 제어하여 변속비 제어
클러치압 컨트롤 솔레노이드 밸브	전진 클러치 및 후진 브레이크로 보내는 압력을 제어
댐퍼 클러치 솔레노이드 밸브	댐퍼 클러치의 작동압을 제어

(2) 유온센서

ATF의 온도를 부특성 서미스터(NTC)를 이용하여 검출하며 유온정보는 댐퍼 클러치 작동 영역을 결정과 변속 시 유압제어 정보 등으로 사용한다.

(3) 유압센서

압전소자를 이용하며 연료 압력센서와 기본 구조 및 원리가 같은 것으로서 1차 풀리 및 2차 풀리의 압력 검출용 센서 2개가 장착된다.

(4) 회전속도센서

홀센서(hall sensor) 형식으로, 터빈 회전속도 센서, 1차 및 2차 풀리 회전속도 센서가 있다.

4 CVT 구성 및 작동

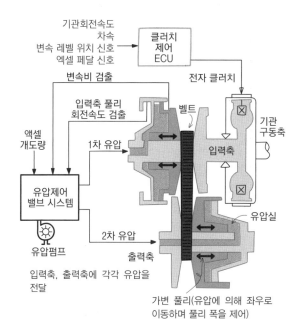

⌂ CVT 제어장치 개념도

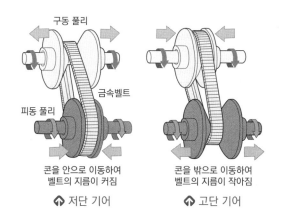

콘을 안으로 이동하여 벨트의 지름이 커짐

콘을 밖으로 이동하여 벨트의 지름이 작아짐

⌂ 저단 기어   ⌂ 고단 기어

$$※\ 변속비 = \frac{출력반경}{입력반경}$$

5 유압제어장치

① 유압제어장치는 유압을 발생시키는 오일펌프, 무단변속기 컨트롤 모듈의 전기 신호를 받아 유압을 조정하는 솔레노이드 밸브, 솔레노이드 밸브에서의 제어압력을 기초로 작동하는 컨트롤 밸브 및 라인압을 일정 압으로 조정하는 각종 밸브와 밸브 바디로 구성된다.

② 유압제어 : 라인압 제어, 변속비 제어, 발진 제어, 매뉴얼 변속 제어 등

(1) 라인압 제어(line pressure control solenoid valve)

무단변속기는 두 풀리 사이에 면 접촉하고 있는 벨트의 마찰력에 의해 토크가 전달되므로 벨트와 풀리 사이에 슬립이 없이 동력을 전달하기 위하여 항상 20~30bar 정도의 높은 라인압을 적절히 가변제어 할 필요가 있다.

(2) 변속비 제어(shift control solenoid valve)

무단변속기는 적절한 유량과 유압으로 구동과 종동 두 풀리를 축 방향으로 풀리의 지름이 가변되어 변속비가 얻어진다.

(3) 발진장치 제어(damper clutch solenoid valve)

토크 컨버터 댐퍼 클러치의 제어방식은 자동변속기의 경우와 유사하며 무단 변속기의 변속비가 자동변속기보다 넓기 때문에 댐퍼 클러치를 일찍 작동시켜도 발진 성능에는 문제가 없으므로 토크 컨버터의 댐퍼의 속도비가 0.7 정도에서 자동변속기보다 다소 빠르게 이루어진다.

(4) 매뉴얼 변속 제어(clutch pressure solenoid valve)

자동변속기의 제어와 유사하며, 매뉴얼 변속 밸브에 의해 변속단이 결정되며 유압은 오리피스와 어큐뮬레이터에 의해 제어되는 기계식 제어 방식과 솔레노이드 밸브와 어큐뮬레이터를 듀티 제어하는 전자제어 방식이 있다.

[참고]

1 자동변속기 차량의 토크 컨버터에서 토크 증대 비율이 가장 클 때는?

① 스톨 포인트일 때
② 클러치 포인트일 때
③ 댐퍼클러치 작동일 때
④ 오버 드라이브일 때

> **스톨 포인트** : 펌프(입력축)는 회전하나 터빈(출력축)이 정지되어 있는 지점으로, 속도비가 '0'이며, 토크비가 가장 크고 회전력이 최대이다.

[19-3]

2 유체클러치의 스톨포인트에 대한 설명으로 틀린 것은?

① 스톨포인트에서 효율이 최대가 된다.
② 스톨포인트에서 토크비가 최대가 된다.
③ 펌프는 회전하나 터빈이 회전하지 않는 상태이다.
④ 속도비가 "0"일 때를 말한다.

> 유체클러치의 효율은 속도비 증가에 따라 직선적으로 증가한다. 최대 효율은 스톨포인트를 지나 속도비=1 부근(0.95~0.98)이며 이후에는 크게 낮아진다.

[참고]

3 자동변속기 차량에서 스톨 포인트(stall point)에 대한 설명으로 거리가 먼 것은?

① 토크컨버터의 터빈과 펌프의 회전비가 최저(zero)인 점이다.
② 토크컨버터의 터빈과 펌프의 동력 전달효율이 최대이다.
③ 토크컨버터의 터빈과 펌프의 토크 변화비율이 최대이다.
④ 강한 제동이 걸린 상태의 스톨점에서는 차량의 구동력은 0이다.

> 토크컨버터의 동력 전달효율은 속도비 0.6~0.7에서 최대이다.
> (토크비와 전달효율의 차이 체크할 것, 이론 그래프 참고)

[참고]

4 토크컨버터가 유체 커플링과 마찬가지로 토크전달 기능만 수행하며, 스테이터의 일방향 클러치를 프리휠링시키는 작동점은?

① 실속 포인트
② 클러치 포인트
③ 제동 포인트
④ 컨버터 포인트

[11-3, 08-3]

5 유체 클러치와 토크 변환기의 설명 중 틀린 것은?

① 유체클러치의 효율은 속도비 증가에 따라 직선적으로 변화되나, 토크 변환기는 곡선으로 표시된다.
② 토크 변환기는 스테이터가 있고, 유체 클러치는 스테이터가 없다.
③ 토크 변환기는 자동변속기에 사용된다.
④ 유체클러치에는 원웨이 클러치 및 록업 클러치가 있다.

> **· 원웨이 클러치**
> - 토크 컨버터 : 스테이터가 반시계방향으로 회전하는 것을 억제하여 스테이터에 의해 토크를 증대시킨다.
> - 유성기어장치 : D 및 2레인지의 1속에서 유성 캐리어가 반시계방향으로 회전하지 않도록 하여 1속과 2속간의 변속을 부드럽게 한다.
> **· 록업 클러치**(댐퍼 클러치)는 토크 컨버터 앞에 장치하여 클러치점 이상의 속도에서 유체마찰손실을 줄이는 역할을 한다.

[참고]

6 자동변속기 차량에서 토크컨버터의 내부 스테이터 작동이 공전하는 범위는?

① 정지 상태에서 출발순간부터
② D-Range 범위 내에서
③ 클러치점 이상 유체커플링 범위 내에서
④ 엔진 공회전 범위 내에서

[10-2]

7 자동변속기에서 토크 컨버터의 구성 부품이 아닌 것은?

① 터빈
② 스테이터
③ 펌프
④ 액추에이터

> · 유체클러치 : 터빈(런너), 펌프(임펠러), 가이드링
> · 토크컨버터 : 펌프, 터빈, 스테이터, 가이드링

[17-1, 08-2]

8 토크 변환기의 펌프가 2800rpm이고 속도비가 0.6, 토크비가 4.0인 토크변환기의 효율은?

① 0.24　　② 2.4　　③ 24　　④ 0.4

> **토크컨버터의 전달효율 = 속도비×토크비** → 0.6×4 = 2.4

[11-1]

9 속도비가 0.4이고, 토크비가 2인 토크 컨버터에서 펌프가 4000rpm으로 회전할 때, 토크 컨버터의 효율은?

① 20%　　② 40%　　③ 60%　　④ 80%

정답 1① 2① 3② 4② 5④ 6③ 7④ 8② 9④

10 자동변속기 차량의 토크컨버터에서 출발 시 토크증대가 되도록 스테이터를 고정시켜주는 것은?

① 오일 펌프
② 가이드 링
③ 펌프 임펠러
④ 원웨이 클러치

[참고]

11 자동변속기에서 유압라인 압력을 측정하였더니 모든 위치에서 규정값보다 낮게 측정되었을 때의 원인으로 적절하지 않은 것은?

① 오일량 부족
② 오일 필터 오염
③ 압력조절밸브 결함
④ 원웨이 클러치 결함

[참고]

12 자동변속기 차량에서 저온 시 오일의 점도가 높아지면 나타나는 증상은?

① 변속기 내부의 제어밸브 등의 응답성이 저하하여 작동이 활발하지 못하게 된다.
② 오일펌프의 흡입저항이 감소하여 캐비테이션 현상이 잘 발생될 수 있다.
③ 유동에 따르는 압력손실이 감소하여 자동 변속기 전체의 효율이 상승한다.
④ 오일펌프의 동력손실이 감소하여, 기계효율이 상승한다.

> 오일 점도가 높으면 동력 손실 증가, 내부 마찰로 온도가 오르게 되고 응답성이 저하되고, 낮으면 펌프효율 저하로 온도가 오르고, 정밀제어가 어렵다.

[14-2]

13 자동변속기 토크컨버터의 스테이터가 정지하는 경우는?

① 터빈이 정지하고 있을 때
② 터빈 회전속도가 펌프속도와 같을 때
③ 터빈 회전속도가 펌프속도 2배 일 때
④ 터빈 회전속도가 펌프속도 3배 일 때

> 터빈이 정지상태(차량 정지상태)일 때 스테이터는 정지된다.

[14-1]

14 자동변속기 차량에서 출발 및 기어 변속은 정상적으로 이루어지나 고속주행 시 성능이 저하되는 원인으로 옳은 것은?

① 출력축 속도센서의 신호선 단선
② 토크컨버터 스테이터 고착
③ 매뉴얼 밸브 고착
④ 라인 압력 높음

> 토크컨버터의 스테이터가 고착되면 출발 시 정상이지만 속도비가 0.8 이상이 되면 전달 효율이 불량해져 토크 비율이 1 이하가 되어 고속주행이 어렵다.

[참고]

15 자동변속기 내부구조에서 주로 사용되는 일방향 클러치의 종류가 아닌 것은?

① 스프래그 형
② 래칫 형
③ 롤러 테이퍼 형
④ 다판 클러치 형

[12-2]

16 싱글 피니언 유성기어 장치를 사용하는 오버 드라이브 장치에서 선기어가 고정된 상태에서 링기어를 회전시키면 유성기어 캐리어는?

① 회전수는 링기어보다 느리게 된다.
② 링기어와 함께 일체로 회전하게 된다.
③ 반대 방향으로 링기어보다 빠르게 회전하게 된다.
④ 캐리어는 선기어와 링기어 사이에 고정된다.

> 선기어가 고정되고 링기어에 입력(회전)시키면 캐리어(출력)는 감속한다.

[09-1]

17 자동변속기에 관한 설명으로 옳은 것은?

① 매뉴얼 밸브가 전진 레인지에 있을 때 전진 클러치는 항상 정지된다.
② 토크 변환기에서 유체의 충돌 손실은 속도비가 0.6~0.7일 때 가장 적다.
③ 유압제어 회로에 작용되는 유압은 엔진의 오일펌프에서 발생된다.
④ 토크 변환기의 토크 변환비는 날개가 작을수록 커진다.

> ① 매뉴얼 밸브는 운전석의 변속레버 조작으로 작동되는 수동밸브로 변속레버의 위치에 따라 유로를 변경시켜 라인압력을 공급/배출시킨다.
> ② 속도비가 0.6~0.7일 때 전달효율이 가장 좋다. (유체클러치는 속도비 1일 때 최대 전달효율로 토크를 전달한다)
> ③ 자동변속기의 유압펌프는 토크컨버터 뒤에 위치하여 변속기 전용으로 사용된다.
> ④ 토크컨버터의 토크비는 날개의 크기에 비례한다.

정답 10 ④ 11 ④ 12 ① 13 ① 14 ② 15 ④ 16 ① 17 ②

[12-1, 10-3, 09-3]

18 자동변속기 차량에서 변속패턴을 결정하는 가장 중요한 입력신호는?

① 차속 센서와 엔진 회전수

② 차속 센서와 스로틀 포지션 센서

③ 엔진 회전수와 유온 센서

④ 엔진 회전수와 스로틀 포지션 센서

변속 패턴
자동변속기의 변속패턴은 스로틀밸브의 개도와 차속에 의해 변속라인을 넘으면 자동적으로 변속이 이뤄진다.

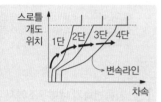

[14-2]

19 싱글 피니언 유성기어 장치에서 유성기어 캐리어를 고정하고 선기어를 구동하였을 때 링기어 출력을 얻는 목적으로 옳은 것은?

① 역전을 할 목적으로 활용된다.

② 속도를 증속시킬 목적으로 활용된다.

③ 속도변화가 없도록 직결시킬 목적으로 활용된다.

④ 속도를 감속시킬 목적으로 활용된다.

유성기어 장치의 회전방향

선기어	링기어	캐리어	출력 결과
고정	출력	입력	증속
고정	입력	출력	감속
입력	고정	출력	감속
출력	고정	입력	증속
입력	출력	고정	역전 감속
출력	입력	고정	역전 증속

[참고]

20 싱글 피니언 단순 유성기어장치에서 선기어를 고정하고 캐리어를 구동하면 차속(출력 : 링기어)은 어떻게 되는가?

① 증속   ② 감속

③ 역전 증속   ④ 역전 감속

[08-3]

21 유성기어에서 링기어 잇수가 50, 선기어 잇수가 20, 유성기어 잇수가 10이다. 링기어를 고정하고 선기어를 구동하면 감속비는 얼마인가?

① 0.14   ② 1.4   ③ 2.5   ④ 3.5

링기어가 고정이고, 선기어가 구동기어이므로 캐리어에서 출력된다.
캐리어 = 선기어 잇수 + 링기어 잇수 = 50+20

$$기어비 = \frac{피동기어잇수}{구동기어잇수} = \frac{50+20}{20} = 3.5$$

[05-3]

22 다음 자동변속기의 선기어 고정, 링기어 증속, 캐리어 구동 조건에서 변속비는? (선기어 잇수 : 20, 링기어 잇수 : 80)

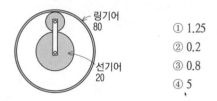

① 1.25

② 0.2

③ 0.8

④ 5

$$기어비 = \frac{출력}{입력} = \frac{피동기어잇수}{구동기어잇수} = \frac{링기어 잇수}{선기어 잇수+링기어 잇수}$$
$$= \frac{80}{20+80} = 0.8$$

[11-2]

23 유성기어장치를 2조로 사용하고 있는 자동변속기에서 선기어 잇수 20, 링기어 잇수 80일 때 총 변속비는? (단, 제1 유성기어 : 링기어 구동·선기어 고정, 제2유성기어 : 링기어 고정·선기어 구동)

① 1.25   ② 5

③ 6.25   ④ 16

$$기어비 = \frac{피동기어잇수}{구동기어잇수}$$

$$\cdot 제1 기어비 = \frac{선기어 잇수+링기어 잇수}{링기어 잇수} = \frac{20+80}{80} = 1.25$$

$$\cdot 제2 기어비 = \frac{선기어 잇수+링기어 잇수}{선기어 잇수} = \frac{20+80}{20} = 5$$

총기어비 = 1.25×5 = 6.25

[참고]

24 자동 변속기의 변속 패턴에 대한 설명으로 옳은 것은?

① 고부하 시 기어 변속단은 고단이 된다.

② 차량의 주행 속도가 빨라지면 기어는 저단으로 변속된다.

③ 고단기어 주행 모드에서 가속 페달을 놓으면 기어의 위치는 고단으로 유지된다.

④ 스포츠 모드에서의 변속은 이코노미 모드에서 보다 기어의 변속이 빠르게 고단으로 바뀐다.

① 부하가 많이 걸리면 저단으로 변속된다.
② 주행 속도가 빨라지면 기어는 고단으로 변속된다.
④ 스포츠 모드는 변속시점을 늦추어 RPM을 올려 순간적인 가속으로 언덕길 주행이나 추월에 사용된다.

정답   **18** ②   **19** ①   **20** ①   **21** ④   **22** ③   **23** ③   **24** ③

[참고]

25 자동변속기 차량의 히스테리시스(hysteresis) 작용에 대한 내용으로 알맞은 것은? 기사

① 일정속도가 되면 자동으로 변속이 이루어지는 작용
② 스로틀 개도가 일정각도 이상이 되면 자동으로 변속이 이루어지는 작용
③ 주행 시 변속점 경계구간에서 변속이 빈번하게 일어나지 않게 해주는 작용
④ 주행속도가 일정속도 이상이 되면 자동으로 변속이 이루어지는 작용

[13-3]

26 자동변속기의 변속선도에 히스테리시스(hysteresis) 작용이 있는 이유로 적당한 것은?

① 변속점 설정 시 속도를 감속시켜 안전을 유지하기 위해서
② 변속점 부근에서 주행할 경우 변속이 빈번하게 일어나 불안정함을 방지하기 위해서
③ 증속될 때 변속점이 일치하지 않는 것을 방지하기 위해서
④ 감속시 연료의 낭비를 줄이기 위해서

히스테리시스(hysteresis)
가속페달의 밟는 정도에 따라 적절한 변속단이 결정될 때 변속점 부근에서 시프트업(shift-up)과 시프트다운(shift-down)이 된다. 이 때 변속점 부근에서 빈번하게 변속되어 잦은 변속충격이 일어난다. 이를 방지하기 위해 시프트업 변속점을 시프트다운보다 높게 설정하여 빈번히 일어나지 않도록 함으로써 승차감을 향상시키는 것을 말한다. 즉, 증속시와 감속시의 변속점에 차이(7~15km/h)를 주는 것이다.

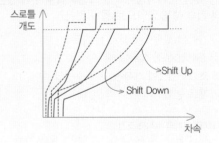

[07-1]

27 전자식 자동변속기 차량에서 변속시기와 가장 관련이 있는 신호는?

① 엔진온도 신호
② 스로틀개도 신호
③ 엔진토크 신호
④ 에어컨작동 신호

TPS의 역할
• 전자제어 연료분사장치 : 연료분사량 결정
• 자동변속기 : 차속센서와 함께 변속시기 결정

[10-3]

28 자동변속기에서 밸브바디의 구성품이 아닌 것은?

① 매뉴얼 밸브
② 솔레노이드 밸브
③ 압력조절 밸브
④ 브레이크 밸브

밸브바디의 주요 구성품
압력조절밸브, 시프트 밸브, 매뉴얼 밸브, 솔레노이드 밸브
※ 자동변속기의 브레이크는 시프트 밸브에 의해 제어된다.

[10-2]

29 자동변속기의 압력조절밸브(PCSV)의 듀티제어 파형에서 니들 밸브가 작동하는 전체 구간은?

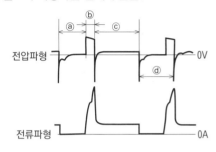

① ⓐ
② ⓑ → ⓒ
③ ⓒ
④ ⓒ → ⓓ

니들밸브가 작동하는 구간은 전류가 흐르는 구간이므로 ⓑ → ⓒ 구간이 된다.

[07-1]

30 자동변속기 전자제어장치에서 컴퓨터(TCU)의 입력신호에 해당되지 않는 것은?

① 엔진 회전 신호
② 스로틀센서(TPS)
③ 인히비터스위치 신호
④ 흡기온센서 신호

TCU의 입력 신호
TPS, 차속센서, 인히비터 스위치, 수온센서, 유온센서, 가속페달 스위치, 펄스 제너레이터 A(변속기 입력속도 검출), 펄스 제너레이터 B(변속기 출력속도 검출), 오버드라이브 스위치, 킥다운 서보 스위치, 가속스위치 등
※ 흡기온센서 : 전자제어 연료장치의 입력 신호

[08-1]

31 자동변속기 자동차에서 TPS(Throttle Position Sensor)에 대한 설명으로 옳은 것은?

① 변속시점과 관련 있다.
② 주행 중 선회시 충격 흡수와 관련 있다.
③ 킥 다운(kick down)과는 관련 없다.
④ 엔진 출력이 달라져도 킥 다운과 관계 없다.

정답 **25** ③ **26** ② **27** ② **28** ④ **29** ② **30** ④ **31** ①

32 전자제어 자동변속기에서 제어모듈(TCU)의 제어항목이 아닌 것은?

① 킥다운 서보 스위치 제어 ② 댐퍼 클러치 제어
③ 변속 패턴 제어 ④ 변속 유압 제어

킥 다운 서보 스위치는 제어대상이 아니라 입력신호이다.

33 자동변속기 차량에서 크랭킹이 안 되는 원인으로 틀린 것은?

① 킥다운 스위치 단선 시
② 변속레버 D위치 선택 시
③ P, N 스위치 접점 소손 시
④ 인히비터 스위치 커넥터 탈거 시

34 자동변속기의 댐퍼 클러치에 대한 설명으로 틀린 것은?

① 자동차 정지 시 사용한다.
② 동력전달효율 및 연비 향상은 있으나, 댐퍼클러치 ON-OFF 시 충격이 발생할 수 있다.
③ 펌프와 터빈을 기계적으로 직결시켜 슬립에 의한 손실을 최소화시킨다.
④ 동력전달 순서는 엔진-프런트 커버-댐퍼 클러치-댐퍼 클러치 허브-변속기 입력축이다.

자동차 정차 중 댐퍼 클러치가 작동하면 시동이 꺼진다.

35 자동변속기 TCC(torque converter clutch) 접속 및 해제의 제어신호로 필요한 엔진 센서는?

① 흡기온도센서
② 냉각수온도센서
③ 스로틀밸브위치 센서
④ 흡입매니폴드 압력센서

댐퍼클러치(TCC, torque converter clutch)의 입력신호
• 오일 온도(유온) 센서 : 댐퍼 클러치 비 작동 영역 판정을 위해 자동 변속기 오일(ATF) 온도 검출
• 스로틀 포지션 센서(TPS) : 댐퍼 클러치 비 작동 영역 판정을 위해 스로틀 밸브의 열림량 검출
• 에어컨 릴레이 스위치 : 댐퍼 클러치 작동 영역 판정을 위해 에어컨 릴레이의 ON/OFF 검출
• 점화 신호 : 스로틀 밸브 열림량 보정과 댐퍼 클러치 작동 영역 판정을 위해 엔진 회전속도(입력축 회전수) 검출
• 펄스 제너레이터-B : 댐퍼 클러치 작동 영역 판정을 위해 변속 패턴 정보와 함께 트랜스퍼 피동 기어 회전속도(출력축 회전수)를 검출
• 가속 페달 스위치 : 댐퍼 클러치 비 작동 영역을 판정하기 위하여 가속 페달 스위치의 ON/OFF를 검출

36 전자제어 자동변속기의 댐퍼 클러치 작동에 대한 설명으로 옳은 것은?

① 댐퍼 클러치의 작동은 오버드라이브 솔레노이드 밸브의 듀티율로 결정된다.
② 페일세이프 모드에서 토크 확보를 위해 댐퍼 클러치를 동작시킨다.
③ 급가속 시 토크 확보를 위해 댐퍼 클러치 작동을 유지한다.
④ 스로틀 포지션 센서 개도와 차속 등의 상황에 따라 작동과 비작동이 반복된다.

① 댐퍼 클러치는 오버드라이브와는 무관하다.
② 페일세이프 모드에서는 댐퍼클러치가 작동하지 않는다.
③ 급가속 시는 댐퍼클러치 비작동 조건이다.
④ 댐퍼클러치의 작동조건 중 4단 이상에서의 고속 저부하(약 70km/h 이상으로 스로틀 개도가 급격히 크지 않을 경우)에 부합한다.

37 자동변속기 차량에서 토크컨버터 내부의 댐퍼클러치 작동시점으로 가장 적합한 것은?

① 전진에서 변속이 2속 이상일 때
② 1단 및 후진일 때
③ 엔진회전수가 공회전 이하일 때
④ 엔진 브레이크 작동일 때

38 자동변속기차량에서 토크컨버터 내부에 있는 댐퍼 클러치의 접속 해제 영역으로 틀린 것은?

① 기관의 냉각수 온도가 낮을 때
② 공회전 운전 상태일 때
③ 토크비가 1에 가까운 고속 주행일 때
④ 제동 중일 때

댐퍼클러치의 비작동 조건
• 1속 또는 후진할 때 : 출발 또는 가속성 확보를 위해
• 공회전 시 : 엔진부하에 의해 시동이 꺼지므로
• 엔진 브레이크가 작동될 때 : 감속시 충격방지를 위해
• 제동 중일 때 : 감속구간에서의 댐퍼작동은 무의미함
• 주행 중 변속할 때 : 변속감 향상을 위해
• ATF의 유온이 65℃ 이하 일 때 : 작동의 안정화 및 내구성 향상을 위해
• 기관 회전수가 800rpm 이하 일 때
• 기관회전수가 2000rpm 이하에서 스로틀밸브 열림이 클 때
• 급가속 및 급감속할 때

정답 ▶ 32 ① 33 ① 34 ① 35 ③ 36 ④ 37 ① 38 ③

[10-1]

39 전자제어 자동변속기에서 댐퍼클러치의 비작동 영역으로 아닌 것은?

① 제1속 및 후진할 때

② 액셀 페달을 밟고 있을 때

③ 기관 브레이크를 작동할 때

④ 냉각수 온도가 특정 온도(예 : 50℃) 이하일 때

[12-3]

40 전자제어 자동변속기의 댐퍼 클러치 작동에 대한 설명 중 옳은 것은?

① 작동은 압력 조절 솔레노이드의 듀티율로 결정된다.

② 급가속시는 토크 확보를 위하여 댐퍼 클러치 작동을 유지한다.

③ 페일 세이프 상태에서도 댐퍼 클러치는 작동한다.

④ 스로틀 포지션 센서 개도와 차속의 상황에 따라 작동·비작동이 반복된다.

① 변속기의 솔레노이드 밸브는 변속제어를 위한 유압제어밸브로 자동변속기에는 압력조절용, 변속조절용, 댐퍼클러치 제어용으로 구분한다. 각각의 솔레노이드 밸브는 TCU의 신호에 의해 듀티제어된다.
② 변속·급가속 시는 댐퍼 클러치의 작동 해제 조건이다.
③ 자동변속기의 페일 세이프 기능 : 시스템 고장이나 오조작 시에도 안전성을 확보하기 위한 장치로 TCU는 릴레이 전원을 차단시켜 2속 또는 3속으로 고정시키고 댐퍼 클러치는 해제된다.

[14-3]

41 전자제어 자동변속기에서 댐퍼 또는 록업 클러치가 공회전 시에 작동된다면 나타날 수 있는 현상으로 옳은 것은?

① 엔진 시동이 꺼진다.

② 1단에서 2단으로 변속이 된다.

③ 기어 변속이 안 된다.

④ 출력이 떨어진다.

공회전 시 댐퍼 클러치가 작동되면 정지된 변속기축의 토크가 엔진 크랭크축과 연결된 토크컨버터 프론트 커버에 걸리므로 크랭크축의 회전이 멈춤 → 크랭크각 센서의 입력신호가 없음 → 시동이 꺼진다.

[11-1]

42 댐퍼클러치의 작동 내용으로 거리가 먼 것은?

① 클러치점 이후에서 작동을 시작한다.

② 토크비가 1에 가까운 고속구간에서 작동한다.

③ 펌프와 터빈을 직결상태로 하여 미끌림 손실을 최소화시킨다.

④ 제1속 및 후진 시에 작동을 시작한다.

[참고]

43 자동변속기에 적용된 토크 컨버터 내부 작동에서 펌프와 터빈의 회전수가 같아질 때는?

① 댐퍼 클러치가 작동할 때   ② D레인지에서 출발할 때

③ R레인지에서 출발할 때   ④ 컨트롤 레버가 중립일 때

[13-2]

44 자동변속기의 유압장치인 밸브 보디의 솔레노이드 밸브를 설명한 것으로서 틀린 것은?

① 댐퍼클러치 솔레노이드밸브(DCCSV)는 토크 컨버터의 댐퍼 클러치에 유압을 제어하기 위한 것이다.

② 압력조절 솔레노이드밸브(PCSV)는 변속시 독단적으로 압력을 조절하며 반드시 독립제어에 사용되어야 한다.

③ 변속조절 솔레노이드밸브(SCSV)는 변속시에 작용하는 밸브로서 주로 마찰요소(클러치, 브레이크)에 압력을 작용하도록 한다.

④ PCSV와 SCSV는 변속 시 같이 작용하며 변속 시의 유압충격을 흡수하는 기능을 담당하기도 한다.

• 압력조절밸브(PCV)와 압력조절 솔레노이드 밸브(PCSV)는 리버스 클러치를 제외하고 각 작동요소에 1조씩 구성되어 각 작동요소에 따라 독립적으로 제어한다.
• 압력조절밸브는 각 작동요소에 공급하는 유압을 PCSV의 제어에 따라 조절하여 변속 시 충격방지 역할을 한다.
• PCSV는 TCU의 신호에 의해 듀티 제어 되며, 전기적인 신호를 받아 유로를 열고 닫는다.

45 다음 중 자동변속기 차량의 공회전 상태에서 작동하지 않는 것은?

① 토크컨버터의 펌프의 회전

② 오일펌프의 작동

③ 토크컨버터의 터빈의 회전

④ 토크컨버터의 댐퍼클러치의 작동

댐퍼클러치는 주로 고속(약 70km/h 이상)에 토크컨버터의 미끄러짐을 방지하기 위해 엔진의 동력이 자동변속기의 입력축에 직결한 장치로 저속 또는 후진, 공회전 상태에서는 작동하지 않는다.

[참고]

46 토크컨버터 내에 있는 스테이터가 회전하기 시작하여 펌프 및 터빈과 함께 회전할 때 설명으로 옳은 것은?

① 오일 흐름의 방향을 바꾼다.

② 터빈의 회전속도가 펌프보다 증가한다.

③ 토크 변환이 증가한다.

④ 유체클러치의 기능이 된다.

터빈의 회전수가 낮으면 스테이터가 고정되어 토크가 증가하지만 스테이터가 회전하기 시작하여 펌프 및 터빈과 함께 회전하면 토크 변환이 정지(토크 변환율 1:1)하며 유체클러치로 작동하게 된다.

정답 39 ② 40 ④ 41 ① 42 ④ 43 ① 44 ② 45 ④ 46 ④

47 자동변속기 솔레노이드 밸브 종류가 <u>아닌</u> 것은?

① 유압제어 밸브　　　② 변속제어 밸브
③ 유속제어 밸브　　　④ 댐퍼클러치제어 밸브

> 자동변속기 밸브바디의 주요 솔레노이드 밸브(SV)
> • PCSV(압력 조절 SV) : 개도량 조절 형식으로 밸브바디 내 유압 조절
> • DCCSV(댐퍼클러치 SV) : 댐퍼클러치를 작동/해제 시키는 밸브로 On/Off로 제어
> • SCSV(시프트 컨트롤 SV) A, B : 개도량 조절 형식으로 밸브바디 내에 시프트 밸브를 적절하게 이동

48 자동변속기 차량의 점검방법으로 <u>틀린</u> 것은?

① 자동변속기의 오일량은 평탄한 노면에서 측정한다.
② 인히비터 스위치는 N위치에서 점검조정한다.
③ 오일량을 측정할 때는 시동을 끄고 약 3분간 기다린 후 점검한다.
④ 스톨테스트 시 회전수가 기준보다 낮으면 엔진을 점검한다.

> 자동변속기 오일량 점검은 시동 후 엔진을 충분히 워밍업시켜야 한다.(유온 70~80℃) 그리고 변속레버를 각 위치에서 순환시킨 후 'P' 또는 'N'에 두고 오일 게이지의 cold-hot 사이에 있는 것을 확인하여 점검한다.

49 자동변속기 변속레버를 N에서 D로 선택할 때 심한 충격이 발생하는 고장의 원인으로 가장 적절한 것은?

① 라인 압이 너무 낮다.
② 라인 압이 너무 높다.
③ 오일펌프에서 오일이 샌다.
④ 압력조절밸브가 열린 상태로 고착되었다.

> 심한 충격은 주로 라인 압력이 높거나, 실(sea) 캡 경화, 변속기 오일의 열화 등에 의해 발생된다.

50 자동변속기의 오일압력이 너무 낮은 원인으로 <u>틀린</u> 것은?

① 엔진 RPM이 높다.
② 오일펌프 마모가 심하다.
③ 오일필터가 막혔다.
④ 릴리프밸브 스프링 장력이 약하다.

> ① 엔진 회전수 상승에 따른 유압 상승 시 릴리프밸브에 의해 적정 압력이 유지되며 낮아지는 원인이 아니다.
> ② 펌프 불량 : 충분한 펌핑이 안되므로 압력이 낮아짐
> ③ 필터 막힘 : 유압라인으로 유입되는 오일 양이 적어지므로 압력이 낮아짐
> ④ 릴리프 밸브는 오일압이 설정압(밸브 스프링에 의해 설정됨)보다 높은 경우 스프링 장력을 이기고 설정압 이상의 오일이 오일탱크로 복귀된다. 그러므로 밸브 스프링의 장력이 약해지면 유압라인에 유압이 형성되기 전에 오일이 오일탱크로 복귀되므로 유압라인의 압력이 떨어진다.

51 자동변속기 차량에서 출발 시 충격이 발생하고 라인압력이 높은 상태이다. 고장원인으로 가장 적절한 것은?

① 오일펌프의 누유
② 릴리프 밸브의 막힘
③ 압력조절밸브의 마모
④ 스로틀 포지션 센서의 고장

> 변속기 충격은 고압에서 발생할 수 있으며, 릴리프 밸브가 막히면 장치 내 압력이 높아진다.

52 중·고속 주행 시 연료소비율의 향상과 기관의 소음을 줄일 목적으로 변속기의 입력회전수보다 출력회전수를 빠르게 하는 장치는?

① 클러치 포인트　　　② 오버 드라이브
③ 히스테리시스　　　④ 킥 다운

53 오버 드라이브(Over Drive) 장치에 대한 설명으로 <u>틀린</u> 것은?

① 기관의 여유출력을 이용하였기 때문에 기관의 회전 속도를 약 30% 정도 낮추어도 그 주행속도를 유지할 수 있다.
② 자동변속기에서도 오버 드라이브가 있어 운전자의 의지 (주행속도, TPS 개도량)에 따라 그 기능을 발휘하게 된다.
③ 속도가 증가하기 때문에 윤활유의 소비가 많고 연료 소비가 증가하기 때문에 운전자는 이 기능을 사용하지 않는 것이 유리하다.
④ 기관의 수명이 향상되고 또한 운전이 정숙하게 되어 승차감도 향상된다.

> **오버 드라이브 장치의 특징**
> • 엔진의 여유출력을 이용하여 엔진의 회전속도를 약 30% 정도 낮추어도 주행속도를 그대로 유지한다.
> • 연료소비율의 향상 및 기관 소음 감소
> • 엔진의 수명 향상 및 정숙 운전

54 자동식 오버드라이브에 사용되는 유성기어의 구성 부품은?

① 유성기어, 유성기어 캐리어, 링기어, 선기어
② 유성캐리어, 임펠러, 런너
③ 유성기어장치, 프리휠링 장치, 솔레노이드 장치
④ 가이드링, 스테이터, 임펠러

> 오버드라이브 장치는 유성기어 세트(유성기어, 유성기어, 캐리어, 링기어, 선기어)에서 오버드라이브 작동 시 선기어가 고정되고 캐리어가 구동되어 링기어(출력)는 증속된다.

정답 47 ③　48 ③　49 ②　50 ①　51 ②　52 ②　53 ③　54 ①

[07-1]

55 오버드라이브 장치에 관한 설명으로 옳은 것은?

① 고갯길을 올라 갈 때 작동한다.

② 추진축의 회전속도를 크랭크축의 회전속도보다 빠르게 한다.

③ 토크를 증가시킬 때 작동한다.

④ 최고 출력을 낼 때 작동한다.

> 오버드라이브는 평지에서 일정 속도 이상 주행 시 엔진의 여유 출력을 이용하여 변속기의 입력회전수(크랭크축 회전속도)보다 변속기 출력회전수(추진축 회전속도)를 빠르게 하는 장치이다.

[18-1]

56 엔진의 여유출력을 이용한 오버드라이브에 대한 설명으로 틀린 것은?

① 추진축의 회전속도가 엔진의 회전속도보다 느리다.

② 자동차의 속도를 빠르게 할 수 있다.

③ 평탄한 도로 주행 시 연료를 절약할 수 있다.

④ 엔진의 운전이 정속하고 수명이 연장된다.

[09-3]

57 자동차 동력전달장치에서 오버드라이브는 어느 것을 이용하는 것인가?

① 기관의 회전속도

② 기관의 여유출력

③ 차의 주행저항

④ 구동바퀴의 구동력

> 오버드라이브 : 기관의 여유출력(엔진에 실제 발생하는 출력과 주행에 필요한 출력과의 차이)을 이용하는 것으로 고속(4단 이상)에서는 추진축의 회전수가 엔진의 회전수보다 빠르다. 그러므로 기관의 회전속도를 낮출 수 있으므로 연비 향상(약 20%)에 도움을 준다.

[14-3]

58 자동변속기에서 고장코드의 기억소거를 위한 조건으로 거리가 먼 것은?

① 이그니션 키는 ON 상태여야 한다.

② 자기진단 점검 단자가 단선되어야 한다.

③ 출력축 속도센서의 단선이 없어야 한다.

④ 인히비터 스위치 커넥터가 연결되어야 한다.

> **고장코드 기억소거 조건**
> IG ON 상태인 경우에는 차량 운행은 불가능하더라도 차량 제어부가 모두 ON 되어있는 상태 즉, 엔진 시동 없이 TCU에 전원만 입력된 상태이어야 함
> • 엔진 RPM이 검출되지 않아야 함
> • 정차 상태일 것
> • 차속 센서로 신호가 검출되지 않음 (차량 정지상태)
> • 페일 세이프가 검출되지 않음
> • 인히비터 스위치 커넥터가 연결 상태일 때

[참고]

59 자동변속기 유압시험을 하는 방법으로 거리가 먼 것은?

① 오일온도가 약 70~80℃가 되도록 워밍업 시킨다.

② 잭으로 앞바퀴 쪽을 들어 올려 차량 고정용 스탠드를 설치한다.

③ 엔진 타코미터를 설치하여 엔진 회전수를 선택한다.

④ 선택 레버를 "D" 위치에 놓고 가속페달을 완전히 밟은 상태에서 엔진의 최대 회전수를 측정한다.

> 자동변속기 유압시험은 엔진 회전수 약 2500 rpm에서 레인지 위치를 변경하여 변속기의 각 클러치 및 브레이크압 포트에 압력게이지를 연결하여 시험한다.
> ※ ④는 유압시험이 아니라 스톨시험에 해당한다.

[참고]

60 자동변속기 유압시험 시 주의할 사항이 아닌 것은?

① 오일온도가 규정온도에 도달되었을 때 실시한다.

② 유압시험은 냉간, 중간, 열간 등 온도를 3단계로 나누어 실시한다.

③ 측정하는 항목에 따라 유압이 클 수 있으므로 유압계 선택에 주의한다.

④ 규정 오일을 사용하고, 오일량을 정확히 유지하고 있는지 여부를 점검한다.

> **자동변속기 유압 시험 시 주의사항**
> • 규정오일을 사용하고 오일량이 적정한 지 확인한다.
> • 엔진을 워밍업시켜 오일온도가 규정온도(70~80℃)에 도달 되었을 때 실시한다.
> • 측정하는 항목에 따라 유압이 다를 수(클 수) 있으므로 유압계 선택에 주의한다.

[참고]　　　　　　　　　　　　　　　　　　　　　　　기사

61 자동변속기 오일펌프 상태 및 클러치의 슬립 등의 이상 유무를 유압계로 측정하여 판정하는데 사용하는 압력은?

① 릴리프 압력

② 매뉴얼 압력

③ 거버너 압력

④ 라인 압력

[참고]

62 전자제어 자동변속기에서 페일세이프(Fail Safe) 기능이란?

① 시스템 이상 시 멈추는 기능

② 시스템 이상 시 사전에 설정된 일정 조건하에서 작동하도록 제어하는 안전 기능

③ 고속 운전 시 오버 드라이브기능에 이상이 생겼을 때 연료의 절약을 위해 자동으로 유성기어가 고단에 치합되는 기능

④ 저속 운전 시 시스템에 이상이 생겼을 때 파워 모드로 고정되는 기능

63 자동변속기 제어장치에서 ECU와 TCU의 통신 내용에 대한 설명 중 **틀린** 것은?

기사

① 흡입공기량 : 댐퍼클러치 및 변속시기 제어
② 스로틀 포지션 센서 : 변속단 설정 및 실행, 급가속 제어
③ 냉각수 온도 신호 : 초기 변속단 및 유압설정 신호
④ 주행속도 신호 : 변속기 입력축 및 출력축 속도 센서의 고장을 판정할 때 참조 신호

> 댐퍼클러치 및 변속시기 제어는 스로틀 밸브의 개도와 관계가 있다.

[참고]

64 자동변속기 차량에서 스톨테스트(stall test)를 하는 목적은?

① 토크컨버터 및 각종 클러치, 엔진의 성능을 점검하기 위해
② 주행 중 클러치 및 유성기어 상태를 점검하기 위해
③ 출발 시의 토크비를 점검하기 위해
④ 펌프가 엔진에 전달하는 회전력을 점검하기 위해

[참고]

65 자동변속기의 스톨시험 결과 엔진 회전수가 규정의 스톨 회전수보다 낮을 때 나타날 수 있는 원인으로 옳은 것은?

① 라인 압력저하
② 엔진불량으로 인한 출력 부족
③ 변속기 내부 클러치 슬립
④ 밴드 브레이크의 슬립

[참고]

66 자동변속기의 스톨 테스트에 대한 설명으로 **틀린** 것은?

① 스톨 테스트를 연속적으로 행할 경우 일정시간 냉각 후 실시한다.
② 스톨 회전수는 공전속도와 일치하면 정상이다.
③ 스톨 테스트로 디스크나 밴드의 마모 여부를 추정할 수 있다.
④ 규정 스톨 회전수보다 높을 경우 라인압을 재확인할 필요가 있다.

> • 정상 스톨 회전수 : 2000~2400 rpm   • 공전속도 : 500~1000 rpm

[참고]

67 자동변속기에서 스톨 테스트로 확인할 수 **없는** 것은?

① 엔진의 출력 부족   ② 댐퍼 클러치의 미끄러짐
③ 전진 클러치 미끄러짐   ④ 후진 클러치 미끄러짐

> **스톨 테스트**(stall test)
> 변속레버를 'D'나 'R' 위치에서 엔진의 스로틀을 완전개방시 토크 컨버터의 속도비가 '0'일 때 엔진의 최대 속도를 측정하여 엔진의 출력부족 및 토크 컨버터의 스테이터, 원웨이 클러치 작동과 클러치 및 브레이크 계통의 성능을 점검한다.

[참고]

68 자동변속기의 스톨검사(Stall Test) 방법 중 **틀린** 것은?

① 변속 셀렉터 레버를 "D" 또는 "R"위치에 놓고 최대 엔진회전수로 결함부위를 판단한다.
② 변속 셀렉터 레버를 "D" 또는 "R"위치에 놓고 악셀페달을 완전히 밟은 상태에서 엔진회전수가 2,200 rpm보다 현저히 낮으면 자동변속기 측에는 이상이 없다.
③ 변속 셀렉터 레버를 "D" 또는 "R"위치에 놓고 악셀페달을 완전히 밟은 상태에서 엔진회전수가 2,200 rpm보다 현저히 높으면 자동변속기 측에 이상이 있다.
④ 스톨검사 방법에서 이상현상이 발견될 때까지 10~20분간 계속 테스터 한다.

> **스톨 테스트 판정방법**
> • D 레인지 위치에서 스톨 속도가 규정값 이상일 때 : 리어 클러치나 자동변속기의 오버러닝 클러치 슬립
> • R 레인지 위치에서 스톨속도가 규정값 이상일 때 : 프런트 클러치 또는 로-리버스 브레이크가 슬립
> • D와 R 레인지 위치에서 스톨속도가 규정값 이하일 때 : 엔진 출력 부족 또는 토크 컨버터 불량
> ④ 스톨검사 시 5초 이상 하지 않을 것

[참고]

69 자동변속기의 스톨시험으로 알 수 **없는** 것은?

① 엔진의 구동력
② 토크컨버터의 동력차단 상태
③ 토크컨버터의 동력전달 상태
④ 클러치 미끄러짐 유무

> 규정값보다 낮을 경우 토크컨버터의 동력차단이 아니라 동력전달 상태를 점검할 수 있다.

[참고]

70 자동변속기의 변속 품질제어 방법이 **아닌** 것은?

① 파일럿 제어
② 변속 중 점화시기 제어
③ 라인 압력 제어
④ 오버랩 제어

> **변속 품질제어 방법**
> • 오버랩 제어 : 변속 시 변속된 기어단 클러치에 작용하는 유압은 낮춤과 동시에 변속되어야 할 기어단 클러치에 작용하는 유압을 증가시켜 슬립 상태에서 매끄럽게 변속되도록 한다.
> • 라인 압력 제어 : 변속상황에 따른 최적 변속감각을 얻기 위해 변속명령, 스로틀 개도, 엔진속도, 에어컨 ON/OFF 여부, 유온, 모드 스위치 등의 정보를 통해 변속에 적합한 유압특성을 판단하여 라인 압력을 제어한다.
> • 변속 중 점화시기 제어 : 변속 중 점화시기를 지각시켜 엔진 토크를 감소시켜 변속이 쉽게 이루어지며, 클러치 슬립이 감소한다.
> • 피드백 제어 : 변속품질을 위해 최적의 조건을 만족하기 위한 피드백 학습제어 기능이다.

정답 63 ① 64 ① 65 ② 66 ② 67 ② 68 ④ 69 ② 70 ①

[참고]

71 자동변속기 주행패턴 제어에서 스로틀밸브의 개도가 큰 주행상태에서 가속페달에서 발을 떼면 증속 변속선을 지나 고속기어로 변속되는 주행방식으로 옳은 것은?

① 리프트 풋 업(lift foot up)

② 오버 드라이브(over drive)

③ 킥 다운(kick down)

④ 킥 업(kick up)

- 리프트 풋 업 : 스로틀 밸브의 개도가 큰 상태에서 갑자기 스로틀 개도를 낮추면 증속 변속선을 지나 고속기어로 변속된다.
- 킥 다운 : 적은 스로틀 개도의 일정한 차속으로 주행 중 스로틀 개도를 갑자기 증속시키면(85% 이상) 감속 변속선을 지나 감속되어 큰 구동력을 얻음
- 킥 업 : 킥다운시켜 큰 구동력을 얻은 후 스로틀 개도를 계속 유지할 때 트랜스퍼 구동기어의 회전수가 증가되면서 증속 변속 시점을 지나 증속 변속이 실시

[참고]

72 전자제어 자동변속기 차량에서 스로틀 포지션 센서의 출력이 60% 정도 밖에 나오지 않을 때 나타나는 현상으로 가장 적당한 것은?

① 킥다운 불량

② 오버 드라이브 안 됨

③ 3속에서 4속 변속 안 됨

④ 전체적으로 기어 변속 안 됨

킥다운(Kick-down)은 주행 중 다른 차량을 추월할 때 순간 가속력을 높이기 위해 현재 밟고 있는 가속 페달을 더 깊게 밟아 한 단 낮춰(시프트 다운) 큰 구동력을 주어 급가속한다.
다른 의미로 적은 스로틀 개도의 일정한 차속으로 주행 중 스로틀 개도를 갑자기 증속시키면(85% 이상) 윗방향으로 감속 변속선을 지나 감속되어 큰 구동력을 얻는다.

[15-3]

73 무단변속기의 특징과 가장 거리가 먼 것은?

① 변속단이 있어 약간의 변속 충격이 있다.

② 동력성능이 향상된다.

③ 변속패턴에 따라 운전하여 연비가 향상된다.

④ 파워트레인 통합제어의 기초가 된다.

무단변속기는 변속단이 없으므로 변속 충격이 없다.
※ 파워트레인 통합제어란 운전조건에 맞는 정확한 변속비를 얻기 위해 토크컨버터 및 변속기의 각각 작동 요소를 제어하는 변속기 제어 시스템을 말한다.

[17-3]

74 무단변속기(CVT)에 대한 설명으로 틀린 것은?

① 가속 성능을 향상시킬 수 있다.

② 변속단에 의한 기관의 토크변화가 없다.

③ 변속비가 연속적으로 이루어지지 않는다.

④ 최적의 연료소비곡선에 근접해서 운행한다.

무단변속기의 장점
- 연비 향상 및 가속성능 향상
- 변속비가 연속적으로 이뤄지며, 변속 충격이 없다.
- 엔진의 출력 활용도가 높다.
- 운전자의 성향에 따라 필요한 구동력 구간에서 운전이 가능하다.

[18-2]

75 무단변속기(CVT)를 제어하는 유압제어 구성부품에 해당하지 않는 것은?

① 오일펌프

② 유압제어밸브

③ 레귤레이터밸브

④ 싱크로메시기구

무단변속기도 자동변속기와 마찬가지로 토크컨버터(또는 전자클러치) 및 유성기어로 작동하므로 오일펌프, 유압제어밸브, 레귤레이터 밸브가 사용된다.
싱크로메시기구는 동기물림식 수동변속기의 구성품에 속한다.

[19-1]

76 무단변속기(CVT)의 제어밸브 기능 중 라인압력을 주행조건에 맞도록 적절한 압력으로 조정하는 밸브로 옳은 것은?

① 변속 제어 밸브

② 레귤레이터 밸브

③ 클러치 압력 제어 밸브

④ 댐퍼 클러치 제어 밸브

정답 **71** ① **72** ① **73** ① **74** ③ **75** ④ **76** ②

chapter 02

77 무단변속기(CVT)의 구동 풀리와 피동 풀리에 대한 설명으로 옳은 것은?

① 구동 풀리 반지름이 크고 피동 풀리의 반지름이 작을 경우 증속된다.
② 구동 풀리 반지름이 작고 피동 풀리의 반지름이 클 경우 증속된다.
③ 구동 풀리 반지름이 크고 피동 풀리의 반지름이 작을 경우 역전 감속된다.
④ 구동 풀리 반지름이 작고 피동 풀리의 반지름이 클 경우 역전 증속된다.

> 구동 풀리 반지름↑, 피동 풀리 반지름↓ : 증속
> 구동 풀리 반지름↓, 피동 풀리 반지름↑ : 감속

78 무단변속기(CVT)의 유압제어 기구에 사용하는 밸브가 아닌 것은?

① 프로포셔닝 밸브
② 클러치 압력 제어 솔레노이드 밸브
③ 변속 제어 밸브
④ 라인 압력제어 밸브

> 프로포셔닝 밸브는 제동장치에 관한 구성품이다.

79 무단변속기 중 트랙션 구동(Traction drive) 방식의 특징과 가장 거리가 먼 것은?

① 무게가 무겁고, 전용오일을 사용하여야 한다.
② 마멸에 따른 출력 부족 가능성이 크다.
③ 큰 추진력 및 회전면의 높은 정밀도와 강성이 요구된다.
④ 변속 범위가 좁아 높은 효율을 낼 수 있고, 작동상태가 정숙하다.

> **트랙션 구동 방식의 특징**
> • 변속범위가 넓고 효율이 높으며, 정숙하다.
> • 큰 추력과 회전면의 높은 정밀도와 강성이 필요하다.
> • 무겁고, 전용오일을 사용하여야 한다.
> • 마멸에 따른 출력 저하 가능성이 크다.

80 6속 DCT(double clutch transmission)에 대한 설명으로 옳은 것은?

① 클러치 페달이 없다.
② 변속기 제어모듈이 없다.
③ 동력을 단속하는 클러치가 1개이다.
④ 변속을 위한 클러치 액추에이터가 1개이다.

> **DCT(더블 클러치 트랜스미션)의 특징**
> • 말 그대로 클러치와 클러치 액추에이터를 추가하여 1, 3, 5단의 축과 2, 4, 6단의 축에 각각의 클러치를 연결하여 변속시 클러치를 끊지 않고(클러치 페달이 필요없다) 바로 다음 단으로 변속이 가능하게 하므로 구동력 손실이 적고 변속 충격이 적다.
> • 변속기 제어모듈에 의해 클러치가 서로 교차되면서 단속한다.

81 6속 더블 클러치 변속기(DCT)의 주요 구성품이 아닌 것은?

① 토크 컨버터
② 더블 클러치
③ 기어 액추에이터
④ 클러치 액추에이터

> **DCT(더블 클러치 트랜스미션)**
> • DCT는 자동화 수동변속기(자동변속기처럼 작동하지만 유압식 변속기가 아님)로, 더블클러치 및 클러치 액추에이터와 기어 액추에이터에 의해 자동으로 변속되어 구동력 손실이 적고 부드러운 주행이 특징이다.
> • 1, 3, 5 단의 축과 2, 4, 6단의 축에 각각의 클러치를 연결하여 변속시 클러치를 끊지 않고(클러치 페달이 필요없음) 바로 다음 단으로 변속이 가능하게 하다.

82 듀얼 클러치 변속기(DCT)에 대한 설명으로 틀린 것은?

① 연료소비율이 좋다.
② 가속력이 뛰어나다.
③ 동력 손실이 적은 편이다.
④ 변속단이 없으므로 변속충격이 없다.

> ④는 무단변속기에 대한 설명이다.

02 현가장치

Industrial Engineer Motor Vehicles Maintenance

Main
Key
Point

[출제문항수 : 약 3~5문제] 난이도가 비교적 쉬워 기출위주로 학습하시면 점수 획득에 큰 어려움은 없으리라 생각됩니다.

01 현가장치 개요

1 현가장치의 조건

① 승차감 향상을 위해 상하 움직임에 적당한 유연성이 있어야 한다.

② 주행 안정성이 있어야 한다.

③ 원심력에 대한 저항력이 있어야 한다.(원심력 발생 방지가 아님)

④ 구동력 및 제동력 발생 시 적당한 강성이 있어야 한다.

2 자동차의 진동

(1) 스프링 윗 운동

① 현가장치에 의해 감소된 진동을 받게 되며, 스프링 아래에 비해 진동 폭은 적으나, 주파수가 낮아 감쇄가 길게 일어난다.

→ 충격이 발생했을 때 충격이 감소하는 시간이 비교적 오래 걸린다.

② 영향을 받는 부위 : 스프링에 의해 지지되는 차체, 탑승자, 적재물 등

(2) 스프링 아래 운동

① 타이어의 충격흡수 외에 노면과 직접 접지하는 충격을 그대로 받으나 지면과의 접촉으로 충격이 감속하는 시간이 빠르다.

② 영향을 받는 부위 : 타이어, 차축, 제동장치 등

③ **스프링 아래 질량은 가능한 한 가벼워야 한다.**

[자동차의 진동]

| 스프링 윗 질량 | 바운싱, 피칭, 롤링, 요잉 |
| 스프링 아래 질량 | 휠 트램프, 휠 홉, 와인드 업 |

3 스프링 위 질량(차체)의 진동

바운싱 (bouncing)	• Z축 방향의 <u>위·아래</u>로 움직이는 진동
피칭 (pitching)	• Y축을 중심으로 <u>앞·뒤</u>로 움직이는 진동
롤링 (rolling)	• X축을 중심으로 <u>좌·우</u>로 움직이는 진동

VDC의 제어대상임

요잉 (yawing)	• Z축을 중심으로 차의 뒷면이 회전하는 진동 • 위에서 보았을 때 차의 중심으로부터 차의 앞뒤가 좌우로 흔들리는 현상(스핀 현상) • 코너링 시 바퀴의 슬립 등으로 발생

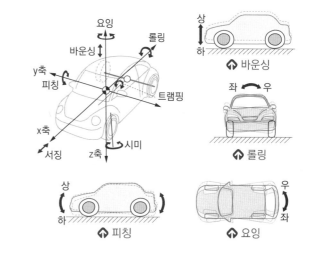

↑ 바운싱

↑ 롤링

↑ 피칭

↑ 요잉

4 스프링 아래 질량(차축)의 진동

휠 홉 (wheel hop)	• Z축 방향의 상하로 평행하게 출렁이는 진동 • 좌우 불균일한 노면 상태 및 좌우측 현가장치 성능 차이에 의해 주로 발생
휠 트램프 (wheel tramp)	• X축을 중심으로 좌우로 흔들리는 진동 • 원인 : 디스크의 불량, 타이어의 불량(불평형, 편마모), 휠 허브의 불량
와인드 업 (wind up)	• Y축 방향으로 회전하는 진동 • 급격한 구동력이나 제동력을 가할 경우 차축에 발생되는 비틀림 진동

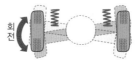

↑ 휠 트램프
터벅터벅 걷는 의미

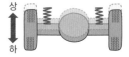

↑ 휠 홉
깡통 뛴다, 바운드한다는 의미

'역으로 차다'는 의미 (바퀴에서 역으로 조향휠에 충격이 전달)

▶ **킥백**(kick back) 현상
울퉁불퉁한 노면 주행 시 조향휠에 전달되는 충격

▶ 참고) 주행 중 발생하는 진동

용어	원인	설명
• 노즈다운(Nose-down) • 다이브(Dive)	급제동 시	차체가 앞으로 쏠리는 현상
• 리프트(lift)		후륜이 지면에서 뜨는 현상
• 노즈 업(Nose-up) • 스쿼드(Sqaut)	급출발 시	전륜이 들리고 후륜측으로 기우는 현상

※ 시프트 스쿼트(Shift Squart) : 변속레버의 위치가 변하면서 생기는 관성에 의한 쏠림 현상
※ 피칭 바운싱(Pitching Bouncing) : 작은 수준의 요철을 주행할 때 덜컹거리는 진동으로, 통상 노면의 상태 이상에 의하여 발생
※ 스카이 훅(Sky-Hook) : 커다란 요철이나 노면상의 장애물 등을 넘을 때 생겨나는 큰 상하 진동

5 정적 불평형과 동적 불평형

정적 평형	바퀴가 정지된 상태의 평형
정적 불평형	바퀴가 상하로 진동하는 트램핑 현상
동적 평형	바퀴가 회전하고 있는 상태의 평형
동적 불평형	바퀴가 좌우로 흔들리는 시미현상

한쪽이 무거워짐 / 대각선 방향으로 무거워짐

정적 불평형은 바퀴의 한 지점이 무거워지면 지면에 닿을 때 충격을 주고 위로 향할 때 원심력에 의해 바퀴가 들어 올려 상하로 진동하는 **트램핑** 현상이 발생한다.

[정적 불평형]

앞에서 보았을 때 바퀴가 대각선 방향으로 무거워지면 바퀴가 옆방향으로 흔들려 좌우로 진동하는 **시미**현상이 발생한다.

[동적 불평형]

▶ **시미**(shimmy) 현상 : 타이어가 동적 불평형 상태에서 주행 중 타이어가 옆으로 흔들리는 현상

6 스프링 상수와 진동수(주파수)

① 힘이 작용하여 물체가 변형될 때 변형의 정도는 힘의 크기에 비례한다.
② 스프링의 강성(세기)은 스프링 상수(정수)로 표기한다.
③ 스프링은 가해지는 힘에 의해 변형량은 비례한다.
④ 진동수는 스프링 상수에 비례하고 하중에 반비례한다.

$$c = \frac{F}{l}$$

$$f = \frac{1}{2\pi}\sqrt{\frac{c \cdot g}{m}}$$

차체 진동수 $= 60 \times f$

• c : 스프링 상수[kg/m]
• F : 스프링에 작용하는 힘[kg]
• l : 스프링의 변형량[m]
• f : 스프링의 고유진동수[1/s]
• g : 중력가속도 (9.8m/s²)
• m : 자동차의 질량(kg)

• **스프링 상수** : 스프링 장력의 세기를 말하며, 스프링에 작용하는 힘과 길이변화의 비례관계를 표시하는 정수. 즉, 동일 하중이 작용할 때 변형이 적으면 장력(스프링 상수)가 커진다.
• **스프링의 고유진동수** : 스프링마다 가지는 딱딱한 정도에 따라 공진하는 고유진동수

7 진동수(주파수)

① 주파수 개념과 동일하여 1초당 주파수를 '진동수'라 하며, 진동의 사이클을 '주기'라고 한다. 진동수는 물체의 무게와 스프링 상수에 의해 결정된다.
② **자동차 중량과 스프링 상수에 의해 차체의 진동수가 결정**된다.
• 물체 무게가 가볍고 스프링 상수가 작으면 진동수는 적고 진폭은 크다.
• 물체 무게가 무겁고 스프링 상수가 크면, 진동수는 많고 진폭은 작다.

진폭 / 시간

▶ **진동수와 승차감**
사람이 가장 좋은 승차감을 느끼는 범위는 사람이 걷거나(60~70) 뛸 때(120~160)의 진동과 유사한 1분당 60~120 사이클의 상하운동이다. 만약 이보다 클 경우 승차감이 딱딱하게 느껴지고, 45 사이클 이하에서 차멀미를 느낀다.

8 주행 조건에 따른 현가특성

다이브 현상	제동 시 앞쪽은 내려가고 뒤쪽은 상승
롤 현상	선회 시 원심력에 의해 차량이 바깥쪽으로 쏠리는 현상
바운싱과 피칭 현상	• 바운싱 : 요철 통과시에 많이 발생 • 피칭 : 앞뒤가 반대방향으로 움직임
스쿼트 현상	다이브와 반대로 급출발 시(또는 급가속 시, 차량 뒷부분에 하중이 걸림) 앞쪽은 상승하고 뒤쪽은 내려 앉는 현상

02 현가장치의 종류

1 일체차축 현가장치(차축식 현가장치)

(1) 특징

① 좌우 바퀴가 일체로 하나의 차축에 설치되어 있으며, 차축은 스프링을 거쳐 차체에 설치된 형식

② 장점
- 설계·구조가 비교적 단순하며, 유지보수 및 설치 용이
- 강도가 강해 대형 차량에 주로 사용
- 상하 진동이 반복되어도 내구성이 좋아 얼라이먼트 변형이 적음

③ 단점
- 스프링 아래 진동이 커 승차감이나 안정성이 떨어지고 충격 중 주행 조작력이 매우 떨어진다.
- 주행 중 시미(shimmy)가 발생되기 쉽다.
- 스프링 정수가 적은(유연함) 스프링 사용이 곤란하다.

▶ **시미 현상**
주행 중 타이어를 앞에서 보았을 때 좌우로 흔들리며, 핸들에도 진동이 전달되어 핸들이 진동하는 현상
※ shimmy : '히프와 어깨를 흔들며 춤추다'는 의미

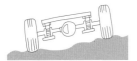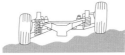

일체차축 현가장치   독립현가장치

⬆ 접지에 따른 현가장치의 구분

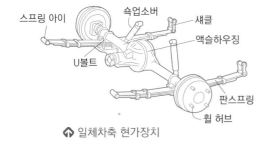

⬆ 일체차축 현가장치

(2) 평행리프(판) 스프링

① 가장 많이 사용되는 차축식 현가장치로, 통상 차체에 평행한 형태로 조립된다.

② 차축과 스프링이 핀을 통해 연결되고, 스프링 하단은 프레임에 장착된다. 이때 스프링 변형으로 인해 스팬 현상이 일어나는데 이를 방지하기 위해서 새클이 프레임과 스프링 하단 사이에 조립된다.

(3) 2축식 현가장치

① 주로 특수 대형차량에 사용된다.

② 앞 차축에 두 개의 축이 사용되고 각 축마다 두 개 이상의 바퀴를 장착함으로써 축하중을 감소시키고 이로 인한 충격을 감소시키기 용이하다. (조향력이 커야 하는 단점)

2 독립 현가장치

(1) 특징

차축을 분할하여 양쪽 바퀴가 서로 관계없이 움직이도록 한 것으로서 승차감과 안전성이 향상되게 한 것

① 장점
- 차고를 낮출 수 있어 주행 안정성이 향상
- 스프링 아래 질량이 적어 차량 접지력이 좋아 승차감이 우수
- 차축 분할로 **시미의 위험이 적어 유연한**(스프링 정수가 적은) 스프링 사용 가능

② **단점**
- 연결 부위가 많아 구조가 복잡
- 앞바퀴 정렬(휠 얼라이먼트)이 변하기 쉬움
- 바퀴의 상하운동으로 축간거리나 앞바퀴 정렬이 변하므로 타이어의 마멸이 크다.
- 가격이나 취급에 불리함

(2) 위시본 형식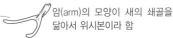
암(arm)의 모양이 새의 쇄골을 닮아서 위시본이라 함

① 앞 현가방식 차량에 대부분 사용되는 형식으로, 'V'자형의 탄성있는 암 2개를 상·하단으로 조립한다. 한쪽은 축을 통해 차체로 장착되며, V자 끝은 볼 조인트를 거쳐 조향너클과 결합된다.

평행사변형식	• 길이가 같은 위, 아래 컨트롤 암을 연결하는 4점이 평형사변형 형태이다. • 캠버의 변화가 없지만(선회 시 안정성이 증대) 바퀴의 상하운동 시 윤거가 변화하며 타이어 마모가 촉진됨
SLA(Short Long Arm) 형식	• 아래 컨트롤 암이 위 컨트롤 암보다 긴 형식으로 캠버가 변화하는 결점 • 캠버가 변화되어도 윤거가 변하지 않아 타이어 마모가 감소

② 더블 위시본식 : 위시본 형식의 단점을 보완하여, 상하 컨트롤 암의 모양이나 배치에 따라 휠 얼라이먼트의 변화와 가·감속 시 자세를 비교적 자유롭게 제어할 수 있으며, 강성이 높아 조종 안정성을 높아 고급 승용차에 많이 사용된다.

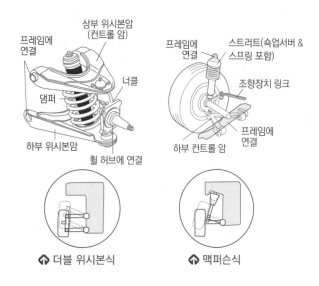

↑ 더블 위시본식   ↑ 맥퍼슨식

(3) 맥퍼슨 형식(스트럿 형식)

① **현가 장치와 조향 너클이 일체**로 되어 있는 형식

② 쇽업소버가 내장된 스트럿, 스프링, 볼조인트, 컨트롤 암으로 구성한다.

③ 위시본에 비해 구조가 간단하고, 스트러트가 조향 시 회전한다.

④ 승용차 전륜에 가장 많이 사용한다.

⑤ 공간을 적게 차지하여 엔진룸의 유효공간을 넓힐 수 있다.

⑥ 스프링 아래 무게를 가볍게 하여 로드 홀딩 및 승차감이 향상된다.

(4) 트레일링 암(trailing arm)과 세미 트레일링 암 형식

트레일링 암	• 전륜구동방식의 뒷 현가장치에 주로 사용 • 스프링 : 코일 스프링 또는 토션바 스프링 • 횡방향으로의 이동이 없어 접지력이 우수하나 암의 길이가 제한되므로 토션바 스프링에서는 변형이 커지기 쉽고 코일 스프링에서는 굽힘 변형을 일으키기 쉽다. • 바퀴의 상하 운동에 의한 캠버의 변화는 없으나 캐스터가 조금 변한다.
세미 트레일링 암	• 장점 : 차동장치와 추진축의 상하진동이 없으므로 차실 바닥이 낮아진다. • 공차 및 승차 시 캠버 및 토(Toe)가 변한다. • 종감속기어가 암 위에 고정되기 때문에 그 진동이 현가장치로 전달되므로 차단할 필요성이 있다. • 트레일링암에 비해 노즈 다이브 현상이 적다. • 독립현가장치에 많이 사용한다. • 구조가 복잡하고 가격이 비싸다.

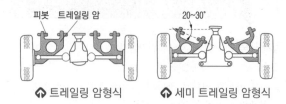

↑ 트레일링 암형식   ↑ 세미 트레일링 암형식

(5) 토션빔 액슬형 (Torsion Beam axle type)

① 전후 좌우 상하 각 방향 하중 및 충격을 독립적으로 지지하여 간단하고 차륜의 밸런스 및 선회 안정성이 탁월하다.

② 댐퍼와 코일 스프링 분리형으로 충격을 분산·흡수하므로 우수한 승차감을 나타낸다.

③ 실내 개방감 및 화물 적재 공간이 넓다.

(6) 멀티 링크

차륜에 링크를 여러 개 배치한 방식으로, 통상 5개의 링크가 한 개 차륜마다 설치된다. 뒤 차축에 주로 쓰이는 방식으로 1차 충격을 감쇄한 후 보조적으로 안정화시켜 차대의 흔들림을 제거하는 방식으로 채택된다.

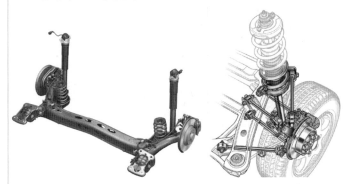

↑ 토션빔 액슬형   ↑ 멀티링크

▶ 뒷차축 구동 방식	
호치키스 구동	• 판 스프링 사용 시 이용되는 형식 • 구동바퀴에 의한 구동력(추력)은 스프링을 통해 차체에 전달
토크 튜브 구동	• 코일 스프링을 사용할 때 이용되는 형식 • 토크 튜브 내에 추진축이 설치되어 있다. • 구동바퀴의 구동력(추력)이 토크 튜브를 통해 차체에 전달
레디언스 암 구동	• 코일 스프링을 사용할 때 이용하는 형식 • 구동바퀴의 구동력(추력)이 레디어스 암을 통해 차체에 전달

3 데 디온식(de dion axle type)

구동차축의 스프링 아래 질량이 커지는 것을 방지하기 위해 종감속 기어와 차동장치를 액슬축으로부터 분리하여 차체에 고정한 형식

액슬축

종감속기어 및 차동장치
(차체에 고정)

03 완충 장치의 구성

① 차체와 바퀴 사이에 설치되어 주행 중 노면으로부터 전달되는 충격과 진동을 흡수하고 차체에 전달되지 않도록 한다.
② 구성 : 현가 스프링, 쇽업소버, 스태빌라이저
③ 현가 스프링 종류 : 리프 스프링(판 스프링), 코일 스프링, 토션 바 스프링, 고무 스프링, 공기 스프링 등

▶ 현가 스프링이 갖추어야 할 조건 : 승차감, 주행안전성, 선회 특성

1 리프 스프링(leaf spring)

① 일체식 차축에 사용되며, 여러 장 겹쳐 판간의 마찰에 의해 충격 및 진동을 흡수한다.
② 스프링 자체의 강성에 의해 차축을 정해진 위치에 지지할 수 있어 구조가 간단하다.
③ 판간 마찰에 의한 진동 억제 작용이 크다.
④ 내구성이 크다.
⑤ 판간 마찰 때문에 작은 진동 흡수가 곤란하다.
⑥ 호치키스 구동방식에서는 너무 유연한 스프링을 사용하면 차축의 지지력이 부족하여 차체가 불안정하게 된다.
⑦ **판 스프링의 구성**

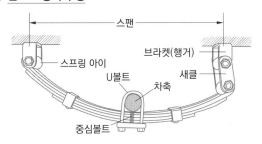

⬆ 판 스프링의 구조

• 새클 : 스팬의 길이 변화를 가능(각도에 따라 압축/인장을 통해 복원력이 결정됨)
• 스프링 아이(eye) : 스프링을 차체에 연결하기 위한 설치 구멍
• 스팬 : 양 스프링 아이의 중심거리
• 새클 핀 : 스프링 아이를 통해 프레임에 지지되는 부분
• 중심 볼트 : 스프링을 고정하는 볼트
• U 볼트 : 차축 하우징을 설치하기 위한 볼트

▶ **닙**(nip)
• 스프링 판의 길이가 짧을수록 더 휘어져 있는데, 닙은 스프링 판 사이 간극을 방지하기 위함이다.
• 간극이 생기면 : 흙 및 모래 등이 유입되어 마모가 촉진되며 스프링이 변형될 때 가장 많이 마찰이 발생하므로 스프링 진동이 신속히 감쇠된다.

⑧ 새클은 차량 뒤차축보다 더 뒤에 설치되며, 앞차축에 판 스프링을 사용하는 차량은 앞차축보다 더 앞쪽에 설치되며 행거는 차체의 중앙에 모여 있게 되는데, 이것은 추진축 슬립이음이 제동 및 출발 시 과도 수축하는 것을 막아서 추진축을 보호하기 위해서이다.

2 코일 스프링

① 단위중량 당 에너지 흡수율과 차체 총중량 감소 효과가 뛰어나다.
② 구조상 코일 스프링만으로 차축을 지지할 수 없으므로 컨트롤 암(arm) 및 래터럴 로드(lateral rod)에 의해 차축을 지지해야 하며, 쇽업소버와 함께 설치하므로 구조가 복잡하다.

→ 코일스프링은 코일 사이의 마찰이 없어 진동 감쇠작용이 하지 못하며, 횡방향(옆방향) 작용력이 없으므로 차축에 설치할 때 쇽업소버 혹은 링크 기구를 필수적으로 요구한다.
→ 차축의 반동토크나 전후방향의 힘은 컨트롤 로드를 통해 차체에 전달되며, 횡력은 래터럴 로드를 거쳐 차체에 전달된다.

③ 특징

장점	• 판 스프링에 비해 진동 흡수율이 크다. • 승차감 우수
단점	• 코일 사이의 마찰이 없어 진동의 감쇠 작용이 없다. • 비틀림에 약하고 구조가 복잡

▶ **유효 감김 수**
스프링은 처음부터 끝까지 나선형이 아니라 조립부는 평면에 가깝게 조립되는데, 이 부분은 인장력이나 복원력이 없기 때문에 실제 이 부분을 제외한 부분만 유효하게 작용한다.

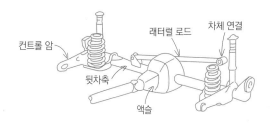

3 토션 바(Torsion bar) 스프링 - 소형 화물, 승합차

① 스프링 강으로 만든 가늘고 긴 막대 모양으로 비틀림 탄성을 이용하여 완충 작용을 한다.
② 단위 중량당 에너지 흡수율이 매우 크며, 경량으로 큰 중량의 충격 흡수에 적합하며, 가볍다.
③ 바의 길이와 단면적에 의해 스프링의 복원력이 결정된다.
④ 진동 감쇠작용이 적기 때문에 쇽업소버를 병용해야 한다.
⑤ 스프링 장력(복원력)은 바의 길이 및 단면적에 비례한다.
⑥ 구조가 간단하고 가로 또는 세로로 자유로이 설치할 수 있다.
⑦ 현가 높이를 조정할 수 없다.

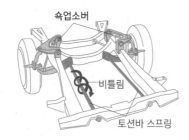

4 고무 스프링

① 형상 제작이 자유롭고, 작동 시 소음이 적다.

② 작동 시 내부 마찰력만으로도 충분한 충격 감소 효과가 있으며, 기름과 같은 **보조적 매개체가 필요하지 않다**.

③ 하중이 큰 경우에는 완충능력이 작아 소형 차량에 주로 사용되며, **보조 현가장치**로 활용된다.

5 공기식 현가장치

(1) 공기스프링 특징

① 압축공기의 탄성을 이용하므로 매우 부드럽다.(승차감 우수)

② 하중에 따라 **스프링 상수가 자동으로 변하기** 때문에 **하중에 관계없이 차고를 항상 일정**하게 유지한다.

③ 스프링 세기가 하중에 비례하여 작용하므로 승차시나 공차시의 차이가 없고, 차체 높이를 항상 일정하게 유지한다.

> → 스프링 정수가 자동적으로 조정되므로 하중의 증감에 관계없이 고유 진동수를 거의 일정하게 유지할 수 있다.

④ 공기 스프링 자체에 감쇠성이 있어 작은 진동을 흡수한다.

> → 하중에 따라 스프링 상수가 자동으로 변하기 때문

⑤ 스프링 효과를 유연하게 할 수 있어 **고유 진동수를 낮출 수 있다**.

⑥ 공기 스프링 자체에 감쇠성이 있으므로 작은 진동을 흡수하는 효과가 있다.

⑦ 주로 대형 버스, 고급 승용차에 사용

⑧ 구조가 복잡하고, 제작비 고가

(2) 공기스프링 구성요소

① 공기압축기(엔진에 의해 구동됨) 및 저장탱크, 드라이어

② **레벨링 밸브** : 공기 스프링 내의 공기압력을 가감하여 차고를 일정하게 유지

③ **서지 탱크** : 공기스프링 내부의 압력변화를 완화시켜 스프링 작용을 유연하게 함 (각 공기스프링에 설치)

④ 공기스프링 : 공기 저장탱크와 스프링 사이의 공기통로를 조정하여 도로상태와 주행속도에 가장 적합한 스프링 효과를 내도록 한다. (종류 : 벨로즈형, 다이어프램형)

⑤ **언로더 밸브 및 압력조정기** : 공기탱크의 압력이 규정값 이상일 때 압축공기가 스프링 장력을 이기고 언로드 밸브를 밀어 흡기밸브가 열려 압축기의 작동을 멈추게 함

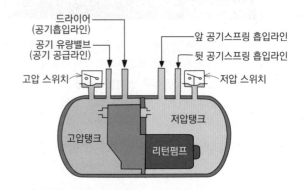

▶ **고압 스위치와 저압 스위치**
- 고압 스위치 : 탱크의 고압실에 장착되며 고압실의 압력을 감지한다. 규정값 이상이면 OFF, 규정값 이하가 되면 ON되어 컴프레셔를 구동시켜 일정 압력을 유지시킴
- 저압 스위치 : 탱크의 저압실에 장착되며, 공기스프링의 압력이 규정값 이상이면 OFF되어 ECS ECU에서 리턴펌프를 구동하여 저압실의 공기를 고압실로 리턴시킴(→ 이유 : 저압실 압력이 너무 높으면 신속한 자세제어가 어렵다)

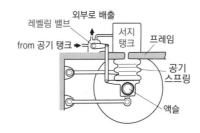

6 쇽업소버(Shock Absorber)

(1) 역할 및 원리

① 스프링에서 감쇄하기 힘든 세밀한 충격을 감쇄 (유체 스프링 역할)

② 현가 스프링의 진동에 따른 차체의 상하 진동 에너지를 흡수하여 자동차의 진동을 억제하는 진동 감쇠장치이다.

③ 원리 : 외부에서 가해진 힘은 피스톤을 밀어 밀봉된 내부의 유체(가스 또는 오일)를 압축시켜 감쇠력 밸브의 **오리피스(orifice)**를 통과하면서 저항(마찰에 의한 열에너지로 변환)이 커져 감쇠력(충격력 감소)이 발생된다. 또한, 압축에 의한 반발력으로 피스톤을 다시 밀어내며 신장된다. 이 과정이 반복되어 점차 충격을 흡수한다.

(2) 쇽업소버의 종류

① 가스식 : 실린더 아래쪽에 질소 가스를 봉입하여 작동을 부드럽게 한 형식으로, 초기 감쇠력이 좋아 충격을 빠르게 흡수한다. (공기는 유압보다 압축성이 커 충격 흡수가 빠르다)

② 유압식 : 충격 감쇄량은 적지만 충격 흡수가 부드럽다.

텔레스코핑형	단동식	• 인장할 때에만 스프링이 감쇠된다. • 스프링이 압축될 때 저항이 없으므로 차체에 충격이 가해지지 않아 노면의 요철이 있는 경우 유리하다.
	복동식	• 인장 및 수축 시 스프링이 모두 감쇠된다. • 출발 시 노스 업이나 제동 시 노스다운 방지 • 길이가 짧고 승차감이 좋다.
레버형 피스톤식		• 레버를 통해 피스톤을 움직여 감쇠작용 • 장점 : 레버나 링크를 사용하여 차체 설치가 용이하며, 피스톤과 실린더 사이의 기밀 유지가 쉬우며, 저점도 오일을 사용할 수 있고 성능적으로 온도 변화 영향이 적다. • 단점 : 구조가 복잡
드가르봉식		• 실린더 내에 프리 피스톤에 두어 **오일실과 가스실이 분리**되어 있으며, 위에는 오일이 있고 가스실 내에는 고압(20~30kg/cm²)의 질소가스가 봉입되어 있다. → 내부에 압력이 걸려있으므로 분해 시 유의할 것 • 방열성이 좋고, 기포발생이 적어 장시간 사용에 적합하며, 구조가 간단하다.

※ 텔레스코핑 : 망원경과 같이 다단식의 튜브가 차례로 팽창/수축되는 형상

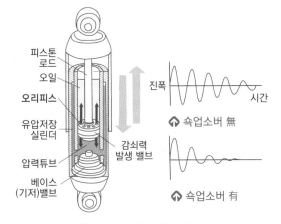

↑ 복동식 쇽업소버의 구조

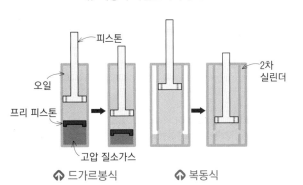

↑ 드가르봉식　　↑ 복동식

7 스태빌라이저(stabilizer)

① 선회 시 차체의 좌우 진동 및 차체의 **기울어짐(롤링)**을 방지하고, 차체의 평형을 유지시킨다.

② 독립 현가식에 주로 설치되는 일종의 토션 바 스프링이다.

스태빌라이저

04 전자제어 현가장치(ECS)

ECS(Electronic Controlled Suspension)는 현가장치 센서 정보 및 ECM을 통해 주행 조건 및 도로 조건에 따라 스프링 상수, 쇽업소버의 감쇠력을 변화시켜 차고 및 자세를 제어하여 주행 안정성과 승차감을 동시에 향상시키는 전자제어 시스템이다.

1 ECS의 주요 기능

① 급제동 시 노즈다운(nose down) 현상 방지

② 노면상태에 따라 차량 자세 제어(승차감 조절)

③ 차고 조정(고속 주행 시 차량의 높이를 낮추어 안전성 확보)

④ 불규칙한 노면으로부터의 충격(흔들림) 최소화

⑤ 급선회 시 원심력에 의한 차체 기울어짐(롤링) 방지

▶ 용어 정리

용어	원인	설명
노즈다운 (Nose-down)	급제동 시	'다이브(Dive)'라고도 하고 차체가 앞으로 쏠리는 현상
리프트(lift)		후륜이 지면에서 뜨는 현상
스쿼드 (Sqaut) (↔다이브)	급출발 시	전륜이 들리고 후륜측으로 기우는 현상으로 노즈 업(Nose-up)과 동일한 의미

2 ECS 입력 요소

차고 센서, 차속 센서, 조향휠 각속도 센서, 중력(G) 센서, 스로틀 위치 센서, 브레이크 스위치, 도어스위치, 발전기 L단자, 제동등 스위치, 전조등 릴레이

차속 센서	변속기 출력축에 장착되어 차량의 주행속도를 감지하며 **dive·squat 제어 및 고속안정성 제어의 입력신호**로 사용
차고 센서	• 차량의 높이 변화에 따라 차체(body)와 차축(axle)의 위치를 감지(앞·뒤에 4개 부착) • roll, dive, squat 제어 및 고속안정성 제어의 입력신호로 사용
조향휠 각속도 센서	급커브 등으로 인한 차체의 roll(기울기) 방지를 위해 조향휠의 좌우 회전방향 검출(발광다이오드와 포토트랜지스터)
스로틀 포지션 센서(TPS)	스프링의 상수와 감쇠력 제어를 위해 급가·감속 상태를 검출하여 squat 제어의 주신호로 사용
가속도(G) 센서	차체의 기울어짐 및 진동 측정을 위해 차체의 **roll을 감지**
전조등 릴레이	야간 고속주행시 차고 조절에 이용
도어 스위치	승객 승하차 시 흔들림 방지 및 차고 조절
발전기 L단자	기관의 작동 여부를 검출하여 차고 조절
인히비터 SW	변속 시 발생되는 진동 억제
제동등 스위치	제동시 발생하는 앤티 다이브 제어

▶ **발광다이오드와 포토(광)트랜지스터을 사용하는 센서**
• 현가장치 : 차고 센서, 조향휠 각속도 센서
• 기관 : 크랭크각 센서, TDC 센서

3 ECS 제어

▶ **ECS의 제어** : 감쇠력 제어, 차고제어, 자세제어

(1) 감쇠력 제어

① 감쇠력 제어 상황 : 선회 시, 급출발, 급제동
② ECS는 주행환경에 따라 스텝모터를 이용하여 쇽업소버의 오리피스의 크기 조절을 통해 감쇠력을 가변적(Auto, Hard, Medium, Soft, Super soft)으로 제어하여 승차감과 주행안정성을 확보한다.

▶ **Soft, Hard란?**
• Soft : 오리피스를 크게하여 승차감은 부드럽게 하지만 급가속, 급제동, 급선회, 노면 불규칙 등에서 자세변화가 크다.
• Hard : 오리피스를 작게하여 승차감이 딱딱해져 자세변화를 최대한 억제할 수 있으나 노면의 진동이 흡수되지 않는다.

(2) 차고 제어

공기챔버의 체적 조절(공기의 공급/방출) 및 쇽업소버 길이의 조절을 통해 차량의 높이를 조절한다.
① 차고를 높일 때 : 공기챔버에 공기를 공급하여 **체적과 쇽업소버의 길이를 증가**시킨다.
② 차고를 낮출 때 : **고속주행** 시 공기챔버 내의 공기를 방출시켜 차고를 내린다.

▶ **차고조정이 정지되는 조건**
커브길 급회전, 급 가속, 급 정지

(3) 자세 제어

① 운전자 의지 및 현가장치에서 발생하는 고유진동과 롤, 피칭, 다이브, 바운싱 등을 제어하기 위해 액추에이터(쇽업소버의 감쇠력 조정)를 제어(Auto, Soft → Medium, Hard)한다.
② ECS 자세 제어의 종류

앤티 롤 제어	• 롤(roll) 상태를 조기에 검출하여 일정시간 감쇠력을 높여 **선회 시 롤을 억제** • 입력 : **조향휠 각속도 센서**, 차속 센서, G센서 • 출력 : 선회 시 바깥쪽 바퀴의 공기는 급기하여 압력을 높이고, 안쪽 바퀴의 공기는 배기하여 압력을 낮춘다.
앤티 다이브 제어	• **제동이나 급감속 시** 노즈 다운 현상(앞쪽이 낮아짐) 제어 • 입력 : **브레이크 오일압력 스위치**, 차속센서 • 출력 : 쇽업소버의 감쇠력을 Soft → Hard (앞바퀴는 공기를 공급, 뒷바퀴는 공기를 배출)
앤티 스쿼트 제어 (스쿼트 : 앞이 들린다는 의미)	• **급출발·급가속 시** 노즈 업 제어 • 입력 : **차속센서, TPS 개폐속도** • 출력 : 쇽업소버의 감쇠력을 변화 (앞바퀴는 공기를 배출, 뒷바퀴는 공기를 공급)
앤티 피칭 및 앤티 바운싱 제어	• **쇽업소버**의 신축상태에 따라 제어 • 입력 : 차고센서, 차속센서, G센서 • 출력 : Soft →Medium 또는 Hard(신장쪽은 공기 배출, 수축쪽은 공기를 공급하여 평형유지)
앤티 쉐이크 제어	• 자동차 승하차 시 하중 변환에 따라 차체의 흔들림을 제어
차속 감응 제어	• 고속 주행 시 안정성을 위해 쇽업소버의 감쇠력을 Soft →Medium 또는 Hard

▶ **앤티 시프트 스쿼드 제어**
변속 조작에 따라 감쇠력을 Hard로 변환

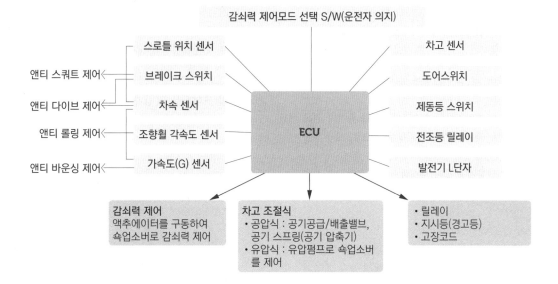

감쇠력 제어모드 선택 S/W(운전자 의지)

스로틀 위치 센서	차고 센서
브레이크 스위치	도어스위치
차속 센서	제동등 스위치
조향휠 각속도 센서	전조등 릴레이
가속도(G) 센서	발전기 L단자

앤티 스쿼트 제어←
앤티 다이브 제어←
앤티 롤링 제어←
앤티 바운싱 제어←

ECU

감쇠력 제어
액추에이터를 구동하여
쇽업소버로 감쇠력 제어

차고 조절식
• 공압식 : 공기공급/배출밸브,
공기 스프링(공기 압축기)
• 유압식 : 유압펌프로 쇽업소버
를 제어

• 릴레이
• 지시등(경고등)
• 고장코드

4 ECS 출력 요소

스프링 상수와 쇽업소버의 감쇠력을 조절

쇽업소버(액추에이터), 스텝 모터, 공기 압축기(컴프레서),
어큐뮬레이터, 솔레노이드 밸브, 지시등, 경고등, 고장코드

에어 액추에이터	쇽업소버의 감쇠력을 조절 각 쇽업소버에 장착되어 컨트롤 로드를 회전시켜 오일 통로가 변화되면 Hard/Soft 제어로 감쇠력 제어
스트러트 (쇽업소버)	에어스프링 챔버 및 스프링 밸브가 내장되어 스프링 상수 및 감쇠력 제어기능과 차고 높이 조절 기능
솔레노이드 밸브 (H/S선택 에어밸브, 차고조정 에어밸브)	차고조정 시 및 HARD/SOFT 선택 시 밸브개폐에 의해 공기압력을 조정
컴프레서	차고증가 및 HARD/SOFT 전환에 필요한 압축공기의 발생
배기 솔레노이드 밸브	• 컴프레서에 설치 • 차고를 낮출 때에만 작동하며 공기스프링의 공기압을 배출시킨다.
공기공급밸브	차고를 높일 때 압축공기를 공급
압력 스위치	저장탱크 내 공기압을 감지하여 ON, OFF 스위치 작용으로 컴프레서 릴레이를 제어
자기진단 출력	• 지시등·경고등, 고장코드 • 자기진단코드 신호를 발생시킴

5 전자제어 현가장치의 종류

(1) 감쇠력 가변 방식 ECS
① 감쇠력(damping force)을 다단계로 조절, 쇽업소버의 감쇠력만 제어하는 가변 방식
② 구조가 간단하여 주로 중형 승용차에 사용
→ 감쇠력 제어(3단계) : Soft, Medium, Hard

(2) 복합 방식 ECS
① 쇽업소버의 감쇠력 제어 + 차고 조절 기능
② 코일 스프링 대신 공기 스프링을 사용하여 일정한 승차감 및 차고를 유지
→ 감쇠력 제어(2단계) : Soft, Hard
→ 차고 조절(3단계) : Soft, Medium, Hard

(3) 액티브 ECS
① 쇽업소버의 감쇠력 제어 + 차고 조절 기능
② 자동차 자세 변화에 유연하게 대처하여 자세 제어가 가능한 장치이다.
③ 자세 제어 : 앤티 롤, 앤티 바운스, 앤티 피치, 앤티 다이브, 앤티 스쿼트 제어 등
→ 감쇠력 제어(4단계) : Super soft, Soft, Medium, Hard
차고 조절(4단계) : Low, Normal, High, Extra High

(4) 세미 액티브 ECS
① 쇽업소버의 감쇠력만 제어
② 역방향 감쇠력 가변 방식 쇽업소버를 사용해 기존 감쇠력 ECS의 경제성과 액티브 ECS의 성능
③ 쇽업소버의 감쇠력이 쇽업소버 외부 감쇠력 가변 솔레노이드 밸브에 의해 연속적 감쇠력 가변 제어가 가능
→ 쇽업쇼버 피스톤이 팽창/수축할 때에는 독립 제어가 가능하여
감쇠력을 **최대 256단계까지 세밀하게 제어**

6 IECS 시스템 (Intelligent Electronic Control Suspension)

IECS 시스템은 차량의 진동이나 쏠림 현상과 같은 승차감을 저해하는 요인들을 각 센서가 감지하여 최적의 승차감을 제공한다.

① 프리뷰(preview) 제어 : 자동차 전방에 있는 노면의 돌기 및 단차 검출을 제어

② 스카이 훅(sky-hook) 제어 : 차체의 수직가속도를 줄이기 위하여 가상적인 기준면에 감쇠기를 설치하는 것으로, 요철부를 통과할 때 활용 (노면의 굴곡에 의한 지속적인 진동 제어)

③ 퍼지(fuzzy) 제어 : 인공지능 제어 시스템으로 최적의 드라이빙 데이터를 기반으로 한 쾌적한 주행 여건을 마련

7 Self Levelizer (셀프 레벨라이저)

① 쇼업소버의 일종으로, SUV 또는 화물차에 탑승인원 및 적재물에 따라 후륜 차고가 처짐이 발생하면 주행 중 후륜 차축과 차체 사이에 발생하는 상대운동을 이용하여 **별도의 외부 동력원 없이** 자동으로 후륜 차고를 조절하여 차고를 일정하게 유지시키는 역할을 한다.

→ 적재하중 변화에 따른 승차감 차이를 최소화하여 승차감 및 주행안정성 향상

② **셀프 레벨라이저의 특징**

• Stroke 기능 : 차중에 무관하게 뒤틀림이나 처짐없이 평행상태를 유지

• 자세 유지 : 차륜 정렬을 보조하여 휠 얼라이먼트 틀어짐 및 타이어의 편마모 등을 방지

• 헤드램프 정렬 유지 : 뒤축 처짐에 의한 헤드램프의 상향 비침을 방지

• 노면 유격 유지

8 AGCS(Active Geometry Control System, 능동형 선회제어 서스펜션 장치)

① 운전자의 조향 각도와 차량의 속도 등을 감지해 **미리** 차량의 선회 정도를 제어하는 기술이다. ECM이 운전자의 주행의지를 파악하고 뒷바퀴의 선회각을 조절해 차량의 쏠림현상을 해소함으로써 안정적으로 선회할 수 있게 한다.

→ 고속으로 선회 주행 시 효과가 크다. 뒷바퀴가 코너 밖으로 밀리면서 차가 코너의 안쪽으로 틀어지는 현상을 줄여주어 고속으로 직진 주행할 때와 비슷한 안정감을 가지고 운전할 수 있게 된다. 그리고 차량 옆쪽에서 강한 바람이 불거나 급하게 방향을 바꿀 때에도 능동적으로 뒷바퀴의 조향 정도를 조절하여 주행 안정성을 줌

→ 비교) ESC는 조향이 불가능한 상황이 발생했을 때 바퀴의 제동력을 제어하는 방식으로 작동하는 '현상을 제어'하는 것이고, AGCS는 '원인을 제어'한다.('**미리 제어한다**'는 의미)

② AGCS는 코너링을 할 때 **뒷바퀴의 토우 인(toe-in) 각을 조절**하여 무게중심을 외측으로 분산시켜 코너링의 한계속도를 높이고, 주행안정성 향상시키는 장치이다.

(1) 토우각과 AGCS의 원리

차속 및 조향각을 ECU가 판단하여 액추에이터를 통해 리어 어시스트 암을 조절하여 **토우각을 변경**한다.

> ▶ 토우각에 따른 주행 특성
> • 토우각이 없음 : 선회보다 직진 주행 시의 안정감을 최적화
> • 후륜의 토우각을 약간 생성 : 중저속의 선회 시 안정감을 향상, 직진 시에는 뒤틀림 발생 및 고속 안정성이 떨어짐
> • 후륜의 토우각을 과다 생성 : 고속에서의 안정감은 대폭 상승하지만 저·중속에서의 안정감이 상당히 떨어짐
> • 후륜 토우각이 가변적일 때 : 모든 상황에서 토우각 조정이 가능해져 차량의 속도와 상관없이 안정적 주행을 수행

(2) AGCS의 효과

① 급선회 시 차량 안정성 및 주행 중 시동이 중단되어도 안정성을 유지한다.

② ESP 작동을 감소시키고 브레이크의 제어 압력을 줄인다.

③ 주행 시 반발력을 줄여 조작성을 증대한다.

④ 횡가속도를 줄여 슬립을 방지한다.

(3) AGCS의 구성

① 변경점 : 리너 크로스 멤버와 리어 어시스트 암이 다른 부품을 지지할 수 있고 또한 조정될 수 있게 변경된 모델로 장착된다.

② 추가 장착 파트 : 액추에이터와 ECU가 추가된다. 액추에이터는 실질적 작동 제어를 수행하고 ECU에서는 적절한 구동 상태를 판독하여 제어량을 출력한다.

01　현가장치 일반

[18-1, 14-2, 12-2, 07-3]

1 자동차 바퀴가 정적 불평형일 때 일어나는 현상은?

① tramping
② shimmy
③ standing wave
④ hopping

> • 정적 평형 : 타이어가 정지된 상태의 평형
> • 정적 불평형 : 타이어 밸런스(편마모, 공기압 불균형, 차륜 무게 불균형 등)가 맞지 않을 때 주행 시 바퀴가 상하로 진동하는 트램핑(tramping) 현상을 일으킨다.
> ※ shimmy : 바퀴가 옆으로 흔들리는 현상(동적 불균형일 때 발생)이며, hopping은 휠 홉(Z축 방향으로 상하운동)을 말한다.

[19-3]

2 바퀴가 동적 불균형 상태일 경우 발생할 수 있는 현상은?

① 시미
② 요잉
③ 트램핑
④ 스탠딩 웨이브

[11-2, 18-2 유사]

3 스프링의 진동 중 스프링 위 질량의 진동과 관계없는 것은?

① 바운싱(bouncing)
② 피칭(pitching)
③ 휠 트램프(wheel tramp)
④ 롤링(rolling)

> • 스프링 위 질량의 진동 : 바운싱, 피칭, 롤링, 요잉
> • 스프링 아래 질량의 진동 : 휠 트램프, 휠 홉, 와인드 업

[참고]

4 자동차의 진동현상에 대해서 바르게 설명된 것은?

① 바운싱 : 차체의 상하 운동
② 피칭 : 차체의 좌우 흔들림
③ 롤링 : 차체의 앞뒤 흔들림
④ 요잉 : 차체의 비틀림 진동하는 현상

> • 피칭 : 차체의 앞뒤가 상하로 흔들림
> • 롤링 : 차체의 좌우 흔들림
> • 요잉 : 차체의 앞뒤가 좌우로 흔들림

[참고]

5 자동차 주행 시 차량 후미가 좌·우로 흔들리는 현상은?

① 바운싱
② 피칭
③ 롤링
④ 요잉

> • 바운싱 : 노면이 고르지 못할 때 상하로 진동하는 현상
> • 피칭 : 옆에서 보았을 때 앞·뒤로 흔들리는 현상
> • 롤링 : 앞에서 보았을 때 좌·우로 흔들리는 현상
> • 요잉 : 위에서 보았을 때 좌·우로 흔들리는 현상

[참고]

6 자동차가 주행 중 앞부분에 심한 진동이 생기는 현상인 트램핑(tramping)의 주된 원인은?

① 적재량 과다
② 토션바 스프링 마멸
③ 내압의 과다
④ 바퀴의 불평형

> 휠 트램핑의 원인은 타이어의 불평형, 편마모 등이다.

[참고]

7 고속 주행할 때 바퀴가 상하로 진동하는 현상을 무엇이라 하는가?

① 요잉
② 트램핑
③ 롤링
④ 킥다운

[14-2]

8 전자제어 현가장치에서 노면의 상태 및 주행조건에 따른 자세 변화에 대하여 제어하는 것과 거리가 먼 것은?

① 안티 롤 제어
② 안티 피치 제어
③ 안티 바운스 제어
④ 안티 트램핑 제어

> **자세제어의 종류**
> 앤티 롤, 앤티 다이브, 앤티 스쿼트, 앤티 피칭, 앤티 바운싱

9 스프링 아래 질량의 고유 진동에 관한 그림이다. X축을 중심으로 하여 회전운동을 하는 진동은?

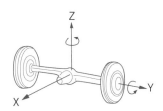

① 휠 트램프(wheel tramp)
② 와인드업(wind up)
③ 롤링(rolling)
④ 사이드 셰이크(side shake)

축에 따른 진동 분류

	스프링 윗 질량의 진동	스프링 아래 질량의 진동
X축	롤링(회전)	휠 트램프(회전)
Y축	피칭(회전)	와인드 업(회전)
Z축	요잉(회전), 바운싱(상하)	휠 홉(상하)

정답　**1** 1 ① 2 ① 3 ③ 4 ① 5 ④ 6 ④ 7 ② 8 ④ 9 ①

10 자동차의 진동현상 중 스프링 위 Y축을 중심으로 하는 앞뒤 흔들림 회전 고유진동은?

① 롤링(rolling) 　　② 요잉(yawing)

③ 피칭(pitching)　　④ 바운싱(bouncing)

[11-2, 18-2 유사]

11 다음에서 스프링의 진동 중 스프링 위 질량의 진동과 관계 없는 것은?

① 바운싱(bouncing)

② 피칭(pitching)

③ 롤링(rolling)

④ 휠 트램프(wheel tramp)

- 스프링 윗 질량 : 바운싱, 피칭, 롤링, 요잉
- 스프링 아래 질량 : 휠 트램프, 휠 홉, 와인드 업

[참고]

12 현가장치에서 스프링 위 고유진동으로 제동 시 노스 다이브(nose dive)와 같은 진동현상은?　　　　　　기사

① 요잉(yawing) 현상

② 휠링(wheeling) 현상

③ 피칭(pitching) 현상

④ 롤링(rolling) 현상

[10-2]

13 현가장치에서 승차감을 위주로 고려할 때의 방법으로 설명이 틀린 것은?

① 스프링 아래 질량은 가벼울수록 좋다.

② 스프링 상수는 낮을수록 좋다.

③ 스프링 위 질량은 클수록 좋다.

④ 스프링 아래의 질량은 클수록 좋다.

스프링 상수는 일정 힘에 대해 얼마만큼의 변형이 있는냐이므로, 스프링 상수가 작을수록 승차감이 좋다.
스프링을 기준으로 위의 질량은 클수록, 아래 질량은 낮을수록 좋다.(스프링 위의 질량이 클수록 진동에 대한 충격이 적고, 아래 질량이 가벼우면 노면에서 받는 충격이 적어지고 관성력이 작아진다.)

[10-2]

14 주행 중 급제동 시 차체 앞쪽이 내려가고 뒤가 들리는 현상을 방지하기 위한 제어는?

① 앤티 바운싱(Anti bouncing) 제어

② 앤티 롤링(Anti rolling) 제어

③ 앤티 다이브(Anti dive) 제어

④ 앤티 스쿼트(Anti squat) 제어

- 앤티 롤링 제어 : 선회 시 Roll을 억제
- 앤티 다이브 제어 : 제동 시 Nose down(앞쪽이 낮아짐) 제어
- 앤티 스쿼트 제어 : 급출발·급가속 시 Nose up 현상 제어
- 앤티 피칭 제어 : 요철 노면 주행 시 차체 흔들림 제어
- 앤티 바운싱 제어 : 상하운동 제어

[참고]

15 주행 중 트램핑 현상이 발생하는 원인으로 적당하지 않은 것은?

① 앞 브레이크 디스크의 불량

② 타이어의 불량

③ 휠 허브의 불량

④ 파워오일펌프의 불량

트램핑(tramping)은 바퀴가 상하로 진동하는 현상으로 휠 허브 및 디스크 불량 시 타이어 중심축에 어긋나거나 타이어가 불량할 때 발생한다.

[19-3, 11-3]

16 자동차가 주행 중 휠의 동적 불평형으로 인해 바퀴가 좌·우로 흔들리는 현상을 무엇이라 하는가?

① 시미 현상　　　　② 휠링 현상

③ 요잉 현상　　　　④ 바운싱 현상

정적 평형이더라도 주행 중에 타이어의 관성축과 회전중심선이 일치하지 않을 때 동적 불평형이 나타나며, 좌우로 흔들리는 시미현상이 나타난다.
참고) 정적 불평형일 경우 상하로 진동하는 트래핑 현상이 발생한다.

[참고]

17 현가장치에서 저속 시미현상이 일어나는 원인이 <u>아닌 것</u>은?　　　　　　기사

① 스프링 정수가 크다.

② 앞 현가 스프링이 쇠약하거나 절손되었다.

③ 앞바퀴 정렬이 불량하다.

④ 타이어 공기압이 낮다.

시미(shimmy)의 종류 및 원인
- 고속 시미 : 바퀴의 동적 불평형
- 저속 시미 : 스프링 정수가 적을 때, 링키지 연결부의 헐거움, 타이어 공기압이 낮을 때, 바퀴의 평형 불량, 쇽업소버 작동 불량, 앞 현가스프링의 쇠약 등

정답　10 ③　11 ④　12 ③　13 ④　14 ③　15 ④　16 ①　17 ①

[11-2]

18 전자제어 현가장치의 제어 중 급 출발시 노즈업 현상을 방지하는 것은?

① 앤티 다이브 제어

② 앤티 스쿼트 제어

③ 앤티 피칭 제어

④ 앤티 롤링 제어

> 스쿼트(Squat)는 '앞이 들린다'는 의미로 급출발·급가속 시 노즈업 현상을 일어난다. (↔다이브)

[참고]

19 요철이 있는 노면을 주행할 경우, 스티어링 휠에 전달되는 충격을 무엇이라 하는가?

① 시미현상 ② 웨이브 현상

③ 스카이 혹 현상 ④ 킥백 현상

[참고]

20 독립 현가방식과 비교한 일체차축 현가방식의 특성이 아닌 것은?

① 구조가 간단하다.

② 선회시 차체의 기울기가 작다.

③ 승차감이 좋지 않다.

④ 로드 홀딩(road holding)이 우수하다.

> 일체차축 현가방식은 차축이 분리되지 않으므로 접지력이 나쁘다.

[참고]

21 일체차축 현가장치의 특징으로 가장 거리가 먼 것은?

① 설계와 구조가 비교적 단순하며, 유지보수 및 설치가 용이하다.

② 차축이 분할되어 시미의 위험이 적어 스프링 정수가 적은 스프링을 사용할 수 있다.

③ 스프링 아래 진동이 커 승차감이나 안정성이 떨어지고 충격 중 주행 조작력이 매우 떨어진다.

④ 내구성이 좋아 얼라이먼트 변형이 적다.

> ②는 독립현가장치의 장점이다.

[13-2]

22 일체식 차축 현가방식의 특징으로 거리가 먼 것은?

① 앞바퀴에 시미 발생이 쉽다.

② 선회할 때 차체의 기울기가 크다.

③ 승차감이 좋지 않다.

④ 휠 얼라이먼트의 변화가 적다.

일체식 현가장치의 특징

장점	• 강도가 크고 구조가 간단 • 선회 시 차체의 기울임이 작다.
단점	• 스프링 밑 질량이 커 승차감이 좋지 않다. • 앞바퀴에 시미가 발생되기 쉽다. • 스프링 정수가 너무 적은 것은 사용하기 곤란함

[17-2, 13-1]

23 독립식 현가장치의 특징이 아닌 것은?

① 승차감이 좋고, 바퀴의 시미 현상이 적다.

② 스프링 정수가 적어도 된다.

③ 구조가 간단하고 부품수가 적다.

④ 윤거 및 앞바퀴 정렬 변화로 인한 타이어 마멸이 크다.

독립식 현가장치의 특징

장점	• 차고를 낮출 수 있어 안정성이 향상 • 스프링 아래 질량이 적어 승차감이 우수 • 스프링 정수가 적은(유연함) 스프링 사용 가능 • 조향 바퀴의 시미가 잘 일어나지 않고 접지성이 우수
단점	• 연결 부위가 많아 구조가 복잡 • 앞바퀴 정렬이 변하기 쉬움 • 바퀴의 상하운동으로 축간거리(윤거)나 앞바퀴정렬이 변하므로 타이어의 마멸이 크다. • 가격이나 취급에 불리함

[17-3, 12-1]

24 독립현가장치에 대한 설명으로 옳은 것은?

① 강도가 크고 구조가 간단하다.

② 타이어와 노면의 접지성이 우수하다.

③ 앞바퀴에 시미(shimmy)가 일어나기 쉽다.

④ 스프링 아래 무게가 커서 승차감이 좋다.

[참고]

25 독립현가방식의 현가장치 장점으로 틀린 것은?

① 바퀴의 시미(shimmy) 현상이 작다.

② 스프링의 정수가 작은 것을 사용할 수 있다.

③ 스프링 아래 질량이 작아 승차감이 좋다

④ 부품수가 적고 구조가 간단하다.

[참고]

26 독립현가장치의 장점으로 가장 거리가 먼 것은?

① 스프링 정수가 적은 스프링을 사용할 수 있다.

② 스프링 아래 질량이 적어 승차감이 우수하다.

③ 바퀴가 시미를 잘 일으키지 않고 로드 홀딩이 좋다.

④ 하중에 관계없이 승차감은 차이가 없다.

27 독립현가장치에 대한 설명으로 옳은 것은?

① 강도가 크고 구조가 간단하다.

② 타이어와 노면의 접지성이 우수하다.

③ 스프링 아래 무게가 커서 승차감이 좋다.

④ 앞바퀴에 시미(shimmy)가 일어나기 쉽다.

① 연결부위가 많아 구조가 복잡
③ 스프링 아래 질량이 적어 승차감이 우수
④ 조향 바퀴의 시미가 잘 일으키지 않는다.

28 독립 현가장치의 종류가 아닌 것은?

① 위시본 형식

② 스트럿 형식

③ 트레일링 암 형식

④ 옆방향 판스프링 형식

29 앞 차륜 독립현가장치에 속하지 않는 것은?

① 트레일링 암 형식

② 위시본 형식

③ 맥퍼슨 형식

④ SLA 형식

②~④은 앞바퀴에 사용하고, 트레일링 암 형식은 앞구동방식(FF)에서 뒷바퀴에 주로 사용된다.
※ SLA 형식은 위시본 형식에 속한다.

30 위시본식 독립 현가장치의 구조 및 작동에 관한 설명으로 틀린 것은?

① 코일 스프링과 쇽업소버를 조합시킨 형식이다.

② 스프링 아래 부분의 중량이 크기 때문에 승차감이 좋다.

③ 로어와 어퍼 컨트롤 암의 길이가 같은 것이 평행사변형식이다.

④ SLA형식(short/long arm type)은 장애물에 의해 바퀴가 들어 올려지면 캠버가 변한다.

위시본 형식
- 코일 스프링과 쇽업소버를 조합, 상하 2개의 컨트롤 암이 프레임에 장착하여 암의 길이에 따라 캠버나 윤거가 변화
- 평행사변형과 SLA형식으로 구분
  - 평행사변형 : 상하의 컨트롤 암의 길이가 같으며, 조향너클과 연결되는 두 점이 평행하게 이동되어 캠버의 변화는 없으나 윤거가 변화한다.
  - SLA형식 : 위 컨트롤 암이 아래 컨트롤 암보다 짧은 형식으로 캠버가 변화되어도 윤거가 변하지 않는다.
- 맥퍼슨 타입보다 스프링 아래 무게가 크므로 승차감과 안정감이 떨어진다.

31 다음 중 현가장치의 구성품과 관계없는 것은?

① 스태빌라이저

② 타이로드

③ 쇽업소버

④ 판스프링

타이로드 : 조향 링크와 너클 암 사이의 링크를 말하며, 토인(toe in) 조정을 위해 길이 조절이 가능하다.

32 현가장치에서 맥퍼슨형의 특징이 아닌 것은?

① 위시본형에 비하여 구조가 간단하다.

② 로드 홀딩이 좋다.

③ 엔진 룸의 유효공간을 넓게 할 수 있다.

④ 스프링 아래 중량을 크게 할 수 있다.

스프링 아래 중량을 가볍게 하여 로딩 홀딩 및 승차감을 향상시킨다.

33 뒤 현가방식의 독립 현가식 중 세미 트레일링 암 (semi trailing arm) 방식의 특징으로 틀린 것은?

① 차체의 캠버가 변하지 않는다.

② 종감속기어가 현가 암 위에 고정되기 때문에 그 진동이 현가장치로 전달되므로 차단할 필요성이 있다.

③ 구조가 복잡하고 가격이 비싸다.

④ 차실 바닥이 낮아진다.

트레일링 암, 세미 트레일링 암 모두 후륜쪽 차실 바닥을 낮게 할 수 있어 실내공간 확보에 유리하나 주요 차이점은 트레일링 암의 피봇이 자동차 진행 방향과 직각이 아니라 10~20° 기울여져 공차 시·승차 시 캠버가 변하여 토인의 조정이 필요하며 구조가 복잡하고 가격이 비싸다.
①은 트레일링 암의 특징이다.

34 자동차의 독립현가장치 중에서 쇽업소버를 내장하고 있으며 상단은 차체에 고정하고, 하단은 로어 컨트롤 암으로 지지하는 형식으로 스프링의 아래하중이 가볍고 앤티 다이브 효과가 우수한 형식은?

① 맥퍼슨

② 위시본

③ 트레일링 암

④ 멀티링크

35 독립 현가장치에서 기관실의 유효면적을 가장 넓게 할 수 있는 형식은?

① 맥퍼슨 형식

② 위시본 형식

③ 트레일링 암 형식

④ 평행판 스프링 형식

정답 **27** ② **28** ④ **29** ① **30** ② **31** ② **32** ④ **33** ① **34** ① **35** ①

맥퍼슨 형식의 특징
• 현가장치와 조향 너클의 일체형이며, 쇽업소버가 내장된 스트럿, 스프링, 볼조인트, 컨트롤 암으로 구성
• 위시본 형식에 비해 구조가 간단, 구성부품이 적고 보수가 용이하다.
• 스프링아래 무게를 가볍게 할 수 있기 때문에 로드 홀딩 및 승차감이 좋다.
• 엔진룸의 유효 공간 확보에 유리하다.

36 국내 승용차에 가장 많이 사용되는 현가장치로서 구조가 간단하고 스트러트가 조향시 회전하는 것은?

① 위시본형
② 맥퍼슨형
③ SLA형
④ 데디온형

맥퍼슨형은 현가 장치와 조향 너클이 일체되어 조향 시 스트러트도 함께 회전한다.
참고) 데 디온식(de dion axle type)
구동차축의 스프링 아래 질량이 커지는 것을 방지하기 위해 종감속기어와 차동장치를 액슬축으로부터 분리하여 차체에 고정한 형식이다.

액슬축
종감속기어 및 차동장치 (차체에 고정)

[19–1, 12–2]
37 주행 중 차량에 노면으로부터 전달되는 충격이나 진동을 완화하여 바퀴와 노면과의 밀착을 양호하게 하고 승차감을 향상시키는 완충기구로 짝지어진 것은?

① 코일스프링, 토션 바, 타이로드
② 코일스프링, 겹판스프링, 토션바
③ 코일스프링, 겹판스프링, 프레임
④ 코일스프링, 너클 스핀들, 스태빌라이저

타이로드과 너클 스핀들은 조향장치에 관련이 있다.

[14–1]
38 현가장치에 사용되는 쇽업소버에서 오일이 상·하 실린더로 이동할 때 통과하는 구멍을 무엇이라고 하는가?

① 밸브 하우징
② 로터리 밸브
③ 오리피스
④ 스텝구멍

쇽업소버가 신장/압축되면 압력 튜브의 오일(작동유)은 감쇠력 밸브의 오리피스를 통과하면서 저항(감쇠력, 마찰에 의한 열에너지로 변환)이 커져 감쇠력이 발생된다.

[09–2]
39 진동을 흡수하고 진동 시간을 단축시키며, 스프링의 부담을 감소시키기 위한 장치는?

① 스태빌라이저
② 공기 스프링
③ 쇽업소버
④ 비틀림 막대스프링

• 스태빌라이저 : 선회 시 차체의 기울어짐(롤링)을 방지하고, 차체의 평형을 유지
• 쇽업소버 : 스프링의 진동을 흡수하여 승차감을 향상시키고 동시에 스프링의 피로를 감소
• 비틀림 막대스프링(토션바 스프링) : 스프링 강으로 만든 가늘고 긴 막대 모양으로, 비틀림 탄성을 이용하여 완충 역할

[16–2]
40 현가장치에서 드가르봉식 쇽업소버의 설명으로 가장 거리가 먼 것은?

① 질소가스가 봉입되어 있다.
② 오일실과 가스실이 분리되어 있다.
③ 오일에 기포가 발생하여도 충격 감쇠효과가 저하하지 않는다.
④ 쇽업소버의 작동이 정지되면 질소가스가 팽창하여 프리 피스톤의 압력을 상승시켜 오일 챔버의 오일을 감압한다.

드가르봉식 쇽업소버는 가스봉입형으로 쇽업소버의 작동이 정지되면 질소가스가 팽창하여 프리 피스톤의 압력이 상승시켜 오일 챔버의 오일을 **가압**한다.

[참고]
41 스태빌라이저(stabilizer)에 관한 설명으로 가장 거리가 먼 것은?

① 일종의 토션 바이다.
② 독립 현가식에 주로 설치된다.
③ 차체의 롤링(rolling)을 방지한다.
④ 차체가 피칭(pitching)할 때 작용한다.

스태빌라이저는 차체의 기울어짐(롤링)을 방지한다.

[참고]
42 독립현가장치의 차량에서 선회할 때 쏠림을 감소시켜 주고 차체의 평형을 유지시켜 주는 것은?

① 볼 조인트
② 공기 스프링
③ 쇽업소버
④ 스태빌라이저

정답 36 ② 37 ② 38 ③ 39 ③ 40 ④ 41 ④ 42 ④

[참고]
43 자동차가 선회할 때 차체의 좌우 진동을 억제하고 롤링을 감소시키는 것은?

① 타이로드 　　　　　　② 토인
③ 프로포셔닝 밸브 　　　④ 스태빌라이저

① 타이로드 : 좌우의 너클암과 연결되어 다른쪽 너클암에 전달하며 좌우 바퀴의 관계 위치를 정확하게 유지
② 토인 : 앞바퀴를 위에서 볼 때 좌우 바퀴의 폭이 뒤쪽보다 앞쪽이 좁게 하는 것으로 주행 중 앞바퀴를 평형하게 회전시킨다.
③ 프로포셔닝 밸브 : 급제동 시 후륜의 조기 잠김으로 인한 스핀을 방지하기 위해 후륜에 전달되는 유압을 지연
④ 스태빌라이저 : 선회 시 차체 기울임 방지, , 좌우 진동 억제, 롤링 현상 감소, 차의 평형 유지

[참고]
기사
44 현가장치에 이용되는 공기스프링의 장점이 아닌 것은?

① 하중에 관계없이 차고가 일정하게 유지되어 차체의 기울기가 적다.
② 공기자체가 감쇠성에 의해 고주파 진동을 흡수한다.
③ 하중에 관계없이 고유진동이 거의 일정하게 유지된다.
④ 제동 시 관성력을 흡수하므로 제동거리가 짧아진다.

[참고]
45 공기 현가장치의 특징에 속하지 않는 것은?

① 스프링 정수가 자동적으로 조정되므로 하중의 증감에 관계 없이 고유 진동수를 거의 일정하게 유지할 수 있다.
② 고유 진동수를 높일 수 있으므로 스프링 효과를 유연하게 할 수 있다.
③ 공기 스프링 자체에 감쇠성이 있으므로 작은 진동을 흡수하는 효과가 있다.
④ 하중 증감에 관계없이 차체 높이를 일정하게 유지하며 앞뒤, 좌우의 기울기를 방지할 수 있다.

공기 현가장치는 고유 진동수를 낮출 수 있으므로 스프링 효과를 유연하게 할 수 있다.

[07-1]
46 공기스프링의 특징이 아닌 것은?

① 유연성을 비교적 쉽게 얻을 수 있다.
② 약간의 공기누출이 있어도 작동이 간단하며 구조가 간단하다.
③ 하중이 변해도 자동차 높이를 일정하게 유지할 수 있다.
④ 자동차에 짐을 실을 때나 빈 차일 때의 승차감은 별로 달라지지 않는다.

공기스프링의 특징
• 하중에 관계없이 차고를 일정하게 유지하며 기울어짐을 방지
• 하중의 변화에 따라 스프링 정수가 자동적으로 조정되어 고유 진동수를 일정하게 유지되어 승차감이 일정
• 공기 스프링 자체에 감쇠성이 있어 작은 진동을 흡수(하중에 따라 스프링 상수가 자동으로 변하기 때문)
• 고유 진동수를 낮출 수 있으므로 스프링 효과를 유연
• 공기가 약간 누출되어도 작동되며, 베이퍼록이 발생되지 않음
• 공기 스프링 자체에 감쇠성이 있으므로 작은 진동을 흡수하는 효과
• 구조가 복잡하여 대형버스나 화물차에 주로 사용

[08-2]
47 하중의 변화에 따라 스프링 정수를 자동적으로 조정하여 고유 진동수를 일정하게 유지할 수 있는 현가장치의 구성품은?

① 코일 스프링 　　　　② 판 스프링
③ 공기 스프링 　　　　④ 스태빌라이저

[참고]
48 공기 스프링 현가장치의 특징에 대한 설명으로 틀린 것은?

① 압축 공기의 탄성을 이용한 형식이다.
② 적재량이 변화하여도 차체의 높이를 일정하게 유지할 수 있다.
③ 하중의 증감에 관계없이 스프링 고유 진동수를 수시로 변화시킨다.
④ 압축 공기를 공급하거나 배출시켜 차체의 높이를 일정하게 유지할 수 있다.

스프링 고유 진동수는 하중의 증감에 따라 변한다.

[16-3, 12-2]
49 공기식 현가장치에서 벨로스형 공기 스프링 내부의 압력 변화를 완화하여 스프링 작용을 유연하게 해 주는 것은?

① 언로드 밸브 　　　　② 레벨링 밸브
③ 서지탱크 　　　　　④ 공기 압축기

서지탱크는 각 공기스프링마다 설치되어 있으며, 서지탱크의 압력변화를 통해 스프링 작용을 유연하게 한다.

[12-1]
50 공기식 현가장치에서 공기 스프링 내의 공기압력을 가감시키는 장치로서, 자동차의 높이를 일정하게 유지하는 것은?

① 레벨링 밸브 　　　　② 공기 스프링
③ 공기 압축기 　　　　④ 언로드 밸브

레벨링 밸브는 하중이 감소하여 차고가 높아지면 공기 스프링 안의 공기를 방출시키고, 하중이 증가하여 차고가 낮아지면 공기를 공급하여 차고를 일정하게 유지시킨다.

정답　43 ④　44 ④　45 ②　46 ②　47 ③　48 ③　49 ③　50 ①

02 전자제어 현가장치

[08-01, 05-01]

1 자동차에서 전자제어 현가장치의 기능이 <u>아닌</u> 것은?

① 급제동 시 노스 다운을 방지한다.

② 급선회 시 구심력 발생을 방지한다.

③ 노면으로부터의 차량 높이를 조정한다.

④ 노면상태에 따라 승차감을 조절한다.

전자제어 현가장치는 원심력(및 구심력) 자체를 방지하는 것이 아니라 원심력(및 구심력)에 의한 발생되는 기울어짐을 방지한다.

[참고]

2 전자제어 현가장치의 특징으로 <u>틀린</u> 것은?

① 급제동 시 노스 업(nose up)을 방지한다.

② 노면으로부터 자동차의 높이를 제어할 수 있다.

③ 급선회 시 원심력에 의한 차체의 기울어짐을 방지한다.

④ 노면의 상태에 따라 자동차의 승차감을 제어할 수 있다.

급제동 시 노스 다운(nose down)을 방지한다.

[07-1]

3 전자제어 현가장치(ECS)에 대한 설명 중 <u>틀린</u> 것은?

① 안정된 조향성을 준다.

② 차의 승차인원 하중이 변해도 차는 수평을 유지 한다.

③ 차량 정지시 감쇄력을 적게 한다.

④ 고속주행시 차체의 높이를 낮추어 공기저항을 적게 하고 승차감을 향상시킨다.

[참고]

4 전자제어 현가장치의 장점으로 가장 <u>적합한</u> 것은?

① 굴곡이 심한 노면을 주행할 때에 흔들림이 작은 평행한 승차감 실현

② 차속 및 조향 상태에 따라 적절한 조향 특성을 얻을 수 있음

③ 운전자가 희망하는 쾌적공간을 제공해 주는 시스템

④ 운전자의 의지에 따라 조향 능력을 유지해 주는 시스템

②, ④ : 전자제어 동력조향장치, ③ FATC

[참고]

5 전자제어 현가장치의 작동에 대한 설명으로 <u>틀린</u> 것은?

① 주행 조건에 따라 감쇄력이 변화한다.

② 노면의 상태에 따라 감쇄력이 변화한다.

③ 항상 부드러운 상태로 감쇄력이 조정된다.

④ 댐퍼의 감쇄력을 여러 단계로 설정하여 조정된다.

[참고]

6 전자제어 현가장치의 입·출력 요소에서 출력에 해당하는 것은?

① 속업소버의 감쇄력을 변화시키는 액추에이터

② 차량의 높이를 감지하는 차고 센서

③ 제동 시 다이브(dive) 제어의 기준 신호가 되는 브레이크 스위치

④ 주행 중 전조등의 점등을 알려주는 전조등 스위치

[07-3]

7 전자제어 현가장치의 기능과 가장 <u>거리가 먼</u> 것은?

① 킥다운 제어

② 차고조정

③ 스프링 상수와 댐핑력 제어

④ 주행조건 및 노면상태 대응에 따른 제어

ECS의 기능
- 주행상태와 노면상황에 대응하여 차고를 변경할 수 있다.
- 속업쇼버의 감쇄력 제어가 가능하다.
- 승차감과 주행 안전성을 동시에 확보할 수 있다.
- ※ 킥다운 제어는 자동변속기에 해당된다.

[참고]

8 전자제어 현가장치에 대한 설명으로 <u>틀린</u> 것은?

① 조향 각 센서는 조향 휠의 조향각도를 감지하여 제어모듈에 신호를 보낸다.

② 일반적으로 차량의 주행상태를 감지하기 위해 최소 3점의 G센서가 필요하며 차량의 상하 움직임을 판단한다.

③ 차속 센서는 차량의 주행속도를 감지하며 앤티다이브, 앤티롤, 고속안정성 등을 제어할 때 입력신호로 사용된다.

④ 스로틀 포지션 센서는 가속페달의 위치를 감지하여 고속 안정성을 제어할 때 입력신호로 사용된다.

TPS는 가·감속 의지를 판단하여 앤티 스쿼트를 제어할 때 입력신호로 이용된다.

[10-1]

9 전자제어 현가장치의 기능에 대한 설명 중 <u>틀린</u> 것은?

① 급제동을 할 때 노스다운을 방지할 수 있다.

② 급선회 할 때 원심력에 대한 차체의 기울어짐을 방지할 수 있다.

③ 노면으로부터의 차량 높이를 조절할 수 있다.

④ 변속단 별 승차감을 제어할 수 있다.

변속단에 따른 승차감 제어와는 관계가 없다.

정답 **2** 1 ② 2 ① 3 ③ 4 ① 5 ③ 6 ① 7 ① 8 ④ 9 ④

10 ECS(electronic control suspension)의 역할이 <u>아닌</u> 것은?

① 도로 노면상태에 따라 승차감을 조절한다.
② 차량의 급제동시 노스다운(Nose Down)을 방지한다.
③ 급커브시 원심력에 의한 차량의 기울어짐을 방지한다.
④ 조향 휠의 복원성을 향상시키고 타이어의 마멸을 방지한다.

> 조향 휠의 복원성 향상은 캐스터, 타이어 마멸 방지는 토인의 효과이다.

[12-05, 07-04, 06-01]

11 전자제어 현가장치에 관한 설명 중 <u>틀린</u> 것은?

① 급제동 시 노즈다운 현상 방지
② 고속 주행시 차량의 높이를 낮추어 안정성 확보
③ 제동 시 휠의 록킹 현상을 방지하여 안전성 증대
④ 주행조건에 따라 현가장치의 감쇠력을 조절

> ③은 전자제어 제동장치에 관한 설명이다.

[참고]

12 전자제어 현가장치에서 안티 스쿼드(Anti-squat) 제어의 기준신호로 사용되는 것은?

① G 센서 신호
② 프리뷰 센서 신호
③ 스로틀 포지션 센서 신호
④ 브레이크 스위치 신호

> 스쿼드는 가속 시 앞쪽이 들리고 뒤쪽이 내려앉는 것을 말하며, 이를 제어하기 위해 가속 페달과 관련있는 스로틀 포지션 센서를 기준 신호로 한다.

[17-3, 11-2]

13 전자제어 현가장치 부품 중에서 선회 시 차체의 기울어짐 방지와 **가장 관계있는** 것은?

① 도어 스위치   ② 조향 휠 각속도 센서
③ 스톱 램프 스위치   ④ 헤드 램프 릴레이

> 선회 시 ECS에서의 조향 휠 각속도 센서는 핸들의 조작속도 및 방향을 검출하여 바깥쪽 바퀴의 공기는 급기하여 압력을 높이고, 안쪽 바퀴의 공기는 배기하여 압력을 낮추어 롤링(기울어짐)을 억제하는 역할을 한다.

[13-02]

14 전자제어 현가장치(Electronic Control Suspension)의 구성품이 <u>아닌</u> 것은?

① 가속도 센서   ② 차고 센서
③ 맵 센서   ④ 스로틀 포지션 센서

> **전자제어 현가장치의 주요 구성품** : 가속도 센서, 차고 센서, 차속 센서, 조향 휠 각도 센서, 스로틀 포지션 센서, 전자제어 현가장치 지시등 등

[18-1, 12-3]

15 다음 중 전자제어 현가장치를 작동시키는데 관련된 센서가 <u>아닌</u> 것은?

① 파워오일 압력 센서
② 차속 센서
③ 차고 센서
④ 조향각 센서

> 파워오일 압력 센서는 동력조향장치와 관련이 있다.
> ※ 공전상태에서 동력조향장치의 조향휠 조작 시 유압펌프가 구동되므로 엔진 출력이 부족하여 공전이 불안정해진다. 이러한 출력 부족을 보상으로 유압펌프가 구동되면 유압이 상승되어 오일 압력 스위치의 접점이 붙어 ECU가 이 신호에 의해 엔진 부하를 증가시켜 공전상태를 안정화시킨다.

[참고]

16 전자제어 현가장치에서 선회 주행 시 원심력에 의한 차체의 흔들림을 최소로 하여 안전성을 개선하는 제어 기능은?

① 앤티 스쿼트
② 앤티 다이브
③ 앤티 롤링
④ 앤티 요잉

[참고]   기사

17 전자제어 현가장치의 제어 종류가 <u>아닌</u> 것은?

① 피칭 제어
② 롤 제어
③ 다이브 제어
④ 토크 스티어 제어

> **토크 스티어** : FF 차량에서 구동축이 좌우 비대칭인 구조 때문에 일어나는 문제로, 최고출력으로 급가속 할 경우에 좌우 앞바퀴의 토크 전달에 차이가 생기고, 그로 인해 차량의 가속 진행방향이 한쪽으로 틀어지면서 스티어링이 돌아가는 현상이다.

[13-1]

18 전자제어 현가장치(ECS)시스템의 센서와 제어기능의 연결이 <u>맞지 않는</u> 것은?

① 앤티 피칭 제어 – 상하 가속도 센서
② 앤티 바운싱 제어 – 상하 가속도 센서
③ 앤티 다이브 제어 – 조향각 센서
④ 앤티 롤링 제어 – 조향각 센서

> 앤티 다이브 제어는 제동 시 노즈 다운 현상(앞쪽이 낮아지는 현상)을 제어하는 것으로 입력으로는 브레이크 스위치와 차속센서가 있다. **조향각 센서는 앤티 롤 제어**에 사용된다.

[참고]

19 전자제어 현가장치의 제어특성 중 앤티 다이브(Anti-dive) 기능을 설명한 것으로 옳은 것은?

① 급발진, 급가속시 감쇠력을 소프트(soft)로 하여 차량의 뒤쪽이 내려앉는 현상

② 급제동 시 감쇠력을 하드(hard)로 하여 차체의 앞부분이 내려가는 것을 방지하는 기능

③ 회전 주행 시 원심력에 의한 차량의 롤링을 최소로 유지하는 기능

④ 급발진 시 가속으로 인한 차량의 흔들림을 억제하는 기능

[참고]

20 ECS 제어에 필요한 센서와 그 역할로 틀린 것은?

① G센서 : 차체의 각속도를 검출

② 차속센서 : 차량의 주행에 따른 차량속도 검출

③ 차고센서 : 차량의 거동에 따른 차체 높이를 검출

④ 조향휠 각도센서 : 조향휠의 현재 조향방향과 각도를 검출

> G센서(**가속도**센서) : 감쇠력 제어를 위해 차체의 상하운동을 검출

[참고]

21 전자제어 현가장치에서 안티 롤 자세제어 시 입력신호로 사용되는 것은?

① 브레이크 스위치 신호

② 스로틀 포지션 신호

③ 휠 스피드 센서 신호

④ 조향휠 각 센서 신호

> **ECS 자세제어의 입력 신호**
> • 앤티 롤 제어   : 차속 센서, 조향휠 각 센서, G센서
> • 앤티 스쿼트 제어 : 차속 센서, 스로틀 포지션 센서
> • 앤티 다이브 제어 : 차속 센서, 브레이크 스위치
> • 앤티 피칭 제어   : 차속 센서, 차고 센서
> • 앤디 바운싱 제어 : G센서

[07-05]

22 다음은 전자제어 현가장치의 한 예를 든 것이다. 차량 높이를 높이는 방법으로 옳은 것은?

① 배기 솔레노이드 밸브를 작동시킨다.

② 앞뒤 솔레노이드 공기밸브의 배기구를 개방시킨다.

③ 공기챔버의 체적과 쇽업소버의 길이를 증가시킨다.

④ 공기챔버의 체적과 쇽업소버의 길이를 감소시킨다.

> • 차량 높이를 높이는 방법 : 공기챔버의 체적과 쇽업소버의 길이 증가
> • 차량 높이를 낮추는 방법 : 공기챔버 내의 공기 방출

[14-02]

23 전자제어 현가장치에서 감쇠력 제어 상황이 <u>아닌</u> 것은?

① 고속 주행하면서 좌회전 할 경우

② 정차 시 뒷좌석에 많은 사람이 탑승한 경우

③ 정차 중 급출발할 경우

④ 고속 주행 중 급제동한 경우

> **감쇠력 제어 상황** : 선회 시, 급출발, 급제동

[09-04, 04-04]

24 전자제어 현가장치(ECS)에서 차고조정이 정지되는 조건이 아닌 것은?

① 커브길 급회전시   ② 급 가속시

③ 고속 주행시   ④ 급 정지시

> **전자제어 현가장치(ECS)에서 차고조정이 정지되는 조건**
> → 급선회, 급가속, 급제동

[참고]

25 전자제어 현가장치(ECS)에서 급가속 시의 차고제어로 옳은 것은?

① 앤티 롤링 제어

② 앤티 다이브 제어

③ 스카이훅 제어

④ 앤티 스쿼트 제어

[15-02, 09-02]

26 전자제어 현가장치에 사용되고 있는 차고센서의 구성 부품으로 옳은 것은?

① 에어챔버와 서브탱크

② 발광다이오드와 유화 카드뮴

③ 서모스위치

④ 발광다이오드와 광트랜지스터

> **포토 인터럽트 방식** : 발광 소자(발광 다이오드)와 수광 소자(포토 트랜지스터)를 쌍으로 마주보도록 배열하고, 그 사이에 슬릿 디스크가 통과할 때 빛이 차단되는 현상을 통해 물체의 유무 및 위치를 검출하는 광 스위치로 조향각센서, 차속센서, 차고센서에 이용된다.

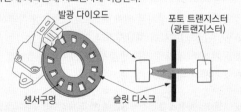

> ※ 차고 센서의 방식 종류 : 발광 다이오드와 포토 트랜지스터, 가변저항 방식

chapter **02**

27 전자제어 현가장치에서 조향휠의 좌우 회전방향을 검출하여 차체의 롤링(rolling)을 예측하기 위한 센서는?

① 차속센서　　　　② 조향각 센서

③ G 센서　　　　　④ 차고센서

[10-02]
28 전자제어 현가장치에서 롤(roll) 제어를 할 때 가장 직접적인 **관계가 있는 것은?**

① 차속센서, 브레이크 스위치

② 차속센서, 인히비터 스위치

③ 차속센서, 조향 휠 센서

④ 차속센서, 스로틀포지션 센서

> 롤링은 스프링 위 질량운동에서 X축 방향 진동에 따른 것으로 조향에 직접적인 관계가 있다.
> ※ 브레이크 사용은 피칭 제어에 관한 사항이다.

[참고]
29 선회 시 차체의 기울어짐 방지와 관계된 전자제어 현가장치의 입력 요소는?

① 도어 스위치 신호

② 헤드램프 동작 신호

③ 스톱 램프 스위치 신호

④ 조향 휠 각속도 센서 신호

> ECS에서의 조향 휠 각속도 센서는 핸들의 조향속도, 조향방향 및 조향각을 검출하여 롤링을 억제하는 역할을 한다.

[11-04]
30 전자제어 현가장치(ECS)에서 컨트롤 유닛의 제어 기능이 아닌 것은?

① 감쇠력제어 기능　　② 자세제어 기능

③ 차고제어 기능　　　④ 휠 속도제어 기능

[참고]
31 전자제어 현가장치 차량에서 차량의 차고를 낮출 때의 방법으로 옳은 것은?

① 공기압축기에 설치된 배기 솔레노이드밸브를 차단시킨다.

② 앞, 뒤 공기밸브를 차단시킨다.

③ 공기챔버 내의 공기를 방출시킨다.

④ 공기챔버 내의 공기를 증가시킨다.

> 공기챔버의 체적 조절(공기의 공급/방출) 및 쇽업소버 길이의 조절을 통해 차량의 높이를 조절한다.

[05-05]
32 전자제어 현가장치가 제어하는 3가지 기능이 <u>아닌 것은?</u>

① 조향력　　　　　② 스프링 상수

③ 감쇠력　　　　　④ 차고 조정

> **전자제어 현가장치의 3대 제어기능**
> → 스프링 상수 및 감쇠력 제어, 차고 제어, 자세 제어

[참고]
33 전자제어 현가장치에서 [보기]의 설명으로 옳은 것은?

> ─────[보기]─────
> 조향 휠 각도센서와 차속 정보에 의해 Roll 상태를 조기에 검출해서 일정시간 감쇠력을 높여 차량이 선회 주행 시 Roll을 억제하도록 한다.

① 안티 스쿼트 제어　　② 안티 다이브 제어

③ 안티 롤 제어　　　　④ 안티 시프트 스쿼트 제어

[12-3]
34 전자제어 현가장치에서 자동차가 선회할 때 원심력에 의한 차체의 흔들림을 최소로 제어하는 기능은?

① 안티 롤 제어　　　　② 안티 다이브 제어

③ 안티 스쿼트 제어　　④ 안티 드라이브 제어

> ① 안티 롤 제어 : 선회 시 발생되는 롤 제어
> ② 안티 다이브 제어 : 제동 시 발생되는 노즈다운 제어
> ③ 안티 스쿼트 제어 : 급출발·급가속시 노즈업 제어

[09-2]
35 주행 중 급제동 시 차체의 앞쪽이 낮아지고 뒤쪽이 높아지는 노스다운 현상이 발생하는데 이것을 제어하는 것은?

① 앤티 다이브 제어

② 앤티 스쿼트 제어

③ 앤티 피칭 제어

④ 앤티 롤링 제어

> 앤티 다이브 제어 : 주행 중 급제동 시 차체 앞쪽이 낮아지는 노스다운 (nose down) 현상을 제어한다. 작동은 브레이크 오일 압력 스위치로 유압을 검출하여 쇽업소버의 감쇠력을 증가시킨다.

[15-2]
36 전자제어 현가장치의 자세제어 중 안티 스쿼트 제어의 주요 입력신호는?

① 조향 휠 각도 센서, 차속 센서

② 스로틀 포지션 센서, 차속 센서

③ 브레이크 스위치, G-센서

④ 차고 센서, G-센서

정답 27 ② 28 ③ 29 ④ 30 ④ 31 ③ 32 ① 33 ③ 34 ① 35 ① 36 ②

앤티 스쿼트 : 급출발·급 가속시 노즈업 현상을 제어하는 것으로 입력신호로 스로틀 포지션 센서, 차속센서가 있다.

※ 앤티 롤 : 조향 휠 각도 센서, 차속센서, G–센서
※ 앤티 다이브 : 브레이크 스위치, 차속센서
※ 앤티 피칭, 앤티 바운싱 : 차고 센서, G–센서

[11–1, 17–2 유사]
37 전자제어 현가장치에서 롤 제어 전용 센서로서 차체의 횡가속도와 그 방향을 검출하는 센서는?

① AFS(air flow sensor)
② TPS(throttle position sensor)
③ W 센서(weight sensor)
④ G 센서(gravity sensor)

G센서 : 차체의 롤(roll) 제어용 센서로, 선회 시 자동차가 기울어진 쪽으로 이동하면서 2차 코일에 유도되는 전압 변화를 검출하여 차체의 기울어진 방향과 정도를 검출하여 앤티 롤 제어의 보정신호로 사용된다.
※ 횡가속도란 옆방향(즉 선회방향)으로 작용하는 가속도를 말하며, 롤링 제어와 관련이 있다.

[참고]
38 전자제어 현가장치에서 자동차 전방에 있는 노면의 돌기 및 단차를 검출하는 제어는?

① 안티록 제어　　　　　② 스카이훅 제어
③ 퍼지 제어　　　　　　④ 프리뷰 제어

IECS(Intelligent Electronic Control Suspension) **시스템**
• 스카이 훅 제어 : 스키선수가 울퉁불퉁한 눈길을 내려올 때 상체는 거의 움직이지 않고 무릎을 이용하여 지면과의 반동을 조절하는 것처럼, 차체의 상하운동으로 불규칙한 노면을 통과할 때 차체 바디(스프링 윗 질량)의 움직임은 최대한 줄이고 타이어와 서스펜션만 제어하여 불규칙한 노면을 효과적으로 통과할 때 이상적으로 활용
• 퍼지 제어 : 인공지능 제어 시스템으로 최적의 드라이빙 데이터를 기반으로 한 쾌적한 주행 여건을 마련
• 프리뷰 제어 : 자동차가 노면의 돌기나 단차(지면의 불규칙함)를 카메라 또는 초음파로 검출하여 현가장치를 최적의 상태로 하여 승차감을 향상
※ 안티 록 제어 : ABS 장치

[17–2]
39 전자제어 현가장치에서 자동차가 선회할 때 차체의 기울어진 정도를 검출하는 데 사용하는 센서는?

① G 센서
② 차속 센서
③ 휠스피드 센서
④ 스트롤 포지션 센서

[08–1]
40 전자제어 현가장치(ECS)에서 목표 차고(車高)와 실제 차고(車高)가 다르더라도 차고(車高) 조정이 이루어지지 않는 경우는?

① 엔진 시동 직후
② 주행 중 엔진 정지 시
③ 커브길 급회전 시
④ 직진 경사로를 주행할 시

ECS의 차고제어
• 승차인원, 화물 하중 변화량에 따라 미리 설정해 둔 목표차고(normal, high, extra-high, low)가 되도록 조정
• 고속주행 시 차고를 낮춰 공기저항을 감소시키고 고속안정성을 향상
• 갑작스런 급가속시, 급선회시, 급제동시에는 목표차고제어가 이루어지지 않는다.

[10–3]
41 전자제어식 현가장치에서 스프링 상수 및 감쇠력 제어기능과 차고 높이 조절기능을 하는 것은?

① 압축기 릴레이
② 에어 액추에이터
③ 스트러트 유닛(쇽업소버)
④ 배기 솔레노이드 밸브

① 압축기 릴레이 : 공기 저장탱크 내의 압력이 규정이하로 내려가면 고압 스위치의 신호에 의해 공기 압축기 릴레이가 작동되고 공기 압축기가 작동된다.
② 에어 액추에이터 : 쇽업소버에 장착되어 쇽업소버 내부의 오일의 흐름의 통로를 가변시켜 HARD, SOFT 등으로 제어하는 역할을 한다.
④ 배기 솔레노이드 밸브 : 다음 문제 참조

[18–1, 11–3]
42 공압식 전자제어 현가장치에서 컴프레셔에 장착되어 차고를 낮출 때 작동하며, 공기 챔버 내의 압축공기를 대기 중으로 방출시키는 작용을 하는 것은?

① 배기 솔레노이드 밸브
② 압력 스위치 제어 밸브
③ 컴프레서 압력 변환밸브
④ 에어 액추에이터 밸브

배기 솔레노이드 밸브 : 차고를 낮출 때에만 작동하여 공기스프링(챔버) 내의 압축공기를 대기 중으로 방출시킨다.
• 차고를 높일 때 : 에어공급 솔레노이드 밸브와 차고 조절 에어밸브 개방 → 공기챔버에 압축공기 공급 → 체적 증가 → 쇽업소버의 길이 증대 → 차고가 높아짐
• 차고를 낮출 때 : 에어컴프레셔에 설치된 배기 솔레노이드 밸브와 차고 조절 에어밸브 개방 → 공기챔버의 공기 방출 → 쇽업소버의 길이 감소 → 차고가 낮아짐

정답 37 ④　38 ④　39 ①　40 ③　41 ③　42 ①

43 공압식 전자제어 현가장치에서 저압 및 고압 스위치에 대한 설명으로 틀린 것은?

① 고압 스위치가 ON 되면 컴프레서 구동 조건에 해당된다.

② 고압 스위치가 ON 되면 리턴 펌프가 구동된다.

③ 고압 스위치는 고압 탱크에 설치된다.

④ 저압 스위치는 리턴 펌프를 구동하기 위한 스위치이다.

▶ **고압스위치와 저압스위치**
• 고압 스위치 : 고압탱크의 압력을 감지한다. 고압탱크 압력이 규정값 이하면 신속한 자세 제어가 어려우므로 스위치가 ON되면 컴프레셔를 구동시켜 일정 압력을 유지시킴
• 저압 스위치 : 저압탱크는 쇽업소버에서 배출되는 공기를 저장하는 역할을 한다. 만약 저압탱크의 압력이 높으면 쇽업소버에서의 공기 배출이 어려우므로 정밀한 자세제어가 어렵다. 그러므로 저압 스위치를 두어 리턴펌프를 구동시켜 고압실로 보낸다.

44 복합식 전자제어 현가장치에서 고압스위치 역할은?

① 공기압이 규정값 이하이면 컴프레서를 작동시킨다.

② 자세 제어 시 공기를 배출시킨다.

③ 쇽업쇼버 내의 공기압을 배출시킨다.

④ 제동시나 출발시 공기압을 높여준다.

고압 스위치는 규정값 이하일 때 ON되어 컴프레셔를 작동하고 규정값 이상이 되면 OFF되어 적정 공기압을 유지시킨다.

45 전자제어 현가장치에서 앤티 스쿼트(Anti-squat) 제어의 기준신호로 사용되는 센서는?

① 프리뷰 센서 신호

② G 센서 신호

③ 스로틀포지션 센서 신호

④ 브레이크 스위치 신호

앤티 스쿼트 제어의 입력 신호 : 차속센서, TPS
① 프리뷰 센서 : 차량 전방 노면의 돌기 및 계단을 검출
② G(수직가속도) 센서 : 앤티 피칭 및 앤티 바운싱 제어
④ 브레이크스위치 신호 : 앤티 다이브 제어

46 전자제어 현가장치 자동차의 컨트롤 모듈(ECM)에 입력되는 신호가 아닌 것은?

① 홀드스위치 신호

② 조향핸들 조향각도 신호

③ 스로틀포지션 센서 신호

④ 브레이크 압력스위치 신호

ECS 시스템의 입력 신호
차속센서, 브레이크 압력스위치, TPS, 조향각센서, G센서, 차고센서, 차체모드 SW
※ 홀드스위치 : 미끄럼 방지를 위해 2단 기어로 출발시키거나 경사노면에서 2단 기어에 고정시켜 토크력을 증대시킨다.

47 전자제어 현가장치는 무엇을 변화시켜 주행안정성과 승차감을 향상시키는가?

① 토인

② 쇽업소버의 감쇠계수

③ 윤중

④ 타이어의 접지력

주행안정성과 승차감은 주로 쇽업소버의 감쇠력에 좌우되며, 감쇠계수가 클수록 진동 주기가 길게 되고 감쇠(진폭)가 빨라진다.

48 유압식 전자제어 현가장치에서 스캔 등을 이용하여 강제 구동할 경우에 대한 설명으로 옳은 것은?

① 고속 좌회전 모드로 조작하는 경우 좌측은 올리고 우측은 내리는 제어를 한다.

② 급제동하는 모드로 조작하는 경우 앞축과 뒤축은 모두 hard쪽으로 제어한다.

③ high 모드로 조작하면 차고는 상향제어 되면서 감쇠력은 hard쪽으로 제어된다.

④ 차량속도가 고속모드인 경우 앞축과 뒤축 모두 차고를 올림 제어한다.

① 선회 시 원심력에 의해 바깥쪽 바퀴는 차고보다 낮아지고 안쪽 바퀴가 높이지므로 앤티롤 제어에 의해 안쪽 바퀴의 압력은 낮추고, 바깥쪽은 압력을 높인다.
② 급제동 시 앤티 다이브를 줄이기 위해 앞·뒤축 모두 동시에 hard쪽으로 전환한다.
③ 눈길이나 험로의 경우 high 모드로 조작하면 차고는 상향 제어되며, 감쇠력은 soft쪽으로 제어된다.
④ 고속주행 시 차고를 낮춰 주행안정성을 높인다.
※ 차고 조절 : 주행속도가 규정값 이상일 때 차고를 낮추고, 노면상태가 불량하면 high로 변환시킨다. 차고를 높일 때 공기공급 솔레노이드 밸브와 차고조절 공기밸브를 열어 공기실에 압축공기를 공급하여 공기실의 체적과 쇽업소버 길이를 증가시킨다.

49 ECS 방식 중 쇽업소버 외부에 설치된 감쇠력 가변 솔레노이드 밸브에 의해 연속적인 감쇠력 가변 제어가 가능하고, 컴퓨터에 의해 256단계까지 연속 제어가 가능한 것은?

① 감쇠력 가변 방식

② 복합 방식

③ 액티브 방식

④ 세미액티브 방식

정답 43 ② 44 ① 45 ③ 46 ① 47 ② 48 ② 49 ④

50 전자제어 현가장치(ECS) 중 차고조절제어 기능은 없고 감쇠력만을 제어하는 현가방식은?

① 감쇠력 가변식과 세미액티브 방식

② 감쇠력 가변식과 복합식

③ 세미액티브 방식과 복합식

④ 세미액티브 방식과 액티브 방식

ECS의 종류
- 감쇠력 가변 방식 : 감쇠력 제어
- 복합 방식　　　 : 감쇠력 제어 + 차고조절 제어
- 액티브 방식　　 : 감쇠력 제어 + 차고조절 제어
- 세미액티브 방식 : 감쇠력 제어(256단계)

[18-3]

51 전자제어 현가장치(ECS)의 감쇠력 제어 모드에 해당되지 않는 것은?

① Hard　　　　　　② Soft

③ Super Soft　　　　④ Height Control

- 감쇠력 제어 : Super soft, Soft, Medium, Hard
- 차고 조정　 : Low, Normal, High, Ex-high

[참고]

52 셀프 레벨라이저(Self Levelizer)의 기능이 아닌 것은?

① 차중에 무관하게 뒤틀림이나 처짐없이 평행상태를 유지

② 차륜 정렬을 보조하여 휠 얼라이먼트의 틀어짐 및 타이어의 편마모 등을 방지

③ 뒤축 처짐에 의한 헤드램프의 상향 비침을 방지

④ 급제동 시 노즈다운(nose down) 현상 방지

[참고]

53 전자제어 새시 관련 각종 장치에 대한 설명으로 틀린 것은?

① ABS : 제동 시 유압제어를 통하여 차륜에 적절한 슬립(slip)이 발생토록 하여 최적의 제동거리 및 조향 안정성을 향상하는 장치

② TCS : 조향 각도와 차량 속도 등을 감지해 미리 선회 정도를 제어하기 위해 뒷바퀴의 선회각을 조절함으로 쏠림현상을 완화시켜 주는 장치

③ ESP 또는 VDC : 차량 선회 시 유압제어 및 엔진 토크 제어를 통하여 선회 성능을 완화시켜 주는 장치

④ ECS : 차속, 조향각 및 각 축의 가속도 입력에 따라 현가장치의 감쇠력 조절을 통해 성능 향상 및 안정된 주행자세 제어장치

②의 내용은 능동형 선회제어 서스펜션(AGCS : Active Geometry Control Suspension)이다. (※ 자세한 설명은 이론 참조)

[참고]

54 AGCS(Active Geometry Control System)는 기존 현가장치의 완충작용에서 추가적으로 (　　　)을(를) 조절하여 차량의 주행안전성을 향상시키기 위한 장치이다. (　　) 안에 들어갈 용어는?

① 토우각

② 캠버

③ EBD(Electronic Brake-force Distribution)

④ TCS(Traction Control System)

토(toe)은 일정한 각도로 벌어져 차량의 주행 안정성을 조절하게 되는데, AGCS 시스템에서는 뒷바퀴의 토우각의 변화를 통해 선회 구간을 연장시키고, 차량의 회전 시 무게중심을 보다 안정적인 외측으로 분산시킴으로써 주행 안전각을 향상시킨다.

[참고]

55 AGCS(Active Geometry Control System)에 대한 설명 중 틀린 것은?

① 횡가속도를 줄여 슬립을 방지한다.

② 선회할 때 발생되는 쏠림에 대해 감쇠력과 자세를 제어한다.

③ 주행 시 반발력을 줄여 조작성을 증대한다.

④ ESP 작동을 감소시키고 브레이크의 제어 압력을 줄인다.

AGCS는 선회할 때 발생되는 쏠림을 제어하는 것이 아니라 조향각도, 차속 등을 감지하여 미리 뒷바퀴의 토우각을 변경하며 선회 궤적을 최적화하고, 차량 뒤쪽의 흔들림을 줄여 안정감을 향상시킨다.
※ 문장에 따라 의미 파악이 달라질 수 있으니 의미를 파악해두자.

[참고]

56 자동차에서 프론트 스트러트 어셈블리 탈거 시 필요없는 작업은?

① 브레이크 호스 및 스피드 센서를 프론트 스트러트 포크 및 프론트 액슬 어셈블리로부터 분리한다.

② 타이로드 분리하다.

③ 프론트 스테빌라이저 바 링크를 분리한다.

④ 프론트 스트러트 어셈블리로부터 포크를 분리해 낸다.

[NCS 학습모듈 참조] ②는 어퍼 암 탈거 시 해야할 작업이다.

정답　50 ①　51 ④　52 ④　53 ②　54 ①　55 ②　56 ②

chapter **02**

03 조향장치 및 휠 얼라이먼트

Industrial Engineer Motor Vehicles Maintenance

Main **Key** Point

[출제문항수 : 약 4~5문제] 현가장치와 마찬가지로 난이도가 높지 않으므로 교재에 정리된 내용만 숙지하면 점수 획득에 크게 어려움은 없을 것입니다.

01 조향장치 개요

1 조향장치의 조건
① 노면의 충격이 조향 휠에 전달되지 않을 것
② 조향휠의 회전과 바퀴의 선회차가 크지 않을 것
③ **회전 반경이 작을 것**(→ 좁은 곳에서도 방향전환이 원활)
④ 조작하기 쉽고 방향 전환이 원활하게 이루어질 것
⑤ 선회 시 저항이 적고 선회 후 복원성이 좋을 것
⑥ 고속 주행에서 조향휠이 안정되고 복원력이 좋을 것

2 조향장치의 원리

애커먼식	좌·우 바퀴만 나란히 움직이므로 타이어 마멸과 선회가 나빠 사용되지 않는다.
애커먼 장토식	• 사다리꼴 조향 기구로 애커먼식을 개량한 것 • **좌우 바퀴의 조향각을 다르게 한다.** → 선회 시 앞바퀴가 나란히 움직이지 않고 안쪽 바퀴의 회전각도를 크게 하고, 뒷축의 연장선상의 한 점을 중심으로 회전하게 한다. • 사이드 슬립 방지와 조향핸들 조작에 따른 저항을 감소시킨다. • 현재 사용되는 형식이다.

▶ **애커먼 조향각** : 내측륜과 외측륜의 조향각의 차이

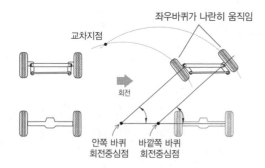

좌우바퀴가 나란히 움직임

교차지점

회전

안쪽 바퀴 회전중심점   바깥쪽 바퀴 회전중심점

⤴ 애커먼식

조향 각도를 최대로 하고, 선회 시 안쪽 바퀴의 조향각도가 바깥쪽 바퀴의 조향각도보다 크게 되며, 뒷차축의 연장선상의 한 점을 중심으로 동심원을 그리면서 선회

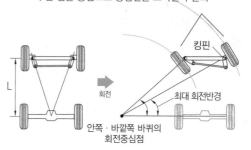

킹핀

L

회전

최대 회전반경

안쪽 · 바깥쪽 바퀴의 회전중심점

⤴ 애커먼 장토식

3 최소 회전반경 – (안전기준 제9조 – 최소회전반경 : 12m)
조향각을 최대로 하고 선회할 때 가장 바깥쪽 앞바퀴가 그리는 원의 반지름(회전반경)을 말한다.

$$R = \frac{L}{\sin\alpha} + r$$

• R : 최소 회전반경[m]
• α : 바깥쪽 앞바퀴의 조향 각도
• L : 축간거리[m]
• r : 타이어 중심선에서 킹핀 중심선까지의 거리[m]

※ $\sin 30° = 0.5$는 자주 출제되므로 암기해 두고, 그 외의 각도가 나올 경우는 계산기를 이용한다.

4 조향 기어비
조향핸들의 회전각도와 조향바퀴(피트먼 암)의 회전각도와의 비

$$조향기어비 = \frac{조향\ 핸들의\ 회전각도}{피트먼\ 암의\ 회전각도}$$

▶ **조향기어비에 따른 영향**
• 조향기어비가 클 경우 : 조작력(핸들을 돌리는 힘)이 가볍지만, 조향 조작(핸들을 돌리는 각도)이 늦어짐
• 조향기어비가 작을 경우 : 조작력이 무겁지만, 조향 조작이 빠르다.

→ 조향기어비가 크면 핸들의 조작력이 줄어든다.
(승용차 ▶ 15~24 : 1, 대형차량 ▶ 23~30 : 1)

5 4륜(4WS) 조향장치

① 전륜만의 조향보다 후륜도 조향을 함께 하므로 조종 안정성이 향상된다.
② 4WS의 후륜 조향에는 동위상 조향(전륜과 같은 방향으로, 요잉을 적게 하고 고속주행 시 안전성을 높임)과 역위상 조향(전륜과 반대 방향으로, 중저속에서 조향성을 향상시키고 회전 반지름을 작게 함)이 있다.
③ 고속 직전성 향상
④ 차선 변경 용이
⑤ 쾌적한 고속 선회
⑥ 저속회전 시 **최소회전반경 단축**
⑦ 차고주차 및 일렬주차 편리

▶ **타이트 코너 브레이킹** (tight corner breaking)
네 바퀴가 회전할 때 전륜과 후륜의 회전반경이 다르므로 타이어 회전수가 달라진다. 센터 디퍼렌셜이 없는 파트타임 4WD는 전·후륜의 회전이 같다. 따라서 같이 돌아가는 바퀴가 브레이크 역할을 한다. 회전 반경이 작을수록 안쪽과 바깥쪽의 차이는 커지고 브레이크 현상이 뚜렷해진다.

1 조향장치의 연결방식

일체차축식 현가방식	• 조향력이 피트먼 암, 드래그 링크를 통해 조향 너클 암을 작동시킨다. • 조향 너클 암에 1개의 타이로드가 연결되어 있다.
독립차축식 현가방식	• 드래그 링크가 없으며 센터링크를 통해 2개의 타이로드에서 너클 암으로 연결된다.

2 조향 핸들

① 조향력을 증대(조작토크 변환)하여 바퀴에 전달시킨다.
② 조향기어의 백래시가 너무 크면 조향핸들의 유격이 크게 된다.
→ **백래시**(backlash) : 한 쌍의 기어를 맞물렸을 때 치면 사이에 생기는 틈새를 말한다.

백래시

③ 조향기어의 종류

웜-섹터식	가장 기본 형식으로 구조와 취급이 간단하며, 조작력이 큼
웜-섹터 롤러식(worm & sector roller)	볼 베어링으로 된 롤러를 섹터축에 경합하여 이(齒) 사이의 미끄럼 접촉을 구름접촉으로 바꾸어 마찰을 최소화
볼 너트식	• 핸들 조작이 가볍고, 큰 하중을 견딘다. • 나사와 너트 사이에 여러 개의 볼을 넣어 웜의 회전을 볼의 구름접촉으로 너트에 전달

래크-피니언식(rack & pinion)	조향 휠의 회전운동을 래크를 통해 직선운동으로 바꾸어 타이로드를 통해 조향 암을 이동시켜 조향

▶ **프리로드**(preload)
조향기어, 종감속기어에서 이빨의 측면을 눌러 기어사이의 백래시(유격)를 없애 베어링의 초기 마모, 기타 부분의 길들임에 의하여 조기에 유격이 크게 되지 않도록 함으로써 베어링의 수명 확보 및 기어의 축 방향 이동거리 최소화를 목적으로 한다.

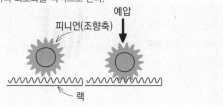

예압
피니언(조향축)
랙

3 조향축(steering shaft)

① 축은 웜과 스플라인을 통해 자재이음으로 연결되어 있다.
② 조향축은 조향하기 쉽도록 35~50°의 경사를 두고 설치되며, 운전자 체형에 따라 알맞은 위치로 조절할 수 있다.

▶ **축방향 유격** : 핸들을 밀거나 당길 때의 유격

4 피트먼 암

조향기어 축의 힘을 드래그 링크로 전달하는 연결 장치로 조향기어 축의 회전 운동을 직선 운동으로 바꾸며 높이를 낮추어 전달한다.

5 드래그 링크

피트먼 암과 너클 암을 연결하는 로드이며, 양쪽 끝은 볼 조인트에 의해 암과 연결되어 있다.

6 타이로드와 타이로드 엔드

① 좌우의 너클암(knuckle arm)과 연결되어 다른쪽 너클암에 전달하며 좌우바퀴의 관계 위치를 정확하게 유지하는 역할을 한다.
② 타이로드의 길이를 조정하여 토인을 조정한다.
③ 타이로드는 인장작용을 받는다.

7 너클 암

일체차축 방식 조향 장치에서 드래그 링크의 운동을 조향 너클에 전달한다.

chapter 02

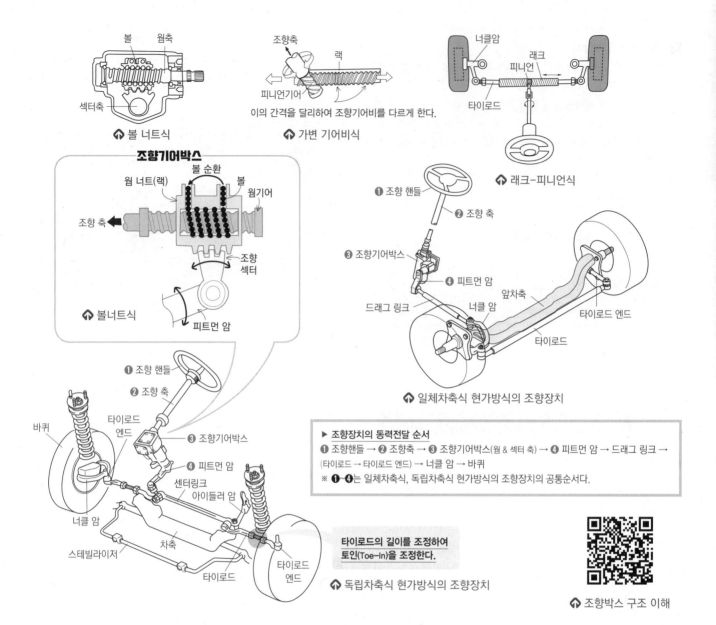

볼 워축

섹터축

↑ 볼 너트식

조향축
랙
피니언기어
이의 간격을 달리하여 조향기어비를 다르게 한다.

↑ 가변 기어비식

너클암
래크
피니언
타이로드

↑ 래크-피니언식

조향기어박스

볼 순환
워 너트(랙)
볼
워기어
조향 축
조향 섹터

↑ 볼너트식

피트먼 암

❶ 조향 핸들
❷ 조향 축
❸ 조향기어박스
❹ 피트먼 암
드래그 링크
너클 암
앞차축
타이로드 엔드
타이로드

↑ 일체차축식 현가방식의 조향장치

❶ 조향 핸들
❷ 조향 축
바퀴
타이로드 엔드
❸ 조향기어박스
❹ 피트먼 암
센터링크
아이들러 암
너클 암
차축
스테빌라이저
타이로드
타이로드 엔드

↑ 독립차축식 현가방식의 조향장치

▶ **조향장치의 동력전달 순서**
❶ 조향핸들 → ❷ 조향축 → ❸ 조향기어박스(워 & 섹터 축) → ❹ 피트먼 암 → 드래그 링크 →
(타이로드 → 타이로드 엔드) → 너클 암 → 바퀴
※ ❶~❹는 일체차축식, 독립차축식 현가방식의 조향장치의 공통순서다.

타이로드의 길이를 조정하여
토인(Toe-In)을 조정한다.

↑ 조향박스 구조 이해

❽ 조향너클

① 앞차축과 조향너클은 킹핀으로 연결되며,
   조향너클 → 스핀들 → 휠 → 바퀴로 연결된다.
② 앞차축과 조향너클의 연결방식 :
   엘리옷 형, 역 엘리옷 형, 모몬 형, 르모앙 형

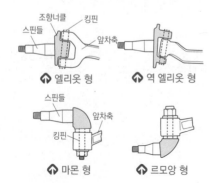

조향너클
킹핀
스핀들
앞차축

↑ 엘리옷 형   ↑ 역 엘리옷 형

스핀들
앞차축
킹핀

↑ 마몬 형   ↑ 르모앙 형

03 동력 조향장치

1 동력조향장치의 특징
① 조향력(조향 휠을 조작하는 힘)을 작게 할 수 있다.
② 앞바퀴의 시미(진동) 현상을 방지할 수 있다.
③ **정차 또는 저속 주행에서는 조향력을 가볍게, 고속에서는 운전 안정성을 위해 무겁게** 한다.
④ 조향 조작력에 관계없이 조향 기어비를 자유로이 선정할 수 있다.

2 동력조향장치의 구성

> ▶ 동력 조향장치의 3 주요부 : 동력부, 제어부, 작동부

(1) 동력부(유압 펌프)
① 크랭크축의 동력을 V벨트를 통해 구동되어 오일을 압축하여 유압을 발생하는 장치이다.
② 유압 펌프의 종류 : 베인형(주로 사용), 로터리형, 슬리퍼형

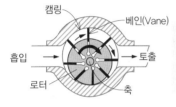

▶ **베인펌프의 작동 원리**
로터에 삽입된 베인은 원심력 또는 스프링의 장력에 의해 캠링에 밀착하며 회전하여 오일을 압송한다.

⚙ 베인 펌프

(2) 제어부(제어밸브)
① 유압제어밸브 : 피스톤에 가해지는 오일압력을 제어
② 유량제어밸브 : 오일 통로의 유량을 조정하여 속도를 제어
③ 방향제어밸브 : **스풀밸브**(하나의 축상에 여러 개의 밸브면을 두어 유압 통로를 개폐)를 이용하여 오일의 흐름방향을 변환한다.
④ **안전 체크밸브** : 엔진 정지 시, 오일펌프 고장·오일 누설 등 동력 조향 유압 계통에 고장이 발생한 경우 핸들을 **수동으로 조작**할 수 있도록 한다. (수동밸브가 별도로 없음)

> ▶ 참고) **안전 체크밸브의 작동**
> 평상 시에는 유압에 의해 밸브가 항시 닫혀 있으나, 조향부가 고장 났을 경우 조향 휠을 조작했을 때 동력 실린더가 작동하여 실린더 한쪽 공간으로 압력이 가해지게 된다. 이때 반대쪽은 부압 상태가 되어 안전 체크밸브가 열리고, 압력이 가해진 쪽의 오일이 부압 측으로 흘러들어가게 됨으로써 조향이 가능하다.

(3) 작동부(동력 실린더)
복동식 동력 실린더를 사용하며, 오일펌프에서 발생된 유압은 방향제어밸브에 의해 실린더로 보내게 된다. 유압이 피스톤에 작용하여 피스톤 로드에 연결된 타이로드 엔드에 의해 앞바퀴의 조향력을 발생시킨다.

3 동력실린더와 제어밸브의 형태 및 배치에 따른 분류

링키지 분리형	• 동력 실린더를 조향 링키지 중간에 설치한 형식 • 피트먼 암이 움직이면 오일펌프에서 가압된 유압유가 제어 밸브 스풀을 움직여 동력 실린더의 측면으로 이동한다.
일체형 (인티그럴형)	• 동력실린더, 피스톤, 제어밸브 등이 조향기어 박스 내에 일체로 결합된 형식 • 제어밸브가 웜축에 설치되어 있으며, 웜축에 의해 스풀이 이동하여 실린더의 피스톤을 움직여 조향
랙과 피니언형	• 로터리 밸브 형식을 주로 사용 • 핸들을 조작하면 유압유가 랙을 좌우로 이동시켜 배력 작용을 한다.

04 전자제어 조향장치(EPS) 개요

→ Electronic power steeting의 약자로, 유압 전자제어식과 전동식 전자제어식을 통합하여 칭하고 있다.

1 EPS의 특징 및 장점
① 공회전이나 저속에서 핸들의 조작력이 가볍고 경쾌하게, 고속에는 핸들의 조작력이 무겁게 한다.
→ 저속에서는 조향력 감소, 고속에서는 주행안정성 향상
② 차속 감응식 동력조향장치에 차속 검출와 조향동력(assist power) 제어 기구를 추가하여 차속 변화에 대응하여 조종성과 안전성을 최적화시킨다.
→ 차속 감응 : 속도에 따라 조향력을 조정한다는 의미
③ **앞바퀴의 시미(shimmy)현상을 줄일 수 있다.**
④ 기존 동력 조향장치와 일체로 구성되며, **기존 동력조향장치의 변경없이** 추가로 장착이 가능하다.
⑤ 컨트롤 밸브에서 직접 입력회로압력과 복귀 회로압력을 바이패스시킨다.
⑥ 중속 이상에서는 차량 속도에 감응하여 핸들 조작력을 변화시킨다.
⑦ 조향 특성 변경이 용이하며, 정밀 제어로 섬세한 핸들링이 가능하다.
⑧ **급조향 시 조향 방향으로 잡아당기는 현상을 방지하는 효과가 있다.** → 조향 회전각 및 횡가속도를 감지하므로
⑨ **조향 회전각과 횡가속도 감지로 조향 성능을 보정**한다.

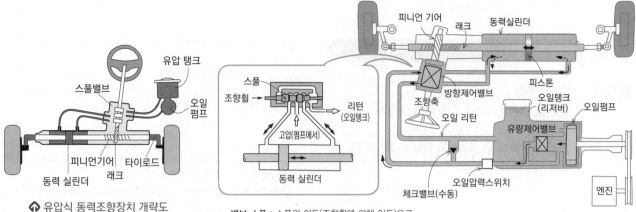

스풀밸브

유압 탱크
오일 펌프
피니언기어 타이로드
동력 실린더
래크

⤊ 유압식 동력조향장치 개략도

스풀
조향휠
리턴(오일탱크)
고압(펌프에서)
동력 실린더

밸브 스풀 : 스풀의 이동(조향휠에 의해 이동)으로 유로의 개폐를 변화시켜 실린더에 이송되는 오일의 방향을 제어하여 조향방향을 제어한다.

피니언 기어 래크 동력실린더
피스톤
방향제어밸브
조향축
오일 리턴
오일탱크(리저버)
오일펌프
유량제어밸브
오일압력스위치
체크밸브(수동)
엔진

⤊ 유압식 동력조향장치

실린더로의 흐름은 스티어링 휠에 의해 작동되는 밸브에 의해 제어된다. 운전자가 스티어링 휠과 핸들이 부착된 샤프트에 더 많은 토크가 가해질수록 밸브가 실린더로 더 많은 유체를 허용하므로 적절한 방향으로 휠을 조종하기 위해 더 많은 힘이 가해진다.

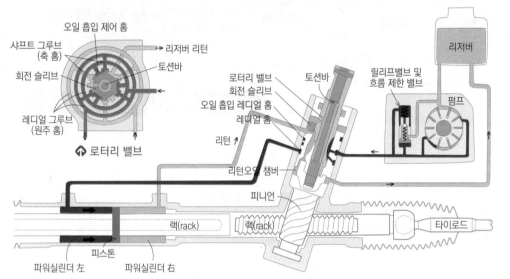

오일 흡입 제어 홈
샤프트 그루브 (축 홈)
리저버 리턴
토션바
회전 슬리브
레디얼 그루브 (원주 홈)

⤊ 로터리 밸브

로터리 밸브
회전 슬리브
오일 흡입 레디얼 홈
레디얼 홈
리턴
리턴오일 챔버
피니언
래크(rack)
래크(rack)
피스톤
파워실린더 左
파워실린더 右
토션바
릴리프밸브 및 흐름 제한 밸브
리저버
펌프
타이로드

⤊ 기본 유압식 동력조향장치(래크-피니언)

토션 바 : 상부에는 조향 입력축, 아래는 피니언으로 연결되어 있다. 스티어링 휠이 회전하면 조향축 및 토션 바의 상단도 회전하지만, 토션 바 하단부는 바퀴의 저항에 의해 자유롭게 회전할 수 없으며 상대적으로 얇고 유연하여 바가 토크의 일부를 흡수한다. 즉, **토션 바의 비틀림(상단과 하단 사이의 회전 차이)으로 밸브를 제어한다.**

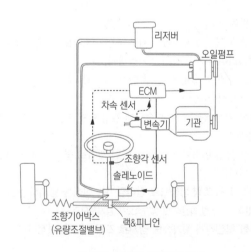

리저버
오일펌프
ECM
차속 센서
변속기
기관
조향각 센서
솔레노이드
조향기어박스 (유량조절밸브)
래크&피니언

⤊ 차속 감응형 유량제어방식

유압조절밸브 : 실제는 이런 밸브가 아니라 토션바에 의해 조절하는 유압밸브이다. 핸들을 우측 또는 좌측으로 돌릴 경우 유로가 변경하고, 중립에서는 유로가 차단(가운데) 되는 구조이다.

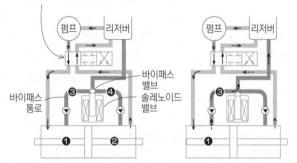

펌프 리저버
바이패스 통로
바이패스 밸브
솔레노이드 밸브
❸ ❹
❶ ❷

펌프 리저버
❸
❶

정차 및 저속 시 :
조절밸브가 우측으로 변경하면 펌프의 유압은 ❶에 작용하고, ❷의 유압은 리저버로 흐른다. (저속에서는 바이패스 통로가 닫힘상태이다.)

중·고속 시 :
차속 신호에 의해 ECM은 솔레노이드 밸브에 전류를 가해 바이패스 밸브가 열리며 ❶에 작용하는 유압의 일부가 바이패스 통로(❸)를 거쳐 리저버로 흐른다. 즉, ❶에 작용하는 유압이 감소하므로 핸들이 무거워진다.

⤊ 바이패스 제어식의 개념도

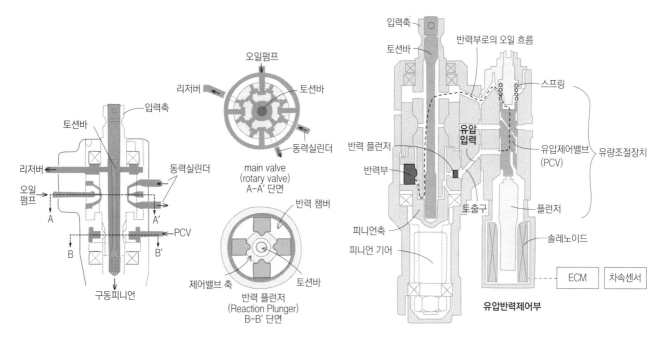

반력 제어식은 반력 플런저 또는 반력 피스톤을 장착하여 주행 속도에 따라 입력축을 구속/해제함으로써 주행시의 조향 안정성을 확보하게 된다.

반력부는 유로를 통해 유량 조절장치가 연결되어 있고, 반력부 내에 유로의 토출구 맞은 편에 플런저(Plunger)가 설치되어 있어서, 차속에 따라 유량 조절장치로부터 반력부 내로 공급되는 오일의 유량이 조절되어 그에 따른 유압 변화로 주행 안정성을 증가시키게 된다. 한편, 유량조절장치는 반력부로 공급되는 유량을 조절하기 위한 것으로서, 솔레노이드와 스프링 및 스풀 밸브(spool V/V)로 구성되어 있다.

유량 조절장치는 차속에 따라서 솔레노이드에 공급되는 전류의 크기를 조절함으로써 반력부로 공급되는 유량을 제어하여 차속에 따른 조향감을 달라진다. 즉, **저속시**에는 솔레노이드(약 1A)의 미는 힘이 스프링 탄성보다 커져 **유압제어밸브(스풀밸브)가 위쪽으로 이동**하여, 반력부로 통하는 스풀 밸브에 의해 **유로가 차단**됨으로써 유량 공급이 저지되고, **고속시**(약 0A)에는 솔레노이드의 미는 힘이 스프링 탄성보다 작아서 **유압제어밸브가 아래쪽으로 이동함**에 따라 반력부로 통하는 **유로가 개방**됨으로써, 오일이 반력부의 플런저를 밀어주게 되어 조향감이 무거워진다.

⟐ 유압반력 제어식

② ECPS의 기능

차속 감응	차량 주행속도에 따라 최적의 조향력을 제공
조향속도/각속도 감지	조향속도를 감지하여 중속 이상 급격한 조향에서 발생하는 순간적 걸림 현상을 방지
조향력	정차 및 저속 시 조향력을 가볍게 함
직진 안정성	고속 주행 시 중립으로의 복원력을 증가시켜 조향 후 직진 시 안정감을 증대
롤링 억제	고속에서 조향할 경우 발생하는 롤링 현상 방지
fail-safe	배터리 전압, 차속 및 조향각 센서 고장, 솔레노이드 제어 이상 등 각종 신호를 감지하며, 고장 시 수동모드로 변경

05 유압식 전자제어조향장치(HEPS)

→ Hydraulic Electric Power Steering의 약자, 기존의 유압식 동력조향장치를 차속센서, 조향각센서의 신호 및 솔레노이드 밸브 및 ECM의 제어에 의해 유압을 제어하여 조향력을 제어한다.

> ▶ **EPS의 분류**
> • 유압식 : 유량제어식, 유압반력제어식, 실린더바이패스 제어식
> • 전동식(MDPS) : 칼럼 구동식, 피니언 구동식, 랙 구동식

① 유압식 및 전동식의 기본 구성

유압식	• 동력원 : 유압(파워 스티어링 유압펌프) • 조향기어 박스, 컨트롤 유닛, 압력제어밸브, 솔레노이드 밸브, 차속센서 등 • 기본 원리 : 차속센서의 신호에 의해 솔레노이드 밸브의 개폐를 조정하여 동력실린더에 작용하는 유압의 크기를 변경
전동식	• 동력원 : 전동모터 • 조향기어 박스, 센서, 컨트롤 유닛 등 • 기본원리 : 모터의 토크 변경

▶ 유압식 전자제어조향장치는 회전수감응식, 차속감응식이 있다.

② 유량제어식

① 차속의 증가에 따라 유량제어밸브를 이용하여 로터리 밸브 측으로 공급되는 유량을 조정하여, 로터리 밸브의 유량 특성 범위 내에서 필요한 토크를 얻는다.

→ 차속센서, 조향각 센서의 신호를 받아 ECM은 솔레노이드 밸브의 전류를 제어하고, 바이패스 라인을 증감시켜 유량을 조절한다.

- 주·정차 시 : 밸브 스풀이 바이패스 라인을 차단
- 주행 시 : 밸브 스풀이 메인 압력 바이패스 양을 증대

② **응답성이 좋지 않음**

③ 유압반력 제어식

① 동력조향장치의 제어밸브부에 솔레노이드와 유압반력 기구를 두고, 차속이 증가하면 유압반력 기구에 유입되는 유압(반력압)을 증가시켜 컨트롤 밸브의 작동을 제한(구속)하여 핸들 조작력을 무겁게 한다.

→ 메인 압력에 반응하는 반력의 힘으로 입력축을 구속하여 토크를 얻음

② 유압반력 장치가 제어밸브 내에 설치되어 제어밸브의 열림 정도를 직접 조절하여 동력 실린더의 유압이 결정되므로 **급조향 시 지연이 없다**는 장점이 있다.

④ 실린더 바이패스(by-pass) 제어식

① 동력 실린더 양쪽을 연결하는 바이패스 밸브와 통로를 두고 동력실린더에 작용하는 유압을 리저버 측으로 바이패스시켜 조향력을 제어하다.

→ 저속 시에는 바이패스 통로를 닫아 유압이 실린더로 공급되므로 가볍지만, 차속이 상승하면 솔레노이드 밸브에 의해 바이패스 밸브의 교축면적을 확대하여 실린더에 작용하는 압력을 감소시켜 조향력을 제어한다.

② 이 방식은 바이패스 밸브 내의 오일 흐름이 조향 방향에 따라 바뀌는 특성이 있다. 또한, 유량제어방식과 마찬가지로 급조향 시 **응답성 지연**이 있다.

⑤ 유량제어식의 작동원리

① 주차 및 저속 시 : 솔레노이드 밸브에 의해 유량조절밸브 스풀은 반력라인을 차단하여 로터리 밸브에 의해 유압이 발생되도록 하여 **가벼운** 조향조작력을 제공한다.

② 중·고속 시 : 솔레노이드 밸브에 의해 유량조절밸브 스풀은 반력라인에 유압이 발생되도록 하고, 반력압력은 주행속도에 따라 증대시켜 **무거운** 조향조작력을 제공한다.

⑥ 유량제어식의 주요 구성품

(1) 구성 요소

입력	**차속 센서**(조향력 조절에 이용), **스로틀포지션 센서**, **조향각 센서**(조향휠의 각도 및 각속도 검출)
제어 (ECM)	전자제어 컨트롤 유닛(센서 신호를 받아 솔레노이드 밸브의 전류 제어)
출력	**유량제어 솔레노이드 밸브** (ECM의 신호를 받아 최적의 유량을 제어하여 조향력을 변화)

→ 조향각센서의 사용 : 전자제어 조향장치, 차량자세제어(VDC), ABS 등

(2) EPSCM (Electronic Power Steering Control Module)

① EPSCM(EHPS)은 **차속 센서** 신호를 입력받아 차속에 따라 압력조절 솔레노이드 밸브를 전류로 제어하여 PCV(압력제어밸브)를 제어한다.

② PWM 제어 방식을 사용하여 정밀한 제어가 가능하다.

→ 차속이 증가하면 전류값이 낮게 하여 조향력을 무겁게 하고, 차속이 내려가면 전류값을 높게 하여 조타력을 가볍게 한다.

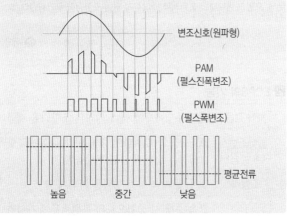

▶ PWM (Plus Width Modulation)　　　– 자세한 설명은 385페이지 참조
- 펄스폭 변조, 듀티신호를 통한 전류 제어
- 아날로그 신호를 디지털 신호 0, 1로 변환한 것으로 듀티제어에 의해 평균전류를 증감시켜 조절한다.
- 자동차 전자제어의 입력신호로 대부분 사용한다.

변조신호(원파형)

PAM (펄스진폭변조)

PWM (펄스폭변조)

평균전류

높음　　중간　　낮음

(3) EPS 솔레노이드 /솔레노이드 밸브

① 역할 : **파워 스티어링 오일의 흐름을 제어**

② 구조 : 스프링, 피스톤(스풀 밸브), 플런저

전동식 전자제어조향장치(MDPS)

→ Motor Driven Power Steering의 약자로, 유압식 동력조향장치 대신 직류 모터를 사용한다.

■ MDPS의 특징

장점	• 연비 우수(연료소비율 감소) 　→ 오일펌프를 구동하기 위한 엔진 구동손실 제거 • 간단한 구조, 조향장치 설치 공간 축소 및 경량화 　→ 여러 장치가 필요한 유압식에 비해 공간 절약 효과 • 차속와 조향 각속도에 따라 배력특성을 변화시킬 수 있음 • 다양한 운전조건에 대한 제어가 정밀해짐 • 친환경 주행이 가능
단점	• **전동기의 작동소음이 크고, 설치 자유도가 적다.** 　→ 정차 또는 저속 주행 시 조향휠의 움직임이 빠르면 모터회전에 의해 소음이 발생된다. • 유압식에 비해 토크가 약하여(조향 보조 및 복원력이 약함) 대형 차량에 적합하지 않다.

① 제어 항목 : 모터구동 제어, 과부하보호 제어, 아이들-업 제어, 경고등 제어, 자기진단 제어 등
② 원리 : 핸들을 돌리면 노면과 타이어의 마찰에 의해 토션바에 비틀림이 발생하고 조향각과 토크센서는 비틀림을 감지하고, 조향장치 컨트롤러에서 조향각과 토크를 연산한다.
③ 조향각과 토크센서, 차속센서 등의 신호를 참고하여 모터 구동 토크를 모터를 작동하여 웜&웜기어를 통해 조향 선회 후 조향휠의 복원을 안정적으로 제어하는 '**복원 제어**', 복원되는 조향휠의 속도를 제어하는 '**댐핑 제어**'가 있다.

▶ MDPS의 주의할 점
• 정차 또는 저속 주행 시 조향휠을 빠르게 회전시키면 모터의 회전에 의해 소음이 발생될 수 있으나 정상 작동상태이다.
• 시동 직후 시스템 점검 과정에서 핸들이 무거워지며 이후 정상 작동된다.
• 조향휠 좌우 끝부분까지 회전하면 과부하장치가 작동되어 조향휠이 무거워지고, 시간이 지남에 따라 초기상태로 복귀하므로 운전에 지장이 없다.
• 전동식 조향장치 경고등은 조향휠 센서의 0점 설정 불량 시(또는 신품 교환시) 자기 진단 중일때 점멸되고, IG ON 또는 시스템 고장 시 점등된다.

④ 구성 요소

입력	**토크 센서**, **조향각 센서**, **차속 센서**, 엔진 회전수
제어(ECU)	토크 센서, 조향각 센서 등의 신호를 받아서 모터의 전류를 제어
출력	감속기가 내장된 직류 모터(브러시리스 3상 모터)

② MDPS의 종류

칼럼 구동식 Column- MDPS	• 전동모터를 스티어링 칼럼 축에 부착된 형태 • 클러치, 감속기구(웜 & 웜 휠) 및 토크센서 등을 통하여 조향휠의 움직임을 감지하여 전동모터를 제어하여 조향력을 변화시킨다. • 특징 : 공간확보 용이, 대량생산, 조향감 저하, 반응속도 느림, 제작비 저렴
피니언 구동식 Pinion- MDPS	전동모터를 스티어링 기어의 피니언축에 추가된 형태로, 컬럼 구동식와 유사하다.
랙 구동식 Rack- MDPS	• 전동모터를 스티어링 기어의 랙축에 부착된 형태 • 감속기구(ball nut & ball screw) 및 토크센서 기구 등을 통하여 조향력 증대시킨다. • ECU가 차속 및 위치, 조향 센서를 통해 운전상황을 감지해 전동모터 구동 토크를 제어한다. • 복원력이나 댐핑 제어로 킥백이나 시미를 방지할 수 있다. • 특징 : 조향감 및 안정성 우수(진동 저감)

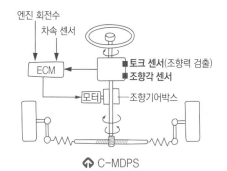

⬆ C-MDPS

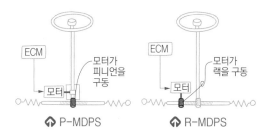

⬆ P-MDPS　　　　　⬆ R-MDPS

chapter 02

3 MDPS의 구성

제어기구	• 센서로부터 입력되는 신호들을 검출하여 전동기를 제어한다. • 고장 시에는 수동으로 전환되는 **페일 세이프 기능**이 작동된다.
3상 전동기 (BLDC 모터)	• Brushless DC 타입으로 브러시 교체없는 반영구적으로 사용하며, 스테이터에 코일을 배치하고 로터 쪽에 영구자석이 결합되어 있다.
조향각센서	• 전동기의 로터 위치를 검출한다. 이 신호에 의해 제어기가 전류 출력의 위상을 결정한다.
토크센서	• 조향축에 걸리는 토크(운전자의 조작력)를 검출하여 EPS 제어기에 전달한다. 그리고 제어기의 연산신호가 모터를 구동시켜 바퀴에 적절한 구동력을 전달하여 회전시킨다. • 비접촉 광학식 센서(자기장 변화 검출식)이다.
차속센서	• 자동차의 주행속도를 검출한다.
조향기어박스	• 운전자의 조향 조작에 따라 전동기의 회전력을 볼 너트를 거쳐 증대(배력)되어 랙 및 바퀴에 전달

→ 알아두기) 전동식 조향장치는 전자클러치가 모터와 감속기 사이에 설치되어 설정 차속 이상 시 또는 페일 세이프 시 클러치를 단속하여 MDPS 작동을 차단시켜 일반 조향모드로 전환한다.

4 제어회로의 구성과 작동
① 컴퓨터를 중심으로 주행속도와 2계통의 조향 회전력 신호 등의 입력회로, 전동기의 구동회로, 전동기 구동전류와 전압의 검출과 감시회로 등으로 구성되어 있다.
② 회전신호와 주행속도 센서에 의해 배력이 변화하며, 전동기의 회전 센서와 전동기의 전류값을 연산해 PWM 회로로 신호를 출력한다.

> ▶ **능동 가변 조향장치**(AFS)
> • 조향배력 기능, 조향기어비 가변기능, 조향시 요잉 제어 그리고 제동시 요잉 토크 보상 기능 등을 포함하고 있는 전자제어식 조향장치
> • 운전자 편의성을 위해 주행 조건에 따라 조향비를 변경
>
> ▶ 참고) 조향각 센서 초기화(영점 조정)
> EPS ECU에 입력된 조향각값과 실제 차량의 조향각 값을 일치시켜 영점으로 맞추는 것으로, EPS ECU 교체 및 관련 작업 시 반드시 실시해야 한다. 초기화 전 시동키 ON, 엔진 정지 후 조향휠을 직진시킨다.
>
> ▶ 참고) MPDS의 운전편의장치 적용
> • 주차 보조장치
> • 차선유지보조 장치(LKAS) – 보조 조향 토크 발생
> • 충돌회피장치

---

1 조향핸들이 무거운 원인
① 앞 타이어의 공기압 부족 및 타이어 마모
② 오일펌프 불량, 조향기어 박스의 **오일 부족**
③ 유압 계통 내에 공기 유입
④ 유압밸브 고착 및 제어밸브 불량
⑤ **볼이음의 과도한 마모**
⑥ 조향 기어의 **백래시가 작음**(유격이 작아 기어의 움직임이 **빡빡함**)
⑦ **앞바퀴 정렬 상태가 불량**

> ▶ 고장이 아닌 경우 : 아이들(idle) 시 조향핸들을 지나치게 빠르게 돌릴 때 순간적으로 핸들이 무거워지는 현상이 있는데, 이는 아이들 시 오일펌프의 출력 저하에 의한 것이다.

2 조향핸들이 한쪽으로 쏠리는 원인
① 앞바퀴 얼라이먼트(토인) 조정 불량
② 좌·우의 캠버 또는 타이어 공기압이 다르다.
③ 컨트롤 암(위 또는 아래)이 휘었다.
④ 좌우 타이어의 공기압이 불균일(타이어의 편마모)
⑤ 스프링 또는 쇽업소버의 작동 불량
⑥ 허브 베어링의 마멸이 과다
⑦ 앞차축 한쪽 현가스프링이 파손
⑧ 뒷차축이 차량 중심선에 대해 직각이 되지 않음

3 조향핸들의 떨림 발생 원인
① 웜과 섹터 간극이 너무 클 때(조향기어 백래시가 큼)
② 킹핀과의 결합이 너무 헐거움
③ 휠 얼라인먼트 불량(캐스터 불량)
④ 앞바퀴의 휠 베어링 마모
⑤ 허브 너트의 풀림
⑥ 타이로드 엔드의 손상

4 조향핸들의 복원이 원활하지 않는 원인
① 타이로드 볼 조인트의 회전저항이 과도함
② 요크 플러그의 과도한 조임
③ 내측 타이로드 및 볼 조인트 불량
④ 기어박스와 크로스 멤버의 체결이 풀림
> → 프런트 크로스 멤버 : 자동차의 하부 골격으로 전방 구동축에 위치하며, 기어박스는 크로스 멤버에 고정됨
⑤ 스티어링 샤프트 및 보디 그로메트의 마모
> → 보디 그로메트 : 판금구멍으로 스티어링 샤프트가 지나갈 때 판금구멍에 끼우는 보호장치
⑥ 피니언 베어링이 손상

⑦ 오일 호스의 비틀림이나 손상, 오일 압력 조절밸브 손상, 오일 펌프 압력 샤프트 베어링의 손상

→ 동력조향장치에서 유압공급이 원활하지 않아 복원이 원활하지 않는다.

5 조향핸들의 유격이 큰 원인

① 조향기어의 마멸
→ 조향기어의 이와 웜, 섹터 마찰면의 마모로 핸들의 조작 응답이 느려져 사고의 위험성이 있다.

② 웜 축 또는 섹터 축의 유격
→ 축방향 유격이 발생하는 경우 조향핸들 유격이 커진다.

③ 볼 이음 마멸
→ 피트먼 암, 드래그 링크, 너클 암, 타이로드 등의 결합부의 볼이음 마모로 바퀴가 흔들리게 된다.

④ 요크플러그, 조향 너클(베어링)의 마멸로 인한 헐거움

⑤ 조향 링키지의 볼 이음이 마모

⑥ 앞바퀴 베어링(조향 너클의 베어링)이 마멸

⑦ 조향기어의 백래시가 크다.

08 휠 얼라이먼트(Wheel alignment) 개요

1 휠 얼라이먼트 정의

① 조향 조작 시 방향 안정성 및 복원성이 좋아지도록 앞바퀴가 일정한 기하학적 각도를 가지고 설치되도록 조정하는 것을 말한다.

② 휠 얼라인먼트가 변화함에 따라 타이어가 지면에 접지하는 형태가 달라지며 그에 따라 차량의 직진성, 안전성, 조종 민감도, 타이어의 마모도 등이 크게 변화한다.

(1) 차륜정렬의 역할
① 조향 휠의 조작안정성 및 주행안정성을 준다.
② 조향 휠에 복원성을 준다.
③ 조향휠의 조작력을 가볍게 한다.
④ 타이어의 편마모를 방지한다.(타이어 수명 연장)

(2) 정적 얼라이먼트 : 캠버, 캐스터, 토인, 킹핀 경사각
① 측정 기준 : 정지 및 공차상태에서 차량 바퀴가 일자 정렬한 상태를 기준으로 한다.
② 후륜의 경우는 조향 시 각도가 변화하지 않으므로 얼라인먼트값이 고정적이나 전륜의 경우는 정차 시 조향에 의한 변동값이 발생한다.

(3) 동적 얼라이먼트
① 선회 시 발생하는 구심력이나 원심력, 구동에 의한 반발 관성과 수직방향 횡력 등 다양한 요소에 의해 차량의 얼라인먼트 값들이 변화한다.

② 선회 시 스티어링(Steering)의 종류

뉴트럴(Neutral) 스티어링	방향 변화나 속도변화에도 회전반경은 일정하게 이루어지는 것 (Neutral : 중립의 의미)
오버(Over) 스티어링	선회 시 조향각도를 일정하게 유지해도 선회 반경이 작아지는 것
언더(Under) 스티어링	선회 시 조향각도를 일정하게 유지해도 선회 반경이 커지는 것
리버스(Reverse) 스티어링	처음에는 언더 스티어링을 하지만, 도중에 오버 스티어링이 되는 것

① : 뉴트럴 스티어링
② : 오버 스티어링
③ : 언더 스티어링
④ : 리버스 스티어링

▶ **코너링 포스**
선회 시 차량 바깥쪽으로 향하는 원심력을 이겨내고 구심점으로 향하려는 힘 (원심력 ↔ 코너링 포스)

(4) 이상 증상
① 컴플라이언스(Compliance) 스티어 : 원심력과 코너링 포스에 의해 차륜 연결부위가 변경되면서 발생하는 토(toe) 현상이다.

② 토크 스티어 : 전륜구동 차량의 좌우 타이어 등속조인트 굴절각이 다를 때 토가 변화하면서 좌우에 실리는 힘이 변화하면 바퀴가 조향되는 현상이다.

③ 커니시티 스티어(conicity steer) : 타이어의 안쪽, 바깥쪽 직경이 다를 때 사다리꼴 모양을 한 타이어가 점차 작은 직경쪽으로 쏠리는 현상

④ 플라이 스티어 : 타이어의 트레드가 마모되면서 트레드 내부에 삽입된 스틸 벨트(피아노 선)가 노출되어 차량을 쏠리게 하는 현상

주행 방향

쏠림 방향

2 휠 얼라인먼트 종류

(1) 기계식 휠 얼라인먼트

① 수동 장비와 기구를 이용

② 구성 : 토인 측정기, 캠버 캐스터 측정기, 회전반경 측정기 및 캠버 캐스터 측정기 거치대 등

③ 차륜 중심선 기준으로 캠버, 캐스터, 킹핀, 토인의 측정이 가능하다.

④ 차륜 중심선의 앞·뒤 차이를 측정할 수 있지만, **차륜의 편심이나 중심선 기준의 토 인/아웃 구분은 어려우며 차 바퀴별 토 조정이 어렵다.**

⑤ 캠버, 캐스터 측정 시 판독 오차가 발생할 수 있다.

⑥ 캠버 캐스터 측정 시 알루미늄 휠 등의 합성수지 계열은 자석을 부착할 수 없기 때문에 별도의 거치대가 필요하다.

(2) 전자식 휠 얼라인먼트

① 4주식 리프트 위에 거치되는 구조

② 구성 : 센서 헤드부와 휠 클램프, 턴 테이블 세트, 브레이크 페달 고정대, 핸들 고정대 등

③ 캠버, 캐스터, 킹핀, 토인 외에 스러스트 및 셋백의 측정이 가능하다.

④ **각 바퀴의 정확한 인, 아웃 상태를 별도로 점검할 수 있어 개별적인 토인 측정이 가능**하다.

---

09 휠 얼라인먼트 요소

1 캠버

① 앞바퀴를 앞에서 보았을 때 바퀴의 아래쪽보다 윗부분이 더 넓게 벌어져 있는데 이 벌어진 바퀴의 중심선과 수직선 사이의 각(약 $0.5\sim1.5°$)

② 캠버의 역할
- 앞바퀴가 하중을 받을 때 아래쪽이 벌어지는 것을 방지한다.
- 수직 하중에 의한 차축의 휨을 방지한다.
- 바퀴가 허브에서 이탈되는 것을 방지한다.
- **조향 조작력을 가볍게** 한다.
- 노면에서 받는 충격을 감소시킨다.

③ 캠버가 과도하면 타이어의 트레드의 한쪽 모서리가 마멸된다.

④ 정(+)의 캠버가 클수록 선회력은 감소한다.

⑤ 부(-) 캠버가 클수록 선회력은 좋아지지만 타이어 트레드 안쪽을 마모시킨다.

⬆ 정(+) 캠버　　⬆ 부(-) 캠버

---

2 킹핀 경사각(킹핀 오프셋)

① 앞바퀴를 앞에서 볼 때 킹핀(암을 고정시키는 핀)축 중심과 수직선 사이의 경사각으로, 일정한 협각에 의해 캠버각에 영향을 미친다.

② **캠버와 함께 핸들의 조작력을 가볍게 한다.**

③ **바퀴의 시미(진동)를 방지**한다.

④ **캐스터와 함께 앞바퀴의 직진 복원성을 준다.**

(직진위치로 쉽게 되돌아옴)

⑤ 저속 시 원활한 회전이 되도록 한다.

⑥ 협각 : **킹핀 경사각과 캠버각을 합한 것**으로, 협각은 일정하여 킹핀 경사각이 크면 캠버각이 작아진다.

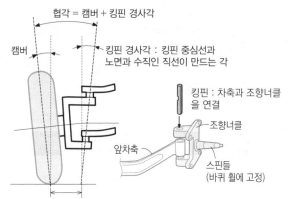

킹핀 오프셋(scrub radius) : 타이어 중심선이 접지면에 만나는 점과 킹핀 중심선이 노면에 만나는 점과의 거리

⬆ 킹핀 경사각, 킹핀 오프셋, 협각

---

3 캐스터(caster)

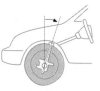

① 옆에서 보았을 때 앞바퀴의 킹핀 중심선이 뒤쪽으로 기울어 설치된 것을 말한다.

② 킹핀 경사각과 함께 앞바퀴에 복원성을 주어 **직진 복원성을 준다.**

③ 주행 중 조향 바퀴에 방향성 및 안전성을 준다.

⬆ 캐스터

▶ 트레일(trail) 또는 리드(read)
킹핀의 중심선과 바퀴의 중심을 지나는 수선이 노면과 만난 거리를 말하며, 캐스터 효과를 얻게 한다.

▶ 캐스터와 킹핀 경사각는 앞바퀴의 직진 복원성을 준다.

직진 복원성의 이해 : 그림과 같이 자전거의 앞바퀴를 뒤로 기울여져 있을 때 핸들이 좌우측 어느 한쪽으로 작은 각도로 꺾인 상태에서 핸들을 조작하지 않아도 직진하면 핸들이 자동으로 정면을 향하게 된다.

4 토인(toe-in)

toe는 '발톱'을 말하며, 발톱(타이어 끝)이 안쪽(in)으로 향한다는 의미

① 위에서 앞바퀴를 볼 때 바퀴 사이의 앞쪽 바퀴 폭이 뒤쪽보다 좁게 되어 있는 것을 말한다.

→ 토인을 두는 이유 : 캠버로 인해 주행 시 차륜이 벌어지려는 성질이 있는데 이를 토인으로 교정한다.

② 토인의 역할
- 앞바퀴를 평형하게 회전시킨다.
- 바퀴의 사이드 슬립(옆방향 미끄러짐)과 편마멸을 방지한다.
- 조향링키지 마멸에 의한 토아웃(타이어의 앞부분이 벌어짐)을 방지한다.

③ 선회력은 둔해진다.(토인, 토아웃 공통)

④ 토의 조정은 타이로드(tie rod)의 길이로 조정한다.

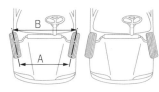

A − B = 토(toe)
B > A = 토인
B < A = 토아웃

⬆ 토인　　　⬆ 토아웃

▶ **토아웃의 특징**
직진성은 불량해지나 굴곡이 심한 노면의 선회 시 접지력 우수

▶ • **조향력을 가볍게 함** : 캠버, 킹핀 경사각
　 • **직진 복원성을 줌** : 캐스터, 킹핀 경사각

5 스러스트 각(thrust angle)

축 또는 축방향을 의미

자동차의 진행 중심선과 자동차의 중심선(기하학적 중심선)이 이루는 각

6 셋 백(set back)

① 기하학적으로 차량의 전·후 중심선과 전륜 축, 후륜 축의 수직으로 그은 선이 이루는 각도(동일 차축에서 한쪽 차륜이 반대쪽 차륜보다 앞 또는 뒤로 쳐져 있는 정도)

② 뒷차축을 기준으로 하여 앞차축의 평행도를 나타냄

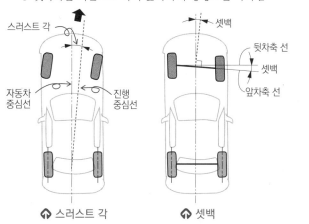

⬆ 스러스트 각　　　⬆ 셋백

7 휠 얼라인먼트 불량 증상과 진단

비정상적 타이어 마모	토, 캠버, 휠 밸런스, 선회 시 토 아웃 불량, 타이어 공기압 부적절, 바퀴 유격
주행 중 핸들 쏠림	좌우 공기압 편차, 좌우 캠버 편차, 좌우 캐스터 편차, 한쪽 브레이크 불량, 쇽업소버 작동 불량, 차륜 링키지 불량 등
핸들 복원력 불량	토 불량, 캐스터 부족, 조향 너클 손상, 조향 기어 휨, 핸들 샤프트 휨 또는 조인트 고착 상태 등
핸들 센터 불량	조향, 현가장치 마모 및 유격 발생, 조향기어 이완 등
핸들이 가벼움	공기압 과다, 캠버 과다, 캐스터 과소, 핸들 유격 과다 등
핸들이 무거움	공기압 부족, 타이어 마모 심함, 마이너스 휠 상태, 캐스터 과대, 동력조향장치의 파워 오일 부족 및 벨트 불량 등
핸들 떨림	휠밸런스 불량, 휠 및 타이어 런아웃 과다, 드라이브 샤프트 상하 유격 과다, 조향장치 유격 과다, 공기압 부족, 브레이크 불량

▶ **참고) 런아웃**(불균형으로 인한 흔들림)
- **레디얼 런아웃** : 타이어의 원주를 기준으로 축 중심으로 흔들림
- **래터럴 런아웃** : 타이어 회전 시 타이어 직각기준으로 흔들림

레디얼 런아웃　　　래터럴 런아웃

[18-3, 13-2, 17-3 유사]

1 조향장치의 구비 조건으로 틀린 것은?

① 조향휠의 조작력은 저속 시에는 무겁게 하고, 고속 시에는 가볍게 한다.
② 조향 핸들의 회전과 바퀴 선회 차이가 크지 않게 한다.
③ 선회시 저항이 적고, 선회 후 복원성이 좋게 한다.
④ 조작이 쉽고 방향 변환이 원활하게 한다.

> **조향장치 구비조건**
> • 조작력은 저속 시에는 가볍게, 고속 시에는 무겁게 한다.
> • 노면충격이 조향휠에 전달되지 않을 것
> • 핸들과 바퀴의 선회차가 크지 않을 것
> • 회전반경이 작을 것
> • 선회시 저항이 적고 선회 후에 복원성이 있을 것
> • 조작이 쉽고 방향전환이 원활할 것

[13-3, 16-3 유사]

2 조향장치에 대한 설명으로 틀린 것은?

① 회전반경이 되도록 크게 하여 전복되지 않게 한다.
② 조향 조작이 경쾌하고 자유로워야 한다.
③ 노면으로부터의 충격이나 원심력 등의 영향을 받지 않아야 한다.
④ 타이어 및 조향장치의 내구성이 커야 한다.

[08-2]

3 조향기어의 운동전달 방식이 아닌 것은?

① 가역식
② 비가역식
③ 전부동식
④ 반가역식

> 전부동식은 액슬 하우징 지지방식에 속한다.

[14-1]

4 그림과 같이 선회중심이 0점이라면 이 자동차의 최소회전 반경은?

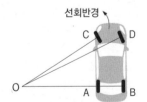

선회반경

① 0 ~ A
② 0 ~ B
③ 0 ~ C
④ 0 ~ D

> 최소회전반경 $R = \dfrac{L}{\sin\alpha} + r$
> • α : 바깥쪽 앞바퀴의 조향 각도
> • L : 축간거리[m]
> • r : 타이어 중심선에서 킹핀 중심선까지의 거리[m]

[16-1, 12-3]

5 자동차의 앞바퀴 윤거가 1500mm, 축간거리가 3500mm, 킹핀과 바퀴접지면의 중심거리가 100mm인 자동차가 우회전 할 때, 왼쪽 앞바퀴의 조향각도가 32°이고 오른쪽 앞바퀴의 조향각도가 40°라면 이 자동차의 선회 시 최소 회전반지름은?

① 6.7m
② 7.2m
③ 7.8m
④ 8.2m

> $R = \dfrac{3.5}{\sin 32°} + 0.1 = 6.6 + 0.1 = 6.7\text{m}$

[14-3]

6 다음 표와 같은 제원인 승용차의 최소회전반경은 약 몇 m 인가?

[보기]

항목	제원
축거	2300mm
윤거	1040mm
외측전륜의 최대 조향각도	30°
내측전륜의 최대 조향각도	38°

① 2.6
② 2.9
③ 3.7
④ 4.6

> 최소회전반경 $R = \dfrac{L}{\sin\alpha} + r = \dfrac{2.3}{\sin 30} = \dfrac{2.3}{0.5} = 4.6$
> ※ r이 주어지지 않았으므로 생략한다.

[13-1, 11-1, 19-2 유사]

7 축거 4m, 바깥쪽 바퀴의 최대 조향각 30°, 안쪽 바퀴의 최대 조향각 32°, 킹핀 중심과 타이어 접지면 중심과의 거리는 50mm인 자동차의 최소회전반경은?

① 7.54m
② 8.05m
③ 10.05m
④ 12.05m

> $R = \dfrac{4}{\sin 30°} + 0.05 = 8 + 0.05 = 8.05\text{m}$

[07-2]

8 자동차의 축거가 2.2m, 전륜외측 조향각이 36°, 전륜내측 조향각이 39°이고 킹핀과 타이어 중심거리가 30cm 일 때 자동차의 최소회전반경은?

① 3.79m
② 1.68m
③ 4.04m
④ 3.02m

정답 ▶ 1 ① 2 ① 3 ③ 4 ④ 5 ① 6 ④ 7 ② 8 ③

9 [11-2]

축간거리 2.5m인 차량을 우회전할 때 우측바퀴의 조향각은 33°, 좌측바퀴의 조향각은 30°이라면 최소회전반경은? (단, 킹핀 옵셋은 무시한다)

① 4m ② 5m

③ 5.5m ④ 6m

> 우회전하므로 바깥쪽 앞바퀴의 조향각은 좌측바퀴의 조향각이며, 킹핀 옵셋(바퀴 접지면 중심과 킹핀과의 거리)은 무시하므로 'r'은 '0'이다.
> $$R = \frac{2.5}{\sin 30°} = 5m$$

10 [14-2, 18-1 유사]

선회 시 조향각을 일정하게 유지하여도 선회 반지름이 작아지는 현상은?

① 오버 스티어링 ② 어퍼 스티어링

③ 다운 스티어링 ④ 언더 스티어링

> • 오버 스티어링 : 일정 조향각도에도 선회 반경이 작아지는 현상
> • 언더 스티어링 : 일정 조향각도에도 선회 반경이 커지는 현상

11 [18-2, 15-3, 11-3, 15-2 유사]

앞바퀴에서 발생하는 코너링 포스가 뒷바퀴보다 크게 되면 나타나는 현상은?

① 토크 스티어링 현상

② 언더 스티어링 현상

③ 리버스 스티어링 현상

④ 오버 스티어링 현상

> 코너링 포스란 원심력에 이기고 선회중심방향으로 작용하는 힘을 의미하며, 앞바퀴의 코너링 포스가 커지면 선회중심쪽으로 회전하는 오버스티어링 현상이 나타난다.

12 [16-1, 08-1]

조향기어의 종류에 해당하지 않는 것은?

① 토르센형 ② 볼 너트형

③ 웜 섹터 롤러형 ④ 랙 피니언형

> 토르센형은 한 쌍의 웜기어와 헬리켈 기어를 조합하여 기어 동작 시 발생하는 마찰력을 이용한 차동제한장치의 종류이다.

13 [19-3, 16-2, 09-2, 09-1]

조향 핸들을 2바퀴 돌렸을 때 피트먼 암이 90° 움직였다. 조향 기어비는?

① 6 : 1 ② 7 : 1

③ 8 : 1 ④ 9 : 1

조향기어비 = $\dfrac{\text{조향핸들의 회전각도}}{\text{조향바퀴(피트먼 암)의 회전각도}}$

= $\dfrac{720}{90} = 8$ (1바퀴 = 360°)

14 [08-1]

조향휠의 조작을 가볍게 하는 방법이 아닌 것은?

① 조향 기어비를 크게 한다.

② 타이어 공기압을 높인다.

③ 동력 조향장치를 설치한다.

④ 토인을 규정보다 크게 한다.

> 조향휠 조작을 가볍게 하는 휠 얼라이먼트 요소는 캠버와 킹핀경사각이며, 토인은 사이드 슬립 및 편마멸을 방지시킨다.

15 [06-1]

조향휠의 복원성이 나쁠 때 가능한 원인이 아닌 것은?

① 타이어 공기압이 불량할 때

② 기어박스 내의 오일 점도가 낮을 때

③ 조향휠 웜샤프트의 프리로드 조정이 불량할 때

④ 조향계통의 각 조인트가 고착, 손상되었을 때

> 오일점도가 낮으면 묽어져 오일 누설의 원인이 될 수 있다.

16 [09-1]

동력 조향휠의 복원성이 불량한 원인이 아닌 것은?

① 제어 밸브가 손상되었다.

② 부의 캐스터로 되어있다.

③ 동력 피스톤 로드가 과대하게 휘었다.

④ 조향 휠이 마멸되었다.

> ① : 오일의 리턴이 불량해짐에 따라 휠 복원성이 불량하다.
> ② : '정(+)'의 캐스터일 때 조향 휠의 직진 복원성이 있다.

17 [10-2]

동력 조향장치의 기능을 설명한 것 중 옳은 것은?

① 기구학적 구조를 이용하여 작은 조작력으로 큰 조향을 얻는다.

② 작은 힘으로 조향 조작이 가능하다.

③ 바퀴로부터의 충격을 흡수하기 어렵다.

④ 구조가 간단하고 고장 시 기계식으로 환원하여 안전하다.

> ①의 경우 기구학적 구조가 아니라 유압이나 전기를 이용한다.

정답 9 ② 10 ① 11 ④ 12 ① 13 ③ 14 ④ 15 ② 16 ④ 17 ②

Section 03 조향장치 및 휠 얼라이먼트 203

[11-1]
18 유압식 동력조향장치의 장점으로 **틀린** 것은?

① 작은 조작력으로 조향조작을 할 수 있다.

② 조향 기어비를 조작력에 관계없이 선정할 수 있다.

③ 굴곡이 있는 노면에서의 충격을 흡수하여 조향핸들에 전달 되는 것을 방지할 수 있다.

④ 엔진의 동력에 의해 작동되므로 구조가 간단하다.

> 유압장치(유압펌프, 제어밸브 등)가 추가되므로 구조가 복잡하다.

[17-1, 12-2,11-3]
19 전자제어 동력 조향장치의 특성으로 **틀린** 것은?

① 공전과 저속에서 조향휠 조작력이 작다.

② 중속 이상에서는 차량속도에 감응하여 조향 휠 조작력을 변 화시킨다.

③ 솔레노이드 밸브는 스풀밸브 오리피스를 변화시켜 오일탱크 로 복귀하는 오일량을 제어한다.

④ 동력 조향장치이므로 조향 기어는 필요없다.

[12-1, 09-1]
20 전자제어 동력조향장치의 특성에 대한 설명으로 **틀린** 것 은?

① 정지 및 저속 시 조작력 경감

② 급 코너 조향 시 추종성 향상

③ 노면, 요철 등에 의한 충격흡수능력 향상

④ 중·고속 시 향상된 조향력 확보

> 보기 ③은 현가장치에 해당된다.

[10-3]
21 전자제어 동력조향장치의 기능이 **아닌** 것은?

① 차속 감응 기능

② 주차 및 저속 시 조향력 감소 기능

③ 롤링 억제 기능

④ 차량 부하 기능

> 보기 ④는 전자제어 동력조향장치의 단점에 해당된다.
> ※ 롤링 억제 기능 : 고속에서 조향력을 무겁게 하므로 급격한 조향으로 발생될 수 있는 롤링을 억제한다.

[16-3, 12-3]
22 전자제어 동력조향장치에 대한 설명으로 **틀린** 것은?

① 고속 주행시 스티어링 휠의 조작을 가볍게 한다.

② 회전수 감응식은 기관 회전수에 따라서 조향력을 변화시 킨다.

③ 차속 감응식은 차속에 따라서 조향력을 변화시킨다.

④ 동력 스티어링의 조향력은 파워 실린더에 걸리는 압력에 의 해 결정된다.

[참고]
23 유압식 전자제어 동력조향장치의 특징으로 **옳은** 것은?   기사

① 공전과 저속에서는 조향핸들 조작력이 무겁다.

② 고속 주행 시 주행 안정성을 위해 조향핸들 조작력을 가볍 게 한다.

③ 유량제어 솔레노이드 밸브를 통해서 조향 핸들 조작력을 제 어한다.

④ 중속에서는 차량 속도에 감응하여 조향핸들 조작력을 변화 시키지 못한다.

> 유압식 전자제어 동력조향장치는 ECU에서 전류를 제어하여 솔레노이드 밸 브의 개폐정도에 따라 유량을 제어하여 조작력을 변화시킨다.
> ※ 속도에 따라 핸들 조작력을 변화하므로 중속에서도 변화를 느낀다.

[20-3]
24 전자제어 동력 조향장치에서 다음 주행 조건 중 운전자에 의한 조향 휠의 조작력이 가장 작은 것은?

① 40 km/h 주행 시   ② 80 km/h 주행 시

③ 120 km/h 주행 시   ④ 160 km/h 주행 시

> 저속에서는 조작력이 작고, 고속에서는 조작력이 크다.

[참고]
25 다음 중 전자제어 동력 조향장치(EPS)의 종류가 **아닌** 것은?

① 속도 감응식

② 전동식

③ 공압 충격식

④ 유압 반력 제어식

> **전자제어 동력 조향장치(EPS)의 종류**
> 속도(차속) 감응식, 유압 반력 제어식, 실린더 바이패스 제어방식, 전동식

[16-3, 13-3]
26 전자제어 파워스티어링 제어방식이 **아닌** 것은?

① 유량 제어식

② 실린더 바이패스 제어식

③ 유온반응 제어식

④ 밸브특성 제어식

> **전자제어 파워스티어링 제어의 종류**
> • 유량 제어식(속도 감응식)   • 실린더 바이패스 제어식
> • 유압 반력 제어방식   • 밸브 특성 제어방식
> ※ 오일 온도와는 무관하다.

정답 ▶ 18 ④ 19 ④ 20 ③ 21 ④ 22 ① 23 ③ 24 ① 25 ③ 26 ③

③ 프로포셔닝 밸브

④ 유량제어 솔레노이드 밸브

프로포셔닝 밸브는 급제동 시 전륜보다 후륜의 제동을 지연시켜 후륜의 조기 제동으로 인한 스핀을 방지한다.

[10-1]

27 일반적인 파워스티어링 장치의 기본 구성부품과 가장 거리가 먼 것은?

① 오일 냉각기　　　　② 오일 펌프

③ 파워 실린더　　　　④ 컨트롤 밸브

파워스티어링의 기본 구성품
동력부(오일 펌프, 릴리프밸브, 체크밸브), 제어부(유압제어밸브), 작동부(동력실린더)
※ 오일 냉각기 : 주로 엔진 윤활장치에 장착되며 오일이 엔진의 고열을 받기 때문이며, 오일이 열에 자주 노출되면 오일 성상이 변하기 쉬워 점도에 영향을 주기 때문에 항상 적정온도로 유지시키는 역할을 한다. 일반 차량의 파워스티어링 장치에는 잘 사용되지 않는다.

[참고]　　　　　　　　　　　　　　　기사

28 전자제어 조향장치에서 솔레노이드 밸브를 제어하여 유압을 조절하고 공급 유량의 바이패스를 통해 조향조작력을 제어하는 방식은?

① 유압반력 제어 방식

② 유량 제어 방식

③ 유속 제어 방식

④ 회전수 제어 방식

[07-2]

29 전자제어 파워스티어링 중 차속감응형에 대한 설명으로 틀린 것은?

① 자동차의 속도에 따라 핸들의 무게를 제어한다.

② 저속에서는 가볍고 중·고속에서는 좀 더 무거워진다.

③ 차속이 증가할수록 파워피스톤의 압력을 저하 시킨다.

④ 스로틀포지션센서(TPS)로 차속을 감지한다.

차속 감지는 차속센서를 이용한다.
※ TPS : EPS 시스템에서는 차속센서 고장 시 페일 세이프 모드로 전환하기 위해 자기보정용으로 사용한다.

[17-2]

30 차속감응형 전자제어 유압방식 조향장치에서 제어모듈의 입력요소로 틀린 것은?

① 차속 센서　　　　② 조향각 센서

③ 냉각수온 센서　　④ 스로틀 포지션 센서

차속감응형의 주요 입력센서
차속 센서, 스로틀포지션 센서, 조향각 센서

[17-3]

31 유압식 전자제어 동력조향장치 중에서 실린더 바이패스 제어 방식의 기본 구성부품으로 틀린 것은?

① 유압 펌프

② 동력 실린더

[14-2]

32 유압식 동력조향장치의 오일펌프 압력시험에 대한 설명으로 틀린 것은?

① 유압회로 내의 공기빼기 작업을 반드시 실시해야 한다.

② 엔진의 회전수를 약 1000 ± 100rpm으로 상승시킨다.

③ 시동을 정지한 상태에서 입력을 측정한다.

④ 컷오프 밸브를 개폐하면서 유압이 규정값 범위에 있는지 확인한다.

파워스티어링의 오일펌프는 크랭크축과 연동되어 엔진 동력으로 구동되므로 압력시험 시 시동 ON 후 측정해야 한다.

[참고]　　　　　　　　　　　　　　　기사

33 유압식 동력 조향장치에서 직진할 경우 유압펌프 내의 피스톤 운동 상태는?

① 동력 피스톤이 왼쪽으로 움직여 왼쪽으로 조향한다.

② 동력 피스톤이 오른쪽으로 움직여 오른쪽으로 조향한다.

③ 동력 피스톤은 좌·우실의 유압이 같으므로 정지하고 있다.

④ 동력 피스톤은 리액션 스프링을 압축하여 왼쪽으로 이동한다.

• 우측방향 조향 시 : 동력 피스톤을 좌측, 조향 방향은 우측
• 좌측방향 조향 시 : 동력 피스톤을 우측, 조향 방향은 좌측
• 직진방향 조향 시 : 동력 피스톤의 좌·우 챔버의 유압이 같으므로 조향 방향은 정지

[10-2]

34 파워 스티어링 장착 차량이 급커브길에서 시동이 자주 꺼지는 현상이 발생하는 원인으로 옳는 것은?

① 엔진 오일 부족

② 파워펌프 오일압력 스위치 단선

③ 파워 스티어링 오일 과다

④ 파워 스티어링 오일 누유

동력조향장치는 크랭크축에 의해 구동되는 유압펌프에서 유압 동력을 얻는다. 핸들을 조작하면 유압펌프의 구동을 위해 엔진 부하가 증가하는데, 오일 압력 스위치는 엔진의 공전상태를 유지하기 위해 유압펌프 구동에 의해 잃은 동력만큼 공전속도를 높이는 보상 역할을 한다.
다시 말해, 오일압력 스위치는 오일펌프의 압력을 감지하여 조향핸들 회전 시 상승되는 유압을 전압으로 변환하여 ECM에 입력하여 공전속도 제어 서보를 작동시켜 공전속도를 증가시킨다.
∴ 오일압력 스위치가 단선되면 이러한 공전속도가 보상되지 못해 엔진 출력이 저하되거나 시동이 꺼질 수 있다.

정답 27 ①　28 ②　29 ④　30 ③　31 ③　32 ③　33 ③　34 ②

35 유압식 동력조향장치에서 조향 휠을 한쪽으로 완전히 돌렸을 때 엔진의 회전수가 500rpm 정도로 떨어지는 원인으로 가장 적절한 것은?

① 파워 스티어링 기어의 유격 과대
② 파워 스티어링 오일의 점도 상승
③ 파워 스티어링 펌프 구동 벨트장력 이완
④ 파워 스티어링 오일압력 스위치 접촉 불량

오일압력 스위치는 오일펌프의 구동부하에 따라 스위치가 개폐되며, 정보를 ECU에 보내 엔진 출력을 증가시킨다. 만약 그 역할을 못하면 오일펌프 구동으로 인해 엔진 출력이 떨어진다.

[16-2]
36 동력조향장치에서 조향핸들을 회전시킬 때 기관의 회전속도를 보상시키기 위하여 ECU로 입력되는 신호는?

① 인히비터 스위치   ② 파워스티어링 압력 스위치
③ 전기부하 스위치   ④ 공전속도 제어 서보

[12-3]
37 전동식 동력조향장치의 설명으로 틀린 것은?

① 유압식 동력조향장치에 필요한 유압유를 사용하지 않아 친환경적이다.
② 유압 발생장치나 파이프 등의 부품이 없어 경량화를 할 수 있다.
③ 파워스티어링 펌프의 유압을 동력원으로 사용한다.
④ 전동기를 운전 조건에 맞추어 제어함으로써 정확한 조향력 제어가 가능하다.

[20-3]
38 전동식 동력조향장치의 입력 요소 중 조향핸들의 조작력 제어를 위한 신호가 아닌 것은?

① 토크센서 신호   ② 차속센서 신호
③ G센서 신호   ④ 조향각센서 신호

G센서 신호는 주로 전자제어 현가장치, 자세제어장치(VDC), 에어백에 사용된다.

[10-2]
39 전동 모터식 동력 조향장치의 종류가 아닌 것은?

① 칼럼(column) 구동방식
② 인티그럴(integral) 구동방식
③ 피니언(pinion) 구동방식
④ 래크(rack) 구동방식

MDPS 종류 : 칼럼 구동식, 피니언 구동식, 랙 구동식
※ 인티그럴 방식은 기계식 동력조향장치에 해당된다.

40 유압식 전자제어 조향장치의 종류가 아닌 것은?

① 유량 제어식
② 실린더 바이패스 제어식
③ 유압 반력 제어식
④ 칼럼 구동 제어식

칼럼 구동 제어식은 MDPS의 종류에 속한다.

[16-3]
41 전동식 전자제어 동력조향장치의 설명으로 틀린 것은?

① 속도감응형 파워 스티어링의 기능 구현이 가능하다.
② 파워스티어링 펌프의 성능 개선으로 핸들이 가벼워진다.
③ 오일 누유 및 오일 교환이 필요 없는 친환경 시스템이다.
④ 기관의 부하가 감소되어 연비가 향상된다.

펌프는 유압식 EPS의 구성품이며, 전동식은 파워스티어링 펌프의 구동이 없으므로 기관의 부하가 감소된다.

[12-2]
42 CAN 통신이 적용된 전동식 동력 조향 장치(MDPS)에서 EPS 경고등이 점등(점멸) 될 수 있는 조건으로 틀린 것은?

① 자기 진단 시
② 토크센서 불량
③ 컨트롤 모듈 측 전원 공급 불량
④ 핸들위치가 정위치에서 ±2° 틀어짐

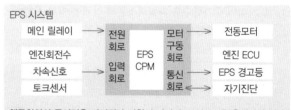

핸들위치의 틀어짐은 자기진단 사항이 아니며, 프리로드를 측정하여 얼라이먼트 등으로 조정해야 한다.

[20-3]
43 전동식 동력조향장치(Motor Driven Power Steering) 시스템에서 정차 중 핸들 무거움 현상의 발생원인이 아닌 것은?

① MDPS CAN 통신선의 단선
② MDPS 컨트롤 유닛측의 통신 불량
③ MDPS 타이어 공기압 과다 주입
④ MDPS 컨트롤 유닛측 배터리 전원공급 불량

①, ②, ④의 이유로 MDPS가 제어되지 못해도 조종은 가능하지만 핸들의 무거움 등 조종성이 나빠진다. 타이어 공기압 과다하면 조향력이 가볍다.

정답 35 ④ 36 ② 37 ③ 38 ③ 39 ② 40 ④ 41 ② 42 ④ 43 ③

44 전자제어 파워스티어링(EPS)에 대한 설명 중 틀린 것은?

[09-01]

① 차량속도가 고속이 될수록 조향력이 더 요구된다.
② 엔진 회전수에 따라 조향력을 변화시키는 회전수 감응식이 있다.
③ 차속에 따라 조향력을 변화시키는 차속 감응식이 있다.
④ 고속 시 스티어링 휠이 가벼울수록 좋다.

②는 랙&피니언형에 대한 설명으로 엔진회전수에 의해 회전하는 유압펌프의 오일 유량을 조절하는 방식이다.

45 전자제어 동력 조향장치의 특성으로 틀린 것은?

[13-05]

① 공전과 저속에서 핸들 조작력이 작다.
② 중속 이상에서는 차량 속도에 감응하여 핸들 조작력을 변화시킨다.
③ 차량속도가 고속이 될수록 큰 조작력을 필요로 한다.
④ 동력 조향장치이므로 조향기어는 필요 없다.

전자제어 동력 조향장치의 특징은 공전 및 저속 시에는 조작력을 작게, 고속 시 조작력을 크게 한다.
※전자제어 동력 조향장치의 기본 구성품은 동력조향장치과 동일하다.

46 전자제어 동력조향장치의 차속감응형 제어방식 중에 펌프 오일량을 차속에 따라 제어하고 유로를 절환하여 적절한 조향감각을 얻도록 하는 방식은?

[참고] 기사

① 조향각 제어방식
② 반력제어 방식
③ 관성제어 방식
④ 속도제어 방식

47 전자식 조향제어장치의 조향력 제어에서 차량 속도가 저속에서는 가볍고 고속에서는 무거운 조향이 되도록 하는 방식은?

[08-05]

① 조향속도 감응방식
② 슬립 감응방식
③ 차속 감응방식
④ 로터회전 감응방식

차속 감응방식은 차량 속도에 따라 조향력을 변화시켜 저속에서 가볍고, 고속에서 무겁게 한다.

48 유압을 이용한 전자제어 조향장치형식에서 차량 속도와 조향력에 필요한 정보에 의해 고속과 저속모드에 필요한 유량으로 제어하는 방식?

[10-05]

① 공기 제어식
② 전동 펌프식
③ 유압 반력 제어식
④ 속도 감응식

49 전자제어 동력조향장치 유량제어 방식을 설명한 것으로 옳은 것은?

[10-01]

① 동력실린더에 의해 유로를 통과하는 유압유를 제한하거나 바이패스시켜 제어밸브의 피스톤에 가해지는 유압을 조절하는 방식이다.
② 제어밸브의 열림 정도를 직접 조절하는 방식이며, 동력 실린더에 유압은 제어밸브의 열림 정도로 결정된다.
③ 제어밸브에 의해 유로를 통과하는 유압유를 제한하거나 바이패스시켜 동력실린더의 피스톤에 가해지는 유압을 조절하는 방식이다.
④ 동력실린더의 열림 정도를 직접 조절하는 방식이며, 제어밸브에 유압은 제어밸브의 열림 정도로 결정된다.

유량제어 방식은 차속에 따라 오일펌프의 유량을 제어하는 것으로 동력실린더를 움직이는 유압(힘)을 조절한다.

50 전동식 전자제어 동력조향장치에서 토크센서의 역할은?

[참고]

① 차속에 따라 최적의 조향력을 실현하기 위한 기준 신호로 사용된다.
② 조향휠을 돌릴 때 조향력을 연산할 수 있도록 기본 신호를 컨트롤 유닛에 보낸다.
③ 모터 작동 시 발생되는 부하를 보상하기 위한 보상 신호로 사용된다.
④ 모터 내의 로터 위치를 검출하여 모터 출력의 위상을 결정하기 위해 사용된다.

토크 센서는 비접촉 광학식으로 운전자의 조향휠 조작력을 감지하여 이를 ECU에 보내어 연산한다. ECU가 모터를 구동시켜 바퀴에 적절한 구동력을 전달, 회전시킨다.

chapter 02

51 전자제어 동력 조향장치의 오일펌프 내부에 있는 플로우 컨트롤 밸브에 대한 설명 중 틀린 것은?

① 조향기어 박스로 가는 오일의 양을 조절할 수 있다.
② 고속회전 시 조향 기어 박스로 가는 오일의 양을 많게 한다.
③ 플로우 컨트롤 밸브 내부에는 릴리프 밸브가 있다.
④ 저속 회전 시 조향기어 박스로 가는 오일의 양을 많게 한다.

플로우 컨트롤 밸브는 조향기어 박스로 흐르는 오일량을 조절하여 고속회전 시 오일의 양을 적게 하고, 저속회전 시 오일의 양을 많게 한다.

52 제어 밸브와 동력 실린더가 일체로 결합된 것으로 대형트럭이나 버스 등에서 사용되는 동력조향장치는?

① 조합형   ② 분리형
③ 혼성형   ④ 독립형

동력조향장치의 링키지형에는 제어 밸브와 동력 실린더가 일체로 결합된 조합형과 분리되어 있는 분리형이 있다.

53 전동식 동력조향장치(MDPS)의 장점으로 틀린 것은?

① 전동모터 구동 시 큰 전류가 흐른다.
② 엔진의 출력 향상과 연비를 절감할 수 있다.
③ 오일펌프 유압을 이용하지 않아 연결 호스가 필요 없다.
④ 시스템 고장 시 경고등을 점등 또는 점멸시켜 운전자에게 알려준다.

공회전 시 발전기 발전전류는 55~75A 정도인 반면, 전동모터에서 소비되는 순간최대전류는 75~100A까지 커질 수 있으므로 공전 시 아이들 보상이 필요하다. ※ 장점을 묻는 문제임에 주의

54 감속기구로 볼 너트와 볼 스크류가 사용되며, 복원력이나 댐핑 제어로 킥백이나 시미를 방지할 수 있어 중대형 승용차에도 사용이 가능한 전동식 전자제어 조향장치 형식은?

① 컬럼 구동식   ② 랙 구동식
③ 차속감응식   ④ 피니언 구동식

랙 구동식 MDPS는 스티어링 기어 랙 축에 전동모터가 부착된다. 감속기구로 볼 너트와 볼 스크류가 사용되며, 토크센서 기구 등으로 조향력을 증대시킨다. 중대형 승용차에도 사용이 가능하며, ECU가 차속 및 위치, 조향 센서를 통해 운전상황을 감지해 전동모터 구동 토크를 제어한다. 복원력이나 댐핑 제어로 킥백이나 시미를 방지할 수 있다.

55 전동식 전자제어 조향장치 구성품으로 틀린 것은?

① 오일펌프
② 모터
③ 컨트롤 유닛
④ 조향각 센서

전동식 전자제어 조향장치는 유압식 동력조향장치 대신 직류 모터를 사용하여 조향력을 보조한다.

56 동력 조향장치를 장착한 자동차에서 핸들이 무거워지는 원인으로 틀린 것은?

① 유압이 규정압력보다 낮다.
② 타이어의 공기압이 낮다.
③ 유압회로 내에 공기가 차 있다.
④ 동력 조향 펌프의 회전속도가 빠르다.

57 주행 중 조향핸들이 한쪽 방향으로 쏠리는 직접적인 원인으로 거리가 먼 것은?

① 좌 · 우 타이어의 압력이 같지 않다.
② 뒤차축이 차의 중심선에 대하여 직각이 되지 않는다.
③ 앞 차축 한쪽의 현가 스프링이 절손되었다.
④ 조향 핸들축이 축 방향으로 유격이 크다.

58 주행 중 조향핸들이 한쪽으로 쏠리는 원인으로 틀린 것은?

① 조향기어 백래시 불량
② 앞바퀴 얼라이먼트 불량
③ 타이어 공기압력 불균일
④ 앞 차축 한쪽의 현가스프링 파손

59 동력 조향휠의 복원성이 불량한 원인이 아닌 것은?

① 제어 밸브가 손상되었다.
② 부의 캐스터로 되어있다.
③ 동력 피스톤 로드가 과대하게 휘었다.
④ 조향 휠이 마멸되었다.

정답 ▶ 51 ②　52 ①　53 ①　54 ②　55 ①　56 ④　57 ④　58 ①　59 ④

60 차속 감응형 4륜 조향장치가 2륜 조향장치에 비해 성능을 향상시킬 수 있는 항목으로 가장 적절하지 않는 것은?

① 고속 직진 안전성

② 차선 변경의 용이성

③ 최소회전반경 단축

④ 코너링 포스 저감

4륜 조향장치(4WS)의 특징
- 고속 직전성 향상
- 쾌적한 고속 선회
- 차고주차 및 일렬주차 편리
- 차선 변경 용이
- 최소회전반경 단축

[14-3]

61 차륜정렬 목적에 해당되지 않는 것은?

① 조향 핸들에 복원성을 준다.

② 바퀴가 옆 방향으로 미끄러지는 것과 타이어의 마멸을 최소화한다.

③ 위급상황에서 급제동 시 조향안정성을 제공한다.

④ 조향 핸들의 조작력을 작게 하여 준다.

[07-3]

62 자동차 앞바퀴정렬의 요소에 대한 설명 중 틀린 것은?

① 캐스터는 앞바퀴를 평행하게 회전시킨다.

② 캠버는 조향휠의 조작을 가볍게 한다.

③ 킹핀경사각은 조향휠의 복원력을 준다.

④ 토인은 캠버의 토아웃이 되는 것을 방지한다.

토인은 캠버와 더불어 앞바퀴를 평행하게 회전시킨다.

[12-1]

63 앞바퀴 정렬 중 토인의 필요성으로 가장 거리가 먼 것은?

① 조향 시에 바퀴의 복원력을 발생

② 앞바퀴 사이드슬립과 타이어 마멸 감소

③ 캠버의 의한 토 아웃 방지

④ 조향 링키지의 마모에 따라 토 아웃이 되는 것 방지

조향륜의 복원력은 캐스터 및 킹핀 경사각에 의해 발생한다.

[14-1]

64 바퀴정렬의 토인에 대한 설명으로 옳은 것은?

① 정밀한 측정을 위해서 타이어 공기압은 규정보다 10% 정도 높여준다.

② 토인은 차량의 주행 중 조향 조작력을 감소시키기 위해 둔 것이다.

③ 토인의 조정은 양쪽 타이로드를 같은 양 만큼 동일하게 조정해야 한다.

④ 토인은 앞바퀴를 정면에서 보았을 때 윗부분이 아래 부분보다 외측으로 벌어진 것을 의미한다.

① 토인 측정 : 차를 수평 상태, 규정 공기압, 직진 상태에서 놓고 행함
② 목적 : 토아웃 방지, 사이드 슬립, 편마모 방지
④ 앞바퀴를 위에서 내려다보았을 때 앞쪽 간격이 뒷쪽의 간격보다 작은 상태

[10-2]

65 앞바퀴 정렬 중 토인의 필요성으로 가장 거리가 먼 것은?

① 조향 시에 바퀴의 복원력을 발생

② 앞바퀴의 사이드 슬립과 타이어 마멸 감소

③ 캠버에 의한 토아웃 방지

④ 조향 링키지의 마모에 따라 토아웃이 되는 것을 방지

토인의 필요성
- 앞바퀴의 사이드 슬립 및 타이어 편마모 방지
- 앞바퀴의 평행 회전
- 캠버 또는 조향링키지의 마멸, 주행저항 및 구동력의 반력으로 인한 토아웃 방지
※ ①은 캐스터 또는 킹핀경사각의 기능이다.

[13-2]

66 앞바퀴 얼라인먼트의 직접적인 역할이 아닌 것은?

① 조향 휠의 조작을 쉽게 한다.

② 조향 휠에 알맞은 유격을 준다.

③ 타이어의 마모를 최소화 한다.

④ 조향 휠에 복원성을 준다.

[07-1]

67 휠 얼라인먼트 시험기의 측정항목이 아닌 것은?

① 토인

② 캐스터

③ 킹핀 경사각

④ 휠 밸런스

휠 얼라인먼트의 4개 요소 : 캠버, 캐스터, 토인, 킹핀 경사각

[17-1, 11-3, 09-1]

68 자동차의 바퀴에 캠버를 두는 이유로 가장 타당한 것은?

① 회전했을 때 직진방향의 직진성을 주기 위해

② 자동차의 하중으로 인한 앞차축의 휨을 방지하기 위해

③ 조향 바퀴에 방향성을 주기 위해

④ 앞바퀴를 평행하게 회전시키기 위해

① : 캐스터, 킹핀 경사각   ② : 캠버
③ : 캐스터   ④ : 토인

[11-2, 07-2]

69 자동차를 옆에서 보았을 때 킹핀의 중심선이 노면에 수직인 직선에 대하여 어느 한쪽으로 기울여져 있는 상태는?

① 캐스터

② 캠버

③ 셋백

④ 토인

[19-3, 16-1, 12-2]

70 자동차 앞바퀴 정렬 중 캐스터에 관한 설명은?

① 자동차의 전륜을 위에서 보았을 때 바퀴의 앞부분이 뒷부분보다 좁은 상태를 말한다.

② 자동차의 전륜을 앞에서 보았을 때 바퀴의 중심선의 윗부분이 약간 벌어져 있는 상태를 말한다.

③ 자동차의 전륜을 옆에서 보면 킹핀의 중심선이 수직선에 대하여 어느 한쪽으로 기울어져 있는 상태를 말한다.

④ 자동차의 전륜을 앞에서 보면 킹핀의 중심선이 수직선에 대하여 약간 안쪽으로 설치된 상태를 말한다.

① : 토인   ② : 캠버
③ : 캐스터   ④ : 킹핀 경사각

[14-2]

71 자동차의 앞 차축이 사고로 뒤틀어져서 왼쪽 캐스터 각이 뒤쪽으로 5~6°, 오른쪽 캐스터 각이 0°가 되었다. 주행 중 발생할 수 있는 현상은?

① 오른쪽으로 쏠리는 경향이 있다.

② 왼쪽으로 쏠리는 경향이 있다.

③ 정상적인 조향이 어렵다.

④ 쏠리는 경향에는 변화가 없다.

왼쪽 바퀴는 직진 복원하기 위해 오른쪽으로 돌리고 하고, 오른쪽 바퀴는 직진 복원력이 없으므로 전체적으로 오른쪽으로 쏠린다.

[14-2]

72 앞·뒤 바퀴 모두 정렬(all wheel alignment)할 필요성으로 거리가 먼 것은?

① 타이어의 마모가 최소가 되도록 한다.

② 주행 방향과 항상 올바르게 유지시켜 안정성을 준다.

③ 전·후륜이 역방향으로 되어 일렬 주차 시 편리하다.

④ 조향휠에 복원성을 향상시킨다.

③은 4륜 조향장치에 대한 설명이다.

※ 차고주차 시 저속으로 작은 곡률로 핸들을 움직이면 전·후륜이 역방향으로 되어 2WS보다 최소회전반경과 내륜차가 작아져서 조타의 반복을 줄일 수 있다. 또, 일렬주차시에도 전·후륜이 역방향으로 조향되므로 회전반경 축소로 용이해진다.

[11-1]

73 차륜 정렬에 관한 내용으로 틀린 것은?

① 킹핀 경사각이 커지면 캠버는 작아진다.

② 좌·우 바퀴의 캠버가 다르면 핸들이 한쪽으로 쏠린다.

③ 앞바퀴 베어링이 마모되면 조향핸들의 유격이 커진다.

④ 최대 조향각도는 캐스터 각으로 조정한다.

① '킹핀경사각과 캠버각의 합 = 협각'이며, 협각은 항상 일정하므로 킹핀경사각이 커지면 캠버는 작아진다.

④ 조향각도는 타이로드의 길이로 조정한다.

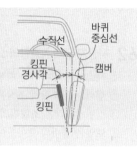

[17-2, 13-1]

74 조향장치에서 킹핀이 마모되면 캠버는 어떻게 되는가?

① 캠버의 변화가 없다.

② 정(+)의 캠버가 된다.

③ 부(-)의 캠버가 된다.

④ 항상 0의 캠버가 된다.

킹핀이 마모되면 타이어가 안쪽으로 쏠리게 되므로 부의 캠버가 된다.

[10-3]

75 차륜정렬의 조향요소에서 킹핀 경사각의 기능에 대한 설명으로 틀린 것은?

① 캠버에 의한 타이어 편마모 방지

② 조종 안전성

③ 스티어링의 조작력 경감

④ 조향 복원력 증대

①은 토인의 기능이다.

[참고]

76 차량에서 캠버, 캐스터 측정 시 유의사항이 아닌 것은?

① 바닥이 수평상태에서 측정한다.

② 타이어 공기압을 규정치로 한다.

③ 차량의 화물은 적재 상태로 한다.

④ 현가 스프링은 안정 상태로 한다.

측정 시 공차상태에서 시행한다.

[참고]

77 전자식 휠 얼라인먼트에 대한 설명으로 틀린 것은?

① 4주식 리프트 위에 거치되는 구조이다.

② 장비는 센서 헤드부와 휠 클램프, 턴 테이블 세트, 브레이크 페달 고정대, 핸들 고정대 등으로 구성한다.

③ 캠버, 캐스터, 킹핀, 토인 외에 스러스트 및 셋백의 측정이 가능하다.

④ 차륜의 편심이나 중심선 기준의 인·아웃 구분은 어려우며, 차 바퀴별 토(toe) 조정이 어렵다.

전자식 휠 얼라인먼트는 각 바퀴의 정확한 토인, 토아웃 상태를 별도로 점검할 수 있어 개별적인 토인 측정이 가능하다.

[17-1]

78 앞바퀴 얼라인먼트 검사를 할 때 예비점검사항이 아닌 것은?

① 타이어 상태

② 차축 휨 상태

③ 킹핀 마모 상태

④ 조향핸들 유격 상태

휠 얼라인먼트 점검 시 준비사항
• 타이어 공기압과 마모상태를 점검
• 휠베어링, 볼조인트, 타이로드 엔드 등의 헐거움을 점검
• 쇽업소버 및 현가장치의 쇠약을 점검
• 조향핸들의 유격 및 차축, 프레임의 변형상태를 점검

[참고]

79 토-인 측정에 대한 설명으로 적당하지 않은 것은?

① 토-인 측정은 차를 수평한 장소에 직진상태에 놓고 행한다.

② 토-인의 조정은 타이로드로 행한다.

③ 토-인의 측정은 타이어의 중심선에서 행한다.

④ 토-인의 측정은 잭(jack)으로 차의 전륜을 들어올린 상태에서 행한다.

토인 측정 시 전륜을 들어올리지 않는다.
참고) 조향핸들의 프리로드 점검 시 전륜을 들어올린다.

[참고] 응용 추가

80 유압식 전자제어동력장치의 작동에 대한 설명으로 틀린 것은?

① EPS 제어모듈(EPSCM)은 솔레노이드 밸브를 듀티제어하여 유압의 흐름을 조정한다.

② 조향 시 핸들의 조작력과 바닥의 접지력 사이에서 토션바가 뒤틀린다.

③ 솔레노이드 밸브를 전류를 제어하여 반력 플런저의 유압을 변경해 조향력을 조절한다.

④ 차속이 증가할 때 조향력을 감소시키기 위해 솔레노이드 밸브에 인가되는 전류도 증가하여 피스톤을 올려 플런저가 유압을 개방시킨다.

유압식 EPS는 차속이 증가하면 조향력을 감소시키기 위해 전류가 감소하여 피스톤이 내려가 플런저 유압 실린더 안으로 흐르는 유압을 감소시킨다.

Main
Key
Point

[출제문항수 : 약 4~5문제] 출제기준에 제시된 전자제어 제동장치에 관한 문제는 출제되지 않았으며, 일반 유압식 제동장치에 관한 문제 및 타이어, 구동력 공식, 가속도 공식, 5장의 제동력 시험이 출제되었습니다. 주로 기출 위주로 출제되었습니다.

01 유압식 제동장치 일반

1 파스칼의 원리

밀폐된 용기 속에 정지하고 있는 유체 내부에 가해진 압력은 유체의 모든 부분에 그대로 전달되고 그 방향에 관계없이 동일하다. 두 개의 피스톤 단면적을 A_1, A_2라 하고 여기에 작용하는 힘을 F_1, F_2라 하면

$$P_1 = \frac{F_1}{A_1}, \ P_2 = \frac{F_2}{A_2} \text{이고 } P = P_1 = P_2 \text{ 이므로}$$

$$\frac{F_1}{A_1} = \frac{F_2}{A_2}, \ F_2 = F_1 \times \frac{A_2}{A_1} = F_1 \times \left(\frac{D_2}{D_1}\right)^2$$

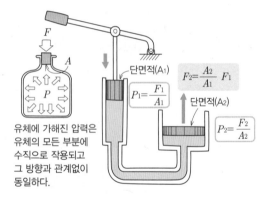

단면적(A_1)

$$P_1 = \frac{F_1}{A_1}$$

$$F_2 = \frac{A_2}{A_1} F_1$$

단면적(A_2)

$$P_2 = \frac{F_2}{A_2}$$

유체에 가해진 압력은 유체의 모든 부분에 수직으로 작용되고 그 방향과 관계없이 동일하다.

2 브레이크 오일의 구비조건

① 비등점(비점)이 높아야 함(베이퍼 록을 일으키지 않을 것)
② 인화점이 높고, 빙점(응고점)이 낮아야 함
③ 윤활성이 있을 것
④ 작동유로 적합한 점도이어야 하며, 점도지수(온도에 대한 점도 변화)가 클 것

▶ 비등점 : 끓기 시작하는 온도 (→오일이 과열되는 온도가 높아야 함)
▶ 인화점 : 가연성 액체에 불이 붙는 최저온도 (→오일에 불이 붙는 온도가 높아야 함)
▶ 빙점 : 얼기 시작하는 온도 (→오일이 어는 온도가 낮아야 함)

3 베이퍼 록과 페이드 현상

(1) 베이퍼 록(Vapor lock)

브레이크를 지나치게 사용하면 차륜 부분의 마찰열 때문에 브레이크 오일이 끓어(비등) 브레이크 회로 내에 증기 폐쇄 현상(기포 형성)이 발생하여 제동이 원활하지 않아 **유격이 커진다.**

▶ **베이퍼 록의 원인**
• 긴 내리막길 등에서 과도한 브레이크 사용
• 드럼과 라이닝의 간극이 좁을 때 드럼과 라이닝의 끌림에 의한 가열
• 불량 오일의 사용, 낮은 점도, 수분함유 과다
• 오일 변질이나 저품질에 의한 비등점 저하(빨리 끓음)
• 마스터실린더 불량에 의한 잔압 저하
• 브레이크 슈 라이닝 간극의 과소
• 브레이크 슈 리턴 스프링 절손에 의한 잔압 저하

(2) 페이드(Fade) 현상

fade는 '점점 사라진다'는 의미로, 제동력이 점점 떨어지는 것을 말한다.

빈번한 브레이크 조작으로 인해 드럼과 슈 또는 디스크와 패드에 과도한 마찰열이 발생하여 마찰계수가 저하되어 제동력이 떨어지는 현상을 말한다.

02 유압식 브레이크의 조작기구

1 마스터 실린더(Master Cylinder)

피스톤 컵	• 1차 컵 : 유압 발생 및 유압 유지 • 2차 컵 : 오일 누출 방지
피스톤	유압 발생
체크 밸브 (첵밸브)	피스톤 리턴 스프링이 항상 마스터 실린더 체크 밸브를 밀고 있으므로 오일 라인에 잔압*(0.6~0.8kg/cm²)이 유지
리턴 스프링	체크 밸브와 피스톤 1차 컵 사이에 설치하여 브레이크 페달을 놓았을 때 피스톤을 제자리로 복귀시키는 역할

＊ 유압제동회로의 잔압
  ◉ 마스터실린더 내의 체크밸브와 브레이크 슈의 리턴 스프링 장력에
    의해 잔압이 유지된다.
  ◉ 잔압을 두는 이유
    • 브레이크 작동 지연 방지
    • 유압회로 내 공기 유입 방지
    • 휠 실린더 내에서의 오일 누출방지
    • 베이퍼 록 현상 방지
  ▶ 마스터 실린더의 리턴구멍이 막히면 제동이 잘 풀리지 않는다.

② 탠덤 마스터 실린더

마스터 실린더의 유압 계통을 앞 · 뒤 브레이크의 2회로로 분리시켜 제동 안전성을 향상시켜, 드럼식과 디스크식을 나눌 수 있다.

③ 지렛대의 작용 및 마스터 실린더에 작용하는 유압

지렛대의 작용
물체의 무게×물체에서 받침점까지의 거리 =
내가 주는 힘×힘을 주는 지점에서 받침점까지의 거리
(Ⓐkg×㉠cm = Ⓑkg×㉡cm)

마스터 실린더에 작용하는 유압$(P) = \dfrac{W}{A}(\text{N/cm}^2)$

(W : 푸시로드에 작용하는 하중, A : 피스톤 면적)

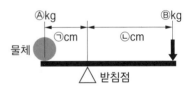

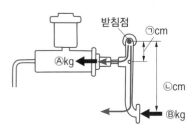

④ 휠 실린더

마스터 실린더에서 유압을 전달받아 브레이크 슈를 확장시켜 드럼을 제동

▶ 마스터 실린더의 리턴구멍이 막히면 제동이 잘 풀리지 않는다.

① 브레이크 드럼이 갖추어야 할 조건 및 특징

① 정적, 동적 평형이 잡혀 있을 것
② 슈와 마찰면에 내마멸성이 있을 것
③ 방열이 잘 되고, 충분한 강성이 있을 것
④ 디스크 브레이크에 비해 제동력이 강하다.
⑤ 자기작동 효과가 크다.

  ▶ **브레이크 드럼의 점검사항**
  드럼의 진원도, 드럼의 두께, 드럼의 내경

② 브레이크의 토크

$$\text{토크}(T)\,[\text{N}\cdot\text{m}] = \mu\times P\times r$$

μ : 마찰계수, P : 드럼에 작용하는 힘(N), r : 드럼 반경(cm)

③ 브레이크 슈

① 리딩 슈 : 자기작동 작용을 하는 슈
② 트레일링 슈 : 자기작동 작용을 하지 않은 슈

  ▶ **자기작동 작용** : 회전중인 브레이크 드럼에 제동을 걸면 슈는 마찰력에 의해 드럼과 함께 회전하려는 경향이 생겨 확장력이 커지므로 마찰력이 증대

④ 리턴 스프링

→ 슈와 드럼 간의 간격 유지 역할 및 마스터 실린더의 유압이 해제되었을 때 오일이 휠 실린더에서 마스터 실린더로 돌아가며, 슈가 제자리로 돌아가는 역할을 한다.

① **장력이 약하면** : 휠 실린더 내의 잔압은 낮아지고, 드럼의 과열 또는 브레이크 슈의 마멸 촉진의 원인이 된다.
② **장력이 강하면** : 드럼과 라이닝의 접촉이 신속히 해제된다.

슈의 리턴 스프링이 소손되면 브레이크 드럼과 슈가 접촉하는 원인이 된다.

⑤ 드럼 브레이크의 작동 상태에 따른 분류

(1) 넌-서보형
① 제동 시 자기작동작용이 해당 슈에만 발생
② 종류
  • 전진 슈 : 전진방향에서 자기작동작용 작동
  • 후진(역전) 슈 : 후진방향에서 자기작동작용 작동

chapter 02

(2) 서보형

제동 시 자기작동작용이 모든 슈에 발생

(1개의 단일 휠 실린더 사용)

유니 서보형	전진 시 1차 및 2차 슈가 자기 작동을 하지만, 후진 시에는 모두 트레일링 슈가 되어 제동력이 감소
듀오 서보형	전·후진 제동 시 1차 및 2차 슈 모두 자기 작동을 함

(3) 2리딩 슈형

한쪽 슈의 제동력이 약해지는 단점을 보완하여 앵커핀 고정식의 트레일링 슈를 리딩 슈가 되도록 만든 것으로 2개의 휠 실린더 사용한다.(2개의 리딩 슈가 되기 때문)

단동 2리딩 슈형	슈가 모두 리딩 슈로 작용하지만 후진시 모두 트레일링 슈로 작용
복동 2리딩 슈형	전·후진 모두 리딩 슈로 작용

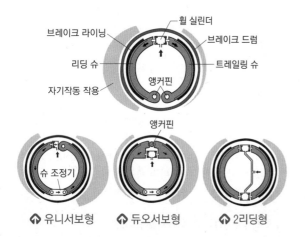

↑ 유니서보형   ↑ 듀오서보형   ↑ 2리딩형

04 유압식 브레이크 - 디스크식

1 디스크 브레이크의 특징

① 디스크가 외부에 노출되므로 수분의 건조가 빠르며, 방열성이 좋아 베이퍼 록이나 페이드 현상이 잘 일어나지 않는다.
② 브레이크의 편제동 현상이 적다.
　→ 드럼 브레이크에 비해 브레이크의 평형이 좋다.
③ 안정된 제동력을 얻을 수 있다.
④ 패드의 마찰면적이 작으므로 제동배력장치를 필요로 한다.
⑤ 패드의 재질은 강도가 높아야 한다.

⑥ 큰 조작력이 필요하다.
⑦ 구조가 간단하여 정비가 용이하다.
⑧ 브레이크 페달의 행정이 일정하다.

2 디스크 브레이크의 마찰력

$$\text{마찰력}(f) = \mu{\times}P{\times}2 \,[\text{N}]$$

μ : 패드 마찰계수, P : 패드를 누르는 힘(N)

3 디스크 브레이크의 종류

부동(플로팅) 캘리퍼형, 고정 캘러퍼형

05 배력식 브레이크 (servo brake booster)

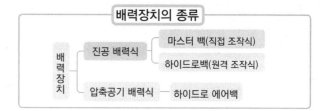

1 진공식 배력장치

① 대기압과 흡기다기관(부압)의 압력차를 이용

하이드로백 (Hydro-vac)	• 마스터 실린더와 배력장치가 별도로 설치된 원격 조작방식 • 마스터 실린더와 휠 실린더 사이에 배력장치를 설치하며, 설치가 자유롭다. • 진공밸브와 공기밸브가 마스터 실린더의 유압으로만으로 작동되며, 구조가 복잡하다.
마스터백 (Master-vac)	• 마스터 실린더와 배력장치가 일체로 한 직접 조작방식 • 브레이크 페달과 마스터 실린더 사이에 배력장치가 설치(설치 위치의 제한) • 구조가 간단하고 가볍다.

2 하이드로백의 구성

① 구성 : 유압계통(유압 브레이크와 유압 실린더)와 진공계통(동력 실린더, 동력피스톤, 릴레이 밸브 및 밸브 피스톤, 체크밸브)
② 릴레이 밸브 및 밸브 피스톤 : **마스터 실린더에서 유압을 받아** 동력실린더에 진공을 공급/차단시킴
③ 체크 밸브 : 동력 피스톤이 작동하지 않을 때 열려 마스터 실린더의 오일이 휠 실린더로 흐를 수 있도록 한다.

▶ 배력장치가 고장나도 페달 조작력은 작동로드와 푸시로드를 거쳐 마스터 실린더에 작용하므로 일반적인 유압제동장치로 작동된다.

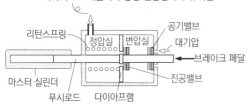

흡기다기관 압력(또는 진공펌프)에 의해 공기가
지속적으로 배출되어 항상 진공상태가 유지됨

리턴스프링 / 정압실 / 변압실 / 공기밸브 / 대기압 / 브레이크 페달 / 진공밸브 / 마스터 실린더 / 푸시로드 / 다이아프램

페달을 놓으면 → 리턴스프링에 의해 다이아프램이 원래 위치로 이동하며 → 진공밸브가 열림 → 변압실도 진공상태가 되어 다이어프램 양쪽의 압력차가 없으므로 힘이 작용하지 않음

페달을 밟으면 → 진공밸브는 닫히고, 공기밸브는 열림 → 변압실에 대기압이 유입되어 정압실과 변압실의 압력차가 발생 → 다이어프램이 정압실쪽으로 밀림 → 푸시로드를 밀어내어 마스터 실린더에 힘이 작용

⬆ 진공 배력장치의 작용원리

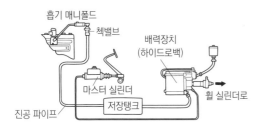

흡기 매니폴드 / 체밸브 / 배력장치(하이드로백) / 마스터 실린더 / 휠 실린더로 / 진공 파이프 / 저장탱크

⬆ 하이드로백 배력장치의 구조

▶ **배력장치 장착 차량에서 브레이크 페달 조작이 무거운 원인**
 • 진공용 체크밸브의 작동이 불량
 • 진공 파이프 각 접속부의 누설
 • 릴레이 밸브 피스톤 작동이 불량
 • 하이드로릭 피스톤 컵이 손상

3 공기식 배력장치(하이드로 에어백)
 ① **압축공기(압축기)의 압력과 대기압과 차이**를 이용
 ② 공기압축기와 공기저장탱크가 있다.

06 ABS(Anti-lock Brake System)

1 ABS의 개요 및 기본 원리
 ① ABS는 미끄러운 노면에서 제동할 때 각각 바퀴의 슬립 양을 감지해 이에 따라 적절하게 브레이크 유압을 제어, 바퀴의 잠김(lock)을 방지함으로써 차체의 방향 안정성을 유지하도록 하고 제동거리를 짧게 하는 장치이다.

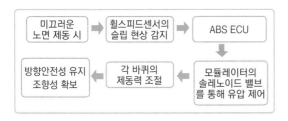

미끄러운 노면 제동 시 → 휠스피드센서의 슬립 현상 감지 → ABS ECU → 모듈레이터의 솔레노이드 밸브를 통해 유압 제어 → 각 바퀴의 제동력 조절 → 방향안전성 유지 조향성 확보

② 4개의 휠 스피드 센서(바퀴의 회전속도)의 신호를 검출하여 ECU에 입력되면, ECU는 바퀴의 회전수 차이에 의한 슬립률(차체와 차륜의 감속도 비교)을 측정하여 바퀴의 감속도가 증대되는 쪽의 휠 실린더에 작용하는 유압을 감소시키고, 바퀴의 감속도가 감소되는 쪽의 휠 실린더에 작용하는 유압을 증압시켜 록을 방지한다.

▶ **슬립률**(Slip Rate, 미끄럼률)
 주행 중 제동 시 노면에 대한 타이어의 미끄러지는 정도를 나타낸 것
$$슬립비(\lambda) = \frac{자동차 \ 속도 - 바퀴 \ 속도}{자동차 \ 속도}, \ 슬립률 = 슬립비 \times 100[\%]$$

2 ABS의 목적
 ① **바퀴의 잠김에 의한 슬립 방지** : 제동 시 제동압력을 조절하여 바퀴의 잠김을 방지함으로써 제어 불능 상태를 미연에 방지하여 최적의 제동조건을 유지하는 것
 ② **제동 시 차체의 안정성 확보** : 제동 시 먼저 잠기는 바퀴의 반대 방향으로 발생되는 스핀 현상을 방지한다.
 ③ **급제동 시 운전자의 의지에 따른 조향력 확보** - 제동 시 바퀴의 잠김으로 인해 미끄러지는 방향으로 계속해서 진행하는 현상을 방지한다.
 ④ **제동거리 단축** - 최적의 제동력을 얻을 수 있는 각 바퀴의 제동압 제어를 통해 제동거리를 단축한다.
 ⑤ 제동 시 **직진성 및 조향성 확보, 방향 안정성**
 ⑥ **노면의 마찰계수가 최대인 상태에서 제동거리 단축의 효과가 있다.**(최대 제동거리 단축은 아님)
  → 타이어와 노면의 마찰계수가 클수록 제동거리가 단축된다.
 ⑦ 후륜의 조기고착에 의한 옆 방향 미끄러짐 최소화

3 ABS 시스템의 특성 및 주의사항
 ① 타이어의 미끄럼(slip)률이 마찰계수 최고치를 초과하지 않도록 한다.
 ② ABS 차량은 급제동 시에도 스티어링 휠 조향이 가능하다.
 ③ 좌우 차륜의 노면 상태가 다를 때 차륜이 고착되지 않도록 제동압력을 제어한다.
 ④ ABS는 제동 때마다 작동하는 것이 아니라 급제동 또는 마찰계수가 낮은 노면에서 제동 때에만 작동된다.
 ⑤ **고장 시 모듈레이터 작동을 중지시키고 일반 브레이크로 작동된다. (페일세이프)**
 ⑥ ABS가 작동하면 브레이크 페달이 떨리는 것(킥백)을 느낄 수 있으며 이는 정상이다.
 ⑦ ABS 효과를 볼 수 없는 상황에서는 ABS가 작동하더라도 사고의 위험으로부터 벗어날 수 없다.
  → 미끄러운 노면에서 무조건 ABS 효과에 의한 제동거리 단축 효과가 있는 것은 아니다.
 ⑧ 일부 차량은 **ABS는 시동 후 일정속도에 도달하면 자기진단을 실행하므로 이 때는 모터가 작동하는 소리가 들릴 수 있다.**

4 ABS장치의 구성 요소

> ▶ ABS장치의 주요 구성 요소
> • 입력부 : 휠스피드센서(4개), 프로포셔닝 밸브, 브레이크 스위치
> • 제어부 : ABS ECU, 자기진단
> • 출력부 : 유압 모듈레이터(HCU)-솔레노이드 밸브, ABS 경고등, 모터 릴레이

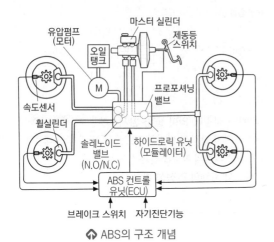

⬆ ABS의 구조 개념

(1) 프로포셔닝 밸브(Proportioning Valve, P-밸브)

균형을 이룸

급제동 시 후륜의 조기 잠김으로 인한 스핀을 방지하기 위해 후륜에 전달되는 유압을 지연시켜 모든 바퀴의 제동력을 균일하게 하는 목적이다.

→ 프로포셔닝 밸브는 기계식이며, ABS에서는 모듈레이터 내에 설치되어 있다. 또한, EBD-ABS에서는 전자제어 제동력 배분장치가 그 역할을 대신한다.

> ▶ 로드센싱 프로포셔닝 밸브(LSPV, load sensing proportioning valve)
> 중량에 따라 앞뒤 브레이크 유압을 변환시켜 제동력의 균형을 이루는 밸브로, 후륜 하중을 밸브가 감지하여 적재량에 따른 하중 변화에 적절한 유압을 배분해준다.
> ※ 프로포셔닝 밸브와 차이점 : 후륜 유압 외에 뒷바퀴 하중과 감속도에 따라 뒷바퀴 제동을 조정

(2) 휠 스피드 센서 - 홀 센서

① 각 바퀴마다 설치되며, 각 바퀴마다 별도로 제어
② 휠의 회전속도를 감지하여 ABS ECU로 입력되어 입력되는 신호와 계정된 감속 및 가속계수를 연산하여 예상 차속을 결정
③ 톤 휠의 돌기부가 센서에 접근하면 **교류 전류**가 발생하여 영구자석 주위의 자력선이 변화되는 것을 이용하여 각 바퀴의 속도를 감지
④ **휠 스피드 센서의 출력 주파수는 속도에 비례**
⑤ 폴 피스와 로터 사이의 간극 : 0.2~1.0mm
⑥ 폴 피스에 이물질 부착 시 속도 검출이 어려움

ABS 작동 개념

❶ 감압모드

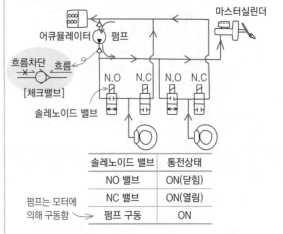

솔레노이드 밸브	통전상태
NO 밸브	ON(닫힘)
NC 밸브	ON(열림)
펌프 구동	ON

펌프는 모터에 의해 구동함

알아두기) • N.O(Normal Open) : 평상 시 열리고, 작동 시 닫힘
• N.C(Normal Close) : 평상 시 닫히고, 작동 시 열림

NO 솔레노이드 밸브는 유로를 차단시키고, NC 솔레노이드 밸브는 유로를 열어 휠 실린더의 오일이 어큐뮬레이터에서 임시 저장되고, 일부는 펌프구동에 의해 마스터실린더로 보냄
┗ ABS 작동시 딱딱하거나 진동을 느끼는 이유

❷ 증압모드

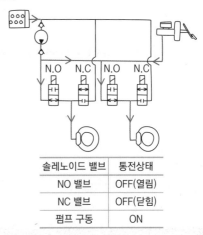

솔레노이드 밸브	통전상태
NO 밸브	OFF(열림)
NC 밸브	OFF(닫힘)
펌프 구동	ON

NO 솔레노이드 밸브는 유로를 열고, NC 솔레노이드 밸브는 유로를 닫혀 마스터 실린더의 오일은 NO 솔레노이드 밸브를 통해 휠실린더로 공급되고, 어큐뮬레이터의 저장된 오일도 펌프 구동에 의해 휠실린더로 공급된다.

❸ 유지모드		❹ 미작동시	
솔레노이드 밸브	통전상태	솔레노이드 밸브	통전상태
NO 밸브	ON(닫힘)	NO 밸브	OFF(열림)
NC 밸브	OFF(닫힘)	NC 밸브	OFF(닫힘)
펌프 구동	OFF	펌프 구동	OFF

※ 위 회로는 솔레노이드 밸브의 작동에 관한 이해를 돕기 위해 단순화시킨 것으로 실제와 다름

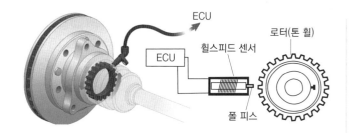

ECU

로터(톤 휠)

ECU

휠스피드 센서

폴 피스

(3) ABS 컨트롤 유닛

휠 스피드 센서, 브레이크 스위치에서 입력신호를 받아 제동 상태를 감지하고, 모듈레이터에 신호를 보내 각 실린더에 공급되는 유압을 조절한다.

→ 바퀴의 회전 속도가 기준 속도보다 낮을 때 또는 감속이 감속 한계보다 클 때 : 모듈레이터에서 감압

→ 바퀴의 회전 속도가 기준 속도를 초과할 때 또는 가속이 기준 속도나 가속 한계를 초과할 때 : 모듈레이터에서 증압

(4) 하이드로릭 컨트롤 유닛(HCU)

ECU의 제어신호를 받아 브레이크 유압을 조절하여 휠 실린더에 전달한다.

① **리턴펌프** : HCU 중앙에 설치되며, ABS가 작동할 때 ECU의 신호에 의해 리턴펌프를 작동시켜 휠 실린더에 가해지는 유압을 증압, 감압(마스터실린더로 리턴)으로 제어한다.

② **어큐뮬레이터**(accumulator, 축압기) : 감압신호가 전달되면 휠 실린더의 압유(압력이 가해진 오일)을 일시적으로 **저장**하고, 유압 충격을 흡수하며, 증압 시에는 신속한 작동을 위해 휠 실린더로 오일을 공급하는 역할

③ **릴리스 체크밸브** : ABS 제동 완료 또는 ABS 작동 중 브레이크 페달에서 발을 떼었을 때 휠 실린더의 오일이 마스터 실린더로 리턴되도록 하며, 휠 실린더 유압이 마스터 실린더 유압보다 높게 되는 것을 방지

④ **솔레노이드 밸브** : 일반 브레이크 회로와 ABS 유압 회로를 개폐시켜 증압/감압 회로를 구성한다.

▶ **ABS의 해제 조건**
브레이크 S/W off, 차량속도 증가, 발전기 L(램프)선이 끊어졌을 때

▶ **ABS 경고등 점등 조건**
휠스피드센서의 불량, ABS 구성품 고장, 회선 불량, 점화스위치 ON 후 자기 진단 상태 등

▶ **페일 세이프(Fail safe) 기능**
ABS에서 ECU 신호계통, 유압계통 이상 발생시 솔레노이드 밸브 전원공급 릴레이를 "OFF"함과 동시에 제어 출력신호를 정지하며 **ABS 고장 시 일반 제동상태로 작동된다.**

5 ABS의 작동 모드 : 감압 – 유지 – 증압(반복)

① 감압 : 슬립률이 30% 이상이 되면 슬립 증가를 방지하기 위해 ABS가 작동되며 휠 실린더의 오일의 배출되어 어큐뮬레이터에 일시 저장된 후 리턴모터에 의해 마스터 실린더로 리턴시킨다.

② 증압 : 휠실린더에 유압이 너무 낮거나, 마찰계수가 증가하면 어큐뮬레이터 및 마스터 실린더의 오일을 빠르게 휠 실린더로 유압을 공급시켜 다시 제동력을 증가시킨다. – 슬립률 증가

6 제어방식에 따른 종류

① 개별 제어 : 각 휠을 개별적으로 관리하여 상황에 따라 각 휠에 필요한 최대 제동압력을 제어

② **셀렉트 로**(select-low) : 각 휠의 노면과의 마찰계수가 서로 다를 때 **마찰계수가 낮은 바퀴를 기준**으로 좌우 휠의 제동력을 제어하는 방식

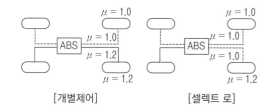

[개별제어] [셀렉트 로]

7 ABS 시스템의 진단

ABS 시스템 테스트 작업 전후에는 반드시 경고등 정상 여부와 ABS 시스템 정상 여부를 점검한다.

(1) 정상 상태

IGN on 상태에서 ABS/BRAKE 경고등이 점등되었다가 3초 후 소등되면, 경고등과 ABS 시스템 모두 정상이다.

(2) IGN on을 하여도 경고등이 점등되지 않는 경우

ABS ECU 커넥터를 탈거한 후 IGN on을 했을 때

① 경고등이 점등되지 않는 경우 : 경고등 관련 이상(계기판 및 와이어 링 점검)

② 경고등이 점등된 상태로 유지할 때 : 경고등은 정상이고 ABS 시스템 이상

(3) IGN on 시 경고등 점등 후 소등되지 않는 경우

① 고장코드 소거 후 자기진단 시 정상일 경우 IGN off 후 IGN on 하여 경고등이 정상적으로 동작하는지 확인한다.

② 고장코드 소거 후 자기진단 시 계속 에러가 나올 경우 고장코드 점검표에 따라 점검한다.

chapter **02**

⑧ 휠 스피드 센서의 파형 검사

단품을 점검하여 출력전압을 휠을 회전시켜 파형으로 측정한다.

① 배터리 ⊕, ⊖ 단자에 연결한다.

② 오실로스코프 프로브(1~6번 채널 중 1개 채널 선택) : 흑색 프로브를 **배터리 ⊖ 단자**에 연결하고, 컬러 프로브는 **휠 스피드 센서 출력 단자**에 연결한다.

③ 오실로스코프 항목을 선택하고, 환경 설정 버튼을 눌러서 측정 제원을 설정한다.

④ 파형이 출력되면 화면 상단에 있는 정지버튼을 누른다.

> ▶ 휠 스피드 센서 파형 분석(판정 기준)
> • 주파수 : 40~50Hz
> • 전압 최대값 / 최소값이 0.2V 이상 차이가 나면 정상

07 EBD(Electronic Brake-force Distribution)

→ EBD : 제동력 전후륜 분배 장치

❶ EBD 제어의 개요

① 브레이크 페달 작동 시 브레이크 압력을 전자적으로 제어하여 차량 중량 변화(승차인원, 적재하중)에 따라 앞뒤 바퀴에 걸리는 **제동력을 자동 배분**하는 전자식 제동력 분배 시스템으로, **스핀 방지 및 제동성능을 향상**시킨다.

② ABS 성능을 향상시키고 안정성을 높인 제동장치이다.

③ P-밸브 대신 EBD는 **ABS와 함께 장착되어 ABS의 보조역할**을 한다.

④ EBD는 차량 중량의 변동조건에 따라 후륜제동력을 조절함으로써 제동력을 배분하여 최대 제동력 가능하며, 적은 제동력으로도 제동이 가능하다.

> ▶ P-밸브의 단점 (Proportioning Valve, 고정비례 유압밸브)
> • 고속 주행 중 급제동하면 무게중심 이동으로 뒷바퀴가 먼저 제동되어 스핀이 발생된다. 이런 현상을 방지하기 위해 프로포셔닝 밸브(P-밸브)를 장착하지만 기계적 한계가 있어 이상적인 후륜제동 압력 분배 어렵다.
> • 차량 자세, 적재 하중 변화, 노면상태 등에 따른 압력 배분이 어렵다.
> • 일정한 액압 배분 곡선만 유지되어 이상적인 제동을 수행할 수 없다.
> • P-밸브의 고장 시 운전자가 증상을 알 수 없다.
> • 고장 시 급제동하면 스핀이 발생될 수 있다.

❷ EBD의 장점 (안전성)

ABS 고장의 원인 중 다음과 같은 사항에서도 EBD는 계속 제어되므로 ABS보다 고장률이 감소된다.

① 휠 스피드 센서 1~2개의 고장 시에도 제어된다.

② 모터 펌프의 고장 시에도 제어된다.

③ 저전압 이상 시에도 제어된다.

④ P-밸브는 고장 시 경고장치가 없어 운전자가 고장 여부를 알 수 없으나, EBD 고장 시에는 주차 브레이크 경고등이 점등된다.

> ▶ ABS와 EBD 고장 비교
> • ABS 고장 시 : ABS 경고등 점등, EBD 시스템은 정상 작동
> • EBD 고장 시 : ABS 경고등 점등, 주차 브레이크 경고등 점등

❸ EBD 제어의 작동 조건 및 작동 중지

① EBD는 전륜의 가장 빠른 바퀴와 후륜의 가장 느린 바퀴의 속도가 약 1km/h이상일 경우에 작동한다.

② **ABS 작동 시에는 기능이 중지**된다.

❹ EBD의 원리

① 앞뒤 바퀴 속도차를 측정한 후 ABS 액추에이터를 통해 후륜의 제동력을 분배한다. 기존의 P-밸브보다 후륜 브레이크 제동력을 브레이크 요구액압 배분곡선(이상제동배분곡선)에 가깝게 근접 제어한다.

> ▶ 요구액압 배분곡선
> 브레이크 라이닝 및 패드의 마찰재 산포에 따라 각 바퀴의 제동력 차이로 각 바퀴에 따른 이상적인 제동배분 곡선을 말한다.

② 제동 시 각각의 휠 스피드 센서로부터 슬립률을 연산하여 리어 슬립률을 프런트보다 항상 작거나 동일하게 리어 액압을 제어하여 후륜의 lock이 전륜보다 선행되지 않는다.

→ 아래 그림의 A 부분만큼 리어 브레이크 액압을 크게 하면 결과적으로 제동력이 향상된다.

③ 또한 마찰재 산포에 따른 각 바퀴의 요구 액압 배분곡선대로 브레이크 압력을 조절할 수 있어 전체 제동력을 향상시킨다.

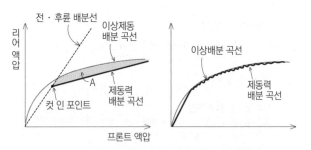

EBD 장착 차량이 P-밸브 장착 차량보다 이상배분 곡선에 근접한다.

※ 컷 인 포인트 : 제동이 시작되는 지점

[P-밸브 장착 시]   [EBD 장착 시]

⬆ 브레이크 액압 배분곡선

08 TCS(Traction Control System)

1 TCS 제어의 개요

① TCS는 눈길 등 미끄러지기 쉬운 노면에서 출발 또는 가속 시 바퀴 슬립을 최소화하여 가속성, 발진성 및 선회 안전성을 향상시키는 **구동 슬립율 제어** 기능과 선회 가속 시에 언더스티어링 또는 오버스티어링을 방지하여 조향성능을 향상시키는 **트레이스 제어** 기능이 있다.

② 미끄러운 노면에서 후륜 휠 스피드 센서의 차체 속도와 전륜 휠 스피드 센서로 구한 구동륜의 속도를 검출 비교하여, 구동륜의 슬립비가 적절하도록 한다.

2 TCS의 기능

① 구동 성능 : 슬립이 제어되므로 차체의 흔들림이 적고, 발진성, 가속성, 등판성이 향상

② 선회추월 성능 : 안전한 코너링 주행 및 추월이 가능

③ 조향안전 성능 : 조향 핸들 조작 시 구동력에 의한 횡력을 우선적으로 제어하여 선회를 용이하게 함

3 TCS의 기본 원리

후륜 휠 스피드 센서의 차체 주행속도와 전륜 휠 스피드 센서의 속도를 비교하여 최적의 구동률을 얻기 위해 구동 슬립율이 **15~20%**로 제어하도록 엔진 출력 및 구동 바퀴의 유압을 제어한다.

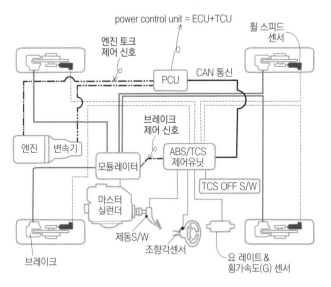

⬆ TCS 구성

⬆ ESC 작동 원리

4 TCS 조절방식의 종류 : FTCS, BTCS

(1) FTCS(full traction control system)

엔진 출력 및 브레이크를 동시에 제어

① 브레이크 제어 : 구동바퀴를 직접 제동하는 방식으로, 전후륜의 휠 스피드 센서의 신호값을 비교하여 슬립이 발생하는 차륜 자체를 제어

② 엔진 및 변속기 제어 : 슬립량에 따라 엔진 ECU 및 TCU에 CAN BUS 라인을 통해 엔진 토크 저감(스로틀밸브 제어, 연료 차단 제어, 점화지각) 신호, TCU 제어 신호를 전송한다.

→ TCU(transmission control unit) 제어 : 킥 다운(한 단 낮추어 가속력 증가시킴) 방지 작용

(2) BTCS(brake traction control system)

모터 펌프를 제어하여 브레이크 제어만 수행한다.

▶ **TCU에 입력되는 신호**
조향각센서, TPS 센서, 엑셀러레이터 페달 위치 센서, 브레이크 스위치, 휠스피드센서, G센서&요센서 등

▶ **차동 제어방식** (Differential control system)
슬립되는 차륜의 구동력을 반대측 차륜으로 이동

09 차체 자세 제어장치(VDC, ESC)

1 VDC 제어의 개요

① 자체 자세 제어장치의 명칭 : VDC(Vehicle Dynamic Control System), ESC(Electronic Stability Control), ESP(Electronic Stability Program) 등

② VDC 시스템은 **ABS/EBD 제어, TCS(트랙션 컨트롤), 요 컨트롤 기능을 포함한 제어방식**으로, 선회 시 차량 스스로 스핀 또는 언더 스티어, 오버 스티어 등을 감지해 각 브레이크 압력과 엔진 출력을 제어하여 ABS 작동 및 자동 감속, 스핀이나 언더스티어의 발생을 **미연에 방지하여 능동적으로** 차체를 안정된 자세로 잡아주는 역할을 한다.

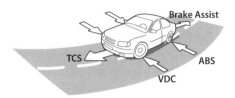

• Brake Assist : 제동거리 단축(브레이크 응답성 향상)
• ABS : 방향안정성, 조향안정성, 제동거리 단축
• TCS : 슬립 제어, 트레이스 제어
• VDC : ABS + TCS + 차제기울기 조정, 스핀제어

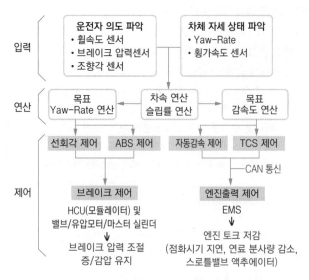

입력
- 운전자 의도 파악
  - 휠속도 센서
  - 브레이크 압력센서
  - 조향각 센서
- 차체 자세 상태 파악
  - Yaw-Rate
  - 횡가속도 센서

연산
- 목표 Yaw-Rate 연산
- 차속 연산 슬립률 연산
- 목표 감속도 연산

- 선회각 제어
- ABS 제어
- 자동감속 제어
- TCS 제어

제어
- 브레이크 제어
  - HCU(모듈레이터) 및 밸브/유압모터/마스터 실린더
  - ↓
  - 브레이크 압력 조절 증/감압 유지
- 엔진출력 제어 (CAN 통신)
  - EMS
  - ↓
  - 엔진 토크 저감 (점화시기 지연, 연료 분사량 감소, 스로틀밸브 액추에이터)

⚠ VDC의 구성

2 기본 원리

HECU는 휠 스피드 센서 신호를 이용하여 차속 및 휠의 가·감속을 산출한 후 ABS/EBD의 작동 여부를 판단하고, TCS 제어를 통해 브레이크 압력제어 및 CAN 통신을 통해 엔진 토크를 저감시켜 슬립을 방지한다.

3 VDC 경고등(VDC 사양 적용 시)

① IG ON 후, 컨트롤 유닛(HECU)은 지속적으로 시스템 고장을 자기진단 한다. 만약 **시스템 고장이 감지되면, HECU는 ABS 및 VDC 경고등을 점등**한다.

② VDC 경고등은 VDC 기능의 자가진단 및 고장상태를 표시한다.

> ▶ VDC 경고등의 점등 조건
> - IGN on 후 3초간 점등 – 초기화 모드
> - 자기진단 중
> - 시스템 고장으로 인해 VDC 기능이 금지될 때
> - 운전자의 VDC OFF 스위치가 입력될 때

4 VDC 제어 센서

(1) VDC 제어 효과

① 선회 시 요 모멘트(yaw moment) 제어, 자동 감속 제어, ABS 제어, TCS 제어 - 요잉(스핀) 방지, 언더/오버 스티어링 제어, 제동 및 가속 시 조종 안정성 향상 등

> ▶ VDC 제어 센서 종류
> - 차속센서
> - 조향각센서(steering angle sensor) : 운전자의 의도 감지
> - 가속페달센서(acceleraton pedal sensor) : 엔진 제어
> - 마스터 실린더 압력센서(pressure sensor) : 브레이크 제어
> - 선회속도센서(yaw fate sensor) : Z방향 회전 감지
> - 측방향가속도센서(lateral G sensor) : X방향 회전 감지

(2) 요 레이트(횡가속도(G) 센서) – 선회 제어

① 요 모멘트 : 차체의 앞뒤가 좌/우측 또는 선회시의 내륜측/외륜측으로 이동하려는 힘이다.

→ 요 모멘트로 인하여 언더 스티어, 오버 스티어, 횡력(drift-out) 등이 발생되어 주행 및 선회시 차량의 주행 안전성이 저하된다.

② 요 모멘트가 발생되면 제동 제어로 반대 방향의 요 모멘트를 발생시켜 서로 상쇄시킨다.

→ 필요에 따라 엔진 출력을 제어하여 선회 안정성을 향상시킴

③ 차량 선회 시 원심력에 의해 바깥으로 밀려나가게 되는 회전 각속도를 측정하여 차량의 거동을 파악한다.

(3) 조향 휠 각속도 센서

① 운전자의 조향 의도를 판단하는 센서로, 운전자의 핸들 각도를 출력한다.

② 핸들이 회전함에 따라 조향휠 각속도 센서의 슬릿 디스크도 회전하며, LED(발광 다이오드)의 빛이 슬릿을 통과했는지의 여부에 따른 on/off **펄스신호**를 받아들여 회전각도를 감지한다. LED에서 나온 빛의 슬릿 투과 여부의 신호를 계속적으로 HECU 측에 제공하면, 이 정보를 토대로 운전자의 조향각을 계산한다.

(4) 차속 센서(휠 스피드 센서) : **구형파**(square wave) 출력

(5) 마스터 실린더 압력 센서

---

10 공압식 제동장치(공기 브레이크)

1 공기식 제동장치의 특징

① 제동력이 브레이크 페달을 밟는 양에 비례하기 때문에 조작이 용이하다.

② **공기가 약간 누출되어도 제동 성능이 현저하게 떨어지지 않는다.**

③ 제동력은 압축공기의 압력에 비례한다.

④ 페달은 공기 유량을 조절하는 밸브만 개폐시키므로 답력이 적게 든다.

⑤ 공기 압축기의 구동으로 기관 출력이 일부 소모된다.

⑥ **공기를 사용하므로 베이퍼 록이 발생되지 않는다.**

⑦ 차량 중량이 커도 사용이 가능하므로 대형 트럭이나 버스, 트레일러 등에 사용된다.

⑧ 구조가 복잡하고 비싸다.

❷ 공기식 제동장치의 구성요소

공기 압축기	기관으로부터 구동되며, 피스톤 왕복운동으로 압축공기를 생성한다.
공기 탱크	압축기에서 발생된 공압을 저장하며, 내부는 앞뒤 브레이크용으로 구분되어 2계통으로 분리하여 작동된다.
브레이크 밸브	브레이크 페달 역할을 하며, 페달의 밟은 정도에 따라 압축공기가 릴레이 밸브를 제어하여 공기탱크에서 브레이크 챔버로 공기가 전달된다. (통상 앞브레이크용, 뒷브레이크용으로 독립)
릴레이 밸브	• 브레이크 밸브와 브레이크 챔버 사이에 설치 • 브레이크 밸브의 공기압에 의해 작동하는 스위치 역할을 하며, 페달을 밟으면 릴레이밸브가 열려 탱크의 압축공기가 에어챔버로 전달되면서 제동력이 발생한다. • 브레이크의 **작동 및 해제가 신속**하게 이루어지도록 한다. → 다이어프램 사이의 압력차를 이용하여 브레이크 챔버에 작용하는 압축공기를 완전히 배출시켜 브레이크를 해제시킴
퀵 릴리스 밸브	브레이크 밸브와 앞 브레이크 챔버 사이의 양 앞 브레이크 사이에 위치하며, 브레이크 페달을 놓았을 때 **압축공기를 신속히 외부로 배출**시켜 브레이크를 푸는 역할을 한다.
언로더 밸브	• 과부하 밸브(unloader valve) • 압축기 실린더 헤드에 설치하여 기준 압력 이상이 되면 밸브가 열려 공기 압축기의 압축 작용을 정지시켜 공기 압축기 및 기관의 과부하 발생을 방지하는 역할을 한다.
에어 압력 조절기	• air pressure regulator • 공기탱크-언로더 밸브 사이에 설치 • 공기압력을 일정하게 유지시키기 위해 탱크 내 압력이 규정압 이상일 때 언로더 밸브를 작동시켜 공기 압축기 작동을 정지시킨다.
체크밸브	공기탱크 입구에 설치, 역류 방지
브레이크 챔버 및 캠	• 브레이크 챔버 내에 설치된 다이어프램의 공기차를 이용하여 공압을 기계적으로 바꾸어 푸시로드를 밀어 캠을 회전시킨다. • 스프링 브레이크 챔버 내부는 교환 대상이 아님
슬랙 조정기	• 브레이크 챔버의 푸시로드와 캠 사이에 위치하여, 캠을 회전시키는 역할과 브레이크 드럼 내부의 슈와 드럼 사이의 간격을 조정한다. • 오토 슬랙 조정기(auto slack adjuster) : 자동으로 라이닝을 적정 간극으로 조정 유지하여 **브레이크 슈와 드럼 사이의 간극을 일정**하게 유지시켜 브레이크 성능 저하를 방지한다.
APU	• 에어 프로세싱 유닛(air processing unit) • 2개의 압력 센서와 압력 컨트롤 밸브를 포함한 4회로 프로텍션 밸브와 에어 드라이어(수분 제거)의 결합체이다. → 수분 제거 및 최적의 에어 압력 설정
셉쿨러 (sepcooler)	Separator(필터) + Cooler(냉각)를 합친 약어 • Separator : 압축기에서 발생된 이물질을 원심력을 이용하여 포집하며, APU의 재생(퍼지) 신호에 의해 자동적으로 밖으로 배출 • 보디 외부는 알루미늄 재질의 냉각핀으로 구성돼 있어, 공기 압축기의 뜨거운 공기를 냉각

▶ **유압식 브레이크와의 비교**
• 공기 압축기 : 오일펌프
• 공기탱크 : 리저버(오일탱크)
• 브레이크 밸브, 릴레이 밸브 : 마스터 실린더에 해당
• 브레이크 챔버, 슬랙 조정기, 캠 : 휠 실린더
• 브레이크 드럼과 라이닝 : 리딩 트레일링식의 앵커 핀 형식

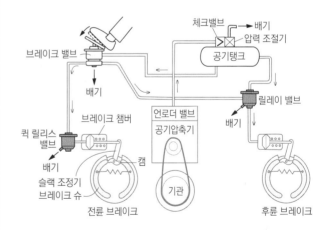

⬆ 공기 브레이크의 구성

❸ 공기브레이크의 기본 작동

① **브레이크 밸브를 밟으면** : 퀵 릴리스 밸브를 거쳐 앞 브레이크 챔버에 작동하고, 압축공기가 브레이크 밸브를 경유하여 릴레이 밸브를 눌러 열리도록 하여 공기탱크에서 직접 뒷 브레이크 챔버로 압축 공기가 송출된다. 이어서 슬랙 조정기를 통하여 캠을 회전시키므로 브레이크 슈가 드럼에 압착되어 제동력이 발생된다.

② **브레이크 밸브를 놓으면** : 브레이크 밸브와 릴레이 사이 압축공기는 브레이크 밸브 배기 구멍으로 대기로 방출되고, 앞 뒤 챔버 속의 압축공기는 퀵 릴리스 밸브, 릴리스 밸브에서 대기로 방출된다.

③ **제동력의 조정** : 브레이크 페달의 밟는 양에 의해서 브레이크 밸브가 조정되어 브레이크 챔버에 공급되는 압축 공기의 압력을 증감하여 이루어진다.

11　전자식 파킹 브레이크(EPB)

→ Electronic Parking Brake

① 주·정차 시 과거의 기계식(수동) 주차 브레이크와 달리 전자식 파킹 브레이크는 DC 모터 구동방식으로 버튼식으로 조작하여 편의성을 향상시킨다. (작동 시 모터구동소음 발생)

② 오토홀드/해제 기능 : 주행을 멈추었을 때 ECU가 차량속도, 엔진 회전수, 브레이크 동작 등을 감지하여 브레이크를 자동 잠금하며, 버튼 조작 없이 D 레버로 변경하거나, 안전벨트 착용 후 가속페달을 밟으면 주차 브레이크가 자동으로 해제할 수 있어 ISG(Idle Stop&Go)에 편리하다.

③ 운전석 도어나 테일게이트가 열려있거나, 안전벨트가 풀리거나, 정차 후 5분이 지나는 등 차량이 움직이면 안되는 상황을 감지해서 브레이크를 작동시킨다.

④ 기본 원리 : 기존의 캘리퍼 또는 드럼식 브레이크의 휠 실린더 부분을 모터 구동으로 피스톤을 밀어 디스크 패드 또는 슈에 밀착시킨다.(전원을 반대로 주면 피스톤이 후진)

⑤ EPB 고장 시 비상 해제 레버를 조작하여 임시로 주행이 가능함

⑥ 스위치의 조작만으로 잠금/해제가 용이하다.

⑦ 페달이나 핸드 레버가 필요없다. (공간 활용에 용이)

⑧ 운전자의 의지와 관계없이 최대 조작력으로 작동되어 안전성 향상

⑨ 전자제어 시스템으로 자체적인 고장진단이 가능

12　브레이크의 이상현상

❶ 제동장치와 관련된 증상과 원인

제동 시 떨림	좌우 제동력 편차, 디스크 및 드럼 마모 심함, 디스크와 패드 밀착 불량, 뒤 라이닝 및 드럼 오일 흡착, 한쪽 캘리퍼 작동 불량, 크로스 멤버 불량 등
브레이크 페달 깊음	심한 디스크 마모, 디스크 및 패드 밀착 불량, 드럼과 라이닝 밀착 불량, 브레이크 라인 공기 혼입, 마스터 실린더 불량, 브레이크 액 누유 등
브레이크 페달 딱딱함	배력장치 진공호스 공기 누설, 하이드로 백 불량, 브레이크 유격 불량 등
주행 시 브레이킹	캘리퍼 고착, 하이드로 백 파손, 프로포셔닝 밸브 불량, 주차케이블 불량, 뒤 라이닝 조정 불량 등

❷ 브레이크가 잘 듣지 않은 경우

① 브레이크 오일 부족 및 공기 유입
② 브레이크 라이닝에 오일 부착
③ 브레이크 드럼과 슈의 간격이 지나치게 과다할 때
④ 휠 실린더의 피스톤 컵이 손상되었을 때
⑤ 브레이크 간격 조정이 지나치게 클 때
⑥ 디스크 브레이크의 패드 접촉면에 오일이 묻었을 때

❸ 브레이크가 풀리지 않는 원인

① 마스터 실린더의 리턴 스프링 불량
② 마스터 실린더의 리턴 구멍의 막힘
③ 드럼과 라이닝의 소결
④ 푸시로드의 길이가 너무 길 경우

❹ 브레이크의 유격이 커지는 원인

① 브레이크 오일의 부족 및 공기가 유입
② 브레이크 라이닝에 오일 부착
③ 브레이크 라이닝 또는 패드의 마모
④ 마스터 실린더 또는 휠 실린더의 불량
⑤ 브레이크 페달 또는 브레이크 슈의 조정 불량

❺ 기타

① 시동 off 상태에서 브레이크 페달을 여러 차례 작동 후 브레이크 페달을 밟은 상태에서 시동을 걸었는데 브레이크 페달이 내려가지 않는다면 예상되는 고장 부위 : 진공 배력장치
② 제동 시 소음이 나거나 차가 떨리는 요인 : 패드의 접촉면이 불균일함
③ 브레이크 드럼과 슈가 접촉하는 원인 : 슈의 리턴 스프링이 쇠손(장력이 약해짐)

13 휠과 타이어

1 휠(wheel)

① 휠의 구성요소 : 휠 허브, 휠 디스크, 림(rim)

② 휠의 종류 : 디스크 휠, 경합금 휠, 스포크 휠, 스파이더 휠

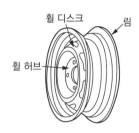

2 타이어

(1) 타이어의 성능 향상방법

① 하중 지지 : 타이어 공기압 증가, 카커스 재질 강화, 플라이 수 증가

② 노면 접착력 (마찰계수를 향상) : 트레드 패턴 변경, 트레드 홈 변화, 타이어의 재질 변경

③ 충격 흡수 : 타이어 공기압 증가, 플라이 수 감소

(2) 바이어스 타이어

일반적인 타이어로, 카커스 방향이 사선으로 되어 있다.

(3) 튜브리스(tubeless) 타이어

① 못 등이 박혀도 공기누출이 적고 공기가 급격히 누설되지 않는다.

② 고속 주행 시에도 발열이 적다.

③ 펑크 수리가 간단하다.

④ 유리조각 등에 의해 찢어지는 손상에는 수리가 어렵다.

⑤ 림이 변형되면 공기가 누설되기 쉽다.

(4) 레이디얼(radial, 방사형) 타이어

① 레이디얼 타이어란 회전방향에 직각으로 카커스(carcass)의 코드(code)를 배열한 타이어를 말한다.

② 하중에 의한 트레드 변형이 적어 접지 면적이 크다.

③ 선회 시 옆방향 힘을 받아도 변형이 적다.

④ 편평율을 크게 할 수 있다.

⑤ 미끄럼이 적고 견인력이 좋다.

⑥ 회전저항 및 미끄럼이 적으며, 주행안정성이 향상된다.

⑦ 로드 홀딩이 좋고, 스텐딩 웨이브 현상이 잘 일어나지 않는다.

⑧ **보강대의 벨트로 인해 브레이커가 튼튼하여 충격흡수가 잘되지 않고, 승차감이 좋지 않다.**

3 타이어의 구조

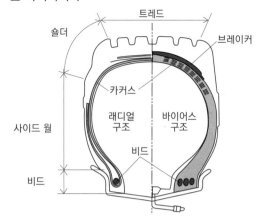

트레드 (thread)	• 노면에 직접 접촉되는 바닥면으로 제동 및 주행 시 접지력을 높여준다. • 노출 면적을 증대하여 발산효과 및 마모 감소
브레이커 (breaker)	• 트레드와 카커스 사이에 여러 겹의 코드층으로 접합된 부위로 마찰로 인해 발생하는 고열을 견딜 수 있어야 한다.
카커스 (carcass)	• 튜브의 공기압에 견디면서 타이어의 형태를 유지시키는 뼈대가 되는 부분이다. • 레이온, 나일론과 같은 합성수지를 고무로 붙인 형태로 충격을 흡수한다.
비드 (bead)	• 타이어의 끝부분으로 타이어가 림에 접하는 부분 • 타이어가 림에서 빠지는 것을 방지 • 비드부의 처짐이나 변형을 방지하기 위해 금속 와이어(피아노 강선)를 첨가
사이드 월 (side wall)	• 지면과 직접 접촉은 하지 않고 주행 중 가장 많은 완충작용을 함 • 타이어 규격 및 각종 정보가 표시

4 트레드 패턴

(1) 트레드 패턴의 필요성

① 주행 중 옆방향 및 전진 방향의 슬립 방지

② 타이어 내부에서 발생한 열의 발산

③ 트레드 부에 생긴 절상 확산 방지

④ 구동력이나 선회성능의 향상

(2) 종류

리브(Rib) 패턴	• 옆방향 슬립에 대한 저항이 크고, 조향성, 승차감이 우수하고 주행 소음이 적음 • 수막현상 방지에 적합 • 승용차에 사용되며 고속주행에 적합
러그(lug) 패턴	• 타이어 직각방향의 슬립 및 편마모에 강해 견인력 이 우수 (험한 도로 및 비포장도로 주행에 적합) • 군용 자동차나 덤프 트럭 등
리브 러그 패턴	• 리브 패턴과 러그 패턴을 조합한 형식 • 조향성 향상, 슬립 방지, 견인력 향상
블록 패턴	• 구동력이 좋고 옆 방향 미끄럼에 대한 저항도 크지 만, 진동과 소음이 크다. • 스노우 타이어나 건설용, 산업용 차량 등

⬆ 리브 패턴　⬆ 러그 패턴　⬆ 리브 러그 패턴　⬆ 블록 패턴

5 타이어의 호칭

① 타이어 호칭 치수 (레이디얼 타이어)

→ 'R' 대신 'D'는 바이어스 구조이다.
→ (S) : 타이어의 허용 최대속도 지수(범위)

② 타이어의 편평비 : 높이 대비 단면폭을 비율로, 타이어 접지력
과 하중의 결정에 영향을 줌

$$편평률(\%) = \frac{타이어의\ 높이}{타이어의\ 폭} \times 100$$

6 타이어 공기압에 따른 영향

(1) 공기압이 높을 경우

① 접지면적이 작아지며, 탄성이 높다.(타이어 중앙 마모가 심함)
② 승차감 저하, 제동 성능 저하, 충격에 손상되기 쉬움

(2) 공기압이 낮은 경우

① 접지면적이 커져 마찰이 커진다.(주로 트레드 양끝 마모가 심함)
② 연비 감소
③ 고속 주행 시 스탠딩 웨이브(standing wave) 발생 (바이어스 타이
어에서 크게 나타남)

> ▶ **스탠딩 웨이브 방지책** : 타이어의 공기압을 10~20% 정도 높임, 강성이
> 높은 타이어 선택
> ▶ **수막현상**(hydroplaning) **방지책** : 타이어의 공기압을 10~20% 정도 높임,
> 배수효과가 좋은 리브형 패턴 타이어 선택

7 타이어 공기압 감지장치(TPMS, Tire Pressure Monitoring System)

① 약 20km/h 이상에서 동작하며 타이어 공기압과 온도 등을 측
정하여 약 15초 주기로 라디오 주파수(RF : Radio Frequency)를
사용하여 TPMS 제어유닛에 송신하게 된다.

  → 수신 정보 : 압력, 온도, 센서 및 배터리 정보, ID, 위상차 등

② 림(rim)에 각각 장착되고, 센서 내부에는 교체용 소
형 배터리가 내장되어 있다.
③ 공기압 저하 또는 공기 누출 시 점등된다.
④ 작동방식의 종류

간접
방식
	ABS장치의 **휠스피드센서(휠 속도 감지)의 신호**를 바
	탕으로 타이어의 내부 공기압력상태를 간접적으로
	유추
	→ 특정 타이어의 공기압이 부족해지면 타이어 둘레가 작아져 주
	  행 중 타이어의 회전속도가 빨라지게 되어 특정 타이어의 공
	  기압 이상으로 판단

직접 방식	각 휠의 림 안쪽(또는 공기주입밸브)에 타이어 압력 센 서를 부착하여 타이어 **압력과 온도를 감지**하여 직접 계측하여 무선 RF 통신을 통해 운전자에게 경고 (주로 사용)

1 구동력

구동바퀴가 자동차를 미는 힘을 말한다.

$$F = \frac{T_s}{r} = \frac{T_e \times R_T \times \eta_m}{r}$$

여기서 • F : 바퀴의 구동력[kgf]
  • T_s : 바퀴의 회전력[kgf·m]
  • r : 타이어의 유효반경[m]
  • T_e : 엔진의 회전력[kgf·m]
  • R_T : 총 감속비
  • η_m : 엔진에서 구동륜까지의 전달효율

개념 이해 : 바퀴의 회전력(토크) = 바퀴의 구동력×타이어 반지름

$$\text{엔진의 회전력(토크)} = \frac{\text{바퀴의 구동력×타이어 반지름}}{\text{총감속비×전달효율}}$$

2 주행속도 구하기

주행속도는 바퀴 둘레(타이어 외경)가 얼마만큼 회전하느냐, 즉 타이어 외경의 회전속도를 말한다. 바퀴 둘레(원둘레)는 'π×지름'을 말하며, 여기에 구동바퀴의 회전수를 곱하면 자동차 속도를 구할 수 있다.
하지만 바퀴의 회전수가 아닌 엔진의 회전수가 주어지면 총감속비로 나눠주어야 바퀴의 회전수를 구할 수 있다.

타이어 외경 회전속도
원둘레

→ 구동바퀴의 회전수는 엔진 회전수가 변속기, 종감속기어를 거치기 때문이다.

주행속도 V = 원둘레×구동바퀴의 회전수

패턴 1) $V = \pi D \times \dfrac{N}{R_T} = \dfrac{\pi DN}{R_t \times R_f} \times \dfrac{60}{1,000}$

• V : 주행속도[km/h] • D : 바퀴의 직경[m]
• N_e : 엔진 회전수[rpm] • R_T : 총감속비 = $R_t \times R_f$
• R_t : 변속비 • R_f : 종감속비

패턴 2) $V = \pi D \times N_d = \pi DN \times \dfrac{60}{1,000}$

• V : 주행속도[km/h] • D : 바퀴의 직경[m]
• N_d : 구동바퀴의 회전수[rpm]

개념 정리하기

바퀴속도(주행속도)란 바퀴의 둘레가 얼마나 회전하느냐를 말한다.
→ 바퀴속도 = 타이어의 원주둘레×구동바퀴의 회전수

• 바퀴의 원주둘레(원둘레) = $\pi \times D$ (3.14×지름)

• 엔진 회전수는 변속기(변속비), 종감속장치(종감속비)를 거쳐 구동축에 전달되므로

$$\text{구동축(바퀴) 회전수} = \frac{\text{엔진 회전수}}{\text{총감속비}} = \frac{\text{엔진 회전수}}{\text{변속비×종감속비}}$$

• 60/1000 : m/s 단위를 km/h로 변환하기 위한 것으로
  1 km = 1000 m, 1 RPM = 60 rev/hour 이다.

※ 회전수 [RPM] : 'Revolutions Per Minute, rev/min' 즉, 1분당 회전수를 의미한다.

※ 만약, N이 '엔진 회전수'가 아닌 '바퀴 회전수'라면
$V = \pi DN \times \dfrac{60}{1000}$ 로 계산한다.

실제 계산을 할 때는 rev는 무단위이므로 '1/min'으로 계산한다.

3 제동거리

미끄러지기 시작할 때의 속도

$$S = \frac{v^2}{2\mu g}$$

• S : 제동거리[m]
• v : 제동 초속도[m]
• μ : 타이어와 노면과의 마찰계수
• g : 중력가속도(9.8m/sec²)

$$2aS = V^2 - V_o^2$$

• a : 가속도 [m/s²]
• V : 나중 속도 [m/s]
• V_o : 처음 속도 [m/s]

4 주행저항

구름저항	차륜 주행 시 앞으로 구르는 방향과 반대방향으로 작용하는 저항 즉, **타이어 접지부나 노면에 따른 저항**
구배저항	구배길(경사길)을 올라갈 때 받는 저항
가속저항	자동차의 속도를 변화시키는데 필요한 힘
공기저항	주행 중인 자동차의 진행방향에 반대방향으로 작용하는 공기력 저항으로, 전면 투영면적과 관련이 있다.(→ 유선형 형상으로 만듦)

[전주행 저항]
• 평탄로를 일정 속도로 주행 : 구름저항+공기저항
• 등판로를 일정 속도로 주행 : 구름저항+공기저항+등판저항
• 평탄로를 일정 가속도로 주행 : 구름저항+공기저항+가속저항

chapter 02

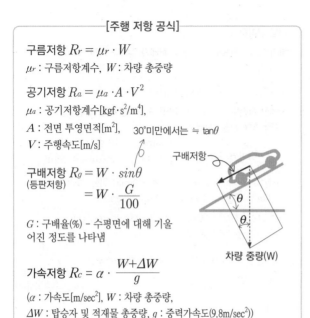

[주행 저항 공식]

구름저항 $R_r = \mu_r \cdot W$

μ_r : 구름저항계수, W : 차량 총중량

공기저항 $R_a = \mu_a \cdot A \cdot V^2$

μ_a : 공기저항계수[kgf·s²/m⁴],
A : 전면 투영면적[m²], 30°미만에서는 ≒ $\tan\theta$
V : 주행속도[m/s]

구배저항 $R_g = W \cdot \sin\theta$
(등판저항) $= W \cdot \dfrac{G}{100}$

G : 구배율(%) - 수평면에 대해 기울어진 정도를 나타냄

가속저항 $R_c = \alpha \cdot \dfrac{W+\Delta W}{g}$

(α : 가속도[m/sec²], W : 차량 총중량,
ΔW : 탑승자 및 적재물 총중량, g : 중력가속도(9.8m/sec²))

※ 단위에 주의할 것

5 공주거리, 제동거리, 정지거리의 관계

① 공주거리(공주시간) : 운전자가 자동차를 정지시켜야 할 상황임을 지각하고 브레이크로 발을 옮겨 브레이크가 작동을 시작하는 순간까지의 진행한 거리 또는 시간

→ 공주거리(S_1) = 속력×반응시간(0.5s) = $V_o×0.5$

② 제동거리(제동시간) : 운전자가 브레이크에 발을 올려 브레이크가 막 작동을 시작하는 순간부터 자동차가 완전히 정지할 때까지의 진행한 거리 또는 시간

→ 제동거리(S_2) = $\dfrac{V^2-V_o^2}{2a}$

③ 정지거리 : 운전자가 위험을 인지하고 제동을 시작하는 순간부터 자동차가 완전히 정지할 때까지의 진행한 거리

→ 정지거리 = 공주거리(S_1) + 제동거리(S_2) = $0.5V_o + \dfrac{V^2-V_o^2}{2a}$

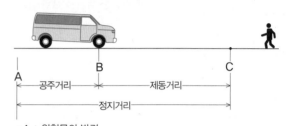

- A : 위험물의 발견
- B : 브레이크 작동
- C : 자동차(차축)정지

참고) 종감속비·총감속비 & 차동장치의 회전수 구하기

(1) 종감속비·총감속비

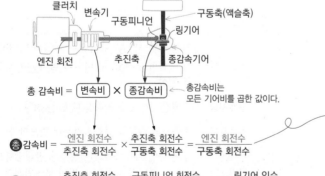

총 감속비 = 변속비 × 종감속비

총감속비는 모든 기어비를 곱한 값이다.

총감속비 = $\dfrac{\text{엔진 회전수}}{\text{추진축 회전수}} × \dfrac{\text{추진축 회전수}}{\text{구동축 회전수}} = \dfrac{\text{엔진 회전수}}{\text{구동축 회전수}}$

종감속비 = $\dfrac{\text{추진축 회전수}}{\text{구동축 회전수}} = \dfrac{\text{구동피니언 회전수}}{\text{링기어 회전수}} = \dfrac{\text{링기어 잇수}}{\text{구동피니언 기어 잇수}}$

> 헤깔릴 때 아래 기본 공식에 대입하면 이해가 쉽습니다!

감속비(속도비) = $\dfrac{\text{입력축 회전수}}{\text{출력축 회전수}}$

회전속도가 일정할 때
기어 잇수가 많을수록 회전수가 적고,
기어 잇수가 적을수록 회전수가 많아지므로
회전수와 기어 잇수는 반비례 관계이다.

(2) 좌우 바퀴의 회전수가 다를 때

차동장치에 의해 좌우 바퀴의 회전수가 다른 경우 한쪽은 빠르게, 한쪽은 느리게 회전한다. 그러므로 두 바퀴의 회전수의 합의 평균은 링기어 회전수와 같다.

링기어 회전수 = $\dfrac{\text{양 바퀴의 회전수의 합}}{2}$ 이므로

이 식에 아래 식을 대입하면 한 쪽 바퀴의 회전수를 구할 수 있다.

구동축(링기어)의 회전수 = $\dfrac{\text{엔진 회전수}}{\text{총감속비}}$

한 쪽 바퀴의 회전수 $= \dfrac{\text{엔진 회전수}}{\text{총 감속비}} ×2 - \dfrac{\text{다른쪽 바퀴}}{\text{의 회전수}}$

$= \dfrac{\text{추진축 회전수}}{\text{종감속비}} ×2 - \dfrac{\text{다른쪽 바퀴}}{\text{의 회전수}}$

01 제동장치 일반

[12-3, 10-1, 16-1 유사]

1 마스터 실린더의 단면적이 $10cm^2$인 자동차의 브레이크에 20N의 힘으로 브레이크 페달을 밟았다. 휠 실린더의 단면적이 $20cm^2$라고 하면 이 때의 휠 실린더에 작용되는 힘은?

① 20N   ② 30N

③ 40N   ④ 50N

파스칼의 원리에 의해

$$\frac{F_2(휠\ 실린더에\ 작용되는\ 힘)}{F_1(마스터\ 실린더에\ 작용하는\ 힘)} = \frac{A_2(휠\ 실린더\ 단면적)}{A_1(마스터\ 실린더\ 단면적)}$$

※ $F_2 = 20 \times \frac{20}{10} = 40N$

[09-2]

2 유압식 브레이크에서 15kgf의 힘을 마스터 실린더의 피스톤에 작용했을 때 휠 실린더의 피스톤에 가해지는 힘은? (단, 마스터 실린더의 피스톤 단면적은 $10cm^2$, 휠 실린더의 피스톤 단면적은 $20cm^2$이다)

① 7.5kgf   ② 20kgf

③ 25kgf   ④ 30kgf

[14-1]

3 브레이크 페달에 수평방향으로 150 kgf의 힘을 가했을 때 피스톤의 면적이 10 cm^2 이라면 마스터 실린더에 형성되는 유압은(kgf/cm^2)?

① 65
② 75
③ 85
④ 90

지렛대 원리를 이용하면

150kgf×25 = x×5, 실린더에 작용하는 힘 x = 750kgf

유압 $P = \frac{F}{A} = \frac{750}{10} = 75 \ [kgf/cm^2]$

[08-3, 18-3 유사]

4 브레이크 액이 갖추어야 할 특징이 아닌 것은?

① 화학적으로 안정되고 침전물이 생기지 않을 것

② 온도에 대한 점도 변화가 작을 것

③ 비점이 낮아 베이퍼 록을 일으키지 않을 것

④ 비압축성일 것

브레이크 오일이 갖추어야 할 조건
• 점도가 적당하고, 점도지수가 클 것
• 흡습성이 적고 윤활성이 있을 것
• 비점(끓는점)이 높아 베이퍼록을 일으키지 않을 것
• 빙점이 낮고 비등점이 높을 것
• 화학적 안정성이 크고, 침전물 발생이 없을 것
• 고무 및 금속부품을 부식, 연화, 팽창시키지 않을 것
• 비압축성일 것(압축성은 베이퍼록과 연관이 있음)

[12-1]

5 브레이크 장치에서 베이퍼록(Vapor lock)이 생길 때 일어나는 현상으로 가장 옳은 것은?

① 브레이크 성능에는 지장이 없다.

② 브레이크 페달의 유격이 커진다.

③ 브레이크액을 응고시킨다.

④ 브레이크액이 누설된다.

베이퍼록이 발생하면 기포에 의해 압축현상(스펀지 현상)이 생겨 제동이 잘 되지 않으므로 브레이크 페달의 유격이 커진다. (페달을 깊이 눌러야 함)
※ 베이퍼록 원인 : 과다한 브레이크 사용, 저품질 오일의 경우 (수분함량이 많아 끓는점이 낮아짐), 오일점도가 낮을 때 등

[09-3]

6 브레이크 시스템에서 작동 기구에 의한 분류에 속하지 않는 것은?

① 진공 배력식   ② 공기 배력식

③ 자기 배력식   ④ 공기식

작동기구(작동방식)에 따라 기계식, 유압식, 서보식(진공배력식, 공기배력식) 공기식으로 구분된다.

[13-3]

7 제동장치가 갖추어야 할 조건으로 틀린 것은?

① 최고속도와 차량의 중량에 대하여 항상 충분한 제동력을 발휘할 것

② 신뢰성과 내구성이 우수할 것

③ 조작이 간단하고, 운전자에게 피로감을 주지 않을 것

④ 고속주행 상태에서 급제동 시 모든 바퀴의 제동력이 동일하게 작용할 것

chapter **02**

[13-3, 09-1]

8 그림에서 브레이크 페달의 유격조정 부위로 가장 적합한 곳은?

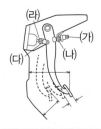

① (가)와 (나)
② (다)와 (라)
③ (나)와 (라)
④ (나)와 (다)

브레이크 페달의 유격조정은 조정너트((다)와 (라))를 이용하여 푸시로드의 길이로 조정한다.

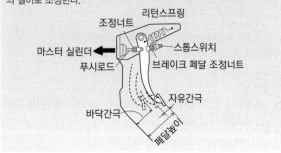

[12-1, 10-3]

9 유압식 브레이크 계통의 설명으로 옳은 것은?

① 유압계통 내에 잔압을 두어 베이퍼록 현상을 방지한다.
② 유압계통 내에 공기가 혼입되면 페달의 유격이 작아진다.
③ 휠 실린더의 피스톤 컵을 교환한 경우에는 공기빼기 작업을 하지 않아도 된다.
④ 마스터 실린더의 첵 밸브가 불량하면 브레이크 오일이 외부로 누유된다.

② 유압계통 내에 공기가 혼입되면 스펀지 작용에 의해 페달의 유격이 커진다.
③ 일반적으로 제동장치의 구성품 교환 또는 오일 교체 등 정비작업 후 공기빼기 작업을 해야 한다.
④ 첵 밸브는 베이퍼록 방지 및 잔압유지 역할을 하며, 누유와는 직접적인 관련은 없다.

[09-3]

10 제동장치에서 드럼 브레이크의 드럼이 갖추어야 할 조건을 잘못 설명한 것은?

① 방열성이 좋아야 한다.
② 마찰계수가 낮아야 한다.
③ 고온에서 내마모성이 있어야 한다.
④ 변형에 대응할 충분한 강성이 있어야 한다.

마찰력은 마찰계수에 비례(마찰력 = 마찰계수×무게)하므로, 마찰계수가 낮으면 잘 미끄러진다는 의미이다.

[09-1]

11 대기압이 1035hPa 일 때 진공 배력장치에서 진공 부스터의 유효압력차는 2.85N/cm², 다이어프램의 유효면적이 600cm² 이면 진공배력은?

① 4500 N
② 1710 N
③ 9000 N
④ 2250 N

유효압력차 : 대기압과 진공압의 차이
배력(힘) $F = P_{입력}×A_{단면적} = 2.85[N/cm^2]×600[cm^2] = 1710 [N]$

[09-1]

12 드럼식 유압 브레이크의 휠 실린더 역할은?

① 브레이크 드럼 축소
② 마스터 실린더 브레이크 액 보충
③ 브레이크 슈의 확장
④ 바퀴 회전

브레이크 제동 시 마스터 실린더의 유압이 휠 실린더의 피스톤에 작용하면 피스톤이 좌우로 확장시켜 슈를 드럼에 압착시켜 제동이 걸리게 한다.

[11-1]

13 브레이크 장치에서 전진시와 후진시에 모두 자기 배력작용이 발생되는 것을 옳은 것은?

① 듀오서보 브레이크
② 리딩슈 브레이크
③ 유니서보 브레이크
④ 디스크 브레이크

• 리딩슈 : 자기작용을 하는 슈
• 유니서보 : 전진 시 1, 2차 모두 자기작용
• 듀오서보 : 전진 시와 후진 시 1, 2차 모두 자기작용

[17-1, 13-1, 07-2]

14 브레이크 라이닝의 표면이 과열되어 마찰계수가 저하되고 브레이크 효과가 나빠지는 현상은?

① 브레이크 페이드 현상
② 언더스티어링 현상
③ 하이드로 플레이닝 현상
④ 캐비테이션 현상

페이드(fade) 현상
계속적인 브레이크 사용으로 드럼과 슈(또는 패드와 라이닝)에 마찰열이 축적되어 드럼이나 라이닝이 경화됨에 따라 마찰계수가 저하되어 브레이크 효과가 나빠진다.

정답 **8** ② **9** ① **10** ② **11** ② **12** ③ **13** ① **14** ①

15 제동장치에서 듀오 서보형 브레이크란?

① 전진 시 브레이크를 작동할 때만 2개의 브레이크슈가 자기 배력 작용을 한다.

② 후진 시 브레이크를 작동할 때만 1개의 브레이크슈가 자기 배력 작용을 한다.

③ 전·후진 시 브레이크를 작동할 때 2개의 브레이크슈가 자기배력 작용을 한다.

④ 후진 시 브레이크를 작동할 때만 2개의 브레이크슈가 자기 배력 작용을 한다.

[10-1]

16 제동장치의 배력장치 중 하이드로백 마스터에 대한 설명으로 옳은 것은?

① 유압계통의 체크밸브는 유압 피스톤의 작동시에 브레이크액의 역류를 막아 휠 실린더 유압을 증가시킨다.

② 릴레이 밸브는 브레이크 페달을 밟았을 때 진공과 대기압의 압력차에 의해 작동한다.

③ 유압계통의 체크밸브는 브레이크액이 마스터 실린더로부터 휠 실린더로 누설되는 것을 방지한다.

④ 진공계통의 체크밸브는 릴레이밸브와 일체로 되어있고 운행 중 하이드로 백 내부의 진공을 유지시켜준다.

하이드로 마스터 백
② 릴레이 밸브는 진공밸브와 공기밸브가 일체로 되어 먼저 진공밸브가 닫히고 이어 공기밸브가 열려 대기중의 공기가 들어가 동력 실린더를 작용한다.
③ 유압계통의 체크밸브 : 동력 피스톤의 이동이 끝나면 체크밸브가 닫혀 휠실린더 측의 고압에 의해 브레이크 오일의 역류를 방지하고 휠 실린더의 유압을 증가시킨다.
④ 진공계통의 체크밸브 : 하이드로백의 진공이 흡기 다기관으로의 역류를 막아 하이드로백의 진공(부압)을 유지시킨다.

[08-2, 16-3 유사]

17 브레이크 드럼의 직경이 30cm, 드럼에 작용하는 힘이 200kgf 일 때 토크(torque)는? (단, 마찰계수는 0.2 이다)

① 2kgf·m ② 4kgf·m
③ 6kgf·m ④ 8kgf·m

토크 = 마찰계수×힘×반경 = 0.2×200×0.15 = 6 [kgf·m]

[08-2]

18 브레이크에서 배력장치의 기밀유지가 불량할 때 점검해야 할 부분은?

① 패드 및 라이닝 마모상태
② 페달의 자유 간격
③ 라이닝 리턴 스프링 장력
④ 첵 밸브 및 진공호스

• 흡기 다기관과 진공탱크 사이에는 진공파이프로 연결되어 있으며, 중간에 체크밸브가 설치되어 있다.
• 체크밸브 역할 : 주행 중 엔진흡기 다기관 내의 부압 변화가 하이드로백에 영향을 주지 않도록 하는 것으로, 기관 정지 시 기관의 대기압이 하이드로백의 부압을 밀어 기관쪽으로 빠져나가지 않도록 막는다.

[12-3]

19 디스크 브레이크에 관한 설명으로 틀린 것은?

① 브레이크 페이드 현상이 드럼 브레이크보다 현저하게 높다.
② 회전하는 디스크에 패드를 압착시키게 되어 있다.
③ 대개의 경우 자기 작동 기구로 되어 있지 않다.
④ 캘리퍼가 설치된다.

디스크식 브레이크의 특징
• 방열 작용 우수(디스크가 외부에 노출)
• 편제동이 적음(좌우 바퀴의 제동력이 안정)
• 이물질이나 물이 묻어도 디스크로부터 이탈이 용이
• 패드 면적이 작으므로 고압이 필요
• 제동성능이 안정적(드럼식에 비해 열방출이 빨라 페이드 현상이 적음)
• 열 변형이 없어 페달 밟는 거리의 변화가 적다.
• 패드의 재료가 내마멸성이 커야 함
• 구조 간단, 정비 용이

[10-3]

20 디스크식 브레이크의 장점이 아닌 것은?

① 자기 배력작용이 없어 제동력이 안정되고 한쪽만 브레이크 되는 경우가 적다.
② 패드 면적이 커서 낮은 유압이 필요하다.
③ 디스크가 대기 중에 노출되어 방열성이 우수하다.
④ 구조가 간단하여 정비가 용이하다.

[16-3, 08-2]

21 드럼 브레이크와 비교한 디스크 브레이크의 특성에 대한 설명으로 틀린 것은?

① 고속에서 반복적으로 사용하여도 제동력의 변화가 적다.
② 부품의 평형이 좋고 편제동되는 경우가 거의 없다.
③ 디스크에 물이 묻어도 제동력의 회복이 빠르다.
④ 디스크가 대기 중에 노출되어 방열성은 좋으나 제동 안정성이 떨어진다.

[10-1]

22 드럼 브레이크와 비교하여 디스크 브레이크의 단점이 아닌 것은?

① 패드를 강도가 큰 재료로 제작해야 한다.
② 한쪽만 브레이크되는 경우가 많다.
③ 마찰면적이 적어 압착력이 커야 한다.
④ 자기작동작용이 없어 제동력이 커야 한다.

정답 15 ③ 16 ① 17 ③ 18 ④ 19 ① 20 ② 21 ④ 22 ②

23 현재 대부분의 자동차에서 2회로 유압 브레이크를 사용하는 주된 이유는?

① 더블 브레이크 효과를 얻을 수 있기 때문에

② 리턴 회로를 통해 브레이크가 빠르게 풀리게 할 수 있기 때문에

③ 안전상의 이유 때문에

④ 드럼 브레이크와 디스크 브레이크를 함께 사용할 수 있기 때문에

> 앞·뒤 브레이크를 2계통(디스크 브레이크와 드럼 브레이크)으로 분리시켜 한쪽 시스템이 고장나더라도 다른쪽으로 제동할 수 있도록 제동 안정성을 향상시킨다.

[13-1]

24 제동력을 더욱 크게 해주는 제동 배력장치 작동의 기본 원리로 적합한 것은?

① 동력피스톤 좌우의 압력차가 커지면 제동력은 감소한다.

② 동일한 압력조건일 때 동력 피스톤의 단면적이 커지면 제동력은 커진다.

③ 일정한 단면적을 가진 진공식 배력장치에서 기관 내부의 압축 압력이 높아질수록 제동력은 커진다.

④ 일정한 동력피스톤 단면적을 가진 공기식 배력 장치에서 압축공기의 압력이 변하여도 제동력은 변하지 않는다.

> ① 좌우의 압력차가 커지면 제동시 쏠림현상이 일어난다.
> ② '압력 = 힘/단면적'에 의해 압력이 일정할 때 단면적이 커지면 제동력도 커진다.
> ③ 진공식 배력장치는 엔진의 압축압력이 아니라 흡기 다기관의 진공과 대기압 차이($0.7kg/cm^2$)를 이용한다.
> ④ 공기식 배력장치는 압축공기와 대기압 차이($5\sim7kg/cm^2$)를 이용한다.

[12-3]

25 배력식 브레이크 장치의 설명으로 옳은 것은?

① 흡기 다기관의 진공과 대기압의 차는 약 $0.1kg/cm^2$이다.

② 진공식은 배기 다기관의 진공과 대기압의 압력차를 이용한다.

③ 공기식은 공기 압축기의 압력과 대기압의 압력차를 이용한 것이다.

④ 하이드로 백은 배력장치가 브레이크 페달과 마스터 실린더 사이에 설치되어진 형식이다.

> ① 흡기 다기관의 진공과 대기압의 차 : 약 $0.7kg/cm^2$
> ② 진공식 : 흡기 다기관의 진공과 대기압의 압력차를 이용
> ④ 하이드로 백은 배력장치가 마스터 실린더와 휠 실린더 사이에 설치된 구조이다.

[14-1]

26 브레이크 페달이 점점 딱딱해져서 제동 성능이 저하되었다면 그 원인은?

① 브레이크액 부족

② 마스터 실린더 누유

③ 슈 리턴 스프링 장력 변화

④ 하이드록 백 내부 진공누설

> 진공배력식(하이드록 백, 마스터 백)은 흡기다기관의 진공과 대기압과의 압력차를 이용한 것으로 진공이 누설되면 페달이 딱딱해지며 제동성능이 저하된다.

[14-3]

27 진공 배력장치인 마스터 백에서 브레이크를 작동 시켰을 때에 대한 설명으로 틀린 것은? (단, 완전제동위치인 경우)

① 진공밸브는 닫히고, 공기밸브는 열린다.

② 파워피스톤의 한쪽은 흡기다기관의 부압이 작용하고 반대쪽은 대기압이 작용한다.

③ 압력차에 의하여 마스터 실린더의 푸시로드를 밀어서 제동력을 증가시킨다.

④ 압력차가 막판스프링의 힘보다 크면 피스톤이 페달 쪽으로 움직인다.

> 마스터 백은 진공실(진공밸브)과 대기압실(공기밸브)로 이뤄져 있다. 진공밸브는 닫히고, 공기밸브는 열리게 하여 대기압이 유입되어 진공실과 대기압실의 압력차에 의해 다이어프램과 연결된 마스터 실린더의 푸시로드를 밀어서 제동력을 증가시킨다.

[08-3]

28 제동장치의 하이드로 마스터(hydro master)에 대한 설명에서 (   )안에 들어갈 내용으로 옳은 것은?

> ────[보기]────
> 파워실린더의 내압은 항상 (A)을 유지하고 작동시에 (B)를 보내어 (C)을 미는 형식이며, 동력피스톤 대신 (D)을 사용하는 형식도 있다.

① A : 진공, B : 공기, C : 파워피스톤, D : 막판(diaphragm)

② A : 공기, B : 진공, C : 파워피스톤, D : 막판

③ A : 파워피스톤, B : 공기, C : 진공, D : 막판

④ A : 파워피스톤, B : 공기, C : 막판, D : 진공

> **하이드로 마스터의 기본 작동**
> 동력실린더 압력은 항상 진공상태를 유지하며 작동 시에 대기압을 보내 동력피스톤(또는 다이어프램)을 밀어낸다.

[12-2]

29 제동력이 350kgf이다. 이 차량의 차량중량이 1000kgf이라면 제동저항 계수는? (단, 노면마찰계수 등 기타 조건은 무시)

① 0.25　　　　　　　② 0.35

③ 2.5　　　　　　　④ 4.0

$$제동저항\ 계수 = \frac{제동력}{제동중량} = \frac{350}{1000} = 0.35$$

[12-1]

30 지름 30cm인 브레이크 드럼에 작용하는 힘이 600N이다. 마찰계수가 0.3이라 하면 이 드럼에 작용하는 토크는?

① 17 N·m　　　　　② 27 N·m

③ 32 N·m　　　　　④ 36 N·m

드럼에 작용하는 토크 $T = \mu Pr = 0.3 \times 600 \times 0.15 = 27[N·m]$
μ : 마찰계수, μ : 압력[N], r : 드럼반경[m]
※ 이 공식은 '토크 = 힘×반지름'에서 유추할 수 있으며, 클러치의 전달회전력을 구하는 공식도 동일하다.

[07-2]

31 가솔린 승용차에서 내리막길 주행 중 시동이 꺼질 때 제동력이 저하되는 이유는?

① 진공 배력장치 작동 불량

② 베이퍼록 현상

③ 엔진 출력 부족

④ 페이드 현상

진공배력식(하이드록 백, 마스터 백)은 흡기다기관의 진공과 대기압과의 압력차(0.7kg/cm²)를 이용하여 제동력을 증대시키므로 시동이 꺼지면 진공압이 발생되지 않으므로 제동력이 저하된다.

02 전자제어 제동장치

[11-2]

1 전자제어 제동장치(ABS)에 대한 기능으로 틀린 것은?

① 제동 시 조향 안정성 확보

② 제동 시 직진성 확보

③ 제동 시 동적 마찰 유지

④ 제동 시 타이어 고착

ABS는 제동 시 타이어의 고착(잠김)에 의한 슬립을 방지한다.
※ 동적 마찰(계수)이란 휠이 잠긴 상태에서 지면과 미끄러질 때의 마찰을 의미한다.

[13-2]

2 전자제어 제동장치(ABS)에 대한 설명으로 틀린 것은?

① 제동시 차량의 스핀을 방지한다.

② 제동시 조향안정성을 확보해 준다.

③ 선회시 구동력 과다로 발생되는 슬립을 방지한다.

④ 노면 마찰계수가 가장 높은 슬립율 부근에서 작동된다.

ABS는 선회(구동)이 아니라 제동 시 발생하는 슬립을 방지한다.

[12-1]

3 ABS의 장점이 아닌 것은?

① 급제동 시 방향 안정성을 유지할 수 있다.

② 급제동 시 조향성을 확보해 준다.

③ 타이어와 노면의 마찰계수가 클수록 제동거리가 단축된다.

④ 급선회 시 구동력을 제한하여 선회 성능을 향상시킨다.

④은 TCS의 장점에 해당한다.

[10-1]

4 ABS의 장점이 아닌 것은?

① 제동시 차체의 안정성을 확보한다.

② 급제동시 조향성능 유지가 용이하다.

③ 제동압력을 크게 하여 노면과의 동적 마찰효과를 얻는다.

④ 제동거리의 단축 효과를 얻을 수도 있다.

동적 마찰이란 운동하는 타이어와 지면 사이의 마찰을 의미하며, 미끄러운 도로와 같이 제동압력이 크다고 노면과의 마찰이 큰 것은 아니다.

[09-2]

5 ABS의 작동 조건으로 틀린 것은?

① 빗길에서 급제동할 때

② 빙판에서 급제동할 때

③ 주행 중 급선회할 때

④ 제동시 좌·우측 회전수가 다를 때

ABS는 빙판이나 빗길 등 미끄러운 노면에서의 급제동 시 각 바퀴의 회전수 차이를 감지하여 타이어의 고착(잠김)에 의한 슬립을 방지한다.

[14-1]

6 ABS의 효과에 대한 설명으로 가장 옳은 것은?

① 자동차의 코너링 상태에서만 작동한다.

② 눈길, 빗길 등의 미끄러운 노면에서는 작동이 안 된다.

③ 자동차의 제동 시 바퀴의 미끄러짐이 없다.

④ 급제동 시 바퀴의 미끄러짐이 있다.

정답 29 ② 　30 ② 　31 ① 　**2** 1 ④ 　2 ③ 　3 ④ 　4 ③ 　5 ③ 　6 ③

[13-3]

7 전자제어 제동장치(ABS)의 장점으로 틀린 것은?

① 안정된 제동효과를 얻을 수 있다.
② 제동 시 자동차가 한쪽으로 쏠리는 것을 방지한다.
③ 미끄러운 노면에서 제동 시 조향 안정성이 있다.
④ 미끄러운 노면에서 출발 시 바퀴의 슬립을 방지한다.

> **ABS의 주요 장점** : 방향안정성 유지, 조향안정성 확보, 바퀴의 슬립 방지,
> 제동거리 단축(최대 제동거리 단축은 아님) ※ ④ – TCS에 해당

[13-1, 07-1]

8 ABS의 장점으로 가장 거리가 먼 것은?

① 브레이크 라이닝의 마모를 감소시킨다.
② 제동시 방향안전성을 유지할 수 있다.
③ 제동시 조향성을 확보해 준다.
④ 노면의 마찰계수가 최대의 상태에서 제동거리 단축의 효과가 있다.

[08-3]

9 ABS의 설치 목적을 설명한 것으로 틀린 것은?

① 최대 공주거리를 확보를 위한 안전장치이다.
② 제동 시 전륜 고착으로 인한 조향 능력이 상실되는 것을 방지하기 위한 것이다.
③ 제동 시 후륜 고착으로 인한 차체의 전복을 방지하기 위한 장치이다.
④ 제동시 차량의 차체 안정성을 유지하기 위한 장치이다.

> 공주거리란 사고위험을 인지하고 브레이크를 밟아 실제 제동이 걸리기 시작하는 거리를 말하므로, ABS는 제동거리를 단축하는 효과가 있다.

[참고]

10 전자제어 제동장치(ABS)에 대한 내용으로 옳은 것은?

① 모든 차륜에 동시에 최대 제동력을 작용시킨다.
② 페달 압력에 따라 각 차륜에 작용하는 제동압력을 제어한다.
③ 좌우 차륜의 노면 상태가 다를 때 차륜이 고착되지 않도록 제동압력을 제어한다.
④ 미끄러운 모든 노면에서 제동거리를 단축할 수 있다.

> ① 각 바퀴마다 서로 다른 제동력을 작용시킨다.
> ② ABS는 페달력과 관계가 없다.
> ④ 노면 마찰계수, 차량속도 등에 따라 달라질 수 있다.

[13-1, 18-1 유사, 19-1 유사]

11 ABS(Anti-lock Brake System) 장치의 구성품이 **아닌** 것은?

① 휠스피드 센서
② ABS 컨트롤 유닛
③ 하이드로릭 유닛
④ 차고 센서

> ※ 속도센서가 사용되는 장치 : 전자제어연료장치, 변속기, 현가장치, 조향장치, 에어백장치 등

[10-3]

12 전자제어 제동장치(ABS)에서 셀렉트 로(select low) 제어방식이란?

① 제동시키려는 바퀴만 독립적으로 제어한다.
② 속도가 늦는 바퀴는 유압을 증압하여 제어한다.
③ 속도가 빠른 바퀴 쪽에 가해진 유압으로 감압하여 제어한다.
④ 먼저 슬립되는 바퀴 쪽에 가해진 유압으로 맞추어 동시 제어한다.

> 셀렉트 로(select low) 방식이란 각 휠의 노면과의 마찰계수가 서로 다를 경우 마찰계수가 낮은 바퀴를 기준으로 좌우 휠의 제동력을 제어하는 것을 말한다. 또한 좌우 바퀴 중 한쪽이 마찰계수가 낮다는 것은 먼저 슬립된다는 의미이다.

[15-2, 11-3]

13 전자제어 제동장치의 목적이 **아닌** 것은?

① 미끄러운 노면에서 전자제어에 의해 제동거리를 단축한다.
② 앞바퀴의 고착을 방지하여 조향 능력이 상실되는 것을 방지한다.
③ 후륜을 조기에 고착시켜 옆방향 미끄러짐을 방지한다.
④ 제동 시 미끄러짐을 방지하여 차체의 안정성을 유지한다.

> 후륜을 고착시키는 것이 아니라 고착되었을 때 발생하는 슬립을 방지한다.

[11-3]

14 전자제어 제동장치(ABS)의 기능으로 옳은 것은?

① 차속에 따라 핸들의 조작력을 가볍게 한다.
② 구동 바퀴의 슬립이 제어되므로 차체의 흔들림이 적다.
③ 미끄러운 노면에서도 방향 안정성을 유지할 수 있다.
④ 급선회시 구동력을 제한하여 선회 성능을 향상시킨다.

> ①, ②, ④는 구동력 제어장치(TCS)에 대한 설명이다.

정답 7 ④ 8 ① 9 ① 10 ③ 11 ④ 12 ④ 13 ③ 14 ③

[09-3]
15 ABS에 대한 설명으로 가장 적절한 것은?

① 바퀴의 조기 고착을 방지하여 제동 시 조향력을 확보하는 장치이다.

② 4개의 바퀴를 동시에 제동시켜 제동거리를 짧게 하는 장치이다.

③ 눈길에서만 작동되어 제동 안전성을 높여준다.

④ 앞바퀴 2개를 먼저 제동시켜 제동시 차체자세제어를 한다.

② ABS는 모든 차륜에 동시에 작용하지 않는다.
③ 눈길뿐만 아니라 모든 미끄러지는 상황에서 작동된다.
④ 제동 시 바퀴의 순서에 관계가 없다.

[12-1, 10-2]
16 제동 이론에서 슬립률에 대한 설명으로 틀린 것은?

① 제동 시 차량의 속도와 바퀴의 회전속도와의 관계를 나타내는 것이다.

② 슬립률이 0%라면 바퀴와 노면과의 사이에 미끄럼 없이 완전하게 회전하는 상태이다.

③ 슬립률이 100%라면 바퀴의 회전속도가 0으로 완전히 고착된 상태이다.

④ 슬립률이 0%에서 가장 큰 마찰 계수를 얻을 수 있다.

$$슬립률 = \frac{자동차\ 속도 - 바퀴\ 속도}{자동차\ 속도} \times 100(\%)$$

• '자동차 속도 = 바퀴 속도'일 때 슬립률 = 0%
• '바퀴 속도 = 0(완전 잠김 상태)일 때 슬립률 = 100%

슬립률이 10~15%에서 가장 큰 마찰계수를 얻는다.
슬립률이 0%라면 바퀴와 노면과의 사이에 미끄럼이 전혀 없으므로 마찰계수가 '0'이다.

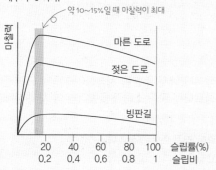

약 10~15%일 때 마찰력이 최대

[참고]
17 ABS에 대한 설명으로 틀린 것은?

① 제동거리를 최소화 한다.

② 제동 시 바퀴가 잠기지 않아 조향을 가능하게 한다.

③ 도로와 타이어의 마찰계수는 바퀴 슬립률이 0%일 때 최대가 되는 원리가 적용된다.

④ 바퀴의 회전속도를 검출하여 그 변화에 따라 제동력을 제어

하는 방식이다.

도로와 타이어의 마찰계수는 슬립률이 약 10~15%(또는 10~30%)에서 가장 크다.

[10-1]
18 전자제어 제동장치에서 차량의 속도와 바퀴의 속도 비율을 얼마로 제어하는가?

① 0~5%   ② 15~25%

③ 45~50%   ④ 90~95%

일반적인 ABS 제어영역은 슬립률 약 10~30% 범위에 있으며, 30% 이상이면 ABS는 감압모드로 작동한다.

[12-2]
19 다음에서 ABS(Anti-lock Brake System)의 구성부품으로 볼 수 없는 것은?

① 휠 스피드 센서(wheel speed sensor)

② 일렉트로닉 컨트롤 유닛(electronic control unit)

③ 하이드로릭 유닛(hydraulic unit)

④ 크랭크 앵글센서(crank angle sensor)

CAS : 기본 분사량 결정, 연료분사시기, 점화시기 결정

[12-1]
20 다음 중 전자제어 제동장치(ABS)의 구성부품이 아닌 것은?

① 하이드로릭 유닛

② 컨트롤 유닛

③ 휠 스피드 센서

④ 퀵 릴리스 밸브

퀵 릴리스 밸브(Quick Release Valve) : 공기식 제동장치의 구성요소로 페달을 놓았을 때 앞 브레이크 챔버 내의 공기를 신속하게 배출하여 제동을 해제시킨다.

[18-3, 18-1, 10-3]
21 전자제어식 제동장치(ABS)에서 펌프로부터 토출된 고압의 오일을 일시적으로 저장하고 맥동을 완화시켜 주는 것은?

① 모듈레이터

② 솔레노이드 밸브

③ 어큐뮬레이터

④ 프로포셔닝 밸브

어큐뮬레이터는 ABS ECU에서 솔레노이드 밸브에 감압신호가 전달될 때 일시적으로 펌프로부터 토출된 고압의 오일을 저장하고, 맥동을 감소시키며, 증압 시에는 휠 실린더로 오일을 공급한다.

22 전자제어 제동장치(ABS)차량이 통상 제동상태에서 ABS가 작동 순환되는 모드는?

① 압력감소 모드 – 압력유지 모드 – 압력상승 모드
② 압력상승 모드 – 압력유지 모드 – 압력감소 모드
③ 압력유지 모드 – 압력감소 모드 – 압력상승 모드
④ 압력상승 모드 – 압력감소 모드 – 압력유지 모드

> ABS의 기본 작동은 일반 제동, 감압 – 유지 – 증압 모드를 통해 이뤄진다.

[14-3]

23 ABS(Anti-Lock Brake system) 장치에서 주행 중 급제동하였을 때 작동에 대한 설명으로 틀린 것은?

① 후륜의 조기 고착을 방지하여 옆 방향 미끄러짐을 방지한다.
② 고착된 바퀴의 휠 실린더에 작용하는 유압을 감압시킨다.
③ 회전하는 바퀴의 휠 실린더에 작용하는 유압을 감압시킨다.
④ 후륜의 고착을 방지하여 차체의 스핀으로 인한 전복을 방지한다.

> 회전하는 바퀴에는 가압하며, 고착된 바퀴에는 감압시킨다.

[17-3]

24 ABS 시스템과 슬립(미끄럼) 현상에 관한 설명으로 틀린 것은?

① 슬립(미끄럼) 양을 백분율(%)로 표시한 것을 슬립률이라 한다.
② 슬립률은 주행속도가 늦거나 제동 토크가 작을수록 커진다.
③ 주행속도와 바퀴 회전속도에 차이가 발생하는 것을 슬립현상이라고 한다.
④ 제동 시 슬립현상이 발생할 때 제동력이 최대가 될 수 있도록 ABS시스템이 제동압력을 제어한다.

> 슬립률(미끄럼률)은 주행 중 제동 시 노면에 대한 타이어의 미끄러지는 정도를 나타낸 것으로, 차량 속도와 바퀴 속도에 대한 자동차 속도와의 차이를 말한다.
> ※ 슬립률은 차량속도가 빠를수록, 제동토크가 클수록 커진다.

[16-1, 08-1]

25 ABS 장착 차량에서 휠 스피드 센서의 설명이다. 틀린 것은?

① 출력 신호는 AC 전압이다.
② 일종의 자기유도센서 타입이다.
③ 고장시 ABS 경고등이 점등하게 된다.
④ 앞바퀴는 조향휠이므로 뒷바퀴에만 장착되어 있다.

> ①, ② : 인덕티브형 휠 스피드 센서는 영구자석과 코일을 이용하여 자기유도형(패러데이 법칙)이므로 AC전압을 출력한다(발전기와 동일).
> ④ : 휠스피드센서는 구성 방식에 따라 4센서4채널, 4센서3채널, 4센서2채널, 3센서3채널 방식이 있다.

[참고]　　　　　　　　　　　　　기사

26 ABS(Anti-Lock brake system) 제동장치는 제동 시 휠 속도 센서와 유압장치를 이용하여 무엇을 전자적으로 조절할 수 있는가?

① 변속비　　　　② 종감속비
③ 슬립률　　　　④ 전달율

[12-3]

27 ABS(Anti-lock Brake System)가 설치된 차량에서 휠 스피드 센서의 설명으로 옳은 것은?

① 리드 스위치 방식의 차속센서와 같은 원리이다.
② 휠 스피드 센서는 앞바퀴에만 설치된다.
③ 휠 스피드 센서는 뒷바퀴에만 설치된다.
④ 차륜 속도를 감지하여 컨트롤 유닛으로 입력한다.

> ① 휠 스피드 센서는 홀센서 방식의 차속센서와 같은 원리이다.
> ②, ③ 휠스피드 센서는 모든 바퀴에 설치된다.

[11-3]

28 전자제어 제동장치(ABS)에서 휠 속도 센서에 대한 내용으로 틀린 것은?

① 마그네틱 방식과 액티브 방식 등이 있다.
② 출력파형은 종류에 따라 아날로그 및 디지털 신호이다.
③ 적재하중에 따라 센서 출력값이 변한다.
④ 에어갭의 변화에 따라 출력값이 변한다.

> **휠 스피드 센서의 종류**
> • 마그네틱 픽업코일 방식(인덕티브 방식) : 자기유도작용에 의해 코일의 자기장 변화에 따른 전압 발생으로 검출 – 아날로그 신호
> • 홀센서 방식(액티브 방식) : 홀소자를 영구자석 사이에 위치하고 전류를 공급하여 전압이 발생에 따라 속도 검출 – 디지털 신호
> ※ ③은 LSPV 밸브에 해당된다.

[14-1, 09-1]

29 ABS 장착 차량에서 주행을 시작하여 차량속도가 증가하는 도중에 펌프모터 작동 소리가 들렸다면 이 차의 상태는?

① 오작동이므로 불량이다.
② 체크를 위한 작동으로 정상이다.
③ 모터의 고장을 알리는 신호이다.
④ 모듈레이터 커넥터의 접촉 불량이다.

> 미끄러운 노면에서 제동할 때 맥동이나 진동을 느끼는 것은 정상 작동임을 나타내며, 주행시 약 6 km/h 정도에 도달하면 리턴모터 소리를 들을 수 있는데 이는 ABS ECU의 자기진단으로 스스로 체크되는 것을 의미한다.

정답 22 ① 23 ③ 24 ② 25 ④ 26 ③ 27 ④ 28 ③ 29 ②

[20-2, 16-1]

30 자동차에서 사용하는 휠 스피드 센서의 파형을 오실로스코프로 측정하였다. 파형의 정보를 통해 확인할 수 없는 것은?

① 최저 전압   ② 평균 저항

③ 최고 전압   ④ 평균 전압

> 휠스피드 센서의 파형은 교류파형으로 오실로스코프에서는 시간에 따른 전압정보만 확인할 수 있다.

[참고]

31 ABS 장치에서 고장이 발생하여 경고등이 점등 되었을 때 제동관계 장치들의 작동상태에 대한 설명으로 옳은 것은?   <small>기사</small>

① ABS가 고장 나더라도 일반 제동은 가능하게 함

② ABS가 고장 나더라도 EBD는 정상 작동되게 함

③ 시동 후 일정시간만 경고등을 점등하게 함

④ 유압회로가 누유 되지 않도록 차단

[08-2]

32 4센서 4채널 ABS에서 하나의 휠 스피드 센서가 고장일 경우의 현상 설명으로 옳은 것은?

① 고장나지 않은 나머지 3 바퀴인 ABS가 작동한다.

② 고장나지 않은 바퀴 중 대각선 위치에 있는 2 바퀴만 ABS가 작동한다.

③ 4 바퀴 모두 ABS가 작동하지 않는다.

④ 4 바퀴 모두 정상적으로 ABS가 작동한다.

> ABS는 각 바퀴의 회전수 차이를 통해 작동하므로 하나라도 고장나면 ABS는 작동하지 않고 일반 제동상태가 된다.

[07-3]

33 전자제어 브레이크 장치의 구성부품 중 휠 스피드센서의 기능으로 가장 적절한 것은?

① 휠의 회전속도를 감지하여 컨트롤 유닛으로 보낸다.

② 하이드로릭 유닛을 제어한다.

③ 휠실린더의 유압을 제어한다.

④ 페일세이프 기능을 발휘한다.

[16-3]

34 ABS(Anti-lock Brake System) 경고등이 점등되는 조건이 아닌 것은?

① ABS 작동 시   ② ABS 이상 시

③ 자기 진단 중   ④ 휠 스피드 센서 불량 시

> ABS 경고등 점등 조건 : 휠스피드센서 불량, ABS 구성품 고장, 배선 불량, 점화스위치 ON 후 자기 진단 상태 등

[14-3]

35 ABS(Anti-lock brake system)에서 휠 스피드센서 파형의 설명으로 옳은 것은? (단, 마그네틱 픽업 코일 방식)

① 직류 전압 파형이 점선으로 나타난다.

② 교류 전압 파형이다.

③ 에어갭이 적절하면 파형이 접지선과 일치한다.

④ 피크 전압은 최소 12V 이상이다.

> 마그네틱 픽업 코일 방식의 휠 스피드 센서는 마그네틱과 코일로 구성되어 있다. 발전기와 같이 자기유도작용에 의해 기전력(교류전압)을 발생하며, 이 교류파형을 감지하여 속도를 인식한다.

[참고]

36 ABS(Anti-lock Brake System)에서 하이드롤릭 유닛은 최종적으로 어느 부분의 압력을 조절하는가?

① 휠실린더   ② 오일펌프

③ 마스터 실린더   ④ 오일탱크

[17-2, 07-3]

37 ABS 컨트롤 유닛(제어모듈)에 대한 설명으로 틀린 것은?

① 휠의 감속·가속을 계산한다.

② 각 바퀴의 속도를 비교·분석한다.

③ 미끄러짐 비를 계산하여 ABS 작동 여부를 결정한다.

④ 컨트롤 유닛이 작동하지 않으면 브레이크가 전혀 작동하지 않는다.

> ABS 고장 시 ABS ECU의 페일 세이프에 의해 모듈레이터의 모터 전원을 차단시켜 ABS는 작동하지 않아도 일반 브레이크는 작동한다.

[19-3]

38 ABS 장치의 유압제어 모드에서 주행 중 급제동시 고착된 바퀴의 유압제어는?

① 감압   ② 분압   ③ 정압   ④ 증압

> 고착된 바퀴에 가해진 유압을 감소시키기 위해 감압신호를 모듈레이터로 보낸다.

[10-1]

39 ABS에서 1개의 휠 실린더에 NO(normal open) 타입의 입구밸브(inlet solenoid valve)와 NC(nomal closed) 타입의 출구밸브(outlet solenoid valve)가 각각 1개씩 있을 때 바퀴가 고착된 경우의 감압제어는?

① inlet S/V : on - outlet S/V : on

② inlet S/V : off - outlet S/V : on

③ inlet S/V : on - outlet S/V : off

④ inlet S/V : off - outlet S/V : off

이론 216 페이지 참조

정답   30 ②   31 ①   32 ③   33 ①   34 ①   35 ②   36 ①   37 ④   38 ①   39 ①

40 전자제어 제동장치(ABS)에서 페일 세이프(fail safe) 상태가 되면 나타나는 현상은?

① 모듈레이터 모터가 작동된다.

② 모듈레이터 솔레노이드 밸브로 전원을 공급한다.

③ ABS 기능이 작동되지 않아서 주차브레이크가 자동으로 작동된다.

④ ABS 기능이 작동되지 않아도 평상시(일반) 브레이크는 작동된다.

ABS 고장 시(페일 세이프 시)에는 모듈레이터 모터의 전원을 차단시키고, 일반 제동장치의 마스터 실린더의 유압으로만 제동이 걸리게 한다.
※ ABS 기본 작동원리 : 휠스피드 센서의 신호에 의해 ABS ECU가 바퀴의 록 상태를 감지하면 모듈레이터는 모듈레이터 내에 설치된 솔레노이드 밸브를 통해 감압-유지-증압 모드로 유압을 조절한다.

[참조]

기사

41 ABS 하이드로릭 유닛에서 펌프 모터에 압송되는 오일의 맥동을 감소시키고, 감압모드 시 발생하는 페달의 킥백(kick back)을 방지하는 것은?

① LPA(Low Pressure Accumulator)

② HPA(High Pressure Accumulator)

③ NO(Normal Open) 솔레노이드밸브

④ NC(Normal Close) 솔레노이드밸브

하이드로릭 유닛
• NO(Normal Open) 솔레노이드 밸브 : 통전되기 전에는 밸브 유로가 열려 있는 밸브로, 마스터 실린더와 캘리퍼 휠 실린더 사이의 유로가 연결된 상태에서 통전되면 유로를 차단
• NC(Normal Close) 솔레노이드 밸브 : 통전되기 전에는 밸브 유로가 닫혀 있는 밸브로, 캘리퍼 휠 실린더와 LPA 사이의 유로가 차단되어 있는 상태에서 통전되면 유로를 연결
• LPA(Low Pressure Accumulator) : 제동 압력이 과다하여 감압하는 경우에 캘리퍼 휠 실린더의 압력을 NC밸브를 통하여 dump된 액량을 저장시키는 챔버
• HPA(High Pressure Accumulator) : 펌프 모터에 의해 압송되는 오일의 맥동을 감소시키는 동시에 감압모드 시 발생하는 페달의 킥백을 방지하기 위한 챔버
• 펌프 : LPA로 dump시켜 저장된 액량을 마스터 실린더 회로쪽으로 퍼내는(순환시키는) 기능

[13-2]

42 일반적으로 ABS(Anti-lock Brake System)에 장착되는 마그네틱 방식 휠 스피드 센서와 톤 휠의 간극은?

① 약 3~5 mm   ② 약 5~6 mm

③ 약 0.2~1 mm   ④ 약 0.1~0.2 mm

마그네틱 픽업코일 방식 : 발전기와 같이 전자유도작용을 이용한 것으로, 영구 자석에서 발생하는 자속이 톤 휠(0.2~1mm)의 회전에 의해 코일에 교류전압이 발생한다. 이 교류전압은 톤 휠의 회전수에 비례하여 주파수가 변하며 이 주파수에 의해 4륜 각각의 차륜 속도를 검출한다.

[19-3]

43 전자제어 제동 장치(ABS)에서 하이드로릭 유닛의 내부 구성부품으로 틀린 것은?

① 어큐뮬레이터

② 인렛 미터링 밸브

③ 상시 열림 솔레노이드 밸브

④ 상시 닫힘 솔레노이드 밸브

어큐뮬레이터 : 감압 시 휠 실린더의 유압을 일시 저장하고, 증압 시 리턴 모터에 의해 빠르게 휠 실린더로 내보냄
※ 인렛 미터링 밸브 : 디젤엔진의 고압 펌프에 장착되어 있으며 냉각수온, 배터리 전압 및 흡기온에 따라 ECU에 의해 레일의 연료 압력을 조정

[12-2]

44 제동 안전장치 중 안티스키드 장치(anti-skid system)에 사용되는 밸브가 아닌 것은?

① 언로더 밸브(unloader valve)

② 프로포셔닝 밸브(proportioning valve)

③ 리미팅 밸브(limiting valve)

④ 이너셔 밸브(inertia valve)

언로더 밸브는 공기 브레이크의 공기압축기 압력을 제한하는 밸브이다.

[12-2]

45 제동안전장치 중 프로포셔닝 밸브의 역할은?

① 앞바퀴와 뒷바퀴의 제동압력을 분배하기 위하여

② 앞바퀴의 제동압력을 감소시키기 위하여

③ 뒷바퀴의 제동압력을 증가시키기 위하여

④ 무게중심을 잡기 위하여

프로포셔닝 밸브(P밸브) : 급제동시 후륜의 조기잠김으로 인한 스핀방지를 위해 후륜에 전달되는 유압을 지연시켜 전체적으로 모든 바퀴의 제동압을 균등하게 하는 역할을 한다.

[14-2]

46 전자식 제동분배(electronic brake-force distribution) 장치에 대한 설명으로 틀린 것은?

① 기존의 프로포셔닝 밸브에 비하여 제동거리가 증가된다.

② 뒷바퀴 제동압력을 연속적으로 제어함으로써 스핀현상을 방지한다.

③ 프로포셔닝 밸브를 설치하지 않아도 된다.

④ 뒷바퀴의 유압을 좌우 각각 독립적으로 제어가 가능하므로 선회하면서 제동할 때 안정성이 확보된다.

전자제어 제동력 배분장치는 기존 기계적 프로포셔닝 밸브를 대체하여 후륜의 제동력을 독립적으로 제어하여 제동거리 단축, 스핀현상 방지 및 안정성 확보의 효과가 있다.

정답 ▶ 40 ④ ▶ 41 ② ▶ 42 ③ ▶ 43 ② ▶ 44 ① ▶ 45 ① ▶ 46 ①

[14-2]

47 브레이크의 제동력 배분을 앞쪽보다 뒤쪽을 작게 해주는 밸브로 옳은 것은?

① 언로드 밸브　　　　② 체크 밸브

③ 프로포셔닝 밸브　　④ 안전 밸브

[15-3, 11-1]

48 적용 목적이 같은 장치와 부품으로 연결된 것은?

① ABS와 노크 센서

② EBD(electronic brake-force distribution) 시스템과 프로포셔닝 밸브

③ 공기유량 시스템과 요레이트 센서

④ 주행속도 장치와 온도 센서

> EBD(전자식 제동력 분배장치)는 P밸브(기계식 프로포셔닝 밸브)와 ABS의 기능을 포함한 확장 개념으로, 일종의 전자식 프로포셔닝 밸브 역할을 한다.

[참조]　　　　　　　　　　　　　　　　　　　　　　　　　기사

49 프로포셔닝 밸브에 대한 설명으로 옳은 것은?

① 베이퍼 록 현상을 저감시킨다.

② 캘리퍼에 브레이크 잔압을 일정하게 유지하는 기능을 한다.

③ 디스크 브레이크와 패드의 에어 갭을 항상 '0' 상태로 유지한다.

④ 급제동 시 전륜보다 후륜이 먼저 고착되는 것을 방지하여 차량의 방향성 상실을 방지한다.

[15-1, 14-1, 07-1]

50 브레이크 페달을 밟았을 때 소음이 나거나 떨리는 현상의 원인이 아닌 것은?

① 디스크의 불균일한 마모 및 균열

② 패드나 라이닝의 경화

③ 백킹 플레이트나 캘리퍼의 설치 볼트 이완

④ 프로포셔닝 밸브의 작동불량

> 프로포셔닝 밸브는 급제동 시 후륜의 조기 잠김으로 인한 스핀을 방지하기 위해 후륜에 전달되는 유압을 지연하여 앞바퀴의 제동력과 균일하게 하는 역할을 하며, 소음이나 진동의 직접적인 원인은 아니다.

[참고]　　　　　　　　　　　　　　　　　　　　　　　　　기사

51 시동 후 주차브레이크 또는 ABS 경고등이 꺼지지 않을 때 점검해야 할 사항과 거리가 먼 것은?

① 프로포셔닝 밸브를 점검한다.

② 브레이크액 레벨을 점검한다.

③ 진단 장비로 고장코드를 점검한다.

④ 휠 스피드 센서 커넥터를 점검한다.

[09-2]

52 제동 시 핸들이 빼앗길 정도로 브레이크가 한쪽만 듣는다. 원인으로 틀린 것은?

① 양쪽 바퀴의 공기압이 다름

② 허브 베어링의 풀림

③ 백 플레이트의 풀림

④ 마스터 실린더의 리턴 포트가 막힘

> 마스터 실린더의 리턴 포트는 브레이크 해제 시 브레이크에 가해진 유압이 오일탱크로 리턴하는 부분이므로 막히면 모든 바퀴에 제동이 계속 걸린 상태가 된다.

[16-3]

53 ABS(Anti-lock Brake System), TCS(Traction Control Ststem)에 대한 설명으로 틀린 것은?

① ABS는 브레이크 작동 중 조향이 가능하다.

② TCS는 주행 중 브레이크 제동 상태에서만 작동한다.

③ ABS는 급제동 시 타이어 록(lock) 방지를 위해 작동한다.

④ TCS는 주로 노면과의 마찰력이 적을 때 작동할 수 있다.

> ②는 ABS에 대한 설명이다.

[참조]　　　　　　　　　　　　　　　　　　　　　　　　　기사

54 EBD(Electronic Brake-force Distribution) 장치의 특징에 해당되지 않는 것은?

① 제동거리를 단축시킨다.

② 선회 제동 시 안전성이 확보된다.

③ 마찰계수가 낮은 도로에서 출발 또는 가속 시 구동력을 저하시킨다.

④ 급제동 시 뒷바퀴가 먼저 고착되어 미끄러짐이 발생하는 것을 방지한다.

> 마찰계수가 작은 도로에서도 출발 또는 가속 시 구동력을 향상시킨다.

[19-1]

55 ABS와 TCS(Traction Control System)에 대한 설명으로 틀린 것은?

① TCS는 구동륜이 슬립하는 현상을 방지한다.

② ABS는 주행 중 제동 시 타이어의 록(lock)을 방지한다.

③ ABS는 제동 시 조향 안정성 확보를 위한 시스템이다.

④ TCS는 급제동 시 제동력 제어를 통해 차량 스핀 현상을 방지한다.

> 급제동 시 제동력 제어를 통해 차량 스핀 현상을 방지하는 것은 ABS/EBD 장치에 해당하며, TCS는 제동 시의 제어가 아니라 미끄러운 노면에서의 출발, 구동 성능, 선회추월 성능, 조향안전 성능을 향상시킨다.

정답 47 ③ 48 ② 49 ④ 50 ④ 51 ① 52 ④ 53 ② 54 ③ 55 ④

56 브레이크 페달을 강하게 밟을 때 후륜이 먼저 로크되지 않도록 하기 위하여 유압이 어떤 일정 압력이상 상승하면 그 이상 후륜 측에 유압이 상승하지 않도록 제한하는 장치는?

① 리미팅 밸브(Limiting Valve)

② 프로포셔닝 밸브(Proportioning Valve)

③ 이너셔 밸브(Inertia valve)

④ EGR 밸브

> ※ 제동력 배분제어의 종류 : 프로포셔닝밸브, 리미팅 밸브, 로드센싱밸브
> (중량에 따라), 이너셔 밸브(속도에 따라)
> ※ 후륜 제어 장치 : 프로포셔닝 밸브, 로드센싱 프로포셔닝 밸브, 리미
> 팅 밸브

57 ABS 장치의 고장진단 시 경고등의 점등에 관한 설명 중 틀린 것은?

① 점화스위치 ON 시 점등되어야 한다.

② ABS 컴퓨터 고장발생 시에는 소등된다.

③ ABS 컴퓨터 커넥터 분리 시 점등되어야 한다.

④ 정상 시 ABS 경고등은 엔진 시동 후 일정시간 점등되었다가 소등된다.

58 전자제어 제동장치에서 앞바퀴 유압 회로의 중간에 설치되어 있고, 제동 시 앞바퀴에 작용되는 유압의 상승을 지연시키는 밸브는?

① 로드센싱 프로포셔닝 밸브(load sensing proportioning valve)

② P밸브(proportioning control valve)

③ 미터링 밸브(metering valve)

④ G밸브(gravitation valve)

> • 로드센싱 프로포셔닝 밸브 : 차량의 하중에 따라 제동압력을 조절하여 제동력의 균형을 이룸
> • P밸브(프로포셔닝 밸브) : 급제동 시 후륜의 조기 제동으로 인한 스핀을 방지하기 위해 전·후륜 모두 동일하게 제동할 목적으로 후륜에 전달되는 유압을 지연시키는 제동력 분배 장치
> • 미터링 밸브 : P밸브와 달리 전륜에 전달되는 유압을 지연시킨다.(앞바퀴는 디스크 타입, 뒷바퀴는 드럼 타입일 때 제동 시 드럼 타입은 리턴스 프링의 지연에 따라 반응속도가 디스크에 비해 느려지므로 이를 보상하기 위해 전륜에 작용하는 유압을 지연시켜 중심무게가 앞으로 이동하고, 패드마모가 촉진을 방지한다)
> • G밸브(gravitation valve) : 로드센싱 프로포셔닝 밸브와 유사하며, 차이점은 중력 변화에 따라 제동력을 제어

59 제동장치 회로에 잔압을 두는 이유 중 적합하지 않은 것은?

① 브레이크 작동 지연을 방지한다.

② 베이퍼록을 방지한다.

③ 브레이크 오일의 오염을 방지한다.

④ 유압회로 내 공기유입을 방지한다.

> **잔압을 두는 이유**
> • 브레이크의 신속한 작동을 위해 미리 유압을 축적해 둔다.
> • 회로 내 압력을 두어 공기 유입을 방지하여 베이퍼록을 방지한다.

60 기관 정지 중에도 정상 작동이 가능한 제동장치는?

① 기계식 주차 브레이크

② 와전류 리타더 브레이크

③ 배력식 주 브레이크

④ 공기식 주 브레이크

> 배력식은 대기압과 흡기다기관의 부압의 압력차를 이용하며, 공기식은 기관에 의해 작동되는 공기압축기에서 발생된 압축공기를 이용하므로 기관 정지 시 작동하지 않는다. 또한, 와전류 리타더 브레이크의 정상 작동 조건은 배터리 및 발전기의 정상 작동상태이다.

61 제동 안전장치 중 프레임과 리어 액슬 사이에 장착되어 적재량에 따라 후륜에 가해지는 유압을 조절하여 차량의 제동력을 최적화하는 밸브는?

① ABS밸브   ② G밸브

③ PB밸브   ④ LSPV밸브

> LSPV 밸브(load sensing proportioning valve)
> 중량에 따라 앞뒤 브레이크 유압을 제어하여 제동력의 균형을 이루는 밸브로, 후륜 하중을 밸브가 감지하여 하중의 적재량에 따른 적절한 유압을 배분해준다.

62 자동차의 제동 안전장치가 아닌 것은?

① 드래드 링크 장치

② ABS(anti-lock brake system) 장치

③ 2계통 브레이크 장치

④ 로드센싱 프로포셔닝 밸브 장치

> 드래드 링크 장치는 조향장치의 구성품이다.
> ※ 2계통 브레이크 장치 : 앞뒤 제동회로를 분리하여 한 회로가 고장나도 나머지 회로는 제동되도록 한다.

정답   **56** ②   **57** ②   **58** ③   **59** ③   **60** ①   **61** ④   **62** ①

[12-3]

63 다음 보기에서 맞는 내용은 모두 몇 개 인가?

─[보기]─

- ABS는 마찰계수의 회복을 위해 자동차 바퀴의 회전속도를 검출하여 바퀴가 록 되지 않도록 유압을 제어하는 것이다.
- EBD는 기계적 밸브인 P밸브를 전자적인 제어로 바꾼 것이다.
- TCS는 구동륜에서 발생하는 슬립을 억제하여 출발시나 선회시 원활한 주행을 유도하는 것이다.
- VDC는 주행 중 차량이 긴박한 상황에서 자세를 능동적으로 변화시키는 장치이다.

① 1개   ② 2개   ③ 3개   ④ 4개

[12-3]

64 ABS(Anti-lock Brake System)에 대한 두 정비사의 의견 중 옳은 것은 ?

─[보기]─

- 정비사 KIM : 발전기의 전압이 일정 전압 이하로 하강하면 ABS 경고등이 점등된다.
- 정비사 LEE : ABS시스템의 고장으로 경고등 점등시 일반 유압제동시스템은 작동할 수 없다.

① 정비사 KIM만 옳다.
② 정비사 LEE만 옳다.
③ 두 정비사 모두 옳다.
④ 두 정비사 모두 틀리다.

> ABS 시스템의 고장 시 ABS ECU의 페일 세이프에 의해 ABS 작동은 멈추고, 일반 유압제동장치는 작동한다.

[17-1]

65 전자제어 제동장치인 EBD(electronic brake force distribution) 시스템의 효과로 틀린 것은?

① 적재용량 및 승차인원에 관계없이 일정하게 유압을 제어한다.
② 뒷바퀴의 제동력을 향상시켜 제동거리가 짧아진다.
③ 프로포셔닝 밸브를 사용하지 않아도 된다.
④ 브레이크 페달을 밟는 힘이 감소된다.

> EBD는 기계식 프로포셔닝 밸브보다 향상된 제어를 위한 전자제동력분배 장치로, 로드센싱 프로포셔닝 기능(차량 중량에 따른 가변적으로 제동력 배분)을 추가하여 전·후륜의 제동력을 효율적으로 분배한다.

[참고]

66 적재상태의 변화나 하중 이동 등에 맞추어 전·후륜 제동력을 전자적으로 제어하여 이상적으로 배분함으로서 안정적인 제동이 가능하게 하는 것은?

① ABS(Anti-lock Brake System)
② TCS(Traction Control System)
③ ESP(Electronic Stability Program)
④ EBD(Electronic Brake-force Distribution system)

[참고]

67 EBD(Electronic Brake-force Distribution) 장치의 특징이 아닌 것은?

① 제동거리를 단축시킨다.
② 선회 제동 시 안전성이 확보된다.
③ 마찰계수가 낮은 도로에서 출발 또는 가속 시 구동력을 향상시킨다.
④ 급제동 시 뒷바퀴가 먼저 고착되어 미끄러짐이 발생하는 것을 방지한다.

> ③은 구동력 제어장치(TCS)에 해당한다.

[참고]

68 급제동 시에 앞바퀴보다 뒷바퀴가 먼저 고착되어 차량이 돌아가는(spin) 것을 방지하기 위해 뒤쪽의 제동압력을 전자적으로 제어하기 위한 장치는?

① 전자제어 브레이크 압력 분배 장치(EBD)
② 전자식 브레이크 보조 장치(BAS)
③ 전자제어 구동력 조절 장치(TCS)
④ 차량 자세 제어 장치(VDC, ESP)

[참고]

69 EBD(electronic brake force distribution) 시스템에 대한 설명으로 틀린 것은?

① EBD 고장시 EBD 경고등이 점등된다.
② EBD시스템이 고장나면 ABS경고등과 주차 브레이크 경고등이 동시에 점등된다.
③ 휠 스피드 센서가 하나라도 고장나도 제어된다.
④ EBD 고장 시에는 주차 브레이크 경고등이 점등된다.

> ABS 고장으로 작동이 불가능할 때는 ABS 경고등이 점등되지만, EBD 시스템은 정상 작동된다.
> 휠스피드센서 중 하나가 고장나면 ABS 시스템은 작동이 안되고 경고등을 점등시켜 고장임을 표시하나, EBD 시스템은 정상작동되며 휠스피드센서가 2개 이상 고장 시나 EBD를 제어할 수 없는 고장일 경우는 당연히 ABS 경고등이 점등되고 EBD 시스템에 고장이라고 주차 브레이크 경고등이 점등된다. 즉 EBD시스템이 고장나면 ABS경고등과 주차 브레이크 경고등이 동시에 점등된다. (별도로 EBD 경고등이 없음)

정답 ▶ 63 ④   64 ①   65 ①   66 ④   67 ③   68 ①   69 ①

70 전자제어 제동장치에서 제동안전장치가 <u>아닌 것은?</u>

① ABS(anti lock brake system)

② EBD(electronic brake force distribution)

③ TCS(traction control system)

④ BAS(brake assist system)

> TCS는 제동보다 주로 출발, 가속, 선회 구동력에 관계가 있다.

71 구동륜 제어 장치(TCS)에 대한 설명으로 <u>틀린 것은?</u>

① 차체 높이 제어를 위한 성능 유지

② 눈길, 빙판길에서 미끄러짐을 방지

③ 커브 길 선회 시 주행 안정성 유지

④ 노면과 차륜간의 마찰 상태에 따라 엔진 출력 제어

> TCS는 출발 및 가속 시 슬립 및 트레이스 제어를 위한 장치이며, 차고제어는 ECS에서 담당한다.

72 전자제어 구동력 조절장치(TCS)에서 트랙션 컨트롤 유닛(TCU)의 기능으로 <u>틀린 것은?</u>

① 선회하면서 가속시 트레이스 제어

② 미끄러운 노면에서 제동시 슬립 제어

③ 미끄러운 노면에서 가속시 슬립 제어

④ 미끄러운 노면에서 출발시 슬립 제어

73 구동력 제어장치(Traction Control System)에 대한 설명 중 가장 올바른 것은?

① ABS의 보조 제어 시스템으로 제동 효과를 높이는 역할을 한다.

② 선회 시 타이어의 고착을 방지하여 코너링 포스를 유지하도록 슬립 제어한다.

③ ABS와 유사한 제어로직을 가지고 출발 또는 가속 시 타이어가 슬립하는 것을 방지한다.

④ 좌·우 바퀴의 노면 상태가 다를 때 브레이크 작동 시 각각 바퀴에 적당한 제동력을 준다.

> ① EBD에 대한 설명이다.
> ② 타이어 고착 방지가 아니라 구동 중 발생하는 슬립 방지를 위함이다.
> ④ ABS에 대한 설명이다.

74 구동력 조절장치(TCS)의 조절방식의 종류에 <u>속하지 않는 것은?</u>

① 기관의 회전력 조절방식

② 구동력 브레이크 조절방식

③ 기관과 브레이크 병용 조절방식

④ 기관 회전수와 동력전달 조절방식

> • 엔진 제어방식(ETCS) : 구동력 발생원을 제어 (연료분사량, 점화시간, 스로틀밸브 등)하여 엔진 출력 제어
> • 브레이크 제어방식(BTCS) : 구동바퀴를 직접 제동하는 방식으로, 슬립이 발생하는 차륜 자체를 제어
> • 기관-브레이크 병용 제어방식(FTCS) : 엔진 출력 및 브레이크를 동시에 제어한다. 즉, ABS 모듈에서 TCS 제어 시 브레이크를 제어하는 동시에 엔진 ECU와 변속기 TCU에 각각 제어를 한다.

75 TCS(traction control system)의 특징과 가장 <u>거리가 먼 것은?</u>

① 슬립(slip) 제어

② 라인압 제어

③ 트레이스(trace) 제어

④ 선회 안정성 향상

> **TCS의 주요 기능**
> • 슬립 제어 : 마찰계수가 다른 노면에서 높은 구동력을 얻기 위해 슬립비를 검출하여 엔진 출력을 슬립비에 맞추어 제어한다. 이로 인해 발진 가속성을 향상
> • 트레이스 제어 : 선회 시 조향각으로부터 산출한 횡 가속도가 기준치보다 크면 전륜 슬립율을 감소하는 방향으로 엔진 출력을 제어하여 선회 안정성을 향상
> ※ 참고) 라인압 제어는 변속기의 밸브 보디의 매뉴얼 밸브에 대한 역할에 해당된다.

76 TCS(Traction Control System)에서 트레이스 제어를 위해 컴퓨터(TCU)로 입력되는 항목이 <u>아닌 것은?</u>

① 차고 센서

② 휠스피드 센서

③ 조향 각속도 센서

④ 액셀러레이터 페달 위치 센서

> 차고센서는 전자제어 현가장치(ECS)의 입력신호이다.

77 TCS(Traction Control System)의 제어장치에 관련이 없는 센서는?

① 가속도 센서
② 아이들 신호
③ 후차륜 속도 센서
④ 가속페달포지션 센서

> TCS는 ABS의 확장개념으로, ABS의 센서 및 액추에이터를 공유한다.
> • 엔진 회전수 검출 센서(idle 신호)의 입력 신호를 분석하여 엔진 회전수를 검출하고, 엔진 회전수와 목표 회전수를 비교하여 엔진 토크를 제어한다.
> • 가속페달포지션 센서 : 엔진제어장치(ECU)에 전달하여 스로틀 밸브를 제어한다.
> ※ 가속도 센서는 VDC와 관련이 있다.

[16-2, 10-2]

78 VDC(vehicle dynamic control) 장치에서 고장 발생 시 제어에 대한 설명으로 틀린 것은?

① 원칙적으로 ABS의 고장시에는 VDC 제어를 금지한다.
② VDC 고장시에는 해당 시스템만 제어를 금지한다.
③ VDC 고장시 솔레노이드 밸브 릴레이를 OFF시켜야 되는 경우에는 ABS의 페일 세이프에 준한다.
④ VDC 고장 시 자동변속기는 현재 변속단보다 다운 변속된다.

> 원칙적으로 ABS 고장 시 VDC·TCS 제어를 금지한다. 다만, VDC 고장시 솔레노이드 밸브 릴레이를 OFF 시켜야 하는 경우에는 ABS의 페일 세이프에 준한다. ABS의 페일 세이프 사항은 VDC 미장착시와 동일하다.
> ※ 참고) FTCS는 변속단을 고정시키는 기능이 있으며, VDC 고장 시 변속단을 고정시킨다.

[16-2]

79 차체자세 제어장치(VDC : vehicle dynamic control) 장착 차량의 스티어링 각 센서에 대한 두 정비사의 의견 중 옳은 것은?

[보기]

> • 정비사 KIM : VOC에 사용되는 스티어링 각 센서는 스티어링 각의 상대값을 읽어들이기 때문에 관련 부품 교환 시 영점 조정이 불필요하다.
> • 정비사 LEE : 스티어링 각의 영점 조정은 주로 LIN 통신 라인을 통해 이루어진다.

① 정비사 KIM만 옳다.
② 정비사 LEE만 옳다.
③ 두 정비사 모두 옳다.
④ 두 정비사 모두 틀리다.

> 조향각 센서는 절대각 센서로, 관련 정비 시 영점 조정이 필요하며, 영점 조정은 CAN 통신 라인을 통해 수신된 차량의 기본 재원 데이터를 바탕으로 베리언트 코드값을 변경하여 VDC ECU의 메모리에 저장한다.
> ※ 베리언트 코딩(variant coding) : 차량의 옵션을 변경하는 작업

[13-3]

80 VDC(vehicle dynamic control) 장치에 대한 설명으로 틀린 것은?

① 스핀 또는 언더 스티어링 등의 발생을 억제하는 장치이다.
② VDC는 ABS 제어, TCS 제어 기능 등이 포함되어 있으며 요 모멘트 제어와 자동감속제어를 같이 수행한다.
③ VDC 장치는 TCS에 요 레이트 센서, G센서, 마스터실린더 압력센서 등을 사용한다.
④ 오버 스티어 현상을 더욱 증가시킨다.

> VDC는 스핀 또는 언더 스티어링 등의 발생 상황에 도달하면 이를 감지하여 자동적으로 내측 차륜 또는 외측 차륜에 제동을 가해 차량의 자세를 제어함으로써 이로 인한 차량의 안정된 상태를 유지한다. 또한 스핀하기 직전에는 자동 감속 제어를 수행하고, 이미 발생된 경우에는 각 휠 별로 제동력을 제어하여 스핀이나 언더 스티어링 발생을 방지하여 미연에 사고를 방지한다.

[19-1]

81 차체 자세제어장치(VDC, ESC)에 관한 설명으로 틀린 것은?

① 요레이트 센서, G센서 등이 적용되어 있다.
② ABS제어, TCS제어 등의 기능이 포함되어 있다.
③ 자동차의 주행 자세를 제어하여 안전성을 확보한다.
④ 뒷바퀴가 원심력에 의해 바깥쪽으로 미끄러질 때 오버 스티어링으로 제어를 한다.

> 선회 시 뒷바퀴가 바깥쪽으로 미끄러지면 오버 스티어링이 되므로 언더 스티어링으로 제어해야 한다.

[참조]   기사

82 차체 자세제어 장치의 주요 제어요소가 아닌 것은?

① 자동감속 제어
② 안티 바운싱 제어
③ 요 모멘트 제어
④ ABS 제어

[13-2]

83 차량의 안정성 향상을 위하여 적용된 전자제어 주행 안정 장치(VDC, EPS)의 구성요소가 아닌 것은?

① 횡 가속도 센서
② 충돌 센서
③ 마스터 실린더 압력 센서
④ 조향휠 각속도 센서

> **VDC(Vehicle Dynamic Control)의 입력센서**
> • 운전자 의도 파악 : 가속페달센서, 브레이크 압력센서, 조향각센서
> • 차량상태 파악 : 요레이트 센서, 횡가속도센서(G센서)

정답 77 ① 78 ④ 79 ④ 80 ④ 81 ④ 82 ② 83 ②

84 차체 자세제어장치(VDC, ESP)에서 선회 주행 시 자동차의 비틀림을 검출하는 센서는?

① 차속 센서   ② 휠 스피드 센서

③ 요 레이트 센서   ④ 조향핸들 각속도 센서

> 선회 시 요(yaw) 모멘트를 제어한다. 요 레이트 센서는 선회 시 내부의 진동자(플레이트 포크)의 진동변화에 따라 발생되는 출력전압을 통해 회전 각속도로 검출한다.
> 참고) 요 모멘트는 차체의 앞뒤가 좌/우측 또는 선회시의 내륜측/외륜측으로 이동하려는 힘 요-모멘트로 인하여 언더-스티어, 오버-스티어, 횡력(drift-out) 등이 발생된다. 이로 인하여 주행 및 선회시 차량의 주행 안전성이 저하된다. VDC 제어는 주행 안정성을 저해하는 요-모멘트가 발생되면 제동 제어로 반대 방향의 요-모멘트를 발생시켜 서로 상쇄되게 하여 차량의 주행 및 선회 안정성을 향상시킨다.

03   공기식 제동장치

[참조]

1 공기 브레이크의 장점에 대한 설명으로 틀린 것은?

① 차량 중량에 제한을 받지 않는다.

② 베이퍼록 현상이 발생하지 않는다.

③ 유압펌프 등이 없어 구조가 간단하다.

④ 공기가 조금 누출되어도 제동성능이 크게 저하되지 않는다.

> 공기 압축기, 브레이크 챔버, 릴리스 밸브 등과 같은 장치가 있어 구조가 복잡하다.

[18-2]

2 공기 브레이크의 특징으로 틀린 것은 ?

① 베이퍼록이 발생되지 않는다.

② 유압으로 제동력을 조절한다.

③ 기관의 출력이 일부 사용된다.

④ 압축공기의 압력을 높이면 더 큰 제동력을 얻을 수 있다.

> 공기 브레이크는 압축공기의 공압을 이용하여 페달 → 릴레이 밸브(퀵 릴리스 밸브) → 앞뒤 브레이크 챔버 → 브레이크 캠에 의해 브레이크 슈가 드럼에 밀착되어 제동된다.
> ③ : 공기압축기는 기관의 출력으로 구동된다.

[17-2 변형]

3 공기식 제동장치의 특성으로 틀린 것은?

① 베이퍼 록이 발생하지 않는다.

② 차량의 중량에 제한을 받지 않는다.

③ 공기가 누출되어도 제동 성능이 현저히 저하되지 않는다.

④ 브레이크 페달을 밟는 양에 따라서 제동력이 감소되므로 조작하기 쉽다.

> 공기식 제동장치에서 제동력은 브레이크 페달을 밟는 양에 따라 커지므로 조작이 쉽다.

[14-3, 19-2]

4 제동장치 중 공기브레이크와 관계가 없는 것은?

① 브레이크 밸브

② 하이드로 에어백

③ 릴레이 밸브

④ 퀵 릴리스 밸브

[참고]

5 공기 브레이크의 주요 구성부품이 아닌 것은?

① 브레이크 밸브   ② 레벨링 밸브

③ 릴레이 밸브   ④ 언로더 밸브

> 공기 브레이크의 구성부품 : 공기 압축기, 공기탱크, 언로더 밸브, 압력조정기, 브레이크 밸브, 릴레이 밸브, 퀵 릴리스 밸브, 브레이크 챔버 등
> ※ 레벨링 밸브는 차고를 조절하는 공기식 현가장치의 구성품이다.

[참조]

6 공기 브레이크 장치에서 앞바퀴로 압축공기가 공급되는 순서는?

① 공기탱크-퀵 릴리스 밸브-브레이크밸브-브레이크 챔버

② 공기탱크-브레이크 챔버-브레이크 밸브-브레이크 슈

③ 공기탱크-브레이크 밸브-퀵 릴리스 밸브-브레이크 챔버

④ 브레이크밸브-공기탱크-퀵 릴리스 밸브-브레이크 챔버

> 공기 브레이크는 압축공기의 공압을 이용하여 공기탱크 → 브레이크 밸브 → 퀵 릴리즈 밸브 → 앞뒤 브레이크 챔버 → 브레이크 캠에 의해 브레이크 슈가 드럼에 밀착되어 제동된다.

[참조]

7 공기식 제동장치에서 압력조정기의 작용에 대한 설명으로 틀린 것은?

① 공기탱크 속의 압력이 규정값이 되면 압력조정기에서 공기를 배출하므로 압력을 조정한 다.

② 공기탱크 속의 압력이 규정값이 되면 언로더 밸브를 작용시켜 압축작용이 증가된다.

③ 압력조정기는 공기압축기에서 공기탱크에 보내는 압력을 조정한다.

④ 앞뒤 바퀴로 가는 압축공기의 압력을 조정한다.

> 공기탱크 속의 압력이 규정값 이상이면 언로더 밸브가 열려 공기 압축기의 압축작용을 정지시킨다.

[15-3, 13-2, 11-1]

8 공기 브레이크에서 공기 압축기의 공기압력을 제어하는 것은?

① 언로더 밸브 ② 안전 밸브
③ 릴레이 밸브 ④ 체크 밸브

> 공기압축기의 입구밸브에 언로더 밸브가 설치되어 압력조정기(압력보호밸브)와 함께 규정 공기압 이상일 때 공기압축기를 정지시켜 공기탱크 내의 압력을 일정하게 유지시킨다.

[참조]

9 공기식 브레이크 장치에서 언로더 밸브의 역할을 바르게 설명한 것은?

① 탱크 안의 압력이 높아지면 압력조절기에서 보내는 압축공기에 의해 배기밸브를 연다.
② 공기탱크의 압력이 규정치보다 낮아지면 압축기를 가동시켜 공기를 압송하게 한다.
③ 탱크압력이 높아지면 리턴 스프링의 힘으로 압축기의 흡입 작용이 이루어지게 한다.
④ 흡입밸브가 닫히면서 공기 압축기 작동이 정지된다.

> 압력조정기와 언로더 밸브 작동 : 공기탱크의 압력이 규정값보다 높게 되면 압축공기는 압력 조정기의 스프링 힘을 이기고 밸브를 열어 언로더 밸브로 압축 공기를 보내면 언로더 밸브를 밀어 흡입밸브를 열면 공기 압축의 공기 압축 작용이 정지된다. 또한 공기탱크의 압력이 규정값 이하가 되면 언로더 밸브가 제자리로 복귀되어 공기압축기를 가동시켜 공기를 압송한다.

[참조]

10 공기식 제동장치 기능을 설명한 것으로 틀린 것은?

① 릴레이 밸브는 주차된 차량의 제동 기능을 해제시킨다.
② 에어 드라이어는 공기 압축 시 포함된 수분을 제거하여 브레이크 장치를 보호한다.
③ 퀵 릴리스 밸브는 브레이크를 해제시켰을 때 챔버에 축적된 공기를 신속히 배출시킨다.
④ 브레이크 밸브는 페달에 의해 개폐되며, 페달을 밟는 정도에 따라 공기탱크 내의 압축공기를 도입하여 제동력을 조절한다.

> 릴레이 밸브는 메인 브레이크 장치에 해당하며, 주차 브레이크 장치는 아니다.
> ※ 공기 브레이크의 공급 구멍에는 압축공기가 항상 작용하며, 페달을 밟으면 압축공기는 릴레이 밸브(혹은 퀵 릴리스 밸브)를 통과하여 브레이크 챔버에 작용하여 슬랙 어져스터를 작동하게 되고, 브레이크 슈를 드럼에 압착하여 제동력을 발생하게 된다. 또한, 페달을 놓았을 때 릴레이 밸브에 작용하던 압축공기는 대기 속으로 방출되고, 슬랙 어져스터 및 브레이크 슈는 원위치로 돌아오게 한다.

---

04 타이어와 구동력

[15-3, 08-1]

1 내부에는 고탄소강의 강선(피아노선)을 묶음으로 넣고 고무로 피복한 링 상태의 보강 부위로 타이어를 림에 견고하게 고정시키는 역할을 하는 부품은?

① 카커스(carcass)부 ② 트레드(tread)부
③ 숄더(should)부 ④ 비드(bead)부

> ① 카커스부 : 타이어의 뼈대가 되는 부분
> ② 트레드부 : 노면에 직접 접촉되는 부분으로 내열성 고무로 피복된 코드를 여러 겹이 겹친 구조
> ④ 비드부 : 타이어가 림에 접촉하는 부분으로 타이어가 림에서 빠지는 것을 방지

[15-1, 07-1]

2 노면과 직접 접촉은 하지 않으며, 주행 중 가장 많은 완충작용을 하는 부분으로서 타이어 규격과 기타 정보가 표시된 부분은?

① 카커스(carcass)부 ② 트레드(tread)부
③ 사이드월(side wall)부 ④ 비드(bead)부

[09-2]

3 타이어 트레드 패턴(Tread pattern)의 필요성이 아닌 것은?

① 타이어의 열을 흡수
② 트레드에 생긴 절상 등의 확대를 방지
③ 구동력이나 견인력의 향상
④ 타이어의 옆 방향에 대한 저항이 크고 조향성 향상

> 타이어의 열을 방출

[09-2]

4 타이어 트레드 한쪽 면만 편마멸되는 원인이 아닌 것은?

① 각 바퀴에 균일한 타이어 최고압력을 주입했을 때
② 휠이 런 아웃 되었을 때
③ 허브의 너클이 런 아웃 되었을 때
④ 베어링이 마멸되었거나 킹핀의 유격이 큰 경우

> 타이어 공기압이 과다하면 트레드 중간이 마멸된다.

[14-3]

5 고무로 피복된 코드를 여러 겹 겹친 층에 해당되며, 타이어에서 타이어 골격을 이루는 부분은?

① 카커스 부 ② 트레드 부
③ 숄더 부 ④ 비드 부

[12-1]

6 타이어의 단면을 편평하게 하여 접지면적을 증가시킨 편평 타이어의 장점 중 아닌 것은?

① 제동성능과 승차감이 향상된다.

② 타이어 폭이 좁아 타이어 수명이 길다.

③ 펑크가 났을 때 공기가 급격히 빠지지 않는다.

④ 보통 타이어 보다 코너링포스가 15% 정도 향상된다.

편평 타이어 - 편평비가 작음(폭이 넓음)
- 제동 성능과 승차감 향상
- 보통 타이어보다 코너링 포스가 15% 정도 향상됨
- 펑크가 났을 때 공기가 급격히 빠지지 않음
- 타이어 폭이 넓어 타이어 수명이 길다.

[14-1]

7 열에 의해 타이어의 고무나 코드가 용해 및 분리되는 현상은?

① 히트 세퍼레이션(heat separation) 현상

② 스탠딩 웨이브(standing wave) 현상

③ 하이드로 플래닝(hydro planing) 현상

④ 이상과열(over heat) 현상

히트 세퍼레이션 현상
여름철에 장시간 고속 주행하면 타이어 내부의 발열이 급격히 상승하여 트레드 고무와 코크스 간의 접착력이 약해져 고무가 분리되거나 심한 경우에는 고무에 녹아서 타이어가 파열되기도 한다.

[18-3, 15-1, 12-2]

8 레이디얼 타이어의 장점이 아닌 것은?

① 타이어 단면의 편평율을 크게 할 수 있다.

② 보강대의 벨트를 사용하기 때문에 하중에 의해 트레드가 잘 변형된다.

③ 로드 홀딩이 우수하며 스탠딩 웨이브가 잘 일어나지 않는다.

④ 선회 시에도 트레드의 변형이 적어 접지 면적이 감소되는 경향이 적다.

레이디얼 타이어의 특징
- 하중에 의한 트레드 변형이 적어 접지 면적이 크다.
- 선회 시 옆방향 힘을 받아도 변형이 적다.
- 편평율을 크게 할 수 있다.
- 회전저항 및 미끄럼이 적으며, 주행안정성이 향상된다.
- 스탠딩웨이브 현상이 적다.
- 보강대의 벨트로 인해 브레이커가 튼튼하여 충격흡수가 잘되지 않고, 승차감이 좋지 않다.

[14-2]

9 타이어에 대한 설명으로 틀린 것은?

① 바이어스 타이어는 카커스의 코드가 사선 방향으로 설치되어 있다.

② 선회 시 원심력에 따른 코너링 포스를 발생시켜 토크 스티어 현상에 도움이 된다.

③ 레이디얼 타이어는 카커스의 코드 방향이 원둘레 방향의 직각 방향으로 배열되어 있다.

④ 스노우 타이어는 타이어의 트레드 폭을 크게 한 타이어.

[07-3]

10 형식이 185/65 R14 85H인 타이어를 사용하는 승용자동차가 있다 이 타이어의 높이와 내경은 각각 얼마인가?

① 65mm, 14cm

② 185mm, 14′

③ 85mm, 65cm

④ 120mm, 14′

- 185 : 타이어 폭
- R : 레이디얼 타이어
- 85 : 하중지수
- 65 : 편평비(%)
- 14 : 타이어 내경(inch)
- H : 속도 기호

$$편평비(\%) = \frac{타이어의 높이}{타이어의 폭} \times 100(\%) : \frac{타이어의 높이}{185} \times 100(\%) = 65\%$$

타이어의 높이 = 185×0.65 = 120mm

[13-3]

11 급격한 가속이나 제동 또는 선회 시에 타이어가 노면과의 사이에 미끄러짐이 발생하면서 나는 소음은?

① 럼블(Rumble)음

② 험(Hum)음

③ 스퀼(Squeal)음

④ 패턴소음(Pattern Noise)

- 럼블음 : 거친 노면을 주행할 때 타이어로부터 차 내에 전달되는 소음
- 험음 : 직진주행시 발생되는 소음으로, 트레드 패턴에 같은 간격으로 배열된 피치가 노면을 규칙적으로 때리며 발생하는 소음
- 스퀼음 : 급격한 가속이나 제동 또는 선회 시에 타이어가 노면과의 사이에 미끄러짐이 발생하면서 나는 소음
- 패턴소음 : 타이어가 노면에 접지했을 때 트레드 홈 안의 공기가 압축되어 방출될 때 발생하는 소음

[19-2]

12 타이어 수명에 영향을 미치는 요인과 가장 거리가 먼 것은?

① 엔진의 출력

② 주행 노면의 상태

③ 타이어와 노면 온도

④ 주행 시 타이어 적정 공기압 유무

[14-2]

13 어떤 자동차의 공차질량이 1510 kg일 때 공차중량은?

① 약 14808 N

② 약 14808 kg

③ 약 15100 N

④ 약 15100 kgf

중량 $W = m \times g$ [m : 질량(kg), g : 중력가속도(9.8 m/s²)]
∴ $W = 1510$ kg×9.8 m/s² ≒ 14798 kg·m/s² ≒ 14798 N

정답 6 ② 7 ① 8 ② 9 ② 10 ④ 11 ③ 12 ① 13 ①

[14-3]

14 총질량 22,000 kg인 화물자동차가 6.72 m/s²의 감속도로 제동되고 있다. 이 때 제동력의 크기는?

① 약 3273.8 kN   ② 약 3273.8 kgf

③ 약 147.8 kN   ④ 약 147.8 kgf

힘 $f = m \times a$ (m : 질량 [kg], a : 가(감)속도 [m/s²])

$= 22000 \, kg \times 6.72 \, m/s^2 = 147840 \, kg \cdot m/s^2$

$= 147840 \, N \fallingdotseq 147.8 \, kN$ ※ 1[N] = 1[kg·m/s²]

※ 단위를 통해 식을 유추할 수 있다!

[09-2]

15 자동차가 300 m를 통과하는데 20 s 걸렸다면 이 자동차의 속도는?

① 4.1 km/h   ② 15 km/h

③ 54 km/h   ④ 108 km/h

속도 $= \dfrac{거리}{시간}$ [m/s] $= \dfrac{300}{20} = 15$ [m/s] $\times 3.6 = 54$ [km/h]

[09-1]

16 80 km/h로 주행하던 자동차가 브레이크를 작용하기 시작해서 10초 후에 정지했다면 감속도는?

① 3.6 m/s²   ② 4.8 m/s²

③ 2.2 m/s²   ④ 6.4 m/s²

가(감)속도 $= \dfrac{속도변화(나중속도 - 처음속도)}{걸린시간}$

$a = \dfrac{80/3.6 \, [m/s]}{10 \, [s]} = 2.2 \, [m/s^2]$

[10-2]

17 시속 90 km/h로 달리던 자동차가 10초 후에 정지하였다. 이 때 감속도는 몇 m/s²인가?

① 2.5   ② 5

③ 7.5   ④ 15

가(감)속도 [m/s²] $= \dfrac{나중속도 - 처음속도}{걸린시간} = \dfrac{0 - 90 \, [km/h]}{10 \, [s]}$

$= \dfrac{-90 \times \frac{1}{3.6} \, [m/s]}{10 \, [s]} = -2.5 \, [m/s^2]$ (※ '–'는 감속을 의미)

[10-1]

18 중량 1800kgf의 자동차가 120km/h의 속도로 주행 중 0.2분 후 30km/h로 감속하는데 필요한 감속력은?

① 약 382 kgf   ② 약 764 kgf

③ 약 1775 kgf   ④ 약 4590 kgf

제동력 $F = m \times a$ (뉴턴의 제2법칙)

$W = m \times g, \quad m = \dfrac{W}{g} = \dfrac{1800 \, [kgf]}{9.8 \, [m/s^2]}$

- F : 제동력 = 감속력
- m : 차량 질량
- g : 중력가속도 [m/s²]
- a : 제동감속도 [m/s²]

제동 감속도 $= \dfrac{속도 변화}{시간} = \dfrac{(120-30)/3.6 \, [m/s]}{0.2 \times 60 \, [s]} = 2.08 \, [m/s^2]$

$\therefore F = m \times a = \dfrac{1800 \, [kgf]}{9.8 \, [m/s^2]} \times 2.08 \, [m/s^2] \fallingdotseq 382 \, [kgf]$

[11-2]

19 자동차의 질량은 1500 kg, 1개의 차륜 당 전륜 제동력은 3400 N, 후륜 제동력은 1100 N일 때 제동 감속도는?

① 3 m/s²   ② 4 m/s²

③ 5 m/s²   ④ 6 m/s²

제동력 $F = m \times a$

- m : 차량 질량 [kg]
- a : 제동 감속도 [m/s²]

총제동력 $F_{total} = 2(F_{BRf} + F_{BRr}) = 2(3400+1100) = 9000 \, [N]$

$\therefore a = \dfrac{F_B}{m} = \dfrac{9000 \, [kg \cdot m/s^2]}{1500 \, [kg]} = 6 \, [m/s^2]$ ※ 1[N] = 1[kg·m/s²]

[13-3]

20 타이어의 회전 반경이 0.3 m인 자동차에서 타이어의 회전수가 800 rpm으로 달릴 때 회전토크가 15 kgf·m 이라면 구동력은?

① 45 kgf   ② 50 kgf   ③ 60 kgf   ④ 70 kgf

구동력 $F = \dfrac{T}{R} = \dfrac{15 \, [kgf \cdot m]}{0.3 \, [m]} = 50 \, [kgf]$

- T : 토크 [kgf·m]
- R : 타이어 반경 [m]

[15-1, 12-3]

21 구동력을 크게 하기 위해서는 축의 회전토크 T와 구동바퀴의 반경 R을 어떻게 해야 하는가?

① T와 R 모두 크게 한다.

② T는 크게, R은 작게 한다.

③ T는 작게, R은 크게 한다.

④ T와 R 모두 작게 한다.

구동력 $F = \dfrac{T}{R}$ [kgf]

- T : 토크 [kgf·m]
- R : 타이어 반경 [m]

이 식에서 T를 클수록, R은 작을수록 구동력 F는 커진다.

정답   14 ③   15 ③   16 ③   17 ①   18 ①   19 ④   20 ②   21 ②

[13-2, 09-1, 07-2]

22 자동차 변속기에서 3속의 변속비가 1.25 : 1 이고 종감속비가 4 : 1, 엔진 rpm이 2700일 때 구동륜의 동하중 반경 30 cm인 이 차의 차속은?

① 53 km/h
② 58 km/h
③ 61 km/h
④ 65 km/h

> **주행속도** $V = \dfrac{\pi DN}{R_t \times R_f} \times \dfrac{60}{1000}$ [km/h]
> - D : 바퀴의 직경 [m]
> - N : 회전수 [rpm]
> - R_t : 변속비
> - R_f : 종감속비
>
> $\therefore V = \dfrac{\pi \times 0.6\,[\text{m}] \times 2700\,[\text{rpm}]}{1.25 \times 4} \times \dfrac{60}{1000}$
> $= 61$ [km/h]

[13-2]

23 타이어의 유효 반경이 36 cm이다. 타이어가 500 rpm의 속도로 회전하고 있을 때 자동차의 속도는 얼마인가?

① 18.84 m/s
② 28.84 m/s
③ 38.84 m/s
④ 10.84 m/s

> **자동차 속도(타이어 회전속도) = 타이어 원둘레 × 회전수**
> $= (\pi \times 지름) \times 회전수$
>
> $= \pi \times 0.72\,[\text{m}] \times \dfrac{500}{60}\,[/\text{s}] = 18.84\,[\text{m/s}]$

[13-2]

24 자동차의 주행속도와 바퀴의 구동력에 대한 설명이 **틀린** 것은?

① 동일한 엔진회전수에서 변속기의 변속비가 크면 클수록 구동력은 커지며 주행속도는 줄어든다.
② 동일한 엔진회전수에서 타이어의 편평비를 작게 하면 구동력은 작아진다.
③ 동일한 변속비와 엔진회전수에서 타이어의 직경을 크게 하면 주행속도는 높아진다.
④ 동일한 엔진회전수에서 변속기의 감속비를 크게 하면 주행속도는 줄어든다.

> ①, ④ : 변속비(감속비)가 크다는 것은 엔진회전수를 감속하는 비율이 크다는 것을 의미하므로 주행속도는 감속하고 대신 구동토크는 커진다.
>
> ③ : 주행속도 $V = \dfrac{\pi DN}{R_t \times R_f}$ 에 의해 D가 커질수록 주행속도는 커진다.
>
> ② : 편평비가 작다는 것은 타이어 폭이 넓다는 것을 말하며, 접지면적이 커지므로 구동력이 커지고 주행 안정성이 있다.

[11-1]

25 타이어의 반경이 65 cm이고 기관의 회전속도가 2500 rpm일 때 총 감속비가 6 : 1이면 이 자동차의 주행속도는?

① 약 102 km/h
② 약 105 km/h
③ 약 108 km/h
④ 약 112 km/h

> $V = \dfrac{\pi \times (0.65 \times 2) \times 2500}{6} \times \dfrac{60}{1000} = 102\,[\text{km/h}]$

[14-1]

26 기관 회전수가 2000 rpm 변속비가 2:1, 종감속비가 5:1인 자동차가 선회 주행을 하고 있을 때 자동차 좌측바퀴가 10 km/h 속도로 주행한다면 우측바퀴의 속도는? (단, 바퀴의 원둘레 : 120cm)

① 10.2 km/h
② 14.6 km/h
③ 18.8 km/h
④ 20.2 km/h

> 주행속도 $V = \dfrac{\pi DN}{R_t \times R_f} \times \dfrac{60}{1000}$ [km/h]
> - D : 바퀴의 직경 [m]
> - N : 회전수 [rpm]
> - R_t : 변속비
> - R_f : 종감속비
>
> ※ 바퀴의 원둘레 $= \pi D = 1.2$ [m]
> ※ 총감속비 $= R_t \times R_f = 2 \times 5 = 10$
>
> $\therefore V = \dfrac{1.2 \times 2000}{10} \times \dfrac{60}{1000} = 14.4\,[\text{km/h}]$
>
> 두 바퀴의 평균속도가 주행속도가 되므로
>
> $\dfrac{10 + 우측바퀴의 속도}{2} = 14.4\,[\text{km/h}]$
>
> $\therefore$ 우측바퀴의 속도 $= (14.4 \times 2) - 10 = 18.8\,[\text{km/h}]$

[08-1]

27 바퀴의 지름이 70cm, 엔진의 회전수 3800 rpm, 총감속비가 5.2일 때 자동차의 주행속도는?

① 약 76 km/h
② 약 86 km/h
③ 약 96 km/h
④ 약 106 km/h

> $V = \dfrac{\pi \times 0.7 \times 3800}{5.2} \times \dfrac{60}{1000} = 96.37\,[\text{km/h}]$

[14-1]

28 어떤 자동차가 60 km/h의 속도로 평탄한 도로를 주행하고 있다. 이때 변속비가 3, 종감속비가 2이고 구동바퀴가 1회전하는데 2 m 진행할 때, 3 km 주행하는데 소요되는 시간은?

① 1분
② 2분
③ 3분
④ 4분

> 60 km/h = 60 km/60 min = 1 km/min이므로 3 km 주행 시 3분이 소요된다.
> ※ 속도 개념을 묻는 문제임

정답 22 ③　23 ①　24 ②　25 ①　26 ③　27 ③　28 ③

[10-3]

29 총중량 7.5 ton의 차량이 36 km/h의 속도로 1/50 구배의 언덕길을 올라갈 때 1초 동안 진행 속도(m/s)는?

① 8   ② 10

③ 12   ④ 20

$$V = \frac{36 \times 1000}{3600} = 10 \ [\text{m/s}]$$

[15-3]

30 차량 총중량이 2ton인 자동차가 등판저항이 약 350kgf로 언덕길을 올라갈 때 언덕길의 구배는 얼마인가?

① 10°   ② 11°

③ 12°   ④ 13°

등판(구배)저항 $R_g \ [\text{kgf}] = W \times \sin\theta$ • W : 차량 총중량[kgf]
                                • θ : 구배(경사각)

$$\sin\theta = \frac{350}{2000} = 0.175 \quad \therefore \ \theta = \sin^{-1} 0.175 = 10.078°$$

[13-1, 09-2, 16-1 유사, 18-1 유사]

31 주행속도 80 km/h의 자동차에 브레이크를 작용시켰을 때 제동거리는 약 얼마인가? (단, 차륜과 도로면의 마찰계수 = 0.2)

① 80 m   ② 126 m

③ 156 m   ④ 160 m

제동거리 $S = \dfrac{v^2}{2\mu g} \ [\text{m}]$ • v : 제동초속도 [m/s]
                          • μ : 미끄럼 마찰계수
                          • g : 중력가속도 [m/s²]

$$\overset{\text{km/h} \rightarrow \text{m/s}}{S = \frac{(80/3.6)^2}{2 \times 0.2 \times 9.8} = 125.976 \ [\text{m}]}$$

[17-1, 11-2]

32 자동차의 제동성능에서 제동력에 영향을 미치는 요인으로 거리가 먼 것은?

① 차량 총중량   ② 제동 초속도

③ 여유 구동력   ④ 미끄럼 계수

$F_B = \mu \times G = \mu \times m \times g$ • F_B : 제동력[N]
                                  • μ : 미끄럼 마찰계수
$S = \dfrac{v^2}{2\mu t g}, \ g = \dfrac{v^2}{2\mu S}$ • G : 차량 총중량[N]
                                  • m : 차량 질량[kg]
$F_B = \mu \times m \times \dfrac{v^2}{2\mu S}$ • S : 제동거리[m]
                                  • g : 중력가속도[m/s²]
                                  • v : 제동초속도[m/s]

[08-1]

33 도로구배 30%인 경사로를 중량 1000 kgf인 자동차가 시속 72km/h의 속도로 내려오고 있다. 이 자동차의 공기저항은 얼마인가? (단, 이 자동차의 전면 투영면적은 1.8 m², 공기저항계수 0.025 kgf·s²/m⁴이다)

① 0.9 kgf   ② 90 kgf

③ 18 kgf   ④ 180 kgf

공기저항 $R_a \ [\text{kgf}] = \mu_a \times A \times V^2$ • μ_a : 공기저항계수 [kgf·s²/m⁴]
                                         • A : 전면 투영면적 [m²]
                                         • V : 주행속도 [m/s]

$$R_a = 0.025 \times 1.8 \times (72/3.6)^2 = 18 \ [\text{kgf}]$$

[08-1]

34 자동차 중량 3260 kgf의 자동차가 10°의 경사진 도로를 주행할 때의 전체주행 저항은 약 얼마인가? (단, 구름저항 계수는 0.023이다)

① 586 kgf   ② 641 kgf

③ 712 kgf   ④ 826 kgf

• 구름저항 $R_r = \mu_r \times W = 0.023 \times 3260 = 73.98 \ [\text{kgf}]$
• 구배저항 $R_g = W \times \sin\theta = 3260 \times \sin 10° = 566 \ [\text{kgf}]$
∴ 전주행저항 $R_t = R_r + R_g = 74.98 + 566 ≒ 641 \ [\text{kgf}]$

[13-3]

35 무게 2 ton인 화물차량이 20° 경사길을 올라갈 때의 전주행 저항은? (단, 구름저항계수 : 0.2)

① 약 560 kgf   ② 약 1084 kgf

③ 약 1560 kgf   ④ 약 2025 kgf

• 구름저항 $R_r = \mu_r \times W = 0.2 \times 2000 = 400 \ [\text{kgf}]$
• 구배저항 $R_g = W \times \sin\theta = 2000 \times \sin 20° = 684 \ [\text{kgf}]$
∴ 전주행저항 $R_t = R_r + R_g = 400 + 684 = 1084 \ [\text{kgf}]$

[19-1]

36 평탄한 도로를 90 km/h로 달리는 승용차의 총 주행저항은 약 몇 kgf인가? (단, 공기저항계수 0.03, 총중량 1145 kgf, 투영면적 1.6 m², 구름저항계수 0.015)

① 37.18   ② 47.18

③ 57.18   ④ 67.18

평탄로의 전주행저항 R_t = 구름저항 + 공기저항
• 구름저항 $R_r = \mu_r \times W$ • μ_r : 구름저항계수
           $= 0.015 \times 1145$ • W : 총중량 [kgf]
           $= 17.175$ • μ_a : 공기저항계수
• 공기저항 $R_a = \mu_a \times A \times V^2$ • A : 투영면적 [m²]
           $= 0.03 \times 1.6 \times (90/3.6)^2$ • V : 주행속도 [m/s]
           $= 30$
∴ $R_t = 17.175 + 30 = 47.18$

정답   **29** ②   **30** ①   **31** ②   **32** ③   **33** ③   **34** ②   **35** ②   **36** ②

chapter **02**

[17-1, 12-3]

37 주행 중 타이어에서 나타나는 하이드로 플레이닝 현상을 방지하기 위한 방법으로 <u>틀린</u> 것은?

① 승용차의 타이어는 가능한 리브 패턴을 사용할 것
② 트레드 패턴은 카프모양으로 세이빙 가공한 것을 사용
③ 타이어 공기압을 규정보다 낮추고 주행속도를 높일 것
④ 트레드 패턴의 마모가 규정 이상 마모된 타이어는 고속 주행 시 교환할 것

수막현상 방지 방법
• 충분한 감속 주행
• 공기압을 조금 높게 한다.
• 배수 효과가 좋은 타이어(리브형) 사용
• 커프 모양 : 트레드면의 얇은 홈을 말하며, 제동성능 향상 및 옆미끄럼 방지 효과가 있음

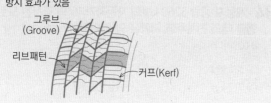

[07-1]

38 수막현상에 대한 설명으로 <u>틀린</u> 것은?

① 빗길을 고속주행할 때 발생한다.
② 타이어 폭이 좁을수록 잘 발생한다.
③ ABS를 장착하면 수막현상에도 위험을 줄일 수 있다.
④ 타이어 홈의 깊이가 적을수록 잘 발생한다.

수막현상은 고속일수록, 타이어 폭이 넓을수록, 타이어 홈이 적을수록 발생률이 크다.

[13-1]

39 스탠딩 웨이브 현상을 방지할 수 있는 사항이 <u>아닌</u> 것은?

① 저속 운행을 한다.
② 전동 저항을 증가시킨다.
③ 강성이 큰 타이어를 사용한다.
④ 타이어의 공기압을 높인다.

스탠딩 웨이브 현상 방지
• 저속 주행을 한다.
• 강성이 큰 타이어를 사용한다.
• 타이어의 공기압을 기준보다 10~20% 정도 높인다.

[참고]

40 자동차 타이어 공기압에 대한 설명으로 옳은 것은?

① 비오는 날 도로 주행 시 공기압을 15% 정도 낮춘다.
② 웅덩이 등에 바퀴가 빠질 우려가 있으면 공기압을 15% 정도 높인다.
③ 좌우 바퀴의 공기압이 차이가 날 경우 제동의 편차가 발생할 수 있다.
④ 공기압이 높으면 트레드 양단이 마모된다.

[14-3]

41 주행 중 급제동에 의해 모든 바퀴가 고정된 경우 제동거리를 산출하는 식으로 옳은 것은? (단, L : 제동거리, V : 차속, μ : 타이어와 노면 사이의 마찰계수, g : 중력가속도)

① $L = \dfrac{V^2}{2\mu g}$ ② $L = \dfrac{V}{2\mu g}$

③ $L = \dfrac{g}{2\mu V}$ ④ $L = \dfrac{2\mu V}{V^2}$

[14-3]

42 총질량 22000 kg인 화물자동차가 6.72 m/s²의 감속도로 제동되고 있다. 이때 제동력의 크기는?

① 약 3273.8 kN ② 약 3273.8 kgf
③ 약 147.8 kN ④ 약 147.8 kgf

마찰력 $f = m \times a = 22000\,\text{kg} \times 6.72\,\text{m/s}^2 = 147840\,[\text{kg} \cdot \text{m/s}^2]$
$= 147840\,[\text{N}] = 147.840\,[\text{kN}]$
※ $1\,\text{N} = 1\,\text{kg} \cdot \text{m/s}^2$

[19-2]

43 정지 상태의 자동차가 출발하여 100m에 도달했을 때의 속도가 60 km/h이다. 이 자동차의 가속도는 약 몇 m/s² 인가?

① 1.4 ② 5.6
③ 6.0 ④ 8.7

등가속도 운동 방정식 $2as = v^2 - v_0^2$ • a : 가속도
$2 \times a \times 100 = (60/3.6)^2 - 0$ • s : 이동 거리
$a = \dfrac{60^2}{200 \times 3.6^2} = 1.38$ • v : 나중 속도
 • v_0 : 처음 속도

정답 ▶ 37 ③ 38 ② 39 ② 40 ③ 41 ① 42 ③ 43 ①

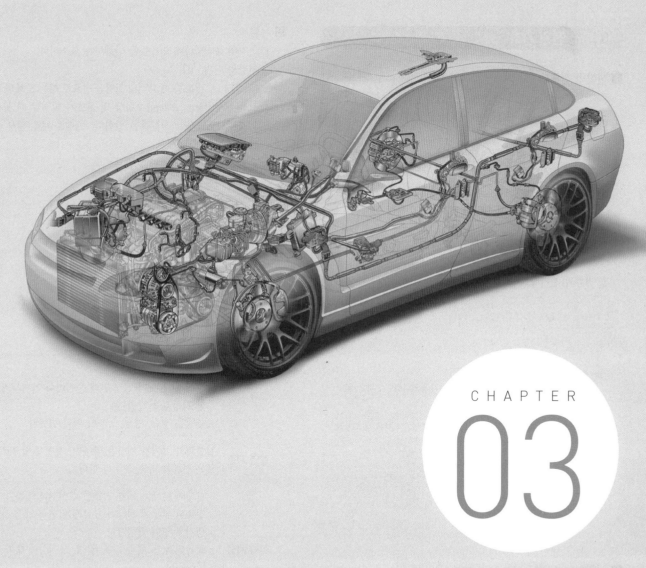

AUTOMOBILE
ELECTRICS &
ELECTRONICS

CHAPTER

03

자동차 전기·전자 정비

☐ 전기·전자 회로분석 ☐ 네트워크 통신장치 ☐ 주행안전장치 ☐ 편의장치 ☐ 냉·난방장치 ☐ 발전기·기동전동기 ☐ 점화장치 ☐ 주행안전장치

전기·전자 회로분석

Main
Key
Point

[출제문항수 : 약 2~3문제] 향후 출제유형은 알 수 없으나 2022년 이후 난이도가 낮은 문제가 출제되었기에 정리된 기출 문제만으로도 어느 정도 대처가 가능하니 모두 학습하기 바랍니다. 기초 이론도 학습해야 하겠지만 전반적인 전기·전자 회로 분석 및 측정방법·원리에 관련된 부분을 중점적으로 체크하기 바랍니다.

01 전기 기초

1 전하와 전류(I)

① 전류 : 전기의 흐름, 즉 전자의 흐름을 말함

② 전자는 ⊖ → ⊕, 전류는 ⊕ → ⊖으로 흐른다.

③ 전하(Q) : 전자의 유무에 의해 생기는 전기적 성질을 말하며, 전하의 크기를 전기량(전하량)이라 한다.

  ※ 전하의 단위 : C(쿨롱)

④ 전류의 단위 : 암페어(Ampere), 표기 : [A]

⑤ **1[A] : 1[sec] 동안에 1[C]의 전기량이 이동한 것**

$$1[A] = \frac{1[C]}{1[s]}$$

⑥ 전류와 전기량, 시간과의 관계

$$I = \frac{Q}{t}, \ Q = I \times t$$
• Q : 전기량[C]
• t : 시간[s]

→ 전기량 $Q = I \times t$

▶ **전류의 3대 작용**
• **발열작용** : 전구, 예열플러그 등과 같이 열에너지로 인해 발열하는 작용
• **화학작용** : 축전지의 전해액과 같이 화학작용에 의해 기전력이 발생
• **자기작용** : 모터나 발전기와 같이 코일에 전류가 흐르면 자계가 형성되는 작용(전기적 에너지를 기계적 에너지로 변환)

발열작용   자기작용   화학작용

2 전압(V)

① 도체에 전류가 흐르는 압력, 도체 내 두 점 사이의 위치에너지(전위차)를 말한다.

② 전압(Voltage)의 단위 : V

③ 1[V] : 1[Ω]의 저항을 갖는 도체에 1[A]의 전류가 흐르는 것

3 저항(R)

① 전자의 움직임(전류의 흐름)을 방해하는 요소이다.

② 저항의 단위 : [Ω]

③ 1 [Ω] : 1 [A]가 흐를 때 1[V]의 전압을 필요로 하는 도체의 저항

④ 고유 저항 [Ωcm, μΩcm] : 형상 및 온도가 일정할 때 물질마다 가지는 일정한 저항값을 말한다. (물질은 재질, 형상, 농도에 따라 변함)

⑤ 온도와 저항의 관계 : 비례 관계

⑥ 도체에 따른 저항

$$R = \rho \frac{l}{A}[\Omega]$$
• ρ : 고유저항, 저항률 [Ω·m]
• l : 도체의 길이 [m]
• A : 도체의 단면적 [m²]

▶ 병렬저항의 총 저항은 한 개의 저항보다도 작아진다.
▶ **저항의 접속에 따른 각 저항의 전류·전압 상태**
• 직렬 : 전류 일정, 전압 변동
• 병렬 : 전압 일정, 전류 변동

고유 저항	• 단위 : Ωcm, μΩcm • 형상 및 온도가 일정할 때 물질마다 가지는 일정한 저항값을 말한다. • 물질은 재질, 형상, 농도에 따라 변한다.
절연 저항	절연체가 가지는 저항을 말하며, 절연체 밖으로 흐르는 전류를 '누설전류'라 한다.
접촉 저항	• 도체와 도체가 서로 접촉할 때의 저항이다. • 접촉된 부분에 전류가 흐르게 되면 전압 강하가 생기고 열이 발생한다. • 접촉면적, 도체의 종류, 압력, 부식상태에 따라 달라진다. • 와셔 사용, 단자의 도금, 접점 청소 등으로 접촉 저항을 감소시킨다.

4 전기회로의 상태 종류

① 폐회로(closed circuit) : 회로의 끊김이 없이 전류가 흐르는 것. 예를 들면 12V의 ⊕ 전원이 중간의 저항 요소에서 소모되어 ⊖ 전원(접지)에 0V로 되돌아오는 회로

② 단선 회로(개방 회로) : 회로가 끊겨 전류가 흐를 수 없는 회로

③ 단락 : ⊕ 전원이 저항 요소를 거치지 않고 ⊖ 전원(접지)에 연결되는 상태로, 회로에 저항이 거의 없으므로 고전류가 흘러 회로의 고장 및 화재를 일으킬 수 있다.

5 전압강하

① 두 전위차 지점 사이에 저항을 직렬로 연결된 회로에서 전류가 흐를 때 전류가 각 저항을 통과할 때마다 옴의 법칙(I·R)만큼의 전압이 떨어지는 현상으로, 저항(부하) 외에 전선에서도 발생된다.

② 주로 배선, 단자, 배선 접속부, 스위치 등에서 발생하기 쉽다.

6 부하의 직·병렬 접속

전기회로의 부하 : 저항, 인덕턴스(코일), 정전용량(콘덴서)

① 저항 : 전류 흐름을 방해하는 요소

② 인덕턴스 : 코일에서 전류 흐름을 방해하는 요소로, 기전력이 발생되어 흐름을 방해하는 성질이 있다.

③ 정전용량(커패시턴스) : 콘덴서가 전하를 충전할 수 있는 능력을 말하며, 전하의 충전으로 전압의 변화를 방해함

부하		직렬연결	병렬연결
저항 ∿	$R[\Omega]$	$R_t = R_1 + R_2$	$R_t = \dfrac{R_1 \times R_2}{R_1 + R_2}$
인덕턴스(코일) ⌒⌒⌒	$L[H]$	$L_t = L_1 + L_2$	$L_t = \dfrac{L_1 \times L_2}{L_1 + L_2}$
정전용량(콘덴서) ─╢├─	$C[F]$	$C_t = \dfrac{C_1 \times C_2}{C_1 + C_2}$	$C_t = C_1 + C_2$

7 옴(Ohm)의 법칙

도체에 흐르는 전류(I)는 전압(V)에 비례하고, 그 도체의 저항(R)에 반비례한다.

$$I = \frac{V}{R}$$

▶ 옴의 법칙 암기법

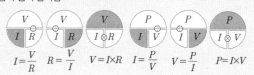

$I = \dfrac{V}{R}$ $R = \dfrac{V}{I}$ $V = I \times R$ $I = \dfrac{P}{V}$ $V = \dfrac{P}{I}$ $P = I \times V$

8 키르히호프의 법칙(Kirchhoff's Law)

① 제1법칙(전류의 법칙) : 회로 내의 어떤 한 점에 유입한 전류의 총합과 유출한 전류의 총합은 같다.

② 제2법칙(전압의 법칙) : 임의의 폐회로에 있어서 기전력의 총합과 저항에 의한 전압강하의 총합은 같다.

$I_1 + I_2 = I_3 + I_4 + I_5$

9 전기에너지와 주울 열

전류에 의해 발생되는 열(주울의 법칙) : 저항이 있는 물체에 전류가 흐르면 열이 발생하며, 발생되는 열의 양을 발열량이라 한다. 저항 R의 선에 전류 I를 흘렸을 때 발생되는 열량(H)은 전류의 제곱(I^2), 도체의 저항(R)에 비례한다.

발열량 $H = P \times t \,[J]$
$\quad\quad\quad\; = V \times I \times t \,[J]$
$\quad\quad\quad\; = I^2 R t \,[J]$
$\quad\quad\quad\; = 0.24 \times I^2 R t \,[cal]$
$\quad\quad\quad\quad 1[J] = \dfrac{1}{4.186} = 0.24\,[cal]$

- P : 전력
- V : 전압
- t : 시간
- I : 전류
- R : 저항

10 플레밍의 법칙

(1) 플레밍의 왼손 법칙
도선이 받는 힘의 방향을 결정하는 규칙(전동기의 작동원리)

(2) 플레밍의 오른손 법칙
유도 기전력 또는 유도 전류의 방향을 결정하는 규칙(발전기의 작동원리)

11 전지의 접속

① Ah(ampere-hour) : 배터리의 용량을 나타내는 단위로, '전류× 시간'을 의미한다.

② 전지에서 기전력 E 이외에 내부저항 r이 존재한다.

▶ **기전력과 단자전압**
- 기전력(E) : 전압을 발생하여 전류를 흐르게 하는 전기적인 힘, 전위가 높은 곳에서 낮은 곳으로 이동하려는 힘(단위 전하당 작용하는 힘)
- 단자전압 : 전류가 흐르고 있을 때, 전지의 ⊕, ⊖ 사이에 나타나는 전위차

12 자성체와 자속

① 자성체 : 자기유도에 의해 자화되는 물질

② 자계 : 자력선이 존재하는 영역

③ 자계강도 : 단위 자기량을 가지는 물체에 작용하는 자기력의 크기

④ 자속은 자기선속(자기다발) 또는 자력선들의 다발을 의미한다. **자속의 단위는 웨버(Wb)이며, 자속밀도의 단위는 Wb/m² 이다.**

회로의 저항 연결에 따른 전압과 전류

직렬연결	병렬연결
I_1, V_1 I_2, V_2 $R_1[\Omega]$ $R_2[\Omega]$ I $E[V]$	I_1, V_1 $R_1[\Omega]$ I I_2, V_2 $R_2[\Omega]$ $E[V]$

	직렬연결	병렬연결
저항	$R = R_1 + R_2$ (직렬일 때 저항은 늘어날수록 커진다)	$R = \dfrac{R_1 \times R_2}{R_1 + R_2}$ (병렬일 때 저항은 늘어날수록 작아진다)
전압	$V = V_1 + V_2 = I_1R_1 + I_2R_2 = IR_1 + IR_2 = I(R_1 + R_2)$	$V = V_1 = V_2$ (병렬일 때 전압은 회로 어디에나 항상 일정하다)
전류	$I = I_1 = I_2$ (직렬일 때 전류는 회로 어디에나 항상 일정하다)	$I = I_1 + I_2 = \dfrac{V_1}{R_1} + \dfrac{V_2}{R_2} = V\left(\dfrac{1}{R_1} + \dfrac{1}{R_2}\right)$
분압법칙과 분류법칙	직렬에서 전류가 일정하다$(I = I_1)$라고 했으므로 $\dfrac{V}{R} = \dfrac{V}{R_1 + R_2} = \dfrac{V_1}{R_1}, \;\; \boxed{V_1 = \dfrac{R_1}{R_1 + R_2}V}$ ← 분압법칙 만약 위 그림에서 $R_1 = 4\Omega$, $R_2 = 6\Omega$, $V = 10V$일 때 R_1에 걸리는 전압 V_1은 $\dfrac{4}{4+6} \times 10 = 4V$가 된다.	병렬에서 전압이 일정하다$(V = V_1)$라고 했으므로 $IR = I \times \dfrac{R_1 \times R_2}{R_1 + R_2} = I_1R_1, \;\; \boxed{I_1 = \dfrac{R_2}{R_1 + R_2}I}$ ← 분류법칙 만약 위 그림에서 $R_1 = 4\Omega$, $R_2 = 6\Omega$, $I = 10A$일 때 R_1에 걸리는 전류 I_1은 $\dfrac{6}{4+6} \times 10 = 6A$가 된다.

· **분압법칙** : 전압은 저항에 비례하므로 전체저항에 대한 자신의 저항의 비만큼 분배된다.
· **분배법칙** : 전류는 저항에 반비례하므로 전체저항에 대한 다른 저항의 비만큼 분배된다.

▶ **저항의 직·병렬회로에서 전압, 전류, 합성저항 구하기**

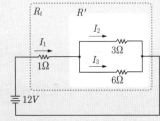

구분	전체	$1\,\Omega$	$3\,\Omega$	$6\,\Omega$
전체 저항	(A)$[\Omega]$			
전류	(B)$[A]$	(C)$[A]$	(D)$[A]$	(E)$[A]$
전압	$12[V]$	(F)$[V]$	(G)$[V]$	(H)$[V]$

전하량 보존 법칙 : 저항(부하)을 직렬로 연결한 회로에서는 어느 지점에서나 흐르는 전류의 세기는 모두 같다.

병렬저항의 합성저항(R') 구하기	전체 합성저항(R_t)	전체 전류	각 저항에 걸리는 전압	각 저항에 걸리는 전류
$R' = \dfrac{1}{\dfrac{1}{3} + \dfrac{1}{6}} = \dfrac{3 \times 6}{3+6} = 2\,\Omega$	$R_t = 1\,\Omega + 2\,\Omega = 3\,\Omega$	$I = \dfrac{V}{R} = \dfrac{12}{3} = 4\,A$ ※ 전하량 보존 법칙에 의해 $1\,\Omega$과 $R'\,\Omega$에 흐르는 전류는 $4\,A$로 같다.	$[V = IR$ 적용$]$ · $1\,\Omega$에 걸리는 전압 : $4\,A \times 1\,\Omega = 4\,V$ · $R'\,\Omega$에 걸리는 전압 : $4\,A \times 2\,\Omega = 8\,V$ ※ 병렬 연결된 $3\,\Omega$과 $6\,\Omega$에 걸리는 전압은 $8\,V$로 같다.	$[I = \dfrac{V}{R}$ 적용$]$ · $1\,\Omega$에 걸리는 전류 : $I =$ 전체전류 $4\,A$ · $3\,\Omega$에 걸리는 전류 : $I = \dfrac{8\,V}{3\,\Omega} = \dfrac{8}{3}\,A$ · $6\,\Omega$에 걸리는 전류 : $I = \dfrac{8\,V}{6\,\Omega} = \dfrac{4}{3}\,A$

A : 3Ω, B : $4A$, C : $4A$, D : $8/3A$, E : $4/3A$, F : $4V$, G : $8V$, H : $8V$

⑬ 전력과 전력량

① 전력(P) : 단위시간 동안 전하가 하는 일(단위 : W, kW) 또는 전기기구에 공급되는 전기에너지(단위 : J/s)이다.

→ 저항에 전류가 흐를 때 전기적인 일률(일의 크기)이라고도 한다.

② **와트와 마력과의 관계**

1 kW = 1.36 PS

전력 $P[W] = V \times I = I \times R \times I = I^2 \times R = \dfrac{V^2}{R}$

(E : 전압, I : 전류, R : 저항)

소비전력량 $= P \times h$ (P : 전력, h : 시간)

---

02 전기 회로 기초

❶ 배선 방식

단선식	• 부하가 배터리의 ⊕만 사용하고, 차체나 프레임에 접지하는 방식 • 주로 저전류 장치에 이용
복선식	• 장치를 배터리의 ⊕, ⊖ 단자에 모두 연결하는 방식 • 전조등, 기동 전동기와 같이 고전류를 요하는 장치에 이용

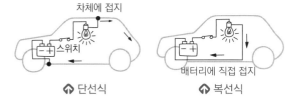

↑ 단선식   ↑ 복선식

❷ 전기회로 안전장치

(1) 퓨즈(Fuse)

① 전기장치별 규정된 정격 전류보다 과전류가 일정 시간 이상 흐를 때 퓨즈가 단선되어 회로를 보호(전류의 흐름 차단)

② 전기회로에 직렬로 설치된다.

③ 재질 : 납, 주석, 창연, 카드뮴

④ 퓨즈의 정격용량 : 전기회로 내 전류의 약 1.5~1.7배로 사용

⑤ **정상 : 0Ω에 가까움, 단선 : ∞Ω(또는 OL)**

▶ **퓨즈의 단선 원인**
  • 회로의 단락(쇼트)으로 의해 과전류가 흐를 때
  • 잦은 ON/OFF 반복으로 피로가 누적되었을 때
  • 퓨즈의 접촉 불량으로 인해 과대 저항이 발생되었을 때

▶ **멀티 퓨즈**(multi fuse)
기존 퓨즈 면적의 25%를 감소하여 퓨즈박스의 설계 자유도를 향상

---

(2) 퓨저블 링크(fusible link)

① 퓨즈와 같은 기능(재질 : 구리)

② 배터리나 기동전동기 등과 같이 차량용 회로에 규정값보다 큰 전류가 흐르는 것을 방지하여 **전기장치를 보호**한다.

③ 배터리와 가장 가까운 곳에 장착

④ 퓨저블 링크의 퓨즈는 퓨저블 링크와 별도로 각 부품 용량에 맞게 따로 만들어져 단품을 개별적으로 보호

(3) 서킷 브레이커(circuit breaker. 회로 차단기)

① 바이메탈을 이용한 것으로, 과전류가 흐르면 바이메탈이 열에 의해 휨으로써 접점이 떨어지고 온도가 낮아지면 다시 접촉부가 붙는 반영구적이다.

② 전류변동이 큰 윈도우 모터, 예열기, 열선 등에 사용

(4) IPS(Intelligent Power Switching device, 고성능 반도체 파워 스위치)
반도체 소자(IC)를 이용한 부하 전원 컨트롤 장치로 대전류 부하 제어 기능, 과전류 및 과열에 대한 보호 기능이 추가되어 **퓨즈와 릴레이를 대체**할 수 있다.

▶ **IPS의 기능**
  • 회로 보호 기능으로 단선, 단락, 과부하 등에 따른 전류 값 등에 따른 전류값 부족/과대를 감지하여 회로 차단
  • 자기진단 및 고장코드 지원으로 부하 전원 출력 단의 단선 및 단락 발생 시 고장을 감지하여 진단장비로 고장정보 전송
  • 빠른 스위칭 제어 기능으로 ON/OFF 또는 PWM(Pulse Width Modulation) 출력 제어가 가능
  • 소형이고, 다채널 제어가 가능하여 많은 전기 부하를 동시에 제어가 가능

기생충 즉, 전류를 뺏는다는 의미

❸ 암전류(暗電流, parasitic current)
시동키를 탈거한 상태에서 **자동차에서 소모되는 기본적인 전류**(시계, 오디오, ECU 등)를 말한다.

→ 암전류가 크면 배터리 방전의 요인이 된다.

(1) 암전류 검사

① 발전기에서 생성된 전기가 큰 저항 없이 배터리까지 전달이 되는지 여부를 확인하기 위하여 암전류를 검사한다.

② 암전류를 검사해야 하는 경우
  • 특별한 이유 없이 축전지가 계속 방전될 때
  • 부가적인 전기장치(오디오, 블랙박스 등)를 장착할 때
  • 자동차 배선을 교환할 때

③ **암전류 측정시 주의사항** : 점화스위치를 탈거 및 모든 도어 및 트렁크, 후드는 반드시 닫고 모든 전기부하를 끈 다음에 60초 이상 실시한다.

(2) 암전류 측정 방법(멀티테스터)

① ⊖ 터미널에 적색 리드선을 연결하고, 축전지의 ⊖ 단자에 흑색 리드선을 연결한다.

② 일정 시간 후 측정하여 **50mA (0.05A)** 이하일 때 정상

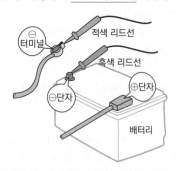

▶ 참고) 차량의 암전류가 100mA 이상 소모되면 축전지 센서의 이상 신호가 나타날 수 있다. 축전지 센서의 이상 신호가 있으면 축전지 센서 교환 전에 암전류 측정을 먼저 실시한다.

04 반도체 일반

1 반도체의 특징

① 온도 증가 → 저항 감소
② 불순물의 혼입에 의해 저항을 바꿀 수 있다.
③ 반도체의 장·단점

장점	• 극히 소형이고 경량 • 내부 전력 손실이 매우 적음 • 예열을 불필요하고, 곧바로 작동 • 기계적으로 강하고 수명이 길다.
단점	• 고온에서 특성이 불량해짐 • 역내압이 낮음 • 정격값 이상이 되면 파손되기 쉬움

▶ 참고) **반도체의 기초 성질**

진성 반도체	순수한 4가 원소(최외각 전자가 4개 있는 원소, 실리콘이나 게르마늄)로 공유결합된 반도체
P형 반도체	순수한 4가 원소에 3가 원소(최외각전자가 3개, 붕소, 갈륨, 인듐 등)를 첨가해서 만든 반도체 전자가 부족하여 ⊕ 를 띄우게 됨
N형 반도체	순수한 4가 원소에 5가 원소(최외각전자가 5개, 안티몬, 비소, 인 등)을 첨가해서 만든 반도체 전자가 많으므로 ⊖ 을 띄우게 됨

05 다이오드(Diode, 정류기)

1 다이오드(PN접합 다이오드)

① 다이오드는 체크밸브와 같이 순방향에서는 전류가 흐르고, 역방향에서는 전류가 흐르지 못하는 정류작용 및 역류방지

작용을 한다.
② 다이오드는 P형 반도체와 N형 반도체가 마주 대고 접합한 것으로 P형 반도체와 N형 반도체의 접합부를 공핍층이라 한다.
③ 종류 : 포토 다이오드, 제너 다이오드, 발광 다이오드 등
④ 용도 : 정류기, 검파용, 스위칭 등
→ 정류작용 : 교류의 극성이 주기적으로 바뀌므로 한쪽으로만 흐르게 하여 동일 극성만 유지

애노드(A)　캐소드(K)　　　애노드(A)　　캐소드(K)

⬆ 다이오드 기호

2 제너다이오드(Zener Diode, 정전압 다이오드)

① 일반 다이오드와 달리 역방향의 특정값(제너전압)까지는 전류를 차단시키고, 이 특정값 이상으로 전압이 흐르면 **역방향**으로 큰 전류가 흐를 수 있도록 한다.
② 부하와 병렬도 연결시켜 제너전압과 동일한 전압으로 유지하도록 **정전압 회로** 및 **과충전 방지**회로에 사용된다.

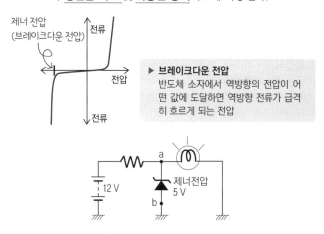

▶ **브레이크다운 전압**
반도체 소자에서 역방향의 전압이 어떤 값에 도달하면 역방향 전류가 급격히 흐르게 되는 전압

제너 다이오드의 제너 전압이 5 V라고 할 때 a 전압이 b(0 V)보다 5 V 이상이 되면 전류는 제너 다이오드를 통해 접지로 흐르며 a의 전압은 5 V 미만으로 떨어지고 제너 다이오드로 전류가 흐르지 않는다.
이때 다시 a 전압은 5 V까지 상승하며 a 전압은 항상 5 V를 유지한다.

⬆ 제너 다이오드를 이용한 정전압 회로

3 발광다이오드(LED, Light Emission Diode)

① PN형 반도체에 **순방향으로 전류가 흐르게** 하면 빛이 발생되는 다이오드이다.
② 용도 : **광학식 위치 센서, 회전각 센서**
→ 배전기의 크랭크각센서, TDC센서, 차고센서, 조향휠 각속도센서 등

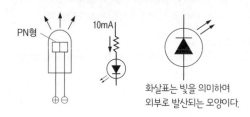

화살표는 빛을 의미하며
외부로 발산되는 모양이다.

④ 포토 다이오드(Photo Diode)

① 빛에너지(입사광선)가 전기에너지(광전류)로 변화시켜 빛의 강도에 비례하여 전압을 발생한다.

② 입사광선이 PN접합부에 쪼이면 빛에 의해 전자가 궤도에서 이탈하여 자유전자가 되어 역방향으로 전류가 흐름

→ 제너 다이오드와 마찬가지로 역방향 흐름을 허용하여 빛을 쪼이면 전류가 통하는 성질이 있다.

③ 용도 : **광전식 크랭크각 센서나 조향각 센서** 등

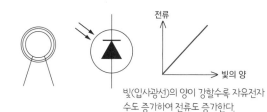

빛(입사광선)의 양이 강할수록 자유전자 수도 증가하여 전류도 증가한다.

▶ **발광 다이오드와 포토 다이오드**
발광 다이오드 : 전기에너지를 빛에너지로 변환
포토 다이오드 : 빛에너지를 전기에너지로 변환

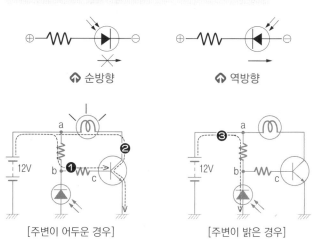

↑ 순방향   ↑ 역방향

[주변이 어두운 경우]   [주변이 밝은 경우]

[주변이 어두운 경우] 포토 다이오드로 전류가 흐르지 않으므로 전원은 ❶ TR 의 베이스(a-b-c)에 전류가 흘러 스위칭 작용에 의해 ❷ 램프가 점등된다.

[주변이 밝은 경우] ❸ 포토 다이오드로 전류가 흐르므로 TR 베이스의 전위가 낮아져 TR은 OFF가 되어 램프가 소등된다.

↑ 포토 다이오드를 이용한 가로등 제어 회로

---

06 트랜지스터 (TR, Transistor)

1 트랜지스터 일반

① 트랜지스터는 PN 접합에 P형 또는 N형 반도체를 결합한 것으로, PNP형과 NPN형의 2가지가 있다.

② ⊖ 전압 측을 접지로, ⊕ 전압 측을 전원으로 하는 회로의 경우 NPN 타입을 많이 사용

③ TR 사용 예

• 릴레이(전자석 스위치)를 동작할 때

→ 다량의 구동 전류를 필요로 하는 릴레이는 IC만으로는 제어가 어려운 경우

• 발광 다이오드를 제어할 때

④ 각 반도체의 인출된 단자(리드)를 이미터(Ⓔ, Emitter), 콜렉터(Ⓒ, Collector), 베이스(Ⓑ, Base)라고 한다.

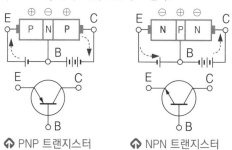

↑ PNP 트랜지스터   ↑ NPN 트랜지스터

⑤ 트랜지스터의 장점

• 내부전압 강하가 적다.

• 수명이 길고 내부의 전력손실이 적다.

• 소형 경량이며 기계적으로 강하다.

⑥ 트랜지스터가 사용되는 회로 : 논리 게이트, 증폭기, OP 앰프

2 트랜지스터의 주요 기능 (스위칭, 증폭)

(1) 스위칭 작용

베이스에 흐르는 미소 전류를 단속(ON/OFF)하여 콜렉터에서 이미터 사이에 흐르는 전류를 단속한다.

(2) 증폭 작용

베이스에 흐르는 전류를 증가시켜 컬렉터에서 이미터로 흐르는 전류량을 증폭할 수 있다.

▶ **참고) 전계효과 트랜지스터** (FET : Field Effect Transistor)

• 전력용 반도체소자 → 고전력, 고속스위칭

• TR의 분류에는 양극성, 단극성이 있으며 FET은 단극성에 포함된다. 즉, 전자나 정공 중에 하나만을 선택해 전기전도에 이용된다. 또한, 전류에 의해 제어되는 양극성과 달리 FET은 전압에 의해 제어된다.

• 구성 : 소스(캐리어 공급), 게이트(전류의 흐름 제어), 드레인(전류 방출)

• 특징 : 높은 입력 임피던스, 낮은 출력 임피던스, 저소음, 소형화, 고주파 응답

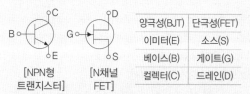

양극성(BJT)	단극성(FET)
이미터(E)	소스(S)
베이스(B)	게이트(G)
컬렉터(C)	드레인(D)

[NPN형 트랜지스터]   [N채널 FET]

베이스에서 적은 전류를 조절하여 컬렉터에서 이미터로 흐르는 큰 전류를 제어하는 TR과 달리 FET의 게이트는 소스에서 드레인으로 흐르는 전류를 조절하는 역할만 한다.(전압에 의해 드레인과 소스 사이의 전류를 제어)

3 다링톤 트랜지스터(Darlington TR) = 파워 트랜지스터

① 2개의 트랜지스터를 하나로 결합하여 전류 증폭도를 높인다.(컬렉터에 많은 전류를 흐르게 함)

② 매우 작은 베이스 전류로 큰 전류를 제어할 수 있다.

4 포토 트랜지스터(Photo TR)

① 외부로부터 빛을 받으면 전류를 흐를 수 있게 하는 감광소자로, 빛이 트랜지스터의 스위칭 작용을 한다. 즉, 일반 트랜지스터에서 베이스가 없는 형태로, 빛이 베이스 역할을 하여 콜렉터→이미터 전류를 제어한다.

② 용도 : **조향휠 각도센서, 차고센서** 등

> ▶ 참고) **포토 다이오드와 포토 트랜지스터의 차이**
> 포토 다이오드와 포토 트랜지스터의 구성과 기능(빛에너지를 전기에너지로 전환)은 유사하지만, 포토 트랜지스터는 빛을 쪼였을 때 전류가 증폭되어 발생하기 때문에 포토 다이오드에 비해 빛에 더 민감하고 반응속도는 느리다.

07 기타 반도체

1 사이리스터(SCR, 실리콘 제어 정류소자)

① 3개 이상의 PN접합으로, PNPN 또는 NPNP 접합으로 4층 구조로 구성되어 **스위칭 작용**을 한다.

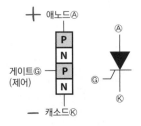

② SCR는 간단히 다이오드가 한방향으로 전류를 흐르게 하는 기능이 있고 여기에 게이트를 넣어 정류작용을 ON한다.

③ 작동 : 게이트에 미소전류를 가하면 애노드-캐소드 사이에 전류가 통하여, 게이트 전류를 제어하여 전압제어장치나 조광기에 사용된다.(즉, 게이트에 ⊕, 캐소드에 ⊖ 전류를 흘려보내면 애노드와 캐소드 사이가 도통됨)

→ 순방향 : 애노드 또는 게이트에서 캐소드로 흐르는 상태를 말한다.

④ 애노드와 캐소드 사이의 도통은 게이트 전류를 제거해도 계속 유지되며, 애노드 전위(주전원)를 0으로 만들어야 해제된다.(즉, TR과 달리 게이트의 전류를 제거해도 OFF되지 않는다)

→ SCR은 한번 통전하면 게이트에 의해서 전류를 차단할 수 없다.

⑤ 위상제어 : 사인파 곡선의 어느 시점에 게이트 신호를 주느냐에 따라 전기 도통되는 양(시간)이 달라진다.

⑥ 주 사용처 : 고전압 축전기 점화장치(HEI)와 교류발전기의 과전압보호장치 및 직류·교류 제어용 소자, 교류전원의 위상제어

2 광전도 셀(CdS, 광량센서) -가변저항 형식

① 빛의 세기에 따라 저항값(조명의 밝기)이 변화(빛이 강하면 저항값이 작고, 빛이 약하면 저항값이 커짐)

② 자동 전조등 제어장치, 자동차 에어컨의 일사 센서, 헤드 램프의 조도 센서, 가로등의 자동 점등 센서 등에 사용

→ 사용 예) 낮에는 빛에 의해 저항이 적어 CdS(황화카드뮴) 셀로 전기가 통하여 가로등이 점등되지 않지만, 저녁이 되면 CdS 셀의 저항이 증가하여 TR의 베이스 쪽으로 전류가 흘러 가로등이 점등된다.

열처리한 Cds
(황화카드뮴)

리드선

⬆ 광전도 셀

> ▶ **광센서의 종류**
> 발광 다이오드, 포토 다이오드, 포토 트랜지스터, CdS-광전소자

3 서미스터(Thermistor)

① 온도 변화에 대해 저항값이 크게 변화하고, 온도가 높아짐에 따라 저항값이 감소하는 반도체를 말한다.

② 서미스터의 종류

부특성	• NTC(Negative Temperature Coefficient) • 온도가 상승하면 저항값이 감소 • 사용 : 냉각수온센서, 흡입공기온도센서, 에어컨 온도 센서 등 주로 온도 감지용에 사용
정특성	• PTC(Positive Temperature Coefficient) • 온도가 상승하면 저항값이 증가 • 사용 : 정온 발열, 과전류 보호용 등 → 사용 예) 선풍기 모터나 믹서기의 모터에 과전류가 흘러 모터온도가 일정 온도 이상 뜨거워지면 모터에 부착된 PTC 서미스터의 저항이 증가하여 모터로 흐르는 전류를 차단시켜 모터를 보호한다.

> ▶ 참고) **CTR(Critical Temperature Resistor) 서미스터**
> 특정 온도에서 저항값이 급격히 변화하는 특징이 있으며, 자기 가열(self-heating) 효과로 인해 발열체 또는 스위칭 용도로 사용된다.

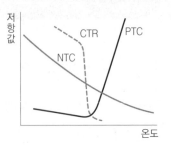

4 압전소자(피에조, Piezo)

① 압력(힘)을 받으면 전압(기전력)이 발생하고, 전압을 가하면 변형되는 반도체(예 반짝이는 어린이 운동화)

② **노크 센서, 대기압력 센서, MAP 센서, 연료탱크 압력센서** 등

▶ **참고) 반도체의 효과**

제백 효과 (Zee Back)	서로 다른 두 금속(또는 반도체)을 접합하여 온도차를 주면 열기전력이 발생(예 전자온도계, 화재감지기)
톰슨 효과	제백 효과와 기본 기능은 동일하지만 차이점은 동일한 금속을 접촉한다.
펠티에 효과 (Peltier)	제백효과와 반대로 전류가 흐르면 한쪽은 열을 발생하고 다른 쪽은 흡수하는 현상(예 냉동기의 열교환기)

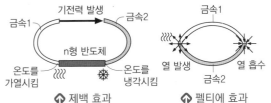

↑ 제백 효과　　　　↑ 펠티에 효과

---

08 회로시험기(멀티테스터) 측정

1 아날로그 회로시험기

① 용도 : 직류전압(DC V), 교류전압(AC V), 직류전류(mA), 저항(Ω), 단선/단락/절연 여부 등 (교류전류 ×)

② **전류는 직렬로** 연결하고, **전압은 병렬로** 연결시킨다.

③ **측정 위치를 잘 모르면 제일 높은 값부터 선택**하고 지침이 움직이지 않으면 낮은 값으로 내리면서 지침이 눈금 중앙을 전후로 멈춘 곳에 레인지를 고정시킨다.

④ 교류 측정 시 허용치를 넣지 않은 수치 내에서 이용한다.

▶ **저항 측정시 주의사항**
 • 측정 전 영점 조정을 해야 한다.
 • 측정 시 측정봉 끝을 손으로 잡고 측정해선 안된다.
 • 저항 측정 시 테스터 내부 건전지(1.5V×2개)의 전압을 이용하므로 **외부 전원을 반드시 off해야 한다.** (전원이 공급된 회로의 저항을 측정해선 안된다.)

▶ 영점 조정 방법 : 2개의 테스터 봉을 서로 맞대고(단락시키고) 영점 조정 손잡이를 돌려 0Ω에 맞춘다.(영점 조정이 안되면 내부건전기가 소모됨)

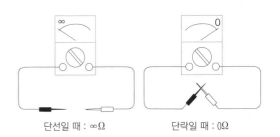

단선일 때 : ∞Ω　　　　단락일 때 : 0Ω

▶ **아날로그 테스터와 디지털 테스터의 차이점**

아날로그 테스터	• 지침의 연속적 움직임으로 측정 변화를 시각적 확인 • 저항 측정 시 선택스위치의 위치에 따라 영점 조정이 필요 • 테스터 봉의 극성에 주의해야 함 • 측정 오차가 크고 충격에 약함
디지털 테스터	• 수치를 직관적으로 확인할 수 있으며 수치가 정확함(소수점 자리) • 저항 측정 시 영점 조정이 필요 없음 • 아날로그식에 비해 전류 소모가 적다. • 측정 시 수치 변화가 있어 안정될 때까지 시간이 지연 • 내부저항이 낮은 아날로그식에 비해 내부 저항이 커 출력전압 확인이 쉽다. • 무한대 표시가 'OL'로 표시

2 다이오드 측정(아날로그 시험기 측정 시)

① 선택스위치를 저항 위치로 전환

② 순방향 연결 : 적색 리드선은 캐소드, 흑색 리드선은 애노드에 접촉할 때 0 Ω이면 정상(도통)

③ 역방향 연결 : ∞ Ω(부도통)

　　　　　　　　　순방향

애노드(A)　　　　　　　캐소드(K)
(흑색)　　　　　　　　　(적색)

3 트랜지스터 측정(아날로그 시험기 측정 시)

베이스 단자 찾기	• 흑색 리드선을 임의의 단자에 접촉하고, 적색 리드선을 나머지 두 단자에 각각 접촉했을 때 모두 정방향이면 NPN 트랜지스터이고 흑색 리드선이 접촉한 단자가 베이스이다. • 적색 리드선을 임의의 단자에 접촉하고, 흑색 리드선을 나머지 두 단자에 각각 접촉했을 때 모두 정방향이면 PNP 트랜지스터이고 적색 리드선이 접촉한 단자가 베이스이다.
컬렉터 단자 찾기	• 베이스를 제외한 나머지 두 단자를 번갈아 측정했을 때 그 중 순방향을 지시할 경우 　- NPN 트랜지스터이면 적색 리드선이 컬렉터 　- PNP 트랜지스터라면 흑색 리드선이 컬렉터

→ 위의 측정에서 남는 단자가 이미터이다.

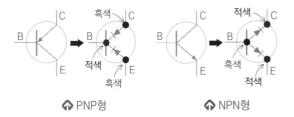

↑ PNP형　　　　　　↑ NPN형

트랜지스터는 그림과 같이 2개의 다이오드가 직렬 연결되었다고 간주하여 점검한다.

멀티테스터의
테스트봉 접점 상태

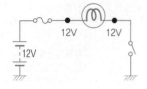

⬆ 스위치 OFF 시

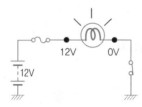

⬆ 스위치 ON 시
(12V의 전위차 발생)

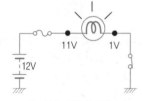

⬆ 접촉저항이 있을 때

스위치를 닫아 램프가 작동하더라도 접촉
저항이 발생했을 때 10V의 전위차가 발생
하며, 정상작동이 아님

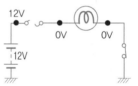

⬆ 회로 단선 시 -1

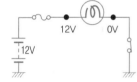

⬆ 회로 단선 시 -2

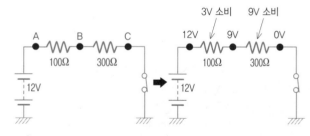

⬆ 전압강하 - 2개의 저항이 직렬연결일 때 A,B,C 전압 구하기

100Ω의 소비전압 : 분압법칙에 의해 $V \times \dfrac{R_1}{R_1+R_2} = 12 \times \dfrac{100}{100+300} = 3V$

∴ B지점의 전압 = 12 - 3 = 9V

300Ω의 소비전압 : 분압법칙에 의해 $V \times \dfrac{R_2}{R_1+R_2} = 12 \times \dfrac{300}{100+300} = 9V$

∴ C지점의 전압 = 9 - 9 = 0V

▶ 참고) 자동차 회로 기호 정리

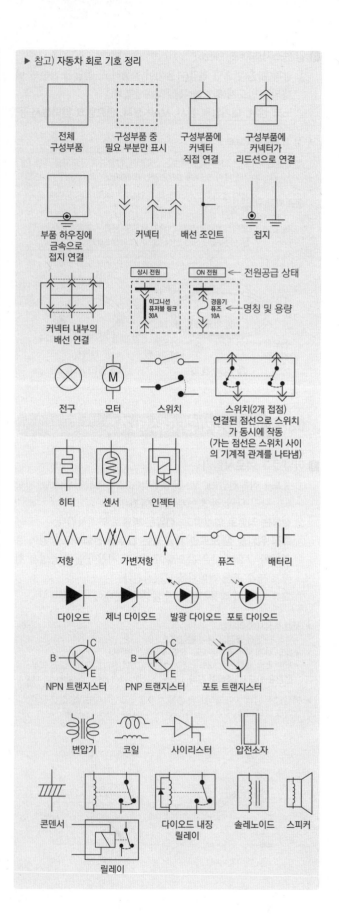

스캐너 기초 (Hi-DS Scanner smart)

1 주요 기능 (암기할 것)

① 국내 차량 통신 기능(자기 진단, 센서 출력, 강제 구동, 부가 기능 등)

② 2개 기능을 동시 구현하는 듀얼 모드 기능

③ 정밀 오실로스코프 기능 : 전압, 전류, 압력 측정

④ 액추에이터 강제 구동 기능

⑤ 주행 데이터 검색 기능

⑥ USB 통신을 이용한 고속프로그램 다운로드 기능

⑦ PC 통신 기능 : 화면 캡쳐, 주행 데이터 저장

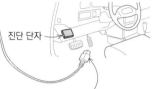

전원 : 시거잭, 배터리, 가정용 컨버터

진단 단자

2 메뉴 구성

① 자동차 통신 : 자기진단, 센서 출력, 액추에이터 검사, 센서 출력 및 자기진단, 센서 출력 및 액추에이터, 센서 출력 및 미터/출력 등

② KOBD 차량 진단 기능 : 국내생산 차량의 OBD 진단 기능

③ 주행 데이터 검색 기능 : 차량을 주행하면서 각종 데이터를 검색

④ PC 통신 : 스캐너를 PC와 연결하여 다양한 작업을 수행

⑤ 환경설정 : 시스템 설정, 키패드 테스트, 테스트 등

⬆ 자기진단 단자

자기진단 커넥터
(DLC, Data Link Connector)
운전석 패널 하단 등에 위치하며, DLC 커넥터와 자기진단기(스캐너)와 통신한다.

3 자기진단

자기진단 모드는 선택된 차량 시스템과의 통신을 통해 차량에서 발생되는 고장코드를 기억하여 화면에 나타내는 기능을 하는데, 계속적인 통신에 의하여 추가적으로 발생되는 고장코드를 기억하여 표시한다.

※ DTC(Diagnostic trouble code) : 고장코드(오류 메시지가 출력됨)

진단기능 선택
차 종 : EF 쏘나타
제어장치 : 엔진제어
사 양 : 2.0 DOHC
01. 자기진단
02. 센서출력
03. 액츄에이터 검사
04. 센서출력 & 자기진단
05. 센서출력 & 액츄에이터
06. 센서출력 & 미터/출력
07. 주행데이터 검색

4 고장 코드가 발생한 경우 고장 코드 소거 방법

고장 코드를 소거하고자 할 경우 소거 키를 누른다. 소거 키를 누르면 화면 중앙에 차량 상태를 지시하는 메시지가 나타나게 되며, 이 메시지대로 차량 상태를 조정할 수 있다.

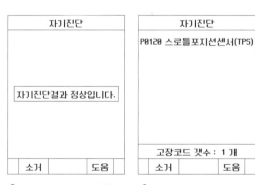

자기진단		
자기진단결과 정상입니다.		
소거		도움

⬆ 고장 코드가 발생하지 않은 상태

자기진단		
P0120 스로틀포지션센서(TPS)		
고장코드 갯수 : 1 개		
소거		도움

⬆ 고장 코드가 발생한 상태

chapter 03

01 전기 기초 및 회로분석

[15-1, 07-3]

1 전류의 자기작용을 응용한 예를 설명한 것으로 틀린 것은?

① 스타터모터의 작용
② 릴레이의 작동
③ 시거라이터의 작동
④ 솔레노이드의 작동

시거라이터는 전류의 발열작용을 이용한 것이다.

[12-3]

2 다음 중 전기 저항이 제일 큰 것은?

① $2\,M\Omega$ ② $1.5 \times 10^6\,\Omega$
③ $1000\,k\Omega$ ④ $500000\,\Omega$

① $2\times10^6\Omega$ ③ $1\times10^6\Omega$ ④ $5\times10^5\Omega$

[09-2, 07-3]

3 전기저항과 관련된 설명 중 틀린 것은?

① 전자가 이동 시 물질 내의 원자와 충돌하여 발생한다.
② 원자핵의 구조, 물질의 형상, 온도에 따라 변한다.
③ 크기를 나타내는 단위는 옴(Ohm)을 사용한다.
④ 도체의 저항은 그 길이에 반비례하고 단면적에 비례한다.

저항(R) $= \rho\dfrac{l}{A}$
• ρ : 고유저항
• l : 길이
• A : 단면적

[20-3]

4 단면적 0.002 cm², 길이 10 m인 니켈-크롬선의 전기저항 (Ω)은? (단, 니켈-크롬선의 고유저항은 110 $\mu\Omega\cdot$cm 이다)

① 45   ② 50   ③ 55   ④ 60

도체에 작용하는 저항 $R = \rho\dfrac{l}{A}$

• ρ : 고유저항, 저항률 [$\Omega\cdot$cm]   ※ $1\,\mu\Omega = 10^{-6}\Omega$
• l : 도체의 길이 [cm]
• A : 도체의 단면적 [cm²]
$R = 110\times10^{-6}[\Omega\cdot\text{cm}]\times\dfrac{10\times10^2[\text{cm}]}{2\times10^{-3}[\text{cm}^2]} = 110\times5\times10^{-1} = 55\,[\Omega]$

[참고]

5 자동차 전기 배선에 대한 설명으로 틀린 것은?

① 배선의 지름이 증가하면 저항값은 줄어든다.
② 배선의 길이가 2배로 증가하면 저항값도 2배로 증가한다.
③ 배선의 지름을 2배로 증가시키면 저항값은 1로 감소한다.
④ 보통의 금속(구리)은 일반적으로 온도 상승에 따라 저항도 증가한다.

$R_1 = \rho\dfrac{l}{A} = \rho\times\dfrac{l}{\pi\times\dfrac{d_1^2}{4}}$, $R_2 = \rho\times\dfrac{l}{\pi\times\dfrac{(2d_1)^2}{4}} = \dfrac{1}{4}\times R_1$

∴ 배선지름을 2배 증가하면 저항값은 1/4로 감소한다.

[10-1, 07-3]

6 물체의 전기저항 특성에 대한 설명 중 틀린 것은?

① 단면적이 증가하면 저항은 감소한다.
② 온도가 상승하면 전기저항이 감소하는 효과를 NTC라 한다.
③ 도체의 저항은 온도에 따라서 변한다.
④ 보통의 금속은 온도상승에 따라 저항이 감소된다.

보통의 금속의 저항은 온도에 비례하며, 단면적에 반비례한다.

[10-3]

7 전력 P를 잘못 표시한 것은? (단, V : 전압, I : 전류, R : 저항)

① $P = V\cdot I$ ② $P = I^2\cdot R$
③ $P = V^2/R$ ④ $P = R^2/V$

전력 $P = V\times I = (I\times R)\times I = I^2\times R = (\dfrac{V}{R})^2\times R = \dfrac{V^2}{R}$

[08-2]

8 자화된 철편에서 자화력을 제거하여도 철편에 자기가 남아 있는 현상은?

① 자기 포화 현상
② 자기 히스테리시스 현상
③ 자기 유도 현상
④ 전자 유도 현상

자기 포화 현상 : 철을 자화하는 경우에 자화력을 점점 증가시키면 자속 밀도도 증가하는데, 어느 점에 이르면 자화력을 증가시켜도 자속밀도가 증가하지 않는 현상

정답 📘 1 ③   2 ①   3 ④   4 ③   5 ③   6 ④   7 ④   8 ②

9 [10-1] 다음 회로에서 전류(I)와 소비 전력(P)은?

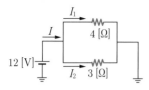

① $I = 0.58$ [A], $P = 5.8$ [W]

② $I = 5.8$ [A], $P = 58$ [W]

③ $I = 7$ [A], $P = 84$ [W]

④ $I = 70$ [A], $P = 840$ [W]

※ 여러 개의 병렬합성저항도 2개씩 묶어 이 공식을 적용하면 쉽게 구할 수 있다.

2개의 병렬합성저항 = $\dfrac{\text{저항의 곱}}{\text{저항의 합}} = \dfrac{4 \times 3}{4+3} = \dfrac{12}{7}$ [Ω]

전류(I) = $\dfrac{\text{전압}(V)}{\text{저항}(R)} = \dfrac{12}{12/7} = 7$ [A]

전력(P) = 전압(V)×전류(I) = 12 [V]×7 [A] = 84 [W]

※ 만약 I_1, I_2를 묻는 문제가 나오면 12/4 = 3 [A], 12/3 = 4 [A]

함께 알아두기) I_1 값을 구하려면 분류법칙 $I_1 = \dfrac{R_2}{R_1+R_2} \times I$

I_2 값을 구하려면 분류법칙 $I_2 = \dfrac{R_1}{R_1+R_2} \times I$

10 [20-1] 20시간율 45Ah, 12V의 완전 충전된 배터리를 20시간율의 전류로 방전시키기 위해 몇 와트(W)가 필요한가?

① 21 W ② 25 W

③ 27 W ④ 30 W

45 Ah의 20시간율 = 45/20 [A]

전력 = 전류×전압 = (45/20)×12 = 27 [W]

11 [07-2] 9000 J은 몇 Wh인가?

① 1500 Wh ② 150 Wh

③ 250 Wh ④ 2.5 Wh

1 [W] = 1 [J/s] → 초당 1 [J]의 일을 한다는 의미이다.

1 [J] = 1 [Ws] = $\dfrac{1}{3600}$ [Wh]이므로

∴ 9000 [J] = $\dfrac{9000}{3600}$ [Wh] = 2.5 [Wh]

12 [07-2] 그림에서 24V의 축전지에 저항 $R_1 = 2\,Ω$, $R_2 = 4\,Ω$, $R_3 = 6\,Ω$을 직렬로 접속하였을 때 흐르는 A의 전류는?

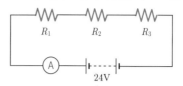

① 2A ② 4A ③ 6A ④ 8A

합성저항 $R_1 + R_2 + R_3 = 2+4+6 = 12$ [Ω]

오옴의 법칙 $I = \dfrac{E}{R} = \dfrac{24}{12} = 2$ [A]

13 [12-3] 누설전류를 측정하기 위해 12 V 배터리를 떼어내고 절연체의 저항을 측정하였더니 1 MΩ이었다. 누설전류는?

① 0.006 mA ② 0.008 mA

③ 0.010 mA ④ 0.012 mA

$I = \dfrac{V}{R} = \dfrac{12}{10^6} = 1.2 \times 10^{-5}$ [A] = 0.012 [mA]   1 MΩ = 10^6 Ω

14 [12-2] 전압 24 V, 출력전류 60 A인 자동차용 발전기의 출력은?

① 0.36 kW ② 0.72 kW

③ 1.44 kW ④ 1.88 kW

$P = VI = 24 \times 60 = 1440$ [W] = 1.44 [kW]

15 [참고] 전압이 100V일 때 600W의 전열기가 있다. 전압이 변화되어 80V가 되었을 때 전열기의 실제 전력은?

① 약 300W ② 약 384W

③ 약 424W ④ 약 480W

전력 $P = \dfrac{V^2}{R}$, $600 = \dfrac{100^2}{R}$, $R = \dfrac{100^2}{600} = \dfrac{100}{6}$

80 V이 공급될 때의 전력 $P = 80^2 \times \dfrac{6}{100} = 384$

※ 이 문제를 $P = V \times I$에 대입하여 풀지 않도록 조심한다. 600 W란 정격전압 100 V에 대한 전열기의 정격용량을 의미하며, 이 값은 고정값이다. 또한 저항(필라멘트)도 고정값이며, 전압과 전류에 따라 실제 사용 전력값이 변한다.

→ 예 전열기의 다이얼 스위치 조작에 따라 필라멘트의 발열의 차이가 난다.

→ 예 건전지의 전압은 동일하지만 전류가 약해지면 전구의 빛이 약해진다.

즉, 전압과 전류는 변할 수 있으므로 단순히 전류를 변경하면 정격용량값이 변한다는 의미이므로 전류를 대입해서는 안되며, 고정 저항값을 적용해야 한다.

정답 9 ③ 10 ③ 11 ④ 12 ① 13 ④ 14 ③ 15 ②

16 [13–2]
다음 회로에서 전류(A)와 소비 전력(W)은?

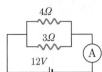

① $I = 0.58\,[A]$, $P = 5.8\,[W]$
② $I = 5.8\,[A]$, $P = 58\,[W]$
③ $I = 7\,[A]$, $P = 84\,[W]$
④ $I = 70\,[A]$, $P = 840\,[W]$

- 합성저항 $R_T = \dfrac{4 \times 3}{4 + 3} = \dfrac{12}{7}\,[\Omega]$
- 옴의 법칙 $V = IR$, $I = \dfrac{V}{R_T} = 12 \times \dfrac{7}{12} = 7\,[A]$
- 전력 $P = VI = 12 \times 7 = 84\,[W]$

17 [18–2]
그림과 같은 회로에서 전구의 용량이 정상일 때 전원 내부로 흐르는 전류는 몇 A인가?

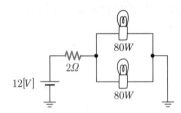

① 2.14 ② 4.13 ③ 6.65 ④ 13.32

전구의 저항은 전체 합성회로에서 구하는 것이 아니라 정격전압, 정격용량인 12V, 80W에서 구해야 한다. (15번 문제 참고)
전력 $P[W] = VI = \dfrac{V^2}{R}$, 전구의 저항 $R = \dfrac{12^2}{80} = 1.8\,[\Omega]$
전체 합성저항 $R_t = 2 + \dfrac{1.8}{2} = 2.9$ 동일 저항의 병렬합성값 $= \dfrac{\text{저항값}}{\text{저항갯수}}$
∴ 전류 $= \dfrac{12}{2.9} = 4.13\,[A]$

18 [참고]   기사
12V–60Ah의 축전지에 12V용 45W의 전구 4개를 그림과 같이 연결하였을 때 배터리에서 출력되는 전류는?

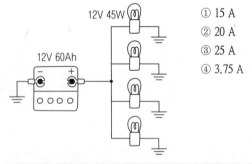

① 15 A
② 20 A
③ 25 A
④ 3.75 A

전력 $P[W] = VI = \dfrac{V^2}{R}$, 전구의 저항 $R = \dfrac{12^2}{45} = 3.2\,[\Omega]$
전체 합성저항 $R_t = \dfrac{3.2}{4} = 0.8\,[\Omega]$, ∴ 전류 $= \dfrac{12}{0.8} = 15\,[A]$

19 [08–2]
그림과 같은 회로에서 가장 적합한 퓨즈의 용량은?

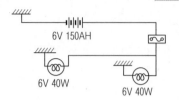

① 10A   ② 15A   ③ 25A   ④ 30A

전구(정격용량 또는 최대용량)의 전체 전력 $P = 40 \times 2 = 80$ W이므로
$P = VI$, $I = \dfrac{P}{V} = \dfrac{80}{6} = 13.3$ A
퓨즈의 적정 용량은 15 A이다.

20 [18–2]
회로가 그림과 같이 연결되었을 때 멀티미터가 지시하는 전류값은 몇 A인가?

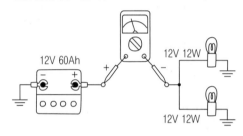

① 1   ② 2   ③ 4   ④ 12

저항병렬연결에서는 전체 전류값은 각 저항에 흐르는 전류의 합과 같으며, 만약 두 저항값이 같다면 '전체 전류값 = 하나의 전구 전류값×2'가 된다. 하나의 전구 전력 $P = VI = 12$W이므로, 전구에 흐르는 전류 $I = 12$W/12V $= 1\,[A]$이다. 따라서 전체 전류값(= 전류계 측정지점의 전류)은 2A가 된다.

21 [16–3, 10–1]
다음 회로에서 저항을 통과하여 흐르는 전류는 A, B, C 각 점에서 어떻게 나타나는가?

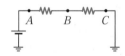

① A에서 가장 전류가 크고, B, C로 갈수록 전류가 작아진다.
② A, B, C의 전류가 모두 같다.
③ A에서 가장 전류가 작고 B, C로 갈수록 전류가 커진다.
④ B에서 가장 전류가 크고 A, C는 같다.

저항 직렬 접속회로에서는 어느 지점에서나 전류는 같다.
※ 전압의 경우 : A(전원전압) > B > C(0V)
저항 병렬 접속회로에서는 어느 지점에서나 전압은 같다.

정답 16 ③ 17 ② 18 ① 19 ② 20 ② 21 ②

[09-3, 17-3 유사]

22 전압 12V, 출력전류 50A인 자동차용 발전기의 출력(용량)은?

① 144 W   ② 288 W   ③ 450 W   ④ 600 W

출력(P) = 전압(V)×전류(I) = 12×50 = 600 W

[19-1, 12-1]

23 다음 직렬회로에서 저항 R_1에 5 mA의 전류가 흐를 때 R_1의 저항값은?

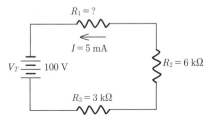

① 7 kΩ   ② 9 kΩ

③ 11 kΩ   ④ 13 kΩ

저항을 직렬로 연결한 회로에서는 어느 지점에서나 전류값은 동일하다.

$V = I{\times}R_T$, $R_T = \dfrac{100}{0.005} = 20000\ \Omega = 20\ \text{kΩ}$

$R_T = R_1+R_2+R_3 = R_1+3+6 = 20\ \text{kΩ}$, $R_1 = 11\ \text{kΩ}$

[11-3]

24 그림의 회로에서 전압이 12 V이고, 저항 R₁ 및 R₂가 각각 3 Ω이라면 A에 흐르는 전류는?

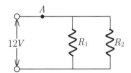

① 2 A
② 4 A
③ 6 A
④ 8 A

병렬저항 $R_T = \dfrac{3{\times}3}{3+3} = \dfrac{9}{6} = 1.5\ [\Omega]$

$V = I{\times}R$, $12 = I{\times}1.5$, $I = 8\ [\text{A}]$

[20-1]

25 저항의 도체에 전류가 흐를 때 주행 중에 소비되는 에너지는 전부 열로 되고, 이 때의 열을 줄열(H)이라고 한다. 이 줄열(H)을 구하는 공식으로 틀린 것은? (단, E는 전압, I는 전류, R은 저항, t는 시간이다.)

① $H = 0.24EIt$ ② $H = 0.24E^2It$

③ $H = 0.24\dfrac{E^2}{R}t$ ④ $H = 0.24I^2Rt$

이 문제는 '줄열'의 기본 공식에 오옴의 법칙을 반영한 것이다.

$H = 0.24I^2Rt = 0.24IIRt = 0.24EIt$

$\quad\rightarrow 0.24(\dfrac{E}{R})^2Rt = 0.24\dfrac{E^2}{R}t$

[참고]   **기사**

26 12V 24W의 전구가 연결된 회로에서 배선 커넥터의 접촉 불량으로 2Ω의 저항이 생겼다면 전압강하는 얼마나 발생되는가?

① 0V   ② 0.5V

③ 1.5V   ④ 3V

❶ 전압강하 전의 전구의 저항값

전력 $P = \dfrac{V^2}{R}$, $24 = \dfrac{12^2}{R}$, $R = \dfrac{144}{24} = 6\ \Omega$

배선 커넥터에 2Ω 저항이 발생되므로 전체 저항은 8 Ω이다.

❷ 분압법칙에 의해 $V_1 = V\dfrac{R_1}{R_1+R_2} = 12{\times}\dfrac{2}{8} = 3\ V$

[참고]

27 축전기 2개(0.4μF, 0.5μF)를 병렬로 접속하고 12V의 전압을 인가할 때 축전기에 저장되는 전기량은?

① 2.8 μC   ② 10.8 μC

③ 13.3 μC   ④ 60 μC

축전지의 병렬 정전용량 : $C_t = 0.4 + 0.5 = 0.9\ μF$

전기량 $Q = C_t{\times}V = 0.9{\times}12 = 10.8\ \text{kΩ}$

[18-2, 08-1]

28 12V-0.3μF, 12V-0.6μF의 축전기를 병렬로 접속하였다. 두 개의 축전기에는 얼마의 전기량이 축전되는가?

① 0.9 μC   ② 10.8 μC

③ 13.3 μC   ④ 60 μC

콘덴서의 병렬접속용량 = $C_1 + C_2$ = 0.3+0.6 = 0.9 [μF]

전기량, 전하량(Q) = 정전용량(C)×전압(E)

$\qquad$ = 0.9 [μF]×12 [V] = 10.8 [μC]

※ C[F, 패럿] : 정전용량, 전기를 얼마나 모을 수 있는지를 나타내는 상수로, 주로 μF 단위를 사용한다.

정 답   22 ④   23 ③   24 ④   25 ②   26 ④   27 ②   28 ②

29 전기회로에서 전압강하의 설명으로 <u>틀린</u> 것은?

① 불완전한 접촉은 저항의 증가로 전장품에 인가되는 전압이 낮아진다.

② 저항을 통하여 전류가 흐르면 전압강하가 발생하지 않는다.

③ 전류가 크고 저항이 클수록 전압강하도 커진다.

④ 회로에서 전압강하의 총합은 회로에 공급 전압과 같다.

> ① 불완전한 접촉에 의해 접촉저항이 추가로 발생되어 결국 저항이 증가하므로 전장품에 인가되는 전압은 낮아진다.
> ② 저항을 통할 때마다 전압강하가 발생한다.

[13-3]

30 자동차 전기회로의 전압강하에 대한 설명이 <u>아닌</u> 것은?

① 저항을 통하여 전류가 흐르면 전압강하가 발생한다.

② 전압강하가 커지면 전장품의 기능이 저하되므로 전선의 굵기는 알맞은 것을 사용해야 한다.

③ 회로에서 전압강하의 총량은 회로의 공급전압과 같다.

④ 전류가 적고 저항이 클수록 전압강하도 커진다.

> **전압강하**
> 저항을 직렬로 연결되었을 때 저항을 통과할 때마다 전압이 낮아지는 것을 말한다.
>
>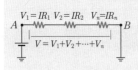
> $V_1 = IR_1 \; V_2 = IR_2 \; V_n = IR_n$
> $V = V_1 + V_2 + \cdots + V_n$
>
> 전체 전압은 $V = V_1 + V_2 + \cdots + V_n$이고, 옴의 법칙에 의해
> $V = IR_1 + IR_2 + \cdots + IR_n$
> $= I(R_1 + R_2 + \cdots + R_n)$이 되므로 전압강하의 총량은 공급전압과 같다.
>
> 또한 전원에서 멀어질수록 전압이 낮아지는데 이는 전선의 저항(= 거리/전선의 단면적)으로 전압이 손실된다.

[참고]   기사

31 전압강하의 특징에 대한 설명 중 <u>거리가 먼</u> 것은?

① 전압강하는 직렬·병렬회로 모두 발생한다.

② 전압강하는 회로에 전류가 흐를 때만 발생한다.

③ 회로에 존재하는 전압강하의 합은 전원 전압과 같다.

④ 전압강하는 회로에 존재하는 저항이 2개 이상 이어야 발생한다.

> 전압강하는 직렬회로에서 발생된다.

[16-3, 09-2]

32 전자력에 대한 설명으로 <u>틀린</u> 것은?

① 전자력은 자계의 세기에 비례한다.

② 전자력은 자력에 의해 도체가 움직이는 힘이다.

③ 전자력은 도체의 길이, 전류의 크기에 비례한다.

④ 전자력은 자계방향과 전류의 방향이 평행일 때 가장 크다.

> 전자력 $F = BLI \sin\theta$ [N]
> • B : 자속밀도(자기의 세기)
> • L : 도체의 길이
> • I : 도체에 흐르는 전류의 세기
> • θ : 자속과 전류가 이루는 각도
> $\therefore \sin 90 = 1$(직각)일 때 최대이다.

[10-3]

33 전자석의 특징을 설명한 것으로 <u>틀린</u> 것은?

① 전자석은 전류의 방향을 바꾸면 자극도 반대가 된다.

② 전자석의 자력은 전류가 일정한 경우 코일의 권수에 비례한다.

③ 전자석의 자력은 공급전류에 비례하여 커진다.

④ 전자석의 자력은 영구자석의 세기에 비례하여 커진다.

> 전자석의 자력은 감긴 권수(N), 전류(I), 기자력($N \times I$)에 비례한다.

[15-3, 09-2]

34 다음 중 분자 자석설에 대한 설명은?

① 자석은 동종반발, 이종흡입의 성질이 있다.

② 자속은 자극 가까운 곳의 밀도는 크고 방향은 모두 극쪽으로 향한다.

③ 자력은 자속이 투과하는 매질의 투과율 및 자계강도에 비례한다.

④ 강자성체는 자화되어 있지 않은 경우에도 매우 작은 분자자석으로 되어 있다.

> 분자 자석설 : 강자성체(철 등)은 매우 작은 자극을 가진 분자자석으로 불규칙적으로 이루어져 각 분자의 자력이 서로 소거되어 철 전체적으로는 자석의 성질이 나타나지 않으나 이것을 자계에 집어넣으면 분자자석이 자력선 방향으로 규칙적으로 배열된다.

[참고]   기사

35 자계와 자력선에 대한 설명으로 <u>틀린</u> 것은?

① 자계란 자기력이 작용하는 영역이다.

② 자기유도는 물체를 자기장 속에 두면 자화되는 현상이다.

③ 자속은 자력선이 방향과 같은 방향이며, 단위로는 Wb/m² 사용한다.

④ 자계강도는 단위자기량을 가지는 물체에 작용하는 자기력의 크기를 나타난다.

> 자속의 단위는 Wb 이며, Wb/m²는 자속밀도의 단위이다.

정답 29 ② 30 ④ 31 ① 32 ④ 33 ④ 34 ④ 35 ③

36 전자력과 자계에 대한 설명으로 <u>틀린</u> 것은?

① 전자력의 크기는 자계의 저항 크기에 비례한다.
② 전자력의 크기는 자계 내의 도선의 길이에 비례한다.
③ 전자력의 크기는 자계의 세기와 도선에 흐르는 전류에 비례한다.
④ 전자력의 크기는 도선이 자계의 자력선과 직각이 될 때에 최대가 된다.

37 자기포화에 대한 설명으로 <u>옳은</u> 것은?

① 자화력을 증가시켜도 자기밀도가 거의 증가되지 않은 현상
② 잔류자기를 없애기 위해 반대방향으로 자화력이 가해지는 현상
③ 어떤 물체가 자계 내에서 자기력의 영향을 받아 자기를 띠는 현상
④ 전류가 흐르는 도체 주위에 자극을 주면 그 자극에서 발생한 자력이 작용하는 현상

38 암전류의 측정 필요 시기로 <u>거리가 먼</u> 것은?

① 특별한 이유 없이 배터리가 방전될 때
② 주행 중 시동 꺼짐 발생 시
③ 전기 장치의 개조 작업 이후
④ 배선 교환 작업 이후

39 암 전류(parasitic current)에 대한 설명으로 <u>틀린</u> 것은?

① 전자제어장치 차량에서는 차종마다 정해진 규정치 내에서 암 전류가 있는 것이 정상이다.
② 암전류를 측정할 때 모든 전기장치를 OFF하고, 전체 도어를 닫은 상태에서 실시한다.
③ 배터리 자체에서 저절로 소모되는 전류이다.
④ 암전류가 크면 배터리 방전의 요인이 된다.

> 암 전류란 시동이 꺼진 상태에도 컴퓨터, 오디오, 시계, 기타 편의장치 등 전자장치의 기본상태를 유지하기 위해 사용되는 최소한의 전류를 말한다. 보기 ③은 배터리 자기방전에 관한 설명이다.

40 암 전류의 측정방법에 대한 설명으로 <u>옳은</u> 것은?

① 측정 전에 점화스위치 키를 탈거하고, 모든 전자장치의 스위치를 켜고, 차량의 모든 도어를 열어야 한다.
② 축전지의 (−) 단자와 (−) 터미널을 분리해야 한다.
③ (+) 터미널에 적색 리드선을 연결하고, 축전지의 (−) 단자에 흑색 리드선을 연결한다.
④ 측정값이 1A 이하일 때 정상으로 판정한다.

> ① 측정 전에 점화스위치에서 키를 탈거하고, 모든 전자장치의 스위치를 끄고, 차량의 모든 도어를 닫아야 한다.
> ③ (−) 터미널에 적색 리드선을 연결하고, 축전지의 (−) 단자에 흑색 리드선을 연결한다.
> ④ 측정값이 50 mA 이하일 때 정상으로 판정한다.

41 배터리측의 암전류 측정에 대한 설명으로 <u>틀린</u> 것은?

① 암전류를 측정할 때는 점화스위치를 탈거하고 모든 도어 및 트렁크, 후드는 닫아야 한다.
② 일체의 전기부하를 끈 다음에 실시한다.
③ 특별한 이유 없이 축전지가 계속 방전이 되거나 자동차 배선을 교환한 경우에 암전류를 측정하여야 한다.
④ 배터리 '+'측과 '−'측 무관하게 한 단자를 탈거하고 멀티미터를 직렬로 연결한다.

> 배터리의 (−) 터미널과 (−) 케이블 단자 사이에 멀티테스터를 연결하여 측정한다.

[12−1]
42 시정수(시상수)가 2초인 콘덴서를 충전하고자 한다. 충전 종료까지 예상되는 소요시간은?

① 3초 ② 6초
③ 8초 ④ 10초

> **시상수**(time constant)
> • 콘덴서의 충전시간을 나타내는 척도로서, 콘덴서의 충전 전압이 전원 전압의 63.2%까지 충전되는 시간
> • 100% 충전은 시정수의 5배의 시간이 걸린다.
> ∴ 2초×5배 = 10초

[08−3 참고]
43 기전력 2.8 V, 내부저항이 0.15Ω인 전지 33개를 직렬로 접속할 때 1Ω의 저항에 흐르는 전류는 얼마인가?

① 12.1 A ② 13.2 A
③ 15.5 A ④ 16.2 A

$$I = \frac{V}{R} = \frac{2.8 \times 33}{(0.15 \times 33)+1} = 15.5 \,[\text{A}]$$

정답 36 ① 37 ① 38 ② 39 ③ 40 ② 41 ④ 42 ④ 43 ③

[07-3]

44 전기회로 정비 작업시의 설명으로 <u>틀린 것</u>은?

① 전기회로 배선 작업시 진동, 간섭 등에 주의하여 배선을 정리한다.

② 차량에 있는 전기장치를 장착할 때는 전원부에 반드시 퓨즈를 설치한다.

③ 배선 연결회로에서 접촉이 불량하면 열이 발생한다.

④ 연결 접촉부가 있는 회로에서 선간전압이 5V 이하 시에는 문제가 되지 않는다.

> 일반적으로 회로의 전압강하는 0.2~0.5V 이하 정도이다.

[20-3, 17-2]

45 전기회로의 점검방법으로 <u>틀린 것</u>은?

① 전류 측정 시 회로와 병렬로 연결한다.

② 회로가 접촉 불량일 경우 전압강하를 점검한다.

③ 회로의 단선 시 회로의 저항 측정을 통해서 점검할 수 있다.

④ 제어모듈 회로 점검 시 디지털 멀티미터를 사용해서 점검할 수 있다.

> • 전류 측정 : 회로에 직렬, • 전압 측정 : 회로에 병렬

[10-2]

46 회로에서 포토 TR에 빛이 인가될 때 점 A의 전압은?
(단, 전원의 전압은 5 V 이다)

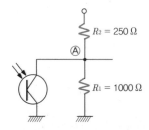

① 0 V
② 2.5 V
③ 4 V
④ 5 V

> 이 문제는 포토트랜지스터의 기본 원리와 전압강하에 대한 것으로 다음 QR 코드를 참조할 것 (46번, 47번 문제 해설은 지면 할애상 QR코드를 참조하시기 바랍니다. 또한 '트랜지스터의 원리'를 함께 이해하시기 바랍니다.)

[15-2]

47 그림과 같은 회로의 작동상태를 바르게 설명한 것은?

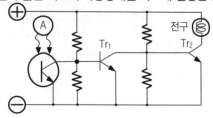

① A에 열을 가하면 전구가 점등한다.

② A가 어두워지면 전구가 점등한다.

③ A가 환해지면 전구가 점등한다.

④ A에 열을 가하면 전구가 소등한다.

[참고]   기사

48 다음 회로에서 스위치(SW)가 ON일 때의 설명으로 <u>옳은 것</u>은?

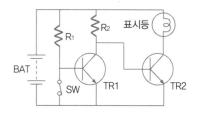

① TR1 : ON, TR2 : ON, 표시등 : 점등

② TR1 : ON, TR2 : OFF, 표시등 : 점등

③ TR1 : ON, TR2 : OFF, 표시등 : 소등

④ TR1 : OFF, TR2 : ON, 표시등 : 점등

> ❶ SW가 ON되면 전류는 'R1 – SW – 접지'로 흘러 TR1의 베이스 장벽을 뚫지 못해 스위칭 작용을 못함 → ❷ 흐름이 끊기고 ❸으로 흘러 TR2 베이스로 전원이 공급되어 스위칭 작용을 함 → ❹ 전원이 '표시등 –TR2–접지'로 흘러 점등됨 (※ 앞 문제와 유사)
>
>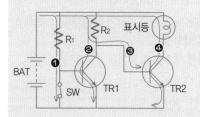

정답 44 ④ 45 ① 46 ① 47 ③ 48 ④

[14-1]

49 테스트 램프를 이용한 12 V 전장회로 점검에 대한 설명으로 틀린 것은?

① 60 W 전구가 장착된 테스트 램프로 (+)전원을 이용하여 전동 냉각팬 작동 시험이 가능하다.
② 다이오드가 장착된 테스트 램프는 (+)전원을 이용하여 전동 냉각팬 작동 시험이 불가능하다.
③ 동일한 규격의 테스트 램프를 연결하여 6 V전원(배터리 전원의 1/2)을 만들 수 있다.
④ 60 W 전구가 장착된 테스트 램프로 (+)전원을 ECU에 인가 시 ECU가 손상되지 않는다.

전구식 테스트 램프로 ECU와 같은 전자부품의 출력단을 점검하지 않도록 한다. 특히 TR의 컬렉터 전류는 수백 mA 정도밖에 되지 않으므로 TR이 파괴되므로 LED식 테스트 램프를 사용한다.

[14-1]

50 아날로그 미터의 장점과 디지털 미터의 장점을 살린 전자제어 방식의 계기판은?

① 교차코일식 계기   ② 바이메탈식 계기
③ 스텝모터식 계기   ④ 서미스터식 계기

아날로그 미터의 기본 작동원리는 코일에 흐르는 전류에 의해 발생된 자기장이 내장된 영구자석이나 가변철편 등에 의해 반발하면서 지침이 움직인다. 또한 디지털미터의 작동원리는 전압, 저항, 전류 등의 각종 아날로그 값을 직류전압으로 변환한 후 A/D 컨버터를 통해 10진수로 변환하여 디지털 숫자로 표시한다.
스텝모터식 계기는 디지털식의 정확성과 아날로그식의 지시각도, 시인성의 장점이 있다.

51 아날로그 회로시험기 사용법으로 옳은 것은?

① 측정 리드 봉을 접속한 상태에서 셀렉터 전환을 한다.
② 콘덴서 양부 확인은 저항 및 DC전압 레인지에서 확인 할 수 있다.
③ 전압 측정 시 리드 봉 두 개를 단락시키고 영점 조정한다.
④ 띠(색) 저항 측정 시 흑색(−), 적색(+) 리드봉의 방향에 주의한다.

[13-2]

52 멀티미터를 전류 모드에 두고 전압을 측정하면 안 되는 이유는?

① 내부저항이 작아 측정값의 오차 범위가 커지기 때문이다.
② 내부저항이 작아 과전류가 흘러 멀티미터가 손상될 우려가 있기 때문이다.
③ 내부저항이 너무 커서 실제 값보다 항상 적게 나오기 때문이다.

④ 내부저항이 너무 커서 노이즈에 민감하고, 0점이 맞지 않기 때문이다.

전압모드의 경우 내부저항으로 약 10MΩ의 고저항을 사용하며, 전류모드의 경우 전압강하로 인한 오차를 줄이기 위해 저저항(션트저항)을 병렬로 연결해서 저항값을 낮추어 측정한다.
그러므로 전류모드에 두고 전압을 측정하면 내부저항이 작으므로 과전류로 인해 저항이 과열되거나 기기가 손상될 수 있다.

[참고]
기사

53 아날로그 회로시험기의 사용방법 및 특징으로 틀린 것은?

① 전류를 측정할 경우에는 시험기를 회로에 직렬 접속하여 측정한다.
② 전압을 측정할 경우에는 시험기를 회로에 병렬 접속하여 측정한다.
③ 회로시험기 내의 건전지가 방전이 되면 전압 및 전류 측정이 불가능하다.
④ 아날로그 회로시험기에서 로터리 스위치를 저항 위치로 하면 적색봉에서 (−), 흑색봉에서 (+)가 나온다.

전류와 전압만 측정한다면 아날로그 테스터기는 건전지 없이 사용이 가능하다.
참고) 아날로그 멀티미터의 작동 원리
- 내장 코일에 전류를 흘려주면 그 양에 비례하여 자기장이 생기고 내장 자석과의 반발력으로 바늘이 회전한다. 전류량이 비례하여 바늘은 회전하며, 전류량의 차이가 상황에 따라 매우 큰 차이가 있으므로 값의 범위를 구분(Range)하고 너무 큰 전류값은 별도의 저항을 통해 n분의 1로 축소하여 받는 것으로 항상 일정한 범위 내의 전류량이 코일로 유입된다. (레인지 설정이 잘못되면 테스터기가 고장날 수 있다.)
- 전류나 전압은 테스터기의 내부 전원과 무관하고 측정물의 전압, 전류를 측정한다.
- ※ 건전지가 필요한 이유 : 저항 측정, 트랜지스터 hfe(증폭률) 측정, 도통 테스트

[21-1]

54 멀티미터를 이용하여 다이오드 순방향의 점검 방법으로 옳은 것은? (아날로그와 디지털 멀티미터에 따라 구분할 때)

① 아날로그 멀티미터 : (+) 프로브 : N극, (−) 프로브 : P극
② 디지털 멀티미터 : (+) 프로브 : N극, (−) 프로브 : P극
③ 아날로그 멀티미터 : (+) 프로브 : E극, (−) 프로브 : B극
④ 디지털 멀티미터 : (+) 프로브 : E극, (−) 프로브 : B극

다이오드의 순방향은 'P → N'이며, 아날로그 멀티미터는 디지털과 달리 (+) 프로브에 N형, (−) 프로브에 P형을 접속한다.

chapter 03

55 아날로그 멀티미터로 다이오드의 불량 여부를 점검할 때, 가장 적합한 레인지의 위치는?

① 직류 전압 레인지

② 전류 레인지

③ 저항 레인지

④ 교류 전압 레인지

56 아날로그 회로 시험기를 이용하여 NPN형 트랜지스터를 점검하는 방법으로 옳은 것은?

① 베이스 단자에 흑색 리드선을 이미터 단자에 적색 리드선을 연결했을 때 도통이어야 한다.

② 베이스 단자에 흑색 리드선을 TR 바디(body)에 적색 리드선을 연결했을 때 도통이어야 한다.

③ 베이스 단자에 적색 리드선을 이미터 단자에 흑색 리드선을 연결했을 때 도통이어야 한다.

④ 베이스 단자에 적색 리드선을 컬렉터에 흑색 리드선을 연결했을 때 도통이어야 한다.

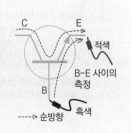

NPN형 TR의 순방향은 베이스(B) 및 컬렉터(C) → 이미터(E)이다.
도통시험 시 테스터기 내부의 건전지를 이용하는데 아날로그의 경우 건전지의 ⊕극은 흑색 테스트봉에 연결되어 있고, ⊖극은 적색 테스트봉에 연결되어 있다. 따라서 순방향 점검 시 전류는 흑색 테스트봉에서 적색 테스트봉으로 흘러들어가게 된다. 다이오드와 트랜지스터 모두 같다.

57 그림은 아날로그 회로 시험기에 의한 NPN 트랜지스터의 단품 시험방법이다. 어떤 시험을 하고 있는 것인가?

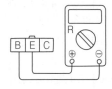

① B 단자와 E 단자 간의 역방향 저항시험

② B 단자와 E 단자 간의 역방향 전압시험

③ B 단자와 E 단자 간의 순방향 저항시험

④ B 단자와 E 단자 간의 순방향 전압시험

NPN 트랜지스터의 순방향 : 베이스(B) → 이미터(E), 컬렉터(C) → 이미터(E)
※ 베이스에 ⊖단자, 이미터에 ⊕단자

58 멀티테스터(Multitester)로 릴레이 점검 및 판단 방법으로 틀린 것은?

① 접점 점검은 부하전류가 흐르도록 하고 멀티테스터로 저항 측정을 해야 한다.

② 단품 점검 시 코일 저항이 규정값보다 현저히 차이가 나면 내부 단락 및 단선이라고 볼 수 있다.

③ 부하전류가 흐를 때 양 접점 전압이 0.2 V 이하이면 정상이라 본다.

④ 작동이 원활해도 멀티테스터로 접점 전압 측정이 중요하다.

릴레이 점검에는 코일 저항 점검과 접점 점검이 있다.
• 코일 저항 점검은 저항을 측정하여 코일의 단선/단락을 점검한다.
• 릴레이 접점 점검은 부하전류를 흘려 전압을 측정하며, 접점의 전압강하는 통상 0.2 V 이하일 때 정상이다.

59 디지털 오실로스코프에 대한 설명으로 틀린 것은?

① AC전압과 DC전압 모두 측정이 가능하다.

② X축에서는 시간, Y축에서는 전압을 표시한다.

③ 빠르게 변화하는 신호를 판독이 편하도록 트리거링할 수 있다.

④ UNI(Unipolar) 모드에서 Y축은 (+), (−)영역을 대칭으로 표시한다.

• **오실로스코프의 화면설정**
– BI(bipolar) : 0레벨을 기준으로 (+), (−) 영역으로 출력
– UNI(unipolar) : 0레벨을 기준으로 (+) 영역만 출력
※ 트리거링(triggering) : '방아쇠'를 의미하는데, 총을 맞으면 죽듯이 흘러가는 불특정한 파형신호에서 에지, 펄스폭, 패턴 등을 설정하여 사용자가 원하는 특정 신호(이상 신호)를 찾으면 신호를 정지(고정)시켜 판독이 편하도록 한다.

60 다음 회로에서 전압계 V_1과 V_2를 연결하여 스위치를 ON, OFF하면서 측정한 결과로 옳은 것은?
(단, 접촉저항은 없음)

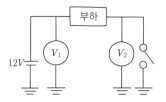

① ON : V_1 −12V, V_2 −12V, OFF : V_1 −12V, V_2 −12V

② ON : V_1 −12V, V_2 −12V, OFF : V_1 −0V, V_2 −12V

③ ON : V_1 −12V, V_2 −0V, OFF : V_1 −12V, V_2 −12V

④ ON : V_1 −12V, V_2 −0V, OFF : V_1 −0V, V_2 − 0V

정답　55 ③　56 ①　57 ③　58 ①　59 ④　60 ③

회로에서 스위치 ON 상태에서 부하 양단간에는 전압차가 존재하여(전압강하) 부하 앞은 12V, 부하 뒤는 0V이며, 스위치 OFF 상태에서는 어느 지점에서나 전압값은 12V이며 전류는 흐르지 않으므로 0이다.

[14-3]

61 그림과 같은 상태에서 86번과 85번 단자에 각각 ⓐ 또는 ⓑ와 같이 측정되는 원인으로 옳은 것은? (단, 테스트 램프에 내장된 전구는 5W이다.)

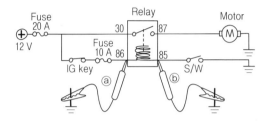

① ⓐ의 상태에서 테스트램프 점등, ⓑ의 상태에서 점등하지 않지만 릴레이가 동작한다.

② ⓐ과 ⓑ, 모든 상태에서 테스트램프가 점등하지만 ⓐ의 상태에서는 릴레이가 작동한다.

③ ⓐ과 ⓑ, 모든 상태에서 테스트램프가 점등하지 않지만 ⓑ의 상태에서는 릴레이가 동작한다.

④ ⓐ의 상태에서 10A 퓨즈 단선, ⓑ의 상태에서는 릴레이가 동작한다.

'전원 – IG key – Fuse 10A – 86단자 – ⓐ – 접지' 회로에서 ⓐ 테스트램프가 점등되며, 85단자 – ⓑ – 접지로 이어지는 회로에서는 릴레이에 의해 전압강하가 일어날 수 있으므로 ⓑ 테스트 램프는 점등하지 않을 수 있다.

[14-2]

62 그림과 같은 회로의 동작에 대한 설명으로 가장 옳은 것은?

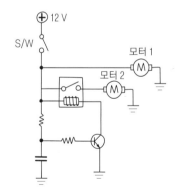

① 스위치 on 시 모터1과 2는 동시에 동작한다.

② 스위치 on 시 모든 모터가 동시에 동작 후 모터 2만 멈춘다.

③ 스위치 on 시 모터1이 동작하고 잠시 후 모터2가 동작한다.

④ 스위치 on시 모터1만 동작하고 스위치 off 시 모터2가 동작한다.

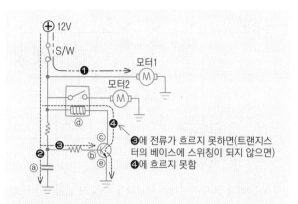

③에 전류가 흐르지 못하면(트랜지스터의 베이스에 스위칭이 되지 않으면) ④에 흐르지 못함

스위치(S/W)가 닫히면 먼저 **모터1**이 동작한다. 그리고 콘덴서(ⓐ)에 전류가 흐르며 충전된다.(충전하는 동안 시간 지연) → 충전 완료 후 전류가 흐르지 않음 → 전류는 콘덴서 위쪽 분기점에서 TR 베이스(ⓑ)로 흘러 TR이 스위칭(ON) → 전원 전류는 ⓓ–컬렉터(ⓒ)–이미터(ⓔ)–접지로 흐르며 릴레이(ⓓ)가 여자됨 → 릴레이의 접점이 닫힘 → **모터2**가 동작함

즉, 스위치 ON 시 모터 1이 작동되고, 콘덴서에 의해 잠시 후 트랜지스터가 스위칭 작동을 하여 릴레이의 접점이 붙어 모터2가 작동된다.

[14-3]

63 그림과 같은 상태의 회로에서 접지에 연결한 테스트램프를 릴레이의 각 단자에 연결해보았을 때 나타나는 현상에 대한 설명으로 옳은 것은? (단, 테스트 램프 내의 전구는 5 W이다.)

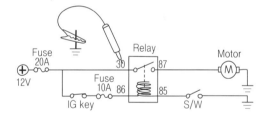

① 30 : 테스트램프 점등과 동시에 20 A의 퓨즈가 단선된다.

② 86 : 테스트램프 점등과 동시에 10 A의 퓨즈가 단선된다.

③ 87 : 테스트램프는 점등하지 않지만 모터는 회전한다.

④ 85 : 테스트램프는 점등하지 않지만 모터는 회전한다.

①, ② 테스트램프가 점등되면 퓨즈는 이상없음 (P=VI 식에 대입하면 약 0.42 A가 흐르므로 퓨즈 용량 내에 있으므로)

③ S/W가 off 상태이므로 릴레이가 자화되지 않는다. 즉, 87번 단자에 전원이 공급되지 않으므로 테스트램프가 점등되지 않으며, 모터도 작동하지 않음

④ 배터리 전원이 테스트램프를 거쳐 접지되므로 릴레이가 자화되어 모터가 회전한다.

chapter 03

[14-3]

64 그림과 같은 인젝터 회로 점검에 대한 설명으로 <u>옳은 것은?</u>

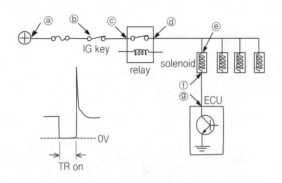

① ⓔ번과 접지 사이에서 전압파형 측정 시 인젝터와 ECU 간의 접속 상태를 알 수 있다.
② 릴레이 접점의 저항여부를 판단하기 위한 최적 측정장소는 ⓒ번과 ⓓ번 사이 전류 측정이다.
③ 인젝터 서지전압 측정은 ⓔ번과 접지 사이에서 행하는 것이 가장 좋다.
④ IG key ON 후 TR off 시 ⓔ번과 ⓖ번 사이의 전압은 0 V이어야 한다.

> ①,③ 인젝터 점검 시 오실로스코프의 적색 프로브를 인젝터 신호단자(ⓕ)에, 흑색 프로브를 접지에 물리고 전압파형 및 서지전압을 측정하여 솔레노이드 상태 및 인젝터와 ECU 간의 접속 상태를 알 수 있다.
> ② 릴레이의 접점저항의 판단은 저항을 측정한다.
> ④ TR 'OFF' 상태에서는 ⓐ번과 ⓖ번 사이에 점검봉으로 측정했을 때 전류가 흐르지 않으므로 전위차가 없다. (즉, 0 V가 된다)

[14-2]

65 릴레이를 탈거한 상태에서 릴레이 커넥터를 그림과 같이 점검할 경우 테스트 램프가 점등하는 라인(단자)은?

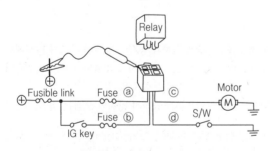

① ⓐ   ② ⓑ   ③ ⓒ   ④ ⓓ

> 테스트 램프가 점등되는 조건은 접지까지 회로가 연결되어야 하므로 ⓒ만 해당된다.

[17-1]

66 차량 전기 배선의 색 표기 방법으로 <u>틀린 것은?</u>

① Y – 노랑   ② B – 갈색
③ W – 흰색   ④ R – 빨강

> B : Black, Br : Brown
> ※ 체크) 고전압 케이블의 색상 : 오렌지(주황) – O

[14-2]

67 차량의 전기배선 방식에서 복선식 사용에 대한 내용으로 <u>틀린 것은?</u>

① 접촉 불량 방지
② 전압강하량 증가
③ 큰 전류가 흐르는 회로에 사용
④ 전조등 회로에 사용

> • 단선식 : 부하의 한쪽 끝을 차체나 설치 기구의 금속부를 이용하여 접지하는 방식으로, 작은 전류의 회로에 사용되며 큰 전류가 흐르거나 접촉이 불량하면 전압강하량이 증가한다.
> • 복선식 : 접지 쪽에도 전선을 사용하여 확실히 접지하는 방식으로, 전조등 회로와 같이 비교적 큰 전류가 흐르는 곳에 사용된다.

[12-2, 09-1]

68 전조등 4핀 릴레이를 단품 점검하고자 할 때 적합한 시험기는?

① 전류 시험기
② 축전기 시험기
③ 회로 시험기
④ 전조등 시험기

> 릴레이는 접점과 코일로 이뤄진 일종의 전자석과 같은 개폐기로, 릴레이 검사는 주로 단선 여부를 점검하며, 가장 적합한 테스터는 회로시험기를 통해 도통 시험을 한다.

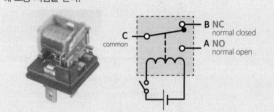

정답 64 ④ 65 ③ 66 ② 67 ② 68 ③

69 퓨즈와 릴레이를 대체하여 단선, 단락에 따른 전류값을 감지함으로써 필요 시 회로를 차단하는 것은?

① BCM(body control module)

② CAN(controller area network)

③ LIN(local interconnect netwokk)

④ IPS(intelligent power switching device)

> IPS는 기존의 접점식 퓨즈나 릴레이와 달리 반도체 소자를 이용하여 대전류 부하제어 기능 및 과전류 보호 기능, 다채널 제어, 자기진단 및 고장코드 지원 등의 기능을 추가한 장치이다.

[18-2]

70 릴레이 내부에 다이오드 또는 저항이 장착된 목적으로 옳은 것은?

① 역방향 전류 차단으로 릴레이 점검 보호

② 역방향 전류 차단으로 릴레이 코일 보호

③ 릴레이 접속 시 발생하는 스파크로부터 전장품 보호

④ 릴레이 차단 시 코일에서 발생하는 서지전압으로부터 제어 모듈 보호

> 릴레이는 일종의 전자석이므로, 코일에 흐르는 전류를 갑자기 차단시키면 자기장이 급격히 붕괴되면서 발생되는 유도전압(역기전력, 서지전압)이 역방향으로 흘러 전기장치에 이상을 줄 수 있다. 12 V의 전원을 차단했을 때 약 200~300 V의 역기전력(서지전압)이 발생된다.
>
> ※ 서지전압 방지법 : 릴레이 코일에 다이오드 또는 고저항을 병렬로 연결시켜 서지압이 다이오드(저항)를 통해 코일에 순환하게 한다.

---

02   반도체

[19-1, 17-1, 13-1]

1 반도체의 장점이 아닌 것은?

① 극히 소형이고 가볍다.

② 내부 전력 손실이 적다.

③ 수명이 길다.

④ 온도 상승 시 특성이 좋아진다.

> • 열과 고전압에 약하다.
> • 정격값을 초과하면 파손되기 쉽다.

[참고]   기사

2 센서로 이용되고 있는 포토트랜지스터에 대한 설명으로 틀린 것은?

① 광량의 변화가 전류의 변환으로 치환되는 원리를 이용한 것이다.

② 트랜지스터의 베이스에 빛이 닿으면 베이스 전류의 증가로

컬렉터 전류가 흐른다.

③ 증폭작용에 의해 포토다이오드보다 변환효율이 좋은 전기 신호를 얻을 수 있다.

④ 빛이 들어오면 ECU에서 베이스 전원을 변화시키고, 컬렉터 전압이 흘러 고전압이 발생된다.

[09-1]

3 아날로그 회로 시험기를 이용하여 NPN형 트랜지스터를 점검하는 방법으로 옳은 것은?

① 베이스 단자에 흑색 리드선을 이미터 단자에 적색 리드선을 연결했을 때 도통이어야 한다.

② 베이스 단자에 흑색 리드선을 TR 바디(body)에 적색 리드선을 연결했을 때 도통이어야 한다.

③ 베이스 단자에 적색 리드선을 이미터 단자에 흑색 리드선을 연결했을 때 도통이어야 한다.

④ 베이스 단자에 적색 리드선을 컬렉터에 흑색 리드선을 연결했을 때 도통이어야 한다.

> NPN형 TR의 순방향은 베이스(컬렉터) → 이미터로 전류가 흐르므로, 전자의 경우 반대로 이미터 → 베이스(컬렉터)로 흐른다.
> 아날로그 테스터는 전자의 흐름과 같이 연결해야 하고, 디지털 테스터는 전류의 흐름과 같이 연결하므로
> ⊕ 적색검침봉 : 이미터, ⊖ 흑색검침봉 : 베이스에 연결한다.

[07-1]

4 순방향으로 전류를 흐르게 하면 전류를 가시광선으로 변형시켜 빛을 발생하는 다이오드로 N형 반도체의 과잉전자와 P형 반도체의 정공이 결합되어 있는 소자는?

① 제너 다이오드   ② 포토 다이오드

③ 발광 다이오드   ④ 실리콘 다이오드

[13-1]

5 자동차의 파워 트랜지스터에 관한 내용 중 틀린 것은?

① 파워 TR의 베이스는 ECU와 연결되어 있다.

② 파워 TR의 컬렉터는 점화 1차 코일의 (−)단자와 연결되어 있다.

③ 파워 TR의 이미터는 접지되어 있다.

④ 파워 TR은 PNP형이다.

> 차량용 파워TR은 일반적으로 NPN형을 사용한다. (이유 : 차체를 ⊖ 전원으로 공통으로 사용하고 베이스에 ⊕의 미세전압을 보내는 스위칭 작용을 통해 컬렉터에서 이미터로의 고전압 흐름을 제어하여 증폭시킨다)

[08-1]

6 트랜지스터의 일종으로 베이스가 없이 빛을 받아서 출력 전류가 제어되고 광량 측정, 광 스위치, 각종 센서에 사용되는 반도체는?

① 사이리스터   ② 서미스터

③ 다링톤 TR   ④ 포토 TR

> 일반 TR과 달리 포토 TR은 베이스가 없으며, 빛이 베이스 역할을 한다.
> • 사이리스터 : PNPN형(NPNP형)으로 스위치 작용을 한다.
> • 다링톤 TR : 2개의 트랜지스터로 구성되어 증폭작용을 한다.

[19-3]

7 다이오드 종류 중 역방향으로 일정 이상의 전압을 가하면 전류가 급격히 흐르는 특성을 가지고 회로보호 및 전압조정용으로 사용되는 다이오드는?

① 스위치 다이오드   ② 정류 다이오드

③ 제너 다이오드   ④ 트리오 다이오드

> • 제너 다이오드는 역방향으로 일정값 이상의 항복 전압(제너전압, 브레이크다운 전압)이 가해졌을 때 전류가 흐르는 특성을 이용하여 넓은 전류범위에서 안정된 전압특성을 있어 간단히 정전압을 만들거나 과전압으로부터 회로를 보호하는 용도로 사용된다.
> • 부하와 병렬도 연결시켜 제너전압과 동일한 전압으로 유지하도록 정전압 회로 및 과충전 방지회로에 사용된다.

[12-1]

8 발전기에서 IC식 전압조정기(regulator) 제너 다이오드에 전류가 흐르는 때는?

① 높은 온도에서

② 브레이크 작동 상태에서

③ 낮은 전압에서

④ 브레이크 다운 전압에서

[12-1]

9 제너 다이오드에 대한 설명으로 틀린 것은?

① 순방향으로 가한 일정한 전압을 제너 전압이라고 한다.

② 역방향으로 가해지는 전압이 어떤 값에 도달하면 급격히 전류가 흐른다.

③ 정전압 다이오드라고도 한다.

④ 발전기의 전압 조정기에 사용하기도 한다.

[13-2, 11-2, 07-2]

10 일정한 전압 이상이 인가되면 역방향으로도 전류가 흐르게 되는 전자 부품의 소자는?

① 제너 다이오드   ② n형 다이오드

③ 포토 다이오드   ④ 트랜지스터

[13-1]

11 역방향 전류가 흘러도 파괴되지 않고 역전압이 낮아지면 전류를 차단하는 다이오드는?

① 발광 다이오드   ② 포토 다이오드

③ 제너 다이오드   ④ 검파 다이오드

[참고]

12 트랜지스터식 전압조정기의 제너 다이오드는 어떤 상태에서 전류가 역방향으로 흐르게 되는가?

① 브레이크다운 전압   ② 낮은 온도

③ 서지 전압   ④ 낮은 전압

[12-2]

13 반도체 소자로서 이중접합(PNP)에 적용되지 않는 것은?

① 사이리스터   ② 포토트랜지스터

③ 가변용량 다이오드   ④ PNP트랜지스터

> 사이리스터는 P-N-P-N접합으로 4층 구조로, 다중 접합이다.

[참고]

14 SCR의 설명으로 옳은 것은?

① 게이트 전류로 애노드 전류를 제어할 수 있다.

② 단락 상태에서 전원 전압을 감소시켜 차단 상태로 할 수 있다.

③ 게이트 전류를 차단하면 애노드 전류가 차단된다.

④ 단락 상태에서 애노드 전압을 0 또는 (-)로 하면 차단 상태로 된다.

> SCR은 게이트 전류가 흘러 일단 단락 상태가 되면 전원을 제거하거나 전원의 극성을 바꾸어 가하지 않는 이상 차단되지 않는다.

[09-2]

15 ECU 내에서 아날로그 신호를 디지털 신호로 변화시키는 것은?

① A/D 컨버터   ② CPU

③ ECM   ④ I/O 인터페이스

> • A/D 컨버터 : 가변저항을 이용한 센서와 같이 아날로그 신호는 ECU에서 디지털 신호로 변환하여 신호를 받아들인다.
> ※ ECM : Electric Control Module 또는 Engine Control Module

정답   6 ④   7 ③   8 ④   9 ①   10 ①   11 ③   12 ①   13 ①   14 ④   15 ①

[07-1, 04-4]

16 단방향 3단자 사이리스터(thyristor : SCR)는 애노드(A), 캐소드(K), 게이트(G)로 이루어지는데 다음 중 전류의 흐름방향을 설명한 것으로 **틀린** 것은?

① A에서 K로 흐르는 전류가 순방향이다.

② 순방향은 언제나 전류가 흐른다.

③ A와 K 간에 순방향 전압이 공급된 상태에서 G에 순방향 전압이 인가되면 도통한다.

④ A와 K 사이가 도통된 것은 G 전류를 제거해도 계속 도통이 유지되며 A 전위가 "0"이 되면 해제된다.

사이리스터의 작동

• 순방향 : Ⓐ애노드 또는 Ⓖ게이트에서 Ⓚ캐소드로 흐르는 상태
• 평상시에는 Ⓐ에서 Ⓚ로 순방향 전압을 가해도 전류가 흐르지 않는다.
• Ⓖ에 미소전류를 가하면 Ⓐ–Ⓚ 사이에 전류가 통하여, Ⓖ 전류를 제어하여 전압제어장치나 조광기에 사용된다.
• Ⓐ와 Ⓚ 사이가 도통되면 Ⓖ 전류를 제거해도 계속 도통이 유지되며, Ⓐ 전위를 0으로 만들어야 해제된다.

[13-3]

17 시동 후 냉각수 온도센서(부특성 서미스터)의 출력전압은 수온이 올라감에 따라 어떻게 변화하는가?

① 변화 없다.

② 크게 상, 하로 움직인다.

③ 계속 상승하다 일정하게 된다.

④ 엔진온도 상승에 따라 전압값이 감소한다.

[12-2]

18 온도와 저항의 관계를 설명한 것으로 옳은 것은?

① 일반적인 반도체는 온도가 높아지면 저항이 작아진다.

② 도체의 경우는 온도가 높아지면 저항이 작아진다.

③ 부특성 서미스터는 온도가 낮아지면 저항이 작아진다.

④ 정특성 서미스터는 온도가 높아지면 저항이 작아진다.

• 반도체 : 저항은 온도에 반비례
• 도체 : 저항은 온도에 비례
• 부특성 서미스터 : 저항(전압)은 온도에 반비례
• 정특성 서미스터 : 저항(전압)은 온도에 비례

[16-3]

19 증폭률을 크게 하기 위해 트랜지스터 1개의 출력 신호가 다른 트랜지스터 베이스의 입력신호로 사용되는 반도체 소자는 무엇인가?

① 다링톤 트랜지스터　　② 포토 트랜지스터

③ 사이리스터　　④ FET

트랜지스터(TR)는 스위치 작용 및 증폭 작용을 하는 소자로, 다링톤 트랜지스터(파워 TR)는 트랜지스터를 2개 연결하여 증폭의 효과가 있다.

※ FET(전계효과 TR) : TR의 일종으로 전류를 증폭시키는 일반 TR과 달리 FET은 전압을 제어하여 증폭시키며, 스위칭 속도가 빠른 특징이 있다.

[14-3]

20 순방향으로 전류를 흐르게 하였을 때 빛이 발생되는 반도체는?

① 포토 다이오드　　② 제너 다이오드

③ 발광 다이오드　　④ 실리콘 다이오드

[참고]

21 PN 접합 다이오드의 기본 작용은?

① 증폭작용　　② 발진작용

③ 발광작용　　④ 정류작용

[참고]　　　　　　　　　　　　　　　　　　기사

22 아래와 같은 정특성 서미스터를 이용한 도어록(door lock) 회로에 대한 설명으로 옳은 것은?

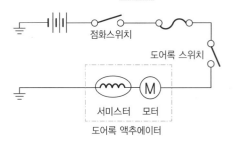

① 도어록 스위치가 작동되어 한도 이상의 전류가 흐르면 서미스터가 발열하여 저항이 증가되어 전류를 제한한다.

② 도어록 스위치가 작동되어 한도 이상의 전류가 흐르면 서미스터가 발열하여 저항이 감소되어 전류를 제한한다.

③ 도어록 스위치가 작동되어 한도 이상의 전류가 흐르면 서미스터가 끊어져 저항이 감소된다.

④ 도어록 스위치가 작동되어 한도 이상의 전류가 흐르면 서미스터가 발열하여 저항이 감소되고 많은 전류가 흐르도록 유도한다.

모터에 정특성 서미스터(온도↑ → 저항↑)를 사용하여 과전류(과부하)가 흐를 경우 발열하여 저항을 증가시켜 전류를 제한한다. (전자의 운동을 방해)
※ 오옴의 법칙에 의해 전류는 저항에 반비례 관계이다.

정 답　**16** ②　**17** ④　**18** ①　**19** ①　**20** ③　**21** ④　**22** ①

23 발광 다이오드(LED : Light Emitting Diode)에 대한 설명으로 틀린 것은?

① 소비전력이 작다.
② 응답속도가 빠르다.
③ 전류가 역방향으로 흐른다.
④ 백열전구에 비하여 수명이 길다.

발광 다이오드 : 순방향 흐름
※ 포토 다이오드, 제너 다이오드 : 역방향 흐름

[11-2]

24 온도에 따라 전기 저항이 변하는 반도체 소자로 온도센서, 연료잔량 경고등 회로에 쓰이는 것은?

① 피에조 압전 소자　　② 다이오드
③ 트랜지스터　　　　　④ 서미스터

서미스터는 온도와 저항과의 관계를 이용한 소자이다.

[10-2]

25 두 개의 영구자석 사이에 도체를 직각으로 설치하고 도체에 전류를 흘리면 도체의 한 면에는 전자가 과잉되고 다른 면에는 전자가 부족되어 도체 양면을 가로질러 전압이 발생되는 현상을 무엇이라고 하는가?

① 홀 효과　　　　　② 렌츠의 현상
③ 칼만 볼텍스　　　④ 자기유도

지문은 홀 효과에 대한 설명이다.

[14-3]

26 물질을 이루고 있는 입자인 원자의 설명으로 틀린 것은? (단, 정형원소로 제한한다.)

① 원자의 가장 바깥쪽 궤도에 있는 전자를 자유전자라고 한다.
② 전자 1개의 전기량은 양자 1개의 전기량과 같다.
③ 최외곽 궤도에 전자가 8개가 안 될 경우 근처의 원자와 결합하여 8개를 맞추려는 성질이 있다.
④ 최외곽 궤도 내 전자가 8개일 경우 가장 안정적이다.

자유전자는 원자의 최외곽 궤도에서 이탈하여 자유롭게 움직일 수 있는 전자를 말한다.
③, ④는 원자는 핵과 전자로 이루어지며, 전자는 최외곽에 8개가 있을 때 안정적이다.　　　　　　　　　　　　　　　　　　　　　– 화학 기초 이론

자유전자 : 외부에너지에 의해 외곽 궤도에서 이탈된 전자
원자의 특징은 최외곽 궤도의 전자가 8개일 경우 가장 안정적이다.
원자핵(+)　이탈　전자(-)

[20-3]

27 반도체 접합 중 이중접합의 적용으로 틀린 것은?

① 서미스터　　　　　② 발광 다이오드
③ PNP 트랜지스터　　④ NPN 트랜지스터

접합에 따른 반도체 구분
• 무접점 : 서미스터, 광전도셀(cdS)
• 단접합(P와 N 접합) : 다이오드, 제너다이오드, 단일접합 또는 단일접점 트랜지스터
• 이중접합(PN과 NP 접합) : PNP 또는 NPN 트랜지스터, 가변용량 다이오드, 발광 다이오드, 포토 트랜지스터, 전계효과 트랜지스터
• 다중접합(PNPN 접합) : 사이리스터, 트라이악
※ 제너다이오드 : 일반적인 다이오드(PN 접합)과 동일한 접합구조
※ 발광다이오드 : 기본 PN접합이지만, 실제에서는 발광 효율을 향상시키기 위한 이중 이종접합구조

[20-1, 10-3]

28 전자제어 모듈 내부에서 각종 고정 데이터나 차량제원 등을 장기적으로 저장하는 것은?

① IFB (Inter Face Box)
② ROM (Read Only Memory)
③ RAM (Random Access Memory)
④ TTL (Transistor Transistor Logic)

• IFB : LPG 연료장치 인터페이스 박스
• RAM : 전원이 꺼지면 데이터가 사라지는 휘발성 메모리로, 저장된 정보 로딩, 연산보조작용, 데이터 일시 저장 등에 사용
• ROM : 비휘발성 메모리로, 고정된 데이터를 저장한 후 전원이 꺼져도 지속적으로 데이터를 사용한다.(ROM에는 해당 시스템의 작동에 대한 기본적인 정보 또는 페일세이프 정보 등이 저장되어 있어 변경하려면 별도 과정이 필요함)
• TTL : 반도체를 이용한 대표적인 논리회로

[14-1]

29 스마트 정션 박스(Smart Junction Box)의 기능에 대한 설명으로 틀린 것은?

① Fail Safe Lamp 제어
② 에어컨 압축기 릴레이 제어
③ 램프 소손 방지를 위한 PWM 제어
④ 배터리 세이버 제어

스마트 정션 박스는 기존의 퓨즈박스의 기능에 전원 배분, 각종 램프류 등 전자장비의 제어 및 고장진단, IPS(인텔리전트 파워스위치), 과부하방지, 전원관리 등의 기능을 추가한 전원관리장치이다.

[출제문항수 : 약 4~5문제] 출제기준 변경 후 새롭게 추가된 섹션으로, 기출이 거의 없으며 NCS 모듈에서 약 70~80%가 출제됩니다. 교재에 정리된 내용 및 예상문제, 모의고사를 보며 출제유형을 체크하기 바랍니다.

01 통신 개요

1 자동차 통신 시스템의 장점

① 배선의 경량화 : ECU(모듈, 제어기)들의 통신으로 배선이 줄어든다.

② 전기장치의 설치 용이 : 전장품의 가장 가까운 ECU에서 전장품을 제어

③ 시스템 신뢰성 향상 : 배선 저감으로 인해 고장률 감소 및 정확한 정보를 송수신 가능

④ 진단 장비를 이용한 자동차 정비 : 각 ECU의 자기진단 및 센서 출력값을 진단 장비를 이용해 정비성 향상을 도모

2 통신 프로토콜(Protocol)

① 서로 다른 모듈들이 정보를 공유하기 위해 지정된 전압과 시간, 주파수 등 모듈이 알 수 있는 일종의 언어이다.

② 컴퓨터 간의 통신에 대한 규칙과 전송 방법 그리고 에러 관리 등에 대한 규칙을 정한 통신 규약을 의미하며, ISO(국제표준기구) 또는 SAE(미국자동차공학회) 등의 표준을 말한다.

→ 공통된 규칙에 의해 통신할 경우 다른 차량의 ECU일지라도 서로 통신할 수 있다.

▶ **프로토콜의 내용**
- 제어기 상호간 접속이나 전달 방법 : 정보를 전달하는 물리적인 매개체 (BUS 형태의 쌍꼬임선 등)
- 제어기간 통신 방법 : 송·수신 방식의 정의(단방향 / 양방향 통신, 전송 속도 등)
- 데이터 형식 : 송·수신하는 데이터의 배열(데이터 프레임 구조 등)
- 데이터의 오류 검출 방법 : 데이터 프레임에서 발생되는 오류 검출(비트 채워넣기, CRC 에러 등)
- 코드 변환 방식 및 기타 통신에 필요한 내용 정의

3 OSI 참조 모델(Open Systems Interconnection Reference Model)

① 네트워크에 의한 데이터 통신은 단계마다의 복수의 프로토콜로 실현된다. OSI 참조 모델은 데이터 통신을 7개의 단계로 나누는데 각 계층(Layer)이라고 부른다. 각 계층은 각각 독립해 있어서 프로토콜의 변경이 다른 계층에 영향을 끼치지 않는다. 하위 계층을 상위 계층을 위해서 일하고 상위 계층은 하위 계층에 관여하지 않는다.

chapter 03

응용 계층	데이터 생성, 최종 처리
표현 계층	데이터 변환, 압축, 암호화
세션 계층	통신 프로세서 사이의 대화제어 및 동기화
전송 계층	종단 내 최종 수신 프로세스로 전달
네트워크 계층	송신 측에서 최종 목적지까지 패킷 전달
데이터링크 계층	노드와 노드 사이의 데이터 전달
물리 계층	전송매체를 통해 다른 모듈로 신호흐름을 전송

└→ 표준 CAN 계층

↟ OSI 참조 모델

② **표준 CAN은 OSI 계층 중 주로 데이터링크 계층과 물리적 계층만 사용**된다.

OSI 계층	부 계층	CAN 구현
데이터링크 계층	논리 링크 제어 (LLC)	CAN 제어기
	매체 접근 제어 (MAC)	
물리계층	물리 부호화 하위 계층 (PCS)	
	물리 매체 접근 (PMA)	CAN 수신기 (트랜시버)
	물리 매체 의존 (PMD)	케이블, 커넥터

③ 물리 계층은 물리 매체를 통해 신호 흐름을 전송하며, 논리 신호를 전기 신호로 변환하는 역할을 한다.

4 통신의 종류

(1) 전송 방법에 의한 구분 – 직렬통신, 병렬통신

직렬 통신	• 한 개의 데이터 전송라인으로 한 번에 한 bit씩 순차적으로 전송하여 병렬통신에 비해 속도가 느리다. • 모듈간 또는 모듈과 주변 장치 간에 비트 흐름(bit stream)을 전송하는 데 사용 • 예 자동차 통신(CAN, LIN)

병렬 통신	• 여러 개의 데이터 전송라인으로 데이터(비트)를 동시에 한번에 전송하여 속도가 빠르다. • 배선 수의 증가로 각 모듈의 설치 비용이 직렬 통신에 비해 많이 소요 • **예** 컴퓨터의 주변기기(프린터 등)

(2) 전송 시작방법에 의한 구분 - '클럭'의 유무에 따라

비동기 통신	• Asynchronous Communication • 데이터를 전송할 때 한 번에 **한 문자씩** 전송하는 방식으로, 'Start bit - 데이터 - Stop bit' 순서로 보낸다. • 데이터 전송이 정확하고 단순하지만 전송속도가 느리다. • 데이터 통신은 전압의 저하나 노이즈 유입, 그 밖의 다른 문제로 인해 전송 도중에 연결이 방해 받아 bit의 추가나 손실이 발생할 수 있다. → 대책) 2선 사용(Can-Hi, Can-Low) : 통신선의 단선/단락으로 인해 시스템이 작동되지 않는 것을 방지(1선에 이상이 발생되어도 다른 선에 의해 작동) • 대표적인 예 : **K-line 통신**, CAN 통신 
동기 통신	• Synchronous Communication • 신호를 주고받는 배선 외에 클럭을 보내는 별도의 선을 설치하여 '**클럭**'이라는 신호를 계속 주기적으로 보내고, 클럭 사이에 사용자가 **정해놓은 수만큼 문자열을 한 '블록 단위'로 전송**한다. → 송신측 제어기와 수신측 제어기의 시간차가 발생하는 것을 막기 위해 별도의 SCK(Clock 회선)를 설치하여 시간차를 없앤다. • 송수신(요청과 결과)이 동시에 일어나므로 전송속도가 빠르고 각 비트의 정확한 출발과 도착 시간의 예측이 가능 • **예** 3선 동기 MOST 통신

(3) 시리얼 통신
① 여러 작동 데이터가 동시에 출력되지 못하고 **순차적**으로 통신하는 방식을 말한다.
② 동시에 2개의 신호가 검출될 경우 정해진 우선순위에 따라 우선순위인 데이터만 인정하고 나머지 데이터는 무시한다.

③ 이 통신은 **단방향, 양방향 모두 통신**할 수 있다.

단방향 통신	• 정보를 주는 ECU와 정보를 받고 실행만 하는 ECU가 통신하는 방식 • **예** BCM과 레인 센서의 PWM(펄스 폭 변조) 통신
양방향 통신	• ECU들이 서로 정보를 주고받는 통신 방법 • **예** CAN 통신

---

02 | K-line 통신, KWP 2000 통신

◼ 자동차 네트워크의 개요
① 자동차의 통신은 사용 범위나 속도, 프로토콜 방식에 차이가 있어 적절하게 적용해야만 최적의 성능을 발휘할 수 있다. 즉, 적절한 속도의 통신 방법으로 전체 네트워크를 구성해도 최대 60개가 넘으면 통신량이 증가하여 원활한 제어가 어렵다.
→ 따라서 각 제어 장치의 특징, 전송 속도, 데이터의 양에 따라 몇 가지 그룹으로 분류하고 그룹에 맞는 통신 방식을 적용하여 네트워크를 운영한다.

② 엔진, 변속기, VDC 등 주행 안전에 관련된 제어기와 신속한 정보를 받아 안전에 대한 제어를 에어백 ECU 등은 통신속도가 높은 고속 CAN으로 네트워크가 구성된다.
③ 간단한 정보 전송이나 진단 장비 통신을 위한 LIN 통신, K-line과 같은 통신이 적용되어 네트워크 하위단을 구성한다.

◻ K-line 통신
① ISO 9141에서 정의한 프로토콜을 기반으로 차량 진단을 위한 라인의 이름으로, 구형 차종에 적용
② **주로 진단 장비와 제어기 간의 1 : 1 통신에 적용**
(Master / Slave 통신) - LIN 통신 방식과 동일
③ Slave 제어기는 마스터 제어기의 신호에 따라 Wake-Up 요구/응답, 데이터 요구/응답을 반복하며 통신이 이뤄짐

> ▶ Master / Slave
> • '주인(Master)'과 '노예(Slave)'라는 뜻으로, 통신 권한은 Master가 지며 Slave는 Master의 요구에만 응답할 수 있다.
> • K-line, LIN 통신

④ 통신 라인 전압 파형의 특징 : 약 12V를 기준으로 9.6V(80%) 이상 열성('1'), 2.4V(20%) 이하 우성('0')이다.

⑤ 기준 전압⑴과 ⑴의 폭이 커서 외부 잡음에 강하지만 전송 속도가 느려 고속 통신에는 적용하지 않는다.

⑥ 스마트키&버튼 시동 시스템 또는 이모빌라이저 적용 차량에서 엔진 제어기(EMS)와 이모빌라이저 인증 통신에도 사용

> ▶ 엔진 제어기(EMS)와 이모빌라이저 제어기(IMC)의 통신 예
> ① EMS → IMC : IG On Wake-Up 요청
> ② IMC → EMS : Wake-Up에 대한 응답 및 데이터 수신 준비가 되었음을 전송
> ③ 인증 데이터를 요구하거나 인증 데이터에 응답

❸ KWP 2000 통신

① 차량 진단을 수행하는 통신명으로, 기본 구성은 K-line과 동일하지만 데이터 프레임 구조가 다르다.

② 진단 통신을 수행하는 제어기 수가 증가하면서 진단 장비가 여러 제어 기기 또는 특정 제어기를 선택하여 통신할 수 있도록 구성되었으며, 통신 속도가 10.4 kbit/s로 높아져 K-line에 비해 데이터 출력이 빠르다.

③ 진단 장비와 제어기 사이의 진단 통신 중 CAN 통신을 사용하는 제어기를 제외한 제어기의 진단 통신을 지원한다.

④ 현재 CAN 통신이 적용되지 않는 제어기의 **진단 통신용으로 사용**

03 LIN 통신

❶ LIN(Local Interconnect Network) 개요

① CAN 통신 네트워크를 보완하기 위해 고안된 저가형 네트워킹의 표준으로, 주로 차량 내 Body 네트워크의 CAN 통신과 함께 시스템 분산화를 위하여 사용된다.

② CAN의 고대역폭과 다기능이 필요하지 않은 센서 및 액추에이터와 같은 간단한 기능의 ECU를 제어하는 데 사용된다.

③ LIN 통신은 일반적으로 CAN 통신과 함께 사용되며, CAN 통신에 비해 사용 범위가 제한적이다.

④ 응용 범위 : 에탁스 제어 기능, 배터리 센서, 후방 주차 보조장치, 와이퍼 제어, 세이프티 파워윈도우 제어, 리모컨 시동 제어, 도난 방지 기능, IMS 기능 등

⑤ 단방향/ 양방향 통신 모두 적용

⑥ Single wire 방식의 자동차 내 분산 시스템을 위한 저비용 통신 시스템이다.

⑦ 통신 속도 : 최대 **20 kbps**

⑧ **데이터 전송 방법 : Single Master / Multiple Slave** 개념 (중재가 불필요)

Master 노드	데이터를 요청하거나 제어 명령을 전송

Slave 노드	마스터 노드로부터의 데이터 요청에 상응하는 데이터를 수집하여 응답하거나 마스터 노드로부터 수신된 제어 명령에 상응하는 동작을 수행

→ CAN 통신의 경우 각 모듈들은 동등한 입장에서 서로 정보를 주고 받지만, LIN 통신은 하나의 Master(주인) 모듈이 여러 명의 Slave(노예) 모듈와 연결되어 정보를 주고 받는다. 주인은 원하는 노예들에게 그들이 가진 정보를 요구하고, 한 명 이상의 노예들은 주인에게 정보를 제공한다.

→ 참고) K-line 통신도 동일한 구조이지만, 대신 진단장비가 Master 노릇을 한다. 대신 1명의 노예(모듈)에게만 명령을 내리는 차이가 있다. 즉, 1명의 노예에게 정보를 요구하면 그 노예는 주인에게 정보를 제공하므로써 진단 정보를 알 수 있도록 한다.

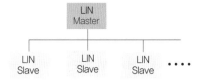

⬆ Single Master / Multiple Slave

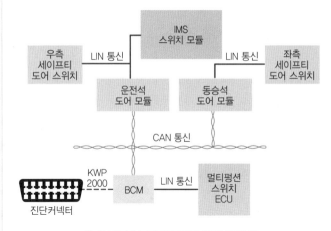

⬆ CAN, LIN, KWP2000의 통신 연결 예

⬆ CAN-LIN 통신 게이트웨이

2 LIN 파형 및 Data 프레임

LIN 데이터 프레임은 '동기화 차단 > 동기화 > 식별자 > 데이터 > 체크섬 순'으로 구성된다.

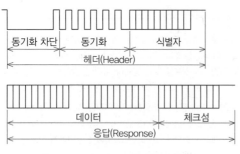

⬆ LIN 프로토콜의 구조(헤더-응답)

① 동기화 차단 : 새로운 프레임의 시작을 알리며, 13 bit의 우성 신호를 출력
② 동기화 : Slave의 동기화를 유도
③ 식별자 : 보내는 데이터의 ID를 지정
④ 데이터 : 제어기가 주고받는 실제 데이터이며, 데이터의 양에 따라 길이가 달라짐
⑤ 체크섬(checksum) : 데이터의 정확성을 체크하기 위해 중복 검사를 통해 데이터를 계산하여 오류(에러) 여부를 검사한다.

자동차용 통신의 비교

구분	통신구조	통신라인	통신속도	기준전압	적용범위
K-line	Master & Slave	1선	4kb/s (저속)	12V	이모빌라이저 인증
KWP 2000			10.4kb/s (저속)		진단장비 통신
LIN			20kb/s (저속)		편의장치 일부 주차보조장치
B-CAN (저속 CAN)	Multi Master	2선	100 Kbit/s ~ 125 Kbit/s	5V	바디전장 멀티미디어
C-CAN (고속 CAN)			500 Kbit/s ~ 1 Mbit/s	2.5V	파워트레인 섀시제어기
MOST	순환구조	광케이블	25Mbit/s ~ 50Mbit/s		멀티미디어 통신 (고해상도 카메라 등)

MOST : **Media** Oriented System Transport
※ **통신속도 비교** : MOST > CAN > LIN > K-line

1 CAN(Controller Area Network) 개요

① 기계적 엔진 구동방식에서 점차 최적의 자동차 성능 개선을 위해 전자제어방식으로 발전하면서 각종 모듈(ECU)이 늘어나며 이러한 ECU 간의 연결(UART, 1:1통신, Point-To-Point방식)에 따른 배선 증가 및 비용 증가를 해결하기 위해 여러 모듈을 하나의 라인(BUS)에 병렬로 연결하는 차량용 프로토콜(표준 통신규약)이다. (인터넷의 TCP/IP와 같은 프로토콜과 유사)

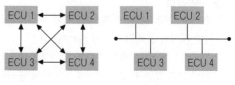

⬆ Point-To-Point 방식　　**⬆ CAN 방식**

② CAN은 **호스트 컴퓨터 없이** 마이크로컨트롤러나 장치들이 서로 통신하기 위해 설계된 표준 통신 규격을 의미하며, 일반적으로 ECU(모듈)끼리 통신하는 기술이다.
③ 최대 1Mbps(CAN 기준) 속도로 제어기 간 통신을 지원하며 모든 제어기가 통신 주체인, 다중 마스터(Multi Master)로 약속된 규칙에 따라 데이터를 전송한다.

2 CAN 통신의 특징

① 다중 마스터(Multi-Master) 통신 방식 : 하나의 라인(BUS)을 이용하여 여러가지 메시지가 송수신되는 방식으로, 어떤 노드이든 신호를 보내면 CAN BUS를 이용할 수 있다.
→ 모든 CAN의 구성 모듈은 정보 메시지 전송에 자유 권한이 있음
→ CAN 통신의 모듈들은 master-slave 개념이 아니다.
② 통신 중재 : 메시지가 동시에 전송될 경우 중재 규칙에 의해 순서가 정해짐
③ 간단한 구조 : CAN_High, CAN_Low의 Dual 와이어 접속 방식의 통신선으로 연결수 감소로 인한 배선 무게 감소
④ 고속 통신이 가능함, 잡음에 강함
⑤ 신뢰성·안정성 : 에러의 검출 및 처리 성능 우수
⑥ PLUG & PLAY 기능 : 구조상 버스라인에 각각의 모듈(ECU)들이 병렬로 연결된 방식이므로 모듈의 확장성이 좋다.
→ 다른 모듈에 상관없이 BUS에 모듈의 연결/분리가 용이함

▶ CAN 통신은 전송 방법 구분상 직렬이지만, 구조상 병렬이다.

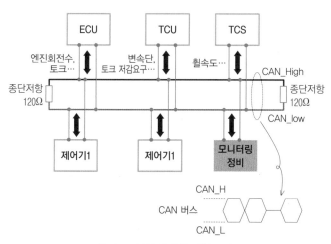

⬆ CAN 통신 라인의 기본 구조

❸ 고속 CAN과 저속 CAN

① 저속 CAN과 고속 CAN은 통신 원리는 동일하지만, 적용 특성에 따라 전압 레벨과 통신 라인 고장 시 현상이 다르다.

→ 고속 CAN은 통신 라인 중 하나의 선이라도 단선되면 두 선의 차동 전압을 알 수 없어 통신 불량이 발생하지만, 저속 CAN(M-CAN)은 통신 라인 중 하나의 선에 문제가 발생하더라도 통신이 가능하다. (1선으로)

② **고속 CAN은 종단저항이 필요하며, 저속 CAN은 종단저항이 필요없다.**

→ 대신 저속 CAN 네트워크는 모든 모듈마다 종단저항을 있어야 한다.

③ 파형 특징 : CAN 통신은 고속 통신을 위해(빠른 속도로 전압 변화를 만들기 위해) 1과 0의 변화 폭이 좁다. 따라서 이를 더욱 명확히 하기 위해 두 선의 전압 차이(1과 0)로 검출한다.

▶ **고속 CAN과 저속 CAN의 비교**

	고속 CAN	저속 CAN
ISO	ISO 11898	ISO 11519
Class 구분	Class C (Chassis-CAN)	Class B (Body-CAN)
최대전송속도	500 Kbps ~ 1 Mbps	100 Kbps ~ 125 Kbps
기준 전압	2.5V (1.5V~3.5V)	5V (0V~5V)
모듈 갯수	최대 30개	최대 20개
신호 갯수	약 500~800개	약 1200~2500개
메시지 갯수	약 30~50개	약 250~350개
열성/우성 구분	두 선의 전압차 • 전압차 있음 : 우성(0) • 전압차 없음 : 열성(1)	두 선의 전압차 • 전압차 클 때 : 열성(1) • 전압차 작을 때 : 우성(0)
종단저항 유무	있음	없음
응용 범위	• 실시간 제어에 응용 (파워트레인, 섀시) • HEV 또는 EV 차량의 컨트롤 시스템	바디전장 계통의 데이터 통신에 용용

▶ 데이터의 양이 적고 전송 속도가 느려도 되는 제어기(와이퍼, 도어록 등)에 고속 CAN에 적용하면 : **불필요한 비용 낭비를 초래**

▶ 엔진 및 변속기처럼 대용량의 데이터 전송이 필요한 환경에서 저속 CAN을 적용하면 : 데이터 **병목현상 발생**과 정확한 제어가 되지 않아 주행 안전 성능의 저하를 초래

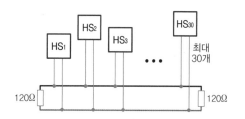

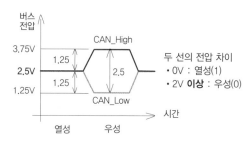

⬆ 고속 CAN 통신의 구조 및 전압레벨

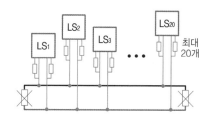

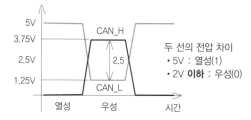

⬆ 저속 CAN 통신의 구조 및 전압레벨

chapter **03**

구분	특징
Class A	• 통신 : K-라인 통신, **LIN 통신** • 통신속도 : 10kbps 이하 • 접지를 기준으로 1개의 와이어링으로 통신선 구성 • 🔟 진단 통신, 바디전장(도어, 시트, 파워원도우) 등의 구동 신호 & 스위치 등의 입력 신호
Class B	• 통신 : J1850, 저속 CAN 통신 • 통신 속도 : 40kbps 내외 • Class A 보다 많은 정보의 전송이 필요한 경우에 사용 • 🔟 바디전장 모듈 간의 정보 교환, 클러스트 등
Class C	• 통신 : 고속 CAN 통신 • 통신 속도 : 최대 1 Mbps • 실시간으로 중대한 정보교환이 필요한 경우로서 1~ 10ms 간격으로 데이터 전송 주기가 필요한 경우에 사용 • 🔟 엔진, A/T, 섀시 계통 간의 정보 교환
Class D	• 통신 : MOST, IDB 1394 • 통신 속도 : 수십 Mbps • 수백~수천 bits의 불록 단위 데이터 전송이 필요한 경우 • 🔟 AV, CD, DVD 신호 등의 멀티미디어 통신

4 CAN 메시지 형식과 통신의 기본 원리

메시지 내부에는 명시적인 주소 정보는 포함되지 않는다. 대신 메시지의 내용 내부에 주소 정보를 포함해서, 상황에 따른 주소 처리를 하게 되어 있다. 따라서 메시지를 받은 노드는 스스로 메시지의 내용을 파악해서 자신이 처리해야 할 메시지인지를 결정하여 응답한다.

(1) Data 프레임의 구조

SOF (1비트)	ID (11byte)	DLC (6byte)	DATA 영역 (1byte씩 최대 64bit)	CRC (15bit)	ACK (2bit)	EOF (7bit)	IFS (3bit)

① SOF(Start of Frame) : BUS가 Idle 상태(통신 off상태)에 있을 때, 메시지를 보내는 시작을 알리는 신호(1비트의 우성 신호)가 전송되며, 이 신호를 기준으로 다른 제어기는 동기화된다.

② ID(Identifier, 식별자) : 동시에 다수의 제어기가 BUS에 신호를 보낼 경우 **우선순위를 결정**한다.

→ 메시지는 출발지와 목적지에 대한 주소정보가 없고, 단지 노드의 고유 식별자 ID만을 가진다.

→ ※ ID의 역할 : 메시지의 내용 식별, 메시지의 우선순위 부여, 중재

→ ※ ID가 낮을수록 우선순위가 높다.

③ DLC(Data Length Code) : 정보 데이터의 길이 표시

④ 데이터 영역 : 특정한 노드에서 다른 노드로 전송하는 데이터 포함하며 8Bytes까지 사용, 데이터를 저장(최대 64 bit)

⑤ CRC(체크섬) 영역 : 프레임의 송신 오류를 검출

⑥ ACK : 데이터를 정상으로 받았음을 알리는 신호로, 전송 노드는 ACK의 유무에 확인하고, 만약 ACK가 발견되지 않았다면 재전송을 시도한다.

⑦ EOF(End of Frame) : 프레임이 끝났음을 알리는 신호(7개의 열성 신호)

⑧ IFS : 하나의 프레임이 끝나고 다음 프레임을 준비하는 기간으로, 어떠한 신호도 전송될 수 없다.

(2) 통신의 기본 원리와 정보의 우선순위 중재

① CAN은 호스트 컴퓨터(Master ECU)가 없다 : BUS에 다른 노드(모듈, 제어기, ECU)의 통신이 없다면(비어있으면) 어떤 노드라도 언제든 메시지 전송이 가능하다. 만약 여러 노드가 동시에 메시지를 전송하려 해도 우선순위 ID에 따라 전송된다.

② CAN 버스에 메시지를 보낼 때 : 각 노드는 먼저 CAN Bus라인이 사용 중인지, 메시지 간에 발생하는 충돌을 확인하고, 만약 **충돌 시 최우선 순위를 가진 노드(가장 낮은 중재 ID)**가 자동적으로 버스에 액세스된다.

→ 큰 값을 가진 ID는 우선순위가 낮고(열성인 비트 1이 있기 때문), 작은 값을 가진 ID가 높은 우선순위를 가진다.

③ 각각의 노드(모듈)마다 고유의 ID(식별자, 구분자)가 존재하며, 모든 메시지의 앞에는 ID 필드가 있어 각 노드는 네트워크상에 있는 메시지를 수신한 후 자신이 필요로 하는 ID의 메시지만 받아들이고 그렇지 않은 경우 무시한다.

④ 낮은 우선순위의 메시지를 보낸 노드는 충돌을 감지하면 전송을 멈추고 정해진 시간(6비트 클럭)만큼 기다린 후에 재전송을 시도한다.

→ 충돌이 일어났을 때 메시지는 다른 노드에 의해서 훼손되지 않으며, 오류를 발생시키지도 않는다.

⑤ 높은 우선순위의 메시지는 전송이 종료될 때까지 방해 없이 전송을 완료한다.

▶ 참고) **우성과 열성** (Dominant & Recessive)

• 통신은 기본으로 2진법을 수행되며, 전압의 유무에 따라 열성 비트(recessive bit, '1'), 우성(dominant bit, '0')으로 구분되며, 신호가 주어지면 버스는 열성에서 우성으로 변경된다.

• 제어기에 전원이 인가되고 통신할 준비가 완료되면, 통신 라인에는 일정한 전압이 유지된다. 이 전압은 제어기 내부에서 인가한 풀업(Pull-Up) 전압이며, 전압의 변화를 감지하여 통신이 이루어진다.

• 일반적으로 통신 라인의 열성 상태는 제어기가 인가한 풀업 전압이 유지되었을 때를 말하고, 우성 상태는 풀업 전압을 특정 제어기가 접지시켜 0V로 전위가 변하는 상태를 말한다.

• 우성과 열성 상태가 동시에 존재할 경우 : 예를 들어 그림과 같이 (A) 제어기는 열성 출력, (B) 제어기는 우성 출력일 때, 열성 상태의 전압이 우성 상태의 접지로 흘러 출력은 우성 상태를 유지한다. 이하 우성 상태는(0)으로 열성 상태는(1)로 표시된다. (계속)

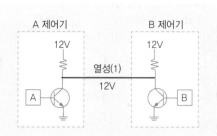

제어기의 A, B 모두 동작하지 않을 때 통신 라인 상태 : 열성

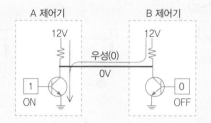

제어기 내부 a, b 한 부분이라도 동작할 때 통신 라인 상태 : 우성

※ 통신라인은 평상 시 열성상태인데 A 제어기 입장에서는 통신라인에 우성으로 변했으므로 충돌상태임을 감지하며, B 제어기의 전송이 끝나면 정해진 시간만큼(6 비트 클럭만큼) 기다린 후에 다시 전송을 시도한다.

기초 이해) 풀업 / 풀다운 방식

• 풀업 방식 : 스위치 OFF 상태일 때는 전압이 인가되며, 스위치가 ON 일 때 전압이 떨어져 1에서 0으로 바뀐다.
• 풀다운 방식 : 스위치 OFF 상태일 때는 전압이 인가되지 않으며, 스위치가 ON 일 때 전압의 대부분이 입력으로 인가되어 0에서 1로 바뀐다.

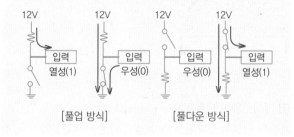

[풀업 방식]   [풀다운 방식]

5 CAN 통신의 모듈의 송수신 구조

① 각각의 모듈은 마이크로컴퓨터(MCU), CAN 컨트롤러, CAN 트랜스시버(transceive)가 데이터의 구성 및 전송(수신)을 담당한다.
② MCU에서 전송할 데이터를 CAN 컨트롤러로 보내면 규칙에 맞게 프레임을 만들어 CAN 트랜시버로 보낸다. 트랜시버는 프레임 내용을 전압(1과 0)으로 만들어 BUS로 전송한다. 수신 측 제어기의 변환은 송신의 반대로 이루어진다.

종단저항의 위치 : PCM(ECM),
SJB(SmartJunction Box) 또는 클러스터

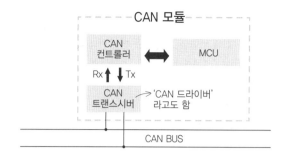

③ CAN 컨트롤러와 CAN 트랜스시버의 역할

구분	역할
CAN 컨트롤러	중앙처리 장치 역할의 Processor(MCU)의 명령을 받으며, 내부 버퍼를 가지며 Transceiver의 수신 메시지에 대해 ID 값을 기반으로 유효데이터인지를 판별하여 MCU로 전송한다. • 입력 메시지 필터링 : 수신하고자 하는 메시지만 받아들임 • 입력 메시지에 대하여 수신 확인 신호, 에러 신호, 지연 신호 등을 자동으로 전송 • CPU에 입력 메시지 전달, 버스 상태 전달, CAN 컨트롤러 상태 전달 • CPU로부터 전송할 메시지를 받아 버스에 송신 : 통신 중재를 스스로 수행
CAN 트랜스시버	MCU가 CAN Bus로 데이터를 송신하거나 수신하는 데이터를 전기적 신호로 변환

6 C-CAN 통신 배열

C-CAN의 주선은 **PCM에서 출발해 클러스터(계기판)에서 끝난다.** 이 과정에서 여러 개의 제어기(모듈)조인트 커넥터를 만나게 되고, 중간에 **제어기들이 병렬로 연결**되어 있다.

7 통신 와이어(Twisted Pair Wire) – 쌍꼬임 방식

① 점화장치나 발전기 등에서 발생하는 전자파로부터의 노이즈(Noise)를 최소화
② 전류 흐름에 의해 발생하는 자기장을 상쇄

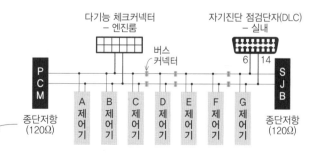

↟ 일반적인 CAN BUS 구성

8 종단저항

① 절단된 통신케이블에 고주파수 신호가 흐르면 절단면에서 반사된 신호에 의한 신호 간섭을 방지한다.

② CAN_High과 CAN_Low 라인 양 끝단에 120Ω 종단저항이 연결되어야 한다. (저항 측정 시 병렬연결인 2라인의 저항이 60Ω이 되어야 함)

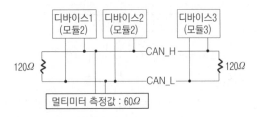

```
멀티미터 측정값 : 60Ω
```

(1) 상태에 따른 종단저항 측정값 – 주선(CAN BUS) 점검

① 정상 : **60Ω** (±10%)

② 차체에 단락 시(두 선 중 하나) : 60Ω

③ 단선 시(한 선, 두 선 모두) : 120Ω

④ High-Low 두 선이 단락 : 0Ω

> ▶ 실차에서의 저항값 측정
> CAN 파형 점검할 경우에는 IG On 상태에서 점검해야 하지만 **멀티미터를 이용해 저항 측정 시 배터리의 연결을 차단하거나 IG off 상태이어야** 한다.

(2) 종단저항의 설치 이유

① 종단저항은 **신호를 초기화**하는 역할을 한다.

→ 만약 A 제어기(모듈)가 신호를 보냈다면 버스라인은 A 제어기 신호가 흘러 다른 제어기에 전송된 후 초기화가 되어야 하는데, **종단저항이 없으면** 초기화되지 못하고 버스에 A 제어기 신호가 계속 흘러 다른 제어기는 A 신호를 계속 받아들여야 한다. 이로 인해 연속적인 톱니 형태의 파형을 출력됨

② **BUS에 일정한 전류를 흐르게 한다.**

③ **단선 상태에서 통신케이블의 절단면에 반사된 고주파 신호(반사파)를 저항에서 흡수하여 신호 간섭을 방지한다.**

(3) 종단저항이 없을 경우

하나의 통신 라인(high 또는 low)이 단선되어 **연속적인 톱날 형태의 파형을 bus에 출력**한다. 이때 bus에 정상적으로 전송되는 신호와 톱날 형태의 신호가 중첩되면, 전송되는 정상 데이터는 파괴되어 제어기는 데이터 오류로 판단될 수 있다. (**통신이 전혀 안 되는 것은 아님**)

→ 종단저항이 없으면 high 또는 low 두 라인이 단선되어, 통신에 필요한 전류가 흐르지 못해 올바른 전압 형태의 비트 파형이 전송되지 않는다.

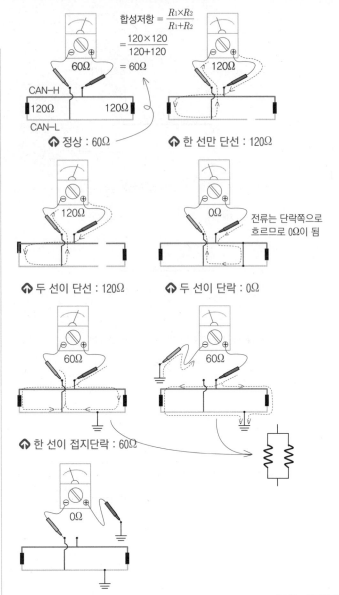

$$합성저항 = \frac{R_1 \times R_2}{R_1 + R_2}$$
$$= \frac{120 \times 120}{120 + 120}$$
$$= 60Ω$$

↑ 정상 : 60Ω

↑ 한 선만 단선 : 120Ω

↑ 두 선이 단선 : 120Ω

전류는 단락쪽으로 흐르므로 0Ω이 됨

↑ 두 선이 단락 : 0Ω

↑ 한 선이 접지단락 : 60Ω

9 게이트웨이 모듈(Gateway module)

자동차 네트워크 장치는 크게 엔진 관련 네트워크와 바디 전장, 섀시 관련 네트워크로 나눌 수 있다. 이들 네트워크는 각기 독립적으로 구성되어 서로 다른 CAN BUS, 즉 서로 다른 프로토콜을 가진다. 이 때 게이트웨이 모듈은 다른 네트워크의 제어기 정보를 필요로 할 경우 서로 다른 통신 프로토콜을 통역하는 역할을 한다.

> 네트워크 장치들이 서로 통신할 때 규정된 규칙

→ 예) TCU(자동변속기) 시스템의 제어를 위해 엔진 RPM 정보 등이 필요하지만, 이는 엔진 네트워크에 구성된 엔진 ECU가 감지하고 있으며, TCU가 연결되어 있는 CAN과 엔진 ECU가 연결되어 있는 CAN에서 사용되는 통신 프로토콜이 다르기 때문이다.

(1) 게이트웨이 모듈의 설치 목적

① 네트워크 간 서로 다른 통신 속도를 해결한다.

② 서로 다른 프로토콜을 중개한다.

③ 시스템 요구에 맞는 네트워크 구성 후 필요한 정보를 공유한다.

1 CAN 통신회로의 에러의 유형에 따른 고장 분석

유형	고장 분석
CAN Bus Off	• 메시지를 보냈지만 일정시간 동안 수신제어기가 수신받지 않았을 경우 Bus Off 상태로 판단하고 CAN Bus상에서 이탈할 때 발생 • 이후 정상 상태에서 진단 수행 시 과거 고장으로 Bus off를 표시(Bus Off 에러는 주로 과거 고장으로 나타남)
CAN Time Out	• A 제어기가 메시지를 전송했을 때 B, C … 등의 제어기로부터 수신 메시지를 받아야 하는데, 원하는 메시지를 수신받지 못할 때 A 제어기는 고장코드를 Time Out 에러를 검출시킨다. • CAN 버스 중 특정 제어기의 지선이 단선될 경우 Time Out 에러를 검출시킨다.
CAN 통신 불가	• 제어기와 진단 장비와의 CAN 통신이 불가능 • BUS OFF에서 정상화되면 과거 고장으로 표출

2 C-CAN의 주선 단선에 의한 통신 분석

다기능 체크커넥터에서 진단할 경우	주선은 단선된 부위를 기준으로 통신 가능한 그룹과 불가능한 그룹으로 나누어지므로, 커넥터에서 PCM까지의 제어기들은 다기능체크커넥터에서 진단할 경우 PCM의 종단저항을 통해 정상적인 메시지 송수신이 가능하다.
자기진단 점검단자에서 진단할 경우	마찬가지로, 단선 부위에서 클러스터까지의 제어기들은 자기진단 단자에서 진단 시 클러스터의 종단저항을 통해 정상적인 메시지 송수신이 가능하다.

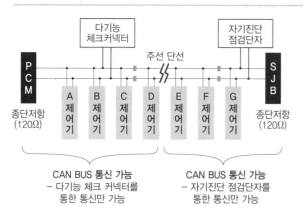

⬆ CAN BUS의 주선이 단선일 때

• 주선 : CAN 통신선
• 지선 : CAN 통신선에서 각 모듈로 분기되는 선

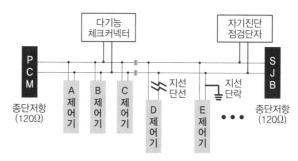

⬆ CAN BUS의 지선이 단선/단락일 때

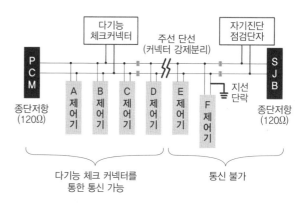

⬆ CAN BUS의 주선 단선 / 지선 단락일 때

3 지선의 단락/단선에 의한 통신 분석

하나의 제어기에 에러 발생 시 CAN BUS에 영향을 미치며, 전체 제어기의 통신이 불량해진다.

유형	고장 분석
지선 중 1선이 단선될 경우	• 해당 제어기의 중요도에 따라 CAN BUS 전체에 영향을 미치거나 해당 제어기만 CAN BUS에서 이탈
지선 중 2선이 단선될 경우	• 해당 제어기의 지선만 BUS에서 이탈되며 **CAN BUS에는 영향을 미치지 않음 – 정상 파형** → 즉, 해당 제어기를 제외한 다른 제어기는 정상통신이 가능
지선 단락 시	• 주선이나 지선에 관계없이 한 선이라도 단락되면 **CAN BUS 전체가 영향을 받아 통신 불가 상태**가 됨 → 만약 DATC(듀얼 전자동 에어컨)과 같이 BCM에 의해 제어되는 제어기는 KWP2000으로 통신가능하므로 CAN 라인이 OFF되어도 제어기와 진단기와 통신이 가능하다.

4 CAN 파형 검사

구분	설명
High 단선	• 정상 파형과 비정상 파형의 반복 • High 단선에 의해 Low 파형에 영향을 미침 • 진단장비와 통신 시도 중 메시지가 정상이면 통신 가능 • 진단장비와 통신 시도 중에 비정상 파형 발생시 통신 불가 정상　비정상
High 접지 단선	0V • High 파형 : 0V 유지(접지) • Low 파형 : 0.25V(High 단락 영향) • 데이터에 따라 간헐적으로 0V로 하강 0.25V ACK(Acknowledge) : 제어기 사이의 통신으로 0V로 하강함
High 전원 단락	13.9V 11.8V • High 파형 : 13.9V 유지 • Low 파형 : 종단저항에 의한 전압강하로 11.8V 유지
Low 단선	• 정상 파형과 비정상 파형이 반복 • Low 단선에 의해 High 회로에도 영향을 미침 • 진단장비와 통신 시도 중일 때 메시지가 정상이면 통신 가능(진단 통신 시도 중에 비정상 파형 발생시 통신 불가) 정상　비정상
Low 접지 단락	• High 파형 : 0.25V(Low 단락의 영향) • Low 파형 : 0V(접지) • 데이터에 따라 간헐적으로 전압이 상승 0.25V 0V
Low 전원 단락	14.2V 11.9V • Low 파형 : 14.2V 유지 • High 파형 : 종단저항에 의한 전압강하로 11.9V 유지
High라인과 Low라인의 단락	2.5V • Low/High 파형 : 모두 **2.5V 고정** (통신 불가) ※ **High/Low 파형이 위와 같이 동일하면 거의 단락(쇼트)가 원인**이다.

5 High Speed CAN 검사

(1) 주선 단선 시 진단

① C-CAN에서 주선이 단선된 경우 종단 저항을 이용해 단선 부위를 찾는다.

② 고장 유형 : 주선 1선 또는 2선 단선

③ 주요 현상 : 일부 시스템 통신 불가, DTC(진단코드) 점등

④ 진단 핵심포인트 : 종단저항 측정과 구간을 분리하여 단선 부위 추적

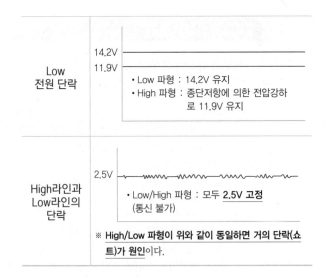

▶ **CAN 통신 계통도 분석 순서**

① **주선의 흐름 확인** : C-CAN의 주선은 ICU 정선블록(게이트웨이)에서 출발해 클러스터로 흐르며 붉은색으로 표시된다. 이 과정에서 여러 개의 조인트 커넥터를 만나게 되고, 중간마다 제어기들이 병렬로 연결되어 있다.

② **종단저항의 위치 확인** : 종단저항 부하가 걸리는 부품의 종류와 위치를 확인한다.

③ **조인트 커넥터와 제어기 확인** : 제어기들은 조인트 커넥터와 병렬로 연결되어 있으므로 조인트 커넥터의 위치를 확인한다.

(2) 지선 단선/단락 및 제어기 불량 시 진단

① 고장 유형 : C-CAN 지선 1선 또는 단락

② 주요 현상 : 일부/전체 시스템 통신 불가, DTC(진단코드) 점등

③ 진단 핵심포인트 : 파형 확인하면서 고장 부위 추적

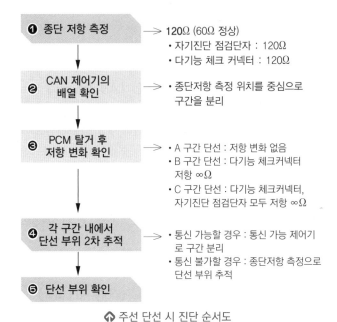

❶ 종단 저항 측정 → 120Ω (60Ω 정상)
- 자기진단 점검단자 : 120Ω
- 다기능 체크 커넥터 : 120Ω

❷ CAN 제어기의 배열 확인 → • 종단저항 측정 위치를 중심으로 구간을 분리

❸ PCM 탈거 후 저항 변화 확인 → • A 구간 단선 : 저항 변화 없음
- B 구간 단선 : 다기능 체크커넥터 저항 ∞Ω
- C 구간 단선 : 다기능 체크커넥터, 자기진단 점검단자 모두 저항 ∞Ω

❹ 각 구간 내에서 단선 부위 2차 추적 → • 통신 가능할 경우 : 통신 가능 제어기로 구간 분리
- 통신 불가할 경우 : 종단저항 측정으로 단선 부위 추적

❺ 단선 부위 확인

⬆ 주선 단선 시 진단 순서도

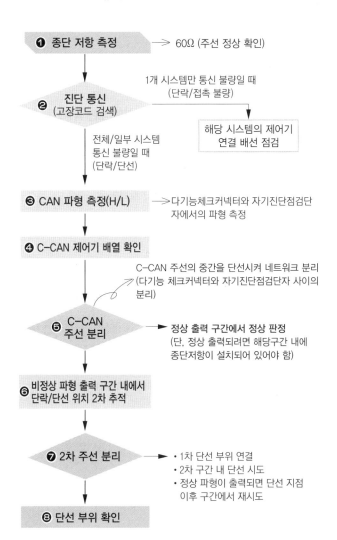

❶ 종단 저항 측정 → 60Ω (주선 정상 확인)

1개 시스템만 통신 불량일 때 (단락/접촉 불량)

❷ 진단 통신 (고장코드 검색)

해당 시스템의 제어기 연결 배선 점검

전체/일부 시스템 통신 불량일 때 (단락/단선)

❸ CAN 파형 측정(H/L) → 다기능체크커넥터와 자기진단점검단자에서의 파형 측정

❹ C-CAN 제어기 배열 확인

C-CAN 주선의 중간을 단선시켜 네트워크 분리 (다기능 체크커넥터와 자기진단점검단자 사이의 분리)

❺ C-CAN 주선 분리 → 정상 출력 구간에서 정상 판정 (단, 정상 출력되려면 해당구간 내에 종단저항이 설치되어 있어야 함)

❻ 비정상 파형 출력 구간 내에서 단락/단선 위치 2차 추적

❼ 2차 주선 분리 → • 1차 단선 부위 연결
- 2차 구간 내 단선 시도
- 정상 파형이 출력되면 단선 지점 이후 구간에서 재시도

❽ 단선 부위 확인

⬆ 지선 단선/단락 및 제어기 불량 시 진단 순서도

→ 학습모듈에는 언급이 없지만 최근에 사용하므로 대략적 개념만 체크해 둘 것

■ FlexRay 통신 개요

① FlexRay 프로토콜은 TDMA(Time Division Multiple Access : 시간 분할 다중접속) 방식에 따라 작동하며 각 ECU가 보내는 메시지들은 독립적인 액세스를 갖는 고정된 시간 슬롯(time slot, 시간 창)에 할당되어 반복적으로 작동된다.

② FlexRay 프로토콜은 각 ECU가 시간을 분할해서 사용하므로, 메시지가 버스상에 있는 시간을 정확히 예측할 수 있으며, 버스 접속이 확정적이다.

→ CAN 프로토콜은 각 ECU들은 버스가 idle 상태(비어있는 상태)가 되면 바로 데이터를 전송하게 되며, 충돌은 우선순위에 의해 방지된다. 보통 CAN 프로토콜은 각 ECU들이 시간을 할당하여 사용하지 않으므로, 메시지가 버스상에 있는 시간을 예측하기란 불가능하며, 버스 접속은 비확정적이다.

■ FlexRay 통신의 특징

① X-by-Wire를 위한 차량용 LAN 통신 : 차량의 고속 제어를 위한 통신 인프라를 제공한다. 타임 트리거(Time Trigger) 프로토콜로서 주기적으로 전송되는 데이터 전송방식을 제공한다.

→ X-By-Wire : 전기적 신호전달체계로 기계·유압식에 비해 빠른 응답성 및 실시간 제어가 가능하다(예 : 전자식 스로틀 제어장치(ETC))

② 최고 10Mbps의 고속 통신의 표준으로 신뢰성이 높다.

③ 고신뢰성 프로토콜 : 2개 채널을 이용하여 완전히 이중화된 네트워크의 구축이 가능하며, 하드웨어에 의한 스케줄 감시가 가능하다.

④ 멀티 마스터(multi-master) 제어이다.

⑤ TDMA(시간 분할 다중접속) / FTDMA(주파수/시간 분할 다중접속) 방식을 사용한다.

⑥ 유연한 네트워크 토폴로지 적용

→ 토폴로지(topology) : 네트워크의 배열이나 구성을 이미지화하여 표현 (버스형, 스타형, 하이브리드형, 원형 등)
└→ CAN 통신에 적용되는 토폴로지

▶ 참고) LAN(Local Area Network) 통신
- CAN통신은 주로 모듈간의 통신이라면, LAN은 CAN통신과 MUX통신, 시리얼 통신, LIN통신 등 총체적인 네트워크를 통해 확장된 네트워크로 중앙처리방식에서 분산처리방식의 데이터 통신이다.
- 다양한 통신장치와의 연결이 가능하고 확장 및 재배치가 용이하다.
- 배선의 경량화 : 각 모듈간에 LAN 통신선 사용
- 통신장치의 신뢰성 확보 : 사용 커넥터와 접속점을 감소
- 전장부품 설치장소 확보 용이 : 근접 ECU에서 입출력을 제어
- 설계변경의 대응이 용이함 : 기능 업그레이드를 소프트웨어로 처리
- 정비성능의 향상 : 진단 장비를 이용하여 자기진단, 센서 출력값 분석, 액추에이터 구동 및 테스트가 가능

chapter 03

※ 이 섹션에 대한 기출은 많지 않으므로, NCS 학습모듈 및 자동차 네트워크에 관한 참고도서 및 자료 위주로 학습하시기 바랍니다.

[참고]

1 자동차 통신 네트워크의 종류가 아닌 것은?

① LIN 통신
② ETACS 통신
③ LAN 통신
④ CAN 통신

> 대표적인 자동차 통신 네트워크의 종류 : LIN, CAN, FlexRay, MOST, LAN

[참고]

2 통신방식별 전송속도를 빠른 순서대로 나열한 것은?

① MOST > CAN > LIN > K-LINE
② FlexRay > MOST > CAN > LIN
③ CAN > MOST > LIN > K-LINE
④ FlexRay > CAN > MOST > LIN

> 통신방식별 전송속도
> • MOST : 25~150 Mbps
> • FlexRay : 10 Mbps
> • CAN : 고속(500kbps~1Mbps), 저속(125kbps)
> • LIN : 20 kbps
> • K-LINE : 4 kbps

[16-1]

3 자동차 CAN 통신 시스템의 특징이 아닌 것은?

① 양방향 통신이다.
② 모듈간의 통신이 가능하다.
③ 싱글 마스터(single master) 방식이다.
④ 데이터를 2개의 배선(CAN-HIGH, CAN-LOW)을 이용하여 전송한다.

> CAN 통신은 다중(multi) 마스터 방식이다.

[17-1, 13-3]

4 자동차용 컴퓨터 통신방식 중 CAN(controller area network) 통신에 대한 설명으로 틀린 것은?

① 일종의 자동차 전용 프로토콜이다.
② 전장회로의 이상상태를 컴퓨터를 통해 점검할 수 있다.
③ 차량용 통신으로 적합하나 배선수가 현저하게 많다.
④ 독일의 로버트 보쉬사가 국제특허를 취득한 컴퓨터 통신방식이다.

> CAN 통신은 ECU 간의 연결(1:1통신, Point-To-Point방식)에 따른 배선 증가 및 비용 증가를 해결하기 위해 여러 모듈을 하나의 버스라인에 병렬로 연결하는 차량용 프로토콜(표준 통신규약)이다.

[13-2, 19-2 변형]

5 자동차에 적용된 다중 통신장치인 LAN 통신(local area network)의 특징으로 틀린 것은?

① 다양한 통신장치와 연결이 가능하고 확장 및 재배치가 가능하다.
② LAN 통신을 함으로써 자동차용 배선이 무거워진다.
③ 사용 커넥터 및 접속점을 감소시킬 수 있어 통신장치의 신뢰성을 확보할 수 있다.
④ 기능 업그레이드를 소프트웨어로 처리함으로 설계변경의 대응이 쉽다.

[19-2]

6 LAN(Local Area Network) 통신장치의 특징이 아닌 것은?

① 전장부품의 설치장소 확보가 용이하다.
② 설계변경에 대하여 변경하기 어렵다.
③ 배선의 경량화가 가능하다.
④ 장치의 신뢰성 및 정비성을 향상시킬 수 있다.

[참고]

7 자동차용 네트워크 방식 중 CAN 통신에 대한 설명으로 틀린 것은?

① BUS가 비어있으면 어떤 노드라도 언제든 메시지 전송이 가능하다.
② 다중 마스터(Multi-Master) 통신 방식이다.
③ 비동기식 직렬방식이다.
④ 주로 진단 통신용으로 활용된다.

> ④는 KWP 2000 통신에 해당된다.

[참고]

8 일반적인 자동차 통신에서 고속 CAN 통신이 적용되는 부분은?

① 멀티미디어 장치
② 펄스폭 변조기
③ 차체 전장부품
④ 파워 트레인

[참고]

9 자동차의 ECM, ABS, TCM 등에 주로 사용하는 통신시스템은 무엇인가?

① LIN 통신
② P-CAN 통신
③ C-CAN 통신
④ B-CAN 통신

정답 ▶ 1 ② 2 ① 3 ③ 4 ③ 5 ② 6 ② 7 ④ 8 ④ 9 ③

[22-2]

10 다음 자동차 통신 시스템 중 약 500 bit/s (최대 1 Mbit/s), 기준전압이 약 2.5 V인 것은?

① K-Line
② 저속 CAN
③ 고속 CAN
④ LIN

[참고]

11 자동차의 네트워크 통신의 종류와 적용 범위의 연결로 틀린 것은?

① K-line – 이모빌라이저 인증
② LIN – 편의장치
③ C-CAN – 멀티미디어 통신
④ KWP 2000 – 진단장비 통신

C-CAN은 파워트레인(엔진+변속기) 제어통신에 주로 사용한다.

[참고]

12 통신의 종류를 직렬-병렬, 동기-비동기, 단방향-양방향으로 구분할 때 CAN 통신의 유형을 올바르게 나열한 것은?

① 직렬, 비동기, 양방향
② 직렬, 동기, 양방향
③ 병렬, 비동기, 단방향
④ 병렬, 동기, 양방향

• K-Line : 직렬, 비동기, 단방향
• CAN : 직렬, 비동기, 양방향

[참고]

13 CAN 통신 프로토콜에 대한 설명으로 틀린 것은?

① CAN 통신 프로토콜은 ISO의 개방형 시스템 상호연결 모델을 따른다.
② 통신 라인을 이용할 모듈(컨트롤러)가 충돌할 때 중재자 역할을 하며, 필요없는 데이터를 선별한다.
③ 하나의 모듈(컨트롤러)가 Master가 되어 다른 모듈(컨트롤러)가 slave가 된다.
④ 정지 상태(또는 "recessive")에서 CAN_H와 CAN_L은 2.5V를 기준전압으로 한다.

① : 7계층의 OSI 모델
③ : 각각의 모듈은 Priority (우선순위)는 존재하지만, Master가 될 수도 있고 Slave도 될 수 있다. 또한, 하나의 모듈이 보낸 데이터는 필요에 따라 그룹으로 여러 모듈이 공유할 수 있다.
④ : 정지 상태(또는 "recessive") 에서 CAN_H 와 CAN_L 은 2.5V에 놓인다. 이것은 디지털 "1"로 표시되며, 또한 "recessive" 비트로도 알려져 있다. 디지털 '0' 은 또한 "dominant" 비트로도 알려져 있으며, CAN_L 보다 큰 CAN_H에 의해 지시된다. 디지털 '0' 의 경우 CAN_H = 3.5V 그리고 CAN_L = 1.5V이다.

[참고]

14 자동차에 적용하고 있는 CAN 통신의 특성에 대한 설명으로 맞는 것은?

① 자동차 내 모든 장치들 간의 통신 속도는 동일하다.
② 각 ECU(Electronic Control Unit) 간에 서로의 정보를 송수신할 수 있는 양방향 통신 방법이다.
③ 2개의 배선으로 구성되어 있으며, 1개의 배선이 단선되면 통신이 불가능하다.
④ 보내고자 하는 신호를 몇 개의 회로로 나누어 동시에 전송함으로써 신속하게 신호를 보낼 수 있는 병렬 통신방법이다.

① 통신 속도는 통신 거리에 따라 달라진다.
③ 1선이 단선되어도 다른 1선으로 통신이 가능하다.
④ CAN 통신은 시리얼 통신 방식이다.

[참고]

15 차량통신을 비동기 통신과 동기 통신으로 구분할 때 다음 중 틀린 내용은?

① 비동기식은 통신 시 데이터의 전압의 저하나 노이즈 유입, 그 밖의 다른 문제로 인해 전송 도중에 연결이 방해 받아 비트(bit)의 추가나 손실이 발생할 수 있다.
② 동기 통신은 요청(Request)을 보낸 후 응답(Response)이 없으면 다음 메시지를 보내지 못한다.
③ CAN 통신은 주로 동기 통신을 사용한다.
④ 동기 통신은 블록 단위로 메시지를 전송한다.

CAN 통신은 구조상 병렬, 통신방식은 비동기 직렬 방식이다.
• 비동기 통신 : 요청을 보내고 응답을 받지 않아도 다른 메시지 전송 가능
• 동기 통신 : 요청, 응답을 하나의 블록으로, 요청을 보내고 응답이 없으면 다른 메시지 전송 불가

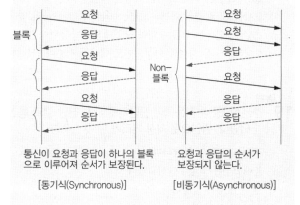

통신이 요청과 응답이 하나의 블록으로 이루어져 순서가 보장된다.
[동기식(Synchronous)]

요청과 응답의 순서가 보장되지 않는다.
[비동기식(Asynchronous)]

[참고]

16 HS-CAN 통신 네트워크에 대한 설명으로 틀린 것은?

① CAN_H와 CAN_L 선 사이의 단락되면 저항값은 0Ω이다.

② 네트워크 통신의 데이터 전송이 없을 때 CAN_H와 CAN_L의 DC 전압은 약 2.5V이다.

③ CAN 버스의 종단저항을 설치하는 목적은 임피던스를 다르게 하여 신호 반사를 방지한다.

④ 하나의 통신 라인(high 또는 low)이 단선되면, 종단 저항이 연결되지 않은 상태가 되어 연속적인 톱날 형태의 파형을 bus에 출력하게 된다.

> 종단저항을 설치하는 목적은 모든 장치의 임피던스를 같게 하여 신호반사를 제거한다.

[참고]

17 C-CAN에서 주선이 단선될 때 효율적인 점검을 위해 가장 먼저 점검해야 할 것은?

① 조인트 커넥터의 위치를 점검하여 구간을 분리한다.

② H_CAN, L_CAN 라인을 각각 구분하여 저항값을 측정한다.

③ 종단저항값을 측정한다.

④ CAN 파형을 측정한다.

> 주선의 단선이나 지선의 단선·단락 점검 시 가장 먼저 종단저항을 측정한다.(단선일 때 120Ω이 측정됨, 지선의 단선·단락 또는 제어기가 불량일 때는 60Ω이 측정된다)

[참고]

18 자동차 CAN 통신 시스템에 대한 설명으로 틀린 것은?

① CAN 통신을 위해 설치한 저항을 터미널 저항이라 한다.

② CAN BUS의 전압 레벨은 CAN-high와 CAN-low가 있다.

③ CAN 통신에는 등급에 따라 단일배선 적응능력이 있다.

④ CAN 통신 중 하나만 단선되어도 데이터 전송이 안된다.

[참고]

19 엔진경고등이 점등되어 진단기로 자기 진단 결과 통신 불량이 되었다. 원인으로 가장 거리가 먼 것은?

① 배터리 전압이 불량하다.

② K-라인 통신선이 단선되었다.

③ 엔진 ECU가 불량하다.

④ LIN-라인 통신선이 단선되었다.

> 자기 진단 통신은 주로 K-라인을 이용한다.

[17-2]

20 고속 CAN High, Low 두 단자를 자기진단 커넥터에서 측정 시 종단 저항값은? (단, CAN 시스템은 정상인 상태이다.)

① 60 Ω   ② 80 Ω

③ 100 Ω   ④ 120 Ω

> **CAN통신의 종단저항 커넥터에서 측정**(IG OFF 상태)
> • 60Ω : 정상 또는 차체에 단락
> • 0Ω : High, Low 라인의 단락
> • 120Ω : 단선(한 선 또는 두 선 모두)

[참고]

21 종단저항(120Ω)에 의한 CAN 버스라인 점검 시 CAN_High, CAN_Low 라인이 단락되었을 때 저항값은?

① 0 Ω   ② 60 Ω

③ 30 Ω   ④ 120 Ω

[19-2]

22 그림과 같이 캔(CAN) 통신회로가 접지 단락되었을 때 고장진단 커넥터에서 6번과 14번 단자의 저항을 측정하면 몇 Ω인가?

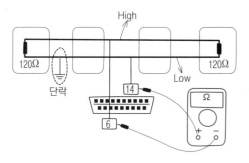

① 0   ② 60   ③ 100   ④ 120

> 전원을 OFF하고 테스터기로 CAN_H(6번 단자), CAN_L(14번 단자) 라인 사이의 저항값은 60Ω일 때 정상으로 판단한다. 또한 전원 ON 후 High측 2.6V 이상, Low측은 2.2V 이상일 때 정상이다.
> ※ • 정상 시 : 60Ω
> • 단선 시(한 선, 두선 모두) : 120Ω
> • 차체 단락 시(두 선 중 하나) : 60Ω
> • High-Low 두 선이 단락 : 0Ω

[참고]

23 C-CAN 통신라인을 꼬는 이유로 가장 적합한 것은?

① 통신거리를 최소화한다.

② 전선의 전압강하를 최소화한다.

③ 모듈의 확장 및 제거의 용이성을 위해서이다.

④ 점화장치나 발전기 등에서 발생하는 전자파로부터 노이즈(Noise)를 최소화한다.

정답 16 ③ 17 ③ 18 ④ 19 ④ 20 ① 21 ① 22 ② 23 ④

24 CAN 통신라인에 종단 저항을 설치하는 목적이 <u>아닌</u> 것은?

① 원활한 통신을 위해 통신 속도를 증가시킨다.
② BUS에 전파되는 신호가 양 끝단에 부딪쳐 반사되는 신호(반사파)를 감소시킨다.
③ BUS에 일정한 전류를 흐르게 한다.
④ 노이즈를 제거하고 데이터 혼선을 방지한다.

[14-3]

25 기관과 파워트레인 시스템에서 네트워크 신호 라인의 점검에 대한 내용으로 <u>옳은</u> 것은?

① IG OFF 상태에서 CAN 라인의 저항을 측정한다.
② IG ON 상태에서 CAN 라인의 저항을 측정한다.
③ CAN 버스 라인의 저항은 240Ω이 나타나면 정상이다.
④ CAN 버스 라인의 저항은 0Ω이 나타나면 단선이다.

IG 전원을 OFF하고 테스터기로 CAN_H, CAN_L 라인 사이의 저항값은 60Ω일 때 정상으로 판단한다.

[참고]

26 다음 CAN 파형이 나타내는 것은?

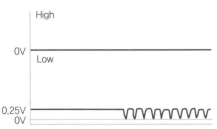

① CAN-High 접지 단락
② CAN-Low 접지 단락
③ CAN-Low 단선
④ CAN-Low 라인 간의 단락

CAN-High 접지 단락되면 High 파형은 0V 유지(접지)되고, Low 파형은 High 단락의 영향을 받아 0.25V를 유지되며, 제어기 사이에 통신이 있으면 데이터에 따라 간헐적으로 0V로 하강한다.

[참고]

27 CAN 프로토콜의 특성이 <u>아닌</u> 것은?

① 여러 개의 ECU를 병렬로 연결하여 데이터를 주고받는다.
② 직렬 통신 프로토콜이다.
③ 주소로 메시지의 내용과 우선순위가 결정된다.
④ 노이즈가 강하고 확장성이 우수하다.

주소가 아닌 ID(identifier)에 의해 메시지의 내용과 우선순위가 결정된다.

[참고]

28 CAN 통신의 메시지에 대한 설명으로 <u>틀린</u> 것은?

① 메시지에는 동시에 다수의 제어기가 BUS에 신호를 보낼 경우 우선순위를 결정하는 중재 영역이 있다.
② 메시지마다 식별자 ID가 있으며 우선순위를 결정한다.
③ 메시지의 우선순위가 낮을 경우 우선순위가 높은 메시지 전송이 마친 후 일정 시간 후 전송을 시도한다.
④ 메시지의 식별자 숫자가 클수록 우선순위가 높다.

메시지의 식별자 숫자가 낮을수록 우선순위가 높다.

[참고]

29 CAN 통신 메시지의 구조 중 동시에 다수의 제어기가 BUS에 신호를 보낼 경우 우선순위를 결정하는 역할을 하는 것은?

① SOF(Start of Frame)
② DLC(Data Length Code)
③ CRC(cyclic redundancy check)
④ ID(Identifier)

ID의 역할 : 메시지의 내용 식별, 메시지의 우선순위 부여, 중재

[참고]

30 자동차 네트워크에서 서로 다른 통신 방식을 사용하는 네트워크를 연결해 주는 중개 역할을 하는 장치는?

① CAN 모듈
② 게이트웨이 모듈
③ 통신 모듈
④ LIN 모듈

차량에는 시스템에 따라 구분된 여러 CAN 버스가 존재하며, 각 버스마다 적절한 ECU가 물려있다. 그러나 서로 다른 Network상에서 데이터를 주고받기 위해서 중간에 Gateway 모듈이 존재하여, 필요한 데이터를 포워딩 해주는 역할을 수행한다.

[참고]

31 CAN 통신의 게이트웨이 모듈에 대한 설명으로 가장 <u>거리가 먼</u> 것은?

① 서로 다른 프로토콜의 중개 역할을 한다.
② C-CAN의 원활한 통신을 위한 사용된다.
③ 서로 다른 통신 방식을 사용하는 네트워크를 연결해주는 중개 역할을 한다.
④ 시스템 요구에 맞는 네트워크 구성 후 필요한 정보를 공유한다.

게이트웨이 모듈의 설치 목적
• 네트워크 간 서로 다른 통신 속도를 해결한다.
• 서로 다른 프로토콜을 중개한다.
• 시스템 요구에 맞는 네트워크 구성 후 필요한 정보를 공유한다.

정답 24 ① 25 ① 26 ① 27 ③ 28 ④ 29 ④ 30 ② 31 ②

chapter **03**

32 CAN 모듈의 송수신 구조 중 CAN 컨트롤러의 역할이 아닌 것은?

① MCU가 CAN Bus로 데이터를 송신하거나 수신하는 데이터를 전기적 신호로 변환한다.
② CPU에 입력 메시지, 버스 상태, CAN 컨트롤러 상태를 전달한다.
③ 해당 모듈에 수신하고자 하는 메시지만 받아들인다.
④ CPU로부터 전송할 메시지를 받아 버스에 송신한다.

①은 CAN 트랜시버의 역할이다.
※ CAN 컨트롤러의 역할
• 식별자(ID)를 비교하여 메시지 내용을 분석하고 우선순위를 결정한다.
• 데이터 영역의 데이터를 기억하여 데이터 분석을 위해 마이크로컨트롤러로 전송한다.
• 마이크로컨트롤러의 전송신호를 Tx를 통해 CAN 드라이버로 전송한다.

33 그림과 같이 CAN 통신회로에서 D 제어기의 2선 모두 단선되었을 때 CAN 버스라인에 대한 고장 분석으로 올바른 것은?

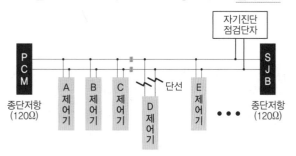

① CAN BUS 전체에 영향을 미친다.
② CAN BUS에는 영향을 미치지 않는다.
③ D제어기를 기준으로 PCM쪽만 통신 불능 상태이다.
④ D제어기를 기준으로 SJB쪽만 통신 불능 상태이다.

• 지선 중 1선이 단선 시 : 해당 제어기의 중요도에 따라 CAN BUS 전체에 영향을 미치거나 해당 제어기만 CAN BUS에서 이탈
• 지선 중 2선이 단선 시 : 해당 제어기만 BUS에서 이탈되며 CAN BUS에는 영향을 미치지 않음
• 지선 단락 시 : 주선이나 지선에 관계없이 한 선이라도 단락되면 CAN BUS 전체가 영향을 받아 통신 불가 상태가 됨

34 LIN 통신에 대한 설명으로 거리가 먼 것은?

① 엔진, 변속기의 제어 통신에 주로 사용한다.
② CAN 기반으로 차량의 BCM 모듈의 말단부 시스템의 분산을 위해 사용하는 차량 내부 통신 프로토콜이다.
③ 일반적으로 하나의 마스터(master) 노드에 여러 개의 슬레이브(slave) 노드로 구성된다.

④ 마스터를 제외한 노드는 다른 슬레이브를 추가하거나 제거해도 영향을 받지 않는다.

LIN 통신은 BCM 모듈에 의한 바디계통장치(전동 도어미러, 파워 윈도, 와이퍼, 백미러, 전동시트 집중 도어록 등) 및 후방추돌방지 보조장치, 탑승자 확인 등에 주로 사용된다.

35 LIN 통신에 대한 설명으로 거리가 먼 것은?

① 직렬 통신 프로토콜이다.
② 일반적으로 LIN 라인 단독으로 사용된다.
③ 자동차 내 분산 시스템을 위한 저비용 통신 시스템이다.
④ 하나의 Master node와 여러 개의 Slave node로 구성된다.

일반적으로 LIN 통신은 CAN 프로토콜과 함께 사용되며, LIN-CAN 게이트웨이를 통해 서브(sub) 시스템이 CAN 네트워크에 연결된다.

36 전동식 동력조향장치의 자기진단이 안 될 경우 점검사항으로 틀린 것은?

① CAN 통신 파형 점검
② 컨트롤유닛 측 배터리 전원 측정
③ 컨트롤유닛 측 배터리 접지 여부 점검
④ KEY ON 상태에서 CAN 종단저항 측정

전기전자 장비의 저항은 멀티미터 내의 건전지 전원을 이용하여 측정하므로 KEY OFF 또는 전원 차단 상태에서 측정한다. KEY ON 상태에서 CAN 버스에 약 2.5V가 흐르므로 종단저항 측정 시 고장날 수 있다.
이 문제의 핵심은 저항 측정 시 측정대상의 전원을 차단시켜야 한다.

37 CAN의 데이터 링크 및 물리 하위 계층에서 CAN의 구현의 연결이 잘못된 것은?

① 논리 링크 제어 계층 - CAN 컨트롤러
② 매체 접근 제어 계층 - CAN 컨트롤러
③ 물리 부호화 하위 계층 - CAN 컨트롤러
④ 물리 매체 의존 계층 - CAN 수신기

OSI 계층	하위 계층	CAN 구현
링크계층	논리 링크 제어 (LLC)	CAN 제어기
	매체 접근 제어 (MAC)	
물리계층	물리 부호화 하위 계층 (PCS)	
	물리 매체 접근 (PMA)	CAN 수신기
	물리 매체 의존 (PMD)	와이어, 커넥터

38 C-CAN 통신회로에 단선이 발생했을 때 가장 먼저 진단해야 할 사항은?

① CAN 제어기의 배열 확인

② 단선 부위 확인

③ CAN 파형 측정

④ 종단 저항 측정

> CAN 통신회로의 점검 시 가장 먼저 주선의 종단 저항의 정상(60Ω)을 확인한 후 120Ω일 때 주선의 단선을 의심할 수 있으며, 만약 60Ω일 때 각 제어기의 지선 단선 부위를 체크한다.

[참고]

39 CAN 통신회로의 에러 중 CAN 버스 중 특정 제어기의 지선이 단선될 때 발생하는 유형은?

① CAN Bus Off

② CAN Time Out

③ CAN 통신 불가

④ CAN 통신 지연

> 특정 제어기의 단선으로 인해 해당 제어기로부터 수신 메시지를 받지 못할 경우 메시지를 보낸 제어기에서 Time Out 에러를 검출시킨다.

[22-1]

40 네트워크 통신장치(High Speed CAN)의 주선과 종단저항에 대한 설명으로 틀린 것은?

① 주선이 단선된 경우 120 Ω의 종단저항이 측정된다.

② 종단저항은 CAN BUS에 일정한 전류를 흐르게 하며, 반사파 없이 신호를 전송하는 중요한 역할을 한다.

③ 종단저항이 없으면 C-CAN에서는 CAN BUS OFF 상태가 되어 데이터 송수신이 불가능하게 된다.

④ C-CAN의 주선에 연결된 모든 시스템(제어기)들은 종단저항의 영향을 받는다.

> 종단저항이 없으면 데이터 송수신이 불가능한 것이 아니라 정상적인 파형이 출력되지 않기 때문에 통신 불량이 발생한다. 이 경우 반사파가 있는 삼각파형(톱날 형태 파형)으로 측정되며 파형이 왜곡된다.

[참고]

41 자동차에 사용되는 통신에서 프로토콜에 따른 기준전압으로 옳은 것은?

① K-line : 5V ② HS CAN(500kps) : 2.5V

③ LIN : 5V ④ KW2000 : 5V

> ① K-line : 12V ② HS CAN(500kps) : 2.5V
> ③ LIN : 12V ④ KW2000 : 12V

[22-1]

42 네트워크 회로 CAN통신에서 아래와 같이 A제어기와 B제어기 사이의 통신선이 단선되었을 때 자기진단 점검 단자에서 CAN통신 라인의 저항을 측정하였을 때 측정 저항은?

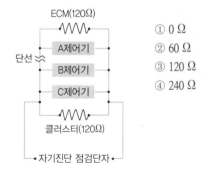

① 0 Ω

② 60 Ω

③ 120 Ω

④ 240 Ω

· 정상 시 : 60Ω
· 단선 시(한 선 또는 두 선 모두) : 120Ω
· 차체 단락 시(두 선 중 하나) : 60Ω
· High-Low 두 선이 단락 : 0Ω

[22-1]

43 HS CAN(500kbit/s) 통신 종단저항에 대한 설명으로 틀린 것은?

① HS CAN 통신 회로 내에 일정한 전류를 흐르게 한다.

② HS CAN 회로 내 한쪽 종단저항이 단선되면 BUS 내 모든 제어기가 통신 불가능하다.

③ HS CAN 회로 BUS에 전파되는 신호가 양 끝단에서 반사되는 신호를 감소시킨다.

④ HS CAN 통신 회로의 종단저항의 합은 60 Ω이다.

> 한쪽 종단저항이 단선되더라도 단선된 쪽의 종단저항이 설치된 부분(예: PCM 또는 실내정션박스)만 통신이 안되고, 다른 장치는 통신이 가능하다.
> ※ HS CAN : High Speed CAN

[참고]

44 CAN의 데이터링크 및 물리 하위계측에서 OSI 참조 계층이 아닌 것은? (KS R ISO 11898-1에 의한다)

① 표현 ② 물리

③ 신호 ④ 응용

> **OSI 참조 7계층**
> 아래로부터 물리 계층 → 데이터링크 계층 → 네트워크 계층 → 전송 계층 → 세션 계층 → 표현 계층 → 응용 계층
>
> ※ 자세한 내용은 옆 QR코드 참조

[참고]
45 네트워크 통신장치(High Speed CAN)의 주선과 종단저항에 대한 설명으로 <u>틀린 것</u>은?

① 주선이 단선된 경우 120Ω의 종단저항이 측정된다.

② 종단저항은 CAN BUS에 일정한 전류를 흐르게 하며, 반사파 없이 신호를 전송하는 중요한 역할을 한다.

③ C-CAN의 주선에 연결된 모든 시스템(제어기)들은 종단저항의 영향을 받는다.

④ 종단저항이 없으면 C-CAN에서는 BUS OFF 상태가 되어 데이터 송수신이 불가능하게 된다.

> 종단저항이 없으면 BUS OFF 상태가 되어 데이터 송수신이 불가능한 것이 아니라 통신이 정상적으로 수행되지 않는다. 삼각파형(톱날 형태)으로 측정되며, 파형이 왜곡된다.

[참고]
46 CAN 통신은 어떤 토폴로지(Toplogy)를 사용하는가?

① 복합(Complex) 토폴로지

② 링(Ring) 토폴로지

③ 버스(Bus) 토폴로지

④ 스타(Star) 토폴로지

> 토폴로지 : 모듈들의 물리적인 연결 방식을 말한다.
> ※ 토폴로지 종류 : 버스형, 스타형, 링형, 트리형, 메시형
> ※ CAN 통신은 트위스터 와이어에 모듈들이 병렬로 연결된 버스(라인)형이다.

[참고]
47 High speed CAN 파형분석 시 지선부위 점검 중 High-line이 전원에 단락되었을 때 측정파형의 현상으로 <u>옳은 것</u>은?

① Low 파형은 종단저항에 의한 전압강하로 11.8V 유지

② High 파형 0V 유지(접지)

③ 데이터에 따라 간헐적으로 0V로 하강

④ Low 신호도 High선 단락의 영향으로 0.25V 유지

[NCS 학습모듈] 285페이지 참조

[참고]
48 아래 조건에 해당하는 통신시스템은?

┌─────[보기]─────┐
• 통신속도 : 약 500 bit/s (최대 1 Mbit/s)
• 기준전압 : 약 2.5 V
└────────────────┘

① K-Line   ② 저속 CAN

③ 고속 CAN   ④ LIN

[참고]
49 다음은 C-CAN 파형이다. 이에 해당하는 상태는?

① 종단저항이 없음

② 정상

③ 접지 단락

④ CAN bus 단선

> 종단저항이 없을 경우 톱니 모양의 파형을 나타낸다.

[참고]
50 차량 네트워크 계통의 고장 검출 중 다음에 해당하는 것은?

┌─────────────[보기]─────────────┐
메시지를 보냈지만 아무도 수신하지 않아 스스로를 (　　　) 상태로 판단하는 경우이다. 이후에 정상인 상태에서 진단을 수행하면 과거의 고장으로 (　　　)를 띄우게 된다.
└───────────────────────────────┘

① CAN bus off

② CAN 메시지 off

③ CAN 통신 불가

④ CAN time out

> [NCS 학습모듈] 그림과 같이 ㉑ ECU에서 ❷ ECU와 ❸ ECU에 어떤 메시지(정보)를 보내려고 할 때 단선되었다고 가정하자.
>
> 그러면 ㉑ ECU에서는 메시지를 보냈지만 단선으로 인해 ❷, ❸ ECU에서 수신하지 않아 스스로 CAN bus off로 판단한다.
>
> 그런데 이 판단은 단선 상태가 아니라 정상적으로 결선한 후 자기진단 시 과거의 고장으로 CAN bus off를 띄우는 것이다. (즉, bus off DTC는 주로 과거의 고장을 의미한다.)
>
> ※ CAN time out : ❷, ❸ ECU가 ㉑ ECU에게 어떤 정보를 요청했는데, 정보를 받지 못할 때 나타나는 진단코드이다. (몇 번 메시지를 요청해도 일정 시간이 지날 때 이 진단코드가 나타난다.)
>
> ※ CAN 통신 불가 : 단락/단선으로 진단 장비와 각 제어기 간의 CAN 통신이 불가능한 경우

51 CAN 버스의 특징에 대한 설명으로 틀린 것은?

① 노드의 트랜시버에 의해 우성 수준이 형성되면 CAN-High, CAN-low 배선전압이 서로 반대방향으로 형성된다.

② CAN은 꼬여있는 트위스트 배선이나 차폐배선을 사용한다.

③ 저속 CAN 등급 B는 단일배선 적응 능력이 있어 하나의 배선이 단선되어도 통신이 가능하다.

④ 고속 CAN 등급 C는 단일배선 적응능력이 있어 하나의 배선이 단선되어도 통신이 가능하다.

> CAN 데이터 버스 등급 B와 등급 C로 구별되며, 최대 데이터 전송률은 등급 B에서 125 kBd, 등급 C에서 1 MBd 정도이다.
> 또한, CAN 데이터 버스 시스템은 2개의 배선을 이용하여 데이터를 전송한다. CAN 등급 B는 단일배선 적응능력이 있으나, CAN 등급 C는 단일배선 적응능력이 없다.
> ※ 단일 배선 적응능력(suitability against single line) : CAN 데이터 버스 시스템에서 배선 하나가 단선 또는 단락 되어도 나머지 1개의 배선이 통신능력을 유지하는 것을 말한다.

[참고]

52 자동차 네트워크 계통도(C-CAN) 와이어 결선 및 제어기 배열 과정에 대한 설명으로 틀린 것은?

① 제어기 위치와 배열 순서를 종합해 차량에서의 C-CAN와이어 결선을 완성한다.

② PCM(종단저항)에서 출발해 ECM(종단저항)까지 주선의 흐름을 완성한다.

③ 주선과 연결된 제어기를 조인트 커넥터 중심으로 표현한다.

④ 각 조인트 커넥터 및 연결 커넥터의 위치를 확인한 후 표시한다.

> C-CAN의 주선은 통상 PCM(ECM)에서 출발해 클러스터(계기판)로 끝난다. 주선은 하나의 선이 아니라 정비 및 점검 기준을 위해 중간에 여러 개의 조인트 커넥터가 설치되어 있다.

[참고]

53 [보기]의 ( ) 안에 들어갈 적합한 용어는?

> ────────[보기]────────
> C-CAN에서 주선이 아닌 지선, 즉 제어기로 연결되는 배선이 단선되거나 단락될 경우에는 크게 2가지 현상으로 나눌 수 있다. 첫째 ( ) 전체에 영향을 끼쳐 모든 시스템이 통신 불가 상태가 되는 경우이고, 다른 하나는 해당 시스템만 CAN BUS에서 이탈되는 경우이다.

① PCM

② CAN Line

③ LIN

④ MOST

> [NCS 학습모듈]
> • 지선 1선이 단선 : CAN bus 전체에 영향을 끼치기도 하고, 해당 시스템만 CAN bus에서 이탈되기도 한다.
> • 지선 중 2선(HIGH와 LOW) 모두 단선 : 해당 시스템만 CAN bus에서 이탈되므로 CAN bus에 영향을 주지 않는다.
> • 주선이나 지선에 관계없이 1선(high 또는 low)이라도 단락 : CAN bus 전체가 영향을 받아 모든 제어기가 통신 불가 상태가 된다.
> • 주선의 단선 : 모든 CAN bus가 통신 불가는 아니다. (1개의 종단 저항만 연결되어 있어도 통신이 가능)
>
> ※ 주선이 단선인 경우 통신이 가능한 제어기와 통신이 불가능한 제어기로 나눠진다. 즉 주선 내 하나의 종단저항만 있어도 제어기 간의 통신이 가능하다.
> ※ 단락의 경우에는 주선이든 지선이든 상관없이 CAN line 전체가 단락의 영향을 받기 때문에 모든 시스템이 통신 불가 상태가 될 수 있다.

[참고]

54 그림과 같이 C-CAN 네트워크의 Low 라인이 단선되었다. 다음 측정 중 틀린 것은? (단, 종단저항은 120Ω이다)

① 다기능 체크 커넥터에서 High-Low 측정 시 저항이 120Ω이다.

② 자기진단 커넥터에서 High-Low 측정 시 저항이 120Ω이다.

③ 다기능 체크 커넥터의 High와 자기진단 점검단자의 High의 측정 시 저항은 0Ω이다.

④ 다기능 체크 커넥터의 Low와 자기진단 점검단자의 Low의 측정 시 저항은 60Ω이다.

> ①,② 단선이 되었으므로 120Ω이다.(정상일 때 60Ω)
> ③ 다기능 체크 커넥터의 High와 자기진단 점검단자의 High 라인은 서로 연결되어 있어 전위차가 없으므로 0Ω이다.
> ④ 단선으로 인해 종단저항이 병렬 연결이 아닌 직렬 연결이 되었으므로 240Ω이 된다.

 네트워크 통신장치에 대한 좀더 다양한 문제는 교재의 실전 모의고사 및 에듀웨이 카페의 추가모의고사에서 확인하시기 바랍니다.

편의장치

↑ NCS 동영상

Main
Key
Point

[출제문항수 : 약 1~2문제] 시동버튼시스템, 편의장치 등 새롭게 추가된 부분도 있습니다. 각 장치의 특징 및 작동원리 외에 전기회로 측정에 대해서도 출제될 수 있습니다.

01 윈드실드 와이퍼(windshield wiper)

1 기본형

① 와이퍼 모터
- 복권식 : 전기자 코일과 계자 코일을 직병렬로 연결한 방식으로, 기동 토크가 크고 회전속도가 일정하다.
- 영구자석 소형직류식 : 3개의 브러시와 페라이트 자석을 이용한 것으로 구조가 간단하며, 에너지 소비가 적어 현재 대부분 사용된다.

② 접점부(캠 플레이트)
- 웜&웜기어 형태로 모터의 회전속도를 감속하여 회전한다. 접점부의 역할은 와이퍼 작동을 멈추거나 1회 작동 시 와이퍼가 중간 위치에서 멈추게 하지 않고, 파킹위치(시작위치)까지 돌아온 후 작동을 멈추게 한다.

③ 링크 기구(와이퍼 암) : 모터의 동력을 블레이드에 전달

④ 와이퍼 장치의 입력 모드 : High 스위치, Low 스위치, INT 스위치, 와셔 스위치

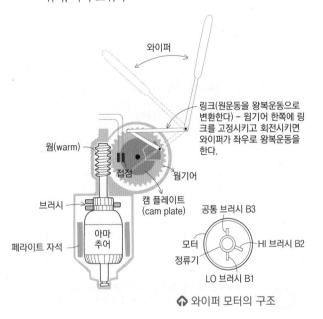

↑ 와이퍼 모터의 구조

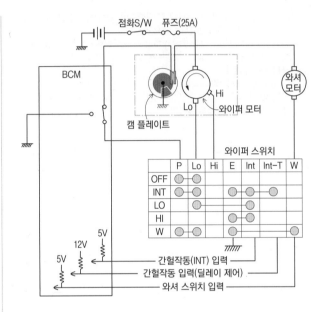

	P	Lo	Hi	E	Int	Int-T	W
OFF	◉	◉					
INT	◉			◉	◉	◉	
LO		◉	◉				
HI			◉	◉			
W	◉	◉			◉		◉

- 간헐작동(INT) 입력
- 간헐작동 입력(딜레이 제어)
- 와셔 스위치 입력

↑ 와이퍼 장치 회로의 개략적인 구조

2 레인센서 와이퍼(rain sensor wiper) 제어장치

(1) 개요

다기능 스위치를 'AUTO' 위치로 입력하면 와이퍼 모터 구동 제어를 앞창 유리의 상단에 설치된 레인 센서&유닛에서 강우량을 감지하여 운전자가 스위치를 조작하지 않고도 자동으로 와이퍼 속도를 제어하여 운전에 집중할 수 있도록 한다.

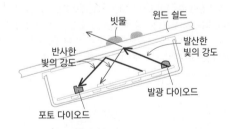

기본 개념) 발광 다이오드로부터 발산되는 빛이 윈드 쉴드의 표면에 반사가 되어 수광 다이오드(포토 다이오드)로 돌아온다. 이때 윈드 쉴드(윈드 스크린)의 물방울 갯수가 많을수록 빛(Beam)은 광학 분리되어 유리창 밖으로 나간다. 그러므로 수광 다이오드에 감지하는 빛의 양이 적어진다. 제어장치는 빛의 양에 반비례하여 속도를 증가시킨다.

(2) 레인센서의 구성

2개의 발광 다이오드와 2개의 수광 다이오드, 광학섬유(Optic fiber), 커플링 패드

(3) 레인 센서의 오작동 원인

① 측정 표면 및 모든 빛의 경로상 표면의 먼지
② 윈드 쉴드와 커플링 패드의 접착면의 기포
③ 진동에 의한 커플링 패드의 움직임
④ 손상된 와이퍼 블레이드

02 IMS(시트 메모리 유닛)

1 IMS(Integrated Memory System)의 개요

운전자마다 체형이나 운전습관 등이 다르므로 시트나 핸들의 위치(틸트 & 텔레스코픽), 사이드미러, 룸미러 등의 위치가 다르다. IMS는 한 대의 차량을 2명이 운전할 경우 개인별로 설정한 최적의 시트와 핸들의 위치를 포지션 센서에 의해 파워 시트 유닛(시트 및 틸트 & 텔레스코프 컨트롤 유닛)에 기억시켜 시트와 핸들의 위치가 변해도 IMS 스위치로 운전자가 설정한 위치에 복귀(재생 동작)되도록 하는 장치이다.

2 IMS의 입력

① <u>메모리 입력 조건 : 시동 ON, 변속기 P 위치</u>
② <u>안전상 주행 시 재생 동작은 금지되며, 재생 긴급 정지기능이 있다.</u>
③ 시트, 핸들, 미러 등의 위치를 조절한 후 SET 버튼을 누르면 부저가 1회 울린다. 그리고 **5초 이내**에 기억하고자 하는 설정 번호(1 또는 2)를 누르면 해당 번호로 기억된다. (만약 2를 선택하면 부저가 2회 울림)

   → 5초가 경과되면 다시 SET 버튼을 누르고 재시도한다.
④ <u>기억 셋팅 횟수 : 기억 셋팅은 몇 회라도 기억이 가능하다.</u>
⑤ 수동 작동 : 장치의 고장 및 통신 불량 등일 때 수동으로 위치 조정이 가능하다.

3 IMS 구성 부품 및 기능

① 운전석 파워 윈도우 모듈과 조수석 파워 윈도우 모듈, 파워 시트, 틸트 및 텔레스코프, PIC 유닛, 그리고 인터페이스 유니트 등은 CAN 통신을 하며 바디 컨트롤 모듈(BCM)과 다기능 스위치, 레인센서, 외부수신기, 오토라이트 기능들은 **LIN 통신**을 한다.
② 와이퍼, 열선, 파워윈도우, 램프 등의 제어를 하나의 회로로 중앙에서 제어하는 장치이다.
③ 에탁스는 ECU로 제어되며 디지털 신호로 작동된다.

4 승·하차 연동의 금지 또는 작동 정지 조건

① 변속기 레버가 P 포지션이 아닌 경우
② BCM으로부터 송신된 데이터 입력 속도가 Low(3k/m 이상)인 경우
③ 시트의 매뉴얼 SW의 조작이 있는 경우
④ 승하차 연동 동작 중 재생 명령을 수신하는 경우
⑤ IMS SW에서 송신된 데이터의 'AUTO_SET'가 승차 연동 해제의 값을 갖는 경우

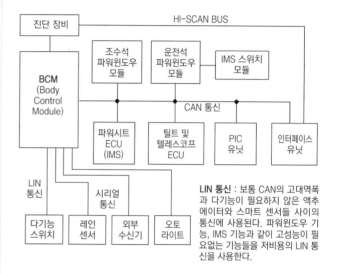

LIN 통신 : 보통 CAN의 고대역폭과 다기능이 필요하지 않은 액추에이터와 스마트 센서들 사이의 통신에 사용된다. 파워윈도우 기능, IMS 기능과 같이 고성능이 필요없는 기능들을 저비용의 LIN 통신을 사용한다.

03 이모빌라이저 시스템

1 개요

시동키의 기계적인 일치 뿐만 아니라 시동키 내의 암호정보와 차량 내의 스마트라가 무선으로 통신하여 암호코드가 일치할 경우에만 엔진 시동이 되도록 한 도난경보 시스템이다. 따라서 기계적으로 일치하는 복제키로 엔진시동이 불가능하다.

2 제어원리

시동키를 키 실린더에 삽입하고 IG ON → 엔진 컨트롤 유닛(ECU)는 스마트라에 시동키에 삽입된 트랜스폰더에 암호정보를 요구 → 스마트라는 안테나 코일을 구동(전류 공급)함과 동시에 안테나 코일을 통해 TF의 암호정보 요구 → 시동키의 암호정보를 스마트라에 무선으로 송신 → ECU에 전달 → 이미 등록된 정보와 비교 분석 후 일치되면 시동 허용

3 이모빌라이저의 주요 구성품

① 안테나 코일 : 키 실린더에 장착되며, 스마트라로부터 전원을 공급받아 트랜스폰더가 접근하면 트랜스폰더의 코일을 전기 유도작용을 통해 콘덴서를 충전시킨다. 동시에 키정보를 요구/수신받아 스마트라에 전달한다.

② 트랜스폰더 : 시동키 손잡이에 설치된 반도체 칩으로, 무선으로 에너지를 공급받아 충·방전한다. 트랜스폰더는 스마트라로부터 무선으로 정보 요구 신호를 받으면 자신이 가진 정보를 무선으로 내보낸다.

③ 스마트라(smartra) : 엔진 ECU에서 전달하는 데이터를 수신하여 안테나 코일를 거쳐 트랜스폰더로 무선데이터를 전달

④ 엔진 ECU : 시동키를 IG ON 시 스마트라를 통해 트랜스폰더의 정보를 수신받고, 수신된 정보를 이미 등록된 정보와 비교 분석하여 엔진 시동 여부를 결정 (점화장치 및 연료분사 허용)

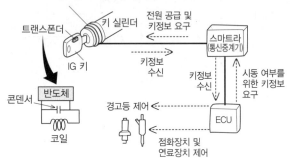

↟ 이모빌라이저 장치의 구성

04 스마트키 시스템

■ 스마트키(PIC, Personal IC card) 시스템 개요

① 기존의 키 방식과 달리 스마트키를 소지한 채 차량에 접근하면 차량에서 제한된 거리 내에서 인증 요청 신호를 송신하고, 스마트키의 수신부에서 정보를 받아 수신여부를 차량에 보내게 된다. 이때 운전자가 도어 핸들의 푸시버튼을 누름으로 도어가 열리는 방식이다. 또한, 시동 시에도 버튼누름 방식으로 스티어링휠 록을 해제하고 엔진의 시동을 할 수 있다.

② 스마트키 유닛은 LF 안테나를 통해 **LF신호를 송신**하고 스마트키가 차량에 접근하면 LF 전파를 받아 LF 신호의 고유 ID(pin code)를 검색한 후 RF 신호를 차량에 전송한다.(스마트키 입장에서 LF 전파는 수신용이고, RF 전파는 송신)

② 스마트키(버튼 시동) 시스템의 주요 구성

스마트키 유닛, 전원 공급 모듈(PDM), FOB 키 홀더, 외장 리시버(실내 안테나), 시동 정지 버튼(SSB), 스타터 릴레이, 전자식 스티어링 컬럼 록(ESCL), 엔진제어시스템(EMS) 등

(1) PIC 컨트롤 유닛(스마트키 유닛)

① 패시브 락/언락(passive lock/unlock), 패시브 인증 등 스마트키 시스템을 제어하는 마스터 역할을 한다.

② 차속, 운전석 도어 개폐 상태 및 시동버튼(SSB), 센서, 잠금 버튼, 변속 레버 위치 등 시동에 필요한 입력 신호를 받아 트랜스폰더의 키 인증, EMS와의 통신, ESCL의 전원 제어, BCM과의 통신, 이모빌라이저 시스템의 진단, 경보장치, 송수신 안테나 등을 제어한다.

- 전원이동 명령을 PDM으로 전송
- 패시브 록·언록 명령을 PDM으로 전송
- 시동 정지 버튼(SSB) 모니터링
- 이모빌라이저 통신 : EMS와 통신
- ESCL(Electronic Steering Column Lock)의 전원 제어
- 안테나 구동 및 스마트키 인증
- K-라인을 통해 고장진단 지원
- 경고 부저 및 클러스터에 메시지 표시 제어

(2) **전원 분배 모듈** (PDM : Power Distribution Module)

① 시동 관련 전원공급 릴레이 제어(전원상태를 ACC, IG1, IG2, 크랭킹, 엔진 작동으로 변경시켜주는 모듈)

② 시동 버튼 LED 및 조명 제어

③ 트랜스폰더 통신 기능(이모빌라이저 통신 데이터 확인·인증)

④ CAN 통신을 통해 다른 모듈과 통신

⑤ 속도 정보 모니터링(BCM 속도정보와 TCU 속도 중복 점검)

(3) ESCL(Electronic Steering Column Lock : 전자조향컬럼 잠금)
→ MSL(mechatronic steering lock) 시스템이라고도 함

① 차량 도난방지를 목적으로 시동이 OFF 되었을 때 조향장치의 컬럼에 잠금쇠를 걸 수 있도록 한 장치이다.

② **ESCL의 잠김 조건**
- 전원 OFF 상태
- 변속기 레버 P단
- 차량이 완전 정지 상태

③ 스마트키 유닛과 PDM에 의해 내장 모터를 제어하여 모터에 연결된 웜&웜기어를 작동시켜 잠금쇠를 조향 컬럼 홈에 밀어넣으면 lock된다.

④ ACC 또는 IGN이 ON 상태이면 ESCL에 전원을 공급하여 잠금을 해제시키고, 다시 OFF 상태일 때 전원을 반대로 공급하여 잠근다.

⑤ ESCL 결함으로 조향 컬럼의 잠금이 해제되지 않으면 시동이 걸리지 않도록 한다.

↟ ESCL 개념원리

> 참고) 기존 기계식 조향컬럼(조향축) 잠금장치는 자물쇠 작동원리와 같이 키의 회전으로 직접 잠금쇠를 돌려 잠금/해제를 한다. 시동키를 빼면 잠금쇠가 조향컬럼을 잠궈 도난 시 조향이 불가능하고, 시동키를 끼고 회전시키면 잠금쇠가 해제되도록 한다. 하지만 스마트키 방식의 경우 기계적 잠금이 불가능하므로 전자적 신호로 모터를 이용한다.

(4) 기타 구성품

도어 핸들	차량 외부의 스마트키 감지 (LF/RF 안테나 삽입)
스마트 키 (FOB키)	도어잠금/해제, 리모트 키리스 엔트리 및 이모빌라이저 기능
LF 안테나	도어핸들, 실내, 범퍼에 설치되어 스마트키 유닛에서 LF 안테나 구동기를 통해 전계를 형성하여 FOB키를 검색하여 FOB키 존재를 확인하면 도어를 개폐하며, 실내 탑승 후 엔진시동을 위해 FOB키를 검색한 후 인증코드와 일치하면 시동을 허용한다. → LF(low frequency) : 125khz 주파수
RF 안테나	FOB 키는 LF 안테나의 송신신호를 수신하면 RF 안테나를 통해 스마트키 유닛에 인증정보를 전송 → RF(Radio Frequency) : 433.92MHz 주파수
BCM	도어 잠금/해제 및 도난경보기능 제어

❸ 도어 언록(passive access / passive entry)

① PIC 스마트키는 외부 안테나로부터 **최소 0.7m에서 최대 1m까지의 범위** 안에서 도어핸들에 부착된 외부 안테나를 통해 송신된 스마트키 요구 신호를 수신하고 이를 해석한다.

② **스마트키의 언록 버튼을 누르거나 캐패시티브 센서가 부착된 도어핸들에 운전자가 접근하면** 운전자가 자동차에 탑승하기 위한 의도를 나타내며 이것은 시스템 트리거(system trigger) 신호로 인식된다.

③ PIC 스마트키를 지닌 운전자가 자동차에 접근하여 도어핸들을 터치하면 도어핸들 내에 있는 안테나는 유선을 통해 PIC 컨트롤 유닛으로 신호 전송 → PIC 컨트롤 유닛은 다시 도어핸들의 안테나를 구동하여 스마트키 확인요구 신호를 스마트키로 전송(무선) → 스마트키는 응답신호를 무선으로 RF 수신기로 데이터를 보냄 → 데이터를 받은 외부 수신기는 유선(시리얼 통신)으로 PIC 컨트롤 유닛으로 데이터를 보냄 → PIC 컨트롤 유닛은 자동차에 맞는 스마트키라고 인증 → PIC 컨트롤 유닛은 CAN 통신을 통해 언록 신호를 운전석 도어모듈과 BCM으로 보냄 → 운전석 도어모듈은 언록 릴레이를 작동시키고, BCM은 비상등 릴레이를 0.5초간 2회 작동시켜 도난경계를 해제시킨다.

→ 패시브 록 조건 : 변속레버 P단, 운전석 도어 닫힘 및 후드 포함 모든 도어 닫힘, 전원 OFF

→ 유효한 스마트 키가 차량의 외부에 검색되지 않으면 패시브 록 절차는 중단되고 다음의 도어 핸들 스위치 입력 시에 재시작된다.(차량 내부에 유효한 스마트 키 검색 시 스마트 키 실내 감지 경고 표출)

→ 패시브 록 신호 입력 시 스마트 키는 실내 2회 검색 후 실외 1회 검색 진행

패시브 엔트리 작동 범위 : 운전자가 스마트키를 소지한 상태에서 도어핸들 스위치를 눌러 록/언록을 할 수 있는 범위(약 0.7~1m)

❹ 도어 록(passive lock)

기본 절차는 도어 언록 동일한 방식이다.

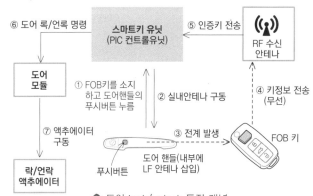

↥ 도어 lock/unlock 동작 개념

- 스마트 키 ECU : 버튼 입력 시 스마트 키 인증 및 PDM 전원 이동 요구
- 수신기 : 스마트 키 RF 데이터 수신
- 도어 핸들 : 도어 lock/unlock 버튼 내장, 스마트 키 실외 확인 유무 및 실외 안테나 내장
- 도어 모듈 : 도어 lock/unlock 액추에이터 구동
- FOB 키 : 스마트 키

❺ 트렁크 개폐 절차

① 트렁크 리드 스위치를 누르면 운전자는 자동차의 트렁크를 열기 위한 의도로 판단한다.

② 리드 스위치는 스마트키 유닛으로 신호를 보냄 → 신호를 받은 PIC 컨트롤 유닛은 다시 범퍼 안테나를 통해 스마트키 확인요구 신호를 전송(무선) → PIC 컨트롤 유닛은 응답신호를 무선으로 외부 수신기로 전송 → 데이터를 받은 외부 수신기는 응답이 맞으면 유선(시리얼 통신)을 통하여 PIC 컨트롤 유닛으로 데이터를 보내 인증확인 → PIC 컨트롤 유닛은 CAN 통신을 통해 트렁크 열림 신호를 BCM으로 전송 → BCM은 트렁크 리드 릴레이를 구동하여 트렁크를 연다.

③ 트렁크가 닫히면 PIC 컨트롤 유닛은 자동차 밖에 있는 스마트 키로 인하여 트렁크가 다시 열리는 것을 방지하기 위하여 범퍼 안테나에 작동중지 신호를 보낸다.

→ 만약 트렁크 내부에 스마트 키가 있다면 스마트키 유닛은 BCM으로 트렁크 리드를 구동하기 위한 열림 신호를 보낸다.

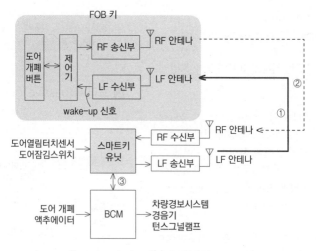

⬆ 스마트키 시스템의 동작 개념도

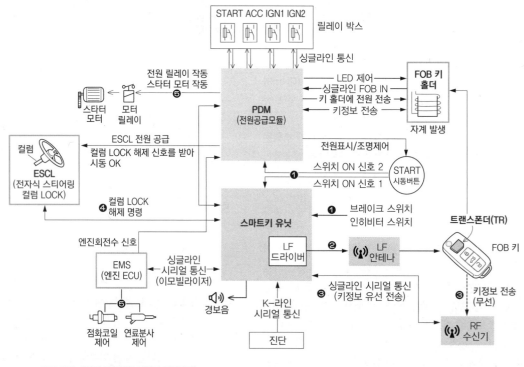

FOB 키가 실내에 없다면(소지하지 않았다면)
시동버튼을 눌러도 시동이 걸리지 않음

시동 원리) ❶ FOB 키를 소지하고 브레이크 페달을 밟고, 시동버튼을 누름 → ❷ 스마트키 유닛은 실내의 LF안테나를 통해 FOB키를 검색하여 FOB키의 트랜스폰더 정보(키 고유정보)를 찾음 → ❸ RF 수신안테나를 통해 키 정보가 스마트키 유닛에 전송 → ❹ 스마트키 유닛은 키 정보가 일치하면 ESCL 잠금 해제 명령을 송신하고, PCM에 전원공급명령(전원이동)을 보낸다. 이때 IG ON 시 EMS와 통신하여 시동 인증 OK 신호를 송신함 → ❺ 전원 릴레이, 엔진 ECU에 전원 공급 → 스타터 모터, 점화코일, 연료분사장치에 신호를 보내 시동이 걸림

림폼 시동 원리) 스마트키 배터리가 방지될 경우 FOB 키를 홀더에 삽입하거나 시동버튼에 가까이 대면 PDM은 홀더에 전원 공급 → 홀더는 안테나 자계 발생 → FOB 키의 트랜스폰더 정보를 수신받아 PDM에 전달 → PDM은 키정보를 스마트키 유닛에 전송 → ❹ 이하 나머지 과정은 위와 동일

⬆ 버튼 시동 시스템 개념도

- PDM : 전원 릴레이 구동 키홀더와 통신, 키 정보 인식
- 실내 안테나 : 스마트 키 실내 위치를 인식하기 위한 LF 안테나
- 엔진 ECU : 스마트키 유닛과 이모빌라이저 통신 후 시동 허용

6 사전 인증(Pre-Authentication)

① 도어 열림 시 3초마다 차량 실내 스마트 키 유무 검색한다.

② 차량 실내에서 스마트 키 발견했을 경우 3초간 인증 유지 후 재검색한다.

③ 도어가 닫혀 있을 경우 차량 실내를 검색한다. 차량 실내에 스마트 키 발견되었을 경우 30초가 인증 유지하고 이후 다시 실내를 찾지 않는다.

▶ **키 리마인더(reminder) 확인**
- ACC 또는 IGN 1 OFF 상태에서 하나 이상의 도어가 열려 있을 경우
- 차량 실내에 스마트 키가 위치해 있을 경우
- 차량의 문을 열림에서 잠금으로 시도할 때 차량 실내에 스마트 키의 유무를 탐색한다.
- 스마트 키가 차량 실내에서 감지되었을 경우 BCM은 도어 열림을 실행하여 문이 잠기는 것을 방지한다.

※ 키 리마인더 : 문이 열린 상태에서 실내에 스마트키가 있을 때 도어를 노브 스위치가 잠기는 것을 방지하기 위한 기능이다.

7 버튼 시동 시스템의 동작

① **시동 켜기** : FOB 키를 소지하고 탑승 → 변속레버는 P 위치에 놓고 브레이크 페달을 밟고 버튼을 누른다.

② **시동 인증** : 차량 실내에 스마트키 검색

인증 유지시간
- ACC IGN ON일 때 인증 정보가 없으면 검색 후 인증 유무 판단
- IGN ON 상태에서 인증되면 이후 계속 인증 유지(엔진 ECU에서 요청받을 경우)

③ **시동 끄기** : 차량정지상태(3km/h 미만) → 변속레버는 P 위치 → 브레이크 페달을 밟고 버튼을 누른다.

→ 변속레버를 N단으로 주차할 경우 P단에서 시동 OFF한 후, N단으로 변경해야 한다.

기계식 점화키　　　　　버튼식 점화키

④ 점화스위치 단자

LOCK (OFF)	도난 방지와 안전을 위해 조향 핸들을 잠금
ACC	시계, 라디오, 시거라이터 등으로 전원 공급(상시전원)
IG1	**점화코일, ECU, 계기판, 컨트롤 릴레이 등 시동에 관련있는 장치에 전원 공급**(→ 시동 시에도 전원 공급)
IG2	와이퍼 전동기, 전조등, 파워 윈도우, 에어컨 압축기, 히터 등에 배터리 전원 공급 → 전력소모가 크므로 원활한 시동을 위해 시동 시 전원 차단

START	엔진 크랭킹 시 배터리 전원을 기동전동기 솔레노이드 스위치로 공급해주며, 엔진 시동 후 전원이 차단된다.

버튼식 점화키의 LED 표시
- OFF　　: LED 소등(전원이 공급되지 않고, 조향휠이 잠김)
- ACC　　: 황색 LED 점등(일부 전기장치에 전원 공급)
- ON　　 : 적색 LED 점등(계기판 및 대부분의 전기장치에 전원 공급)
- START : 녹색 LED 점등되며, 이후 LED 등이 소등됨

⑤ **주행 중 강제 시동 끄는 방법 및 재시동**
- 비상상황에서 강제로 시동을 끄기 위한 방법이다.
- 주행 중 버튼을 2초 동안 길게 누르거나, 3초 이내에 버튼을 **연속 3번 이상** 누르면 시동이 꺼지면서 **ACC 상태**가 된다.
- 이후 <u>30초간 실내에서 FOB 키 유무에 상관없이</u> 재시동이 가능하며 속도가 있는 상태에서는 브레이크를 밟지 않고 버튼만 눌러도 시동이 가능하다.

8 비상 시동 : 키 홀더(holder) 및 코일 안테나

① **스마트키(FOB)의 배터리 방전 혹은 통신 장애 등 비상 시 키정보 인증이 안 될 경우** 홀더에 키를 삽입하고, 버튼을 누르면 전원 공급 및 시동이 가능하다.

② **작동 원리** : 홀더에 FOB의 삽입이 감지되면 PDM은 전원을 공급하여 홀더 내 **코일 안테나**를 구동하여 전계(자기장)를 발생시킨다. 이 때 무선으로 키 내부의 트랜스폰더에 전원이 공급되어 트랜스폰더의 키 인증정보를 스마트 키 유닛으로 전송하여 키정보가 일치하면 엔진 ECU로 시동허용 신호를 보낸다.

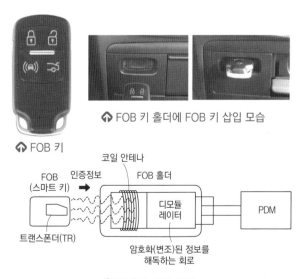

⬆ FOB 키 홀더에 FOB 키 삽입 모습

⬆ FOB 키

⬆ FOB 키 홀더 구조

05 ETACS(바디 컨트롤 모듈(BCM))

1 개요

와이퍼, 파워윈도우, 시트열선, 스마트 키, 램프 등 각 장치를 제어하는 ECU로 수많은 스위치 신호를 입력받아 시간 제어(TIME) 및 경보 제어(ALARM)에 관련된 기능을 출력 제어하는 장치이다.

> ▶ ETACS(에탁스)란
> 전자(Electronic) 시간(Time) 경보(Alarm) 제어(Control) 장치(System)란 의미로, 전기장치 중 시간에 의하여 동작하는 장치 혹은 경보를 발생시켜 운전자에게 알려주는 장치를 통합하는 시스템이다.

입력	제어	출력
• IG 스위치		• 와셔 연동 와이퍼
• 와셔 스위치		• 속도감응 와이퍼
• 와이퍼 INT 스위치		• 뒷유리 열선
• 열선 스위치		• 안전벨트 경고등
• 열선 릴레이 스위치		• 도어 열림 차임벨
• 안전벨트 스위치	E	• 집중 도어록 릴레이
• 도어 스위치	T	• 오토 도어록 릴레이
• 도어 로크 스위치	A	• 감광식 룸 램프
• 미등 스위치	C	• 트렁크 룸 램프
• 비상등 스위치	S	• 파워 윈도우 타이머
• 파워윈도우 스위치		• 점화 키 홀드 램프
• 트렁크 스위치		• 도난 경보기
• 키 삽입 스위치		• 주행 중 도어 록
• P 레인지 스위치		• 점화키 OFF 후 언록
• 핸들 록 스위치		• 도난경보 릴레이
• 차속 센서		
• 충돌 감지 센서		

2 상황별 제어

(1) 도어 록 제어(door lock)

① 오토 도어 록 : 차속센서의 입력을 받아 약 60km/h 이상일 때 자동으로 도어를 잠근다.

② 도어 록 상태에서 주행 중 충돌 시 에어백 ECU로부터 에어백 전개신호를 입력받아 모든 도어를 unlock시킨다.

③ 점화스위치를 OFF로 하면 모든 도어 중 하나라도 록 상태일 경우 전 도어를 언록(unlock)시킨다.

④ 모든 도어 스위치 : 각 도어 잠김 여부 감지

⑤ 중앙집중식 잠금 : 운전석에서 수동으로 도어를 열고 닫을 때 전체 도어의 록/언록을 제어

⑥ 크래시(crash) 도어 언록 : 차량 충돌 시 도어 잠금 해제

(2) 램프 제어

① 감광식 룸램프 : 어두운 환경에서 차량 주행 전후의 주차나 정차 시 도어를 개폐할 때 실내등이 즉시 소등되지 않고 서서히 소등될 수 있도록 한다.

② 점화키 홀램프 : 운전석 도어를 열고 닫을 때 이그니션 키 주변이 약 10초 정도 점등되어 어두운 곳에서 키 홀의 위치를 쉽게 찾을 수 있도록 함

③ 미등 자동 소등 : 미등램프를 점등시킨 채 도어를 잠그고 하차 시 발생하는 배터리 방전을 방지

④ 오토라이트 컨트롤 : 점등 스위치 조작없이 주위 밝기에 따라 조도센서로 감지하여 등화장치가 자동으로 점멸되도록 한다.

(3) 경고 제어

① 키 리마인드 스위치 : 시동키가 키 실린더에 꽂힌 채(ACC, LOCK 위치) 운전석 도어를 열면 경고음을 발생하여 알려줌

② 안전띠 경고 타이머 : IG 스위치를 ON하면 안전띠 경고등이 점멸

③ 시큐리티 인디게이터 : 차량 경계상태 표시기

④ 파킹 스타트 경고 : 주차 보조 경고 알람

⑤ 무선 도어 잠금 및 도난 경보 기능

⑥ 시트벨트 미착용 경고 : 시동 후 일정 시간 내 시트 벨트가 착용되지 않거나 탈거되면 경고등과 경고음은 일정 주기로 출력하며, 시트벨트를 착용하면 경고음은 즉시 멈춘다.

(4) 기타 제어

① 와셔 연동 와이퍼 : 와셔액를 분사하면 와이퍼가 동시에 작동

② 와이퍼 INT 스위치 : 운전자에 의한 INT 볼륨 위치에 따라 차속감응 와이퍼에 의한 속도 조절

③ 핸들 록 스위치 : 스티어링 컬럼에 부착되어 키가 삽입되지 않으면 핸들을 돌릴 수 없도록 핸들을 전자적으로 잠그는 도난 방지 장치

④ 파워 윈도우 타이머 : 윈도우가 열렸을 때 IG 키를 뺀(OFF) 경우 키를 다시 꽂지 않아도 일정시간 동안 파워윈도우 릴레이에 ON상태로 하여 윈도우를 닫을 수 있는 기능

⑤ 유리 열선

• IG 스위치 신호, 열선 스위치 신호에 의해 열선 릴레이를 ON하여 전류로 출력한다.

• 열선은 병렬회로로 연결되어 있다.

• 일정시간 작동 후 자동으로 OFF 된다.

⑥ BCM 고장 발생 시 고장 원인에 대한 자기진단 기능을 수행하며, 강제 구동 모드 설정으로 임의의 입력으로 출력을 검사할 수 있다.

06 계기장치

❶ 속도계(speedmeter)

① 속도계의 종류 : 자기식, 전자식(차속 센서 이용)

② 자기식 : 영구자석의 자력에 의해 유도판 간의 맴돌이 전류와 영구자석의 상호작용에 의해 계기지침이 움직여 속도를 측정

③ 전자식 : 변속기 출력부에 위치한 차속 센서(VSS)의 펄스 신호를 통해 속도를 표시

❷ 엔진회전계(타코미터, tacometer)

① 가솔린 기관용 : 크랭크 포지션 센서(CPS) 또는 점화코일의 ⊖ 단자의 펄스 신호(엔진 회전수에 비례)로 받아 엔진 회전계에 이용한다.

② 디젤 기관용 : 형식에 따라 펌프 내부의 플런저를 작동하는 캠이나 거버내 내의 기어에 검출기(픽업)을 설치하여 발생된 펄스(교류 전압)의 비례에 따라 표시

③ 종류 : 자석식, 발전기식, 펄스식(가동코일형 전류계형)

❸ 수온계, 유압계, 연료계의 방식

수온계 (냉각수 온도)	미터식	밸런싱 코일식, 서모스탯 바이메탈식, 바이메탈 저항식, 부든 튜브식
	경고등	바이메탈식(서모페라이트식)
유압계 (엔진오일 유압)	미터식	밸런싱 코일식, 바이메탈식, 부든 튜브식
	경고등	압력식 스위치(유압으로 작동되는 다이어프램과 접점으로 구성)
연료계	미터식	밸런싱 코일식, 서모스탯 바이메탈식, 바이메탈 저항식
	경고등	플로트식, 서미스터식

> **교차 코일식**
> • 바이메탈식에 비해 지침 범위가 넓고 주위 온도변화의 영향이 적으며 전압 레귤레이터가 필요하지 않음
> • 속도계, 엔진 회전계, 연료계, 수온계, 전압계 등에 사용

> **스텝 모터식**
> 빠른 응답성, 정확성 등의 장점으로 아날로그 미터의 장점과 디지털 미터의 장점을 살린 전자제어식 계기장치이다.

❹ 트립(Trip) 컴퓨터 시스템

연료 소비율, 평균속도, 주행거리 및 현재 남아 있는 연료로 주행할 수 있는 주행 가능거리 등 주행과 관련된 다양한 정보를 LCD 표시창을 통해 운전자에게 알려주는 차량 정보 시스템이다.

07 조명장치

❶ 조명 기초

① 광속 : 광원에서 나오는 빛의 양(빛의 다발) [lm, 루멘]

② 광도 : 광원에서 한 방향으로 나오는 빛의 세기 [cd, 칸델라]

③ 조도 : 광원에서 나온 빛이 한 면에 도달한 빛의 양(밝기) [Lux, 럭스]

$$조도(Lux) = \frac{cd}{r^2}$$

• cd : 광도
• r : 거리[m]

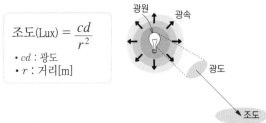

❷ 전조등

실드빔	• 반사경, 렌즈, 필라멘트가 **일체**인 방식 • 내부에 내부에 불활성 가스가 봉입
세미실드빔	• 렌즈와 반사경은 일체이며, 전구는 별도로 장착하는 방식 • 습기와 먼지에 의한 조명효율 감소
할로겐 전조등	• 필라멘트가 텅스텐으로 되어 수명을 연장 • **질소가스에 할로겐을 혼합한 불활성가스를 봉입**
가스 방전등	• 고전압 방전 헤드램프라고도 한다. • 제논 가스의 아크(ARC)를 이용한 방전등 • 기존의 전구에 비해 광도가 약 2배 • 색온도가 일정하며 발광색은 자연광색
기타	• HID : **필라멘트 없이** 전자가 형광물질과 부딪히며 빛을 발산, 밝고 선명하며 전력소비가 적음 • LED : 수명이 길고 효율이 좋으며, 에너지 소모량 감소

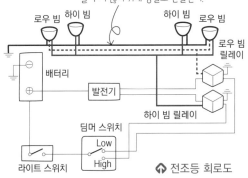

↑ 전조등 회로도

❸ 방향지시등

좌우 지시등 및 비상등을 위한 부품으로 열선식과 축전기식, 수은식, 바이메탈식 등이 있다.

❤️ 열선식 플래셔 유닛 작동원리

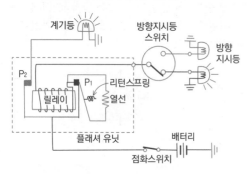

열선식 플래셔 유닛은 열선에 의한 신축작용 이용

방향지시등 스위치를 'ON' → 배터리 전류 → 열선 → 릴레이 코일 → 방향지시등 스위치 → 방향지시등으로 흐름(이 때 대부분의 전류가 열선에 소비되어 방향지시등이 점등되지 않음)

열선이 열에 의해 늘어나면 포인터 P_1은 닫혀 배터리 전류 → 포인터 P_1 → 릴레이 → 방향지시등 스위치 → 방향지시등 점등

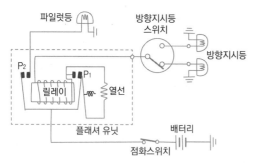

열선의 전류가 끊겨 열이 식음 → 리턴스프링에 의해 포인터가 다시 열려 소등 → 다시 위 과정을 반복하여 점등 - 소등(깜빡임)을 반복

> ▶ **점멸횟수가 너무 빠른 원인**
> • 좌우 램프의 용량이 다르다.
> • 램프의 단선 또는 접지 불량 - 전류 감소
> • 램프 용량에 맞지 않는 릴레이 사용
> • 플래셔 유닛과 지시등 사이의 단선
>
> ▶ **점멸횟수가 너무 느린 원인**
> • 램프의 정격용량이 규정보다 작다.
> • 축전지 용량이 작다.
> • 퓨즈 또는 배선의 접촉이 불량하다.
> • 플래셔 유닛의 결함이 있을 때

---

08 오토라이트 시스템

❶ 오토라이트(Autolight)의 개요

① 다기능 스위치를 AUTO 모드에서 두면 운전자가 별도로 점등 스위치를 조작하지 않아도 조도센서를 이용하여 주위 조도 변화에 따라 자동으로 미등 및 전조등을 ON시켜 주는 장치이다.

② 주행 중 터널 진출입 시, 주위 환경의 조도 변경 시에 작동한다.

❷ 오토라이트 구성 부품

① 조도 센서, 전조등·미등 램프, 점등스위치(AUTO 위치), BCM(Body Control Module)

② 조도 센서 : **광전도 소자(Cds)**를 사용하여 빛의 밝기를 감지한다. 광전도 소자는 빛이 밝으면 저항이 감소하고, 어두워지면 저항이 증가하는 특성을 갖고 있다.

열처리한 Cds
(황화카드뮴)

리드선

⬆ 광전도 소자

❸ 오토라이트 시스템 작동

① 조도센서의 반응 : 2.5 ± 0.2초 이후에 램프를 ON/OFF 한다.

② 오토라이트 센서값이 미등 ON 입력값일 경우 미등만 ON 하고, 전조등 ON 입력값일 경우 미등과 전조등 릴레이에 의해 전조등(하이) 제어가 가능하도록 전조등(하이) 릴레이를 ON 한다.

③ 전조등 스위치가 ON 시 전조등 출력을 ON 한다. 전조등 OFF 후 미등 스위치 입력 시 전조등 출력을 즉시 OFF 한다.

---

09 에어백 시스템

① 에어백 안의 충전가스는 인체에 무해한 질소(N_2)를 사용한다.

② 에어백은 1회성 소모품으로 한 번 사용 이후에는 신품으로 교체해야 한다.

③ **G 센서**(임팩트 센서)가 충돌 시 전기 신호로 검출하면 조향 휠 및 조수석 앞 인스트루먼트 패널의 인플레이터 단자에 통전되어 질소가스 발생제가 에어백을 전개시킨다.

> ▶ **가속도(G) 센서**
> 차에 가해지는 가속도를 검출하는 센서로 에어백, ABS, ESC(주행안정장치) 등에 이용한다.

④ 차량속도가 약 25km/h 이상일 때 좌우 30° 이내에서 충돌 시 작동되도록 한다.

⑤ 인플레이터(팽창기) : 에어백 가스 발생장치로 화약, 점화제, 가스발생제, 디퓨저 스크린(연소가스의 이물질 제거, 가스온도의 냉각, 가스음 저감) 등을 알루미늄 용기에 넣은 것

⑥ 콘덴서 : 충돌 시 전원 차단으로 인해 에어백 작동이 불가능할

경우를 대비하기 위해 설치

▶ 에어백 분리 시 에어백 팽창의 위험이 있으므로 전원을 분리하고 약 5
초 이상 기다린 후 분리한다.

⑦ **단락 바**(shorting bar) : ACU 탈거 시 경고등 점등 또는 에어백
점화를 방지하기 위해 에어백 점화 라인을 단락시켜 에어백
점화 회로가 구성되지 않도록 한다.

⑧ 에어백 컨트롤 유닛의 진단
  • 충돌감지 및 충돌량 계산 기능
  • 시스템 내의 구성부품 및 배선의 단선, 단락 진단
  • 에어백 장치에 이상이 있을 때 경고등 점등
  • 충돌 시 축전지 고장에 대비한 비상 전원 기능
  • 자기진단 기능

⑨ 승객유무 감지센서(PPD) : PPD 센서는 조수석 승객 탑승 유
무를 판단하여 ACU(airbag control unit)로 데이터를 송신하여
ACU는 승객 유무에 따라 에어백을 전개시킨다.

⑩ 벨트 프리텐셔너(pre-tensioner) : 충돌 시 느슨한 벨트를 당겨
주는 동시에 탑승자의 상체를 고정시켜준다.

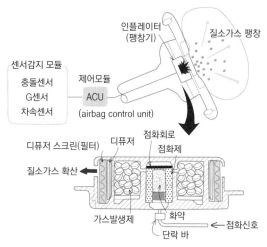

↥ 인플레이터의 구조

작동원리 충돌 → 감지 센서 충격 감지 → ACU는 차속센서, G센서, 충돌센서
등의 신호를 분석하여 에어백 모듈로 전기신호를 보냄 → 점화장치에 점화전
류가 흘러 화약을 연소 → 점화제 연소 → 그 열에 의하여 가스 발생제가 연소
→ 연소에 의해 발생한 질소가스가 디퓨저를 통해 확산 → 디퓨저 스크린을 통
과하여 에어백을 전개

▶ **에어백 점검 시 주의사항**
  • 에어백 모듈은 분해하지 않는다.
  • 단품 저항을 장시간 측정하면 테스터기의 전류가 에어백 인플레
    이터로 흘러 에어백이 전개될 수 있으므로 테스터기로 측정하지
    않는다.
  • 충돌 시 갑작스런 전원 차단이 발생하면 에어백 점화가 불가능해
    질 수 있으므로 이를 방지하기 위해 ECU 내부의 콘덴서에 5분 정
    도 저장한다. 그러므로 배터리 (-)단자 탈거 후 5분 정도 대기한 후
    점검해야 한다.

※ 이 섹션에 관련된 기출문제가 많지 않으므로 NCS 학습모듈 및 관련 참고도서 및 자료 위주로 학습하시기 바랍니다.

[참고]

1 레인센서 장치의 구성품이 아닌 것은?

① 발광 다이오드　　② 수광 다이오드
③ 트랜지스터　　　④ 광학섬유

> 레인센서의 구성 : 2개의 발광 다이오드와 2개의 수광 다이오드, 광학섬유(Optic fiber), 커플링 패드

[참고]

2 자동차의 레인센서 와이퍼 제어장치에 대해 설명 중 옳은 것은?

① 앞창 유리 상단의 강우량을 감지하여 운전자에게 자동으로 알려주는 센서이다.
② 자동차의 와셔액량을 감지하여 와이퍼가 작동 시 와셔액을 자동 조절하는 장치이다.
③ 앞창 유리 상단의 강우량을 감지하여 자동으로 와이퍼 속도를 제어하는 센서이다.
④ 온도에 따라서 와이퍼 조작 시 와이퍼 속도를 제어하는 장치이다.

> 레인센서 와이퍼(rain sensor wiper) 장치란 앞유리창의 강우량을 감지하여 자동으로 와이퍼 속도를 제어하는 시스템이다.

[참고]

3 윈드 실드 와이퍼의 주요 3요소가 아닌 것은?

① 와이퍼 전동기　　② 와이퍼 블레이드
③ 링크 기구　　　　④ 레인 센서

> **윈드 실드 와이퍼의 주요 3요소**
> → 와이퍼 전동기, 링크(연결) 기구, 와이퍼 블레이드

[20-1]

4 윈드 실드 와이퍼가 작동하지 않을 때 고장원인이 아닌 것은?

① 와이퍼 블레이드 노화
② 전동기 전기자 코일의 단선 또는 단락
③ 퓨즈 단선
④ 전동기 브러시 마모

> 와이퍼 작동 불량의 직접적인 요인은 모터, 스위치, 릴레이, 배선이다. 와이퍼 블레이드가 노화되어도 와이퍼는 작동하지만 와이퍼가 떨리고 와이핑(wiping)이 불완전하다.

[참고]

5 레인센서 장치의 오작동을 유발하는 간섭 영향에 대한 설명으로 틀린 것은?

① 윈드 쉴드와 커플링 패드의 접착면의 기포는 측정 신호를 약화시킨다.
② 진동에 의한 커플링 패드의 움직임은 레인 센서를 오작동시킨다.
③ 센서가 작동하는 유리창의 먼지는 레인센서의 오작동과 무관하다.
④ 손상된 와이퍼 블레이드는 레인 센서를 오작동시킬 수 있다.

> 레인센서는 유리창의 굴절 정도(발광 다이오드가 발산한 빛이 유리창을 투과하지 않고 반사하여 양)에 따라 강우량을 측정하므로 유리창의 먼지는 측정 신호를 약화시킨다.

[참고]

6 편의장치 중 중앙집중식 제어장치(ETACS 또는 ISU) 입·출력 요소에 대한 설명으로 틀린 것은?

① INT 스위치 : INT 볼륨 위치에 의한 와이퍼 속도 검출
② 모든 도어 스위치 : 각 도어 잠김 여부 검출
③ 키 리마인드 스위치 : 키 삽입 여부 검출
④ 와셔 스위치 : 열선 작동 여부 검출

[참고]

7 파워 윈도우 타이머 제어에 관한 설명으로 틀린 것은?

① IG 'ON'에서 파워윈도우 릴레이가 ON된다.
② IG 'OFF'에서 파워윈도우 릴레이를 일정시간 동안 ON한다.
③ 키를 뺐을 때 윈도우가 열려 있다면 다시 키를 꽂지 않아도 일정시간 이내 윈도우를 닫을 수 있는 기능이다.
④ IG 'ON' 상태에서 운전석 도어가 열리면 파워윈도우 릴레이 신호는 즉시 OFF한다.

> 파워 윈도우 타이머는 IG 'ON'에서 파워윈도우가 작동되고, IG 'OFF' 후에도 파워윈도우 릴레이를 약 30초 동안 ON하여 키를 다시 꽂지 않아도 윈도우를 다시 닫도록 하는 편의장치이다.
> ※ IG 'ON' 상태에서는 운전자 도어의 열림과 관계없이 릴레이는 ON된다.

정답 1 ③　2 ③　3 ④　4 ①　5 ③　6 ④　7 ④

[참고]

8 편의장치 중 BCM 제어장치의 입력 요소의 역할에 대한 설명 중 **틀린 것**은?

① 모든 도어 스위치 : 각 도어 잠김 여부 감지

② INT 스위치 : 와셔 작동 여부 감지

③ 핸들 록 스위치 : 키 삽입 여부 감지

④ 열선 스위치 : 열선 작동 여부 감지

INT 스위치는 와이퍼의 간헐모드 작동을 제어하고, 와셔 작동 여부 감지는 와셔 연동 와이퍼와 관련 있다.

[참고]

9 전압계로 리어 윈도우 열선의 단선 여부를 점검하려고 한다. 디포거 스위치를 ON시킨 후 그림에서 (+)터미널에 (+)검침봉을 붙이고 (−)검침봉을 열선 중간의 ㉮~㉰에 각각 붙일 경우 6V로 측정되는 것은? (단, 열선은 배터리 전원을 사용한다)

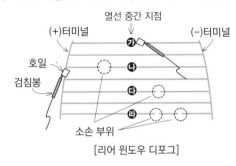

열선 중간 지점

(+)터미널   (−)터미널

㉮

호일

검침봉   ㉯

㉰

㉱

소손 부위

[리어 윈도우 디포그]

① ㉮   ② ㉯   ③ ㉰   ④ ㉱

디포거 스위치를 ON시킨 후 검침봉 끝에 호일을 감고 열선의 전압을 점검한다.
㉮ (+) 터미널과 열선 중앙 사이의 전압이 6V이면 정상
㉯ (+) 터미널과 열선 중앙 사이가 소손 되었을 때 12V 지시
㉰ ㉱ (−) 터미널과 열선 중앙 사이가 소손 되었을 때 0V 지시

[참고]

10 와이퍼 다기능 스위치 모드에 따른 와이퍼 제어에 대한 설명으로 **틀린 것**은?

① Low 입력 − Low 릴레이만 출력

② High 입력 − High 릴레이만 출력

③ INT 입력 − 시간 또는 차량 속도에 따라 출력

④ MIST 입력 − LOW 릴레이 출력을 스위치 OFF 될 때까지 계속 출력

High 입력 − Low 릴레이 및 High 릴레이 출력

[참고]

11 점화키 홀 조명 기능에 대한 설명 중 **틀린 것**은?

① 야간에 운전자에게 편의를 제공한다.

② 야간 주행시 사각지대를 없애준다.

③ 이그니션 키 주변에 일정시간 동안 램프가 점등된다.

④ 이그니션 키 홀을 쉽게 찾을 수 있도록 도와준다.

점화키 홀 조명 기능은 어두운 실내에서 점화키 홀 부분을 쉽게 찾을 수 있도록 홀 주변에 일정시간 동안 램프가 점등된다.

[참고]

12 편의 장치 중 운전석 도어를 열 때와 닫을 때 이그니션 키 주변이 약 10초 정도 점등되는 램프는?

① 점화 키 홀 램프   ② 포그 램프

③ 디포거 램프   ④ 미등 램프

[참고]

13 도어 록(door lock) 제어에 대한 설명으로 **옳은 것**은?

① 점화스위치 ON 상태에서만 도어를 unlock으로 제어한다.

② 점화스위치를 OFF로 하면 모든 도어 중 하나라도 록 상태일 경우 전 도어를 록(lock)시킨다.

③ 도어 록 상태에서 주행 중 충돌 시 에어백 ECU로부터 에어백 전개신호를 입력받아 모든 도어를 unlock시킨다.

④ 도어 unlock 상태에서 주행 중 차량 충돌 시 충돌센서로부터 충돌정보를 입력받아 승객의 안전을 위해 모든 도어를 잠김(lock)으로 한다.

① 차속감응 자동 도어 잠금장치 : 차량에 따라 차속센서에 의해 15~60km/h 이상일 때 도어를 자동으로 lock시킨다.
② 점화스위치를 OFF로 하면 모든 도어는 자동으로 언록(unlock)시킨다.
④ 충돌감지 자동 도어 잠금해제 장치 : 점화스위치 ON, 도어 lock 상태에서 충돌센서에 충격이 전달되면 도어 잠금 장치는 자동으로 해제시켜 탈출을 쉽게 한다.

[참고]

14 감광식 룸램프 제어에 대한 설명으로 **틀린 것**은?

① 도어를 연 후 닫을 때 실내등이 즉시 소등되지 않고 서서히 소등될 수 있도록 한다.

② 시동 및 출발 준비를 할 수 있도록 편의를 제공하는 기능이다.

③ 입력요소는 모든 도어 스위치이다.

④ 모든 신호는 엔진 ECU로 입력된다.

감광식 룸램프는 BCM에 의해 제어된다.

정답 8 ② 9 ① 10 ② 11 ② 12 ① 13 ③ 14 ④

chapter **03**

15 이모빌라이저 시스템에 대한 설명이 <u>아닌 것은</u>?

① 차량의 도난을 방지할 목적으로 적용되는 시스템이다.

② 도난 상황에서 시동이 걸리지 않도록 제어한다.

③ 도난 상황에서 시동키가 회전되지 않도록 제어한다.

④ 엔진의 시동은 반드시 차량에 등록된 키로만 시동이 가능하다.

> 이모빌라이저 시스템은 도난상황에서 시동키가 회전하지만 시동이 걸리지 않도록 한다.

[참고]

16 이모빌라이저 장치에서 엔진 시동을 제어하는 장치가 <u>아닌 것은</u>?

① 점화장치   ② 충전장치

③ 연료장치   ④ 시동장치

> 이모빌라이저의 시동 스위치를 켜면 시동장치 외에 점화장치, 연료장치가 제어된다.

[13-3]

17 버튼 엔진 시동 시스템에서 주행 중 엔진 정지 또는 시동 꺼짐에 대비하여 FOB 키가 없을 경우에도 시동을 허용하기 위한 인증 타이머가 있다. 이 인증 타이머의 시간은?

① 10초   ② 20초

③ 30초   ④ 40초

> - 주행 중에는 버튼을 2초 동안 길게 누르거나, 3초 이내에 버튼을 연속 3번 이상 누르면 시동이 꺼지면서 ACC 상태가 됨
> - 30초간은 실내 FOB키 유무 상관없이 재시동이 가능
> - 속도가 있는 상태에서는 브레이크를 밟지 않고 버튼만 눌러도 시동 가능

[참고]

18 전자조향컬럼 잠금(ESCL)의 잠금 조건이 <u>아닌 것은</u>?

① 전원 OFF 상태

② 변속기 레버가 P단일 때

③ 차량이 완전 정지 상태

④ 도어가 모두 닫힌 상태

> ESCL는 차량 도난방치를 목적으로 시동이 OFF되었을 때 조향장치의 컬럼을 자동으로 잠그는 장치이며, ESCL의 잠금 조건으로는 ①~③이다. 도어상태와는 무관하다.

[07-2]

19 도난방지차량에서 경계상태가 되기 위한 입력요소가 <u>아닌 것은</u>?

① 후드 스위치   ② 트렁크 스위치

③ 도어 스위치   ④ 차속 센서

[참고]

20 이모빌라이저 시스템에 대한 설명으로 <u>틀린 것은</u>?

① 자동차의 도난을 방지할 수 있다.

② 키 등록(이모빌라이저 등록)을 해야만 시동을 걸 수 있다.

③ 차량에 등록된 인증키가 아니어도 점화 및 연료 공급은 가능하다.

④ 차량에 입력된 암호와 트랜스폰더에 입력된 암호가 일치해야 한다.

> 이모빌라이저는 FOB키의 트랜스폰더와 차량의 스마트라 인증 암호가 일치될 때 점화장치 및 연료펌프에 전원을 공급하여 시동이 걸리게 된다.

[참고]

21 버튼 엔진 시동 시스템의 전원 공급 모듈(PDM: Power Distribution Module)의 기능에 대한 설명으로 <u>틀린 것은</u>?

① ACC, IGN1, IGN2를 위한 외장 릴레이를 작동하게 하는 단자 제어에 연관된 기능을 실행한다.

② FOB 홀더 및 SSB의 조명 LED에 전원을 공급한다.

③ LF(Low Freqency) 안테나를 구동한다.

④ FOB키의 암호코드가 일치되면 ESCL(Electronic Steering Column Lock)의 전원 공급을 제어한다.

> **PDM의 주요 기능** (출처 : NCS 학습모듈)
> - 단자 릴레이 제어
> - 센서 또는 ABS/VDC ECU로부터의 차속 모니터링
> - SSB LED(조명, 클램프 상태) 및 FOB 홀더 조명 제어
> - ESCL 전원 라인제어 및 ESCL 잠금 해제 상태 모니터링
> - 시리얼 인터페이스와 FOB 홀더를 통한 트랜스폰더의 정보 수신
> - 스마트키 유닛의 결함을 진단하기 위해 그리고 림프 홈 모드(LIMP HOME MODE)와 관련 변환하기 위해 시스템 지속 모니터링
> - 차속 정보 공급
> - 시동 정지 버튼(SSB) 스위치 입력 모니터링
> - 스타터 모터 전원 제어
> ※ 림프 홈 모드(LIMP HOME MODE) : 키 분실 또는 통신 데이터 불일치, 트랜스폰더 기능 불량 등으로 인해 고유암호를 입력하여 시동을 허용하는 기능

정답 ▶ **15** ③   **16** ②   **17** ③   **18** ④   **19** ④   **20** ③   **21** ③

[참고]
22 스마트 키 시스템이 적용된 차량의 동작 특징으로 틀린 것은? (단, 리모컨 Lock 작동 후이다)

① LF 안테나가 일시적으로 수신하는 대기모드로 진입한다.
② 스마트 키 ECU는 LF 안테나를 주기적으로 구동하여 스마트 키가 차량을 떠났는지 확인한다.
③ 일정기간 동안 스마트 키 없음이 인지되면 스마트 키 찾기를 중지한다.
④ 패시브 록 또는 리모컨 기능을 수행하여 경계 상태로 진입한다.

① 스마트키 유닛은 LF안테나 구동기를 작동하여 LF 안테나를 통해 스마트 키 검색을 위한 송신 신호를 보내는 역할을 한다.
② lock 상태에서는 스마트 키 ECU는 LF 안테나를 주기적으로 구동하여 스마트 키의 유무를 찾는다.
③ 모션 센서에 의해 일정기간 동안 스마트 키의 움직임이 없으면 LF 동작을 비활성화 시킨다.(다시 움직임이 감지되면 활성화시킴)
④ 스마트키가 차량 실내에 없으면 일정 시간 후 BCM을 통해 패시브 록(자동 도어 잠금)을 하거나 사용자가 lock 버튼을 누르면 경계 모드로 진입한다.

[참고]
23 버튼 엔진 시동 시스템에서 안테나 코일이 내장되어 있어 트랜스폰더에 전원을 공급하여 키 정보를 확인하는 역할을 하는 것은?

① 전원 공급 모듈(PDM : Power Distribution Module)
② FOB 키 홀더(holder)
③ 스마트 키 유닛
④ 외장 리시버

FOB 키 홀더의 기능
• FOB 키의 배터리 방전 혹은 통신 장애일 때, 홀더에 키를 삽입하면 정상 동작이 가능하다.
• FOB 키 홀더에 키를 삽입 후, 버튼을 누르면 전원 이동 및 시동이 가능하다.
• 키를 홀더에 삽입 시, 홀더 내 Base station에서 안테나 코일을 구동하여 전계를 발생시켜 키 내부에 있는 트랜스폰더에 전원을 공급하고 트랜스폰더와 통신을 통해 키 정보를 확인한다.

[18-2]
24 자동차에 적용된 이모빌라이저 시스템의 구성품이 아닌 것은?

① 외부 수신기
② 안테나 코일
③ 트랜스폰더 키
④ 이모빌라이저 컨트롤 유닛

이모빌라이저란 도난 방지 장치를 말하며, 이모빌라이저 컨트롤 유닛의 정보와 트랜스폰더 내의 차량 암호코드가 일치되었을 때 시동을 허용하며, 안테나 코일은 트랜스폰더에 에너지를 공급하며 암호코드를 이모빌라이저 컨트롤 유닛에 전송하는 역할을 한다.

[참고]
25 바디 컨트롤 모듈(Body Control Module)에 대한 설명으로 틀린 것은?

① 여러 입력신호를 받아 주행 중 차체유지에 관련한 기능을 제어한다.
② 바디 컨트롤 고장 시 자기진단 기능을 수행한다.
③ 스캔툴을 이용하여 BCM 입력 요소에 대한 강제 구동을 실시해 보고자 한다면 '액추에이터 검사'를 선택한다.
④ 강제 구동 모드 설정이 있어 임의의 입력으로 출력을 검사할 수 있다.

바디 컨트롤 모듈은 차속 감응형 간헐 와이퍼, 와셔 연동 와이퍼, 리어 열선 타이머, 시트 벨트 경고등, 감광식 룸 램프, 오토라이트 컨트롤, 센트럴 도어 록/언록, 오토 도어 록, 키 리마인더, 점화키 홀 조명, 윈드 쉴드 글라스 열선 타이머, 파워윈도우 타이머, 도어 열림 경고, 미등 자동 소등, 크래쉬 도어 언록, 시큐리티 인디게이터, 파킹 스타트 경고, 모젠 통신, 무선 도어 잠금 및 도난 경보 기능 등을 자동 컨트롤 하는 시스템으로, 수많은 스위치 신호를 입력받아 시간 제어(TIME) 및 경보 제어(ALARM)에 관련된 기능을 출력 제어하는 장치이다.

[참고]
26 차량의 BCM 장치에서 입력 요소로 거리가 먼 것은?

① 시트벨트 미착용
② 승객석 과부하 감지
③ 오토 도어 록
④ 도어 열림

[참고]
27 일반적으로 BCM(Body Control Module)에 포함된 기능이 아닌 것은?

① 뒷유리 열선 제어기능
② 파워 윈도우 제어기능
③ 안전띠 미착용 경보기능
④ 에어백 제어기능

BCM은 주로 편리기능을 담당하며, 에어백은 안전장치에 속한다.

[참고]
28 전원 이동불가 현상 발생으로 버튼 시동시스템을 진단장비로 점검 시 내용으로 틀린 것은?

① 시리얼 통신라인 체크
② 실내 및 외부 안테나 구동 검사
③ 스마트키(FOB) 작동상태
④ 스타터 모터 상태 점검

전원 이동은 시동버튼을 누를 때 ACC → IGN ON으로 전환할 때 시동이 필요한 전원을 인가하는 것을 말한다. 이 때 필요한 요소는 FOB키의 인증정보, FOB 홀더, 스마트킷 유닛(ECU), PDM(전원분배모듈), 시리얼 통신라인, 엔진 ECU 등과 관련이 있으며, ESCL 또는 스타터 모터 및 연료펌프로 전원이 인가된다.
※ 안테나는 원격시동 또는 이모빌라이저 시스템에 필요한 것이며 전원 이동과는 거리가 멀다.

chapter 03

29 바디 컨트롤 모듈(BCM)에서 타이머 제어를 하지 않는 것은?

① 파워 윈도우   ② 후진등

③ 감광 룸램프   ④ 뒷 유리 열선

> 후진등은 BCM 제어대상이 아니다.

30 파워 윈도우 타이머 제어에 관한 설명으로 <u>틀린</u> 것은?

① IG 'ON'에서 파워윈도우 릴레이를 ON 한다.

② IG 'OFF'에서 파워윈도우 릴레이를 일시정지 동안 ON 한다.

③ 키를 뺐을 때 윈도우가 열려 있다면 다시 키를 꽂지 않아도 일정시간 이내 윈도우를 닫을 수 있는 기능이다.

④ 파워 윈도우 타이머 제어 중 전조등을 작동시키면 출력을 즉시 OFF 한다.

31 자동차의 IMS(Integrated Memory System)에 대한 설명으로 <u>옳은</u> 것은?

① 도난을 예방하기 위한 시스템이다.

② 편의장치로서 장거리 운행 시 자동운행 시스템이다.

③ 배터리 교환주기를 알려주는 시스템이다.

④ 1회의 스위치 조작으로 운전자가 설정해 둔 시트 위치로 재생시킬 수 있는 기능을 가지고 있는 시트제어 시스템을 말한다.

> ①은 도난 경보기, ②는 정속주행장치, ③은 배터리 경고등에 관한 설명이다.

32 와이퍼의 작동에 대한 설명으로 <u>옳은</u> 것은?

① IGN 1에서 작동된다.

② 와이퍼 스위치를 끄면 와이퍼는 작동 중 즉시 멈춘다.

③ 와이퍼 작동 모드에는 속도에 따라 HIGH, MIDDLE, LOW가 있다.

④ 와이퍼는 BCM에서 LIN 통신에 의해 제어한다.

> ① 원활한 시동을 위해 IGN 2 전원은 차단시키고, IGN 1 전원은 유지한다.
> ② 와이퍼 스위치를 끄면 와이퍼는 원래 있던 파킹위치에 돌아와 멈춘다.
> ③ 와이퍼 작동 모드에는 HIGH, LOW, INT(간헐모드)가 있다.

33 통합 운전석 기억장치는 운전석 시트, 아웃사이드 미러, 조향 휠, 룸미러 등의 위치를 설정하여 기억된 위치로 재생하는 편의 장치이다. 재생 금지 조건이 <u>아닌</u> 것은?

① 점화스위치가 OFF되어 있을 때

② 변속레버가 위치 "P"에 있을 때

③ 차속이 일정 속도(예 : 3km/h) 이상일 때

④ 시트 관련 수동 스위치의 조작이 있을 때

> **통합운전석 기억장치(IMS)의 메모리 재생 금지 조건**
> • 점화스위치 OFF 후
> • 차속이 3km/h 이상 일 때
> • 메모리 스위치가 OFF후 5초 경과 후
> • 시트 관련 수동 스위치의 조작이 있을 때

34 IMS(Integrated Memory System)의 기능이 <u>아닌</u> 것은?

① 전조등의 각도   ② 아웃사이드 미러 각도

③ 운전석 시트의 위치   ④ 조향 휠 틸트 각도

> Integrated는 '통합'의 의미로, IMS는 운전자에 맞게 전동 시트나 조향휠 틸트 위치, 사이드미러, 룸미러, HUD 등의 위치를 통합하여 설정·저장한 후 운전자가 설정한 위치로 재생하는 역할을 한다.

35 IMS(Integrated Memory System)의 설정 및 재생에 대한 설명한 것으로 <u>틀린</u> 것은?

① 메모리 설정을 하려면 SET버튼을 누르고, MEM 1 또는 MEM 2를 누른다.

② 설정한 후 부저가 2회 울리면 정상 저장된다.

③ IMS 스위치에 의한 기억 재생 할 수 있는 메모리 기능은 2명까지 가능하다.

④ 속도 10km/h 이하인 경우 재생 허가 상태이다.

> IMS는 안전을 위해 속도 3kph 이하에서 재생하도록 한다.

36 자동차 PIC 시스템의 주요 기능으로 가장 <u>거리가 먼</u> 것은?

① 스마트키 인증에 의한 도어록

② 스마트키 인증에 의한 엔진 정지

③ 스마트키 인증에 의한 도어 언록

④ 스마트키 인증에 의한 트렁크 언록

> **PIC(Personal Identificated Card) 시스템**
> 키없이 리모콘의 휴대만으로 차량의 도어 록 및 도어·트렁크 언록 및 엔진 시동을 가능하게 하는 개인인증 카드 시스템을 말한다.

정답 29 ② 30 ④ 31 ④ 32 ④ 33 ② 34 ① 35 ④ 36 ②

37 아래 그림은 시트벨트 경고 작동에 대한 파형이다. 작동에 대한 설명으로 **틀린** 것은? (시트 벨트를 착용하지 않으면 시트벨트 SW가 ON된다)

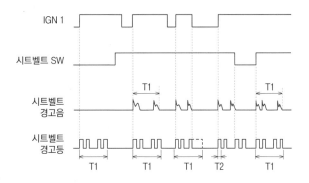

① 점화스위치(IGN 1)가 ON 상태에서 시트 벨트를 착용하면 경고음은 즉시 멈춘다.
② 점화스위치(IGN 1)가 ON 상태에서 시트 벨트를 착용하면 경고등은 잔여 시간 동안 계속 출력한다.
③ 점화스위치(IGN 1)가 OFF 상태에서 시트벨트가 탈거되면 경고등과 경고음이 잔여 시간 동안 출력된다.
④ 점화스위치(IGN 1)가 ON 상태에서 시트 벨트 착용 이후, 시트 벨트가 탈거되면 경고등과 경고음은 일정 주기로 출력한다.

점화스위치 ON 상태에서 시트벨트가 탈거되면 경고등과 경고음이 출력되지만, 점화스위치 OFF 상태에서는 즉시 멈춘다.

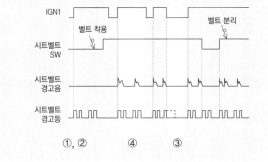

①, ②　　④　　③

[참고]
38 파워 윈도우 타이머 제어에 관한 설명으로 **틀린** 것은?

① IG 'ON'에서 파워윈도우 릴레이를 ON한다.
② IG 'OFF'에서 파워윈도우 릴레이를 일정시간 동안 ON한다.
③ 키를 뺐을 때 윈도우가 열려 있다면 다시 키를 꽂지 않아도 일정시간 이내 윈도우를 닫을 수 있는 기능이다.
④ 파워 윈도우 타이머 제어 중 전조등을 작동시키면 출력을 즉시 OFF한다.

파워윈도우 타이머는 IG 'ON'에서 파워윈도우가 작동되고, IG 'OFF' 후에도 파워윈도우 릴레이를 약 30초 동안 ON하여 키를 다시 꽂지 않아도 윈도우를 다시 닫도록 하는 편의장치이다.

[14-1]
39 스마트키 시스템의 전원 공급 모듈(Power Distribution Module)의 기능이 **아닌** 것은?

① 스마트키 시스템 트랜스폰더 통신
② 발전기 부하 응답 제어
③ 버튼 시동 관련 전원 공급 릴레이 제어
④ 엔진 시동 버튼 LED 및 조명 제어

전원 분배 모듈 (PDM : Power Distribution Module)
• 단자 릴레이 제어
• 센서 또는 ABS/VDC ECU로부터의 차속 모니터링
• SSB LED (조명, 클램프 상태) 및 FOB 홀더 조명 제어
• ESCL 전원 라인제어 및 ESCL 잠금 해제 상태 모니터링
• 시리얼 인터페이스와 FOB 홀더를 통한 트랜스폰더 통신
• 스마트키 유닛의 경함을 진단하기 위해 그리고 림프 홈 모드(limp home mode)관련 변환하기 위해 시스템 지속 모니터링
• 차속 정보 공급
• 시동 정지 버튼(SSB) 스위치 입력 모니터링
• 스타터 모터 전원 제어

[참고]
40 다음 중 바디 컨트롤 모듈(BCM)의 주요 기능 설명으로 **잘못된** 것은?

① 와이퍼 스위치 값 인식 후 와이퍼 HI/LOW 릴레이 제어
② 운전석 도어가 열렸다는 신호 감지
③ 시프트 레버(R or D) 이동 시 PAS 센서를 통한 전/후방 장애물 감지 기능
④ 시트벨트 착용 유무에 따른 경고 기능 동작

[참고]
41 스마트키 컨트롤 모듈의 기능이 **아닌** 것은?

① ACC, IGN1, IGN2를 위한 외장 릴레이를 작동하게 하는 단자 제어
② 전원분배모듈의 릴레이 제어 요구
③ 스마트 키 검색을 위한 안테나 구동
④ ECU에 대한 시동 허가 요구

①은 전원 공급 모듈(PDM)에 해당된다.

chapter 03

[참고]

42 오토라이트 시스템에 대한 설명으로 옳은 것은?

① 운전자가 다기능 스위치를 안쪽으로 당겼을 때 자동으로 전조등을 ON시켜 준다.
② 열처리한 Cds(황화카드뮴) 광전도 소자를 사용한다.
③ 주위가 밝으면 저항이 커져 전조등이 어두워진다.
④ 주위가 어두워지면 전조등도 어두워진다.

> 광전도 소자(Cds)를 사용하여 빛의 밝기를 감지하여 빛이 밝으면 저항이 감소하여 전조등이 어두워지고, 주위환경이 어두워지면 저항이 커져 전조등 밝기는 밝아진다.
> ※ ①은 전조등 패싱(PASSING)에 관한 설명이다.

[19-3]

43 자동차의 오토라이트 장치에 사용되는 광전도셀에 대한 설명 중 틀린 것은?

① 빛이 약할 경우 저항값이 증가한다.
② 빛이 강할 경우 저항값이 감소한다.
③ 황화카드뮴을 주성분으로 한 소자이다.
④ 광전소자의 저항값은 빛의 조사량에 비례한다.

> 오토라이트의 광전도셀은 외부 빛의 변화에 따른 전기적 변화를 이용하여 자동으로 전조등을 점멸하는 장치를 말한다.
> ※ 광전소자의 저항값은 광량에 반비례한다.

[08-3]

44 차량의 정면에 설치된 에어백에 관한 내용으로서 틀린 것은?

① 차량 전면에서 강한 충격력을 받으면 부풀어 오른다.
② 부풀어 오른 에어백의 팽창은 즉시 수축되면 안된다.
③ 차량의 측면, 후면 충돌시에는 작동하지 않을 수 있다.
④ 운전자의 안면부 충격을 완화시킨다.

[18-1]

45 에어백 시스템을 설명한 것으로 옳은 것은?

① 충돌이 생기면 무조건 전개되어야 한다.
② 프리텐셔너는 운전석 에어백이 전개된 후에 작동한다.
③ 에어백 경고등이 계기판에 들어와도 조수석 에어백은 작동된다.
④ 에어백이 전개 되려면 충돌감지 센서의 신호가 입력되어야 한다.

> • 에어백 작동조건 : 정면에서 좌우 30° 이내의 각도로 유효충돌속도(= 주행 속도 – 충돌 시 속도)가 약 20~30km/h 이상
> • 프리텐셔너 : 에어백 장치와는 별개로 차량의 감속도를 기계적으로 감지하여 가스발생기의 작동에 의해 벨트를 감아준다.
> • 에어백 ECU는 운전석, 조수석 모두 진단한다.

[18-2]

46 차량으로부터 탈거된 에어백 모듈이 외부 전원으로 인해 폭발(전개)되는 것을 방지하는 구성품은?

① 클럭 스프링   ② 단락 바
③ 방폭 콘덴서   ④ 인플레이터

> 프리 텐셔너의 커넥터 내부에 단락 바를 설치하여 전원 커넥터 분리 시 점화회로를 단락시켜 에어백 모듈 정비 시 우발적인 작동을 방지한다.
> ※ **클럭 스프링** : 회전하는 조향휠의 에어백이나 각종 리모콘을 배선으로 연결하면 배선이 꼬이거나 단선의 우려가 있으므로 원활한 전기 흐름을 위한 접촉식 커넥터이다.

[11-3]

47 에어백 장치에서 인플레이터는 충돌 시 에어백 컨트롤 유닛으로부터 충돌 신호를 받아 에어백 팽창을 위한 가스를 발생시키는 장치이다. 에어백 모듈을 제거한 상태일 때 인플레이터의 오작동이 발생되지 않도록 단자의 연결부에 설치된 것은?

① 단락 바   ② 클램핑
③ 디퓨저   ④ 클럭킹

[13-1]

48 에어백 시스템에서 화약, 점화제, 가스 발생제, 필터 등을 알루미늄 용기에 넣은 것으로 에어백 모듈 하우징 내측에 조립되어 있는 것은?

① 인플레이터
② 디퓨저 스크린
③ 에어백 모듈
④ 클럭 스프링 하우징

> **인플레이터(팽창기)** : 질소가스, 점화회로 등이 내장되어 에어백이 작동될 수 있도록 점화장치 역할을 한다.

[10-1]

49 에어백 인플레이터(inflator)의 역할을 바르게 설명한 것은?

① 에어백의 작동을 위한 전기적인 충전을 하여 배터리가 없을 때에도 작동시키는 역할을 한다.
② 점화장치, 질소가스 등이 내장되어 에어백이 작동할 수 있도록 점화역할을 한다.
③ 충돌할 때 충격을 감지하는 역할을 한다.
④ 고장이 발생하였을 때 경고등을 점등한다.

> ① : ACU에 내장된 콘덴서에 대한 설명
> ③ : 충돌센서에 대한 설명
> ④ : ACU에 대한 설명

정답 42 ② 43 ④ 44 ② 45 ④ 46 ② 47 ① 48 ① 49 ②

[10-2]
50 에어백 컨트롤 유닛의 진단 기능에 속하지 않는 것은?

① 시스템 내의 구성부품 및 배선의 단선, 단락 진단

② 부품에 이상이 있을 때 경고등 점등

③ 전기 신호에 의한 에어백 팽창

④ 시스템에 이상이 있을 때 경고등 점등

전기 신호에 의한 에어백 팽창은 인플레이터의 기능이다.

[11-1]
51 에어백 제어모듈의 주요 기능 중 거리가 먼 것은?

① 충돌 시 축전지 고장에 대비한 비상 전원 기능

② 발전기 고장에 대비한 전압 상승 기능

③ 자기진단 기능

④ 충돌감지 및 충돌량 계산 기능

[14-2]
52 에어백 제어장치의 입력 요소가 아닌 것은?

① 시트 벨트 스위치

② 프리 텐셔너

③ 임펙트 센서

④ 조향각 센서

[12-3, 08-2]
53 에어백(air bag) 작업 시 주의사항으로 잘못된 것은?

① 스티어링 휠 장착 시 클럭 스프링의 중립을 확인할 것

② 에어백 관련 정비 시 배터리 (−)단자를 떼어 놓을 것

③ 보디 도장 시 열처리를 요할 때는 인플레이터를 탈거할 것

④ 인플레이터의 저항은 아날로그 테스터기로 측정할 것

인플레이터의 화약이 저항 측정 시 멀티미터 내의 건전지 전원으로 인해 연소되어 에어백이 작동될 수 있으므로 멀티테스터로 측정하여서는 안된다.

[12-1]
54 에어백 모듈의 취급 방법으로 잘못 설명된 것은?

① 탈거하거나 장착 시에는 전원을 차단한다.

② 내부저항의 점검은 아날로그 시험기를 사용한다.

③ 전류를 직접 부품에 통하지 않도록 한다.

④ 백 커버는 면을 위로하여 보관한다.

[참고]
55 아래 그림은 안전벨트 경고 타이머의 작동상태를 나타내고 있다, 안전벨트 경고등의 작동주기와 듀티값으로 옳은 것은?

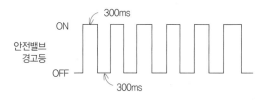

① 주기 : 0.3초, 듀티 : 30%

② 주기 : 0.3초, 듀티 : 50%

③ 주기 : 0.6초, 듀티 : 30%

④ 주기 : 0.6초, 듀티 : 50%

주기란 파형이 1회 반복하는데 걸리는 시간을 말한다. 여기서는 300ms이므로 600ms (0.6초)가 된다. 또한 1주기에서 ON/OFF시간이 같으므로 듀티값은 50%이다.

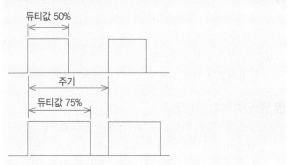

[참고]
56 세이프티 파워 윈도우 장치에 대한 설명으로 틀린 것은?

① 초기화는 세이프티 모터 및 유닛이 윈도우의 최상단을 인식하는 과정이다.

② 오토업 작동 중 부하가 감지되면 모터가 역회전한다.

③ 세이프티 유닛 교환 후 초기화 작업은 불필요하다.

④ 오토업, 다운 기능이 있다.

수리 또는 배터리 교체 등으로 5분 이상 차량에서 배터리가 분리된 후 재연결을 하고 파워 스위치를 작동하면 수동 작동은 가능하지만 자동 모드로 작동하지 않는 경우가 있거나, B필라 기준으로 300mm까지만 작동하는 경우가 있다. 이럴 경우 초기화해야 한다.

chapter 03

04 냉·난방장치

Industrial Engineer Motor Vehicles Maintenance

Main Key Point

[출제문항수 : 약 0~1문제] 에어컨의 기초에 대해 출제되었으나 학습분량에 비해 출제문항수가 높지 않은 편입니다. 향후 NCS 교재 범위로 확대될 수 있습니다.

01 냉난방장치 개요

→ 공기조화장치, HVAC(heating, ventilating, air conditioning)라고도 함

1 역할

① 실내 환경을 쾌적하게 하기 위해 실내공기의 온도, 습도, 풍량, 풍향 등을 조절
② 실내공기 중에 포함되어 있는 먼지 제거
③ 앞유리창의 서리 등을 방지하여 운전자의 시야 확보

2 냉·난방장치 기본 원리

① 공조시스템의 핵심인 HVAC 안에는 블로워모터, 증발기, 히터코어 등 3개의 핵심 부품과 내·외기, 템프, 풍향 등 3개의 도어가 하나의 모듈로 구성되어 냉방, 난방, 혼합, 환기 등의 공기 조화를 구성하게 된다.

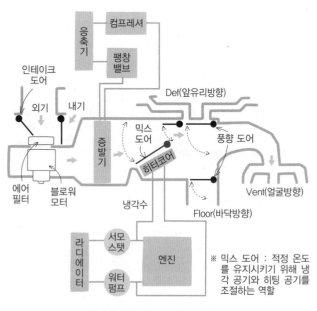

⬆ 냉·난방장치의 기본 구조

② 내·외기 도어의 선택에 따라 실내에 유입되는 공기원이 다르며, 에어컨을 켜게 되면 증발기의 찬 공기를 실내로 유입시키기 위해 히터코어의 뜨거운 냉각수 열을 차단하게 된다. 풍향 도어에 의해 최종적으로 바람이 나오는 방향이 결정되고, 템프 도어의 위치에 따라서 실내로 유입되는 공기의 토출 온도가 달라진다.

02 난방장치

1 열원에 따른 종류

구분	종류	엔진
수동형	온수식 난방장치 - 엔진 열(폐열)을 이용	가솔린 또는 LPG 엔진
능동형	PTC 난방장치 또는 연소식 난방장치 - 엔진 폐열 방식을 보조함	전자제어 디젤엔진

→ 전자제어 디젤엔진은 열효율이 좋아 폐열이 적어 엔진 워밍업 시간이 더디므로 시동 후 PTC 또는 연소식 난방장치를 이용한다.

2 온수식 난방장치 – 엔진 폐열

가장 많이 사용되는 방식으로, 엔진 작동 후 배기다기관에 의해 가열된 냉각수를 실내 HVAC 안에 위치한 히터코어 및 블로워모터를 이용하여 실내로 송풍시킨다.

▶ **온수식 히터 장치의 실내온도 조절방법**
① 온도조절 액추에이터를 이용하여 열교환기를 통과하는 공기량을 조절
② 송풍기 모터의 회전수를 제어하여 온도 조절
③ 열교환기에 흐르는 냉각수량을 가감하여 온도 조절

3 연소식 난방장치

① 전기를 이용하여 별도의 외부 연소기(버너)를 이용하여 난방
② 종류
  • 직접형 연소식 히터 : 열교환기로 공기를 직접 데워줌
  • 간접형 연소식 히터 : 냉각수를 데워 열원으로 이용

③ 외기 온도가 3℃ 이하부터 작동하고, 냉각수 온도가 125℃ 이상에서는 과열로부터 시스템을 보호하고자 연료를 차단시킨다.

④ 주로 커먼레일 승합 차량이나 **대형차**에 주로 사용한다.

⑤ 연료를 추가로 사용하므로 연료 소비율이 낮다.

④ PTC 난방장치 - 공기 가열식

① 히터코어 옆에 PTC 코일을 장착하여 전기로 가열하여 실내로 유입되는 공기 온도를 높이는 장치이며, 온수식 난방의 보조 장치로 커먼레일 차량에 적용하고 있다.

▶ PTC(positive temperature coefficient thermistor, 정특성) 소자 ↔ NTC **티탄산바륨 소자**를 이용하여 전압과 저항이 온도와 비례하여 증가하며, 저항이 일정값에 도달하면 전류를 차단시켜 과열로 인한 화재를 방지한다.

② PTC 히터 작동 조건
   • 시동이 걸린 상태에서만 작동(배터리 방전 방지)
   • 엔진 회전수 : 700rpm 이상
   • 흡기 온도 : 5℃ 이하
   • 배터리 전압 : 12.5V 이상 (8.9V 이하에서는 OFF)
   • 냉각수 온도 : 70℃ 이하
   • 송풍기 S/W : ON
   • 작동시간 : Max 60분(작동시간 제한)

• 작동 조건에 맞는 신호가 엔진 ECU로 입력 → 엔진 ECU는 릴레이 1을 구동시키고, FATC가 15초 간격으로 2, 3번 릴레이를 구동시킨다.

• 엔진 워밍업 후 작동 조건이 아닐 경우 엔진 ECU는 릴레이 1을 OFF 후 FATC가 15초 간격으로 릴레이 2, 3을 연차적으로 OFF한다.

⬆ PTC 히터 작동 순서 회로

⑤ 가열플러그 난방장치 (프리 히터)

① 냉각수 라인(히터) 내에 설치되어 있으며 외기 온도가 낮을 경우 일정 시간 동안 작동시켜 엔진에서 히터코어로 유입되는 냉각수의 온도를 높여 온수식 난방장치의 성능을 향상시킨다.

② 가열된 냉각수가 히터 코어를 통해 흐를 때 블로어 모터의 전동 팬(fan)을 회전시켜 온풍을 실내로 유입

③ 온도 조절 방법
• 공기 믹서 댐퍼에 의해 열교환기를 통과하는 공기량 조절
• 블로어 모터에 가변형 저항을 설치하여 모터 회전을 조절
• 웨이트 밸브를 통해 열교환기에 흐르는 냉각수 양을 조절

▶ 차량 열부하
   • **환기 부하** : 차량 실내공기의 외부 방출 및 외부공기의 차량 내 흡입을 위한 자연환기 및 강제환기
   • **관류 부하** : 엔진 및 도로에 의한 열
   • **승원 부하** : 인체로부터의 열부하
   • **복사 부하** : 태양으로부터의 복사열

03 냉방장치

① 에어컨 냉매 개요

① 냉매 주입량은 냉방 성능에 영향을 미치며, 규정량으로 주입해야 한다.

② 냉매는 반영구적이지만, 연결부의 O링 등에서 누설로 인해 손실될 수 있으며 용량 부족으로 냉방성능이 떨어지면 충전 또는 교환이 필요하다.

② 에어컨 냉매의 주요 구비조건

① 증발 잠열 : 클 것(적은 양으로도 냉동효과가 커짐)

② 임계 온도 : 충분히 높을 것

③ 증발 압력 : 저온에서 대기압 이상일 것(이물질 침입 방지 역할)

④ 비등점 : 적당히 낮을 것(저온에서 쉽게 기화하기 위함)

⑤ 응축 압력 : 적당히 낮을 것(높으면 장치 내구성이 취약해짐)

⑥ 비체적 : 적을 것(단위중량당 부피가 작아야 압축기 소형화 가능)

⑦ 액체 비열 : 작을 것(냉매 상태의 변화가 쉬울 것)

⑧ 응고 온도 : 낮을 것

⑨ 점도 : 낮을 것(냉매 흐름 저항이 없을 것)

▶ 용어 해설
   • 증발 잠열 : 기화(액체를 기체로 변화)할 때 외부로부터 흡수하는 열량을 말하며, 증발 잠열이 클수록 주변의 열을 더 많이 빼앗으므로 주위온도가 더 낮출 수 있음
   • 임계 온도 : 온도를 높일 때 기화되지 않고 액체상태를 유지하는 최고 온도(임계온도가 낮으면 쉽게 기화되므로 액화(응축)가 어려워 다시 냉매로 사용하지 못함)
   • 비등점 : 끓기 시작하는 온도
   • 응축 압력 : 압축기에서 토출된 냉매가스가 응축기에서 응축될 때 응축기 내의 냉매 포화 압력을 말한다.
   • 비체적 : 단위질량(중량)당 부피를 말하므로, 동일한 무게의 액체냉매에 대해 부피가 작아야 압축기를 소형화 할 수 있다.
   • 액체 비열 : 물질의 온도를 변화시키는 데 필요한 열량으로, 비열이 큰 물질일수록 온도를 올리거나 낮추기 어렵다.
   • 응고 온도 : 냉방 사이클 내에서 일어나는 최저 온도보다는 낮아야 한다. (냉매가 고온에서 응고하면 사용이 불가능)

❸ R-134a 냉매

① 구냉매에 사용하던 염소(Cl-R-12냉매)를 **수소로 대체**한 물질이다.

→ 구냉매(Cl-R-12) : 오존(O₃)층을 파괴

→ 수소 사용으로 인해 입자가 작아지고 임계온도가 저하되어 구냉매와 같은 응축 조건에서 외기 온도나 엔진의 냉각수 계통의 문제점이 발생했을 때에는 냉방 능력이 현저히 떨어진다. (대책 : 엔진 냉각 계통의 냉각 능력과 응축기의 용량을 개선)

→ 수소 입자가 작아 누설의 위험이 커지므로 구냉매와의 O링과 호환 안되며, 압력시험에 주의해야 한다.

② 냉매량은 구냉매에 비해 적어짐

③ 다른 물질과 반응하지 않는다.

④ 무미, 무취이며 화학적으로 안정되고 내열성이 좋다.

⑤ R-12(프레온 가스)와 유사한 열역학적 성질이 있다.

❹ R-1234yf 냉매 (HFO 탄화불화올레핀 계열)

① 지구 온난화 문제로 인한 대체 냉매로, R-134a에 비해 **지구온난화지수가 낮으며, LCA도 우수**하다.

→ 지구온난화지수 비교) R-12(8100) > R-134a(1430) > R-1234yf(4)

→ LCA(Life Cycle Assessment) : 제품 전과정(원료 채취, 운송 , 제조, 사용 및 폐기)의 투입물과 배출물을 정량화하여 잠재적인 환경 영향을 평가하는 기법

② 폭발성과 독성이 없으며 친환경 냉매이다.

③ 열역학적인 특성이 신냉매(R-134a)와 유사하며, 큰 설계 변경 없이 사용할 수 있다.

④ **R-134a에 비해 증발열은 약 81% 낮지만, 가스 밀도가 약 18% 높고(18%), 가스 비체적이 낮아져 냉매의 유량이 증대**되어 증가된 냉매 유량으로 냉동 능력 열세를 상쇄시킨다.

⑤ R-134a에 비해 포화 압력은 저온에서 높고, 고온에서 낮아 압축비의 감소로 인한 소요 동력 감소 효과가 있다.

⑥ 기본적으로 신냉매(R-135a)와 **취급과 주입이 동일**하다.

▶ **신냉매(R-134a)와 최신 냉매(R-1234yf)의 특성 비교**

구분	저온	고온
가스 밀도, 밀도 비율	R-134a < R-1234yf	R-134a < R-1234yf
포화 압력	R-134a < R-1234yf	R-134a > R-1234yf
열전도(액체), 액체밀도, 증발열	R-134a > R-1234yf	R-134a > R-1234yf
점도	R-134a < R-1234yf	R-134a > R-1234yf

❺ 냉방장치 구성요소

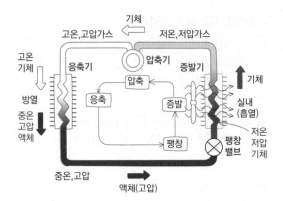

TXV식 에어컨 순환과정
압축기→응축기→건조기→팽창밸브→증발기

냉방장치의 원리

압축기를 통해 만들어진 고온·고압의 기체 냉매가 방열판 형태의 응축기를 거치면서 냉매의 열이 냉각팬에 의해 냉각되어 액체로 변환 → 압축된 액체 냉매가 팽창밸브를 거쳐 증발기에서 증발하면서 주위의 열을 빼앗게 되고 → 송풍기를 통해 이 차가워진 공기를 강제로 내보낸다.

(1) 압축기(compressor)

① 엔진에 의해 구동되며, 저온·저압의 기체 냉매를 고온·고압으로 변환하여 응축기로 보낸다.

② 용적형 압축기의 종류

왕복식	• **사판식**(Swash Plate Type) : 구동축에 사판을 설치하여 구동축을 회전시켜 사판의 회전력을 피스톤의 왕복운동으로 변환시켜 냉매를 흡입/토출 • **워블 플레이트 방식**(Wobble Plate Type) : 사판식 압축기와 유사하나 구동축의 회전력이 사판이 아닌 로터축 회전에 의해 피스톤의 왕복운동이 전달되고 한쪽으로만 압축이 일어난다.
회전식	• **로터리 방식** : 구동축에 조립된 로터에 베인이 조립되어 구동축이 회전함으로써 베인이 원심력에 의해 튀어나와서 로터와 타원의 실린더로 둘러싸인 용적을 변화시켜 흡입/압축을 수행 • **스크롤 방식** : 고정 스크롤과 회전 스크롤로 구성되어 구동축의 회전운동에 따라 회전 스크롤이 선회하면서 두 스크롤 사이에 생기는 공간의 용적을 변화시켜 흡입/압축을 수행

③ 토출용량의 제어방식에 따른 구분

고정 용량식	에어컨 부하의 변동에 관계없이 최대 토출량으로 작동
가변 용량식	1회전당 냉매 토출용량을 에어컨의 부하 상태에 따라 연속적으로 변화시켜 운전성을 향상 • 바이패스(Bypass) 방식 : 회전식 • 스트로크 방식 : 왕복식

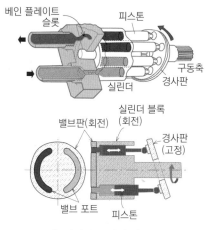

⬆ 사판식 플런저 펌프

(2) 마그넷 클러치(컴프레셔 클러치) – 가변용량 컴프레셔

① 압축기는 크랭크축 풀리에 의해 구동하여 엔진동력의 약 8%를 사용한다. 적정 실내온도에 도달하면 마그넷 클러치는 자동으로 작동하여 압축기의 구동을 멈추게 하여 엔진 동력손실을 방지하는 역할을 한다.

▶ **가변용량 컴프레셔의 장점**
냉방 성능 향상, 소음/진동 감소, 운전성능 및 연비 향상

② 마그넷 클러치의 구성 : 마그네트, 클러치, 풀리
③ **컴프레셔의 점검**

에어갭 간격 측정	필러게이지
마그네틱 클러치 작동음 확인	배터리 ⊕ 단자 – 컴프레셔 단자에, 배터리 ⊖ 단자 – 컴프레셔 몸체에 연결하여 마그네틱 클러치의 작동음 판단
핀서모 센서에 의한 마그네틱 작동 확인	에어컨 스위치가 ON 일 때 트리플스위치의 저압과 고압스위치 접점이 붙고 증발기 출구의 핀서모센서 (증발기 온도가 3~4℃ 이상 ON / 0.5~1 ℃ 이하 OFF)가 정상이면 엔진 ECU는 에어컨릴레이의 접점을 붙이고 컴프레셔의 마그네틱이 ON된다.

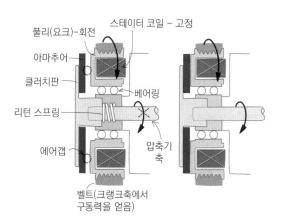

기본 원리 : 에어컨 스위치 신호에 의해 스테이터 코일(마그네틱 클러치 고정자)에 전류를 보내 자기장이 생성 → 자속이 풀리에 흘러 자기력 발생 → 스프링의 힘을 이기고 아마추어 디스크가 풀리에 부착 → 풀리의 회전력이 압축기축에 전달

▶ 최근에는 마그네틱 접점이 없는 전기식 용량제어밸브(ECV)를 직접 제어하여 냉매의 토출 유량을 제어하기 때문에 엔진 회전력의 정숙성 및 연비 및 소음적인 측면에서 유리한 **외부 가변 용량 사판식 압축기**를 사용한다.

(3) 응축기(콘덴서) : 고온고압의 기체 냉매를 냉각시켜 액체 냉매로 변환시킨다.

(4) 리시버 드라이어(Receiver Drier, 건조기)
① 역할 : **수분 및 이물질 흡수, 기포 분리, 압력 조정, 냉매 저장**
② 액체 상태의 냉매가 팽창밸브에 공급될 수 있도록 한다.
③ 응축기와 일체형으로 장착되기도 하며, 듀얼 및 트리플 압력 스위치가 장착되기도 하다.
④ CCOT 방식에서는 어큐뮬레이터에서 리시버 드라이어의 역할을 하며, TXV 방식이 고압 측에 설치된 것과는 반대로 증발기와 압축기 사이인 **저압 측에 장착**된다.

(5) 팽창밸브(expansion valve)
① 고압의 액체 냉매를 오리피스를 통해 급속 냉각시켜 저온, 저압의 기체상태로 바꾸는 역할을 한다.
② 액상의 냉매가 무화하기 위해 출구온도를 감지하여 증발기로 들어가는 냉매의 양을 조절한다.

(6) 증발기(evaporator)
팽창과정을 거쳐 유입된 저온저압의 냉매가 기체로 변하는 동안 냉각팬에 의해 튜브를 통과하는 공기 중의 열을 빼앗아 블로어 모터로 실내에 유입시킨다.

(7) 어큐뮬레이터(accumulator)

드라이어와 유사한 기능을 하며, 증발기 출구와 압축기 입구 사이(저압 라인)에 설치되어 증발기에서 완전히 증발하지 못한 냉매액이 압축기로 넘어가 액체의 압축으로 인한 압축기의 소손을 방지하기 위한 안전장치이다.

→ **어큐뮬레이터의 기능** : 저장 및 2차증발, 액체분리, 수분흡수, 오일순환, 증발기동결 방지 등

▶ **냉매의 팽창방식에 의한 분류 : TXV 방식과 CCOT 방식**

TXV	• Thermo Expansion Valve • 팽창밸브를 사용 • 팽창밸브와 응축기 사이에 리시버 드라이어를 두어 액상의 냉매가 팽창밸브로 유입 • 냉매유량을 정확히 조절할 수 있으므로 저속이나 비정숙 운전 조건에 적합, 가격 비쌈 • 현재 가장 많이 적용하고 있는 방식
CCOT	• Clutch Cycling Orifice Tube • 직경과 길이가 다른 오리피스 튜브를 사용 • 증발기 출구의 과열도 조절이 불가능하기 때문에 증발기 – 압축기 사이(저압측)에 어큐뮬레이터를 두어 압축기로의 액냉매 유입을 방지 • 압축기의 토출 용량이 고정된 고정용량 압축기와 토출용량이 조절 가능한 가변용량압축기로 에어컨 시스템을 구성 • 2000년 이전에 적용되었던 방식

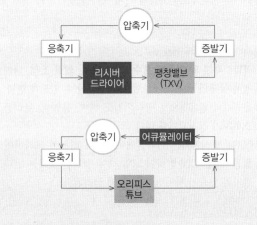

▶ **냉방장치의 고압 및 저압라인**
- 고압라인 : 압축기 – 응축기 – 리시버 드라이어 – 팽창밸브
- 저압라인 : 팽창밸브 – 증발기 – 어큐뮬레이터 – 압축기

초보자를 위한 개념잡기
– 에어컨의 작동 원리

---

04 전자동 에어컨(FATC)

→ FATC : Full Auto Temperature Control

에어컨 ECU는 사용자가 설정한 온도값을 기초로 실내온도 및 외기 온도 등 각종 정보를 입력신호로 하여 컴프레셔, 블로어 모터의 회전속도, 에어믹스 댐퍼 모터에 의한 에어믹스 도어의 개폐를 통해 차량의 온도를 설정온도로 유지시킨다.

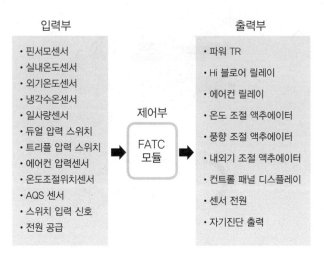

↥ FATC 입·출력

1 입력 신호

(1) 내기온도 및 외기온도 센서 : NTC 타입

실내외 온도를 감지하여 블로워모터 속도, 온도 조절 액추에이터 및 내·외기 전환 액추에이터의 위치를 조정한다.

(2) 핀서모 센서 : NTC 타입

증발기가 빙결되면 블로워 모터에서 발생된 바람이 증발기를 통과할 수 없어 냉방성능이 떨어진다. 핀서모 센서는 증발기의 출구 온도를 감지하여 FATC-ECU로 보내고, ECU는 이 신호를 기준으로 압축기(압축기 클러치의 전원)를 정지시켜 **증발기의 빙결을 방지한다.**

→ 약 0.5~1°C 이하일 때 에어컨 릴레이 OFF / 약 3~4°C 이상에서 에어컨 릴레이를 구동

(3) 냉각수 온도 센서 : NTC 타입

히터코어에 장착되어 있으며, 히터코어에 흐르는 냉각수의 온도를 감지하여 난방기동 제어 및 에어컨 부하에 의한 엔진 과열방지를 위한 신호

→ 냉각수 온도 센서 고장 시 : 엔진 ECU는 라디에이터팬을 구동시켜 과열로부터 엔진을 보호

(4) 일사량 센서 : 포토 센서

① 전면 유리를 통해 실내로 입사되는 일조량을 감지하여 발생되는 기전력에 따라 토출 온도와 풍량이 선택한 온도에 근접할 수 있도록 보정

② 광기전성 다이오드를 내장하고 있어 **별도의 센서 전원이 필요치 않다.** → 약 0.8 V의 기전력이 발생되면 센서는 정상

③ 자기진단을 통해 고장이 검출되지 않는다.

(5) 트리플 압력 스위치(triple)

① 압축기와 팽창밸브 사이, 즉 고압라인에 설치되며 기존 듀얼 압력 스위치(저압 & 고압 스위치)에 Middle S/W(냉각팬 속도 조정용 High Pressure S/W 기능)를 포함한다.

② 고압측 냉매 압력이 규정치 이상으로 올라가면 Middle S/W의 접점을 닫아 냉각팬을 고속으로 작동시켜 **압력상승에 대한 성능 저하를 방지하고, 에어컨 시스템을 보호**한다.

> ▶ 듀얼 압력 스위치
> • 에어컨 시스템의 안전장치로, 냉매 압력에 의해 저항 변화를 이용하여 냉매압력을 감지하여 설정압력보다 이상이거나 이하일 때 스위치를 OFF시켜 압축기 및 에어컨 시스템을 보호한다.
>   – 저압 스위치 : N.C 타입으로 저압이 일정압력 이하이면 에어컨 전원을 차단, 압축기를 정지
>   – 고압 스위치 : N.C 타입으로 고압이 일정압력 이상이면 에어컨 전원을 차단, 압축기를 정지
> • High side Low pressure – 냉매가 없거나 외기온도가 0℃ 이하일 때 : 에어컨을 작동시켰을 때 증발기가 냉각되지 않으므로 핀서모 센서가 작동하지 않아 압축기가 계속 작동 중이면 압축기가 과열되므로, 스위치를 OFF시켜 에어컨 릴레이를 차단시킨다.
> • High pressure CUT OUT – 냉매의 과충전 또는 고압측 냉매 압력이 규정치 이상이면 압축기 및 에어컨 시스템이 파손 방지를 위해 스위치를 OFF시킨다.

③ 압력에 따른 스위치 작동

	OFF	ON
저압 S/W	약 2.0 kgf/cm²	약 2.1 kgf/cm²
고압 S/W	약 32 kgf/cm²	약 26 kgf/cm²
미들 S/W	약 11.5 kgf/cm²	약 15.5 kgf/cm²

→ 저압과 고압의 스위치는 직렬 연결이므로 모두 ON이 되어야 압축기가 작동한다.

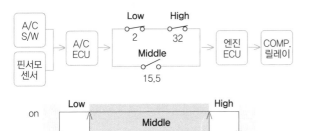

(6) APT(automotive pressure transducer) 센서

① 트리플 압력스위치의 대체 센서로, 연속적으로 냉매 압력을 감지하여 **연비 향상과 더불어 변속감을 향상**

② 냉매 압력에 따라 최적의 압축기, 냉각팬 제어를 위하여 엔진 ECU로 입력되며, 냉방장치가 정상적으로 작동 중일 때 약 2.5V의 전압이 출력된다.

(7) AQS(air quality system) 센서

① 응축기 부근에 설치되어, NO(산화질소), NOX(질소산화물), SO₂(이산화황), CxHy(하이드로카본), CO(일산화탄소) 등 유해 가스의 실내 유입을 차단

→ 외부 공기가 오염 시 내기 모드로 전환되고, 외부 공기가 청정하면 외기 모드로 자동 전환

② **오염 감지 시 약 5V, 오염 미감지 시 약 0V의 전압이 출력**

(8) 습도 센서

① 수분량에 따른 전기저항의 변화(고분자 타입의 임피던스 변화형 센서)를 원리로, 구조가 간단하고 응답성이 좋다.

② 상대습도량과 출력 주파수는 반비례 관계이다.

③ 실내의 상대 습도를 감지하여 저온에서 발생되는 유리 습기로 인한 운전 장애를 제거한다.

2 출력 신호

(1) 온도 조절 액추에이터 또는 믹스 도어 액추에이터
(temp door actuator, air mix door-)

① 내·외기 도어를 통해 유입된 공기를 에어컨 증발기와 히터코어를 어떤 비율로 통과시킬 것인가에 따라 실내로 유입되는 공기의 온도가 조절한다.

② 에어컨 ECU로부터 신호를 받은 DC 모터는 온도 도어를 조절하며 액추에이터 내에 도어 위치센서는 온도 도어의 현재 위치를 에어컨 ECU 로 피드백시켜 컨트롤이 요구하는 위치에 도달했을 때 액추에이터의 DC 모터가 작동을 멈추도록 에어컨 ECU로부터 출력되는 신호를 차단시킨다.

(2) 풍향 조절 액추에이터 (mode door actuator)

모드 스위치를 선택하면 'VENT(얼굴 방향) → DEFROST(앞유리 방향) → FLOOR(바닥 방향) → MIX' 순으로 풍향 제어가 순차적으로 작동한다.

→ DEF 스위치를 선택하면 순서와 상관없이 DEF 모드만 작동한다.

(3) 내·외기 모드 전환 액추에이터 (intake door actuator)

블로워모터로 유입되는 공기 통로를 가변시키는 액추에이터로, 배터리 극성을 변화시켜 모터 회전을 변경하여 내·외기 방향이 결정된다.

(4) 풍량조절방식 – 파워 TR

① 수동 냉·난방장치는 블로워모터의 속도를 조절하기 위하여 가변저항을 사용하였지만, 자동 냉·난방장치는 NPN형 파워 TR를 이용한다. 풍량조절 버튼을 작동한 횟수만큼 에어컨 ECU에서 파워 TR의 베이스 전류를 제어하여 컬렉터 전류를 증폭시켜 속도를 조절한다.

② 모터 회전 시 여러 변수에 의해 설정 속도와 다르게 회전하는 현상을 방지하기 위하여 컬렉터 전압과 에어컨 ECU에서 입력받은 설정 전압과 차이가 발생하면 컬렉터 전압을 제어하여 속도를 일정하게 한다.

(5) 풍량조절방식 – 파워 모스펫 (MOS-FET, field effect transistor)

① **MOS-FET로 블로워모터 속도 제어는 수동 8단, 자동 무단으로 제어**가 가능하다.

→ MOS-FET(전계효과 트랜지스터) : 파워TR의 업그레이드(변형) 타입으로, ECU 등에 사용되는 단일 칩 형태의 집적회로이다. 집적도가 우수하고 제조공정이 단순화시키며, 정밀제어가 가능하고 전력소모가 적은 장점이 있다.

② **TR보다 내부저항이 작아 전력 손실이 적고 큰 전류를 제어**할 수 있어 **Hi–블로워 릴레이 없이 속도 제어 전 영역을 담당**한다.

❸ 에어컨의 주요 조작 스위치

(1) 블로워 스위치(바람 세기조절)

구분	액추에이터 원리
수동 모드	스위치를 단계별로 **가변 저항의 저항 변화**에 따라 블로워모터로 입력되는 전압을 변화시켜 풍량을 제어
자동 모드	스위치를 단계별로 조작하면서 **파워TR의 입력 전류**에 따라 블로워모터로 입력되는 전압을 변화시켜 모터 회전수에 의해 풍량을 제어

(2) 뒷유리 열선스위치 (RR defog switch)

에탁스(ETACS)을 통해 뒷유리 열선 제어단에 신호를 출력하여 작동시킨다.

❹ 제어 요소

(1) 자동 온도 제어

실내온도센서, 외기온도센서, 냉각수온센서, 온도 조절 스위치의 입력신호에 의해 컴프레셔 클러치의 작동시간 제어, 공기 믹서 댐퍼의 개도량 조절, 히터 밸브 조절 등으로 실내 온도를 유지한다.

(2) 풍량 제어

① 실내온도센서, 외기온도센서, 일사센서, 온도조절 스위치의 입력신호에 의해 블로어 모터를 제어하여 모터의 회전속도를 조절한다.

② 제어방법 : 자동 모드에서 블로워모터의 속도조절은 **가변 저항이 아닌 파워 트랜지스터(NPN type)의 증폭작용을 이용**하여 전류를 제어하는 방식이다.

(3) AQS(Air Quality System) 제어

유해가스 실내유입 차단

(4) 엔진 회전수 제어

공전 시 에어컨을 작동했을 때 엔진 회전수의 상승에 따른 부하를 방지

---

05 에어컨 냉매의 교환

❶ 냉매의 충전 개요

(1) 냉매 주입방식 : 중량 충전법(저울 사용) + 압력 충전법

(2) 냉매의 교환과정

❶ 냉매 회수	냉매는 회수작업을 통해 재사용이 가능하며, 냉매에 함유된 냉동유를 배출시키는 역할을 한다. → 2018년 대기환경보존법에 의해 오존층 보호 및 온실가스 저감 목적으로 대기 중으로 방출해선 안된다.
❷ 진공 작업	• 계통 내 공기와 수분을 모두 제거 • 냉매 교환/충전 시 반드시 진공작업을 해야 한다.
❸ 신유 보충	냉매 회수 시 배출된 폐유(냉동오일)량만큼 신유 (냉동오일 약 10~20 cc)를 보충하거나 정량의 신냉매를 충전한다. → 냉동오일 : 에어컨 압축기의 윤활작용을 함
❹ 냉매 충전	• 수동식 : 매니폴드게이지와 진공 펌프 이용 • 자동식 : R-134a 회수/재생/충전기 이용

2 수동식 매니폴드게이지를 이용한 냉매 교환

▶ **매니폴드 게이지 접속 시 주의사항**
- 게이지 연결 시 게이지의 모든 밸브를 잠근다.
- 고압 호스는 빨강색, 저압 호스는 파란색에 연결한다.
- 황색 호스를 진공펌프나 냉매회수기 또는 냉매 충전기에 연결한다.
- 냉매 충전 완료 후 충전호스, 매니폴드 게이지의 밸브를 전부 잠근 후 분리한다.

(1) 냉매 회수

① 매니폴드게이지의 고·저압 밸브를 시계 방향으로 돌려 **모두 잠그고,** 고압과 저압 서비스포트에 각각 연결한다.
② 센터 호스에 배출될 냉매를 저장할 수 있는 용기를 연결한다.
③ 냉매를 너무 빨리 배출시키면 압축기의 냉동오일이 계통에서 다량으로 빠져 나오게 되므로 고압 밸브를 천천히 반시계 방향으로 열어 냉매를 서서히 배출시킨다.
④ 매니폴드게이지의 눈금을 **3.5 kgf/cm²** 이하로 낮춘 후에 저압밸브도 서서히 개방시킨다.
⑤ 시스템의 압력이 0이 될 때까지 고·저압 밸브를 천천히 열어 모든 냉매를 회수한다.

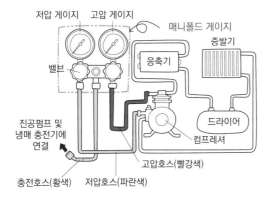

(2) 진공 작업 순서

① 점화스위치 OFF
② 매니폴드게이지를 고·저압 서비스포트에 연결하고 **양쪽 밸브를 잠그고,** 센터호스를 **진공 펌프 흡입부에 연결**한다.
③ 진공 펌프를 작동시키고, 고·저압 밸브를 개방시킨다.
④ 저압 매니폴드게이지의 눈금이 충분히 진공 영역이 유지되도록 10분 동안 진공시킨다.
⑤ 완료 후 양쪽 매니폴드 밸브를 닫고 진공 펌프를 정지시킨 후 호스를 분리한다.

▶ **진공 작업 시 저압게이지의 눈금이 충분한 진공 영역을 유지하지 않을 경우** : 누설된 것으로, 다음 순서에 의해 누설 부위를 수리한다.
1) 매니폴드게이지의 양쪽 밸브를 닫고 진공 펌프를 정지시킨다.
2) 냉매 용기로 계통을 충전시킨다.
3) 냉매 누설탐지기로 냉매의 누설을 점검하여 누설되는 곳이 발견되면 수리한다.
4) 냉매를 다시 배출시키고 계통을 진공시킨다.

(3) 신유(냉동오일) 주입 순서 : 약 150cc

① 진공작업 후, 고·저압 밸브를 완전히 **잠근다.**
② 종이컵에 냉동오일을 준비한 후 매니폴드의 충전 포트를 담근다.
③ 저압 밸브를 서서히 열면 압력차에 의해 냉각계통에 오일이 빨려들어간다. → 오일이 빠져 나간 후 공기가 유입되기 전에 신속히 저압 밸브를 닫는다.

(4) 기체 냉매 충전 : 약 550g

냉매를 **저압 측**을 통해 충전시키는 작업이다.

→ 이때 냉매 용기를 똑바로 놓으면 냉매는 기체 상태로 계통 내에 유입된다.

① 냉매 용기에 탭 밸브를 장착하고 냉매 용기를 바로 세워 전자저울에 올려놓고 무게를 기록한다.
② 저압 밸브를 개방하고, 에어컨을 작동시킨다.
③ 전자저울을 보면서 계통을 규정량만큼 충전시킨 후 저압 밸브를 닫는다.

▶ **냉매 충전 속도가 느릴 때**
- 냉매 용기를 40℃ 정도의 물이 담긴 용기에 놓는다.
- 이때 물을 52℃ 이상으로 가열하지 않는다.

(5) 액체 냉매 충전

고압 측을 통해 냉매를 충전시킬 때 행하며, 냉매용기를 거꾸로 놓으면 냉매가 액체상태로 계통에 유입된다.

▶ **액체 냉매 충전 시 주의사항**
- 고압 측을 통해 충전할 때 엔진을 작동시키지 않도록 한다.
- 저압 밸브를 개방시키면 압축기 손상을 초래하므로 반드시 잠근다.

① 냉매용기에 탭 밸브 장착
② 고압 밸브를 완전히 열고 용기를 뒤집어 전자저울에 올려놓고 무게를 측정한다.

⬆ 탭 밸브

③ 냉매 무게를 저울로 측정해 가며 **정확한 규정 용량**으로 계통을 충전시킨 후 고압 밸브를 닫는다.

→ 계통이 과충전되면 배출 압력이 증가한다.

④ 충전 후 매니폴드게이지 밸브를 닫는다.

❸ R-134a 회수/재생/충전기를 이용한 냉매 교환

(1) 냉매 회수

① 고·저압 밸브를 열고, 충전기를 이용하여 냉매를 회수한다.

② 냉매 회수 작업 완료 후 배출된 냉동 오일(폐유)량을 측정한다.

(2) 진공 작업

① 고·저압 밸브를 열고 충전기를 이용하여 진공작업을 실시한다.

② 점검 : 5~10분 후에 고·저압 밸브를 닫고 게이지가 진공 영역에서 변함없이 유지되면 정상 → 압력이 상승하면 : 누설

(3) 냉동 오일 보충

진공작업 후 고압 밸브를 열고 충전기를 이용하여 배출된 폐유량만큼 신유로 보충하여 정량이 맞춘다.

→ 보충량은 냉매 회수 작업 완료 후 냉방 장치에서 배출된 냉동 오일량이다.

▶ **냉동 오일이 부족할 경우 증상**
윤활성 저하, 진동·소음 증가, 컴프레서 고착 등

▶ **냉동 오일이 과다할 경우 증상**
고압게이지의 떨림, 간헐적 팽창 불량 등

(4) 냉매의 충전

① 밸브를 열어 충전기를 이용하여 냉매를 규정량만큼 충전시킨 후 밸브를 닫는다.

② 누설 감지기로 시스템에서 냉매 누설을 점검한다.

06 냉·난방장치 작동 및 정비 체크사항

① 에어컨 압축기는 구동 조건을 만족할 때 엔진 ECU가 에어컨 릴레이를 제어하여 작동된다.

② **엔진 시동 상태에서 에어컨 스위치를 ON하면 블로워모터가 OFF된 상태에서도 콘덴서 팬이 작동**한다.

③ 에어필터가 막히면 블로워모터 작동 시 풍량이 약해진다.

④ PTC 히터는 입력 조건이 성립되었을 때 엔**진 ECU와 에어컨 ECU가 연동**하여 PTC 릴레이를 구동시킨다.

⑤ 에어컨이 정상 작동 중일 때 콘덴서(응축기) 입·출구의 냉매 **온도 차이가 20℃ 이상이면 콘덴서의 기능은 정상**이다.

⑥ 에어컨 관련 부품 교환 시 '**냉매 회수 → 부품 교환 → 신유 주입 → 진공 작업 → 냉매충전**'의 과정을 거친다.

⑦ 에어컨 냉매 주입은 겨울보다 여름철에 충전량을 늘려줘야 한다.

⑧ 구냉매(R-12)는 오존층파괴 지수와 지구온난화 지수가 크므로 대기 방출 시 위험하지만, 신냉매(R-134a)는 오존층파괴 지수가 0이기 때문에 대기 방출해도 무관하다.

⑨ 압축기의 ON/OFF 구동은 크게 시스템 라인의 압력과 증발기 온도에 의해서 결정된다.

⑩ 압축기로 액체 냉매 유입은 고장을 유발하므로 반드시 기체 냉매가 유입되어야 하며 압축기 작동 시 고온고압의 기체 냉매가 토출된다.

▶ 고장 원인	
블로워모터가 회전하지 않음	• 블로워모터 관련 퓨즈 단선 • 블로워모터 입력 스위치 불량 • 블로워모터 불량 • 블로워모터 회로 배선의 단선/단락 • 파워TR 불량 • MOS FET 불량
에어컨 압축기가 작동하지 않음	• 압축기(컴프레서) 관련 퓨즈 단선 • 트리플 압력스위치 불량 • APT(automotive pressure transduser) 불량 • 에어컨릴레이 불량 • 관련 배선의 단선/단락 • 에어컨 스위치 불량 • 에어컨 ECU 불량
찬바람이 나오질 않는다.	• 냉매 부족(누설) / 냉매 과충전 • 압축기, 응축기, 팽창밸브, 증발기의 고장, 막힘, 오염 • 냉매에 기포·수분 다량 포함 • 압축기의 벨트 장력 부족 • 콘덴서 팬 불량 / 정온기 불량 • 액추에이터 및 레버 불량 • 온도 센서 불량 / 핀서모 센서 불량 • 압축기 클러치 불량 • 블로워모터 및 접속 불량 • 에어필터 오염 및 막힘 등
더운 바람이 잘 나오질 않음	• 히터코어 및 정온기 불량 • 냉각수량 부족 • PTC 코일 불량 • PTC 퓨즈 및 릴레이 불량 • 에어필터 오염 및 막힘 등

[11-2]

1 차량의 실내는 외부나 내부에서 여러 가지 열부하가 가해지는데 냉방장치의 능력에 영향을 주는 열부하와 거리가 먼 것은?

① 승차인원 부하
② 증발 부하
③ 환기 부하
④ 복사 부하

차량 열부하 : 환기 부하, 관류 부하, 승원 부하, 복사 부하

[12-2]

2 온수식 히터 장치의 실내온도 조절방법으로 틀린 것은?

① 온도조절 액추에이터를 이용하여 열교환기를 통과하는 공기량을 조절한다.
② 송풍기 모터의 회전수를 제어하여 온도를 조절한다.
③ 열 교환기에 흐르는 냉각수량을 가감하여 온도를 조절한다.
④ 라디에이터 팬의 회전수를 제어하여 열 교환기의 온도를 조절한다.

라디에이터 팬은 엔진의 열을 식혀주는 역할을 하며, 난방장치와는 관계가 없다.

[14-1]

3 전자제어 디젤 차량의 PTC (positive-temperature coefficient) 히터에 대한 설명으로 틀린 것은?

① 공기 가열식 히터이다.
② 작동시간에 제한이 없는 장점이 있다.
③ 배터리 전압이 규정치보다 낮아지면 OFF 된다.
④ 공전속도(약 700 rpm) 이상에서 작동된다.

• 디젤차량의 난방보조장치로, 히터코어 뒤에 추가로 가열장치를 설치하여 엔진이 예열되기 전에 전기발열로 공기를 가열하여 실내로 유입시키는 pre-heating 장치이다.
• 최대 1시간으로 제한한다.
• 냉각수 온도가 70℃ 이상에서는 작동을 멈춘다.
• 공전 시 PTC 사용으로 인한 전압보상을 위해 아이들업을 상승시키며, 배터리 전압이 규정치보다 낮으면 OFF시킨다.

[참고]

4 PTC 난방장치에 대한 설명으로 맞는 것은?

① 부특성 서미스터 소자를 이용한 장치이다.
② 영하의 날씨에 시동을 걸기 전 운전석의 차가운 실내를 데우기 위해 사용된다.
③ 냉각수 온도를 빠르게 상승시키는 역할을 한다.
④ 외기 온도센서 고장 시 작동이 중지된다.

PTC의 작동조건 : 냉각수온도와 외기온도가 작동조건에 만족할 때 블로워모터를 작동시킨다.

[참고]

5 PTC 히터의 작동 조건으로 틀린 것은?

① 냉각수 온도가 70℃ 이하일 때
② 시동이 꺼진 상태일 때
③ 배터리 전압이 12.5V 이상일 때
④ 흡기 온도가 5℃ 이하일 때

작동 조건
• 700 rpm 이상(배터리 방전 방지)
• 흡기온도 5℃ 이하, 냉각수온도 70℃ 이하
• 배터리 전압이 12.5V 이상일 때(8.9 V 이하 OFF)
• 송풍 스위치 ON
• 작동시간 : 최대 1시간

[참고]

6 PTC 난방장치에 대한 설명으로 틀린 것은?

① 공기 가열식 전기 보조히터이다.
② 연료를 연소시켜 실내에 따뜻한 바람을 송풍한다.
③ 엔진 컨트롤 유닛이 엔진 냉각수 온도와 차량 외부의 온도조건에 따라 PTC 전원을 공급/차단시킨다.
④ 배터리 전압이 규정값보다 낮으면 작동되지 않는다.

난방보조장치에는 FFH(Fuel Fired Heater)와 PTC(Positive Temperature Coefficient)가 있으며 ②는 FFH에 해당한다.

▶ 참고) **FFH의 작동 시 특징**
• FFH 시스템 작동 중에 엔진 시동을 끄면 FFH 시스템 내부의 잔류 연료 소모를 위해 최대 2분간 작동할 수 있다.
• 연료 연소식 히터가 초기 작동할 때 연료펌프 작동음과 흰 연기가 발생할 수 있다.

[19-1, 12-2]

7 에어컨에서 냉매 흐름 순서를 바르게 표시한 것은?

① 컨덴서 → 증발기 → 팽창밸브 → 컴프레셔
② 컨덴서 → 컴프레셔 → 팽창밸브 → 증발기
③ 컨덴서 → 팽창밸브 → 증발기 → 컴프레셔
④ 컴프레셔 → 팽창밸브 → 컨덴서 → 증발기

냉매의 순환 : 압축기(컴프레셔) - 응축기(콘덴서) - 팽창밸브 - 증발기

정답 1 ② 2 ④ 3 ② 4 ④ 5 ② 6 ② 7 ③

chapter 03

8 다음은 에어컨 냉매가 순환하는 과정이다. <보기>의 괄호 안에 들어갈 용어에 해당되는 것은?

[보기]
컴프레서 → 콘덴서 → 리시버드라이어 → ( ) → 이베퍼레이터

① 진공　　　　　　② 팽창밸브
③ 매니폴드　　　　④ 냉동오일

> 에어컨 순환과정 : 압축기 → 응축기 → 건조기 → 팽창밸브 → 증발기

[참고]

9 오존층 파괴를 줄임과 동시에 지구 온난화 지수(GWP)를 감소시키기 위해 적용된 자동차용 대체 냉매는?

① R-134a　　　　　② R-1234yf
③ R-16a　　　　　④ R-12a

10 에어컨 냉매 R-134a의 특징을 잘못 설명한 것은?

① 액화 및 증발이 되지 않아 오존층이 보호된다.
② 무미, 무취하다.
③ 화학적으로 안정되고 내열성이 좋다.
④ 온난화지수가 냉매 R-12 보다 낮다.

> 냉매의 특성상 쉽게 액화, 증발되어야 한다.

[참고]

11 R-1234yf 냉매에 대한 설명으로 올바르지 않은 것은?

① 폭발성과 독성이 없으며 친환경적이다.
② R-134a에 비해 가스밀도가 높아 냉매 유량이 증대된다.
③ 열역학적인 특성이 R-134a와 다르기 때문에 기존 냉방설계를 변경해야 한다.
④ R-134a에 비해 지구온난화지수가 낮다.

> R-1234yf 냉매는 R-134a에 비해 지구온난화지수가 낮으며, LCA도 우수하다. R-134a의 열역학적 특성이 유사하여 냉방 설계를 크게 변경할 필요없다.

[참고]

12 에어컨(air conditioner) 시스템에서 냉매라인을 고압라인과 저압라인으로 나누었을 때 저압라인의 부품으로 옳은 것은?

① 응축기(condenser)
② 리시버 드라이어(receiver drier)
③ 어큐뮬레이터(accumulator)
④ 송풍기(blower motor)

> **냉방장치의 고압·저압라인**
> • 고압라인 : 압축기 - 응축기 - 리시버 드라이어 - 팽창밸브
> • 저압라인 : 팽창밸브 - 증기기 - 어큐뮬레이터 - 압축기

[참고]

13 냉방장치의 증기압축 냉동 사이클 시스템에서 액체가 기체로 상태 변화할 때 주변의 열을 흡수하는 반응을 이용한 부품은?

① 압축기와 응축기
② 응축기와 어큐뮬레이터
③ 리시버 드라이어와 어큐뮬레이터
④ 증발기와 팽창밸브

> 팽창밸브를 거쳐 유입된 저온저압의 냉매가 증발기에서 무화상태로 변하는 동안 냉각팬에 의해 증발기판을 통과하는 주변의 열을 흡수하여 블로어 모터로 실내에 유입시킨다.

[참고]

14 에어컨의 구성부품 중 고압의 기체 냉매를 냉각시켜 액화시키는 작용을 하는 것은?

① 압축기　　　　　② 응축기
③ 팽창밸브　　　　④ 증발기

[14-3, 13-3]

15 자동차 냉방 장치의 구성부품 중에서 액화된 고온·고압의 냉매를 저온 저압의 냉매로 만드는 역할을 하는 것은?

① 압축기　　　　　② 응축기
③ 증발기　　　　　④ 팽창밸브

[15-3]

16 TXV 방식의 냉동사이클에서 팽창밸브는 어떤 역할을 하는가?

① 고온 고압의 기체 상태의 냉매를 냉각시켜 액화시킨다.
② 냉매를 팽창시켜 고온 고압의 기체로 만든다.
③ 냉매를 팽창시켜 저온 저압의 무화상태 냉매로 만든다.
④ 냉매를 팽창시켜 저온 고압의 기체로 만든다.

> 팽창밸브는 고온고압의 냉매를 저온저압의 무화상태로 변환한다.
> ※ TXV형(Thermo Expansion Valve) : 냉매의 팽창과 증발을 팽창밸브로 조절하는 방식이다.
> ※ 무화상태 : 작은 입자로 미립화한다는 의미로 액체상태이지만, 일부 시험에서는 기체로 표현할 수 있다. (스프레이의 분무기를 연상할 것)

정답　**8** ②　**9** ②　**10** ①　**11** ③　**12** ③　**13** ④　**14** ②　**15** ④　**16** ③

17 자동차의 에어컨시스템에서 팽창밸브의 역할로 옳은 것은?

① 냉매의 압력을 저온, 저압으로 미립화하여 증발기 내에 공급해 주는 역할을 한다.

② 컴프레서와 콘덴서 사이에 위치, 고온-고압의 냉매를 팽창시켜 저온-저압으로 콘덴서에 공급한다.

③ 컴프레서의 흡입구에 위치하며 순환을 마친 냉매를 팽창시켜 액체 상태로 컴프레서에 공급한다.

④ 에어컨 회로 내의 공기 유입 시 유입된 공기를 팽창시켜 외부로 배출하는 역할을 한다.

[13-1, 07-1]

18 자동차 에어컨에서 팽창밸브(expansion valve)의 역할은?

① 냉매를 팽창시켜 고온 고압의 기체로 만든다.

② 냉매를 급격히 팽창시켜 저온 저압의 무화 상태로 만든다.

③ 냉매를 압축하여 고압으로 만든다.

④ 팽창된 기체상태의 냉매를 액화시킨다.

고온, 고압의 액체 냉매를 급속 냉각시켜 저온, 저압의 무화상태로 바꾸어 주며, 증발기로 들어가는 냉매의 양을 조절한다.

[참고]

19 자동차 냉방장치의 응축기(condenser)가 하는 역할로 맞는 것은?

① 액체 상태의 냉매를 기화시키는 것이다.

② 액상의 냉매를 일시 저장한다.

③ 고온 고압의 기체 냉매를 액체 냉매로 변환시킨다.

④ 냉매를 항상 건조하게 유지시킨다.

압축기를 통해 만들어진 고온 고압의 기체 냉매가 방열판 형태의 응축기를 거치면서 냉매의 열이 외부 공기에 의해 냉각되어 액체로 변환된다.

[19-3, 09-1]

20 전자동 에어 컨디셔닝 시스템의 구성부품 중 응축기에서 보내온 냉매를 일시 저장하고 항상 액체 상태의 냉매를 팽창 밸브로 보내는 역할을 하는 것은?

① 익스텐션 밸브   ② 리시버 드라이어

③ 컴프레서   ④ 이베퍼레이터

건조기는 응축기(고압액체 냉매)에서 팽창밸브를 보낼 때 기체와 액체가 섞어있기 때문에 기포를 분리하여 액체 냉매만 팽창밸브를 통과시켜 증발기에 보내는 역할을 한다. 또한 부하변동에 따른 냉매 순환량도 변하므로 항상 적정 냉매를 저장하며, 냉매의 수분 및 이물질을 제거하는 역할도 한다.
※ 정리) 리시버 드라이어의 기능 : 냉매의 수분·이물질 제거, 기포 분리, 냉매의 저장

[20-3]

21 자동차 냉방시스템에서 CCOT(Clutch Cycling Orifice Tube) 형식의 오리피스 튜브와 동일한 역할을 수행하는 TXV(Thermal Expansion Valve) 형식의 구성부품은?

① 컨덴서   ② 팽창밸브

③ 핀센서   ④ 리시버 드라이버

냉매의 팽창방식에 의해 TXV 방식과 CCOT 방식으로 나뉘며, CCOT 방식는 오리피스 튜브, TXV는 팽창밸브에서 그 역할을 한다.

[20-1, 17-2, 16-2]

22 냉방장치의 구성품으로 압축기로부터 들어온 고온고압의 기체 냉매를 냉각시켜 액체로 변환시키는 장치는?

① 증발기   ② 응축기

③ 건조기   ④ 팽창 밸브

에어컨 순환과정
압축기 → 응축기 → 팽창밸브 → 증발기 → 압축기
고온고압 기체   중온고압 액체   저온저압 무화   저온저압 기체

[참고]

23 자동차 에어컨에서 압축기 출구의 냉매 상태는?

① 고온 고압 액체상태   ② 고온 고압 기체상태

③ 저온 저압 액체상태   ④ 저온 저압 기체상태

[19-3, 16-2, 16-1]

24 에어컨 냉매(R-134a)의 구비조건으로 옳은 것은?

① 비등점이 적당히 높을 것

② 냉매의 증발 잠열이 작을 것

③ 응축 압력이 적당히 높을 것

④ 임계 온도가 충분히 높을 것

냉매의 구비조건
1. 비등점이 적당히 낮을 것 : 대기압 하에서 쉽게 증발 혹은 응축액화할 수 있을 것 (→ 상온에서 쉽게 기화할 수 있을 것)
2. 증발잠열이 클 것 (→ '증발잠열'은 액체가 기화할 때 외부로부터 흡수되는 열량을 말하며, 클수록 더 많은 열을 빼앗음)
3. 응축 압력이 적당히 낮을 것
   (→ 상온 적당한 저압에서 쉽게 액화할 수 있을 것)
4. 임계온도가 상온보다 높고, 응고온도가 낮을 것
   (→ 상온에서 쉽게 액화할 수 있을 것)
5. 냉매가스 비체적이 작을 것
6. 증기 비열비가 작을 것 (→ 쉽게 기화할 수 있을 것)
7. 기체 및 액체의 밀도가 작을 것 (→ 밀도가 클수록 한번에 압축할 수 있는 냉매량이 줄어들고 마찰저항이 증가하므로 냉매의 밀도는 작을수록 좋다)
8. 윤활유와 냉매가 섞여 화학적으로 반응하지 않을 것

25 냉방장치의 구조 중 다음의 설명에 해당되는 것은?

> 팽창밸브에서 분사된 액체 냉매가 주변의 공기에서 열을 흡수하여 기체 냉매로 변환시키는 역할을 하고, 공기를 이용하여 실내를 쾌적한 온도로 유지시킨다.

① 리시버 드라이어　　　② 압축기
③ 증발기　　　　　　　④ 송풍기

[17-1]

26 자동차에 사용되는 에어컨 리시버 드라이어의 기능으로 틀린 것은?

① 액체 냉매 저장　　　② 냉매 압축 송출
③ 냉매의 수분 제거　　④ 냉매의 기포 분리

[13-2]

27 에어컨 구성품 중 핀서모 센서에 대한 설명으로 옳지 않은 것은?

① 에버포레이터 코어의 온도를 감지한다.
② 부특성 서머스터로 온도에 따른 저항이 반비례하는 특성이 있다.
③ 냉방 중 에버포레이터가 빙결되는 것을 방지하기 위하여 장착된다.
④ 실내온도와 대기온도 차이를 감지하여 에어컨 컴프레셔를 제어한다.

> **핀서모 센서** : NTC 서미스터를 이용하여 증발기(에버포레이터)의 핀 온도를 감지하여 에어컨 ECU의 입력신호로 이용한다. 0.5℃ 이하일 경우 빙결방지를 위해 컴프레셔를 OFF, 3℃ 이상이면 컴프레셔를 구동한다.
> ※ ④는 실내온도센서와 외기온도센서를 이용한 FATC에 대한 설명이다.

[14-2, 09-3]

28 에어컨 시스템에 사용되는 에어컨 릴레이에 다이오드를 부착하는 이유로 가장 적절한 것은?

① ECU 신호에 오류를 없애기 위해
② 서지 전압에 의한 ECU 보호
③ 릴레이 소손을 방지하기 위해
④ 정밀한 제어를 위해

> 보통 코일(솔레노이드, 릴레이, 모터)에 부하가 작용할 경우 전류가 on-off될 때 역기전력(서지압)이 발생되어 릴레이나 코일에 충격을 줄 수 있다. 이를 방지하기 위해 병렬로 반대 극성의 다이오드를 연결해준다.

[21-1, 17-3]

29 전자제어 에어컨 장치(FATC)에서 증발기를 통과하여 나오는 공기(outlet air)의 온도를 제어하기 위한 센서가 <u>아닌 것</u>은?

① 실내온도 센서　　　② 외기온도 센서
③ 일사량 센서　　　　④ 흡기온도 센서

> **FATC의 요소** : 실내·외기온도 센서, 일사량 센서, 핀서모 센서, 냉각수온 센서, 온도조절 액추에이터 위치센서, AQS센서 등

[10-1]

30 전자제어 자동 에어컨 장치에서 전자제어 컨트롤 유닛에 의해 제어되지 않는 것은?

① 냉각수온 센서　　　② 블로워 모터
③ 컴프레서 클러치　　④ 내·외기 댐퍼 모터

> 냉각수온센서는 입력 신호에 해당된다.

[14-3, 11-3, 18-3 유사]

31 전자제어 에어컨장치에서 컨트롤 유닛에 입력되는 요소가 <u>아닌 것</u>은?

① 외기온도 센서　　　② 일사량 센서
③ 습도 센서　　　　　④ 블로워 센서

> 블로워(송풍기)는 출력 요소에 해당된다.

[17-3, 13-3]

32 전자동 에어컨장치(Full Auto Conditioning)에서 입력되는 센서가 아닌 것은?

① 대기압 센서　　　　② 실내온도 센서
③ 핀서모 센서　　　　④ 일사량 센서

> **전자동 에어컨장치의 입력 센서**
> 실내·외기온도센서, 일사량센서, 핀서모센서, 냉각수온센서, 온도조절 액추에이터 위치센서, AQS 센서 등
> ※ 대기압센서 : 전자제어 연료분사장치의 연료보정 역할

[참고]

33 자동차 에어컨에서 컴프레서 마그네틱 클러치의 역할로 옳은 것은?

① 냉방 정도에 따라 블로어 스위치를 차단하는 역할을 한다.
② 엔진 회전력을 컴프레서 구동축에 전달 또는 차단하는 역할을 한다.
③ 냉매의 양이 부족할 때에 에어컨 스위치를 차단하는 역할을 한다.
④ 외기 온도에 따라 팬을 회전 또는 정지시키는 역할을 한다.

[10-2]

34 에어컨 압축기에서 마그넷(magnet) 클러치의 설명으로 맞는 것은?

① 고정형은 회전하는 풀리가 코일과 정확히 접촉하고 있어야 한다.

② 고정형은 최대한의 전자력을 얻기 위해 최소한의 에어갭이 있어야 한다.

③ 회전형 클러치는 몸체의 샤프트를 중심으로 마그넷 코일이 설치되어 있다.

④ 고정형은 풀리 안쪽에 있는 슬립링과 접촉하는 브러시를 통해 전류를 코일에 전달하는 방법이다.

① 고정형은 코일은 고정되어 있으며 풀리는 회전하는 구조로 갭이 있어야 하므로 접촉하면 안된다.
③ 고정형 클러치에 대한 설명이다.
④ 슬립링과 접촉하는 브러시를 통한 전류의 전달은 전동기나 발전기에 해당된다.

[14-2]

35 자동 에어컨 시스템에서 계속되는 냉방으로 증발기가 결빙되는 것을 방지할 목적으로 사용되는 센서는?

① 일사량 센서   ② 핀서모 센서

③ 실내온도 센서   ④ 외기온도 센서

[참고]

36 에어컨을 켰는데 시원한 바람이 나오지 않았을 때 그 원인으로 가장 거리가 먼 것은?

① 핀서모 센서 불량   ② 압축기 클러치 불량

③ 서모스탯 불량   ④ AQS 불량

찬바람이 나오지 않는 원인
냉매량 부족(누설) 또는 과충전 / 응축기 막힘 또는 응축기 코어 오염 / 냉매에 기포·수분 다량 포함 / 냉각팬 불량 및 퓨즈 단선 / 정션박스의 접촉 불량 / 압축기 내부 오염 / 팽창밸브 막힘 / 실내 공기필터 막힘 / 압축기 및 압축기 클러치 불량 / 압축기의 벨트 장력 부족 / 액추에이터 및 레버 불량 / 온도 센서·핀서모 센서 불량 / 블로어 모터 불량 및 접속 불량 등

※ AQS(Air Quality Sensor, 배기가스 감지센서)는 유해가스의 실내차단 기능을 하며, 냉방효과와는 다소 거리가 멀다.

[12-3]

37 유해가스 감지센서(AQS)가 차단하는 가스가 아닌 것은?

① SO_2 ② NO_2

③ CO_2 ④ CO

AQS(air quality system) 센서 : 유해배기가스 감지용 반도체를 이용하여 유해가스를 감지하여 이들 가스의 실내유입을 자동적으로 차단하여 최적의 실내공기를 유지한다.

[18-2, 15-2, 08-1]

38 에어컨에서 냉방효과가 저하되는 원인이 아닌 것은?

① 냉매량이 규정보다 부족할 때

② 압축기 작동시간이 짧을 때

③ 압축기의 작동시간이 길 때

④ 냉매주입시 공기가 유입되었을 때

[10-3]

39 에어컨 냉매회로의 점검 시에 저압측이 높고 고압측은 현저히 낮을 때의 결함으로 적합한 것은?

① 냉매회로 내 수분 혼입

② 팽창밸브가 닫힌 채 고장

③ 냉매회로 내 공기 혼입

④ 압축기 내부 결함

• 규정값보다 고압↓, 저압↓ : 냉매량 부족
• 규정값보다 고압↑, 저압↑ : 냉매량 과다, 응축기 불량, 공기혼입
• 규정값보다 고압↓, 저압↑ : 컴프레서 결함
• 규정값보다 고압↑(특히 높음), 저압↓ : 팽창밸브 개방 상태에서 고착
• 운전 중 저압이 부압이 발생하거나 정상 : 냉매의 비순환

[참고]

40 에어컨 작동 시 압력을 측정한 결과, 고압은 정상보다 낮고 저압은 높게 측정 되었다면 결함사항으로 옳은 것은?

① 압축기의 압축 불량이 많다.

② 냉매 충전량이 너무 많다.

③ 에어컨 시스템에 공기가 혼입되었다.

④ 에어컨 시스템에 수분이 혼입되었다.

[13-3]

41 냉방 사이클 내부의 압력이 규정치보다 높게 나타나는 원인으로 옳지 않은 것은?

① 냉매의 과충전   ② 컴프레셔의 손상

③ 냉각팬 작동불량   ④ 리시버 드라이어의 막힘

컴프레셔는 고온고압 상태의 기체로 만들어 응축기로 보내는 역할을 하므로 컴프레셔가 고장나면 압력이 규정치보다 낮아진다.

[17-2]

42 자동차 에어컨 시스템에서 응축기가 오염되어 대기 중으로 열을 방출하지 못하게 되었을 경우 저압과 고압의 압력은?

① 저압과 고압 모두 낮다.

② 저압과 고압 모두 높다.

③ 저압은 높고 고압은 낮다.

④ 저압은 낮고 고압은 높다.

정답   34 ②   35 ②   36 ④   37 ③   38 ③   39 ④   40 ①   41 ②   42 ②

[16-3]

43 에어컨 시스템에서 저압측 냉매 압력이 규정보다 낮은 경우의 원인으로 가장 적절한 것은?

① 팽창밸브가 막힘 ② 콘덴서 냉각이 약함
③ 냉매량이 너무 많음 ④ 시스템 내에 공기 혼입

> 팽창밸브는 고온고압의 액체 냉매를 저온저압의 기체로 바꾸며, 증발기 출구쪽 냉매온도를 검출하여 냉매량을 조절하여 증발기로 보내는 장치로, 저압측 냉매(증발기 근처)의 압력이 낮으면 팽창밸브의 막힘이 가장 적절하다.

[10-3]

44 자동 온도 조절장치(ATC)의 부품과 그 제어기능을 설명한 것으로 틀린 것은?

① 실내센서 : 저항치의 변화
② 인테이크 액추에이터 : 스트로크 변화
③ 일사센서 : 광전류의 변화
④ 에어믹스도어 : 저항치의 변화

> ① 실내, 외기센서 : 부특성 서미스터 이용(온도변화에 따른 저항치의 변화를 이용)
> ② 인테이크 액추에이터 : 스트로크(행정) 변화
> ③ 일사센서 : 일사량에 의한 광전류의 변화
> ④ 에어믹스도어 : 전기모터 이용

[12-3, 09-2]

45 자동온도 조절장치(FATC)의 센서 중에서 포토다이오드를 이용하여 변환 전류로 컨트롤하는 센서는?

① 일사량 센서 ② 내기온도 센서
③ 외기온도 센서 ④ 수온 센서

> 포토 다이오드는 빛에너지(입사광선 또는 인공광원)를 전기에너지로 변화시켜 빛의 강도에 비례하여 전압을 발생시킨다. 일사량 센서는 포토 다이오드를 이용하여 실내온도를 자동으로 조절하는 역할을 한다.

[참고]

46 자동 에어컨시스템(FATC)의 구성품의 점검에 대한 설명으로 틀린 것은?

① 블로워모터의 속도는 가변저항을 측정한다.
② 핀서모센서는 증발기 출구온도를 측정한다.
③ AQS 센서 점검 시 스프레이 가스를 뿌려 출력전압을 측정한다.
④ 응축기 점검은 에어컨을 가동시킨 후 응축기 입·출구의 온도를 측정하여 응축상태를 확인한다.

> 기존의 기계식 에어컨과 달리 FATC는 블로워모터의 속도 조절을 가변 저항이 아닌 파워 TR(NPN형)의 증폭작용을 이용하거나 파워 모스펫(MOS-FET)를 이용하여 블로워모터에 흐르는 전류를 제어한다.

[15-3]

47 실내온도 센서(NTC특성) 점검방법에 관한 설명으로 옳지 않은 것은?

① 센서 전원 5V 공급여부
② 실내온도 변화에 따른 센서 출력값 일치 여부
③ 에어튜브 이탈 여부
④ 센서에 더운 바람을 인가했을 때 출력값이 상승되는지 여부

> NTC(부특성 서미스터)의 특성을 묻는 문제다. NTC 서미스터는 온도와 저항·출력전압이 서로 반비례한다.

[참고] 기능사

48 자동차 에어컨 시스템에 사용되는 컴프레셔 중 가변용량 컴프레셔의 장점이 아닌 것은?

① 냉방성능 향상 ② 소음진동 감소
③ 연비 향상 ④ 냉매 충진 효율 향상

> **가변용량 컴프레셔의 주요 특징**
> 컴프레셔의 구동 부하를 감소시켜 엔진 부하를 감소시킨다.
> • 냉방 성능 향상 : 에어컨 작동 전 영역에서 냉방 부하량 변동에 따른 냉매량 가변 제어로 잦은 컴프레서의 ON/OFF 제어가 불필요하여 실내 냉방 온도의 균일성을 확보
> • 소음/진동 감소 효과 : 컴프레서 구동 부하가 감소되면서 컴프레서나 냉매 파이프, 팽창밸브 등에서 발생되던 공진음 및 진동이 현저하게 감소
> • 운전성능 향상 효과 : 컴프레서 구동 부하가 감소되어 에어컨 작동 중 엔진출력 및 가속등판 성능 향상
> • 연비 향상 효과 : 컴프레서 부하량 변동에 따라 엔진 ECU가 공회전 rpm을 피드백 제어하기 때문에 연료 소모량을 줄임
> ※ 충진 효율이란 냉매의 밀도를 말하며, 가변용량 압축기의 장점은 아니다.

[17-2]

49 에어컨 압축기 종류 중 가변용량 압축기에 대한 설명으로 옳은 것은?

① 냉방 부하에 따라 냉매 토출량을 조절한다.
② 냉방 부하에 관계없이 일정량의 냉매를 토출한다.
③ 냉방 부하가 작을 때만 냉매 토출량을 많게 한다.
④ 냉방 부하가 클 때만 작동하여 냉매 토출량을 적게 한다.

> **토출용량의 제어 방식에 따른 압축기 구분**
> • 고정식(크랭크식) : 냉방 부하의 변동에 관계없이 최대 토출량으로 작동
> • 가변용량식 : 1회전당 냉매 토출량을 냉방 부하에 따라 연속적으로 변화시켜 운전성을 향상

정답 43 ① 44 ④ 45 ① 46 ① 47 ④ 48 ④ 49 ①

50 에어컨 자동온도조절장치(FATC)에서 제어 모듈의 출력요소로 틀린 것은?

① 블로어 모터
② 에어컨 릴레이
③ 엔진 회전수 보상
④ 믹스 도어 액추에이터

FATC의 입·출력 요소
- 입력 : 냉각수온 센서, 실내온도 센서, 외기온도 센서, 일광센서, 파워 TR 전압, 습도센서, 배터리 전원, 흡기온도 센서, 각 댐퍼모터의 위치센서, 컴프레서 록킹신호 등
- 출력 : 블로어 릴레이(블로어 모터), 에어컨 릴레이, 내·외기 도어 액추에이터, 믹스 도어 액추에이터, 풍향 도어 액추에이터 등

[19-2, 15-1]

51 자동 공조장치에 대한 설명으로 틀린 것은?

① 파워 트랜지스터의 베이스 전류를 가변하여 송풍량을 제어한다.
② 온도 설정에 따라 믹스 액추에이터 도어의 개방 정도를 조절한다.
③ 실내 및 외기온도 센서 신호에 따라 에어컨 시스템의 제어를 최적화한다.
④ 핀서모 센서는 에어컨 라인의 빙결을 막기 위해 콘덴서에 장착되어 있다.

증발기 온도가 너무 낮으면 증발기가 빙결되어 냉각효과가 저하된다. 이를 방지하기 위해 증발기에 핀서모 센서를 설치하며, 증발기 온도를 검출하여 핀서모 스위치가 OFF되어 콘덴서(압축기)의 작동을 차단시킨다.

[17-3, 12-3]

52 자동공조장치와 관련된 구성품이 아닌 것은?

① 컴프레서, 습도센서
② 컨덴서, 일사량 센서
③ 에바포레이터, 실내온도 센서
④ 차고센서, 냉각수온센서

차고센서는 FATC와 무관하다.

[14-1]

53 차량 속도가 증가되면 엔진온도가 하강하고 실내 히터에 나오는 공기가 따뜻하지 않은 원인으로 옳은 것은?

① 엔진 냉각수 양이 적다.
② 방열기 내부의 막힘이 있다.
③ 서모스탯이 열린 채로 고착되었다.
④ 히터 열 교환기 내부에 기포가 혼입되었다.

서모스탯이 열린 채 고착되면 시동 후 냉각수가 계속 라디에이터로 보내져 냉각되므로 엔진이 가열되지 못한다.
※ 난방장치는 가열된 냉각수의 일부가 히터코어를 통과할 때 블로어 모터의 전동 팬을 돌려 뜨거운 공기를 차량 내로 유입시킨다.

[21-1]

54 냉방장치에 대한 설명으로 틀린 것은?

① 응축기는 압축기로부터 오는 고온냉매의 열을 외부로 방출시킨다.
② 건조기는 저장, 수분제거, 압력조정, 냉매량 점검, 기포발생의 기능이 있다.
③ 팽창밸브는 냉매를 무화하여 증발기에 보내며 압력을 낮춘다.
④ 압축기는 증발기에서 저압기체로 된 냉매를 고압으로 압축하여 응축기로 보낸다.

건조기는 기포를 분리하는 기능이 있다.

[12-3]

55 냉·난방장치에서 블로워모터 및 레지스터에 대한 설명으로 옳은 것은?

① 최고 속도에서 모터와 레지스터는 병렬 연결된다.
② 블로워모터 회전속도는 레지스터의 저항값에 반비례한다.
③ 블로워모터 레지스터는 라디에이터 팬 앞쪽에 장착되어 있다.
④ 블로워모터가 최고속도로 작동하면 블로워 모터 퓨즈가 단선될 수 있다.

① 블로어모터의 속도는 모터에 3~4개의 용량이 다른 저항(가변저항) 중 하나에 직렬로 연결하여 조절한다.
② 오옴의 법칙에 의해 회전속도(전류)는 저항에 반비례한다.
③ 블로어모터 레지스터는 블로어 모터 옆에 장착되어 있으며, 라디에이터 팬 앞쪽에 장착된 것은 콘덴서(응축기)이다.

[12-3]

56 에어컨 시스템이 정상 작동 중일 때 냉매의 온도가 가장 높은 곳은?

① 압축기와 응축기 사이
② 응축기와 팽창밸브 사이
③ 팽창밸브와 증발기 사이
④ 증발기와 압축기 사이

고온고압 영역에서 기체 상태일 때 온도가 높으므로 압축기와 응축기 사이이다.

정답 50 ③ 51 ④ 52 ④ 53 ③ 54 ② 55 ② 56 ①

57 자동차의 에어컨 중 냉방효과가 저하되는 원인으로 틀린 것은?

① 압축기 작동시간이 짧을 때
② 냉매량이 규정보다 부족할 때
③ 냉매주입 시 공기가 유입되었을 때
④ 실내 공기순환이 내기로 되어 있을 때

> 실내 공기순환과 냉방효과는 관계가 없다.

58 공기조화장치에서 저압과 고압 스위치로 구성되어 있으며, 리시버 드라이어에 주로 장착되어 있는데 컴프레셔의 과열을 방지하는 역할을 하는 스위치는?

① 듀얼 압력 스위치　　② 콘덴서 압력 스위치
③ 어큐뮬레이터 스위치　　④ 리시버 드라이어 스위치

> 듀얼 압력 스위치는 고압측 리시버 드라이어에 설치되며, 두 개의 압력 설정치를 갖고 한 개의 스위치로 2가지 기능을 한다.
> • 냉매가 없거나 외기온도가 0℃ 이하일 때 스위치가 켜져 압축기 클러치로 공급하는 전원을 차단하여 압축기 과열을 방지
> • 고압측 냉매 압력을 감지하여 압력이 규정치 이상이면 스위치가 켜져 전원 공급을 차단하여 고압을 방지

59 공기정화용 에어필터에 대한 내용으로 틀린 것은?

① 공기 중의 이물질만 제거 가능한 형식이 있다.
② 필터가 막히면 블로워 모터의 소음이 감소된다.
③ 필터가 막히면 블로워 모터의 송풍량이 감소된다.
④ 공기 중의 이물질과 냄새를 함께 제거 가능한 형식이 있다.

> 필터가 막히면 공기가 순환되지 않아 소음이 커진다.

60 자동에어컨(FATC) 작동 시 바람은 배출되나 차갑지 않다. 점검해보니 컴프레셔 스위치의 작동음이 들리지 않는다. 고장원인으로 거리가 가장 먼 것은?

① 컴프레셔 릴레이 불량
② 트리플 스위치 불량
③ 블로우 모터 불량
④ 써머 스위치 불량

> 바람이 배출되므로 블로워 모터 불량은 아니다.

61 전자제어 공조장치의 출력에 대한 설명으로 틀린 것은?

① 온도 조절 액추에이터의 도어 위치센서는 에어컨 ECU에 피드백 신호를 보내 도어의 위치를 도달하면 모터의 작동을 제어한다.
② DEF 스위치를 선택하면 송풍 순서에 관계없이 DEF 모드로 작동한다.
③ 파워 모스펫(MOS-FET)은 파워 TR보다 내부 저항이 커 전력 손실이 크다.
④ 내·외기의 전환은 액추에이터에 입력되는 배터리 전원 극성을 변화시켜 방향을 결정한다.

> ② 모드 스위치를 선택하면 'VENT(얼굴 방향) → DEFROST (앞 유리 방향) → FLOOR (바닥 방향) → MIX'의 순서로 순차적으로 작동하지만, DEF 스위치를 선택하면 순서에 상관없이 DEF 모드로 작동한다.
> ③ 파워 모스펫은 파워TR보다 진보한 방식(컴퓨터에 사용)으로, 수동 8단·자동 무단으로 속도 제어가 가능하다. TR보다 내부저항이 작아 전력 손실이 적고 큰 전류를 제어할 수 있어 Hi-블로워 릴레이 없이 전 영역에 걸쳐 속도제어가 가능하다.

62 에어컨 라인 압력점검에 대한 설명으로 틀린 것은?

① 시험기 게이지에는 저압, 고압, 충전 및 배출의 3개 호스가 있다.
② 에어컨 라인 압력은 저압 및 고압이 있다.
③ 에어컨 라인 압력 측정 시 시험기 게이지 저압과 고압 핸들 밸브를 완전히 연다.
④ 엔진 시동을 걸어 에어컨 압력을 점검한다.

> **에어컨 라인 압력 측정법**
> 1) 시동 OFF 후, 게이지의 고압과 저압 퀵 커플러의 밸브는 완전히 풀고 엔진룸의 서비스 포트에 끼운 후 다시 밸브를 시계방향으로 돌려 완전히 잠근다.
> 2) 시동을 걸고 에어컨 작동 후 블로워모터는 최고단에 둔다.
> 3) 약 2000 rpm으로 가속한 후 하차
> 4) 게이지의 고압과 저압의 압력이 안정된 것을 확인한 뒤 공전상태에서 압력값을 읽는다. (기준값이 kg/cm²이면 측정한 PSI 값에서 14.2로 나눈다.)

63 전자제어 에어컨 장치(FATC)에서 컨트롤 유닛(컴퓨터)이 제어하지 않는 것은?

① 히터 밸브　　② 송풍기 속도
③ 컴프레서 클러치　　④ 리시버 드라이어

> 전자동 에어컨 시스템의 컴퓨터 제어 유닛 : 히터 밸브, 송풍기 속도, 히터 밸브, 컴프레서 클러치 등

[참고]

64 자동차 냉방장치의 정비 시 매니폴드 게이지 연결에 관한 사항으로 옳은 것은?

① 매니폴드 게이지 중앙의 황색커플링은 진공펌프 또는 냉매봄베(용기)에 연결한다.
② 매니폴드 게이지 적색커플링은 에어컨 장치 저압 측 서비스 밸브에 연결한다.
③ 매니폴드 게이지 청색커플링은 에어컨 장치 고압 측 서비스 밸브에 연결한다.
④ R-134a용 냉매용기와 R-12용 냉매용기의 연결 니플(nipple)은 동일한 크기가 사용된다.

[참고]

65 에어컨 매니폴드 게이지(압력 게이지) 접속 시 주의사항으로 틀린 것은?

① 매니폴드 게이지를 연결할 때에는 모든 밸브를 잠근 후 실시한다.
② 진공펌프를 작동시키고 매니폴드 게이지 또는 센터호스를 저압라인에 연결한다.
③ 황색 호스를 진공펌프나 냉매회수기 또는 냉매충전기에 연결한다.
④ 냉매가 에어컨 사이클에 충전되어 있을 때에는 충전호스, 매니폴드 게이지의 밸브를 전부 잠근 후 분리한다.

매니폴드 게이지의 센터 호스(황색)는 진공펌프에 연결시키고, 진공펌프를 작동시켜 에어컨 라인의 수분 및 이물질을 제거한다.

[참고]

66 공조장치에서 자동온도조절장치의 자동제어 방식이 아닌 것은?

① 풍량 제어
② 압축기 제어
③ 응축기 제어
④ 실온 제어

전자동 에어컨(FATC)의 자동제어
- 실내온도 제어
- 송풍량 제어
- 압축기 구동제어
- AQS 제어(유해가스차단장치)

[참고]

67 AQS(Air Quality System)의 기능에 대한 설명 중 틀린 것은?

① 차실 내에 유해가스의 유입을 차단한다.
② 오염이 감지되면 약 5V의 전압이 출력된다.
③ 승차 공간 내의 공기청정도와 환기 상태를 최적으로 유지시킨다.
④ 차실 내의 온도와 습도를 조절한다.

AQS는 실내로 유입되는 외부공기의 오염도를 감지하여 자동적으로 공기 유입을 차단하는 유해가스차단장치로, FATC 기능과는 무관하다.

[참고]

68 에어컨시스템의 트리플 스위치(Tripple S/W)에 대한 설명으로 잘못된 것은?

① 듀얼 압력 스위치 기능에 FAN speed 조정용 High press 스위치 기능을 포함한 구조이다.
② 고압 스위치와 저압 스위치는 냉매의 압력이 너무 높거나 낮으면 에어컨 컴프레셔의 작동을 멈추게 하여 시스템을 보호하는 역할을 한다.
③ 트리플 스위치의 미들 스위치는 냉매 압력을 중간정도의 규정값에 맞추어 컴프레셔를 보호한다.
④ 에어컨이 정상 작동 상태에서는 고압 스위치와 저압 스위치가 항상 닫힌 상태이다.

고압 측 냉매 압력 상승 시 MIDDLE 스위치 접점이 ON 되어 엔진 ECU 로 작동 신호가 입력되면 엔진 ECU는 냉각팬을 고속으로 작동시켜 냉매의 압력 상승을 방지한다.(부피가 일정할 때 온도와 압력은 비례관계이므로)

[참고]

69 다음 중 에어컨 냉매의 교환 과정을 올바르게 나열한 것은?

① 냉매 회수 → 진공 작업 → 신유 보충 → 냉매 충전
② 냉매 회수 → 진공 작업 → 냉매 충전 → 신유 보충
③ 진공 작업 → 냉매 회수 → 신유 보충 → 냉매 충전
④ 냉매 회수 → 진공 작업 → 냉매 충전 → 신유 보충

chapter 03

정답 64 ① 65 ② 66 ③ 67 ④ 68 ③ 69 ①

05 발전기 및 전동기

Main **Key** Point

[출제문항수 : 약 1~2문제] 출제기준에는 포함되지 않으나 특히 '발전기'는 하이브리드·전기차의 구동모터와 연관이 크므로 전반적으로 체크하시기 바랍니다. 기초 부분 외에도 다소 난이도가 있는 부분도 출제되었습니다.

01 교류 일반

1 교류의 개념 이해

직류와 교류의 차이점은 전압과 전류의 흐르는 방향이다. 즉, 직류는 전압의 방향이 일정하며, 교류는 전압의 방향이 시간에 따라 바뀐다.

자속[ϕ] : 자석 사이에 발생하는 자력선의 수

N
공극
S
도체

연속적인 전기 발생을 위해 도체를 원형으로 대체하면

교류의 기본 원리 : 공극(자석간의 공간) 사이에 도체를 넣으면 자속의 흐름을 방해할 때 전기가 발생한다. (패러데이의 전자기 유도법칙 → 뒷페이지 참조)

원통형 도체

$T = \dfrac{1}{f}$ [s]

주기(사이클)

'정현파'라고 함

최대값(V_m)

ωt

위상

▶ 도선과 자기장 방향의 각도가 90°에서 전자력이 최대가 된다. (**①**, **③**)

2 주파수와 주기

① **주파수**(f, 단위 : 헤르츠 Hz) : 교류발전기의 로터가 1회전하면 하나의 파형이 발생하는데 ⊕, ⊖가 동일하게 반복된다. 이 반복되는 하나의 파형을 1사이클이라 하고, 1초 동안 반복되는 사이클 수를 말한다.

→ 60Hz : 전동기가 1초에 60바퀴를 돈다.(60cycle/s)

② **주기**(T) : 로터가 1회전하는데 필요한 시간 즉, 하나의 사인파가 발생하는데 필요한 시간

전압
최대값(V_m)
실효값(V_{rms})
평균값(V_{av})
$\dfrac{\pi}{2}$　π　2π[rad]　시간
주기

▶ 주파수(f) = $\dfrac{1}{주기(T)}$

3 정현파 교류의 표시법

순시값(E)	교류는 시간에 따라 계속 변하는데 이때 어떤 임의의 순간에서의 전류값 $E = V_m sin\omega t$
최대값(V_m)	교류파형의 순시값 중 가장 큰 값 (V_m)
평균값(V_{av})	• 순시값의 1주기 동안의 교류 평균값 • 교류를 직류로 정류했을 때 값 $V_{av} = \dfrac{2}{\pi}V_m$
실효값(V_{rms})	• 실제로 직류와 같은 효율을 내는 값 • 멀티미터로 측정한 값 • 교류의 크기를 직류의 크기로 바꿔 나타낸 값 $V_{rms} = \dfrac{1}{\sqrt{2}}V_m$, $V_m = \sqrt{2}\,V_{rms}$

전압
사이클
시간
주기
주파수
= 1초 동안 반복되는 사이클 수

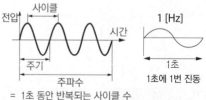

1 [Hz]	2 [Hz]	n [Hz]
1초	1초	1초
1초에 1번 진동	1초에 2번 진동	1초에 n번 진동

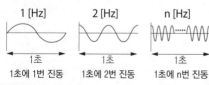

4 리액턴스, 임피던스

① 전기회로의 저항 요소로 저항(R), 코일(L), 콘덴서(C)가 있다. 이 3가지 중 직류에서는 R만 저항 요소가 되고, 교류회로에서는 R, L, C 모두 저항 요소로 작용한다.

② 이때 L, C의 저항값을 리액턴스라고 하며, 저항(R)과 리액턴스(L, C)의 합을 임피던스 $Z[\Omega]$로 표현한다.

- 유도성 리액턴스(X_L) : 코일에서 발생되는 리액턴스
- 용량성 리액턴스(X_C) : 콘덴서에서 발생되는 리액턴스

→ 코일에는 전자유도법칙에 의해 발생하는 자속에 의한 저항으로, 콘덴서는 전하를 담는 용량이 있는 그릇으로 생각하자.

5 합성교류회로(직렬회로)

저항끼리의 합성저항값은 쉽게 구할 수 있지만, 코일과 콘덴서의 전압과 전류는 위상의 변화로 인해 저항-코일의 합성저항값은 다음 식을 적용해야 한다.

임피던스(Z)	R–L 직렬	R–C직렬
	$\sqrt{R^2+X_L^2}$	$\sqrt{R^2+X_C^2}$

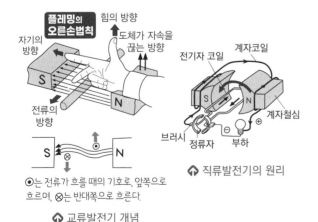

저항   저항 — 저항이 2개일 때 저항을 더할 수 있다.
저항   코일 — 저항과 코일은 더할 수 없다.
저항   콘덴서 — 저항과 콘덴서는 더할 수 없다.

합성 임피던스(Z)
저항값(R)
리액턴스값 (코일(X_L) 또는 콘덴서(X_C))

▶ **저항과 리액턴스**
- 공통점 : 전류의 흐름을 방해
- 차이점 : 저항–전력을 소모, 코일–저항의 역할(전력소모×)

▶ 기출에서 임피던스 공식에서 저항과 리액턴스의 직렬만 나오므로 병렬공식은 언급하지 않습니다.

6 교류발전기의 기본 원리

플레밍의 오른손 법칙, 전자기유도법칙, 렌츠의 법칙

플레밍의 오른손법칙
힘의 방향
자기의 방향
도체가 자속을 끊는 방향
S   N
전류의 방향

⊙는 전류가 흐를 때의 기호로, 앞쪽으로 흐르며, ⊗는 반대쪽으로 흐른다.

↑ 교류발전기 개념

전기자 코일
계자코일
브러시
정류자
부하
계자철심

↑ 직류발전기의 원리

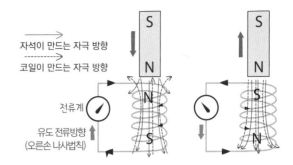

자석이 만드는 자극 방향
코일이 만드는 자극 방향
전류계
유도 전류방향 (오른손 나사법칙)

패러데이의 전자기유도법칙

코일 속에 자석을 넣었다 뺐다(유도)를 반복하면 자석에 의한 자기장이 코일 속에 배열된 전자가 움직이며 자속(자력선의 수 = 자력의 세기)이 증가하며 코일 내부에서는 유도기전력이 발생되는 현상

↑ 전자기 유도 (출처 : 우프선생)

렌츠의 법칙 (전자기유도의 방향에 관한 법칙)

N극을 접근하면 코일 위에 N극이 형성되어 자석을 밀어내고(척력), N극을 멀리하면 S극이 형성되어 자석을 잡아당기는(인력) 힘이 발생한다. 즉, 유도기전력은 자기력선속(자속)의 변화를 방해하는 방향으로 흐른다.

7 패러데이의 전자기 유도법칙에 의한 유도기전력의 크기

코일의 감은 수(권수)를 N, 시간 dt 동안 코일을 통과하는 자속의 변화량을 $d\phi$라고 하면 코일에 발생하는 유도기전력은 다음과 같다.

$$유기기전력 \ e = -N\frac{d\phi}{dt} = -L\frac{di}{dt}\,[\text{V}]$$

자속은 전류와 비례

N : 권수, $d\phi$: 자속변화량, dt : 시간변화량, L : 인덕턴스, di : 전류변화량

- 자속(ϕ) : 일정한 단면적을 지나가는 자기력선의 수(다발)
  즉, 자속 = 자기장의 세기×단면적 [단위 : Wb(웨버)]
- 유도 기전력(emf) : 전자기 유도에 의해 코일에 발생하는 전압
- 인덕턴스 : 코일에 전류가 흐를 때 발생되는 자기장(자속)의 능력 또는 자속에 의해 코일에 발생되는 전류의 양을 말한다.
- 유도 전류의 세기 : 유도 기전력에 비례한다. (자석을 빠르게 움직일수록, 권수가 많을수록, 자기력이 강할수록 커진다).

※ '−'는 유도기전력은 자속(ϕ)의 변화를 방해하는 방향으로 발생된다는 의미로, 기전력 크기와는 무관하다.

참고) **직류발전기의 유기기전력**

$$E_d = \frac{PZ}{60a} \cdot \phi \cdot N = K\phi N\,[\text{V}]$$

또한, $n = \dfrac{120f}{P}$, $f = \dfrac{nP}{120}$이므로 ∴ $E_d = 4.44K \cdot \dfrac{nP}{120} \cdot \phi \cdot N$

여기서, K : 권선계수, f : 주파수, ϕ : 자속(자계의 크기), N : 권수(도체의 길이), n : 로터 회전수, P : 극수

※ $\dfrac{PZ}{60a}$는 이미 설계된 요소이므로 변경이 어려우며, 고유상수 K로 표기한다.

참고) 동기발전기(교류발전기)의 유기기전력

$E_p = 4.44K \cdot f \cdot \phi \cdot N$

또한, 회전수 $n = \dfrac{120f}{P}$, $f = \dfrac{nP}{120}$ 이므로

$\therefore E_p = 4.44K \cdot \dfrac{nP}{120} \cdot \phi \cdot N$

여기서, K : 권선계수, f : 주파수, ϕ : 자속,
$\qquad\quad N$: 권수(도체의 길이), n : 로터 회전수, P : 극수

➡ 교류발전기의 유기기전력을 좌우하는 요소
유기기전력(출력전압)은 공식의 모든 요소에 비례하지만, 이 중 로터코일에 흐르는 전류에 의해 발생되는 자속(여자 전류)을 변화시켜 출력전압을 일정하게 유지시킨다.

8 히스테리시스 곡선

① **히스테리시스** 현상 : 자력이 가했을 때 자속밀도가 즉각 반응하지 않고 외부 자기장이 먼저 변화하고 자속밀도는 나중에 반응하여 나타나는 현상
② 자계세기의 증감(H)에 따라 발생하는 자속밀도(B)의 상태변화를 나타낸 곡선
③ 투자율은 자기장 H에 따라 비선형으로 변화하여 히스테리시스 곡선을 만듦
　　→ 투자율 : 자속의 투과력 정도를 나타내는 비율
　　　(즉, 투자율이 높은 자성체일수록 자속이 잘 흐름)
④ 손실은 히스테리시스 곡선의 내부 면적에 비례한다.
⑤ 잔류자기(잔류자속밀도) : 자기장의 세기가 '0'인 경우에도 남아있는 자속 크기로 포화 자속밀도에서 점차 감소하였을 때 세로축(자속밀도)와 만나는 지점
⑥ 보자력 : 잔류자기를 제거하기 위한 자기장의 세기로 가로축과 만나는 지점

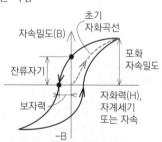

▶ **철손** : 모터나 발전기에서 발생하는 손실로, 주로 자기장과 관련한 사항으로 다음 2가지가 있다.
　• **히스테리시스 손** : 모터를 이루는 몸통이나 철심 내부에서 생기는 이뤄지는 손실로, 철심을 자화시킬 때 자기적인 늦음 현상이 발생하며 열로 소비되어 에너지 손실
　• **와류 손** : 와류전류에 의해 발생하는 손실(회전자와 같은 철심에 유기되는 자기장이 시간에 따라 변화하며 전류가 발생)

---

1 주요 구성품

로터(계자), 스테이터(전기자), 정류기(다이오드), 슬립링, 브러시, 전압조정기

2 기본 작동흐름

크랭크축 → 팬벨트에 의해 로터(회전) 구동 → 로터에서 전기장(자속) 발생 → 스테이터(고정) 코일에서 자속을 끊어 사인파 교류 발생 → 교류는 정류기(다이오드)에 의해 정류되어 직류로 변환 → B단자를 통해 전기장치로 공급

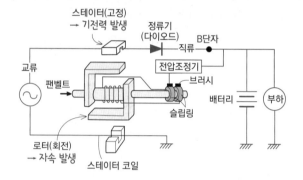

(1) 로터
① 작동 시 슬립링에 접촉된 브러시를 통해 여자 전류가 흘러 **자기장(자속)을 만듦** (한쪽 철심은 N극, 다른 철심은 S극으로 자화된다.)
② 구성 : 로터 철심(자극), 로터코일(여자전류가 흐름), 로터축, 슬립링
③ 크랭크축 풀리와 벨트로 연결되어 있어 엔진구동 시 함께 회전한다.

(2) 스테이터
① 로터에서 발생된 자기장을 끊어 **기전력이 발생**
② 스테이터 철심 : 자속의 통로
③ 스테이터 코일 : 3상 교류가 발생. 3개의 스테이터 코일을 120° 간격으로 배치 후 **Y결선**이나 Δ(델타) 결선으로 감는다.
④ 스테이터의 결합 방식

스타결선 (Y결선)	• 코일의 한쪽을 묶고(중성점) 나머지 각 끝에 다이오드를 연결 • 선간전압은 상전압의 $\sqrt{3}$ 배로, Y결선이 Δ결선보다 높은 기전력을 얻을 수 있다. • 저속에서 높은 기전력을 얻을 수 있고 중성점의 전압을 이용할 수 있다.

델타결선 (Δ결선)	• 코일의 각 끝과 시작점을 서로 묶어서 각각의 접속점을 외부 단자로 한 결선 방식 • 선간전류은 상전류의 $\sqrt{3}$ 배이며, 선간전압은 상전압과 같다. • 큰 전류를 필요로 하는 교류발전기에 사용

⑤ Y결선과 Δ결선의 전압과 전류 관계

구분	선간전압과 상전압	선전류과 상전류
Y결선	선간전압 = $\sqrt{3}$ 상전압	선전류 = 상전류
Δ결선	선간전압 = 상전압	선전류 = $\sqrt{3}$ 상전류

→ 선간전압(전류) : 두 상 사이의 전압(전류)차
→ 상전압(전류) : 한 상에 걸리는 전압(전류)

> 암기법
> • Y → 전압을 $\sqrt{3}$배 높임
> • Δ → 전류를 $\sqrt{3}$배 높임

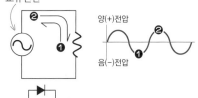

- 상전압(V_p) : 0-a 1개의 상에 대한 전압
- 선간전압(V_l) : 0-a, 0-c의 선과 선 사이의 전압

⤴ Y결선

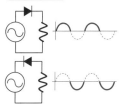

⤴ Δ결선

03 전압조정기(Regulator, 레귤레이터)

1 개요
① 불규칙한 엔진 회전에 의한 출력전압을 일정하게 제어하여 장치 보호 및 배터리의 과충전 방지 역할을 한다.
② 기본 원리 : **로터 코일에 흐르는 전류를 단속**하여 교류 발전기의 발생 전압을 일정하게 유지한다.
③ 전압조정기의 조정전압은 축전지 단자전압보다 약 2~3V 높게 한다.

2 전압조정기의 역할 및 IC 전압조정기
로터 코일의 <u>여자 전류를 조절하여 발전 전압을 조정한다.</u>

(1) IC(직접회로) 전압 조정기
① 트랜지스터식 조정기를 반도체 회로에 의해 집적화한 것
② 주요 구성품 : **다이오드, 트랜지스터, 제너 다이오드**
③ 장점
- 교류 발전기의 출력 단자에서 직접 로터 코일에 전류가 공급되기 때문에 여자 전압의 강하가 없어 출력이 향상된다.
- 접점이 없기 때문에 조정 전압이 일정하다.
- 내구성과 내진성이 크고 내열성도 향상된다.
- 접점 불꽃에 의한 전파 장애가 없다.
- 작동이 안정되고 신뢰성이 높으며 초소형이기 때문에, 발전기 내부에 내장시켜서 외부 배선을 간소화할 수 있다.

> ▶ 전압조정기의 종류 : 접점식, 트랜지스터식, IC 전압조정기
> ▶ 레귤레이터가 고장나면 발전기에서 작동되어도 축전지에 충전되지 않는다.
> ▶ 다이오드 : 정류와 역류방지, 6개 (+ 3개, -3개)설치, 히트싱크에 설치

▶ **정류작용(단파정류)**

교류전원을 직류 관점에서 보면 ⊕, ⊖ 전원이 수시로 바뀌어 회로에 인가되어 양 전압과 음 전압을 반복하여 흐르는 파형이다. 이 때 다이오드를 부착하면 양 전압 또는 음의 전압 파형만 흐른다.

▶ **정류작용(전파정류)**

다이오드 4개를 브리지형(◇)으로 접속하여 정방향과 역방향의 교류를 모두 정류한다. 전파정류는 반파정류의 2배의 효율이 있다.

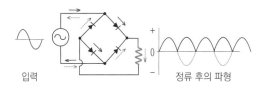

▶ **3상 교류의 반파정류, 전파정류**

▶ **교류에 3상을 사용하는 이유**(단상과 비교했을 때)
- 전력 공급이 안정적이다.
- 출력이 일정하다.
- 모터와 같은 경우 3상 중 2상을 바꾸어 쉽게 역회전이 가능하다.
- 송·배전에 유리하다.

자동차 발전 기초원리

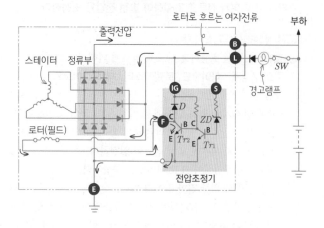

기초 원리

- 시동키 ON : S단자에 배터리 전원이 가해지지만 제너다이오드(ZD)가 브레이크다운 전압에 도달하지 않아 전류가 흐르지 않음. 따라서 Tr1의 베이스 B에 흐르는 전류가 없으므로 Tr1은 OFF됨
- 시동키 OFF : 전압조정기의 IG 단자에서 Tr2의 베이스에 전류가 흘러 Tr2가 'ON'되면 로터 코일에 여자 전류가 흐른다.
- 기관의 회전속도가 상승하면 : 교류발전기에서 발생된 전압이 상승하여 B단자 → S단자를 통해 제너다이오드에 가하여 전압이 브레이크다운 전압이 된다. 그러면 Tr1의 베이스에 전류가 흘러 Tr1이 'ON'되므로 Tr2의 베이스로 흐르던 전류는 Tr1의 C, E로 통해 접지 E 단자로 흘러 Tr2의 베이스에는 전류가 흐르지 않으므로 Tr2는 OFF상태가 된다. 즉, 로터 코일에 전류가 차단되어 여자되지 않음으로 발생전압은 저하된다.
- 기관의 회전속도가 내려가면 : 다시 발생전압이 브레이크다운 전압보다 낮아지면 ZD에 전류가 흐르지 않으므로 Tr1은 OFF되고 Tr2는 ON되어 로터코일에 전류가 흐르게 되며 발생전압이 상승하며 이런 과정이 반복된다.

단자의 기능

단자	기능
L	(Lamp) 시동키 ON 여부 감지하며, 충전 불가 시 계기판의 충전경고등을 점등시킴
B+	(Battery) 부하 및 배터리 충전 단자로, 발전기 내부전압 감지
FR	발전기의 발전 상태를 전압조정기에서 ECM으로 신호 전달
C	발전기의 조정 전압을 제어하기 위해 ECM(컴퓨터)에서 전압조정기로 피드백 신호 전달
F	(field) : 로터 접속 단자
S	발전기 전압 조정을 위한 제어 신호를 보냄
IG	(Ignition)
E	(Earth)

04 발전기의 출력 점검

1 충전전압 시험

① 발전기 출력배선(B단자)의 전압강하를 통해 전압을 확인
② 전압계(멀티미터)를 직류(DC V) 모드로 설정한다.
③ 적색 리드선을 **발전기의 B단자**에, 흑색 리드선을 차량에 접지
④ 충전전압 규정값 : **13.5~14.9V (2,500 rpm 기준)**

2 충전전류 시험

① 전류계(또는 후크미터)를 직류(DC A) 모드로 설정하고, **'발전기의 B단자 – 부하'** 사이에 측정한다.
② 충전전류 평균 측정값 : **정격용량의 80% 이상**일 때 정상 판정
→ 발전기 정격 용량이 90 A인 경우, 90×0.8 = 72 이므로 72 A 이상이 측정되어야 정상하며, 그 이하일 경우에는 수리 및 교환해야 한다.
③ 충전전류 한계값 : **정격전류의 60% 이상**

▶ **충전전류 시험 시 유의사항**
- 전조등 상향, 에어컨 ON, 블로워스위치 최대, 열선 ON, 와이퍼 작동 등 모든 전기 부하를 가동하고, 엔진의 회전속도를 2,500 rpm으로 증가시킨 후 최대 출력값을 확인한다.
- 충전전류시험은 발전기에 부하가 많이 걸리므로 단 시간 내에 측정한다.

▶ **발전기의 출력 조정**
발전기의 출력은 로터 코일의 전류를 조정한다.

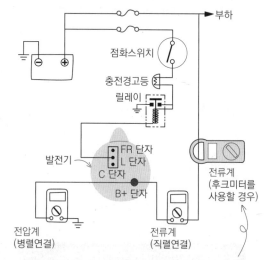

발전기 B단자에 설치가 어려운 경우 축전지 (+) 단자에 연결한다.
단, 단자에 연결된 모든 배선을 포함해야 한다.

⬆ 충전전압 시험 및 충전전류 시험

❸ 발전기 출력 배선 전압강하 점검
① B단자와 축전지 ⊕ 단자 사이의 연결 상태 점검
② 전압계의 적색 리드선을 B단자에, 흑색 리드선을 배터리 ⊕ 단자에 연결하여 **전압강하가 0.2 V 이하이면 정상**, 0.2 V 이상이면 점검해야 한다.

❹ 오실로스코프를 이용한 점검
① 오실로스코프의 대전류 센서를 영점 조정한다.
② 대전류 센서의 전류 방향 확인 후 발전기 B단자에 연결한다.
③ 오실로스코프 신호계측 프로브의 ⊕ **리드선을 발전기 B단자에, ⊖ 리드선을 축전지 ⊖에 연결**한다.
④ 시동을 걸고 모든 전기장치, 에어컨, 전조등, 열선 등의 **부하를 가동**시킨다.
⑤ 엔진 회전수를 약 4,000 rpm으로 상승시킨 후 파형을 측정한다.
⑥ 발전기 출력전압 파형 : 교류발전기는 3상 교류를 '전파 정류'한 직류이므로 맥동의 파형이 나타난다.

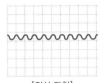

[정상 파형]

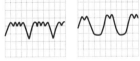

| 다이오드 | 다이오드 | 다이오드 | 스테이터 코일 |
| 1개 단선 | 2개 단선 | 1개 단락 | 1상 단선 |

---

05 발전기 교환 및 점검

❶ 발전기 점검
(1) 출력 전류 측정
① Battery ⊖단자 분리 → 전류계 연결 → ⊖단자 접속
② 'B' 단자와 연결된 배선을 분리 → 전류계의 한쪽 끝은 B단자에 연결, 다른 한쪽 끝은 B단자에 연결했던 배선에 접속
③ 최대 출력값을 측정하기 위해 변속레버는 중립상태로 하고 브레이크 페달을 밟은 상태에서 엔진 시동을 걸고 엔진 회전수를 약 2500~3000 rpm으로 유지(이때, 헤드라이트와 모든 부하 S/W를 ON으로 한다.)
④ 확인 결과 : 측정전류가 45 A 이상이면 정상, 만약 45 A 이하면 B단자 출력전류가 불량하므로 B단자의 조정전류 점검

---

(2) B단자 조정전류 측정
① 출력전류측정의 ①~③ 과정과 동일하며 엔진 회전수를 약 2500 rpm으로 유지(이때, 헤드라이트와 모든 부하 SW를 OFF 시킨다.)
② 확인 결과
　• 측정 전류가 5 A 이상이면 회로가 단선
　• 5 A 이하면 로터코일의 저항을 측정

(3) L단자의 전압을 측정
① B단자 배선 연결
② 시동 스위치 ON 상태에서 전압을 측정
③ 확인 결과
　• 배터리 전압보다 1~3 V 정도로 높으면 정상
　• 3 V 이상이면 IC 레귤레이터 또는 필드코일에 이상

(4) 로터 점검(저항 점검)

슬립링과 슬립링 사이 (로터코일의 통전시험)	• 통전 : 정상 • 통전 안됨 : 로터코일 불량(단선)
슬립링과 로터 철심 사이 (로터코일의 접지시험)	• 통전 안됨 : 정상 • 통전 : 불량(로터 교환)

(5) 스테이터 점검(저항 점검)

스테이터 코일 각 상의 단자 사이 (스테이터 코일 통전시험)	• 통전 : 정상 • 통전 안됨 : 스테이터 코일 불량 (단선)
스테이터 코일과 스테이터 코어(철심) 사이 (스테이터 코일의 접지시험)	• 통전 안됨 : 정상 • 통전 : 불량(스테이터 교환)

▶ **멀티테스터의 통전/비통전 시 표시값**
　• 통전 시 : 0Ω 또는 0Ω에 가까운 값 (도통 모드의 경우 부저 울림)
　• 비통전 시 : 1Ω 또는 OL (아날로그 테스터의 경우 ∞ Ω 표시)

(6) 다이오드 점검
① 멀티테스터의 셀렉터를 다이오드 기호에 위치시킨다.
② 다이오드 리드선과 홀더 간의 통전 여부를 점검한다.
③ 판정 : 한쪽 방향으로만 통전되면 정상이며, **양쪽 방향으로 통전되면 단락**이므로 다이오드를 교환해야 한다.

(7) 로터코일의 저항 측정
① 배터리 ⊖단자 분리, B단자 분리, 시동 스위치 OFF
② 저항계를 사용하여 L-F 단자 간의 저항 측정
　→ 3~6Ω이면 정상, 3~6Ω 이하면 로터코일 또는 슬립링 이상

❷ 발전기 점검

(1) 시동이 걸리지 않은 상태에서 점화스위치 ON일 때,
충전경고등이 점등되지 않을 때
① 충전 계통의 퓨즈 단선
② 충전경고등의 전구 불량
③ 배선 연결부의 체결 불량
④ 전압 조정기 불량

(2) 발전기 출력 및 축전지 전압이 낮을 때의 원인
① 조정 전압이 낮을 때
② 다이오드 단락
③ 축전지 케이블 접속 불량

(3) 시동이 걸린 후, 충전경고등이 소등되지 않을 때
① 구동 벨트의 이완 또는 마모
② 충전 계통 퓨즈 단선
③ 배선 연결부 풀림 및 배선의 결함
④ 전압조정기의 불량
⑤ 축전지 케이블의 부식 및 단자 마모

(4) 축전지가 과충전될 때
전압조정기 또는 전압 감지 배선의 불량

(5) 축전지가 방전될 때
구동벨트의 이완 / 배선 연결부의 풀림 / 접지 불량 / 퓨즈 연결
부분 접촉 불량 / 전압조정기 불량

(6) 충전경고등이 점등되고 발전기에서 소음이 발생될 때
① 발전기 및 아이들 베어링 손상
② 구동벨트의 장력이 규정보다 큼
③ 구동벨트의 미끄러짐

(7) 점화스위치 ON상태에서 충전경고등이 점등되지 않을 때
주로 전압조정기 불량 및 발전 계통 장치의 단선

(8) 시동이 걸린 후 충전경고등 점등된 때
B+단자와 L단자의 전압 측정 이상 시 발전기 교환
(규정치 B+ 단자 : 13.8~14.9 V, L 단자 : 10~13.5 V)
→ B+단자 체결 여부, 배터리 단자 체결여부 등을 확인

(9) 발전기 출력 및 축전지 전압이 낮을 때의 원인
조정 전압이 낮을 때 / 다이오드 단락 / 축전지 케이블 접속 불량

(10) 교류발전기 계자코일에 과대한 전류가 흐르는 원인
계자코일의 단락

(11) 발전기 취급시 주의사항
① 접지 극성을 바꾸지 말 것
② 역내 전압은 가하지 말 것 (다이오드 손상)
③ B단자를 풀고 고속회전 시키지 않을 것

❶ 기동전동기(직류전동기)의 일반
① 기동전동기의 법칙 : 플레밍의 왼손법칙
② 전동기의 종류 : 직권식, 분권식, 복권식

▶ **직권식 전동기의 특징**
• 계자코일과 전기자 코일이 직렬 연결되므로 계자코일의 전류가 전기자
에도 흘러 자기력이 커지는 효과가 있다. 즉, 자기력이 커지므로 코일의
권수가 늘어나는 효과가 있다. → 이런 이유로 직권전동기는 무부하상태
에서 모터 속도가 무한대로 되어 위험하다.
• 또한, 계자 코일이 끊어지면 전기자 코일에도 전류가 흐르지 않는다.

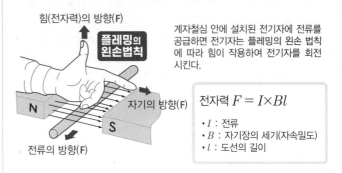

계자철심 안에 설치된 전기자에 전류를
공급하면 전기자는 플레밍의 왼손 법칙
에 따라 힘이 작용하여 전기자를 회전
시킨다.

$$전자력\ F = I \times Bl$$
• I : 전류
• B : 자기장의 세기(자속밀도)
• l : 도선의 길이

❷ 기동전동기(직류전동기)의 기본 구성

계자	계자 코일이 계자 철심에 감겨져 있으며 전류가 흐르면 계자 철심을 자화
전기자	전기자 코일은 전기자를 회전시키는 역할을 한다. 코일의 한 쪽은 S극 쪽에, 다른 쪽은 N극 쪽이 되도록 전기자 철심의 홈에 설치되어 있고 각각 코일의 양끝은 정류자에 연결되어 있다. 모든 전기자 코일에 전류가 흐르면 발생되는 회전력이 합하여 전기자가 회전한다.
정류자	정류자는 브러시에 공급되는 **전류를 일정한 방향**으로 흐르도록 하는 역할을 하도록 경동의 정류자 편을 절연시켜 원형으로 설치되어 있다. 정류자 편과 정류자 편 사이는 1mm정도의 간극이 되도록 운모로 절연되어 있고 운모의 언더컷은 0.5~0.8mm정도이다.
브러시	브러시는 **정류자와 접촉되어 전기자 코일에 전류를 보낸다.** 계자 코일에 연결되어 있는 2개의 브러시는 절연된 브러시 홀더에 지지되어 정류자와 접촉되고 2개의 브러시는 접지된 브러시 홀더에 지지되어 정류자와 접촉되어 있다.
피니언 기어	전기자축에 설치되어 회전력을 기관(플라이휠)에 전달

솔레노 이드	피니언 기어를 플라이휠의 링기어에 물리게 하는 것으로 풀인 코일, 홀드인 코일, 리턴 스프링, 플런저 및 메인 접점으로 구성되어 있다.

▶ 전동기의 손실 – 철손(히스테리시스 손, 와류손)
• 철심에 코일을 감고 전류를 흘리면 철심 자체에는 '철손'이라는 손실이 발생하게 되는데, 이 철손은 히스테리시스 손(Hysteresis Loss)과 와류손으로 구성된다.
• 히스테리시스 손을 줄이기 위해서는 규소강을 사용하며, 와류손을 줄이기 위하여 얇은 철판을 여러 겹 겹쳐서 사용한다. 즉 규소강을 성층(여러 겹으로 겹치는 것)시켜 전체적인 철손을 감소시킨다.
• 철손은 에너지 손실로 인해 효율을 감소시키며, 기기 과열로 인한 수명에도 영향을 준다.

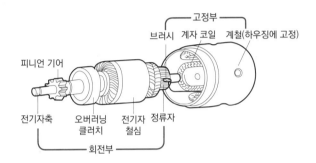

❸ 시동전동기의 동력전달
① 구성 : 클러치와 시프트 레버 및 피니언 기어 등
② 기동 전동기의 피니언과 링기어의 물림 방식
• 벤딕스 : 관성을 이용하므로 오버런닝 클러치 불필요
• 전기자 섭동식 : 오버런닝 클러치 필요(다판 클러치식)
• 피니언 섭동식 : 오버런닝 클러치 필요(롤러식)

❹ 오버런닝 클러치(Over Running Clutch)
① 오버런닝 클러치는 원웨이 클러치로 한방향으로만 회전해야 한다.
② 종류 : 롤러식(영구 주유식), 스프래그식, 다판 클러치식

▶ 플라이휠 링기어가 소손되면 시동전동기는 회전되나 엔진은 크랭킹이 되지 않는다.

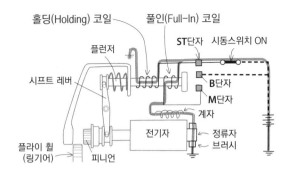

시동스위치 'ST' ON → 풀인 코일(플런저를 당김)과 홀딩 코일(잡아당긴 상태를 유지)에 전류가 흘러 전자력 발생 → 전자력 방향이 같으므로 흡입력이 강해짐

• B단자 : 축전지의 ⊕ 단자와 연결
• ST단자 : 점화스위치의 위치가 START일 때만 축전지의 ⊕ 전원이 인가
• M단자 : 솔레노이드 스위치와 시동전동기의 계자와 연결되고, 차체에 접지
• 풀인 코일 : 플런저를 잡아당겨 피니언 기어가 앞으로 튀어나와 링기어에 물리게 하는 역할
• 홀딩 코일 : 잡아당긴 플런저를 유지시키는 역할

07 기동전동기의 취급 및 점검

❶ 기동전동기가 작동하지 않거나 회전력이 약한 원인
① 배터리 전압이 낮다.
② 접지 불량
③ 배터리 단자와 터미널의 접촉 불량 및 배선과 시동스위치의 손상 또는 접촉 불량
④ 브러시와 정류자의 밀착 불량
⑤ 내부 접지로 인해 전류가 무한대로 흘러 파손됨
⑥ 계자 코일이 단락됨

❷ 기동전동기의 성능 시험

기동전동기의 성능 시험 종류
무부하 시험, 부하 시험, 저항 시험

▶ **기동전동기의 성능 시험의 필요 장비**
축전기, 전류계, 전압계, 가변저항, 회전계 등

(1) 무부하 시험(no-load test)
엔진에서 분리한 단품 시험으로 시동 전동기의 전류와 회전 속도를 측정하여 내부 마찰의 손실, 부속 기기의 소요 동력, 전기 기기에서는 여자 전류, 철심 소손 등을 알아내기 위한 시험

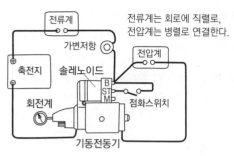

↑ 기동전동기의 무부하 시험 방법

(2) 회전력 시험(torque test) – 부하시험

① 엔진에 설치되어 부하상태에서 전류와 회전력 측정

② 회전력 시험의 회전력은 전기자가 회전되지 않으므로 정지 회전력(stall torque)라 한다.

(3) 저항 시험

① 시동전동기를 고정시킨 상태에서 전류를 측정하는 시험으로 정지 회전력 부하상태에서 시험한다.

② 규정전압상태에서 가변저항을 이용하여 전류 측정

- 기관 크랭킹 시 기동전동기의 전압은 12 V인 경우 9~11 V이며, 무부하 상태에서의 전류는 125~150 A, 부하상태에서 50~60 A 정도이다.
- 기동회로의 전압 시험에서 전압강하는 0.2 V 이하면 양호하다.

3 전기자(아마추어)의 점검

① **아마추어 테스터(그로울러 시험기, Glower tester)은 전기자 코일의 단선, 단락, 접지를 시험**한다.

- 단선(저항 ∞ Ω) : 코일의 끊어짐 여부 시험
- 단락(저항 0 Ω) : 선끼리 붙어 있는지의 시험
- 접지 : 코일과 전기자 축의 연결상태 시험

② 전기자 축의 휨 : V 블록에 올려두고, 다이얼 게이지로 점검

③ 전기자의 축 마멸 : 마이크로미터로 측정하여 마멸이 심하면 연삭하고 언더사이즈의 부싱을 끼운다.

④ 전기자의 정류자 마멸 : 버니어캘리퍼스로 언더컷 정도를 측정하여 마멸이 가벼우면 사포로 수정하고, 심하면 전기자 어셈블리를 교환한다.

↑ 아마추어 시험   ↑ 아마추어 휨 점검   ↑ 아마추어 정류자 점검

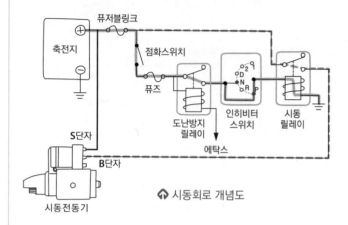

↑ 시동회로 개념도

컨트롤 릴레이

시동스위치 ON 후 시동에 필요한 인젝터, ECU, 연료펌프, 크랭크각센서의 역할 및 작동 과정은 다음과 같다.

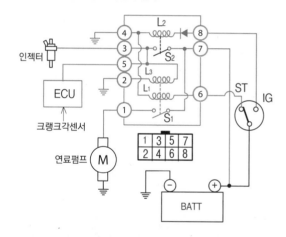

- IG 상태 : 배터리 ⊕전원이 ⑧-④으로 흐르면서 L_2 코일을 자화시켜 S_2 스위치가 닫힘 → 배터리 ⊕전원이 ⑦-③,⑤으로 흐르면서 인젝터, ECU에 전원이 인가됨

- ST 상태 : 배터리 ⊕전원이 ⑥-④으로 흐르면서 L_1을 자화시켜 S_1 스위치가 닫힘 → ⑦-①으로 전원이 공급되어 연료펌프가 작동됨

- 시동키를 놓았을 때 : ⑥-④으로 흐르는 전원이 차단되고, 대신 초기 시동 후 CAS가 크랭크축 회전을 감지하여 ECU로 크랭킹 신호를 보내면 이 전류에 의해 ⑤-②으로 흐르며 L_3 코일을 자화시켜 S_1 스위치를 닫히며 연료펌프가 계속 작동됨

- 키를 OFF 상태 : CAS 신호가 차단되므로 즉 ⑤-② 사이의 전원이 차단 → L_3의 자화가 해제되어 S_1이 열림 → 연료펌프 작동이 멈춤

01   발전기

[18-1, 03-1]

1 전자유도에 의해 발생된 전압의 방향은 유도전류가 만든 자속이 증가 또는 감소를 방해하려는 방향으로 발생하는데 이 법칙은?

① 플레밍의 오른손법칙   ② 렌츠의 법칙
③ 플레밍의 왼손법칙   ④ 자기유도법칙

- 렌츠의 법칙(유도기전력의 방향) : 유도기전력의 방향은 코일 내의 자속 변화를 방해하는 방향으로 발생한다.
- 자기유도법칙 : 코일 주위에서 자석과 코일의 상대적인 운동으로 코일 내부를 지나는 자속이 변할 때 코일에 전류가 발생한다.

[11-3, 08-1]

2 코일에 전류를 인가했을 때 즉시 자력을 형성하지 못하고 지체되면서 전류의 일부가 열로 방출되는 현상이 무엇이라고 하는가?

① 자기이력 현상   ② 자기포화 현상
③ 자기유도 현상   ④ 자기과도 현상

- 자기이력현상(히스테리시스) : 안에 철심이 있는 코일에 전류를 인가했을 때 코일의 저항성분으로 인해 코어에 히스테리시스(자기이력)와 와전류에 의한 손실이 발생하며 열이 발산된다.
- 자기포화 현상 : 자화력을 증가시켜도 자기가 더 이상 증가하지 않는 현상

[18-3, 10-2, 07-1]

3 직류 발전기보다 교류 발전기를 많이 사용하는 이유가 **아닌** 것은?

① 크기가 작고 가볍다.
② 내구성이 있고 공회전이나 저속에서도 충전이 가능하다.
③ 출력전류의 제어 작용을 하고 조정기의 구조가 간단하다.
④ 정류자에서 불꽃 발생이 크다.

교류 발전기의 특징
- 소형, 경량(직류발전기와 달리 스테이터를 고정시키고, 로터를 회전시키므로 동일 발전용량 발생 시 권수를 작게 할 수 있다.)
- 기계적 정류장치가 없으므로 속도변동에 따른 적용 범위가 넓다.
- 공회전이나 저속에서도 충전이 가능하다.
- DC발전기보다 중량에 비해 출력이 높다.
- 브러시에는 계자 전류만 흐르기 때문에 불꽃 발생이 없고 점검, 정비가 쉽다.(직류에 비해 브러시 수명이 길다)
- 정류자 소손에 의한 고장이 적다.
- 다이오드가 직류 발전기의 컷아웃 릴레이와 전류 조정기의 역할을 하므로 전압 조정만 필요하다.

[10-3]

4 교류발전기에 대한 설명으로 **틀린** 것은?

① 저속에서 충전성능이 우수하다.
② 브러시의 수명이 길다.
③ 실리콘 다이오드를 사용하여 정류특성이 우수하다.
④ 속도변동에 대한 적용범위가 좁다.

직류발전기는 저속운전시 발전전압이 매우 낮으나, 교류발전기는 저속에서도 충전성능이 양호하므로 속도변동에 대한 적용범위가 넓다.

[13-2]

5 자동차 교류 발전기에서 가장 많이 사용되는 권선의 결선방법은?

① Y결선   ② 델타 결선
③ 이중 결선   ④ 독립 결선

스테이터 코일의 Y결선 장점
- '선간전압 = $\sqrt{3}$ 상전압'으로 고전압에 유리하다.
 (→ 기관 공전 시에도 충전이 가능한 전압이 유도됨)
- 절연이 용이하며, 중성점의 전압을 이용할 수 있다.

[08-2]

6 Y결선과 Δ결선에 대한 설명으로 **틀린** 것은?

① Y결선의 선간전압은 상전압의 $\sqrt{3}$배이다.
② Δ결선의 선간전류는 상전류의 $\sqrt{3}$배이다.
③ 자동차용 교류 발전기는 중성점의 전압을 이용할 수 있는 Y 결선 방식을 많이 사용한다.
④ 발전기의 코일 권선수가 같으면 Δ결선 방식이 Y결선 방식보다 높은 기전력을 얻을 수 있다.

동일한 코일 권선수일 때 Y결선 방식이 Δ결선보다 $\sqrt{3}$ 배 높은 전압을 얻을 수 있다.

[14-2]

7 교류발전기에서 스테이터의 결선 방법에 따른 전압 또는 전류에 대한 내용으로 **틀린** 것은?

① Y결선의 선간전압은 상전압의 $\sqrt{3}$배이다.
② Δ 결선의 선간전류는 상전류의 $\sqrt{3}$배이다.
③ Y결선의 선간전류는 상전류와 같다.
④ Δ 결선의 선간전압은 상전압의 3배이다.

Y는 선간전압을 $\sqrt{3}$ 배 높음, Δ는 선전류를 $\sqrt{3}$ 배 높음

정답 ▶ ■ 1②   2①   3④   4④   5①   6④   7④

[12-3]

8 충전장치에서 점화스위치를 ON(IG1) 했을 때 발전기 내부에서 자석이 되는 것은?

① 로터
② 스테이터
③ 정류기
④ 전기자

> **발전기 기본 작동원리** : 점화스위치 ON → 배터리 전원이 로터에 인가 → 로터 자화(자속 발생) → 전기자에서 로터의 자속을 끊어 유기기전력 발생 → 정류자(AC기전력을 DC로 변환) → 배터리 충전 및 전장 공급

[08-2]

9 어떤 직류 발전기의 전기자 총 도체수가 48, 자극수가 2, 전기자 병렬회로 수가 2, 각 극의 자속이 0.018Wb 이다. 회전수가 1800rpm일 때 유기되는 전압은 (단, 전기자 저항은 무시한다.)

① 약 21V
② 약 23.5V
③ 약 25.9V
④ 약 28V

> **직류 발전기의 유기기전력** $E = \dfrac{PZ}{60a}\phi N$
>
> $E = \dfrac{2 \times 48}{60 \times 2} \times 0.018 \times 1800 = 25.92\,[V]$
>
> P : 극수
> Z : 전기자 도체 수
> a : 병렬회로 수
> ϕ : 자속 [Wb]
> N : 회전수 [rpm]

[15-1, 10-2]

10 교류 발전기의 전압 조정기에서 출력전압을 조정하는 방법은?

① 회전속도 변경
② 코일의 권수 변경
③ 자속의 수 변경
④ 수광 다이오드를 사용

> **전압조정기의 기본 원리**는 회전속도가 증가하여 과전압이 발생하면 로터 전원을 차단시켜 자속(즉 계자 전류, I_f)를 감소시킨다. 회전속도가 감소하면 자속을 증가시켜 기전력을 일정하게 유지시킨다.

[09-2]

11 발전기 트랜지스터식 전압조정기(Regulator)의 제너 다이오드에 전류가 흐르는 때는?

① 낮은 온도에서
② 브레이크 작동 상태에서
③ 낮은 전압에서
④ 브레이크다운 전압에서

> **제너 다이오드** : 제너전압(브레이크다운 전압) 이상의 전압이 역방향으로 인가되면 전류가 흘러 정전압 특성이 있다.
> 엔진속도가 증가하여 제너 다이오드에 가해지는 전압이 브레이크다운전압이 되면 로터 코일로 흐르는 전류가 차단되어 로터가 여자되지 않으므로 교류발전기의 발생전압은 저하된다.

[14-3]

12 교류발전기에서 생성되는 기전력의 크기와 관계가 없는 것은?

① 로터코일의 회전속도
② 스테이터 코일의 권수
③ 제너다이오드 전류의 세기
④ 로터코일에 흐르는 전류의 세기

> 제너다이오드는 정전압을 유지시키기 위한 것으로, 기전력 크기와는 무관한다.

[19-1, 13-1, 09-1]

13 교류 발전기에서 정류 작용이 이루어지는 곳은?

① 아마추어
② 계자 코일
③ 실리콘 다이오드
④ 트랜지스터

> **실리콘 다이오드의 역할**
> • 스테이터 코일에서 발생한 교류전류를 직류전류로 변환
> • 배터리에서 발전기쪽으로의 역류 방지(직류의 컷아웃 릴레이 역할)

[12-1]

14 교류 발전기의 3상 전파 정류 회로에서 출력 전압의 조절에 사용되는 다이오드는?

① 제너 다이오드
② 발광 다이오드
③ 수광 다이오드
④ 포토 다이오드

[12-2]

15 자동차용 발전기 점검사항 및 판정에 대한 설명으로 틀린 것은?

① 스테이터 코일 단선 점검시 시험기의 지침이 움직이지 않으면 코일이 단선된 것이다.
② 다이오드 점검시 순방향은 ∞ Ω쪽으로, 역방향은 0 Ω쪽으로 지침이 움직이면 정상이다.
③ 슬립링과 로터 축 사이의 절연 점검 시 시험기의 지침이 움직이면 도통된 것이다.
④ 로터 코일 단선 점검시 시험기의 지침이 움직이지 않으면 코일이 단선된 것이다.

> **아날로그 멀티미터의 측정**
> • 단선 : 시험기의 지침이 움직이지 않음
> • 단락 : 지침이 올라갔다가 내려오지 않음
> • 다이오드 점검 : 순방향으로는 0 Ω으로, 역방향으로는 ∞ Ω으로 지침이 움직인다.
> • 콘덴서 : 지침이 올라갔다가 서서히 내려옴

정 답 ▶ **8** ① **9** ③ **10** ③ **11** ④ **12** ③ **13** ③ **14** ① **15** ②

[13-1]

16 정류회로에 있어서 맥동하는 출력을 평활화하기 위해서 쓰이는 부품은?

① 다이오드　　　　　② 콘덴서

③ 저항　　　　　　　④ 트랜지스터

> 다이오드는 교류전류를 반파(또는 전파) 정류를 통해 맥류로 변환하며, 콘덴서는 이 맥류를 직류에 가까운 파형을 얻는 평활회로에 이용한다.

[09-1]

17 교류 발전기 로터(rotor) 코일의 저항값을 측정하였더니 200Ω이었다. 이 경우 설명으로 옳은 것은?

① 로터 회로가 접지되었다.

② 정상이다.

③ 저항 과대로 불량 코일이다.

④ 전기자 회로의 접지 불량이다.

> 로터의 저항이 3~6.0 Ω일 때 정상이다.

[13-3]

18 충전장치 정비 시에 안전에 위배되는 것은?

① 급속충전기로 충전을 하기 전에 점화스위치를 OFF하고 배터리 케이블을 분리한다.

② 발전기 B단자를 분리한 후 엔진을 고속회전 하지 않는다.

③ 발전기 출력전압이나 전류를 점검할 때는 메거옴 테스터를 활용한다.

④ 접지 극성에 주의한다.

> **메거(megger)옴 테스터**는 절연저항 측정 시 사용한다.(절연저항이란 절연체에 전압을 가했을 때 나타나는 전기저항으로 흔히 전선이나 코일의 누전상태를 말하며, 메거는 이러한 누전상태를 찾는 측정기이다)

[08-2]

19 오실로스코프에서 듀티 시간을 점검한 결과 아래와 같은 파형이 나왔다면 주파수는?

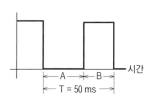

① 20 Hz

② 25 Hz

③ 30 Hz

④ 50 Hz

A = 30 ms, B = 20 ms

$$주파수(f) = \frac{1}{주기(T)} = \frac{1}{0.05} = 20\ Hz\ (1\ S = 1000\ mS)$$

[10-1]

20 IC조정기 부착형 교류발전기에 로터코일 저항을 측정하는 단자는?

IG : ignition	F : field	L : lamp
B : battery	E : earth	

① IG 단자와 F 단자　　② F 단자와 E 단자

③ B 단자와 L 단자　　④ L 단자와 F 단자

> 로터 코일은 L단과 F 단자 사이에 위치한다.

[14-3]

21 L단자와 S단자로 구성된 발전기에서 L단자에 대한 설명으로 틀린 것은?

① L단자는 충전 경고등 작동선이다.

② 뒷 유리 열선시스템에서도 L단자 신호를 사용한다.

③ 시동 후 L단자 전압은 시동 전 배터리 전압보다 높다.

④ L단자 회로가 단선되면 충전 경고등이 점등된다.

> L단자는 충전 경고등의 연결 단자로, 시동키 ON → 배터리 전원 → 충전경고등 → L단자 → 계자 코일 → 접지로 흐르며 충전경고등이 점등되며, L단자 전압은 1~3 V가 된다. 시동 후에는 계자 코일에 전압이 발생(자여자)되므로 배터리 경고등 양단의 전위차가 작아져 경고등이 소등된다.
> ※ ② 에탁스의 입력 신호로 L단자 신호를 사용하여 뒷 유리 열선을 작동시킨다.

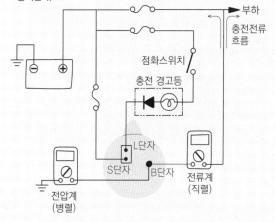

[14-1]

22 교류 발전기에서 최대 출력전압이 나올 때 발전기 하우징과 축전지(-) 터미널간의 전압은?

① 약 0~0.2 V　　　② 약 1~3 V

③ 약 3~5 V　　　　④ 약 12.5~14.5 V

> 발전기 하우징은 접지 역할을 하므로 축전지 ⊖단자 간의 전압(전위차)은 0에 가까워야 한다.

정답 ▶ 16 ②　17 ③　18 ③　19 ①　20 ④　21 ④　22 ①

chapter 03

23 2개의 코일 간의 상호 인덕턴스가 0.8H일 때 한쪽 코일의 전류가 0.01초 간에 4A에서 1A로 동일하게 변화하면 다른 쪽 코일에 유도되는 기전력은?

① 100 V   ② 240 V   ③ 300 V   ④ 320 V

> **유도기전력** $e = -N\dfrac{d\phi}{dt} = -L\dfrac{di}{dt} = 0.8\,[H] \times \dfrac{3\,[A]}{0.01\,[s]} = 240\,[V]$
>
> N : 코일 권수, $d\phi$: 자속변화량 [Wb], L : 인덕턴스, dt : 시간변화량 [s]
>
> ※ 자속이 코일을 통과할 때 자속변화량($d\phi$)은 전류변화량과 동일한 의미이다.
>
> ※ 기전력이 형성될 때 자속(ϕ)을 방해하는 방향으로 발생되므로 (-)는 '방향'에 관한 것이며, 기전력 크기와는 무관하다.

02 기동전동기

[06-1]

1 기동전동기의 작동원리는?

① 플레밍의 오른손법칙   ② 렌츠의 법칙
③ 플레밍의 왼손법칙   ④ 앙페르의 법칙

> • 발전기 : 플레밍의 오른손 법칙
> • 기동전동기 : 플레밍의 왼손 법칙
> ※ 교류 발전기 : 렌츠의 법칙

[09-2]

2 다음 중 기동전동기가 갖추어야 할 조건이 아닌 것은?

① 기동 회전력이 커야 한다.
② 전압조정기가 있어야 한다.
③ 마력 당 중량이 작아야 한다.
④ 기계적 충격에 견딜만한 내구성이 있어야 한다.

> 전압조정기는 발전기의 조건에 해당된다.

[07-1, 04-2]

3 직권전동기의 전기자코일과 계자코일의 연결은?

① 전기자코일은 병렬 계자코일은 직렬
② 병렬
③ 전기자코일은 직렬 계자코일은 병렬
④ 직렬

> **기동전동기의 종류**
>
> | 직권형 | 계자 코일과 전기자 코일이 직렬로 연결 |
> |---|---|
> | 분권형 | 계자 코일과 전기자 코일이 병렬로 연결 |
> | 복권형 | 계자 코일과 전기자 코일이 직·병렬로 연결 |

[11-2, 07-2]

4 자동차용 기동전동기의 특징을 열거한 것으로 틀린 것은?

① 일반적으로 직권전동기를 사용한다.
② 부하가 커지면 회전력은 작아진다.
③ 상시작동보다는 순간적으로 큰 힘을 내는 장치에 적합하다.
④ 부하를 크게 하면 회전속도가 작아진다.

> **직류직권 전동기의 특징**
> • 전기자 코일과 계자코일이 직렬로 연결(즉, 저항의 직렬연결에서는 어느 지점에서나 흐르는 전류값은 같다)
> • 회전속도가 부하에 따라 민감하게 변화(부하가 커지면 회전력은 커지고 회전속도는 작아진다.)
> • 회전속도가 불규칙하여 상시작동에는 적합하지 않으나, 큰 회전력(토크)을 요구하는 기동전동기에 적합

[19-1, 10-2]

5 직류 직권식 기동 전동기의 계자 코일과 전기자 코일에 흐르는 전류에 대한 설명으로 옳은 것은?

① 계자 코일 전류가 전기자 코일 전류보다 크다.
② 전기자 코일 전류가 계자 코일 전류보다 크다.
③ 계자 코일의 전류와 전기자 코일의 전류가 같다.
④ 계자 코일 전류와 전기자 코일 전류가 같을 때도 있고 다를 때도 있다.

> 직류 직권식은 계자와 전기자가 직렬로 연결되므로 어느 지점에서나 전류는 같다.

[13-2]

6 자동차의 직류직권 기동전동기를 설명한 것 중 틀린 것은?

① 기동 회전력이 크다.
② 부하를 크게 하면 회전속도가 낮아지고 흐르는 전류는 커진다.
③ 회전속도 변화가 작다.
④ 계자코일과 전기자코일이 직렬로 연결되어 있다.

> **직권식 전동기의 특징**
> • 전기자 코일과 계자코일이 직렬로 연결된 구조이다.
> • 기동 토크가 크지만 회전속도 변화가 크다.

[15-2, 12-2, 10-1, 07-1]

7 가솔린 엔진에서 기동전동기의 소모전류가 90A이고, 축전지 전압이 12V일 때 기동전동기의 마력은?

① 약 0.75PS   ② 약 1.26PS
③ 약 1.47PS   ④ 약 1.78PS

> 전력$(P) = V \times I = 12\,[V] \times 90\,[A] = 1080\,[W] = 1.08\,[kW]$
> $\therefore P = 1.08 \times 1.36 = 1.4688\,[PS]$

정답 23 ② **2** 1 ③ 2 ② 3 ④ 4 ② 5 ③ 6 ③ 7 ③

[13-1, 09-3]

8 기동 전동기에 흐르는 전류는 120 A이고, 전압은 12 V라면 이 기동 전동기의 출력은 몇 PS인가?

① 0.56PS　　　　　　② 1.22PS

③ 1.96PS　　　　　　④ 18.2PS

전력(P) $= V \times I = 12\,[V] \times 120\,[A] = 1440\,[W] = 1.44\,[kW]$

$1\,[kW] = 1.36\,[PS]$이므로, $\therefore P = 1.44 \times 1.36 = 1.958\,[PS]$

별해) $1\,[PS] = 736\,[W] = 0.736\,[kW]$, $1\,[W] = \dfrac{1}{736}\,[PS]$

$\therefore P = \dfrac{1440}{736} = 1.956\,[PS]$

[10-1]

9 기동전동기의 필요 회전력에 대한 수식은?

① 크랭크축 회전력 $\times \dfrac{\text{링기어 잇수}}{\text{피니언기어 잇수}}$

② 캠축 회전력 $\times \dfrac{\text{피니언기어 잇수}}{\text{링기어 잇수}}$

③ 크랭크축 회전력 $\times \dfrac{\text{피니언기어 잇수}}{\text{링기어 잇수}}$

④ 캠축 회전력 $\times \dfrac{\text{링기어 잇수}}{\text{피니언기어 잇수}}$

기동전동기의 최소 회전력 = 크랭크축 회전력 $\times \dfrac{\text{기동전동기의 피니언기어 잇수}}{\text{플라이휠의 링기어 잇수}}$

[19-1, 12-1]

10 기동전동기의 피니언기어 잇수가 9, 플라이휠의 링기어 잇수가 113, 배기량 1500 cc인 엔진의 회전저항이 8 kgf·m일 때 기동전동기의 최소 회전토크는?

① 약 0.48 kgf·m　　　② 약 0.55 kgf·m

③ 약 0.38 kgf·m　　　④ 약 0.64 kgf·m

최소회전력 $= 8\,[kgf \cdot m] \times \dfrac{9}{113} = 0.637\,[kgf \cdot m]$

[03-2]

11 기동전동기의 구성품 중 한쪽 방향으로 토크를 전달하는 일명 '일방향 클러치'라고도 하는 것은?

① 솔레노이드　　　　② 스타터 릴레이

③ 오버러닝 클러치　　④ 시프트 레버

[13-1]

12 플레밍의 왼손법칙에서 엄지손가락 방향으로 회전하는 기동전동기의 부품은 어느 것인가?

① 로터　　　　　　　② 계자 코일

③ 전기자　　　　　　④ 스테이터

- 플레밍의 법칙 : 엄지-힘(회전, 토크), 검지-자기장, 중지-전류
- 전동기는 플레밍의 왼손법칙, 발전기는 플레밍의 오른손법칙 적용
  ※ 계자코일은 전기장(자속)을 만듦
  ※ 전기자는 계자코일에서 만든 자속을 끊어 토크(힘) 발생
  ※ 로터와 스테이터는 교류발전기의 구성품

[15-1, 12-3, 19-2 변형]

13 기동전동기의 오버러닝 클러치에 대한 설명으로 틀린 것은?

① 엔진이 시동된 후, 엔진의 회전으로 인해 기동 전동기가 파손되는 것을 방지하는 장치이다.
② 시동 후 피니언 기어와 기동전동기 계자코일이 차단되어 기동전동기를 보호한다.
③ 한 쪽 방향으로만 동력을 전달하여 일방향 클러치라고도 한다.
④ 오버러닝 클러치의 종류는 롤러식, 스프래그식, 다판 클러치식이 있다.

오버러닝 클러치는 시동 후 피니언과 기동전동기 전기자축의 결합을 차단시켜 기동전동기를 보호한다.

[08-3]

14 기관 크랭킹 시 축전지 (−)단자와 기동전동기 하우징 사이에 전압강하량이 0.2V 이상일 때의 현상은?

① 기동전동기 회전력이 커진다.
② 기동전동기 회전저항이 적어진다.
③ 기동전동기 회전 속도가 느려진다.
④ 기동전동기 회전 속도가 빨라진다.

저항 증가로 인해 전압강하가 발생되면 옴 법칙에 의해 전류가 감소되므로 회전속도가 느려진다.

[12-1]

15 그로울러 시험기로 전기자 코일의 시험 항목으로 틀린 것은?

① 단선시험　　　　　② 단락시험

③ 접지시험　　　　　④ 저항시험

그로울러 시험기의 시험 항목
전기자(아마추어)의 단선, 단락, 접지시험

정답 ▶ 8 ③　9 ③　10 ④　11 ③　12 ③　13 ②　14 ③　15 ④

06 점화장치

Main
Key
Point

[출제문항수 : 약 1문제] (발전기·기동전동기와 마찬가지로 출제기준에는 포함되지 않으나 2022년 1회 기준으로 출제되었습니다.) 기초 부분에서도 출제되지만 전반적으로 학습하기 바랍니다.

01 점화장치의 기본 구성품

1 점화코일(Ignition Coil)

(1) 원리 : 1차 코일에서의 자기유도작용과 2차 코일에서의 상호유도작용을 이용한다.

① 자기유도 작용 : 코일에 흐르는 전류가 변하면 자속이 변화하므로, 이 변화를 방해하는 방향으로 코일 자체에 유도 기전력이 발생하는 현상

② 상호유도 작용 : 하나의 코일에 자력선의 변화가 생기면 그 변화를 방해하기 위해 인접한 코일에 기전력이 발생시키며, 1차 코일의 기전력은 2차코일에서 상호유도 작용에 의해 고전압으로 승압

(2) 점화코일의 고전압 유도 공식

$$E_2 = \frac{N_2}{N_1} \times E_1$$

- E_1 : 1차 코일의 유도 전압
- E_2 : 2차 코일의 유도 전압
- N_1 : 1차 코일의 권수
- N_2 : 2차 코일의 권수

▶ **1차, 2차 코일의 비교**

권선수	1차코일 < 2차코일
저항	1차코일 < 2차코일
유도전압	1차코일 < 2차코일
굵기	1차코일 > 2차코일

1차코일을 개자로형은 바깥쪽에, 폐자로형은 안쪽에 감는다.

(3) 점화코일의 전류와 시정수

① 포화전류 : TR ON되면 점화코일의 1차 전류가 증가하여 일정 시간 후에 일정전류가 된다. 이를 '포화전류'라 한다. 이때 코일에서의 1차 전류 상승 속도는 1차 코일의 인덕턴스에 의해 결정되지만, 일정 전류에 도달하면 코일의 내부 저항에 의해 결정된다.

② 점화코일의 시정수 : 1차코일의 인덕턴스를 1차코일의 권선저항으로 나눈 값

$$\tau = \frac{L_1}{R_1}$$

- τ : 시정수 [s]
- L_1 : 1차코일의 인덕턴스 [H = Ω·s]
- R_2 : 1차코일의 권선저항[Ω]

→ 점화코일의 시정수(1차 전류 상승시간) : 전기회로에 갑자기 전압을 가했을 때 전류가 점차 증가하여 일정한 값에 도달하는 시간

→ 인덕턴스(코일 내에 전류의 흐름을 방해)가 크면 전류상승속도가 느리나 많은 에너지가 축적하므로 전류 차단 시 역기전력이 발생된다. 반대로 전류의 상승속도가 느릴 경우 고속시 충분한 전류가 흐르지 못하면 2차 전압이 낮아진다.

▶ **외부저항이 필요한 이유**

엔진의 회전수가 높아지면 1차코일에 전류가 흐르는 시간이 짧아진다. 즉 Point가 닫혀있는 시간이 짧아진다. 따라서 1차 전류 회복시간이 짧아져 2차 전압이 낮아진다. 이를 위해 시정수를 작게 하여야 한다. (→ 저항을 크게 하고 인덕턴스를 작게해야 한다)
그러나 저항을 크게하기 위해 권수를 많이 하면 인덕턴스가 커지고, 반대로 인덕턴스를 작게하려고 권수를 작게하면 저항이 작아지므로 외부저항을 설치한다.
∴ 외부저항은 시정수를 작게하여, 코일이 전류를 회복하는 시간을 짧게 할 수 있다.

(4) 점화코일의 유도 기전력 −패러데이의 전자유도법칙
교류발전기 참조

(5) 종류(개자로형, 폐자로형)

③ 폐자로형(몰드형, □형) 코일의 특징

- 폐자로형 철심을 통해 자속이 흐르도록 하여 자속이 외부로 방출되는 것을 방지
- 개자로에 비해 1차 코일 권선수를 줄일 수 있어 1차 코일 저항을 감소시켜 1차 전류 성능 향상
- 코일 내부를 수지로 몰드(메움)시킴
- 전자제어식 점화장치(HEI)에 사용한다.
- 간단한 구조(소형, 경량화), 내열성, 방열성

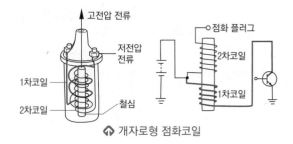

↟ 개자로형 점화코일

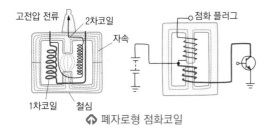

⊙ 폐자로형 점화코일

2 점화플러그

(1) 자기청정온도(400~600℃)

① 절연체에 퇴적하는 카본 등을 태워 전극을 깨끗한 상태로 유지시키는 온도로, 쇼트 방지 역할을 한다.
   • 자기청정온도보다 높으면 조기점화 발생
   • 자기청정온도보다 낮으면 실화 발생

(2) 열가

① 점화플러그의 열을 방출하는 정도를 표시('2~10'의 숫자로 표기)
② 열가에 따른 분류 : 절연체 및 전극의 길이의 열전도율, 화염의 접촉 부위의 표면적, 연소실 형상 및 체적 등에 따라 구분

열형 플러그 (저열가, 2~4)	연소실에 노출된 절연체의 길이가 길어 열을 흡수하는 표면적이 넓은 반면에 방출 경로가 길어 열방출이 느림
냉형 플러그 (고열가, 7~10)	• 연소실에 노출된 절연체의 길이가 짧아 열을 흡수하는 면적이 작고 방출 경로는 짧아 열방출이 빠름 • 방열성이 좋아 주로 고속·고부하 엔진에 적합하다.

(3) 점화플러그의 착화성 향상

① 점화플러그의 소염 작용*을 크게 한다.
② 점화플러그의 불꽃간극을 넓게 한다.
③ 중심 전극을 가늘게 한다.
④ 접지 전극에 U자의 홈을 설치한다.

> *소염 작용 : 점화초기 단계에서 전극의 중앙부에 화염핵이 형성된 후 점점 커지며 전극에 닿게 되는데 이 때 화염핵의 에너지가 전극에 흡수되어 화염을 끄는 작용을 한다.

▶ 점화플러그에 점화불꽃이 발생되지 않는 원인
   • 파워 트랜지스터 불량   • 크랭크각 센서 불량
   • 점화코일 불량   • 점화플러그 불량

(4) 점화플러그의 기호

스파크플러그의 표시기호
B P 6 E S R
   저항 삽입형 플러그
   표준형
   점화 플러그 나사의 길이
   열값
   자기 돌출형
   점화플러그 나사의 지름

단자
절연체
BP6ES
하우징
내부저항
중심전극
에어갭
접지전극

(5) 특수 점화플러그

① **저항 플러그** : 점화 플러그의 유도 불꽃으로 인한 전파 방해(라디오, 무선 통신 등)를 방지하기 위해 플러그 중심전극에 고저항을 설치
② 보조간극 플러그 : 중심전극의 위쪽과 단자 사이에도 간극이 있어 고전압과 전류를 유지, 플러그 오손으로 인한 실화 방지 역할

02 HEI 점화장치

1 개요

① 엔진상태(엔진온도, 엔진속도, 부하 등)를 컴퓨터에 입력하면 ECU에서 점화시기를 연산하여 1차 전류를 차단하는 신호를 파워 파워TR로 보내 고압의 2차 전류를 발생시킨다.
② **폐자로형 점화코일을 사용**하여 **고에너지 점화장치**(HEI, High Energy Ignition)라고도 한다.
③ 원심 진공 진각장치가 없으며 진각은 컴퓨터에서 이뤄진다.

2 주요 구성품

(1) 점화코일(HEI 코일)

폐자로형 철심을 사용하여 30,000V 이상의 고전압을 유기하며, 기존 점화코일보다 1차 코일 저항을 감소, 코일의 굵기를 크게하여 큰 전류가 통과하며, 고전압을 발생

(2) 파워 트랜지스터(NPN형)

(3) 배전기 어셈블리

① 옵티컬 방식 : 크랭크각센서와 No.1 TDC 센서, 배전부로 구성되며, 배전기 축에 고정된 디스크(슬릿 원판)가 회전하면서 발광다이오드의 빛이 포토다이오드에 수신되며 펄스신호가 ECU로 보내진다.
② 인덕티브 방식(마그네틱 픽업 방식 - 자기유도작용) : 크랭크 축에 설치된 크랭크각센서와 No.1 TDC 센서의 톤 휠이 회전할 때 회전속도 및 점화순서를 감지한다.
③ 홀센서 방식 : 홀 센서를 배전기에 설치하여 발생된 전압을 ECU에 입력하여 디지털 펄스 신호로 바꾸어 크랭크 각을 측정한다.
   • 디스크 바깥쪽의 4개 슬릿 : 각 실린더의 크랭크각을 검출하여 그 신호를 컴퓨터로 보내 엔진 회전속도 및 흡입 공기량, 점화진각을 연산하여 점화코일의 1차 단속신호를 보내 파워 TR을 구동
   • No.1 TDC 및 No.4 TDC 슬릿 : 연료분사 순서 및 점화 순서 결정

❸ 기본 작동원리

각종 센서 → ECU → 파워트랜지스터 → 점화코일

ECU는 크랭크각 신호를 기준으로 각종 센서로부터 받은 데이터를 연산하여 최적의 점화시기에 파워 TR(베이스)에 전류를 보내 스위칭 작용을 하면 → [배터리 전원 – 점화코일 – TR의 컬렉터 – 이미터 – 접지] 회로가 형성되어 전류가 흐름 → 자기유도작용 및 상호유도작용에 의해 점화코일의 1차 전류를 단속(斷續)하는 파워 TR이 차단되면 점화코일의 1차 전류가 차단되는 순간 2차 코일에 고압(20,000~30,000V)이 유도 → 점화

※ 기본 점화시기는 AFS 센서와 TDC 센서 또는 CMP 센서의 신호를 토대로 점화 실린더를 판별한다.

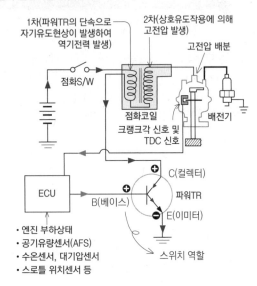

- 엔진 부하상태
- 공기유량센서(AFS)
- 수온센서, 대기압센서
- 스로틀 위치센서 등

---

03 DLI(Distrubutor Less Ignition) 점화장치

❶ 특징

① 동시 점화식 DLI 장치가 적용
① 배전기가 없으므로 배전기에 의한 누전 및 전파잡음이 없고, 로터와 접지간극 사이의 고압 에너지 손실이 적다. 또한 기계적인 마모가 없으며, 전파장해가 적다.
② ECU에 의해 직접 점화신호를 보내 점화시기를 제어하므로 1차 전류를 형성하는 시간이 적게 걸린다.
③ 정전류 제어방식으로 2차 전압이 안정적이다.
④ 내구성이 크고, 배전기 캡에서 발생하는 전파 잡음이 없다.
⑤ 점화에너지를 크게 할 수 있다.
⑥ 컴퓨터가 각 센서의 입력신호를 연산하여 진각하므로 점화진각 폭에 제한이 없고, 원심 진각장치가 없다.

❷ 구성 및 작동

① 구성(HEI와 유사) : 파워TR, 폐자로 점화코일, CAS, TDC 센서
② 작동 : 동시점화 방식의 경우 1개의 점화코일로 2개의 실린더를 동시에 점화(즉, 4기통의 경우 No.1와 No.4 그리고 No.2와 No.3

이 동시에 점화)하며, 1-3-4-2 순으로 분배된다. → 1개의 실린더가 압축 상사점에 위치하면 다른 하나는 배기 상사점 중에 위치하며, 이 두 실린더에 직렬로 전압을 가했을 때 → 압축행정 중인 실린더는 압축압력이 높아(공기의 분자밀도가 높아 공기분자 충돌이 커짐) 플러그 불꽃 방전이 어렵고(고전압 방전), 배기행정일 때 이러한 저항이 거의 없어 낮은 전압으로도 방전되므로 대부분의 고전압은 압축행정 중인 실린더의 점화플러그에 인가된다.

→ 이해) 크기가 다른 두 개의 저항이 직렬로 연결된 경우 저항이 큰 쪽에서 더 많은 전압이 인가된다.(분압법칙)

▶ **DLI의 점화 코일**
동시점화 방식을 사용하며, 2개의 폐자로형을 1개로 결합하여 실린더 헤드에 설치하며, 1개의 점화코일에서 2개의 실린더로 동시에 고전압을 보냄

DLI 방식의 종류

코일 분배방식	**동시점화방식** 1개의 점화코일로 2개의 실린더에 동시 점화 **독립점화방식** • 직접 점화장치(DIS, Direct Ignition System) • 각 실린더마다 1개의 점화코일과 1개의 점화플러그가 결합되어 직접 점화
다이오드 분배방식	• 2차 고전압을 다이오드를 의해 방향을 조정 • 압축 상사점과 배기 상사점에서 1개의 점화코일로 2개의 실린더에 동시에 점화하는 구조이지만 결국 하나만 점화가 이뤄짐

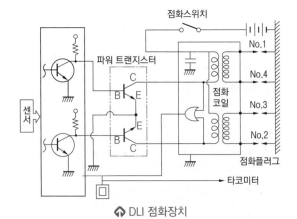

△ DLI 점화장치

③ 점화시기 제어 : A 트랜지스터(1·4번 실린더), B 트랜지스터(2·3번 실린더)가 있으며, ECU는 A, B를 번갈아 선택하면서 OFF(방전)시켜 1차 점화코일을 단속한다.

❸ 점화파형의 분석

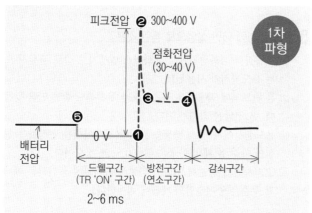

1차 파형

피크전압 ❷ 300~400 V
점화전압 (30~40 V)
❸ ❹
❺ ❶
0 V
배터리 전압
드웰구간 (TR 'ON' 구간) / 방전구간 (연소구간) / 감쇠구간
2~6 ms

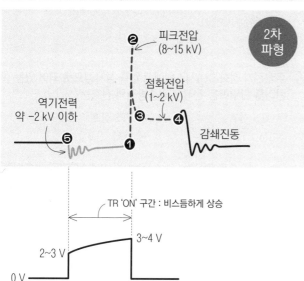

2차 파형

피크전압 (8~15 kV) ❷
점화전압 (1~2 kV)
❸ ❹
역기전력 약 −2 kV 이하
❺ ❶
감쇄진동

TR 'ON' 구간 : 비스듬하게 상승
3~4 V
2~3 V
0 V

⬆ 트랜지스터의 베이스 파형

① 드웰구간, 통전구간(❺~❶)(2~6 ms) : **TR이 ON되어 점화 1차 코일의 통전구간**(고속에서는 짧아짐). 2차 파형의 경우 시작점에서 1차 파형보다 노이즈가 많음

② 점화구간

• 피크전압, 서지전압, 역기전력, 자기유도전압(❶~❷) : 접점이 열리는 순간 나타나며, 최대값 ❷지점은 2차전압이 점화플러그의 갭을 건너 혼합기를 연소시키는 필요한 전자가 쌓이는 구간(1차는 300~400 V, 2차 파형의 경우 10~15 kV, 기통간 차이는 3 kV 이내)

※ ❶ : TR 'OFF' 지점

• 용량방전(❷~❸) : 모여있던 전자가 순간 갭을 건너가는 시기 (화염핵 생성)

③ 점화시간, 불꽃방전구간(❸~❹) : 점화 코일의 중심 전극에서 접지로 플라즈마 전기가 흐르는 구간(불꽃을 방전되는 구간)(0.8~2.0 ms)

④ 감쇠구간(❹~❺) : 1차 코일의 잔류전압이 감쇠 진동하며 저장된 에너지가 소멸한다. 2차 파형에서는 2차코일의 상호유도작용에 의한 코일의 공진현상을 나타냄

▶ **감쇠구간이 없다면**
공진은 점화 2차 코일과 2차회로의 커패시터 성분에 의해 발생된다. 따라서 감쇠구간이 없다면 점화코일의 불량에 의해 커패시터 성분으로 인한 공진이 없다. (LC공진)

▶ **점화파형의 표시 요소** : 드웰시간, 점화시간, 점화전압, 피크전압

▶ **2차전압의 점화전압**
정상일 때 약 10~15 kV로 연소실, 압축비에 따라 달라지며, 기통별 차이는 3 kV 이내이어야 한다.

▶ **드웰시간(Dwell time)에 따른 영향** : 엔진이 고속 회전하면 → 점화주기는 짧아져 점화 1차측에 흐르는 드웰시간이 작아짐(1차 전류가 저하됨) → 점화 2차 전압이 낮아져 점화 플러그의 아크방전 지속 시간도 짧아짐 → 연소실 내에 혼합가스의 착화가 불안전하여 불완전 연소상태 → 배출가스와 연비 감소, 실화 상태로 이어짐

▶ **폐각도(Dwell Angle)** : 접점식 점화장치에서 점화 1차 코일에 전류가 흐르고 있는 동안 캠(Cam)이 회전하는 각

▶ 점화전압에 영향을 미치는 주요 요인

요인	점화전압	
	클수록 전압↑	작을수록 전압↓
저항	(1차측 전류는 정전류로 제어되므로 오옴법칙에서 전류가 일정할 때 저항과 전압은 반비례이다.)	
팁 간극	넓을수록 전압↑	좁을수록 전압↓
	(넓을수록 원활한 점화를 위한 전압요구량이 더 많아진다.)	
압축압력	높을수록 전압↑	낮을수록 전압↓
가스온도	낮을수록 전압↑	높을수록 전압↓
점화시기	늦을수록 전압↑	빠를수록 전압↓
혼합기	희박할수록 전압↑	농후할수록 전압↓

※ 그 외 점화전압이 높은 원인 : 플러그 팁 오염, 배선불량 등

---

04 점화장치의 점검

① 점화코일의 점검
 • 1·2차 코일의 저항시험
 • 케이블 단자 사이의 절연저항시험(누설시험)
 • 2차코일 전압시험

② 파워 트랜지스터(TR) 불량 시 나타나는 증상 : 엔진시동 불량, 공회전 불안정, 연료 소모 증가, 출력 저하

③ 점화장치의 고장 시 원인 : 점화코일 결함, 파워TR 불량, 고압케이블 소손 등

④ 점화장치의 점검

점화코일의 저항	메가(megger) 옴 시험기
파워 TR	아날로그 타입 멀티미터, 파형 분석기
점화시기 점검	타이밍 라이트

chapter 03

[17-2, 17-1, 13-2]

1 점화플러그의 구비조건 중 틀린 것은?

① 전기적 절연성이 좋아야 한다.

② 내열성이 작아야 한다.

③ 열전도성이 좋아야 한다.

④ 기밀이 잘 유지되어야 한다.

> 내구성 및 내열성, 기계적 강도가 커야 한다.

[08-2]

2 현재 운행되는 자동차에서 점화코일 1차전류 단속을 파워트랜지스터로 하는 이유는?

① 포인트 방식에 비해 확실하고 고속제어가 가능하기 때문에

② 고 전류에서 저 전류로 출력할 수 있기 때문에

③ 극성을 바꾸어 연결하여도 무방하기 때문에

④ 점화진각속도가 포인트 방식에 비하여 높기 때문에

> **트랜지스터 점화장치의 특징**(접점식과 비교하여)
> • 정확한 점화시기 조절
> • 저속 성능이 안정되고, 고속 성능 향상
> • 안정된 고전압을 얻음
> • 점화장치의 신뢰성 향상

[16-3, 09-2]

3 저항플러그가 보통 점화플러그와 다른 점은?

① 불꽃이 강하다.

② 플러그의 열 방출이 우수하다.

③ 라디오의 잡음을 방지한다.

④ 고속 엔진에 적합하다.

> **저항 플러그** : 점화 플러그의 유도 불꽃으로 인한 전파 방해(라디오, 무선 통신 등)를 방지하기 위해 플러그 중심전극에 고저항을 설치한 플러그이다.

[07-2]

4 전자제어 엔진에서 점화코일의 1차 전류를 단속하는 기능을 갖는 부품은?

① 발광 다이오드

② 포토 다이오드

③ 파워 트랜지스터

④ 크랭크각 센서

[13-3]

5 점화장치에 대한 설명으로 틀린 것은?

① 무접점식 점화장치에서 점화펄스 발생기로 주로 홀센서 또는 유도센서가 사용된다.

② 홀 반도체에 작용하는 자속밀도가 무시해도 좋을 만큼 낮을 때, 홀 전압은 최대가 된다.

③ 유도센서에서 펄스 발생용 로터와 스테이터를 형성하는 철심이 마주 볼 때의 공극은 대략 0.5mm 정도이다.

④ CDI(축전기 방전식 점화장치)에서 축전기에 충전되는 에너지 수준은 충전전압의 제곱에 비례한다.

> **홀전압**$(V) = k \cdot I \cdot B$ (k : 홀상수, I : 전류, B : 자속밀도)이므로 자속밀도는 홀전압에 비례한다.

[09-2]

6 무배전기 점화(DLI)시스템에서 압축 상사점으로 되어 있는 실린더를 판별하는 전자적 검출방식의 신호는?

① AFS 신호

② TPS 신호

③ No.1 TDC 신호

④ MAP 신호

> No.1 TDC 센서(Top Dead Center Sensor) : 1번 실린더(또는 4번 실린더)의 상사점 위치를 검출하는 센서로, 점화 시기를 결정하는 역할을 한다.
>
> ※ 점화시기 제어 : ECU는 CAS센서와 TDC센서의 신호에 따라 A 트랜지스터(1·4번 실린더), B 트랜지스터(2·3번 실린더)를 번갈아 선택하면서 OFF(방전)시켜 1차 점화코일을 단속한다.

[13-3, 11-1]

7 자동차 점화장치에 사용되는 파워트랜지스터(NPN형)에서 접지되는 단자는?

① 캐소드

② 이미터

③ 베이스

④ 컬렉터

> **점화장치의 파워 TR의 연결**
> • 컬렉터 – 1차 코일
> • 베이스 – ECU
> • 이미터 – 접지

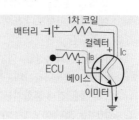

[16-1, 08-2]

8 점화장치에서 파워트랜지스터의 B(베이스) 단자와 연결된 것은?

① 점화코일 (−)단자

② 점화코일 (+)단자

③ 접지

④ ECU

정답 1② 2① 3③ 4③ 5② 6③ 7② 8④

[07-3]

9 고에너지 점화방식(HEI)에서 점화계통의 작동순서로 옳은 것은?

① 각종 센서 – ECU – 파워트랜지스터 – 점화코일

② ECU – 각종 센서 – 파워트랜지스터 – 점화코일

③ 파워트랜지스터 – 각종 센서 – ECU – 점화코일

④ 각종 센서 – 파워트랜지스터 – ECU – 점화코일

> 각종 센서에서 받은 신호를 ECU에서 연산처리하여 ECU에서 파워TR에 전원을 보내 점화코일의 1차 전류를 단속한다.

[10-3]

10 점화장치에서 점화시기를 결정하기 위한 가장 중요한 센서는?

① 크랭크각 센서　　　② 스로틀포지션 센서

③ 냉각수온도 센서　　④ 흡기온도 센서

[10-2]

11 점화코일 내부의 철심을 성층으로 제작하여 넣는 이유는?

① 제작상의 잇점

② 점화코일 외부로의 열방출 촉진

③ 맴돌이 전류에 의한 전력 손실 방지

④ 코일의 소손 방지

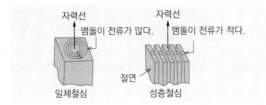

자력선　맴돌이 전류가 많다.　일체철심　절연　자력선　맴돌이 전류가 적다.　성층철심

[10-3]

12 점화플러그에 BP6ES라고 적혀 있을 때 6의 의미는?

① 열가　　　　　② 개조형

③ 나사경　　　　④ 나사부 길이

> B : 점화플로그 나사의 지름　　P : 자기 돌출형
> 6 : 열값(열가)　　　　　　　　E : 점화플러그 나사의 길이
> S : 표준형

[11-2]

13 점화코일의 1차코일 유도전압이 250V, 2차 코일의 유도전압이 25000V이고, 축전지가 12V인 1차 코일의 권수가 250회일 경우 2차 코일의 권수는 몇 회인가?

① 20000　　　　② 25000

③ 30000　　　　④ 35000

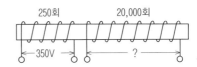

점화코일의 고전압 유도 공식

$$\frac{E_2}{E_1} = \frac{N_2}{N_1}$$

- E_1, E_2 : 1, 2차 코일의 전압
- N_1, N_2 : 1, 2차 코일의 권선수

$$N_2 = \frac{E_2}{E_1} \times N_1 = \frac{25000}{250} \times 250 = 25000$$

[14-1]

14 코일의 권수비가 그림과 같았을 때 1차코일의 전류 단속에 의해 350V의 유도전압을 얻었다면 2차 코일에서 발생하는 전압은? (단, 코일의 직경은 동일하다.)

250회　20,000회

350V　?

① 0 V　　　　　② 2800 V

③ 28000 V　　　④ 35000 V

점화코일의 고전압 유도 공식

$$\frac{E_2}{E_1} = \frac{N_2}{N_1}$$

- E_1, E_2 : 1, 2차 코일의 전압
- N_1, N_2 : 1, 2차 코일의 권선수

$$E_2 = \frac{N_2}{N_1} \times E_1 = \frac{20,000}{250} \times 350 = 28000 \text{ V}$$

[13-1]

15 점화장치에서 마그네틱코어 픽업코일과 로터가 일직선으로 정렬되어 있을 때 점화코일의 상태를 설명한 것으로 가장 맞는 것은?

① 1차 전류가 흐르고 있는 드웰 구간

② 1차 전류가 단속되어진 구간

③ 2차 전류가 흐르고 있는 구간

④ 2차 전류가 단속되어진 구간

> 마그네틱 코어 픽업코일은 전 트랜지스터 방식에 사용되며, 픽업코일과 로터의 돌출부가 일치될 때 TR에 1차 전류를 끊어 유도기전력이 발생된다.

[12-2]

16 전자 점화장치(HEI : High energy ignition)의 특성으로 틀린 것은?

① HC 가스가 증가한다.

② 고속성능이 향상된다.

③ 최적의 점화시기 제어가 가능하다.

④ 점화성능이 향상된다.

> **전자 점화장치의 특징**
> - 저속 고속에서 안정된 점화가 가능
> - 고속성능이 향상된다.
> - 원심 진공 진각장치가 없으므로 점화시기가 정확함

17 기관 시험 장비를 사용하여 점화코일의 1차 파형을 점검한 결과 그림과 같다면 파워 TR이 ON 되는 구간은?

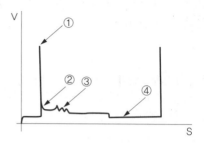

① 피크전압 : 점화플러그의 갭을 건너기 위해 전자가 쌓이는 구간
② 스파크 구간 : 연소실에 불꽃이 전파되어 연소가 진행
③ 감쇄진동 구간 : 점화코일에 잔류한 에너지가 1차코일을 통해 소멸
④ 드웰 구간 : TR이 ON되어 점화1차 코일에 전류가 흐르는 구간

[07-3]

18 전자배전 점화장치(DLI)의 특징이 아닌 것은?

① 로터와 접지전극 사이의 고전압 에너지 손실이 없다.
② 배전기에 의한 배전상의 누전이 없다.
③ 고전압 출력을 작게 하면 방전 유효에너지는 감소한다.
④ 배전기를 거치지 않고 직접 고압케이블을 거쳐 점화플러그로 전달하는 방식이다.

DLI은 배전기가 없으므로 에너지 손실이 없어 고전압 출력을 작게해도 방전 유효에너지는 감소(손실)되지 않는다.
※ DLI(Distributor-less Ignition) 특징 : 고전압 에너지 손실 없음, 점화 진각폭의 제한을 받지 않음, 전파 노이즈·누전 없음

[12-2, 17-1 변형, 19-2 변형]

19 무배전기식(DLI 타입) 점화장치의 드웰(dwell) 시간에 관한 설명으로 맞는 것은?

① 드웰 시간이 길면 점화시기가 빨라진다.
② 점화시기 변화는 드웰 시간과 관계없다.
③ 드웰 시간은 파워 트랜지스터가 ON 되고 있는 시간을 말한다.
④ 드웰 시간은 C(컬렉터) 단자에서 B(베이스) 단자로 전류가 차단된다.

• 드웰 구간(TR 작동구간) : ECU의 전원이 TR의 베이스에서 이미터로 흘러(TR : ON) 점화 1차 코일에 전류가 흐르는 시간을 말한다.
• 드웰 구간을 조절하여 점화시기를 제어한다.
• 드웰시간이 길면 점화시기가 느려진다.

[10-1]

20 DLI(Distributor Less Ignition) 시스템의 장점이 아닌 것은?

① 점화 에너지를 크게 할 수 있다.
② 고전압 에너지 손실이 적다.
③ 진각(advance)폭의 제한이 적다.
④ 스파크 플러그 수명이 길어진다.

배전기가 없으므로 고전압 에너지 손실이 적으므로 점화에너지를 크게 할 수 있고, 컴퓨터가 각 센서의 입력신호를 연산하여 진각하므로 진각 폭에 제한이 없으며 원심 진각장치가 없다.

[12-3, 19-1 유사]

21 무배전기 점화장치(DLI)에서 동시점화 방식에 대한 설명으로 틀린 것은?

① 압축과정 실린더와 배기과정 실린더가 동시에 점화된다.
② 배기되는 실린더에 점화되는 불꽃은 압축하는 실린더의 불꽃에 비해 약하다.
③ 두 실린더에 병렬로 연결되어 동시 점화되므로 불꽃에 차이가 나면 고장난 것이다.
④ 점화코일이 2개이므로 파워 트랜지스터도 2개로 구성되어 있다.

무배전식 점화장치(동시점화방식)의 작동
• 2개의 실린더에 1개의 점화 코일로, 압축 상사점과 배기 상사점에 있는 각각의 점화플러그에 동시에 점화시키는 장치이다. (즉, 4기통의 경우 No.1와 No.4 그리고 No.2와 No.3이 동시에 점화)
• 예를 들어 1번 실린더를 압축 상사점에서 점화시켰지만 4번은 배기 상사점에 위치하여 압축 압력이 낮기 때문에 방전 에너지도 작게 되어서 점화플러그의 불꽃은 약해진다.(압축 압력이 높을수록 점화 요구 전압도 높아지고 낮을수록 점화전압이 낮아진다)
∴ 그러므로 2개 실린더의 점화플러그를 직렬로 연결했을 때 불꽃 차이가 나타난다.

[18-3]

22 점화플러그에 대한 설명으로 틀린 것은?

① 열형플러그는 열방산이 나쁘며 온도가 상승하기 쉽다.
② 열가는 점화플러그의 열방산 정도를 수치로 나타내는 것이다.
③ 고부하 및 고속회전의 엔진은 열형플러그를 사용하는 것이 좋다.
④ 전극 부분의 작동온도가 자기청정온도보다 낮을 때 실화가 발생할 수 있다.

고속, 고부하 엔진에는 열방출 경로가 짧은 냉형플러그를 사용한다.

정답 17 ④ 18 ③ 19 ③ 20 ④ 21 ③ 22 ③

23 전압강하와 누전 등 배전기의 단점을 보완하기 위해 전자적으로 점화를 컨트롤하는 방식은?

[14-1]

① 전자배전 점화방식(DLI)
② 콘덴서방전 점화방식(Condenser)
③ 접점식 점화모듈(Module)
④ 포인트 이그니션(Ignition)

24 점화플러그의 규격 표기가 'BKR5E' 일 때 숫자 '5'의 의미는?

[14-3]

① 열가
② 나사지름
③ 저항 내장형 종류
④ 간극

> B : 점화플러그 나사의 지름(14mm)
> K : 구조(돌출형)
> R : 저항 내장형 여부
> 5 : 열가
> E : 점화 플러그 나사의 길이(19mm)
> ※ 간극은 맨 끝에 '-11'과 같이 '대시 + 숫자'로 표기한다.

25 그림과 같이 콜게이션(corrugation)을 건너뛰는 비정상적인 방전현상은?

[14-2]

불꽃방전

① 코로나 방전 현상
② 오로라 방전 현상
③ 플래시 오버 현상
④ 타코미터 현상

> 플래시 오버 현상은 절연체 표면에 발생하는 불꽃방전을 말하며, 콜게이션(corrugation, 주름, '리브 rib'라고도 함)은 고전압의 플래시 오버를 방지하는 역할을 한다.

26 기관 종합진단기(EH는 튠업기)의 점화파형 측정 모드에서 점화순서에 따라 파형이 표시되게 하고자 할 때 점화 2차 픽업 외에 필요한 것은?

[14-3]

① 트리거 픽업
② 2차 고압케이블선
③ 볼트 옴 리드선
④ 점퍼 와이어

> 트리거 픽업은 고압선의 점화신호를 이용하여 동기(트리거)를 잡을 때 사용하는 픽업 프로브로, 1번 플러그 고압케이블에 연결하여 실린더 점화위치를 판단한다.
> ※ 참고) 트리거 픽업 연결 후 DLI 차량의 경우 점화 2차 프로브 적색을 정극성 케이블에, 흑색은 역극성 케이블에 연결한다.

27 배전기 방식의 점화장치에서 타이밍 라이트를 사용하여 초기 점화시기를 시험할 때 고압 픽업 클립의 설치 위치는?

[13-1]

① 1번 점화 케이블
② 3번 점화 케이블
③ 축전지 (+)극
④ 배전기 이그나이터

> 타이밍 라이트의 적색, 흑색선은 각각 배터리 ⊕, ⊖ 단자에 물리고, 고압 픽업 클립은 1번 점화 케이블에 설치한다.

28 점화장치에서 점화 1차코일의 끝부분 (-) 단자에 시험기를 접속하여 측정할 수 없는 것은?

[12-3]

① 노킹의 유무
② 드웰 시간
③ 엔진의 회전속도
④ TR의 베이스 단자 전원공급 시간

> 노킹의 유무는 실린더 블록에 설치된 노크 센서에 의해 검출된다.

29 점화코일의 시험 항목으로 틀린 것은?

[17-3]

① 압력시험
② 출력시험
③ 절연 저항시험
④ 1·2차코일 저항시험

> **점화코일의 시험 항목**
> • 1·2차 코일의 저항시험
> • 케이블 단자 사이의 절연저항시험(기밀시험)
> • 불꽃시험(출력)

30 그림과 같은 점화 2차 파형에서 ①의 파형이 정상이라 할 때 ②와 같이 측정되는 원인으로 옳은 것은?

[14-3]

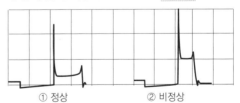
① 정상   ② 비정상

① 압축압력이 규정보다 낮다.
② 점화시간이 작다.
③ 점화 2차라인에 저항이 과대하다.
④ 점화플러그 간극이 규정보다 작다.

> 비정상 파형에서 점화전압(2차파형의 피크전압)이 높아졌으므로 점화 2차 라인의 저항이 커졌다는 것을 알 수 있다.

정답 **23** ① **24** ① **25** ③ **26** ① **27** ① **28** ① **29** ① **30** ③

chapter 03

[14-1, 17-3 변형]

31 점화파형에서 점화전압이 기준보다 낮게 나타나는 원인으로 틀린 것은?

① 2차코일 저항 과소
② 규정 이하의 점화플러그 간극
③ 높은 압축압력
④ 농후한 혼합기 공급

▶ 점화전압에 영향을 미치는 요인

요인	전압 높음	전압 낮음
플러그 간극	넓다	좁다
압축압력	높다	낮다
혼합기	희박	농후
점화시기	늦음	빠름
플러그 배선	고저항(단선)	저저항(누전)
가스 온도	낮음	높음
간극(갭)	크다	작다

※ 저항 : 저항과 전압은 비례(오옴법칙에 의해 동일 전류에 대해)
※ 그 외에 점화전압이 높은 원인으로 플러그 팁 오염, 배선불량(단선) 등이 있다.
※ 압축압력 : 압력이 높을수록 공기분자 밀도가 커져 전자이동이 어려워(저항이 커짐) 전압이 높다.

[14-2]

32 전자제어 기관에서 점화플러그 간극이 규정보다 큰 경우 해당 실린더의 점화파형은?

① 점화 시간이 길어진다.
② 점화 전압이 높아진다.
③ 피크 전압이 낮아진다.
④ 드웰 시간이 짧아진다.

[14-3]

33 점화 2차파형에서 점화전압이 높을 수 있는 원인으로 옳은 것은?

① 2차 점화회로 내 저항이 감소
② 실린더 내 압축 압력이 감소
③ 점화플러그의 간극 커짐
④ 연소실 내 혼합기가 농후

[18-2, 15-1 변형, 12-1]

34 점화플러그의 방전전압에 직접적으로 영향을 미치는 요인이 아닌 것은?

① 전극의 틈새모양, 극성
② 혼합가스의 온도, 압력
③ 흡입공기의 습도와 온도
④ 파워 트랜지스터의 위치

[04-3]

35 다음 중 2차 점화 파형의 점화전압이 높을 수 있는 원인은?

① 2차 점화 회로내 저항이 감소한 경우
② 실린더 내 압축 압력이 감소하는 경우
③ 배전기캡 내 단자가 부식되는 경우
④ 연소실 내 혼합기가 농후한 경우

부식이 발생하면 접촉저항이 커지므로 전압이 높아진다.

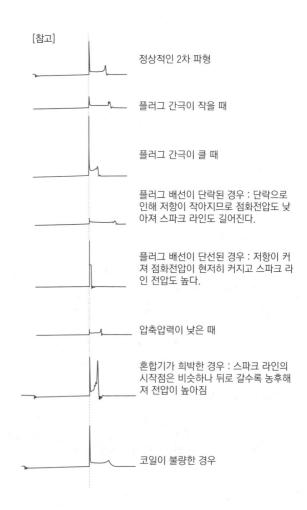

[참고]

정상적인 2차 파형

플러그 간극이 작을 때

플러그 간극이 클 때

플러그 배선이 단락된 경우 : 단락으로 인해 저항이 작아지므로 점화전압도 낮아져 스파크 라인도 길어진다.

플러그 배선이 단선된 경우 : 저항이 커져 점화전압이 현저히 커지고 스파크 라인 전압도 높다.

압축압력이 낮을 때

혼합기가 희박한 경우 : 스파크 라인의 시작점은 비슷하나 뒤로 갈수록 농후해져 전압이 높아짐

코일이 불량한 경우

주행안전장치

Main
Key
Point

[출제문항수 : 약 4~5문제] 네트워크장치와 마찬가지로 새롭게 추가된 섹션으로, NCS 모듈에서 약 70~80%가 출제되었습니다. 교재에 정리된 내용을 충분히 학습하기 바라며, 모의고사 위주로 출제유형을 파악합니다.

01 주행안전장치의 종류

1 주요 주행안전장치(ADAS 기술 명칭 표준화)

크루즈 컨트롤(CC) – Cruise Control	정속주행
스마트 크루즈 컨트롤 (SCC) – Smart Cruise Control	CC + 전방차량과의 안전거리 유지
SCC w/S&G – SCC with Stop & Go	SCC + 앞차 일시 정차 시 정차 후 출발
내비게이션 기반 스마트 크루즈 컨트롤(NSCC) – Navigation-based Smart Cruise Control	SCC w/S&G + 속도제한
전방 충돌방지 보조(FCA) – Forward Collision-Avoidance Assist	차량, 보행자, 자전거 등과의 충돌 방지
차로이탈 경고(LDW) – Lane Departure Warning	차선 이탈 검출 시 경고
차로 이탈 방지 보조장치(LKA) – Lane Keeping Assist	차선 이탈 감지 + 차선 유지
후측방 충돌 경고(BCW) – Blind-Spot Collision Warning	차로 이탈 검출 시 후측방 접근차량 경고
후측방 충돌방지 보조(BCA) – Blind-Spot Collision Avoidance Assist	후측방 접근차량 경고 + 차선 유지
후방교차충돌 경고(RCCW) – Rear Cross Traffic Collision Warning	후진 시 접근차량 경고
후방 교차 충돌 방지 보조(RCCA) – Rear Cross Traffic Collision-avoidance Assist	후진 시 접근차량 경고 + 자동 제동

2 기타 주행안전장치

① FCA-JT(Junction Turning : 교차로 대향차) : 교차로에서 좌회전 시 맞은편에서 다가오는 차량과의 충돌 위험이 예상되면 제동

② 고속도로 주행 보조(HDA : Highway Driving Assist) : 내비게이션 기반 스마트 크루즈 컨트롤(NSCC)와 차로 유지 보조(LFA, Lane Following Assist)을 결합한 기능

③ 하이빔 보조(HBA, High Beam Assist) : 전방 카메라를 이용하여 야간에 대향차량 또는 선행차량의 램프 및 주변 밝기 상태에 따라 전조등을 자동으로 상향 및 하향으로 전환

02 멀티 펑션 카메라

1 개요

① 영상 입력을 담당하는 영상 센서뿐만 아니라 영상 신호를 입력받아 정보를 추출하고 판단하는 이미지 프로세서(ISP) 및 마이크로컴퓨터(MCU) 장치를 포함하며, 그 정보를 근거로 차선의 유형, 차와 차선 간의 거리 등을 판단하여 안전이 위협받는 상황일 경우 클러스터를 통해 메시지, 경보를 스피커로 진동을 통해 알려주게 된다.

② 차선 감지 기능, 차량/보행자 및 사물 인식 기능

2 멀티 펑션 카메라 모듈의 구성 및 역할

렌즈 및 이미지 센서	• 렌즈에서 집광하고, 이미지 센서에서 디지털 신호(영상)로 변환한다.
ISP (Image Signal Processor)	• 카메라 파라미터(밝기/대비 등)를 제어한다. • 입력 영상에 대한 전처리(노이즈 제거 등)를 수행한다.
MCU (메인 프로세서)	• 입력 영상을 분석하여 대상 물체를 인식한다. • 인식 결과를 기반으로 물리적 파라미터(거리, 속도 등)를 추출한다. • 처리 결과 송신과 기타 정보 수신을 위해 CAN 모듈을 구동한다
CAN 모듈	• 차량 거동 및 운전자 조작 등의 외부 데이터를 수신하고, 처리 결과를 외부 시스템으로 전송한다.

⬆ 멀티 펑션 카메라(MFC) 모듈의 구조

chapter 03

❸ 전방 카메라 구성장치

멀티 펑션 카메라	전방의 차선, 차량, 보행자를 감지하여 경보/조향/제동/기타 제어기능 수행
계기판	운전자에게 경고 메시지 또는 경고음 알림
LDW/LKA 스위치	시스템의 작동 유무 결정
ESC 모듈	요레이트, 횡가속, 차속 값을 송신
PCM 모듈	가속 페달값, 엔진 상태 등을 송신
MDPS	전동식 파워 스티어링 차선유지 보조를 위해 필요 시 스티어링 토크를 제어
시그널 레버 (멀티펑션스위치)	방향 지시등, 전조등, AUTO 모드, 하이빔 스위치 등의 신호 송신
BCM	멀티펑션 스위치 상태 및 전조등 작동 여부를 멀티 펑션 카메라와 송수신
SJB (스마트정션박스)	전조등 하이빔/로우빔 제어
전조등	전조등 작동

❹ 전방 카메라 유닛의 기능

주행 조향 보조 시스템 (LKA, Lain Keeping Assist)	의도하지 않은 차선 이탈을 감지하여 경보 및 MDPS를 이용한 조향제어를통해 차선유지를 보조
상향등 자동제어 (HBA, High Beam Assist)	주행 차량 전방의 선행 차량 및 대항 차량의 램프 광원을 인지하여 상향등의 On/Off를 제어
부주의 운전 경보(DAA, Driver Attention Alert)	주행 패턴을 분석하여 경보음 및 경보 메시지를 표출
고속도로 주행지원(HDA, Highway Driving Assist)	SCC레이더와 연동하여 고속도로 내에서 차간거리 및 차로를 유지하는통합 제어 기능
후측방 충돌 회피(ABSD, Active Blind Spot Detection)	후측방의 상황을 고려하여 필요시 편제동으로 사고 회피
자동 긴급 제동 (AEB, Autonomous Emergency Breaking system)	필요시 운전자의 의지와 무관하게 제동등을 점등

❺ 카메라 보정

① **카메라의 장착 오차에 의한 좌표 인식 오류를 수정하는 과정**을 말한다.
② 카메라의 좌표 정보 : 상하(Pitch), 좌우(Yaw), 회전(Roll)
③ 보정의 종류 : EOL 보정, SPTAC 보정, SPC 보정, 자동 보정 등

EOL 보정	• 생산 공장의 최종 검차 라인(End Of Line)에서 수행되는 보정판을 이용한 보정 • 보정 작업 환경(위치, 조도)이 일정하여 **가장 정확함**
SPTAC 보정	• Single Pole Target Auto Calibration (카메라 타킷 보정) • **GDS 장비와 보정판을 이용**하여 보정
SPC 보정	• Service Point Calibration • A/S에서 **보정판이 없을 경우**, 진단장비의 부가기능을 활용하여 보정

자동 보정 (Auto-fix)	• 장비를 사용하지 않고, 최초 보정 이후 실제 도로 주행 중 발생한 **카메라 장착 각도 오차를 자동 보정**함
	• 자동 보정 조건
	  – 최소 15분 이상 수행 할 것
	  – 차속 30kph 이상 직선로(곡률 반경 최소 1000m 이상)를 직진 주행할 것
	  – 좌우 차선 훼손이 없고, 끊어짐 없이 연속적인 인식이 가능할 것
	  – 맑은 날씨의 선명한 차선 인식 환경에서 수행 할 것

03 레이더 모듈 (레이더 센서)

1 개요

① 레이더 센서를 통해 전·후방 및 후측방 차량 감지의 역할
② 레이더 모듈은 레이더 센서와 ECU의 일체형이다.
③ 77GHz의 차량용 장거리 주파수(전파)를 송신하고 차량, 보행자 등 장애물에서 반사되어 돌아오는 주파수 정보를 수신하여 정보를 수집한다.
④ 감지 원리 : 근거리 센서와 원거리 센서의 복합 구조
⑤ 최대 64개의 타깃 검출이 가능하지만, 차간 거리 제어에 활용되는 목표 차량은 1대이다.
⑥ 목표 차량으로부터 수집된 정보를 바탕으로 ECU는 상대 차량의 거리, 각도 및 상대 속도를 연산하여 목표 속도, 목표 차간거리, 목표 가감 속도를 계산하고 경보 및 제동 신호를 보낸다.
⑦ 레이더 모듈에서 결정된 모든 경보와 시스템 고장은 CAN 신호를 통해 보낸다.

> ▶ 전파
> 모든 물질에 대해 반사가 이루어지며 특히, 금속 성분에 반사가 잘 이루어진다. 또한, 반사체의 모양 및 위치에 따라 반사 정도가 달라진다.

⑧ 장착 위치 : **차량 전면 라디에이터 그릴 중심부 또는 범퍼 하단, 후측방**
⑨ 주행 중 수직/수평 정렬이 어긋날 경우 경고한다.
⑩ 클러스터, SCC w/S&G 스위치, ESC, PCM 등과 CAN 통신을 하며, ESC와 PCM 간의 CAN 통신으로 토크 가감속을 통해 차량의 주행 속도와 선행 차량과의 거리를 제어한다.

2 레이터의 구성장치

전방 레이터 모듈	선행차량 및 물체를 감지하여 주행속도 /차간거리 / 긴급제동 제어
멀티 펑션 카메라	전방의 잠재적 장애물을 식별하여 **레이더와 센서 퓨전**을 통한 긴급 제동 제어
SCC w/S&G S/W	주행속도 및 차간거리 등 사용자의 선택조건 반영
내비게이션	고속도로 속도제한 구역에서 SCC s/S&G와 연동하여 자동 감속 제어
계기판	사용자 설정, 경고등/경고 메시지 표시(시각정보), 경보음 발생(청각경보)
ESC 모듈	레이더 모듈에서 가/감속 요구 시 토크 결정, 제동 수행, **제동등 점등**
PCM 모듈	요구 토크에 맞게 적절한 가속 수행 및 **변속단 위치 결정**

브레이크 램프	감속 또는 제동이 필요한 경우 ESC에 의해 램프 점등
전자식 파킹 브레이크	SCC w/S&G에 의해 ESC가 정차제어 시 5분 이상 유지하면 파킹 브레이크 작동
PSB (Pre-Safe Belt)	충돌 및 위험상황 직전에 안전벨트를 잡아당겨 승객을 보호

3 레이더 센서 커버 오염

① 레이더 센서의 투과율에 있어 레이더 센서 오염으로 인한 전방 감지 불가 상태를 'Blockage(장애, 폐쇄)'라고 하는데, 시스템은 이러한 Blockage 상태를 모니터링 하여 경고등을 점등시킨다. → 레이더 센서는 수분에 취약함

② 검출조건 : Blockage 현상은 30km/h 이상에서만 검출하며, 진단코드(DTC)를 남기지 않는다.

4 레이더 각도 자동보정

레이더 각도는 운행 여건에 따라 변경되기 때문에 스스로 학습을 통해 감지 범위를 자동으로 수정하도록 되어 있으나 설정 각도 이상으로 위치가 틀어지게 되면 스스로 이를 감지하고 경고 메시지 및 DTC(고장코드)를 출력시킨다.

5 레이더 보정 – 베리언트 코딩(Variant coding)

① **레이더 센서 교체 후** 차량에 장착된 옵션의 종류에 따라 전방 레이더 기능을 최적화시키는 작업이다.
② 보정 장비 : 레이저(리플렉터), 삼각대, 수직·수평계(버블미터)

> → 주행 모드가 지원되는 경우 : 수직/수평계를 제외하고 별도의 보정 장비는 필요 없으나 보정 조건에 맞게 주행해야 하므로 교통 상황이나 도로에인식을 위한 가드레일 등 고정 물체가 요구

> → 주행 모드가 지원되지 않을 경우 : 레이저/리플렉터/삼각대 등 보정용 장비와 장비를 설치하고 측정할 장소가 필요

③ 진단 장비의 베리언트 코딩 옵션

전방 충돌 방지 보조 (FCA) 보행자 옵션	레이더 및 카메라 등 거리 감지 센서를 통해 전방 보행자와의 충돌 위험을 경고하고 위급 시자동 긴급 제동을 수행
FCA 옵션	FCA 옵션 활성화 이후에는 시동 ON/OFF 여부와 관계없이 항상 ON 상태를 유지시켜 작동 준비상태가 됨
내비게이션 기반 SCC 옵션	내비게이션의 제한속도 정보를 수신받아 과속 단속 구간에서 제한 속도 이하로 유지시켜 줌
SCC 활성화 옵션	SCC w/S&G 기능 활성화
운전석 위치	운전석 위치 기준으로 LHD와 RHD로 구분

chapter 03

04 스마트 크루즈 컨트롤 장치(SCC)

1 크루즈 컨트롤(CC, 정속주행장치) 개요

① 가속페달을 밟지 않아도, 차량의 속도를 일정하게 유지시켜주는 기능이다.

② 크루즈 컨트롤을 작동하기 위해서는 시동「ON」 또는 엔진 시동 이후 브레이크 페달을 한번 이상 밟아야 한다.

→ 이는 브레이크 페달을 밟아 크루즈 컨트롤을 취소할 수 있는 기능이 정상 작동인지 확인하기 위함이다.

2 SCC w/S&G 시스템

→ Smart Cruise Control with Stop & Go

① 크루즈 컨트롤 기능과 동시에 전방의 차량을 감지하여 앞 차와의 거리를 일정하게 유지시켜준다.

② 차량 전방에 장착된 레이더를 이용해 속도 거리 및 속도를 측정하여 선행 차량과 적절한 거리를 자동으로 유지한다.

③ Stop & Go 기능 - 선행 차량이 정차하면 이를 감지하여 자동 정차하며, 선행 차량이 출발하면 자동 재출발한다.

→ SCC w/ S&G에 의해 정차 시 약 5분 이상 유지하면 Stop & Go 기능이 일시 해제됨

④ AVSM(Advanced Vehicle Safety Management) - 선행 차량과의 추돌 위험이 예상될 경우 충돌 피해를 경감하도록 제동 및 경고한다.

3 시스템 구성

(1) 입력

전방 레이터 모듈	선행차량 및 물체를 감지하여 주행속도 /차간거리 / 긴급제동 제어
멀티 펑션 카메라	전방의 잠재적 장애물을 식별하여 레이터와 센서 퓨전을 통한 긴급 제동 제어
SCC w/S&G S/W	주행속도 및 차간거리 등 사용자의 선택조건 반영
내비게이션	속도제한 구역에서 SCC s/S&G와 연동하여 자동 감속 제어
차속센서	차속을 감지하여 ECU에 보냄

(2) 판단

ESC 모듈	• HECU(Hydraulic Electronic Control Unit) • 레이더 모듈에서 가/감속 요구 시 토크 결정, 제동 수행, 제동등 점등
PCM 모듈	• 파워트레인 컨트롤 모듈(Powertrain Control Module) • 액추에이터로 신호를 보내 요구 토크에 맞게 적절한 가속 수행 및 변속단 위치 결정

(3) 출력

계기판 (클러스터)	경고등/경고 메시지 표시(시작경보), 경보음 발생 (청각경보) 및 사용자 설정(USM)
인텔리전트 액셀 페달	• IAP(Intelligent Accelerator Pedal) • 운전자에게 엑셀 페달의 진동을 통해 경고
속도제어 액추에이터	DC모터, 웜휠 유성기어장치, 전자석 클러치, 제한 스위치
브레이크 램프	감속/제동 시 브레이크 램프 점등
전자식 파킹 브레이크	• EPB(Electronic Parking Brake) • 주행 중 감속 및 정차제어를 위해 장착되며, 전자식 주차 제동장치(사이드 브레이크)를 채택하여 안정성과 편의성을 증가 → 참고) EPB는 주행 전 수동으로 해제할 필요없이 변속 레버를 D/R 등으로 이동시키면 자동으로 해제되거나, 가속페달을 밟으면 해제된다.
PSB	• Pre-Safety Belt • 충돌 및 위험상황 직전에 안전벨트를 잡아당겨 승객을 보호

▶ **SCC w/S&G 시스템의 통신**
① L-CAN : 카메라 ↔ 레이더
② C-CAN : 카메라 ↔ 관련 제어기

4 주행속도 설정

(1) CRUISE (시스템 대기/기능해제)

① 「CRUISE」 스위치를 누르면 계기판에 크루즈 표시등이 켜지고, 원하는 속도까지 가속 페달을 밟는다. 원하는 속도에 도달했을 때 「SET -」 레버를 짧게 당겨내린다.

② 기능을 완전히 해제하고자 할 때는 CRUISE 스위치를 누른다. 계기판의 크루즈 표시등이 소등되면서 기능이 해제된다.

(2) RES+ (설정 속도 증가, Resume)

주행 속도가 설정된 후, RES+ 레버를 짧게 밀어 올리면 1km/h씩 설정속도가 증가하고 RES+ 레버를 길게 밀어 올리면 10의 배수로 설정 속도가 증가한다.

(3) RES+ (직전 설정 속도 주행)

① 일시적으로 해제된 경우 다시 기능을 사용하고자 할 때는 「SET -」 또는 「RES +」 스위치로 재설정한다.

② RES+ 스위치를 밀어 올리면 직전에 설정했던 속도로 다시 주행을 하게 된다. 단, 속도가 30km/h 미만에서는 선행 차량이 있는 경우에만 재설정할 수 있다.

(4) SET- (주행 속도 설정)

주행 속도 설정과 설정 속도 감소 시 사용된다. 원하는 속도까지 가속 페달을 밟은 후 원하는 속도에 도달했을 때 SET- 레버를 짧게 당기면 설정한 속도를 유지하게 된다. SCC w/S&G 작동을 위한 차량 속도 설정은 선행 차량이 없을 경우에는 30~200km/h이고, 선행 차량이 있을 경우에는 0~200km/h이다.

(5) SET- (설정 속도 감소)

SET- 레버를 짧게 당겨 내릴 때마다 1km/h씩 속도가 감소되고 SET- 레버를 길게 당겨 내리면 10의 배수로 설정 속도가 감소된다.

(6) CANCEL

SCC w/S&G 기능을 일시적으로 해제하는 기능이다. CANCEL 스위치를 누르는 방법 외에도 브레이크 페달을 밟아 감속이 이루어지는 경우에도 SCC w/S& 기능은 일시적으로 해제된다. 일시 해제되면 계기판의 설정 속도, 차간거리 표시등은 소등되나 크루즈 표시등은 계속 점등되어 있다.

→ 그러므로 SCC w/S&G 기능을 사용하지 않을 때는 반드시 크루즈 스위치를 눌러 기능을 해제해야 한다.

▶ **CRUISE 기능 해제와 CANCEL 스위치 차이**
CANCEL은 시스템 일시 해제를 의미하고, 크루즈 OFF는 기능 완전 해제를 의미한다.

▶ **해제 조건**

자 동 해 제	• 운전석 도어 열림 • 변속레버 N / R / P • 전자 파킹 브레이크(EPB) 체결 • 210km/h 이상 가속 • 급경사에서 정차 • ESC / ABS 작동 • ESC 기능 OFF • 센서 커버가 심하게 오염 • 5분 이상 정차 • 정차와 주행을 장시간 반복 • 정차 중 앞 차량이 원거리에 정차했을 때, 운전자의 SCC 재출발 시도(「RES +」/「SET −」스위치 조작 또는 가속페달 밟음)가 있을 경우 • 가속페달을 장시간 지속적으로 밟은 경우 • 정차 후, 앞 차량 없는 상태에서 운전자가 재출발 시도(「RES +」/「SET −」스위치 조작 또는 가속 페달 밟음) • 전방 충돌 방지 보조 시스템 제동 제어가 작동하는 경우 • 엔진 RPM이 위험 영역에 진입하는 경우
수 동 해 제	• 브레이크 페달을 밟거나 또는 「CANCEL」버튼을 누른다. • 크루즈 설정 표시등(SET)이 꺼지면서 일시적으로 설정된 속도가 해제되나, 크루즈 표시등은 계속 점등상태를 유지한다.

(7) CC / SCC 선택

① 운전자의 조작에 의해 차간거리를 유지하지 않고 일정속도만 유지하는 크루즈 컨트롤(CC) 기능을 이용할 수 있다.

② 차간거리 설정버튼을 2초 이상 길게 누르면 CC 또는 SCC 기능을 선택할 수 있다.

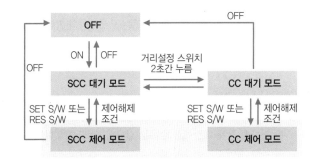

(8) 차간 거리 설정

① 스마트 크루즈 컨트롤이 설정되면 별도의 조작 없이 자동으로 작동된다.

② 버튼을 누를 때마다 차간 거리가 변경된다. 차량 속도 및 도로 상태에 따라 선택한다.

4단계 → 3단계 → 2단계 → 1단계

③ 단계별 차간거리 : 차량의 속도가 90km/h (25m/s)일 때

단계	단계별 설정값	간격
1단계	1.0초	약 25m
2단계	1.3초	약 32.5m
3단계	1.6초	약 40m
4단계	2.1초	약 52.5m

→ 단계별 설정값은 선행 차량과 충돌하기 전까지의 상대 시간(TTC, Time To Collision)을 의미한다.

→ 속도가 증가할수록 제동 안정성 확보를 위해 차간거리가 자동으로 증가된다.

▶ **HEADWAY**
레이더 센서가 전방의 차량을 감지해 가속 페달 또는 브레이크 페달의 조작 없이 같은 차로에 있는 전방의 차량과 일정한 거리를 유지시켜 주는 기능이다.

(9) SCC의 클러스터 표시

① 운전자의 스위치 입력이 CAN을 통해서 SCC w/S&G 유닛으로 전달되면 SCC w/S&G는 시스템 상태를 판단 후 다시 CAN 으로 클러스터에 신호를 전송하여 작동 상태를 표시한다.

② 자기진단 및 시스템 고장 시 통합 경고등을 사용한다.

→ 통합 경고등은 SCC w/S&G 외에도 FCA, BCW, HBA, PSB와 함께 사용

→ **FCA** : Forward Collision-Avoidance Assist
　　　　전방　　　충돌　　　방지　　　보조

1 FCA 개요

충돌 회피 또는 충돌 위험을 줄여주기 위한 장치로, 거리 감지 센서(레이더+카메라)를 통하여 전방차 또는 보행자와의 거리를 미리 인식하여 충돌 위험 단계에 따라 경고문 표시, 경고음 등을 출력하고, 브레이크 제동력을 향상시키며 탑승자를 보호한다.

2 FCA 시스템 기본 작동

① 레이더는 카메라 정보와 센서 퓨전을 통해 차량 또는 보행자 등 전방의 잠재적 장애물의 유무 판단하고, 필요에 따라 ESC에 차량 제어 요구신호를 보냄

① ESC는 제어 정보에 따라 엔진의 토크 제어 및 제동 제어를 실시하며, 동시에 브레이크 램프를 점등시킨다.

3 FCA의 감지 및 제어 원리(멀티 펑션 카메라)

① 카메라를 통해 차량/보행자를 인식하고 센서 퓨전을 통해 필요 정보를 주고받는다.

② 차량은 가로가 긴 직사각형 형태이며, 사람은 세로가 긴 직사각형 형태로 인식을 하게 된다. 이후 히스토그램을 분석해 사람의 외형을 찾아낸다.

→ 차량 전폭을 벗어난 보행자는 경고 대상에서 제외

→ 히스토그램: 데이터의 특징을 한 눈에 알아볼 수 있도록 분포도를 보여준다.

③ 보행자 보호 FCA의 인식 : 카메라를 통해 먼저 주행 방향을 인식하여 도로가 끝나는 부분에 소실점을 찍고, 그 이하 부분을 분석한다.

→ 소실점: 전방 방향을 보았을 때 도로 경계선이 한 곳에서 만나는 지점

4 기능 설정

① 시동 ON 상태에서 계기판「사용자 설정 → 운전자보조 → 전방 충돌방지 보조」를 선택하면 시스템이 켜지고 작동 준비상태가 된다.

② 전방 충돌방지 보조 시스템을 해제하거나 ESC 2단계 OFF 일 때 계기판에 경고등이 켜진다. 시스템 ON/OFF 상태는 계기판 사용자 설정에서 확인이 가능하다.

③ 경보 시점 설정 : 빠르게, 보통, 느리게 중에서 설정
　• 느리게 : 교통상황이 한산하고, 저속에서 설정
　• 빠르게 : FCA를 민감하게 설정하여 고속에서 설정

▶ **작동 조건**

전방 충돌방지 보조 시스템을 계기판에서 ON으로 설정하고 다음 조건을 만족할 경우 작동된다.

• ESC (차체 자세 제어 장치) 켜짐 – **ESC와 함께 연동**
• 차량속도가 약 8 km/h 이상일 때(정해진 특정 한도 내에서만 작동)
• 전방에 충돌이 예상되는 차량 또는 보행자가 감지된 경우(단, 전방 상황 및 차량 상태에 따라 작동하지 않거나 일부 단계의 경고만 작동됨)

▶ **해제 조건**

① 운전자에 의한 기능 해제
　– FCA OFF 선택 시
　– ESC OFF 선택 시(ESC OFF 1단계, 2단계 모두)
　– HI, IG, YG 등은 ESC OFF 1단계에서 FCA 정상 동작으로 제어 범위 넓힘

② 운전자의 동작 해제
　– 최대 작동 속도 초과
　– 급격한 선회 시(200 deg/sec 이상)
　– 기어 위치 P단 또는 R단
　– 액셀 페달 60% 이상 밟을 시

③ 시스템 이상 시 해제
　– FCA 모듈 고장 시, 연관 다른 모듈 및 CAN 통신 고장 시

5 FCA 시스템의 제어

① FCA는 충돌 위험 단계에 따라 3단계로 구분되나, 고속 주행(80km/h 이상) 시 급정지로 인한 운전자 위험 방지를 위해 2단계로 제동 감속한다.

② FCA에 의한 자동 제동제어 중일지라도 운전자에 의한 회피 거동을 인지하면 제동 제어는 즉시 해제된다.

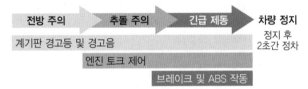

전방 주의	추돌 주의	긴급 제동	차량 정지
계기판 경고등 및 경고음			정지 후 2초간 정차
	엔진 토크 제어		
		브레이크 및 ABS 작동	

⬆ FCA 동작 모드 – 3단계

6 보행자에 대한 FCA(약 8~70km/h)

① 1차 경고에 진입한 속도가 70km/h 이하에서는 1~3단계 경고 및 급제동을 실시하며, 그 이상의 고속에서는 모든 제어를 수행하지 않는다.

② **운전자가 브레이크 작동 중이어도** 충분한 제동력이 발생되지 못한 경우 FCA 작동이 가능하며, **가속페달을 밟고 있다고 하더라도 60% 미만**이면 FCA는 작동된다.

③ 경고는 충돌 회피 또는 제동으로 충돌 위험 소멸 판단 시 해제되며, 충돌 회피 각도는 200deg/sec 이상일 경우이다.

④ FCA 작동 중 ABS 등의 작동 조건 만족 시 FCA와 ABS는 협조 제어를 할 수 있다.

▶ FCA의 한계 상황

① 환경적 요인
- 눈, 비, 안개 등의 기상 조건
- 역광, 반사광으로 카메라 인식 불가 시
- 카메라 및 레이더 오염
- 조도가 70lux 이하인 경우

② 카메라 및 레이더 감지 한계
- 갑자기 끼어드는 차량 및 보행자(화각 이외)
- 배경색과의 식별이 어려운 경우
- 전방 물체의 폭이 좁은 경우
- 보행자의 경우 우산, 가방 등으로 신체 모양의 변형이 있는 경우
- 야간 전방 차량의 후미등이 비대칭이거나 꺼진 경우
- 다가오는 차량과 후진 접근 차량 등

▶ 감속도

차량 감속도 1G는 1초에 약 35km/h의 속도 변화이다.(즉, 시간에 따른 속도 변화를 말한다)
→ 1G ≒ 9.8 m/s² (35 km/h = 35/3.6m/s ≒ 9.8 m/s 이므로)

06 차로이탈 경고·차로이탈 방지 보조장치

→ **LDW** : Lane Departure Warning, **LKA** : Lane Keeping Assist
　　차선 이탈 경고　　　　차선 유지 보조

1 차로 이탈 경고 장치(LDW, Lane Departure Warning)

① 전방 주행 영상을 촬영하여 차선을 인식하고 차선과의 간격을 유지하고 있는지를 판단하여 차로 이탈 검출 시 **경고**하는 시스템이다.

② 구성 : 카메라 + 클러스터

- 영상 입력을 담당하는 영상 센서뿐만 아니라 영상 신호를 입력받아 정보를 추출하고 판단하는 **이미지 프로세서(ISP) 및 마이크로컴퓨터(MCU) 장치를 포함**하며, 그 정보를 근거로 차선의 유형, 차와 차선 간의 거리 등을 판단하여 안전이 위협받는 상황일 경우 클러스터를 통해 메시지, 경보를 스피커로 진동을 통해 알려주게 된다.
- 클러스터 : 차로 이탈 또는 유지 여부를 시각화

▶ **성능기준**
- 도로 상태 : 내측차선의 곡률반경이 250m 이상인 곡선부 도로
- 운전자 의지로 차로 변경 시 경고하지 않을 수 있다.
- 운전자가 수동으로 차로이탈경고장치의 기능을 해제시키지 않는 한 최소한 시속 60킬로미터 이상에서 작동될 것
- 안개·폭우 등 기상악화로 차로이탈경고장치의 기능이 일시적으로 불가함을 운전자에게 알리기 위해 시각경고를 제공하는 경우 그 경고는 지속적으로 점등될 것

2 차로 이탈 방지 보조장치(LKA, Lane Keeping Assist)

① 차로 이탈 시 **경고** 이외에 **조향**을 제어하여 차로 중심으로 이동시켜 주는 주행차로의 이탈 방지 기능을 포함한다.

② 조향력을 제어하기 위해 **MDPS(전동식 파워스티어링 장치)가 필수**적이다.

　→ 차로 이탈 방지 원리 : MDPS 조향 토크를 이용하여 이탈하려는 반대 방향으로 보조 토크를 부가한다.

③ 카메라 모듈과 MDPS 모듈이 지속적으로 CAN 통신을 통해 요구토크량 및 현재 조향토크 정보를 주고받는다.

3 LDW/LKA 시스템의 구성 및 기본 작동

① 운전자는 클러스터 USM(User Setting Mode)를 통해 LDW/LKA 모드를 선택할 수 있다.

② LKA 기능은 차선유지 보조, 능동조향 보조 2단계로 나누어져 운전자가 선택할 수 있다.

③ LKA 시스템의 경우 차량이 차로를 벗어나면 MDPS의 토크 제어를 통해 차량이 차로 중심으로 이동하는 것을 돕는데, '차선유지 보조' 모드보다 '능동조향 보조' 모드에서 토크를 보조하는 범위가 더 넓다.

(1) 차로 이탈의 판정 기준

좌우 차선의 안쪽 에지 라인을 기준으로 한다. 이 에지 라인을 기준으로 차량의 가장 좌우측 부위가 닿을 경우 차로 이탈 경고를 시작하게 되며, LKA 기능은 제어 영역이 경보 영역보다는 조금 더 넓은 범위에 있고, 이보다 약간 더 안쪽에 있다.

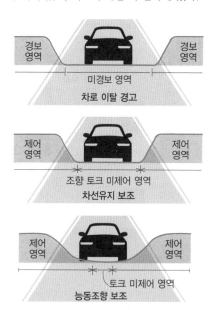

▶ **LDW/LKA 작동 조건**
- 작동 스위치 ON, 경보작동 : 60km/h 이상
- 차선 인식 : 차선 진입 후 인식 시간을 최소화하기 위해 경보 시작 차속보다 낮은 40km/h에서 인식을 시작한다. 차선 인식 후에도 클러스터에 차선 인식 여부를 표시하지 않으며, 동작 차속 이상일 경우에만 차선인식 여부를 표시한다.
- 경보작동 차속범위 내에 있더라도 차선 인식이 안되면 비활성화
- 곡률 반경 125m 이하의 굽은 도로에서는 제어가 어려움
- 각각 차속 조건은 ON/OFF의 잦은 변경을 피하기 위해 시작 차속과 종료 차속을 다르게 설정한다.

▶ **LDW/LKA 비작동 조건**
- 차속 60 km/h 이하 또는 180 km/h 이상
- 운전자 의지로 작동 – 방향 지시등 작동 / 비상 경고등 작동 / 의도적인 차로 변경(조향 토크 2.0 Nm 이상) / 급제동
- 도로의 좌우 구배 상황이 매우 클 경우
- 양쪽 차선 중 하나라도 인식되지 않거나, 2개 이상의 차선표시 라인이 있을 경우 (예 공사구간 또는 임시 차선 등)
  주의) LDW는 인식된 한쪽 차선 기준에 대해 LDW 기능을 수행함 –한쪽 차선을 인식
- 선회 시 도로 차선의 곡률 변화가 매우 심할 경우
- 급격한 경사로 및 언덕의 경우
- 차로폭이 좁거나 너무 넓은 경우
- 차체자세 제어 장치(ESC) 또는 차량 통합 제어 시스템(VSM) 작동 시
- 토크 변화율 제한 : 운전자의 조향 이질감 최소화하기 위해 토크 변화율을 8 Nm/sec 이하로 제한하여 작동
- 보조 조향 토크 제한 : 차선 유지를 위한 보조 토크를 2.5 Nm 이하로 제한 – MDPS 보조 토크 제한

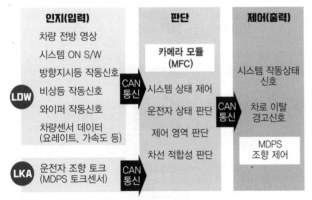

↥ LDW/LKA 시스템 입·출력

(2) 입력
① 멀티 펑션 카메라 모듈에 내장된 카메라를 통해 차량 전방 영상을 입력한다.
② ECU, TCU, ESC 등의 제어기로부터 차량의 출발, 정지, 종횡 가속도, 요레이트, 조향각 센서 신호를 입력 받는다.
③ 운전자가 방향지시등/비상등을 조작하거나 와이퍼 작동 시 LDW 및 LKA의 기능이 해제된다.

(3) 판단 – 카메라 모듈(MFC)

(4) 제어(출력)의 영역
① LDW/LKA 시스템의 ON 신호를 클러스터에 표시
② 차로의 이탈 시 클러스터 및 앰프를 통해 경고 이미지 및 경고음 신호를 송신
③ LKA 시스템의 경우, 보다 적극적으로 MDPS 모듈로 필요 토크값을 CAN통신을 통해 전달하여 차량이 차로 내 주행을 유지할 수 있도록 한다.

4 LKA 핸즈 오프 감지

LKA 시스템 ON 상태에서 운전자가 조향 핸들을 잡지 않고 약 12~20초간 운행 시 경보음이 발생되며, 이후 5초간 운전자 조향 감지가 없으면 LKA 시스템이 해제된다.

→ 운전자가 조향 핸들을 잡고 있다는 것은 MDPS의 토크 센서와 조향각 센서 그리고 카메라의 영상 및 차속값 등으로 감지를 하며 운전자 미조향 조건이 약 12~20초 정도 지속될 경우 경보음 발생을 시작한다.

→ 현재 반자율주행 기능은 운전자의 피로도를 줄여주는 보조적인 수단에 불과하므로, 법규상 조향휠을 잡고 전방 시선에 집중하는 의무를 지켜야 한다.

07 후측방 충돌 경고장치(BCW)

→ BCW : Blind-Spot Collision Warning
   사각지대   충돌   경고

1 BCW의 개요

레이더 센서를 이용해 주행 중 후방 사각지역에 근접하는 이동 물체를 능동적으로 감지하여 운전자에게 경보해 줌으로써 안전한 차선 변경 및 후방 추돌 사고를 예방하는 주행보조 시스템이다.

2 후측방 충돌 경고의 구분

모드 (진행방향)	설명
BCW 및 LCA 모드 (전진 시)	• LCA : Lane Change Assist, 차선 변경 보조 장치 • 일반 주행 시 후측방 차량의 감지를 위해 후방 측 감지 거리를 감지 • 작동 조건 : 시스템 ON, 차속 약 30km/h 이상 • 1차 경고 : 차량이 감지되면 경고등 점등(사이드미러) + HUD 황색 점등 • 2차 경고 : 차량이 감지되고 방향 방향지시등을 작동하면 경고등 점등(사이드미러) + HUD 적색 점멸 + **경고음**
RCCW 모드 (후진 시)	• Rear Cross-Collision Warning, 후방교차충돌경고 • 후진 시 후측방 물체를 감지하기 위해 후방 측 감지 거리를 최대한 넓게 감지 • 작동 조건 : 후진속도 8km/h 이하 (10km/h 초과 시 미작동) • 차량 감지 시 경고등 점등(사이드미러) + 계기판 + HUD 적색 점멸 + **경고음**

→ HUD(Head Up Display) : 운행이나 차량에 대해 필요한 정보를 계기판이 아닌 운전석 계기판 위의 앞 유리창 또는 별도의 스크린을 통해 보여주는 편의장치

3 시스템 구성

(1) 입력

카메라	• 멀티 평션 카메라(MFC, Multi Function Camera) • 차선을 감지하여 자차의 차선진입각도, 차선변경여부를 연산
레이더 센서	• 후방 차량 감지 • 높은 주파수(24GHz)의 전파가 물체에 반사되어 되돌아오는 성질을 이용하여 차량을 감지 → 좌우 모듈에서 감지된 신호는 L-CAN을 통해 서로 상태를 주고받으며 다른 시스템과는 C-CAN 통신을 통해 통신

요&레이트 센서	• 차량의 Yaw 값을 이용하여 곡률반경을 계산하고 시스템 작동 여부를 결정
BCW 스위치	• 운전자의 BCW(BCA) 작동 여부를 결정 • 다른 신호와는 달리 BCW 스위치와 경보등 신호는 직접 신호를 보내준다.(통신선을 거치지 않음)
시그널 레버 (멀티 펑션 스위치)	• 방향지시등 작동 여부에 따라 1·2차 경보 여부 결정

(2) 판단

BCW(BCA) 모듈	• 후측방에서 접근하는 차량의 위치와 속도를 감지하여 경보와 회피 여부를 결정
ESC 모듈	• HECU(Hydraulic Electronic Control Unit) • BCA 작동 신호에 따라 전륜 한쪽 바퀴에 제동 실시

(3) 출력

아웃사이드 미러	• 1차 경보 : 경보등 점등 • 2차 경보 : 경보등 점멸 동작(통신 아닌 배선 연결)
계기판 (클러스터)	• 경보 메시지와 시스템 경고 메시지를 출력 및 USM 설정
앰프(오디오)	• 스피커로 경보음 출력
MDPS	• 급 선회시 토크 센서와 조향각 센서 신호로 BCA 작동을 중지

▶ **BCW와 BCA의 작동 조건**
  • BCW : 속도 30km/h 이상
  • BCA : 60~180km/h, 양쪽 차선이 인식되는 도로

▶ **BCW의 자동해제 요인**
  • 범퍼 내·외에 이물질이 묻어 있을 경우 (이물질 제거 후 약 10분 주행 시 정상 작동)
  • 후방에 짐칸(트레일러, 캐리어) 장착 또는 기타 장비를 거치한 경우
  • 차량이 적은 넓은 지역이나 광활한 사막에서 운전할 경우
  • 눈이나 비가 많이 오는 경우

chapter 03

❹ BCW 시스템 제어

① BCW는 단일 모듈로 동작하는 기능이 아니라, 여러 모듈이 각자의 기능을 수행한다. 따라서 시스템을 구성하는 각 모듈 중 어느 한 가지라도 정상 기능을 수행하지 못하면 BCW는 정상 작동할 수 없다.

② 시스템은 스위치가 ON인 상태에서 차량 속도가 7kph 이상일 경우에만 고장 진단을 수행한다.

▶ 작동기준

Vr	작동기준
Vr > 30km/h	추돌예상시간 ≤ 1.4
Vr ≤ 30km/h	추돌예상시간 ≤ 1.4/30×Vr

※ Vr : 해당 차량과 동일 차선의 접근(후행) 차량과의 속도 차이

- BCW 신호에 의해 작동되는 방향지시등은 4.0±1.0Hz로 점멸
- 후방추돌경고등이 점등될 경우 다른 등화장치와 독립적으로 작동할 것
- 후방추돌경고등은 자동으로 점등 또는 소등되는 구조일 것
- 후방추돌경고등은 방향지시등, 비상경고신호, 긴급제동신호가 작동 중에는 작동되지 않는 구조일 것
- 후방추돌경고등의 작동시간은 3초 이내일 것

❺ 후방 레이더

(1) 레이더 감지 범위

① BCW/LCA 모드 – 후측방 차량의 감지를 위해 후방 측 감지 거리를 최대한 넓게 감지

② RCCW(후방교차 충돌경고) 모드 – 후방 및 측방 모두 넓게 감지

(2) 레이더 각도 보정

레이더는 스스로 학습을 통해 감지 범위를 자동으로 수정하도록 되어 있으며 설정 각도 이상으로 위치가 틀어지게 되면 스스로 이를 감지하고 경고 메시지 및 DTC를 출력한다.

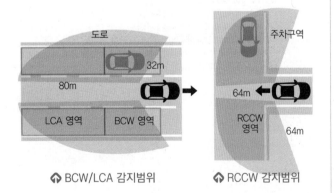

↑ BCW/LCA 감지범위   ↑ RCCW 감지범위

❻ 시스템 작동 표시 및 경보

(1) BCW 스위치와 계기판 표시

① BCW 스위치를 누르면 시스템 ON/OFF가 계기판을 통해 표시해준다.

② 레이더 부위가 오염되어 신호 송수신을 할 수 없을 경우 시스템이 해제되며 계기판을 통해 경고한다.

③ BCW 시스템에 문제가 발생했을 때 시스템 점검 표시를 10초간 출력한다.

(2) 경보등과 경보음의 출력 특징

경보등과 경보음은 감지 위치에 따라 좌우 별도로 출력된다.

→ 좌측 후측방 차량이 감지되면 좌측 아웃사이드 미러와 좌측 스피커에서 경보를 해주며, 우측 후측방 차량이 감지되면 우측 아웃사이드 미러와 우측 스피커에서 경보를 해준다.

(3) RCCW 작동 중 PDW 물체 감지 시 동작

RCCW 작동 중에 PDW에서 물체를 감지하게 되면 RCCW 경보음은 꺼지고 PDW 경보음이 작동하게 된다. 또한, PDW 경보가 해제되면 RCCW 경보가 계속 이어진다.

→ PDW(Parking Distance Warning) : 전후방 주차거리 경고(초음파센서)
  – RCCW에 비해 감지 범위에 좁다.

(4) 경고음 제어

모드	설정
BCW / LCA 경보음	• 계기판 USM에서 설정 가능하다. • 설정 OFF 시 경보음만 중지되며, 경보등은 정상 작동한다(재시동 시에도 설정값은 그대로 유지)
RCCW	• 경고음의 ON/OFF 기능이 없다.

08 후측방 충돌방지 보조장치(BCA)

→ BCA : Blind-Spot Collision-Avoidance Assist
　　　사각지대　　충돌　　회피　　보조

1 BCA 개요

① BCA는 경보만 해주는 BCW시스템에서 한 단계 더 나아가 충돌 위험이 감지되면, ESC(차체자세 제어) 장치로 편제동하여 사고를 미연에 방지하는 역할을 한다.

② 구성 : BCW 시스템+멀티 펑션 카메라+ESC 제동 기능

> ▶ **BCW와 BCA의 작동 조건**
> ・BCW : 속도 30km/h 이상
> ・BCA : 60~180km/h, 양쪽 차선이 인식되는 도로

2 시스템 제어 순서

① 레이더 센서로 후측방에 접근 차량 인식

② 멀티 펑션 카메라로 차선을 감지하고 차량이 차선쪽으로 이동하게 될 거리와 시간을 계산하여 후측방 차량과의 충돌 가능 지점을 미리 예측한다.

③ ESC로 편제동 제어

→ 만약 BCA에 의한 편제동 제어작동 중 운전자 의지에 의해 조향 휠을 조작할 경우 BCA 시스템이 해제된다.

BCA 고장(ESC↔CAN, ESC 자체고장, 카메라 고장) 시 BCW는 정상 작동

⬆ BCA 시스템 제어

주행안전장치 관련 법규

새로운 출제범위이므로 출제유형을 알 수 없으나 출제기준에 "주행안전장치에 관한 법규"가 규정되어 있으므로 아래 사항을 체크하시기 바랍니다.

2020년 1월부터 버스, 화물차 등 대형 사업용 차량의 사고 예방을 위해 차로이탈 경고장치(LDWS: Lane Departure Warning System) 및 비상자동제동장치의 의무 장착을 법제화하였습니다.

・대상 : 길이 11미터를 초과하는 승합자동차와 차량총중량 20톤을 초과하는 화물·특수자동차

・예외) 4축 이상 자동차, 피견인자동차, 덤프형 화물자동차, 특수용도형 화물자동차, 구난형 특수자동차 및 특수작업형 특수자동차, 시내버스운송사업, 농어촌버스운송사업 및 마을버스운송사업에 사용되는 자동차

・기능고장 자동 표시 : 황색

> ▶ **법규상 정의**
> ・차로이탈경고장치(LDWS) : 자동차 전방카메라, 방향지시등 스위치, 조향각 센서, 차속센서 등을 이용하여 운전자의 부주의에 의한 차로이탈을 감지, 운전자에게 시각, 청각, 촉각 등 경고를 주는 장치
> ・전방충돌경고장치(FCWS) : 주행 중인 자동차의 전방레이더 센서가 동일방향의 선행자동차 속도를 감지하여 충돌예상시간(TTC, Time to Collision) 이전에 HMI를 통해 경고를 주는 장치
> ・비상자동제동장치 : 주행 중 전방충돌 상황을 감지하여 충돌을 완화하거나 회피할 목적으로 자동차를 감속 또는 정지시키기 위하여 자동으로 제동장치를 작동시키는 장치

※ 다음 법규는 지면 부족상 수록하지 못하여 양해의 말씀을 드립니다.(국가법령정보센터 사이트를 검색하거나 에듀웨이 카페에 방문하여 다운받을 수 있습니다)

자동차 및 자동차부품의 성능과 기준에 관한 규칙

[별표 6의20] 후방추돌경고등의 작동기준
[별표 6의29] 차로이탈경고장치 기준(제89조의2 관련)
[별표 7의7] 자동차안정성제어장치에 대한 기준(제90조의2 관련)

자동차안전도평가시험 등에 관한 규정

[별표 12] 전방충돌경고장치 시험방법 및 평가방법
[별표 13] 차로이탈경고장치 시험방법 및 평가방법
[별표 18] 보행자감지모드 비상자동제동장치 시험방법 및 평가방법
[별표 19] 적응순항제어장치 시험방법 및 평가방법
[별표 20] 사각지대감시장치 시험방법 및 평가방법
[별표 21] 차로유지지원장치 시험방법 및 평가방법
[별표 22] 지능형 최고속도제한장치 시험방법 및 평가방법
[별표 23] 후측방접근경고장치 시험방법 및 평가방법

> ▶ **참고**
> 기타 자세한 법규는 『국가법령정보센터』를 검색하여 다음 사항을 참조하기 바랍니다.
> ・자동차안전도평가시험 등에 관한 규정
> ・자동차관리법 시행규칙
> ・자동차 및 자동차부품의 성능과 기준에 관한 규칙 및 별표
> ・자동차종합검사 시행요령 등에 관한 규칙
> ・대기환경보전법 시행규칙 등

※ 이 섹션의 문제는 연구소 자체에서 출제한 것으로 대략적인 출제유형을 확인하는 정도만 체크하며, 기출이 없으므로 NCS 학습모듈 및 실전모의고사를 참고하시기 바랍니다.

1 다음 중 주행보조 안전장치에 해당하지 않는 것은?

① 스마트 크루즈 컨트롤(SCC)
② 운전자세 메모리 시스템(IMS)
③ 차로 이탈 경고(LDW) 장치
④ 후측방 충돌방지 보조(BCA) 장치

> 운전자세 메모리 시스템(IMS)는 편의장치에 해당한다.

2 카메라로 주행차량의 전방영상을 촬영한 뒤 영상처리를 거쳐 차선을 인식하여 경보해주는 장치는?

① 위험속도 방지장치
② 적응순항 제어장치
③ 차간거리 경보장치
④ 차선이탈 경보방지

3 차로 이탈 방지 보조장치(LKA)에 대한 구성 요소별 역할에 대한 설명으로 틀린 것은?

① 클러스터 : 동작 상태 알림
② 레이더 센서 : 전방 차선, 광원, 차량 인식
③ LKA 스위치 : 운전자에 의한 시스템 ON/OFF제어
④ 전동식 파워스티어링 : 목표 조향 토크에 따른 조향력 제어

> 전방 차선, 광원, 차량 인식은 카메라에 의한 감지된다.

[22-1]

4 진단 장비를 활용한 전방 레이더 센서 보정방법으로 틀린 것은?

① 바닥이 고른 공간에서 차량을 수평상태로 한다.
② 메뉴는 전방 레이터 센서 보정(SCC/FCA)으로 선택한다.
③ 주행모드가 지원되지 않는 경우 레이저, 리플렉터, 삼각대 등 보정용 장비가 필요하다.
④ 주행모드가 지원되는 경우에도 수평계, 수직계, 레이저, 리플렉터 등 별도의 보정 장비가 필요하다.

> **주행 모드가 지원되지 않을 경우**
> 레이저/리플렉터/삼각대 등 보정용 장비와 장비를 설치하고 측정할 장소가 필요하지만, 주행 모드가 지원되는 경우 수직/수평계를 제외하고는 별도의 보정 장비는 필요 없으나 보정 조건에 맞게 주행해야 하므로 교통 상황이나 도로에 인식을 위한 가드레일 등 고정 물체가 요구된다.

5 스마트 크루즈 컨트롤(SCC) 시스템의 구성품이 아닌 것은?

① 유압식 브레이크
② 멀티 펑션 카메라
③ PSB(Pre-Safety Belt)
④ 파워트레인 컨트롤 모듈(PCM)

> SCC 시스템은 전자식 파킹 브레이크(EPB)를 이용하여 감속 및 정차를 제어한다.

6 SCC 시스템에 대한 설명 중 틀린 것은?

① 원거리 센서(LRR)와 근거리 센서(SRR)의 통합형이다.
② 77GHz 대역에서 동작하는 단일형 멀티모드이다.
③ 목표 차량으로부터 수집된 정보를 바탕으로 목표 속도, 목표 차간거리, 목표 가감 속도를 계산하고 각 정보를 ESC에게 전달한다.
④ 일시 해제하면 크루즈 기능이 완전히 해제된다.

> SCC 기능이 일시 해제되어도 크루즈 기능은 유지된다.

7 스마트 크루즈 컨트롤 시스템의 구성품 및 그 역할이 잘못 짝지어진 것은?

① 전자식 파킹 브레이크 – 차량 정차가 5분 이상 유지되면 파킹 브레이크를 작동시킨다.
② 내비게이션 – 선행 차량과의 정확한 차간 거리를 유지하기 위해 위성 신호를 이용한다.
③ 전방 레이더 모듈 – 선행 차량 및 물체를 감지하여 주행속도, 차간거리, 긴급제동을 제어한다.
④ 파워트레인 컨트롤 모듈 – 요구 토크에 맞게 적정한 가속을 수행하고 변속단 위치를 결정한다.

> 내비게이션은 고속도로의 속도제한 구역에서 SCC w/S&G와 연동하여 자동으로 감속 제어한다.

8 다음 첨단 운전자 보조 시스템(ADAS)에서 안전과 직결되는 장치가 아닌 것은?

① 후측방 충돌 방지 보조(BCA) 장치
② 고속도로 주행 보조(HDA) 장치
③ 전방 충돌방지 보조(FCA) 장치
④ 차로 이탈방지 보조(LKA) 장치

정답 1② 2④ 3② 4④ 5① 6④ 7② 8②

첨단 운전자 보조 시스템의 구분

구분	기능	
안전	• FCA(전방 충돌방지 보조) • DAW(운전자 주의 경고) • BCA(후측방 충돌방지 보조)	• LKA(차로 이탈방지 보조) • BCW(후측방 충돌 경고) • HBA(하이빔 보조)
편의	• HDA(고속도로 주행보조) • SCC(스마트 크루즈 컨트롤) – 네이게이션 기반 SCC 포함	• LFA(차로유지보조)

9 고속도로에 진입하여 주행 속도와 차간 거리 설정 후 SCC w/S&G로 주행을 하는 데 얼마 지나지 않아 클러스터에 '스마트 크루즈 컨트롤이 해제되었습니다.' 라는 메시지가 표시되었다. 다음 중 직접적인 원인이 <u>아닌</u> 것은?

① 브레이크 스위치 불량

② 차량 속도 센서 신호 불량

③ 스마트 크루즈 컨트롤 스위치 불량

④ 전동식 스티어링 토크 센서 불량

구성품 불량으로 인한 스마트 크루즈 컨트롤 시스템 해제 원인
• 브레이크 스위치 불량 – 브레이크 페달을 밟으면 CC 기능이 해제되므로 브레이크 스위치 신호를 감지하지 못하면 해제될 수 있다.
• 차량 속도 센서(VSS) 불량 – 설정한 차량 속도에 맞춰 작동되므로 VSS 불량 시 해제될 수 있다.
• 인히비터 스위치 불량 – 기어 레버 위치 감지 불량
• 엔진 체크 램프 – 엔진 또는 변속기 불량으로 해제될 수 있다.
• 기타 : ECU, 속도제어 액추에이터, 퓨즈, 릴레이, 배터리 불량, 통신 불량, 레이더 오염 등이 있다.

참고) 운전자 사용조건으로 인한 일시적인 해제 원인
• 운전석 도어가 열려 있는 경우
• 기어 위치가 N, R, P 단에 위치한 경우
• 전자식 파킹 브레이크(EPB)가 체결될 경우
• 스마트 크루즈 컨트롤 시스템이 작동 가능한 차량 속도가 아닌 경우
• 차체자세 제어(ESC) 장치/미끄럼 방지(TCS) 장치/ABS가 작동한 경우
• 센서 커버가 심하게 오염되었을 경우
• 엔진이 비정상적인 경우
• 전방 충돌방지 보조 시스템 제동 제어가 작동 중인 경우
• 엔진 회전수(rpm)가 위험 영역에 진입한 경우
• 전방 레이더가 정상 상태가 아닌 경우
• 공회전 제한 시스템에 의해 엔진이 자동 정지한 경우

10 레이터 교체 후 레이더 성능을 최적화 하는 작업을 무엇이라 하는가?

① 디버깅(debugging)

② 베리언트 코딩(Variant coding)

③ 최적화 모드 프로그래밍

④ 캘리브레이터(calibrator)

11 SCC w/S&G 시스템에 사용되는 레이더 모듈에 대한 설명으로 옳은 것은?

① 차로이탈 방지 보조 장치에 사용된다.

② 눈이나 비가 내려도 인식률이 비교적 좋다.

③ 목표 차량으로부터 수집된 정보를 바탕으로 목표 속도, 목표 차간거리, 목표 가감 속도를 계산하고 각 정보를 ESC에게 전달한다.

④ 일반적으로 센서와 제어모듈이 분리되어 CAN 통신으로 정보를 교환한다.

① 차로이탈 방지 보조장치는 카메라에 의해 영상을 입력받아 정보를 판단한다.
② 30km/h 이상에서 Blockage 현상을 검출할 수 있으며 주행 중 수분, 눈, 비에 의한 Blockage 현상으로 레이더 기능이 갑자기 해제되거나 또는 존재하는 선행 차량을 인식하지 못할 수 있다.
④ 센서와 제어모듈이 일체형이다.

12 다음 보기 중 SCC w/S&G 시스템에 사용되는 레이더 모듈에 대한 점검으로 옳은 것으로 짝지은 것은?

> ㄱ. SCC 시스템은 Blockage 상태를 모니터링 하여 경고등을 점등한다.
> ㄴ. Blockage 현상은 30 km/h 이상에서만 검출하며, 진단코드(DTC)를 남기지 않는다.
> ㄷ. 레이더 센서는 수분이나 먼지에 대한 투과율이 좋다.
> ㄹ. 차간거리에 이용되는 타킷은 최대 64개까지 가능하다.

① ㄱ, ㄴ   ② ㄱ, ㄷ

③ ㄴ, ㄷ   ④ ㄱ, ㄴ, ㄷ, ㄹ

ㄷ. 레이더 센서는 수분이나 먼지에 대한 투과율이 나쁘다.
ㄹ. 타킷 검출은 최대 64개까지이지만, 차간거리에 이용되는 타킷은 1대뿐이다.

13 자동차의 안전장치에 사용되는 레이더의 응용 시스템이 <u>아닌</u> 것은?

① 스마트 크루즈(SCC) 시스템

② 후측방 충돌 경고(BCW) 시스템

③ 전방 충돌방지 보조(FCA) 시스템

④ 후방 감지 시스템

차량용 레이더의 응용 시스템
• 스마트 크루즈 컨트롤(SCC) 시스템
• 전방충돌방지 보조(FCA) 시스템
• 차로 이탈 경고 장치 및 차로이탈 방지 보조 시스템
• 후측방 충돌 경고(BCW) 시스템
• 후측방 충돌방지 보조(BCA) 시스템
※ 후방감지 시스템은 초음파 센서를 이용한다.

정답   **9** ④   **10** ②   **11** ③   **12** ①   **13** ④

14 레이더 모듈에 대한 설명으로 **틀린** 것은?

① 선행차가 있을 경우 제어속도는 0~200 km/h이다.

② Blockage 현상이 발생하면 시동 시 검출이 가능하다.

③ 주행 중 수직/수평 정렬이 어긋날 경우 경고한다

④ 스마트 크루즈 컨트롤 시스템, 전방 충돌방지 보조 시스템 (FCA) 시스템, 후측방 충돌 경고(BCW) 시스템에 이용된다.

> Blockage 현상은 30 km/h 이상에서만 검출된다.

15 스마트 크루즈 컨트롤 장치의 차간거리 설정 시 단계별 설정값(TTC)이 2 초이다. 100 km/h 속도를 기준으로 차간거리는 약 얼마인가?

① 28m   ② 55.6m

③ 44m   ④ 87.5m

> $100 [km/h] = 100/3.6 [m/s] \times 2 [s] = 55.56 [m]$

[11-2]

16 일반적인 오토크루즈 컨트롤 시스템(auto cruise control system)에서 정속주행 모드의 해제 조건으로 **틀린** 것은? (단, 특수한 경우 제외)

① 주행 중 브레이크를 밟을 때

② 수동 변속기 차량에서 클러치를 차단할 때

③ 자동변속기 차량에서 인히비터 스위치가 P나 N 위치에 있을 때

④ 주행 중 차선 변경을 위해 조향하였을 때

> 정속주행 중 다음의 신호가 액추에이터의 전자석 클러치의 전류를 차단시켜 정속주행이 해제된다.
> • 제동등 스위치가 ON 신호일 때
> • 인히비터(ingibitor) 스위치가 ON 신호일 때
> • 클러치 스위치가 ON 신호일 때

17 차로 이탈 경고 장치(Lane Departure Warning)의 입력신호가 아닌 것은?

① 와이퍼 작동신호

② 요레이트 및 가속도 신호

③ MDPS 토크센서

④ 비상등 작동신호

> MDPS 토크센서는 차로이탈 방지 보조장치(Lane Keeping Assist)에 해당하며, 차로이탈 경고장치의 입력신호에 해당하지는 않는다.
> ※ 와이퍼가 고속 작동 중일 경우 시야확보를 위해 LDW 작동을 멈춘다. (저속 또는 정지상태일 때 다시 작동됨)

18 차량 안전운전 보조장치의 구성품에 대한 설명으로 **틀린** 것은?

① 후측방 충돌 경고장치(BCW) – 레이더 센서, 요&레이트 센서 등

② 차선이탈 경고장치(LDWS) – 멀티펑션 카메라, 전자식 조향장치 등

③ 정속 주행장치(SCC) – 레이더 센서, 엔진제어유닛, 전자식 제동유닛 등

④ 차선유지 보조장치(LKA) – 멀티 펑션 카메라, 조향각 센서, 전자식 조향모터 등

> 전자식 조향장치(MDPS)는 경고장치의 구성품에 해당하지 않는다.

19 차로이탈 방지 보조 장치(LKA)에 대한 설명으로 **틀린** 것은?

① 카메라 모듈과 MDPS 모듈이 지속적으로 CAN 통신을 통해 요구 토크량 및 현재 조향 토크 정보를 주고받는다.

② 차로 이탈 시 경고 기능 이외에 조향을 제어하여 주행차로의 이탈을 방지한다.

③ LKA 기능은 차선유지 보조, 능동조향 보조 두 단계로 운전자가 선택할 수 있다.

④ 차로 이탈 경고장치(Lane Departure Warning)에 비해 작동 범위가 좁다.

> LKA 제어 영역이 LDW 경보 영역보다는 조금 더 넓은 범위에 있고, 이보다 약간 더 안쪽에 있다.

20 다음 보기는 차로이탈 경고 및 차로이탈 보조장치에 사용되는 멀티 평션 카메라 모듈의 구조를 나열한 것이다. 이미지의 인식 과정을 올바르게 나열한 것은?

> ㄱ. ISP(Image Signal Processor)   ㄴ. 렌즈
> ㄷ. 이미지 센서   ㄹ. MCU

① ㄴ → ㄷ → ㄱ → ㄹ

② ㄴ → ㄱ → ㄷ → ㄹ

③ ㄴ → ㄷ → ㄹ → ㄱ

④ ㄴ → ㄱ → ㄹ → ㄷ

> 인식 과정 : 렌즈 → 이미지 센서 → ISP → MCU → CAN 모듈

21 차로이탈 경고장치(Lane Departure Warning) 및 차로이탈 방지 보조 장치(Lane Keeping Assist)에 대한 설명으로 올바른 것은?

① 차선 이탈을 경보하는 속도범위는 차선을 인식하는 속도범위보다 넓다.

② '차선유지 보조 모드'는 '능동조향 보조 모드'보다 제어 범위가 넓다.

③ 차로 이탈 방지 보조 시스템은 전동식 조향장치보다 속도감응식 조향장치가 적합하다.

④ 곡률 반경 125m 이하의 굽은 도로에서는 차로이탈경고장치 및 차로이탈 방지 보조장치의 제어가 어렵다.

> ① 차선을 인식하는 속도범위는 40 km/h 이상, 경보의 속도범위는 60 km/h 이상이다.
> ② 제어 영역 범위 : 능동조향 보조 모드 > 차선유지 보조 모드 > 차로 이탈 경보 모드
> ③ 차로 이탈 방지 보조 시스템은 MDPS(전동식 파워스티어링 장치)가 필수적이다.

22 다음 중 차로이탈 경고(LDW) 장치의 작동 조건에 해당하는 경우는?

① 선회 시 도로 차선의 곡률 변화가 매우 심할 경우

② 한쪽 차선만 인식할 경우

③ 2개 이상의 차선표시 라인이 있을 경우

④ 운전자가 급제동하거나 방향 지시등을 켠 경우

> LDW는 인식된 한쪽 차선 기준에 대해 LDW 기능을 수행한다.

23 다음 중 차로 이탈 방지 보조장치(LKA) 장치의 비작동 조건에 해당하지 않는 것은?

① 비가 오거나, 어두운 야간에 60 kph로 주행한 경우

② 의도적으로 스티어링 휠을 돌려 차로를 변경한 경우

③ LKA 시스템 ON 상태에서 운전자가 조향 핸들을 잡지 않고 5초 이상 운행한 경우

④ 곡률반경이 매우 작은 경우

> LKA의 작동 조건을 찾는 문제로, 40 km/h 이상에서 경보를 시작하며, 우천 또는 야간 주행과는 무관하다.
> ② 운전자 의도로 차선 변경을 하기 위해 핸들 조작 시 해제시킨다.
> ③ LKA 시스템 On 상태에서 운전자가 조향핸들을 잡지 않고 일정 시간 운행 시 경보음이 발생되며, 이후 5초간 운전자의 조향이 감지되지 않으면 LKA 시스템이 해제된다.
> ④ 급커브(규정된 곡률반경이 작을 때)를 할 경우 기능이 해제된다. (곡률반경 = 원의 반지름 = 선회반경)

곡률반경 작음   곡률반경 큼

24 차로이탈 경고장치 및 차로이탈 방지 보조 장치에 사용되는 멀티 펑션 카메라(MFC)의 구성품 중 카메라의 밝기 및 색의 대비를 조절하며, 입력 영상에 대한 노이즈 제거 등을 수행하는 것은?

① 렌즈

② ISP(Image Signal Processor)

③ MCU(Main Control Unit)

④ 이미지 센서

25 차선이탈 경고장치를 사용할 수 있는 경우가 아닌 것은?

① 한쪽 차선만 인식했을 때

② 방향 지시기를 OFF했을 때

③ 시속 30 미터 이하로 주행할 때

④ 와이퍼가 고속으로 작동 중이지 않을 때

> LKA는 차량이 직선 또는 약간의 커브길에서 사용이 가능하며, 보기 외에 브레이크 페달을 밟지 않은 경우 사용이 가능하다.
>
> ※ 시스템 해제 조건
> • 차선 인식이 어려울 때
>   – 한쪽 차선만 인식할 경우 포함하나 LDW(차선이탈경보)는 가능
> • 조향휠을 너무 빨리 돌릴 때(급커브 주행)
> • 방향지시등 및 조향 핸들을 조작할 때
> • 약 60km 이하, 약 145km 이상일 때 (차량마다 다름)

26 레이더 보정이 불량한 경우 발생할 수 있는 현상이 아닌 것은?

① 선행차량이 없는데 셋팅된 속도로 가속된다.

② 선행차량을 감지하지 못해 감속되지 않는다.

③ 선행차량 감지 및 미 감지를 반복하여 가감속이 일정하지 않다.

④ 선행차량을 늦게 감지하여 감속이 늦어진다.

> 선행차량이 없을 때 설정 속도로 가속되면 정상이다.

27 전방 차로를 인식하여 차량이 차선과 얼마만큼의 간격을 유지하고 있는지를 판단하여, 운전자가 의도하지 않는 차로 이탈 발생 시 경고하는 시스템은?

① 스마트크루즈 컨트롤(SCC, Smart Cruise Control)

② 전방 충돌 경고(FCW, Forward Collision Warning)

③ 차로 이탈 경고(LDW, Lane Department Warning)

④ 후측방 충돌 경고(BSW, Blind-Spot collision Warning)

28 레이더 교환 방법에 대한 설명으로 틀린 것은?

① 범퍼 장착 전에 신품으로 교환 후 각도 보정 및 레이더 보정을 실시한다.

② 적정 공기압 및 공차 상태에서 교환한다.

③ 스마트 크루즈 컨트롤 유닛의 커넥터를 분리하고, 차체에서 탈거한다.

④ 시동 On 후, SCC 경고등 및 DTC를 확인한다.

[NCS 학습모듈] 레이더는 범퍼 안쪽 차체 프레임에 장착되어 있으므로, 범퍼 탈거 → SCC 레이더 모듈 커넥터 분리 → 차체에서 SCC 레이더 모듈 탈거 순이며, 신품 장착 시 역순으로 하며 범퍼 장착 후 각도 및 베리언트 코딩, 레이더 보정을 수행한다.

29 카메라 보정 방법 중 실제 도로 주행 중 발생한 카메라 장착 오류에 대한 자동보정의 조건으로 틀린 것은?

① 좌우 차선의 훼손이 없을 것

② 차속 60 km/h 이상에서 곡률반경 최소 125 m 이하의 도로에서 주행할 것

③ 차선이 끊어짐 없이 연속적인 인식이 가능할 것

④ 청명한 맑은 날씨의 선명한 차선 인식 환경일 것

차속 30km/h 이상 직선로(곡률 반경 최소 1000m 이상)를 직진 주행할 것

30 주행안전장치의 카메라 교체 후 보정판과 진단장비를 이용하여 보정하는 방법은?

① Auto-fix 보정   ② SPTAC 보정

③ SPC 보정   ④ EOL 보정

• Auto-fix 보정 : 진단장비 미사용(실제 주행에서 각도 오차를 자동 수정)
• SPC 보정 : 보정판 없이 진단장비만 사용
• EOL 보정 : 보정판 사용(최초 생산라인의 검차 시 수행)

31 차로 이탈 방지 보조장치(Lane Keeping Assist)에 사용되는 카메라 보정에 대한 설명으로 틀린 것은?

① 카메라 보정이란 이미지의 정확한 인식을 위해 이미지의 왜곡 현상을 제거하는 것을 말한다.

② SPC 보정은 보정판 없이 GDS 또는 G-SCAN을 활용하여 보정이다.

③ EOL 보정이 정확도가 가장 높다.

④ 자동 보정은 장비를 사용하지 않고, 실제 주행 중 오차각도를 자동으로 보정하는 방식이다.

카메라 보정이란 카메라의 장착 오차에 의한 좌표 인식 오류를 수정하는 과정을 말한다.

32 후측방 충돌 경고(BCW) 시스템의 제어에 대한 설명으로 옳은 것은?

① BCW/LCA 모드일 때는 후방 및 측방 모두 넓게 감지한다.

② 후측방 충돌을 감지하기 위해 레이더와 초음파 센서가 이용한다.

③ 레이더 센서는 저주파수의 전파를 이용하여 접근차량을 감지한다.

④ 레이더 부위의 오염으로 인하여 신호 송수신을 할 수 없을 경우 시스템이 해제되며 계기판을 통해 경고한다.

① • BCW/LCA 모드 : 후방을 최대한 넓게 감지
　• RCCW 모드 : 후방 및 측방 모두 넓게 감지
② 후측방 충돌을 감지하기 위해 레이더만 이용되며, 초음파 센서는 주로 RCCW(후방교차 충돌경고)의 근거리용으로 이용된다.
참고) 카메라는 후측방 충돌 방지 보조(BCA) 장치에 추가적으로 이용된다.
③ 레이더 센서는 고주파수(24 GHz)의 전파를 이용한다.

33 후측방 충돌 방지 보조(BCA, Blind-Spot Collision-Avoidance Assist)의 작동에 대한 설명으로 틀린 것은?

① 카메라를 통해 자차의 차선 이탈 각도를 측정하고 현재 속도를 대입하여 얼마 후에 차선 이동을 하게 될 것인지를 연산한다.

② 목표(후방) 차량의 거리와 속도, 그리고 자차의 이동 각도와 속도를 통해 TTC가 판단되면 차선 이탈로 감지하고 어느 정도의 제동력으로 차량자세를 제어한다.

③ BCA의 편제동이 작동하고 있는 도중에 운전자가 스티어링을 조작해도 편제동 제어를 유지한다.

④ 레이더는 후측방의 접근 차량 감지 및 자차와의 거리측정, 주행 속도를 연산한다.

BCA의 편제동이 작동하고 있는 도중에 운전자가 스티어링을 움직이면 오히려 자세 제어가 불가능해짐에 따라 이때는 운전자의 의지로 움직일 수 있도록 BCA 시스템이 해제된다.

34 차로 이탈 방지 보조장치에 사용되는 전방 카메라의 보정이 필요없는 경우는?

① LKA유닛을 탈부착한 경우

② LKA유닛을 신품으로 교환한 경우

③ 윈드쉴드 글라스를 교환한 경우

④ 타이어 공기압이 낮아진 경우

LKA 카메라 보정이 필요한 경우
• LKA유닛을 탈부착
• LKA유닛을 신품으로 교환
• 윈드쉴드 글라스 교환
• 윈드쉴드 글라스의 LKA브래킷 변형

정답 ▶ 28 ① 　29 ② 　30 ② 　31 ① 　32 ④ 　33 ③ 　34 ④

35 후측방 추돌 방지 보조장치의 구성 요소 중 선회반경을 계산하여 시스템의 작동 여부를 결정하는 역할을 하는 것은?

① ESC 모듈
② 전동식 파워 스티어링
③ 멀티 펑션 카메라
④ 요&레이트 센서

요&레이트 센서(횡가속센서)는 수직축 방향의 회전각속도를 검출하여 차량의 곡률반경을 계산하여 목표조향토크 및 목표 제동압을 산출하는 제어량을 산출한다.

36 다음 중 후측방 차량과의 추돌 방지를 위한 장치에 해당하지 않은 것은?

① RCCW (Rear Cross-Traffic Collision Warning)
② RCCA (Rear Cross-Traffic Collision-Avoidance Assist)
③ ROA (Rear occupant alert)
④ BCW (Blind-spot Collision Warning)

후측방 차량 추돌 방지 장치의 종류
• BCW(Blind-spot Collision Warning) : 주행 시 사각지대 및 후방 고속 접근 차량을 감지하고 운전자에게 경고 제공
• RCCW(Rear Cross-Traffic Collision Warning) : 후진 시 측방 접근 차량에 대한 경고 제공
• RCCA(Rear Cross-Traffic Collision-Avoidance Assist) : 후진 시 측방 접근 차량에 대한 제동 구동
• BCA-R(Blind-spot Collision-Avoidance Assist-Rear) : 차선 이탈 시 사각지대 차량에 대한 회피구동
• SEA(Safe Exit Assist) – 하차 시 후방 접근 차량에 대한 경고 제공
※ ROA(Rear occupant alert) : 뒷좌석에 탑승한 영유아나 어린이가 홀로 방치되는 사고를 예방
※ 이 문제는 출제될 가능성은 없으나 종류에 대해 알아두자.

37 다음 중 레이더(Radar)에 대한 설명으로 옳은 것은?

① Blockage 현상은 30 km/h 이상에서만 검출하며, 진단코드(DTC)를 남기지 않는다.
② 후방 교차충돌경고(RCCW) 모드에서는 측방은 좁게, 후측 감지거리를 넓게 감지한다.
③ 클러스터, SCC w/S&G 스위치, ESC, PCM 등과는 LIN 통신 방식을 이용한다.
④ 레이더는 감지 각도가 조금이라도 달라지면 오류(DTC)코드를 발생시킨다.

② 후방 교차충돌경고(RCCW) 모드에서는 후측방 모두 감지거리를 넓게 감지한다.
③ 클러스터, SCC w/S&G 스위치, ESC, PCM 등과 CAN 통신을 하며, ESC와 PCM 간의 CAN 통신으로 토크 가감속을 통해 차량의 주행 속도와 선행 차량과의 거리를 제어한다.
④ 레이더는 스스로 학습을 통해 감지 범위를 자동으로 수정하도록 되어 있으며 설정 각도 이상으로 위치가 틀어지게 되면 스스로 이를 감지하고 경고 메시지 및 DTC를 출력한다.

[22-1]
38 후측방 레이더 감지가 정상적으로 되지 않고 자동해제 되는 조건으로 틀린 것은?

① 차량 후방에 짐칸(트레일러, 캐리어) 등을 장착한 경우
② 차량 운행이 많은 도로를 운행하는 경우
③ 범퍼 표면 또는 범퍼 내부에 이물질이 묻어 있는 경우
④ 광활한 사막을 운행하는 경우

후측방 레이더 감지 제한 조건
• 범퍼 표면 또는 범퍼 내부에 이물질이 묻어 있을 경우
• 차량 후방에 짐칸(트레일러 혹은 캐리어) 장착 또는 기타 장비를 거치한 경우
• 차량이 적은 넓은 지역이나, 광활한 사막에서 운전할 경우
• 눈이나 비가 많이 오는 경우

39 후방교차충돌 경고(RCCW 모드)의 작동에 대한 설명으로 틀린 것은?

① 후진 속도가 60km/h 이하에서 작동된다.
② 후방측감지 거리를 최대한 넓게 감지한다.
③ 차량 감지 시 해당 방향의 사이드 미러, 계기판에 경고등이 점멸되고 경고음을 출력한다.
④ RCCW 작동 중에 주차 보조 장치(PAS)에서 물체를 감지하게 되면 후측방접근경고장치(RTCA)의 경보음은 꺼지고 PDW 경보음이 작동하게 된다.

RCCW의 작동 조건 : 후진속도 8 km/h 이하 (10km/h 초과 시 미작동)

40 후측방 충돌 경고 시스템(BCW)의 작동에 대한 설명으로 틀린 것은?

① 좌우 모듈에서 감지된 신호는 L-CAN을 통해 서로 상태를 주고받는다.
② 시스템의 구성 모듈 중 하나가 고장나도 모듈 ECU는 페일 세이프값을 적용하여 BCW는 정상 작동된다.
③ 감지되는 방향의 경보등과 경고음이 출력되도록 한다.
④ BCW 시스템은 SW ON인 상태에서 차량 속도가 7 kph 이상일 경우에만 고장 진단을 수행한다.

BCW는 단일 모듈로 동작하는 기능이 아니라 여러 모듈이 각자의 기능을 수행하여 BCW 기능을 가능하게 하는 시스템이다. 따라서 시스템을 구성하는 각 모듈 중 어느 한 가지라도 정상 기능을 수행하지 못하면 BCW는 정상 작동할 수 없다.
※ 통상 자동차 장치 중 사고와 직결되는 필수 구동장치 및 필수 안전장치에는 페일 세이프를 적용한다.

chapter 03

정답 35 ④ 36 ③ 37 ① 38 ② 39 ① 40 ②

41 다음 보기는 후방 레이더 구성 장치에 사용되는 장치의 역할에 대한 설명이다. ( ) 안에 들어갈 용어로 <u>적합한</u> 것은?

> · 요&레이트 센서 : 차량의 Yaw 값을 이용하여 (   )을/를 계산하고 시스템 작동 여부를 결정한다.
> · 전동식 파워 스티어링 : 급선회시 토크센서와 (   ) 신호로 후측방 충돌방지 보조(BCA) 작동을 중지시킨다.

① 슬립률, 조향각센서
② 회전 각속도, 조향각센서
③ 곡률반경, 차속센서
④ 곡률반경, 조향각센서

> · 요&레이트 센서 : 차량의 Yaw 값을 이용하여 곡률반경을 계산하고 시스템 작동 여부를 결정한다.
> · 전동식 파워 스티어링 : 급선회시 토크센서와 조향각센서 신호로 후측방 충돌방지 보조(BCA) 작동을 중지시킨다.

42 자동차 관련 용어 정의에서 <u>틀린</u> 것은? (단, 자동차 및 자동차 부품의 성능과 기준에 관한 규칙에 의한다.)

① 자율주행시스템이란 운전자 또는 승객의 조작 없이 주변 상황과 도로 정보 등을 스스로 인지하고 판단하여 자동차를 운행할 수 있게 하는 자동화 장비, 소프트웨어 및 이와 관련한 일체의 장치
② 자동차안정성제어장치란 자동차의 주행 중 급제동 시 제동 감속도에 따라 자동으로 경고를 주는 장치
③ 비상자동제동장치란 주행 중 전방 충돌 상황을 감지하여 충돌을 완화하거나 회피할 목적으로 자동차를 감속 또는 정지시키기 위하여 자동으로 제동장치를 작동시키는 장치
④ 차로이탈경고장치란 자동차가 주행하는 차로를 운전자의 의도와는 무관하게 벗어나는 것을 운전자에게 경고하는 장치

43 다음 중 후측방 충돌 경고 시스템(BCW)의 작동 기준으로 <u>틀린</u> 것은?

① 후측방 충돌 경고 신호에 의해 작동되는 방향지시등은 4.0±1.0Hz로 점멸할 것
② 후방추돌경고등의 작동시간은 3초 이내일 것
③ 후방추돌경고등이 점등될 경우 다른 등화장치와 독립적으로 작동할 것
④ 후방추돌경고등은 방향지시등, 비상경고신호, 긴급제동신호가 작동 중에도 작동되는 구조일 것

> 후방추돌경고등은 방향지시등, 비상경고신호, 긴급제동신호가 작동 중에는 작동되지 않는 구조일 것

44 차선이탈경보 및 차선이탈방지 시스템(LDW & LKA)의 작동에 대한 설명으로 옳은 것은?

① 저속(60 km/h 이하)에서도 안전을 위해 차선을 이탈하면 경보를 작동시킨다.
② 차로 이탈 판정 시 LKA 기능의 제어 영역은 LDW 경보 영역보다 좁다.
③ LKA는 차량이 차로를 이탈하려고 할 때 MDPS를 이용하여 이탈하려는 동일 방향으로 보조 토크를 부가한다.
④ LKA 시스템 On 상태에서 운전자가 조향핸들을 잡지 않고 일정 시간 운행하면 경고음이 울린다.

> ① 차속이 60 km/h에 도달하지 않으면 경보를 시작하지 않으며, 경보 동작 조건의 차속에 들어오더라도 실제 차선을 인식하지 못할 경우, 경보 동작은 비활성화 된다.
> ② 차로 이탈 판정 시 LKA 기능의 제어 영역은 LDW 경보 영역보다 넓다.
> ③ LKA 제어는 차량이 차로를 이탈하려고 할 때 MDPS를 이용하여 이탈하려는 반대 방향으로 보조 토크를 부가한다.

BCW 레이더
(사각지역 장애물 감지)

카메라(차선정보)

ESC(편제동)

45 프런트 카메라 모듈의 주행 보정에 대한 설명으로 <u>틀린</u> 것은?

① 주행 보정 전 배리언트 코딩이 수행되어야 한다.
② 차량 정지, 급선회, 상하 움직임이 많을 경우 주행보정이 일시 중단된다.
③ 수평·수직 보정값은 cm 단위로 표기된다.
④ 보정 속도는 최소 약 30~40km/h 이상이어야 한다.

> 보정값은 수평(Horizon), 수직(Yaw), Roll 보정이 있으며, 수평수직은 픽셀(Pixel) 단위로 표기되며, Roll은 각도(Rad)로 표기된다.
> 참고) 보정 시 선회반경이 최소 300m 이상, 차선 시인성이 확보되어야 한다.

CHAPTER

04

친환경 자동차

☐ 하이브리드 고전압 장치 ☐ 전기자동차 ☐ 수소연료전지자동차

하이브리드 고전압 장치

Main
Key
Point

[출제문항수 : 약 7~8문제] 이 섹션은 전반적으로 학습해야 합니다. 소프트/하드 타입 구분, 구동모터 및 HSG, 레졸버에 대한 문제로 자주 출제됩니다. 기출의 재출제율은 낮습니다. 또한 배터리, 에너지 효율(법규)에 관한 문제도 출제되니 관련 법규 자료를 참고합니다. NCS 학습모듈에서도 1~2문제 정도 출제되니 자료를 보시거나 교재의 정리된 내용을 체크하기 바랍니다.

01 하이브리드 자동차 개요

■ 특징

① 고속 주행 시 가솔린 엔진을 이용하며 전기를 충전시키고 저속 주행 시 전기에너지를 이용한다.

② 연료 소모는 최소화하면서 주행 성능은 극대화하기 위해 출발과 저속주행, 가속주행, 고속주행, 감속주행, 정지 등 주행 형태별로 모터주행과 엔진주행을 적절히 조합한 주행모드로 주행한다.

③ 배터리 충전은 **회생제동 방식**으로 이뤄진다.

→ 감속 시 속도가 줄어들 때 모터가 역회전하려는 속성을 이용하여 제동력을 발생시켜 전기를 생성하여 배터리를 충전한다.

④ 전기모터로 운행 구간에는 연비가 향상되며 유해가스 배출량을 저감시킨다.

⑤ 엔진과 모터를 결합한 형태이므로 구조가 복잡하고 제작비용, 무게 및 탑재 공간(실내공간)이 증가한다.

② 하이브리드 자동차의 분류

직렬 방식	• 엔진은 발전기만 구동하고, 발전기에서 생산된 전기로 **모터를 구동**하는 방식이다. → 즉, 엔진은 배터리 충전을 위한 발전용으로만 사용 • 구조가 단순하고, 변속기가 필요없다. • 엔진 없이 모터로만 구동력이 만들어지므로 고효율의 모터가 필요하며, 엔진과 배터리 모터 무게가 증가하여 가속 성능이 감소하는 단점이 있다.
병렬 방식	• **출발 시에는 모터로 구동**하고, **일정 속도 주행 시 엔진으로 주행** • 엔진과 구동축이 기계적으로 연결되어 **변속기가 필요하고 구동용 모터 용량을 작게** 할 수 있다. • 회생제동 기능 수행 : 브레이크 작동 시 바퀴의 운동에너지에 의해 모터가 발전기 역할을 하여 전기에너지를 생성하여 고전압 배터리를 충전한다. • **모터 장착 위치에 따라 FMED 방식(소프트 방식)과 TMED 방식(하드 방식)으로 구분**

복합 방식	• Power Split Type • 엔진과 2개의 모터를 유성기어로 연결하여 **변속기 대신 유성기어와 모터 제어**를 통해 차속을 제어 • 주행상태에 따라 모터, 엔진 구동, 모터와 엔진을 함께 구동 • 전기자동차 주행이 가능한 하드 타입 HEV • 고용량 모터가 필요, 효율성 및 운전성 우수

⬆ 직렬형

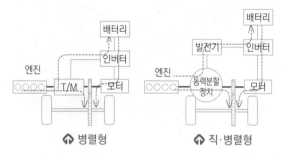

⬆ 병렬형   ⬆ 직·병렬형

③ 병렬형 하이브리드의 구분

(1) FMED(Flywheel Mounted Electric Device)
– 소프트 타입, 마일드 타입

① 엔진 – 주동력원, 모터 – 엔진 동력을 보조

→ 출발 : 모터+엔진, 저부하 : 엔진, 고부하 : 모터+엔진

② 모터의 기능 : 엔진측에 장착되어 모터를 통한 엔진을 시동, 엔진 보조, 회생제동기능을 수행

③ **모터가 엔진과 직결되어 있으므로 전기차 주행(모터 단독 구동) 모드 불가능**

④ 모터가 비교적 작다.

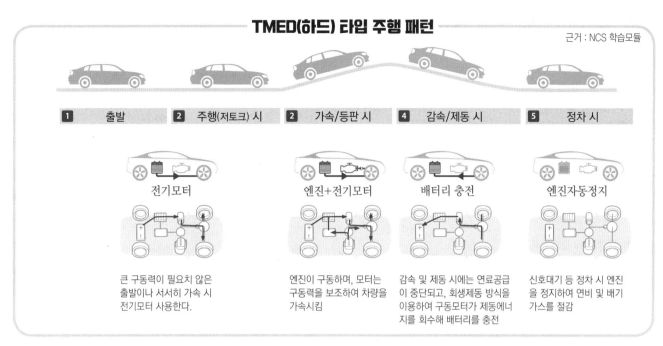

TMED(하드) 타입 주행 패턴

근거 : NCS 학습모듈

| 1 출발 | 2 주행(저토크) 시 | 3 가속/등판 시 | 4 감속/제동 시 | 5 정차 시 |

전기모터

큰 구동력이 필요치 않은 출발이나 서서히 가속 시 전기모터 사용한다.

엔진+전기모터

엔진이 구동하며, 모터는 구동력을 보조하여 차량을 가속시킴

배터리 충전

감속 및 제동 시에는 연료공급이 중단되고, 회생제동 방식을 이용하여 구동모터가 제동에너지를 회수해 배터리를 충전

엔진자동정지

신호대기 등 정차 시 엔진을 정지하여 연비 및 배기가스를 절감

---

(2) TMED(Transmission Mounted Electric Device)
  – 하드 타입, FHEV 타입(Full Hybrid Electronic Vehicle)

① 엔진, 모터 – 주동력원

  → 출발 및 저부하 : 모터, 정속주행 : 엔진, 고부하 : 모터+엔진

② 모터가 변속기에 직결된 구조

③ **EV 모드(모터 단독 구동)을 위해** 모터가 엔진과 클러치로 분리되어 모터/엔진/모터+엔진 3가지 모드 구동이 가능

④ FMED 타입과 달리 모터가 엔진과 분리되어 있기 때문에 별도의 엔진 시동을 위해 별도의 **스타터(HSG)가 필요**

⑤ FMED 타입 대비 **연비가 우수**

⑥ 기존 변속기의 사용이 가능하나 정밀한 클러치 제어가 요구

◈ 직 · 병렬 타입

▶ **소프트 타입과 하드 타입의 분류 기준**

• 엔진 시동 없이 모터의 회전력만으로 주행하는 전기차(EV) 모드의 주행가능 여부이다.

• EV 모드가 불가한 소프트 타입은 출발 시 모터와 엔진을 모두 사용하고, 부하가 적은 정속 주행 시에만 엔진만으로 주행한다. 가속이나 등판 등 고부하 주행영역에서는 엔진 회전력을 HEV 모터로 보조한다.

• 브레이크 작동 시에는 회생제동 브레이크 시스템을 사용하여 바퀴의 운동에너지를 HEV 모터가 발전기 역할을 하여 전기에너지로 전환하여 고전압 배터리를 충전한다.

• 정차 시에는 엔진을 정지시켜 연료를 절약하는 오토 스톱 기능을 수행하며, 하드 타입의 주행 모드는 소프트 타입과 동일하나 처음 출발 시 전기차 모드로 주행할 수 있는 특징이 있다.

정리)

구분	엔진만 구동	구동모터만 구동	엔진+구동모터 구동
직렬	×	○	×
병렬 (소프트타입)	○	×	○(엔진이 주, 모터는 보조)
병렬 (하드타입)	○	○	○(모터가 주, 엔진이 보조)
직·병렬	○	○	○

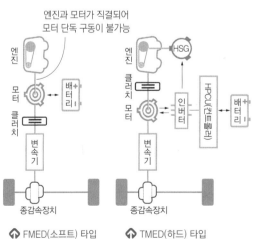

◈ FMED(소프트) 타입   ◈ TMED(하드) 타입

1 엔진 시동

고전압 배터리 전원을 이용하여 HSG를 시동한다. HSG는 엔진 크랭크축 풀리와 구동벨트로 연결되어 HSG가 회전하면 크랭크축도 같이 회전하면서 시동이 가능하다.

> ▶ 고전압 배터리 시스템에 이상이 있거나 배터리의 SOC(충전 상태)가 기준치 이하로 떨어징 경우 HCU(하이브리드 컨트롤 유닛)는 모터를 이용한 엔진 시동을 금지시키고, 스타터 모터를 작동시켜 엔진 시동을 제어한다. (Fail Safe)

2 EV 주행(HEV 모터 단독 구동)

차량 출발 시 또는 저속 주행구간에서 HEV 모터의 동력만으로 주행한다. 엔진과 HEV 모터 사이의 차량 출발 시나 저속 주행구간(저토크 요구 시)에는 HEV모터의 동력만으로 주행한다. 엔진과 HEV 모터 사이에 있는 클러치는 차단된 상태로 모터의 회전력이 바퀴까지 전달된다. 따라서 엔진 OFF시에는 EOP(Electric Oil Pump)를 작동해 자동변속기 구동에 필요한 유압을 만든다.

3 중·고속 정속 주행(엔진 단독 구동)

중·고속 정속 주행 시에는 엔진의 동력이 바퀴까지 전달하기 위해 엔진과 HEV모터 사이에 있는 엔진 클러치를 연결하여 변속기에 동력을 전달한다.

4 HEV주행(엔진, 모터)

HEV모터는 변속기에 장착되어 있으며 가속시에는 엔진을 보조하고, 감속시에는 발전기가 되어 고전압 배터리를 충전한다. EV모드(출발시, 저부하시)일 때는 변속기 입력축을 직접 회전시켜 순수 전기 차량으로 주행한다. HEV모드일 때는 모터가 엔진 출력을 보조하는 역할을 한다.

급가속 또는 등판 시에는 엔진과 HEV모터를 동시에 구동하여 HEV모드로 주행한다. EV주행 중 HEV 주행 모드로 전환할 때 엔진동력을 연결하는 순간 큰 충격이 발생할 수 있다. 이와 같은 현상을 방지하기 위해 엔진클러치 체결 전 HSG(Hybrid Starter Generator)를 구동해 엔진 회전속도가 빠르게 올려 HEV모터 회전속도와 동기화되도록 한다. 엔진 회전 속도가 동기화된 후 클러치를 연결하여 부드러운 연결이 되도록 한다.(수동변속기의 싱크로나이저 기구와 유사)

5 정속 주행 중 배터리 충전

주행 중 제어기는 지속적으로 차량 상태를 모니터링한다. 만약 엔진 단독으로 주행할 때 고전압배터리 충전량이 기준치 이하일 경우, HEV모터의 발전 기능을 통해 고전압배터리를 충전한다.

6 회생 제동

감속이나 제동 시 모터의 발전기능을 통해 차량의 운동에너지를 전기에너지로 변환하여 고전압 배터리를 충전한다. 운전자가 브레이크를 밟으면 전체 제동량과 배터리 잔량(SOC : State Of Charge)을 HCU가 연산하여, 기계적 제동량(유압)과 회생제동량(모터 제동)을 분배한다.

7 EV주행 중 충전

EV모드로 주행할 때 고전압 배터리의 SOC가 기준치 이하로 떨어지면 엔진을 강제로 구동하여 HSG(Hybrid Starter Generator)로 고전압 배터리를 충전하면서 EV주행을 한다.

8 공회전 충전

'7 EV주행 중 충전'과 마찬가지로 정지상태에서 HSG의 발전기능을 이용해 고전압 배터리를 충전한다.

9 오토 스톱 (Auto Stop, Idle Stop, Idle Stop & Go)

① 신호 대기와 같은 정차 시 가속페달 센서 및 브레이크 센서 등에 대한 정보가 HCU로 입력이 되면, HCU는 MCU와 ECU에게 엔진과 모터의 작동 중지 명령을 내리게 되고, 이와 반대로 브레이크 OFF, 가속페달을 밟을 시에는 HCU에서 다시 모터와 엔진을 가동시킨다.

② 효과 : 연비 향상, 배출가스 저감 효과

> ▶ **플러그인 하이브리드 자동차**
> 플러그인 HEV는 기존 HEV 대비 고전압 배터리 용량을 높여 EV(전기차) 모드의 주행 구간을 연장한 타입이다. 가정용 전기로 고전압 배터리를 충전해 사용 할 수 있으며, 주행 중 SOC가 기준치 이하가 되면 자동으로 엔진을 작동하여 기존 HEV와 같이 주행함에 따라 EV차의 배터리 용량에 따른 주행거리 부족을 극복한다.
> 일반 HEV 차량 대비 EV 모드의 주행구간 확장으로 연비와 배기가스 측면에서 매우 유리하다. 고전압 배터리 용량에 따라 1회 배터리 충전으로 약 30~60km 정도 전기차 주행이 가능하며, 그 이상 주행 시에는 기존 HEV와 동일하게 주행한다.
>
> ▶ **오토 스톱 기능의 금지조건**
> • 엔진 냉각수온이 낮은 경우(50도 이하)
> • CVT 유온(30도 이하)
> • 오토 스톱 스위치가 OFF인 상태
> • 고전압 배터리의 충전량(SOC)이 낮은 경우(18% 이하)
> • 브레이크 부압이 낮은 경우(250mmHg 이하)
> • 12V 배터리의 전압이 낮은 경우 (전기 부하가 큰 경우)
> • 가속 페달을 밟은 경우
> • 변속 레버가 'P'단 또는 'R'단인 경우
> • 관련 시스템(배터리, 모터)의 Fault가 검출된 경우
> • 급감속시(기어비 추정 로직) 금지 조건
> • ABS 동작 시
>
> ▶ **HEV 차량의 시동**
> 하이브리드 모터를 이용한 시동은 상황에 따라 2가지로 나뉘는데 하나는 변속레버의 위치가 "P" 또는 "N"단에서의 시동이고 다른 하나는 아이들 스탑 해제에 따른 하이브리드 시동이 있다.

하이브리드 자동차의 작동 로직

1 첫 시동 후 저속주행 시 (모터로만 주행, EV모드)

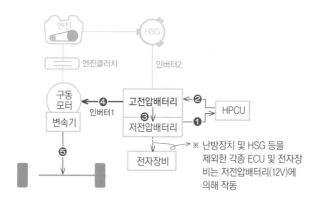

❶ 저전압배터리의 전원을 통해 HPCU 가동
❷ HPCU가 고전압배터리 제어
❸ 고전압배터리에서 저전압배터리 충전
❹ 고전압배터리에서 MCU(인버터)를 거쳐 구동모터에 전원 공급
❺ 변속기를 거쳐 바퀴에 구동력 전달

2 가속 또는 경사로 등판 시
(모터+엔진 주행, EV모드 중 엔진 시동)

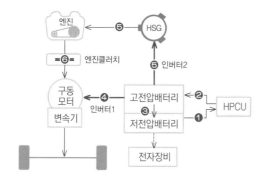

❶ ~ ❹ : 1 과정과 동일
❺ 고전압배터리 전원을 인버터를 거쳐 HSG에 공급하여 엔진 시동
  (HSG : 스타터 모터 역할)
❻ 엔진 동력이 엔진클러치-구동모터-변속기를 거쳐 구동바퀴에 전달

3 정속주행 시 (엔진으로만 주행)

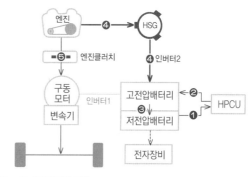

❶ ~ ❸ : 1 과정과 동일
❹ 엔진의 구동력 중 일부는 HSG을 회전시켜 고전압배터리를 충전시킨다.
  (HSG : 제너레이터 역할)
❺ 엔진은 저전압배터리에 의해 점화되어 작동이 유지되고 엔진클러치를 통해 구동바퀴에 전달

4 회생제동 -1(엔진 시동 유지 & 감속 시-엑셀레이터 페달 off)

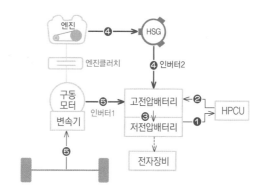

❶ ~ ❸ : 1 과정과 동일
❹ 엔진 클러치가 분리되고, 엔진 구동력으로 HSG을 회전시켜 고전압배터리를 충전시킨다. (HSG는 제너레이터 역할)
❺ 관성운전에 의해 바퀴의 구동력이 모터를 회전(역토크 발생)시켜 고전압배터리를 충전(회생제동)

5 회생제동 -2(엔진 OFF & 감속 시)

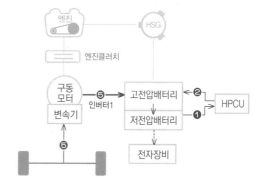

4 과정에서 HSG에 의한 충전 과정을 제거하고, 바퀴의 관성으로 회생제동

1 HPCU(Hybrid Power Control Unit)

하이브리드 자동차를 제어하는 HCU, MCU, LDC, 인버터로 구성된 통합형 전원변환 유닛이다.

2 HCU(Hybrid Control Unit)

① HCU는 엔진, 변속기(TCM), 고전압 배터리(BMS ECU), 하이브리드 모터(MCU), 저전압 직류 변환 장치(LDC) 등의 각 시스템 컨트롤 모듈과 CAN 통신으로 연결되어 있다.

→ CAN 통신라인은 하이브리드 CAN 라인과 파워트레인 CAN 라인으로 구분

② HCU의 주요 기능

차량상태, 운전자의 요구, 엔진정보, 고전압 배터리 정보 등을 기초로 엔진과 모터의 파워 및 토크 배분, 회생제동 역할을 한다.

▶ HCU의 기능

종류	설명
요구 토크 결정	• 운전자의 가속/감속 토크 계산 • 운전자의 총 요구 토크 계산
회생제동 제어	• 회생제동 요구 토크 계산 및 제어
EV/HEV 모드 결정	• 엔진 크랭크 조건 결정 • 엔진 목표 작동 상태 결정
배터리 SOC 제어	• 전기 파워 제한 • 충방전 파워 결정 • 보조시스템 파워 제한과 보정
엔진 작동 시점 결정	• 엔진 상태, 부하에 따라 엔진 목표 속도/토크 결정
공회전 / 주행 충전 제어	• 공회전 또는 주행 중 충전 제어
엔진 시동/정지 제어	• 크랭크 방식 선택, 엔진 점화결정 • 크랭킹 속도/연료 분사/엔진정지 제어
엔진 클러치 맞물림/슬립/해제 제어	• 동기화 맞물림 제어 • 엔진 브레이크 맞물림 제어 • 변속시 맞물림 해제 제어
토크 발생 제어	• 토크 증가/감소 결정
토크 협동 제어	• 일시적 상태에서 엔진 토크, 모터 엔진, HSG 토크 요구
충격 억제 제어	• 변속 보조 제어, 엔진 클러치 슬립 제어, 비틀림 억제 제어
시스템 제한 제어	• 배터리 충방전 제한 제어 • 엔진, 하이브리드 구동모터, HSG 토크 제한 제어

③ 그 외 제어 : LDC, EWP(전기식 워터펌프), VESS(가상엔진사운드 시스템), AAF(액티브 에어 플랩), AHB(액티브 유압 부스터), TPMS(타이어공기압모니터링시스템), MDPS(전자식파워스티어링), ESC(차체 자세제어장치), SRSCM(에어백 컨트롤 모듈), FATC(풀 오토 에어컨), 토크 모니터링 등

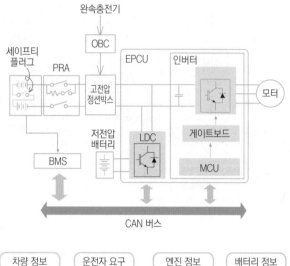

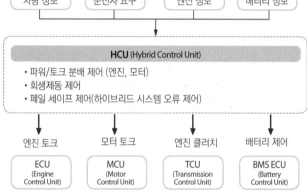

⬆ 하이브리드 자동차의 메인 제어

④ HCU의 페일 세이프(고장 또는 통신 에러 시)

• 최상위 제어기인 HCU 고장 시 TCU 단독으로 엔진 클러치를 제어하며, **TCU 고장 시 또는 엔진 클러치 솔레노이드 밸브 고장 시**에는 엔진 클러치는 차단된다.

• 따라서 엔진에 의한 주행은 불가하며 MCU가 브레이크 신호 및 현재의 모터속도에 따라 자체적으로 구동모터의 구동을 제어하여 **HEV 모터를 구동**시킨다.

→ 이때, 엔진이 정지 상태이면 재시동하여 HSG에 의한 고전압 배터리 충전을 하여 HEV 모터 구동을 위한 전원을 제공한다.

04 구동모터 및 HSG

> ▶ **고전압부 구성품**
> - 고전압 배터리
> - HPCU
> - BMS ECU
> - 인버터
> - 전동식 A/C 컴프레셔
> - 파워릴레이 어셈블리
> - HEV 구동모터
> - HSG
> - LDC

■1 인버터(MCU, 모터 컨트롤 유닛)

→ 인버터를 제어기 입장에서는 MCU(Motor Control Unit)라고 한다.

① 상위 제어기인 HCU와 전력 변환 장치인 LDC 및 인버터가 하나의 HPCU로 통합된다. 인버터는 2개의 모터(구동모터, HSG)에 고전압 교류 전력을 공급하고 주행상황에 따라 HCU와 통신하여 모터를 최적으로 제어한다. 그리고 고전압 배터리의 직류 전력을 모터 작동에 필요한 3상 교류 전력으로 바꾸어 모터에 공급한다.

② HCU의 토크명령을 받아 모터의 제어와 감속 및 제동시에 모터는 발전기 역할을 하며 배터리 충전을 위한 에너지 회생(3상 교류를 고전압 직류로 변경) 기능을 한다.

③ 기타 기능 : **열관리, 역회전 방지, 모터 온도보정**

④ 내부에 **대용량 커패시터**를 장착하여 배터리 전압이 불안정할 때 출력을 보조하는 역할을 한다.

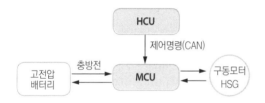

■2 HEV 구동모터 (교류전동기-동기식)

① 차량 출발 또는 저속과 정속 구간에서 모터로만 차량을 운행하는 전기자동차 모드(EV 모드)에서 구동 출력을 발생시키는 역할을 하며, 하이브리드 모드(HEV 모드)에서는 엔진 출력을 보조하는 역할을 수행한다. 333페이지 참조

② 작동원리 : 3상 Y결선 방식의 모터 방식으로 DC 360~380V를 인버터를 통해 변환하여 U, V, W상에 120° 위상을 갖는 교류 전류를 공급하여 자력에 따라 로터가 회전한다. 회전수와 토크를 제어하기 위해 인버터를 이용한다.

→ 구동모터는 영구자석 동기 전동기(PMSM)를 사용하며, 3상 AC 전류가 고정자(스테이터) 코일에 인가되면 회전자계를 발생되어 로터부의 영구자석을 끌어당겨 전자기 유도를 통해 회전력(토크)을 발생시킨다.

③ 고정자와 회전자의 속도가 일치하여 응답성이 좋다.(슬립이 없음) 또한 출력밀도, 역률이 우수함

(1) 모터의 구성품

① 로터(회전자) : PMSM 타입으로, 플라이휠에 연결되어 있다. 회전자계가 형성되며, 회전토크가 발생한다. **로터는 댐퍼플레이트에 연결되어 변속기 입력축에 회전토크를 전달**

→ PMSM : Permanent Magnet Synchronous Motor, 고출력 및 고회전력을 제공하기 위한 네오듐계 자석을 이용하므로 자력에 영향을 받을 수 있는 전기장비에 대한 취급에 유의해야 한다.

→ 네오듐계 자석 : 페라이트 자석보다 가볍지만 자력이 5~10배 이상으로 60℃ 이상에서 감자(자속이 감소)하므로 온도 제어가 필요함

② 스테이터(고정자) : 3상(U, V, W)에 전류를 공급하기 위한 계자 코일이 감겨있으며, 각 상에 인가되는 전류에 의해 회전자계를 발생시킨다.

③ 댐퍼플레이트 : 모터 회전자(로터)와 변속기(CVT) 사이에 장착되며, 변속기 입력축이 연결되는 스플라인 기어가 가공되어 있다. **모터의 회전자가 회전시 발생하는 충격을 흡수해주는 장치 (수동변속기의 클러치판과 유사)**

④ 스파이더 : 모터 회전자이며, 로터가 내부에 삽입되어 있다.

⑤ **온도센서(NTC 타입)** : 모터 과열로 인해 변형 및 성능 저하를 방지하기 위해 약 180℃ 이상일 때 모터의 출력을 제한한다.

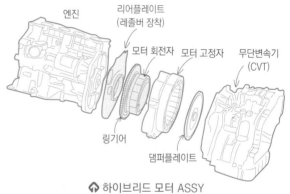

⬆ 하이브리드 모터 ASSY

에어갭(공극) :
0.5~1.0mm 이내의 간극 유지

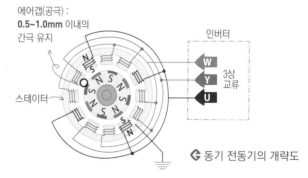

⬅ 동기 전동기의 개략도

⬅ 모터의 작동원리,
유도전동기, 동기전동기,
하이브리드 모터 구조

3 HSG (Hybrid Starter-Generator) – (동기식 교류전동기)

① 크랭크축 풀리와 구동 벨트로 연결되어 엔진을 시동한다.

② **HSG 고장 시 HEV 모터로 엔진을 시동**한다.

③ 고전압(3상, 270V)에 의해 구동

④ HSG는 냉각수에 의해 냉각

⑤ 엔진 시동 원리 : EV모드로 주행 중 HEV로 전환할 때 HCU
  는 HSG를 구동하여 엔진 속도를 변속기 입력축 속도까지 높
  여주고, 엔진과 변속기 속도가 비슷해지면 HCU는 TCU로 엔
  진 클러치 작동 신호를 보낸다.

  → EV 모드로 주행 중 HEV 모드로 변환하여 엔진에 시동을 걸 때 엔진
    과 HEV 모터(변속기)를 충격없이 연결시켜준다.

⑥ HSG 기능 : 시동 제어, 발전 제어, 소프트 랜딩 제어, 엔진
  속도 제어

기능	설명
시동 제어	EV모드에서 HEV모드 전환할 때 엔진을 시동
발전 제어	고전압 배터리 잔존용량(SOC) 기준 이하로 저하될 경우 엔진을 강제로 시동시켜 HSG를 통해 발전시킴 → SOC : State of Charge, 배터리 충전상태, 잔존용량
소프트 랜딩 제어	시동 OFF 시 엔진 진동을 최소화하기 위해 HSG에 부하를 걸어 엔진 회전수를 제어
엔진속도 제어	엔진 시동 후 엔진과 모터의 부드러운 연결을 위해 엔진 회전 속도를 빠르게 올려 엔진 속도를 HEV 모터 속도와 동기화한 후 클러치를 연결하여 충격 및 진동을 줄여준다.

4 레졸버(resolver, 모터위치센서) – 내연기관의 CMP 역할

① 모터를 가장 큰 토크로 제어하기 위해 **모터 회전자와 고정자
  의 절대위치를 정확하게 검출**할 필요가 있다. 즉, MCU는 레
  졸버의 **회전자의 위치 및 속도 정보(아날로그 신호)를 통해 모
  터를 최적으로 제어할 수 있도록 한다.

② 레졸버는 **리어 플레이트에 장착**되며, 모터의 회전자와 연결
  된 레졸버 회전자와 하우징과 연결된 레졸버 고정자로 구성
  되어 엔진의 CMP(캠포지션) 센서처럼 **모터 내부의 회전자 위
  치를 파악**한다.

  → 기능 : 전동기 로터의 절대위치(각도) 및 변위속도를 검출하여 MCU
    (전동기 제어기)에 피드백하여 모터의 토크를 제어한다.

③ 구동모터용, HSG용 레졸버 2가지가 있다.

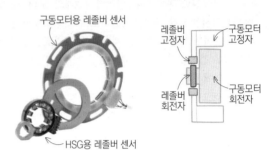

구동모터용 레졸버 센서 / 레졸버 고정자 / 구동모터 고정자 / 레졸버 회전자 / 구동모터 회전자 / HSG용 레졸버 센서

④ 스테이터(고정자), 로터(회전자), 회전트랜스로 구성

  → 스테이터는 모터의 하우징에, 로터는 모터 회전자에 장착되어 레졸
    버 위치각과 모터의 위치각이 1:1 대응이 가능한 구조

⑤ 레졸버의 보정(calibration) : 엔진에 모터가 조립된 상태에서
  공차에 의해 발생되는 오프셋값을 인버터에 저장하는 과정
  을 말하며 **엔진, 인버터(MCU), 구동모터, HSG 교체/제거/재
  장착**할 때마다 진단장비를 이용한 보정이 필수적이다.

  → 부품 조립과정에서 발생되는 기계공차에 의해 레졸버의 위치정보
    오차를 보정한다.

5 구동모터 및 HSG용 온도 센서

모터의 성능변화에 가장 큰 영향을 주는 요소는 모터 온도이다.
모터 온도가 규정치 이상으로 올라가면 영구자석의 성능저하가
발생하므로 이를 방지하기 위해 온도센서를 장착하여 온도에 따
른 토크 보상 및 모터 속도를 제어한다.

→ 모터가 과열된 경우, 모터의 IPM(매입형 영구자석) 및 스테이터 코일이 변
  형되거나 그 성능에 영향을 미칠 수 있어 온도에 따라 모터 토크를 제어하
  기 위해 모터에 내장된다.

05 고전압 배터리 시스템

1 고전압 배터리 시스템 개요

① BMS ECU, 파워 릴레이 어셈블리(PRA) 안전 플러그, 배터리 온도 센서, 배터리 외기온도로 구성되어 있으며, 고전압 배터리의 SOC(State Of Charge), 출력, 고장 진단, 배터리 셀 밸런싱, 시스템 냉각, 전원 공급 및 차단을 제어한다.

② 파워 릴레이 어셈블리는 메인 릴레이, 프리차지 릴레이, 프리차지 레지스터, 배터리 전류 센서로 구성되어 있으며, 버스바(Busbar)를 통해서 배터리 팩과 연결되어 있다.

③ 주요 제어

배터리 충전 (SOC) 제어	전압/전류/온도 측정을 통해 SOC를 계산하여 적정 SOC 영역으로 제어함
배터리 출력 제어	시스템 상태에 따른 입/출력 에너지 값을 산출하여 배터리 보호, 가용 파워 예측, 과충전/과방전 방지, 충/방전 에너지를 극대화함
파워 릴레이 제어	• IG ON/OFF 시, 고전압 배터리와 관련 시스템으로의 전원 공급 및 차단 • 고전압 시스템 고장으로 인한 안전사고 방지
냉각제어	쿨링 팬 제어를 통한 최적의 배터리 큼작 온도 유지(배터리 최대 온도 및 모듈 간 온도 편차량에 따라 팬 속도를 가변 제어함)
고장 진단	• 시스템 고장 진단, 데이터 모니터링 및 소프트웨어 관리 • 페일-세이프(Fail-Safe) 레벨을 분류하여 출력 제한치 규정 • 릴레이 제어를 통하여 관련 시스템 제어 이상 및 열화에 의한 배터리 관련 안전 사고 방지

2 배터리 상태 표시

① SOC(State Of Charge, 충전상태) : 배터리 충전율, 배터리의 사용 가능한 에너지 (↔ DOD) (SOC 100% – 완전충전, 0% – 완전방전)

$$SOC = \frac{현재\ 용량}{현재\ 배터리\ 최대\ 용량} \times 100\%$$

② SOH(State of Health) : 건전성, 노화상태, 건강상태

$$SOH = \frac{현재\ 배터리\ 최대\ 용량}{초기\ 용량(설계\ 용량)} \times 100\%$$

③ DOD(Depth of Discharge, 방전수준, 방전깊이) : 배터리의 방전 상태를 백분율로 표시 (DOD 100% – 완전방전, 0% – 완전충전)

DOD = 100 − SOC(%)

④ SOF(State of Function, 기능 작동상태)

⑤ SOP(State of Power, 출력 상태) : 일정 시간동안의 배터리 최대 출력

3 고전압 배터리

① 배터리의 구성요소

양극	• 방전 시 리튬이온이 전자를 받아 환원 • 재료 : $LiCoO_2$, $LiMn_2O_4$, $LiNiO_2$
음극	• 방전 시 리튬이온이 전자를 받아 산화 • 재료 : 리튬금속합금탄소, 흑연화탄소
전해액	양극, 음극의 전기화학 반응을 원활하게 하도록 리튬이온 이동을 일어나게 하는 매개체 젤 타입의 고분자(폴리머) 전해질
분리막	양극, 음극의 전기적 단락 방지
배터리 형태	종류 : 각형, 원통형, 파우치형(주머니형)

▶ **알아두기) 배터리 형태에 따른 특성**

각형	• AI캔으로 둘러싸여 외부충격에 강하고 내구성이 뛰어남 • 에너지 밀도가 낮고, 배터리 소재를 말린 형태로 AI 각형으로 주입되므로 내부공간활용이 떨어지고 무거움
원통형	• 일반건전지 형태로, 가격이 저렴하고 부피당 에너지밀도가 높으나 배터리 시스템 구축 시 고비용
파우치형	• 소재를 층층이 쌓아올려 부드러운 필름으로 포장하여 얇아 형태가 자유롭고, 내부 공간 활용이 커 에너지밀도가 높다. • 사용빈도가 높으나 케이스가 약해 외부충격에 약함

② 배터리의 기본 구조 : 셀 → 모듈 → 배터리 팩

배터리 셀	리튬이온 배터리의 기본단위로, 양극, 음극, 분리막, 전해액을 사각형의 AI 케이스에 넣어 만듦
배터리 모듈	배터리 셀을 외부충격, 열, 진동 등으로부터 보호하기 위해 일정한 갯수로 묶어 프레임에 넣은 배터리 어셈블리
배터리 팩	배터리 시스템의 최종 형태로, BMS·냉각시스템 등 제어 및 보호 시스템과 함께 장착

③ 리튬이온 폴리머 배터리로 셀당 약 3.75V로 차량에 따라 72개, 96개 등으로 구성하여 DC 270, 360V의 배터리 모듈을 이루어 패키지로 장착된다.

4 BMS (Battery Management System)

① 각 셀의 전압, 전체 충·방전 전류량 및 온도의 입력값을 바탕으로 계산된 SOC를 HCU에 보내 고전압 배터리를 제어하며, 셀의 충전상태 균일화 및 냉각/가열, 경고/고장진단 기능을 한다.

② BMS의 주요 제어 요소 : 총 전압, 총 전류, 각 셀의 전압, 셀 온도 및 배터리 외부 온도, 임피던스 등

(1) 주요 기능

셀 밸런싱	과충전 및 과방전 방지를 위해 셀 간의 전압을 균일하게 제어하여 배터리 효율 및 수명 상승
SOC 제어 (배터리 충전율)	배터리 전압, 전류, 온도를 검출하여 적정 SOC 영역(약 50% 내외)으로 제어
파워 제한	배터리 과충전/과방전 방지, 가용파워 예측
냉각 제어	쿨링 팬 제어를 통한 최적의 배터리 동작 온도 유지 (배터리 최대 온도 및 모듈 간 온도 편차량에 따라 팬 속도를 가변 제어)
고전압 릴레이 제어	고전압 배터리와 전력변환장치 전원공급/차단, 고전압계 고장시 전원 공급/차단
고장 진단	과전압, 과전류, 과온검출, 세이프에 의한 출력 제한 및 보호

▶ **셀 밸런싱**(Cell Balancing)
• 직렬로 연결된 각 셀의 전압을 동일하게 하는 것으로, 셀 밸런싱은 **충전 중에만 적용**된다.
• 셀 밸런싱 방식
 – Passive 방식 : 셀 전압을 낮추기 위해 저항으로 셀의 충전 에너지를 소비시키는 방식
 – Active 방식 : 높은 전압의 셀의 충전 에너지를 낮은 전압의 셀로 이동시키는 방식

▶ 적정 셀 편차 : 30~40mV (0.03~0.04V) 이하일 때 정상
　　　　　　　(또는 최소/최대 셀 SOC 편차가 3% 이하일 때 정상)

▶ SOC 20% 이하일 때 셀밸런싱은 중단됨

▶ SOC 수준에 따른 현상
• 10~15% : 모터 토크 제한(가속 지연)
• 5~10% : EV 모드 제한, FATC 제한, LDC 제한
• 0~5% : 시동 불가

(2) 차량 주행상태에 따른 배터리 제어

① 충전 모드 : 일반 주행 중 SOC가 낮을 경우 HCU는 충전모드로 변환하여 모터의 전기에너지를 고전압 배터리로 충전

→ 회수할 전기량은 HCU에서 **결정**하여, MCU로 CAN 라인을 통해 명령을 주고, MCU는 모터를 충전 모드로 제어하여 회수된 전기 에너지를 DC로 변환시켜 고전압 배터리로 보내준다.

② **회생제동 모드** : 주행 중 감속 또는 브레이크에 의한 제동 발생 시점에서 모터를 충전 모드로 제어하여 전기에너지를 회수

→ 회수의 의미 : 일반 차량은 브레이크를 사용함으로 제동에너지가 열로 방출되지만, HEV 차량은 제동에너지 일부를 전기에너지로 회수한다.

(3) 배터리 냉각 제어

① 엔진용 냉각 팬 외에 별도의 냉각팬을 설치하여 고전압 배터리와 MCU의 동시 냉각이 이루어지는 통합 냉각 방식이다.

② 메인 커넥터, 쿨링 팬 릴레이, 냉각팬모터(BLDC 모터)로 구성되어 있으며 고전압 배터리의 온도 및 차속에 따라 BMS ECU의 PWM 신호(듀티 제어)에 의해 파워 TR를 이용해 냉각 팬 모터의 속도를 제어한다.

→ HCU는 차량 정지 시 또는 오토 스톱 모드 진입 시 냉각 팬 작동 중지 명령을 MCU와 BMS ECU 측으로 전송시킨다.

5 PRA (Power Relay Assembly) – 회로보호 및 고전압 안전

① 배터리 팩 어셈블리에 내장되어 고전압 배터리와 BMS ECU의 제어 신호에 의한 인버터의 고전압 전원 회로를 제어한다.

② 구성 : ⊕,⊖ 메인 릴레이, 프리차지 릴레이 & 저항, 배터리 전류 센서

③ 배터리 팩 어셈블리 내에 위치, 고전압 배터리와 BMS ECU의 제어 신호에 의한 인버터의 고전압 전원회로를 제어

(1) 메인 릴레이

① 시동키 ON 시 BMS ECU 제어 신호에 의해 고전압 배터리 전원을 MCU 측으로 공급하는 역할을 한다.

→ 시동키 ON 시 MCU는 메인 릴레이를 작동시켜 고전압 배터리 전원을 MCU 내부에 설치된 인버터로 공급하여 모터를 이용한 엔진 시동을 준비한다.

② 고전압 ⊕,⊖ 라인을 제어해주는 2개의 메인 릴레이 구성되어 있다.

③ 고전압 조인트 박스와 고전압 배터리팩 간의 고전압 전원, 고전압 접지 라인을 연결시켜주는 역할을 한다.

④ 고전압 시스템 분리를 통한 감전 및 2차 사고 예방, 고전압 배터리의 기계적인 분리를 통한 암전류를 차단한다.

(2) 프리차지(Pre-charge) 릴레이 & 저항

① 초기 캐패시터 충전전류에 의한 고전압회로 보호(PRA 구동 전 서지전압에 의한 인버터 손상 방지를 위해 초기 충전 회로를 구성)
• 메인 릴레이 보호
• 타 고전압 부품 보호
• 메인 퓨즈, 버스바 & 와이어 하네스 보호

② IG ON시 MCU는 고전압 배터리 전원을 인버터로 공급하기 위해 메인 릴레이 ⊕와 메인 릴레이 ⊖를 작동시키는데, 프리차지 릴레이는 메인 릴레이 ⊕와 병렬로 회로가 구성된다.

③ MCU는 메인 릴레이 ⊕를 작동시키기 이전에 프리차지 릴레이를 먼저 동작시켜 고전압 배터리 ⊕ 전원을 인버터 측으로 인가하게 하는데, 프리차지 릴레이가 작동되면 저항을 통해 144V 고전압이 인버터 측으로 공급되기 때문에 순간적인 돌입 전류에 의한 인버터 손상을 방지할 수 있다.

④ MCU는 프리차지 릴레이 작동 직후 완만한 전압 상승이 완료되면 메인 릴레이 ⊕를 작동시켜 정상적인 구동모터에 전원 공급을 완료하고, 즉시 프리차지 릴레이를 OFF 시킨다.

> ▶ **정리) 프리차지 릴레이 및 저항의 기능**
> • **프리차지 릴레이** : 메인 릴레이 ⊕가 구동되기 전에 먼저 구동하여 고전압을 프리차지 저항을 통해 인버터로 공급하고 급격한 고전압 입력으로 인한 돌입전류를 방지한다.
> • **프리차지 저항** : 인버터 커패시터의 초기 충전 시 충전 전류 제한하여 고전압 회로를 보호
> ▶ **노트)** 메인 릴레이의 코일 저항이 프리차지 릴레이의 코일 저항값보다 작다.

(3) 릴레이 작동 순서

① IG ON 시 : **메인 릴레이 ⊖ ON → 프리차지 릴레이 ON → 캐퍼시터 충전 → 메인 릴레이 ⊕ ON → 프리차지 릴레이 OFF**

② IG OFF 시 : **메인 릴레이 ⊕ OFF → 메인 릴레이 ⊖ OFF**

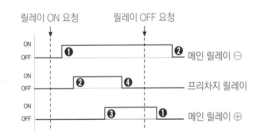

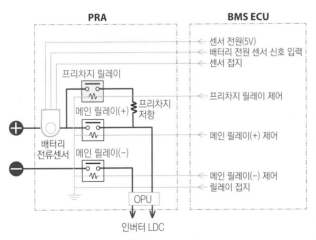

🔼 PRA 구성회로

⑥ 배터리 전류센서

파워 릴레이 어셈블리 통합형으로 장착되어 충·방전시 전류량을 측정, SOC 및 가용파워 계산에 사용된다.

→ 가용파워 : 배터리가 충방전할 수 있는 최대/최소값

⑦ 배터리 온도센서

① 고전압 배터리 팩 어셈블리 상단에 장착하여 고전압 배터리 모듈 및 보조 배터리 모듈 온도를 측정한다.

② 냉각을 위한 에어 인렛(air inlet)의 온도를 측정하여 BMS ECU에 전송한다.

06 전력 변환장치 및 충전장치

① 전력 변환장치

① **인버터**(DC→AC) : 고전압 배터리의 직류전원을 3상 교류로 변경하여 구동모터(3상 동기모터) 구동

② **컨버터**(AC→DC) : 충전/재생모드에서 모터의 발전 기능을 통해 생성된 교류를 직류로 변환하여 배터리를 충전

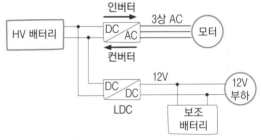

🔼 전압 변환 기본 구성회로

② 저전압 DC-DC 컨버터
(고전압 직류 변환장치, LDC, Low DC/DC Converter)

① HPCU에 포함되어 있으며, 고전압 배터리 전압(DC 370V)을 전장품 및 12V 배터리 충전에 필요한 12V DC 전압으로 변환한다.

→ 기존의 발전기를 대체하므로 엔진 부하 저감 및 연비 향상 효과

② 입력전압 : 200~310V, 출력전압 : 12.8~14.7V, 수냉식, 정격파워 : 1.5kW

❸ 충전장치

(1) 완속 충전과 급속 충전

외부 전원(220V 또는 380V)을 이용해 충전

완속 충전	• 급속 충전보다 장시간 필요하지만, 급속 충전보다 **충전 효율이 높아 배터리 용량의 90%까지 충전** → 충전 경로 : 전원(AC 220V) – 완속충전기(OBC) – 고전압 정션블록 – 고전압배터리
급속 충전	• 급속 충전기를 이용하여 단기간 빠르게 충전하는 방법이다. • 충전 효율은 배터리 용량의 **80%**까지 충전 → 충전 경로 : 전원(DC 380V) – 고전압 정션블록 – 고전압배터리

→ 충전기에 대한 설명은 전기자동차 섹션을 참고할 것

(2) 완속충전기(OBC, On Board Charger) –인버터 내에 장착

① 외부로부터 AC 전원을 이용하여 DC로 변환한 후 배터리를 완속 충전하는 장치이다.

② 주요 제어 기능

분류	항목	내용
제어 성능	입력전류 Power Factor 제어	• AC 전원 규격 만족을 위한 Power Factor 제어 • 예약/충전 공조시 타 시스템 제어기와 협조제어 • DC link 전압 제어
보호 기능	최대 출력 제한	• OBC 최대 용량 초과시 출력 제한 (EVSE, ICCB 용량에 따라 출력 전력 제한) • OBC 제한 온도 초과시 출력 제한 (온도 변화에 따른 출력 전력 제한)
	고장 검출	• OBC, EVSE, ICCB 관련 고장 검출

→ 참고) EVSE(Electric Vehicle Supply Equipment)
EV/HEV 차량의 충전 및 차량의 현재 상태 등을 원격으로 감지하여 운전자의 스마트 미디어 기기에 실시간으로 알려준다.

▶ ICCB(In Cable Control Box, 완속 충전케이블)
충전소/충전기가 없을 경우 비상 시 가정용 전원으로 EV/PHEV 충전 시 필요한 안전성 확보를 위한 휴대용 충전기 제어장치로, 완속 충전 시 차량 내의 충전기(OBC)를 거쳐 고전압 배터리를 충전한다.

---

❶ 안전 플러그(Safety plug)

① 하이브리드 점검·정비 시 고전압부 장치에 고전압 배터리 전원을 기계적으로 차단시킬 수 있는 전원 분리 장치로, **메인 퓨즈를 포함**하고 있다.

→ 메인 퓨즈 : 고전압 회로를 보호하기 위한 과전류 방지용

② 고전압 배터리 후면에 위치하며, **인터록 형식의 주황색**이다.

→ 인터록 : 안전플러그 탈거시 기계적 접점이 해제되어 아크가 발생하는 것을 사전에 차단하여 배터리 및 시스템의 소손발생을 방지

③ 안전플러그가 차단되면 엔진·구동모터 모두 작동이 중지된다.

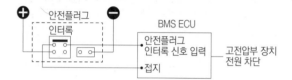

❷ 엔진 클러치

① 엔진(토션댐퍼)과 HEV 모터 사이 위치하며, 유압에 의해 작동된다.

② HEV 주행시 엔진 동력과 HEV 모터로 연결하여 모터 구동에서 엔진 구동으로 전환할 때 정지 상태의 엔진을 작동 중인 HEV 모터와 충격없이 연결시키는 역할을 한다.

③ 작동원리 : 모터 구동에서 엔진 구동 전환 시 HCU는 HSG(시동 모터)로 시동 → 엔진의 회전 속도를 변속기 입력축 속도까지 증가 → 엔진과 변속기의 속도 차가 거의 없으면 HCU는 엔진클러치 연결에 필요한 목표 유압을 TCU로 명령한다.

→ 목표 유압은 차량 토크와 변속기 오일 온도를 고려하여 설정하여 TCU는 변속기 밸브보디 내 엔진클러치 솔레노이드를 제어한다.

④ 클러치 압력 센서 : 엔진 구동력을 변속기에 기계적 연결/차단 시 오일 압력을 감지하여, HCU는 이 신호를 통해 EV모드/HEV 모드를 인식한다.

⑤ 엔진 클러치 검사

압력 검사	• 주행 상태 및 HEV 상태에서 진단 장비를 이용하여 클러치 압력을 검사하는 것이다. • 자기 진단 장비를 연결하고, 점화 스위치 ON 상태(ready 상태)에서 강제 구동시켜 엔진 클러치 유압의 상승 여부를 확인
유압 보정	• 엔진, 하이브리드 구동모터, HCU, CPS를 장착한 후에는 반드시 클러치 압력 센서 보정을 실시 • 클러치 유압 보정 조건 -점화 스위치 ON 상태, P 단 -오일 온도 : 20~110℃, SOC : 20~90% -DTC 고장진단 코드가 없는지 확인 -APS, 브레이크를 조작하지 않아야 함

3 AAF(Active Air Flap, 공기 유동 제어기)

① 앞 범퍼 그릴과 라디에이터 사이에 개폐 가능한 플랩(Flap)을 장착하여 차량 상태에 따라 플랩을 제어하여 엔진룸 내부로 흐르는 공기량을 제어한다.

② 역할 : 주행 중에는 플랩을 닫아 공기저항을 감소시키고, 엔진룸 내의 온도가 상승하면 플랩을 개방하여 **온도를 낮춘다.**

③ 장착 목적 : **연비 향상, 공력 성능 향상, 엔진 워밍업 향상 및 배기가스 감소 효과**

4 AHB(Active Hydraulic Booster, 능동 유압 부스터)
– 기존 차량의 진공 부스터 대용

① 필요성 : EV 모드에서는 엔진이 정지되므로 내연기관의 진공(부압)을 이용할 수 없으므로 진공 배력식 브레이크를 사용할 수 없다. 이에 대한 대책으로 자체적으로 제동에 필요한 유압을 생성하여 필요한 제동력을 확보한다. 또한, AHB는 솔레노이드밸브 제어로 유압정밀 제어가 가능하여 회생제동 협조제어에 사용한다.

→ 작동 원리 : **제동 시 유압 브레이크에 의한 제동과 전기모터에 의한 회생제동이 동시에 진행된다. (총 제동량 = 유압 브레이크량 + 회생제동량)** 모터-펌프로 고압 어큐뮬레이터(HPA)에 압력을 충진하고, 충진된 압력을 이용하여 제동에 필요한 유압(부스터 챔버 압력, BCP)을 생성한다. 브레이크 페달을 밟으면 페달 센서에 의해 페달 깊이 위치를 감지하여 HCU(Hydraulic Power Unit)와 AHB로 전송되며, AHB는 항상 약 150bar정도로 증압을 하고, 페달센서의 신호에 의해 AHB 내부 밸브를 작동하여 마스터 실린더로 증압된 유압을 공급한다.

② 진공 배력식 브레이크에 익숙한 운전자에게 기존의 브레이크 페달 느낌을 주기 위해 **페달 시뮬레이터**가 적용된다.

③ AHB도 유압을 이용하므로 정비 시 공기빼기 작업을 해야 한다.

→ 시동키 ON 상태에서 브레이크 페달을 밟으면서 HPU 및 BAU의 공기빼기를 실행한다.

▶ AHB의 보충 설명 – AHB의 구성요소

• BAU(Brake actuation unit) : 페달 부분과 페달 시뮬레이터 두 부분으로 나눈다. 운전자가 제동 페달을 밟았을 때, 페달 센서로 운전자의 제동 의지를 측정하여 ECU로 전달하고, 페달 시뮬레이터는 내연기관 자동차의 제동 페달과 유사한 답력을 생성한다.

• HPU(Hydraulic power unit) : 모터-펌프로 고압 어큐뮬레이터(HPA)에 압력을 충진하고, 충진된 압력을 이용하여 제동에 필요한 유압(부스터 챔버 압력, BCP)을 생성한다. BCP는 마스터 실린더와 ESC 시스템을 거쳐 각 휠로 전달되어 운전자 요구 제동력을 만든다.

• ESC(Electronic Stability Control) 시스템 : 각 휠의 솔레노이드 밸브를 제어하여 ABS, ESC 기능을 수행한다.

5 전동식 A/C 컴프레서– 기존 차량의 에어컨 컴프레셔 대용

① 필요성 : EV 모드에서는 엔진이 꺼지므로 에어컨 컴프레셔가 작동하지 못하므로 에어컨을 사용할 수 없다. 이에 대한 대책으로 전동식 컴프레셔를 구동시켜 에어컨 사용을 가능케 한다.

→ 기존 A/C 컴프레셔는 엔진 크랭크축 풀리에 의해 구동되므로

② 에어컨 스위치를 누르면 FATC(Full Automatic Temperature Control)는 HCU로 작동 허가를 요청하고, HCU는 작동 여부 및 사용 가능한 고전압 파워를 FATC로 전송한다. FATC는 사용 가능한 고전압 파워 범위 내에서 전동식 컴프레셔를 제어한다.

6 브레이크 부스트 압력센서

(BBPS : Brake Booster Pressure Sensor)

브레이크 부스트 압력을 측정하여 HCU에 전달하는 역할을 한다. HCU는 이 신호를 이용하여, 브레이크 부압을 모니터링하며, 부압이 부족할 경우 ECM에 전송하여 부스트 부압을 추가 생성할 수 있도록 한다.

7 브레이크 스위치

① HCU 및 브레이크 램프와 연결되어 있으며, HCU는 브레이크 스위치 입력신호를 이용하여 **오토 스탑 등** 제어에 이용한다.

② 브레이크 페달 상단부에 장착되어 있으며, 브레이크 페달과 연동되어 페달 상태를 감지한다.

8 하이브리드 클러스터의 점멸 조건

항목	설명
MIL 램프	• 엔진 제어 시스템(EMS) 오류 • 관련 모듈 : ECM, TCM, OPU, HCU, MCU, BMS, AAF
서비스 램프	• 하이브리드 관련 시스템 오류 • 관련 모듈 : HCU, MCU, BMS, LDC, OPU
READY 램프	• IGN S/W START 후 　- 램프 ON : 하이브리드 정상 주행 가능 　- 램프 OFF : 하이브리드 정상 주행 불가 • 주행 중 　- 램프 ON : 하이브리드 정상 주행 가능 　- 램프 점멸 : 시스템 이상으로 인한 제한적 모드로 주행 　- 램프 OFF : 하이브리드 정상 주행 불가 • 관련 모듈 : HCU
EV 모드 램프	• 램프 ON : EV 모드 주행 중(전기 모터만 구동) • 램프 OFF : HEV 모드(엔진 구동) • 관련 모듈 : HCU

→ 즉, 내연기관 차량과 달리 EV/HEV 차량은 지시등이 ON상태일때 정상 작동상태이다.

하이브리드 냉각장치는 냉각수를 이용한 수냉식으로 고전압부 교환시 냉각수를 **빼야**하며, 냉각수 주입 후 공기**빼기**를 실시한다.

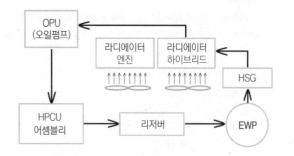

1 전동식 워터펌프(EWP, Electric Water Pump)

① 엔진 냉각을 위한 기계식 워터펌프 외에 추가적으로 **구동 모터 및 HSG 냉각용** 전동식 워터펌프가 별도로 장착된다.

② 냉각수 온도가 한계점(MCU에 설정됨) 이상으로 상승하면 MCU는 CAN 통신을 통해 EWP에 동작신호를 보냄

→ 엔진 냉각 라인과 공용으로 사용하지 않는 이유 : 내연기관의 냉각 온도 구간과 고전력 반도체 부품의 냉각 온도 구간이 서로 다르기 때문

→ 부동액은 일반 내연기관용과 동일하게 적용

2 전동식 오일펌프(OPU, Oil Pump Unit)

주행 전 자동변속기에 필요한 유압을 미리 공급하는 장치로, 엔진 회전과는 무관하다.

→ OPU의 필요성 : 내연기관 자동변속기의 오일펌프는 토크 컨버터 뒤에 연결된 기계식 오일펌프가 항상 작동하면서 유압을 발생시키지만, HEV 자동변속기의 경우 정차 상태나 오토스탑 기능에 의해 엔진 구동력이 전달되지 못하므로 기계식 오일펌프가 구동 할 수 없다. 또한, 저속 구간에서도 충분한 오일압력을 형성할 수 없으므로 충분한 유압을 생성시킬 수 있는 별도의 전동식 오일펌프가 필요하다.

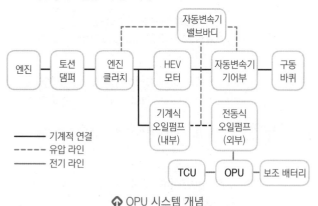

⬆ OPU 시스템 개념

1 모터 제어

하이브리드 모터나 전기차 모터는 주로 영구자석 동기 전동기(PMSM)를 사용하며, 3상 교류전원을 사용하며, **전압의 크기와 주파수를 변화(조정)**시키는 **PWM 제어**를 통해 모터의 토크와 속도를 조절한다.

PMSM 방식은 단순한 ON/OFF 제어가 아니라 사인파 파형에 가깝게 출력되기 위해 펄스 폭을 변화시킨다.

2 LDC(저전압 직류 변환 장치) 제어

① 보조 배터리(12V) 충전을 위해 기존의 발전기 대신 저전압 직류 변환 장치(LDC)를 장착하고 있으며, 이 장치를 통하여 고전압 배터리 전원을 저전압(12V)으로 변환하여 보조 배터리를 충전한다.

→ 오토 스탑 모드에서도 보조 배터리 충전이 가능하며, 알터네이터보다 효율이 높아 연비 효율을 높일 수 있다.

② LDC 제어 : ON/OFF 제어, 발전 제어, 출력전압 제어

ON/OFF 제어	• 전장 전원 공급 • 차량 시동 전 OFF • 차량 운행 구간 ON
발전 제어	• 고전압 배터리 방전 방지 • 보조 전장부하 추정 • 하이브리드 모터 상태에 따른 발전 명령 생성
출력 전압 제어	• 보조 배터리 충전 전압 관리 • 운전 상태에 따라 출력 전압 제어 • 가속 상태 : 출력 전압 하강 (12.8V) • 감속 상태 : 출력 전압 회복 (13.9V)

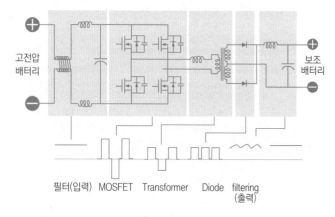

⬆ LDC 구성회로

PWM 제어 기초 이해

PAM 제어

→ PAM(Pulse Amplitude Modulation, 진폭 변조)

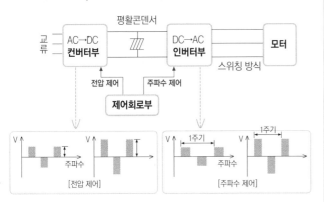

PAM 제어방식은 컨버터 부에서 전압을 제어하고, 인버터 부에서 주파수를 제어한다.

PWM 제어

→ PWM(Pulse Width Modulation, 펄스폭 변조)

주요 차이점

① PAM 제어는 컨버터부, 인버터부에서 각각 전압과 주파수를 제어하지만, 하이브리드 차량의 구동부에는 컨버터부가 없이 전압배터리의 직류 전류가 모터로 흐르기 때문에 **인버터부에서 전압(펄스 폭)과 주파수를 동시에 제어**하는 PWM 제어를 사용한다.

② PAM 제어는 전압 높이(펄스 높이)를 조정하지만, PWM 제어는 **전압 폭(펄스 폭)**을 조정한다.

• PWM 방식은 회전수를 변화시켜도 고전압배터리 전압을 그대로 받으며, 인버터부에서 ⊕, ⊖극을 만든다.
• 장점 : 안정성, 응답성, 정밀도, 역률 등이 우수하고, 일부 저차(왜곡된 파형) 고조파 성분의 제거가 용이하므로 일반적으로 이용되고 있다.
• 단점 : 제어가 복잡

참고) 전압 제어와 주파수 제어를 동시에 하는 이유

모터 회전수를 낮출 때 인버터에서 주파수만 변화시키면 회전수가 줄어든 만큼 전압이 동시에 줄여야 한다. 만약 전압이 동일하게 입력되면 모터가 손상된다. 그러므로 컨버터에서 전압을 함께 제어하여 손상을 방지시킨다.

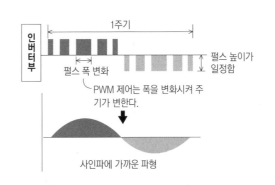

사인파에 가까운 파형

이해 전압 제어 원리 (스위치의 ON/OFF 시간을 통해 평균전압 제어)

스위치를 1초 동안 ON하면 100V의 전압이 모터에 인가된다.

스위치를 1초 동안 OFF하면 0V의 전압이 모터에 인가

※ 모터에 인가된 평균전압은 50V가 된다.

스위치를 1.5초 동안 ON하면 100V 전압이 모터에 인가

스위치를 0.5초 동안 OFF하면 0V 전압이 모터에 인가

※ 모터에 인가된 평균전압은 75V가 된다.

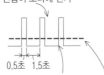

스위치를 0.5초 동안 ON하면 100V 전압이 모터에 인가

스위치를 1.5초 동안 OFF하면 0V 전압이 모터에 인가

※ 모터에 인가된 평균전압은 25V가 된다.

❸ 하이브리드 모터 시동 제어

① 초기 시동 또는 오토 스탑 이후 시동 시 하이브리드 모터로 엔진이 시동되며, 금지 조건에서는 엔진에 장착된 스타터 모터를 통하여 시동된다. 하이브리드 모터 시동 시, 엔진 공회전 속도는 ECM에 설정된 속도보다 높으며, 장시간 오토 스탑 후 시동 시에는 변속기 유압 발생을 위하여 공회전 속도가 상승된다.

② 하이브리드 모터 시동 금지 조건
- 고전압 배터리/모터 방전 제한값이 엔진 시동 토크보다 작을 경우
- 고전압 배터리 충전율이 18% 이하인 경우
- 엔진 냉각 수온이 -10도 이하인 경우
- 고전압 배터리 온도가 약 -10도 이하이거나 약 45도 이상의 경우
- MCU Inverter 온도가 94도 이상인 경우
- ECM, MCU, BMS, HCU 고장인 경우

❹ 오토 스탑(Auto Stop) 제어

① 차량 정차 시 연료소비와 배출가스를 저감시키기 위해 엔진을 자동으로 정지시키고, 해제되면 하이브리드 모터를 통해 엔진을 재시동시키는 기능이다.

② 동작 조건 / 금지 조건 / 해제 조건

동작 조건 (엔진 정지)	• 9km/h 이상의 속도에서 브레이크 페달을 밟은 상태로 차속이 4km/h에 도달 시 • 정차 상태에서 3회까지 재진입 가능 • 외기온이 일정 온도 이상시 재진입 금지
금지 조건	• 오토 스탑 스위치 OFF 상태 시 • 엔진 냉각 수온 : 50℃ 이하 • 변속기 오일 온도 : 30도 이하 • 고전압 배터리 충전율 (SOC) : 18% 이하 • 브레이크 부스트 압력 : 250mmHg 이하 • 가속페달을 밟은 경우 • 변속레버가 P, R인 경우 • 고전압배터리시스템 또는 하이브리드 모터 시스템 고장인 경우 • 급감속 및 ABS 작동 시
해제 조건 (엔진 재시동)	• 금지 조건 발생 시 • D, N 또는 E 단에서 브레이크 페달 해제 시 → N 단에서 브레이크 페달을 해제한 경우 오토 스탑 유지 • 차속 발생 시

▶ 기타)
- 초기 시동 시 오토스탑 기능은 ON 상태이다.
- 오토 스탑 모드 진입 후 공조장치는 일정 시간 유지 후 정지된다.

❺ 밀림 방지 제어 시스템

① 구성 : HCU, 브레이크 스위치, ABS, 경사각 센서

② 경사로에서 오토 스탑 후 해제 시, 엔진이 재시동되어 creep 토크가 발생하기 전까지 차량이 밀리는 현상을 최소화하기 위해 경사도에 따라 밀림 방지를 제어

→ creep 토크 : 가속페달을 밟지 않아도 천천히 앞으로 전진하는 토크력

③ 동작 : 차량이 일정 경사각 이상인 경우 동작하며, 브레이크 페달을 밟았을 때부터 동작하기 시작하여 브레이크 페달을 뗀 후에도 경사도에 따라 일정 시간 동안 제동 장치를 동작시킨 후 동작이 해제된다.

④ 급경사에서는 오토스탑 모드 진입이 되지 않도록 제어한다.

⑤ 동작 조건 / 해제 조건

동작 조건	다음 조건 모두 만족 시, 밀림방지장치 작동 시작 • 차량 정지 상태 • 인히비터 스위치 D/E/R/L 단 • 브레이크 페달 ON
해제 조건	• 브레이크 페달 OFF시 경사도에 따라 일정 시간 지연 후 밀림 방지 장치 작동 해제 • 차량 정지 1~2초 후 평지로 판단할 경우 밀림 방지 장치 작동 해제

▶ **경사각 센서**(Inclinometer)
- 밀림 방지 시스템의 주요 입력 신호로, 차량의 경사각을 측정하여 HCU에 전달하는 역할을 한다.
- 가속도 센서를 채택하며, 경사도에 따른 중력 가속도 변화를 측정하여 경사각을 측정한다. (경사도는 출력전압에 반비례한다)

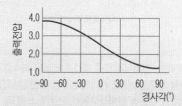

- 센서 민감도가 높아 센서 단품 오차 및 장착 오차에 따라 경사각의 오차가 발생하며, 이를 보정하기 위하여 경사각 센서를 장착하거나 센서의 보정 데이터를 저장하고 있는 HCU 교환 시 "경사각 센서 초기화" 절차를 수행해야 한다.
- 경사각센서는 재장착 및 교환 시 진단기를 이용하여 초기화한다.

❻ 기타 제어

① 하이브리드 모터 보조 제어 : 가속 시 하이브리드 모터를 통한 엔진 토크 보조

② 하이브리드 모터 회생제동 제어 : 감속 시 하이브리드 모터를 통한 고전압 배터리 충전

③ 변속비 제어 : 주행 상태에 따른 최적 변속비 제어

④ 연료-컷 및 분사 제어
  - 시동 시 연료 분사 제어
  - 고전압 배터리 충전상태 또는 변속비에 따른 연료-컷 금지 제어
  - 연료분사 금지 요구 제어
⑤ 하이브리드 모터, 고전압 배터리 및 보조 배터리 보호 로직 제어
  - 하이브리드 모터 토크 제한
  - 고전압 배터리 과충전 방지 제어
  - 보조 배터리 과방전 방지 제어 (과방전 시 오토 스탑 진입 금지)
⑥ 경제 운전 안내 기능 제어

10 하이브리드 자동차의 주요 점검

1 하이브리드 차/전기차의 점검·정비 시 사전 준비

① IG OFF하고 계기판에 "시동을 끄는 중입니다." 표시가 사라질 때까지 기다린다.
② 보조 배터리(12V)의 ⊖ 케이블 분리
③ 고전압 배터리의 안전 플러그 탈거(탈거 후 인버터 내 커패시터의 방전을 위해 5분 이상 대기)
④ 고전압 차단 : 시동이 OFF되면 메인 릴레이가 자동으로 분리되며, 2차 안전을 위해 고전압 세이프티 플러그 또는 세이프티 커넥터(인터록)를 탈거하여 고전압 배터리의 전원을 물리적으로 분리한다.
  → 고전압 세이프티 플러그 : 직렬로 연결된 배터리 셀 모듈 사이에 설치되어 물리적으로 분리
  → 세이프티 커넥터 : 부하 양단의 메인 릴레이의 연결을 물리적으로 분리할 수 있는 구조

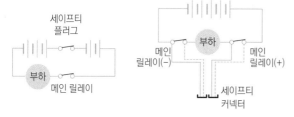

⤴ 세이프티 플러그   ⤴ 세이프티 커넥터

▶ **고전압 차단 확인**
  고전압 ⊕, ⊖ 단자의 전압을 측정하여 측정 전압이 30V이하인지 확인한다(30V 이하이면 고전압 회로가 정상 차단된 상태)
▶ **알아두기) 고전압 차단과 관련있는 장치** : 세이프티 플러그, 세이프티 커넥터, 메인 릴레이
▶ 참고) 일반적인 고전압부 절연저항 규정값 : 2MΩ 이상 (20℃)
▶ 참고) 안전 플러그의 저항값 : 1Ω 이하 (멀티미터)

2 고전압 배터리 컨트롤 시스템의 고장진단 시 검출 항목

배터리 전압·전류·온도 출력진단, 온도, SOC, 셀 밸런싱, SOH, 전류센서, 전압센서, 온도센서, 보조배터리 전압, 쿨링 팬 전압, 절연상태, 파워릴레이, 안전플러그/퓨즈, CAN통신 진단

3 HEV 모터의 검사

① 절연저항 검사(메가옴미터)
  - 흑색 프로브 – 모터 하우징 또는 차체에 연결
  - 적색 프로브 – U, V, W의 단자에 각각 측정
  - 판정 : **10MΩ 이상(또는 OL) 시 절연상태 정상**
    10MΩ 이하 시 절연 불량
② 구동모터 및 HSG 선간저항(U-V, V-W, U-W) 점검
③ HSG 레졸버 센서 및 온도 센서 저항 점검
④ **고전압 케이블의 단선/단락 검사 – 저항 측정**

	단선	단락
연결	U-U상, V-V상, W-W상 저항 측정	U-V상, V-W상, U-W상 저항 측정
정상	1Ω 이하	∞Ω (또는 10MΩ 이상)
불량	1Ω 이상	10MΩ 이하

4 메인 퓨즈 점검

단품 검사로 퓨즈 양 끝단 사이의 저항 측정(1Ω 이하)
  → 문제에서 제시하는 측정값이 다양할 수 있지만 통상 퓨즈 사이의 저항은 0Ω 이상 1Ω 이하이어야 한다.

5 고전압 메인 릴레이 점검

① 고전압 메인 릴레이(⊕,⊖)의 스위칭 저항 : ∞Ω
② PRA 고전압 메인 릴레이 분해 후 단자 간 저항 : 20~40Ω

6 고전압 배터리 점검

① 충전상태 검사 : IGN ON, 서비스 데이터의 SOC 항목을 확인하여 규정 범위(20~90%) 확인
② 전압 검사 : IGN ON, 서비스 데이터의 셀 및 팩 전압 항목을 확인하여 셀 범위 전압(2.5~4.3V) 및 팩의 전압(180~300V) 확인
③ 절연 저항 검사(메가옴 테스터) : **절연 저항계의 ⊖ 단자를 배터리 시스템 케이스(또는 접지부)에 연결하고, 절연 저항계 ⊕ 단자를 고전압 배터리 ⊕, ⊖에 각각 연결한 후 저항 측정**
  → 메가옴 테스터는 500V, 1000V용을 주로 사용한다.
④ 메인 릴레이 작동 검사 : 해당 릴레이 ON 시, 릴레이 작동음 발생 여부 확인
⑤ LDC 강제 구동 : LDC 활성화 테스트를 통해서 보조 배터리(12V)로 충전 여부 확인

7 잔존 전압 검사

① 인버터 커패시터 방전 확인을 위해 인버터 단자 간 전압을 측정

② HPCU 인버터 파워 케이블(A)을 분리

③ 인버터의 (+) 단자와 (−) 단자 사이의 전압값 측정
  - 30V 이하이면 고전압 회로 정상
  - 30V 초과하면 고전압 회로 불량

8 엔진 강제구동

① 차량의 배기가스 검사 또는 정비 목적으로 정차 중 엔진을 항시 구동상태로 유지할 필요가 있을 때 실시한다.

② 엔진 강제구동 모드에 진입하면 클러스터는 Ready 램프가 지속적으로 점멸된다.

③ 엔진강제구동 모드 진입은 60초 이내에 완료해야 한다.
  → 시간 초과시 초기화된다.

④ 강제구동 모드 해제 시 엔진 Start/Stop 버튼을 눌러 IG OFF 한다.

---

11 고전원전기장치 절연 안전성

① 전원 전기장치 간 연결배선의 피복 : 주황색

② 노출된 충전부가 없어야 한다.

③ 극성이 바뀔 수 있는 구조일 경우, 각각 다른 색상의 단자/커넥터를 적용한다.

④ 중간에 접속점이 없어야 한다.

⑤ 이상전압 유기 시 절연 파괴나 플래시오버가 없어야 한다.

⑥ 고전원전기장치 보호기구의 노출 도전부는 전기적샤시와 배선, 용접 또는 볼트 등의 방법으로 전기적으로 접속되어야 하고,

고전압 감전경고 표기

⑦ 노출 도전부와 전기적 샤시 사이의 저항 : 0.1Ω 미만

⑧ 고전원전기장치 활선도체부와 전기적 샤시 사이의 절연저항은 다음 각 호의 기준에 적합하여야 한다.
  - 직류회로 및 교류회로가 독립적으로 구성된 경우 절연저항은 각각 100Ω/V(DC), 500Ω/V(AC) 이상
  - 직류회로 및 교류회로가 전기적으로 조합되어 있는 경우 절연저항은 500Ω/V 이상

⑨ 다만, 교류회로가 다음 중 어느 하나를 만족할 경우에는 100Ω/V 이상으로 할 수 있다.
  - 고전원전기장치의 보호기구 내부에 이중 이상의 절연체로 절연
  - 전기자동차 충전 접속구의 활선도체부와 전기적 샤시 사이의 절연저항은 최소 1MΩ 이상이어야 한다.

⑩ **연료전지자동차의 고전압 직류회로는 절연저항이 100Ω/V 이하로 떨어질 경우 운전자에게 경고를 줄 수 있도록 절연저항 감시시스템**을 갖추어야 한다.

⑪ 고전원전기장치의 활선도체부가 전기적 샤시와 연결된 자동차는 활선도체부와 전기적 샤시 사이의 전압이 **교류 30V 또는 직류 60V 이하의 경우**에는 절연저항기준은 적용하지 아니한다.

⑫ 전기자동차의 구동축전지를 충전하기 위하여 외부 전원(충전 전압 및 전류)이 들어오기 전에 자동차 및 외부 충전장치의 접지가 우선 연결되어야 하고 외부 전원이 분리될 때까지 유지되어야 하며 구동축전지를 충전하는 동안에는 자동차가 구동되지 않아야 한다.

---

12 고전압 감전

1 고전압 감전의 영향

열적 영향	피부와 조직이 고열로 가열되어, 내·외부 화상을 입는다. 단백질 응고, 혈구 파열, 전기 아크에 의해 방출되는 자외선에 노출 시 눈의 염증, 또는 시력 상실
화학적 영향	신경·근육·심장 자극, 경련성 근육 수축 동반, 심한 경우 심실세동과 함께 사망
외부 영향	고열에 의해 발생된 금속성 증기 흡입

2 감전 전류에 따른 인체의 영향

① 감전에 영향을 미치는 요인 : 전압, 저항, 노출 시간

② 감전 전류의 정도에 따른 증상

감지 전류 (1~2 mA)	찌릿함을 느끼는 정도
경련 전류 (8~15 mA)	• 스스로 접촉된 전원으로부터 떨어질 수 있는 최대 한도의 전류(이탈 가능 전류) • 경련 발생 및 참을 수 없을 정도의 고통
경련 전류 (15~50 mA)	• 스스로 그 전원으로부터 떨어질 수 없는 전류(이탈 불능 전류) • 경련 발생 및 근육 수축이 격렬해짐

심실세동 전류 (30 mA 이상)	• 심장 근육이 경련을 일으켜 신체 내 혈액 공급이 정지(사망 우려) • 시간 내에 통전을 정지시키면 생명을 구할 수 있다.

❸ 인체 감전 경로

① 심장에 가까울수록 위험하다.
② 통전 전류의 경로에 따라 저항값이 달라지며, 전류가 심장 또는 그 주위를 통과하게 되면 심장에 영향을 주어 위험하다. 특히, "왼손과 가슴"으로 흐른다면 전류가 심장을 통과하게 되므로 가장 위험하다.
③ 심장 통과 시 심실세동이 발생

→ 감전 사망사고의 대부분은 심실세동으로 인한 것으로 심장마사지 등의 응급조치 시행
→ 오른손보다는 왼손이 통전 경로가 될 때 심장을 통과할 가능성이 크므로, 고전압을 취급할 때는 왼손보다는 <u>오른손으로 작업하는 것이</u> 좀 더 안전할 수 있다.

---

13 고전압 감전 대책

❶ 절연저항

① 절연저항 : 절연체에 전압을 가했을 때 절연체가 나타내는 전기 저항

→ 절연 : 전류가 흐르는 것을 끊기 위한 물질이나 장치

② **절연저항값이 높을수록** 절연 효과가 높다.
③ 절연저항의 측정 : 절연저항 테스터(메가옴테스터)

→ 절연저항은 반드시 비활성 상태에서 측정
→ 전기자동차의 경우 360V 또는 720V를 사용하므로 절연저항 정격전압의 경우 500V 또는 1,000V를 선택하여 측정

> ▶ 고전압 장치(고전압 정션박스, 구동모터 인버터, 구동모터, 에어컨 컴프레셔, PTC 히터, 냉각수 가열히터 등)의 입력단자의 절연저항 규정값 : 300kΩ
>
> ▶ 절연저항 기준
>
> | 사용 전압 | 절연저항 기준 |
> | --- | --- |
> | 150V 이하 | 0.1MΩ |
> | 150V 초과, 300V 이하 | 0.2MΩ |
> | 300V 초과, 400V 이하 | 0.3MΩ |
> | 400V 이상 | 0.4MΩ |

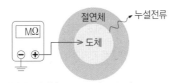

메거테스터기 (DC 500V 또는 1000V)

❷ 절연저항 파괴 감전 경로

⑴ 고전압 (+), (−) 단자 중 하나가 차체에 접촉한 상태에서 인체가 차체에 접촉할 경우

① 인체가 차체에만 접촉 시 : 전류는 흐르지 않음
② 인체가 차체와 단자 동시 접촉 시 : 차체와 인체로 통전 (500mA)

→ 인체에 500mA 통전 시 : 심장마비, 호흡 정지 및 화상 또는 세포 손상과 같은 병리 생리학적인 영향 발생

⑵ 고전압 양 단자가 동시에 차체 접촉 시

차체 간 통전(2,000~3,000A)이 되는 경우 구조상 퓨즈가 끊어지게 된다.(fuse cut)

❸ 고전압 차량의 감전 방지

고전압 메인 릴레이 ON 상태에서 고전압 계통과 차량 섀시와의 절연저항 측정

→ 300kΩ 이하 일 경우 메인 릴레이 OFF 및 고전압 차단 후 절연 부품 검사

❹ 고전압에 감전된 부상자의 응급조치

① 부상자를 맨손으로 만지지 말 것(2차 사고 방지 – 구조자 추가 피해 방지를 위해)
② 구조 후크(절연체)를 이용하여 전원으로부터 분리

→ 구조 후크가 없다면 절연체(나무, 절연장갑 등)를 사용

③ 부상자를 안전한 곳에 옮긴 후 부상자의 의식과 호흡 여부 확인
④ 긴급 구조 요청 및 부상자 응급 처치(숨을 쉬지 않거나 맥박이 멈추었을 경우 심폐소생술 실시)
⑤ 개인 보호장비 착용 후 고전압 차량의 전원 분리

→ 고전압 배터리의 세이프티 플러그와 저전압 배터리의 (+), (−)단자를 탈거한다. 이때, 개인 보호장비를 착용하지 않은 사람이 차량에 접근하는 것을 막아야 한다.

> ▶ **보호 장비**
> • 절연장갑, 절연화, 절연 피복, 절연매트, 절연 덮개, 절연 헬멧, 보호안경, 안면보호대, 절연공구 등
> • 장비의 절연 성능 : AC 1,000V/300A 이상

▶ 고전압부 취급 유의사항 (정리)

- 인버터의 커패시터는 인버터 단자 간 전압을 측정하여 30V 이하이면 고전압 회로가 정상 차단으로 판단하고, 30V 초과이면 고전압 회로에 이상이 있는 것으로 점검해야 한다.
- 고전압 시스템의 절연저항 측정 시 반드시 고전압 메가 옴 테스터를 이용하여 절연저항 측정(1000V 용 사양 권장)
- 금속성 물질은 고전압 단락을 유발시킬 수 있으므로 작업 전에 반드시 몸에서 제거해야 하며, 마그네틱 카드도 고전압에 의해 손상될 수 있으므로 제거해야 한다.
- 고전압 시스템 관련 작업 전에는 안전사고 예방을 위해 개인 보호 장비(절연장갑, 보안경)를 착용하도록 한다. 고전압계 부품 작업 시 "고전압 위험 차량" 표시를 하여 타인에게 고전압 위험을 주지시킨다.
- 페인트 열처리 작업 시 반드시 70℃/30분, 80℃/20분을 초과하지 않도록 한다.
- 냉매 회수/충전시 전동식 컴프레셔에 절연성능이 높은 POE 오일을 사용하고, 일반내연차량의 PAG 오일이 혼입되지 않도록 할 것
- 시동 키 2단(ON) 또는 엔진 시동 상태에서는 관련 부품을 만지거나 탈/부착 하지 않는다.
- 고전압 배터리에 연결된 DC 파워 케이블(+, –)은 감전의 우려가 있으므로 안전조치를 취하지 않은 상태로 손으로 만지거나 임의로 탈/부착하지 않는다.
- 고전압 배터리 관련 정비/점검 작업을 할 경우 반드시 세이프티 플러그를 탈거하여 고전압을 사전에 차단시킨다.
- 고전압 배터리는 트렁크 룸 내부에 장착되므로 과다한 화물 적재 또는 충격이 가해지지 않도록 유의한다.
- 고전압 배터리 시스템 관련 부품의 정비/점검 및 수리작업은 직영 서비스센터로 의뢰한다.
- 시동 키는 OFF 상태로 한다.
- 고전압 배터리 부위의 직접적인 화재가 아니거나 화재 초기 상태라면 트렁크를 열고 신속히 세이프티 플러그를 탈거한다. (만약 화재 진행 중이라면 접근 금지)
- 실내 또는 밀폐된 공간에서 화재가 발생되었을 경우 수소 가스의 원활한 방출을 위해 신속히 환기시킨 후 대피한다.
- 차량 화재시 ABC 분말소화기 사용, 화재 진압 시 가급적 물 사용 금지
- 배터리에서 분출된 가스나 전해액 등이 피부 또는 눈에 침투되었을 경우 붕산액, 소금물 또는 흐르는 물로 환부를 신속하게 세척한 후 의사의 진료를 받는다.

[참고 : 축전지의 종류 및 특징]

① 납산(Pb)
- ⊕극판 : 과산화납, ⊖극판 : 해면상납, 전해액 : 묽은 황산
- 셀(cell) 당 1.75V
- 전해액 면이 낮아지면 증류수를 보충
- 극판의 작용물질이 떨어지기 쉬우며 수명이 짧고 무거움

② 리튬인산철
- 납산 배터리에 비해 무게당 에너지 밀도가 2배 정도 높다. 따라서 가벼운 배터리 무게로 약 10% 포인트 더 높은 에너지 효율을 발휘
- 충전량 10%까지 떨어져도 12V 유지
- 납산 배터리 대비 약 3배 이상 충·방전 내구성이 우수(수명 연장)
- 안전성 : 충격이나 과방전 상태에서도 폭발이나 가스 누설 없음
- ISG(Stop&Go) 시스템에 효율이 좋음

③ 니켈 카드뮴(Ni-Cd)
- 니켈과 카드뮴 사용, 셀 당 1.2~1.25V
- 저항이 작아서 큰 전류를 필요로 하는 제품에 사용
- 메모리 효과*가 있어서 충분히 방전하지 않고 충전을 반복하면 전체 용량이 감소

④ 니켈 수소(Ni-MH)
- 니켈 카드뮴보다 가볍고 에너지 밀도가 크고 많은 용량의 저장이 가능해 효율적이다.
- 중금속 오염 문제를 일으키지 않아 친환경적이다.
- 메모리 효과가 거의 없어 수시로 충전해도 무방

⑤ 리튬 이온(Li-Ion)
- 높은 에너지 저장 밀도, 셀 당 전압 : 3.7V
- 고용량, 고효율
- 완전 방전 시 배터리가 손상됨
- 전해질이 액체로 누설 위험 및 폭발 위험성
- 과부하 제어, 충방전 전압 제어 및 온도 제어 등 충방전 특성에 민감하다.(열관리 및 전압관리가 필요)

⑥ 리튬 폴리머(Li-Po)
- 높은 에너지 저장 밀도, 셀 당 전압 : 약 3.7~3.75V
- 액체 전해질 대신 젤 형태로 리튬 이온보다 폭발 위험성이 적음
- 다양한 형태로 설계 가능(태블릿, 스마트폰, 전기차에 주로 사용)
- 내부저항이 적고, 자기방전율이 낮음
- 중금속을 사용하지 않아 친환경적
- 단점 : 전해액이 젤 형태이므로 이온 전도율이 감소, 저온에서 출력이 저하

⑦ 수소 연료전지
– 수소연료전지차 섹션 참조

▶ 배터리의 메모리
- 완전 방전하지 않고 충전할 때 전체 배터리의 용량이 줄어드는 것을 말한다. 예를 들어, 배터리 용량이 10이라고 할 때 8만큼 방전하고 다시 10으로 충전시키는 것을 반복하면 배터리는 자신의 용량이 8라고 기억한다는 의미이다.
- 배터리의 메모리 현상은 2차 전지 중 주로 니켈-카드뮴에서 나타난다.
- 참고) 리튬 계열 배터리는 이러한 단점을 보완하기 위해 배터리 내부에 마이크로칩을 이용하여 충·방전을 관리한다.

Note

※ 최근까지 주로 기초적인 내용만 기출되었으므로 가급적 NCS 학습모듈 및 이론 위주로 정리하시기 바랍니다. [참고]는 연구소에서 출제한 문제입니다.

[16-1]

1 하이브리드 시스템에 대한 설명 중 틀린 것은?

① 직렬형 하이브리드는 소프트 타입과 하드 타입이 있다.
② 소프트 타입은 순수 EV(전기차) 주행 모드가 없다.
③ 하드 타입은 소프트 타입에 비해 연비가 향상된다.
④ 플러그-인 타입은 외부 전원을 이용하여 배터리를 충전한다.

> ① 병렬형 하이브리드는 소프트 타입과 하드 타입이 있다.
> ② 소프트 타입에서 구동모터는 엔진을 보조하는 역할만 하고 모터 단독 주행 모드가 없다.
> ③ 하드 타입은 엔진뿐만 아니라 모터만으로 주행이 가능한 방식이므로 소프트타입에 비해 연비가 좋다.

[참고]

2 하이브리드 자동차의 연비 향상 요인이 아닌 것은?

① 주행 시 자동차의 공기저항을 높여 연비가 향상된다.
② 정차 시 엔진을 정지(오토 스톱)시켜 연비를 향상시킨다.
③ 연비가 좋은 영역에서 작동되도록 동력 분배를 제어한다.
④ 회생제동(배터리 충전)을 통해 에너지를 흡수하여 재사용한다.

[15-1]

3 병렬형(Parallel) TMED(Tranmission Mounted Electric Device) 방식의 하이브리드 자동차(HEV)에 대한 설명으로 틀린 것은?

① 모터가 변속기에 직결되어 있다.
② 모터 단독 구동이 가능하다.
③ 모터가 엔진과 연결되어 있다.
④ 주행 중 엔진 시동을 위한 HSG가 있다.

> 모터와 엔진 사이에는 클러치가 있어 운행조건에 따라 엔진의 동력을 연결/차단시킨다.
> ③은 병렬형 FMED(소프트) 타입에 해당된다.

[참고]   기사

4 직렬형 하이브리드 자동차의 특징에 대한 설명으로 틀린 것은?

① 병렬형보다 에너지 효율이 비교적 높다.
② 엔진, 발전기, 전동기가 직렬로 연결된다.
③ 모터의 구동력만으로 차량을 주행시키는 방식이다.
④ 엔진을 가동하여 얻은 전기를 배터리에 저장하는 방식이다.

[참고]

5 엔진이 고전압 배터리의 충전에만 사용되고 동력전달용으로는 사용되지 않는 하이브리드 차량의 형식은?

① 직렬형   ② 병렬형
③ 복합형   ④ 직·병렬형

[17-3]

6 병렬형 하드 타입 하이브리드 자동차에 대한 설명으로 옳은 것은?

① 배터리 충전은 엔진이 구동시키는 발전기로만 가능하다.
② 구동모터가 플라이휠에 장착되고 변속기 앞에 엔진 클러치가 있다.
③ 엔진과 변속기 사이에 구동모터가 있는데 모터만으로는 주행이 불가능하다.
④ 구동모터는 엔진의 동력보조 뿐만 아니라 순수 전기모터로도 주행이 가능하다.

> ① 직렬형에 해당
> ② 병렬형 소프트 타입에 해당
> ③ 하드 타입은 엔진의 클러치를 차단시켜 순수 모터만으로 주행이 가능하다.
> • TMED 방식의 배터리 충전 : 엔진 구동 충전, 회생제동모드의 충전, 공회전 상태에서 HSG를 통해 고전압 배터리를 충전
> • TMED 방식은 구동모터와 엔진 사이에 클러치가 있다.
> • TMED 방식은 출발 및 저속 주행 시 EV모드가 가능하며, 고속주행 및 가속 시 모터가 엔진을 보조하는 역할을 한다.

[13-3]

7 병렬형(Parallel) TMED(Transmission Mounted Electric Device) 방식의 하이브리드 자동차(HEV)의 주행패턴에 대한 설명으로 틀린 것은?

① 엔진 OFF시에는 EOP(Electric Oil Pump)를 작동해 자동변속기 구동에 필요한 유압을 만든다.
② 엔진 단독 구동시에는 엔진클러치를 연결하여 변속기에 동력을 전달한다.
③ EV모드 주행 중 HEV 주행 모드로 전환할 때 엔진동력을 연결하는 순간 쇼크가 발생할 수 있다.
④ HEV 주행 모드로 전환할 때 엔진 회전속도를 느리게 하여 HEV모터 회전 속도와 동기화 되도록 한다.

> HEV 주행 모드로 전환할 때 엔진 회전속도를 빠르게 하여 HEV모터 회전 속도를 동기화시킨다.
> ※ EOP(Electric Oil Pump) : 전동모터 구동 방식의 오일펌프로, 정차시 ISG(Idle stop & Go) 시스템이 작동할 수 있도록 변속기에 오일을 공급하여 변속충격 완화, 연비 향상, 배기가스 감소의 효과를 얻는다.

> **정답** 1 ① 2 ① 3 ③ 4 ① 5 ① 6 ④ 7 ④

[참고]

8 병렬형 하드타입(hard type) 하이브리드 자동차에서 엔진 시동 기능과 공전 상태에서 충전기능을 하는 장치는? 기사

① MCU (motor control unit)

② PRA (power relay assembly)

③ LDC (low DC-DC converter)

④ HSG (hybrid starter generator)

[18-2, 15-3]

9 병렬형 하이브리드 자동차의 특징을 설명한 것 중 거리가 먼 것은?

① 모터는 동력 보조만 하므로 에너지 변환 손실이 적다.

② 기존 내연기관 차량을 구동장치의 변경 없이 활용 가능하다.

③ 소프트 방식은 일반 주행 시에는 모터 구동만을 이용한다.

④ 하드 방식은 EV 주행 중 엔진 시동을 위해 별도의 장치가 필요하다.

소프트 방식은 모터만으로 구동할 수 없다.
※ ④는 HSG(Hybrid Starter Generator)에 대한 설명이다.

[15-3]

10 하이브리드 자동차(HEV)에 대한 설명으로 거리가 먼 것은?

① 병렬형(Parallel)은 엔진과 변속기가 기계적으로 연결되어 있다.

② 병렬형(Parallel)은 구동용 모터 용량을 크게 할 수 있는 장점이 있다.

③ FMED(Flywheel Mounted Electric Device)방식은 모터가 엔진 측에 장착되어 있다.

④ TMED(Transmission Mounted Electric Device)방식은 모터가 변속기 측에 장착되어 있다.

병렬형 모터는 출발/저속 시 및 가속시 보조 동력으로 사용하므로 용량을 크게 할 필요가 없다.

[16-3]

11 병렬형(Parallel) TMED(Transmission Mounted Electric Device) 방식의 하이브리드 자동차의 HSG(Hybrid Starter Generator)에 대한 설명 중 틀린 것은?

① 엔진 시동 기능과 발전 기능을 수행한다.

② 감속 시 발생되는 운동에너지를 전기에너지로 전환하여 배터리를 충전한다.

③ EV 모드에서 HEV(Hybrid Electric Vehicle)모드로 전환 시 엔진을 시동한다.

④ 소프트 랜딩(Soft Landing) 제어로 시동 ON 시 엔진 진동을 최소화하기 위해 엔진 회전수를 제어한다.

소프트 랜딩 제어는 시동 OFF시 발생할 수 있는 엔진 회전수의 불균일(진동)을 최소화하기 위해 HSG에 부하를 걸어 엔진 진동을 최소화하기 위해 엔진 회전수를 제어한다.
※ 소프트 랜딩 : 엔진 정지 시 털털거리는 진동을 완화시켜 부드럽게 정지시켜 주는 기능

[참고]

12 하드 타입 하이브리드 자동차에서 기본 주행에 관한 설명 중 틀린 것은?

① HSG 고장 시에는 HEV 모터로 엔진을 시동한다.

② EV 주행 시 엔진 오일 펌프를 작동하여 변속기에 오일을 공급한다

③ 급가속 또는 등판 시 HSG는 엔진회전 속도가 빠르게 올려 HEV 모터 회전 속도와 동기화되도록 하여 순간적인 충격을 방지한다.

④ 차량 주행 중 정차 시 가속 페달 및 브레이크 센서 신호가 HCU로부터 MCU(Motor Control Unit)와 ECU로 입력되면 엔진과 모터의 작동 중지 명령을 내린다.

EV 주행 시 HEV 모터의 동력만으로 주행하므로 엔진이 차단된 상태에서 EOP(Electric Oil Pump)를 작동해 자동 변속기 구동에 필요한 유압을 만들고 엔진이 작동되면 엔진 오일 펌프를 작동하여 변속기에 오일을 공급한다.

[참고]

13 하이브리드 차량의 HSG(Hybrid Starter Generator) 기능으로 틀린 것은?

① 시동제어 : EV모드에서 HEV모드로 변경 시 엔진 시동

② 모터제어 : EV모드 주행과 HEV모드에서 엔진 출력 보조

③ 발전제어 : 고전압 배터리 잔량 부족 시 강제 시동 후 배터리 충전

④ 소프트 랜딩제어 : HEV모드에서 EV모드로 변환 시 시동 정지로 인한 엔진 진동음 최소화

HSG는 하드 타입에 필요한 장치로, HEV모드에서 엔진을 시동시키며 EV 모드 주행과는 무관하다.

[참고]

14 병렬형 하드 타입(hard type) 하이브리드 자동차에 사용하는 HSG(hybrid starter generator)의 기능이 아닌 것은?

① 시동 제어   ② 감속 제어

③ 소프트 랜딩 제어   ④ 발전 제어

HSG 기능 : 시동 제어, 발전 제어, 소프트 랜딩 제어

정답   8 ④   9 ③   10 ②   11 ④   12 ②   13 ②   14 ②

chapter 04

[참고]

15 HEV 모터의 레졸버(resolver)에 대한 설명으로 옳은 것은?

① 레졸버를 이용한 회전자의 위치 및 속도 정보를 통하여 TCU에 의해 최적으로 모터를 제어한다.

② 레졸버의 보정은 단품상태에서 실시한다.

③ 구동모터 회전자와 고정자의 상대 위치를 검출한다.

④ 엔진의 CMP 센서처럼 모터의 회전자 위치를 파악한다.

> ① 레졸버를 이용한 회전자의 위치 및 속도 정보를 통하여 MCU(Motor Control Unit)에 의해 최적으로 모터를 제어한다.
> ② 레졸버의 보정(calibration)은 엔진에 모터가 조립된 상태에서 공차에 의해 발생되는 오프셋 값을 MCU에 저장하는 과정이므로 단품상태의 보정은 의미가 없다.
> ④ 레졸버는 모터 회전자의 절대 위치를 검출한다.

[참고]

16 HCU의 주요 기능으로 틀린 것은?

① 회생 제동 요구 토크를 계산하여 제어하고 운전자의 운전 조건에 따라 요구 토크를 결정한다.

② 공회전, 부분 부하 및 최대 부하 조건에서 엔진 작동 조건을 결정한다.

③ 배터리 충방전 파워 및 보조 시스템 파워를 제한 및 보정을 통해 배터리 SOC를 제어한다.

④ HCU 고장 시 MCU 단독으로 엔진 클러치를 제어한다.

> HCU 고장 시 TCU(Transmission Control Unit) 단독으로 엔진 클러치를 제어한다.
> ※ HCU의 주요 기능 : 파워/토크 분배 제어(ECU와 MCU, TCU 제어), 회생 제동 제어, 배터리 제어(BMS), 페일세이프 제어

[18-3]

17 주행 중인 하이브리드 자동차에서 제동 및 감속 시 충전불량 현상이 발생하였을 때 점검이 필요한 곳은?

① 회생 제동 장치

② LDC 제어 장치

③ 발진 제어 장치

④ 보조 배터리 충전 장치

> 감속모드(회생제동모드)는 감속 시 바퀴에서 발생되는 회전에너지를 전기에너지로 전환하여 고전압 배터리로 충전을 실시한다.

[16-2]

18 하이브리드 자동차의 보조 배터리가 방전으로 시동 불량일 때 고장원인 또는 조치방법에 대한 설명으로 틀린 것은?

① 단시간에 방전이 되었다면 암전류 과다 발생이 원인이 될 수도 있다.

② 장시간 주행 후 바로 재시동시 불량이면 LDC 불량일 가능성이 있다.

③ 보조 배터리가 방전되었어도 고전압 배터리로 시동이 가능하다.

④ 보조 배터리 방전 시 배터리 리셋 버튼을 눌러 충전이 가능하다.

> 보조 배터리에 의해 모든 전장장치가 작동하며, 시동 시 가장 먼저 HPCU가 작동된 후 고전압 배터리 전원으로 시동이 가능하므로 보조 배터리가 방전되면 시동이 불가능하다.

[참고]

19 하이브리드 자동차의 안전플러그에 대한 설명으로 틀린 것은?

① 안전플러그는 인터록이 적용되어 BMS에서 체결상태를 감지한다.

② 안전플러그가 탈거되면 클러스터에 경고등이 점등되며 Ready가 되지 않는다.

③ 안전플러그가 탈거된 상태에서는 엔진을 통한 주행만 가능하다.

④ 고전압 배터리에서 직렬로 구성된 모듈과 모듈 사이에 사용한다.

> ① HEV 고전압배터리에는 고전압부 노출을 막고 안전을 강화하도록 인터록(Interlock) 타입 안전장치를 적용하며, BMS ECU에서 감지한다.
> ② 안전플러그가 탈거되면 인터록 회로가 차단되어 고전압배터리의 연결회로가 차단되어 Ready ON이 되지 않는다.
> ③ 안전플러그가 탈거되면 고전압이 MCU의 인버터에 인가되지 못하므로 구동모터 또는 HSG에 의한 시동이 안된다.

[참고]

20 고전압 배터리 제어장치의 구성요소가 아닌 것은?

① 배터리 관리 시스템(BMS)

② 배터리 전류 센서

③ 냉각 덕트

④ 고전압 전류 변환장치(HDC)

> 고전압 직류 변환장치(High voltage DC-DC Converter)는 LDC(배터리전압 → 저전압)와 달리 모터의 출력증대 및 효율을 위해 고전압 배터리의 직류전원을 승압하여 MCU(인버터)에 전달하는 전력변환제어기이다.
> ※ 고전압 배터리 컨트롤 시스템 구성 : BMS, 냉각시스템(팬, 냉각 덕트), 안전플러그&퓨즈, 전류센서, 온도센서, 메인릴레이, 프리챠저 릴레이 & 저항 등

정답 15 ④　16 ④　17 ①　18 ③　19 ③　20 ④

21 병렬(하드방식) 하이브리드 자동차에서 엔진의 스타트&스톱 모드에 대한 설명으로 옳은 것은?

① 배터리 충전상태가 낮으면 스톱기능이 작동하지 않을 수 있다.
② 스톱모드 중에 브레이크에서 발을 떼면 항상 시동이 걸린다.
③ 주행하던 자동차가 정차 시 항상 스톱모드로 진입한다.
④ 스타트 기능은 브레이크 배력장치의 입력과는 무관하다.

> 스타트&스톱 모드(오토 스톱) 기능의 미작동 조건은 374페이지 참조할 것

[13-1]

22 하이브리드 자동차에서 직류(DC) 전압을 다른 직류(DC) 전압으로 바꾸어 주는 장치는 무엇인가?

① 캐패시터
② DC-AC 인버터
③ low DC-DC 컨버터
④ 리졸버

> low DC-DC 컨버터는 고전압 배터리 전압을 보조 배터리 전압으로 강압시키는 전력 변환장치이다.

[18-1]

23 하이브리드 자동차에서 모터 내부의 로터 위치 및 회전수를 감지하는 것은?

① 액티브 센서 ② 커패시터
③ 레졸버 ④ 스피드 센서

> **레졸버**
> • PMSM(영구자석 동기모터)에 사용되는 장치이며 로터, 스테이터, 회전 트랜스로 구성
> • 로터(회전자)의 회전속도 및 위치(회전자의 절대각)를 감지하여 로터와 스테이터 간의 오차를 줄여 최대의 출력 토크를 목적으로 한다.

[참고]

24 전력제어 컨트롤 유닛(EPCU)의 구성품으로 틀린 것은?

① BMU(Battery Management Unit)
② MCU(Motor Control Unit)
③ LDC(Low Voltage DC-DC Converter)
④ VCU(Vehicle Control Unit)

> EPCU는 MCU, LDC, OBC, VCU의 통합제어모듈이다

[참고]

25 하이브리드 자동차에서 인버터나 모터를 교환하거나 조립하는 과정에서 기계공차에 의해 발생한 옵셋(offset) 값을 인버터에 저장하여 모터 회전자의 절대 위치를 검출하기 위한 과정은?

① 레졸버 보정
② 인버터 보정
③ 스캔툴 보정
④ 하이브리드 보정

[참고]

26 다음 중 하이브리드 자동차 구동모터의 레졸버 보정에 대한 설명으로 **틀린 것은**?

① 모터의 회전자와 고정자의 기계적 오차를 측정하여 MCU에 저장하는 작업이다.
② 레졸버 보정은 모터에 인가되는 전압을 일정하게 하는 역할을 한다.
③ 엔진, 인버터(MCU), 구동모터, HSG 교체 후 자기진단을 이용하여 레졸버 보정을 해야 한다.
④ 미보정 시 출력이 저하되고, 배터리 전력 소모가 증가된다.

> MCU는 모터의 리어 플레이트에 장착된 레졸버로부터 정확한 모터의 위치 각과 속도 정보에 의해 정확한 모터 제어를 한다.
> 레졸버 보정은 모터의 위치각과 속도 정보를 통해 회전자와 고정자의 기계적 오차를 측정하여 MCU에 인식시켜 주는 작업이다.

[참고]

27 아래 점검 내용에 대한 조치사항으로 옳은 것은?

> ─[보기]─
> 하이브리드 전기자동차를 진단장비 서비스 데이터를 활용하여 고전압 배터리의 셀 전압 점검 시 최대 셀 전압이 3.78V이며 최소 셀 전압이 2.6V로 측정되었다.

① 셀 전압이 1V 이상 차이나는 셀이 포함된 모듈을 교환한다.
② 배터리 팩 전압이 정격전압을 유지할 경우 재사용이 가능하다.
③ 배터리 모듈의 위치를 변경하여 최대, 최소 전압을 보정한다.
④ 배터리를 완전 방전 후 재충전하면 사용이 가능하다.

> ① 셀 전압은 2.5~4.2V이며, 개별 셀 전압 편차가 1V 이상이면 결함이 있는 셀이 포함된 모듈을 교환한다.
> ② 정격전압을 유지하더라도 잔존용량, 셀 편차, SOH(예상 수명), 절연상태, 내부저항, 자기방전검사 등도 양호해야 재사용이 가능하다.
> ③ 배터리 모듈의 위치를 변경한다고 최대, 최소 전압이 보정되지 않는다.

chapter 04

28 하이브리드 자동차의 전원 제어 시스템에 대한 두 정비사의 의견 중 옳은 것은?

> • 정비사 KIM : 인버터는 열을 발생하므로 냉각이 중요하다.
> • 정비사 LEE : 컨버터는 고전압의 전원을 12V로 변환하는 역할을 한다.

① 정비사 KIM만 옳다.
② 정비사 LEE만 옳다.
③ 두 정비사 모두 틀리다.
④ 두 정비사 모두 옳다.

> • 인버터는 DC전압을 고속 스위칭을 통해 펄스형태의 AC전압으로 변화하는 과정에서 열이 발생하므로 반드시 냉각기가 필요하다.
> • 컨버터는 AC-DC 컨버터 또는 DC-DC 컨버터가 있다.

[18-3, 15-3]

29 하이브리드 차량의 정비 시 전원을 차단하는 과정에서 안전 플러그를 제거 후 고전압 부품을 취급하기 전에 5~10분 이상 대기 시간을 갖는 이유 중 가장 알맞은 것은?

① 고전압 배터리 내의 셀의 안정화를 위해서
② 제어모듈 내부의 메모리 공간의 확보를 위해서
③ 저전압(12V) 배터리에 서지 전압이 인가되지 않기 위해서
④ 인버터 내의 콘덴서에 충전되어 있는 고전압을 방전시키기 위해서

> 인버터의 콘덴서는 직류를 차단하고, 충방전을 반복하여 교류신호만 통과하여 DC를 AC로 변환하는 역할을 하며, 정비 시에는 5분 이상 콘덴서 내에 저장된 고전압을 방전시킨 후 작업해야 한다.

[참고]

30 충전상태(SOC:State of Charge)를 구하는 공식으로 옳은 것은?

① $\dfrac{정격용량 - 잔존용량}{방전용량} \times 100$

② $\dfrac{방전용량 - 잔존용량}{정격용량} \times 100$

③ $\dfrac{정격용량 - 방전용량}{정격용량} \times 100$

④ $\dfrac{방전용량 - 잔존용량}{잔존용량} \times 100$

> SOC : 배터리의 잔존 용량을 나타내기 위해 현재 사용할 수 있는 배터리 용량(정격용량 – 방전용량)을 정격 용량으로 나누어 백분율(%)로 표현

[참고]

31 하이브리드의 고전압 배터리 충전 불량의 원인이 아닌 것은?

① OBC(Onboard Charger) 불량
② HSG(Hybrid Starter Generator) 불량
③ LDC(Low DC/DC Converter) 불량
④ BMS(Battery Management System) 불량

> ② ④ BMS는 배터리 충전상태(SOC)가 기준 이하로 낮으면 EV 모드로 주행할 때 고전압 배터리의 SOC가 기준치 이하로 떨어지면 엔진을 강제로 구동하여 HSG로 고전압 배터리를 충전하면서 EV 주행을 한다.
> ※ 완속 충전 시 OBC를 통해 충전 (AC 220V→DC 370V)
> ※ LDC : 보조배터리 충전에 필요하므로 고전압 배터리 충전과는 무관함

[참고]

32 BMS(Battery Management System)의 기능으로 틀린 것은?

① 냉각제어
② 레졸버 제어
③ 셀 밸런싱 제어
④ 고전압 릴레이 제어

> BMS 기능 : 셀 밸런싱 제어, SOC/SOH 관리, 과충전/과방전 방지, 냉각제어, PRA 제어, 자기진단 등

[참고]

33 리튬폴리머 배터리의 특징이 아닌 것은?

① 다양한 형상으로 설계가 가능하다.
② 에너지 밀도가 높다.
③ 누액 및 폭발 위험성이 적다.
④ 이온전도도가 우수한 액체 전해질을 사용한다.

> 액체 전해질(누액 및 폭발 위험성이 있음)을 사용하는 리튬 이온 전지과 달리 리튬 폴리머 전지는 젤타입의 고분자(Polymer) 전해질을 사용하여 비교적 안정성이 있다. 하지만 저온 사용 특성이 떨어지며, 이온 전도율도 떨어지는 단점이 있다.

[19-1]

34 하이브리드 고전압장치 중 프리차저 릴레이 & 프리차저 저항의 기능이 아닌 것은?

① 메인 릴레이 보호
② 타 고전압 부품 보호
③ 메인 퓨즈, 버스 바, 와이어 하네스 보호
④ 배터리 관리 시스템 입력 노이즈 저감

> 프리차저 릴레이&저항은 메인 릴레이 구동 전에 서지전류로 인한 전장 손상 및 메인 릴레이의 융착을 방지하기 위해 초기 충전을 하는 역할을 한다.
> (초기 캐패시터 충전 전류에 의한 고전압 회로 보호)
> • 메인 릴레이 보호
> • 타 고전압 부품 보호
> • 메인 퓨즈, 버스바 & 와이어 하네스 보호
> 참고) ※ 메인 릴레이 : 고전압 시스템 분리를 통한 감전 및 2차 사고 예방, 고전압 배터리의 기계적인 분리를 통한 암전류 차단

정답 28 ④ 29 ④ 30 ③ 31 ③ 32 ② 33 ④ 34 ④

35 하이브리드 자동차의 고전압 배터리 관리시스템에서 셀 밸런싱 제어의 효과로 가장 거리가 먼 것은?

① 셀의 과방전 방지 효과
② 셀의 열화 방지 효과
③ 배터리 수명 및 에너지 효율을 증대
④ 고전압 계통 고장에 의한 안전사고 예방

> 셀 밸런싱을 통해 셀 간의 전압차를 줄여 특정 셀의 과전류 보호, 과충전/과방전 방지, 에너지 손실 방지 및 에너지 효율 증대시킨다.
> 또한, 배터리 셀간 전압차가 있을 때 특정 셀의 열화가 촉진되므로 이는 배터리 팩의 내구성에 영향을 주므로 밸런싱을 통해 열화를 감소시키는 효과가 있다.

[참고]

36 하이브리드 자동차와 관련하여 배터리 팩이나 시스템에서의 유효한 용량으로 정격용량의 백분율로 표시한 것은?

① SOC (State Of Charge)
② PRA (Power Relay Assembly)
③ LDC (Low DC-DC Converter)
④ BMS (Battery Management System)

[참고]

37 노화 또는 열화에 따라 배터리의 이상적인 상태에서 배터리의 현재 상태를 비교하여 배터리의 사용 가능한 수명을 %로 나타낸 것은?

① 충전상태 (SOC : State of Charge)
② 방전 수준 (DOD : Depth of Discharge)
③ 건전성 (SOH : State of Health)
④ 기능 작동상태 (SOF : State of Function)

[참고]

38 배터리의 이상적인 상태를 기준으로 배터리의 현재 상태를 비교하여 그 값을 퍼센트(%)로 나타낸 값으로 용량과 초기 저항에 의해 도출하거나 AC 임피던스, 자기 방전률 및 출력밀도에 의해 도출하는 것은?

① SOH   ② DOD   ③ SOC   ④ SOF

[참고]

39 하이브리드 자동차에서 리튬 이온 폴리머 고전압 배터리는 9개의 모듈로 구성되어 있고, 1개의 모듈은 8개의 셀로 구성되어 있다. 이 배터리의 전압은? (단, 셀 전압은 3.75V이다.)

① 30V   ② 90V   ③ 270V   ④ 375V

> 3.75×8×9 = 270V

[14-1]

40 하이브리드 자동차에서 기동발전기(hybrid starter & generator)의 교환 방법으로 틀린 것은?

① 안전 스위치를 OFF하고, 5분 이상 대기한다.
② HSG 교환 후 반드시 냉각수 보충과 공기빼기를 실시한다.
③ HSG 교환 후 진단장비를 통해 HSG 위치센서(레졸버)를 보정한다.
④ 점화 스위치를 OFF하고, 보조배터리의 (-)케이블은 분리하지 않는다.

> HSG 탈거 시 배터리의 ⊖ 케이블도 반드시 분리해야 한다.

[14-2]

41 하이브리드 자동차 고전압 배터리 충전상태(SOC)의 일반적인 제한 영역은?

① 20~80%   ② 55~86%
③ 86~110%   ④ 110~140%

> 하이브리드 컨트롤 유닛(HCU)은 배터리 보호를 위해 80~90% 이상 과충전 방지, 20% 이하 과방전을 제한한다.

[참고]

42 하이브리드 자동차의 리튬이온 폴리머 배터리에서 셀의 균형이 깨지고 셀 충전용량 불일치로 인한 사항을 방지하기 위한 제어는?

① 충전상태 제어   ② 셀 밸런싱 제어
③ 파워 제한 제어   ④ 고전압 릴레이 제어

> 셀 밸런싱 : 특정 배터리 셀의 방전 및 과충전을 방지하기 위해 각각의 셀 간의 전압차를 없애는 것을 말한다. 즉 배터리 수명 및 에너지 효율 증대를 목적으로 한다.

[20-1]

43 병렬형 하드 타입의 하이브리드 자동차에서 HEV 모터에 의한 엔진 시동 금지 조건인 경우, 엔진 시동은 무엇으로 하는가?

① HEV 모터
② 블로워 모터
③ 기동 발전기(HSG)
④ 모터 컨트롤 유닛(MCU)

> 하이브리드 자동차는 고전압 배터리를 포함한 모든 전기동력시스템이 정상일 경우 모터를 이용한 엔진 시동을 한다. 아래 조건에서 HCU는 모터를 이용한 엔진 시동을 금지시키고 HSG를 작동시켜 엔진 시동을 제어한다.
>
> ※ HEV 모터에 의한 엔진시동 금지 조건
> • 고전압 배터리 온도가 약 −10℃ 이하 또는 45℃ 이상
> • 모터컨트롤모듈(MCU) 인버터 온도가 94℃ 이상
> • 고전압 배터리 충전량이 18% 이하
> • 엔진 냉각 수온이 −10℃ 이하
> • ECU / MCU / BMS / HCU 고장 감지된 경우

chapter 04

정답 35 ④ 36 ① 37 ③ 38 ① 39 ③ 40 ④ 41 ① 42 ② 43 ③

44 하이브리드 자동차에서 고전압 배터리의 전압을 저전압 12V 로 변환시키는 것은?

① 배터리 전류센서
② 프리차지 레지스터
③ MCU(Molor Control Unit)
④ LDC(Low voltage DC-DC Converter)

45 하이브리드 스타터 제너레이터의 기능으로 틀린 것은?

① 발전 제어　　　　　② 엔진 시동 제어
③ 소프트 랜딩 제어　　④ 차량 속도 제어

46 하이브리드 자동차의 보조배터리가 방전으로 시동 불량일 때 고장원인 또는 조치방법에 대한 설명으로 틀린 것은?

① 단시간에 방전이 되었다면 암전류 과다 발생이 원인이 될 수도 있다.
② 장시간 주행 후 바로 재시동시 불량하면 LDC 불량일 가능성이 있다.
③ 보조배터리가 방전이 되었어도 고전압 배터리로 시동이 가능하다.
④ 보조배터리를 점프 시동하여 주행 가능하다.

> • 모터 시동 시 : 보조배터리 전원으로 HPCU 작동 → 고전압배터리 제어 → 구동모터 구동
> • 엔진 시동 시 : 보조배터리 전원으로 HPCU 작동 → 고전압배터리 제어 → HSG 구동 → 엔진 시동
>
> 즉, 보조배터리가 방전되면 BMS의 메인릴레이를 작동시키는 HPCU가 작동되지 못하므로 고전압배터리에 의한 시동이 불가하다.
> ※ 이런 문제점으로 인한 보조배터리의 과방전 방지를 위한 배터리 보호 기능이 있으며, '12V BATT RESET' 버튼을 눌러 긴급충전하는 기능이 있다.

47 다음은 하이브리드 자동차에서 사용하고 있는 커패시터 (Capacitor)의 특징을 나열한 것이다. 틀린 것은?

① 충전시간이 짧다.
② 출력의 밀도가 낮다.
③ 전지와 같이 열화가 거의 없다.
④ 단자 전압으로 남아있는 전기량을 알 수 있다.

> **초고용량 커패시터의 특징**
> • 짧은 충방전 시간, 에너지 밀도, 출력밀도(고출력), 사이클 회수면에서 높다.
> • 과충전/과방전을 일으키지 않기 때문에 전기회로가 단순화
> • 전압의 잔류용량의 파악이 가능하다.
> • 광범위의 내구온도 특성 (−30~+90℃)을 나타낸다.

48 세이프티 플러그(Safety plug)에 대한 설명으로 틀린 것은?

① 안전플러그가 차단되면 엔진·구동모터 모두 작동이 중지된다.
② 감전 위험을 위해 세이프티 플러그를 탈거하면 바로 작업이 가능하다.
③ 고전압 장치 정비시 고전압 회로를 차단하는 역할을 한다.
④ 인터록 방식의 주황색이며, 내부에 메인 퓨즈가 설치되어 있다.

49 하이브리드 자동차의 전기장치 정비 시 반드시 지켜야 할 내용이 아닌 것은?

① 절연성능(1000V/300A 이상)이 있는 절연장갑을 착용한다.
② 서비스플러그(안전플러그)를 제거한다.
③ 전원을 차단하고 일정 시간이 경과 후 작업한다.
④ 하이브리드 컴퓨터의 커넥터를 분리하여야 한다.

> 하이브리드 자동차의 전기장비 정비 시 점화스위치를 OFF하고 보조 배터리 (12V) 케이블을 분리한다. 특히 고전압 시스템 점검 시 반드시 안전 플러그를 분리하고 고전압을 차단시킨다.

50 하이브리드 자동차에서 고전압 배터리(+) 전원을 인버터(모터)로 공급될 때 가장 먼저 전원이 인가되는 구성품은?

① 전류 센서　　　　　② 메인 릴레이
③ 세이프티 플러그　　④ 프리차지 릴레이

> MCU는 고전압 배터리 전원을 인버터(구동모터)로 공급하기 위해 메인 릴레이(+), (−)를 작동시키는데, 이 때 병렬로 연결된 프리차지 릴레이를 먼저 동작시킨 후 메인릴레이를 통해 인버터 측으로 인가된다. 이는 고전류가 인버터로 바로 흐르면 순간적인 돌입 전류에 의해 인버터가 손상되는 것을 방지하기 위해서이다.

51 하이브리드 차량에서 고전압 배터리 관리시스템(BMS)의 주요 제어 기능으로 틀린 것은?

① 모터 제어　　　　　② 출력 제한
③ 냉각 제어　　　　　④ SOC 제어

> BMS의 주요 제어 : 셀 밸런싱, SOC(배터리 충전율) 제어, 출력 제한, 고장 진단, 냉각 제어, PRA(Power Relay Assembly) 제어
> ※ 모터는 MCU(인버터) 및 HCU에서 제어한다.

정답 **44** ④　**45** ④　**46** ③　**47** ②　**48** ②　**49** ④　**50** ④　**51** ①

[참고]

52 하이브리드 자동차의 특징이 아닌 것은?

① 회생제동
② 2개의 동력원으로 주행
③ 저전압 배터리와 고전압 배터리 사용
④ 고전압 배터리 충전을 위해 LDC 사용

[19-2]

53 BMS(Battery Management System)에서 제어하는 항목과 제어내용에 대한 설명으로 틀린 것은?

① 고장 진단 : 배터리 시스템 고장 진단
② 컨트롤 릴레이 제어 : 배터리 과열 시 컨트롤 릴레이 차단
③ 셀 밸런싱 : 전압 편차가 생긴 셀을 동일한 전압으로 매칭
④ 충전상태(state of charge) 관리 : 배터리의 전압, 전류, 온도를 측정하여 적정한 작동영역 관리

컨트롤 릴레이 제어 : IG ON/OFF시 고전압 배터리 전원을 공급/차단하며, 고전압장치 고장 시 전원을 차단시킨다.
※ 배터리 과열 시 릴레이를 차단하는 것이 아니라 냉각시킨다.

[21-1, 13-2]

54 하이브리드 시스템을 제어하는 컴퓨터의 종류가 아닌 것은?

① 모터 컨트롤 유닛(Motor Control Unit)
② 하이드로릭 컨트롤 유닛(Hydaulic Control Unit)
③ 배터리 콘트롤 유닛(Battery Control Unit)
④ 통합제어 유닛(Hybrid Control Unit)

통합제어 유닛(HCU, Hybrid Control Unit) : 하이브리드 차량 내의 모든 모듈을 제어하는 유닛이다. 하이브리드차는 HCU를 중심으로 ECU(Engine Control Unit), TCU(Transmission Control Unit), BMS(Battery Management System), MCU(Motor Control Unit) 등이 있다.
※ 하이드로릭 컨트롤 유닛은 ABS의 유압제어 모듈이다.

[14-1]

55 하이브리드 자동차의 계기판에 있는 오토 스톱(Auto Stop)의 기능에 대한 설명으로 옳은 것은?

① 배출가스 저감
② 엔진오일 온도 상승 방지
③ 냉각수 온도 상승 방지
④ 엔진 재시동성 향상

[14-3]

56 하이브리드에 적용되는 오토 스톱 기능에 대한 설명으로 옳은 것은?

① 모터 주행을 위해 엔진을 정지
② 위험물 감지 시 엔진을 정지시켜 위험을 방지
③ 엔진에 이상이 발생 시 안전을 위해 엔진을 정지
④ 정차 시 엔진을 정지시켜 연료소모 및 배출가스 저감

ISG(Idle stop & Go) 시스템은 정차 시 자동으로 시동이 꺼지고 출발하기 위해 다시 가속페달을 밟으면 시동이 걸려 출발할 수 있는 기능으로 연비 향상, 배기가스 저감의 효과를 얻는다.

[13-2]

57 다음은 하이브리드 자동차 계기판(Cluster)에 대한 설명이다. 틀린 것은?

① 'READY' 램프가 소등(OFF)시 주행이 안 된다.
② 'READY' 램프가 점등(ON)시 정상 주행이 가능하다.
③ 'READY' 램프가 점멸(blinking)시 비상모드 주행이 가능하다.
④ EV 램프는 HEV(Hybrid Electric Vehicle) 모터에 의한 주행시 소등된다.

EV 구동상태에서는 소음이 없으므로 ACC ON 상태인지, 구동 준비 상태인지 여부를 표시하기 위해 READY 램프(주행가능 표시등)를 통해 알 수 있다. 즉 모터 구동시 점등되고, 구동하지 않으면 소등된다.

[참고]

58 하이브리드 자동차의 오토스톱(Auto Stop) 기능이 미작동하는 조건과 관계없는 것은?

① 고전압 배터리의 온도가 규정 온도보다 높은 경우
② 엔진냉각수 온도가 규정 온도보다 낮은 경우
③ 무단변속기 오일 온도가 규정 온도보다 낮은 경우
④ 에어컨이 작동 중인 경우

Auto Stop의 미작동 조건(금지 조건)
• 엔진 냉각수온이 낮은 경우(50도 이하)
• CVT 유온(30도 이하)
• 오토 스탑 스위치가 OFF인 상태
• 고전압 배터리의 충전량(SOC)이 낮은 경우(18% 이하)
• 브레이크 부압이 낮은 경우(250mmHg 이하)
• 12V 배터리의 전압이 낮은 경우 (전기 부하가 큰 경우)
• 가속 페달을 밟은 경우
• 변속 레버가 'P'단 또는 'R'단인 경우
• 관련 시스템(배터리, 모터)의 Fault가 검출된 경우
• 급감속시(기어비 추정 로직) 금지 조건
• ABS 동작 시

59 하이브리드 자동차의 고전압 장치 점검 시 주의사항으로 틀린 것은?

① 조립 및 탈거 시 배터리 위에 어떠한 것도 놓지 말아야 한다.

② 고전압 케이블 금속부 작업 시 전압계를 사용하여 0.1V 이하 인지 확인한다.

③ 이그니션 스위치를 OFF하면 고전압에 대한 위험성이 없어진다.

④ 고전압 장치의 연결을 차단된 후 고전압 부품을 취급하기 전에 5~10분 이상 대기한다.

작업 전 IG OFF, 보조배터리 OFF, 안전플러그를 OFF해야 한다.

60 하이브리드 자동차의 동력제어 장치에서 모터의 회전속도와 회전력을 자유롭게 제어할 수 있도록 직류를 교류로 변환하는 장치는?

① 컨버터 ② 레졸버
③ 인버터 ④ 커패시터

HEV/PHEV의 구동모터는 영구자석형 동기전동기(PMSM, Permanent Magnetic Synchronous Motor)를 주로 사용한다.

▶ PMSM 모터의 주요 특징
  • 직류모터와 반대로 고정자가 권선이고 회전자는 영구자석으로 되어 있다.(고정자에 교류를 인가하여 자계를 만들어주면 회전자가 이를 따라 회전하는 원리로 동작)
  • 회생전력이 높고, 출력밀도가 높아 낮은 회전수로 큰 출력 가능하다.
  • 회전속도 및 회전력의 제어가 정밀하고, 운전영역이 광범위하다.
  • 다른 모터와 달리 전원을 인가해도 초기 기동이 되지 못하여 인버터 회로와 함께 설계된다. PMSM을 채택하기 위해 고전압 배터리의 DC 전압을 AC 전압으로 바꾸는 인버터가 필요하다.

61 하이브리드 자동차에서 모터 제어기의 기능으로 틀린 것은?

① 하이브리드 모터 제어기는 인버터라고도 한다.

② 하이브리드 통합제어기의 명령을 받아 모터의 구동전류를 제어한다.

③ 고전압 배터리의 직류 전원을 모터의 작동에 필요한 단상 교류 전원으로 변경하는 기능을 한다.

④ 감속 및 제동 시 모터를 발전기 역할로 변경하여 배터리 충전을 위한 에너지 회수 기능을 담당한다.

③ 고전압 배터리의 직류 전원을 3상 교류 전원으로 변경한다.

62 하이브리드 구동모터에 대한 설명으로 틀린 것은?

① 리어 플레이트에 로터의 위치 및 속도정보를 검출하는 레졸버가 장착된다.

② 고전압 3상 케이블은 모터의 하우징 및 고정자와 HCU에 연결된다.

③ 로터는 모터의 회전자이며, 영구자석이 내부에 삽입되어 있다.

④ 모터의 고정자에는 3상(U, V, W)의 계자코일이 Y결선으로 감겨 있다.

고전압 3상 케이블은 모터의 고정자 단자에 연결된다.

63 고전압 배터리 시스템의 구성품 및 작동에 대한 설명으로 틀린 것은?

① 고전압 릴레이의 출력순서는 프리차저 릴레이 → 메인 릴레이(+) → 메인 릴레이(−)이다.

② 프리차저(pre-charger) 릴레이는 메인 릴레이보다 먼저 작동한다.

③ 배터리 매니지먼트 모듈(BMS)는 배터리 상태를 모니터링하고 에너지 입·출력을 제한한다.

④ 안전플러그는 고전압 배터리의 전원을 임의로 차단시키는 장치로 일부는 퓨즈를 포함하고 있다.

출력순서 : 메인 릴레이 ⊖ ON → 프리차저 릴레이 ON → 캐퍼시터 충전 → 메인 릴레이 ⊕ ON → 프리차저 릴레이 OFF
※ ② 메인 릴레이 ⊖ ON은 전원만 인가된 상태이고, ⊕ ON일 때 작동된다.

64 회생제동을 통한 에너지 회수에 대한 설명으로 틀린 것은?

① 회생브레이크 외 한계를 초과하는 제동력 요구가 있을 경우에는 유압 브레이크를 작동시킨다 .

② 브레이크 작동을 회생브레이크로 사용할 경우, 자동차 브레이크는 최대 1G 정도의 감속도가 필요하다.

③ 모터에서 발생시킬 수 있는 제동력 범위 내에서는 우선적으로 유압 브레이크를 작동시킨다.

④ 회생제동은 전동기를 이용하여 운동에너지를 전기에너지로 변환해서 전력을 회수해 제동력을 발휘하는 제어시스템이다.

모터에서 발생시킬 수 있는 제동력 범위 내에서는 우선적으로 회생제동을 작동시킨다.

정답 **59** ③ **60** ③ **61** ③ **62** ② **63** ① **64** ③

65 자체인덕턴스가 40 mH의 코일에서 0.3초 동안에 12 [A]가 변화했다. 코일에 유기되는 기전력의 크기 [V]는?

① 0.9 V ② 3.6 V
③ 1.6 V ④ 16 V

[19-1 기출]

유도기전력 $e = -N\dfrac{d\phi}{dt} = -L\dfrac{di}{dt} = 0.04\,[H] \times \dfrac{12[A]}{0.3[s]} = 1.6\,[V]$

N : 코일 권수, $d\phi$: 자속변화량[Wb], L : 인덕턴스

※ 자속이 코일을 통과할 때 자속변화량($d\phi$)은 전류변화량과 동일한 의미이다.
※ 기전력이 형성될 때 자속(ϕ)을 방해하는 방향으로 발생되므로 (–)는 '방향'에 관한 것이며, 기전력 크기와는 무관하다.

[참고]
66 하이브리드 자동차의 AHB(Active Hydraulic Booster)에 대한 설명으로 틀린 것은?

① 내연기관의 진공 마스터 부스터 기능을 대신한다.
② 어큐뮬레이터에 충진된 유압을 제어하여 제동한다.
③ 유압 펌프를 이용하여 오일을 고압으로 충전한다.
④ 운전자 요구 제동력에서 회생제동력을 뺀 값이 능동형 전자 제어브레이크에서 발생한다.

내연기관은 흡기 다기관의 진공을 통해 배력식 브레이크에 사용하였지만, 하이브리드 차량의 경우 EV 모드에서 엔진이 정지되면 진공 배력식 브레이크를 사용할 수 없기 때문에 전기를 이용한 모터 펌프를 구동시켜 오일을 고압으로 어큐뮬레이터에 충진시킨다.

[13-3]
67 하이브리드 자동차에서 엔진정지 금지조건이 아닌 것은?

① 브레이크 부압이 낮은 경우
② 하이브리드 모터 시스템이 고장인 경우
③ 엔진의 냉각수 온도가 낮은 경우
④ D레인지에서 차속이 발생한 경우

①의 경우 제동배력장치와 관련이 있다.
② 모터의 동력이 원활하지 않을 경우 엔진동력이 이용된다.

[참고]
68 하드방식 병렬 하이브리드 자동차에서 엔진의 스타트 & 스톱 모드에 대한 설명으로 옳은 것은?

① 주행하던 자동차가 정차 시 항상 스톱모드로 진입한다.
② 스톱모드 중에 브레이크에서 발을 떼면 항상 시동이 걸린다.
③ 배터리 충전상태가 낮으면 스톱 기능이 작동하지 않을 수 있다.
④ 스타트 기능은 브레이크 배력장치의 입력과는 무관하다.

[참고]
69 하이브리드 차량의 HEV 모터의 단락을 검사할 때 U-V상, V-W상, U-W상의 저항을 각각 측정했을 때 얼마이어야 하는가?

① ∞ Ω ② 1Ω 이상
③ 0Ω ④ 10MΩ 이하

HEV 모터의 각 상 점검		
	단선	단락
연결	U-U상, V-V상, W-W상 저항 측정	U-U상, V-W상, U-W상 저항 측정
정상	1Ω 이하	∞ Ω (또는 10MΩ 이상)
불량	1Ω 이상	10MΩ 이하

[참고]
70 다음과 같은 역할을 하는 전기자동차의 제어 시스템은?

[보기]
배터리 보호를 위한 입·출력 에너지 제한값을 산출하여 차량제어기로 정보를 제공한다.

① 냉각제어 기능
② 파워제한 기능
③ 완속충전 기능
④ 정속주행 기능

배터리 잔량이 5% 이하이면 경고메시지가 나타나며, 배터리 소모를 최소화하기 위해 출력을 제한한다. (이때 엔진을 강제구동시켜 HSG(발전기 역할)를 통해 고전압배터리 충전시킴)

[참고]
71 저전압 직류변환장치(LDC)에 대한 설명으로 틀린 것은?

① 저전압 전기장치 부품의 전원을 공급한다.
② 전기자동차 가정용 충전기에 전원을 공급한다.
③ 보조배터리(12V)를 충전한다.
④ 약 DC 360V 고전압을 약 DC 12V로 변환한다.

LDC(Low DC-DC 컨버터)와 완속충전(OBC, On Board Charger)를 구분하는 문제다.

정답 **65** ③ **66** ③ **67** ④ **68** ③ **69** ① **70** ② **71** ②

[참고]
72 하이브리드 자동차의 엔진 및 모터의 결합구조에 대한 설명으로 <u>틀린</u> 것은?

① 모터 연결 방식에는 소프트 HEV, 하드 HEV로 구분할 수 있다.

② 소프트 방식에서 하이브리드 모터 단독으로 차를 구동할 수 없다.

③ 소프트 방식은 정속주행 중 모터가 작동하므로 하드 방식보다 연비 면에서 우수하다.

④ 하드 방식은 엔진 구동을 위해 HSG가 필요하다.

> 소프트 방식은 정속주행 중 엔진이 작동하므로 연비 면에서 하드 방식보다 연비가 떨어진다.

[참고]
73 플러그인 하이브리드 자동차의 특징이 <u>아닌</u> 것은?

① 가정용 전기를 이용해서 배터리를 충전할 수 있다.

② 일반적인 하이브리드 자동차에 비해 연비가 우수하다.

③ 전기자동차와 같이 모터를 사용할 수 있기 때문에 친환경적이다.

④ 일반적인 하이브리드 자동차에 비해 배터리의 크기를 줄일 수 있어 연비 향상에 유리하다.

> 플러그인 HEV는 기존 HEV 대비 고전압 배터리 용량(크기)을 높여 전기차 주행 구간을 연장한다.

[참고]
74 고전압 차량 정비 중 정비사가 심장마비를 일으켰을 때 감전 경로로 가장 적합한 것은?

① 고전압 (+), (−) 단자 중 하나가 차체에 접촉한 상태에서 인체가 차체에 접촉할 경우

② 고전압 (+), (−) 단자 중 하나가 차체에 접촉한 상태에서 인체가 차체와 단자를 동시에 접촉할 경우

③ 고전압 양 단자가 동시에 차체 접촉할 경우 인체가 차체에 접촉할 경우

④ 고전압 (−) 단자가 차체에 접지된 상태에서 인체가 차체에 접촉할 경우

> 고전압 (+), (−) 단자 중 하나가 차체에 접촉한 상태에서 인체가 차체에만 접촉할 경우 전류가 흐르지 않지만, 차체와 단자에 동시 접촉되면 감전의 위험이 있다.
> ③ 고전압 양 단자가 동시에 차체 접촉할 경우 구조상 퓨즈가 끊어지게 되어 있어 전류가 흐르지 않는다.

[참고]
75 회생제동 효율에 대한 설명으로 <u>틀린</u> 것은?

① 가속페달에서 발을 뗄 때는 거리가 길수록 회생제동 효율이 좋다.

② 브레이크를 밟았을 때 회생제동 효율은 약 60% 떨어진다.

③ 회생제동은 모터의 (−) 토크를 이용하는 것이다.

④ 브레이크를 밟았을 때 회생제동과 유압식 제동은 비례하여 나타난다.

> 회생제동은 크게 가속페달에서 밟을 떼었을 경우(타력운전 또는 무부하운전)와 제동상태의 경우 작동된다. 제동상태보다 가속페달에서 발을 뗄 경우 회생제동율은 100%이다.
> 아래 그림은 제동상태에서의 마찰제동과 회생제동과의 관계를 나타낸다. 운전자의 제동 요구량에 대해 회생제동과 마찰제동이 반비례임을 알 수 있다. (회생제동의 기본원리를 묻는 문제로, 관련 내용은 407페이지 참조)

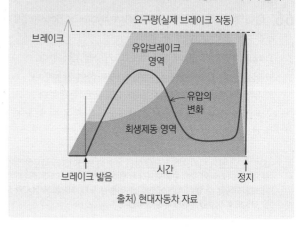

출처) 현대자동차 자료

[참고]
76 EV 자동차의 마찰제동이 가해질 때의 회생제동에 대한 설명으로 <u>틀린</u> 것은?

① 제동 초기에는 유압에 의한 제동력이 전기모터의 회생제동력보다 낮다.

② 제동페달과 가속페달 모두 발을 뗄 경우 회생제동력이 가장 크다.

③ 운전자가 요구하는 제동력은 회생제동력과 마찰제동력을 합한 힘이다.

④ 고장 등으로 회생 제동이 되지 않으면 운전자가 요구하는 전체 제동력은 유압 브레이크 시스템에 의해 공급된다.

> 제동 초기에는 마찰제동이 크지만, 시간이 지남에 따라 회생제동력이 커지며 마지막에는 다시 마찰제동이 커진다. 즉, 전체 제동력(운전자의 요구 제동력) 내에서 유압제동력 증가 시 회생제동력은 저하되고, 감압 시 회생제동력이 증가된다.
> ※ 가속페달에서 발을 뗄 경우 회생제동력이 100%이며, 운전자가 브레이크를 밟을 경우 회생제동력은 감소된다. (윗 그림 참조)

정답 72 ③   73 ④   74 ②   75 ④   76 ①

[참고]
77 하이브리드 자동차의 하이브리드 컨트롤 유닛(HCU)의 학습 작업을 해야하는 경우가 <u>아닌 것</u>은?

① 엔진클러치 유압센서 교체 작업

② 구동모터/미션 정비작업

③ 고전압 배터리 유닛 교체 작업

④ 엔진 교체 작업

변속기-모터 및 엔진 클러치에 의해 선택적으로 연결되는 엔진에 대한 학습을 통해 연비 및 최적의 주행(변속시점, 충격 발생 여부) 등을 결정한다. (배터리가 SOC가 설정 범위일 때 학습 진행 조건에 해당함)

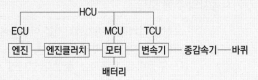

[참고]
78 구동모터 고압케이블의 단선 점검으로 옳은 것은?

① W, W 단자 간의 저항이 1Ω 이하이므로 정상

② W, V 단자 간의 저항이 1Ω 이하이므로 정상

③ U, V 단자 간의 저항이 1Ω 이하이므로 정상

④ W, U 단자 간의 저항이 1Ω 이하이므로 정상

[NCS 학습모듈]
U-U, W-W, V-V 저항은 1Ω 이하일 때 정상이다. (통전 상태)
W-V, U-V, W-U은 단선 상태이어야 하므로 저항은 ∞Ω일 때 정상이다.
※ 단선 : ∞Ω　단락 : 0Ω

[참고]
79 하이브리드 자동차의 고전압 계통 부품을 점검하기 위해 선행해야 할 작업이 <u>아닌 것</u>은?

① 인버터로 입력되는 고전압 (+), (-) 전압 측정 시 규정값 이하인지 확인한다.

② 고전압 배터리에 적용된 안전플러그를 탈거한 후 규정 시간 이상 대기한다.

③ 고전압 배터리 용량(SOC)를 20% 이하로 방전시킨다.

④ 점화스위치를 OFF하고 보조배터리(12V)의 (-) 케이블을 분리한다.

[참고]
80 엔진의 역할이 고전압 배터리를 충전하기 위해서만 존재하고, HEV모터에 의해서만 주행이 가능한 하이브리드 방식은?

① 직렬형

② 직·병렬형

③ 혼합형

④ 병렬형

직렬형의 엔진은 고전압 배터리 충전용으로 이용된다.

[참고]
81 하이브리드 고전압 모터를 검사하는 방법이 <u>아닌 것</u>은?

① 배터리 성능 검사

② 레졸버 센서 저항 검사

③ 선간 저항 검사

④ 온도센서 저항 검사

고전압 모터 점검 사항
• 하이브리드 구동 모터 회로
• 하이브리드 구동 모터 U. V. W 선간 저항
• 하이브리드 구동 모터 레졸버 센서 저항
• 하이브리드 구동 모터 온도 센서 저항
• 하이브리드 구동모터 레졸버 보정
• HSG 장착 위치, HSG U, V, W 선간 저항, HSG 온도 센서 저항, HSG 레졸버 센서 저항

[참고]
82 하이브리드 구동모터의 구성품에 대한 설명으로 옳은 것은?

① 로터는 댐퍼플레이트에 연결되며 엔진축과 연결되어 있다.

② 댐퍼플레이트는 모터의 회전자에서 발생하는 충격을 흡수해준다.

③ 모터에 사용되는 온도센서는 온도가 상승하면 저항이 증가한다.

④ 레졸버는 모터 회전자(영구자석)의 상대위치를 검출하여 모터의 토크를 최대로 하기 위한 것이다.

① 로터(회전자)는 댐퍼플레이트에 연결되며 변속기 입력축에 회전토크를 전달한다.
③ 모터에 사용되는 온도센서는 NTC 타입이다. (모터 온도는 모터 출력에 영향을 주며, 모터 과열은 영구자석, 스테이터 코일 등의 소손 및 구동모터 작동에 영향을 주므로 이를 방지하기 위해 모터의 과열 정도를 판단하여 모터 토크를 제어한다.)
④ 레졸버는 모터 회전자(영구자석)의 절대위치를 검출하여 구동모터의 효율을 최대로 하기 위한 것이다.

[참고]
83 하이브리드 자동차의 모터 컨트롤 유닛(MCU)의 역할이 <u>아닌 것</u>은?

① 고전압 메인 릴레이(PRA)를 제어한다.

② 회생제동 시 모터에서 발생하는 교류를 직류로 변환한다.

③ 고전압 배터리의 직류전원을 교류전원으로 변환한다.

④ HCU의 토크 구동명령에 따라 모터로 공급되는 전류량을 제어한다.

MCU는 HCU의 토크 구동 명령에 따라 모터의 회전수 및 토크를 제어하며, 인버터 기능(3상 교류 변환), 회생제동기능을 수행한다.
※ PRA는 배터리 팩 어셈블리 내에 위치하고 있으며, 배터리의 각 셀 모듈의 온도 측정, 고전압 연결/차단(메인 릴레이 및 프리챠지 릴레이), 전류 모니터링 등을 역할을 하며, 이는 HCU로부터 신호를 받은 BMS에 의해 제어된다.

정답 　77 ③　78 ①　79 ③　80 ①　81 ①　82 ②　83 ①

chapter 04

전기자동차

Main
Key
Point

⚙ EV 기초강의

[출제문항수 : 약 5~7문제] 매 회마다 신출문제가 출제되므로 이론 학습을 필히 권장합니다. 또한, 관련 법규를 비롯한 충전구, 감속기, 냉·난방장치 등 전기자동차에만 사용되는 장치도 주의 깊게 학습하기 바랍니다. (구동모터 및 충전시스템 등 공통 사항은 하이브리드 자동차를 참조합니다)

---

01 전기자동차 개요

→ 내연기관 차량에서 엔진+변속기를 모터+감속기로 단순화되며, 모터 및 고전압 배터리 제어시스템이 적용한다. 적용장치의 구분은 교류 모터&발전기, 감속기, 직류 고전압 배터리 및 교류모터로 구동되는 에어컨 컴프레서, 모터와 유압으로 작동되는 제동장치 등이 일반 내연기관 자동차와 크게 구분된다.

1 특징
① 동적 성능 및 에너지 효율 우수
② 정숙성 우수
③ 구조 간단, 시스템 제어 및 유지보수 용이
④ 출발과 동시에 최대 회전력(토크)을 사용할 수 있어 내연기관 자동차 대비 저속에서의 가속 성능이 뛰어남
⑤ 동력 전달이 앞뒤에 따로 구성되어 실내 공간을 넓다.
⑥ 차체 바닥에 배터리를 넓게 배치해 무게 중심이 낮고 선회성이 우수, 주행 안전성 우수
⑦ 급속 충전으로 인한 배터리 수명 감소 우려
⑧ 히터 작동으로 인한 배터리 주행거리 감소
⑨ 내연기관 자동차에 비해 장거리 주행에 불리

2 전기자동차의 기본 구성
① 모터 속도를 제어하여 차량 속도를 결정하므로 변속기는 필요 없으며, 대신 토크를 증대하기 위한 감속기가 설치된다.
② 고전압을 PTC 히터, 전동 컴프레서에 공급하기 위한 고전압 정션박스가 PE룸(내연기관의 엔진룸에 해당)에 있고 그 아래로 완속 충전기(OBC), 전력 제어장치(EPCU)가 놓여진다. EPCU는 VCU, MCU(인버터), LDC가 통합된 형태이다.

▶ HEV(하이브리드 자동차)과 EV(전기자동차)의 주요 차이
 • EV는 변속기 대신 감속기
 • EV는 HSG가 없음

---

3 전기자동차의 주행 모드

출발/가속	• 고전압 배터리의 전기에너지를 이용하여 구동모터의 회전 속도에 따라 주행한다. • 큰 구동력을 요구하는 출발과 언덕길 주행 시 모터의 회전 속도는 낮아지고 구동 토크를 높여 언덕길을 주행할 때에도 **변속기 없이** 모터로만 주행한다.
감속 (회생제동)	• 내리막길이나 모터 구동력이 필요없는 상태에서는 **구동모터는 발전기의 역할**을 하여 주행 관성 운동에너지를 전기에너지를 만들어 고전압 배터리에 저장한다.

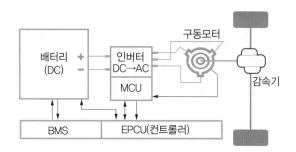

⚙ 전기자동차 시스템 동력전달 기초

---

02 고전압 기본 회로

① 고전압 배터리, PRA, 전동식 에어컨 컴프레서, LDC, PTC 히터, OBC, MCU, 구동모터가 고전압으로 연결되어 있다.
② 배터리 팩 내부에는 고전압 배터리와 PRA가 방수 타입으로 밀봉(기밀)되어 장착되어 있다. – **실런트**
③ PRA(Power Relay Assembly)
 • PRA 1 : 구동용 전원을 공급/차단
 • PRA 2 : 급속 충전 시 BMS의 신호를 받아 고전압 배터리에 충전될 수 있도록 전원을 연결

④ 고전압 배터리에는 고전압을 차단할 수 있는 안전플러그가 장착
⑤ 전동식 에어컨 컴프레서, PTC 히터, LDC, OBC에 공급되는 고전압은 정선박스를 통해 전원을 공급받는다.
⑥ MCU는 직류 360V 단상 고전압을 PRA1과 정선박스를 거쳐 공급받아 교류 360V 3상으로 변환하여 구동모터에 고전압을 공급하고 운전자의 요구에 맞게 모터를 제어한다.

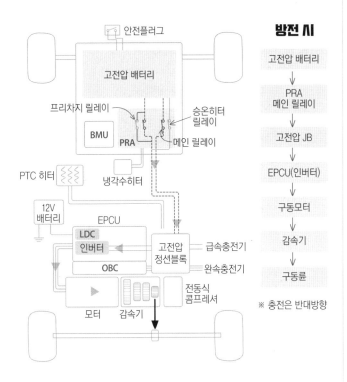

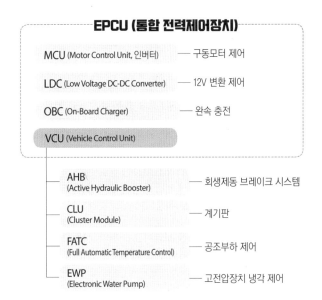

03 전기자동차의 기본 제어

1 전력통합제어장치(EPCU, Electric Power Control Unit)
VCU, MCU, LDC, OBC를 통합한 형태로, 전력 제어사항을 통합한다.

VCU	전기자동차의 통합 제어기
인버터 (MCU)	구동모터 전원용으로 고전압 직류를 교류로 변환
LDC	고전압 배터리 전압을 차량용 12V로 변환
OBC	외부의 220V 교류 전원을 전기자동차용 360V 직류로 변환해주는 완속 충전기

2 VCU(Vehicle Control Unit)
① EV의 주행과 관련된 여러 시스템이 최적의 성능을 유지할 수 있도록 역할을 수행하는 핵심 제어기이다.
② VCU는 EV의 메인 컴퓨터로 MCU, BMS, LDC, OBC, AHB, FATC 등과 협조 제어를 통해 각종 기능을 수행한다.
③ 운전자의 의지, 차량 속도, 배터리 정보를 받아 모터토크제어, 변속제어, 제동제어, 전장부하 전원공급제어, 클러스터 표시, DTE(Distance to Empty), 냉·난방제어, 보조배터리 충전제어, 진단 등을 통합 제어한다.

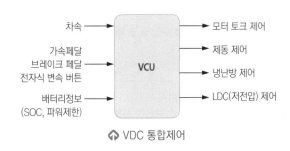
⬙ VDC 통합제어

④ VCU의 주요 제어

구동모터 제어	배터리 가용파워, 모터가용토크, 운전자 요구(APS, Brake SW, Shift Lever)를 고려한 모터 토크 지령 계산
회생제동 제어	• 회생제동을 위한 모터 충전 토크 연산 • 회생제동 실행량 연산
공조부하 제어	배터리 정보 및 FATC 요청 파워를 이용하여 최종 FATC 허용 파워 승신

전장부하 전원 공급제어	배터리 정보 및 차량 상태에 따른 LDC ON/OFF 및 동작 모드 결정
Cluster 표시	구동 파워, 에너지 흐름, ECO Level Power Down, Shift Lever Position, Service Lamp 및 Ready Lamp 점등 요청
DTE (Distance to Empty)	• 배터리 가용에너지, 과거 주행 전비를 기반으로 차량의 주행가능거리 표시 • AVN을 이용한 경로 설정 시 경로의 전비 추정을 통해 DTE 표시 정확도 향상
아날로그/ 디지털 신호처리 및 진단	APS, 브레이크 스위치, 시프트 레버, 에어백 전개 신호처리 및 진단

(1) 구동모터 토크 제어 (VCU ⇌ BMS, MCU)

① 하이브리드 카와 동일한 영구자석 동기전동기를 사용하며, 모터에서 발생된 발생한 동력은 회전자 축과 연결되어 있는 감속기와 드라이브 샤프트를 통해 구동 바퀴에 전달된다.
② 후진 시 모터를 역회전시켜 후진 주행한다.

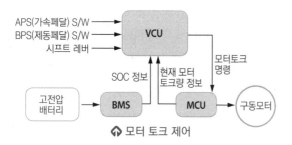

↑ 모터 토크 제어

③ 제어 모듈

BMS	고전압 배터리의 전압, 전류, 온도, SOC 값을 측정하여 고전압 배터리 용량을 VCU에게 전달
MCU	• VCU와 통신하여 주행조건에 따라 구동모터의 제어를 최적화한다. • 현재 모터 토크값와 사용 가능한 토크값를 연산하여 상위제어인 VCU에게 제공한다.
VCU	BMS 및 MCU의 정보를 바탕으로 운전자의 요구(APS, Brake S/W, Shift Lever)를 고려하여 토크를 계산하여 <u>MCU에 모터 토크 명령을 내려 모터를 제어한다.</u>

▶ 알아두기) 교류 동기전동기의 특징
• 다른 전동기보다 고효율이며, 최대토크를 발휘한다.
• 부하변화로 인한 속도변화가 없음(일정)
• 회전속도가 전원주파수에 의해 결정된다.
• 속도 제어가 어려움 (속도변화를 위해 인버터가 필요)

(2) 회생제동 제어 (VCU ⇌ AHB, MCU, BMS)

제동 및 감속 시 정지 전까지 관성주행(타행)에 의해 앞으로 달리려 할 때 회생제동은 정지 과정에서 남아있는 운동에너지를 회수해 전기에너지로 전환하는 장치다.

AHB	• Active Hydraulic Booster • 모터로 유압을 발생하고 그 유압을 통해 제동력을 확보하도록 한 전동식 유압 부스터 • 주행 중 우수한 제동력과 제동감의 구현이 가능하며, 회생 제동 모드에서 주행 상태에 따라 수시로 변화하는 모터의 발전량과 연동하여 일정한 제동력을 확보할 수 있는 제동 시스템 • 운전자의 요구 제동량을 BPS(Brake Pedal Sensor)로부터 받아 연산하여 이를 유압 제동량과 회생제동 요청량으로 분배하는 것을 회생 제동 실행량(VCU)으로 모니터링 하여 유압 제동량을 보정한다.
VCU	• 각 컴퓨터로부터 정보를 종합 후 모터의 회생제동 실행량을 연산하여 MCU에게 최종적으로 모터 토크('−' 토크)를 제어한다. • 회생제동 실행량을 VCU로부터 받아 유압 제동량을 결정하고 유압을 제어한다.

↑ 회생제동 제어

▶ 회생제동 제한
• 배터리가 완전히 충전되어 있는 상태
• 고속주행 상태에서 급제동하면 모터(발전기)의 최대 정격전류를 초과하여 발생할 경우
• 정지 직전인 저속 상태에서는 모터(발전기)의 역기전력이 너무 작을 경우 회생제동이 어렵다.

▶ 회생제동의 작동범위
10 km/h 이상일 경우 (미작동 : 3 km/h 이하일 경우)

▶ 알아두기) 회생제동 원리

브레이크 페달을 밟는 순간 고전압 배터리에서 모터로 공급되는 전류는 차단되고, 구동모터는 발전기로 전환된다. 즉, 제동할 때의 회전 저항을 제동력으로 이용하고 회전 운동에너지(모터 회전속도의 제곱에 비례)를 전기에너지로 변환해 에너지를 회수한다.

물론 제동 시 모터의 부하만으로 완벽한 제동이 안되므로 기존 유압식 제동도 함께 진행된다. 모터로 공급되는 전력량을 제어해 차량을 일정 수준까지 감속시킨 후 기계적 제동을 통해 차량을 정차시킨다.
→ 그러므로 브레이크 패드 마모 속도가 상당히 늦은 특징이 있다.

전기자동차에서의 제동 제어는 모터(발전기)로 에너지를 회생하려면 마찰식 브레이크와의 연동이 필요하다. 먼저 브레이크 페달 밟는 양으로부터 필요 제동력을 계산한다.

"제동력 = 회생제동+마찰제동" 이므로 자동차의 주행 상태에 따라 마찰 브레이크(마찰제동)와 회생제동를 적절하게 분할하는 제동력 제어가 필요하다. (마찰 제동의 비율을 너무 크게 하게 되면 회생할 수 있는 운동에너지가 줄어들어 효율이 떨어지기 때문)

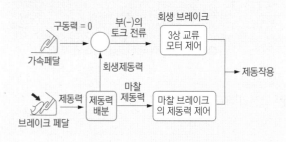

(3) 공조 부하 제어 (VCU ⇌ FATC, BMS)

FATC	• Full Automatic Temperature Control : 전자동 에어컨 • 냉·난방 스위치 작동 또는 온도자동제어 등 냉·난방 요구 신호에 따라 차량 실내 온도와 외기 온도 정보를 종합하여 VCU에 냉·난방 파워를 요청한다.
VCU	SOC 정보 등 여러 센서 정보를 종합하여 허용 범위 내에서 에어컨 컴프레서와 PTC 히터를 제어한다.

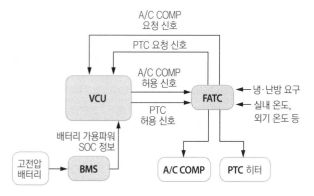

→ 제어 흐름 : FATC에 입력된 냉·난방 요구 신호, 실내·외 온도 등 입력신호를 받아 냉난방 작동 신호를 VCU에 보내고, VCU는 배터리 상태에 이상이 없을 경우 허용 신호를 보내 FATC는 에어컨 컴프레셔 및 PTC 히터를 가동시킨다.

(4) 전장 부하 전원 공급 제어 (VCU ⇌ LDC, BMS)

전장 전원 공급 및 보조 배터리의 충전을 제어한다.
→ 보조 배터리는 (주행 가능) 표시등이 켜진 상태 또는 고전압 배터리가 충전되는 경우 충전된다.

VCU	운전자의 요구 토크량 정보와 회생제동량 변속 레버의 위치에 따른 주행 상태를 종합적으로 판단하여 LDC에 충·방전 명령을 LDC에 보낸다.
LDC	VCU에서 받은 명령을 보조 배터리에 충전 전압과 전류를 결정하여 제어한다.

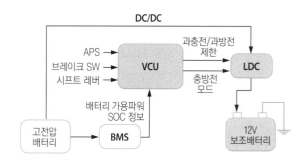

(5) 클러스터(계기판) 램프 제어

① VCU는 하위 제어기로부터 받은 모든 정보를 종합적으로 판단하여 클러스터 램프 점등 제어를 한다.

② 시동키를 ON 하면 차량 주행 가능 상황을 판단하여 'READY' 램프를 점등하도록 한다.

▶ 고전압 정션박스(HJB)의 주요 기능
• 고전압 배터리의 전력을 정션박스 내부의 버스바(busbar)를 통해 각 디바이스에 전력을 분배함
• 각 디바이스로 연결되는 회로에 퓨즈를 설치하여 과전류로부터 디바이스를 보호함
• 메인 릴레이에 고전압/ 고전류의 전원이 단시간에 흐르면 아크발생으로 접점 소손 등 릴레이가 파손되므로 이를 방지하기 위해 프리차지 회로를 메인 릴레이에 병렬로 구성, 저전력을 흘려 서서히 전압 차이를 줄인(전압 레벨 조정) 후 메인 릴레이가 손상되지 않게 회로를 연결해주는 방식 – 차량 시동(메인 회로 연결) 시 작동

▶ 고전압 배터리 시스템 어셈블리의 구성
- 배터리 관리 시스템(BMS : battery management system)
- 고전압 배터리팩 어셈블리
- 안전 플러그
- 파워 릴레이 어셈블리(PRA : power relay assembly)

1 고전압 배터리 제어 시스템(BMS)

(1) BMS의 주요 기능

SOC 제어	전압/전류/온도 측정을 통해 SOC를 계산하여 적정 SOC 영역(20~80%)으로 제어함 → SOC(State Of Charge, 배터리 충전율) : 배터리의 완전충전 용량 대비 배터리 사용 가능 에너지를 백분율로 표시한 양 → $SOC = \dfrac{\text{방전 가능한 전류량(잔존용량)}}{\text{배터리 정격 용량}} \times 100\%$
배터리 출력 제어	• 시스템 상태에 따른 입/출력 에너지 값을 산출하여 가용 파워 예측, **과충전·과방전·과전류 방지** • OBC와 연동하여 배터리 팩의 이상 현상 시 출력 제한
파워 릴레이 제어	• IG ON/OFF 시 고전압 배터리와 관련 시스템으로의 전원 공급 및 차단 • 메인 릴레이 보호를 위한 프리차지 릴레이 제어 • 고전압 시스템 고장으로 인한 안전 사고 방지
냉각 제어	• 냉각 팬 제어를 통한 최적의 배터리 동작 온도 유지 (배터리 최대 온도 및 모듈 간 온도 편차량에 따라 팬 속도를 가변 제어함)
고장 진단	• 시스템 고장 진단, 데이터 모니터링 및 소프트웨어 관리 • 페일-세이프(Fail-Safe) 레벨을 분류하여 출력 제한치를 규정 • 릴레이 제어를 통하여 관련 시스템 제어 이상 및 열화에 의한 배터리 관련 안전 사고 방지

(2) 관련 장치

① BMU(battery mangement unit)

② CMU(cell monitoring unit) : 각 모듈의 온도, 전압, 화학적 상태를 측정해 BMS에 전달한다.

③ **과충전 차단 스위치**(VPD : voltage protect device)
- 각 배터리 모듈마다 설치되어 있다.
- NC 타입으로 셀이 과충전되면 스위치를 open시켜 메인 릴레이(+), 메인 릴레이 (-), 프리차지 릴레이 코일의 접지 라인을 차단시켜 주행을 불가능하게 한다.

④ 고전압 배터리 온도 센서 : 각 고전압 배터리 모듈에 장착되어 있으며, 각 배터리 모듈의 온도를 측정해 CMU에 전달하는 역할을 한다.

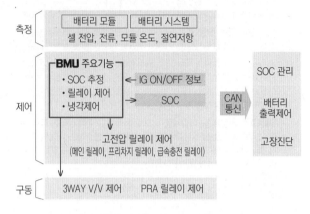

⬆ 고전압 배터리 컨트롤 시스템 개요

2 고전압 배터리팩 Assy'

(1) 배터리의 구성 요소

양극	• 방전 시 리튬이온이 전자를 받아 환원 • 재료 : $LiCoO_2$, $LiMn_2O_4$, $LiNiO_2$
음극	• 방전 시 리튬이온이 전자를 받아 산화 • 재료 : 리튬금속합금탄소, 흑연화탄소
전해액	• 양극, 음극의 전기화학 **반응을 원활**하게 하도록 리튬이온 이동을 일어나게 하는 매개체 • 젤 타입의 고분자(폴리머) 전해질
분리막	양극, 음극의 전기적 단락 방지
배터리 형태	종류 : **각형, 원통형, 파우치형(주머니형)**

▶ 배터리 형태에 따른 특성

각형	• 외부충격에 강하고 내구성이 뛰어남 • 에너지밀도가 낮고, 배터리 소재를 말린 형태로 AI 각형으로 주입되므로 내부공간활용이 떨어지고 무거움
원통형	• 일반적인 형태로, 가격이 저렴하고 부피당 에너지밀도가 높으나 배터리 시스템 구축 시 고비용
파우치형	• 소재를 층층이 쌓아올려 부드러운 필름으로 포장하여 얇아 형태가 자유롭고, 내부공간활용이 커 에너지밀도가 높다. • 사용빈도가 높으나 케이스가 약해 외부충격에 약함 • 2~4개 정도의 파우치를 병렬로 연결해 구성

(2) 리튬 폴리머(Li-Po) 배터리의 특징

① 높은 에너지 저장 밀도 및 높은 방전율

② 액체 전해질 대신 젤 형태로 리튬 이온보다 화학적 안정성이 커 폭발 위험성이 적음

③ 가볍고, 다양한 형태로 설계가 가능(스마트폰, 태블릿, 전기차 등)

④ 중금속을 사용하지 않아 친환경적

⑤ 단점 : 전해액이 젤 형태이므로 이온 전도율 감소, 저온에서 출력 저하

(3) 배터리의 기본 구조 : 셀 → 모듈 → 배터리 팩

셀 구성	• 3.75V의 단자 전압을 가지며, 용량을 결정하는 기본 단위 • 양극, 음극, 분리막, 전해액을 사각형의 Al 케이스에 넣어 만듦
모듈 구성	• 셀을 직렬로 연결한 배터리팩의 중간 단위 • 제어의 용이성과 수리, 확장성을 고려해 10개 내외의 셀로 구성
배터리 팩 구성	• 직렬 연결된 다수의 모듈을 총칭하는 단위로 차체에 설치되는 배터리의 최종적인 형태 • BMS·냉각시스템 등 각종 제어 및 보호 시스템과 함께 장착

→ DC 360V일 경우 셀당 약 3.75V로 96개로 배터리 모듈을 구성하여 패키지로 장착된다.

→ 배터리 팩에는 전압 센서와 온도 센서가 장착되어 되어 있음

3 파워 릴레이 어셈블리(PRA, Power Relay Assembly)

① 고전압 배터리의 충·방전을 위해 전원을 공급/차단하는 역할을 한다. 고전압 배터리 시스템 어셈블리 내에 장착되며, 배터리와 인버터를 전기적으로 연결한다.

② 구성 : 메인 릴레이 ⊕, ⊖, 프리차지 릴레이 및 프리차지 레지스터, 배터리 전류센서, 온도센서, 버스바 등

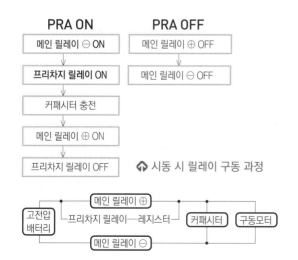

↑ 시동 시 릴레이 구동 과정

③ 커패시터(capacitor, 콘덴서)와 프리차지 회로

• 차량 시동 시 메인 릴레이에 고전압/고전류 전원이 단시간에 흐르면 아크 발생으로 접점 소손 등으로 릴레이의 파손이 우려된다. 이를 방지하기 위해 프리차지 릴레이 및 레지스터를 메인 릴레이 ⊕에 **병렬로 연결**하여 서서히 전압차를 줄인 후(전압 레벨 조정) 메인 릴레이가 손상되지 않도록 한다.

• 고전압 전력을 안정적으로 공급하고 평활을 목적으로 EPCU 내부에 커패시터가 장착된다.

• 고전압 배터리의 전원을 인버터로 연결되기 전에 커패시터를 거치게 된다. PRA off 또는 세이프티 플러그 차단 시 고전압이 차단되지만 커패시터 내부에는 고전압 에너지가 저장되어 있어 커패시터의 에너지가 방전되기까지는 약간의 시간이 필요하다.

05 고전압 장치 및 충전장치

1 MCU(Motor Control Unit, 인버터)

① **구동모터 제어** : 인버터에서 고전압 배터리의 DC 전원을 3상 AC 전원으로 변환시킨 후, 모터제어기(MCU)가 모터의 회전속도와 토크, 회생제동 등의 제어를 담당한다.

▶ **모터의 구동 제어법**
인버터 내부의 전력용 반도체를 사용하여 특정한 주파수와 전압(펄스폭, PWM 제어)을 가진 교류로 변환시켜 회전속도를 제어한다. 즉, 정밀한 속도를 제어하기 위해 주파수 변환방식, 전압제어 방식이 있다. 이를 '가변 전압 가변 주파수(VVVF, Variable Voltage Variable Frequency)' 제어라고도 한다.

② **회생제동 제어(컨버터 기능)** : 감속 및 제동 시에는 구동모터가 발전기 역할을 하여 구동모터에서 발생한 에너지, 즉 AC 전원을 DC 전원으로 변환하여 고전압 배터리를 충전시켜 항속거리를 증대시킨다.

③ **EWP 제어** : 고전압 시스템의 냉각을 위해 장착된 EWP의 제어 역할을 담당한다.

→ EWP 제어는 차종에 따라 MCU 외에도 VCU에서 담당하기도 한다.

2 구동 모터 → 하이브리드 섹션을 참조할 것

3 고전압부 냉각

① EPT(Electric Powertrain) 장치는 자체 성능을 유지하기 위해 규정 온도 범위에 있어야 한다. VCU는 EPT 장치의 온도를 모니터링하고, 규정온도 범위를 벗어나면 EWP를 제어한다.

② 냉각을 최적으로 제어하기 위한 전자식 팽창밸브를 적용하여 배터리 셀 온도를 45℃ 이하로 유지한다.

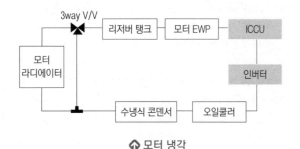

⬆ 모터 냉각

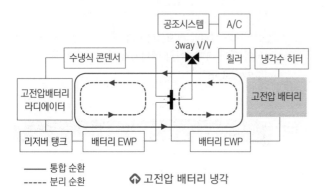

──── 통합 순환
----- 분리 순환

⬆ 고전압 배터리 냉각

(1) EWP(Electronic Water Pump)

BLDC 방식이며 ICCU(LDC·OBC), MCU, 모터를 냉각하기 위해 냉각수를 강제 순환한다.

→ 냉각장치의 필요성 : 열 발생량이 내연기관 차량의 전장 부품보다 높으며, 반도체 소자는 열에 매우 취약하여 효율 감소 및 정상작동 불능의 우려가 있으므로 반드시 필요

→ BLDC(Brushless Direct Current) 전동기 : 브러시가 없는 모터를 말하며, 직류전동기와 비슷한 출력 특성을 가진 동기전동기이다. 저속 운전시에도 부하변동의 영향이 없이 일정한 토출량을 출력하며, 가볍고 정확도가 높아 정밀한 제어가 가능하다.

▶ 배터리 기밀 테스트
• 배터리 케이스는 상·하부로 구분되며, 방수 개스킷이 사이에 장착
• 기밀 검사 장비 및 진단기기를 사용하여 기밀 테스트를 수행

4 충전시스템

(1) 완속 충전

① 외부 완속 충전기에서 공급된 AC 100/220V 전력을 차량 내 탑재된 완속 충전장치인 OBC(on-board charger)를 통해 DC 360V로 변환해서 충전한다.

② 급속 충전보다 장시간 필요하지만, 급속 충전보다 충전 효율이 높아 SOC 90~95%까지 충전이 가능하다.

→ 완속 충전 원리 : 충전기 내에서 12V 전원을 OBC로 인가해 OBC에서 IG3 2번 릴레이를 ON 시킨다. 동시에 파워모듈이 깨어나고 (Wake-up), OBC를 통해서 AC 220V 전원이 DC로 변환되어 배터리를 충전한다.

→ 충전 경로 : 이론 끝부분 참조

▶ ICCB(In Cable Control Box, 완속 충전케이블)
충전소/충전기가 없을 경우 비상 시 가정용 전원으로 EV/PHEV 충전 시 필요한 안전성 확보를 위한 휴대용 충전기 제어장치로, 완속 충전 시 차량 내의 충전기(OBC)를 거쳐 고전압 배터리를 충전한다.

▶ 통합 충전 제어 장치(ICCU : Integrated Charging Control Unit)
고전압 배터리와 보조배터리 모두 충전이 가능하도록 기존의 OBC에 LDC를 통합한 충전 시스템이다. 기존 단방향만 충전 가능했던 기능을 개선해 양방향 전력변환이 가능하다.

(2) 급속 충전

① 급속 충전기(DC 380V)에서 급속충전포트를 통해 배터리로 직접 연결되며 단기간 빠르게 충전하는 방법이다.

② 충전 효율 : SOC의 90%까지 충전 가능(배터리 보호를 위해 SOC의 71%까지 급속충전구 2구를 사용하여 1차 충전하고, 2차로 급속충전구 1구를 사용하여 SOC 90%까지 충전함)

▶ 충전 시 안전을 위해 차량 주행이 불가능하고, 급속 충전과 완속 충전이 동시에 이뤄질 수 없다.

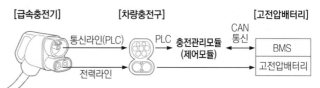

PLC(Power Line Communication) : 전력선에 신호를 실어 통신하는 기술

⬆ 급속 충전 시스템 구성

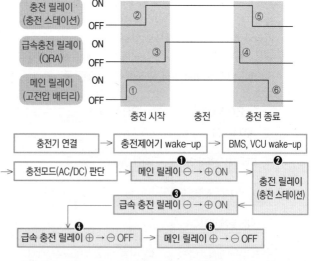

• 충전 시작 : 충전기가 연결되면 충전통신 제어기가 충전모드(AC/DC)를 판단하고 BMS의 신호로 고전압 배터리의 메인 릴레이 → 충전 스테이션의 릴레이 → 급속 충전 릴레이 순서로 ON이 되어 충전을 시작한다.

• 충전 종료 : 정상적으로 충전이 종료가 되면 PCM의 급속 충전 릴레이 → 충전 스테이션의 릴레이 → BMS의 신호로 고전압 배터리의 메인 릴레이 순서로 OFF가 되어 충전을 종료한다.

⬆ 급속 충전 및 종료 순서

(3) 충전기의 종류

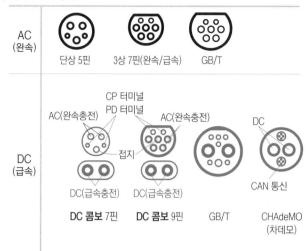

AC (완속)	단상 5핀	3상 7핀(완속/급속)	GB/T

DC (급속)
- DC 콤보 7핀
- DC 콤보 9핀
- GB/T
- CHAdeMO (차데모)

- CP 터미널
- PD 터미널
- AC(완속충전)
- 접지
- AC(완속충전)
- DC
- DC(급속충전)
- DC(급속충전)
- CAN 통신

▶ **CP 터미널과 PD 터미널 – 신호 : PWM 파형**
- CP(Control Pilot) : 충전기로부터 신호를 받음(통신)
- PD(Proximity Detection) : 충전기 플러그 체결 유무 판단

▶ **케이블에 따른 통신 방법**
- DC 콤보 : 전력선 통신(PLC : Power Line Communication) – 급속충전에서는 CP 신호에 PLC 통신을 실어 충전데이터를 주고 받음
- 차데모 : CAN 통신

▶ **콤보 충전 인렛 어셈블리**
ICCB를 완속충전 포트에 연결하거나 급속 충전 커넥터를 급속 충전포트에 연결시켜 충전을 한다.

(4) 통합 충전 제어 장치 (PCU, Power control Unit 또는 ICCU, Integrated Charging Control Unit)

① 고전압 배터리와 보조배터리 모두 충전이 가능하도록 기존의 OBC에 LDC를 통합한 충전 시스템이다.

② 양방향 전력변환이 가능하다.

(5) OBC(On-Board Charger)

① 상용 전원인 AC 전압을 DC 전압으로 변환 후 승압하여 고전압 배터리 전력을 공급

② 구성 : 정류장치, 직류 출력장치, 정전압 기준 장치 등

③ 배터리 팩을 충전시키기 위한 완속 충전 정류기로써 차량에 탑재되는 형태의 고전압 Battery Pack 충전기

제어 성능	• 입력전원인 AC 전원 규격만족을 위한 Power FACTOR 제어 • DC Link 전압 및 전류 제어
보호 기능	• OBC 제한 온도 초과 시 출력 제한 • BMS와 연동하여 배터리 팩의 이상 현상 시 출력 제한 • OVP, UVP, OCP, OTP etc.
I/F 제어	• BMS와 충전에 따른 출력전압 전류 제한 • 공조기능 필요 시 타 제어기와 I/F 제어 • BMS와 충전시작 / 종료 시퀀스

(6) LDC(Low DC-DC Converter, 저전압직류 변환장치)

① VCU의 제어명령에 따라 고전압 배터리의 전력(DC)을 보조배터리의 전력(DC 12V)으로 변환하여 12V 배터리에 충전 및 차량 전장 부하 전원을 공급한다.

② 기존 내연기관의 발전기 기능을 대체한다.

③ 구성 : 직류입력장치, 정류장치, 직류출력장치 등으로

④ 보호기능 : 과전압 보호, 과전류 보호, 저전압 보호, 온도 제한

▶ HDC(Hight Voltage DC-DC Converter) : 고전압 배터리의 직류 전압을 더 높은 전압으로 상승시켜 인버터에 공급

(5) 급속 충전 릴레이 어셈블리(QRA)

① 고전압 정션블록 내에 장착되어, BMU 제어 신호에 의해 고전압 배터리 팩과 정션 블록 사이에서 DC 800V 고전압을 ON/ OFF 및 제어한다.

② 급속 충전 시 공급되는 고전압을 배터리팩에 공급하는 **스위치 역할 및 과충전 방지 역할**

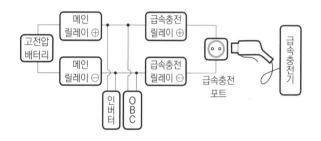

(6) 충전 관리 시스템(VCMS)

충전	• AC 완속 충전 및 인버터를 활용한 멀티입력(400V, 800V) DC 급속 충전 제어 • CP/PD 인식, PLC 통신 • 인렛 잠금 상태 확인 및 온도 감지
V2L	• (Vehicle to Load) : 양방향 OBC를 활용하여 차량 내/외부로 일반 전기 전원(220V)을 제공 • 양방향 ICCU(OBC)를 활용한 배터리 전력 공급 제어
PnC	• 간편 결제 시스템(Plug and Charge) : 충전소에서 충전 시 결제에 관한 충전 인터페이스 및 인증 기능

• PLC (Power Line Communication) : 1개의 라인에 2개의 신호를 보내는 통신

5 보조배터리 – AGM 배터리

① 배터리 내에 AGM(Absorbent Glass Material)이라는 흡수성 유리 섬유 격리판에 전해액을 흡수함으로써 **전해액을 비유동적으로 조절**하며, 배터리 상단에 밸브를 적용하여 가스방출을 최소화한다.

② ISG 차량에 적합

→ 일반 차량 대비 시동 ON/OFF를 빈번히 함에 따라 높은 배터리 성능, 우수한 내구성, 배터리 충전상태 관리를 필요로 AGM 배터리를 채택함

▶ 보조배터리 제원 : 용량(20HR/5HR), 냉간시동전류, 비중, 전압

5 PDU(Power Distribution Unit) 고전압 전원분배기
① 고전압 배터리의 에너지를 고전압 부품으로 각각 분배해 주며, 또한 급속 및 완속 충전기를 통한 입력 전원을 고전압 배터리로 보내주는 역할을 한다.
② 고전압 전원분배기로 입력된 DC는 고전압 배터리로 연결되며, DC 라인에 분기되어 인버터, PTC 히터, 전동식 컴프레서, LDC, OBC등으로 연결된다.
③ 내부 결선은 대부분 버스바로 연결되며, 분배의 역할뿐만 아니라 퓨즈, 릴레이 등을 통해 고전압 계통을 보호하는 역할도 한다.
④ 주요 기능
• BATT 전원 분배
• 인버터 / OBC / LDC 전원공급
• 전동식 A/C 컴프레셔 및 PTC 히터 전원 공급
• 급속충전기 입력전원 분배

06 기타 전장장치

1 서비스 인터록 커넥터
① 퓨즈박스에 있으며, 고전압 시스템 회로 연결을 차단하는 장치이다.
② 서비스 인터록 커넥터 작동조건
• 서비스 인터록 커넥터 탈거 시 BMU가 메인 릴레이 ON 하지 않도록 제어한다. 만약, 서비스 인터록 커넥터를 체결하지 않으면, IG ON - 시동 상태로 진입하지 않는다. (고전압 배터리 전원 비활성화)
• 만약 정차상태에서도 인터록이 단선되면 BMU가 메인릴레이를 강제로 OFF 한다.

2 감속기 – 변속기가 없는 전기차
① **전기차에는 변속기가 없다. 즉, 다단 변속기가 아닌 1단 감속기를 사용하므로 변속충격 없어 부드러운 운행이 가능**하다.
→ 일반 내연기관 차량의 변속기와 같은 역할을 하지만 여러 단이 있는 변속기와 달리 엔진보다 매우 빠른 모터의 회전력을 일정한 감속비(감속비가 고정)로 줄여 토크를 높여 차축으로 전달한다.
② 내연기관과 달리 구동모터는 회전 시작과 동시에 최대 토크가 출력할 수 있고, 고회전 영역에 일정한 토크를 발휘한다. 이에 가속페달을 밟으면 인버터를 통해 전압과 주파수

를 조절하여 번거로운 변속과정이 필요 없이 부드러운 가속이 가능하다.
→ 모터 동력은 회전자 축에 연결된 감속기에서 기어비만큼 감속하여 토크를 증대하여 드라이브 샤프트를 통해 구동 바퀴에 전달된다.
③ 감속기의 역할 : 토크 증대 기능, 차동 기능, 파킹 기능
• 모터의 고회전, 저토크 입력을 받아 적절한 감속비로 속도를 줄여 토크를 증대 (회전수와 토크는 반비례하므로)
• 차동기능은 양 구동 휠에 회전 속도를 조절한다.
• 차량 정지 상태에서 기계적으로 구동계 동력 전달을 단속하는 파킹 기능이 있다.
④ 감속기 내부에는 파킹기어를 포함하여 5개의 기어가 있으며 수동 변속기 오일이 들어있는데 **오일은 무교환식**이다.

3 SBW(shift by wire)
① 기존의 케이블 방식이 아닌 전자제어방식으로, 모터 및 액추에이터를 이용하여 변속단 선택을 인지하여 CAN 통신을 통해 VCU로 전달하여 변속한다.
① 자동차 공간 확보에 유리하며 충격과 진동을 감소한다.
② SBW 레버의 조작으로 P-R-N-D의 위치로 변경된다. P버튼을 누르면 어느 레버 위치에서도 P단 변경이 가능하다.
→ 변속전달기구를 파킹 액추에이터(브러시리스 모터)를 통해 감속기의 기어를 제어하는 전동식 파킹 브레이크 방식이다.
③ 오토파킹 제어 : 운전자가 차량에 없거나, key OFF 시 기어 위치를 자동으로 P단으로 변경

▶ P단 이동 조건
각 단에서 P단으로 이동 조건은 다음과 같이 동일하다.
• 브레이크 페달 : ON
• 차량 속도 : 5~8km/h 이하
• 파킹 스위치 : ON
• 레버 이동 : 현재위치(없음)

④ 위치감지센서(홀센서) - 변속레버의 조작방향 및 위치를 감지
⑤ N단 시동 OFF 상태에서 위험 인지에 따른 자동적인 P단 체결과 P단 미체결 시 EPB(전자파킹브레이크)의 제어를 통해 fail-safe를 구현한다.

4 IEB 통합형 전동 브레이크
① EV차량에서 진공 배력장치 사용이 불가하므로 전동모터로 전동식 압력공급 제동장치를 사용한다.
② 감속시 회생제동되며 회생제동량은 차량 속도와 배터리 충전량 등에 따라 결정되며, 운전자 요구 제동력에서 회생제동력을 뺀 값이 발생되는 유압 제동력이다.
→ 고장 등으로 회생제동이 되지 않을 경우 유압 제동력을 발생시킨다.

▶ 참고) 전기차 회생제동장치의 제동등 작동기준

감속도(m/s²)	작동기준	비고
0.7 이하	점등되지 않을 것	
0.7~1.3	점등이 가능할 것	0.7 미만으로 감속되기
1.3 초과	점등될 것	전에 소등될 것

07 냉·난방 시스템

→ 난방 시 내연기관 자동차와 같이 엔진의 폐열을 사용할 수 없으므로 전기 발열을 이용한 'PTC 히터'의 난방 시스템과 모터나 인버터 등 고전압부의 폐열을 이용한 고효율 '히트펌프 시스템'으로 구성한다. 냉방 시 기존 원리는 기존 내연기관과 동일하나 차이점은 컴프레셔가 난방 시에도 구동된다.

1 PTC 히터 (Positive Temperature Coefficient Heater)

① 고체 세라믹질의 반도체 소자(티탄산바륨, $BaTiO_3$)를 이용하며, 장치가 가볍고 응답성이 빨라 전기차 난방에 주로 사용된다.

② ❷ 전압↑, 온도↑, 저항↑-전류를 감소시켜 ❶ 상태로 복귀 (과전류 보호)

❸ 전압↓, 온도↓, 저항↓-전류를 증가시켜 ❶ 상태로 복귀

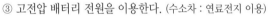

③ 고전압 배터리 전원을 이용한다. (수소차 : 연료전지 이용)

④ 여러 모듈로 구성되어 단계적 제어가 가능하다.

⑤ 전기소모가 크기 때문에 낮은 효율을 보완하기 위해 히트펌프를 이용한다.

2 히트 펌프 시스템 (증기압축 냉동 사이클)

① 냉난방 작용을 하나의 시스템으로 변환할 수 있도록 하여 '압축-응축-팽창-증발'의 냉매 순환을 변환한다.

② 난방 시에는 모터, 인버터, 배터리 등 고전압부에서 발생된 폐열을 활용하여 칠러(chiller)를 통해 냉매를 데워 실내 콘덴서로 보내 실내로 송풍시킨다.

③ 주요 특징은 난방 시 히트 펌프 가동을 위해 컴프레셔를 구동하게 된다.

→ 컴프레셔의 고온, 고압의 냉매를 열원으로 이용하여 난방

④ 증기압축 사이클을 이용하여 외기온이 높으면 냉매의 저온부를 냉방용으로 사용하고, 외기온이 낮으면 냉매의 고온부를 난방용으로 사용한다.

⑤ 전기 히터(PTC히터)는 열효율(성적계수: COP)이 낮아 필요한 열량보다 많은 전기에너지를 소모하는 반면, 히트펌프 시스템은 열효율이 항상 1보다 커 에너지 소비를 줄일 수 있다.

→ 성적계수 : 출력된 에너지와 투입된 에너지의 비(즉, 효율을 의미)

⑥ 난방 시 PTC 사용을 최소화하여 난방 소비전력 저감으로 주행거리가 증대함은 물론 전장품(EPCU, 모터 냉각수)의 폐열을 활용하여 극저온에서도 연속적인 사이클을 구현한다.

⑦ 냉매/냉동유 : 반드시 전동식 컴프레서 전용의 냉매 회수/충전기를 이용하여 지정된 냉매(R-1234yf)와 냉동유(POE)를 주입한다.

→ 일반 차량의 냉동유(PAG)가 혼입될 경우 컴프레서 손상 및 안전사고가 발생할 수 있다.

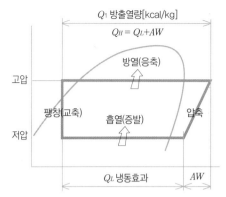

↑ 증기압축 냉동 사이클

⑧ 기본 구성품

컴프레셔	고전압 직류가 공급(인버터를 통해 교류로 변환되어 구동)
냉매 전환 밸브 (4way 밸브, 3way 밸브)	냉방 시와 난방 시 각각 다른 형태의 냉방 싸이클을 만들 수 있도록 냉매라인 방향을 바꾸어주는 역할 - 냉방 시 실외 콘덴서는 방열, 실내기는 흡열(증발)을 하기 위한 냉매 흐름 - 난방 시 실내 콘덴서는 방열, 실외 콘덴서는 흡열 (증발-실내기 역할)을 하기 위한 흐름
어큐뮬레이터	• 위치 : 실내기 출구 측과 컴프레서 흡입 측 사이 • 냉방 싸이클 중 실내기에서 증발하지 못한 액체 냉매가 컴프레서로 유입되지 못하도록 냉매의 저장 및 분류
칠러 (Chiller)	• 히트펌프 구동 시 외부 콘덴서에서 흡열을 통해 액체의 냉매를 기체 상태로 증발시켜야 하는데, 외부 온도가 낮을 경우 증발이 원활하지 않을 수 있으므로 외부 컨덴서에서 증발되지 않은 냉매를 추가로 증발시킴
냉매 온도 센서	• 외부 온도 및 습도로 인한 콘덴서 착상(Icing) 방지를 위해 콘덴서 토출구의 냉매 온도 감지 • 고압 측 냉매의 이상 고온을 감지하여 시스템을 보호하기 위해 컴프레서와 실내 콘덴서 사이에 온도센서 설치
냉각수 밸브 (Coolant Valve)	• 고전압 부품의 냉각 시스템→구동 모터로 데워진 냉각수 흐름을 변경→칠러→공급된 냉각수의 열은 히트 펌프의 열원으로 사용 • 밸브는 FATC가 제어함 • 밸브 전원 공급 : OBC 측으로 냉각수 공급 • 밸브 전원 차단 : 칠러 측으로 냉각수 공급

chapter 04

냉·난방 모드의 냉매 흐름 비교

1 냉방 모드

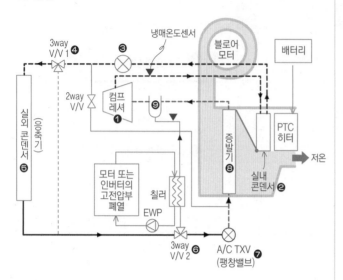

2 난방 모드 (실외 공기+전장 폐열)

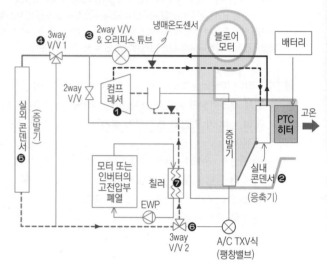

❶ 컴프레서 : 전동 모터로 구동되며, 저온저압 가스 냉매를 고온고압 가스로 변환하여 실내 콘덴서로 보냄

❷ 실내 콘덴서 : 냉매를 바이패스시킴

❸ 2way V/V & 오리피스 튜브 : 냉방 시에는 팽창작용 없이 실외 콘덴서로 바이패스시킴

❹ 3way V/V-1 : 실외 콘덴서로 냉매 순환

❺ 실외 콘덴서 : 고온고압 가스 냉매를 고온고압 액체 냉매로 응축

❻ 3way V/V-2 : 냉매 방향을 팽창밸브 쪽으로 흐르게 한다.

❼ 팽창 밸브(팽창작용) : 실외 콘덴서에서 고온고압의 액체 냉매를 오리피스를 통해 교축시켜 저온저압의 액체 냉매로 바꿈

❽ 증발기(evaporator) : 무화 상태의 냉매를 저온저압의 기체로 변하는 동안 블로어 팬의 작동으로 증발기 핀을 통과하는 공기를 냉각시킴

❾ 어큐뮬레이터 : 냉매의 기체/액체를 분리하여 컴프레서로 기체 냉매만 유입되도록 함

※ 2way V/V : 냉매가 증발기로 흐르는 것을 막는다.

❶ 컴프레서 : 동일

❷ 실내 콘덴서(응축) : 고온고압 가스를 응축시켜 고온고압의 액상으로 만든다. -고온의 냉매에 의해 난방작용(방열)

❸ 2way V/V & 오리피스 튜브(팽창작용) : 난방 시에는 밸브가 동작하여 내부 오리피스를 통해 냉매를 팽창시켜 실외 콘덴서로 보낸다.

❹ 3way V/V-1 : 실외 콘덴서에 착상이 감지(아이싱)되면 냉매를 칠러로 바이패스시킴

❺ 실외 콘덴서(증발작용) : 액체 상태의 냉매를 증발시켜 저온저압의 가스 냉매로 만든다.(흡열)

❻ 3way V/V-2 : 히트펌프 구동 시 냉매를 칠러 쪽으로 보냄

❼ 칠러(Chiller) : 저온저압의 냉매와 고전압부의 냉각수가 열교환하여 고전압부를 냉각시키고, 고온고압의 냉매와 냉각수가 열교환을 이용하여 난방 성능을 보조 (히트펌프 구동 시 실외 콘덴서에서 증발되지 못한 액체상태의 냉매가 전장품 폐열을 흡수하여 증발)

※ 2way V/V : 난방 시 제습 모드를 사용할 경우 냉매를 증발기로 보낸다.

냉매 순환

냉방 시 흐름 : 컴프레서 → **실외 콘덴서(응축, 방열)** → 팽창밸브 → **증발기(증발, 흡열)** → 어큐뮬레이터 →

난방 시 흐름 : 컴프레서 → **실내 콘덴서(응축, 방열)** → 2way V/V & 오리피스 튜브(팽창 역할) → **실외 콘덴서(증발, 흡열)** → 칠러 → 어큐뮬레이터 →

⬅ 에어컨 냉·난방 기초원리

※ 위 시스템은 현대자동차 차량에 해당하며, 차종마다 차이가 있음
　- 다른 제조사 차량의 경우 4way 밸브를 사용하기도 하며, 별도의 증발기 없이 모드에 따라 실내외 콘덴서에서 응축, 증발 작용이 변경된다. 또한 오리피스 튜브나 일반 팽창밸브가 아닌 전자팽창밸브(EXV)를 사용한다.

EV 시스템의 에너지 흐름(기초)

▮ 완속 충전

ICCU(OBC) → PRA → 고전압배터리 팩 어셈블리

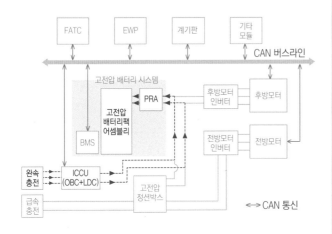

▮ 급속 충전

고전압정선박스 → PRA → 고전압배터리 팩 어셈블리

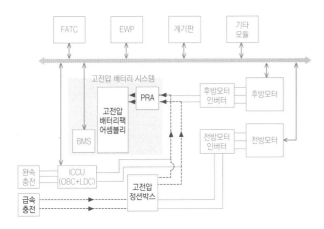

▮ 방전 시

- 전방 : 고전압배터리 팩 → PRA → 고전압 정선박스 →
  전방모터 인버터(MCU) → 전방모터
- 후방 : 고전압배터리 팩 → PRA → 후방모터 인버터 → 후방모터

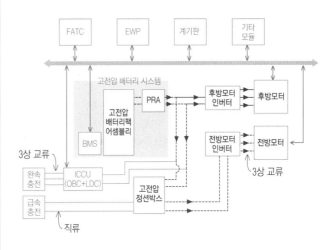

▮ 회생제동 시(후방)

후방모터 → 후방모터 인버터 → PRA → 고전압배터리 팩

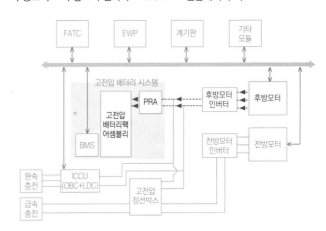

chapter 04

1 잔존 전압 점검

① 고전압 시스템의 점검·정비 전, 반드시 안전 플러그를 제거한 후 약 5분 후 실시한다.

② 인버터 커패시터 방전 확인을 위해 **인버터 단자 간 전압**을 측정한다.

→ **30V 이하 : 정상, 30V 초과 : 고전압 회로 이상**

2 고전압 배터리 검사

① 센서 데이터 진단 사항 : SOC 상태, BMS 메인 릴레이 ON 상태, 배터리 사용가능 상태, BMS 경고·고장·융착상태, 배터리 셀 전압, 배터리 팩의 전류·전압·최대온도·최저온도 등

② BMS 융착 점검 : ∞Ω (20℃)

→ 융착 시 충전과 방전을 제한하고, 경고등과 함께 고장 코드가 발생한다.

3 고전압 배터리 전압 측정

① 안전 플러그를 탈거한 후 고전압 배터리 측의 안전 플러그와 **'고전압 배터리 – PRA 연결 케이블'** 간 전압을 측정하여 정상값이 120~207V인지 확인한다.

	규정값
안전 플러그 ⊕ 단자와 PRA ⊖ 단자	120~207V
안전 플러그 ⊖ 단자와 PRA ⊕ 단자	

② 안전 플러그를 장착한 후 고전압 배터리 ⊕ 단자와 고전압 배터리 ⊖ 단자 간의 합성 전압을 측정한다.

③ 셀 전압 및 팩 전압 점검
- 셀 전압값 : 2.5 ~ 4.3V 범위
- 팩 전압값 : 240 ~ 413V 범위
- 셀 간 전압 편차 : 40mV 이하

4 모터 검사

① **선간저항 검사** : 멀티 테스터기를 이용하여 각 선간(U, V, W)의 저항을 점검한다.

② **모터 절연저항 검사** : 절연 저항 시험기의 ⊖ 단자와 하우징, ⊕ 단자와 상(U, V, W)에 연결한다.

→ 참고) 일반적인 고전압부 절연저항 규정값 : 2MΩ 이상 (20℃)

③ **모터 위치 및 온도센서 선간저항** : 모터 위치 및 온도 센서 커넥터를 분리한 후, 멀티테스터기를 이용하여 선간저항을 점검한다.

※ 이 섹션은 관련된 기출문제가 없으므로 NCS 학습모듈 및 관련자료를 위주로 학습하시기 바랍니다.
※ 하이브리드 자동차와 구조 및 특징이 유사하므로 하이브리드 부분과 함께 비교하며 학습하시기 바랍니다. [참고]는 자체 출제한 문제입니다.

[참고]
1 전기 자동차용 전동기에 요구되는 조건으로 틀린 것은?

① 구동 토크가 작아야 한다.
② 고출력 및 소형화해야 한다.
③ 속도제어가 용이해야 한다.
④ 취급 및 보수가 간편해야 한다.

[참고]
2 전기자동차의 특징으로 거리가 먼 것은?

① 구동시스템이 전동기와 배터리로 구성되어 있다.
② 전동기는 직접 구동이 가능하기 때문에 구성품의 차내 배치가 자유롭지 않다.
③ 에너지 효율이 내연기관 자동차보다 탁월하다.
④ 전기자동차의 부품수는 가솔린 자동차에 비해 적다.

동력 전달을 앞·뒤에 따로 구성되기 때문에 중간에 연결이 필요하지 않아 차량실내 공간을 넓고 크게 활용할 수 있다.

[20-3]
3 자동차관리법상 저속전기자동차의 최고속도(km/h) 기준은? (단, 차량 총중량이 1361 kg을 초과하지 않음)

① 20   ② 40   ③ 60   ④ 80

'저속전기자동차'란 최고속도가 60km/h를 초과하지 않고, 차량 총중량이 1361kg을 초과하지 않는 전기자동차를 말한다. (「자동차관리법」 제35조의 2 및 「자동차관리법 시행규칙」 제57조의2)

[참고]
4 전기자동차의 기본 작동에 대한 설명 중 옳은 것은?

① 360V의 고전압을 이용하여 모터를 구동한다.
② 고전압 차단 시 고전압 릴레이를 제거한다.
③ 모터의 속도는 변속기를 통해 제어하여 구동바퀴에 전달된다.
④ 배터리에서 고전압을 PTC 히터, 전동 컴프레서에 직접 전원을 공급한다.

② 고전압의 차단장치인 안전플러그를 분리한다.
③ 모터의 속도를 이용해 차량 속도를 제어할 수 있기 때문에 변속기는 필요 없으며, 대신 토크를 증대하기 위한 감속기가 설치된다.
④ PTC 히터, 전동 컴프레서는 고전압 정션박스를 거쳐 공급된다.

[참고]
5 EV자동차의 충전방법에 대한 설명으로 틀린 것은?

① 완속 충전 시에는 차량의 앞쪽에 설치된 완속 충전기 인렛을 통해 충전하여야 한다.
② 급속 충전 시 AC 380V의 급속 충전기를 사용하여 빠르게 충전시킨다.
③ 급속 충전은 충전 효율은 배터리 용량의 약 80~90%까지 충전할 수 있다.
④ 완속 충전 시 외부전원을 OBC(On Board Charger)를 통해 충전한다.

급속 충전 시 DC 380V의 급속 충전기를 사용한다.

[참고]
6 전기자동차의 충전방법에 관한 내용으로 틀린 것은?

① 전기자동차 충전은 급속 충전기, 완속충전기, 휴대용 완속 충전기로 구분한다.
② 완속 충전은 AC 전원을 입력받아 차량 내부에서 고전압 DC 전원으로 변환하여 충전하는 방식이다.
③ 급속 충전은 AC 전원을 직류로 변환하여 차량 내부에 고전압 DC 전원을 입력받는 방식이다.
④ 급속 및 완속 충전 시 공급되는 모든 전원은 OBC(On Board Charger)를 통해 변환된다.

OBC는 완속충전 시에만 사용된다.
• 급속충전 : DC → 고전압 정선박스 → PRA → 고전압배터리
• 완속충전 : AC → OBC → PRA → 고전압배터리

[참고]
7 전기자동차 완속 충전기(OBC) 점검 시 확인 데이터가 아닌 것은?

① AC 입력 전압   ② OBC 출력 전압
③ 1차 스위치부 온도   ④ BMS 총 동작시간

OBC의 데이터 : 입/출력 전압 및 전류, OBC 내부 고전압, 인덕션 전류, 1차측 온도, 부스터 온도

[참고]
8 전기자동차의 차량 컴퓨터(VCU)의 제어가 아닌 것은?

① 모터 토크   ② 회생제동명령
③ 배터리 충전상태   ④ 히트 펌프 컴프레셔

VCU의 제어 : 모터 토크(MCU), 회생제동명령(AHB), 배터리 충전상태 (BMS), 클러스터, OBC 등

정답   1 ①   2 ②   3 ③   4 ①   5 ②   6 ④   7 ④   8 ④

chapter 04

9 전기자동차의 MCU(Motor Control Unit)에 대한 설명으로 <u>틀린</u> 것은?

① 고전압 배터리의 직류전원을 3상 교류로 변환한다.
② 구동모터를 제어한다.
③ 고전압 시스템의 냉각을 위해 장착된 EWP(Electronic Water Pump)를 제어한다.
④ 공조장치의 전동 컴프레셔를 제어한다.

10 전기자동차에 설치된 MCU(Motor Control Unit)의 역할로 <u>틀린</u> 것은?

① 감속 시 구동모터를 제어하여 발전기로 전환한다.
② 레졸버로부터 회전자의 위치 신호를 받는다.
③ 구동모터의 속도와 토크를 제어한다.
④ CAN 신호를 생성하여 모터를 제어한다.

MCU는 모터 가용 토크, 실제 모터의 출력 토크와 VCU로부터 수신한 모터 토크 지령을 구현하기 위해 인버터 PWM 신호를 생성하여 모터를 제어한다.

11 전기자동차의 냉각시스템에 대한 설명으로 <u>틀린</u> 것은?

① EWP(Electronic Water Pump)는 LDC, MCU, OBC, 모터 등을 위한 전장 냉각용과 배터리 냉각용으로 구분한다.
② 칠러(chiller)는 저온저압의 냉매와 배터리나 구동모터로 흐르는 냉각수를 열교환하여 실내를 난방한다.
③ 인렛 온도 센서는 배터리 및 전장 시스템 내부의 냉각수 온도를 감지하여 EWP 회전수와 3웨이 밸브의 방향이 결정된다.
④ 고전압부의 열 발생량은 기존 내연기관 차량의 전장 부품보다 더 높은 편이다.

칠러는 저온저압의 냉매와 고전압부의 냉각수가 열교환하여 고전압부를 냉각시키고, 고온고압의 냉매와 냉각수가 열교환을 이용하여 난방 성능을 보조한다.

12 고전압 시스템의 점검에 대한 설명으로 적절하지 않은 것은?

① 잔존 전압 측정 시 고전압 배터리 단자 간의 전압을 측정한다.
② 작업 전 금속성 물질을 몸에서 제거해야 한다.
③ 고전압 배터리 교환 시 가장 먼저 보조 배터리(12V) (-) 케이블을 분리하고, 고전압 회로를 차단한다.
④ 모든 고전압계 와이어링은 오렌지색으로 구분되어 있다.

잔존 전압 측정 시 인버터 단자 간의 전압을 측정한다.

13 전기자동차의 프리차지 릴레이(pre-charge relay)에 대한 설명으로 <u>틀린</u> 것은?

① 인버터 및 컨버터와 고전압 배터리 간에는 메인 릴레이 연결 전에 먼저 접속한다.
② 시동 시 고전압 배터리 전원을 구동모터(인버터)에 인가하기 전에 전위차(전압차)를 감소시킨다.
③ 프리차지 릴레이는 메인 릴레이와 직렬로 연결된 구조이다.
④ 메인 릴레이의 소손을 방지하기 위해 사용된다.

릴레이를 통해 고전압이 접촉되는 순간 인버터와 고전압 배터리의 전위차로 인해 스파크 발생 등으로 릴레이 소손 우려가 있으므로 병렬로 연결된 프리차지 릴레이 및 저항을 통해 전위차를 감소시킨 후 메인 릴레이를 접촉한다. 프리차지 릴레이 작동 직후 완만한 전압 상승이 완료되면 메인 릴레이(+)를 작동시켜 정상적인 전원공급을 완료하고, 즉시 프리차지 릴레이를 OFF 시킨다.

14 전기자동차의 PRA에서 고전압 배터리 전원을 인버터에 전달하는 경로로 옳은 것은?

① 프리차지 릴레이 ON → 메인 릴레이 (+) ON → 캐퍼시터 → 메인 릴레이 (-) ON → 프리차지 릴레이 OFF
② 프리차지 릴레이 ON → 메인 릴레이 (-) ON → 캐퍼시터 → 메인 릴레이 (+) ON → 프리차지 릴레이 OFF
③ 메인 릴레이 (+) ON → 프리차지 릴레이 ON → 캐퍼시터 → 메인 릴레이 (-) ON → 프리차지 릴레이 OFF
④ 메인 릴레이 (-) ON → 프리차지 릴레이 ON → 캐퍼시터 → 메인 릴레이 (+) ON → 프리차지 릴레이 OFF

※ 메인 릴레이가 ⊕ ON일 때 작동되며, 메인 릴레이 작동 전에 프리차지 릴레이를 ON시킨다.

15 전기자동차의 구동모터 토크를 제어하는 데 필요한 정보처리에 대한 설명 중 <u>틀린</u> 것은?

① VCU는 최종적인 모터 토크를 제어한다.
② 모터토크 제어에는 BMS의 고전압 배터리 정보를 필요로 한다.
③ MCU는 현재의 모터 토크와 사용 가능한 토크를 연산하여 VCU에게 제공한다.
④ APS, Brake S/W, Shift Lever과 같은 운전자의 요구를 고려하여 토크 연산을 계산한다.

VCU는 MCU, BMS 및 운전자의 요구사항을 고려하여 토크를 연산하여 토크명령을 MCU에 보내고, 최종적인 모터토크 제어는 MCU에서 수행한다.

정답 **9** ④ **10** ④ **11** ② **12** ① **13** ③ **14** ④ **15** ①

16 전기자동차의 구동 모터의 단품 검사방법이 아닌 것은?

① 모터 절연저항 검사

② 모터 절연내력 검사

③ 모터 선간저항 검사

④ 모터 최대회전 속도 검사

전기자동차 구동 모터 검사방법 (모터 단품 검사)
모터 선간저항, 모터 절연저항, 모터 절연내력

[참고]

17 전기자동차의 제어 모듈 중 가장 최상위 모듈로 차량의 전반적인 작동을 제어하는 컨트롤러는?

① VCU   ② MCU

③ LDC   ④ HPCU

[참고]

18 전기자동차의 감속기에 대한 설명으로 틀린 것은?

① 전기자동차 감속기는 내연기관 자동차의 변속기와 동일하게 모터의 구동력을 기어비에 따라 증대 또는 감속시켜 자동차 차축으로 전달한다.

② 모터의 고회전, 저토크 입력을 받아 적절한 감속비로 속도를 줄이고 그만큼 토크를 증대시킨다.

③ 감속기 내부에는 파킹기어를 포함하고 있다.

④ 내부 윤활을 위해 수동 변속기 오일이 들어 있다.

전기자동차용 감속기는 여러 단이 있는 내연기관의 변속기와 달리 일정한 감속비로 감속하여 토크를 증대시켜 차축에 전달한다.

[참고]

19 전기자동차에 사용되는 감속기의 주요 기능에 해당하지 않는 것은?

① 감속 기능 : 모터 구동력 증대

② 증속 기능 : 증속 시 업 시프트 적용

③ 차동 기능 : 차량 선회 시 좌우바퀴 차동

④ 파킹 기능 : 운전자 P단 조작 시 차량 파킹

전기자동차 모터의 회전수는 내연기관 엔진보다 높기 때문에 회전수를 상황에 맞게 바꾸는 변속이 아닌, 하향 조정(감속)한다. 감속기는 모터의 회전수를 필요한 수준으로 낮춰 더 높은 토크(구동력)를 얻을 수 있도록 한다.

[참고]

20 전기자동차의 고전압 배터리 열관리시스템에 대한 설명으로 옳은 것은?

① −20℃ 이하에서 완속충전 할 경우 승온히터를 이용하여 충전 성능을 향상시킨다.

② 급속충전 시 SOC에 따라 −20℃ 이하에서 승온 시스템이 작동한다.

③ 하나의 EWP(Electric Water Pump)를 이용하여 MCU와 고전압 배터리 시스템을 냉각시킨다.

④ 고부하 시에는 라디에이터를 활용하여 냉각하고, 저부하 시에는 에어컨을 활용하여 냉각한다.

① 완속충전 시 또는 ICCB 충전 시에는 승온시스템은 작동하지 않는다.
③ MCU용 EWP, 고전압 배터리 시스템용 EWP가 별도로 있으며, 필요시 협조 제어한다.
④ 저부하 시 라디에이터를 활용, 고부하 시 에어컨을 활용하여 냉각한다.

[참고]

21 고전압을 12V의 저전압으로 변환하여 차량의 각 부하에 공급하기 위한 전력 변환 시스템은?

① BMS(Battery Management System)

② ICCB(In-cable-Control Box)

③ LDC(Low voltage DC-DC Converter)

④ OBC(On Board Charger)

• ICCB : 가정용 전원을 이용하여 충전할 수 있는 휴대용 전기차 충전기
• LDC : 고전압을 저전압으로 변환
• OBC : 200V AC에서 PHEV, EV 차량의 고전압 배터리로 충전할 수 있는 충전장치

[참고]

22 레졸버 옵셋 자동 보정 초기화에 대한 설명으로 틀린 것은?

① 자동 보정 시 진단장비를 이용하여 레졸버를 보정한다.

② 모터 또는 MCU(EPCU) 교환 시 반드시 보정해야 한다.

③ 학습값을 초기화하면 자동으로 경고등 및 DTC가 발생한다.

④ 레졸버 주행 학습이 완료되면 MCU는 자동으로 주행학습 모드를 종료하고, DTC가 자동으로 소거된다.

자동 보정 시 약 20~50km/h에서 주행하면서 APS와 무관하게 약 2초간 타력주행 상태로 레졸버 보정을 실시한다. (진단장비 불필요)
② 레졸버 옵셋 보정값은 MCU(EPCU)에 저장되므로 교환 시 보정해야 한다.

정답 16 ④   17 ①   18 ①   19 ②   20 ②   21 ③   22 ①

[참고]

23 전기자동차의 인버터에 대한 설명 중 틀린 것은?

① 모터의 출력을 컨트롤 한다.

② 인버터 교체 후 레졸버 옵셋 자동 보정 초기화를 진행해야 한다.

③ 성능은 주로 전류, 내전압 효율 등에 의해 결정된다.

④ 교류모터에 공급되는 고압 교류의 주파수 및 전압을 제어한다.

[참고]

24 전기자동차의 모터단품 저항 검사 방법이 아닌 것은?

① 모터 위치 및 온도센서의 선간저항 검사

② 절연 저항 검사

③ 선간 저항 검사

④ 모터 접지 저항 검사

[참고]

25 다음 중 구조상 전기차 자동차의 구성품이 아닌 것은?

① LDC　　　　　　　② HSG

③ 전동식 에어컨　　　④ 인버터

> HEV와 대별되는 전기차 구성품은 감속기와 HSG이다.

[참고]

26 전기자동차에 사용되는 영구자석 동기 모터(PMSM)에 대한 특징이 아닌 것은?

① 로터에 사용하는 네오디뮴 자석은 자력이 강하고 고온에서도 작동이 원활한 편이다.

② 전력 밀도과 효율이 높으며, 유도전동기 등과 비교할 때 기동토크가 크다.

③ 슬립이 없으며 속도제어가 정밀하고, 가·감속이 빠르다.

④ 회전자의 위상각을 검출하기 위한 홀 센서가 필요하다.

> 네오디뮴 자석은 약 70~80℃ 이상에서 자력이 감소하여 토크 및 효율이 떨어져 온도센서로 감지하여 모터 출력을 제한시킨다.
> ※ PMSM에서 '동기'란 로터가 코일의 자기장과 같은 속도로 회전하는 것을 의미하며, 로터의 회전이 고정자(자기장)의 회전보다 지연되는 유도전동기에 비해 기동 토크가 좋다.

고정자　　　　　　　고정자

로터　　　　　　　　로터

고정자와 회전자가　　회전자가 고정자를 따라 달리
같은 속도로 달린다.　므로 고정자보다 회전자가
(동기 = synchronous 同期)　조금 늦다. (기동토크가 약함)

⬆ 동기모터　　　**⬆ 유도모터**

[참고]

27 가상 엔진 사운드 시스템(VSS)에 관한 설명으로 틀린 것은?

① 엔진 구동 소리와 유사한 소리를 발생한다.

② VSS는 선택 옵션으로 반드시 장착할 필요는 없다.

③ 차량 주변 보행자 주의환기로 사고 위험성이 감소한다.

④ 저속주행 시 보행자가 차량을 인지할 수 있도록 작동한다.

> VESS(Virtual Engine Sound System)는 EV, HEV, PHEV 차량에 장착하여 20km/s 이하 저속 주행 시 무소음으로 인해 보행자의 추돌 위험을 방지하기 위해 인위적으로 경고음(75dB 이하)을 발생시킨다.
>   – 저소음자동차 경고음발생장치 설치 기준(제53조의3 관련)

[참고]

28 전기자동차용 배터리 관리 시스템에 대한 일반 요구사항(KS R 1201)에서 다음이 설명하는 것은?

> 배터리가 정지기능 상태가 되기 전까지의 유효한 방전상태에서 배터리가 이동성 소자들에게 전류를 공급할 수 있는 것으로 평가되는 시간

① 잔여 운행시간　　　② 안전 운전 범위

③ 잔존 수명　　　　　④ 사이클 수명

[참고]

29 전기자동차에 사용되는 모터의 출력과 효율에 대한 내용으로 틀린 것은?

① 자력이 클수록 출력과 효율에 좋다.

② 토크는 모터의 크기에 비례한다.

③ 모터의 직경이 클수록 토크가 높아진다.

④ 로터와 스테이터의 에어갭은 클수록 좋다.

> 로터에서 발생된 자속은 에어 갭(air gap, 공극)을 넘어 스테이터로 이동되는데, 에어갭이 클수록 자기저항이 커져 출력이 감소한다.

[참고]

30 전기자동차의 고전압 배터리 절연저항 검사에 주로 사용하는 측정 도구는?

① 저항계　　　　　　② 멀티미터

③ 메가옴 테스터　　　④ 후크미터

> 통상 절연저항은 메가옴 테스터(500V 또는 1000V)를 이용한다.
> 함께 알아두기)
> • 메거옴 테스터 사용 시 고전압을 차단시키고 사용해야 한다.
> • 절연 저항계의 (–) 단자를 배터리 시스템 케이스(또는 접지부)에 연결하고, 절연 저항계 (+) 단자를 고전압 배터리 (+), (–)에 각각 연결한 후 저항값을 측정한다.

[참고]
31 전기자동차의 파워 케이블 양단을 멀티테스터 프로브로 연결하여 단선 검사 시 정상 저항값은?

① $\infty\Omega$　　　　　　　② 1Ω 이하

③ 1Ω 이상　　　　　　④ $10M\Omega$ 이하

[참고]
32 다음 [보기]는 전기차의 점검에 대한 설명이다. 올바른 것으로만 짝지어진 것은?

> ⓐ 인버터의 (+) 단자와 (−) 단자 사이의 전압값은 30V 이상이면 정상이다.
> ⓑ 절연저항계를 이용하여 고전압 배터리 팩 어셈블리와 차체 사이의 저항을 측정했을 때 약 300kΩ~1000kΩ 이하이면 정상이다.
> ⓒ 커패시터의 방전을 확인하기 위해 구동모터의 양단의 전압을 측정한다.

① ⓐ　　　　　　　　② ⓑ

③ ⓐ, ⓑ, ⓒ　　　　　④ ⓐ, ⓒ

ⓐ 인버터의 (+) 단자와 (−) 단자 사이의 전압값은 30V 이하일 때 정상이다.
ⓒ 커패시터는 인버터 앞에 장착되며 커패시터의 방전 확인을 위해 인버터 단자 간 전압을 측정한다.

[참고]
33 전기회생제동장치가 주제동장치의 일부로 작동되는 경우에 대한 설명으로 틀린 것은? (단, 자동차 및 자동차부품의 성능과 기준에 관한 규칙에 의한다.)

① 주제동장치의 제동력은 동력 전달계통으로부터의 구동전동기 분리 또는 자동차의 변속비에 영향을 받는 구조일 것

② 전기회생제동력이 해제되는 경우에는 마찰제동력이 작동하여 1초 내에 해제 당시 요구 제동력의 75% 이상 도달하는 구조일 것

③ 주제동장치는 하나의 조종장치에 의하여 작동되어야 하며, 그 외의 방법으로는 제동력의 전부 또는 일부가 해제되지 아니하는 구조일 것

④ 주제동장치 작동 시 전기회생제동장치가 독립적으로 제어될 수 있는 경우에는 자동차에 요구되는 제동력을 전기회생제동력과 마찰제동력 간에 자동으로 보상하는 구조일 것

주제동장치의 제동력은 동력 전달계통으로부터의 구동전동기 분리 또는 자동차의 변속비에 영향을 받지 아니하는 구조이어야 한다.

[참고]
34 전기차의 난방장치에 사용하는 PTC(Positive Temperature Coefficient Heater) 히터에 대한 설명으로 올바른 것은?

① 열복사를 이용한 적외선 가열선을 이용한다.

② 온도가 상승하면 저항이 감소하는 원리를 이용한다.

③ 가볍고 응답속도가 빠르며, 단계적 제어가 가능하다.

④ 고전압장치의 폐열을 이용한 공기가열 방식이다.

> ① 고체 세라믹질의 반도체 소자(티탄산바륨)를 이용한다.
> ② PTC는 정온특성으로 온도↓ → 저항↓ → 전류↑ → 발열량↑
> 　　　　　　　　　　　　온도↑ → 저항↑ → 전류↓ → 발열량↓
> ④ 히트펌프에 대한 설명이며, PTC는 전기열을 이용하여 공기를 가열하여 송풍하는 방식이다.

[참고]
35 전기차의 난방장치에 대한 설명으로 틀린 것은?

① 인버터, 구동모터 등의 고전압장치의 열을 회수해 난방하는 방식이다.

② 전기자동차 난방시스템은 크게 PTC히터와 히트펌프 2가지를 이용한다.

③ 히트펌프 시스템은 열효율이 크기 때문에 에너지 소비를 줄일 수 있다.

④ 컴프레서는 냉방에만 필요하기 때문에 난방 모드에서는 작동하지 않는다.

전기차의 공조시스템의 특징은 난방 시에도 히트 펌프 가동을 위해 컴프레서를 구동한다.

[참고]
36 전기차의 난방 사이클에서 냉매 순환 순서로 올바른 것은?

① 오리피스 – 컴프레서 – 실내 컨덴서 – 실외 컨덴서

② 컴프레서 – 오리피스 – 실내 컨덴서 – 실외 컨덴서

③ 컴프레서 – 실내 컨덴서 – 오리피스 – 실외 컨덴서

④ 실내 컨덴서 – 컴프레서 – 오리피스 – 실외 컨덴서

[참고]
37 전기차의 냉난방 회로에서 높은 열원을 흡수하기 위해 모터, 인버터, 배터리 등 고전압부의 폐열로 냉매를 데우는 열교환장치는?

① 에버포레이터

② 칠러(chiller)

③ 3Way 솔레노이드 밸브

④ PTC 히터

냉매의 높은 열원을 흡수하여 난방에 적용한 열 교환기를 '칠러'라고 하며, 시스템 내에서 냉매의 압력에 의해 고압용과 저압용 2가지로 구분한다.

정답 　**31** ②　**32** ②　**33** ①　**34** ③　**35** ④　**36** ③　**37** ②

chapter 04

[참고]
38 고전압 배터리 제어 시스템(BMS)의 구성 요소가 아닌 것은?

① 프리차지 릴레이

② 배터리 전류 센서

③ 부스바(busbar)

④ MCU

고전압 배터리 제어 시스템은 컨트롤 모듈인 BMS와 파워 릴레이 어셈블리(PRA)로 구성되며 고전압 배터리의 SOC 출력, 고장 진단, 배터리 셀밸런싱(cell balancing), 시스템 냉각, 전원 공급 및 차단을 제어한다. 파워 릴레이 어셈블리는 메인 릴레이(+, −), 프리차지 릴레이, 프리차지 레지스터, 배터리 전류 센서, 고전압 배터리 히터 릴레이로 구성되어 있으며, 부스바(busbar)를 통해서 배터리 팩과 연결된다.

[참고]
39 레졸버 옵셋 자동 보정 초기화에 대한 설명이 아닌 것은?

① 보정작업을 하지 않을 경우 최고출력 저하 및 주행거리가 단축된다.

② 초기화 작업 시 점화스위치가 OFF상태이어야 한다.

③ EPCU와 모터 교체 후 필수적으로 수행해야 한다.

④ MCU는 자동으로 레졸버 주행 학습모드로 동작한다.

레졸버 옵셋 보정 조건 : P단 위치, 점화스위치 ON, DTC-없음

[참고]
40 전기자동차에서 고전압 전원 차단과 직접적인 관계가 없는 장치는?

① 세이프티 플러그

② 메인 릴레이

③ 세이프티 커넥터

④ 프리차지 릴레이

시동 OFF 후 메인 릴레이가 차단되면, 고전압장치 점검·정비 시 세이프티 플러그 또는 세이프티 커넥터를 물리적으로 분리한다.

[참고]
41 그림은 전기자동차의 DC 콤보 충전기를 나타낸 것이다. F번과 G번 단자의 역할에 해당하는 것은?

① 충전커넥터의 연결 상태 감지

② 충전기와 차량 간의 정보 교환

③ AC 완속 충전용

④ DC 급속 충전용

ⓐ ⓑ AC 완속충전단자
ⓒ CP(Control Pilot) : 충전기로부터 신호를 받음
ⓓ PD(Proximity Detection) : 충전 커넥터와 차량과의 연결 여부를 확인
ⓔ 접지 단자
ⓕ ⓖ DC 급속충전단자

[참고]
42 다음 [보기]는 전기자동차 전원공급설비 점검지침과 관련하여 설명이다. 이에 해당하는 용어는?

충전장치의 커플러를 구성하는 부분으로, 전기자동차에 장착되어 전원공급설비의 충전 케이블의 커넥터와 연결되는 부분을 말한다.

① 플러그(plug)

② 소켓-아웃렛(socket outlet)

③ 커플러(coupler)

④ 인렛(inlet)

① 플러그(plug) : 충전 케이블(전원측)에 부착되어 있으며, 전원측에 접속하기 위한 장치를 말한다.
② 소켓-아울렛 : 고정 배선과 함께 장착하거나 장치에 내장시키어 전기 배선에 연결하여 플러그를 꽂는 기구를 말한다. 보통 콘센트라고 불리우는 전기 접속기구이다.
③ 커플러(coupler) : 충전 케이블과 전기자동차를 접속 가능하게 하는 장치로서 충전 케이블에 부착된 커넥터와 전기자동차에 장착된 인렛으로 구성되어 있다.

[참고]
43 전기자동차에서 LDC, MCU, 모터, OBC를 냉각하기 위해 냉각수를 강제 순환하는 장치는?

① EWP(Electronic Water Pump)

② COD(Cathode Oxygen Depletion)

③ PTC(Posititive Temperature Coefficient)

④ Chiller

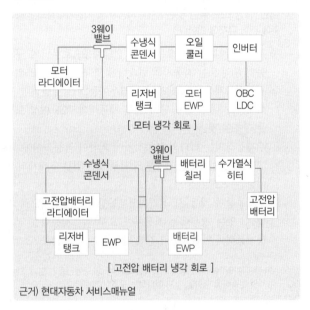

[모터 냉각 회로]

[고전압 배터리 냉각 회로]

근거) 현대자동차 서비스매뉴얼

44 전기자동차의 출발/가속 주행모드에서 고전압 전기의 기본 흐름으로 옳은 것은?

① 고전압 배터리 → 전력제어장치 → 고전압 정션박스 → 파워 릴레이 어셈블리 → 모터
② 고전압 배터리 → 파워릴레이 어셈블리 → 전력제어장치 → 고전압 정션박스 → 모터
③ 고전압 배터리 → 파워릴레이 어셈블리 → 고전압 정션박스 → 전력제어장치 → 모터
④ 고전압 배터리 → 고전압 정션박스 → 파워릴레이 어셈블리 → 전력제어장치 → 모터

> 고전압 배터리 → 파워릴레이 어셈블리(PRA) → 고전압 정션박스 → 전력제어장치(인버터) → 구동 모터

45 전기 자동차의 감속기의 작동에 대한 설명으로 옳은 것은?

① 감속기는 연속가변 방식으로 단수가 없다.
② 전기 자동차의 후진은 감속기의 후진기어를 통해 회전방향을 바꾼다.
③ 모터의 회전수를 주행에 맞게 바꾸어 변속한다.
④ 모터의 동력이 일정한 상태에서 감속기를 통해 모터의 회전수를 줄이면 토크가 커진다.

> ① 감속기의 기어비가 7.2~9.4로 하나로 고정되어 있다.
> ② 전기자동차의 후진은 U-V, V-W, W-U 상의 순서를 바꾸어 모터의 회전 방향을 바꾼다.
> ③ 모터의 RPM은 내연기관 엔진보다 매우 높기 때문에 회전수를 상황에 맞게 바꾸는 변속이 아닌, 회전수를 하향 조정(감속)해야 한다. 감속기는 모터의 회전수를 필요한 수준으로 낮춰 토크력을 얻을 수 있도록 한다.

46 전기 자동차의 구동모터로 사용되는 동기전동기의 속도를 조정하는 제어방식으로 주로 사용되는 것은?

① 교류 속도제어
② 초퍼 제어
③ 2차 저항 제어
④ VVVF(Variable Voltage Variable Frequency) 제어

> 동기전동기는 전압과 주파수를 동시에 조정하는 VVVF 제어방식을 주로 사용한다.

47 다음 [보기]의 설명에 해당하는 것은?

> **[보기]**
> – 배터리 잔존 수명과 현재 성능 상태를 나타냄
> – 현재 배터리에 충전해 사용할 수 있는 최대 용량을 배터리의 최초 성능(100%)에 대비해 백분율로 표시

① SOC
② SOH
③ DOD
④ SOP

> ① SOC(state of charge) – 배터리 충전 상태
> • 현재 사용할 수 있는 배터리의 용량을 전체 용량으로 나누어 백분율(%)로 표시
> • 앞으로 얼마나 더 배터리를 사용할 수 있는지 직관적으로 판단
> ③ DOD(depth of discharge, 방전심도) – 배터리의 방전 상태(↔SOC)
> • 배터리의 완충상태를 기준으로 현재 몇 %가 방전되었는지 표시
> ④ SOP(State of Power, 출력 상태) : 일정 시간동안의 배터리 최대 출력

48 배터리 설계용량이 2Ah, 충전가능 용량이 0.8Ah, 현재 충전 용량이 1Ah일 때, SOC(state of charge) 값과 SOH(State of Health) 값을 순서대로 나타낸 것은?

① 70%, 50%
② 70%, 56%
③ 56%, 90%
④ 90%, 56%

> • $\text{SOC} = \dfrac{\text{현재 충전 용량}}{\text{현재 배터리 최대 용량}} \times 100\% = \dfrac{1Ah}{1.8Ah} \times 100\% \fallingdotseq 56\%$
>
> • $\text{SOH} = \dfrac{\text{현재 배터리 최대 용량}}{\text{초기 용량(설계 용량)}} \times 100\% = \dfrac{1.8Ah}{2Ah} \times 100\% = 90\%$
>
> ※ 현재 배터리 최대 용량 = 충전가능 용량 + 현재 용량

chapter 04

수소연료전지차

Main
Key
Point

[출제문항수 : 약 5~7문제] NCS 학습모듈이 없기 때문에 참고할만한 직접적인 자료가 없으나 7장 「실전모의고사」를 통해 출제유형을 분석하며, 이론을 통해 전반적인 개념을 잡아가시기 바랍니다. 또한 5장의 법규에서도 연료전지에 관한 문제가 출제되므로 관련 내용을 체크하기 바랍니다.

01 수소연료전지차(FCEV) 개요

→ FCEV(Fuel Cell Electric Vehicle)는 연료전지로 전기 모터에 전력을 공급하여 주행하는 자동차를 말한다. 또는 '수소전지자동차', '연료전지자동차'라고도 부른다.

FCEV는 저장된 전기에너지를 사용하는 것보다 차량에서 에너지를 직접 생산하여 소비하는 개념으로, '스택'이라는 연료전지에서 수소와 공기 중의 산소가 화학반응을 일으켜 전기를 발생시킨다.

1 특징

(1) 장점 ┌→산소를 얻거나 산소를 빼앗는 반응
① 산화·환원 반응을 이용해 직접 전기 에너지를 생산하므로 **에너지 효율(발전효율)이 높음(약 70~80%, 내연기관 : 약 40% 미만)**
② 상온에서 화학반응을 하므로 위험성이 적다.
③ **리튬이온 배터리에 비해 에너지 밀도가 크다.**
④ 연료를 공급하여 연속적으로 전력을 얻을 수 있으므로 전기충전이 필요없다.
⑤ 소음과 공해가 거의 발생하지 않음
⑥ 공기정화 기능 : 화학반응에 의해 청정 산소가 필요하며, 연료전지의 내구 성능 확보를 위해 3단계 과정을 통해 공기 중 미세먼지와 CO 등 화학 물질을 제거한 후 연료전지에 에너지를 공급하게 된다. 이 과정에서 정화 시스템을 통해 공기 중 초미세먼지의 99.9%를 제거하는 역할을 한다.
 → 3단계 : 공기필터, 가습막을 통한 초미세먼지 제거, 기체확산층(전극막에서 초미세먼지 제거)
⑦ 고압충전하여 수소 충전시간이 빠르다.

(2) 단점
① 수소생산단가가 비싸다.
② 충전 및 보관 시 수소 폭발에 주의가 필요
③ 작동온도에 민감
④ 화석연료에 비해 **출력 밀도가 낮다.** - 동일 출력에 비해 무겁고, 설치공간이 크다.
 └→ = 단위질량당 출력 또는 단위체적당 출력

여러 개의 fuel cell을 적층한 스택 형태로 사용

기본 작동 원리 : 화학반응(공기 중의 산소가 연료 전지의 수소와 결합)으로 생성된 전기에너지를 모터 또는 배터리에 전달
정속 및 저부하 : 연료전지에서 생성된 전기에너지를 모터에 전달
출발·급가속 : 더 많은 전력이 필요할 경우 연료전지의 에너지 외에 배터리 에너지를 모터에 전달
감속 : 회생제동(모터가 발전기로 작동)으로 배터리에 저장

⚡ 수소연료전지차의 기초 구조 및 원리

▶ 에너지 밀도와 출력 밀도
 • 에너지 밀도 : 얼마나 많은 에너지를 저장(발전)할 수 있는가?
 • 출력 밀도 : 순간적으로 얼마나 큰 힘을 낼 수 있는가?

2 FCEV의 기본 전원장치 개요

① 연료전지는 수소와 산소의 전기화학반응을 통해 전기에너지를 발생시키는 전기화학장치이다.
② 공기(공기압축기)와 수소(수소탱크에서 공급)는 '스택' 어셈블리에서 전기화학반응을 통해 발열 및 물이 생성되고, 250~450V의 전기를 생성한다.
 → 물은 배출구를 통해 배출시키고, 반응열 냉각을 위해 전용 냉각수를 스택을 공급시켜 라디에이터를 순환시켜 냉각
③ 생성된 전기는 FDC를 통해 공급된다. 스택 어셈블리는 여러 개의 단위 셀로 구성되며, 셀은 분리판(bipolar plate), 기체 확산층(GDL) 및 막-전극 접합체(MEA)로 구성되어 있다.
 → FDC(Fuel-Cell DC-DC Converter) : 스택의 전압을 입력 받아 전압을 승압하여 고전압 배터리를 충전하는 동시에 모터를 구동하는 인버터에 전력을 공급

④ 스택의 모든 셀을 통과 한 후 사용되지 않은 수소는 재순환되고, 이는 수소 입구로부터 나오는 수소의 새로운 흐름과 결합하여 스택으로 되돌아온다.

⑤ 연료전지를 이용하여 전원을 공급하므로 연료전지 작동을 관장하는 FPS(Fuel Processing System)를 통해 적절한 수소량이 스택에 공급될 수 있는 장치가 장착되어 있다.

⑥ 연료전지에 의해 발생된 전압(20~50V)은 HDC(High voltage DC-DC Converter)를 통해 승압시켜 배터리에 저장한다. 그리고 EV차량과 동일하게 고전압 DC를 인버터를 통해 모터를 구동시키고, 전장부하 전원을 위한 LDC가 있다.

3 스택(stack)

수십 개의 Cell을 직렬로 연결한 것으로, 각 셀의 반응기체 및 냉각수 기밀을 위해 개스킷을 사용하며, 셀들은 인클로저에 저장한다.

→ 인클로저 : 단위 스택 모듈을 밀봉처리하는 하우징 역할을 하며, 차량에 장착할 수 있도록 한다.

4 전기 생성 원리 (공기극 + 연료극)

① 물을 전기분해하여 수소와 산소를 얻는다면, 연료전지는 이와 반대로 수소와 산소의 전기화학반응을 통해 발생되는 전기에너지와 열을 생산하며, 수소를 이온화시켜 전류가 흐르게 한 후 산소와 결합시켜 물을 만든다.

② 스택의 단위 셀은 막전극접합체(MEA)와 분리막(Separate), **기체 확산층**(GSL)으로 구성된다.

→ MEA : Membrane-Electrode Assembly, 전해질로 구성된 얇은 막
→ GSL : Gas Diggusion Layer

- MEA : 수소 이온을 이동시켜주는 고분자 **전해질막**(Polymer Electrolyte Membrane), 전해질막의 양면에 백금 촉매를 도포하여 구성되는 촉매전극인 **공기극(Anode, 양극)과 연료극(Cathode, 음극)**으로 구성된다.
- 분리판 : MEA 양측에 배치되어 음극과 양극의 접촉을 막고 수소/산소의 흐름을 유도하는 공급 통로, 냉각수 통로, 발전된 전류를 이동시키는 통로 역할을 하며, 그 외 전극을 지지하는 역할을 한다.
- 기체 확산층(GSL) : 막전극접합체와 분리막 사이에 연료전지의 적절한 작용을 위해 삽입하여, 촉매층에서 나오는 반응 생성물을 제거하고 열을 분리판의 냉각채널까지 가져오는 등의 작용을 한다.(필요 요소 : 전자 및 열 전도성, 투과성, 물 관리, 압축성, 탄성, 소수성 등)

③ 원리
- 음극 : 수소가 투입되어 촉매에 의해 수소 양이온과 전자로 분리되어 전자는 외부의 전기회로를 통해 이동하며 **전기를 생성**한다.
- 전해질 : 연료극에서 분리된 수소이온만 통과시켜 공기극으로 이동시킨다.

- 양극 : 전해질을 통과한 수소 양이온과 공기극으로 투입된 산소 및 전자가 촉매에 의해 결합하여 물을 생성하며 **열에너지가 발생**한다.

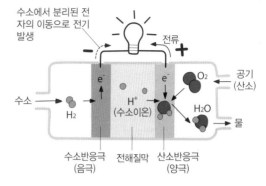

수소에서 분리된 전자의 이동으로 전기 발생
전류
수소 H₂ → H⁺(수소이온) → H₂O → 물
e⁻ → O₂ ← 공기(산소)
수소반응극(음극) / 전해질막 / 산소반응극(양극)

음극에서의 반응 $H_2 \rightarrow 1/2H^+ + 2e^-$
(수소의 산화반응)
양극에서의 반응 $1/2O_2 + 2H^+ + 2e^- \rightarrow H_2O$
(산소의 환원반응)
즉, $H_2 + 1/2O_2 \rightarrow H_2O + 전기E$

▶ 연료전지의 특징
- 수소-산소 산화환원 전기 생성
- 높은 에너지 효율
- 순수한 물과 열 배출

연료전지의 효율(η)

$$\eta = \frac{1mol의\ 연료가\ 생성하는\ 전기에너지}{생성\ 엔탈피}$$

→ 연료 전지는 화학반응 시 열이 발생되는데, 이 발열량을 측정하여 연료의 엔탈피(총에너지의 양)의 값을 알 수 있다.
→ 1 mol : 어떤 원자, 분자, 이온의 입자 갯수가 6.02×10^{23}일 때 1몰로 정의한다.

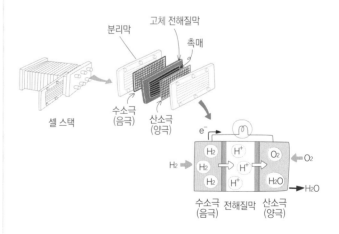

분리막 / 고체 전해질막 / 촉매
셀 스택 / 수소극(음극) / 산소극(양극)
e⁻ / H₂ → H⁺ → O₂ ← O₂ / H₂O → H₂O
수소극(음극) / 전해질막 / 산소극(양극)

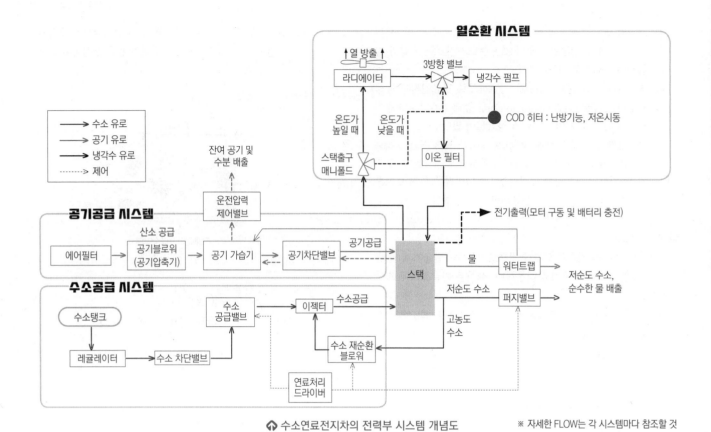

↑ 수소연료전지차의 전력부 시스템 개념도   ※ 자세한 FLOW는 각 시스템마다 참조할 것

02 연료전지 컨트롤 시스템

1 FCU(연료전지 컨트롤 유닛)
최종 제어 신호를 송신하는 상위 컨트롤러

BOP(수소공급, 공기공급, 열관리)	• FPS : 연료 공급 시스템
	• APS : 공기 공급 시스템
	• TMS : 열관리 시스템
컨트롤러	• FCU : 연료 전지 차량 제어기
	• SVM : 스택 전압 모니터
수소 탱크	• BPCU : 블로어 파워 제어 유닛
	• HV J/BOX : 고전압 정선 박스
연료전지 스택 (에너지 생성)	

① 연료전지 차량의 운전자가 액셀레이터 페달이나 브레이크 페달을 밟을 때, 연료전지 차량 제어기(VCU)은 신호를 수신하고, CAN 통신을 통해 MCU에 가속 토크 명령 또는 제동 토크 명령을 보내며, FCU에 주행에 필요한 요구 출력 명령을 보낸다.

② 연료전지 차량 제어기는 과열, 성능 저하, 절연 저하, 수소 누출 등이 감지되면 FCU는 차량을 정지시키거나 제한운전을 하며, 상황에 따라 경고등을 점등한다.

③ 연료전지 시스템을 제어하기 위해 FCU는 공기유량센서, 수소저압센서, 온도센서 및 압력센서로부터 전송 된 데이터와 운전자의 주행 요구에 기초하여 공기 압축기, 냉각수 펌프, 온도 제어 밸브 등을 제어한다.

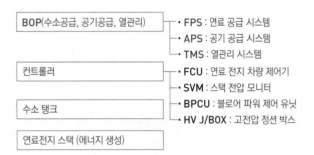

▶ BOP (balance of power) 란?
BOP란 연료전지의 스택를 제외한 공기 공급시스템(APS), 수소를 공급하는 연료 공급 시스템(FPS), 연료 전지 스택을 냉각시키는 열관리 시스템(TMS)을 말한다.

수소 공급 시스템의 주요 구성 요소
고압 레귤레이터, 수소차단밸브, 수소공급밸브, 퍼지밸브, 워터 트랩, 드레인 밸브, 수소 압력감지 센서 등

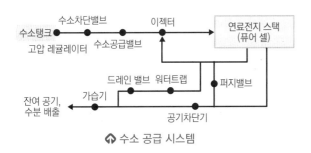

⬆ 수소 공급 시스템

① 수소 충전과 수소저장 탱크

(1) 수소의 특징
① 가장 가벼운 원소로, 무색·무취이며, 인화성이 크다.
② 낮은 분자의 부피 성질로 인해 작은 틈에도 누설되기 쉽고, 부피가 크므로(저밀도) 압축저장해야 한다. (즉, 탱크는 압축저장을 위해 강도 뿐만 아니라 탄성도 필요함)

(2) 충전 방식
① 충전소는 고압을 감지하여 압력차를 기초로 충전한다.
② 탱크 내부 온도가 85℃를 초과하지 않도록 충전통신을 통해 충전속도를 제어한다.
　→ 수소 충전시 압축으로 인한 열로 인해 탱크온도가 상승한다.
③ 수소 저장 용기는 700~900bar의 기체상태의 고압과 수소가스 충방전 시 약 -40~80℃의 온도를 견뎌야 한다.
　→ 수소의 중량당 에너지 밀도는 가솔린의 3~4배인 반면, 면적당 에너지 밀도는 가솔린의 25% 수준이므로 최대한 압축하여 저장해야 효율적인 사용이 가능

(3) 수소탱크의 재료
① 외부 라이너 : 에폭시 수지를 담근 후 꼬인상태에서 건조된 내구성 높은 탄소섬유이다.(금속라이너 Type3로 분류되고, 플라스틱 라이너는 Type4로 분류된다.) 고압을 유지하기 위해 20~25mm 두께의 탄소섬유 강화 플라스틱(탄소섬유+에폭시 소재)을 사용하여 가벼우면서 튼튼하다.
　→ 강철 탱크에 비해 60%까지 가벼워 연료 손실도 적고 제동장치의 수명도 비교적 길다.
② 내부 재료 : 고밀도 폴리머 라이너(나일론)을 와인딩한 후 경화시킨 형태로 가스의 기밀 유지와 와인딩을 위한 형상을 제공한다.

(4) 구조
차량에 따라 수소탱크는 하나의 유닛이 아니라 여러 개의 유닛을 사용하며, 그 중 교체해야 할 수소탱크 교체 시 나머지 탱크의 매뉴얼 밸브를 잠그고, GDS 또는 솔레노이드 밸브 전개 어댑터를 사용하여 교체 할 연료라인 및 탱크의 잔류 가스를 배출한다. (안전을 위해 탱크 내 수소가스를 완전히 배출)

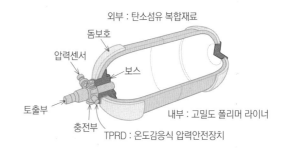

(5) 리셉터클(receptacle)
① 매니폴드와 연결되어 수소 충전 시 수소탱크로 연료를 공급하는 최초 관로로, 수소가스 충전소 측의 충전노즐의 커넥터 역할을 한다.
② 체크밸브 및 필터가 내장되어 있으며, 충전 시 압축으로 인한 탱크 내부의 온도 상승으로 인한 폭발 위험이 있어 85℃를 초과하지 않도록 IR 이미터(Infrared, 적외선)를 통해 수소 저장탱크에서 온도, 압력, 부피 정보를 받아 충전시스템에 보내 충전속도를 조절한다. (상시적으로 적외선 통신을 수행)
　→ 매니폴드 : 수소 저장탱크 및 레귤레이터로 압력 분배 역할

(6) 수소 충전
① 수소 가스의 충전 작업 : 고압가스 관련 자격 및 교육을 이수한 자에 한해 취급되므로 셀프 충전과 같은 임의 충전은 금지된다.
② 수소 충전 횟수 제한 : 수소 저장 탱크의 내구성 점검 또는 교체를 위해 약 5000회 초과 시 점검을 받도록 클러스터에 알림

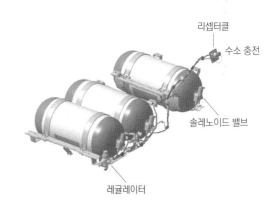

② 솔레노이드 밸브 어셈블리

수소의 흡입·배출 흐름을 제어하기 위해 각 탱크마다 직접 연결되며, HMU(수소저장시스템 제어유닛)에 의해 제어된다.

① **고압 센서** : 탱크의 고압을 감지하여 HMU로 전송하며, 계기판의 연료게이지에 이용된다.

② **체크 밸브** : 충전된 수소가 충전 주입구를 통해 누출 방지

③ **온도 센서** : 탱크 내부에 설치, 잔류 연료 계산을 위해 이용

④ **온도감응 안전 밸브** : 밸브 주변의 온도가 110℃ 초과 시 안전을 위해 강제 배출

⑤ **과류차단밸브** : 고압라인 손상 등으로 인해 대기 중으로 과도한 방출을 기계적으로 차단시킴

> ▶ 호스분리장치
> 연료공급호스가 인위적으로 당겨질 경우 디스펜서로부터 수소흐름을 차단하고, 호스를 분리하는 장치
> ▶ HMU(Hydrogen Management Unit, 수소저장 시스템 제어기) : 남은 연료를 계산하기 위해 각 센서신호를 사용하고, 수소가 충전되는 동안 연료전기의 기동을 방지하고, 충전소와 실시간 통신을 한다.

③ 수소 차단 밸브

수소 탱크에서 스택으로 수소를 공급/차단하는 개폐 밸브이다. 시동 ON 시 열리고, OFF 시 닫힌다.

→ 차량 시동 시 가장 먼저 수소차단밸브가 개방된다.

> ▶ 주의) 수소차단밸브 전단에는 차량의 시동과 관계없이 항상 16~17bar가 유지되어야 한다.

④ 고압 레귤레이터 (감압장치)

① **고압 레귤레이터(HPR)** : 수소연료탱크의 고압(700bar)을 16bar로 감압시킨다. 감압된 압력을 확인하기 위한 저압 센서, 과압 시 압력을 해소하기 위한 감압 밸브(PRV), 부품 교환 시 압력을 해소하기 위한 서비스 퍼지 밸브를 포함한다.

② **감압 밸브(PRV)** : 조절압력이 규정값보다 높은 경우 PRV는 다른 부품을 보호하기 위해 초과 압력을 대기로 배출한다. 이후 압력이 정상값으로 복원되면 감압밸브가 닫히고 시스템은 정상 작동된다.

③ **저압 센서** : 고압 레귤레이터에 장착되어 감압밸브에 의해 조절된 16bar의 공급압력을 측정하고, 조절압력의 이상 여부를 모니터링한 후, HMU에 압력값을 전송한다.

④ **서비스 퍼지 밸브** : 수소 공급장치의 정비·점검 시 공급라인(탱크와 스택 사이)의 수소를 배출시킨다.

⑤ **릴리프 밸브** : 감압 연료가 약 22bar 이상일 때 대기로 방출

> ▶ 수소연료탱크의 고압(700bar)을 한번에 낮추어 연료전지스택에 필요한 압력(1~2bar)로 감압하기 어려우므로 2단계(고압, 저압)에 걸쳐 감압한다.

⑤ 수소 공급 밸브

① 수소차단밸브 개방 후 제어기(FCU)의 요구에 따라 스택이 필요로 하는 압력으로 **감압**(약 1.0~2.0bar)하여 수소공급밸브를 통해 스택으로 수소가 공급된다.

→ 더 높은 스택 전류가 요구되는 경우, 수소 공급 밸브는 더 많은 수소가 스택으로 공급될 수 있도록 제어된다.

② 스택 전류에 맞추어 **수소압력을 제어**하는 기능을 한다. 압력 제어를 위해 저압센서가 적용되어 있다.

③ **방식** : 코일의 자기장을 이용하여 플런저를 이동시켜 유로를 개방시켜 연료 공급

> ▶ 수소 공급 라인에서의 수소압력센서
> 수소 저장용기 부근 및 수소이송 배관에서 700bar 고압 및 20bar 중압의 압력센서가 각각 설치되어 있고, 스택 입구 부근에서 스택 운전압력인 저압의 압력센서가 설치된다.

⑥ 수소 압력센서

수소공급장치 내 연료극의 압력을 측정하여 수소공급밸브의 열림량을 조절할 수 있는 정보를 제공한다.

> ▶ 참고) 작동원리
> 금속 박판에 압력이 인가되면 내부 센싱칩의 다이어프램에 압력이 전달되어 변형이 발생되고, 압력 센서는 변형에 의한 저항 변화를 측정해 이를 압력차로 변환한다.

압력-저항   압력

다이어프램   변형   압력감지 물질

⑦ 수소 누출 감지 센서 (압력 센서)

① 고압 및 중압 과정에 압력 센서를 설치해 과도한 압력 및 미세 누설 감지

② 연료전지 스택에서 수소가 일정 수준 이상 누출되면 내장된 수소센서에서 이를 감지하여 클러스터에 수소누출 경고등이 점등된다.

③ **설치** : 좌·우 각각의 연료 전지 제어 유닛(FCU)에 신호를 전송하는 각 2개씩의 수소센서와 HMU에 신호를 전송하는 2개의 수소센서가 장착되어 있다.

→ 기타 : 수소 저장용기부근, 수소 이송 배관계의 이음매 부근, 스택주변, 그리고 차량 실내 등에도 적용

> ▶ 수소 누출이 발생하면 : 수소 누출로 인해 수소센서 주변의 수소 함유량이 증가하면, 차량 제어 유닛(VCU)은 수소탱크 밸브를 차단하여 연료전지 스택 작동을 중지한다. 구동 시스템은 EV 모드로 바뀌며 배터리로 구동된다.

8 이젝터(ejector)

노즐을 통해 공급되는 수소가 스택 출구의 혼합 기체(수분, 질소 등 포함)를 흡입하여 미반응 수소를 재순환시키는 역할을 한다. 별도로 동작하는 부품은 없으며, 수소공급밸브의 제어를 통해 재순환을 수행한다.

→ 잉여 수소는 챔버에 유입되서 섞일 때 압력을 크게 낮추게 된다. 순수 수소와 잉여 수소가 혼합되어 다시 스택 입구로 공급

9 퍼지밸브

① 퍼지밸브는 **스택 내부 연료극의 수소 농도를 관리**하기 위해 사용된다.

→ 이유 : 스택 운전 중 공기극에서 연료극으로 질소가 조금씩 이동하는데, 질소 누적에 의해 수소의 순도는 점점 감소한다.

② FCU는 **수소의 순도를 높이기 위해** 일정 주기(스택이 일정량의 수소를 소비할 때)에 따라 퍼지밸브를 약 0.5~1초 동안 개방시킨다.

→ 즉, 일정 수준 이상으로 스택 내의 수소의 순도를 유지하기 위해 퍼지밸브의 개폐를 제어한다.

③ 퍼지밸브는 시동 및 주행, 온도 변화에 따라서 개방 시간과 횟수가 다르다.

④ 퍼지밸브에서 배출된 가스는 공기극 배출가스와 혼합하여, 희석된 상태로 외부로 배출된다.

▶ 고장 증상
• 시동시 개방/차단 실패 : 시동 불가능
• 주행 중 개방 실패 : 드레인 밸브에 의해 제어
• 주행 중 차단 실패 : 전기 자동차(EV) 모드 구동

▶ **수소 농도가 낮으면** : 연료전지 전압이 급격히 떨어져 문제가 발생하여 역전압에 의한 전극판 손상이 발생할 수 있어 연료전지 성능 감소와 내구성 문제를 야기시킨다.

10 워터트랩 & 레벨센서

① 워터트랩은 스택에서 화학반응을 통해 발생된 물을 포집하고 저장하는 저장소이다.

→ 스택에서 전기를 생산할 때 공기극에서 물이 생성되며, 생성된 물의 일부가 연료극으로 이동하게 되고, 이 물은 중력에 의해 배출되면서 워터트랩에서 모이게 된다.

② 레벨센서(수위센서) 및 드레인밸브 : 레벨센서가 워터트랩에 모인 물의 수위를 감지하여 일정 수위에 도달했을 때 드레인 밸브를 개방하여 물을 외부로 배출한다.

▶ 참고) 작동원리
감지면 외부에 부착된 전극을 통해 물에 의해 발생된 정전용량의 변화를 감지한다. 워터트랩에 물이 축적되면 물에 의해 하단부 전극부터 정전용량 값이 바뀌게 되고, 레벨 센서는 이를 인식하여 10단계에 걸쳐 120cc까지 물의 양을 순차적으로 측정한다. 물이 110cc 이상 워터 트랩에 포집되면 배출한다.

▶ 수분 배출의 필요성
스택에서 생성된 물은 산소와 수소 흐름을 방해하므로

11 CSD(콜드셧다운, Cold Shut-down)

① 필요성 : 연료 전지 스택에 남아있는 수분으로 인해 스택 내부가 얼게 될 경우, 스택 성능에 문제를 유발시킬 수 있다. 이를 예방하기 위해 저온에서 연료전지 시스템이 OFF 되는 경우, 공기 압축기를 강하게 작동시켜 연료전지 스택의 수분을 제거한다.

② 공기 압축기를 동작시켜 스택에 과량의 공기를 공급함으로써 스택 내부의 수분을 공기의 유동에 의해 밀어내거나, 증발시켜 차량 외부로 배출시킨다.

→ 수분 제거 시 다량의 수분이 배기 파이프를 통해 배출되며, 공기 압축기의 작동소음이 크게 들릴 수 있다.

③ 외기온에 따라 공기 압축기의 동작 rpm이 결정되고, 운전 온도에 따라 동작 시간이 결정된다.

→ 외부 온도에 따라 스택 빙결 상태가 달라질 수 있으며, 운전 온도에 따라 스택 내부 수분의 양이 달라질 수 있으므로

④ 스택 내부에 물이 충분히 발생하지 않거나, 온도가 충분이 상승하지 않을 정도의 짧은 주행 후에 시동을 정지하는 경우에는 콜드셧 다운을 수행하지 않을 수 있다.

12 기타

① 수소 농도센서 : 스택 출구 부근 또는 수소희석 및 배기장치 부근에 적용

② **해압밸브**(블리드밸브, 예비 수소 배출장치) : 저온시동 시 수분의 영향으로 레귤레이터 출구측의 압력이 상승하는 것을 방지하기 위해 블리드 밸브를 통해 수소를 배출시켜 출구압력을 정상압력범위에 있도록 한다.

③ 스택 전압 모니터(SVM) : 스택 모듈에 장착되어 스택의 전압을 모니터링한다. 셀 당 전압은 0~1V이며, CAN 통신을 통해 연료전지제어유닛에 감지된 스택 전압을 전송한다.

④ **수소 재순환 블로어** : 연료전지에서 전기생성 후 남은 고순도 수소를 모아 다시 인젝터 전단계로 재순환시켜 재활용한다.

▶ 참고) **연료전지차량의 시동 순서**
1. 고전압 배터리 연결 및 BHDC 가동 (약 300V로 고전압 배터리의 전압을 하강)
2. EV 모드와 모터 제어 장치(MCU) 정상 작동 체크(READY 램프 ON)
3. 저전압 직류 변환장치(DLDC) ON (24V 배터리 충전)
4. 수소차단 밸브 OPEN (시동 전 16bar로 감압상태)
5. FCU의 요구에 따라 스택에 필요한 압력으로 감압(1.05~2.1bar)하여 수소공급밸브를 통해 스택으로 수소 공급
6. 냉각수 펌프 구동
7. HEV 모드 진입 : FC + EV 모드 (발진 요구 발생 시 공기 공급 시작)

1 스택에 공급되는 공기의 2가지 기능

① 스택에서 전기를 생성하기 위해 필요한 산소 공급

② 스택 내 수분 배출 도움

→ 공기 공급이 불충분한 경우 : 스택 기능 저하, 발생 전압 저하, 결빙 우려

공기 공급 시스템의 주요 구성 요소

블로어 파워 제어 유닛(BPCU), 에어필터, 공기유량센서, 공기 압축기, 에어쿨러, 가습기, 공기 차단기, 운전압력조절장치, 온도 센서, 소음기 및 배기파이프

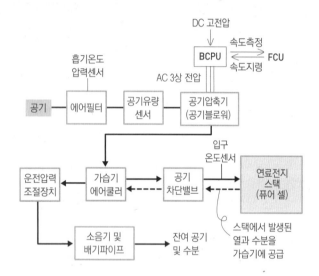

2 블로어 파워 제어 유닛(BPCU)

① 공기블로어 및 컨트롤러를 구동하는 인버터로, CAN 통신을 통해 FCU로부터 속도 명령을 수신하고, 모터 속도를 제어한다.

② 고전압을 수신받아 BPCU의 인버터에서 AC 3상 전기로 변환하여 공기압축기로 공급된다.

3 에어필터

① 흡입 공기 중 연료전지에 먼지 입자와 유해가스(아황산가스, 부탄) 등 불순물 유입으로 인한 스택의 내구성 저하를 방지하기 위해 고밀도 화학 에어필터를 장착한다.

② 정기적인 교체가 필요함

▶ 필터의 성능 저하 시 증상

• 필터가 입자로 막히면 : 필터의 통기 저항이 증가 → 공기 압축기 부하 증가(더 빠르게 회전함) → 전력 소모 및 소음 유발

• 필터가 유해가스를 포집 할 수 없는 경우, 스택의 기능이 점차 저하될 수 있다.

• 유해가스가 스택의 성능에 영향을 미쳤을 경우 정도에 따라 필터 교체 후 손상이 회복되지 못할 수도 있다.

4 가습기

① 스택에 공급되는 공기가 스택 요구 조건에 적합하도록 가습막을 통해 스택 배기에 포함된 열과 수분을 스택에 공급되는 공기에 공급하는 장치이다.

→ 고분자전해질 연료전지(PEM FC)와 고체알칼리막 연료전지(AEM FC) 등으로 연료전지 반응을 향상시키기 위해 약 60~80℃ 사이의 수분이 포함되어야 하므로 가습장치가 필수적임(습기는 스택 내의 수소와 공기의 화학 반응에 필수적임)

② 공기 압축기로 가습기를 통과하면서 공급된 공기는 수분을 갖게 된다. 그런 다음, 수분을 포함한 공기가 스택으로 유입된다. 스택은 공급된 공기로부터 전력을 생산하고, 생성된 수분은 가습기로 공급되어 재사용된다.

5 공기유량센서

① 역할 : 스택에 유입되는 공기량을 측정

② 위치 : 에어클리너 커버와 air intake 호스 사이

③ 원리 : 전자제어 연료장치의 열막식(핫 필름)과 동일

6 공기압축기(원심식)

① 대기 중의 공기를 공기극에 공급하는 장치로, 초고속으로 회전한다.

② 구성 : 임펠러/볼류트 등의 압축부와 이를 구동하기 위한 고속 모터부(브러시리스 DC타입), 고속 베어링

③ 모터의 회전수에 따라 유량을 제어하게 되며, 모터 샤프트에 연결된 임펠러의 고속회전에 의해 흡입공기를 압축한다.

④ 모터 냉각 : 수냉 방식(냉각수 공급이 필요)

7 공기차단밸브 (ACV, Air cut-off V/V)

① 연료전지 시스템이 정지한 후 공기가 스택 안으로 추가 유입으로 인한 스택 수명 저하를 방지한다.

→ 시동 off 시(ready off)에도 공기압축기가 관성에 의해 작동되므로 스택으로 유입되는 공기를 차단하여 스택의 추가 전력 생산을 방지시킴

② 수소 배출 농도를 저감하기 위해 바이패스 기능을 통해 흡입 공기(fresh air)를 공급한다.

③ 운전 중에는 항상 열려 있음

8 운전압력 조절장치(공기압력 밸브)

① FCU의 명령을 받아 모터를 구동시켜 밸브 디스크의 각도를 제어하여 유로를 조절하여 공기압력을 조절하며, 과잉 공기를 외부로 배출하는 역할을 한다.

② 작동원리 : 내연기관 차량의 ETC와 유사한 형태로, 외기조건(온도, 압력)에 따라 밸브의 개도를 조절하여 스택이 가압 운전이 될 수 있도록 한다.

　→ 스택의 부하에 따라 열림량을 조절하여 스택 내부 공기단에 걸리는 배압을 형성하고, 공급된 공기와 수소의 반응을 유도한다.

9 배기파이프

① 잔여 공기 및 수분의 배출을 유도 외에 스택에 공급되는 공기습도를 계산하기 위해 스택 출구 온도 센서로 공기온도를 측정한다.

② 공기온도 측정값은 냉각수 온도 센서의 값과 함께 스택의 과열을 방지하기 위한 모니터링에 활용된다.

10 기타

① 레조네이터 : 소음기

② 스택 출구 온도 센서 : 스택에 유입되는 흡입 공기 및 배출되는 공기의 온도를 측정한다.

③ 공기블로워 : 공기를 고밀도로 압축하여 유입시킴

---

05 열관리 시스템 (냉각장치)

연료전지 스택의 온도를 적정 수준(약 20~80℃)으로 유지하기 위한 장치로, 연료전지의 에너지 생성반응에 의해 발생된 열을 라디에이터를 통해 방출시키며, 저온시동 시 COD 히터로 데워 스택으로 보낸다.

→ 연료전지 동작 중 발생하는 대부분의 열은 공기극에 있는 촉매에서 수소와 산소의 화학적 결합에 의해 물이 생성될 때 발열반응으로 발생한다. 발열된 열은 온도가 높은 공기극의 촉매에서 온도가 낮은 주변으로 열전도되어 이동한다.

공기공급시스템의 주요 구성요소
이온 필터, COD 히터, PTC 히터, 라디에이터, 워터 펌프, 스택 바이패스 밸브, 온도 센서 등

▶ **기본 작동원리**
  • 고온 시 : 스택 출구의 냉각수 온도를 감지하여 라디에이터를 통해 냉각 후 워터펌프로 순환시킨다.
  • 저온 시 : 스택에서 나온 냉각수 온도를 감지하여 3way V/V로 바이패스시켜 바로 순환시키고, 냉간시동 시 COD 히터, PTC 히터(실내 난방 히터코어)를 통해 데워진 냉각수를 스택으로 순환시킨다.

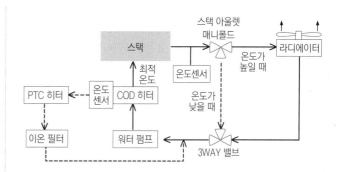

① **이온 필터** : 냉각수에 이온이 있으면 전기가 흐를 수 있고, 이는 에너지 효율 저하와 차량 고장의 원인이 되므로 필수적으로 제거해 주어야 한다.(감전 방지 및 절연 저항 유지)

② **COD 히터**
  • 냉간 시동성 향상 : 냉간 시동시 전류를 소비하고 냉각수를 예열하여 스택의 냉간 시동성을 향상시킨다.
  • 연료전지의 구동이 중지될 때 스택 내부에 잔존한 산소와 수소를 연소시켜 내구성을 향상시킨다.
  • 스택 옆면에 설치(고전압 전기히터)

③ 스택 냉각수 온도 센서(**NTC 서미스터**) : 스택 온도제어밸브, 스택 바이패스 밸브, COD 히터에 위치하여 스택에 유입되는 냉각수 온도를 측정한다.

④ 스택 아울렛 매니폴드(스택 바이패스 밸브) : 스택 냉각수의 유로를 제어한다.

　→ 페일 세이프 : 모터가 정지하고 밸브가 고장나도 밸브 내 토션 스프링에 의해 밸브를 열어 스택으로 냉각수를 라디에이터쪽으로 흐르도록 되어 있다.

⑤ PTC 히터 : 냉간 시동 시 부족한 열원을 보충

⑥ 워터펌프 : FCU와 통신하여 회전수를 제어하고, 공기압축기와 같이 고전압 전원을 받아 내부 인버터에서 3상으로 전환하여 구동된다.

---

06 기타 전장장치

→ 구동모터, 감속기, 인버터 등은 전기자동차와 유사하다.

① **고전압 직류 변환 장치**(BHDC, Bi-directional High Voltage) : 스택에서 생성된 전력과 회생제동에 의해 발생된 고전압을 강하시켜 고전압 배터리를 충전한다. 또한, 모터 구동 시 고전압 배터리의 전압을 증폭시키고 MCU에 전력을 전송한다.

② **저전압 직류 변환 장치**(LDC) : 저전압 DC-DC 컨버터로, 스택 또는 BHDC의 고전압을 12V 또는 24V로 감압하여 저전압 배터리를 충전한다.

③ **고전압 정션박스** : 스택에 의해 생성된 전기를 분배

④ 고전압 배터리 시스템은 보조 전원 개념이며, 배터리 관리 시스템(BMS)에 의해 제어된다.

⑤ 배터리 관리 시스템(BMS)은 고전압 배터리의 충전상태(SOC)를 모니터링하고 허용 충전 또는 방전 전력 한계를 차량 제어 유닛(VCU)에 전달한다.

⑥ CAN 통신 : 섀시 C-CAN, 연료 전지 F-CAN

→ F-CAN 채널은 게이트웨이(ICU)에 연결되어 있지 않으며 C-CAN 또는 P-CAN 채널의 문제로 인하여 통신이 원활하지 않을 때 비상 운전용으로 사용된다.

⑦ 그 외 : 인버터, 모터 및 기어 감속기(GDU, Gear Differential Unit)

07 FCEV의 점검

1 잔존 전압 점검

① 고전압 시스템의 점검·정비 전에, 반드시 12V 보조 배터리 차단, 안전 플러그를 제거한 후 약 5분 후 실시한다.

② 연료전지 스택의 방전 확인을 위해 전압을 측정한다.

→ 전압이 5V 이상으로 측정되는 경우 10분 후 전압을 재측정한다. 재측정 시에도 5V 이상으로 측정되면 연료전지장치 회로 이상으로 점검해야 한다.

2 기타 점검사항

① 세이프 플러그 : HEV, EV 차량과 마찬가지로 정비 시 배터리 고전압 차단을 위한 장치로, 세이프 플러그 분리 후 약 5분 후 점검·정비한다.

② 라디에이터 및 연료전지 냉각수 : 스택에서 발생한 열을 냉각하는 역할을 하며, 정비 시 필수 **점검대상**이다.(전용 냉각수를 사용하므로 일반 냉각수 또는 부동액과 혼용하지 말 것)

③ FCEV 클리너 필터 : 공기 흡입 필터로 필수 점검대상이다.

④ 이온필터 : 냉각수의 부식 침전 이물질을 필터링하며, 필수 **점검대상**이다.

⑤ 클러스터 : 수소 연료계·연료전지 시스템 경고등, 수소가스 누출 경고등(적색), 수소감지센서 고장등(주황색), 연료전지 스택 온도게이지가 장착

⑥ 감속기 오일 : 일반적으로 **무점검, 무교체 대상**이다.
  (특징 : 감속기 오일게이지가 없음)

⑦ **연료충전구 캡**(센서)**은 점검대상**이다.

3 주요 증상 및 원인

(1) 스택에 수소가 공급되지 않거나, 수소 압력이 낮을 경우

① 수소차단밸브의 전단 압력 낮음 – 고압 레귤레이터(HPR), 수소 차단 밸브 불량

② 수소탱크 솔레노이드 밸브 불량

③ 수소 공급 밸브 불량

④ 수소 외부 누설(스택 내부, 수소 공급 시스템, 스택 매니폴더 블록 등)

⑤ 수소 저압 센서 불량

(2) 수소 압력이 높을 경우

① 수소차단밸브 전단 압력 높음 – 고압 레귤레이터(HPR)

② 수소공급밸브 불량 또는 수소공급밸브 내부 누설

③ 수소 저압 센서

(3) 워터트랩 내부에 있는 물(수분)을 배출하지 않을 경우

① 워터트랩 레벨 센서 불량

② 드레인 밸브 불량 또는 빙결

③ 드레인 밸브와 가습기 사이의 호스 빙결 등

(4) 흡입 공기 유량 현저히 낮을 경우

① 공기 압축기 및 블로어 파워 컨트롤 유닛 불량

② 운전 압력 조절 장치가 매우 추운 날씨에 동결

③ 공기 통로에서의 공기 누출

④ 공기 통로 막힘

⑤ 공기유량 센서 불량

(5) 스택 냉각수 부족 또는 통로가 막힐 경우

① 라인 내에 기포 발생

② 냉각수 부족

③ 냉각수 누출

④ 이물질 유입

※ 수소연료전지차에 관한 기출문제가 1문제 밖에 없으므로 가급적 이론 위주로 학습하시기 바랍니다.

[10-1]

1 연료전지의 장점에 해당되지 않는 것은?

① 상온에서 화학반응을 하므로 위험성이 적다.
② 에너지 밀도가 매우 크다.
③ 연료를 공급하여 연속적으로 전력을 얻을 수 있으므로 충전이 필요 없다.
④ 출력 밀도가 크다.

> 연료전지는 수소와 산소를 반응시켜 물과 전자의 이동으로 전기를 생산하는 방식으로 에너지 효율, 에너지 밀도(단위부피당 저장되는 에너지 양, 충전 가능한 용량)는 높지만 전기차에 비하면 출력 밀도(한번에 방출 가능한 최대 출력, 순간 가속능력)는 낮다.

[참고]

2 수소연료전지차의 특징이 해당되지 않는 것은?

① 산화·환원 반응을 이용하여 전기에너지를 생성한다.
② 공기정화 기능이 있다.
③ 수소와 산소의 화학반응을 통해 CO_2와 물을 배출한다.
④ 전기자동차에 비해 충전속도가 빠르다.

> 수소와 산소의 화학반응을 통해 전기, 물, 열이 발생된다.

[참고]

3 연료전지의 원리에 대한 올바르지 않은 것은?

① 부산물이 없어 친환경적이다.
② 화학에너지를 전기에너지로 전환한다.
③ 수소는 촉매작용을 하여 수소이온이 전자로 산화된다.
④ 수소는 전해질을 통해 공기전극으로 이동한다.

> 수소는 촉매제가 아니라 직접 반응한다.

[참고]

4 연료전지의 전기 발생 원리에 대한 설명으로 틀린 것은?

① 천연가스나 메탄올 등의 연료에서 얻어낸 수소와 공기 중의 산소를 반응시켜서 전기에너지를 직접 얻을 수 있다.
② 연료를 계속 공급하는 한 전기를 계속 발생시킬 수 있다.
③ 연료전지의 음극을 통하여 산소가 공급되고 양극을 통하여 수소가 공급된다.
④ 연료전지의 구조는 전해질을 사이에 두고 두 전극이 샌드위치의 형태로 위치하며 두 전극을 통하여 수소이온과 산소이온이 지나간다.

> 음극을 통해 수소가 공급되고, 양극을 통해 산소가 공급된다.

[참고]

5 수소연료전지에 대한 설명 중 틀린 것은?

① 전기화학 반응을 이용하여 전기에너지를 생산하는 전지이다.
② 전지전해질은 수소이온 전도성 고분자를 주로 사용한다.
③ 전극 촉매로는 백금과 백금계 합금이 주로 사용된다.
④ 방전 시 전기화학 반응을 시작하기 위해 전기 충전이 필요하다.

> 별도의 전기충전이 필요없다.

[참고]

6 수소연료전지차에서 연료탱크의 고압의 수소 기체를 낮은 압력으로 낮추어 연료전지 스택으로 보내는 장치는?

① 레귤레이터　　　　② 릴리프 밸브
③ 체크 밸브　　　　④ 연료조절장치

[참고]

7 수소연료전지차 정비 시 필수 점검 사항이 가장 거리가 먼 것은?

① 연료충전구 캡
② 이온필터
③ FCEV 공기 필터
④ 감속기 윤활유

[참고]

8 연료전지의 특징으로 거리가 먼 것은?

① 발전효율이 약 40~60% 정도이다.
② 환경공해가 거의 발생하지 않는다.
③ 고효율, 고발열로 인해 다량의 냉각수가 필요하다.
④ 천연가스, 메탄올 등 다양한 연료의 사용이 가능하다.

[참고]

9 고분자 전해질형 연료전지의 특징에 관한 설명 중 틀린 것은?

① 촉매로 백금을 사용한다.
② 저온 시동성이 좋지 않다.
③ 다른 연료전지에 비해 전류밀도가 비교적 크다.
④ 고체막을 전해질로 사용하기 때문에 취급이 용이하다.

> 저온 시동성이 좋으나 -30° 이하에서는 사용을 금지하는 것이 좋다.

정답　1 ④　2 ③　3 ③　4 ③　5 ④　6 ①　7 ④　8 ③　9 ②

chapter 04

10 수소연료전지차의 작동에 관한 설명 중 옳은 것은?

① 원활한 전기 생성을 위하여 연료 탱크에 보관된 수소는 승압 과정을 거쳐 연료전지 스택에 전달된다.

② 수소가 누출될 경우 차량 구동을 자동으로 멈추게 한다.

③ 연료전지 스택에서 수소가 일정 수준 이상 누출되면 내장된 수소센서에서 이를 감지하여 클러스터에 수소누출 경고등이 점등된다.

④ 수소 가스의 충전 작업은 내연기관 차량과 마찬가지로 셀프 충전이 가능하다.

① 연료 탱크의 수소는 2단계 감압과정을 거쳐 연료전지 스택에 전달된다.
② 수소 누출이 발생한다면 연료전지 시스템은 작동을 멈추게 하며, 구동 시스템은 EV 모드로 바뀌며 고전압 배터리로 구동된다.
④ 수소 가스의 충전 작업은 고압가스 관련 자격 및 교육을 이수한 자에 한해 취급되므로 셀프 충전과 같은 임의 충전은 금지된다.

11 다음은 수소연료전지차의 작동 중 나타날 수 있는 현상이다. 점검이 반드시 필요하지 않은 것은?

① 정상 온도상태에서 파워가 제한될 때

② 시동을 끄고 연료 충전구를 열려고 시도할 때 경고문이 표시될 때

③ 수소 충전 횟수가 지정된 횟수보다 초과했을 때

④ 차량 주행 후 시동을 끄면 배기파이프에서 물이 떨어질 때

① 수소탱크가 과열/과냉 상태일 때 시스템 보호를 위해 파워가 제한될 수 있으며, 정상 온도에서 파워가 제한되면 점검이 필요하다.
② 시동이 걸린 상태에서 연료 충전구를 열려고 시도한 경우 경고문이 표시되며, 시동을 끈 상태에서 연료 충전구를 열 때도 경고문이 표시되면 점검이 필요하다.
③ 수소 충전 횟수가 지정된 횟수보다 초과하면 차량에 문제가 없더라도 안전을 위해 연료전지 시스템을 멈추고 점검이 필요하다.
④ 수소전기차는 전기를 만드는 과정에서 수소와 산소가 반응하여 물을 생성하며 차량 주행 후 배기파이프를 통해 물이 배출될 수 있다.

12 수소 연료전지 자동차의 수소 충전에 대한 설명으로 틀린 것은?

① 수소는 밀도가 낮기 때문에 고압으로 저장된다.

② 수소 충전소는 고압을 감지하여 압력차를 기초로 충전한다.

③ 수소저장 제어기(HMU)는 각 센서신호를 이용하여 수소 잔류량을 계산한다.

④ 충전소는 충전속도를 조절하기 위해 CAN 통신을 통해 연료 탱크의 정보를 받는다.

수소 충전 시 적외선 통신(IR 이미터)을 통해 수소저장 시스템 내부의 온도 및 압력 데이터를 수소 충전소 측에 실시간으로 송신하여 충전소는 충전속도를 조절한다.

13 수소연료전지차의 차량관리로 옳은 것은?

① 저속이나 후진 시 엔진룸에서 소리가 나면 점검해야 한다.

② 연료를 모두 소모하면 즉시 멈추므로 주의해야 한다.

③ 스택 냉각수가 부족할 경우 전장 냉각수로 보충한다.

④ 이온필터는 교체주기에 따라 교체해야 한다.

① 저속이나 후진 시 공기압축기의 작동소음이 발생하거나 가상엔진 사운드를 발생하여 접근하는 보행자에게 차량 접근을 인지시킨다.
② 수소탱크의 연료를 모두 소모하면 EV 모드로 전환되어 고전압배터리를 이용하여 약 3km 이내의 거리로 주행한다.
③ 스택 냉각수는 비이온성 부식 방지제가 첨가되며 전기전도가 매우 낮은 연료전지 전용 냉각수로, 열관리장치의 냉각계통과 전장장치의 냉각계통은 구분되어 있다.

14 수소가스 차량 연료장치에서 차단밸브 이후의 수소가스 누출 시 적색경고등이 점등되는 수소농도는?

① $2\pm1\%$ 초과

② $3\pm1\%$ 초과

③ $4\pm1\%$ 초과

④ $5\pm1\%$ 초과

차단밸브 이후의 연료장치에서 수소가스 누출 시 승객거주 공간, 수하물 공간, 후드 하부 등 밀폐 또는 반밀폐 공간의 공기 중 수소농도가 $2\pm1\%$ 초과 시 적색경고등이 점등되고, $3\pm1\%$ 초과 시 차단밸브가 작동할 것

15 스택 내부에서 발생되는 질소에 의해 수소의 순도가 나빠지는 것을 방지하기 위한 장치는?

① 에어필터

② 퍼지밸브

③ 이온필터

④ 수소재순환 블로어

스택 운전 중 공기극에서 연료극으로 질소가 조금씩 이동하는데, 질소 누적에 의해 수소의 순도는 점점 감소한다. 일정 수준 이상으로 스택 내의 수소의 순도를 유지하기 위해 퍼지밸브를 개방시켜 낮은 농도의 수소를 배출시킨다.

16 수소 연료전지 자동차에서 연료 공급 압력이 높은 원인으로 가장 거리가 먼 것은?

① 수소차단밸브 전단 압력 높음

② 수소공급밸브 내부 누설

③ 고압 센서 불량

④ 수소저장장치 제어기의 고장

고압 센서는 탱크압력(700bar)를 측정하여 남은 연료를 계산하며, 저압 센서는 감압된 16bar 압력을 측정한다. 즉, 저압 센서가 불량일 때 압력이 높아질 수 있다.

[참고]

17 스택 내부에 공급되는 공기에 대한 설명으로 <u>틀린</u> 것은?

① 스택에 유입되는 공기에 불순물이 섞여있으면 스택 기능이 저하된다.

② 스택에 공급되는 공기는 건조한 상태로 유입되어야 한다.

③ 공기압축기를 강하게 구동시켜 스택 내 물을 배출시킨다.

④ 스택에 유입되는 공기 공급이 불충분하면 결빙의 우려가 있다.

> 스택에 공급되는 공기는 스택 요구 조건에 적합하도록 가습기를 통해 스택 배기에 포함된 열 및 수분을 스택에 공급한다. 하지만 스택 내부에 발생된 물은 화학반응을 저해하며 저온 시 결빙의 우려가 있으므로 공기압축기에 의해 공기 유입시 제거시킨다. (즉, 수분이 포함된 공기로 스택 내 물을 배출시킨다)

[참고]

18 연료전지 차량의 열관리 시스템 장치에 대한 설명으로 <u>틀린</u> 것은?

① 시동 OFF 후 연료전지 장치가 OFF되면 스택 내부에 잔존한 산소나 수소를 연소시킨다.

② 스택 내부에 누적된 수분을 증발시킨다.

③ 연료전지의 에너지 생성반응에 의해 발생된 열을 라디에이터로 방출시킨다.

④ 저온시동성을 향상시킨다.

> 스택 내부의 수분은 강한 공기압축기의 압력으로 제거하며 열관리 시스템의 역할이 아니다.

[참고]

19 스택에 공급되는 수소 압력이 낮은 원인이 아닌 것은?

① 레귤레이터 고장

② 수소탱크 솔레노이드 밸브 작동 불량

③ 수소 공급 밸브 작동 불량

④ 블로어 파워 컨트롤 유닛 고장

> 블로어 파워 컨트롤 유닛은 공기 공급 시스템 장치에 해당하며 수소 공급과는 무관하다.

[참고]

20 연료전지 차량에서 내연기관 차량의 ETC(Electronic Throttle Control valve)와 유사한 역할을 하며, 외기 조건에 따라 밸브의 개도를 조절하여 스택이 가압운전할 수 있도록 하는 장치는?

① 솔레노이드 밸브

② 퍼지 밸브

③ 공기 유량 센서

④ 운전압력 조절장치

[참고]

21 수소 연료전지 자동차에서 열관리 시스템의 구성요소가 아닌 것은?

① COD 히터   ② 연료전지 냉각펌프

③ 칠러 장치   ④ 라디에이터 및 쿨링 팬

> FCEV의 열관리 시스템 구성 : COD히터, 가습기, 고용량 워터 펌프, 고용량 라디에이터 및 냉각팬 등
> ※ COD 히터 : 냉간시동 시 예열 및 스택 내부에 남은 물과 산소를 없애는 데 필요하다.
> ※ 칠러는 냉난방 장치의 구성품이며, FCEV의 열관리장치의 구성품이 아니다.

[22-1]

22 연료전지의 효율(η)을 구하는 식은?

① $\eta = \dfrac{1\,\text{mol의 연료가 생성하는 전기에너지}}{\text{생성 엔트로피}}$

② $\eta = \dfrac{10\,\text{mol의 연료가 생성하는 전기에너지}}{\text{생성 엔트로피}}$

③ $\eta = \dfrac{1\,\text{mol의 연료가 생성하는 전기에너지}}{\text{생성 엔탈피}}$

④ $\eta = \dfrac{10\,\text{mol의 연료가 생성하는 전기에너지}}{\text{생성 엔탈피}}$

[참고]

23 수소전기자동차 중 승용차의 에너지소비효율의 기준은?

① 5.0 km/kg 이상   ② 20.0 km/kg 이상

③ 60.0 km/kg 이상   ④ 75.0 km/kg 이상

[참고]

24 연료전지 자동차의 구동모터의 기본 작동원리로 <u>틀린</u> 것은?

① 급가속 또는 오르막길 구간에서는 스택에서 발생하는 전압으로만 모터가 구동된다.

② 내리막길이나 평지 구간에서는 연료전지에서 발생된 전력은 고전압 배터리를 충전시킨다.

③ 저속 및 정속 시 스택에서 발생하는 전압으로만 모터가 구동된다.

④ 감속 또는 제동 중에는 차량의 운동에너지는 고전압 배터리를 충전한다.

> 급가속 또는 부하가 많이 걸리는 구간에서는 스택에서 발생된 전력 외에 BHDC를 통해 고전압 배터리의 추가 전압을 공급한다.
> ※ BHDC : 모터 부하의 변동에 의한 과도부하를 공급하거나 배터리에 충전하는 역할을 한다.

정 답 ▶ 17 ②   18 ②   19 ④   20 ④   21 ③   22 ③   23 ④   24 ①

chapter 04

25 수소 연료전지 자동차의 충전 방법으로 틀린 것은?

① 액화 가스가 아닌 기체 상태로 충전한다.

② 빠르게 충전하기 위해 수소를 40℃로 높인다.

③ 충전 질량은 온도가 상승함에 따라 감소한다.

④ 차량 탱크시스템의 저장 압력을 사전에 조정한다.

- 수소는 70MPa(700bar)의 압력으로 압축기체 상태로 수소탱크에 저장한다.
- 이상기체 상태 방정식(PV = nRT)에 의해 압력은 온도에 비례하므로 압축압력을 위해 −40℃에서 보관하여 충전시킨다.
- 수소 급속 충전 과정에서는 온도가 상승하면 수소 저장밀도가 낮아져 충전 질량이 감소한다. (이 때문에 탱크 내부 온도가 85℃를 초과하지 않도록 충전통신을 통해 충전속도를 제어한다.)

26 수소 연료전지 자동차의 스택 화학반응으로 옳은 것은?

① 연료극과 전해극의 반응

② 전해극과 음극판의 반응

③ 연료극과 공기극의 반응

④ 전해극과 양극판의 반응

수소가 들어오는 극은 연료극(음극), 산소가 들어오는 극은 공기극(양극)이다. 연료극에서는 수소의 양이온와 전자가 분리되고, 공기극(양극)에서는 수소의 양이온과 산소 및 전자가 결합되어 물과 열이 발생한다. 전해질막은 수소가스에서 분리된 전자의 이동은 막고 수소이온만 선택적으로 이동시키는 역할을 한다.

27 연료전지 자동차에서 공기 압축기 작동의 불량 원인으로 틀린 것은?

① 공기량 센서 이상

② 운전압력조절장치 이상

③ 블로어 파워 컨트롤 유닛(BPCU) 이상

④ 공기 압축기 내부 모터 손상

운전압력조절장치는 외부 온도, 압력에 따라 밸브의 개도를 조절하여 스택이 가압 운전이 되도록 하며, 공기압축기에서 압축된 공기가 스택에 필요한 유량 이상일 경우 남는 공기를 외부로 배출하는 역할을 한다.

28 연료전지용 분리판의 조건으로 틀린 것은?

① 전기적 전도성이 있어야 한다.

② 수소와 산소의 반응으로 생성된 물을 외부로 즉시에 배출할 수 있어야 한다.

③ 수소가스는 분리판 기공을 통해 공기극 쪽으로 투과되어야 한다.

④ 열전도성이 좋아야 한다.

셀의 연료극과 공기극에 공급된 반응가스가 혼합되지 않도록 하는 분리 역할을 할 수 있어야 한다. 안정성을 위해 수소극에 공급된 작은 분자의 수소가스는 분리판 기공을 통해 공기극 쪽으로 투과되지 말아야 한다.

29 수소 연료전지 자동차에서 셀에 공급된 연료 질량이 1000kg이고, 셀에서 소비된 연료 질량은 300kg일 때 연료의 이용률(%)은?

① 30

② 33.3

③ 3

④ 3.3

$$연료의\ 이용률 = \frac{셀에서\ 반응한\ 연료의\ 질량}{셀로\ 공급된\ 연료의\ 질량} \times 100\%$$

$$= \frac{300}{1000} \times 100\% ≒ 30\%$$

AUTOMOBILE
SAFETY STANDARDS &
INSPECTION

CHAPTER

05

자동차 검사기준

☐ 자동차 안전기준 ☐ 자동차 검사기준 ☐ 자동차 정밀검사 ☐ 배기소음 및 경적소음 ☐ 속도계 및 전조등 검사

자동차 검사기준

[출제문항수 : 약 2~3문제] 친환경자동차 분야에서도 반드시 1문제는 출제됩니다. 기출을 위주로 자주 나오는 부분만 수록하였으나 합격 변별력을 위해 기출 외에서도 출제되니 시간이 허락되면 관련 법규를 비교·체크하기 바랍니다.

▶ **일러두기**
지면 할애상 전체 법령의 수록이 어려워 기출 위주로만 관련 법규를 정리하였습니다. 매 시험마다 신규문제가 자주 출제되며, 아래 기본 법규는 필수로 검색하여 확인하시기 바랍니다. (카페 자료실에도 수록)
• 자동차 및 자동차부품의 성능과 기준에 관한 규칙
• 대기환경보전법 시행규칙
• 소음 · 진동관리법 시행규칙 등
• 자동차관리법 시행규칙
• 자동차검사기준 및 방법 외

01 자동차 및 자동차부품의 성능과 기준

(1) 길이, 너비, 높이 제한

① 길이 : 13m(연결 자동차의 경우는 16.7m)

② 너비 : 2.5m(외부 돌출부가 있는 경우 승용차는 25cm, 기타 자동차는 30cm 이내)

③ 높이 : 4m

> ▶ **길이, 너비, 높이의 측정기준**
> • 공차상태일 것
> • 직진상태에서 수평면에 있는 상태일 것
> • 차체 밖에 부착하는 간접시계장치, 안테나, 밖으로 열리는 창, 긴급자동차의 경광등 및 환기장치 등의 바깥 돌출부분은 이를 제거하거나 닫은 상태일 것
> • 적재 물품을 고정하기 위한 장치 등 국토교통부장관이 고시하는 항목은 측정대상에서 제외할 것

(2) 총중량, 축중, 윤중 제한

① 차량총중량 : 20톤(승합자동차 : 30톤, 화물자동차 및 특수자동차 : 40톤)

② 축중 10톤, 윤중 5톤을 초과하지 않음

③ 초소형승용자동차의 경우 차량중량은 600kg을, 초소형화물자동차의 경우 차량중량은 750kg을 초과하여서는 아니 된다.

> ▶ • 윤중 : 수평상태에서 1개의 바퀴가 수직으로 지면을 누르는 중량
> • 축중 : 수평상태에서 1개의 차축에 연결된 모든 바퀴의 윤중을 합한 것

(3) 공차 상태

① 사람이 승차하지 않고, 물품(예비부분품 및 공구 기타 휴대물품 포함)을 적재하지 않은 상태

② 연료·냉각수 및 윤활유를 만재하고, 예비타이어를 설치하여 운행할 수 있는 상태

③ 차량 중량 : 공차 상태의 자동차 중량

(4) 적차 상태

① 공차상태의 자동차에 승차정원의 인원이 승차하고 최대적재량의 물품이 적재된 상태

② 공차상태 + 인원(승차정원) + 물품(최대적재량 적재)

③ 승차정원(허용된 최대인원) 1인의 중량은 65kg으로 계산(※13세 미만인 어린이는 1.5인을 승차정원 1인으로 한다.)

(5) 차량중심선 : 수평상태에서 가장 앞의 차축의 중심점과 가장 뒤의 차축의 중심점을 통과하는 직선

(6) 최저지상고 : 공차 상태에서 지면과의 사이에 10cm 이상일 것

(7) 중량분포 : 자동차의 조향바퀴의 윤중의 합은 차량중량 및 차량총중량의 각각에 대하여 20% 이상일 것

(8) 최대안전경사각도

① 승용자동차, 화물자동차, 특수자동차 및 승차정원 10명 이하인 승합자동차 : 공차상태에서 35°

② 승차정원 11명 이상인 승합자동차 : 적차상태에서 28°

(9) 최소회전반경 : 바깥쪽 앞바퀴자국의 중심선을 따라 측정할 때에 12m를 초과하지 않아야 한다.

(10) 원동기 및 동력전달장치

① 원동기 각부의 작동에 이상이 없어야 하며, 주시동장치 및 정지장치는 운전자의 좌석에서 원동기를 시동 또는 정지시킬 수 있는 구조일 것

② 경유를 연료로 사용하는 자동차의 조속기는 연료의 분사량을 임의로 조작할 수 없도록 봉인을 하여야 하며, 봉인을 임의로 제거하거나 조작 또는 훼손하여서는 아니된다.

③ 초소형자동차의 최고속도가 80km/h를 초과하지 않도록 원동기 및 동력전달장치를 설계·제작

(11) 타이어공기압경고장치

① 승용자동차와 차량총중량이 3.5톤 이하인 승합·화물·특수자동차에는 타이어공기압경고장치를 설치하여야 한다.(다만, 복륜인 자동차, 피견인자동차 및 초소형자동차는 제외)

② 타이어공기압경고장치의 작동 기준 : 최소 40km/h

(12) 조향장치

① 조향바퀴는 뒷바퀴에만 있어서는 아니 될 것(예외 : 세미트레일러)

② 조향핸들의 유격(조향바퀴가 움직이기 직전까지 조향핸들이 움직인 거리) : 조향핸들지름의 12.5%이내

③ 조향바퀴의 옆 미끄러짐 : 1m 주행에 좌우방향으로 각각 5mm 이내

(13) 차로이탈경고장치 : 승합자동차(경형승합자동차 제외) 및 차량총중량 3.5톤을 초과하는 화물·특수자동차에는 차로이탈경고장치를 설치하여야 한다.

(14) 제동장치

① 주제동장치와 주차제동장치는 각각 독립적으로 작용(주제동장치는 모든 바퀴를 동시에 제동하는 구조일 것)

② 주제동장치에는 라이닝 등의 마모를 자동으로 조정할 수 있는 장치를 갖출 것

(15) 자동차안정성제어장치

① 설치 차량 : 4축 이상, 피견인자동차, 덤프형 화물자동차, 특수용도형 화물자동차, 구난형 특수자동차 및 특수작업형 특수자동차, 초소형자동차

② 바퀴잠김방지식 제동장치 또는 구동력 제어장치가 작동되더라도 지속적으로 작동될 것

③ 고장 발생 시 점등되는 경고등을 갖출 것

④ 작동 예외조건
- 운전자가 자동차안정성제어장치의 기능을 정지시킨 경우
- 자동차의 속도가 20km/h 미만인 경우
- 시동 시 자가 진단하는 경우
- 자동차를 후진하는 경우

(16) 차대 및 차체

① 자동차의 가장 뒤의 차축 중심에서 차체의 뒷부분 끝까지의 수평거리는 가장 앞의 차축중심에서 가장 뒤의 차축중심까지의 수평거리의 1/2 이하일 것

② 측면보호대의 양쪽 끝과 앞·뒷바퀴와의 간격은 각각 400mm 이내일 것

③ 차량총중량이 3.5톤 이상인 화물자동차·특수자동차 및 연결자동차의 후부안전판 설치 시
- 너비는 자동차 너비의 100% 미만일 것
- 가장 아랫 부분과 지상과의 간격은 550mm 이내

- 차량 수직방향의 단면 최소높이는 100mm 이상
- 좌·우 측면의 곡률반경은 2.5mm 이상일 것

④ 고압가스를 운반하는 자동차의 고압가스운송용기는 그 용기의 뒤쪽 끝이 차체의 뒷범퍼 안쪽으로 300mm 이상의 간격이 되어야 함

⑤ 어린이운송용 승합자동차의 색상 : 황색

⑥ 어린이운송용 승합자동차의 좌측 옆면 앞부분에는 정지표시장치를 설치하여야 한다.

(17) 도난방지장치 설치 기준(하나 이상의 기능을 갖출 것)

① 조향기능, 변속기능, 변속장치의 위치조작을 억제하는 기능

② 차축 또는 바퀴에 제동력이 작동하여 자동차의 움직임을 억제하는 기능

③ 전자적으로 동력원의 시동을 방지하는 기능

(18) 좌석안전띠장치

① 승용자동차의 좌석과 그 외의 자동차의 운전자좌석 및 운전자좌석 옆으로 나란히 되어있는 좌석에는 3점식안전띠를 설치하여야 한다.

② 2점식 또는 3점식 안전띠의 골반부분 부착장치는 2,270kg의 하중에 10초 이상 견딜 것

③ 운전자가 안전띠를 착용하지 아니하고 시동할 경우 경고등 또는 경고음을 내는 장치를 설치

(19) 배기관 : 자동차의 배기관의 열림방향은 왼쪽 또는 오른쪽으로 열려 있어서는 아니된다.(열림방향이 차량중심선에 대하여 좌우로 30° 이내)

(20) 안개등(앞면은 백색 또는 황색, 뒷면은 적색)

① 앞면은 좌우 각각 1개씩, 뒷면은 2개 이하

② 앞면안개등의 발광면은 상측 5°, 하측 5°, 외측 45°, 내측 10° 이하

③ 앞면안개등은 독립적으로 점등/소등할 수 있는 구조

④ 1등당 광도는 940칸델라 이상 1만칸델라 이하일 것

⑤ 등광색은 백색 또는 황색으로 하고, 양쪽의 등광색을 동일하게 할 것

⑥ 변환빔 발광면의 가장 높은 부분보다 낮게 설치할 것이며, 발광면이 상하내외측의 10도 이내에서 관측 가능한다. 또한 후미등이 점등된 상태에서 전조등과 연동하지 않는다.

(21) 제동등(적색)

① 높이 : 공차상태에서 지상 35~150cm 높이

② 수평각 : 좌우측 각각 45° 이내

③ 수직각 : 상하측 각각 15° 이내

(22) 방향지시등(호박색)

① 자동차 앞면·뒷면 및 옆면 좌·우에 각각 1개를 설치할 것(승용자동차와 차량총중량 3.5톤 이하 화물자동차 및 특수자동차를 제외한

자동차에는 2개의 뒷면 방향지시등을 추가로 설치 가능)

② 시각적, 청각적(또는 동시에 작동)되는 표시장치를 설치할 것

60~120 회/분

③ 1분간 90±30회로 점멸하는 구조일 것

(23) 번호등(백색) : 후미등, 차폭등, 옆면표시등, 끝단표시등과 동시에 점등/소등되는 구조이며, 조도가 8룩스 이상

(24) 비상점멸표시등

① 모든 비상점멸표시등이 동시에 작동하는 구조일 것

② 충돌사고 또는 긴급제동신호가 소멸되어도 자동적으로 작동할 수 있고, 수동으로 점멸이 가능한 구조

▶ 등의 설치너비
안개등, 제동등, 후미등, 방향지시등, 차폭등 : 발광면 왼측 끝단은 자동차 최외측으로부터 400 mm 이내일 것

▶ 등광색 구분

구분	등광색
전조등, 주간주행등, 후퇴등, 코너링 조명등, 차폭등, 번호등	백색
안개등	앞면 : 백색 또는 황색 뒷면 : 적색
끝단표시등	앞면 : 백색 뒷면 : 적색
옆면표시등	호박색 (가장 뒷부분 옆면에 설치된 경우에는 호박색 또는 적색)
방향지시등	호박색
제동등, 후미등	적색

---

(25) 운행기록계 설치대상 자동차

① 운송사업용자동차(여객자동차 운수사업법에 해당 자동차) – 시내버스, 고속버스, 택시 등

② 화물자동차운송사업용 자동차(최대 적재량 1톤 이하인 화물자동차, 경형 및 소형 특수자동차 제외)

③ 고압가스탱크를 설치한 화물자동차

④ 지정수량 이상의 위험물 운반탱크를 설치한 화물자동차

⑤ 쓰레기 운반전용의 화물자동차

⑥ 피견인자동차와 긴급자동차를 제외한 최대적재량 8톤 이상의 화물자동차

⑦ 어린이운송용 승합자동차(2021년 추가)

→ 운행기록장치 : 자동차의 속도 RPM, GPS 방위각, 가속도, 주행거리 및 교통사고 상황 등을 자동적으로 전자식 기억장치에 기록하는 것

(26) 창유리 가시광선 투과율

어린이운송용 승합차의 모든 창유리는 70% 이상이어야 함

→ 가시광선투과율 : 창문에 빛이 투과되는 정도로, 100%가 가장 투명한 정도를 나타냄

---

(27) 경광등 및 사이렌

① 1등당 광도가 135~2500칸델라

② 차량에 따른 등광색

등광색	대상 차량
적색 또는 청색	• 경찰용(범죄수사, 교통단속 등) • 국군 및 주한국제연합군용 • 수사기관·교도소 및 교도기관용 • 소방용
황색	• 전신·전화 등 응급작업이나 긴급우편배달용 • 전기·가스 등 공익사업기관의 응급작업용 • 민방위업무용(긴급예방·복구) • 도로관리용 • 전파감시업무용 • 구난형특수자동차, 노면청소용자동차
녹색	• 구급차·혈액 공급차량

③ 사이렌 음의 크기 : 전방 20m의 위치에서 90~120dB

(28) 구조·장치의 변경 신청

① 구조·장치의 변경승인대상

• 총중량이 증가되는 구조·장치의 변경

• 승차정원 또는 최대적재량의 증가를 가져오는 승차장치 또는 물품적재장치의 변경

• 자동차의 종류가 변경되는 구조 또는 장치의 변경

• 변경전보다 성능 또는 안전도가 저하될 우려가 있는 경우의 변경

② 구조·장치의 변경승인 신청

• 구조·장치변경승인신청서에 서류를 첨부하여 교통안전공단에 제출하여야 한다.

• 자동차의 구조·장치의 변경승인을 얻은 자는 자동차정비업자로부터 구조·장치의 변경과 그에 따른 정비를 받고 승인받은 날부터 45일 이내에 구조변경검사를 받아야 한다.

• 구조·장치의 변경작업을 완료한 자동차정비업자는 구조·장치변경작업 완료증명서를 자동차소유자에게 교부하여야 한다.

---

02 주요 장치 검사기준

▶ 자동차의 검사항목 중 **제원측정은 공차(空車)상태**에서 시행하며, 그 외의 항목(등화장치·제동력·사이드슬립 등)은 공차상태 + 운전자 1명이 승차하여 시행한다.

▶ **긴급자동차** 등 부득이한 사유가 있는 경우에는 **적차상태**에서 검사를 시행할 수 있다.

1 연료장치 검사기준

① **배기관의 끝으로부터 30cm 이상** 떨어져 있을 것
② 노출된 전기단자 및 전기개폐기로부터 **20cm 이상** 떨어져 있을 것
③ 차실 안에 설치하지 않도록 하며, 연료탱크는 차실과 벽 또는 보호판 등으로 격리되는 구조일 것

2 수소가스 차량 연료장치 기준

① 자동차의 배기구에서 배출되는 가스의 수소농도는 **평균 4%, 순간 최대 8%를 초과하지 아니할 것**
② 차단밸브 이후의 연료장치에서 수소가스 누출 시 승객거주 공간의 공기 중 수소농도는 **1%** 이하일 것
③ 차단밸브 이후의 연료장치에서 수소가스 누출 시 승객거주 공간, 수하물 공간, 후드 하부 등 밀폐 또는 반밀폐 공간의 공기 중 수소농도가 **2±1% 초과 시 적색경고등이 점등**되고, **3±1% 초과 시 차단밸브가 작동**할 것

3 고압가스(LPG) 차량 연료장치 기준

① 고압부분의 도관은 가스용기 충전압력의 **1.5배의 압력**에 견딜 수 있을 것
② 양끝이 고정된 도관은 완곡된 형태로 최소한 1미터마다 차체에 고정시킬 것
③ 가스용기 및 용기밸브 등은 차체의 최후단으로부터 300mm 이상, 차체의 최외측면으로부터 200mm 이상의 간격을 두고 설치할 것
④ 두께가 3.2mm인 SS41 강재로 가스용기 및 용기밸브를 보호할 경우 : 차체의 최후단으로부터 200mm 이상, 차체의 최외측면으로부터 100mm 이상

4 전기회생제동장치를 갖춘 승용자동차의 제동장치 기준

① 주제동장치 작동 시 전기회생제동장치가 독립적으로 제어될 수 있는 경우에는 요구제동력(자동차에 요구되는 제동력)을 전기회생제동력과 마찰제동력 간에 자동으로 보상할 것
② 전기회생제동력이 해제되는 경우에는 마찰제동력이 작동하여 **1초 내에** 해제 당시 요구제동력의 **75% 이상** 도달할 것
③ 주제동장치는 하나의 조종장치에 의하여 작동되어야 하며, 그 외의 방법으로는 제동력의 전부 또는 일부가 해제되지 아니하는 구조일 것
④ 주제동장치의 제동력은 동력 전달계통으로부터의 구동전동기 분리 또는 자동차의 변속비에 영향을 받지 아니하는 구조일 것

5 고전원 전기장치 검사기준

① 축전지는 차실과 벽 또는 보호판으로 격리되는 구조일 것
② 고전원전기장치의 외부 또는 보호기구에는 경고표시가 되어 있을 것
③ 고전원전기장치 간 전기배선의 피복은 **주황색**일 것
④ 차실내부 또는 수화물 공간의 활선도체부는 철사 접근방비 보호등급(IPXXD) 접근 시 직접 접촉되지 말아야 하며, 그 외의 공간 및 고전압 회로 차단장치는 손가락 접근방지 보호 등급(IPXXB) 접근 시 직접 접촉되지 않을 것
⑤ **고전원 전기장치의 활선도체부와 차체 사이의 절연저항은 100Ω/V(DC), 500Ω/V(AC) 이상일 것**
⑥ **전기자동차 충전접속구의 활선도체부와 차체 사이의 절연저항은 최소 1MΩ 이상일 것**

6 조향장치 기준

① 승용차가 50km/h로(승용차 이외 40km/h) 반지름 50m로 주행할 때 자동차의 선회원이 동일하거나 더 커지는 구조일 것
② 조향기능은 기계적으로 전달하는 부품을 제외한 부품의 고장이 발생한 경우에도 조향이 가능할 것
③ 적차상태의 자동차가 평탄한 포장노면에서 반지름 12m의 원을 회전하는데 소요되는 조향핸들의 회전조작력은 25km 이하
④ 조향핸들의 유격(조향바퀴가 움직이기 직전까지 조향핸들이 움직인 거리)은 조향핸들지름의 **12.5% 이내**이어야 한다.

> ▶ 조향핸들의 유격 측정 조건
> ・공차상태에서 운전자 1인이 승차한 상태
> ・타이어는 표준공기압으로, 원동기는 시동이 켜진 상태
> ・제동장치(주차 제동장치 포함)는 작동하지 않은 상태

⑤ 조향바퀴의 윤중의 합은 차량중량 및 차량총중량의 대해 20% 이상이어야 한다.

(1) 최소회전반경

① 바깥쪽 앞바퀴자국의 중심선을 따라 측정할 때 **12m**를 초과해서는 안된다.

> → 승합자동차의 경우, 반경 5.3~12.5m의 동심원 사이를 회전 시 그 차체가 각 동심원에 모두 접촉되어서는 안됨

② 최소회전반경 측정 시 **공차상태**이어야 한다.
③ 변속기는 전진 최하단에 두고 최대 조향각도로 서행하며 측정

> ▶ 최소회전반경 측정방법
> ・변속기어를 전진 최하단에 두고, 최대 조향각도로 서행하며 바깥쪽 타이어의 접지면 중심점이 이루는 궤적을 좌우회전하여 측정한다.
> ・좌우회전에서 구한 반경 중 큰 값을 당해 자동차의 최소회전반경으로 한다.

> ▶ 회전 조작력 측정조건
> ・타이어 공기압은 표준 공기압으로 한다.
> ・원주궤도와 일치하는 외측 조향륜의 조향시간은 4초 이내
> ・평탄한 노면에서 반경 12m의 원주를 선회하며, 선회속도는 10km/h로 하며, 풍속 3m/s 이하

자동차 검사 절차

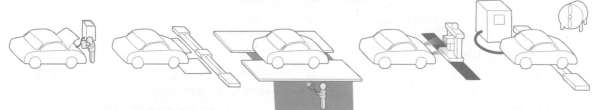

관능 검사
- 차대번호 및 원동기 형식 진위여부
- 불법구조변경, 소유권 확인

앞바퀴 정렬 검사
- **앞바퀴 정렬 검사** – 앞바퀴 직진성 및 핸들 복원성 등 적정성 검사
- **사이드 슬립 검사**
- 개별 제동력 및 종합 **제동력 검사**
- **속도계 검사** – 계기판의 속도계가 실제 속도와의 일치 여부 검사

하체 검사
조향계통, 엔진계통, 배기계통, 연료계통, 브레이크 등 체결·손상 및 누유 등 이상 유무에 대한 관능 검사

전조등 검사
- 전조등의 밝기 검사
- 조사각 검사
- HID 불법 교체 여부 등

배출가스 검사
- **측정방법(경유) – 매연·NOx**
  - 한국형 147모드(KD-147)
  - 엔진회전수제어모드(Lug-down 3)
  - 광투과식 무부하급가속 검사모드 (무부하 검사방법)
- **휘발유/LPG 측정 – CO·HC·NOx**
  - 정기검사 : 저속공회전모드 (750±250rpm) 및 고속공회전모드 (2500±300rpm)
- 종합검사 : 휘발유·LPG자동차의 배출가스 검사 시 40km/h로 정속주행하며 검사하는 정속모드(ASM2525)와 저속공회전모드 (750±250rpm)를 동시에 검사

03 사이드 슬립 및 제동력·속도계 검사

1 조향륜의 옆미끄럼량 측정

(1) 측정조건 및 검사기준

① 조향륜의 옆미끄럼량 측정 시 자동차는 **공차상태로 운전자 1인이 승차** 상태

② 검사기준 : 조향바퀴의 옆미끄러량은 **1m 주행에 5mm 이내**일 것

(2) 조향륜의 옆미끄럼량 측정방법

① 조향핸들에서 힘을 가하지 아니한 상태에서 5km/h로 서행하면서 계기의 눈금을 타이어 접지면이 사이드슬립측정기 답판을 통과 완료할 때 읽음

② 옆미끄러짐 량의 측정은 자동차가 1m 주행 시 옆미끄러짐 량을 측정하는 것으로 한다. (1mm/1m)

$$사이드\ 슬립량 = \frac{왼쪽\ 바퀴 + 오른쪽\ 바퀴}{2}$$

※ 여기서, in은 (+), out은 (-)

▶ 사이드슬립 측정기의 정밀도 기준
0점 지시, 5mm 지시, 판정정밀도 지시가 ±0.2mm/m 이내

2 제동장치 검사기준

① 측정상태 : 공차상태에 운전자 1인이 승차한 상태

② 모든 축의 제동력의 합이 **공차중량의 50% 이상**이고 각축의 제동력은 해당 축중의 **50%**(뒤축의 제동력은 해당 축중의 20%) 이상일 것

③ 동일 차축의 좌·우 차바퀴 제동력의 차이는 **해당 축중의 8% 이내**일 것

④ 주차제동력의 합은 **차량 중량의 20% 이상**일 것

⑤ 제동력 복원상태는 **3초 이내에 해당 축중의 20% 이하**로 감소될 것

⑥ 주제동장치 기준

구분	기준
제동능력	• 최고속도 80km/h 이상, 차량총중량이 차량중량의 1.2배 이하인 자동차의 각축의 제동력의 합 : 차량총중량의 50% 이상 • 최고속도 80km/h 미만, 차량총중량이 차량중량의 1.5배 이하인 자동차의 각축의 제동력의 합 : 차량총중량의 40% 이상 • 기타의 자동차 　- 각축의 제동력의 합 : 차량중량의 50% 이상 　- 각축의 제동력 : 각 축중의 50% 이상(다만, 뒷축의 경우에는 당해 축중의 20%)
좌·우바퀴의 제동력의 차이	**당해 축중의 8% 이하**
제동력의 복원	브레이크페달을 놓을 때에 제동력이 3초 이내에 당해 축중의 20% 이하로 감소될 것

⑦ 주차제동장치의 기준

구분		기준
측정 조작력	승용차	발조작식 : 60kg 이하(손조작식 : 40kg 이하)
	그 외	발조작식 : 70kg 이하(손조작식 : 50kg 이하)
제동능력		경사면(11° 30′ 이상)에서 정지상태를 유지할 수 있거나 제동능력이 차량중량의 20% 이상일 것

▶ 주차제동장치의 조작력전달계통이 전기식일 때 배선에 단선 등 파손이 있거나 조종장치에 전기적인 고장이 발생한 경우 주차제동장치를 작동시켜 적차상태의 자동차를 **8% 경사로**에서 전·후진방향으로 정지상태를 유지할 수 있어야 한다.

⑧ 공기식 주제동장치 설치 차량 : 2개 이상의 독립된 계통을 갖춘 공기식 주제동장치는 제동조종장치와 제동바퀴 사이에서 공기누설이 발생할 경우 누설된 공기를 대기중으로 배출시키는 구조일 것

⑨ 주차제동장치의 제동능력 : 11° 30′의 경사면에서 정지상태를 유지할 수 있을 것

⑩ 적차상태에서 타이어에 작용되는 하중이 당해 타이어의 최대 허용하중의 범위 이내일 것

③ 주제동장치의 제동능력 및 조작력 기준

① 롤러의 기름, 흠 등을 제거하고, 타이어 공기압 정상 확인

② **공차상태에 운전자 1인만 탑승, 차량 : 시동이 켜진 상태**

→ 엔진을 시동하지 않으면 브레이크 부스터(배력장치)가 작동하지 않아 제동력이 약해 제동력 측정 불가

③ 테스트할 차축이 제동 시험기의 롤러에 위치하도록 차량을 진입한 후 리프트 하강 버튼을 누른다.

④ Motor 스위치를 ON시키면 롤러가 회전한다. 이 때 탑승자는 브레이크 답력을 점차 강하게 조작한다. 급제동이 아니라 서서히 정지한다는 느낌으로 밟기 시작해 끝까지 브레이크를 밟는다.

→ 브레이크 페달을 확실히 밟은 상태에서 측정한다.

⑤ 시험기 눈금판의 양바퀴 제동력에 각각 지침의 좌·우 제동상태를 확인하고 기록한다.

⑥ Motor 스위치를 OFF시켜 롤러를 정지한 후 리프트를 상승시키고 차량을 빼낸다.

⑦ 측정결과를 연산하여 차량의 제동력 검사로 이상 여부를 확인한다.

⑧ 제동 시험기 상에서 축 중량을 측정하여 제동력의 좌우 합계를 축 중량으로 나누었을 때 50% 이상, 편차를 8% 이내이어야 정상으로 판단한다.

③ 제동력 계산 및 판정

$$제동력 총합 = \frac{모든\ 제동력의\ 합}{차량\ 총중량} \times 100\%$$

→ 모든 바퀴의 제동력의 합을 차량 중량으로 나눈 값으로 제동력 총합이 50% 이상 양호

$$앞\ 제동력\ 총합 = \frac{앞\ 좌우\ 제동력의\ 합}{앞\ 차축의\ 중량} \times 100\%$$

→ 앞 차축의 좌우 제동력의 합을 해당 축중으로 나눈 값으로 앞 축중 제동력의 합이 50% 이상 양호

$$뒷\ 제동력\ 총합 = \frac{뒷\ 좌우\ 제동력의\ 합}{뒷\ 차축의\ 중량} \times 100\%$$

→ 뒷 차축의 좌우 제동력의 합을 해당 축중으로 나눈 값으로 뒷 축중 제동력의 합이 20% 이상 양호

$$제동력\ 편차 = \frac{큰쪽\ 제동력 - 작은쪽\ 제동력}{해당\ 차축의\ 중량} \times 100\%$$

→ 좌우 제동력의 차를 해당 축 중량으로 나눈 값으로 좌우 제동력의 편차가 8% 이내 양호

$$주차\ 브레이크\ 제동력 = \frac{뒷\ 좌우\ 제동력의\ 합}{차량\ 총중량} \times 100\%$$

→ 뒷 주차 브레이크의 좌우 제동력의 합을 차량 중량으로 나눈 값으로 주차 브레이크의 제동력이 20% 이상 양호

④ 제동력 제어계통이 전기식인 승용자동차의 주제동장치의 구조 및 성능기준

① 주제동장치의 성능이 저하되거나 제동력 편차가 있을 때 제어계통 보상값이 아래 한계값을 초과하는 경우 경고장치에 따른 황색 경고를 운전자에게 주어야 한다.

구분	한계값
차륜	좌·우 차륜의 브레이크 제동압력 중의 높은 값 : 25%
차축	각 차축의 정상상태 제동력과의 차이값 : 50%

⑤ 속도계 검사기준

① 속도표시범위는 자동차의 최고속도가 포함되도록 할 것

② 눈금은 1km/h·2km/h·5km/h 또는 10km/h 단위로 구분

③ 자동차에 설치한 속도계의 지시오차는 평탄한 노면에서의 속도가 25km/h 이상에서 다음 계산식에 적합하여야 한다.

$$0 \leq V_1 - V_2 \leq V_2/10 + 6(km/h)\ (V_1 : 지시속도,\ V_2 : 실제속도)$$

④ 속도계의 지시오차 : **정 25%, 부 10% 이내**일 것 – 40km/h의 속도에서 자동차 속도계의 지시오차를 속도계 시험기로 측정

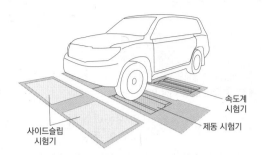

속도계
시험기

제동 시험기

사이드슬립
시험기

2 속도계 검사

(1) 속도계 검사 전 준비사항

① **공차상태에서 운전자 1인 승차**한 상태
② 주차브레이크 작동 및 고임목 설치
③ 타이어 공기압이 표준 공기압력인지 확인
④ 차량 바퀴 및 검사기 롤러 상태 확인 및 이물질 제거

⚙ NCS 속도계 및 전조등 검사방법

---

04 전조등 검사

1 전조등 검사기준

→ 2022년 산업인력공단 측 실기시험 검사 변경

① **변환빔(하향등)의 광도는 3천칸델라** 이상일 것
  → 광도(cd, 칸델라) : 일정한 방향에서 물체 전체의 밝기를 나타내는 양
  → 좌우측 전조등(변환빔)의 광도와 광도점을 전조등시험기로 측정하여 광도점의 광도를 확인

② 변환빔의 진폭은 **10미터** 위치에서 다음의 수치 이내일 것

설치높이 ≤ 1.0m 이내	설치높이 ≥ 1.0m 이내
−0.5% ~ −2.5%	−1.0% ~ −3.0%

③ 컷오프선의 꺾임점(각)이 있는 경우 꺾임점의 연장선은 **우측 상향**일 것

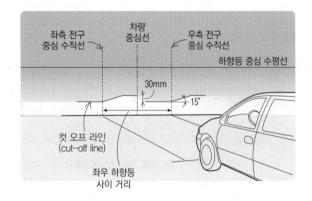

좌측 전구
중심 수직선

차량
중심선

우측 전구
중심 수직선

하향등 중심 수평선

30mm

15°

컷 오프 라인
(cut-off line)

좌우 하향등
사이 거리

→ 컷오프라인(명암한계선) : 대향차 운전자의 눈부심 방지 및 선명한 도로구조 및 도로표지판 확인을 위해 좌측 라이트보다 우측라이트를 **15도 상향**으로 비추도록 한다.

2 전조등(등화장치) 검사

(1) 전조등 시험기 검사 전 준비사항

① 바닥이 수평 상태로 측정(적정 타이어 공기압, 배터리 완충상태)
② 상향 전조등이 켜지는지 확인한다.
③ 엔진은 공회전 상태로 한다.
④ **공차상태에서 운전자 1인 승차**에서 실시한다.(긴급자동차 등 부득이한 사유가 있는 경우에는 적차상태에서 검사 가능)
⑤ 시험기가 수평인지를 수준기로 확인한다.
⑥ 차량을 시험기와 직각으로 하고, 집광식 시험기를 사용 시 시험기와 전조등의 간격은 **1m**(스크린식의 경우 **3m**)로 한다.

> 집광식 시험기 사용 시 렌즈와 전조등 거리를 1m로 측정하거나 스크린식의 경우 3m로 측정하면 차량 전방 10m에서의 밝기에 해당된다.

⑦ 시험기 좌우 및 상하 다이얼 "0"으로 돌려 초기화한다.

---

05 소음도 검사(정기점검)

[소음 · 진동관리법]

1 자동차의 소음허용기준(경자동차 기준)

① 제작자동차(경차, 승용차 기준) 단위 : dB

차량구분(제작년도)	배기소음	경적소음
1999년 12월 31일 이전	100 이하	115 이하
2000년 1월 1일 이후	100 이하	110 이하

※ 2006년 1월 1일 이후 제작 차량 중 중대형 및 대형 승용자동차의 경적소음은 112 이하이다.

2 배기소음의 검사

(1) 배기소음 측정

① 변속장치 : 중립 또는 주차 위치
② 정지가동상태(Idle)에서 가속페달을 밟아 가속되는 시점부터 원동기의 최고출력 시의 **75% 회전속도에 4초 이내** 도달하고 그 상태를 1초 이상 유지시킨 후 가속페달을 놓고 정지가동상태로 다시 돌아올 때까지 최대소음도를 측정한다.
③ 그리고 정지가동상태로 10초 이상 둔다. 이와 같은 과정을 2회 이상 반복한다. (다만, 원동기회전속도계를 사용하지 않고 배기소음을 측정할 때에는 정지가동상태에서 원동기 최고회전속도로 배기소음을 측정)
④ 이 경우 중량자동차는 5dB(A), 중량자동차 외의 자동차는

7dB(A)을 배기소음측정치에서 뺀 값을 최종 측정치로 하며, 승용자동차 중 원동기가 차체 후면에 장착된 자동차는 8dB(A)을 배기소음측정치에서 뺀 값을 최종 측정치로 한다.

(2) 경적소음측정

① 자동차의 **원동기를 가동시키지 아니한 정차상태**에서 자동차의 경음기를 5초 동안 작동시켜 **최대소음도**를 측정
② 이 경우 2개 이상의 경음기가 장치된 자동차는 경음기를 **동시에 작동**시킨 상태에서 측정

(3) 측정치의 산출

① **암소음 측정** : 측정 직전 또는 직후에 연속하여 10초 동안 실시하며, 암소음은 지시치의 평균치로 한다. (암소음은 측정장소의 주변 소음을 말하며, 순간적인 충격음 등은 암소음으로 취급하지 아니한다.)
② **자동차 소음 측정** : 2회 이상 실시하여야 하며, 각 측정 항목별로 소음측정기 지시치의 **최대치를 측정치로 한다.**
　→ 측정치의 차이가 2dB을 초과하는 경우에는 재측정할 것
　→ 소음측정은 자동기록장치를 사용하는 것을 원칙
③ 차이값 = '자동차소음 측정값 – 암소음 측정값'를 계산하여 **3dB~9dB**인 경우에는 자동차로 인한 소음의 측정치로부터 다음 표의 보정치를 뺀 값을 최종 측정치로 하고, 만약 차이값이 **3dB** 미만일 경우에는 측정치를 무효로 한다.
④ 암소음에 대한 보정치

자동차소음과 암소음의 측정 차	3	4~5	6~9
보정치	–3	–2	–1

⑤ 자동차로 인한 소음의 2회 이상 측정치(보정한 것을 포함) 중 **가장 큰 쪽의 값을 측정의 성적**으로 한다.

[13–3 예제]
차량의 배기소음 소음을 측정한 결과 86dB이며, 암소음이 82dB이었다면, 이때의 보정치를 적용한 배기소음은?

배기소음 측정값 – 암소음 측정값 = 86–82 = 4이므로
결과치에 보정치 '–2'를 적용하면 86–2 = 84dB

---

③ 저소음자동차 경고음발생장치 설치 기준

① 하이브리드자동차, 전기자동차, 연료전지자동차 등은 최소한 **20km/h** 이하의 주행상태에서 경고음을 내야 한다.
② 경고음은 전진 주행시 자동차의 속도변화를 보행자가 알 수 있도록 기준에 적합한 주파수변화 특성을 가져야 한다.
　→ 자동차에서 발생되는 경고음은 5~20 km/h 범위에서 속도변화에 따라 평균적으로 1km/h 당 0.8% 이상의 비율로 변화할 것
③ 전진 주행시 발생되는 전체음의 크기는 **75 dB**을 초과하지 않아야 한다.
④ 운전자가 경고음 발생을 중단시킬 수 있는 장치를 설치하여서는 아니 된다.

⚙ NCS 경적 및
배기소음검사

⚙ 경적 및 배기소음
측정법

06 자동차의 에너지소비효율 및 등급표시

1 측정 에너지소비효율

자동차의 에너지소비효율 측정시험에 따라 측정된 에너지소비효율로서 FTP-75 모드(도심주행 모드)측정 에너지소비효율과 HWFET 모드(고속도로주행 모드)측정 에너지소비효율을 말한다.

2 5-cycle 보정식

5가지 시험방법(5-Cycle)으로 검증된 도심주행 에너지소비효율 및 고속도로주행 에너지소비효율이 FTP-75(도심주행)모드로 측정한 도심주행 에너지소비효율 및 HWFET(고속도로 주행)모드로 측정한 고속도로주행 에너지소비효율과 유사하도록 적용하는 관계식을 말한다.

• FTP-75 모드 (도심주행 모드) 측정방법
• HWFET 모드 (고속도로주행 모드) 측정방법
• US06 모드 (최고속·급가감속주행 모드) 측정방법
• SC03 모드 (에어컨가동주행 모드) 측정방법
• Cold FTP-75 모드 (저온도심주행 모드) 측정방법

3 복합 에너지소비효율

도심주행 에너지소비효율과 고속도로주행 에너지소비효율에 각각에 계수를 적용하여 산출한 에너지소비효율

4 표시 에너지소비효율

자동차 및 광고매체에 표시되는 에너지소비효율로 도심주행 에너지소비효율, 고속도로주행 에너지소비효율 및 복합 에너지소비효율로 구성된다. 단, 플러그인하이브리드자동차의 경우 CD모드 복합에너지소비효율과 CS모드 복합 에너지소비효율로 구성된다.

CD 모드	• 충전-소진 모드 (Charge-Depleting mode) • RESS에 **충전된 전기 에너지를 소비**하며 자동차를 운전하는 모드
CS 모드	• 충전-유지 모드 (Charge-Sustaining mode) • RESS가 충·방전을 하며 **전기 에너지의 충전량이 유지되는 동안 연료를 소비**하며 운전하는 모드

※ RESS : Rechargeable Energy Storage System(재충전 에너지 저장장치)

→ 자동차의 에너지소비효율, 온실가스 배출량 및 연료소비율 측정 산정방법

1 개요

자동차의 에너지소비효율 및 연료소비율은 5-cycle 보정식에 의한 계산을 이용하여 자동차의 에너지소비효율 및 연료소비율 표시와 등급에 적용하고, CO_2 배출량 표시는 FTP-75(도심주행)모드 측정값 및 HWFET(고속도로 주행)모드 측정값을 복합하여 사용한다.

2 에너지소비효율 및 연료소비율 산정

(1) 5-cycle 보정식에 의한 계산

$$복합\ 에너지소비효율\ 및\ 연료소비율 = \cfrac{1}{\cfrac{0.55}{\substack{도심주행 \\ 에너지소비효율 \\ 및\ 연료소비율}} + \cfrac{0.45}{\substack{고속도로주행 \\ 에너지소비효율 \\ 및\ 연료소비율}}}$$

→ CD/CS 복합 에너지소비효율 및 연료소비율은 수식 중 CD/CS 도심주행·고속도로주행 에너지소비효율을 대체한다.

(2) 전기버스의 에너지 소비효율 (km/kWh)

$$에너지소비효율 = \cfrac{주행거리(km)}{\substack{주행\ 시\ 소모된\ 전기에너지의 \\ 교류전류\ 충전량(kWh)}} \times 0.8$$

→ 주행거리와 주행 시 소모된 전기에너지의 교류전류 충전량은 소수점 넷째 자리에서 반올림하여 셋째 자리까지 측정하고, 에너지소비효율은 셋째 자리에서 절사하여 둘째 자리까지 계산한다.

3 전기를 사용하는 자동차의 1회충전 주행거리 산정방법

(1) 5-cycle 보정 1회충전 주행거리

① 복합 1회충전 주행거리(km) = 0.55 × 도심주행 1회충전 주행거리 + 0.45 × 고속도로주행 1회충전 주행거리
  • 도심 주행 1회충전 주행거리 = 0.7 × FTP-75 모드에서 시가지동력계 주행시험계획(UDDS)에 따라 반복 주행하면서 구한 1회충전 주행거리
  • 고속도로 주행 1회충전 주행거리 = 0.7 × HWFET 모드를 반복 주행하면서 구한 1회충전 주행거리

4 표시를 위한 에너지소비효율 및 연료소비율 및 온실가스 배출량의 소수점 유효자리수

① 5-cycle 보정식을 적용한 에너지소비효율 및 연료소비율의 최종 결과치는 반올림하여 **소수점 이하 첫째자리**까지 표시한다.
① CO_2 배출량은 측정된 단위 주행거리당 이산화탄소 배출량(**g/km**)을 말하며, 최종 결과치는 반올림하여 **정수**로 표시한다.
② 전기자동차의 경우 1회 충전 주행거리의 최종 결과치는 반올림하여 **정수**로 표시한다.
③ 에너지소비효율, CO_2 등의 최종 결과치를 산출하기 전까지 계산을 위하여 사용하는 모든 값은 **반올림 없이 산출된 소수점 그대로**를 적용한다.

5 에너지소비효율의 기준

(1) 일반 하이브리드자동차

구분	에너지소비효율 기준(km/L)		
	휘발유	경유	LPG
경형	19.4	24.0	15.5
소형	17.0	21.6	13.8
중형	14.3	18.8	12.1
대형	13.8	16.0	9.7

(2) 플러그인 하이브리드자동차

에너지소비효율 기준(km/L)
18.0

(3) 전기자동차　　　　　　　　　　　　　　　– 단위 주의할 것

에너지소비효율 기준(km/kWh)					
승용자동차		승합/화물			전기버스
초소경소형	중대형	초소형	경소형	중대형	일반
5.0 이상	3.7 이상	4.0 이상	2.3 이상	1.0 이상	1.0 이상

(4) 수소자동차　　　　　　　　　　　　　　– 단위 주의할 것

에너지소비효율 기준(km/kg)			
승용자동차	승합/화물		수소전기버스
	경·소형	중·대형	
75.0 이상	75.0 이상	20.0 이상 (화물: 12.0이상)	20.0 이상

6 자동차의 복합에너지소비효율에 따른 등급부여 기준

구분 \ 등급	1	2	3	4	5
복합 에너지 소비효율 (km/L)	16.0 이상	15.9 ~ 13.8	13.7 ~ 11.6	11.5 ~ 9.4	9.3 이하
전기자동차 복합 에너지 소비효율 (km/kWh)	5.9 이상	5.8 ~ 5.1	5.0 ~ 4.3	4.2 ~ 3.5	3.4 이하

단, 경형자동차(전기자동차는 초소형자동차), 플러그인하이브리드차, 수소전기자동차의 경우 상기의 기준에 따른 등급 부여 대상에서 제외

↑ 내연기관 자동차및 하이브리드 자동차의
에너지소비효율등급의 표시방법(라벨) 예

7 자동차의 에너지소비효율 및 등급의 표시방법(라벨)

구분	표시내용(항목)
• 내연기관 자동차 　– 경형 자동차 　– 경형 이외 : 등급이 표시 • 하이브리드 자동차 　(등급이 표시됨)	• 복합연비 : 14.3 km/L • 온실가스(CO_2) : 100 g/km • 도심연비 : 12.8 km/L • 고속도로연비 : 16.8 km/L
• 전기 자동차 　– 경형 자동차 　– 경형 이외 : 등급이 표시	• 복합연비 : 5.5 km/kWh • 1회 충전주행거리 : 96 km • 도심연비 : 6.0 km/kWh • 고속도로연비 : km/kWh
• 플러그인 　하이브리드자동차	• 복합연비(전기) : 3.0 km/kWh • 복합연비(휘발유) : 10.9 km/L • 1회 충전주행거리 : 49 km • 온실가스(CO_2) : 61 g/km
• 수소전기자동차	• 복합연비 : 93.7 km/kg • 온실가스(CO_2) : 0 g/km • 도심연비 : 98.9 km/kg • 고속도로연비 : 88 km/kg

※ 항목과 함께 단위에도 주의할 것
※ **전기자동차**의 경우 배기량(cc)은 축전지 정격전압(V) 및 용량(Ah)을, 변속기 형식 및 단수 대신에 1회충전 주행거리(km)를, 연비단위는 km/L 대신에 **km/kWh**로 표시(저속전기자동차는 도심주행연비만 표시)
※ 플러그인하이브리드자동차의 경우 도심, 고속도로, 복합연비의 표기는 CD 연비(km/kWh), CS 연비(km/L)로 나누어 표기하고 1회충전 주행거리(km)를 추가 표시한다.
※ **수소전기자동차**의 경우 연비 단위는 km/L 대신 **km/kg**으로 표시한다.

친환경자동차 부분의 관련 법규가 방대하여 기출 위주로 수록했습니다. 관련 자료는 "국가법령정보센터"를 검색하거나 카페에 방문하여 관련 내용을 참고하기 바랍니다.

[15-2]

1 자동차 및 자동차부품의 성능과 기준에 관한 규칙 중 자동차의 연료탱크, 주입구 및 가스배출구의 적합 기준으로 옳지 않은 것은?

① 배기관의 끝으로부터 20cm 이상 떨어져 있을 것 (연료탱크를 제외한다.)

② 차실 안에 설치하지 아니하여야 하며, 연료탱크는 차실과 벽 또는 보호판 등으로 격리되는 구조일 것

③ 노출된 전기단자 및 전기개폐기로부터 20cm 이상 떨어져 있을 것 (연료탱크를 제외한다.)

④ 연료장치는 자동차의 움직임에 의하여 연료가 새지 아니하는 구조일 것

- 배기관의 끝으로부터 30 cm 이상 떨어져 있을 것
- 노출된 전기단자 및 전기개폐기로부터 20 cm 이상 떨어져 있을 것

[12-1]

2 브레이크 테스트(brake tester)에서 주 제동장치의 제동능력 및 조작력 기준을 설명한 내용으로 틀린 것은?

① 측정 자동차의 상태는 공차 상태에서 운전자 1인을 승차한 상태이어야 한다.

② 제동능력은 최고속도가 80 km/h 미만이고 차량 종중량이 차량중량의 1.5배 이하인 자동차는 각 축의 제동력 합은 차량 총중량의 40% 이상이어야 한다.

③ 좌·우 바퀴의 제동력 차이는 당해 축중의 6% 이하 이어야 한다.

④ 제동력 복원은 브레이크 페달을 놓을 때에 제동력이 3초 이내에 축중의 20% 이하로 감소되어야 한다.

좌·우바퀴의 제동력의 차이 : 당해 축중의 8% 이하

[15-3]

3 속도계 시험기의 판정에 대한 정밀도 검사기준으로 적합한 것은?

① 판정 기준값의 1 km 이내

② 판정 기준값의 2 km 이내

③ 판정 기준값의 3 km 이내

④ 판정 기준값의 4 km 이내

속도계시험기의 정밀도에 대한 검사기준
- 지시 : 설정속도(35 km/h 이상)의 3% 이내
- 판정 : 판정기준값의 1 km 이내

[16-3]

4 자동차의 검사에서 전기장치의 검사 기준 및 방법에 해당되지 않는 것은?

① 전기배선의 손상여부를 확인한다.

② 배터리의 설치상태를 확인한다.

③ 배터리의 접속·절연상태를 확인한다.

④ 전기선의 허용 전류량을 측정한다.

자동차 전기장치의 검사기준
- 축전지의 접속 절연 및 설치상태가 양호할 것
- 자동차 구동 축전지는 차실과 벽 또는 보호판으로 격리되는 구조일 것
- 전기배선의 손상이 없고 설치상태가 양호할 것
- 차실 내 및 차체 외부에 노출되는 고전원전기장치 간 전기배선은 금속 또는 플라스틱 재질의 보호 기구를 설치할 것

[17-1]

5 자동차 및 자동차부품의 성능과 기준에 관한 규칙에서 자동차 전기장치의 안전기준으로 틀린 것은?

① 차실 안의 전기 단자 및 전기 개폐기는 적절히 절연물질로 덮어 씌워야 한다.

② 자동차의 전기배선은 모두 절연물질로 덮어씌우고, 차체에 고정시켜야 한다.

③ 차실 안에 설치하는 축전지는 여유공간 부족 시 절연물질로 덮지 않아도 무관하다.

④ 축전지는 자동차의 진동 또는 충격 등에 의하여 이완되거나 손상되지 않도록 고정시켜야 한다.

[16-1]

6 검사기기를 이용하여 운행 자동차의 주 제동력을 측정하고자 한다. 다음 중 측정방법이 잘못된 것은?

① 바퀴의 흙이나 먼지, 물 등의 이물질을 제거한 상태로 측정한다.

② 공차상태에서 사람이 타지 않고 측정한다.

③ 적절히 예비운전이 되어 있는지 확인한다.

④ 타이어의 공기압은 표준 공기압으로 한다.

제동력 시험기의 준비 사항
- 롤러의 기름, 흙 등 이물질을 제거한다.
- 타이어 공기 압력 정상 확인
- 시험 차량은 공차 상태로 하고 운전자 1인 탑승한다.
- 롤러 중심에 뒤 바퀴 올라가도록 자동차 진입 시킨다.
- 시험기 모터 작동
- 기관 시동한다.

정답 ▶ 1 ① 2 ③ 3 ① 4 ④ 5 ③ 6 ②

[19-2]

7 자동차 검사를 위한 기준 및 방법으로 **틀린** 것은?

① 자동차의 검사항목 중 제원측정은 공차상태에서 시행한다.

② 긴급자동차는 승차인원 없는 공차상태에서만 검사를 시행해야 한다.

③ 제원측정 이외의 검사항목은 공차상태에서 운전자 1인이 승차하여 측정한다.

④ 자동차 검사기준 및 방법에 따라 검사기기·관능 또는 서류 확인 등을 시행한다.

> 긴급자동차 등 부득이한 사유가 있는 경우에는 적차(積車) 상태에서 검사를 시행할 수 있다.

[19-2, 15-2]

8 자동차정기검사에서 조향장치의 검사 기준 및 방법으로 틀린 것은?

① 조향 계통의 변형, 느슨함 및 누유가 없어야 한다.

② 조향바퀴 옆 미끄럼양은 1 m 주행에 5 mm 이내이어야 한다.

③ 기어박스·로드암·파워실린더·너클 등의 설치상태 및 누유 여부를 확인한다.

④ 조향핸들을 고정한 채 사이드슬립 측정기의 답판 위로 직진하여 측정한다.

[19-2]

9 자동차 정기검사에서 전기장치의 검사기준 및 방법에 **해당되지 않는** 것은?

① 축전지의 설치상태를 확인한다.

② 전기배선의 손상여부를 확인한다.

③ 전기선의 허용 전류량을 측정한다.

④ 축전지의 접속·절연상태를 확인한다.

> **전기장치의 검사기준 및 방법**
> • 축전지의 접속 · 절연 및 설치상태가 양호할 것
> • 축전지는 차실과 벽 또는 보호판으로 격리되는 구조일 것
> • 전기배선의 손상이 없고 설치상태가 양호할 것
> • 차실 내 및 차체 외부에 노출되는 고전원전기장치 간 전기배선은 금속 또는 플라스틱 재질의 보호 기구를 설치할 것

[19-2]

10 사이드 슬립 점검 시 왼쪽 바퀴가 안쪽으로 8 mm, 오른쪽 바퀴가 바깥쪽으로 4 mm 슬립되는 것으로 측정되었다면 전체 미끄럼값 및 방향은?

① 안쪽으로 2 mm 미끄러진다.

② 안쪽으로 4 mm 미끄러진다.

③ 바깥쪽으로 2 mm 미끄러진다.

④ 바깥쪽으로 4 mm 미끄러진다.

> 사이드 슬립량 $= \dfrac{8-4}{2} = 2\text{mm}$이며, 미끄럼 방향은 큰 값을 기준으로 하므로 전체 미끄럼 방향은 in(안쪽)이다.

[07-2]

11 사이드슬립 시험기로 미끄럼량을 측정한 결과 왼쪽바퀴가 in-8, 오른쪽 바퀴가 out-2를 표시했다. 슬립량은?

① 2(out)　　　　　② 3(in)

③ 5(in)　　　　　④ 6(in)

> 사이드 슬립량 $= \dfrac{8-2}{2} = 3\text{mm}$이며, 미끄럼 방향은 큰 값(8)을 기준으로 하므로 전체 미끄럼 방향은 in(안쪽)이다.

[18-2, 11-2]

12 사이드슬립 테스터로 측정한 결과 왼쪽 바퀴가 안쪽으로 6mm, 오른쪽 바퀴가 바깥쪽으로 8mm 움직였다면 전체 미끄럼량은?

① in 1mm　　　　　② out 1mm

③ in 7mm　　　　　④ out 7mm

> 사이드 슬립량 $= \dfrac{8-6}{2} = 1\text{mm}$이며, 미끄럼 방향은 큰 값(8)을 기준으로 하므로 전체 미끄럼 방향은 out(바깥쪽)이다.

[13-1]

13 핸들의 위치를 중심에 놓고, 앞 휠의 경우 토우값을 측정하였더니, 다음과 같은 값이 측정되었다면 맞는 것은? (단, 앞 좌측 : 토인 2mm, 앞 우측 : 토아웃 1mm이며 주어진 자동차의 제원값은 토인 0.5mm 이다.)

① 주행 중 차량은 정방향으로 주행한다.

② 주행 중 차량은 좌측으로 쏠리게 된다.

③ 주행 중 차량은 우측으로 쏠리게 된다.

④ 핸들의 조작력이 무겁게 된다.

> 사이드 슬립량 $= \dfrac{\text{좌측슬립량}+\text{우측슬립량}}{2} = \dfrac{2+(-1)}{2} = 0.5$
> 측정값이 슬립량이 (+) 값이므로 방향은 토인(안쪽)이 된다.
> 측정값이 제원값(토인 0.5mm)과 동일하므로 차량은 정방향으로 주행한다.

[14-1]

14 사이드 슬립 시험기에서 지시값이 6 이라면 1 km 당 슬립량은?

① 6 mm　　② 6 cm　　③ 6 m　　④ 6 km

> 사이드 슬립 시험기에서의 지시값 6은 1 m에 6 mm의 슬립량을 나타내며, 실제로는 1 km에 대해 6 m의 슬립량을 나타낸다.

정답 7 ②　8 ④　9 ③　10 ①　11 ②　12 ②　13 ①　14 ③

chapter 05

15 디지털식 타이어 휠 밸런스 시험기를 사용할 때 시험기에 입력해야 할 요소가 <u>아닌</u> 것은?

① 림의 폭
③ 림의 직경
③ 림의 간격
④ 림의 두께

> **휠 밸런스 시험기의 입력요소**
> 시험기와 림의 간격(거리), 림의 폭, 림의 지름

[13-2, 07-1]

16 자동차관리법 시행규칙에 의거한 제동 시험기의 정기 정밀도검사 기한은?

① 최초 정밀도검사를 받은 날부터 3월이 되는 날이 속하는 달
② 최초 정밀도검사를 받은 날부터 6월이 되는 날이 속하는 달
③ 최초 정밀도검사를 받은 날부터 12월이 되는 날이 속하는 달
④ 최초 정밀도검사를 받은 날부터 2년이 되는 날이 속하는 달

[14-2]

17 운행자동차의 주제동장치의 제동능력 검사 시 좌·우 바퀴의 제동력 차이 기준은?

① 당해 축중의 8% 이상
② 당해 축중의 8% 이하
③ 당해 축중의 20% 이상
④ 당해 축중의 20% 이하

> 좌우바퀴에 작용하는 제동력의 차이는 당해 축중의 8% 이하이어야 한다.

[19-1]

18 차륜정렬 시 사전 점검사항과 가장 거리가 <u>먼 것</u>은?

① 계측기를 설치한다.
② 운전자의 상황 설명이나 고충을 청취한다.
③ 조향 핸들의 위치가 바른지의 여부를 확인한다.
④ 허브 베어링 및 액슬 베어링의 유격을 점검한다.

[21-1, 19-3]

19 운행차 정기검사에서 자동차 배기소음 허용기준으로 옳은 것은? (단, 2006년 1월 1일 이후 제작되어 운행하고 있는 소형 승용 자동차이다.)

① 95dB 이하
② 100dB 이하
③ 110dB 이하
④ 112dB 이하

> 2006년 1월 1일 이후에 제작한 경자동차 소·중형 자동차가 운행할 경우 배기소음은 100dB 이하, 경적소음은 110dB 이하이다.

[15-1]

20 운행차 정기검사에서 소음도 검사 전 확인 항목의 검사 방법으로 옳은 것은?

① 타이어의 접지 압력의 적정여부를 눈으로 확인
② 소음덮개 등이 떼어지거나 훼손되었는지 여부를 눈으로 확인
③ 경음기의 추가부착 여부를 눈으로 확인하거나 5초 이상 작동시켜 귀로 확인
④ 배기관 및 소음기의 이음상태를 확인하기 위해 소음계로 검사 확인

> **소음도 검사 전 확인 항목**
> ① 소음도 검사 시 타이어 접지 압력과는 무관하다.
> ② 소음덮개 등이 떼어지거나 훼손되었는지를 눈으로 확인
> ③ 경음기를 눈으로 확인하거나 3초 이상 작동시켜 경음기를 추가로 부착하였는지를 귀로 확인
> ④ 자동차를 들어올려 배기관 및 소음기의 이음상태를 확인하여 배출가스가 최종 배출구 전에서 유출되는지를 확인

[18-2]

21 자동차 정기검사의 소음도 측정에서 운행자동차의 소음허용기준 중 ( )에 알맞은 것은? (단, 2006년 1월 1일 이후에 제작되는 자동차)

자동차 종류	배기소음(dB)	경적소음(dB)
경자동차	( ) 이하	110 이하

① 100
② 105
③ 110
④ 115

[19-3, 18-1]

22 다음은 운행차 정기검사에서 배기소음 측정을 위한 검사방법에 대한 설명이다. ( ) 안에 알맞은 것은?

> 자동차의 변속장치를 중립 위치로 하고 정지가동상태에서 원동기의 최고 출력시의 75% 회전속도로 ( )초 동안 운전하여 최대 소음도를 측정한다.

① 3
② 4
③ 6
④ 8

> 배기소음 측정 시 자동차의 변속기어를 중립위치로 하고 정지가동(아이들링) 상태에서 원동기 최고출력 시의 **75%** 회전속도에서 **4**초 동안 운전하여 그 동안에 자동차로부터 배출되는 소음크기의 최대치를 측정한다.

23 운행차 정기검사에서 배기소음 측정시 정지가동 상태에서 원동기 최고출력시의 몇 %의 회전속도로 측정하는가?

① 65% ② 70%

③ 75% ④ 80%

24 차량의 경음기 소음을 측정한 결과 86 dB이며, 암소음이 82 dB이었다면, 이때의 보정치를 적용한 경음기의 소음은?

① 83 dB ② 84 dB

③ 86 dB ④ 88 dB

암소음에 대한 보정치 (암기사항)

자동차 소음과 암소음의 측정치 차이	3	4~5	6~9
보정치	3	2	1

자동차 소음과 암소음의 측정치 차가 4이므로 위 표에서 보정치 2를 적용하면 86-2 = 84dB이다.

25 경음기 소음 측정 시 암소음 보정을 하지 않아도 되는 경우는?

① 경음기 소음 : 84 dB,   암소음 : 75 dB

② 경음기 소음 : 90 dB,   암소음 : 85 dB

③ 경음기 소음 : 100 dB,   암소음 : 92 dB

④ 경음기 소음 : 100 dB,   암소음 : 85 dB

④는 소음차가 15dB이며, 10dB 이상일 때는 암소음의 영향이 없는 것으로 간주하여 보정하지 않는다.

26 운행차의 정기검사에서 배기소음 및 경적소음을 측정하는 장소선정 기준으로 틀린 것은?

① 주위 암소음의 크기는 자동차로 인한 소음의 크기보다 가능한 10dB이하 이어야 한다.

② 가능한 주위로부터 음의 반사와 흡수 및 암소음에 영향을 받지 않는 밀폐된 장소를 선정한다.

③ 마이크로폰 설치 위치의 높이에서 측정한 풍속이 10m/sec이상일 때에는 측정을 삼가해야 한다.

④ 마이크로폰 설치 중심으로부터 반경 3m 이내에는 돌출 장애물이 없는 아스팔트 또는 콘크리트 등으로 평탄하게 포장되어 있어야 한다.

가능한 주위로부터 음의 반사와 흡수 및 암소음에 영향을 받지 않는 개방된 장소를 선정한다.

27 자동차로 인한 소음과 암소음의 측정치의 차이가 5dB인 경우 보정치로 알맞은 것은?

① 1dB ② 2dB

③ 3dB ④ 4dB

28 운행하는 자동차의 소음도 검사 확인사항에 대한 설명으로 틀린 것은?

① 소음덮개의 훼손 여부를 확인한다.

② 경적소음은 원동기를 가동 상태에서 측정한다.

③ 경음기의 추가 부착 여부를 확인한다.

④ 배출가스가 최종배출구 전에서 유출되는지 확인한다.

「소음·진동관리법 시행규칙」 별표 15에 의해 자동차 원동기를 가동시키지 아니한 정지상태에서 경음기를 5초 동안 작동시켜 최대 소음도를 측정한다.

29 자동차 소음 측정에 대한 내용으로 옳은 것은?

① 2개 이상의 경음기가 장치된 경우 인도측과 먼 쪽의 배기관에서 측정한다.

② 회전속도계를 사용하지 않은 경우 정지가동상태에서 원동기 최고 회전속도로 배기소음을 측정한다.

③ 원동기의 최고 출력 시의 75% 회전속도로 4초 동안 운전하여 평균 소음도를 측정한다.

④ 자동차소음과 암소음의 측정치의 차이가 3 bB 이상일 때에는 측정치를 무효로 한다.

① 2개 이상의 경음기가 장치된 자동차는 경음기를 동시에 작동시킨 상태에서 측정

③ 원동기의 최고출력 시의 75% 회전속도에 4초 이내 도달하고 그 상태를 1초 이상 유지시킨 후 가속페달을 놓고 정지가동상태로 다시 돌아올 때까지 최대소음도를 측정한다.

④ 자동차소음과 암소음의 측정치의 차이가 3~10 bB인 경우에는 자동차로 인한 소음의 측정치로부터 보정치를 뺀 값을 최종 측정치로 하고, 차이가 3 bB 미만일 때에는 측정치를 무효로 한다.

30 운행자동차 배기소음 측정 시 마이크로폰 설치 위치에 대한 설명으로 틀린 것은?

① 지상으로부터 최소 높이는 0.5m 이상이어야 한다.

② 지상으로부터의 높이는 배기관 중심 높이에서 ±0.05m 인 위치에 설치한다.

③ 자동차의 배기관이 2개 이상일 경우에는 인도측과 가까운 쪽 배기관에 대하여 설치한다.

④ 자동차의 배기관 끝으로부터 배기관 중심선에 $45° \pm 10°$의 각을 이루는 연장선 방향으로 0.5m 떨어진 지점에 설치한다.

정답 23 ③ 24 ② 25 ④ 26 ② 27 ② 28 ② 29 ② 30 ①

chapter 05

[12-1]

31 자동차의 등화장치별 등광색이 잘못 연결된 것은?

① 후퇴등 – 백색

② 자동차 뒷면의 안개등 – 백색 또는 황색

③ 차폭등 – 백색

④ 방향지시등 – 호박색

[15-2]

32 전조등 장치에 관련된 내용으로 맞는 것은?

① 전조등을 측정할 때 전조등과 시험기의 거리는 반드시 15m를 유지해야 한다.

② 실드빔 전조등은 렌즈를 교환할 수 있는 구조로 되어 있다.

③ 실드빔 전조등 형식은 내부에 불활성 가스가 봉입되어 있다.

④ 전조등 회로는 좌우로 직렬 연결되어 있다.

[08-2]

33 자동차의 자동 전조등이 갖추어야 할 조건 설명으로 틀린 것은?

① 야간에 전방 100m 떨어져 있는 장애물을 확인할 수 있는 밝기를 가져야 한다.

② 승차인원이나 적재 하중에 따라 광축의 변함이 없어야 한다.

③ 어느 정도 빛이 확산하여 주위의 상태를 파악할 수 있어야 한다.

④ 교행할 때 맞은 편에서 오는 차를 눈부시게 하여 운전의 방해가 되어서는 안된다.

[19-1, 16-3, 14-2, 12-1]

34 운행 자동차의 전조등 시험기 측정 시 광도 및 광축을 확인하는 방법으로 틀린 것은?

① 적차 상태로 서서히 진입하면서 측정한다.

② 타이어 공기압을 표준 공기압으로 한다.

③ 4등식 전조등의 경우 측정하지 않는 등화는 발산하는 빛을 차단한 상태로 한다.

④ 엔진은 공회전 상태로 한다.

[15-3]

35 전조등을 시험할 때 시험 전 조건 중 틀린 것은?

① 각 타이어의 공기압은 표준일 것

② 공차상태에서 운전자 1명이 승차할 것

③ 배터리는 충전한 상태로 할 것

④ 엔진은 정지 상태로 할 것

[12-2]

36 자동차 전조등의 광도 및 광축을 측정(조정)할 때 유의사항 중 틀린 것은?

① 시동을 끈 상태에서 측정한다.

② 타이어 공기압을 규정값으로 한다.

③ 차체의 평형상태를 점검한다.

④ 축전지와 발전기를 점검한다.

[13-1]

37 전조등 시험 시 준비사항으로 틀린 것은?

① 타이어 공기압이 같도록 한다.

② 스크린식 시험기를 사용하여 시험기와 전조등의 간격은 1m로 한다.

③ 축전지 충전상태가 양호하도록 한다.

④ 바닥이 수평이 상태에서 측정한다.

정답 31 ② 32 ③ 33 ② 34 ① 35 ④ 36 ① 37 ②

38 자동차안전기준에 관한 규칙상 경광등의 등광색을 적색 또는 청색으로 할 수 없는 경우는?

① 국군 및 주한 국제 연합군용 자동차 중 군내부의 질서유지 및 부대의 질서있는 이동을 유도하는데 사용되는 자동차
② 수사기관의 자동차 중 범죄수사를 위하여 사용되는 자동차
③ 전파 감시업무에 사용되는 자동차
④ 교도소 또는 교도기관의 자동차 중 도주자의 체포 또는 피수용자의 호송·경비를 위하여 사용되는 자동차

[참고]

39 다음은 자동차 정기검사의 등화장치 검사기준에서 전조등의 광도측정 기준이다. ( ) 안에 알맞은 것은?

- 변환빔의 광도는 ( ) cd 이상일 것
- 변환빔의 진폭은 ( )미터 위치에서 다음의 수치 이내일 것

설치높이 ≤ 1.0m 이내	설치높이 ≥ 1.0m 이내
−0.5% ~ −2.5%	−1.0% ~ −3.0%

① 3000, 10   ② 1500, 10
③ 3000, 20   ④ 1500, 20

- **변환빔**(하향등)의 광도는 **3000cd** 이상일 것
- 변환빔의 진폭은 **10미터** 위치에서 다음의 수치 이내일 것

설치높이 ≤ 1.0m 이내	설치높이 ≥ 1.0m 이내
−0.5% ~ −2.5%	−1.0% ~ −3.0%

[13-2]

40 스크린 전조등 시험기를 사용할 때 렌즈와 전조등의 거리를 3m로 측정하면, 차량 전방 몇 m에서의 밝기에 해당하는가?

① 5m   ② 10m
③ 15m   ④ 20m

스크린 전조등 시험기 사용 시 렌즈와 전조등 거리를 3m로 측정하면 차량 전방 **10m**에서의 밝기에 해당된다.

[13-2]

41 어떤 자동차의 우측전조등의 우측 방향 진폭이 전방 10 m에서 25 cm이었다. 전방 100 m에서는 얼마인가?

① 1.0 m   ② 1.5 m
③ 2.0 m   ④ 2.5 m

1m는 측정 시 1cm에 해당하므로 10 : 25 = 100 : x, x = 250cm

[17-2]

42 자동차의 안전기준에서 방향지시등에 관한 사항으로 틀린 것은?

① 등광색은 백색이어야 한다.
② 다른 등화장치와 독립적으로 작동되는 구조이어야 한다.
③ 자동차 앞면·뒷면 및 옆면 좌·우에 각각 1개를 설치해야 한다.
④ 승용자동차와 차량총중량 3.5톤 이하 화물자동차 및 특수자동차를 제외한 자동차에는 2개의 뒷면 방향지시등을 추가로 설치할 수 있다.

방향지시등의 등광색 : 호박색

[16-1 변형]

43 방향지시등의 작동조건에 관한 내용으로 틀린 것은?

① 좌측 또는 우측으로 방향지시를 조작하는 경우 조작한 방향에 위치한 방향지시등은 동시에 작동될 것
② 1분 간 90±30회로 점멸하는 구조일 것
③ 방향지시등 회로와 전조등 회로는 연동하는 구조일 것
④ 견인자동차와 피견인자동차의 방향지시등은 동시에 작동하는 구조일 것

방향지시등은 다른 등화장치와 독립적으로 작동되는 구조일 것

[17-1]

44 자동차 검사기준 및 방법에서 전조등 검사에 관한 사항으로 틀린 것은?

① 전조등이 상향 상태에서 측정하여야 한다.
② 공차상태에서 운전자 1인이 승차하여 검사를 시행한다.
③ 전조등시험기로 전조등의 광도와 주광축의 진폭을 측정한다.
④ 긴급자동차 등 부득이한 사유가 있는 경우에는 적차상태에서 검사를 시행할 수 있다.

전조등검사는 변환빔(하향) 상태에서 실시한다. (2019년 4월 23일 변경)

chapter **05**

정답 ▸ 38 ③ 39 ① 40 ② 41 ④ 42 ① 43 ③ 44 ①

45 변환빔 전조등의 설치 기준에서 발광면의 관측각도 범위로 잘못된 것은?

① 상측 15° 이내   ② 하측 10° 이내
③ 외측 15° 이내   ④ 내측 10° 이내

> **변환빔의 관측각도**
> 변환빔 전조등의 발광면은 상측 15°, 하측 10°, 외측 45° 내측 10° 이내에서 관측 가능할 것

46 자동차의 외부에 바닥조명등을 설치할 경우에 해당되는 자동차 성능과 기준에 관한 규칙의 사항 중 거리가 먼 것은?

① 자동차가 정지하고 있는 상태에서만 점등될 것
② 자동차가 주행하기 시작한 후 1분 이내에 소등될 것
③ 최대광도는 60칸델라 이하일 것
④ 등광색은 백색일 것

> **자동차 외부의 바닥조명등 설치 기준**
> 1. 자동차가 정지하고 있는 상태에서만 점등될 것
> 2. 자동차가 주행하기 시작한 후 1분 이내에 소등될 것
> 3. 비추는 방향은 아래쪽으로 하고, 도로의 바닥을 비추도록 할 것
> 4. **최대광도는 30칸델라 이하일 것**
> 5. 등광색은 백색일 것

47 라이트를 벽에 비추어 보면 차량의 광축을 중심으로 좌측 라이트는 수평으로, 우측 라이트는 약 15도 정도의 상향 기울기를 가지게 된다. 이를 무엇이라 하는가?

① 컷 오프 라인   ② 쉴드 빔 라인
③ 루미네슨스 라인   ④ 주광축 경계 라인

> 컷오프라인(명암한계선)은 대향차 운전자의 눈부심 방지 및 선명한 도로구조 및 도로표지판 확인을 위해 좌측 라이트보다 우측라이트를 15도 **우측 상향**으로 비추도록 한다.

48 등화장치에 대한 설치기준으로 틀린 것은?

① 차폭등의 등광색은 백색·황색·호박색으로 하고, 양쪽의 등광색을 동일하게 하여야 한다.
② 번호등의 바로 뒤쪽에서 광원이 직접 보이지 아니하는 구조여야 한다.
③ 번호등의 등록번호표 숫자 위의 조도는 어느 부분에서도 5룩스 이상이어야 한다.
④ 후미등의 1등당 광도는 2칸델라 이상 25 칸델라 이하 이어야 한다.

> 번호등의 최소 조도기준은 8룩스이다.

49 어린이운송용 승합자동차에 설치되어 있는 적색 표시등과 황색 표시등의 작동 조건에 대한 설명으로 옳은 것은?

① 정지하려고 할 때는 적색 표시등을 점멸
② 출발하려고 할 때는 적색 표시등을 점등
③ 정차 후 승강구가 열릴 때는 적색 표시등 점멸
④ 출발하려고 할 때는 적색 및 황색 표시등이 동시에 점등

> **어린이운송용 승합자동차의 표시등 기준**
> 가. 도로에 정지하려는 때에는 황색표시등 또는 호박색표시등이 점멸되도록 운전자가 조작할 수 있어야 할 것
> 나. 가목의 점멸 이후 어린이의 승하차를 위한 승강구가 열릴 때에는 자동으로 적색표시등이 점멸될 것
> 다. 출발하기 위하여 승강구가 닫혔을 때에는 다시 자동으로 황색표시등 또는 호박색표시등이 점멸될 것
> 라. 다목의 점멸 시 적색표시등과 황색표시등 또는 호박색표시등이 동시에 점멸되지 아니할 것

50 자동차 검사기준 및 방법에서 제동장치의 제동력검사기준으로 틀린 것은?

① 모든 축의 제동력 합이 공차중량의 50% 이상일 것
② 주차 제동력의 합은 차량 중량의 30% 이상일 것
③ 동일 차축의 좌·우 차바퀴 제동력의 차이는 해당 축중의 8% 이내일 것
④ 각축의 제동력은 해당 축중의 50%(뒤축의 제동력은 해당 축중의 20%) 이상일 것

> 주차 제동력의 합은 차량 중량의 20% 이상일 것

51 운행자동차의 주제동장치의 제동능력 검사 시 좌·우 바퀴의 제동력 차이 기준은 당해 축중의 몇 %은?

① 8% 이상   ② 8% 이하
③ 20% 이상   ④ 20% 이하

> 좌우바퀴에 작용하는 제동력의 차이는 당해 축중의 **8%** 이하이어야 한다.

52 자동차의 에너지소비효율 산정방법에서 전기자동차 및 플러그인 하이브리드자동차의 1회 충전주행거리 산정의 최종 결과치 표현 방법은?

① 반올림하여 소수점 이하 첫째 자리까지 표시
② 반올림 없이 산출된 소수점 그대로 적용
③ 반올림하여 정수 처리
④ 올림하여 정수 처리

> 1회 충전 주행거리 산정의 최종 결과치는 반올림하여 정수 처리한다.

정답 ▶ 45 ③   46 ③   47 ①   48 ③   49 ③   50 ②   51 ②   52 ③

53 자동차 검사항목 중 공차상태에 운전자 1인이 승차하여 시행하지 않는 것은?

① 제원 측정
② 주제동장치의 제동능력 및 조작력 측정
③ 전조등 광도 및 진폭 측정
④ 사이드 슬립 측정

제원 측정은 **공차상태**에서만 시행한다.

54 자동차검사기준 및 방법에 의해 공차상태에서만 시행하는 검사항목은?

① 제동력　　　　　② 제원 측정
③ 등화장치　　　　④ 경음기

자동차의 검사항목 중 제원 측정은 공차(空車) 상태에서 시행하며 그 외의 항목은 공차상태에서 운전자 1명이 승차하여 시행한다. 다만, 긴급자동차 등부득이한 사유가 있는 경우 또는 적재물의 중량이 차량중량의 20% 이내인 경우에는 적차(積車) 상태에서 검사를 시행할 수 있다.

55 자동차규칙상 고전원전기장치 절연 안전성에 대한 아래 설명 중 (　　)안에 들어갈 알맞은 내용은?

【보기】
연료전지자동차의 고전압 직류회로는 절연저항이 (　　) 이하로 떨어질 경우 운전자에게 경고를 줄 수 있도록 절연저항 감시시스템을 갖추어야 한다.

① 100 Ω/V　　　　② 200 Ω/V
③ 300 Ω/V　　　　④ 400 Ω/V

자동차 및 자동차부품의 성능과 기준에 관한 규칙 – 고전원전기장치 절연 안전성 등에 관한 기준 : 연료전지자동차의 고전압 직류회로는 절연저항이 100Ω/V 이하로 떨어질 경우 운전자에게 경고를 줄 수 있도록 절연저항 감시시스템을 갖추어야 한다.

56 자동차의 에너지소비효율 및 등급의 표시방법 중 내연기관의 표시항목에 해당하지 않는 것은?

① 복합연비　　　　② 공인주행연비
③ 도심연비　　　　④ 고속도로연비

내연기관의 표시
복합연비, 온실가스(CO₂), 도심연비, 고속도로연비

57 아래 그림은 자동차의 에너지소비효율 및 등급의 표시를 나타내는 라벨이다. 어떤 차량에 해당하는 것은?

① 초소형 전기자동차
② 하이브리드 자동차
③ 플러그인 하이브리드자동차
④ 수소전기자동차

라벨은 내연기관(소형 외) 또는 하이브리드 자동차에 해당한다.

58 자동차의 에너지소비효율 및 등급표시에 관한 규정에서 자동차 에너지 소비효율의 종류로 틀린 것은? (단, 차종은 내연기관 자동차로 국한한다)

① 고속도로주행 에너지 소비효율
② 복합 에너지 소비효율
③ 평균 에너지 소비효율
④ 도심주행 에너지 소비효율

자동차의 에너지소비효율 및 등급표시에 관한 규정 중 '에너지소비효율 및 등급 표시의무와 표시방법(10조)'의 에너지 소비효율의 종류
– 도심주행 에너지소비효율, 고속도로주행 에너지소비효율, 복합에너지소비효율

59 플러그인 하이브리드자동차의 연료소비효율 및 연료소비율 표시를 위해 소모된 전기에너지를 자동차에 사용된 연료의 순발열량으로 등가 환산하여 적용할 때 환산인자로 틀린 것은?

① 휘발유 1L = 7230 kcal
② 전기 1 kWh = 860 kcal
③ 경유 1 L = 6250 kcal
④ 1 cal = 4.1868 J

근거) 플러그인하이브리드자동차의 에너지소비효율, 온실가스 배출량 및 연료소비율 측정방법 – 경유 1L = 8,420 kcal

60 자동차의 에너지 소비효율 선정방법에서 복합 에너지 소비효율 η을 구하는 식은? (단, 5사이클 보정식에 의한 계산에 의함)

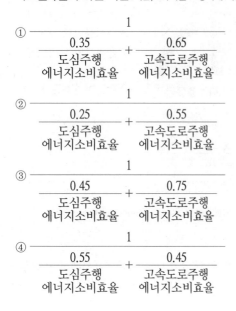

①
$$\frac{1}{\dfrac{0.35}{\text{도심주행}\atop\text{에너지소비효율}} + \dfrac{0.65}{\text{고속도로주행}\atop\text{에너지소비효율}}}$$

②
$$\frac{1}{\dfrac{0.25}{\text{도심주행}\atop\text{에너지소비효율}} + \dfrac{0.55}{\text{고속도로주행}\atop\text{에너지소비효율}}}$$

③
$$\frac{1}{\dfrac{0.45}{\text{도심주행}\atop\text{에너지소비효율}} + \dfrac{0.75}{\text{고속도로주행}\atop\text{에너지소비효율}}}$$

④
$$\frac{1}{\dfrac{0.55}{\text{도심주행}\atop\text{에너지소비효율}} + \dfrac{0.45}{\text{고속도로주행}\atop\text{에너지소비효율}}}$$

> 자동차의 에너지소비효율 및 등급표시에 관한 규정의 [별표 1] 자동차의 에너지소비효율 산정방법에 관한 문제이다.

61 자동차 및 자동차부품의 성능과 기준에 관한 규칙상 자동변속장치에 대한 기준으로 틀린 것은?

① 조종레버가 조향기둥에 설치된 경우 조종레버의 조작방향은 중립위치에서 전진위치로 조작되는 방향이 반시계방향 일 것
② 주차위치가 있는 경우에는 후진위치에 가까운 끝부분에 있을 것
③ 중립위치는 전진위치와 후진위치 사이에 있을 것
④ 전진변속단수가 2단계 이상일 경우 40 km/h 이하의 속도에 서 어느 하나의 변속단수의 원동기 제동효과는 최고속 변속 단수에서의 원동기 제동효과보다 클 것

> 조종레버가 조향기둥에 설치된 경우 조종레버의 조작방향은 중립위치에서 전진위치로 조작되는 방향이 **시계방향**일 것

62 자동차관리법상 저속 전기자동차의 최소속도(km/h) 기준은? (단, 차량 총중량이 1361 kg을 초과하지 않는다.)

① 20
② 40
③ 60
④ 80

> '저속전기자동차'란, 최고속도가 60km/h를 초과하지 않고, 차량 총중량이 1361kg을 초과하지 않는 전기자동차를 말한다.

63 지정된 조건에서 자동차를 운행하되 작동한계상황 등 필요한 경우 운전자의 개입을 요구하는 자율주행시스템을 무엇이라고 하는가?

① 부분 자율주행 시스템
② 완전 자율주행 시스템
③ 조건부 자율주행 시스템
④ 보조 자율주행 시스템

> • 조건부 완전자율주행시스템: 지정된 조건에서 운전자의 개입 없이 자동차를 운행
> • 완전 자율주행시스템: 모든 영역에서 운전자의 개입 없이 자동차를 운행

정답   60 ④   61 ①   62 ③   63 ①

배기가스 검사

Main Key Point

[출제문항수 : 약 1~2문제] 최근 문제의 난이도가 높아지고 있으니 기출문제 뿐만 아니라 전체적으로 꼼꼼히 학습하기 바랍니다. (놓치기 쉬운 부분, 예외사항을 묻는 문제도 출제됩니다.)

01 정기 검사

※ 대기환경보전법 시행규칙 [별표 22]

신규 등록 후 일정 기간마다 정기적으로 실시하는 검사로서 **배출 가스 검사는 공회전(무부하) 상태에서만 측정**한다.

▶ 검사유효기간

구분	검사유효기간
비사업용 승용자동차 및 피견인 자동차 사업용 승용자동차	2년 (신차의 경우 최초 검사유효기간 4년)
경형·소형 승합 및 화물자동차	1년
사업용 대형 화물자동차	• 차령 2년 이하 : 1년 • 차령 2년 초과 : 6개월
기타	• 차령 5년 이하 : 1년 • 차령 5년 초과 : 6개월

❶ 검사 전 확인

① 배기관에 시료채취관이 충분히 삽입될 수 있는 구조인지 확인
② 경유차의 경우 가속페달을 최대로 밟았을 때 원동기의 회전속도가 최대출력 시의 회전속도를 초과하여야 함
③ 배출가스 관련 장치의 봉인이 훼손되어 있지 않을 것
④ 배출가스가 배출가스정화장치로 유입이전 또는 최종배기구 이전에서 유출되는지 여부를 확인

❷ 배출가스 검사대상 자동차의 상태

① 충분한 예열 : 수냉식 기관의 경우 계기판 온도가 40℃ 이상 또는 계기판 눈금이 1/4 이상이어야 하며, 원동기가 과열되었을 경우에는 원동기실 덮개를 열고 5분 이상 지난 후 정상상태가 되었을 때 측정할 것(온도계가 없거나 고장일 경우 시동하여 5분이 지난 후 측정)
② 변속기의 기어 : 중립(자동변속기는 N)위치에 두고 클러치를 밟지 않은 상태(연결된 상태)로 할 것
③ 냉·난방장치, 서리 제거기 등 배출가스에 영향을 미치는 부속장치의 작동을 정지할 것

❸ CO, HC, λ 검사 - 무부하정지가동 검사

저속공회전 검사모드 및 고속공회전 검사모드로 측정한다.

(1) 자동차의 상태

① 원동기 예열 : 수냉식 기관의 경우 계기판 온도가 40℃ 이상 또는 계기판 눈금이 1/4 이상이어야 하며, 원동기가 과열되었을 경우에는 원동기실 덮개를 열고 5분 이상 지난 후 정상상태가 되었을 때 측정한다. (온도계가 없거나 고장인 자동차는 원동기를 시동하여 5분이 지난 후 측정한다)
② 변속기 : **변속기의 기어는 중립**(자동변속기는 N 또는 P) 위치에 두고 클러치를 밟지 않은 상태(연결된 상태)
③ 냉방장치 등 부속장치는 가동을 정지할 것

(2) 저속공회전 검사모드

① 엔진 가동 후 **공회전(500~1,000rpm)**되어 있으며, **가속페달을 밟지 않은 상태**에서 시료채취관을 배기관 내에 **30cm 이상** 삽입한다.
② 측정 시 안정되고 나서 5초 후부터 검사 모드가 시작되어 10초 동안 CO, HC, λ을 측정하여 각각 산술 평균한 값을 최종 측정값으로 한다.
③ 최종측정치 읽기

CO	0.1% 단위 (소수점 둘째자리 이하 삭제)
HC	1ppm 단위 (소수점 첫째자리 이하 삭제)
공기과잉률(λ)	0.01단위 (소수점 둘째자리까지)

④ 측정치가 불안정할 경우에는 **5초간의 평균치**로 읽는다.

chapter 05

(3) 고속공회전 검사모드

① 적용 대상 : 승용차 및 차량 총중량 3.5톤 미만의 소형자동차
② 저속공회전모드에서 배출가스 및 공기과잉률검사가 끝나면, 즉시 정지가동상태에서 원동기의 회전수를 **2,500±300 rpm**으로 가속하여 유지시킨다.
③ 최종측정치 읽기 : '저속공회전 검사모드'와 동일

▶ 휘발유(알코올 포함) 또는 가스 사용 자동차 배출허용기준

구분	제작일자	CO	HC[ppm]	공기과잉률
경차	1997.12.31 이전	4.5% 이하	1200 이하	1±0.1 이내 단, 촉매 미부착 자동차는 1±0.20 이내
	1998.1.1 ~ 2000.12.31	2.5% 이하	400 이하	
	2001.1.1 ~ 2003.12.31	1.2% 이하	220 이하	
	2004.1.1 이후	1.0% 이하	150 이하	
승용차	1987.12.31 이전	4.5% 이하	1200 이하	
	1988.1.1 ~ 2000.12.31	1.2% 이하	220 이하	
	2001.1.1 ~ 2005.12.31	1.2% 이하	220 이하	
	2006.1.1 이후	1.0% 이하	120 이하	

※ 대기환경보전법 시행규칙 제78조 [별표 21]

4 매연 검사(광투과식 분석방법) – 무부하급가속검사

광투과식 분석방법(부분유량 채취방식만 해당)을 채택한 매연측정기를 사용하여 매연을 측정한 경우 측정한 매연의 농도가 운행차 정기검사의 광투과식 매연 배출허용기준에 적합할 것

① 측정대상자동차의 원동기를 중립인 상태(정지가동상태)에서 급가속하여 최고 회전속도 도달 후 1초간 공회전시키고 정지가동(Idle) 상태로 5~10초간 둔다. 이와 같은 과정을 **3회** 반복 실시한다.
② 측정기의 시료채취관을 **배기관의 벽면으로부터 5 mm 이상** 떨어지도록 설치하고 **5 cm 정도의 깊이**로 삽입한다.
③ 가속페달에 발을 올려놓고 원동기의 최고회전속도에 도달할 때까지 급속히 밟으면서 시료를 채취한다. 이때 가속페달을 밟을 때부터 놓을 때까지 걸리는 시간은 **4초 이내**로 한다.
④ 위 ③의 방법으로 **3회 연속 측정한 매연농도를 산술 평균**(모두 더한 값을 3으로 나눔)하여 **소수점 이하는 버린 값**을 최종측정치로 한다.
⑤ 다만, 3회 연속 측정한 매연농도의 **최대치와 최소치의 차가 5%를 초과**하거나 최종측정치가 배출허용기준에 맞지 아니한 경우에는 순차적으로 1회씩 더 측정하여 최대 5회까지 측정하면서 매회 측정시마다 마지막 3회의 측정치를 산출하여 마지막 3회의 최대치와 최소치의 차가 5% 이내이고 측정치의 산술평균값도 배출허용기준 이내이면 측정을 마치고 이를 최종측정치로 한다.

⑥ ⑤에 따른 방법으로 5회까지 반복 측정하여도 최대치와 최소치의 차가 5%를 초과하거나 배출허용기준에 맞지 아니한 경우에는 마지막 3회(3회, 4회, 5회)의 측정치를 산술하여 평균값을 최종측정치로 한다.

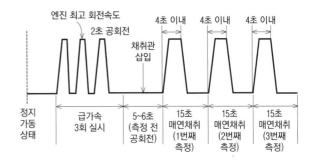

▶ 비고
1. 특수용도로 사용하기 위하여 특수장치 또는 엔진성능 제어장치 등을 부착하여 엔진최고회전수 등을 제한하는 자동차인 경우에는 해당 자동차의 측정 엔진최고회전수를 엔진정격회전수로 수정·적용하여 배출가스검사를 시행할 수 있다.
2. 배출가스 및 공기과잉률 검사에서 검사대상 자동차의 엔진회전수가 저속공회전 검사모드 또는 고속공회전 검사모드 범위를 어느 하나라도 벗어나면 검사모드는 즉시 중지하여야 한다.
3. 하이브리드 자동차의 경우 엔진 구동이 되지 않거나 공회전수가 검사 범위를 벗어나 무부하(공회전) 검사가 불가능한 경우에는 무부하(공회전) 검사를 면제한다.
4. 운행차 배출가스 정기검사의 방법 및 기준에 필요한 사항은 환경부장관이 정하여 고시한다.

5 스캔툴 자기진단 및 검사

가솔린, LPi, 디젤 엔진의 배출가스 관련 부품 교환 후에는 스캔툴 장비를 이용하여 DTC를 확인하여 이상 시 기억을 소거시킨다.

6 가솔린 엔진 산소센서 검사

가솔린 배출가스 관련 부품을 교환 시에는 최종적으로 산소 센서의 작동상태를 점검한다.

① 엔진 워밍업(냉각수온 80℃ 이상)
② 스캔툴 장비를 이용하여 차종/제어 시스템/엔진 제어/센서 출력을 선택
③ 산소센서 출력 전압을 선택하고 데이터 항목을 고정시킨 후 그래프 기능을 선택
④ **공회전 시 산소센서의 출력 전압이 50%의 듀티 영역**에서 제어되는지 검사

▶ **운행차 배출가스 검사**의 용어　　　　－「대기환경보전법 시행규칙」
- 부하 검사 : 자동차를 도로운행과 유사한 조건에서 검사하기 위하여 차대동력계상에서 도로주행 상태와 유사한 조건을 재현하여 배출가스를 측정

- 관능 검사 : 자동차의 동일성여부, 배출가스관련 장치 및 부품의 이상 여부를 기술인력의 시각, 청각, 후각 등의 관능에 의하여 확인

- 기능 검사 : 자동차의 배출가스관련 장치 및 부품의 정상 작동여부를 검사용 기계·기구 등을 이용하여 확인

- 검사 장비 : 차대동력계, 차대동력계용 배출가스 측정장치, 부분유량 채취방식 광투과식 매연측정기 등

- 저속 공회전 검사모드 : **가속페달을 밟지 않고** 엔진을 가동하여 엔진 공회전상태(**750±250 rpm**)에서 배출가스를 측정

- 고속 공회전 검사모드 : 엔진 공회전 상태에서 **가속페달을 밟아** 엔진의 회전수를 **2500±300 rpm**으로 가속하여 일정하게 유지한 상태에서 배출가스를 측정

- 정속모드(**ASM2525모드**) : 휘발유·가스·알콜사용자동차를 차대동력계에서 측정대상자동차의 **도로부하마력의 25%**에 해당하는 부하마력을 설정하고 **시속 40km**의 속도로 주행하면서 배출가스를 측정

- 한국형 경유147(**KD147모드**) : 경유사용자동차를 차대동력계에서 차량의 기준 중량에 따라 도로 부하마력을 설정한 다음 주행 주기에 따라 **147초 동안 최고 83.5 km/h**까지 가속, 정속, 감속하면서 **매연농도**를 측정하는 것을 말한다.
  → 참고) "K"는 Korea, "D"는 Diesel, "147"은 주행주기에 의한 검사시간을 말한다.

- 엔진회전수 제어방식(**Lug-Down3모드**) : 경유사용자동차를 차대동력계에서 가속페달을 최대로 밟은 상태로 주행하면서 **엔진정격회전수에서 1모드, 엔진정격회전수의 90%에서 2모드, 엔진정격회전수의 80%에서 3모드**로 각각 구성하여 **엔진출력, 엔진회전수, 매연농도를 측정**

---

02 정밀 검사

1 일반 기준(대상차량 및 검사유효기간)

① 운행차의 정밀검사는 **부하검사방법**을 적용하여 검사를 하여야 한다. 다만, 다음의 어느 하나에 해당하는 자동차는 **무부하검사방법**을 적용할 수 있다.
- **상시 4륜구동 자동차**
- 2행정 원동기 장착 자동차
- 1987년 12월 31일 이전에 제작된 휘발유(가스·알코올) 자동차
- 소방용 자동차(지휘차, 순찰차, 구급차 포함)
- 그 밖에 특수한 구조의 자동차로서 검차장의 출입이나 차대동력계에서 배출가스 검사가 곤란한 자동차

② **관능 및 기능검사를 먼저 한 후** 배출가스검사는 시행한다.

③ 차대동력계상에서 자동차의 운전은 검사기술인력이 직접 수행하여야 한다.

④ 특수 용도로 사용하기 위하여 특수장치 또는 엔진성능 제어장치 등을 부착하여 엔진최고회전수 등을 제한하는 자동차인 경우에는 해당 자동차의 측정 엔진최고회전수를 **엔진정격회전수로 수정·적용**하여 배출가스검사를 시행할 수 있다.

⑤ 휘발유와 가스를 같이 사용하는 자동차는 연료를 **가스로 전환한 상태**에서 배출가스검사를 실시하여야 한다.

▶ **관능 검사**
(1) 배출가스검사 전 자동차의 상태 확인
- 배기관에 시료채취관이 충분히 삽입될 수 있는 구조인지 확인
- **에어컨, 히터, 서리제거장치 등 배출가스에 영향을 미치는 모든 부속장치의 작동 여부**를 확인
- 정화용촉매, 매연여과장치 및 그 밖에 관능검사가 가능한 부품의 장착상태를 확인
- **조속기 등 배출가스 관련장치의 봉인훼손 여부**를 확인
- 배출가스가 배출가스 정화장치로 유입 이전 또는 최종 배기구 이전에서 유출되는지를 확인
- 배출가스 부품 및 장치의 임의변경 여부를 확인
- 엔진오일 양과 상태의 적정 여부 및 오일, 냉각수, 연료의 누설 여부 확인
- 냉각팬, 엔진, **변속기, 브레이크**, 배기장치 등이 안전상 위험과 검사 결과에 영향을 미칠 우려가 없는지 확인를 초과하는지 확인

(2) 배출가스 관련 부품 및 장치의 작동상태 확인
- 증기저장 캐니스터 연결호스, 크랭크케이스 저장 연결부, 연료호스 등 연결상태 확인 및 연료계통 솔레노이드 밸브의 작동 확인
- 정화용 촉매, 선택적환원촉매장치(SCR), 매연여과장치 등의 정상 부착 및 훼손 확인
- 2016년 9월 1일 이후 제작된 자동차는 엔진전자제어장치에 전자 진단장치를 연결하여 매연여과장치 관련 부품(압력센서, 온도센서, 입자상 물질 센서 등)의 정상작동 여부 검사
- 재순환 밸브의 부착·수정 또는 파손 여부 확인
- 진공밸브 등 부속장치의 유무, 우회로 설치·변경 여부 확인
- 진공호스 및 라인 설치 여부, 호스 폐쇄 여부 확인
- 엔진회전수를 최대회전수까지 서서히 가속시켰을 때 원활하게 가속되는지와 엔진 이상음 발생 확인
- 최대로 가속하였을 때 엔진의 회전속도가 최대출력 시의 회전속도를 초과하는지 확인
- 엔진전자제어장치의 센서기능의 정상작동 여부 검사
- 엔진공회전속도가 정상(500~1,000rpm 이내)인지를 확인

② 배출가스검사 – 부하검사방법 적용

구분	부하검사방법	검사항목
휘발유 (알코올·가스)	**정속모드(ASM2525모드)** (저속공회전 검사모드 포함)	• 일산화탄소 • 탄화수소 • 질소산화물 • 공기과잉률(λ) – *저속공회전 검사모드에만 해당*
경유	**한국형 경유 147 (KD147 모드)** **엔진회전수 제어방식 (Lug-Down3 모드)**	• 엔진회전수, 최대출력 • 매연 농도 • 질소산화물 농도 (해당자동차에 한정)

▶ 경유사용 자동차 중 한국형 경유147(KD147모드) 검사방법을 적용할 수 없을 경우 엔진회전수 제어방식(Lug-Down3모드)을 적용하여 검사할 수 있다.

▶ **경유사용 자동차의 배출가스 검사법**
  • 한국형 경유 147(KD147모드) – 부하검사
  • 엔진회전수 제어방식(Lug-Down3모드) – 부하검사
  • 광투과식 무부하급가속검사모드(PM)

▶ 하이브리드 자동차의 경우 엔진구동이 되지 않거나 공회전수가 검사 범위를 벗어나 무부하(공회전) 검사가 불가능한 경우에는 **무부하(공회전) 검사를 면제**한다.

③ 휘발유·알코올·가스사용 자동차의 부하검사
  • 저속공회전 검사모드 : **정기검사**의 배출허용기준
  • 정속모드(ASM2525모드) : **정밀검사**의 배출허용기준

(1) 예열모드
차대동력계상에서 25%의 도로부하에서 40 km/h의 속도로 주행하고 있는 상태로 40초 동안 예열한다.

(2) 저속공회전 검사모드 – 정기검사
① 예열모드가 끝나면 공회전(500~1,000 rpm)상태에서 시료채취관을 배기관 내에 **30 cm** 이상 삽입한다.
② 측정치 읽기

CO	0.1% 단위 (소수점 둘째자리 이하 삭제)
HC	1 ppm 단위 (소수점 첫째자리 이하 삭제)
공기과잉률(λ)	0.01 단위 (소수점 둘째자리까지)

(2) 정속모드 (ASM2525모드) – 정밀검사
① 저속공회전 검사모드가 끝나면 즉시 차대동력계에서 **25%의 도로부하로 40 km/h의 속도**로 주행 상태에서 측정한다.
② 검사모드 시작 25초 경과 이후 모드가 안정된 구간에서 10초 동안의 **일산화탄소, 탄화수소, 질소산화물** 등을 측정하여 그 **산술평균값**을 최종측정치로 한다.

③ 측정치 읽기

CO	0.1% 단위 (소수점 둘째자리 이하 삭제)
HC · NOx	1 ppm 단위 (소수점 첫째자리 이하 삭제)

④ 차대동력계에서의 배출가스 시험중량은 **차량중량에 136kg을 더한 수치**로 한다.

④ 경유사용 자동차의 부하검사
① Lug-Down 3모드는 엔진정격회전수 및 엔진최대출력검사를 포함한다) 및 질소산화물(해당자동차에 한정)을 검사한다.
② 해당 부하검사방법에 따라 **광투과식**(부분유량 채취방식만 해당)매연측정기를 사용하여 측정한 매연농도와 경유자동차 질소산화물 측정기를 사용하여 측정한 질소산화물 농도가 부하검사방법에 따른 운행차 정밀검사의 배출허용기준에 각각 맞아야 한다.

(1) 한국형 경유147 (KD147모드) 검사 방법
① 차대동력계에서 엔진정격출력의 40% 부하에서 50±6.2 km/h의 차량속도로 40초간 주행하면서 예열한 다음 환경부장관이 정한 주행주기와 도로부하마력에 따라 총 **147초** 동안 0 km/h에서 최고 83.5 km/h까지 가속, 정속, 감속하면서 **매연농도(%)와 질소산화물 농도(ppm)를 측정**한다.
② 매연측정값은 최고측정치를 중심으로 매 1초 동안 전후 0.25초마다 측정된 5개의 1초 동안 산술평균값(A)을 측정값으로 한다. 다만, 1초 동안 산술평균값이 매연허용기준을 초과할 경우에는 다음과 같이 매연측정값을 산출한다.

매연 배출허용 기준	측정값
30% 이상	최고측정치의 3초 전과 3초 후의 7초 동안의 산술평균값을 구하여 7초 동안의 산술평균값(B)이 20%를 초과하면 1초 동안 산술평균값(A)을 측정값으로 하고, 20% 이하이면 7초 동안의 산술평균값(B)을 측정값으로 한다.
25% 이하	최고측정치의 3초 전과 3초 후의 7초 동안의 산술평균값을 구하여 7초 동안의 산술평균값(B)이 10%를 초과하면 1초 동안의 산술평균값(A)을 측정값으로 하고, 10% 이하이면 7초 동안의 산술평균값(B)을 측정값으로 한다.

산술평균값(A, B)이 매연 배출허용기준 이하이면 적합

③ 질소산화물 측정 : 매 7초 동안 측정한 결과를 산술평균하여 **최고값**을 최종측정치로 한다. (최종측정치가 질소산화물 배출허용기준이하이면 적합으로 판정)

④ 측정치 읽기

매연농도	1% 단위 (소수점 이하 삭제)
질소산화물 농도	1ppm 단위 (소수점 이하 삭제)

(2) 엔진회전수 제어방식(Lug-Down 3모드) 검사 방법

부하검사방법 1모드에서 **엔진정격회전수, 엔진정격최대출력**의 측정결과가 **엔진정격회전수의 ±5% 이내**이고, 이 때 측정한 엔진최대출력이 **엔진정격출력의 50% 이상**이어야 한다. 이 경우 엔진최대출력의 검사기준 값은 엔진정격출력의 50%로 산출한 값에서 소수점 이하는 버리고, 1 ps 단위로 산출한 값으로 한다.

① 예열 : 엔진정격출력의 40% 부하에서 50±6.2 km/h의 차량속도로 40초간 주행하면서 예열한다.

② 자동차의 예열이 끝나면 즉시 차대동력계에서 가속페달을 최대로 밟은 상태에서 자동차 속도가 가능한 70 km/h에 근접하도록 하되 100 km/h를 초과하지 아니하는 변속기어를 선정 (자동변속기는 오버드라이브를 사용하여서는 아니 된다)하여 부하검사방법에 따라 검사모드를 시작한다.

③ 다만, 최고속도제한장치가 부착된 화물자동차의 경우에는 엔진정격회전수에서 차속이 85 km/h를 초과하지 않는 변속기어를 선정하여 검사모드를 시작한다.

④ **측정모드** : 차대동력계상에서 주행할 때 3가지 모드로 측정

1모드	가속페달을 최대로 밟은 상태에서 **최대출력의 엔진정격회전수 100%**
2모드	엔진정격회전수의 **90%**
3모드	엔진정격회전수의 **80%**

⑤ 엔진회전수, 최대출력, 매연 및 질소산화물 측정을 시작하여 **10초** 동안 측정한 결과를 **산술평균한 값**을 최종측정치로 한다.

→ 다만, 질소산화물의 경우에는 3모드에서 측정한 결과를 산술평균한 값을 최종측정치로 한다.

⑥ 측정치 읽기

엔진회전수 및 최대출력	각각 10 rpm, 1ps 단위 (소수점 첫째자리에서 반올림)
매연농도	1% 단위 (소수점 이하 삭제)
질소산화물	1ppm 단위 (소수점 이하 삭제)

⑦ 판정

• 매연농도 : 각 모드에서의 최종측정치가 모두 매연 배출허용기준 이하이면 적합

• 질소산화물 농도 : 3모드에서의 최종측정치가 질소산화물 배출허용기준 이하이면 적합

5 무부하검사방법

배출가스 정밀검사의 무부하검사방법은 운행차 **정기검사**의 방법 및 기준을 따르되, 경유사용 자동차는 **광투과식 검사모드**를 적용한다.

▶ 배출가스분석기의 구비조건

• ASM2525모드에서는 일산화탄소, 탄화수소, 질소산화물이 동시에 측정·계산되어야 하고, 저속 및 고속공회전 검사모드에서는 일산화탄소, 탄화수소, 공기과잉률이 동시에 측정·계산되어야 한다.

• 최소한 1초당 1회 이상 배출가스를 측정하여야 하며, 주제어장치의 프로토콜에 적합한 전송장치를 갖추어야 한다.

• 배출가스 분석장치에는 정상작동온도 범위를 유지하기 위한 보온장치가 있어야 하며, 배출가스를 최소한 5분 동안 연속적으로 측정할 수 있어야 한다.

• 채취관에는 -10℃의 온도에서도 채취 성능이 저하되지 않는 장치를 설치하여야 한다.

• 검사 중 시료채취관이 자동차 배기관으로부터 이탈되었을 경우를 대비하여 배출가스분석기로 유입되는 가스의 상관관계를 확인하여 주제어장치로 신호를 보내는 기능이 있어야 하며, 주제어장치는 배출가스분석기로부터 시료채취관 이탈신호가 있는 경우에는 검사모드를 즉시 중지하여야 한다.

▶ 경유자동차 질소산화물 측정기

• KD-147 모드에서 경유자동차의 질소산화물 측정 검사에서 측정·계산되어야 하고, 농도단위(ppm)로 측정되어야 한다.

• 질소산화물 분석기내로 유입되는 배출가스의 측정 성능 유지를 위해 시료의 전처리 기능을 갖추어야 한다.

• 주제어장치의 프로토콜에 적합한 전송장치를 갖추어야 한다.

• 질소산화물 측정장치는 최소한 5분 동안 연속적으로 측정할 수 있어야 한다.

• 채취관은 -10℃의 온도에서 채취 성능이 저하되지 않는 장치를 설치하여야 한다.

• 검사 중 시료채취관이 자동차 배기관으로부터 이탈되지 않도록 하여야 하며 시료채취관이 배기관으로부터 이탈된 때에는 주제어장치를 통해 검사모드가 중지되도록 하여야 한다.

대기환경보전법 시행규칙 [별표 21]

① 휘발유와 가스를 같이 사용하는 자동차의 배출가스 측정 및 배출허용기준은 **가스의 기준**을 적용한다.

② 알코올만 사용하는 자동차는 **탄화수소 기준을 적용하지 아니한다**.

③ 휘발유사용 자동차는 휘발유·알코올 및 가스(천연가스 포함)를 섞어서 사용하는 자동차를 포함하며, 경유사용 자동차는 **경유와 가스를 섞어**서 사용하거나 같이 사용하는 자동차를 포함한다.

④ 건설기계 중 덤프트럭, 콘크리트믹서트럭, 콘크리트펌프트럭에 대한 배출허용기준은 화물자동차기준을 적용한다.

⑤ 시내버스 : 시내버스운송사업·농어촌버스운송사업 및 마을버스운송사업에 사용되는 자동차

⑥ 제3호에 따른 운행차 정밀검사의 배출허용기준 중 배출가스 정밀검사를 **무부하정지가동 검사방법 (휘발유·알코올 또는 가스 사용 자동차) 및 무부하급가속검사방법 (경유사용 자동차)**로 측정하는 경우의 배출허용기준은 제2호의 운행차 수시점검 및 정기검사의 배출허용기준을 적용한다.

⑦ 희박연소(Lean Burn)방식을 적용하는 자동차는 **공기과잉률 기준을 적용하지 아니한다**.

정기·종합검사 관련 기본 법령

◉ 안전도
· 검사기준 및 방법: 「자동차관리법 시행규칙」 **별표 15**
  – 자동차의 구조 및 장치가 「자동차관리법」및 「자동차 및 자동차부품의 성능과 기준에 관한 규칙」에 적합한지 여부 확인
  – 「자동차관리법」에 따른 튜닝승인대상 항목의 임의변경 여부 확인

◉ 배출가스
· 검사기준: 「대기환경보전법 시행규칙」 **별표 21**
· 검사방법: 「대기환경보전법 시행규칙」 **별표 22, 별표 26**
  – 배출가스 관련 부품 및 배출가스(CO, HC, NOx, 공기과잉률, 매연)의 상태가 「대기환경보전법」에서 정하는 기준에 적합한지 여부 확인

◉ 소음
· 검사기준: 「소음·진동관리법 시행규칙」 **별표 13**
· 검사방법: 「소음·진동관리법 시행규칙」 **별표 15**
  – 경음기 및 배기소음방지장치의 상태와 경적음 및 배기소음이 「소음·진동관리법」에서 정하는 기준에 적합한지 여부 확인

[17-1]

1 운행차 배출가스 정밀검사 무부하 검사방법에서 경유자동차 매연측정방법에 대한 설명으로 틀린 것은?

① 광투과식 매연측정기 시료채취관을 배기관 벽면으로부터 5mm이상 떨어지도록 설치하고 20cm정도의 깊이로 삽입한다.

② 배출가스 측정값에 영향을 주거나 측정에 장애를 줄 수 있는 에어컨, 서리제거장치 등 부속장치를 작동하여서는 아니된다.

③ 가속 페달을 밟을 때부터 놓을 때까지의 소요시간은 4초 이내로 하고 이 시간 내에 매연농도를 측정한다.

④ 예열이 충분하지 아니한 경우에는 엔진을 충분히 예열시킨 후 매연농도를 측정하여야 한다.

> 매연측정 시 측정기의 시료채취관을 배기관의 벽면으로부터 5mm 이상 떨어지도록 설치하고 5cm 정도의 깊이로 삽입한다.

[17-2]

2 운행차 배출가스 검사방법에서 휘발유, 가스자동차 검사에 관한 설명으로 틀린 것은?

① 무부하검사방법과 부하검사방법이 있다.

② 무부하검사방법으로 이산화탄소, 탄화수소 및 질소산화물을 측정한다.

③ 무부하검사방법에는 저속공회전 검사모드와 고속공회전 검사모드가 있다.

④ 고속공회전 검사모드는 승용자동차와 차량총중량 3.5톤 미만의 소형자동차에 한하여 적용한다.

> 휘발유·알코올·가스자동차 검사
> • 무부하검사 : CO, HC, λ
> • 부하검사 : CO, HC, NOx

[17-3]

3 운행차 배출가스 정기검사에서 매연검사방법으로 틀린 것은?

① 3회 연속 측정한 매연농도를 산술 평균하여 소수점 이하는 버린 값을 최종 측정치로 한다.

② 3회 연속 측정한 매연농도의 최대치와 최소치의 차가 10%를 초과한 경우 최대 10회까지 추가 측정한다.

③ 측정기의 시료 채취관을 배기관의 벽면으로부터 5mm 이상 떨어지도록 설치하고 5cm 이상의 깊이로 삽입한다.

④ 시료 채취를 위한 급가속 시 가속페달을 밟을 때부터 놓을 때 까지 소요시간은 4초 이내로 한다.

광투과식 매연측정기 사용법

1) 자동차를 중립인 상태(정지가동상태)에서 급가속하여 최고 회전속도 도달 후 2초간 공회전시키고 정지가동(Idle) 상태로 5~6초간 둔다. 이와 같은 과정을 3회 반복 실시한다.

2) 측정기의 시료채취관을 배기관의 벽면으로부터 5mm 이상 떨어지도록 설치하고 5cm 정도의 깊이로 삽입한다.

3) 가속페달에 발을 올려놓고 원동기의 최고회전속도에 도달할 때까지 급속히 밟으면서 시료를 채취한다. 이때 가속페달을 밟을 때부터 놓을 때까지 걸리는 시간은 4초 이내로 한다.

4) 위 3)의 방법으로 3회 연속 측정한 매연농도를 산술 평균하여 소수점 이하는 버린 값을 최종측정치로 한다. 다만, 3회 연속 측정한 매연농도의 최대치와 최소치의 차가 5%를 초과하거나 최종측정치가 배출허용기준에 맞지 아니한 경우에는 순차적으로 1회씩 더 측정하여 최대 10회까지 측정하면서 매회 측정시마다 마지막 3회의 측정치를 산출하여 마지막 3회의 최대치와 최소치의 차가 5% 이내이고 측정치의 산술평균 값도 배출허용기준 이내이면 측정을 마치고 이를 최종측정치로 한다.

[14-3]

4 광투과식 매연 측정기의 매연 측정방법에 대한 내용으로 옳은 것은?

① 3회 연속 측정한 매연 농도를 산술 평균하여 소수점 첫째 자리수까지 최종 측정치로 한다.

② 3회 측정 후 최대치와 최소치가 10%를 초과한 경우 재측정한다.

③ 시료채취관을 5cm 정도의 깊이로 삽입한다.

④ 매연측정 시 엔진은 공회전 상태가 되어야 한다.

> 3번 문제 참조

[참고]

5 대기환경보전법령상의 운행차 배출허용 기준으로 옳지 않은 것은?

① 휘발유와 가스를 같이 사용하는 자동차의 배출가스 측정 및 배출허용기준은 가스의 기준을 적용한다.

② 운행차 정밀검사의 배출허용기준 중 배출가스 정밀검사를 무부하정지가동 검사방법(휘발유·알코올 또는 가스사용 자동차) 및 무부하급가속검사방법(경유사용 자동차)로 측정하는 경우의 배출허용기준은 운행차 수시점검 및 정기검사의 배출허용기준을 적용한다.

③ 희박연소 방식을 적용하는 자동차는 공기과잉률 기준을 적용하지 않는다.

④ 알코올만 사용하는 자동차는 탄화수소 기준을 적용한다.

> 알코올만 사용하는 자동차는 탄화수소 기준을 적용하지 않는다.

6 운행차 정기검사에서 가솔린 승용자동차의 배출가스검사 결과 CO 측정값이 2.2%로 나온 경우, 검사 결과에 대한 판정으로 옳은 것은? (단, 2007년 11월에 제작된 차량이며, 무부하 검사방법으로 측정하였다.)

① 허용기준인 1.0%를 초과하였으므로 부적합
② 허용기준이 1.5%를 초과하였으므로 부적합
③ 허용기준인 2.5% 이하이므로 적합
④ 허용기준인 3.2% 이하이므로 적합

> 2006.1.1 이후 제작된 가솔린 승용자동차의 CO 허용기준인 **1.0%** 이내이므로 부적합이다.

[15-3]

7 배출가스 정밀검사에서 부하검사방법 중 경유사용 자동차의 엔진회전수 측정결과 검사기준은?

① 엔진정격회전수의 ±5% 이내
② 엔진정격회전수의 ±10% 이내
③ 엔진정격회전수의 ±15% 이내
④ 엔진정격회전수의 ±20% 이내

> **엔진회전수 제어방식(Lug-Down 3모드) 검사 방법**
> **엔진정격회전수의 ±5% 이내**이고, 측정한 엔진최대출력이 엔진정격출력의 50% 이상

[19-2]

8 배출가스 측정 시 HC(탄화수소)의 농도 단위인 ppm을 설명한 것으로 적당한 것은?

① 백분의 1을 나타내는 농도단위
② 천분의 1을 나타내는 농도단위
③ 만분의 1을 나타내는 농도단위
④ 백만분의 1을 나타내는 농도단위

> ppm(parts per **million**) 농도를 나타내는 단위

[참고]

9 무부하검사방법으로 휘발유 사용 운행 자동차의 배출가스검사 시 측정 전에 확인해야 하는 자동차의 상태로 틀린 것은?

① 수동 변속기 자동차는 변속기어를 중립 위치에 놓는다.
② 배기관이 2개 이상일 때는 모든 배기관을 측정한 후 최대값을 기준으로 한다.
③ 측정에 장애를 줄 수 있는 부속장치들의 가동을 정지한다.
④ 자동차 배기관에 배출가스분석기의 시료채취관을 30 cm 이상 삽입한다.

> 배기관이 2개 이상일 때에는 **임의로 배기관 1개를 선정**하여 측정을 한 후 측정치를 산출한다.

[19-1]

10 운행차 배출가스 정기검사의 매연 검사방법에 관한 설명에서 ( )에 알맞은 것은?

> 측정기의 시료채취관을 배기관의 벽면으로부터 5 mm 이상 떨어지도록 설치하고 ( ) cm 정도의 깊이로 삽입한다.

① 5   ② 10
③ 15   ④ 30

> • 매연 검사 : 시료채취관을 배기관의 벽면으로부터 **5 mm** 이상 떨어지도록 설치하고 **5 cm** 정도의 깊이로 삽입 할 것
> • 배출가스(CO, HC) 및 공기과잉률 검사 : 배출가스 측정기의 시료채취관을 **30 cm** 이상 삽입 할 것

[14-1]

11 유해 배출가스(CO, HC)를 측정할 경우 시료채취관은 배기관 내 몇 cm 이상 삽입하여야 하는가?

① 5 cm   ② 30 cm
③ 60 cm   ④ 80 cm

[16-1 변형]

12 자동차 정기검사에서 매연검사방법으로 틀린 것은?

① 측정 전에 원동기를 가동하여 공회전(500~1,000 rpm) 되어 있으며, 가속페달을 밟지 않은 상태이어야 한다.
② 측정기의 시료채취관을 배기관의 벽면으로부터 5 mm 이상 떨어지도록 설치한다.
③ 가속페달을 밟고 놓는 시간을 4초 이내로 급가속 하여 시료를 채취한다.
④ 3회 연속 측정한 매연 농도를 산술 평균한다.

> ①은 CO·HC·공기과잉률의 검사 전 상태이며, 매연 검사의 경우 측정 전에 중립상태에서 가속페달을 1초 이내에 끝까지 밟아 급가속하여 원동기의 최고 회전속도에 도달하면 그 상태를 1초간 유지시킨 후 가속페달을 놓고 정지가동상태가 되면 그 상태로 5~10초간 둔다.
> ※ CO·HC·공기과잉률 검사 방법과 매연 검사 방법의 차이를 비교할 것

[14-2]

13 운행차 배출가스 정기검사의 휘발유자동차 배출가스 측정 및 읽는 방법에 관한 설명으로 틀린 것은?

① 배출가스측정기 시료 채취관을 배기관 내에 20 cm 이상 삽입하여야 한다.
② 일산화탄소는 소숫점 둘째자리에서 절사하여 0.1% 단위로 최종측정치를 읽는다.
③ 탄화수소는 소숫점 첫째자리에서 절사하여 1 ppm 단위로 최종측정치를 읽는다.
④ 공기과잉률은 소숫점 둘째자리에서 0.01 단위로 최종측정치를 읽는다.

정답 6 ① 7 ① 8 ④ 9 ② 10 ① 11 ② 12 ① 13 ①

14 엔진최대출력의 정격회전수가 4000rpm인 경유사용자동차 배출 가스 정밀검사 방법 중 부하검사의 Lug-Down 3모드에서 3모드에 해당하는 엔진회전수는?

[14-3]

① 2800 rpm
② 3000 rpm
③ 3200 rpm
④ 4000 rpm

Lug-Down 3모드의 3모드는 엔진정격회전수의 **80%**에 해당한다.
4000×0.8 = 3200rpm

15 배출가스 정밀검사의 ASM2525모드 검사방법에 관한 설명으로 옳은 것은?

[14-1]

① 25%의 도로부하로 25 km/h의 속도로 일정하게 주행하면서 배출가스를 측정한다.
② 25%의 도로부하로 40 km/h의 속도로 일정하게 주행하면서 배출가스를 측정한다.
③ 25 km/h의 속도로 일정하게 주행하면서 25초 동안 배출가스를 측정한다.
④ 25 km/h의 속도로 일정하게 주행하면서 40초 동안 배출가스를 측정한다.

휘발유·가스·알코올자동차의 부하검사방법(ASM 2525 모드)에서 ASM은 'Acceleration Simulation Mode'를 의미하고, '2525'는 차속 25mile/h(**40km/h**), 도로부하 **25%**인 운전상태(언덕을 올라가는 조건)에서 배기가스를 측정하는 시험방법을 말한다.

16 휘발유자동차의 운행차 배출가스 정밀검사 부하검사방법에 대한 설명으로 틀린 것은?

[참고]

① 검사모드 시작 25초 경과 이후 모드가 안정된 구간에서 10초 동안 배출가스를 측정하여 산술평균값으로 한다.
② 차대동력계에서의 배출가스 시험중량은 차량중량에 136 kg을 더한 수치로 한다.
③ 자동차를 차대동력계에서 25%의 도로부하로 25 km/h의 속도로 주행하고 있는 상태에서 배출가스를 측정한다.
④ 일산화탄소는 소수점 둘째자리 이하는 버리고 0.1% 단위로 측정하고, 탄화수소와 질소산화물은 소수점 첫째자리 이하는 버리고 1 ppm단위로 측정한다.

17 운행차의 정밀검사에서 배출가스검사 전에 받는 관능 및 기능검사의 항목이 아닌 것은?

[16-2]

① 타이어의 규격
② 냉각수가 누설되는지 여부
③ 엔진, 변속기 등에 기계적인 결함이 있는지 여부
④ 연료증발가스 방지장치의 정상작동 여부

18 다음은 배출가스 정밀검사에 관한 내용이다. 정밀검사모드로 맞는 것을 모두 고른 것은?

[22-1, 15-2]

| 1. ASM2525 모드 | 2. KD147 모드 |
| 3. Lug Down 3 모드 | 4. CVS-75모드 |

① 1, 2
② 1, 2, 3
③ 1, 3, 4
④ 2, 3, 4

1. ASM2525 모드 : 휘발유·LPG·가스사용 자동차의 부하검사 방법
2. KD147 모드 : 경유사용 자동차의 부하검사 방법
3. Lug Down 3 모드 : 경유사용 자동차의 부하검사 방법
4. CVS-75모드 : 연비측정 모드에 해당된다.

19 경유자동차의 매연 측정방법에 대한 설명으로 틀린 것은?

[13-1]

① 무부하 상태에서 서서히 가속하여 최대 rpm일 때 매연을 채취한다.
② 매연 농도는 3회를 연속 측정 후 산술 평균하여 측정값으로 한다.
③ 시료 채취관을 배기관에 5 cm정도 넣고 확실하게 고정한다.
④ 측정전 채취관 내에 남아있는 오염물질을 완전히 배출한다.

무부하 상태에서 가속페달을 급격히 밟아 4초 정도 유지한다.

20 배출가스 정밀검사에서 휘발유사용 자동차의 부하검사 항목은?

[12-2, 12-1, 09-2 유사]

① 일산화탄소, 탄화수소, 엔진정격회전수
② 일산화탄소, 이산화탄소, 공기과잉률
③ 일산화탄소, 탄화수소, 이산화탄소
④ 일산화탄소, 탄화수소, 질소산화물

• 무부하검사방법 : CO, HC, λ
• 부하검사방법(ASM2525모드) : CO, HC, NOx

chapter 05

21 배출가스 전문정비업자로부터 정비를 받아야 하는 자동차는?

① 운행차 배출가스 정밀검사 결과 배출허용기준을 초과하여 2회 이상 부적합 판정을 받은 자동차
② 운행차 배출가스 정밀검사 결과 배출허용기준을 초과하여 3회 이상 부적합 판정을 받은 자동차
③ 운행차 배출가스 정밀검사 결과 배출허용기준을 초과하여 4회 이상 부적합 판정을 받은 자동차
④ 운행차 배출가스 정밀검사 결과 배출허용기준을 초과하여 5회 이상 부적합 판정을 받은 자동차

> 배출가스 전문정비 제도 : 배출가스 정밀검사 결과, 배출허용기준을 초과하여 2회 이상 부적합 판정된 자동차는 시·도지사의 지정을 받은 배출가스 전문정비사업자에게 정비·점검을 받은 후 '정비·점검확인서'를 제출하여 재검사를 받아야 함

[17-2]

22 운행차 배출가스 검사에 사용되는 매연측정기에 대한 설명으로 틀린 것은?

① 측정기는 형식승인된 기기로서 최근 1년 이내에 정도검사를 필한 것이어야 한다.
② 안정된 전원에 연결 후 충분히 예열하여 안정화 시킨 후 조작한다.
③ 채취부 및 연결호스 내에 축적되어 있는 매연은 제거하여야 한다.
④ 자동차 엔진이 가동된 상태에서 영점조정을 하여야 한다.

> 영점조정은 엔진 가동 전에 시행한다.

[21-1]

23 운행차 중 휘발유 자동차의 배출가스 정밀검사방법에서 차대동력계에서의 배출가스 시험중량은?
(단, ASM2525모드에서 검사한다)

① 차량중량 + 130 kg
② 차량총중량 + 130 kg
③ 차량중량 + 136 kg
④ 차량총중량 + 136 kg

> 정속모드(ASM2525모드)에서 차대동력계에서의 배출가스 시험중량(관성중량) = 차량중량 + 136kg

[21-1]

24 배출가스 정밀검사의 기준 및 방법, 검사항목 등 필요한 사항은 무엇으로 정하는가?

① 대통령령
② 환경부령
③ 행정안전부령
④ 국토교통부령

> 배출가스 정밀검사의 기준 및 방법, 검사항목 등은 대기환경보전법에 의한 환경부령으로 정한다.

[참고]

25 경유자동차의 배출가스 검사 모드가 아닌 것은?

① 광투과식 무부하급가속검사모드
② 엔진회전수 제어방식
③ KD147모드
④ ASM2525모드

> ASM2525모드는 휘발유(알코올·가스) 자동차의 배출가스 검사에 해당한다.

[14-2]

26 경유를 사용하는 자동차의 조속기 봉인방법으로 틀린 것은?

① 납봉인방법은 3선 이상으로 꼬은 철선과 납덩이를 사용하여 압축봉인 할 경우 조정나사 등에는 재봉인을 위한 구멍을 뚫지 않아도 된다.
② cap seal 봉인방법은 조속기 조정나사에 cap을 사용하여 봉인하여야 한다.
③ 봉인 cap방법은 조속기 조정나사를 cap고정 bolt로 고정하고 cap을 씌운 후 그 표면에 납을 사용하여 봉인하여야 한다.
④ 용접방법은 조속기 조정나사를 고정시킨 후 환형철판 등으로 용접하여 봉인하여야 한다.

> **조속기 봉인** (디젤 연료장치의 성능기준 및 검사)
> 경유연료 사용 자동차의 조속기 봉인방법 연료분사펌프의 봉인 방법은 다음과 같다.
> • 납봉인 방법 : 3선 이상으로 꼰 철선과 납덩이를 사용하여 압축 봉인하여야 한다. 이 경우 조정나사 등에는 재봉인을 위하여 구멍을 뚫어 놓아야 한다.
> • 캡 씰 봉인 방법 : 조속기 조정나사에 캡을 사용하여 봉인
> • 봉인 캡 방법 : 조속기 조정나사를 캡고정 볼트로 고정하고 캡을 씌운 후 그 표면에 납으로 봉인
> • 용접 방법 : 조정나사 고정 후 환형철판 등으로 용접 봉인

27 무부하 검사방법으로 휘발유 사용 운행 자동차의 배출 가스검사 시 측정 전에 확인해야 하는 자동차의 상태로 틀린 것은?

① 측정에 장애를 줄 수 있는 부속 장치들의 가동을 정지한다.

② 배기관이 2개 이상일 때는 모든 배기관을 측정한 후 최대값을 기준으로 한다.

③ 자동차 배기관에 배출가스분석기의 시료채취관을 30 cm 이상 삽입한다.

④ 수동 변속기 차량은 변속기어를 중립 위치에 놓는다.

> 배기관이 **2개 이상일 때**에는 임의로 배기관 **1개를 선정**하여 측정을 한 후 측정치를 산출한다.

[18-1]

28 운행차의 배출가스 정기검사의 배출가스 및 공기과잉률(λ) 검사에서 측정기의 최종측정치를 읽는 방법에 대한 설명으로 틀린 것은? (단, 저속공회전 검사모드이다)

① 측정치가 불안정할 경우에는 5초간의 평균치로 읽는다.

② 공기과잉률은 소수점 셋째자리에서 0.001 단위로 읽는다.

③ 탄화수소는 소수점 첫째자리 이하는 버리고 1 ppm 단위로 읽는다.

④ 일산화탄소는 소수점 둘째자리 이하는 버리고 0.1% 단위로 읽는다.

> **정기검사(저속공회전 검사모드)의 배출가스 및 공기과잉률 검사**
> • 일산화탄소 : 0.1% 단위
> • 탄화수소 : 1 ppm 단위
> • 공기과잉률(λ) : 0.01 단위로 최종측정치를 읽는다.
> • 측정치가 불안정할 경우, 5초간의 평균치로 읽는다.

[참고]

29 차량총중량 1900 kgf인 상시 4륜 휘발유 자동차의 배출가스 정밀검사에 적합한 검사모드는?

① Lug Down 3모드

② ASM2525 모드

③ 무부하 정지가동 검사 모드

④ 무부하 급가속 검사 모드

> 정밀검사 시 부하검사방법을 적용하나, 상시 4륜 구동 자동차의 경우 **무부하검사방법**으로 적용한다. 또한, **무부하정지가동검사모드**는 휘발유·알코올 또는 가스사용 자동차에 해당되며, 무부하급가속검사모드는 경유자동차에 해당한다.

[참고]

30 현재 사용하는 정기검사 디젤엔진 매연검사 방법으로 옳은 것은?

① 광투과식 무부하 급가속 모드 검사

② 광투과식 부하 가속 모드 검사

③ 여지 광반사식 매연검사

④ 여지 광투과식 매연검사

> ◎ 휘발유·알코올·가스사용 자동차
> • 정속모드(ASM2525모드) – 부하검사 (정밀검사)
> • 저속공회전 검사모드 – 무부하검사 (정기검사)
>
> ◎ 경유사용 자동차
> • 한국형 경유 147 (KD147모드) – 부하검사 (정밀검사)
> • 엔진회전수 제어방식 Lug Down 3모드 – 부하검사 (정밀검사)
> • **광투과식 무부하급가속검사모드** – 무부하검사 (**정기검사**)

[참고]

31 대기환경보전법령상 운행차 배출허용기준에 대한 설명으로 틀린 것은?

① 희박연소(lean burn) 방식을 적용하는 자동차는 공기과잉을 기준을 적용하지 아니한다.

② 휘발유와 가스를 같이 사용하는 자동차의 배출가스 측정 및 배출허용기준은 휘발유의 기준을 적용한다.

③ 알코올만 사용하는 자동차는 탄화수소 기준을 적용하지 아니한다.

④ 휘발유사용 자동차는 휘발유·알코올 및 가스(천연가스를 포함한다)를 섞어서 사용하는 자동차를 포함하며, 경유사용 자동차는 경유와 가스를 섞어서 사용하거나 같이 사용하는 자동차를 포함한다.

> 휘발유와 가스를 같이 사용하는 자동차의 배출가스 측정 및 배출허용기준은 **가스의 기준**을 적용한다. (다른 항목도 구분하여 암기할 것)

chapter 05

Note

CHAPTER

06

최근기출문제

2018년부터 2021년까지 (친환경자동차 과목 제외)

※ 일부 문제는 출제범위에 포함되지 않습니다.

2018년 1회

자동차 엔진

※ 출제범위 아님

1 엔진에서 윤활유 소비증대에 영향을 주는 원인으로 가장 적절한 것은?

① 신품 여과기의 사용
② 실린더 내벽의 마멸
③ 플라이휠 링기어 마모
④ 타이밍 체인 텐셔너의 마모

윤활유 소비증대의 주원인은 연소 및 누설이며, 연소의 경우 실린더 내벽의 마멸, 피스톤링의 장력 불량 등이다.

2 제동 열효율에 대한 설명으로 틀린 것은?

① 정미 열효율이라고도 한다.
② 작동가스가 피스톤에 한 일이다.
③ 지시 열효율에 기계효율을 곱한 값이다.
④ 제동 일로 변환된 열량과 총 공급된 영량의 비이다.

②는 지시마력에 대한 설명이다.

3 지르코니아 방식의 산소센서에 대한 설명으로 틀린 것은?

① 지르코니아 소자는 백금으로 코팅되어 있다.
② 배기가스 중의 산소농도에 따라 출력 전압이 변화한다.
③ 산소센서의 출력전압은 연료분사량 보정제어에 사용된다.
④ 산소센서의 온도가 100℃ 정도가 되어야 정상적으로 작동하기 시작한다.

지르코니아 산소센서의 고체전해질의 정상 작동온도는 약 300~600℃이다. 또한 배기온도가 300℃ 이하 때에는 작동되지 않으며, 900℃가 넘으면 센서는 고장을 일으키기 쉽다.

4 엔진의 디지털 신호를 출력하는 센서는?

① 압전 세라믹을 이용한 노크 센서
② 가변저항을 이용한 스포틀포지션 센서
③ 칼만 와류 방식을 이용한 공기유량 센서
④ 전자유도 방식을 이용한 크랭크축 각 센서

① 압전소자 : 소자의 양끝에서 발생하는 기전력 효과
② 가변저항 : 저항 변화에 따른 전압 변화
③ 칼만와류식 : 초음파 변화에 의한 펄스 신호
④ 전자유도 방식 : 교류전압(기전력) 발생 – 발전기와 같음
※ 교류전압 발생 신호는 아날로그, 펄스발생 신호는 디지털 신호를 출력한다.

5 액상 LPG의 압력을 낮추어 기체상태로 변환시킨 후 엔진에 연료를 공급하는 장치는?

① 믹서
② 봄베
③ 대시 포트
④ 베이퍼라이저

6 전자제어 디젤연료분사장치에서 예비분사에 대한 설명으로 옳은 것은?

① 예비분사는 디젤엔진의 시동성을 향상시키기 위한 분사를 말한다.
② 예비분사는 연소실의 연소압력 상승을 부드럽게 하여 소음과 진동을 줄여준다.
③ 예비분사는 주분사 후에 미연가스의 완전연소와 후처리 장치의 재연소를 위해 이루어지는 분사이다.
④ 예비분사는 인젝터의 노후화에 따른 보정분사를 실시하여 엔진의 출력저하 및 엔진부조를 방지하는 분사이다.

커먼레일 디젤기관의 연료의 분사과정
• 예비분사 : 주분사 전에 연료를 분사해 연소가 원활히 되도록 하여 소음과 진동 감소 효과를 줌
• 주분사 : 분사과정 전체를 통해 분사 압력이 일정하게 유지될 수 있도록 제어
• 사후분사 : 촉매 변환기에서 배기가스를 통해 같이 공급된 연료를 연소시켜, DPF와 같은 촉매 변환기의 성능을 향상시켜 질소산화물을 줄이는 역할

7 엔진 플라이휠의 기능과 관계가 없는 것은?

① 엔진의 동력을 전달한다.
② 엔진을 무부하 상태로 만든다.
③ 엔진의 회전력을 균일하게 한다.
④ 링기어를 설치하여 엔진의 시동을 걸 수 있게 한다.

②는 클러치에 대한 설명이다.

8 엔진의 실린더 지름이 55mm, 피스톤 행정이 50mm, 압축비가 7.4라면 연소실 체적은 약 몇 cm³인가?

① 9.6   ② 12.6

③ 15.6   ④ 18.6

압축비 $= 1 + \dfrac{\text{행정 체적}}{\text{연료실 체적}} = 1 + \dfrac{118.73}{\text{연료실 체적}} = 7.4$

※ 행정체적 = 단면적×행정 = $0.785 \times 5.5^2 \times 5 = 118.73 \text{cm}^3$

연료실 체적 $= \dfrac{118.73}{7.4-1} = 18.55$

9 가솔린 엔진에서 공급과잉률(λ)에 대한 설명으로 틀린 것은?

① λ값은 1일 때 이론 혼합비 상태이다.

② λ값은 1보다 크면 공기과잉 상태이고, 1보다 작으면 공기부족상태이다.

③ λ값이 1에 가까울 때 질소산화물(NOx)의 발생량이 최소가 된다.

④ 엔진에 공급된 연료를 완전 연소시키는 데 필요한 이론공기량과 실제로 흡입한 공기량과의 비이다.

공급과잉율(λ)은 1에 가까울수록 이론공연비에 가까워지며, NOx 발생량은 이론공연비에서 최대가 된다.
λ 값은 1보다 크면 희박 혼합기, 1보다 작으면 농후혼합기이다.

10 전자제어 엔진에서 분사량은 인젝터 솔레노이드 코일의 어떤 인자에 의해 결정되는가?

① 전압치   ② 저항치

③ 통전시간   ④ 코일 권수

연료분사량은 인젝터에 작동하는 통전시간을 통해 결정된다.

11 실린더 내에 흡입되는 흡기량의 감소하는 이유가 아닌 것은?

① 배기가스의 배압을 이용하는 과급기를 설치하였을 때

② 흡입 및 배기밸브의 개폐 시기 조정이 불량할 때

③ 흡입 및 배기의 관성이 피스톤 운동을 따르지 못할 때

④ 피스톤 링, 밸브 등의 마모에 의하여 가스누설이 발생할 때

과급기는 흡기량을 증가시켜 체적효율(충진효율)을 향상시킨다.

12 연료필터에서 오버플로우 밸브의 역할이 아닌 것은?

① 필터 각 부의 보호 작용

② 운전 중의 공기빼기 작용

③ 분사펌프의 압력상승 작용

④ 연료공급 펌프의 소음발생 방지

디젤기관의 오버플로우 밸브
- 오버플로우 밸브는 필터 내 압력을 규정값 이하로 유지하여 필터의 구성품을 보호
- 오버플로우 밸브를 통해 공기를 제거하여 레일로 연료이송을 돕는다.
- 펌프에서 발생하는 소음을 감소한다.

13 디젤노크에 대한 설명으로 가장 적합한 것은?

① 착화지연기간이 길어지면 발생한다.

② 노크 예방을 위해 냉각수온도를 낮춘다.

③ 고온고압의 연소실에서 주로 발생한다.

④ 노크가 발생되면 엔진회전수를 낮추면 된다.

디젤노크는 착화지연기간이 길어지기 때문에 발생한다. 적정 연소를 위한 온도, 압력, 압축비, 점화시기 등이 낮을 때 착화지연기간이 길어진다.
※ 노크가 발생되면 회전속도를 빠르게 한다.

14 운행차의 배출가스 정기검사의 배출가스 및 공기과잉률(λ) 검사에서 측정기의 최종측정치를 읽는 방법에 대한 설명으로 틀린 것은? (단, 저속공회전 검사모드이다)

① 측정치가 불안정할 경우에는 5초간의 평균치로 읽는다.

② 공기과잉률은 소수점 셋째자리에서 0.001 단위로 읽는다.

③ 탄화수소는 소수점 첫째자리 이하는 버리고 1ppm 단위로 읽는다.

④ 일산화탄소는 소수점 둘째자리 이하는 버리고 0.1% 단위로 읽는다.

배출가스 및 공기과잉률 검사
측정기 지시가 안정된 후 일산화탄소는 소수점 둘째자리 이하는 버리고 0.1% 단위로, 탄화수소는 소수점 첫째자리 이하는 버리고 1ppm단위로, 공기과잉률(λ)은 소수점 둘째자리에서 0.01단위로 최종측정치를 읽는다. 다만, 측정치가 불안정할 경우에는 5초간의 평균치로 읽는다.

15 총 배기량이 2000cc인 4행정 사이클 엔진이 2000rpm으로 회전할 때 회전력이 15kgf·m라면 제동평균 유효압력은 약 몇 kgf/cm²인가?

① 7.8   ② 8.5

③ 9.4   ④ 10.2

4행정 기관의 제동마력 $= \dfrac{P_{mb}ALZn}{2 \times 75 \times 60 \times 100} = \dfrac{Tn}{716}$ $[PS]$

여기서, P_{mb} : 제동평균유효압력 [kgf/cm²]
     A : 실린더 단면적 [cm²] ─┐ 배기량 1cc = 1cm³
     L : 피스톤 행정 [cm] ─┘
     Z : 실린더 수 = 1
     n : 엔진 회전수
     T : 크랭크축 회전력(토크)

$\therefore \dfrac{P_{mb}[\text{kgf/cm}^2] \times 2000[\text{cm}^3] \times 2000}{2 \times 75[\text{kgf·m/s}] \times 60[\text{s}] \times 100} = \dfrac{15[\text{kgf·m}] \times 2000}{716}$

$P_{mb} = \dfrac{2 \times 75 \times 60 \times 100}{2000} \times \dfrac{15}{716} ≒ 9.43[\text{kgf/cm}^2]$

제동평균 유효압력(P_{mb}), 지시평균 유효압력(P_{mi})에 따라 제동마력, 지시마력으로 구분되며 기본 공식은 같음

chapter 06

16 전자제어 연료분사장치에서 연료분사량 제어에 대한 설명 중 틀린 것은?

① 기본 분사량은 흡입공기량과 엔진회전수에 의해 결정된다.
② 기본 분사시간은 흡입공기량과 엔진회전수를 곱한 값이다.
③ 스로틀밸브의 개도 변화율이 크면 클수록 비동기 분사시간은 길어진다.
④ 비동기분사는 급가속 시 엔진의 회전수에 관계없이 순차모드에 추가로 분사하여 가속 응답성을 향상시킨다.

> 기본 분사시간 = $\dfrac{\text{흡입공기량}}{\text{엔진회전수}}$

17 다음은 운행차 정기검사의 배기소음도 측정을 위한 검사방법에 대한 설명이다. ( ) 안에 알맞은 것은?

> 자동차의 변속장치를 중립 위치로 하고 정지가동상태에서 원동기의 최고 출력 시의 75% 회전속도로 ( )초 동안 운전하여 최대 소음도를 측정한다.

① 3   ② 4   ③ 5   ④ 6

> 자동차의 변속장치를 중립 위치로 하고 정지가동상태에서 원동기의 최고 출력 시의 75% 회전속도로 4초 동안 운전하여 최대소음도를 측정한다.

18 CNG(Compressed Natural Gas) 엔진에서 가스의 역류를 방지하기 위한 장치는?

① 체크밸브
② 에어조절기
③ 저압연료차단밸브
④ 고압연료차단밸브

> 체크밸브는 한쪽 방향으로만 흐름을 허용한다.

19 산소센서를 설치하는 목적으로 옳은 것은?

① 연료펌프의 작동을 위해서
② 정확한 공연비 제어를 위해서
③ 컨트롤 릴레이를 제어하기 위해서
④ 인젝터의 작동을 정확히 조절하기 위해서

> 산소센서의 궁극적 목적은 이론공연비에 근접하기 위한 피드백 제어이다.

20 엔진의 지시마력이 105 PS, 마찰마력이 21 PS일 때 기계효율은 약 몇 %인가?

① 70   ② 80   ③ 84   ④ 90

> 기계효율 = $\dfrac{\text{제동마력}}{\text{지시마력}} \times 100\% = \dfrac{\text{지시마력} - \text{손실마력}}{\text{지시마력}} \times 100\%$
> $= \dfrac{105 - 21}{105} \times 100\% = 80\%$

※ 출제범위 아님

2과목 자동차 섀시

21 변속기에서 싱크로메시 기구가 작동하는 시기는?

① 변속기어가 물릴 때
② 변속기어가 풀릴 때
③ 클러치 페달을 놓을 때
④ 클러치 페달을 밟을 때

22 ABS 장치에서 펌프로부터 토출된 고압의 오일을 일시적으로 저장하고 맥동을 완화시켜주는 구성품은?

① 어큐뮬레이터   ② 솔레노이드 밸브
③ 모듈레이터   ④ 프로포셔닝 밸브

> 어큐뮬레이터는 ABS ECU에서 솔레노이드 밸브에 감압신호가 전달될 때 일시적으로 펌프로부터 토출된 고압의 오일을 저장하고, 맥동을 감소시키며, 증압 시에는 휠 실린더로 오일을 공급한다.

23 자동차의 변속기에서 제3속의 감속비 1.5, 종감속 구동 피니언 기어의 잇수 5, 링기어의 잇수 22, 구동바퀴의 타이어 유효반경 280 mm, 엔진회전수 3300 rpm으로 직진 주행하고 있다. 이 때 자동차의 주행속도는 약 몇 km/h인가?
(단, 타이어의 미끄러짐은 무시한다)

① 26.4   ② 52.8   ③ 116.2   ④ 128.4

> • 주행속도 $V = \dfrac{\pi \times D \times N}{R_t \times R_f} \times \dfrac{60}{1000}$ [km/h]
>
> 여기서, D : 바퀴의 직경 [m], N : 엔진의 회전수 [rpm]
> R_t : 변속비, R_f : 종감속비
>
> • 종감속비 = $\dfrac{\text{링기어의 잇수}}{\text{구동 피니언 기어의 잇수}} = \dfrac{22}{5} = 4.4$
>
> ※ $V = \dfrac{\pi \times 0.56 \times 3300}{1.5 \times 4.4} \times \dfrac{60}{1000} ≒ 52.8$ [km/h]

24 일반적으로 브레이크 드럼의 재료로 사용되는 것은?

① 연강   ② 청동
③ 주철   ④ 켈밋 합금

> 브레이크 드럼은 내마모성, 기계적 강성, 방열을 위해 특수주철, 주강 등을 사용한다.

25 동력전달 장치인 추진축이 기하학적인 중심과 질량중심이 일치하지 않을 때 일어나는 진동은?

① 요잉   ② 피칭
③ 롤링   ④ 휠링

> 휠링은 추진축의 굽힘 진동을 말하며, 추진축의 기하학적 중심과 질량적 중심이 일치하지 않았을 때 발생한다.

26 자동차의 동력전달 계통에 사용되는 클러치의 종류가 아닌 것은?

① 마찰 클러치　　　　② 유체 클러치
③ 전자 클러치　　　　④ 슬립 클러치

27 공압식 전자제어 현가장치에서 컴프레셔에 장착되어 차고를 낮출 때 작동하며, 공기 챔버 내의 압축공기를 대기 중으로 방출시키는 작용을 하는 것은?

① 에어 액추에이터 밸브
② 배기 솔레노이드 밸브
③ 압력 스위치 제어 밸브
④ 컴프레셔 압력 변환 밸브

- 차고를 높일 때 : 에어공급 솔레노이드 밸브와 차고 조절 에어밸브 개방 → 공기챔버에 압축공기 공급 → 체적 증가 → 쇽업소버의 길이 증대 → 차고가 높아짐
- 차고를 낮출 때 : 압축기에 설치된 배기 솔레노이드 밸브와 차고 조절 에어밸브 개방 → 공기챔버의 공기 방출 → 쇽업소버의 길이 감소 → 차고가 낮아짐

28 제동 초속도가 105km/h, 차륜과 노면의 마찰계수가 0.4인 차량의 제동거리는 약 몇 m인가?

① 91.5　　　　　　　② 100.5
③ 108.5　　　　　　　④ 120.5

제동거리 $S = \dfrac{v^2}{2\mu g}$ [m]

여기서, v : 제동 초속도 [m/s], μ : 마찰계수, g : 중력가속도 (9.8m/sec²)

$\therefore S = \dfrac{(105/3.6)^2}{2 \times 0.4 \times 9.8} \fallingdotseq 108.5$ [m]

29 타이어가 편마모되는 원인이 아닌 것은?

① 쇽업쇼버가 불량하다.
② 앞바퀴 정렬이 불량하다.
③ 타이어의 공기압이 낮다.
④ 자동차의 중량이 증가하였다.

30 차륜정렬에서 캐스터에 대한 설명으로 틀린 것은?

① 캐스터에 의해 바퀴가 추종성을 가지게 된다.
② 선회 시 차체운동에 의한 바퀴 복원력이 발생한다.
③ 수직 방향의 하중에 의해 조향륜이 아래로 벌어지는 것을 방지한다.
④ 바퀴를 차축에 설치하는 킹핀이 바퀴의 수직선과 이루는 각도를 말한다.

캐스터는 앞바퀴 옆에서 보았을 때 킹핀의 중심선이 뒤쪽으로 기울어 설치된 것을 말하며, 보기 ③은 캠버에 대한 설명이다.
※ 추종성(追從性) : 앞바퀴의 조향에 따라 뒷바퀴가 따라오는 것을 말한다.

31 차량의 여유 구동력을 크게 하기 위한 방법이 아닌 것은?

① 주행저항을 적게 한다.
② 총 감속비를 크게 한다.
③ 엔진 회전력을 크게 한다.
④ 구동바퀴의 유효반지름을 크게 한다.

구동력 $F = \dfrac{T_s}{r} = \dfrac{T_e \times R_T \times \eta_m}{r}$ [kgf]

(T_e : 액슬축의 회전력, T_e : 엔진 회전력, R_T : 총감속비,
η_m : 동력전달효율, r : 타이어 반경)
∴ 구동바퀴의 유효반지름을 작게 한다.

32 타이어에 195/70R 13 82S라고 적혀 있다면 S는 무엇을 의미하는가?

① 편평 타이어
② 타이어의 전폭
③ 허용 최고 속도
④ 스틸 레이디얼 타이어

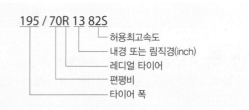

33 전자제어 제동장치(ABS)의 구성요소가 아닌 것은?

① 휠 스피스 센서
② 차고 센서
③ 하이드로릭 유닛
④ 어큐뮬레이터

차고 센서는 전자제어 현가장치의 구성요소에 해당된다.

34 전자제어 현가장치와 관련된 센서가 아닌 것은?

① 차속 센서
② 조향각 센서
③ 스로틀 개도 센서
④ 파워오일압력 센서

파워오일압력 센서는 전자제어 제동장치인 유압배력장치의 유압을 제어하기 위해 어큐뮬레이터의 압력을 검출하여 압력펌프의 구동을 제어하는 역할을 한다.

chapter 06

35 자동차 바퀴가 정적 불균형일 때 일어나는 현상은?

① 시미 현상   ② 롤링 현상

③ 트램핑 현상   ④ 스탠딩 웨이브 현상

정적 평형	• 타이어가 정지되어 있는 상태의 평형 • 불평형 시 트램핑 현상 발생
동적 평형	• 타이어가 회전하고 있는 상태의 평형 • 불평형 시 시미 현상 발생

36 선회 시 차체가 조향 각도에 비해 지나치게 많이 돌아가는 것을 말하며, 뒷바퀴에 원심력이 작용하는 현상은?

① 하이드로 플래닝

② 오버 스티어링

③ 드라이드 휠 스핀

④ 코너링 포스

• 드라이드 휠 스핀 : 지나친 구동력으로 타이어가 접지력의 한계를 넘어 공전하는 것(헛도는 것)
• 코너링 포스 : 원심력에 대항하여 타이어가 비틀려 조금 미끄러지면서 접지면을 지지하는 힘으로 타이어의 진행방향에 수직으로 작용한다.

37 자동변속기의 6포지션형 변속레버 위치(select pattern)를 올바르게 나열한 것은?(단, D : 전진, N : 중립, R : 후진, 2·1 : 저속 위치, P : 주차)

① P-R-N-D-2-1   ② P-N-R-D-2-1

③ R-N-D-P-2-1   ④ R-N-P-D-2-1

38 우측 앞 타이어의 바깥쪽이 심하게 마모되었을 때의 조치 방법으로 옳은 것은?

① 토인으로 수정한다.

② 앞뒤 현가스프링을 교환한다.

③ 우측 차륜의 캠버를 부(−)의 방향으로 조절한다.

④ 우측 차륜의 캐스터를 정(+)의 방향으로 조절한다.

타이어의 바깥쪽이 마모되므로 바퀴의 캠버를 차체방향(− 방향)으로 조절한다.

39 조향장치가 기본적으로 갖추어야 할 조건이 아닌 것은?

① 선회 시 좌우 차륜의 조향각이 달라야 한다.

② 조향장치의 기계적 강성이 충분하여야 한다.

③ 노면의 충격을 감쇄시켜 조향핸들에 가능한 적게 적당되어야 한다.

④ 선회 주행 시 조향핸들에서 손을 떼도 선회방향성이 유지되어야 한다.

선회 주행 시 조향핸들에서 손을 떼면 캐스터에 의해 직전 위치로 돌아올 수 있도록 한다.

40 유압식 브레이크의 마스터 실린더 단면적이 $4cm^2$이고, 마스터 실린더 내 푸시로드에 작용하는 힘이 80kg라면, 단면적이 $3cm^2$인 휠 실린더의 피스톤에서 발생하는 유압은 몇 kgf/cm^2인가?

① 40   ② 60   ③ 80   ④ 120

파스칼의 원리에 의해

$$P_1 = P_2 \rightarrow \frac{F_1}{A_1} = \frac{F_2}{A_2} \rightarrow \frac{80}{4} = \frac{x}{3}, \quad x = 20 \times 3 = 60$$

3과목   **자동차 전기**

41 교류 발전기에서 유도전압이 발생되는 구성품은?

① 로터

② 회전자

③ 계자코일

④ 스테이터

직류 발전기와 달리 교류발전기는 로터(회전자)에서 자속을 발생시키고, 스테이터(고정자)에서 자속을 끊어 유도전압을 발생시킨다.

42 점화코일에 관한 설명으로 틀린 것은?

① 점화플러그에 불꽃방전을 일으킬 수 있는 높은 전압을 발생한다.

② 점화코일의 입력측이 1차 코일이고, 출력측이 2차 코일이다.

③ 1차 코일에 전류 차단 시 플레밍의 왼손법칙에 의해 전압이 상승된다.

④ 2차 코일에서는 상호유도작용으로 2차 코일의 권수비에 비례하여 높은 전압이 발생한다.

자기유도작용 : 점화1차코일에 흐르는 전류를 차단하면 급격히 자기장이 소멸하며 코일에 역기전력(유도전압)이 발생한다.
※ 플레밍의 왼손법칙 : 전동기의 원리

43 배터리 극판의 영구 황산납(유화, 설페이션) 현상의 원인으로 틀린 것은?

① 전해액의 비중이 너무 낮다.

② 전해액이 부족하여 극판이 노출되었다.

③ 배터리의 극판이 충분하게 충전되었다.

④ 배터리를 방전된 상태로 장기간 방치하였다.

설페이션의 원인 : 전해액 비중이 매우 낮을 때, 전해액이 매우 부족하여 극판이 공기중에 노출될 때, 방전 상태에서 장기간 방치하였을 때

44 제동등과 후미등에 관한 설명으로 틀린 것은?

① 제동등과 후미등은 직렬로 연결되어 있다.
② LED 방식의 제동등은 점등속도가 빠르다.
③ 제동등은 브레이크 스위치에 의해 점등된다.
④ 퓨즈 단선 시 전체 후미등은 점등되지 않는다.

45 전자동 에어컨 시스템에서 제어모듈의 출력요소로 틀린 것은?

① 블로워 모터
② 냉각수 밸브
③ 내외기 도어 액추에이터
④ 에어믹스 도어 액추에이터

46 오실로스코프에 대한 설명으로 옳은 것은?

① X축은 전압을 표시한다.
② Y축은 시간을 표시한다.
③ 멀티미터의 데이터보다 값이 정밀하다.
④ 전압, 온도, 습도 등을 기본으로 표시한다.

- X축은 시간, Y축은 전압을 표시한다.
- 측정 요소 : 주기, 주파수 듀티사이클, 진폭(신호의 높이), 전압, 노이즈 등

47 다이오드를 이용한 자동차용 전구회로에 대한 설명 중 옳은 것은?

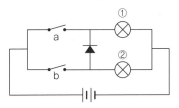

① 스위치 b가 ON일 때 전구 ②만 점등된다.
② 스위치 b가 ON일 때 전구 ① 만 점등된다.
③ 스위치 a가 ON일 때 전구 ① 만 점등된다.
④ 스위치 a가 ON일 때 전구 ①, ② 모두 점등된다.

- 스위치 a가 ON일 때 : 전구 ①만 점등
- 스위치 b가 ON일 때 : 전구 ①, ② 모두 점등

48 회로가 그림과 같이 연결되었을 때 멀티미터가 지시하는 전류값은 몇 A인가?

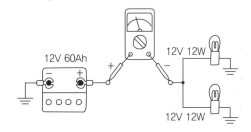

① 1
② 2
③ 4
④ 12

저항병렬연결에서 전체 전류값은 각 저항에 흐르는 전류의 합과 같으며, 만약 두 저항값이 같다면 '전체 전류값 = 하나의 전구 전류값×2'가 된다. 하나의 전구 전력 $P = VI$ = 12W이므로, 전구에 흐르는 전류 I = 12W/12V = 1[A]이다. 따라서 전체 전류값(= 전류계 측정지점의 전류)은 2A가 된다.

49 하이브리드 자동차에서 모터의 회전자와 고정자의 위치를 감지하는 것은?

① 레졸버
② 인버터
③ 경사각 센서
④ 저전압 직류 변환장치

레졸버는 모터와 유사한 구조로 모터의 회전자와 고정자의 위치를 감지하여 모터의 회전각과 회전속도를 감지하여 정밀한 구동 제어에 사용된다.

50 에어백 장치에서 승객의 안전벨트 착용여부를 판단하는 것은?

① 시트부착 스위치
② 충돌 센서
③ 버클 스위치
④ 안전 센서

안전벨트 착용 여부는 시트에 부착된 벨트버클 내의 센서를 통해 알 수 있다.

51 점화순서가 1-5-3-6-2-4인 직렬 6기통 기관에서 2번 실린더가 흡입 초 행정일 경우 1번 실린더의 상태는?

① 흡입 말
② 동력 초
③ 동력 말
④ 배기 중

6기통 기관은 옆 다이어그램을 이용한다. 그림에서 흡입 초 행정에 2번을 입력한 후, 시계반대방향으로 점화순서에 따라 120°만큼 점화순서(4-1-5-3-6)대로 입력한다. 그러면 1번 실린더는 동력(폭발) 말 행정임을 알 수 있다.

chapter **06**

52 서로 다른 종류의 두 도체(또는 반도체)의 접점에서 전류가 흐를 때 접점에서 줄열(joule's heat) 외에 발열 또는 흡열이 일어나는 현상은?

① 홀 효과
② 피에조 효과
③ 자계효과
④ 펠티에 효과

- 펠티에 효과 : 두 금속의 접점에 전류가 흐를 때 가열 또는 냉각되는 효과
- 제백 효과 : 두 금속 접합점 양단에 온도차에 의해 기전력 발생

53 공기조화장치에서 저압과 고압 스위치로 구성되어 있으며, 리시버 드라이어에 주로 장착되어 있는데 컴프레셔의 과열을 방지하는 역할을 하는 스위치는?

① 듀얼 압력 스위치
② 콘덴서 압력 스위치
③ 어큐뮬레이터 스위치
④ 리시버 드라이어 스위치

듀얼 압력 스위치는 고압측 리시버 드라이어에 설치되며, 두 개의 압력 설정치를 갖고 한 개의 스위치로 2가지 기능을 한다.
- 냉매가 없거나 외기온도가 0℃ 이하일 때 스위치가 켜져 압축기 클러치로 공급하는 전원을 차단하여 압축기 과열을 방지
- 고압측 냉매 압력을 감지하여 압력이 규정치 이상이면 스위치가 켜져 전원 공급을 차단하여 고압을 방지

54 하이브리드 차량에서 감속 시 전기 모터를 발전기로 전환하여 차량의 운동에너지를 전기에너지로 변환시켜 배터리로 회수하는 시스템은?

① 회생 제동 시스템
② 파워 릴레이 시스템
③ 아이들링 스톱 시스템
④ 고전압 배터리 시스템

55 오토 라이트(Auto Light) 제어회로의 구성부품으로 가장 거리가 먼 것은?

① 압력 센서
② 조도감지 센서
③ 오토 라이트 스위치
④ 램프 제어용 휴즈 및 릴레이

56 가솔린엔진에서 크랭크축의 회전수와 점화시기의 관계에 대한 설명으로 옳은 것은?

① 회전수와 점화시기는 무관하다.
② 회전수의 증가와 더불어 점화시기는 진각된다.
③ 회전수의 감소와 더불어 점화시기는 진각 후 지각된다.
④ 회전수의 증가와 더불어 점화시기는 지각 후 진각된다.

고속에서는 혼합기 유입속도 및 화염전파속도 증가로 최대폭발압력에 도달하는 시간이 짧아지므로 점화시기를 빠르게 한다. (기관회전수와 진각도는 비례한다.)

57 직권식 기동전동기의 전기자 코일과 계자 코일의 연결방식은?

① 직렬로 연결되었다.
② 병렬로 연결되었다.
③ 직병렬 혼합 연결되었다.
④ 델타 방식으로 연결되었다.

- 직권 : 직렬연결, · 분권 : 병렬연결, · 복권 : 직·병렬

58 자동차 정기검사의 등화장치 검사기준 –법개정으로 삭제

59 [보기]가 설명하고 있는 법칙으로 옳은 것은?

유도 기전력의 방향은 코일 내 자속의 변화를 방해하는 방향으로 발생한다.

① 렌츠의 법칙
② 자기유도법칙
③ 플레밍의 왼손 법칙
④ 플레밍의 오른손 법칙

렌츠의 법칙은 전자유도현상에 의해 발생되는 유도기전력의 방향을 나타내는 교류 발전기의 기본 원리이다.

60 점화파형에 대한 설명으로 틀린 것은?

① 압축압력이 높을수록 점화요구전압이 높아진다.
② 점화플러그의 간극이 클수록 점화요구전압이 높아진다.
③ 점화플러그의 간극이 좁을수록 불꽃방전시간이 길어진다.
④ 점화 1차 코일에 흐르는 전류가 클수록 자기유도전압이 낮아진다.

- 점화플러그의 간극에 따른 영향

점화플러그의 간극이 작을 경우	점화플러그의 간극이 클 경우
점화시기가 늦어짐	점화시기가 빨라짐
점화요구전압이 낮다.	점화요구전압 높다.
불꽃이 약함	고속에서 실화
불꽃방전시간이 길다.	불꽃방전시간이 짧다.

- 점화1차코일의 전류가 클수록 역기전력(유도전압)도 커진다.

2018년 2회

자동차 엔진

1 디젤엔진의 기계식 연료분사장치에서 연료의 분사량을 조절하는 것은?

① 컷오프밸브　　　② 조속기
③ 연료여과기　　　④ 타이머

> 디젤엔진의 조속기는 출력에 관계없이(운전조건에 따라 회전속도가 불규칙함) 연료분사량을 조절하여 회전수를 일정하게 유지시킨다. 이에 오버런이나 엔진꺼짐을 방지하는 역할을 한다.

2 기관의 도시 평균유효압력에 대한 설명으로 옳은 것은?

① 이론 PV선도로부터 구한 평균유효압력
② 기관의 기계적 손실로부터 구한 평균유효압력
③ 기관의 실제 지압선도로부터 구한 평균유효압력
④ 기관의 크랭크축 출력으로부터 계산한 평균유효압력

> ① 이론 평균유효압력　② 마찰 평균유효압력
> ③ 도시 평균유효압력　④ 제동 평균유효압력

3 전자제어 디젤 연료분사방식 중 다단분사의 종류에 해당하지 않는 것은?

① 주분사　　　② 예비분사
③ 사후분사　　　④ 예열분사

> 전자제어 디젤 연료분사 형태 : 예비분사, 주분사, 사후분사

4 자동차 정기검사의 소음도 측정에서 운행자동차의 소음허용기준 중 (　)에 알맞은 것은? (단, 2006년 1월 1일 이후에 제작되는 자동차)

자동차 종류	배기소음(dB)	경적소음(dB)
경자동차	(　) 이하	110 이하

① 100　　　② 105
③ 110　　　④ 115

> 2000년 1월 1일 이후에 제작한 경자동차가 운행할 경우 배기소음은 100dB 이하이다.
> ※ 1999년 12월 31일 이전 제작한 경자동차의 운행 시 배기소음은 103dB 이하, 경적소음은 115dB 이하이다.

5 기관에서 밸브 스템의 구비조건이 아닌 것은?

① 관성력이 증대되지 않도록 가벼워야 한다.
② 열전달 면적을 크게 하기 위하여 지름을 크게 한다.
③ 스템과 헤드의 연결부는 응력집중을 방지하도록 곡률반경이 작아야 한다.
④ 밸브 스템의 윤활이 불충분하기 때문에 마멸을 고려하여 경도가 커야 한다.

> **밸브 스템의 구비조건**
> • 열전달 면적을 넓게 하려면 지름이 커야 한다.
> • 밸브가 가벼워야 한다.
> • 가이드와 스템 사이의 윤활이 불충분하므로 마멸을 고려하여 경도가 커야 한다.
> • 곡률 반지름을 크게 하여야 한다.(곡률 반지름이 크면 연결부위가 완만해진다)

6 자동차 디젤엔진의 분사펌프에서 분사 초기에는 분사시기를 변경시키고 분사 말기는 분사시기를 일정하게 하는 리드 형식은?

① 역 리드　　　② 양 리드
③ 정 리드　　　④ 각 리드

> **플런저의 리드 유형**
> • 정리드 플런저 : 분사 초기는 일정, 분사 말기가 변화
> • 역리드 플런저 : 분사 초기는 변화, 분사 말기가 일정
> • 양리드 플런저 : 분사 초기 및 말기 변화
> ※ 플런저 : 100kg/cm² 이상의 연료압력을 발생시켜 분사노즐에 공급하는 피스톤 역할을 한다.

7 캐니스터에서 포집한 연료 증발가스를 흡기다기관으로 보내주는 장치는?

① PCV　　　② EGR밸브
③ PCSV　　　④ 서모밸브

> • PCV(Positive Crankcase Ventilation) 밸브 : 크랭크케이스와 흡기관을 연결하는 밸브로 흡기관의 진공을 이용하여 블로바이 가스(미연소가스가 실린더 벽과 피스톤링의 틈새를 지나 크랭크케이스를 통해 대기로 배출)을 흡기관으로 다시 끌어올려 재연소시킴
> • PCSV(Purge Control Solenoid Valve) : 차량 정지 시 캐니스터에 포집되어 있는 연료증발가스를 엔진 워밍업(약 1400rpm 이상)에서 밸브를 통해 ECU에 출력신호에 의해 서지탱크(흡기다기관)로 유입시킨다.

8 전자제어 엔진에서 연료의 기본 분사량 결정요소는?

① 배기 산소농도   ② 대기압

③ 흡입공기량   ④ 배기량

> 기본 분사량 결정 요소 : 흡입공기량(AFS), 엔진 회전수(CAS)

9 엔진이 압축행정일 때 연소실 내의 열과 내부 에너지의 변화의 관계로 옳은 것은? (단, 연소실 내부 벽면온도가 일정하고, 혼합가스가 이상기체이다)

① 열 = 방열, 내부에너지 = 증가

② 열 = 흡열, 내부에너지 = 불변

③ 열 = 흡열, 내부에너지 = 증가

④ 열 = 방열, 내부에너지 = 불변

> '열량 = 내부에너지+외부에 한 일'에서
> $(Q = \Delta U + W = \Delta U + P\Delta V = 0)$
> 온도가 일정(등온)하므로 내부에너지의 변화(ΔU)는 0(불변)이고, 압축상태(일을 받음)이므로 Q는 마이너스, 즉 방열상태이다.

10 전자제어 가솔린엔진에 사용되는 센서 중 흡기 온도 센서에 대한 내용으로 틀린 것은?

① 흡기온도가 낮을수록 공연비는 증가된다.

② 온도에 따라 저항값이 변화되는 NTC형 서미스터를 주로 사용한다.

③ 엔진 시동과 직접 관련되며 흡입공기량과 함께 기본 분사량을 결정한다.

④ 온도에 따라 달라지는 흡입 공기밀도 차이를 보정하여 최적의 공연비가 되도록 한다.

> 흡입공기의 온도를 검출하는 부특성 서미스터(NTC형, 온도↑→저항값↓→출력 전압↓)으로, 흡입공기의 온도를 검출하여 온도에 따른 밀도 변화에 대응하는 연료 분사량을 보정한다.(증량 분사량)
> ① : 흡기온도가 낮아지면 밀도가 높아져 공기유입이 많아지므로 공연비(=공기량/연료량)가 증가한다.
> ※ 기본 분사량 결정 요소 : 흡입공기량, 엔진 회전수

11 전자제어 가솔린 분사장치의 흡입공기량 센서 중에서 흡입하는 공기의 질량에 비례하여 전압을 출력하는 방식은?

① 핫 필름식   ② 칼만 와류식

③ 맵 센서식   ④ 베인식

> **AFS의 특징 구분**
> • 베인식 : 공기체적 검출
> • 칼만와류식 : 공기체적 검출, 초음파, 펄스신호(디지털 신호)
> • 열선·열막식 : 공기질량 검출, 직접 계측방식
> • 맵센서식 : 절대압력 검출, 간접 계측방식

12 전자제어 엔진의 연료분사장치 특징에 대한 설명으로 가장 적절한 것은?

① 연료 과다 분사로 연료소비가 크다.

② 진단장비 이용으로 고장수리가 용이하지 않다.

③ 연료분사 처리속도가 빨라서 가속 응답성이 좋아진다.

④ 연료 분사장치 단품의 제조원가가 저렴하여 엔진가격이 저렴하다.

13 엔진의 오일 여과기 및 오일팬에 쌓이는 이물질이 아닌 것은?

① 오일의 열화 및 노화로 발생한 산화물

② 토크컨버터의 열화로 인한 퇴적물(슬러지)

③ 기관 섭동부분의 마모로 발생한 금속 분말

④ 연료 및 윤활유의 불완전 연소로 생긴 카본

14 운행차 정밀검사의 관능 및 기능검사에서 배출가스 재순환장치의 정상적 작동상태를 확인하는 검사방법으로 틀린 것은?

① 정화용 촉매의 정상부착 여부 확인

② 재순환 밸브의 수정 또는 파손 여부를 확인

③ 진공호스 및 라인 설치 여부, 호스 폐쇄 여부 확인

④ 진공밸브 등 부속장치의 유·무, 우회로 설치 및 변경 여부를 확인

> • 재순환 밸브의 부착 여부 확인
> • 재순환 밸브의 수정 또는 파손 여부를 확인
> • 진공밸브 등 부속장치의 유무, 우회로 설치 여부 및 변경여부를 확인
> • 진공호스 및 라인 설치 여부, 호스 폐쇄 여부 확인

15 LPG를 사용하는 자동차의 봄베에 부착되지 않는 것은?

① 충전밸브   ② 송출밸브

③ 안전밸브   ④ 메인 듀티 솔레노이드밸브

> **봄베의 밸브 종류**
> 충전밸브, 송출밸브(액상·기상), 안전밸브(과충전방지밸브), 긴급차단 밸브
> ※ 메인 듀티 솔레노이드밸브는 봄베-여과기를 지난 액체나 기체 상태의 연료량을 전기적 신호에 의해 조절한다.

16 배기량 40cc, 연소실 체적 50cc인 가솔린엔진이 3000rpm일 때, 축 토크가 8.95kgf·m이라면 축출력은 약 몇 PS인가?

① 15.5   ② 35.1   ③ 37.5   ④ 38.1

> 축출력 = 제동마력이므로
> 제동마력$(BHP) = \dfrac{2\pi \times T \times n}{75 \times 60} = \dfrac{T \times n}{716}$ (1PS = 75kgf·m/s)
> 여기서, T : 엔진 회전력(토크)[kgf·m], N : 회전수[rpm]
> $\therefore BHP = \dfrac{8.95[kgf \cdot m] \times 3000[rpm]}{716} = 37.5[kW]$

17 LPG엔진의 특징에 대한 설명으로 옳은 것은?

① 연료관 내에 베이퍼록이 발생하기 쉽다.

② 연료의 증발잠열로 인해 겨울철 시동성이 좋지 않다.

③ 옥탄가가 낮은 연료를 사용하여 노크가 빈번히 발생한다.

④ 연소가 불안정하여 다른 엔진에 비해 대기오염물질을 많이 발생한다.

LPG엔진의 시동성 문제
베이퍼라이저 내의 LPG는 감압작용에 따라 액체가 기체가 될 때 증발잠열에 의해 주위의 열을 흡수하여 온도가 낮아져 베이퍼라이저 밸브의 동결로 연료 공급이 어려워진다. 이를 방지하기 위해 밸브 내부로 냉각수 통로를 설치하는데 초기 시동 시 냉각수 온도가 낮으므로 시동이 잘 걸리지 않는다.

18 연료장치에서 연료가 고온상태일 때 체적 팽창을 일으켜 연료 공급이 과다해지는 현상은?

① 베이퍼록 현상

② 퍼컬레이션 현상

③ 캐비테이션 현상

④ 스텀블 현상

• 퍼컬레이션 현상 : 연료장치 내에 연료가 열을 받아 부피가 팽창하여 연료공급이 과다해져 농후하게 된다.
• 캐비테이션 현상 : 공동현상으로 오일에 기포가 발생되는 현상으로 점도지수는 감소한다.
• 스텀블(stumble) 현상 : '비틀거린다'는 의미로 가속은 되나 바로 출력이 저하되는 현상이 반복되며 엔진 회전이 불규칙해지는 진동을 말한다.

19 가솔린 엔진에서 노크발생을 억제하기 위한 방법으로 틀린 것은?

① 연소실벽 온도를 낮춘다.

② 압축비, 흡기온도를 낮춘다.

③ 자연 발화온도가 낮은 연료를 사용한다.

④ 연소실 내 공기와 연료의 혼합을 원활하게 한다.

자연 발화온도가 낮으면 저온에서 쉽게 발화하므로 노크발생이 증가한다.

20 피스톤의 단면적 40cm², 행정 10cm, 연소실 체적 50cm³인 기관의 압축비는 얼마인가?

① 3 : 1

② 9 : 1

③ 12 : 1

④ 18 : 1

압축비 $= 1 + \dfrac{\text{행정체적}}{\text{연료실 체적}} = 1 + \dfrac{400}{50} = 9$

※ 행정체적 = 단면적×행정 = 40cm²×10cm = 400cm³

---

21 중량이 2000kgf인 자동차가 20°의 경사로를 등반시 구배(등판) 저항은 약 몇 kgf인가?

① 522

② 584

③ 622

④ 684

구배(등판) 저항 $R_g = W \sin\theta = 2000 \times \sin 20° = 684 kgf$

22 무단변속기(CVT)를 제어하는 유압제어 구성부품에 해당하지 않는 것은?

① 오일펌프

② 유압제어밸브

③ 레귤레이터밸브

④ 싱크로메시기구

무단변속기도 자동변속기와 마찬가지로 토크컨버터(또는 전자클러치) 및 유성기어로 작동하므로 오일펌프, 유압제어밸브, 레귤레이터 밸브가 사용된다.
※ 싱크로메시기구는 동기물림식 수동변속기의 구성품에 속한다.

23 축거를 L(m), 최소 회전반경을 R(m), 킹핀과 바퀴 접지면과의 거리를 r(m)이라 할 때 조향각 α를 구하는 식은?

① $\sin\alpha = \dfrac{L}{R-r}$

② $\sin\alpha = \dfrac{L-r}{R}$

③ $\sin\alpha = \dfrac{R-r}{L}$

④ $\sin\alpha = \dfrac{L-R}{r}$

최소회전반경 $R = \dfrac{L}{\sin\alpha} + r$
• L : 축거
• α : 전륜 바깥쪽 바퀴의 조향각
• r : 킹핀과 타이어 중심 거리

24 TCS(Traction Control System)가 제어하는 항목에 해당하는 것은?

① 슬립 제어

② 킥 업 제어

③ 킥 다운 제어

④ 히스테리시스 제어

TCS는 구동 슬립율 제어와 트레이스 제어를 위해 엔진 출력 및 구동바퀴의 제동압을 제어한다.

25 선회 주행 시 앞바퀴에서 발생하는 코너링 포스가 뒷바퀴보다 크게 되면 나타나는 현상은?

① 토크 스티어링

② 언더 스티어링

③ 오버 스티어링

④ 리버스 스티어링

코너링 코스와 스티어링 현상
• 전륜 코너링 포스 < 후륜 코너링 포스 : 언더 스티어링
• 전륜 코너링 포스 > 후륜 코너링 포스 : 오버 스티어링

26 TCS(Traction Control System)에서 트레이스 제어를 위해 컴퓨터(TCU)로 입력되는 항목이 아닌 것은?

① 차고 센서
② 휠스피드 센서
③ 조향 각속도 센서
④ 액셀러레이터 페달 위치 센서

> 차고센서는 전자제어 현가장치의 입력신호이다.

27 사이드슬립 테스터로 측정한 결과 왼쪽 바퀴가 안쪽으로 6 mm, 오른쪽 바퀴가 바깥쪽으로 8 mm 움직였다면 전체 미끄럼량은?

① in 1 mm   ② out 1 mm
③ in 7 mm   ④ out 7 mm

> 사이드 슬립 $= \dfrac{+6-8}{2} = -1$ m/mm (+ : in, − : out을 의미)
> ∴ 전체 미끄럼량은 out 1 mm이다.

28 클러치 페달을 밟았다가 천천히 놓을 때 페달이 심하게 떨리는 이유가 아닌 것은?

① 플라이휠이 변형되었다.
② 클러치 압력판이 변형되었다.
③ 플라이휠의 링기어가 마모되었다.
④ 클러치 디스크 페이싱의 두께차가 있다.

> 플라이휠의 링기어 마모는 주로 시동 불량 및 소음에 관계가 있다.

29 드럼식 브레이크와 비교한 디스크식 브레이크의 특징이 아닌 것은?

① 자기작동작용이 발생하지 않는다.
② 냉각성능이 작아 제동성능이 향상된다.
③ 마찰 면적이 적어 패드의 압착력이 커야한다.
④ 주행시 반복 사용하여도 제동력 변화가 적다.

> 디스크식 브레이크는 디스크가 외부로 노출되어 방열 작용이 우수하다.
> ① 자기작동작용은 드럼식의 특징이다.

30 전자제어 현가장치의 기능에 대한 설명 중 틀린 것은?

① 급제동시 노스다운을 방지할 수 있다.
② 변속단에 따라 변속비를 제어할 수 있다.
③ 노면으로부터의 차량 높이를 조절할 수 있다.
④ 급선회시 원심력에 의한 차체의 기울어짐을 방지할 수 있다.

31 2세트의 유성기어 장치를 연이어 접속시키고 일체식 선기어를 공용으로 사용하는 방식은?

① 라비뇨식   ② 심프슨식
③ 밴딕스식   ④ 평행축 기어방식

> • 심프슨식 : 2세트의 단일 유성기어의 각각에 선기어를 결합
> • 라비뇨식 : 1세트의 단일 유성기어와 다른 한 세트의 더블 유성기어 세트를 조합한 방식

32 저속 시미(shimmy)현상이 일어나는 원인으로 틀린 것은?

① 앞 스프링이 절손되었다.
② 조향 핸들의 유격이 작다.
③ 로어암의 볼조인트가 마모되었다.
④ 타이로드 엔드의 볼조인트가 마모되었다.

> **저속시미 현상의 원인**
> • 낮은 타이어 공기압
> • 타이어, 휠의 변형
> • 휠 얼라이먼트 정렬 불량
> • 쇽업소버 작동 불량, 스프링 절손 등 현가장치 불량
> • 조향 링키지, 볼 조인트 불량

33 병렬형 하이브리드 자동차의 특징 설명으로 틀린 것은?

① 모터는 동력 보조만 하므로 에너지 변환 손실이 적다.
② 기존 내연기관 차량을 구동장치의 변경없이 활용 가능하다.
③ 소프트 방식은 일반 주행 시에는 모터구동만을 이용한다.
④ 하드 방식은 EV 주행 중 엔진 시동을 위해 별도의 장치가 필요하다.

> 소프트 방식은 일반 주행 시 엔진을 주 동력원으로 하며, 출발이나 고부하 시 모터가 엔진을 보조하는 형식이다. 모터 단독 구동모드는 없다.

34 무단변속기(CVT)의 특징에 대한 설명으로 틀린 것은?

① 토크 컨버터가 없다.
② 가속 성능이 우수하다.
③ A/T 대비 연비가 우수하다.
④ 변속단이 없어서 변속 충격이 거의 없다.

> 무단변속기의 동력전달순서 : 엔진 → 토크 컨버터(또는 전자파우더클러치) → 유성기어장치 → 입력 풀리 → 출력 풀리 → 차동기어 → 출력

35 다음 그림은 자동차의 뒤차축이다. 스프링 아래 질량의 진동 중에서 X축을 중심으로 회전하는 진동은?

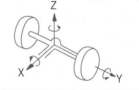

① 휠 트램프
② 휠 홉
③ 와인드 업
④ 롤링

축에 따른 진동 분류

	스프링 윗 질량의 고유 진동	스프링 아래 질량의 고유 진동
X축	롤링(회전)	휠 트램프(회전)
Y축	피칭(회전)	와인드 업(회전)
Z축	요잉(회전), 바운싱(상하)	휠 홉(상하)

36 공기 브레이크의 특징으로 틀린 것은?

① 베이퍼록이 발생되지 않는다.

② 유압으로 제동력을 조절한다.

③ 기관의 출력이 일부 사용된다.

④ 압축공기의 압력을 높이면 더 큰 제동력을 얻을 수 있다.

공기 브레이크는 압축공기의 공압을 이용하여 페달 → 퀵 릴리즈 밸브 → 앞뒤 브레이크 챔버 → 브레이크 캠에 의해 브레이크 슈가 드럼에 밀착되어 제동된다.
① : 베이퍼록은 유압장치에서 발생된다.
③ : 공기압축기는 기관의 출력으로 구동된다.

37 ABS(Anti-lock Brake System)에 대한 두 정비사의 의견 중 옳은 것은?

[보기]

• 정비사 KIM : 발전기의 전압이 일정 전압 이하로 하강하면 ABS 경고등이 점등된다.
• 정비사 LEE : ABS시스템의 고장으로 경고등 점등시 일반 유압제동시스템은 작동할 수 없다.

① 정비사 KIM만 옳다.

② 정비사 LEE만 옳다.

③ 두 정비사 모두 옳다.

④ 두 정비사 모두 틀리다.

ABS시스템의 고장 시 ABS ECU의 페일 세이프에 의해 ABS작동은 멈추고, 일반 유압제동장치는 작동한다.

38 기관의 축출력은 5000rpm에서 75kW이고, 구동륜에서 측정한 구동출력이 64kW이면 동력전달장치의 총 효율은 약 몇 %인가?

① 15.3

② 58.8

③ 85.3

④ 117.8

효율이란 입력값에 대한 출력값 정도를 나타내므로
$$\eta = \frac{64}{75} \times 100 = 85.3\%$$

39 다음은 종감속기어에서 종감속비를 구하는 공식이다. (　) 안에 알맞은 것은?

종감속비 = $\dfrac{(\qquad)의\ 잇수}{구동피니언의\ 잇수}$

① 링기어

② 스크루기어

③ 스퍼기어

④ 래크기어

40 휴대용 진공펌프 시험기로 점검할 수 있는 항목과 관계없는 것은?

① 서모밸브 점검

② EGR밸브 점검

③ 라디에이터 캡 점검

④ 브레이크 하이드로 백 점검

• 서모밸브는 냉각수 온도가 정상온도에서 닫혀 EGR 밸브에 진공이 형성되어 EGR밸브가 열리게 함
• 하이드로 백 : 진공식 배력장치로, 대기압과 흡기다기관의 진공의 압력차를 이용
※ 라디에이터 캡은 라디에이터 압력식 테스터를 이용한다.(라디에이터 캡의 압력 수준이 한계치를 유지하는가를 점검하고, 라디에이터에 압력을 가한 후 누수 확인 여부를 점검한다.)

41 다음은 자동차 정기검사의 등화장치 검사기준에서 전조등의 광도측정 기준이다. ( )안에 알맞은 것은?

변환빔의 진폭은 (　　)미터 위치에서 다음의 수치 이내일 것	
설치높이 ≤ 1.0m 이내	설치높이 ≥ 1.0m 이내
−0.5% ~ −2.5%	−1.0% ~ −3.0%

① 5　　　　② 10　　　　③ 15　　　　④ 20

법 개정(등화장치 검사기준) – 2021년

42 0.2μF와 0.3μF의 축전기를 병렬로 하여 12V의 전압을 가하면 축전기에 저장되는 전하량은?

① 1.2 μC

② 6 μC

③ 7.2 μC

④ 14.4 μC

콘덴서의 병렬 연결 = 0.2 + 0.3 = 0.5 [μF]
콘덴서의 전하량(Q) = 정전 용량×전압 이므로, 0.5×12 = 6 [μC]

43 기전력이 2V이고 0.2Ω의 저항 5개가 병렬로 접속되었을 때 각 저항에 흐르는 전류는 몇 A인가?

① 10

② 20

③ 30

④ 40

병렬저항연결에서 위치에 관계없이 어느 지점에서나 전압값은 동일하므로
전류 $I = \dfrac{V}{R} = \dfrac{2}{0.2} = 10[A]$

44 점화플러그의 방전전압에 영향을 미치는 요인이 아닌 것은?

① 전극의 틈새모양, 극성
② 혼합가스의 온도, 압력
③ 흡입공기의 습도와 온도
④ 파워 트랜지스터의 위치

45 기동전동기의 풀인(pull-in)시험을 시행할 때 필요한 단자의 연결로 옳은 것은?

① 배터리 (+)는 ST단자에 배터리 (−)는 M단자에 연결한다.
② 배터리 (+)는 ST단자에 배터리 (−)는 B단자에 연결한다.
③ 배터리 (+)는 B단자에 배터리 (−)는 M단자에 연결한다.
④ 배터리 (+)는 B단자에 배터리 (−)는 ST단자에 연결한다.

> 1) 풀인 시험
> • B 단자에 연결된 케이블 분리 후 모터 ST단자에 배터리 ⊕단자 연결, 모터 M 단자 및 모터 본체에 배터리 ⊖단자 연결
> • 피니언이 전진하면 마그네틱 스위치의 풀인 코일이 정상
> 2) 홀드인 시험
> • 풀인 시험 조건에서 배터리 ⊖단자의 연결선을 M 단자에서 분리했을 때 피니언이 전진 상태로 계속 유지하면 홀드인 코일은 정상

46 에어백 시스템을 설명한 것으로 옳은 것은?

① 충돌이 생기면 무조건 전개되어야 한다.
② 프리텐셔너는 운전석 에어백이 전개된 후에 작동한다.
③ 에어백 경고등이 계기판에 들어와도 조수석 에어백은 작동된다.
④ 에어백이 전개되려면 충돌감지 센서의 신호가 입력되어야 한다.

> • 에어백 작동조건 : 정면에서 좌우 30° 이내의 각도로 유효충돌속도(= 주행 속도 − 충돌 시 속도)가 약 20~30km/h 이상
> • 프리텐셔너 : 에어백 장치와는 별개로 차량의 감속도를 기계적으로 감지하여 가스발생기의 작동에 의해 벨트를 감아준다.
> • 에어백 ECU는 운전석, 조수석 모두 진단한다.

47 MF(Maintenance Free) 배터리의 특징에 대한 설명으로 틀린 것은?

① 자기방전률이 높다.
② 전해액의 증발량이 감소되었다.
③ 무보수(무정비) 배터리라고도 한다.
④ 산소와 수소가스를 증류수로 환원시킬 수 있는 촉매 마개를 사용한다.

> MF 배터리는 정비나 보수가 필요없어 '무보수 배터리'하고 한다. 납축전지와 달리 전해질이 묽은 황산이 아니라 젤 상태의 물질을 사용하며, 극판에 칼슘 성분을 첨가하여 전해액이 증발하지 않는다. 극판에서 발생하는 산소와 수소가스는 증류수로 환원시켜 따로 배출하지 않아도 되며 자기방전률이 매우 낮은 특징이 있다.

48 차량 중량 1톤인 휘발유자동차를 ASM2525모드로 배기가스를 측정할 때 설정해야 할 부하마력[PS]은 약 얼마이어야 하는가?

① 2.1   ② 8.4   ③ 84   ④ 33.6

> 부하마력 [PS] = $\frac{관성중량\,[kg]}{136}$, 관성중량 = 차량중량 [kg] +136
>
> 관성중량 = 1000+136, 부하마력 [PS] = $\frac{1136}{136}$ ≒ 8.35 [PS]
>
> 휘발유·가스·알콜사용자동차의 ASM2525모드는 차대동력계에서 측정대상자동차의 도로부하력의 25%에 해당하는 부하마력을 설정하고 시속 40km의 속도로 주행하면서 배출가스를 측정하는 것을 말한다.
> 즉, 8.35 [PS]×0.25 ≒ 2.1 [PS]

49 자계와 자력선에 대한 설명으로 틀린 것은?

① 자계란 자력선이 존재하는 영역이다.
② 자속은 자력선 다발을 의미하며, 단위로는 Wb/m²를 사용한다.
③ 자계강도는 단위 자기량을 가지는 물체에 작용하는 자기력의 크기를 나타낸다.
④ 자기유도는 자석이 아닌 물체가 자계 내에서 자기력의 영향을 받아 자석을 띠는 현상을 말한다.

> 자속은 자기선속(=자기다발) 또는 자력선들의 다발을 의미한다. 자속의 단위는 웨버(Wb)이며, Wb/m²는 자속밀도의 단위이다.

50 그림과 같은 회로에서 전구의 용량이 정상일 때 전원 내부로 흐르는 전류는 몇 A인가?

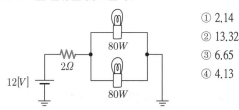

① 2.14
② 13.32
③ 6.65
④ 4.13

> 전력 P [W] = $VI = \frac{V^2}{R}$, 전구의 저항 $R = \frac{12^2}{80} = 1.8$ [Ω]
>
> 전체 합성저항 $R_t = 2 + \frac{1.8}{2} = 2.9$ 동일 저항의 병렬합성값 = $\frac{저항값}{저항갯수}$
>
> ∴ 전류 = $\frac{12}{2.9} = 4.13$[A]

51 전자제어 점화장치의 작동 순서로 옳은 것은?

① 각종 센서 → ECU → 파워 트랜지스터 → 점화코일
② ECU → 각종 센서 → 파워 트랜지스터 → 점화코일
③ 파워 트랜지스터 → 각종 센서 → ECU → 점화코일
④ 각종 센서 → 파워 트랜지스터 → ECU → 점화코일

52 점화 2차 파형에서 감쇠 진동 구간이 없을 경우 고장 원인으로 옳은 것은?

① 점화코일 불량
② 점화코일의 극성 불량
③ 점화 케이블의 절연 상태 불량
④ 스파크 플러그의 에어갭 불량

감쇠 진동은 코일에 남아있는 에너지가 서서히 소멸하는 과정으로 이 구간이 없다면 점화코일이 불량하다.

53 교류발전기 불량시 점검해야 할 항목으로 틀린 것은?

① 다이오드 불량 점검
② 로터 코일 절연 점검
③ 홀드인 코일 단선 점검
④ 스테이터 코일 단선 점검

홀드인 코일은 기동전동기의 솔레노이드에 해당된다.

54 릴레이 내부에 다이오드 또는 저항이 장착된 목적으로 옳은 것은?

① 역방향 전류 차단으로 릴레이 점검 보호
② 역방향 전류 차단으로 릴레이 코일 보호
③ 릴레이 접속 시 발생하는 스파크로부터 전장품 보호
④ 릴레이 차단 시 코일에서 발생하는 서지전압으로부터 제어 모듈 보호

릴레이는 일종의 전자석이므로, 코일에 흐르는 전류를 갑자기 차단시키면 자기장이 급격히 붕괴되면서 발생되는 유도전압(역기전력, 서지전압)이 역방향으로 흘러 전기장치에 이상을 줄 수 있다. 12V의 전원을 차단했을 때 약 200~300V의 역기전력(서지전압)이 발생된다.
※ 서지전압 방지법 : 릴레이 코일에 다이오드 또는 고저항을 병렬로 연결시켜 서지압이 다이오드(저항)를 통해 코일에 순환하게 한다.

55 자동차의 전조등에 사용되는 전조등 전구에 대한 설명 중 ( ) 안에 알맞은 것은?

( ) 전구 안에 ( ) 화합물과 불활성가스가 함께 봉입되어 있으며, 백열전구에 비해 필라멘트와 전구의 온도가 높고 광효율이 좋다.

① 네온
② 할로겐
③ 필라멘트
④ LED

할로겐 전구는 텅스텐 필리멘트와 벌브 내에 할로겐 가스와 불활성 가스를 주입하여 빛을 내며, 백열전구에 비해 온도가 높고 광효율이 높아 빛이 밝으며 눈부심이 적다.

56 자동차의 에어컨 중 냉방효과가 저하되는 원인으로 틀린 것은?

① 압축기 작동시간이 짧을 때
② 냉매량이 규정보다 부족할 때
③ 냉매주입 시 공기가 유입되었을 때
④ 실내 공기순환이 내기로 되어 있을 때

57 배터리의 과충전 현상이 발생되는 주된 원인은?

① 배터리 단자의 부식
② 전압 조정기의 작동 불량
③ 발전기 구동벨트 장력의 느슨함
④ 발전기 커넥터의 단선 및 접촉불량

전압조정기는 발전기의 회전속도와 관계없이 항상 일정한 전압으로 유지되도록 조정하는 역할을 하는데 불량 시 전압 불안정, 과충전/과부족, 잡음 등이 발생한다.
①, ③, ④는 배터리 충전부족의 원인에 해당된다.

58 차량으로부터 탈거된 에어백 모듈이 외부 전원으로 인해 폭발(전개)되는 것을 방지하는 구성품은?

① 클럭 스프링
② 단락 바
③ 방폭 콘덴서
④ 인플레이터

프리 텐셔너의 커넥터 내부에 단락 바를 설치하여 전원 커넥터 분리 시 점화회로를 단락시켜 에어백 모듈 정비 시 에어백의 우발적인 전개를 방지한다.

59 자동차에 적용된 이모빌라이저 시스템의 구성품이 아닌 것은?

① 외부 수신기
② 안테나 코일
③ 트랜스폰더 키
④ 이모빌라이저 컨트롤 유닛

이모빌라이저 시스템의 구성품 : 트랜스폰더 키, 안테나 코일, 이모빌라이저 컨트롤 유닛(ICU), 엔진 ECU

60 배터리 전해액의 온도(1℃) 변화에 따른 비중의 변화량은?
(단, 표준온도는 20℃이다)

① 0.0003
② 0.0005
③ 0.0007
④ 0.0009

전해액의 비중은 1℃마다 0.0007이 변화된다.

chapter 06

2018년 3회

자동차 엔진

※ 출제범위 아님

1 엔진 오일을 점검하는 방법으로 틀린 것은?

① 엔진 정지 상태에서 오일량을 점검한다.

② 오일의 변색과 수분의 유입 여부를 점검한다.

③ 엔진오일의 색상과 점도가 불량할 경우 보충한다.

④ 오일량 게이지 F와 L 사이에 위치하는지 확인한다.

> 엔진오일의 색상과 점도가 불량할 경우 오일을 교체해야 한다.

2 엔진의 밸브 스프링이 진동을 일으켜 밸브 개폐시기가 불량해지는 현상은?

① 스텀블   ② 서징

③ 스털링   ④ 스트레치

> 스텀블(stumble) 현상 : '비틀거린다'는 의미로 가속은 되나 바로 출력이 저하되는 현상이 반복되며 엔진 회전이 불규칙해지는 진동을 말한다.

3 전자제어 디젤엔진의 연료분사장치에서 예비(파일럿)분사가 중단될 수 있는 경우로 틀린 것은?

① 연료분사량이 너무 작은 경우

② 연료압력이 최소압보다 높을 경우

③ 규정된 엔진회전수를 초과하였을 경우

④ 예비(파일럿)분사가 주분사를 너무 앞지르는 경우

> 예비분사를 실시하지 않는 조건
> • 점화분사가 주 분사를 너무 앞지르는 경우
> • 엔진회전수 3,200rpm 이상인 경우
> • 분사량이 너무 적은 경우
> • 주 분사량의 연료량이 충분하지 않을 경우
> • 연료압력이 최소값 이하인 경우(약 100~120bar 정도)
> 참고) 예비분사는 WTS와 AFS에 의해 결정된다.

4 전자제어 가솔린엔진에서 인젝터의 연료 분사량을 결정하는 주요 인자로 옳은 것은?

① 분사 각도   ② 솔레노이드 코일수

③ 연료펌프 복귀 전류   ④ 니들밸브의 열림 시간

> 인젝터의 연료 분사량은 니들밸브의 열림 시간 즉, 통전시간에 의해 결정된다.

5 가솔린 전자제어 연료분사장치에서 ECU로 입력되는 요소가 아닌 것은?

① 연료 분사 신호   ② 대기 압력 신호

③ 냉각수 온도 신호   ④ 흡입 공기 온도 신호

> 냉각수온센서, 흡기온도센서, 스로틀 위치센서 등의 센서 신호값이 ECU에 입력되면 ECU는 이 신호를 기초로 하여 모든 인젝터에 연료분사 신호를 보내 연료가 분사되도록 한다.

※ 출제범위 아님

6 수냉식 엔진의 과열 원인으로 틀린 것은?

① 라디에이터 코어가 30% 막힌 경우

② 워터펌프 구동벨트의 장력이 큰 경우

③ 수온조절기가 닫힌 상태로 고장 난 경우

④ 워터재킷 내에 스케일이 많이 있는 경우

> 워터펌프 구동벨트의 장력이 큰 경우 베어링 손상을 가져올 수 있으나 워터펌프 구동에는 문제가 없으므로 과열의 원인은 아니다.
> ※ 스케일은 '물때'를 말한다.

7 전자제어 가솔린엔진에서 (−)duty 제어타입의 액추에이터 작동 사이클 중 (−)duty가 40%일 경우의 설명으로 옳은 것은?

① 전류 통전시간 비율이 40%이다.

② 전압 비통전시간 비율이 40%이다.

③ 한 사이클 중 분사시간의 비율이 60%이다.

④ 한 사이클 중 작동하는 시간의 비율이 60%이다.

> 듀티 사이클은 사각 펄스 파형에서 펄스 주기(T)에 대한 전류 통전시간의 비율을 나타내는 수치로, 40%는 전류통전시간의 비율을 말하며, 액추에이터가 작동되는 시간이다.

8 전자제어 가솔린엔진에서 인젝터 연료분사압력을 항상 일정하게 조절하는 다이어프램 방식의 연료압력조절기 작동과 직접적인 관련이 있는 것은?

① 바퀴의 회전속도

② 흡입 매니폴드의 압력

③ 실린더 내의 압축 압력

④ 배기가스 중의 산소 농도

> 연료압력조절기는 연료압력과 흡입 매니폴드의 부압과의 압력차를 이용하여 연료압력을 일정하게 유지시킨다.

9 가솔린엔진의 연소실체적이 행적체적의 20%일 때 압축비는 얼마인가?

① 6 : 1   ② 7 : 1   ③ 8 : 1   ④ 9 : 1

압축비 $= 1 + \dfrac{\text{행정 체적}}{\text{연료실 체적}} = 1 + \dfrac{100}{20} = 6$

10 운행차 정기검사에서 가솔린 승용자동차의 배출가스검사 결과 CO 측정값이 2.2%로 나온 경우, 검사 결과에 대한 판정으로 옳은 것은? (단, 2007년 11월에 제작된 차량이며, 무부하 검사방법으로 측정하였다.)

① 허용기준인 1.0%를 초과하였으므로 부적합
② 허용기준이 1.5%를 초과하였으므로 부적합
③ 허용기준인 2.5% 이하이므로 적합
④ 허용기준이 3.2% 이하이므로 적합

2006년 1월 1일 이후 가솔린 승용자동차의 배출가스 허용기준
· 일산화탄소 : 1.0% 이하
· 탄화수소 : 120ppm 이하
· 공기과잉률 : 1±0.1 이내

11 전자제어 가솔린엔진에 대한 설명으로 틀린 것은?

① 흡기온도 센서는 공기밀도 보정 시 사용된다.
② 공회전속도 제어에 스텝 모터를 사용하기도 한다.
③ 산소센서의 신호는 이론공연비 제어에 사용된다.
④ 점화시기는 크랭크각 센서가 점화 2차 코일의 저항으로 제어한다.

점화시기 제어 : 크랭크각 센서의 신호 → ECU → 파워 TR → 점화 1차 코일의 전류 단속

12 엔진의 부하 및 회전속도의 변화에 따라 형성되는 흡입다기관의 압력변화를 측정하여 흡입공기량을 계측하는 센서는?

① MAP 센서   ② 베인식 센서
③ 핫 와이어식 센서   ④ 칼만 와류식 센서

MAP 센서는 흡입다기관의 절대압력 변화를 저항값으로 변환하여 흡입공기량을 간접적으로 계측한다.

13 LPG 자동차 봄베의 액상연료 최대 충전량은 내용적의 몇 %를 넘지 않아야 하는가?

① 75%   ② 80%
③ 85%   ④ 90%

열팽창을 고려하여 법규상 봄베 내용적의 85% 이내로 충전을 제한한다.

14 점화 1차 전압 파형으로 확인할 수 없는 사항은?

① 드웰 시간
② 방전 전류
③ 점화코일 공급 전압
④ 점화플러그 방전 시간

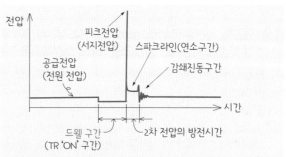

점화 파형은 오실로스코프(시간–전압)에서 확인할 수 있으며, 전류는 직접적으로 확인할 수 없다.

15 4행정 사이클 자동차엔진의 열역학적 사이클 분류로 틀린 것은?

① 클러크 사이클
② 디젤 사이클
③ 사바테 사이클
④ 오토 사이클

16 무부하검사방법으로 휘발유 사용 운행 자동차의 배출가스검사 시 측정 전에 확인해야 하는 자동차의 상태로 틀린 것은?

① 냉·난방 장치를 정지시킨다.
② 변속기를 중립 위치에 놓는다.
③ 원동기를 정지시켜 충분히 냉각한다.
④ 측정에 장애를 줄 수 있는 부속 장치들의 가동을 정지한다.

배출가스 무부하검사 시 정차상태에서 공회전(아이들링)과 2500±300rpm으로 가동시키며 10초부터 최대 30초 동안 측정한다.

17 엔진의 연소실 체적이 행정 체적의 20%일 때 오토 사이클의 열효율은 약 몇 %인가? (단, 비열비 k= 1.4)

① 51.2   ② 56.4
③ 60.3   ④ 65.9

정적사이클의 이론 열효율 $\eta_o = (1-(\dfrac{1}{\varepsilon})^{k-1})\times 100\%$
(ε : 압축비, k : 비열비)

$\eta_o = (1-(\dfrac{1}{6})^{1.4-1})\times 100\% = (1-(0.08)^{0.4})\times 100\% = 51.2\%$

※ 압축비 $\varepsilon = 1 + \dfrac{\text{행정 체적}}{\text{연소실 체적}} = 1 + \dfrac{100}{20} = 6$

18 산소센서의 피드백 작용이 이루어지고 있는 운전 조건으로 옳은 것은?

① 시동 시   ② 연료 차단 시
③ 급 감속 시   ④ 통상 운전 시

> 산소센서는 감지부 온도가 300℃ 이하에서는 작동되지 않는다.

19 엔진의 회전수가 4000 rpm이고, 연소지연시간이 1/600초일 때 연소지연시간 동안 크랭크축의 회전각도로 옳은 것은?

① 28°   ② 37°
③ 40°   ④ 46°

> 지연각도 = 6×회전수 [rpm]×연소지연시간 (초)
>
> $$= 6 \times 4000 \,[\text{rpm}] \times \frac{1}{600}\,[\text{s}] = 40°$$

20 차량에서 발생되는 배출가스 중 지구온난화에 가장 큰 영향을 미치는 것은?

① NOx   ② CO_2
③ O_2 ④ HC

2과목 **자동차 섀시**

21 유체클러치와 토크컨버터에 대한 설명 중 틀린 것은?

① 토크컨버터에는 스테이터가 있다.
② 토크컨버터는 토크를 증가시킬 수 있다.
③ 유체클러치는 펌프, 터빈, 가이드링으로 구성되어 있다.
④ 가이드링은 유체클러치 내부의 압력을 증가시키는 역할을 한다.

> 유체클러치 내부의 압력을 증가시키는 것은 '스테이터'이며, 가이드링은 오일 순환 시 유체 충돌로 인한 와류를 방지한다.

22 레이디얼 타이어의 특징에 대한 설명으로 틀린 것은?

① 하중에 의한 트레드 변형이 큰 편이다.
② 타이어 단면의 편평률을 크게 할 수 있다.
③ 로트 홀딩이 우수하며 스텐딩 웨이브가 잘 일어나지 않는다.
④ 선회 시에 트레드의 변형이 적어 접지 면적이 감소되는 경향이 적다.

> 레이디얼 타이어는 하중에 의한 트레드 변형이 적다.

23 차량의 주행 성능 및 안정성을 높이기 위한 방법에 관한 설명 중 틀린 것은?

① 유선형 차체형상으로 공기저항을 줄인다.
② 고속 주행 시 언더 스티어링 차량이 유리하다.
③ 액티브 요잉 제어장치로 안정성을 높일 수 있다.
④ 리어 스포일러를 부착하여 횡력의 영향을 줄인다.

> ② 고속 주행 시 밖으로 밀려나는 경향이 있으므로 언더 스티어링 차량이 유리하다.
> ③ 액티브 요잉 제어장치 : 요(yaw)는 지면에 대해 수직을 이루는 z축을 중심으로 차체가 회전하려는 힘으로, 자동차의 코너링은 yaw 특성에 가장 큰 영향을 받는다. 액티브 요 컨트롤은 차의 요잉 특성을 자유롭게 제어한다.
> ④ 리어 스포일러 : 차량 뒤쪽에 설치하며 차량 뒷쪽에서 발생하는 공기 저항(와류)을 제거하여 저항을 줄여준다.

24 6속 더블 클러치 변속기(DCT)의 주요 구성품이 아닌 것은?

① 토크 컨버터
② 더블 클러치
③ 기어 액추에이터
④ 클러치 액추에이터

> DCT(더블 클러치 트랜스미션)
> • DCT는 자동화 수동변속기(자동변속기처럼 작동하지만 유압식 변속기가 아님)로, 더블클러치 및 클러치 액추에이터와 기어 액추에이터에 의해 자동으로 변속되어 구동력 손실이 적고 부드러운 주행이 특징이다.
> • 1, 3, 5 단의 축과 2, 4, 6단의 축에 각각의 클러치를 연결하여 변속시 클러치를 끊지 않고(클러치 페달이 필요없다) 바로 다음 단으로 변속이 가능하게 하다.

25 브레이크 액의 구비조건이 아닌 것은?

① 압축성일 것
② 비등점이 높을 것
③ 온도에 의한 변화가 적을 것
④ 고온에서의 안정성이 높을 것

> 작동유가 압축성(공기가 가진 특징)이 있으면 정확한 제동제어가 불가능하며, 브레이크 유격 커짐, 응답성 저하, 일시정지 곤란 등의 단점이 있다.

26 동력 조향장치에서 3가지 주요부의 구성으로 옳은 것은?

① 작동부 – 오일펌프, 동력부 – 동력실린더, 제어부 – 제어밸브
② 작동부 – 제어밸브, 동력부 – 오일펌프, 제어부 – 동력실린더
③ 작동부 – 동력실린더, 동력부 – 제어밸브, 제어부 – 오일펌프
④ 작동부 – 동력실린더, 동력부 – 오일펌프, 제어부 – 제어밸브

27 종감속장치에서 구동피니언의 잇수가 8, 링기어의 잇수가 40이다. 추진축이 1200 rpm일 때 왼쪽 바퀴가 180 rpm으로 회전하고 있다. 이 때 오른쪽 바퀴의 회전수는 몇 rpm인가?

① 200 ② 300
③ 600 ④ 800

• 한쪽 바퀴의 회전수 = $\dfrac{\text{추진축 회전수}}{\text{종감속비}} \times 2 - \text{다른쪽 바퀴의 회전수}$

• 종감속비 = $\dfrac{\text{링기어 기어잇수}}{\text{구동피니언 기어잇수}} = \dfrac{40}{8} = 5$

∴ 오른쪽 바퀴의 회전수 = $\dfrac{1200}{5} \times 2 - 180 = 300$rpm

28 조향장치에 관한 설명으로 틀린 것은?

① 방향 전환을 원활하게 한다.
② 선회 후 복원성을 좋게 한다.
③ 조향핸들의 회전과 바퀴의 선회 차이가 크지 않아야 한다.
④ 조향핸들의 조작력을 저속에서는 무겁게, 고속에서는 가볍게 한다.

조향장치는 저속에서는 가볍고, 고속에서는 무겁게 해야 한다.

29 ABS 장치에서 펌프로부터 발생된 유압을 일시적으로 저장하고 맥동을 안정시켜 주는 부품은?

① 모듈레이터
② 아웃-렛 밸브
③ 어큐뮬레이터
④ 솔레노이드 밸브

어큐뮬레이터는 가압된 유압을 일시 저장하며, 맥동 및 서징을 감소시키는 역할을 한다.
※ 아웃렛(outlet) 밸브는 펌프의 토출구를 의미하며, 어큐뮬레이터를 이용하여 토출구 압력을 안정화시킨다.

30 엔진이 2000 rpm일 때 발생한 토크 60 kgf·m가 클러치를 거쳐, 변속기로 입력된 회전수와 토크가 1900 rpm, 56 kgf·m이다. 이때 클러치의 전달효율은 약 몇 %인가?

① 47.28 ② 62.34
③ 88.67 ④ 93.84

클러치의 전달효율 = $\dfrac{\text{클러치로부터 얻은 출력}}{\text{엔진 출력}} \times 100$

= $\dfrac{\text{클러치 출력 토크} \times \text{클러치 회전수}}{\text{엔진 출력 토크} \times \text{엔진 회전수}} \times 100$

= $\dfrac{1900 \times 56}{2000 \times 60} \times 100 = 88.67\%$

31 수동변속기에서 기어변속이 불량한 원인이 아닌 것은?

① 릴리스 실린더가 파손된 경우
② 컨트롤 케이블이 단선된 경우
③ 싱크로나이저 링의 내부가 마모된 경우
④ 싱크로나이저 슬리브와 링의 회전속도가 동일한 경우

수동변속기의 싱크로메시 기구는 기어가 맞물릴 때 싱크로나이저 슬리브와 링이 싱크로나이저 콘과 회전속도를 일치시켜 변속을 원활하게 한다.

32 구동륜 제어 장치(TCS)에 대한 설명으로 틀린 것은?

① 차체 높이 제어를 위한 성능 유지
② 눈길, 빙판길에서 미끄러짐을 방지
③ 커브 길 선회 시 주행 안정성 유지
④ 노면과 차륜간의 마찰 상태에 따라 엔진 출력 제어

TCS는 슬립 및 트레이스 제어를 위한 장치이며, 차고제어는 ECS에서 담당한다.

33 4륜 조향장치(4wheel steering system)의 장점으로 틀린 것은?

① 선회 안정성이 좋다.
② 최소 회전반경이 크다.
③ 견인력(휠 구동력)이 크다.
④ 미끄러운 노면에서의 주행 안정성이 좋다.

4륜 조향장치의 주요 특징은 최소 회전반경이 작다.
보기 외에 U턴이나 평형주차에도 기동성이 좋은 장점이 있다.

34 전동식 동력조향장치의 자기진단이 안 될 경우 점검사항으로 틀린 것은?

① CAN 통신 파형 점검
② 컨트롤유닛 측 배터리 전원 측정
③ 컨트롤유닛 측 배터리 접지 여부 점검
④ KEY ON 상태에서 CAN 종단저항 측정

대부분의 자동차 전기전자 장비의 저항은 멀티미터 내의 건전지 전원을 이용하여 측정되므로 KEY OFF 또는 전원 차단 상태에서 측정한다. KEY ON 상태에서 CAN 버스에 약 2.5V가 흐르므로 종단저항 측정 시 고장 날 수 있다.

chapter 06

35 자동변속기에서 급히 가속페달을 밟았을 때, 일정속도 범위 내에서 한 단 낮은 단으로 강제 변속이 되도록 하는 것은?

① 킥 업　　　　　　② 킥 다운
③ 업 시프트　　　　④ 리프트 풋 업

> 킥다운은 가속페달을 깊게 밟아 기어변속을 한 단 낮춰 순간 가속력을 높이는 주행법이다.

36 자동변속기 차량의 셀렉트 레버 조작 시 브레이크 페달을 밟아야만 레버 위치를 변경할 수 있도록 제한하는 구성품으로 나열된 것은?

① 파킹 리버스 블록 밸브, 시프트록 케이블
② 시프트록 케이블, 시프트록 솔레노이드 밸브
③ 시프트록 솔레노이드 밸브, 스타트록 아웃 스위치
④ 스타트 록 아웃 스위치, 파킹 리버스 블록 밸브

> 시프트록(shift lock, 기어변속잠금장치)라고도 하며, P 또는 N레버에서 브레이크 페달을 밟지 않으면 변속레버가 다른 위치로 이동하지 않도록 해 주는 장치로 케이블과 솔레노이드 밸브로 구성되어 있다.

37 전자제어 현가장치(ECS)의 감쇠력 제어 모드에 해당되지 않는 것은?

① Hard　　　　　　② Soft
③ Super Soft　　　④ Height Control

> • 감쇠력 제어 : Super soft, Soft, Medium, Hard
> • 자세 제어 : 롤, 다이브, 스쿼트, 시프트 스쿼트, 피칭, 바운싱 스카이 훅, 노면 대응 제어, 차고 제어 등
> • 차고 조정 : Low, Normal, High, Ex-high

38 96 km/h로 주행 중인 자동차의 제동을 위한 공주시간이 0.3 초일 때 공주거리는 몇 m인가?

① 2　　　　　　　　② 4
③ 8　　　　　　　　④ 12

> **1** 속도 = 96 [km/h] = $\frac{96}{3.6}$ [m/s], **2** 속도 = $\frac{거리}{시간}$ = $\frac{거리 [m]}{0.3 [s]}$
>
> **1** = **2** → $\frac{96}{3.6}$ [m/s] = $\frac{거리 [m]}{0.3 [s]}$ → 거리 = $\frac{96}{3.6}$ × 0.3 = 8[m]

39 휠 얼라인먼트를 점검하여 바르게 유지해야 하는 이유로 틀린 것은?

① 직진성의 개선
② 축간 거리의 감소
③ 사이드 슬립의 방지
④ 타이어 이상 마모의 최소화

40 브레이크 회로 내의 오일이 비등·기화하여 제동압력의 전달작용을 방해하는 현상은?

① 페이드 현상
② 사이클링 현상
③ 베이퍼록 현상
④ 브레이크록 현상

3과목 ## 자동차 전기

41 주행 중인 하이브리드 자동차에서 제동 및 감속 시 충전불량 현상이 발생하였을 때 점검이 필요한 곳은?

① 회생제동 장치
② LDC 제어 장치
③ 발진 제어 장치
④ 12V용 충전 장치

42 발광 다이오드에 대한 설명으로 틀린 것은?

① 응답속도가 느리다.
② 백열전구에 비해 수명이 길다.
③ 전기적 에너지를 빛으로 변환시킨다.
④ 자동차의 차속센서, 차고센서 등에 적용되어 있다.

43 그림과 같은 회로에서 스위치가 OFF되어 있는 상태로 커넥터가 단선되었다. 이 회로를 테스트 램프로 점검하였을 때 테스트 램프의 점등상태로 옳은 것은?

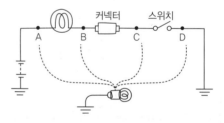

① A : OFF, B : OFF, C : OFF, D : OFF
② A : ON, B : OFF, C : OFF, D : OFF
③ A : ON, B : ON, C : OFF, D : OFF
④ A : ON, B : ON, C : ON, D : OFF

> 먼저 스위치 조작과 관계없이 커넥터가 단선되었으므로 배터리 ⊕전원 공급이 차단되어 C, D는 OFF이다. 그리고 A, B는 아래 그림과 같이 표현되며 모두 ON이 된다.
>
>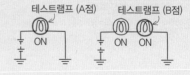

44 물체의 전기저항 특성에 대한 설명 중 틀린 것은?

① 단면적이 증가하면 저항은 감소한다.
② 도체의 저항은 온도에 따라서 변한다.
③ 보통의 금속은 온도상승에 따라 저항이 감소된다.
④ 온도가 상승하면 전기저항이 감소하는 소자를 부특성 서미스터(NTC)라 한다.

보통 금속은 온도와 저항이 비례하는 정특성 성질이 있다.

45 기동전동기에 흐르는 전류가 160A이고, 전압이 12V일 때 기동전동기의 출력은 약 몇 PS인가?

① 1.3　　　　② 2.6
③ 3.9　　　　④ 5.2

출력 $P = V \times I$ → $12 \times 160 = 1920$ [W] = 1.92 [kW]
1 [kW] = 1.36 [PS]이므로 1.92 [kW] × 1.36 = 2.6 [PS]

46 단위로 cd(칸델라)를 사용하는 것은?

① 광원　　　　② 광속
③ 광도　　　　④ 조도

• 광도(cd, 칸델라) : 광원에서 한 방향으로 나오는 빛의 세기
• 조도(Lux, 룩스) : 어떤 면이 받는 빛의 밝기
• 광원 : 해 또는 전구와 같이 빛을 만들어 내는 것
• 광속(lm, 루멘) : 광원에서 나오는 빛의 양(다발)

47 하이브리드 차량 정비 시 고전압 차단을 위해 안전 플러그(세이프티 플러그)를 제거한 후 고전압 부품을 취급하기 전 일정시간 이상 대기시간을 갖는 이유로 가장 적절한 것은?

① 고전압 배터리 내의 셀의 안정화
② 제어모듈 내부의 메모리 공간의 확보
③ 저전압(12V) 배터리에 서지 전압 차단
④ 인버터 내 콘덴서에 충전되어 있는 고전압 방전

정비를 위해 안전플러그 제거 시 인버터 내 콘덴서에 충전되어 있는 고전압을 방전하기 위해 대기시간이 필요하다.

48 전류의 3대 작용으로 옳은 것은?

① 발열작용, 화학작용, 자기작용
② 물리작용, 화학작용, 자기작용
③ 저장작용, 유도작용, 자기작용
④ 발열작용, 유도작용, 증폭작용

49 점화장치에서 파워TR의 B(베이스)전류가 단속될 때 점화코일에서는 어떤 현상이 발생하는가?

① 1차 코일에 전류가 단속된다.
② 2차 코일에 전류가 단속된다.
③ 2차 코일에 역기전력이 형성된다.
④ 1차 코일에 상호유도작용이 발생한다.

TR의 베이스 전류를 단속 → 1차 코일의 전류가 단속 → 자기유도작용에 의해 자기장이 소멸되어 역기전력이 형성 → 이 전압이 상호유도작용에 의해 2차 코일에 고전압이 유기

50 발전기 B단자의 접촉불량 및 배선 저항과다로 발생 할 수 있는 현상은?

① 엔진 과열
② 충전 시 소음
③ B단자 배선 발열
④ 과충전으로 인한 배터리 손상

발전기 B 출력단자는 배터리로 연결되는 단자로, B 단자를 떼어내고 발전기를 회전시키면 다이오드가 손상되고, 접촉불량 및 배선 저항과다로 B단자 배선 발열이 발생한다.

51 4행정 사이클 가솔린엔진에서 점화 후 최고압력에 도달할 때까지 1/400 초가 소요된다. 2100 rpm으로 운전될 때의 점화시기는? (단, 최고 폭발압력에 도달하는 시기는 ATDC 10°이다.)

① BTDC 19.5°　　　② BTDC 21.5°
③ BTDC 23.5°　　　④ BTDC 25.5°

연소지연각도
연소지연시간동안 크랭크축이 회전한 각도, 점화시기와 실린더 내 최대폭발압력시기의 각도를 말한다.

연소지연각도 = $\dfrac{엔진회전수 [rpm]}{60 [s]} \times 360° \times 연소지연시간 [s]$

= 6 × 엔진회전수 × 연소지연시간

= $6 \times 2100 [rpm] \times \dfrac{1}{400} [s] = 31.5°$

∴ 최고폭발압력이 ATDC 10°이므로 31.5°에서 진각하면 −21.5°가 된다.
(여기서 '−'는 TDC 기준으로 Before(진각)를 의미)

이해)
만약 TDC 0°에서 최대폭발압력이 일어나려면 BTDC 31.5°에서 점화가 이뤄져야 한다. 그런데 지문에서 ATDC 10°에서 최대폭발압력이 일어났다고 했으므로 10°−31.5° = −21.5°에서 점화가 이뤄져야 한다.

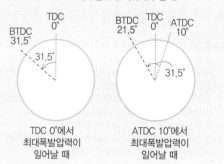

TDC 0°에서 최대폭발압력이 일어날 때　　ATDC 10°에서 최대폭발압력이 일어날 때

52 하이브리드 자동차의 고전압 배터리 관리 시스템에서 셀 밸런싱 제어의 목적은?

① 배터리의 적정 온도 유지
② 상황별 입출력 에너지 제한
③ 배터리 수명 및 에너지 효율 증대
④ 고전압 계통 고장에 의한 안전사고 예방

> 셀 밸런싱은 셀 간의 전압을 균일하게 하여 과충전 및 과방전을 방지하므로써 배터리 수명 및 에너지 효율을 증대시킨다.

53 논리회로 중 NOR회로에 대한 설명으로 틀린 것은?

① 논리합회로에 부정회로를 연결한 것이다.
② 입력 A와 입력 B가 모두 0이면 출력이 1이다.
③ 입력 A와 입력 B가 모두 1이면 출력이 0이다.
④ 입력 A 또는 입력 B 중에서 1개가 1이면 출력이 1이다.

> OR(논리합) 회로는 입력이 하나라도 1이면 출력이 1이 되므로, NOR은 반대로 입력이 0일에만 1이 된다.

54 자동 전조등에서 외부 빛의 밝기를 감지하여 자동으로 미등 및 전조등을 점등시키기 위해 적용된 센서는?

① 조도 센서
② 초음파 센서
③ 중력(G) 센서
④ 조향 각속도 센서

55 바디 컨트롤 모듈(BCM)에서 타이머 제어를 하지 않는 것은?

① 파워 윈도우
② 후진등
③ 감광 룸램프
④ 뒷 유리 열선

> BCM(차체제어모듈)은 ETAS와 같은 의미로 와이퍼, 열선 타이머, 안전띠 경고 타이머, 감광식 룸램프, 점화키홀 조명, 파워 윈도우 타이머, 중앙 집중식 도어락 및 자동 도어락 등을 통합하여 제어한다.

56 자동차에 직류 발전기보다 교류 발전기를 많이 사용하는 이유로 틀린 것은?

① 크기가 작고 가볍다.
② 정류자에서 불꽃 발생이 크다.
③ 내구성이 뛰어나고 공회전이나 저속에도 충전이 가능하다.
④ 출력 전류의 제어작용을 하고 조정기 구조가 간단하다.

> **교류 발전기의 장점**
> • 소형, 경량이다.
> • 속도 변동에 따른 적응 범위가 넓다.(저속 시에도 충전이 가능)
> • 중량에 따른 출력이 직류발전기보다 약 1.5배 정도 높다.
> • 브러시에는 계자 전류만 흐르기 때문에 불꽃 발생이 없고, 점검·정비가 쉽다.(직류에 비해 브러시 수명이 길다)
> • 역류가 없어서 컷아웃 릴레이가 필요없다.
> • 정류자 소손에 의한 고장이 적으며, 슬립링 손질이 불필요하다.
> • 다이오드를 사용하기 때문에 정류 특성이 좋다.

57 조수석 전방 미등은 작동되나 후방만 작동되지 않는 경우의 고장 원인으로 옳은 것은?

① 미등 퓨즈 단선
② 후방 미등 전구 단선
③ 미등 스위치 접촉 불량
④ 미등 릴레이 코일 단선

> 미등은 정상일 때 전후방 모두 일시에 작동되어야 하므로 한쪽만 작동되지 않으면 해당 미등 전구나 전선의 단선이다.

58 자동차 정기검사의 등화장치 검사기준 (법개정으로 삭제)

59 자동차 전자에어컨시스템에서 제어모듈의 입력요소가 아닌 것은?

① 산소 센서
② 외기온도 센서
③ 일사량 센서
④ 증발기온도 센서

60 점화플러그에 대한 설명으로 틀린 것은?

① 열형플러그는 열방산이 나쁘며 온도가 상승하기 쉽다.
② 열가는 점화플러그의 열방산 정도를 수치로 나타내는 것이다.
③ 고부하 및 고속회전의 엔진은 열형플러그를 사용하는 것이 좋다.
④ 전극 부분의 작동온도가 자기청정온도보다 낮을 때 실화가 발생할 수 있다.

> ① 열형플러그는 수열량에 비해 방열량이 적은 열가가 낮다. 그러므로 열방산이 나쁘며 온도가 상승하기 쉽다.
> ③ 고부하 및 고속회전의 엔진은 열방출 경로가 짧은 냉형플러그를 사용한다.
> ④ 전극부의 온도가 400℃ 이하에서 절연체에 카본이 쌓여 전압강하 또는 실화의 원인이 되며, 850℃ 이상에서 조기점화를 유발하므로 자기청정온도는 이 400~850℃ 범위에서 전극부의 퇴적물을 태운다.

2019년 1회

자동차 엔진

1 엔진의 기계효율을 구하는 공식은?

① $\dfrac{제동마력}{마찰마력} \times 100\%$ ② $\dfrac{도시마력}{이론마력} \times 100\%$

③ $\dfrac{제동마력}{도시마력} \times 100\%$ ④ $\dfrac{마찰마력}{도시마력} \times 100\%$

엔진의 기계효율은 피스톤에서 발생한 마력(도시마력)이 얼마만큼 크랭크축을 회전(제동마력)시킬 수 있는 지를 나타낸다.

2 디젤 사이클의 P-V 선도에 대한 설명으로 틀린 것은?

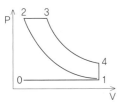

① 1 → 2 : 단열 압축과정
② 2 → 3 : 정적 팽창과정
③ 3 → 4 : 단열 팽창과정
④ 4 → 1 : 정적 방열과정

2→3 : 정압 팽창과정

3 실린더 내경 80 mm, 행정 90 mm인 4행정 사이클 엔진이 2000 rpm으로 운전할 때 피스톤의 평균속도는 몇 m/sec인가? (단, 실린더가 4개이다.)

① 6   ② 7   ③ 8   ④ 9

피스톤 평균속도$(v) = \dfrac{LN}{30}$ [m/s]
여기서, L : 행정[m], N : 엔진 회전수[rpm]
피스톤 평균속도의 단위는 1초당 m이므로, 행정 단위를 [m]로 변경한다.
$$\therefore v = \frac{0.09 \times 2,000}{30} = 6 \,[\text{m/sec}]$$

4 운행차 배출가스 정기검사의 매연 검사방법에 관한 설명에서 ( )에 알맞은 것은?

측정기의 시료채취관을 배기관의 벽면으로부터 5 mm 이상 떨어지도록 설치하고 ( ) cm 정도의 깊이로 삽입한다.

① 5   ② 10   ③ 15   ④ 30

• 매연(pm) 검사 : 5 cm
• CO, HC, 공기과잉률 검사 : 30 cm

5 옥탄가에 대한 설명으로 옳은 것은?

① 탄화수소 종류에 따라 옥탄가가 변화한다.
② 옥탄가 90이하의 가솔린은 4에틸납을 혼합한다.
③ 옥탄가의 수치가 높은 연료일수록 노크를 일으키기 쉽다.
④ 노크를 일으키지 않는 기준연료를 이소옥탄으로 하고 그 옥탄가를 0으로 한다.

• 가솔린은 CH(탄화수소)의 종류에 따라 옥탄가가 변한다.
• 4에틸납은 옥탄가 향상제(노킹억제)로, 가솔린의 옥탄가가 55~65로 낮기 때문에 4에틸납을 첨가한 유연 휘발유이다.
• 옥탄가의 수치가 높을수록 노킹이 억제된다.
• 노크를 일으키지 않는 기준연료를 이소옥탄으로 하고 그 옥탄가를 100으로 한다.

※ 출제범위 아님

6 엔진의 윤활장치 구성부품이 아닌 것은?

① 오일 펌프   ② 유압 스위치
③ 릴리프 밸브   ④ 킥다운 스위치

킥다운은 자동변속기 차량에서 사용하는 주행기법으로 가속페달을 깊이 밟아 기어변속을 한 단 낮춰 가속력을 높인다.

7 전자제어 엔진에서 흡입되는 공기량 측정 방법으로 가장 거리가 먼 것은?

① 피스톤 직경   ② 흡기 다기관 부압
③ 핫 와이어 전류량   ④ 칼만와류 발생 주파수

② 흡기 다기관 부압 : MAP센서
③ 핫 와이어 전류량 : 열선식
④ 칼만와류 발생 주파수 : 칼만와류식

8 산소센서 내측의 고체 전해질로 사용되는 것은?

① 은   ② 구리
③ 코발트   ④ 지르코니아

산소센서의 고체 전해질에는 지르코니아, 티타니아가 있다.

정답 1 ③ 2 ② 3 ① 4 ① 5 ① 6 ④ 7 ① 8 ④

9 전자제어 가솔린엔진에서 연료분사량 제어를 위한 기본 입력신호가 아닌 것은?

① 냉각수온 센서   ② MAP센서
③ 크랭크각 센서   ④ 공기유량 센서

기본 분사량 제어 : 인젝터는 엔진회전수(크랭크각센서 신호)와 흡입공기량을 기초로 작동한다.

10 윤활유의 유압 계통에서 유압이 저하되는 원인으로 틀린 것은?

① 윤활유 누설
② 윤활유 부족
③ 윤활유 공급펌프 손상
④ 윤활유 점도가 너무 높을 때

점도가 낮을 때 유막이 얇아져 마찰·마모가 발생될 수 있으며, 압력 저하가 발생하여 액추에이터의 동력이 약해진다.

11 전자제어 가솔린엔진(MPI)에서 급가속 시 연료를 분사하는 방법으로 옳은 것은?

① 동기 분사   ② 순차 분사
③ 간헐 분사   ④ 비동기 분사

비동기 분사는 연료분사증가가 필요한 시동 시 또는 급가속 시 사용된다.

12 커먼레일 디젤엔진에서 연료압력조절밸브의 장착 위치는? (단, 입구 제어 방식)

① 고압펌프와 인젝터 사이
② 저압펌프와 인젝터 사이
③ 저압펌프와 고압펌프 사이
④ 연료필터와 저압펌프 사이

입구 제어 방식은 압력조절밸브가 저압펌프와 고압펌프 사이에 위치하여 저압측의 연료분사 압력을 제어한다.

13 자동차 엔진에서 인터쿨러 장치의 작동에 대한 설명으로 옳은 것은?

① 차량의 속도 변화
② 흡입 공기의 와류 형성
③ 배기 가스의 압력 변화
④ 온도 변화에 따른 공기의 밀도 변화

인터쿨러는 터보차저의 구성품으로, 압축기(임펠러)에 의해 강제압축된 공기의 온도가 높아짐에 따라 공기밀도가 감소한다. 이에 충전 효율이 감소거나 노킹을 일으키기 쉬우므로 과급된 공기온도를 낮추는 역할을 한다.
※ 기본개념 : 온도와 밀도는 반비례관계이다.

14 가솔린 엔진에서 사용되는 연료의 구비조건이 아닌 것은?

① 옥탄가가 높을 것
② 착화온도가 낮을 것
③ 체적 및 무게가 적고 발열량이 클 것
④ 연소 후 유해 화합물을 남기지 말 것

착화온도가 낮으면 조기점화로 인해 노킹 발생 우려가 높다.

15 전자제어 가솔린엔진(MPI)에서 동기분사가 이루어지는 시기는 언제인가?

① 흡입행정 말   ② 압축행정 말
③ 폭발행정 말   ④ 배기행정 말

동기분사는 1번 실린더 상사점 센서의 신호를 기준으로 크랭크각센서의 신호와 동기하여 각 실린더의 배기행정 말~흡입행정 초에 연료를 분사하는 형식이다.

※ 출제범위 아님

16 라디에이터 캡의 작용에 대한 설명으로 틀린 것은?

① 라디에이터 내의 냉각수 비등점을 높여준다.
② 라디에이터 내의 압력이 낮을 때 압력밸브가 열린다.
③ 냉각장치의 압력이 규정값 이상이 되면 수증기가 배출되게 한다.
④ 냉각수가 냉각되면 보조 물탱크의 냉각수가 라디에이터로 들어가게 된다.

라디에이터 캡의 작용
• 냉각수의 비등점을 높여 오버히팅을 방지
• 라디에이터 내의 압력이 규정값 이상이 되면 압력밸브가 열려 냉각수 수증기가 보조탱크로 배출되게 한다.
• 캡의 진공밸브는 냉각수가 냉각될 때 라디에이터 내 압력이 떨어져 발생할 수 있는 코어 변형을 방지하기 위해 보조탱크의 냉각수가 라디에이터로 들어가게 한다.

17 연료 10.4 kg을 연소시키는 데 152 kg의 공기를 소비하였다면 공기와 연료의 비는? (단, 공기의 밀도는 1.29 kg/m³ 이다.)

① 공기(14.6 kg) : 연료(1 kg)
② 공기(14.6 m³) : 연료(1 m³)
③ 공기(12.6 kg) : 연료(1 kg)
④ 공기(12.6 m³) : 연료(1 m³)

공연비 = 공기 : 연료 = 152 : 10.4 = 14.6 : 1

18 디젤엔진 후처리장치의 재생을 위한 연료 분사는?

① 주 분사   ② 점화 분사
③ 사후 분사   ④ 직접 분사

사후 분사는 디젤연료(HC)를 촉매 변환기에 공급하여 배기가스의 NOx를 감소하기 위한 분사이다.

19 배출가스 중 질소산화물을 저감시키기 위해 사용하는 장치가 아닌 것은?

① 매연 필터(DPF)
② 삼원 촉매 장치(TWC)
③ 선택적 환원 촉매(SCR)
④ 배기가스 재순환 장치(EGR)

DPF는 배기가스 중 미세먼지 배출량을 감소시키는 장치이다.

20 6기통 4행정 사이클 엔진이 10 kgf·m의 토크로 1000 rpm으로 회전할 때 축출력은 약 몇 kW인가?

① 9.2 ② 10.3
③ 13.9 ④ 20

축출력 = 제동마력이므로

제동마력$(BHP) = \dfrac{2\pi \times T \times n}{102 \times 60} = \dfrac{Tn}{974}$ (1 kW = 102 kgf·m/s)

여기서, T : 엔진 회전력 [kgf·m], N : 회전수 [rpm]

∴ $BHP = \dfrac{10\,[\text{kgf·m}] \times 1000\,[\text{rpm}]}{974} = 10.26\,[\text{kW}]$

주의) kW를 묻는 문제이므로 102로 나눠주어야 한다.

2과목 **자동차 섀시**

21 차륜정렬 시 사전 점검사항과 가장 거리가 먼 것은?

① 계측기를 설치한다.
② 운전자의 상황 설명이나 고충을 청취한다.
③ 조향 핸들의 위치가 바른지의 여부를 확인한다.
④ 허브 베어링 및 액슬 베어링의 유격을 점검한다.

22 평탄한 도로를 90 km/h로 달리는 승용차의 총 주행저항은 약 몇 kgf인가? (단, 공기저항계수 0.03, 총중량 1145 kgf, 투영면적 1.6 m², 구름저항계수 0.015)

① 37.18 ② 47.18
③ 57.18 ④ 67.18

평탄로의 전주행저항 R_t = 구름저항 + 공기저항

• 구름저항 $R_r = \mu_r \times W$
 = 0.015 × 1145
 = 17.175
• 공기저항 $R_a = \mu_a \times A \times V^2$
 = 0.03 × 1.6 × $\left(\dfrac{90}{3.6}\right)^2$
 = 30

• μ_r : 구름저항계수
• W : 총중량 [kgf]
• μ_a : 공기저항계수
• A : 투영면적 [m²]
• V : 주행속도 [m/s]

∴ $R_t = 17.175 + 30 = 47.18$

23 선회 시 안쪽 차륜과 바깥쪽 차륜의 조향각 차이를 무엇이라 하는가?

① 애커먼 각
② 토우인 각
③ 최소회전반경
④ 타이어 슬립각

※ 출제범위 아님

24 수동변속기의 마찰클러치에 대한 설명으로 틀린 것은?

① 클러치 조작기구는 케이블식 외에 유압식을 사용하기도 한다.
② 클러치 디스크의 비틀림 코일 스프링은 회전 충격을 흡수한다.
③ 클러치 릴리스 베어링과 릴리스 레버 사이의 유격은 없어야 한다.
④ 다이어프램 스프링식은 코일 스프링식에 비해 구조가 간단하고 단속작용이 유연하다.

클러치의 미끄럼 방지 및 클러치 베어링의 수명 연장을 위해 클러치 자유간극(릴리스 베어링과 릴리스 레버 사이의 유격)이 필요하다. 클러치 간극이 작거나 없으면 미끄러짐이 발생하여 클러치 디스크가 과열된다.

25 자동차가 주행 시 발생하는 저항 중 타이어 접지부의 변형에 의한 저항은?

① 구름저항 ② 공기저항
③ 등판저항 ④ 가속저항

• 구름저항 : 타이어 접지부 변형, 노면의 변형 등에 의한 저항
• 공기저항 : 차체형상 및 표면, 또는 공기흐름에 의한 저항
• 등판저항(구배저항) : 경사면 주행에 의한 저항
• 가속저항 : 주행속도를 변화시키는데 필요한 힘

26 주행 중 차량에 노면으로부터 전달되는 충격이나 진동을 완화하여 바퀴와 노면과의 밀착을 양호하게 하고 승차감을 향상시키는 완충기구로 짝지어진 것은?

① 코일스프링, 토션 바, 타이로드
② 코일스프링, 겹판스프링, 토션바
③ 코일스프링, 겹판스프링, 프레임
④ 코일스프링, 너클 스핀들, 스테빌라이저

타이로드과 너클 스핀들은 조향장치에 관련이 있다.

27 자동변속기에서 변속레버를 조작할 때 밸브바디의 유압회로를 변환시켜 라인압력을 공급하거나 배출시키는 밸브로 옳은 것은?

① 매뉴얼 밸브 ② 리듀싱 밸브
③ 변속제어 밸브 ④ 레귤레이터 밸브

매뉴얼 밸브는 변속레버 조작에 의해 유압회로를 변경하는 밸브를 말한다.

chapter **06**

28 자동변속기에서 변속시점을 결정하는 가장 중요한 요소는?

① 매뉴얼 밸브와 차속
② 엔진 스로틀밸브 개도와 차속
③ 변속 모드 스위치와 변속시간
④ 엔진 스로틀밸브 개도와 변속시간

변속시점은 스로틀밸브 개도량과 차속에 의해 결정된다.

29 브레이크 작동 시 조향 휠이 한쪽으로 쏠리는 원인이 아닌 것은?

① 브레이크 간극 조정 불량
② 휠 허브 베어링의 헐거움
③ 한쪽 브레이크 디스크의 변형
④ 마스터 실린더의 체크밸브 작동이 불량

마스터 실린더의 체크밸브가 불량하면 앞쪽 및 뒷쪽 또는 전체 브레이크에 문제가 발생하므로 한쪽으로 쏠리지는 않는다.

30 ABS와 TCS(Traction Control System)에 대한 설명으로 틀린 것은?

① TCS는 구동륜이 슬립하는 현상을 방지한다.
② ABS는 주행 중 제동 시 타이어의 록(lock)을 방지한다.
③ ABS는 제동 시 조향 안정성 확보를 위한 시스템이다.
④ TCS는 급제동 시 제동력 제어를 통해 차량 스핀 현상을 방지한다.

보기 ④는 EBD에 대한 설명으로, 급제동시 무게중심이 앞으로 이동하여 차량 뒤쪽이 돌아가는 스핀현상이 발생하는데, EBD는 급제동시 스핀방지 및 제동성능을 향상시키는 장치이다.
• ABS : 방향/조향 안전성, 제동거리 단축효과
• TCS : 슬립 및 트레이스 제어

31 추진축의 회전 시 발생되는 휠링(whirling)에 대한 설명으로 옳은 것은?

① 기하학적 중심과 질량적 중심이 일치하지 않을 때 일어나는 현상
② 일정한 조향각으로 선회하며 속도를 높일 때 선회반경이 작아지는 현상
③ 물체가 원운동을 하고 있을 때 그 원의 중심에서 멀어지려고 하는 현상
④ 선회하거나 횡풍을 받을 때 중심을 통과하는 차체의 전후 방향축 둘레의 회전운동 현상

휠링은 추진축의 굽힘 진동을 말하며, 추진축의 기하학적 중심(도형의 중심)과 질량적 중심이 일치하지 않았을 때 발생하며, 추진축의 내부 질량이 평형하지 않다는 것을 의미한다.

32 다음 승용차용 타이어의 표기에 대한 설명이 틀린 것은?

─────[보기]─────
205 / 65 / R 14

① 205 : 단면폭 205mm
② 65 : 편평비 65%
③ R : 레이디얼 타이어
④ 14 : 림 외경 14mm

14는 림의 내경 또는 외경(직경)을 나타내며, 단위는 inch이다.

33 캐스터에 대한 설명으로 틀린 것은?

① 앞바퀴에 방향성을 준다.
② 캐스터 효과란 추종성과 복원성을 말한다.
③ (+) 캐스터가 크면 직진성이 향상되지 않는다.
④ (+) 캐스터는 선회할 때 차체의 높이가 선회하는 바깥쪽보다 안쪽이 높아지게 된다.

(+) 캐스터가 크면 직진 복원성이 향상된다.
참고) (+) 캐스터가 클수록 핸들이 무거워진다.

34 조향장치에서 조향휠의 유격이 커지고 소음이 발생할 수 있는 원인가 가장 거리가 먼 것은?

① 요크플러그의 풀림
② 등속조인트의 불량
③ 스티어링 기어박스 장착 볼트의 풀림
④ 다이로드 엔드 조임 부분의 마모 및 풀림

조향휠의 유격이 커지는 원인
조향기어의 백래시의 조정 불량, 조향 링키지의 마모 및 손상, 킹핀의 마모, 요크플러그의 풀림, 프리로드 조정불량, 조향기어의 마모 등
※ 등속조인트 : 추진축 사이에 회전 각도변화

35 제동장치에서 발생되는 베이퍼 록 현상을 방지하기 위한 방법이 아닌 것은?

① 벤틸에이티드 디스크를 적용한다.
② 브레이크 회로 내에 잔압을 유지한다.
③ 라이닝의 마찰표면에 윤활제를 도포한다.
④ 비등점이 높은 브레이크 오일을 사용한다.

라이닝의 마찰표면에 윤활제를 도포하면 마찰력이 떨어지며, 베이퍼 록과는 무관하다.
※ 벤틸에이티드 디스크(ventilated disc) : 디스크형 브레이크에서 디스크 내부에 여러 개의 작은 구멍을 내어 열 방출을 향상시켜 열에 의한 베이퍼 록 현상을 감소시키는 역할을 한다.

36 무단변속기(CVT)의 제어밸브 기능 중 라인압력을 주행조건에 맞도록 적절한 압력으로 조정하는 밸브로 옳은 것은?

① 변속 제어 밸브
② 레귤레이터 밸브
③ 클러치 압력 제어 밸브
④ 댐퍼 클러치 제어 밸브

37 휠 얼라인먼트 요소 중 토인의 필요성과 가장 거리가 먼 것은?

① 앞바퀴를 차량 중심선상으로 평행하게 회전시킨다.
② 조향 후 직진 방향으로 되돌아오는 복원력을 준다.
③ 조향 링키지의 마멸에 의해 토 아웃이 되는 것을 방지한다.
④ 바퀴가 옆 방향으로 미끄러지는 것과 타이어 마멸을 방지한다.

②는 캐스터에 대한 설명이다.

38 전자제어 현가장치(ECS)의 제어기능이 아닌 것은?

① 안티 피칭 제어 ② 안티 다이브 제어
③ 차속 감응 제어 ④ 감속 제어

ECS의 제어 : 감쇠력 제어, 차고 제어, 자세 제어(앤티 롤, 앤티 다이브, 앤티 스쿼드, 앤티 피칭, 앤티 바운싱, 차속감응)

39 자동차의 엔진토크 14kgf·m, 총 감속비 3.0, 전달효율 0.9, 구동바퀴의 유효반경 0.3m일 때 구동력은 몇 kgf인가?

① 68 ② 116
③ 126 ④ 228

차륜의 구동력 $P = \dfrac{T_S}{r}$ (T_S : 축의 회전력, r : 타이어 반경)
축 회전력 T_S = 엔진 회전력(T_e)×총감속비(R_T)×전달효율(η_m)
　　　　　　 = 14×3×0.9 = 37.8 [kgf·m]
$\therefore P = \dfrac{37.8\,[kgf\cdot m]}{0.3\,[m]} = 126\,[kgf]$

40 자동차 수동변속기의 단판 클러치 마찰면의 외경이 22cm, 내경이 14cm, 마찰계수 0.3, 클러치 스프링 9개, 1개의 스프링에 각각 300N의 장력이 작용한다면 클러치가 전달 가능한 토크는 몇 N·m인가?

① 74.8 ② 145.8
③ 210.4 ④ 281.2

클러치에 전달되는 토크
$T = 2 \times \mu \times P \times \dfrac{D+d}{4} \times z$
　 $= 2 \times 0.3 \times (300 \times 9) \times \dfrac{0.22+0.14}{4} \times 1 = 145.8$

· η : 마찰계수
· P : 작용압력(장력)
· D : 클러치 외경 [m]
· d : 클러치 내경 [m]
· z : 마찰판의 수

---

41 리튬이온 배터리와 비교한 리튬폴리머 배터리의 장점이 아닌 것은?

① 폭발 가능성 적어 안전성이 좋다.
② 패키지 설계에서 기계적 강성이 좋다.
③ 발열 특성이 우수하여 내구 수명이 좋다.
④ 대용량 설계가 유리하여 기술 확장성이 좋다.

리튬폴리머 배터리의 특징
· 리튬이온 배터리의 액체 전해질과 달리 고체 또는 젤 형태로 누설이나 폭발위험이 적으나 기계적 강성이 나쁘다.
· 다양한 형태로 제작할 수 있어 대용량 설계가 유리하다.
· 외장을 라미네이트 필름을 사용하여 발열 특성이 우수하나 외부 자극에 약하다.
· 과방전/과충전에 약하다.

42 운행차 중 휘발유 자동차의 배출가스 정밀검사방법에서 차대동력계에서의 배출가스 시험중량은?
(단, ASM2525모드에서 검사한다)

① 차량중량 + 130kg
② 차량총중량 + 130kg
③ 차량중량 + 136kg
④ 차량총중량 + 136kg

정속모드(ASM2525모드)에서 차대동력계에서의 배출가스 시험중량(관성중량) = 차량중량 + 136kg

43 자동차용 냉방장치에서 냉매사이클의 순서로 옳은 것은?

① 증발기 → 압축기 → 응축기 → 팽창밸브
② 증발기 → 응축기 → 팽창밸브 → 압축기
③ 응축기 → 압축기 → 팽창밸브 → 증발기
④ 응축기 → 증발기 → 압축기 → 팽창밸브

에어컨 순환과정 (암기법 : 압응건팽증)
압축기 → 응축기 → 팽창밸브 → 증발기 → 압축기
　고온고압 기체　고온고압 액체　저온저압 액체　저온저압 기체

44 반도체의 장점으로 틀린 것은?

① 수명이 길다.
② 매우 소형이고 가볍다.
③ 일정시간 예열이 필요하다.
④ 내부 전력 손실이 매우 적다.

반도체는 응답성이 좋다.

---

chapter **06**

45 교류발전기에서 정류작용이 이루어지는 소자는?

① 계자 코일

② 트랜지스터

③ 다이오드

④ 아마추어

다이오드는 한쪽 방향으로만 흐름을 허용하는 정류작용에 사용된다.

46 자동차 에어컨(FATC) 작동 시 바람은 배출되나 차갑지 않고, 컴프레서 동작음이 들리지 않는다. 다음 중 고장원인과 가장 거리가 먼 것은?

① 블로우 모터 불량

② 핀 서모 센서 불량

③ 트리플 스위치 불량

④ 컴프레서 릴레이 불량

바람이 배출되므로 블로우 모터 불량과는 거리가 멀다.
※ 트리플 스위치 : 규정고압 이상 및 규정저압 이하일 때 컴프레셔를 정지시키며, 고온고압의 냉매를 더 빨리 식혀주기 위해 냉각팬이 HIGH로 운전하는 역할을 한다.

47 직류 직권식 기동 전동기의 계자 코일과 전기자 코일에 흐르는 전류에 대한 설명으로 옳은 것은?

① 계자 코일 전류와 전기자 코일 전류가 같다.

② 계자 코일 전류가 전기자 코일 전류보다 크다.

③ 전기자 코일 전류가 계자 코일 전류보다 크다.

④ 계자 코일 전류와 전기자 코일 전류가 같을 때도 있고, 다를 때도 있다.

직류 직권식은 계자와 전기자가 직렬로 연결되므로 전류는 같다.
(직류 연결일 때 어느 위치에서나 전류값은 동일하므로)

48 전자배전 점화장치(DLI)의 구성 부품으로 틀린 것은?

① 배전기

② 점화플러그

③ 파워TR

④ 점화코일

49 라이트를 벽에 비추어 보면 차량의 광축을 중심으로 좌측 라이트는 수평으로, 우측 라이트는 약 15도 정도의 상향 기울기를 가지게 된다. 이를 무엇이라 하는가?

① 컷 오프 라인

② 쉴드 빔 라인

③ 루미네슨스 라인

④ 주광축 경계 라인

50 리모콘으로 록(LOCK) 버튼을 눌렀을 때 문은 잠기지만 경계상태로 진입하지 못하는 현상이 발생하는 원인가 가장 거리가 먼 것은?

① 후드 스위치 불량

② 트렁크 스위치 불량

③ 파워윈도우 스위치 불량

④ 운전석 도어 스위치 불량

기본 도난경계모드 돌입 조건은 모든 도어 스위치가 LOCK 상태, 후드 및 트렁크 열림스위치 LOCK 상태, 리모콘 키가 LOCK 상태이다.

51 다음 직렬회로에서 저항 R_1에 5mA의 전류가 흐를 때 R_1의 저항값은?

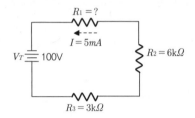

① 7kΩ

② 9kΩ

③ 11kΩ

④ 13kΩ

오옴의 법칙($R = \dfrac{V}{I}$)에 의해

$6000 + 3000 + R_1[\Omega] = \dfrac{100\,[V]}{0.005\,[A]}$

$R_1[\Omega] = 20000 - 9000 = 11000\,[\Omega] = 11\,[k\Omega]$

52 하이브리드 자동차는 감속 시 전기에너지를 고전압 배터리로 회수(충전)한다. 이러한 발전기 역할을 하는 부품은?

① AC 발전기

② 스타트 모터

③ 하이브리드 모터

④ 모터 컨트롤 유닛

53 자동차 에어백 구성품 중 인플레이터 역할에 대한 설명으로 옳은 것은?

① 충돌 시 충격을 감지한다.

② 에어백 시스템 고장 발생 시 감지하여 경고등을 점등한다.

③ 질소가스, 점화회로 등이 내장되어 에어백이 작동될 수 있도록 점화장치 역할을 한다.

④ 에어백 작동을 위한 전기적인 충전을 하여 배터리 전원이 차단되어도 에어백을 전개시킨다.

① 충돌센서, ② 에어백 ECU, ④ 에어백 ECU 내의 콘덴서

54 12V를 사용하는 자동차의 점화코일에 흐르는 전류가 0.01 초 동안에 50A 변화하였다. 자기 인덕턴스가 0.5H일 때 코일에 유도되는 기전력은 몇 V인가?

① 6
② 104
③ 2500
④ 60000

코일의 유도기전력 $e = -N\dfrac{d\phi}{dt} = -L\dfrac{di}{dt} = 0.5\,[H] \times \dfrac{50\,[A]}{0.01\,[s]}$
$= 2500\,[V]$

N : 코일 권수, $d\phi$: 자속변화량 [Wb], L : 인덕턴스

※ 자속이 코일을 통과할 때 자속변화량($d\phi$)은 기전력에 비례하며, 자속변화량은 전류변화량과 동일한 의미이다.

※ 기전력이 형성될 때 자속(ϕ)을 방해하는 방향으로 발생되므로 (-)는 방향에 관한 것이며, 기전력 크기와는 무관하다.

55 운행자동차 정기검사에서 등화장치 점검 시 광도 및 광축을 측정하는 방법으로 틀린 것은?

① 타이어 공기압을 표준공기압으로 한다.
② 광축 측정 시 엔진 공회전 상태로 한다.
③ 적차 상태로 서서히 진입하면서 측정한다.
④ 4등식 전조등의 경우 측정하지 않는 등화는 발산하는 빛을 차단한 상태로 한다.

등화장치 점검 시 공차상태에서 운전자 1인 탑승 후 실시한다.

56 가솔린엔진에서 기동전동기의 소모전류가 90A이고, 배터리 전압이 12V일 때 기동전동기의 마력은 약 몇 PS인가?

① 0.75
② 1.26
③ 1.47
④ 1.78

$90\,[A] \times 12\,[V] = 1080\,[W] = 1.08\,[kW]$
$= 1.08 \times 1.36 ≒ 1.47\,[PS]$ (1[kW] = 1.36[PS]이므로)

57 1개의 코일로 2개 실린더를 점화하는 시스템의 특징에 대한 설명으로 틀린 것은?

① 동시점화방식이라 한다.
② 배전기 캡 내로부터 발생하는 전파 잡음이 없다.
③ 배전기로 고전압을 배전하지 않기 때문에 누전이 발생하지 않는다.
④ 배전기 캡이 없어 로터와 세그먼트(고압단자) 사이의 전압에 너지 손실이 크다.

• 동시점화방식은 1개의 점화코일에 2개 실린더(배기행정 중인 실린더와 압축(점화)행정 중인 실린더)를 동시에 점화시킨다.
• 동시점화방식은 DLI(Distributor Less Ignition) 점화장치에 속하며, DLI의 특징은 배전기가 없으므로 배전기에 의한 누전 및 전파잡음이 없고, 배전기 캡의 로터와 단자에서 발생하는 전압에너지 손실도 없다.

58 다음 회로에서 전압계 V_1과 V_2를 연결하여 스위치를 ON, OFF하면서 측정한 결과로 옳은 것은?
(단, 접촉저항은 없음)

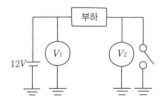

① ON : V_1 – 12V, V_2 – 12V, OFF : V_1 – 12V, V_2 – 12V
② ON : V_1 – 12V, V_2 – 12V, OFF : V_1 – 0V, V_2 – 12V
③ ON : V_1 – 12V, V_2 – 0V, OFF : V_1 – 12V, V_2 – 12V
④ ON : V_1 – 12V, V_2 – 0V, OFF : V_1 – 0V, V_2 – 0V

회로에서 스위치 ON 상태에서 부하 양단간에는 전압차가 존재하여(전압강하) 부하 앞은 12V, 부하 뒤는 0V이며, 스위치 OFF 상태에서는 어느 지점에서나 전압값은 12V이다.

59 발전기 구조에서 기전력 발생 요소에 대한 설명으로 틀린 것은?

① 자극의 수가 많은 경우 자력은 크다.
② 코일의 권수가 적을수록 자력은 커진다.
③ 로터코일의 회전이 빠를수록 기전력은 많이 발생한다.
④ 로터 코일에 흐르는 전류가 클수록 기전력이 커진다.

기전력은 자극수, 자속, 권수, 회전수에 비례한다.
또한, 권수와 극수는 자속 즉 자력에 비례한다.

60 자동차의 회로 부품 중에서 일반적으로 "ACC 회로"에 포함된 것은?

① 카 오디오
② 히터
③ 와이퍼 모터
④ 전조등

① 배터리 전원 : 정지등(스톱램프), 실내등, 혼과 같이 키 스위치와 관계없이 작동되는 곳으로 공급
② ACC 전원 : 오디오, 시계, 시가라이터 등
③ IG1 전원 : 점화회로, 연료회로, 전자제어 등과 같이 시동과 관계되는 장치에 공급
④ IG2 전원 : 전조등, 와이퍼, 에어컨, 파워윈도우 등과 같이 주행시 필요한 장치에 공급
⑤ ST 전원 : 엔진 크랭킹을 위해 기동전동기로 공급

chapter 06

2019년 2회

1과목 **자동차 엔진**

1 출력이 A = 120 PS, B = 90 kW, C = 110 HP인 3개의 엔진을 출력이 큰 순서대로 나열한 것은?

① B > C > A
② A > C > B
③ C > A > B
④ B > A > C

> 1PS = 0.736 [kW], 1HP = 0.746 [kW]이므로
> ∴ B(90 kW) > A(88.32 kW) > C(82.06 kW)

2 배출가스 측정시 HC(탄화수소)의 농도단위인 ppm을 설명한 것으로 적당한 것은?

① 백분의 1을 나타내는 농도단위
② 천분의 1을 나타내는 농도단위
③ 만분의 1을 나타내는 농도단위
④ 백만분의 1을 나타내는 농도단위

3 전자제어 MPI 가솔린엔진과 비교한 GDI 엔진의 특징에 대한 설명으로 틀린 것은?

① 내부냉각효과를 이용하여 출력이 증가된다.
② 층상 급기모드를 통해 EGR비율을 많이 높일 수 있다.
③ 연료분사 압력이 높고, 연료 소비율이 향상된다.
④ 층상 급기모드 연소에 의하여 NOx 배출이 현저히 감소한다.

> GDI 엔진은 층상급기 모드(시동 또는 저속모드)에서 압축행정에서 연료를 분사할 때 성층화 현상(연료와 공기가 분리되어)에 의해 연료가 점화플러 그 부근에 모이면서 점화된다. 이로 인해 시동성능은 향상되며, 연료분사압력이 높고 연료 소비율은 향상되지만 이 부근의 공연비 λ는 약 0.95~1로 NOx 배출은 현저히 증가한다.

4 라디에이터 캡의 점검 방법으로 틀린 것은?

① 압력이 하강하는 경우 캡을 교환한다.
② 0.95~1.25kgf/m 정도로 압력을 가한다.
③ 압력 유지 후 약 10~20초 사이에 압력이 상승하면 정상이다.
④ 라디에이터 캡을 분리한 뒤 씰 부분에 냉각수를 도포하고 압력 테스터를 설치한다.

> 테스터의 압력계 눈금이 규정압력을 유지하면 양호하며, 압력이 떨어지면 누수가 있다.

5 피스톤의 재질로서 가장 거리가 먼 것은?

① Y-합금
② 특수 주철
③ 켈밋 합금
④ 로엑스(LO-EX) 합금

> 켈밋 합금은 대표적인 베어링 금속으로 마찰계수가 적고, 고속 고하중에 많이 사용된다.

6 전자제어 가솔린 분사장치(MPI)에서 폐회로 공연비 제어를 목적으로 사용하는 센서는?

① 노크센서
② 산소센서
③ 차압센서
④ EGR 위치센서

> 폐회로의 의미는 ECU → 인젝터 → 배기가스 → 산소센서 → ECU와 같이 산소센서의 측정값을 다시 ECU에 피드백하여 이론공연비에 적합한 연료 분사를 제어하는 것을 말한다.

7 점화 파형에서 파워 TR(트랜지스터)의 통전 시간을 의미하는 것은?

① 전원 전압
② 피크(peak) 전압
③ 드웰(dwell) 시간
④ 점화 시간

> 드웰 시간은 점화에 필요한 전기적 에너지를 확보하기 위한 시간을 말한다. 즉, 파워 TR이 ON되어 1차측 점화코일에 전류가 흐르는 시간이다.

8 전자제어 엔진에서 연료 차단(fuel cut)에 대한 설명으로 틀린 것은?

① 배출가스 저감을 위함이다.
② 연비를 개선하기 위함이다.
③ 인젝터 분사 신호를 정지한다.
④ 엔진의 고속회전을 위한 준비단계이다.

9 다음 그림은 스로틀 포지션 센서(TPS)의 내부회로도이다. 스로틀 밸브가 그림에서 B와 같이 닫혀 있는 현재 상태의 출력 전압은 약 몇 V인가? (단, 공회전 상태이다)

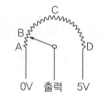

① 0V
② 약 0.5V
③ 약 2.5V
④ 약 5V

10 4행정 가솔린엔진이 1분당 2500rpm에서 9.23kgf·m의 회전토크일 때 축 마력은 약 몇 PS인가?

① 28.1 　　　　② 32.2
③ 35.3 　　　　④ 37.5

축마력 = 제동마력이므로

제동마력$(BHP) = \dfrac{2\pi \times T \times n}{75 \times 60} = \dfrac{Tn}{716}$ (1 PS = 75 kgf·m/s)

여기서, T : 엔진 회전력 [kgf·m], N : 회전수 [rpm]

$\therefore BHP = \dfrac{9.23\,[\text{kgf·m}] \times 2500\,[\text{rpm}]}{716} = 32.2\,[\text{PS}]$

11 4실린더 4행정 사이클 엔진을 65ps로 30분간 운전시켰더니 연료가 10L 소모되었다. 연료의 비중이 0.73, 저위발열량이 11000kcal/kg이라면 이 엔진의 열효율은 몇 %인가?
(단, 1마력당 일량은 632.3kcal/h이다.)

① 23.6 　　　　② 24.6
③ 25.6 　　　　④ 51.2

(제동)열효율

$\eta_e = \dfrac{632.3 \times BPS}{G \times H_l} \times 100\%$

- BPS : 제동마력[PS]
- G : 시간당 연료소비량 [kg/h]
- H_l : 연료의 저위발열량 [kcal/kg]

※ 무게 [kg] = 비중×부피 [L] = 0.73×10 = 7.3 kg

※ 시간당 연료소비량 [kg/h] = $\dfrac{7.3}{0.5}$ = 14.6

$\eta_e = \dfrac{632.3 \times 65}{14.6 \times 11000} \times 100\% = 25.59\%$

12 LPG를 사용하는 자동차에서 봄베의 설명으로 틀린 것은?

① 용기의 도색은 회색으로 한다.
② 안전밸브에 주 밸브를 설치할 수는 없다.
③ 안전밸브는 충전밸브와 일체로 조립된다.
④ 안전밸브에서 분출된 가스는 대기 중으로 방출되는 구조이다.

안전밸브는 충전밸브에 설치하여 가스가 규정압 이상일 때 대기중으로 방출시킨다.

13 전자제어 가솔린엔진에서 고속운전 중 스로틀 밸브를 급격히 닫을 때 연료 분사량을 제어하는 방법은?

① 변함 없음 　　　② 분사량 증가
③ 분사량 감소 　　④ 분사 일시 중단

연료차단(Fuel cut) 제어
- 감속 시 : 스로틀밸브가 완전 열리고 엔진회전속도가 설정회전속도 이상의 조건에서 가속페달에서 발을 떼었을 때 연료를 차단시켜 연료소비율 감소 및 배기가스 감소 효과
- 고회전 시 : 엔진회전속도가 레드존 이상일 때 과도한 엔진 회전 방지를 위해 연료를 차단

14 윤활유의 주요 기능이 아닌 것은?

① 방청작용 　　　　② 산화작용
③ 밀봉작용 　　　　④ 응력분산작용

15 도시마력(지시마력, indicated horsepower) 계산에 필요한 항목으로 틀린 것은?

① 총 배기량 　　　　② 엔진 회전수
③ 크랭크축 중량 　　④ 도시 평균 유효 압력

지시마력$(IHP) = \dfrac{P_{mi}\,ALZn}{75 \times 60 \times 100}$

여기서, P_{mi} : 지시평균유효압력
　　　　A : 실린더 단면적
　　　　L : 피스톤 행정
　　　　Z : 실린더 수
　　　　n : 엔진 회전수

※ 총 배기량 = $A \times L$

16 엔진 크랭크축의 휨을 측정할 때 필요한 기기가 아닌 것은?

① 블록게이지 　　　② 정반
③ 다이얼 게이지 　　④ V블럭

크랭크축의 휨은 절대 길이 측정이 아닌 상대 길이 측정방식으로 다이얼 게이지를 사용하며, V블록은 축을 올려놓는 도구이다.
※ 블록게이지는 정밀한 길이를 측정하는 도구이다.

17 자동차에 사용되는 센서 중 원리가 다른 것은?

① 맵(MAP)센서 　　　② 노크센서
③ 가속페달센서 　　　④ 연료탱크 압력센서

①, ②, ④는 압전소자를 이용한 방식이며, ③은 가변저항식이다.

18 디젤엔진의 배출가스 특성에 대한 설명으로 틀린 것은?

① NOx 저감 대책으로 연소 온도를 높인다.
② 가솔린 기관에 비해 CO, HC 배출량이 적다.
③ 입자상물질(PM)을 저감하기 위해 필터(DPF)를 사용한다.
④ NOx 배출을 줄이기 위해 배기가스 재순환 장치를 사용한다.

NOx는 고온, 가속시, 이론공연비 부근에서 배출량이 증가한다.
- ②의 경우 CO, HC는 주로 공기가 부족할 경우 발생되며, 디젤기관은 압축 착화 방식이므로 실린더 내에 공기가 충분하므로 CO, HC 배출량이 적다.
- NOx 배출감소장치 : EGR, 삼원촉매장치

chapter 06

19 디젤엔진에서 단실식 연료분사방식을 사용하는 연소실의 형식은?

① 와류실식　　　　② 공기실식

③ 예연소실식　　　④ 직접분사실식

> ①~③ 타입은 명칭 그대로 각각 부연소실이 있으나, 직접분사실식은 부연소실이 없는 단실식 방식이다.

20 다음 설명에 해당하는 커먼레일 인젝터는?

> 운전 전영역에서 분사된 연료량을 측정하여 이것을 데이터베이스화한 것으로, 생산 계통에서 데이터베이스 정보를 ECU에 저장하여 인젝터별 분사시간 보정 및 실린더 간 연료분사량의 오차를 감소시킬 수 있도록 문자와 숫자로 구성된 7자리 코드를 사용한다.

① 일반 인젝터　　　② IQA 인젝터

③ 클래스 인젝터　　④ 그레이드 인젝터

인젝터의 종류
- 일반 인젝터 : 분사량 보정을 위해 등급을 나누지 않음
- 그레이드 인젝션 : 분사량 편차에 따라 X, Y, Z 3등급으로 분류
- 클래스화 인젝션 : 분사량 편차 감소를 위해 C1, C2, C3 클래스로 나누어 ECU에 입력하여 이 값에 따라 분사량을 조정
- IQA(injection qualntity adaptation) 인젝터 : 인젝터 간의 연료분사량 편차를 보정하는 것으로, 생산되는 인젝터마다 전부하, 부분부하, 공전상태, 파일럿 분사구간에 따라 분사량을 측정하여 이 정보를 인젝션에 코딩하고, 엔진 조립 시 이 정보를 ECU에 저장하여 인젝션별로 분사시간과 분사량을 조정함으로써 편차를 보정하고, 연료 분사량을 보다 정밀하게 제어한다.
- IQA + IVA 인젝터 (피에조 인젝터) : 솔레노이드 형식이 아닌 피에조 액추에이터에 의해 밸브를 개폐함으로써 응답성 및 출력을 향상시킨다.

자동차 섀시

21 토크 컨버터의 클러치 점(clutch point)에 대한 설명과 관계없는 것은?

① 토크 증대가 최대인 상태이다.

② 오일이 스테이터 후면에 부딪친다.

③ 일방향 클러치가 회전하기 시작한다.

④ 클러치 점 이상에서 토크 컨버터는 유체 클러치로 작동한다.

> 클러치점은 터빈의 회전속도가 펌프의 회전속도에 가까워져 스테이터가 공전하기 시작하는 지점을 말하며, 클러치점 이상이면 토크컨버터는 유체클러치로 작동한다.
> ※ ①은 스톨 포인트(속도비 = 0)에 대한 설명이다. (= 토크비가 최대인 지점 = 펌프는 회전하나 터빈은 회전하지 않는 상태)

22 ABS 시스템의 구성품이 아닌 것은?

① 차고 센서　　　　② 휠 스피드 센서

③ 하이드롤릭 유닛　④ ABS 컨트롤 유닛

> 차고센서는 전자제어 현가장치의 구성품이다.

23 자동차 타이어의 수명에 영향을 미치는 요인과 가장 거리가 먼 것은?

① 엔진의 출력

② 주행 노면의 상태

③ 타이어와 노면 온도

④ 주행 시 타이어 적정 공기압 유무

24 클러치의 구비조건에 대한 설명으로 틀린 것은? ※ 출제범위 아님

① 단속 작용이 확실해야 한다.

② 회전부분의 평형이 좋아야 한다.

③ 과열되지 않도록 냉각이 잘 되어야 한다.

④ 전달효율이 높도록 회전관성이 커야 한다.

> 회전관성이 커지면 클러치의 신속한 반응이 어렵다.

25 동력전달장치에 사용되는 종감속장치의 기능으로 틀린 것은?

① 회전속도를 감소시킨다.

② 축 방향 길이를 변화시킨다.

③ 동력전달 방향을 변환시킨다.

④ 구동 토크를 증가시켜 전달한다.

> ②는 슬립 이음(조인트)에 대한 설명이다.

26 자동변속기에 사용되고 있는 오일(ATF)의 기능이 아닌 것은?

① 충격을 흡수한다.

② 동력을 발생시킨다.

③ 작동 유압을 전달한다.

④ 윤활 및 냉각작용을 한다.

> 오일은 동력을 전달하는 역할을 한다.

27 제동장치에서 공기 브레이크의 구성 요소가 아닌 것은?

① 언로더 밸브　　　② 릴레이 밸브

③ 브레이크 챔버　　④ 하이드로 에어백

> 하이드로 에어백은 압축공기식 배력장치에 해당된다.

28 자동차의 축간거리가 2.5m 킹핀의 연장선과 캠버의 연장선이 지면 위에서 만나는 거리가 30cm인 자동차를 좌측으로 회전하였을 때 바깥쪽 바퀴의 조향각도가 30°라면 최소 회전반경은 약 몇 m인가?

① 4.3   ② 5.3
③ 6.2   ④ 7.2

최소회전반경 $R = \dfrac{L}{sin\alpha} + r$
- L : 축거
- α : 전륜 바깥쪽 바퀴의 조향각
- r : 타이어 중심선에서 킹핀 중심선까지의 거리

$= \dfrac{2.5}{sin30} + 0.3 = 5.3 \text{ m}$

29 자동차 ABS에서 제어모듈(ECU)의 신호를 받아 밸브와 모터가 작동되면서 유압의 증가, 감소, 유지 등을 제어하는 것은?

① 마스터 실린더   ② 딜리버리 밸브
③ 프로포셔닝 밸브   ④ 하이드롤릭 유닛

하이드롤릭 유닛(모듈레이터)은 ECU의 제어신호를 받아 밸브와 모터가 작동되어 짧은 시간에 각 휠 실린더에 유압을 공급/유지/감소하여 ABS가 작동하게 한다.

30 듀얼 클러치 변속기(DCT)에 대한 설명으로 틀린 것은?

① 연료소비율이 좋다.
② 가속력이 뛰어나다.
③ 동력 손실이 적은 편이다.
④ 변속단이 없으므로 변속충격이 없다.

④는 무단변속기에 대한 설명이다.

31 사이드 슬립 점검 시 왼쪽 바퀴가 안쪽으로 8mm, 오른쪽 바퀴가 바깥쪽으로 4mm 슬립되는 것으로 측정되었다면 전체 미끄럼값 및 방향은?

① 안쪽으로 2mm 미끄러진다.
② 안쪽으로 4mm 미끄러진다.
③ 바깥쪽으로 2mm 미끄러진다.
④ 바깥쪽으로 4mm 미끄러진다.

사이드 슬립 $= \dfrac{+8-4}{2} = 2\text{m/mm}$ (+ : in, − : out을 의미)

∴ 전체 미끄럼량은 in 2mm이다.(안쪽으로 2mm)

32 차체 자세제어장치(VDC, ESP)에서 선회 주행 시 자동차의 비틀림을 검출하는 센서는?

① 차속 센서   ② 휠 스피드 센서
③ 요 레이트 센서   ④ 조향핸들 각속도 센서

요 레이트 센서는 회전운동을 할 때 진동자의 이동방향 및 크기에 따라 발생되는 출력전압을 통해 회전 각속도로 검출한다.

33 디스크 브레이크의 특징에 대한 설명으로 틀린 것은?

① 마찰면적이 적어 패드의 압착력이 커야한다.
② 반복적으로 사용하여도 제동력의 변화가 적다.
③ 디스크가 대기 중에 노출되어 냉각 성능이 좋다.
④ 자기 작동 작용으로 인해 페달 조작력이 작아도 제동 효과가 좋다.

자기 작동 작용은 드럼식 브레이크의 특징이다.

34 전자제어 현가장치에서 자동차가 선회할 때 원심력에 의한 차체의 흔들림을 최소로 제어하는 기능은?

① 안티 롤 제어
② 안티 다이브 제어
③ 안티 스쿼트 제어
④ 안티 드라이브 제어

① 안티 롤 제어 : 선회 시 발생되는 롤 제어
② 안티 다이브 제어 : 제동 시 발생되는 노즈다운 제어
③ 안티 스쿼트 제어 : 급출발·급가속시 노즈업 제어

35 자동차 정속주행(크루즈 컨트롤) 장치에 적용되어 있는 스위치와 가장 거리가 먼 것은?

① 세트(set) 스위치
② 리드(reed) 스위치
③ 해제(cancel) 스위치
④ 리줌(resume) 스위치

정속주행 장치의 제어 모드
- 메인 스위치 : 전원을 공급
- 세트 스위치 : 정속주행장치의 차속 신호를 ECU에 입력
- 리줌 스위치 : 일시적으로 해제된 차속을 다시 정속주행 속도로 복원시킴
- 해제 스위치 : 정속주행 설정 속도를 해제

36 정지 상태의 자동차가 출발하여 100m에 도달했을 때의 속도가 60km/h이다. 이 자동차의 가속도는 약 몇 m/s² 인가?

① 1.4   ② 5.6   ③ 6.0   ④ 8.7

등가속도 운동 방정식 $2as = v^2 - v_0^2$
- a : 가속도
- s : 이동 거리
- v : 나중 속도
- v_0 : 처음 속도

$2 \times a \times 100 = (60/3.6)^2 - 0$

$a = \dfrac{60^2}{200 \times 3.6^2} = 1.38$

※ 위의 식은 등가속도 운동 방정식 $s = v_0 t + \dfrac{1}{2}at^2$에서 유도됨

chapter 06

37 차체 자세제어장치(VDC, ESC)에 관한 설명으로 틀린 것은?

① 요레이트 센서, G센서 등이 적용되어 있다.
② ABS제어, TCS제어 등의 기능이 포함되어 있다.
③ 자동차의 주행 자세를 제어하여 안전성을 확보한다.
④ 뒷바퀴가 원심력에 의해 바깥쪽으로 미끄러질 때 오버 스티어링으로 제어를 한다.

> 선회 시 뒷바퀴가 바깥쪽으로 미끄러지면 오버 스티어링이 되므로 언더 스티어링으로 제어해야 한다.
> ※ 앞바퀴가 미끄러지면 언더 스티어링이 된다. 즉, 앞바퀴가 밀끄러지냐,
> 뒷바퀴가 미끄러지냐에 따라 주의할 것

38 자동차 검사를 위한 기준 및 방법으로 틀린 것은?

① 자동차의 검사항목 중 제원측정은 공차상태에서 시행한다.
② 긴급자동차는 승차인원 없는 공차상태에서만 검사를 시행해야 한다.
③ 제원측정 이외의 검사항목은 공차상태에서 운전자 1인이 승차하여 측정한다.
④ 자동차 검사기준 및 방법에 따라 검사기기·관능 또는 서류확인 등을 시행한다.

39 하이드로 플래닝에 관한 설명으로 옳은 것은?

① 저속으로 주행할 때 하이드로 플래닝이 쉽게 발생한다.
② 트레이드가 과하게 마모된 타이어에서는 하이 드로 플래닝이 쉽게 발생한다.
③ 하이드로 플래닝이 발생할 때 조향은 불안정하 지만 효율적인 제동은 가능하다.
④ 타이어의 공기압이 감소할 때 접촉영역이 증가 하여 하이드로 플래닝이 방지된다.

40 자동차정기검사에서 조향장치의 검사 기준 및 방법으로 틀린 것은?

① 조향 계통의 변형, 느슨함 및 누유가 없어야 한다.
② 조향바퀴 옆 미끄럼양은 1m 주행에 5mm 이내이어야 한다.
③ 기어박스·로드암·파워실린더·너클 등의 설치상태 및 누유 여부를 확인한다.
④ 조향핸들을 고정한 채 사이드슬립 측정기의 답판 위로 직진하여 측정한다.

> 조향장치의 검사 시 조향핸들에 힘을 가하지 않은 상태에서 서행하며 사이드슬립 측정기 답판 위로 직진하여 측정한다.

41 방향지시등의 점멸 속도가 빠르다. 그 원인에 대한 설명으로 틀린 것은?

① 플레셔 유닛이 불량이다.
② 비상등 스위치가 단선되었다.
③ 전방 우측 방향지시등이 단선되었다.
④ 후방 우측 방향지시등이 단선되었다.

> 방향지시등의 점멸 속도가 빨라지는 원인
> • 플레셔 유닛(방향지시등 릴레이) 불량
> • 전구 중 하나가 단선
> • 전구 중 하나가 규정 전구가 아님

42 12V 5W의 번호판등이 사용되는 승용차량에 24V 3W가 잘못 장착되었을 때, 전류값과 밝기의 변화는 어떻게 되는가?

① 0.125A, 밝아진다.
② 0.125A, 어두워진다.
③ 0.0625A, 밝아진다.
④ 0.0625A, 어두워진다.

> 두 전구를 비교하기 위해 전압값을 12V로 통일한다.
> 24V를 12V로 1/2배 줄이면 $P = V^2/R$ 에서 전력은 1/4배로 된다. 즉, 24V 3W 전구에 12V를 공급하면 3W×(1/4) = 0.75W가 된다.
> $$\therefore P = VI \text{ 에서, } I = \frac{0.75W}{12V} = 0.0625A$$
> 또한, 동일 전압(12V)에 대해 5W > 0.75W 이므로 어두워진다.
> ※ 전구의 밝기는 용량(W)에 비례한다.

43 5A 일정한 전류로 방전되어 20시간이 지났을 때 방전종지전압에 이르는 배터리의 용량은?

① 60Ah
② 80Ah
③ 100Ah
④ 120Ah

> 배터리 용량 = 전류×시간 = 5A×20h = 100Ah

44 납산 배터리의 양(+)극판에 대한 설명으로 틀린 것은?

① 음극판보다 1장 더 많다.
② 방전 시 황산납으로 변환된다.
③ 충전 후 갈색의 과산화납으로 변환된다.
④ 충전 시 전자를 방출하면서 이산화납으로 변환된다.

> 화학적 평형을 유지하기 위해 양극판보다 음극판이 1장 더 많다.

	양극판	전해액	음극판
충전 시	과산화납	묽은 황산	해면상납
방전 시	황산납	물	황산납

45 기동전동기의 피니언기어 잇수가 9, 플라이휠의 링기어 잇수가 113, 배기량 1500cc인 엔진의 회전저항이 8kgf·m일 때 기동전동기의 최소 회전토크는 약 몇 kgf·m인가?

① 0.38　　　　　② 0.48

③ 0.55　　　　　④ 0.64

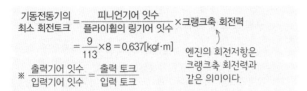

기동전동기의 최소 회전토크 = $\dfrac{\text{피니언기어 잇수}}{\text{플라이휠의 링기어 잇수}}$ × 크랭크축 회전력

= $\dfrac{9}{113}$ × 8 = 0.637[kgf·m]

엔진의 회전저항은 크랭크축 회전력과 같은 의미이다.

※ $\dfrac{\text{출력기어 잇수}}{\text{입력기어 잇수}}$ = $\dfrac{\text{출력 토크}}{\text{입력 토크}}$

46 그림과 같이 캔(CAN) 통신회로가 접지 단락되었을 때 고장진단 커넥터에서 6번과 14번 단자의 저항을 측정하면 몇 요인가?

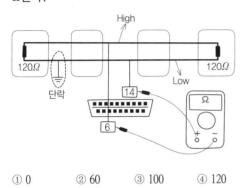

① 0　　　② 60　　　③ 100　　　④ 120

전원을 OFF하고 테스터기로 CAN_H(6번 단자), CAN_L(14번 단자) 라인 사이의 저항값이 60Ω일 때 정상으로 판단한다. 또한 전원 ON 후 Hi측 2.6V 이상, Low측은 2.2V 이상일 때 정상이다.

※ • 정상 시 : 60Ω
　• 단선 시(한 선, 두선 모두) : 120Ω
　• 접지 단락 시(두 선 중 하나) : 60Ω
　• High-Low 두 선이 단락 : 0Ω

47 자동 공조장치에 대한 설명으로 틀린 것은?

① 파워 트랜지스터의 베이스 전류를 가변하여 송풍량을 제어한다.

② 온도 설정에 따라 믹스 액추에이터 도어의 개방 정도를 조절한다.

③ 실내 및 외기온도 센서 신호에 따라 에어컨 시스템의 제어를 최적화한다.

④ 핀서모 센서는 에어컨 라인의 빙결을 막기 위해 콘덴서에 장착되어 있다.

증발기 온도가 너무 낮으면 증발기가 빙결되어 냉각효과가 저하된다. 이를 방지하기 위해 증발기에 핀서모 센서를 설치하며 증발기 온도를 검출하여 핀서모 스위치가 OFF되어 압축기의 작동을 차단시킨다.

48 에어컨 자동온도조절장치(FATC)에서 제어 모듈의 출력요소로 틀린 것은?

① 블로어 모터

② 에어컨 릴레이

③ 엔진 회전수 보상

④ 믹스 도어 액추에이터

FATC의 입·출력 요소
• 입력 : 냉각수온 센서, 실내온도 센서, 외기온도 센서, 일광센서, 파워 TR 전압, 습도센서, 배터리 전원, 흡기온도 센서, 각 댐퍼모터의 위치센서, 컴프레셔 록킹신호
• 출력 : 블로어 릴레이(블로어 모터), 컴프레셔 릴레이, 도어 액추에이터 등

49 자동차용 납산 배터리의 구성요소로 틀린 것은?

① 양극판

② 격리판

③ 코어 플러그

④ 벤트 플러그

납산 배터리의 구성요소
극판, 격리판, 필러 플러그(벤트 플러그), 터미널(단자)

50 BMS(Battery Management System)에서 제어하는 항목과 제어내용에 대한 설명으로 틀린 것은?

① 고장 진단 : 배터리 시스템 고장 진단

② 컨트롤 릴레이 제어 : 배터리 과열 시 컨트롤 릴레이 차단

③ 셀 밸런싱 : 전압 편차가 생긴 셀을 동일한 전압으로 매칭

④ 충전상태(state of charge) 관리 : 배터리의 전압, 전류, 온도를 측정하여 적정한 작동영역 관리

컨트롤 릴레이 제어 : IG ON/OFF시 고전압 배터리 전원을 공급/차단하며, 고전압장치 고장 시 전원을 차단시킨다.
※ 전원 배터리 과열 시 릴레이를 차단하는 것이 아니라 냉각시킨다.

51 다음에 설명하고 있는 법칙은?

> 회로에 유입되는 전류의 총합과 회로를 빠져나가는 전류의 총합이 같다.

① 옴의 법칙

② 줄의 법칙

③ 키르히호프의 제1법칙

④ 키르히호프의 제2법칙

지문은 키르히호프의 제1법칙의 설명이며, 제2법칙은 전압에 대한 설명이다.

chapter **06**

52 리튬-이온 축전지의 일반적인 특징에 대한 설명으로 틀린 것은?

① 셀당 전압이 낮다.
② 높은 출력밀도를 가진다.
③ 과충전 및 과방전에 민감하다.
④ 열관리 및 전압관리가 필요하다.

리튬-이온 배터리의 특징
• 셀당 전압은 약 3∼4V로 납축전지(약 1.75V)보다 높다.
• 출력밀도는 높으나, 단위 에너지 밀도가 낮다.
• 고출력 전압 및 낮은 자기방전율
• 과부하 제어, 충방전 전압 제어 및 온도 제어 등 충방전 특성에 민감하다.

53 점화장치 고장 시 발생될 수 있는 현상으로 틀린 것은?

① 노킹 현상이 발생할 수 있다.
② 공회전 속도가 상승할 수 있다.
③ 배기가스 과다 발생할 수 있다.
④ 출력 및 연비에 영향을 미칠 수 있다.

가솔린 엔진의 점화장치가 나쁘면 시동성 불량, 공회전 시 엔진 부조, 가속 시 출력 저하, 연비 악화, 차량 떨림, 노킹 현상, 유해 배출가스 증가로 이어진다.

54 자동차 정기검사에서 전기장치의 검사기준 및 방법에 해당되지 않는 것은?

① 축전지의 설치상태를 확인한다.
② 전기배선의 손상여부를 확인한다.
③ 전기선의 허용 전류량을 측정한다.
④ 축전지의 접속·절연상태를 확인한다.

전기장치의 검사기준 및 방법
• 축전지의 접속·절연 및 설치상태가 양호할 것
• 축전지는 차실과 벽 또는 보호판으로 격리되는 구조일 것
• 전기배선의 손상이 없고 설치상태가 양호할 것
• 차실 내 및 차체 외부에 노출되는 고전원전기장치 간 전기배선은 금속 또는 플라스틱 재질의 보호 기구를 설치할 것

55 점화플러그의 열가(heat range)를 좌우하는 요인으로 거리가 먼 것은?

① 엔진 냉각수의 온도
② 연소실의 형상과 체적
③ 절연체 및 전극의 열전도율
④ 화염이 접촉되는 부분의 표면적

점화플러그의 열가(heat range)
절연체 및 전극의 열전도율, 화염의 접촉 부위의 표면적, 연소실 형상 및 체적 등에 따라 냉형 플러그(고출력·고속기관), 열형 플러그(저출력·저속기관), 중형 플러그로 구분한다.

56 에어백 시스템에서 화약 점화제, 가스 발생제, 필터 등을 알루미늄 용기에 넣은 것으로 에어백 모듈 하우징 안쪽에 조립되어 있는 것은?

① 인플레이터
② 에어백 모듈
③ 디퓨저 스크린
④ 클럭 스프링 하우징

• 에어백 모듈 : 에어백+인플레이터+디퓨저 스크린
• 디퓨저 스크린 : 연소가스의 물질을 제거
• 클럭 스프링 : 스티어링 휠과 스티어링 컬럼 사이에 설치해 에어백 ECU와 에어백 모듈을 연결하는 기능을 갖고 있다.

57 기동전동기의 오버러닝 클러치에 대한 설명으로 옳은 것은?

① 작동원리는 플레밍의 왼손 법칙을 따른다.
② 실리콘 다이오드에 의해 정류된 전류로 구동된다.
③ 변속기로 전달되는 동력을 차단하는 역할도 한다.
④ 시동 직후, 엔진 회전에 의한 기동전동기의 파손을 방지한다.

①는 전동기, ③은 클러치에 대한 설명이다.

58 점화장치에서 드웰시간에 대한 설명으로 옳은 것은?

① 점화 1차 코일에 전류가 흐르는 시간
② 점화 2차 코일에 전류가 흐르는 시간
③ 점화 1차 코일에 아크에 방전되는 시간
④ 점화 2차 코일에 아크가 방전되는 시간

드웰시간은 접점이 닫히거나 파워TR의 ON되어 점화 1차 코일에 전류가 흐르는 시간이다.

59 LAN(Local Area Network) 통신장치의 특징이 아닌 것은?

① 전장부품의 설치장소 확보가 용이하다.
② 설계변경에 대하여 변경하기 어렵다.
③ 배선의 경량화가 가능하다.
④ 장치의 신뢰성 및 정비성을 향상시킬 수 있다.

60 자동차 정기검사의 등화장치 검사기준 −법개정으로 삭제

2019년 3회

1과목 **자동차 엔진**

※ 출제범위 아님

1 라디에이터 캡 시험기로 점검할 수 없는 것은?

① 라디에이터 캡의 불량
② 라디에이터 코어 막힘 정도
③ 라디에이터 코어 손상으로 인한 누수
④ 냉각수 호스 및 파이프와 연결부에서의 누수

라디에이터 캡 시험기는 라디에이터와 캡의 기밀을 점검하는 공구로, 냉각수 출입구를 모두 막고 물을 가득 담은 후 라디에이터 주입구에 테스터를 설치한다. 그리고 펌핑 후 테스터의 지침을 통해 냉각라인의 누수를 점검한다.(누출이 있다면 지침이 상승하지 않거나 상승하더라도 바로 하강함)

※ 라디에이터 코어 막힘은 사용 중인 라디에이터과 신품 라디에이터의 물주입량의 비교를 통해 점검한다.

2 다음은 운행차 정기검사에서 배기소음 측정을 위한 검사방법에 대한 설명이다. ( ) 안에 알맞은 것은?

자동차의 변속장치를 중립 위치로 하고 정지가동상태에서 원동기의 최고 출력시의 75% 회전속도로 (　)초 동안 운전하여 최대 소음도를 측정한다.

① 3　　　② 4　　　③ 6　　　④ 6

3 디젤엔진에서 냉간 시 시동성 향상을 위해 예열장치를 두어 흡기를 예열하는 방식 중 가열 플랜지 방법을 주로 사용하는 연소실 형식은?

① 직접분사식　　　② 와류실식
③ 예연소실식　　　④ 공기실식

직접분사식은 예열 플러그 방식(연소실 내의 압축공기를 직접 예열)이 아니라, 흡기다기관에서 흡기온도를 가열하는 가열 플랜지 방식을 사용한다.

4 배기가스 후처리 장치(DPF)의 필터에 포집된 PM을 연소시키기 위한 연료분사 방법으로 옳은 것은??

① 주 분사　　　② 점화 분사
③ 사후 분사　　　④ 파일럿 분사

디젤엔진의 사후 분사
배기행정에서 연료를 분사시켜 소량의 연료를 강제로 촉매 변환기에 공급하여 PM(미세먼지입자)을 연소시켜 DPF와 같은 촉매 변환기의 성능을 향상시켜 질소산화물을 감소시킨다.

5 전자제어 엔진에서 수온센서 단선으로 컴퓨터(ECU)에 정상적인 냉각수온값이 입력되지 않으면 어떻게 연료분사 되는가?

① 연료 분사를 중단
② 흡기 온도를 기준으로 분사
③ 엔진 오일온도를 기준으로 분사
④ ECU에 의한 페일 세이프 값을 근거로 분사

전자제어 엔진의 ECU 내에 각 센서의 작동 기본값(페일 세이프값)을 설정해 두어 이 범위 이외의 센서 입력값에 대해서는 기본값을 근거로 연산하도록 한다.

6 엔진의 냉각장치에 사용되는 서모스탯에 대한 설명으로 거리가 먼 것은?

① 과열을 방지한다.
② 엔진의 온도를 일정하게 유지한다.
③ 과냉을 통해 차내 난방효과를 낮춘다.
④ 냉각수 통로를 개폐하여 온도를 조절한다.

서모스탯은 냉각수 온도변화에 따라 밸브의 개폐를 통해 냉각수의 유량 및 온도를 일정하게 조절하는 역할을 하며, 난방효과 감소를 위한 작용은 하지 않는다. 또한 밸브가 열린 채 고장나면 워밍업 및 예열이 되지 않고 난방작동이 안된다.

7 가솔린 엔진의 연료 구비조건으로 틀린 것은?

① 발열량이 클 것
② 옥탄가가 높을 것
③ 연소속도가 빠를 것
④ 온도와 유동성이 비례할 것

저온에서도 유동성이 좋아야 한다.

8 실린더 헤드의 변형 점검 시 사용되는 측정도구는?

① 보어 게이지　　　② 마이크로미터
③ 간극 게이지　　　④ 텔리스코핑 게이지

실린더 헤드의 변형 점검은 곧은 자를 실린더 블록과 접촉하는 면에 놓고 시크니스 게이지로 틈새를 측정한다.

※ 간극 게이지 = 두께 게이지(시크니스 게이지) = 필러 게이지

chapter 06

정답 　1 ②　2 ②　3 ①　4 ③　5 ④　6 ③　7 ④　8 ③

9 실린더의 라이너에 대한 설명으로 틀린 것은?

① 도금하기가 쉽다.

② 건식과 습식이 있다.

③ 라이너가 마모되면 보링 작업을 해야 한다.

④ 특수주철을 사용하여 원심 주조할 수 있다.

> **라이너식 실린더**
> • 라이너를 실린더 블록에 끼우는 형식
> • 마멸되면 라이너만 교체하여 정비성능이 우수
> • 원심 주조방법으로 제작
> • 실린더 벽에 도금하기 쉽다.
> • 워터재킷을 라이너와 상관없이 실린더 블록 내에 두느냐, 라이너에 냉각수가 직접 닿게 하느냐에 따라 건식/습식으로 구분한다.

10 압축상사점에서 연소실 체적(V_c)은 0.1 L이고 압력(P_c)은 30bar 이다. 체적이 1.1 L로 증가하면 압력은 약 몇 bar가 되는가? (단, 동작유체는 이상기체이며 등온과정이다.)

① 2.73   ② 3.3   ③ 27.3   ④ 33

> 이상기체의 등온가정은 온도가 일정할 때 체적과 압력은 서로 반비례한다.
> 즉 보일의 법칙 $PV = $ 일정, 또는 $P_1V_1 = P_2V_2$
>
> $$P_2 = \frac{P_1 V_1}{V_2} = \frac{30 \times 0.1}{1.1} ≒ 2.73$$

11 전자제어 연료분사장치에서 차량의 가·감속판단에 사용되는 센서는?

① 스로틀포지션센서   ② 수온센서

③ 노크센서   ④ 산소센서

12 가솔린엔진에서 인젝터의 연료 분사량 제어와 직접적으로 관계있는 것은?

① 인젝터의 니들 밸브 지름

② 인젝터의 니들 밸브 유효 행정

③ 인젝터의 솔레노이드 코일 통전 시간

④ 인젝터의 솔레노이드 코일 차단 전류 크기

> 연료량 제어에서 가장 직접적인 항목은 솔레노이드 코일의 통전 시간을 통해 연료분사 시간을 조절한다.

13 운행차 정기검사에서 자동차 배기소음 허용기준으로 옳은 것은? (단, 2006년 1월 1일 이후 제작되어 운행하고 있는 소형 승용자동차이다.)

① 95dB 이하   ② 100dB 이하

③ 110dB 이하   ④ 112dB 이하

> 2006년 1월 1일 이후에 제작한 경자동차 소·중형 자동차가 운행할 경우 배기소음은 100dB 이하, 경적소음은 110dB 이하이다.

14 단행정 엔진의 특징에 대한 설명으로 틀린 것은?

① 직렬형 엔진인 경우 엔진의 길이가 짧아진다.

② 직렬형 엔진인 경우 엔진의 높이를 낮게 할 수 있다.

③ 피스톤의 평균속도를 올리지 않고 회전속도를 높일 수 있다.

④ 흡·배기 밸브의 지름을 크게 할 수 있어 흡입효율을 높일 수 있다.

> **단행정 엔진(오버스퀘어)의 특징**
> • 행정높이가 짧은 엔진을 말한다.
> • 피스톤의 평균속도를 올리지 않고 회전수를 높일 수 있다.
> • 단위 체적당 출력을 크게 할 수 있다.
> • 기관의 높이를 낮게 설계할 수 있다.
> • 흡·배기 밸브의 지름을 크게 하여 흡입효율을 증대한다.
> • 내경이 커서 피스톤이 과열되기 쉽다.

※ 출제범위 아님

15 엔진이 과열되는 원인이 아닌 것은?

① 워터펌프 작동 불량

② 라디에이터의 코어 손상

③ 워터재킷 내 스케일 과다

④ 수온조절기가 열린 상태로 고장

> • 수온조절기가 열린 상태로 고장 : 과냉
> • 수온조절기가 닫힌 상태로 고장 : 과열

16 가솔린 300cc를 연소시키기 위해 필요한 공기는 약 몇 kg 인가? (단, 혼합비는 15 : 1 이고 가솔린의 비중은 0.75 이다.)

① 1.19   ② 2.42

③ 3.38   ④ 4.92

> 가솔린의 중량 = 체적×밀도 = 체적×비중
>   = 300 [cm³]×0.75 [g/cm³] = 225 [g]
> 15 : 1 = x : 225g
> ∴ $x = 225 \times 15 = 3375$ [g] = 3.38 [kg]
>
> ※ 가솔린의 비중 = $\dfrac{\text{가솔린의 밀도}}{\text{물의 밀도}}$ 이며, 물의 밀도는 1[g/cm³]
> 이므로 가솔린의 밀도 = 0.75[g/cm³]이다.
> 1[cc] = 1[cm³]

17 오토사이클의 압축비가 8.5일 경우 이론 열효율은 약 몇 % 인가? (단, 공기의 비열비는 1.4이다.)

① 49.6   ② 52.4

③ 54.6   ④ 57.5

> 정적사이클의 이론 열효율 $\eta_o = (1 - (\frac{1}{\varepsilon})^{k-1}) \times 100\%$
> (ε : 압축비, k : 비열비)
> $\eta_o = (1 - (\frac{1}{8.5})^{1.4-1}) \times 100\% = (1 - (0.117)^{0.4}) \times 100\%$
>   = $(1 - 0.425) \times 100\% = 57.5\%$

18 DOHC 엔진의 특징이 아닌 것은?

① 구조가 간단하다.
② 연소효율이 좋다.
③ 최고회전속도를 높일 수 있다.
④ 흡입 효율의 향상으로 응답성이 좋다.

> **DOHC(Double OverHead Camshaft) 엔진**
> • 캠샤프트를 2개 장착하여 흡배기밸브를 따로 구동
> • 로커암이 없이 캠을 이용한 밸브 직동으로 고회전, 고출력이 향상
> • 엔진 구조 설계가 자유로우며, 우수한 연소효율, 연비 향상
> • 부품이 많아 구조가 복잡하며, 비싸다.

19 전자제어 엔진에서 연료 분사 피드백에 사용되는 센서는?

① 수온센서
② 스로틀포지션센서
③ 산소센서
④ 에어플로어센서

20 GDI 엔진에 대한 설명으로 틀린 것은?

① 흡입 과정에서 공기의 온도를 높인다.
② 엔진 운전 조건에 따라 레일압력이 변동된다.
③ 고부하 운전영역에서 흡입공기 밀도가 높아진다.
④ 분사시간은 흡입공기량의 정보에 의해 보정된다.

> • GDI(Gasoline Direct Injection) 엔진은 디젤엔진와 같이 연료분사를 흡입 포트가 아닌 실린더 내에 직접 분사하는 방식으로 분사시기 및 분사량 조절이 정확하며, 린번 제어도 좋다.
> • 운전조건에 따라 고압펌프 및 레귤레이터에 의해 레일압력이 제어된다.
> • 저하부하시에는 압축과정에서 연료가 분사되지만 고부하 때에는 흡입과 정에 연료를 분사시켜 연료의 기화열로 연소실내 온도를 저하시켜. 흡입 공기의 밀도를 증가시켜 충진효율을 향상시킨다.

2과목 자동차 섀시

※ 출제범위 아님

21 클러치의 차단 불량 원인으로 틀린 것은?

① 클러치 페달 자유간극 과소
② 클러치 유압계통에 공기 유입
③ 릴리스 포크의 소손 또는 파손
④ 릴리스 베어링의 소손 또는 파손

> 클러치 유압계통에 공기가 유입되거나 릴리스 포크가 불량이면 릴리스 베 어링이 릴리스 레버(또는 다이어프램 스프링)을 누른 힘이 충분하지 않으면 차단이 불량해진다. 마찬가지로 릴리스 베어링이 불량해도 동일하다. 또한 클러치 페달 자유간극이 크거나, 클러치판의 런아웃이 클 때, 축의 스플라 인 마모 시에도 차단이 불량해진다.

22 조향 핸들을 2바퀴 돌렸을 때 피트먼 암이 90° 움직였다면 조향 기어비는?

① 1 : 6　　　　② 1 : 7
③ 8 : 1　　　　④ 9 : 1

> 조향 기어비 $= \dfrac{\text{조향핸들의 회전각도}}{\text{피트먼암의 회전각도}} = \dfrac{360° \times 2}{90°} = 8$

23 자동변속기에서 유성기어 장치의 3요소가 아닌 것은?

① 선 기어
② 캐리어
③ 링 기어
④ 베벨 기어

> 유성기어 장치의 3요소 : 선 기어, 캐리어, 링기어
> 베벨기어는 맞물림이 좋아 운전이 정숙하고 고속 운전에 적합하여 변속기 기어에 주로 사용된다.

24 전륜 6속 자동변속기 전자제어 장치에서 변속기 컨트롤 모듈(TCM)의 입력신호로 틀린 것은?

① 공기량 센서
② 오일 온도센서
③ 입력축 속도 센서
④ 인히비터 스위치 신호

> **TCM의 입력신호**
> 스로틀포지션 센서, 차속 센서, 시프트 레버, 인히비터 스위치 신호, 유온센 서, 가속페달 스위치, 펄스 제너레이터 A(입력축 속도), 펄스 제너레이터 B(출력축 속도), 오버 드라이브 스위치, 킥다운 서보 스위치 등

25 자동차 앞바퀴 정렬 중 "캐스터"에 관한 설명으로 옳은 것은?

① 자동차의 전륜을 위해서 보았을 때 바퀴의 앞부분이 뒷부분 보다 좁은 상태를 말한다.
② 자동차의 전륜을 앞에서 보았을 때 바퀴중심선의 윗부분이 약간 벌어져 있는 상태를 말한다.
③ 자동차의 전륜을 옆에서 보면 킹핀의 중심선이 수직선에 대하여 어느 한쪽으로 기울어져 있는 상태를 말한다.
④ 자동차의 전륜을 앞에서 보면 킹핀의 중심선이 수직선에 대하여 약간 안쪽으로 설치된 상태를 말한다.

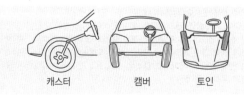

캐스터　　　캠버　　　토인

26 총 중량 1톤인 자동차가 72km/h로 주행 중 급제동하였을 때 운동에너지가 모두 브레이크 드럼에 흡수되어 열이 되었다. 흡수된 열량(kcal)은 얼마인가? (단, 노면의 마찰계수는 1 이다.)

① 47.79 　　　　　② 52.30
③ 54.68 　　　　　④ 60.25

운동에너지 $E = \frac{1}{2}mv^2$ (m : 질량, v : 속도)

$$= \frac{1}{2} \times \frac{1000[kgf]}{9.8[m/s^2]} \times \left(\frac{72}{3.6}\right)^2 [m^2/s^2] = 20408 \ [kgf \cdot m]$$

$1kgf \cdot m = \frac{1}{427}$ kcal 이므로 $\frac{20408}{427} = 47.79$ kcal

※ 이 문제는 중량과 속도가 제시되었으므로 운동에너지 공식을 이용한다. (05년, 09년 중복문제)

27 록업(lock-up) 클러치가 작동할 때 동력전달 순서로 옳은 것은?

① 엔진 → 드라이브 플레이트 → 컨버터 케이스 → 펌프 임펠러 → 록 업 클러치 → 터빈 러너허브 → 입력 샤프트

② 엔진 → 드라이브 플레이트 → 터빈 러너 → 터빈 러너 허브 → 록 업 클러치 → 입력 샤프트

③ 엔진 → 드라이브 플레이트 → 컨버터 케이스 → 록업 클러치 → 터빈 러너 허브 → 입력 샤프트

④ 엔진 → 드라이브 플레이트 → 터빈 러너 → 펌프 임펠러 → 일 방향 클러치 → 입력 샤프트

댐퍼클러치 컨트롤 밸브 ON → 유압이 펌프와 스테이터 축 사이로 흘러 댐퍼클러치 플레이트를 토크컨버터 케이스로 밀어내 록업클러치를 밀착시킴 → 크랭크축에 연결된 토크컨버터 커버의 동력이 터빈 러버축에 연결되어 변속기 입력축에 직접 전달됨

28 수동변속기의 클러치에서 디스크의 마모가 너무 빠르게 발생하는 경우로 틀린 것은?

① 지나친 반클러치의 사용

② 디스크 페이싱의 재질 불량

③ 다이어프램 스프링의 장력이 과도할 때

④ 디스크 교환 시 페이싱 단면적이 규정보다 작은 제품을 사용하였을 경우

디스크 마모가 빠른 이유는 ①, ②, ④ 이외에 클러치 유격이 적거나 없을 경우 발생하는 슬립상태에서 운전했을 경우이다.
장력이 과도하면 클러치판의 복귀가 어렵고, 장력이 약하면 슬립의 원인이 된다. 참고로 스프링의 장력은 클러치의 용량(마찰계수, 평균반경, 스프링 장력)과 관계되며, 스프링 장력이 약하면 클러치 디스크의 미끄럼으로 인해 용량이 작아지고 클러치 디스크나 압력판이 마모되면 클러치 페달의 유격이 작아진다.

29 자동차의 바퀴가 동적 불균형 상태일 경우 발생할 수 있는 현상은?

① 시미 　　　　　② 요잉
③ 트램핑 　　　　④ 스탠딩 웨이브

shimmy(시미) : 주행 중 동적 불균형일 때 바퀴가 옆으로 흔들리는 현상

30 브레이크 내의 잔압을 두는 이유로 틀린 것은?

① 제동의 늦음을 방지하기 위해

② 베이퍼 록 현상을 방지하기 위해

③ 브레이크 오일의 오염을 방지하기 위해

④ 휠 실린더 내의 오일 누설을 방지하기 위해

제동장치 내 잔압을 두는 이유
신속한 빠른 제동, 베이퍼 록 현상 방지, 오일 누설 방지

31 유압식과 비교한 전동식 동력조향장치(MDPS)의 장점으로 틀린 것은?

① 부품수가 적다.

② 연비가 향상된다.

③ 구조가 단순하다.

④ 조향 휠 조작력이 증가한다.

MDPS는 조향모터를 이용하여 조작력을 줄여준다.

32 전자제어 제동장치(ABS)의 유압제어 모드에서 주행 중 급제동 시 고착된 바퀴의 유압제어는?

① 감압제어

② 정압제어

③ 분압제어

④ 증압제어

바퀴가 고착되어 ECU는 모듈레이터에 의해 감압모드 신호를 보내 N.O밸브는 닫고 N.C밸브는 열어 오일을 리저버로 보내며 휠 실린더의 압력을 낮추어 차륜의 잠금을 해제시킨다.
반대로 휠 실린더가 감압된 후 잠금 해제가 되면 다시 N.O밸브는 열고, N.C밸브는 닫아 모듈레이터 내 펌프 모터를 구동시켜 펌프에 의한 유압으로 빠르게 휠 실린더에 증압시킨다.

정리) 바퀴가 고착되면 '감압 - 유지 - 증압' 모드를 반복한다.
※ ABS의 작동원리는 216페이지 참조

33 브레이크 페달을 강하게 밟을 때 후륜이 먼저 록(lock) 되지 않도록 하기 위하여 유압이 일정 압력으로 상승하면 그 이상 후륜 측에 유압이 가해지지 않도록 제한하는 장치는?

① 프로포셔닝 밸브

② 압력 체크 밸브

③ 이너셔 밸브

④ EGR 밸브

34 전자제어 제동 장치(ABS)에서 하이드로릭 유닛의 내부 구성부품으로 틀린 것은?

① 어큐뮬레이터

② 인렛 미터링 밸브

③ 상시 열림 솔레노이드 밸브

④ 상시 닫힘 솔레노이드 밸브

- 어큐뮬레이터 : 감압 시 휠 실린더의 유압을 일시 저장하고, 증압 시 리턴 모터에 의해 빠르게 휠 실린더로 내보냄
- 상시 열림(Normal Open) 솔레노이드 밸브 : 마스터 실린더와 캘리퍼 휠 실린더 사이의 유로가 연결되어 있는 상태에서 통전이 되면 유로를 차단시킴
- 상시 닫힘(Normal Close) 솔레노이드 밸브 : 캘리퍼 휠 실린더와 어큐뮬레이터 사이의 유로가 차단되어 있는 상태에서 통전이 되면 유로를 연결시킴
- ※ 인렛 미터링 밸브 : 디젤엔진의 고압 펌프에 장착되어 있으며 냉각수온, 배터리 전압 및 흡기온에 따라 ECU에 의해 레일의 연료 압력을 조정

35 전자제어 현가장치(ECS)에 대한 입력 신호에 해당되지 않는 것은?

① 도어 스위치

② 조향 휠 각도

③ 차속 센서

④ 파워 윈도우 스위치

ECS의 입력 신호
차속센서, 차고센서, 조향휠 각도 센서, 스로틀 위치센서, G센서, 도어 스위치, 발전기 L단자, 전조등 릴레이, 제동 스위치 등

※ 출제범위 아님

36 동기물림식 수동변속기의 주요 구성품이 아닌 것은?

① 도그 클러치

② 클러치 허브

③ 클러치 슬리브

④ 싱크로나이저 링

도그 클러치는 상시물림식 수동변속기의 구성품이다.

37 TCS(Traction Control System)의 제어장치에 관련이 없는 센서는?

① 냉각수온 센서

② 아이들 신호

③ 후차륜 속도 센서

④ 가속페달포지션 센서

TCS는 엔진토크 제어식, 구동바퀴 제동 제어식, 엔진/브레이크 병용 제어식이 있으며, 엔진/브레이크 병용 제어식은 ABS&TCS ECU, 휠 속도센서, 가속페달포지션 센서, TCS 브레이크 액추에이터, ABS 액추에이터 등으로 구성된다.

38 브레이크 슈의 길이와 폭이 85mm×35mm, 브레이크 슈를 미는 힘이 50 kgf 일 때 브레이크 압력은 약 몇 kgf/cm² 인가?

① 1.68

② 4.57

③ 16.8

④ 45.7

$$P = \frac{F}{A} = \frac{50\,[kgf]}{8.5 \times 3.5\,[cm^2]} = 1.68\,kgf/cm^2$$

39 금속분말을 소결시킨 브레이크 라이닝으로 열전도성이 크며 몇 개의 조각으로 나누어 슈에 설치된 것은?

① 몰드 라이닝

② 위븐 라이닝

③ 메탈릭 라이닝

④ 세미 메탈릭 라이닝

- 몰드 라이닝 : 석면을 이겨 구운 것
- 세미 메탈릭 라이닝 : 석면 + 금속가루
- 메탈릭 라이닝 : 금속 분말 합금
- ※ 브레이크 패드 : 얇은 철판＋석면＋레진＋소량의 쇳가루

40 유체 클러치의 스톨 포인트에 대한 설명으로 틀린 것은?

① 속도비가 "0"일 때를 의미한다.

② 스톨 포인트에서 효율이 최대가 된다.

③ 스톨 포인트에서 토크비가 최대가 된다.

④ 펌프는 회전하나 터빈이 회전하지 않는 상태이다.

속도비 = 1 부근에서 전달효율이 최대이다. (약 0.98)

3과목 자동차 전기

41 주행 중인 하이브리드 자동차에서 제동 시에 발생된 에너지를 회수(충전)하는 모드는?

① 가속 모드

② 발진 모드

③ 시동 모드

④ 회생제동 모드

42 다이오드 종류 중 역방향으로 일정 이상의 전압을 가하면 전류가 급격히 흐르는 특성을 가지고 회로보호 및 전압조정용으로 사용되는 다이오드는?

① 스위치 다이오드

② 정류 다이오드

③ 제너 다이오드

④ 트리오 다이오드

제너 다이오드는 역방향으로 일정값 이상의 항복 전압이 가해졌을 때 전류가 흐르는 특성을 이용하여 넓은 전류범위에서 안정된 전압특성을 있어 간단히 정전압을 만들거나 과전압으로부터 회로를 보호하는 용도로 사용된다.

43 자동차 에어컨 시스템에서 고온·고압의 기체 냉매를 냉각 및 액화시키는 역할을 하는 것은?

① 압축기

② 응축기

③ 팽창밸브

④ 증발기

에어컨 순환과정
압축기 → 응축기 → 팽창밸브 → 증발기 → 압축기
　　고온고압 기체　　고온고압 액체　　저온저압 무화　　저온저압 기체

chapter 06

44 전압 24V, 출력전류 60A인 자동차용 발전기의 출력은?

① 0.36 kW   ② 0.72 kW

③ 1.44 kW   ④ 1.88 kW

> 24[V]×60[A] = 1440[W] = 1.44[kW]

45 두 개의 영구자석 사이에 도체를 직각으로 설치하고 도체에 전류를 흘리면 도체의 한 면에는 전자가 과잉되고 다른 면에는 전자가 부족해 도체 양면을 가로 질러 전압이 발생되는 현상을 무엇이라고 하는가?

① 홀 효과   ② 렌츠의 현상

③ 칼만 볼텍스   ④ 자기유도

46 할로겐 전구를 백열전구와 비교했을 때 작동 특성이 아닌 것은?

① 필라멘트 코일과 전구의 온도가 아주 높다.

② 전구 내부에 봉입된 가스압력이 약 40bar까지 높다.

③ 유리구 내의 가스로는 불소, 염소, 브롬 등을 봉입한다.

④ 필라멘트의 가열 온도가 높기 때문에 광효율이 낮다.

> 할로겐 전구는 텅스텐 필리멘트와 벌브 내에 할로겐 가스와 불활성 가스(불소, 염소, 브롬 등)를 주입하여 빛을 내며, 백열전구에 비해 온도가 높고 광효율이 높아 빛이 밝으며 눈부심이 적다.

47 에어컨 구성부품 중 응축기에서 들어온 냉매를 저장하여 액체상태의 냉매를 팽창 밸브로 보내는 역할을 하는 것은?

① 온도 조절기

② 증발기

③ 리시버 드라이어

④ 압축기

> 리시버 드라이어는 응축기에서 들어온 냉매를 저장하여 액체상태의 냉매를 팽창 밸브로 보내는 역할을 한다. 또한 냉방사이클이 원활히 작동되도록 필요한 양의 냉매를 저장하는 역할도 하여 팽창밸브에서 교축작용 외에 실내 온도에 따라 증발기로 보내는 냉매량을 조절한다.

48 점화플러그의 착화성을 향상시키는 방법으로 틀린 것은?

① 점화플러그의 소염 작용을 크게 한다.

② 점화플러그의 간극을 넓게 한다.

③ 중심 전극을 가늘게 한다.

④ 접지 전극에 U자의 홈을 설치한다.

> 점화플러그의 소염작용이란 점화 초기단계에서 전극의 중앙부근에 최초의 화염핵이 형성되고 이 화염핵이 점차 확대되며 전극에 닿게 되는데, 이 때 화염핵의 에너지가 전극에 흡수되어 오히려 화염을 끄는 작용을 말한다.

49 2018년 3회 63번 문제와 동일(지면할애상 삭제)

50 20시간율 45Ah, 12V의 완전 충전된 배터리를 20시간율의 전류로 방전시키기 위해 몇 와트(W)가 필요한가?

① 21 W   ② 25 W

③ 27 W   ④ 30 W

> 45Ah의 20시간율 = 45/20 [A]
> 전력 = 전류×전압 = (45/20)×12 = 27[W]

51 자동차의 오토라이트 장치에 사용되는 광전도셀에 대한 설명 중 틀린 것은?

① 빛이 약할 경우 저항값이 증가한다.

② 빛이 강할 경우 저항값이 감소한다.

③ 황화카드뮴을 주성분으로 한 소자이다.

④ 광전소자의 저항값은 빛의 조사량에 비례한다.

> 오토라이트의 광전도셀은 외부 빛의 변화에 따른 전기적 변화를 이용하여 자동으로 전조등을 점멸하는 장치를 말한다.
> 광전소자의 저항값은 광량에 반비례한다. (전류는 광량에 비례)

52 다음 중 유압계의 형식으로 틀린 것은?

① 서모스탯 바이메탈식   ② 밸런싱 코일 타입

③ 바이메탈식   ④ 부든 튜브식

> 유압계의 형식
> • 미터식 : 밸런싱 코일식, 바이메탈식, 부든 튜브식(부르동관식)
> • 경고등식 : 압력식 스위치(유압경고등)
> ※ 서모스탯 바이메탈식은 연료계나 수온계에 사용된다.

53 에어컨 냉매(R-134a)의 구비조건으로 옳은 것은?

① 비등점이 적당히 높을 것

② 냉매의 증발 잠열이 작을 것

③ 응축 압력이 적당히 높을 것

④ 임계 온도가 충분히 높을 것

> 에어컨 냉매(R-134a)의 주요 구비조건
> • 비등점이 적당히 낮을 것
> • 냉매의 증발 잠열이 클 것
> • 응축 압력이 적당히 낮을 것
> • 임계 온도가 충분히 높을 것
> • 비체적이 적을 것
>
> ※ 용어해설
> • 비등점 : 끓는점(작아야 기화가 쉬워짐)
> • 증발 잠열 : 액체를 기체로 변화시키는데 필요한 열량(작아야 기화가 쉬워짐)
> • 응축 압력 : 압축기에서 토출된 냉매가스가 응축기에서 응축될 때 응축기 내의 냉매 포화 압력을 말한다(즉, 응축압력이 낮아야 액화가 쉬워짐)
> • 임계 온도 : 온도를 높일 때 기화되지 않고 액체상태를 유지하는 최고 온도(임계온도가 낮으면 쉽게 기화되므로 액화(응축)가 어려워 다시 냉매로 사용하지 못함)
> • 비체적 : 단위질량(중량)당 부피를 말하므로, 동일한 무게의 액매에 대해 부피가 작아야 압축기의 피스톤 토출량은 적어도 되므로 압축기를 소형화 할 수 있다.

510   6장 최근기출문제

정답   44 ③   45 ①   46 ④   47 ③   48 ①   49 ⊗   50 ③   51 ④   52 ①   53 ④

54 하이브리드 고전압장치 중 프리차저 릴레이 & 프리차저 저항의 기능이 아닌 것은?

① 메인 릴레이 보호

② 타 고전압 부품 보호

③ 메인 퓨즈, 버스 바, 와이어 하네스 보호

④ 배터리 관리 시스템 입력 노이즈 저감

> 프리차저 릴레이&저항은 메인 릴레이 구동 전에 서지전류로 인한 각종 전기부하의 손상 및 메인 릴레이의 융착을 방지하기 위해 초기 충전을 하는 역할을 한다.(초기 캐패시터 충전 전류에 의한 고전압 회로 보호)
> • 메인 릴레이 보호
> • 타 고전압 부품 보호
> • 메인 퓨즈, 버스바 & 와이어 하네스 보호
> 참고) ※ 메인 릴레이 : 고전압 시스템 분리를 통한 감전 및 2차 사고 예방, 고전압 배터리의 기계적인 분리를 통한 암전류 차단
> ※ 메인 퓨즈 : 고전압 회로 과전류 보호

55 에어백 시스템에서 모듈 탈거 시 각종 에어백 점화 회로가 외부 전원과 단락되어 에어백이 전개될 수 있다. 이러한 사고를 방지하는 안전장치는?

① 단락 바

② 프리 텐셔너

③ 클럭 스프링

④ 인플레이터

> 프리 텐셔너의 커넥터 내부에 단락 바를 설치하여 전원커넥터 분리 시 에어백의 점화회로를 단락시켜 에어백 모듈 정비 시 발생할 수 있는 우발적인 작동을 방지한다.

56 전자제어식 가솔린엔진의 점화시기 제어에 대한 설명으로 옳은 것은?

① 점화시기와 노킹 발생은 무관하다.

② 연소에 의한 최대 연소압력 발생점은 하사점과 일치하도록 제어한다.

③ 연소에 의한 최대 연소압력 발생점이 상사점 직후에 있도록 제어한다.

④ 연소에 의한 최대 연소압력 발생점이 상사점 직전에 있도록 제어한다.

> 점화시기는 기관이 최대출력을 내면서 유해가스 배출 및 연료소비율은 낮게, 그리고 노크가 발생되지 않도록 제어한다. 기본 점화시기는 TDC를 기준으로 크랭크각으로 표시하며, 최대 연소압력이 상사점 후(ATDC) 약 10~20°에서 발생하도록 제어한다.

57 기본 점화시기에 영향을 미치는 요소는?

① 산소 센서

② 모터포지션 센서

③ 공기유량 센서

④ 오일온도 센서

> 기본 분사량, 기본 점화시기, 연료분사시기 모두 공기유량센서, 크랭크각 센서를 기초로 한다.

58 전조등 장치에 관한 설명으로 옳은 것은?

① 전조등 회로는 좌우로 직렬 연결되어 있다.

② 실드 빔 전조등은 렌즈를 교환할 수 있는 구조로 되어 있다.

③ 실드 빔 전조등 형식은 내부에 불활성 가스가 봉입되어 있다.

④ 전조등을 측정할 때 전조등과 시험기의 거리는 반드시 10m를 유지해야 한다.

> ① 전조등 회로는 좌우로 병렬로 연결한다.
> ② 실드 빔 전조등은 렌즈와 반사경이 밀봉된 일체형이므로, 렌즈만 교환이 불가능하다.
> ④ 전조등 측정 시 전조등과 시험기의 거리는 1m(집광식) 또는 3m(스크린식)를 유지해야 한다.
> ※ 주행빔의 주광축의 좌우, 상하 진폭은 10m 거리에서 측정한다.

59 자동차 기동전동기 종류에서 전기자코일과 계자코일의 접속방법으로 틀린 것은?

① 직권전동기

② 복권전동기

③ 분권전동기

④ 파권전동기

> 기동전동기의 종류 : 직권, 분권, 복권

60 자동차 축전지의 기능으로 옳지 않은 것은?

① 시동장치의 전기적 부하를 담당한다.

② 발전기가 고장일 때 주행을 확보하기 위한 전원으로 작동한다.

③ 주행상태에 따른 발전기의 출력과 부하와의 불균형을 조정한다.

④ 전류의 화학작용을 이용한 장치이며, 양극판, 음극판 및 전해액이 가지는 화학적에너지를 기계적에너지로 변환하는 기구이다.

> 축전지는 화학 에너지를 전기 에너지로 변환하는 장치이다.

chapter **06**

2020년 1회

1 배출가스 정밀검사의 기준 및 방법, 검사항목 등 필요한 사항은 무엇으로 정하는가?

① 대통령령
② 환경부령
③ 행정안전부령
④ 국토교통부령

> 배출가스 정밀검사의 기준 및 방법, 검사항목 등은 대기환경보전법에 의한 환경부령으로 정한다.

2 베이퍼라이저 1차실 압력 측정에 대한 설명으로 틀린 것은?

① 1차실 압력은 약 0.3kgf/cm² 정도이다.
② 압력 측정 시에는 반드시 시동을 끈다.
③ 압력 조정 스크루를 돌려 압력을 조정한다.
④ 압력 게이지를 설치하여 압력이 규정치가 되는지 측정한다.

> 봄베에서 나온 연료는 약 3kgf/cm²의 고압으로 연료유량 제어가 어렵고 분출량이 커 농후해지므로 베이퍼라이저는 1차 감압실에서 0.3kgf/cm², 2차 감압실에서 대기압에 가깝게 감압한다. 여기서 1차실에서 압력을 감압할 때 연료 차단을 반복하며 감압하므로 시동이 켜져 있어야 한다.
>
> ※ 베이퍼라이저의 1차실 압력측정은 실기시험에 나오며 측정방법 및 필답형도 함께 준비한다.

3 동력행정 말기에 배기밸브를 미리 열어 연소압력을 이용하여 배기가스를 조기에 배출시켜 충전 효율을 좋게 하는 현상은?

① 블로바이(blow by)
② 블로다운(blow down)
③ 블로아웃(blow out)
④ 블로백(blow back)

> • 블로바이 : 실린더 벽 또는 피스톤 링 마모 등으로 인해 압축가스나 폭발가스가 실린더와 피스톤 사이로 새는 현상
> • 블로다운 : 폭발행정 말~배기행정 초에 배기밸브가 열려 배기가스 자체의 압력에 의하여 배기가스가 배출되는 현상
> • 블로백 : 압축 또는 폭발행정일 때 밸브와 밸브 시트 사이에서 가스가 누출되는 현상
> • 블로아웃 오일 : 블로바이 가스 내에 함유되어 엔진 외부로 빠져나가는 오일

4 가솔린 연료 분사장치에서 공기량 계측센서 형식 중 직접계측방식으로 틀린 것은?

① 베인식
② MAP 센서식
③ 칼만 와류식
④ 핫 와이어식

> MAP 센서는 스로틀 밸브 뒤에 흡입다기관의 서지탱크에 설치되며, 흡입 매니폴드의 압력과 진공압의 차를 이용하여 공기유량을 간접적으로 계측한다.

5 고온 327℃, 저온 27℃의 온도 범위에서 작동되는 카르노 사이클의 열효율은 몇 %인가?

① 30   ② 40   ③ 50   ④ 60

> $$\eta_{th} = \frac{W}{Q_1} = \frac{Q_1 - Q_2}{Q_1} = 1 - \frac{Q_2}{Q_1} = 1 - \frac{T_2}{T_1} \times 100\%$$
> W : 일, Q_1 : 공급받는 열량, Q_2 : 방출되는 열량
> T_1 : 고온, T_2 : 저온
> $$\eta_{th} = 1 - \frac{T_2}{T_1} = 1 - \frac{273 + 27}{273 + 327} \times 100\% = 50\%$$

6 가변 밸브 타이밍 장치에 대한 설명으로 틀린 것은?

① 공전 시 밸브 오버랩을 최소화하여 연소 안정화를 이룬다.
② 펌핑 손실을 줄여 연료 소비율을 향상시킨다.
③ 공전 시 흡입 관성효과를 향상시키기 위해 밸브 오버랩을 크게 한다.
④ 중부하 영역에서 밸브 오버랩을 크게 하여 연소실 내의 배기가스 재순환 양을 높인다.

> 가변밸브 타이밍 장치는 엔진 회전수에 따라 밸브의 개폐시기에 변화를 주는 것이다. 저부하(공전) 시 흡배기 밸브가 모두 열린 오버랩이 발생하면 효율이 떨어지므로 오버랩을 줄여 연소안정성을 향상시키고, 중부하 이상에서는 오버랩을 크게 하여 흡기관성을 이용해 충진효율을 높인다.

7 자동차 연료의 특성 중 연소 시 발생한 H_2O가 기체일 때의 발열량은?

① 저 발열량
② 중 발열량
③ 고 발열량
④ 노크 발열량

> 액체연료를 기화시켜 연소하려면 기체상태로 변화하기 위해 증발열(수분을 증발)이 필요한데, 저위 발열량은 이러한 수분 증발열을 뺀 실제로 효용되는 연료의 발열량을 말한다.

8 흡·배기 밸브의 냉각 효과를 증대하기 위해 밸브 스템 중공에 채우는 물질로 옳은 것은?

① 리튬   ② 바륨
③ 알루미늄   ④ 나트륨

밸브스템에 중공(공간을 두어) 상태로 체적의 60% 정도를 금속나트륨으로 채운 구조로, 열을 받으면 액화되어 열을 방출시킨다.

9 LPI 엔진에서 사용하는 가스 온도센서(GTS)의 소자로 옳은 것은?

① 서미스터   ② 다이오드
③ 트랜지스터   ④ 사이리스터

대부분의 온도센서는 NTC 타입 서미스터를 사용한다.

10 가변 흡입 장치에 대한 설명으로 틀린 것은?

① 고속 시 매니폴드의 길이를 길게 조절한다.
② 흡입 효율을 향상시켜 엔진 출력을 증가시킨다.
③ 엔진회전속도에 따라 매니폴드의 길이를 조절한다.
④ 저속 시 흡입관성의 효과를 향상시켜 회전력을 증대한다.

가변흡입장치는 고속 시 매니폴드의 길이를 짧게 하여 출력을 증가시킨다.

11 디젤엔진의 직접 분사실식의 장점으로 옳은 것은?

① 노크의 발생이 쉽다.
② 사용 연료의 변화에 둔감하다.
③ 실린더 헤드의 구조가 간단하다.
④ 타 형식과 비교하여 엔진의 유연성이 있다.

직접 분사실식의 특징

장점	• 실린더 헤드 구조가 간단 • 연소실 표면적이 작아 냉각 손실이 적음 • 분사압력이 가장 높고, 열효율이 가장 높음 • 시동성이 양호 • 연료소비율이 낮음
단점	• 분사펌프와 노즐 등의 수명이 짧다. • 분사노즐의 상태와 연료의 질에 민감하다. • 연료계통의 연료누출의 염려가 크다. • 노크가 일어나기 쉽다.

12 내연기관의 열역학적 사이클에 대한 설명으로 틀린 것은?

① 정적 사이클을 오토 사이클이라고도 한다.
② 정압 사이클을 디젤 사이클이라고도 한다.
③ 복합 사이클을 사바테 사이클이라고도 한다.
④ 오토, 디젤, 사바테 사이클 이외의 사이클은 자동차용 엔진에 적용하지 못한다.

13 CNG(Compressed Natural Gas) 엔진에서 스로틀 압력센서의 기능으로 옳은 것은?

① 대기 압력을 검출하는 센서
② 스로틀의 위치를 감지하는 센서
③ 흡기 다기관의 압력을 검출하는 센서
④ 배기 다기관 내의 압력을 측정하는 센서

통상 CNG 엔진은 터보차져(인터쿨러)를 장착하여 흡입공기를 압축시켜 고밀도 흡기를 공급하는 터보차져와 압축된 공기를 냉각시켜 충전효율을 향상시키는 인터쿨러를 장착한다. 이 때 스로틀밸브바디 뒤에는 MAP센서를 장착하고, 스로틀밸브바디 앞에는 PTP 센서(Pre-throttle pressure, 스로틀 압력센서)를 두어 배기압력을 측정한다. 이 압력값을 토대로 ECU는 터보차져의 웨이스트 게이트 밸브를 작동하는 액추에이터 공기압을 제어하여 과급압을 제어한다.

14 공회전 속도 조절장치(ISA)에서 열림(open)측 파형을 측정한 결과 ON시간이 1 ms 이고, OFF시간이 3 ms일 때, 열림 듀티값은 몇 %인가?

① 25   ② 35   ③ 50   ④ 60

$$열림 듀티값 = \frac{ON\ 시간}{ON\ 시간 + OFF\ 시간} \times 100 = \frac{1}{1+3} = 0.25$$

15 전자제어 모듈 내부에서 각종 고정 데이터나 차량제원 등을 장기적으로 저장하는 것은?

① IFB(Inter Face Box)
② ROM(Read Only Memory)
③ RAM(Random Access Memory)
④ TTL(Transistor Transistor Logic)

• IFB : LPG 연료장치 인터페이스 박스
• RAM : 전원이 꺼지면 데이터가 사라지는 휘발성 메모리로, 저장된 정보 로딩, 연산보조작용, 데이터 일시 저장 등에 사용
• ROM : 비휘발성 메모리로, 데이터를 저장한 후 전원이 꺼져도 지속적으로 데이터를 사용될 수 있도록 한다.
• TTL : 반도체를 이용한 대표적인 논리회로

16 4행정 사이클 기관의 총배기량 1000cc, 축마력 50 PS, 회전수 3000rpm일 때 제동평균 유효압력은 몇 kgf/cm² 인가?

① 11   ② 15   ③ 17   ④ 18

$$4행정 기관의 제동마력(BHP) = \frac{P_{me}ALZN}{2 \times 75 \times 60 \times 100}$$

여기서, P_{me} : 제동평균 유효압력[kgf/cm²]
    A : 실린더 단면적[cm²] ⎤ 총배기량
    L : 피스톤 행정[cm] ⎦ (1cm³ = 1cc)
    Z : 실린더 수
    N : 엔진 회전수

$$\therefore 50\ PS = \frac{P_{me}(kgf/cm^2) \times 1000(cm^3) \times 3,000(rpm)}{2 \times 75(kgf \cdot m/s) \times 60(s) \times 100}$$

$$P_{me} = \frac{2 \times 75 \times 60 \times 100 \times 50}{1000 \times 3000} = 15\ kgf/cm^2$$

chapter **06**

17 최적의 점화시기를 의미하는 MBT(Minimum spark advance for Best Torque)에 대한 설명으로 옳은 것은?

① BTDC 약 10°~15° 부근에서 최대폭발압력이 발생되는 점화시기
② ATDC 약 10°~15° 부근에서 최대폭발압력이 발생되는 점화시기
③ BBDC 약 10°~15° 부근에서 최대폭발압력이 발생되는 점화시기
④ ABDC 약 10°~15° 부근에서 최대폭발압력이 발생되는 점화시기

> MBT는 최대 폭발압력(최대 토크)를 얻는 최소 점화시기라는 뜻으로, 최적의 출력은 피스톤이 상사점 후 10~15° 부근에서 발생되며, 이에 맞추기 위해 점화시기를 진각시킨다.

18 전자제어 가솔린엔진에서 티타니아 산소센서의 경우 전원은 어디에서 공급되는가?

① ECU
② 축전지
③ 컨트롤 릴레이
④ 파워TR

> 지르코니아 방식은 자체 기전력(전압)이 발생하는 방식이고, 티타니아 방식은 스스로 전압을 생성하지 못하고 ECU에서 공급된 전압을 받아 전자 전도체인 티타니아가 주위의 산소분압에 대응하여 변화된 전기저항을 전압으로 변환시켜 ECU로 보낸다.

19 전자제어 가솔린 연료 분사장치에서 흡입 공기량과 엔진 회전수의 입력으로만 결정되는 분사량으로 옳은 것은?

① 기본 분사량
② 엔진시동 분사량
③ 연료차단 분사량
④ 부분 부하 운전 분사량

20 디젤엔진에서 최대분사량이 40cc, 최소분사량이 32cc일 때 각 실린더의 평균 분사량이 34cc 라면 (+) 불균율은 몇 %인가?

① 5.9　② 17.6　③ 20.2　④ 23.5

> (+) 불균율 $= \dfrac{\text{최대 분사량} - \text{평균분사량}}{\text{평균분사량}} \times 100 = \dfrac{40-34}{34} \times 100$
> $= 17.6\%$

2과목　자동차 섀시

21 휠 얼라인먼트의 주요 요소가 아닌 것은?

① 캠버
② 캠 옵셋
③ 셋백
④ 캐스터

> 휠 얼라이먼트 : 캠버, 캐스터, 토인, 킹핀경사각, 셋백

22 ECS 제어에 필요한 센서와 그 역할로 틀린 것은?

① G센서 : 차체의 각속도를 검출
② 차속센서 : 차량의 주행에 따른 차량속도 검출
③ 차고센서 : 차량의 거동에 따른 차체 높이를 검출
④ 조향휠 각도센서 : 조향휠의 현재 조향방향과 각도를 검출

> G센서(가속도센서) : 감쇠력 제어를 위해 차체의 상하운동을 검출

23 최고 출력이 90 PS로 운전되는 기관에서 기계효율이 0.9인 변속장치를 통하여 전달된다면 추진축에서 발생되는 회전수와 회전력은 약 얼마인가? (단, 기관회전수 5000rpm, 변속비는 2.5이다)

① 회전수 : 2456 rpm, 회전력 : 32 kgf·m
② 회전수 : 2456 rpm, 회전력 : 29 kgf·m
③ 회전수 : 2000 rpm, 회전력 : 29 kgf·m
④ 회전수 : 2000 rpm, 회전력 : 32 kgf·m

> **1** 변속비 $= \dfrac{\text{기관회전수}}{\text{추진축회전수}}$, 추진축회전수 $= \dfrac{5000}{2.5} = 2000$ rpm
>
> **2** 추진축의 마력 $=$ 제동마력 × 기계효율 $= 90 \times 0.9 = 81$ PS
> $= \dfrac{TN}{716} = \dfrac{T \times 2000\,\text{rpm}}{716}$
>
> ∴ 회전력(토크) $T = \dfrac{81 \times 716}{2000} = 28.9$ kgf·m
>
> ※ 문제의 최고출력은 크랭크축 출력, 즉 제동마력을 말하며, 변속기를 거쳐 기계효율을 적용한 출력이 추진축의 마력이다.

24 브레이크 파이프 라인에 잔압을 두는 이유로 틀린 것은?

① 베이퍼 록을 방지한다.
② 브레이크의 작동 지연을 방지한다.
③ 피스톤이 제자리로 복귀하도록 도와준다.
④ 휠 실린더에서 브레이크액이 누출되는 것을 방지한다.

25 무단변속기(CVT)의 장점으로 틀린 것은?

① 변속충격이 적다.
② 가속성능이 우수하다.
③ 연료소비량이 증가한다.
④ 연료소비율이 향상된다.

26 노면과 직접 접촉은 하지 않고 충격에 완충작용을 하며 타이어 규격과 기타 정보가 표시된 부분은?

① 비드
② 트레드
③ 카커스
④ 사이드 월

27 엔진 회전수가 2000 rpm으로 주행 중인 자동차에서 수동 변속기의 감속비가 0.8 이고, 차동장치 구동피니언의 잇수가 6, 링기어의 잇수가 30일 때, 왼쪽바퀴가 600 rpm으로 회전한다면 오른쪽 바퀴는 몇 rpm 인가?

① 400   ② 600   ③ 1000   ④ 2000

- 종감속비 $= \dfrac{\text{링기어 기어잇수}}{\text{구동피니언 기어잇수}} = \dfrac{30}{6} = 5$
- 총감속비 = 변속기 × 종감속비 = 0.8 × 5 = 4
- 한쪽 바퀴의 회전수 $= \dfrac{\text{엔진회전수}}{\text{총감속비}} \times 2 - \text{다른쪽 바퀴 회전수}$

$$= \dfrac{2000}{4} \times 2 - 600$$

$$= 1000 - 600 = 400\text{rpm}$$

28 제동 시 뒷바퀴의 록(Lock)으로 인한 스핀을 방지하기 위해 사용되는 것은?

① 딜레이 밸브   ② 어큐뮬레이터
③ 바이패스 밸브   ④ 프로포셔닝 밸브

29 후륜구동 차량의 종감속 장치에서 구동피니언과 링기어 중심선이 편심되어 추진축의 위치를 낮출 수 있는 것은?

① 베벨 기어   ② 스퍼 기어
③ 웜과 웜 기어   ④ 하이포이드 기어

하이포이드 기어는 구동피니언이 링기어 중심보다 10~20% 낮게 편심(옵셋)시켜 차고를 낮추고(승차 공간 확보 유리) 안전성을 증가시킴

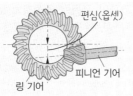
편심(옵셋)
피니언 기어
링 기어

30 전동식 동력 조향장치(MDPS)의 장점으로 틀린 것은?

① 전동모터 구동 시 큰 전류가 흐른다.
② 엔진의 출력 향상과 연비를 절감할 수 있다.
③ 오일 펌프 유압을 이용하지 않아 연결 호스가 필요 없다.
④ 시스템 고장 시 경고등을 점등 또는 점멸시켜 운전자에게 알려준다.

공회전 시 발전기 발전전류는 55~75A 정도인 반면, 전동모터의 순간최대 전류는 75~100A까지 커질 수 있으므로 공전 시 아이들 보상이 필요하다.
※ 장점을 묻는 문제임에 주의

31 현재 실용화된 무단변속기에 사용되는 벨트 종류 중 가장 널리 사용되는 것은?

① 고무벨트   ② 금속벨트
③ 금속체인   ④ 가변체인

32 공기식 제동장치의 특성으로 틀린 것은?

① 베이퍼 록이 발생하지 않는다.
② 차량의 중량에 제한을 받지 않는다.
③ 공기가 누출되어도 제동 성능이 현저히 저하되지 않는다.
④ 브레이크 페달을 밟는 양에 따라서 제동력이 감소되므로 조작하기 쉽다.

공기식 제동장치는 제동력이 브레이크 페달을 밟는 양에 비례하므로 조작이 쉽다.

33 자동차에서 사용하는 휠 스피드 센서의 파형을 오실로스코프로 측정하였다. 파형의 정보를 통해 확인할 수 없는 것은?

① 최저 전압   ② 평균 저항
③ 최고 전압   ④ 평균 전압

휠스피드 센서의 파형은 교류파형으로 오실로스코프에서는 시간에 따른 전압정보만 확인할 수 있다.

34 대부분의 자동차에서 2회로 유압 브레이크를 사용하는 주된 이유는?

① 안전상의 이유 때문에
② 더블 브레이크 효과를 얻을 수 있기 때문에
③ 리턴 회로를 통해 브레이크가 빠르게 풀리게 할 수 있기 때문에
④ 드럼 브레이크와 디스크 브레이크를 함께 사용할 수 있기 때문에

통상 탠덤 마스터 실린더를 이용하여 앞·뒤 브레이크로 2회로로 분리시켜 제동안정성을 향상시킨다.

35 선회 시 자동차의 조향 특성 중 전륜 구동보다는 후륜구동 차량에 주로 나타나는 현상으로 옳은 것은?

① 오버 스티어   ② 언더 스티어
③ 토크 스티어   ④ 뉴트럴 스티어

- 오버 스티어링 → 후륜구동 차량
  (구동축인 뒷바퀴가 접지력을 잃고 미끄러지기 쉬움)
- 언더 스티어링 → 전륜구동 차량
  (전륜쪽이 무거워 전륜쪽이 밀려나기 쉬움)

36 중량 1350 kgf의 자동차의 구름저항계수가 0.02이면 구름저항은 몇 kgf인가?

① 13.5   ② 27   ③ 54   ④ 67.5

구름저항 $R_r = \mu_r \times W = 0.02 \times 1350 = 27[\text{kgf}]$

37 자동변속기 컨트롤유닛과 연결된 각 센서의 설명으로 틀린 것은?

① VSS(Vehicle Speed Sensor) – 차속 검출
② MAF(Mass Airflow Sensor) – 엔진 회전속도 검출
③ TPS(Throttle position Sensor) – 스로틀밸브 개도 검출
④ OTS(Oil Temperature Sensor) – 오일 온도 검출

엔진 회전속도 검출은 크랭크각센서(CPS)의 역할이다.

38 CAN 통신이 적용된 전동식 동력 조향 장치(MDPS)에서 EPS 경고등이 점등(점멸) 될 수 있는 조건으로 틀린 것은?

① 자기 진단 시
② 토크센서 불량
③ 컨트롤 모듈 측 전원 공급 불량
④ 핸들위치가 정위치에서 ±2° 틀어짐

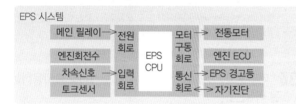

EPS 시스템

39 수동변속기의 클러치 차단 불량 원인은?

① 자유간극 과소
② 릴리스 실린더 소손
③ 클러치판 과다 마모
④ 쿠션스프링 장력 약화

클러치 차단 불량
• 클러치 베어링 불량
• 클러치 페달의 자유간극이 클 때
• 릴리스 실린더, 릴리스 포크 마모 소손
• 클러치판의 런아웃이 클 때
• 플라이 휠 및 압력판이 변형

40 전자제어 에어 서스펜션의 기본 구성품으로 틀린 것은?

① 공기압축기
② 컨트롤 유닛
③ 마스터 실린더
④ 공기저장 탱크

마스터 실린더는 제동장치의 구성품이다.

41 용량이 90 Ah인 배터리를 3A의 전류로 몇 시간 동안 방전시킬 수 있는가?

① 15   ② 30
③ 45   ④ 60

축전지 용량[Ah] = 방전전류[A]×방전시간[h]이므로
90 [Ah] = 3 [A]×x [h], x = 30 [h]

42 점화 1차 파형에 대 한 설명으로 옳은 것은?

① 최고 점화전압은 15~20kV의 전압이 발생한다.
② 드웰구간은 점화 1차 전류가 통전되는 구간이다.
③ 드웰구간이 짧아질수록 1차 점화 전압이 높게 발생한다.
④ 스파크 소멸 후 감쇄 진동구간이 나타나면 점화 1차코일의 단선이다.

① 1차 파형의 최고 점화전압은 200~300V이며, 2차 파형의 경우 10~15kV이다.
③ 드웰구간이 짧아질수록 쌓이는 전자가 적으므로 전압이 낮아진다.
④ 감쇄 진동구간은 점화 코일 및 회로의 커패시터 성분에 의한 것으로, 코일 불량(단선 등)이 발생하면 커패시터 성분으로 인한 감쇄진동구간(LC 공진)이 나타나지 않는다.
※ 점화파형에 대한 문제는 출제빈도가 높음

43 전자제어 구동력 조절장치(TCS)의 컴퓨터는 구동바퀴가 헛돌지 않도록 최적의 구동력을 얻기 위해 구동 슬립률이 몇 %가 되도록 제어하는가?

① 약 5~10%   ② 약 15~20%
③ 약 25~30%   ④ 약 35~40%

TCS는 미끄러운 노면에서 출발 또는 가속 시 스핀을 방지하기 위해 바퀴와 노면과의 슬립률을 최저값으로 유지하기 위해 약 15~20%로 제어한다. (※ 일반적으로 10~30%임)

44 저항의 도체에 전류가 흐를 때 주행 중에 소비되는 에너지는 전부 열로 되고, 이 때의 열을 줄열(H)이라고 한다. 이 줄열(H)을 구하는 공식으로 틀린 것은? (단, E는 전압, I는 전류, R은 저항, t는 시간이다.)

① $H = 0.24EIt$ ② $H = 0.24E^2It$
③ $H = 0.24\dfrac{E^2}{R}t$ ④ $H = 0.24I^2Rt$

이 문제는 '줄열'의 기본 공식에 오옴의 법칙을 반영한 것이다.
$H = 0.24I^2Rt = 0.24IIRt = 0.24EIt$
$\rightarrow 0.24(\dfrac{E}{R})^2Rt = 0.24\dfrac{E^2}{R}t$

45 그림과 같은 논리(logic)게이트 회로에서 출력상태로 옳은 것은?

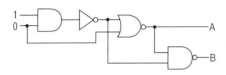

① A = 0, B = 0   ② A = 1, B = 1

③ A = 1, B = 0   ④ A = 0, B = 1

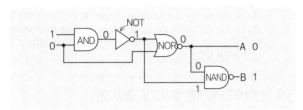

46 병렬형 하드 타입의 하이브리드 자동차에서 HEV모터에 의한 엔진 시동 금지 조건인 경우, 엔진의 시동은 무엇으로 하는가?

① HEV 모터   ② 블로워 모터

③ 기동 발전기(HSG)   ④ 모터 컨트롤 유닛(MCU)

하이브리드 자동차는 고전압 배터리를 포함한 모든 전기동력시스템이 정상일 경우 모터를 이용한 엔진 시동을 한다. 아래 조건에서 HCU는 모터를 이용한 엔진 시동을 금지시키고 HSG를 작동시켜 엔진 시동을 제어한다.

※ HEV 모터에 의한 엔진시동 금지 조건
- 고전압 배터리 온도가 약 −10℃ 이하 또는 45℃ 이상
- 모터컨트롤모듈(MCU) 인버터 온도가 94℃ 이상
- 고전압 배터리 충전량이 18% 이하
- 엔진 냉각 수온이 −10℃ 이하
- ECU / MCU / BMS / HCU 고장 감지된 경우

47 냉방장치의 구성품으로 압축기로부터 들어온 고온고압의 기체 냉매를 냉각시켜 액체로 변환시키는 장치는?

① 증발기   ② 응축기

③ 건조기   ④ 팽창 밸브

에어컨 순환과정
압축기 → 응축기 → 팽창밸브 → 증발기 → 압축기
　　고온고압 기체　고온고압 액체　저온저압 액체　저온저압 기체

48 에어컨 시스템이 정상 작동 중일 때 냉매의 온도가 가장 높은 곳은?

① 압축기와 응축기 사이   ② 응축기와 팽창밸브 사이

③ 팽창밸브와 증발기 사이   ④ 증발기와 압축기 사이

고온고압 영역에서 기체 상태일 때 온도가 높으므로 압축기와 응축기 사이이다.

49 할로겐 전조등에 비하여 고휘도 방전(HID) 전조등의 특징으로 틀린 것은?

① 광도가 향상된다.

② 전력소비가 크다.

③ 조사거리가 향상된다.

④ 전구의 수명이 향상된다.

HID 전조등은 필라멘트가 없이 전자가 형광물질과 부딪히며 빛을 발산한다. 밝고 선명하며 전력소비가 적은 특징이 있다.

50 다음 중 배터리 용량 시험 시 주의 사항으로 가장 거리가 먼 것은?

① 기름 묻은 손으로 테스터 조작은 피한다.

② 시험은 약 10~15초 이내에 하도록 한다.

③ 전해액이 옷이나 피부에 묻지 않도록 한다.

④ 부하 전류는 축전지 용량의 5배 이상으로 조정하지 않는다.

부하 전류는 축전지 용량의 3배 이하로 한다.

51 점화순서가 1-5-3-6-2-4인 직렬 6기통 가솔린 엔진에서 점화장치가 1코일 2실린더(DLI)일 경우 1번 실린더와 동시에 불꽃이 발생되는 실린더는?

① 3번   ② 4번

③ 5번   ④ 6번

이 지문은 DLI 점화방식의 원리를 묻는 문제로, '1코일 2실린더(DLI)'가 언급되었으므로 동시 점화방식임을 알 수 있다. 6기통은 1-6, 2-5, 3-4 실린더의 크랭크핀이 각각 동일 방향으로 120°의 각도로 3방향으로 배열되어 있다.

52 빛과 조명에 관한 단위와 용어의 설명으로 틀린 것은?

① 광속(luminous flux)이란 빛의 근원 즉, 광원으로부터공간으로 발산되는 빛의 다발을 말하는데, 단위는 루멘(lm : lumen)을 사용한다.

② 광밀도(luminance)란 어느 한 방향의 단위 입체각에 대한 광속의 방향을 말하며 단위는 칸델라(cd : candela)이다.

③ 조도(illuminance)란 피조면에 입사되는 광속을 피조면 단면적으로 나눈 값으로서, 단위는 룩스(Lx)이다.

④ 광효율(luminous efficiency)이란 방사된 광속과 사용된 전기에너지의 비로서, 100W 전구의 광속이 1380 lm이라면 광효율은 1380 lm/100W = 13.8 lm/W가 된다.

광밀도 : 단면적 당 광도[cd/m²]를 말한다. 즉, 일정한 단면적 내의 빛의 세기를 나타낸다.

※ ②의 내용은 광도[cd]에 대한 설명이다.

chapter **06**

53 하드타입의 하이브리드 차량이 주행 중 감속 및 제동할 경우 차량의 운동에너지를 전기에너지로 변환하여 고전압배터리를 충전하는 것은?

① 가속제동
② 감속제동
③ 제생제동
④ 회생제동

54 기동전동기의 작동원리는?

① 렌츠의 법칙
② 앙페르 법칙
③ 플레밍의 왼손 법칙
④ 플레밍의 오른손 법칙

55 윈드 실드 와이퍼가 작동하지 않는 원인으로 틀린 것은?

① 퓨즈 단선
② 전동기 브러시 마모
③ 와이퍼 블레이드 노화
④ 전동기 전기자 코일의 단선

56 계기판의 유압 경고등 회로에 대한 설명으로 틀린 것은?

① 시동 후 유압 스위치 접점은 ON 된다.
② 점화스위치 ON 시 유압 경고등이 점등된다.
③ 시동 후 경고등이 점등되면 오일양 점검이 필요하다.
④ 압력 스위치는 유압에 따라 ON/OFF 된다.

> 유압 경고등은 유압이 규정값 이하로 떨어지는 경우 스프링 장력으로 스위치 접점이 닫혀 경고등이 점등되는 것으로, 시동 후 유압 스위치 접점이 ON이 되는 것은 아니다. 또한, 점화스위치 ON(시동 OFF) 상태에서 유압경고등은 점등된 후 자기진단하여 이상이 없을 경우 약 3초 후 소등되면 정상이다.

57 점화 2차 파형의 점화전압에 대한 설명으로 틀린 것은?

① 혼합기가 희박할수록 점화전압이 높아진다.
② 실린더 간 점화전압의 차이는 약 10kV 이내이어야 한다.
③ 점화플러그 간극이 넓으면 점화전압이 높아진다.
④ 점화전압의 크기는 점화 2차 회로의 저항과 비례한다.

점화전압의 크기에 영향을 미치는 요인

요인	증가	감소
혼합비	희박할 때	농후할 때
점화플러그 간극	넓어질 때	좁아질 때
2차회로의 저항	클 때	작을 때
압축압력	높을 때	낮을 때

② 실린더 간 점화전압의 차이는 약 3kV 이내이어야 한다.

58 디지털 오실로스코프에 대한 설명으로 틀린 것은?

① AC전압과 DC전압 모두 측정이 가능하다.
② X축에서는 시간, Y축에서는 전압을 표시한다.
③ 빠르게 변화하는 신호를 판독이 편하도록 트리거링할 수 있다.
④ UNI(Unipolar) 모드에서 Y축은 (+), (−)영역을 대칭으로 표시한다.

> • 오실로스코프의 화면설정
> – BI(bipolar) : 0레벨을 기준으로 (+), (−) 영역으로 출력
> – UNI(unipolar) : 0레벨을 기준으로 (+) 영역만 출력
> ※ 트리거링(triggering) : '방아쇠'를 의미하는데, 총을 맞으면 멈추듯이 화면상에서 파형이 빠르게 흘러갈 때 펄스폭, 패턴 등을 설정하여 사용자가 원하는 특정 신호(이상 신호)를 찾으면 신호를 정지(고정)시켜 판독이 편하도록 한다.

59 점화코일에 대한 설명으로 틀린 것은?

① 1차 코일보다 2차 코일의 권수가 많다.
② 1차 코일의 저항이 2차 코일의 저항보다 작다.
③ 1차 코일의 배선 굵기가 2차 코일보다 가늘다.
④ 1차 코일에서 발생되는 전압보다 2차 코일에서발생되는 전압이 높다.

1·2차 코일의 비교

권선수	1차 코일 < 2차 코일
저항	1차 코일 < 2차 코일
유도전압	1차 코일 < 2차 코일
굵기	1차 코일 > 2차 코일

60 지름 2mm, 길이 100cm인 구리선의 저항은?
(단, 구리선의 고유저항은 1.69 $\mu\Omega \cdot m$이다)

① 약 0.54 Ω ② 약 0.72 Ω
③ 약 0.9 Ω ④ 약 2.8 Ω

> 저항 $R = \rho \dfrac{l}{A}$
>
> ρ : 고유저항[$\Omega \cdot m$] l : 길이[m] A : 단면적[m²]
>
> $R = 1.69 \times 10^{-6}[\Omega \cdot m] \times \dfrac{1[m]}{0.785 \times (2 \times 10^{-3})^2 [m^2]} = 0.538 \ \Omega$

2020년 3회

자동차 엔진

※ 출제범위 아님

1 윤활장치에서 오일 여과기의 여과방식이 아닌 것은?

① 비산식 ② 전류식
③ 분류식 ④ 샨트식

• 윤활 방식 : 비산식, 압송식, 비산압송식
• 오일 여과방식 : 전류식, 분류식, 샨트식

2 엔진이 과냉되었을 때의 영향이 아닌 것은?

① 연료의 응결로 연소가 불량
② 연료가 쉽게 기화하지 못함
③ 조기 점화 또는 노크가 발생
④ 엔진 오일의 점도가 높아져 시동할 때 회전저항이 커짐

조기 점화 또는 노크는 과열 시 발생하기 쉽다.

3 냉각계통의 수온 조절기에 대한 설명으로 틀린 것은?

① 펠릿형은 냉각수 온도가 60℃ 이하에서 최대한 열려 냉각수 순환을 잘 되게 한다.
② 수온 조절기는 엔진의 온도를 알맞게 유지한다.
③ 펠릿형은 왁스와 합성고무를 봉입한 형식이다.
④ 수온 조절기는 벨로즈형과 펠릿형이 있다.

펠릿형은 약 80℃에서 열리기 시작해서 95℃에서 최대로 열린다.

4 운행차 배출가스 정기검사 및 정밀검사의 검사항목으로 틀린 것은?

① 휘발유 자동차 운행차 배출가스 정기검사 :
일산화탄소, 탄화수소, 공기과잉률
② 휘발유 자동차 운행차 배출가스 정밀검사 :
일산화탄소, 탄화수소, 질소산화물
③ 경유 자동차 운행차 배출가스 정기검사 : 매연
④ 경유 자동차 운행차 배출가스 정밀검사 :
매연, 엔진최대출력검사, 공기과잉률

공기과잉률 검사는 휘발유 또는 가스 자동차에 해당된다.

5 디젤기관에서 경유의 착화성과 관련하여 세탄 60cc, α-메틸나프탈린 40cc를 혼합하면 세탄가(%)는?

① 70 ② 60 ③ 50 ④ 40

$$세탄가(C.N) = \frac{세탄}{세탄 + \alpha-메틸나프탈린} \times 100\%$$
$$= \frac{60}{60+40} \times 100\% = 60\%$$

6 전자제어 연료분사장치에서 제어방식에 의한 분류 중 흡기압력 검출방식을 의미하는 것은?

① K-Jetronic ② L-Jetronic
③ D-Jetronic ④ Mono-Jetronic

① K-Jetronic : 기계적 분사식
② L-Jetronic : 베인식, 칼만와류식, 열선식, 열막식
③ D-Jetronic : MAP 센서식 (절대압력 검출)
④ Mono-Jetronic : SPI 방식의 연료분사방식

7 기관의 점화순서가 1-6-2-5-8-3-7-4인 8기통 기관에서 5번 기통이 압축 초에 있을 때 8번 기통은 무슨 행정과 가장 가까운가?

① 폭발 초 ② 흡입 중
③ 배기 말 ④ 압축 중

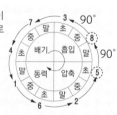

문제에서 초·중·말이 있으므로 그림과 같이 6기통 다이어그램을 이용한다. 8기통이므로 720°/8 = 90°간격으로 배열된다. 그러므로 먼저 압축 초에 5번 실린더를 표시한 후 이를 기준으로 8등분하고 시계반대방향(CCW)으로 점화순서대로 표시하면 8번 기통은 흡입 중·말 사이에 있음을 알 수 있다.

8 전자제어 가솔린엔진에서 기본적인 연료분사시기와 점화시기를 결정하는 주요 센서는?

① 크랭크축 위치센서(Crankshaft Position Sensor)
② 냉각 수온 센서(Water Temperature Sensor)
③ 공전 스위치 센서(Idle Switch Sensor)
④ 산소 센서(O₂ Sensor)

크랭크축 위치센서(CKPS)는 피스톤의 상사점을 검출하여 연료분사시기와 점화시기를 결정한다.

chapter 06

9 자동차관리법상 저속전기자동차의 최고속도(km/h) 기준은? (단, 차량 총중량이 1361 kg을 초과하지 않음)

① 20 　　　　　 ② 40
③ 60 　　　　　 ④ 80

> '저속전기자동차'란, 최고속도가 60km/h를 초과하지 않고, 차량 총중량이 1,361kg을 초과하지 않는 전기자동차를 말한다. (「자동차관리법」 제35조의2 및 「자동차관리법 시행규칙」 제57조의2)

10 가솔린 연료 200cc를 완전 연소시키기 위한 공기량(kg)은 약 얼마인가? (단, 공기와 연료의 혼합비는 15 : 1, 가솔린의 비중은 0.73이다)

① 2.19 　　　　　 ② 5.19
③ 8.19 　　　　　 ④ 11.19

> 가솔린의 중량 = 체적×밀도
> 　　　　　　 = $200[cm^3] × 0.73[g/cm^3] = 146[g]$
> $15 : 1 = x : 146g, ∴ x = 146 × 15 = 2190[g] = 2.19[kg]$
> ※ 가솔린의 비중 = $\dfrac{가솔린의 밀도}{물의 밀도}$ 이며, 물의 밀도는 $1[g/cm^3]$
> 　 이므로 가솔린의 밀도 = $0.73[g/cm^3]$이다.
> ※ $1[cc] = 1[cm^3]$

11 다음 중 전자제어엔진에서 스로틀 포지션 센서와 기본 구조 및 출력 특성이 가장 유사한 것은?

① 크랭크 각 센서
② 모터 포지션 센서
③ 액셀러레이터 포지션 센서
④ 흡입 다기관 절대압력 센서

> 스로틀 포지션 센서와 액셀러레이터 포지션 센서는 구조상 동일한 가변저항 방식으로 정상운행상태에서 0.5~4.5V 사이로 출력하는 특성이 있다.
> ① : 인덕티브 방식, 홀센서 방식
> ② : 가변저항식, 스텝모터 방식
> ④ : 압전소자(피에조) 방식

12 밸브 오버랩에 대한 설명으로 틀린 것은?

① 흡·배기 밸브가 동시에 열려 있는 상태이다.
② 공회전 운전 영역에서는 밸브 오버랩을 최소화한다.
③ 밸브 오버랩을 통한 내부 EGR제어가 가능하다.
④ 밸브 오버랩은 상사점과 하사점 부근에서 발생한다.

> ② 공회전 영역에서는 밸브 오버랩이 과도하면 잔류 가스량이 증가되어 체적효율이 저하되어 공회전이 어려울 수 있다. (통상 오버랩은 중부하에서는 장점이나, 저·고속에서는 효율적이지 못하다)
> ③ EGR 량은 흡기관 부압의 크기와 밸브 오버랩에서 크게 변함(CVVT는 중부하에서 밸브 오버랩을 크게 하여 흡기관 부하를 저하시켜 연비 향상 및 내부 EGR을 높여 NOx 및 HC를 제어)
> ④ 밸브 오버랩은 상사점 부근에서만 발생한다.

13 커먼레일 디젤엔진의 솔레노이드 인젝터 열림(분사 개시)에 대한 설명으로 틀린 것은?

① 솔레노이드 코일에 전류를 지속적으로 가한 상태이다.
② 공급된 연료는 계속 인젝터 내부에 유입된다.
③ 노즐 니들을 위에서 누르는 압력은 점차 낮아진다.
④ 인젝터 아랫부분의 제어 플런저가 내려가면서 분사가 개시된다.

> 인젝터의 작동 : 인젝터 노즐까지 항상 고압의 연료가 유입된 상태에서 솔레노이드 코일의 강한 자력으로 아마추어 플레이트-밸브바디를 당김 → 밸브바디와 결합된 제어 플런저(피스톤 밸브)가 올라감 → 밸브바디의 볼이 빠지며 인젝터 흡입부의 연료가 연료탱크로 빠져나감 → 압력이 낮아져 인젝터 하부의 연료압과의 차에 의해 니들밸브가 노즐을 누르는 압력이 낮아지며 올라감 → 노즐이 열려 분사가 개시된다. 즉, 인젝터 아랫부분의 니들밸브가 연료압 차이에 의해 올라가며 분사가 개시된다.
> ※ 인젝터의 작동원리에 대한 이해를 요구하는 문제이다. (본문 이미지 참조)

14 내연기관의 열손실을 측정한 결과 냉각수에 의한 손실이 30%, 배기 및 복사에 의한 손실이 30%였다. 기계효율이 85%라면 정미열효율은?

① 28 　　　　　 ② 30
③ 32 　　　　　 ④ 34

> • 도시 열효율 = 100% − 손실열효율(각종 기계적 손실의 합)
> 　　　　　　 = 100 − (30+30) = 40%
> • 제동 열효율 = $\dfrac{도시\ 열효율 × 기계효율}{100} = \dfrac{40 × 85}{100} = 34\%$

15 LPG 연료의 장점에 대한 설명으로 틀린 것은?

① 대기오염이 적고 위생적이다.
② 노킹이 일어나지 않아 기관의 정숙하다.
③ 퍼컬레이션으로 인해 연료 효율이 증가한다.
④ 기관오일을 더럽히지 않으며 기관의 수명이 길다.

> **LPG기관의 특징**
> • 프로판(70% 이상)과 부탄(30% 이하)이 주성분
> • 옥탄가가 높아 노킹이 적음
> • 연소효율이 좋다.
> • 열에 의한 베이퍼록이나 퍼컬레이션 등이 발생되지 않음
> • 카본퇴적이 적어 점화플러그 수명 연장 및 배기계통의 부식이 적음
> • 대기오염이 적고, 배기성능 우수
> 　연료장치 내에 연료가 열을 받아 부피가 팽창하여 연료공급이 과다해져 농후하게 된다.

16 전자제어 가솔린 엔진에서 연료분사장치의 특징으로 틀린 것은?

① 응답성 향상
② 냉간 시동성 저하
③ 연료소비율 향상
④ 유해 배출가스 감소

17 전자제어 가솔린 엔진에서 흡입 공기량 계측 방식으로 틀린 것은?

① 베인식
② 열막식
③ 칼만 와류식
④ 피드백 제어식

18 연료 여과기의 오버플로 밸브의 역할로 틀린 것은?

① 공급 펌프의 소음 발생을 억제한다.
② 운전 중 연료에 공기를 투입한다.
③ 분사펌프의 엘리먼트 각 부분을 보호한다.
④ 공급펌프와 분사펌프 내의 연료 균형을 유지한다.

> 오버플로 밸브는 여과된 연료압이 상승할 경우 연료탱크로 바이패스시켜 유량(연료압)을 일정하게 유지시켜 분사펌프 부품에 고압이 걸리지 않게 한다.

19 자동차의 에너지소비효율 및 등급표시에 관한 규정에서 자동차 에너지 소비효율의 종류로 틀린 것은? (단, 국내 제작 자동차로 국한한다)

① 고속도로주행 에너지 소비효율
② 복합 에너지 소비효율
③ 평균 에너지 소비효율
④ 도심주행 에너지 소비효율

> 「자동차의 에너지소비효율 및 등급표시에 관한 규정」 중 '에너지소비효율 및 등급 표시의무와 표시방법(10조②항)'의 에너지 소비효율의 종류
> • 도심주행 에너지소비효율
> • 고속도로주행 에너지소비효율
> • 복합 에너지소비효율

20 일반적으로 자동차용 크랭크축 재질로 사용하지 않는 것은?

① 마그네슘 – 구리강
② 크롬–몰리브덴강
③ 니켈–크롬강
④ 고탄소강

> 크랭크축의 재질 : 고탄소강, 크롬–몰리브덴강, 니켈–크롬강, 질화강, 구상흑연주철 등

21 무단변속기(CVT)의 구동 풀리와 피동 풀리에 대한 설명으로 옳은 것은?

① 구동 풀리 반지름이 크고 피동 풀리의 반지름이 작을 경우 증속된다.
② 구동 풀리 반지름이 작고 피동 풀리의 반지름이 클 경우 증속된다.
③ 구동 풀리 반지름이 크고 피동 풀리의 반지름이 작을 경우 역전 감속된다.
④ 구동 풀리 반지름이 작고 피동 풀리의 반지름이 클 경우 역전 증속된다.

> 구동 풀리 반지름↑, 피동 풀리 반지름↓ : 증속
> 구동 풀리 반지름↓, 피동 풀리 반지름↑ : 감속

22 기관의 최대토크 20kgf·m, 변속기의 제1변속비 3.5, 종감속비 5.2, 구동바퀴의 유효반지름이 0.35m일 때 자동차의 구동력(kgf)은? (단, 엔진과 구동바퀴 사이의 동력전달효율은 0.45 이다.)

① 468
② 368
③ 328
④ 268

> 구동력 $F = \dfrac{T_s}{r} = \dfrac{T_e \times R_T \times \eta_m}{r}$ [kgf]
>
> (T_s : 액슬축의 회전력, T_e : 엔진 회전력, R_T : 총감속비, η_m : 동력전달효율, r : 타이어 반경)
>
> $F = \dfrac{20[\text{kgf·m}] \times (3.5 \times 5.2) \times 0.45}{0.35[\text{m}]} = 468$ [kgf]
>
> ※ 개념이해는 225페이지 참조

23 오버 드라이브(over drive) 장치에 대한 설명으로 틀린 것은?

① 기관의 수명이 향상되고 운전이 정숙하게 되어 승차감이 향상된다.
② 속도가 증가하기 때문에 윤활유의 소비가 많고 연료 소비가 증가한다.
③ 기관의 여유출력을 이용하였기 때문에 기관의 회전속도를 약 30% 정도 낮추어도 그 주행속도를 유지할 수 있다.
④ 자동변속기에서도 오버 드라이브가 있어 운전자의 의지(주행속도, TPS 개도량)에 따라 그 기능을 발휘하게 된다.

> **오버 드라이브 장치의 특징**
> • 엔진의 여유출력을 이용하여 엔진의 회전속도를 약 30% 정도 낮추어도 주행속도를 그대로 유지한다.
> • 연료소비율의 향상 및 기관 소음 감소
> • 엔진의 수명 향상 및 정숙 운전

chapter **06**

24 기관의 토크가 14.32kgf·m이고, 2500rpm으로 회전하고 있다. 이 때 클러치에 의해 전달되는 마력(PS)은? (단, 클러치의 미끄럼은 없는 것으로 가정한다.)

① 40   ② 50   ③ 60   ④ 70

$$마력 \ P = T \times \omega = T \times \frac{2\pi N}{60} = \frac{2\pi NT}{60}[kgf \cdot m/s]$$

$$P = \frac{2\pi \times 2500 \times 14.32}{60 \times 75} = 49.96 \ [PS]$$
$$\hookrightarrow 1[ps] = 75[kgf \cdot m/s]$$

※ 마력에 관한 문제는 토크×각속도, 힘×속도에서 유도한다.

25 전자제어 동력 조향장치에서 다음 주행 조건 중 운전자에 의한 조향 휠의 조작력이 가장 작은 것은?

① 40km/h 주행 시   ② 80km/h 주행 시
③ 120km/h 주행 시   ④ 160km/h 주행 시

저속에서는 조작력이 작고, 고속에서는 조작력이 크다.

※ 출제범위 아님

26 클러치의 구성부품 중 릴리스 베어링(Release bearing)의 종류에 해당하지 않는 것은?

① 카본형   ② 볼 베어링형
③ 니들 베어링형   ④ 앵귤러 접촉형

릴리스 베어링의 종류 :
카본형, 볼베어링, 앵귤러 접촉형
※ 니들 베어링 : 롤러베어링보다 길이가 길고 가는 형태로 변속기나 자재이음에 쓰이며, 큰 하중을 담당한다.

니들롤러 베어링

27 제동 시 슬립률(λ)을 구하는 공식은? (단, 자동차의 주행 속도는 V, 바퀴의 회전속도 V_w이다.)

① $\lambda = \dfrac{V - V_w}{V} \times 100(\%)$ ② $\lambda = \dfrac{V}{V - V_w} \times 100(\%)$

③ $\lambda = \dfrac{V_w - V}{V_w} \times 100(\%)$ ④ $\lambda = \dfrac{V_w}{V_w - V} \times 100(\%)$

$$슬립률(\lambda) = \frac{주행\ 속도 - 바퀴\ 속도}{주행\ 속도} \times 100(\%)$$

28 자동차 제동장치가 갖추어야 할 조건으로 틀린 것은?

① 최고속도와 차량의 중량에 대하여 항상 충분한 제동력을 발휘할 것
② 신뢰성과 내구성이 우수할 것
③ 조작이 간단하고 운전자에게 피로감을 주지 않을 것
④ 고속주행 상태에서 급제동 시 모든 바퀴에 제동력이 동일하게 작용할 것

29 전동식 동력 조향장치(Motor Driven Power Steering) 시스템에서 정차 중 핸들 무거움 현상의 발생원인이 아닌 것은?

① MDPS CAN 통신선의 단선
② MDPS 컨트롤 유닛측의 통신 불량
③ MDPS 타이어 공기압 과다주입
④ MDPS 컨트롤 유닛측 배터리 전원공급 불량

①, ②, ④의 이유로 MDPS 제어가 안될 경우 조종은 가능하지만 핸들의 무거움 등 조종성이 나빠진다.

30 공기 브레이크의 주요 구성부품이 아닌 것은?

① 브레이크 밸브   ② 레벨링 밸브
③ 릴레이 밸브   ④ 언로더 밸브

공기 브레이크의 구성부품
공기 압축기 및 공기탱크, 언로더 밸브, 압력조정기, 브레이크 밸브, 릴레이 밸브, 퀵 릴리스 밸브, 브레이크 챔버 및 캠 등
※ 레벨링 밸브는 차고를 조절하는 공기식 현가장치의 구성품이다.

31 브레이크 장치의 프로포셔닝 밸브에 대한 설명으로 옳은 것은?

① 바퀴의 회전속도에 따라 제동시간을 조절한다.
② 바깥 바퀴의 제동력을 높여서 코너링 포스를 줄인다.
③ 급제동시 앞바퀴보다 뒷바퀴가 먼저 제동되는 것을 방지한다.
④ 선회 시 조향 안정성 확보를 위해 앞바퀴의 제동력을 높여준다.

32 ABS 컨트롤 유닛(제어모듈)에 대한 설명으로 틀린 것은?

① 휠의 회전속도 및 가·감속을 계산한다.
② 각 바퀴의 속도를 비교·분석한다.
③ 미끄럼 비를 계산하여 ABS 작동 여부를 결정한다.
④ 컨트롤 유닛이 작동하지 않으면 브레이크가 전혀 작동하지 않는다.

ABS 기능이 상실되어도 일반 제동은 가능하다.

33 센터 디퍼렌셜 기어장치가 없는 4WD 차량에서 4륜 구동 상태로 선회시 브레이크가 걸리는 듯한 현상은?

① 타이트 코너 브레이킹
② 코너링 언더 스티어
③ 코너링 요 모멘트
④ 코너링 포스

타이트 코너 브레이킹 : 네 개의 바퀴가 회전할 때 전륜과 후륜의 회전반경이 다르므로 타이어 회전수가 달라진다. 센터 디퍼렌셜이 없는 파트타임 4WD는 전·후륜의 회전이 같다. 따라서 같이 돌아가는 바퀴가 브레이크 역할을 한다. 회전 반경이 작을수록 안쪽과 바깥쪽의 차이는 커지고 브레이크 현상이 뚜렷해진다.

34 자동차를 옆에서 보았을 때 킹핀의 중심선이 노면에 수직인 직선에 대하여 어느 한쪽으로 기울어져 있는 상태는?

① 캐스터 　　　　② 캠버
③ 셋백 　　　　　④ 토인

35 전동식 동력조향장치의 입력 요소 중 조향핸들의 조작력 제어를 위한 신호가 아닌 것은?

① 토크 센서 신호 　　② 차속 센서 신호
③ G센서 신호 　　　④ 조향각 센서 신호

전동식 동력조향장치의 입력 요소
토크 센서(조향휠 조작력 검출), 조향각 센서, 차속 센서,
엔진 회전수

36 구동력이 108kgf인 자동차가 100km/h로 주행하기 위한 엔진이 소요마력(PS)은?

① 20 　　② 40 　　③ 80 　　④ 100

$$마력 = 힘 \times 속도 = 108 \times \frac{100}{3.6} = 3000 \, [kgf \cdot m/s]$$
$$= \frac{3000}{75} = 40 \, [PS]$$

37 전자제어 현가장치에서 안티 스쿼드(Anti-squat) 제어의 기준신호로 사용되는 것은?

① G 센서 신호
② 프리뷰 센서 신호
③ 스로틀 포지션 센서 신호
④ 브레이크 스위치 신호

스쿼드는 가속시 앞쪽이 들리고 뒤쪽이 내려앉는 것을 말하며, 이를 제어하기 위해 가속 페달과 관련있는 스로틀 포지션 센서를 기준신호로 사용한다.

38 전자제어 현가장치에 대한 설명으로 틀린 것은?

① 조향각센서는 조향 휠의 조향각도를 감지하여 제어모듈에 신호를 보낸다.
② 일반적으로 차량의 주행상태를 감지하기 위해서는 최소 3점의 G센서가 필요하며 차량의 상하 움직임을 판단한다.
③ 차속센서는 차량의 주행속도를 감지하며 앤티 다이브, 앤티 롤, 고속안정성 등을 제어할 때 입력신호로 사용된다.
④ 스로틀 포지션 센서는 가속페달의 위치를 감지하여 고속 안정성을 제어할 때 입력신호로 사용된다.

스로틀 포지션 센서는 가속 페달의 케이블과 연결되어 운전자의 가·감속 의지를 판단하기 위한 센서로서, 운전자가 가속페달을 밟는 량(답량)을 검출하여 컴퓨터로 입력시킨다. 컴퓨터는 이 신호를 기준으로 운전자의 가·감속 의지를 판단하여 앤티 스쿼트 제어의 기준 신호로 사용된다.

39 다음 중 구동륜의 동적 휠 밸런스가 맞지 않을 경우 나타나는 현상은?

① 피칭 현상 　　　② 시미 현상
③ 캐치 업 현상 　　④ 링클링 현상

동적 불평형은 바퀴가 좌우로 진동하는 시미현상을 초래한다.
※ 캐치 업(catch up) : 잡아당긴다는 의미로, 고속 주행 중 급조향 시 조향 방향으로 잡아당기는 현상(조향각센서로 보정)

40 다음 중 댐퍼 클러치 제어와 가장 관련이 없는 것은?

① 스로틀 포지션 센서 　　② 에어컨 릴레이 스위치
③ 오일 온도 센서 　　　④ 노크 센서

댐퍼 클러치 제어와 관련된 센서
유온센서, 스로틀 포지션 센서, 에어컨 릴레이 스위치, 점화펄스 신호(기관 회전속도 신호), 변속기 출력축 속도센서, 가속페달 스위치 등
※ 노크센서는 연료분사제어에만 관련이 있다.

41 트랜지스터식 점화장치에서 파워 트랜지스터에 대한 설명으로 틀린 것은?

① 점화장치의 파워트랜지스터는 주로 PNP형 트랜지스터를 사용한다.
② 점화1차 코일의 (−)단자는 파워 트랜지스터의 컬렉터(C) 단자에 연결된다.
③ 베이스(C) 단자는 ECU로부터 신호를 받아 점화코일의 스위칭 작용을 한다.
④ 이미터(E) 단자는 파워 트랜지스터의 접지단으로 코일의 전류가 접지로 흐르게 한다.

점화장치의 파워TR는 주로 NPN형이다.

42 어린이운송용 승합자동차에 설치되어 있는 적색 표시등과 황색 표시등의 작동 조건에 대한 설명으로 옳은 것은?

① 정지하려고 할 때는 적색 표시등을 점멸
② 출발하려고 할 때는 적색 표시등을 점등
③ 정차 후 승강구가 열릴 때는 적색 표시등 점멸
④ 출발하려고 할 때는 적색 및 황색 표시등이 동시에 점등

• 정지 시 : 황색 점멸
• 승강구가 열릴 때 : 적색 점멸
• 승강구가 닫힐 때(출발하려고 할 때) : 황색 점멸

chapter 06

43 단면적 0.002cm², 길이 10m인 니켈-크롬선의 전기저항
(Ω)은? (단, 니켈-크롬선의 고유저항은 110μΩ·cm이다)

① 45 ② 50 ③ 55 ④ 60

> 도체에 작용하는 저항 $R = \rho \dfrac{l}{A}$
>
> • ρ : 고유저항, 저항률 [Ω·cm] ※ $1\mu\Omega = 10^{-6}\Omega$
> • l : 도체의 길이 [cm]
> • A : 도체의 단면적 [cm²]
>
> $R = 110 \times 10^{-6}[\Omega \cdot cm] \times \dfrac{10 \times 10^2 [cm]}{2 \times 10^{-3} [cm^2]} = 110 \times 5 \times 10^{-1} = 55[\Omega]$

44 차량에서 12V 배터리를 탈거한 후 절연체의 저항을 측정
하였더니 1 MΩ 이라면 누설전류(mA)는?

① 0.006 ② 0.008 ③ 0.010 ④ 0.012

> 오옴의 법칙 $I = \dfrac{V}{R}$
>
> $= \dfrac{12 [V]}{1 \times 10^6 [\Omega]} = 12 \times 10^{-6}[A] = 12 \times 10^{-3}[mA]$
>
> ※ 단위변환에 주의 : 1[MΩ] = 10⁶[Ω], 1[A] = 10³[mA]

45 냉·난방장치에서 블로워모터 및 레지스터에 대한 설명으
로 옳은 것은?

① 최고 속도에서 모터와 레지스터는 병렬 연결된다.
② 블로워모터 회전속도는 레지스터의 저항값에 반비례한다.
③ 블로워모터 레지스터는 라디에이터 팬 앞쪽에 장착되어 있
다.
④ 블로워모터가 최고속도로 작동하면 블로워 모터 퓨즈가 단
선될 수 있다.

> ① 블로어모터의 속도는 모터에 3~4개의 용량이 다른 저항(가변저항) 중
> 하나에 직렬로 연결하여 조절한다.
> ② 오옴의 법칙에 의해 회전속도(전류)는 저항에 반비례한다.
> ③ 블로워모터 레지스터는 블로어 모터 옆에 장착되어 있으며, 라디에이터
> 팬 앞쪽에 장착된 것은 콘덴서(응축기)이다.

46 방향지시등을 작동시켰을 때 앞 우측 방향지시등은 정상
적인 점멸을 하는데, 뒤 좌측 방향지시등은 점멸속도가 빨라
졌다면 고장원인으로 볼 수 있는 것은?

① 비상등 스위치 불량
② 방향지시등 스위치 불량
③ 앞 우측 방향지시등 단선
④ 앞 좌측 방향지시등 단선

> 앞 좌측 방향지시등의 단선되면 함께 병렬연결되어 있는 뒷 좌측 방향지
> 시등의 점멸속도가 빨라진다. (전체 저항이 증가되어 전류가 감소되므로)

47 자동차 냉방시스템에서 CCOT(Clutch Cycling Orifice
Tube) 형식의 오리피스 튜브와 동일한 역할을 수행하는
TXV(Thermal Expansion Valve) 형식의 구성부품은?

① 컨덴서 ② 팽창밸브
③ 핀센서 ④ 리시버 드라이버

> CCOT 방식은 TXV형의 기본 사이클인 '압축기 → 응축기 → 팽창밸브 →
> 증발기 → 압축기'에서 팽창밸브 대신 오리피스 튜브를 장착하여 냉매가 튜
> 브관을 지나면서 압력이 급격히 저하되어 고온고압의 액체 냉매를 저온저
> 압의 기체 냉매로 변환한다.

48 기동전동기 작동 시 소모전류가 규정치보다 낮은 이유는?

① 압축압력 증가
② 엔진 회전저항 증대
③ 점도가 높은 엔진오일 사용
④ 정류자와 브러시 접촉저항이 큼

> 접촉저항이 커지므로 전류가 낮아진다.
> ①~③의 경우 기동전동기의 작동이 어려운 요소이므로 그만큼 엔진 구동
> 을 위한 전류의 소모가 커진다.

49 경음기소음 측정 시 암소음 보정을 하지 않아도 되는 경
우는?

① 경음기 소음 : 84 dB, 암소음 : 75 dB
② 경음기 소음 : 90 dB, 암소음 : 85 dB
③ 경음기 소음 : 100 dB, 암소음 : 92 dB
④ 경음기 소음 : 100 dB, 암소음 : 85 dB

> 암소음 보정값은 '경음기 소음 – 암소음'가 '3일 때 3', '4~5일 때 2', '6~9
> 일 때 1'이다.
> ※ 10dB 이상일 때는 암소음의 영향이 없는 것으로 간주하여 보정하지 않는다.

50 전기회로의 점검방법으로 틀린 것은?

① 전류 측정 시 회로와 병렬로 연결한다.
② 회로가 접촉 불량일 경우 전압강하를 점검한다.
③ 회로의 단선 시 회로의 저항 측정을 통해서 점검할 수 있다.
④ 제어모듈 회로 점검 시 디지털 멀티미터를 사용해서 점검
할 수 있다.

> • 전류 측정 : 회로에 직렬. • 전압 측정 : 회로에 병렬

51 하이브리드 차량에서 고전압 배터리 관리시스템(BMS)의
주요 제어 기능으로 틀린 것은?

① 모터제어 ② 출력제한
③ 냉각제어 ④ SOC제어

> BMS의 주요 제어 : 셀 밸런싱, SOC(배터리 충전율) 제어, 출력 제한, 고장
> 진단, 냉각 제어, PRA(Power Relay Assembly) 제어
> ※ BMS가 모터를 직접 제어하지는 않는다.

52 다음 회로에서 스위치를 ON하였으나 전구가 점등되지 않아 테스트 램프(LED)를 사용하여 점검한 결과 i 점과 j 점이 모두 점등되었을 때 고장원인으로 옳은 것은?

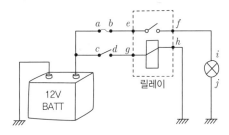

① 휴즈 단선　　　　② 릴레이 고장
③ h와 접지선 단선　④ j와 접지선 단선

정상회로에서는 스위치 ON 상태에서 릴레이가 자화되어 $e \sim f$의 접점이 붙어 전등이 점등된다. 문제에서 전등 양쪽으로 테스트 램프가 불이 들어오면 배터리 전원에서 j 까지는 이상이 없다는 것이며, 전구가 점등되지 않다는 것은 j 에서 접지선 사이가 단선되어 회로가 접지까지 이어지지 못했다는 것을 알 수 있다.

※ 이런 유형의 전기회로 문제는 대부분 전원공급이 접지까지 이어졌는지를 찾으면 된다.

53 자동차에서 저항 플러그 및 고압 케이블을 사용하는 가장 적합한 이유는?

① 배기가스 저감
② 잡음 발생 방지
③ 연소 효율 증대
④ 강력한 불꽃 발생

54 점화장치의 파워 트랜지스터 불량 시 발생하는 고장 현상이 아닌 것은?

① 주행 중 엔진이 정지한다.
② 공전 시 엔진이 정지한다.
③ 엔진 크랭킹이 되지 않는다.
④ 점화 불량으로 시동이 안 걸린다.

ECU의 신호가 파워TR에 들어오더라도 파워TR이 불량하면 점화 1차 코일을 단속하지 못하므로 시동이 걸리지 않거나 엔진이 정지된다.

55 자동차 PIC 시스템의 주요 기능으로 가장 거리가 먼 것은?

① 스마트키 인증에 의한 도어록
② 스마트키 인증에 의한 엔진 정지
③ 스마트키 인증에 의한 도어 언록
④ 스마트키 인증에 의한 트렁크언록

PIC(Personal Identificated Card) 시스템
리모콘이나 열쇠없이 휴대만으로 차량의 도어 록/언록 및 엔진 시동을 가능하게 하는 개인인증 카드 시스템을 말한다.

56 점화플러그에 대한 설명으로 옳은 것은?

① 에어갭(간극)이 규정보다 클수록 불꽃방전시간이 짧아진다.
② 에어갭(간극)이 규정보다 작을수록 불꽃방전전압이 높아진다.
③ 전극의 온도가 낮을수록 조기점화 현상이 발생된다.
④ 전극의 온도가 높을수록 카본퇴적 현상이 발생된다.

• 에어갭은 방전시간에 반비례하고, 전압에 비례한다.
• 전극 온도가 높으면 정상점화 전에 조기점화 현상이 발생되며, 너무 낮으면 카본이 부착되어 실화가 일어난다.

57 충전장치의 고장 진단방법으로 틀린 것은?

① 발전기 B단자의 저항을 점검한다.
② 배터리 (+)단자의 접촉 상태를 점검한다.
③ 배터리 (−)단자의 접촉 상태를 점검한다.
④ 발전기 몸체와 차체의 접촉 상태를 점검한다.

충전장치의 고장 진단
• B+ 단자를 분리한 후 전류계로 출력전류를 측정한다.
• 팬벨트 장력 측정(10kgf 힘으로 눌러 10mm 처짐일 때 정상)
• 로터코일의 저항을 측정(저항계로 L – F 단자간 저항 측정)
• L단자(충전불가 시 충전경고등 점등)의 전압 측정
• 배터리 단자 접촉상태 확인
• 발전기 하우징과 배터리의 ⊖ 단자 또는 차제의 접촉 상태

58 메모리 효과가 발생하는 배터리는?

① 납산 배터리　　　② 니켈 배터리
③ 리튬−이온 배터리　④ 리튬−폴리머 배터리

59 광도가 25000cd의 전조등으로부터 5m 떨어진 위치에서의 조도(lx)는?

① 100　② 500　③ 1000　④ 5000

$$조도 = \frac{cd}{r^2} = \frac{25000}{5^2} = 1000[lx] \qquad (cd : 광도,\ r : 거리[m])$$

60 반도체 접합 중 이중접합의 적용으로 틀린 것은?

① 서미스터　　　　② 발광 다이오드
③ PNP 트랜지스터　④ NPN 트랜지스터

접합에 따른 반도체 구분
• 무접점 : 서미스터, 광전도셀(cdS)
• 단접합(P와 N 접합) : 다이오드, 제너다이오드, 단일접합 또는 단일접점 트랜지스터
• 이중접합(PN과 NP 접합) : PNP 또는 NPN 트랜지스터, 가변용량 다이오드, 발광 다이오드, 포토 트랜지스터, 전계효과 트랜지스터
• 다중접합(PNPN 접합) : 사이리스터, 트라이악

※ 제너다이오드 : 일반적인 다이오드(PN 접합)과 동일한 접합구조이다.
※ 발광다이오드 : 기본 PN접합이지만, 실제에서는 발광 효율을 향상시키기 위한 이중 이종접합구조이다.

2021년 1회

자동차 엔진

1 전자제어 엔진에서 연료 차단(fuel cut)에 대한 설명으로 틀린 것은?

① 배출가스 저감을 위함이다.
② 연비를 개선하기 위함이다.
③ 인젝터 분사 신호를 정지한다.
④ 엔진의 고속회전을 위한 준비단계이다.

연료 차단(fuel cut)은 주행 중 내리막길과 같이 동력이 필요없는 조건에서 연료공급을 차단시켜 배출가스 저감 및 연비 개선 효과가 있다.
참고) fuel cut 조건 : 차속신호가 입력되고, 변속기는 드라이버 모드일 때, 그리고 가속페달을 밟지 않았을 때

2 가변 흡입 장치에 대한 설명을 틀린 것은?

① 고속 시 매니폴드의 길이를 길게 조절한다.
② 흡입 효율을 향상시켜 엔진 출력을 증가시킨다.
③ 엔진회전속도에 따라 매니폴드의 길이를 조절한다.
④ 저속 시 흡입관성의 효과를 향상시켜 회전력을 증대한다.

가변흡입장치는 고속 시 매니폴드의 길이를 짧게 하여 출력을 증가시킨다.

3 전자제어 가솔린엔진에서 연료분사량을 제어하는 방법으로 옳은 것은?

① 연료펌프의 공급 압력   ② 인젝터의 통전 시간
③ 압력조절기의 조정   ④ 인젝터 내의 분사압력

연료분사량은 분사압력이 아니라 인젝터의 통전시간으로 제어한다.

4 LPG 엔진의 연료계통 관련 구성부품으로 틀린 것은?

① 퍼지 컨트롤 솔레노이드 밸브
② 긴급 차단 솔레노이드 밸브
③ 액상·기상 솔레노이드 밸브
④ 베이퍼라이저

퍼지 컨트롤 솔레노이드 밸브는 캐니스터의 구성품으로 ECU에 의해 제어되며, 엔진 냉각수 온도가 낮거나 공회전 시에는 밸브가 닫혀 증발가스연료가 서지탱크에 유입되지 않다가 엔진 정상작동 시 밸브가 개방되어 증발가스를 서지탱크로 보내는 역할을 한다.

5 가솔린 연료 200cc를 완전 연소시키기 위한 공기량(kg)은 약 얼마인가? (단, 공기와 연료의 혼합비는 15 : 1, 가솔린의 비중은 0.73이다)

① 2.19   ② 5.19
③ 8.19   ④ 11.19

가솔린의 중량 = 체적×밀도
          $= 200[cm^3]×0.73[g/cm^3] = 146[g]$
$15 : 1 = x : 146g,$ ∴ $x = 146×15 = 2190[g] = 2.19[kg]$
※ 가솔린의 비중 = $\dfrac{가솔린의 밀도}{물의 밀도}$ 이며, 물의 밀도는 $1[g/cm^3]$
  이므로 가솔린의 밀도 $= 0.73[g/cm^3]$이다.
※ $1[cc] = 1[cm^3]$

6 배기량 400cc, 연소실 체적 50cc인 가솔린기관 에서 rpm이 3000rpm이고, 축토크가 8.95kgf·m 일 때 축출력은?

① 약 15.5 PS   ② 약 35.1 PS
③ 약 37.5 PS   ④ 약 38.1 PS

축출력 = 제동마력이므로
제동마력$(BHP) = \dfrac{2\pi×T×n}{75×60} = \dfrac{T×n}{716}$ (1PS = 75kgf·m/s)
여기서, T : 엔진 회전력(토크)[kgf·m], N : 회전수[rpm]
∴ $BHP = \dfrac{8.95[kgf·m]×3000[rpm]}{716} = 37.5[PS]$

7 스플릿 피스톤에 슬롯을 두는 이유로 적절한 것은?

① 폭발 압력을 견디기 위해
② 피스톤의 측압 및 슬랩(slap)을 감소시키기 위해
③ 블로바이 가스를 저감하기 위해
④ 헤드부의 높은 열이 스커트로 가는 것을 방지하기 위해

스플릿형(split) : 측압이 적은 스커트 위쪽에 세로 홈을 두어 열이 스커트로 전달되는 것을 제한하여 측압 및 온도 상승에 따른 변형을 방지한다.

8 전자제어 가솔린 엔진에서 티타니아 산소센서의 경우 전원은 어디에서 공급되는가?

① ECU   ② 축전지
③ 컨트롤 릴레이   ④ 파워TR

정 답   1 ④   2 ①   3 ②   4 ①   5 ①   6 ③   7 ④   8 ①

지르코니아 방식은 자체 기전력(전압)을 발생하는 방식(일종의 미니 발전기)이고, 티타니아 방식은 스스로 전압을 생성하지 못하고 ECU 전압(5V)을 공급받아 티타니아가 주위의 산소분압에 대응하여 변화된 전기저항을 전압으로 변환시켜 ECU로 보낸다.

9 디젤엔진의 노킹 방지법으로 올바르지 않은 것은?

① 착화성이 좋은 연료를 사용한다.
② 압축비를 높게 한다.
③ 실린더 벽의 온도를 높게 유지한다.
④ 세탄가가 낮은 연료를 사용한다.

디젤 노킹 방지법
• 세탄가가 높은(착화성이 좋은) 연료를 사용
• 압축비(압축압력), 압축온도를 높임
• 실린더 내의 와류 발생
• 착화 지연 기간 중 연료 분사량을 조정(분사초기의 분사량을 적게 하고 착화 후 분사량을 많게 한다.)
• 분사시기를 상사점을 중심으로 평균온도 및 압력이 최고가 되도록 함

10 운행차 중 휘발유 자동차의 배출가스 정밀검사방법에서 차대동력계에서의 배출가스 시험중량은?

(단, ASM2525모드에서 검사한다)

① 차량중량 + 130kg
② 차량총중량 + 130kg
③ 차량중량 + 136kg
④ 차량총중량 + 136kg

정속모드(ASM2525모드)에서 차대동력계에서의 배출가스 시험중량(관성중량) = 차량중량 + 136kg

11 다음 중 전자제어엔진에서 스로틀 포지션 센서의 기본 구조 및 출력 특성과 가장 유사한 것은?

① 크랭크 각 센서
② 모터 포지션 센서
③ 액셀러레이터 포지션 센서
④ 흡입 다기관 절대압력 센서

스로틀 포지션 센서와 액셀러레이터 포지션 센서는 구조상 동일한 가변저항 방식이며, 정상운행상태에서 0.5~4.5V 사이로 출력한다.

12 운행차 정기검사에서 자동차 배기소음 허용기준으로 옳은 것은? (단, 2006년 1월 1일 이후 제작되어 운행하고 있는 소형 승용자동차이다.)

① 95dB 이하   ② 100dB 이하
③ 110dB 이하   ④ 112dB 이하

2006년 1월 1일 이후에 제작한 경자동차 소·중형 자동차가 운행할 경우 배기소음은 100dB 이하, 경적소음은 110dB 이하이다.

13 자동차의 에너지 소비효율 선정방법에서 복합 에너지 소비효율 η을 구하는 식은? (단, 5사이클 보정식에 의한 계산에 의한다)

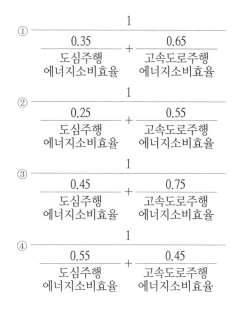

자동차의 에너지소비효율 및 등급표시에 관한 규정의 [별표 1] 자동차의 에너지소비효율 산정방법에 관한 문제이다.

14 배출가스 중 질소산화물을 저감시키기 위해 사용하는 장치가 아닌 것은?

① 매연 필터(DPF)
② 삼원 촉매 장치(TWC)
③ 선택적 환원 촉매(SCR)
④ 배기가스 재순환 장치(EGR)

DPF는 배기가스 중 미세먼지 배출량을 감소시키는 장치이다.

15 디젤기관에서 감압장치의 설명 중 틀린 것은?

① 흡입 효율을 높여 압축 압력을 크게 한다.
② 겨울철 기관오일의 점도가 높을 때 시동 시 이용한다.
③ 기관 점검, 조정에 이용한다.
④ 흡입 또는 배기밸브에 작용하여 감압한다.

감압장치는 로커암에 감압캠을 설치하거나 캠축에 감압캠을 설치한 방식으로 감압캠의 회전을 통해 배기밸브를 강제로 미세하게 열어 감압시킨다. 겨울철 시동을 걸 때 피스톤과 실린더 벽 사이의 오일점도가 높으면 피스톤 저항이 크고 크랭크축의 회전력이 원활하지 않는데 이는 높은 압축압력에 의해 피스톤 상승이 어렵다.(시동 초기에는 엔진 폭발력으로 인한 플라이휠의 관성없이 기동전동기로만 회전하기 때문에) 이 때 배기밸브를 강제로 열어 압축압력을 일부 해제하므로 크랭크축의 회전을 원활하게 한다. 즉, 시동 초 일시적으로 압축압력을 낮추어 시동 저항을 줄이고 엔진 회전을 원활하게 하고, 정상작동 후에는 감압캠이 분리된다.

chapter 06

16 총배기량 1400cc인 4행정기관이 2000rpm으로 회전하고 있다. 이 때의 도시평균 유효압력이 10kgf/cm²이면 도시마력(PS)은 약 얼마인가?

① 31.1 ② 42.1 ③ 52.1 ④ 62.1

4행정 기관의 지시마력(IHP) = $\dfrac{PALZN}{2 \times 75 \times 60 \times 100}$

여기서, P : 평균 유효압력[kgf/cm²]
　　　　A : 실린더 단면적[cm²]　　※ cc = cm³
　　　　L : 피스톤 행정[cm]
　　　　Z : 실린더 수 = 1
　　　　N : 엔진 회전수 = 2,000rpm

$\therefore IHP = \dfrac{10[\text{kgf/cm}^2] \times 1400[\text{cm}^3] \times 1 \times 2,000[\text{rpm}]}{2 \times 75[\text{kgf·m/s}] \times 60[\text{s}] \times 100}$

　　　　　$\fallingdotseq 31.1 \, [\text{PS}]$

17 전자제어 가솔린엔진에서 연료분사량을 결정하기 위해 고려해야 할 사항과 가장 거리가 먼 것은?

① 목표 공연비　　　　② 점화전압
③ 흡입공기 질량　　　④ 대기압력

기본분사량 요소와 보정 요소는 결국 목표 공연비에 최적화하기 위해 제어한다.
• 흡입공기 질량(열선식) : 기본 분사량 결정
• 대기압력(BPS) : 보정 역할

18 고온 327℃, 저온 27℃의 온도 범위에서 작동되는 카르노 사이클의 열효율은 몇 %인가?

① 30 ② 40 ③ 50 ④ 60

$\eta_{th} = \dfrac{W}{Q_1} = \dfrac{Q_1 - Q_2}{Q_1} = 1 - \dfrac{Q_2}{Q_1} = 1 - \dfrac{T_2}{T_1} \times 100\%$

W : 일, Q_1 : 공급받는 열량, Q_2 : 방출되는 열량
T_1 : 고온, T_2 : 저온

$\eta_{th} = 1 - \dfrac{T_2}{T_1} = 1 - \dfrac{273+27}{273+327} \times 100\% = 50\%$

19 내연기관의 열손실을 측정한 결과 냉각수에 의한 손실이 30%, 배기 및 복사에 의한 손실이 30%였다. 기계 효율이 85%라면 정미열효율은?

① 28 ② 30 ③ 32 ④ 34

• 도시 열효율 = 100% − 손실열효율(각종 기계적 손실의 합)
　　　　　　 = 100 − (30+30) = 40%
• 제동 열효율 = $\dfrac{\text{도시 열효율} \times \text{기계효율}}{100} = \dfrac{40 \times 85}{100} = 34\%$

20 배기가스 관련하여 연료 피드백 제어 신호로 사용하는 주 센서는?

① 흡기온도센서　　　② 레일압력센서
③ 노크센서　　　　　④ 산소센서

2과목　**자동차 섀시**

21 브레이크 파이프 라인에 잔압을 두는 이유로 틀린 것은?

① 베이퍼 록을 방지한다.
② 브레이크의 작동 지연을 방지한다.
③ 피스톤이 제자리로 복귀하도록 도와준다.
④ 휠 실린더에서 브레이크액이 누출되는 것을 방지한다.

22 다음 앞바퀴 정렬 중 캐스터의 정의로 옳은 것은?

① 자동차의 전륜을 위에서 보았을 때 바퀴 중심선의 뒷부분이 좁은 상태이다.
② 자동차의 전륜을 앞에서 보면 킹핀의 중심선이 수직선에 대하여 약간 안쪽으로 설치된 상태이다.
③ 자동차의 전륜을 앞에서 보았을 때 바퀴 중심선의 윗부분이 약간 떨어져 있는 상태이다.
④ 자동차의 전륜을 옆에서 보면 킹핀의 중심선이 수직선에 대하여 어느 한쪽으로 기울어져 있는 상태이다.

[캐스터]

23 엔진룸의 유효면적을 넓게 할 수 있는 현가장치는?

① 맥퍼슨 형식　　　② 판스프링 형식
③ 트레일링 암 형식　④ 토션 빔 형식

독립현가식(맥퍼슨형식, 더블위시본식, 멀티링크식)은 공간을 적게 차지하여 엔진룸의 유효공간을 넓게 할 수 있다.

24 공주거리의 정의로 옳은 것은?

① 정지거리에서 제동거리를 나눈 거리
② 제동거리에서 정지거리를 곱한 거리
③ 정지거리에서 제동거리를 뺀 거리
④ 제동거리에서 정지거리를 더한 거리

정지거리 = 공주거리 + 제동거리

25 최고 출력이 90 PS로 운전되는 기관에서 기계효율이 0.9인 변속장치를 통하여 전달된다면 추진축에서 발생되는 회전수와 회전력은 약 얼마인가? (단, 기관회전수 5000rpm, 변속비는 2.50이다)

① 회전수 : 2456 rpm, 회전력 : 32 kgf·m
② 회전수 : 2456 rpm, 회전력 : 29 kgf·m
③ 회전수 : 2000 rpm, 회전력 : 29 kgf·m
④ 회전수 : 2000 rpm, 회전력 : 32 kgf·m

20년 1회 23번 해설 참조

26 ABS에서 셀렉터 로(select low) 제어 방식에 대한 설명으로 옳은 것은?

① 먼저 슬립되는 바퀴 쪽에 가해진 유압으로 맞추어 동시 제어한다.
② 제동시키려는 바퀴만 독립적으로 제어한다.
③ 속도가 빠른 바퀴 쪽에 가해진 유압으로 감압하에 제어한다.
④ 속도가 늦은 바퀴는 유압을 증압하여 제어한다.

'셀렉터 로'는 각 휠의 노면과의 마찰계수가 서로 다를 때 마찰계수가 낮은(low) 바퀴(먼저 슬립되는 바퀴)에 맞추어 좌우 휠의 제동력을 동시 제어하는 방식이다.
※ 마찰계수가 낮다 → 마찰이 잘 일어나지 않음 → 슬립이 잘 됨

27 변속기의 1단 기어를 선정할 때 우선적으로 고려해야 할 사항은?

① 차량의 최대 등판능력
② 최고 목표 속도
③ 엔진의 평균 연비
④ 엔진의 최고 회전수

1단 변속비 = $\dfrac{W_{max} \times sin\theta \times r}{Te_{max} \times \eta_{t1}}$

W_{max} : 차량 최대중량, θ : 최대등판경사각, r : 구동륜 유효반경
Te_{max} : 엔진 최대토크, η_{t1} : 1속 효율

※ 차량총중량(최대 적재) 상태에서 경사면을 오를 수 있는 최대 경사각을 '등판능력'으로 나타내며, 등판능력은 최대 등판경사(구배)각 θ으로 표시한다.

28 타이어에 196/70R 13 82S 라고 적혀 있을 때 'S'가 의미하는 것은?

① 레이디얼 타이어
② 허용 최고속도
③ 타이어의 전폭
④ 편평률

· 196 : 타이어 폭
· R : 레이디얼 타이어
· 82 : 하중지수(475kgf)
· 70 : 편평률
· 13 : 타이어 내경
· S : 허용 최고속도(100km/h)

29 승용차 타이어의 규격이 195/60 R14이다. 이 타이어의 단면 높이(mm)는?

① 107
② 117
③ 127
④ 137

타이어 규격에서 타이어 폭(195)과 편평률(60)을 알 수 있고, 편평률 공식을 통해 타이어의 높이를 구할 수 있다.

편평률 = $\dfrac{타이어 높이}{타이어 폭} \times 100(\%)$

$60 = \dfrac{타이어 높이}{195} \times 100$, $\therefore$ 타이어 높이 = $\dfrac{195 \times 60}{100} = 117$

30 자동차의 동력전달장치 중 종감속 기어의 종류가 아닌 것은?

① 스파이럴 베벨기어
② 웜기어
③ 하이포이드 기어
④ 스퍼기어

종감속 기어의 종류 : 베벨기어, 스파이럴 베벨기어, 웜기어, 하이포이드 기어
※ 차량에서 스퍼기어는 수동변속기의 후진기어에 주로 사용된다.

31 CAN 통신에 적용된 전동식 동력 조향장치(MDPS)에서 EPS 경고등이 점등(점멸) 될 수 있는 조건으로 틀린 것은?

① 핸들위치가 정위치에서 ±2° 틀어짐
② 컨트롤 모듈측의 전원 공급 불량
③ 토크센서 불량
④ 자기 진단 시

20년 1회 58번 기출 참조

32 자동차가 180km/h로 주행 중 공주시간 0.8초로 급제동을 하였을 때 정지거리는 약 몇 m인가?
(단, 중력가속도 9.8m/s², 타이어와 노면의 마찰계수 0.4이다)

① 289
② 697
③ 359
④ 319

정지거리 = 공주거리 + 제동거리

제동거리 = $\dfrac{v^2}{2\mu g} = \dfrac{(180/3.6)^2}{2 \times 0.4 \times 9.8}$
$\fallingdotseq 319$

· v : 주행속도
· μ : 마찰계수
· g : 중력가속도

공주거리 = 주행속도×반응시간
= (180/3.6)×0.8 = 40

$\therefore$ 정지거리 = 318.9 + 40 = 359

※ 공주거리[m]란 위험을 인지하고 브레이크를 밟기 직전까지이동한 거리 (즉 실제 제동이 걸리지 않는 거리)를 말하므로 '속도[m/s]×반응시간[s]'에서 구할 수 있다.

33 다음 중 자동변속기 장착 차량에서 킥다운(Kick Down) 기능이 작동하는 신호로 틀린 것은?

① 스로틀 포지션 센서의 압력이 50% 일 때
② 변속기 오일의 온도가 110℃ 이상일 때
③ 토크 컨버터의 댐퍼 클러치가 작동되지 않을 때
④ 오버 드라이브 기능이 실행되지 않을 때

통상 스로틀 포지션 센서의 출력이 85% 이상일 때 킥다운 기능이 작동된다.

34 무단 변속기(CVT)의 특징으로 틀린 것은?

① 가속 성능이 우수하다.
② 변속 시 토크변화가 연속적으로 발생하지 않는다.
③ 변속단이 없으므로 변속 충격이 없다.
④ A/T 대비 연비가 우수하다.

무단변속기는 단 구분이 없으므로 토크 변화가 없이 연속적으로 부드럽게 발생한다.

35 전자제어 현가장치에서 앤티 스쿼트(Anti-squat) 제어의 기준신호로 사용되는 센서는?

① 스로틀 포지션 센서 신호
② 브레이크 스위치 신호
③ G 센서 기호
④ 프리뷰 센서 신호

앤티 스쿼트 제어의 입력 신호 : 차속센서, TPS
② 브레이크 스위치 신호 : 앤티 다이브 제어
③ G(수직가속도) 센서 신호 : 앤티 피칭 및 앤티 바운싱 제어
④ 프리뷰 센서 신호 : 차량 전방 노면의 돌기 및 계단을 검출

36 ABS 시스템에서 제어모듈(ECU)의 신호에 의해 각각의 휠 실린더에 작용하는 유압을 조절해 주는 장치는?

① 페일 세이프 밸브
② 프로포셔닝 밸브
③ 셀렉터 로우
④ 하이드로릭 유닛

하이드로릭 유닛(HCU, 모듈레이터) : ECU의 제어신호를 받아 유압을 조절하여 일반 브레이크 기능 및 ABS 제어를 한다.

37 다음 중 감속 제동장치의 종류가 아닌 것은?

① 하이드로릭 리타터   ② 와전류 리타터
③ 배기 브레이크   ④ 공기 브레이크

감속 제동장치(제동 보조장치)의 종류
엔진 브레이크, 배기 브레이크, 유압식 리타터, 와전류 리타터

38 전동식 전자제어 동력조향장치의 설명으로 틀린 것은?

① 속도감응형 파워 스티어링의 기능 구현이 가능하다.
② 파워스티어링 펌프의 성능 개선으로 핸들이 가벼워진다.
③ 엔진 부하가 감소되어 연비가 향상된다.
④ 오일 누유 및 오일 교환이 필요없는 친환경 시스템이다.

전동식은 오일을 사용하지 않으므로(엔진 부하로 작동하는 오일펌프가 없음) 친환경적이며, 연비가 향상된다.

39 무단변속기(CVT)의 유압제어 기구에 사용하는 밸브가 아닌 것은?

① 프로포셔닝 밸브
② 클러치 압력 제어 솔레노이드 밸브
③ 변속 제어 밸브
④ 라인 압력제어 밸브

프로포셔닝 밸브는 제동장치에 구성품이다.

40 자동차의 축거가 2.4m, 좌회전 시 조향각이 내측 50° 바깥쪽 45°이다. 이 자동차의 최소회전반경은 약 몇 m인가?
(단, 바퀴의 접지면 중심과 킹핀과의 거리는 30cm이다)

① 3.0   ② 3.4   ③ 3.7   ④ 4.0

최소회전반경 $R = \dfrac{L}{sin\alpha} + \gamma$ ・ L : 축거
・ α : 바깥쪽 바퀴의 조향각
$= \dfrac{2.4}{sin45} + 0.3 ≒ 3.7[m]$ ・ γ : 킹핀과 타이어 중심과 거리

41 점화장치에서 점화시기를 결정하기 위한 가장 중요한 센서는?

① 모터포지션 센서
② 산소 센서
③ 오일온도 센서
④ 크랭크각 센서

크랭크의 회전각도(상사점에 의한 크랭크축 위치(피스톤의 위치) 감지)을 검출하여 ECU의 신호에 의해 점화코일 1차 전류를 ON-OFF하여 제어한다.

42 다음 회로의 합성저항값은?

① 5.0　　② 1.0　　③ 0.1　　④ 0.5

병렬합성저항 빠르게 계산하기
먼저 2개의 합성저항값을 구한 후 나머지 저항과 계산한다.

2개 저항의 병렬합성저항 = $\dfrac{\text{2개 저항의 곱}}{\text{2개 저항의 합}}$

1Ω, 3Ω의 합성 = $\dfrac{1 \times 3}{1+3}$ = 0.75Ω

0.75Ω, 1.5Ω의 합성 = $\dfrac{0.75 \times 1.5}{0.75+1.5}$ = 0.5Ω

43 납산 축전기의 급속충전에 대한 설명으로 틀린 것은?

① 충전전류는 축전지 용량의 1/10의 전류로 한다.
② 지상에서 충전하기 전 반드시 축전지에 연결되어 있는 (+), (−) 케이블 모두 분리시킨다.
③ 충전시간은 단시간에 하도록 한다.
④ 충전 중 전해액의 온도가 45℃ 이상이 되지 않도록 한다.

①은 정전류 충전에 해당하며, 급속충전 시 축전지 용량의 50% 전류로 충전한다.

44 기동전동기의 피니언기어 잇수가 9, 플라이휠의 링기어 잇수가 113, 배기량 1500cc인 엔진의 회전 저항이 8kgf·m일 때 기동전동기의 최소 회전토크는 약 몇 kgf·m인가?

① 0.38　　　② 0.55
③ 0.48　　　④ 0.64

$\dfrac{\text{기동전동기의}}{\text{최소 회전토크}}$ = $\dfrac{\text{피니언기어 잇수}}{\text{플라이휠의 링기어 잇수}}$ × 크랭크축 회전력

= $\dfrac{9}{113}$ × 8 = 0.637 [kgf·m]

엔진의 회전저항은 크랭크축 회전력과 같은 의미이다.

※ $\dfrac{\text{출력기어 잇수}}{\text{입력기어 잇수}}$ = $\dfrac{\text{출력 토크}}{\text{입력 토크}}$

45 축전기 격리판의 구비 조건으로 틀린 것은?

① 기계적 강도가 있고, 전해액에 부식되어야 한다.
② 다공성이어야 하고, 전해액의 확산이 잘 되어야 한다.
③ 극판에 유해물질을 배출하지 않아야 한다.
④ 비전도성이어야 한다.

격리판의 조건
• 비전도성일 것
• 다공성으로 전해액의 확산이 양호할 것
• 전해액에 부식되지 않을 것
• 기계적인 강도(내진성) 및 내산성이 있을 것

46 일반적인 오실로스코프에 대한 설명으로 옳은 것은?

① 전압, 온도, 습도 등을 기본으로 표시한다.
② Y축은 시간을 표시한다.
③ X축은 전압을 표시한다.
④ 멀티미터의 데이터보다 정밀하다.

오실로스코프는 X축은 시간, Y축은 전압을 표시하며, 멀티미터는 순간적인 측정값을 나타내지만 오실로스코프는 시간에 따른 보다 정밀한 측정값을 표시한다.

47 기동전동기가 규정속도 이하로 회전하는 원인으로 틀린 것은?

① 피니언 기어의 마모
② 배터리의 과방전
③ 브러시의 접촉 불량
④ 전기자 및 계자코일의 접지(절연) 불량

피니언 기어가 마모되면 기동전동기는 규정속도로 회전하지만 크랭킹이 불량해진다.

48 기동전동기가 전류소모 시험 결과 배터리 전압이 12V일 때 120A를 소모하였다면 약 몇 PS인가?

① 1.96　　　　② 2.96
③ 3.96　　　　④ 4.96

전력 = 전압×전류 = 12[V]×120[A] = 1440[W] = 1.44[kW]
1[kW] = 1.36[PS]이므로 1.44×1.36 = 1.96[PS]

49 멀티미터를 이용하여 다이오드 순방향의 점검 방법으로 옳은 것은?

① 아날로그 멀티미터의 경우 : (+) 프로브 : N극, (−) 프로브 : P극
② 디지털 멀티미터의 경우 : (+) 프로브 : N극, (−) 프로브 : P극
③ 아날로그 멀티미터의 경우 : (+) 프로브 : E극, (−) 프로브 : B극
④ 디지털 멀티미터의 경우 : (+) 프로브 : E극, (−) 프로브 : B극

다이오드의 순방향은 'P → N'이며, 아날로그 멀티미터는 디지털과 달리 (+) 프로브에 N형, (−) 프로브에 P형을 접속한다.

50 BCM의 제어에 필요한 입력 요소가 아닌 것은?

① 도어 스위치   ② 시트벨트 경고등

③ 차속 센서   ④ 열선 스위치

> • BCM의 입력 요소 : 와이퍼 스위치, 열선 스위치, 안전벨트, 도어 스위치, 차속센서, 미등 스위치, 발전기 L 출력, 키 삽입, 도어 락, 파워윈도우 스위치 등
> • BCM의 출력 요소 : 와이퍼, 뒷유리 열선, 안전벨트 경고등, 감광식 룸 램프, 점화 키 조명, 파워 윈도우 타이머, 속도 감응 와이퍼, 도난 경보기, 주행 중 도어락, 점화키 오프 시 언락 등
> ※ 시트벨트 경고등은 출력요소에 해당된다.

51 물체의 전기저항 특성에 대한 설명으로 틀린 것은?

① 도체의 저항은 온도에 따라 변한다.

② 보통의 금속은 온도상승에 따라 저항이 감소된다.

③ 온도가 상승하면 전기저항이 감소하는 소자를 부특성 서미스터(NTC)라 한다.

④ 단면적이 증가하면 저항은 감소한다.

> 보통의 금속은 온도와 저항이 비례하는 정특성 성질이 있다

52 다음 ( ) 안에 들어갈 용어로 옳은 것은?

> 모든 엔진 회전속도에서 효율이 가장 높게 되는 최고 폭발압력을 (가) 후 10~12°에서 얻기 위해서는 엔진의 회전속도의 증가에 따라 점화시기를 (나) 해야 한다.

① (가) 하사점, (나) 지각

② (가) 상사점, (나) 지각

③ (가) 상사점, (나) 진각

④ (가) 하사점, (나) 진각

> MBT(Minimum spark advance for Best Torque, 최대 폭발압력(최대 토크)를 얻는 최소 점화시기)에 대한 설명으로, 최적의 출력을 얻으려면 피스톤이 상사점 후(ATDC) 10~12° 부근이며, 회전속도의 증가에 따라 점화시기를 진각해야 한다.

53 하이브리드 시스템을 제어하는 컴퓨터의 종류가 아닌 것은?

① 모터 컨트롤 유닛(Motor Control Unit)

② 하이드로릭 컨트롤 유닛(Hydraulic Control Unit)

③ 통합제어 유닛(Hybrid Control Unit)

④ 배터리 컨트롤 유닛(Battery Control Unit)

> **통합제어 유닛(HCU, Hybrid Control Unit)** : 하이브리드 차량 내의 모든 모듈을 제어하는 유닛이다. 하이브리드차는 HCU를 중심으로 ECU(Engine Control Unit), TCU(Transmission Control Unit), BMS(Battery Management System), MCU(Motor Control Unit) 등이 있다.
> ※ 하이드로릭 컨트롤 유닛은 ABS의 유압제어 모듈이다.

54 도난방지장치에서 경계 상태 진입과 관련이 없는 신호는?

① 트렁크 스위치   ② 후드 스위치

③ 도어 열림 스위치   ④ 글로브 박스 스위치

> 기본 도난경계모드 돌입 조건
> • 모든 도어 스위치가 LOCK 상태
> • 후드 스위치 및 트렁크 열림스위치 LOCK 상태
> • 리모콘 키가 LOCK 상태

55 지르코니아 타입의 산소센서는 혼합기가 농후할 때 출력 전압은?

① 0.5V에 가깝다.   ② 0V에 가깝다.

③ 1V에 가깝다.   ④ 변화가 없다.

> • 지르코니아 방식 : 0(희박) ~ 1V(농후)
> • 티타니아 방식 : 5(희박) ~ 0V(농후)

56 하이브리드 자동차 용어(KS R 0121)에서 다음이 설명하는 것은?

> 배터리 팩이나 시스템으로부터 회수할 수 있는 암페어시 단위의 양을 시험 전류와 온도에서의 정격용량으로 나눈 것으로 백분율로 표시한다.

① 배터리 용량   ② 정격 용량

③ 에너지 밀도   ④ 방전 심도

> 방전 심도(Depth of discharge, DOD) : 축전지의 방전 상태를 나타내는 수치로, 정격 용량에 대한 방전량의 비로 표시한다.
> • 에너지 밀도 : 배터리 팩이나 시스템의 체적당 저장되는 에너지량(즉, 얼마나 많은 에너지를 저장할 수 있는가를 말함)
> ※ 기타 친환경자동차의 용어는 QR 코드 참조

57 냉방장치에 대한 설명으로 틀린 것은?

① 응축기는 압축기로부터 오는 고온냉매의 열을 외부로 방출시킨다.

② 건조기는 저장, 수분제거, 압력조정, 냉매량 점검, 기포발생의 기능이 있다.

③ 팽창밸브는 냉매를 무화하여 증발기에 보내며 압력을 낮춘다.

④ 압축기는 증발기에서 저압기체로 된 냉매를 고압으로 압축하여 응축기로 보낸다.

> 건조기는 기포발생이 아니라 기포를 분리하는 기능이 있다.

58 전자제어 에어컨 장치(FATC)에서 증발기를 통과하여 나오는 공기(outlet air)의 온도를 제어하기 위한 센서가 아닌 것은?

① 실내온도 센서
② 외기온도 센서
③ 일사량 센서
④ 흡기온도 센서

FATC의 요소 : 실내·외기온도 센서, 일사량 센서, 핀서모 센서, 냉각수온 센서, 온도조절 액추에이터 위치센서, AQS센서 등

59 디지털 오실로스코프에 대한 설명으로 틀린 것은?

① X축에서는 시간, Y축에서는 전압을 표시한다.
② 빠르게 변화하는 신호를 판독이 편하도록 트리거링 할 수 있다.
③ AC전압과 DC전압 모두 측정이 가능하다.
④ UNI(Unipolar) 모드에서 Y축은 (+), (−)영역을 대칭으로 표시한다.

오실로스코프의 화면설정
• BI(bipolar) : 0레벨을 기준으로 (+), (−) 영역으로 출력
• UNI(unipolar) : 0레벨을 기준으로 (+) 영역만 출력

60 인히비터 스위치와 관련이 있는 등화장치는?

① 제동등
② 후진등
③ 미등
④ 전조등

인히비터 스위치
• 자동변속기의 각 레인지 위치를 검출하여 TCU에 신호를 보냄
• P 레인지와 N 레인지에서만 시동이 걸리도록 한다.
• R 레인지 위치일 때 후진등이 점등되도록 한다.

지면할애상 **2015~2017**년 기출은
에듀웨이 카페(자료실)에 올립니다.
참고하시기 바랍니다.

– 스마트폰을 이용하여 아래 QR코드를 확인하거나, 카페에 방문하여
'카페 메뉴 > 자료실 > 자동차(산업기사)'에서 다운받을 수 있습니다.

스마트폰에서 QR 코드 인식하기

① 네이버 앱을 설치한 후, 앱을 실행합니다.

② 검색란을 터치합니다.

③ 촬영 모드 아이콘을 터치합니다.

④ 촬영 모드에서 스마트폰 카메라 렌즈를 아래 QR코드에 초점을 맞추면 자동으로 해당 페이지로 넘어갑니다.

※ 또는 QR 코드 앱을 이용할 수 있습니다.

chapter 06

Industrial Engineer Motor Vehicles Maintenance

CHAPTER

07

최신 CBT 대비 실전모의고사

CBT 실전모의고사 1회

01 자동차 엔진

□□□
1 크랭크축 엔드플레이 간극이 크면 발생할 수 있는 내용이 아닌 것은?

① 커넥팅로드에 휨 하중 발생
② 피스톤 측압 증대
③ 밸브 간극의 증대
④ 클러치 작동 시 진동 발생

> **엔드플레이 불량 시 나타나는 현상**
> • 클 때 : 측압 증대, 클러치 작동 시 충격, 커넥팅로드에 휨하중 발생, 진동 발생, 크랭크축 베어링 손상, 실린더벽 또는 피스톤링 조기 마모 등
> • 작을 때 : 마찰증대, 소결현상 발생

□□□
2 전자제어 디젤장치의 저압라인 점검 중 저압펌프 점검 방법으로 옳은 것은?

① 전기식 저압펌프 – 부압 측정
② 전기식 저압펌프 – 정압 측정
③ 기계식 저압펌프 – 전압 측정
④ 기계식 저압펌프 – 중압 측정

> [NCS 학습모듈] 전기식 저압 펌프는 연료의 정압을 측정하고, 기계식은 연료의 부압을 측정하여 정상 유무를 판단한다.

□□□
3 총배기량이 1800 cc인 4행정기관의 도시평균유효압력이 16 kgf/cm², 회전수 2000 rpm일 때 도시마력(PS)은?
(단, 실린더 수는 1개이다.)

① 33　　　② 44　　　③ 64　　　④ 54

> [16–3 기출] 4행정 기관의 지시마력(IHP) = $\dfrac{PALZn}{2\times75\times60\times100}$
>
> 여기서, P : 평균 유효압력 [kgf/cm²]
> A : 실린더 단면적 [cm²] ┐
> L : 피스톤 행정 [cm] ┘ 배기량 : 1 cc = 1 cm³
> Z : 실린더 수 = 1
> n : 엔진 회전수 = 2,000 [rpm]
>
> $\therefore IHP = \dfrac{16\,[\text{kgf/cm}^2]\times1800\,[\text{cm}^3]\times1\times2,000\,[\text{rpm}]}{2\times75\,[\text{kgf·m/s}]\times60\,[\text{s}]\times100} \fallingdotseq 64\,\text{PS}$

□□□
4 무부하검사방법으로 휘발유 사용 운행자동차의 배출가스 검사 시 측정 전에 확인해야 하는 자동차의 상태로 틀린 것은?

① 배기관이 2개 이상일 때에는 모든 배기관을 측정한 후 최대값을 기준으로 한다.
② 자동차 배기관에 배출가스분석기의 시료 채취관을 30cm 이상 삽입한다.
③ 측정에 장애를 줄 수 있는 부속장치들의 가동을 정지한다.
④ 수동 변속기 자동차는 변속기어를 중립 위치에 놓는다.

> 배기관이 2개 이상일 때에는 임의로 배기관 1개를 선정하여 측정을 한 후 측정치를 산출한다.

□□□
5 커먼레일 디젤엔진의 연료장치에서 솔레노이드 인젝터 대비 피에조 인젝터의 장점으로 틀린 것은?

① 분사 응답성을 향상시킬 수 있다.
② 배출가스를 최소화할 수 있다.
③ 스위칭 ON 시간이 길다.
④ 엔진 출력을 최적화할 수 있다.

> [NCS 학습모듈] 피에조 인젝터의 장점 : 빠른 분사 응답성(스위칭 ON 시간을 짧게 할 수 있음)으로 정밀한 제어, 정숙성, 매연 저감 효과

□□□
6 실린더 헤드 교환 후 엔진 부조현상이 발생하였을 때 실린더 파워 밸런스의 점검과 관련된 내용으로 틀린 것은?

① 점화플러그 배선을 제거하였을 때의 엔진 회전수가 점화플러그 배선을 제거하지 않고 확인한 엔진 회전수와 차이가 있다면 해당 실린더는 문제가 있는 실린더로 판정한다.
② 1개 실린더의 점화플러그 배선을 제거하였을 경우 엔진 회전수를 비교한다.
③ 파워밸런스 점검으로 각각의 회전수를 기록하고 판정하여 차이가 많은 실린더는 압축압력 시험으로 재측정한다.
④ 엔진시동을 걸고 각 실린더의 점화플러그 배선을 하나씩 제거한다.

> [NCS 학습모듈] 점화플러그 배선을 제거했을 때 변화가 없다면 해당 실린더에 문제가 있다.

정답 ▶ 1 ③　2 ②　3 ③　4 ①　5 ③　6 ①

7 현재 사용하고 있는 정기검사 디젤엔진 매연검사 방법으로 옳은 것은?

① 여지 광반사식 매연검사
② 여지 광투과식 매연검사
③ 광투과식 부하 가속 모드검사
④ 광투과식 무부하 급가속 모드검사

경유사용 자동차의 정기검사는 광투과식 무부하 급가속 모드검사로 한다.

8 디젤엔진에 사용되는 연료분사펌프에서 정(+) 리드 플런저에 대한 설명으로 옳은 것은?

① 분사개시 때의 분사시기가 일정하고 분사말기에는 변화한다.
② 예행정이 필요없다.
③ 분사개시 때의 분사시기를 변화한다.
④ 분사개시와 분사 말기의 분사시기가 모두 변화한다.

③ 역리드 방식, ④ 양리드 방식

9 가솔린 기관의 조기점화에 대한 설명으로 틀린 것은?

① 점화플러그 전극에 카본이 부착되어도 일어난다.
② 조기점화가 일어나면 연료소비량이 적어진다.
③ 과열된 배기밸브에 의해서도 일어난다.
④ 조기 점화가 일어나면 출력이 저하된다.

점화시기는 공연비와 함께 엔진 출력 및 연비특성에 미치는 영향이 크다. 조기점화는 출력저하 및 연료소비량 증가, 엔진 손상 및 고장의 원인이 된다.

10 차량총중량 1900 kgf인 상시 4륜 휘발유 자동차의 배출가스 정밀검사에 적합한 검사모드는?

① Lug Down 3모드
② ASM2525 모드
③ 무부하 정지가동 검사 모드
④ 무부하 급가속 검사 모드

정밀검사 시 부하검사방법을 적용하나, 상시 4륜 구동 자동차의 경우 무부하검사방법으로 적용한다. 또한, 무부하정지가동검사모드는 휘발유·알코올·가스사용 자동차에 해당되며, 무부하급가속검사모드는 경유사용 자동차에 해당한다.

11 터보장치(VGT)가 작동하지 않는 조건으로 틀린 것은?

① 엔진 회전수가 700rpm 이하인 경우
② 터보장치(VGT) 관련 부품이 고장인 경우
③ 차속이 60~80km/h인 경우

④ 냉각수온이 0℃ 이하인 경우

터보장치(VGT)가 작동하지 않는 조건
• 시동 시 (엔진 회전수가 700rpm 이하, 냉각수온이 약 0℃ 이하)
• EGR 장치, VGT 액추에이터, 부스터 압력 센서, 흡입 공기량 센서, 스로틀 플랫 장치, 엑셀러레이터 페달 센서 고장 등

12 배기량이 1500 cc 인 FF 방식의 2003년식 소형승용자동차의 배기소음을 측정하였다. 원동기회전속도계를 사용하지 않고 측정한 값이 111 dB이었고 자동차 소음과 암소음 측정값의 차이가 8 dB이었다면 이 자동차의 배기소음 기준값과 적합여부는?

① 100 dB, 적합
② 103 dB, 적합
③ 100 dB, 부적합
④ 103 dB, 부적합

2000년 1월 1일 이후 차량의 배기소음기준은 100 dB 이하이며, 자동차 소음과 암소음 측정값 차가 8 bB이면 보정치는 '1'이므로 최종 배기소음 측정치는 111−1 = 110 dB이며, 100 dB보다 크므로 부적합하다.

배기소음과 암소음의 측정치 차	3	4~5	6~9
보정치	−3	−2	−1

13 구동방식에 따라 분류한 과급기의 종류가 아닌 것은?

① 흡입 가스 과급기
② 배기 터빈 과급기
③ 기계 구동식 과급기
④ 전기 구동식 과급기

과급기는 구동방식에 따라 기관구동식(기계구동식), 전동기 구동식, 배기 터빈 구동식이 있다.

14 전자제어 디젤엔진의 연료필터에 연료가열장치는 연료온도(℃)가 얼마일 때 작동하는가?

① 약 0℃   ② 약 10℃
③ 약 20℃   ④ 약 30℃

연료필터의 히터는 ECU의 제어와는 상관없이 연료 필터 내 연료 온도스위치의 ON/OFF에 따라 온도센서에 내장된 Bimetal에 의해 작동한다. 약 ±3℃에서 스위치의 접점이 붙으면서 Bimetal 릴레이가 ON되면 히터가 작동된다. (경유의 파라핀계 성분을 녹여주는 역할)
참고) 디젤연료의 파라핀계(C_2H_{2n+2}) 성분은 영하에서 응고되기 쉬우므로 히터를 통해 파라핀계 성분을 녹여준다.

15 가솔린 엔진의 연료 구비조건으로 틀린 것은?

① 연소속도가 빠를 것

② 발열량이 클 것

③ 옥탄가가 높을 것

④ 온도와 유동성이 비례할 것

> [19-8 기출] 온도 변화에 따라 유동성이 일정할 것

16 복합사이클의 이론 열효율은 어느 경우에 디젤사이클의 이론 열효율과 일치하는가? (단, ε = 압축비, ρ = 압력비, σ = 체절비(단절비), k = 비열비 이다.)

① $\rho = 1$ ② $\rho = 2$

③ $\sigma = 1$ ④ $\sigma = 2$

> [16-1 기출]
>
> 디젤사이클의
> 이론 열효율 $\quad \eta_d = 1 - (\frac{1}{\varepsilon})^{k-1} \times \frac{\sigma^k - 1}{k \cdot (\sigma - 1)}$
>
> 복합사이클의
> 이론 열효율 $\quad \eta_s = 1 - (\frac{1}{\varepsilon})^{k-1} \times \frac{\rho \cdot \sigma^k - 1}{(\rho - 1) + k \cdot \rho (\sigma - 1)}$
>
> 복합사이클의 이론 열효율(η_s)에서 압력비 ρ = 1이 되면 η_d와 같게 된다.
>
> 참고) η_s에서 체절비(σ) = 1이 되면 오토사이클의 이론 열효율과 같게 된다.(→ 복합사이클은 오토사이클과 디젤사이클의 복합형태이므로 압력 변화(압력비), 체적 변화(체절비)가 없으면 각각 오토사이클과 디젤사이클과 같게 된다.) – 관련 내용은 25페이지 참조

17 CNG(Compressed Natural Gas) 엔진에서 입력센서로 틀린 것은?

① 가스압력센서   ② EGR 센서

③ 산소센서   ④ 가속페달 센서

> CNG 엔진은 삼원촉매에 의한 배출가스 정화장치가 장착되어 있다.

18 전자제어 엔진에서 분사량은 인젝터 솔레노이드 코일의 어떤 인자에 의해 결정되는가?

① 코일 권수   ② 저항치

③ 전압치   ④ 통전시간

> [기출] 분사량은 인젝터 솔레노이드 코일의 통전시간에 의해 결정된다.

19 과급장치 검사에 대한 설명으로 틀린 것은?

① 스캐너의 센서 데이터 모드에서 VGT 액추에이터와 부스터 압력 센서 작동상태를 점검한다.

② 엔진 시동을 걸고 정상 온도까지 워밍업한다.

③ 전기장치 및 에어컨을 ON한다.

④ EGR 밸브 및 인터쿨러 연결 부분에 배기가스 누출 여부를 검사한다.

> [NCS 학습모듈]
> • 자기진단 커넥터에 스캐너를 연결한다.
> • 엔진 시동을 걸고 정상 온도까지 워밍업
> • 전기 장치 및 에어컨 OFF
> • 스캐너의 센서 데이터 모드에서 'VGT 액추에이터'와 '부스트 압력센서' 작동상태 점검
> • 과급장치의 오일공급 호스와 파이프 연결 부분의 누유 여부, 인·아웃 연결부분의 공기 및 배기가스 누출 여부, EGR 밸브 및 쿨러 연결 부분의 배기가스 누출 여부를 검사

20 실린더 내경이 105 mm, 행정이 100 mm인 4기통 디젤엔진의 SAE 마력(PS)은?

① 36.7   ② 43.9

③ 41.3   ④ 27.3

> SAE 마력 = $\dfrac{M^2 Z}{1613}$ (M : 실린더 내경[mm], Z : 실린더 수)
>
> $= \dfrac{105^2 \times 4}{1613} = 27.3 \text{ PS}$

---

02 자동차 섀시

21 유압식 전자제어 조향장치의 점검항목이 아닌 것은?

① 전기모터

② 유량제어 솔레노이드 밸브

③ 차속 센서

④ 스로틀 위치 센서

22 전동식 전자제어 동력조향장치에 대한 설명으로 틀린 것은?

① 오일 누유 및 오일 교환이 필요없는 친환경 시스템이다.

② 기관의 부하가 감소되어 연비가 향상된다.

③ 속도감응형 파워 스티어링의 기능 구현이 가능하다.

④ 파워스티어링 펌프의 성능 개선으로 핸들이 가벼워진다.

23 일반적으로 가장 좋은 승차감을 얻을 수 있는 진동수는?

① 120~200 cycle/min   ② 10~60 cycle/min

③ 10 cycle/min 이하   ④ 60~120 cycle/min

> 가장 좋은 승차감의 진동수: 60~120 cycle/min

정답 15 ④ 16 ① 17 ② 18 ④ 19 ③ 20 ④ 21 ① 22 ④ 23 ④

24 자동차관리법 시행규칙상 제동시험기의 검사기준에서 설정하중에 대한 정밀도 허용오차 범위로 <u>틀린 것</u>은? (단, 차륜구동형에 국한한다)

① 좌·우 차이 제동력 지시 ±5% 이내
② 좌·우 합계 제동력 지시 ±5% 이내
③ 중량 설정 지시 ±5% 이내
④ 좌·우 제동력 지시 ±5% 이내

정밀도에 대한 검사기준 – 자동차관리법 시행규칙 [별표 12]
(가) 제동력지시 및 중량설정지시의 정밀도는 설정하중에 대하여 다음의 허용오차 범위 이내일 것
　1) 좌·우 제동력 지시 : ±5% 이내 (**차륜구동형은 ±2% 이내**)
　2) 좌·우 합계 제동력 지시 : ±5% 이내
　3) 좌·우 차이 제동력 지시 : ±5% 이내
　4) 중량 설정 지시 : ±5% 이내
(나) 판정정밀도는 축하중에 대하여 다음의 허용오차 범위 이내일 것
　1) 좌·우 제동력 합계 판정 : ±2% 이내
　2) 좌·우 제동력 차이 판정 : ±2% 이내

25 드가르봉식 속업서버에 대한 설명으로 <u>틀린 것</u>은?

① 늘어남이 중지되면 프리 피스톤은 원위치로 복귀한다.
② 밸브를 통과하는 오일의 유동저항으로 인하여 피스톤이 하강함에 따라 프리 피스톤도 가압된다.
③ 오일실과 가스실은 일체로 되어 있다.
④ 가스실 내에는 고압의 질소가스가 봉입되어 있다.

[16-2 기출 변형]
하나의 실린더 내에 프리 피스톤을 설치하여 피스톤에 의해 오일실과 가스실로 분리된 형태이다.

26 차량 주행 시 조향핸들이 한쪽으로 쏠리는 원인으로 <u>틀린 것</u>은?

① 뒤 차축이 차의 중심선에 대하여 직각이 아니다.
② 조향핸들의 축방향 유격이 크다.
③ 앞 차축 한쪽의 현가스프링이 절손되었다.
④ 좌우 타이어의 공기압력이 서로 다르다.

축방향 유격은 조향핸들이 앞뒤로 움직이는 것을 말한다(즉, 핸들을 앞으로 당겼을 때 움직임). 축방향 유격과 쏠림은 관계가 없다.
참고) 핸들 유격과 구별할 것

27 현가 스프링의 구비조건으로 거리가 가장 먼 것은?

① 변형성이 좋을 것　　② 충격을 잘 흡수할 것
③ 승차감이 좋을 것　　④ 탄성이 좋을 것

28 가속페달을 급격히 밟으면 시프트 다운으로 변환시켜주는 전자제어 자동변속기 관련 장치는?

① 스로틀 밸브　　　　② 킥다운 스위치
③ 댐퍼 클러치　　　　④ 차속 센서

29 무단변속기 벨트 드라이브 방식 중 아래 그림이 나타내는 주행모드는?

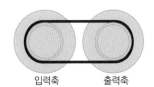

입력축　　　　출력축

① 발진 및 저속 모드　　② 고속 주행 모드
③ 중속 모드　　　　　④ 등속 주행모드

• 저속 : 입력축 풀리 폭 < 출력축 풀리 폭
• 중속 : 입력축 풀리 폭 = 출력축 풀리 폭
• 고속 : 입력축 풀리 폭 > 출력축 풀리 폭

30 조향 핸들의 유격이 커지는 원인과 <u>거리가 먼 것</u>은?

① 볼 이음의 마멸
② 급유 부족
③ 조향기어의 마멸
④ 웜축 또는 섹터축의 유격

핸들 유격은 핸들을 좌우로 움직였을 때 바퀴의 움직이 없는 상태에서 핸들이 움직인 거리를 말하며, 유격이 커지는 원인은 보기의 ①, ③, ④ 외에 조향기어의 백래시가 클 때, 링키지 마멸, 조향너클 등이 있다.
②는 조향핸들이 무거운 원인이다.

31 스톨 테스트를 실시할 때 주의사항으로 <u>틀린 것</u>은?

① 스로틀 전개는 10초 이상 충분히 실시한다.
② 브레이크 페달을 완전히 밟고 실시한다.
③ 주차 브레이크를 확실히 작동시킨다.
④ 2회 이상 실시할 경우 엔진을 저속으로 운전하여 변속기 오일의 온도를 낮추고 재실시한다.

스톨 테스트 시 가속페달을 밟는 시험시간은 5초 이내이어야 한다.

32 마스터 실린더의 단면적이 10 cm²이고, 휠 실린더의 단면적이 20 cm²라고 하면 20 N의 힘으로 브레이크 페달을 밟았을 때 휠 실린더에 작용하는 힘(N)은 약 얼마인가?

① 20　　　　　　② 30
③ 40　　　　　　④ 50

[12-3, 10-1, 16-1 기출] 파스칼의 원리에 의해

$$\frac{F_2(휠\ 실린더에\ 작용되는\ 힘)}{F_1(마스터\ 실린더에\ 작용하는\ 힘)} = \frac{A_2(휠\ 실린더\ 단면적)}{A_1(마스터\ 실린더\ 단면적)}$$

※ $F_2 = 20 \times \dfrac{20}{10} = 40N$

33 전자제어 현가장치의 기능에 대한 설명으로 틀린 것은?

① 급선회 시 원심력에 의한 차체의 기울어짐을 방지할 수 있다.
② 노면으로부터 차량 높이를 조절할 수 있다.
③ 급제동 시 노스다운을 방지할 수 있다.
④ 변속단에 따라 변속비를 제어할 수 있다.

[18-2 기출] 현가장치는 변속비 제어와는 무관하다.

34 유압식 쇽업소버의 종류가 아닌 것은?

① 텔레스코핑식
② 드가르봉식
③ 벨로우즈식
④ 레버형 피스톤식

유압식 쇽업소버의 종류 : 텔레스코핑식, 드가르봉식, 레버형 피스톤식

35 전자제어 현가장치의 관련 센서가 아닌 것은?

① 차속 센서
② 조향각 센서
③ 스로틀 개도 센서
④ 파워 오일압력 센서

[18-1 기출] 파워 오일압력 센서는 전자제어 조향장치와 관련 있다. (엔진부조 방지 목적)

36 휠 얼라이먼트를 점검하여 바르게 유지해야 하는 이유로 틀린 것은?

① 사이드 슬립의 방지
② 직진성의 개선
③ 타이어 이상 마모를 최소화
④ 축간 거리의 감소

37 자동변속기가 과열되는 원인과 관계없는 것은?

① 엔진 과열로 인한 오버히트
② 자동변속기 오일량이 규정보다 많을 때
③ 자동변속기 오일쿨러 불량
④ 라디에이터 냉각수 부족

변속기 과열의 주 원인은 오일 부족에 따른 부품 마모, 유온의 냉각기능 저하와 엔진 과열이다.

※ 오일량이 규정값보다 적으면 변속기 과열 이 외에 변속기에 적절한 유압의 형성되지 않아 주행 중 동력전달 불량으로 슬립현상(변속 직전·직후 rpm이 급격히 올라가 헛돔) 및 변속충격 등의 원인이 된다.
※ 오일량이 규정치보다 많으면 오일의 흐름저항이 발생하여 변속시점이 늦어져 주행감(변속감)이 불량해진다.

38 능동형 전자제어 현가장치의 주요 제어기능이 아닌 것은?

① 감쇠력 제어
② 자세제어
③ 차속제어
④ 차고제어

차속은 제어대상이 아니라 입력 신호로 받는다.

39 엔진 플라이휠과 직결되어 기관 회전수와 동일한 속도로 회전하는 토크컨버터 부품은?

① 스테이터
② 펌프 임펠러
③ 터빈 러너
④ 원웨이 클러치

[16-1 기출] 플라이휠 – 펌프에 직결, 터빈 – 변속기 입력축에 직결

40 6% 경사로를 50 km/h로 정속 등판주행 중인 자동차의 총 주행저항(kgf)은? (단, 자동차 중량은 1500 kgf, 구름저항은 자동차중량의 3%, 공기저항은 무시한다.)

① 45　　　　　　② 75
③ 135　　　　　　④ 180

[기출 변형]
· 구름저항　$R_r = \mu_r \times W = 1 \times 1500 \times 0.03 = 45$ [kgf]
· 구배저항　$R_g = \dfrac{W \cdot G}{100} = \dfrac{1500 \times 6}{100} = 90$ [kgf]
∴ 전주행저항　$R_t = R_r + R_g = 45 + 90 = 135$ [kgf]

정답　**32** ③　**33** ④　**34** ③　**35** ④　**36** ④　**37** ②　**38** ③　**39** ②　**40** ③

41 저항의 도체에 전류가 흐를 때 소비되는 에너지는 저부 열로 되고, 이 때의 열을 줄열(H)이라고 한다. 이 줄열(H)을 구하는 식으로 틀린 것은? (단, E는 전압, R은 저항, t는 시간이다)

① $H = 0.24\,EIt$

② $H = 0.24\,I^2Rt$

③ $H = 0.24\,IE^2t$

④ $H = 0.24\,\dfrac{E^2}{R}t$

[20-1 기출] '줄열'의 기본 공식에 오옴의 법칙을 적용한다.

$H = 0.24I^2Rt = 0.24IIRt = 0.24EIt$

$\rightarrow 0.24(\dfrac{E}{R})^2Rt = 0.24\dfrac{E^2}{R}t$

42 다음 중 클러스터 모듈(cluster module)의 고장진단으로 교환해야 할 상황이 아닌 것은?

① 계기판의 각종 경고등 제어 고장

② 와이퍼 워셔 연동제어 고장

③ 트림 컴퓨터 제어 고장

④ 방향지시등 플래셔 제어 고장

와이퍼 워셔는 다기능 스위치와 관련이 있으며, 계기판에 별도로 작동 신호를 출력하지 않는다.
※ 트림 컴퓨터 : 실시간 연비, 누적 연비, 연료량, 각종 온도, 전압 등 운전에 도움이 되는 정보를 보여주고 관리하는 역할

43 스마트 키 시스템이 적용된 차량의 동작 특징으로 틀린 것은? (단, 리모컨 Lock 작동 후이다)

① LF 안테나가 일시적으로 수신하는 대기모드로 진입한다.

② 스마트 키 ECU는 LF 안테나를 주기적으로 구동하여 스마트 키가 차량을 떠났는지 확인한다.

③ 일정기간 동안 스마트 키 없음이 인지되면 스마트 키 찾기를 중지한다.

④ 패시브 록을 수행하여 경계 상태로 진입한다.

①,② 스마트키 유닛은 LF 안테나(송신용)를 주기적으로 구동하여 LF 안테나를 통해 0.7~1m 이내의 스마트키의 유무를 검색하기 위한 송신 신호를 보낸다.
③ 모션 센서에 의해 일정기간 동안 스마트 키의 움직임이 없으면 LF 구동을 비활성화 시킨다.(다시 움직임이 감지되면 활성화시킴)
④ 리모컨을 lock 작동 후에는 패시브 록(자동 도어 잠금)이 되며, 경계 모드로 진입한다.

44 주행 중 차량의 장시간 자동정차 시 밀림방지 기능(오토 홀드)을 지원하기 위해 필요한 기능은?

① SCC(Smart Cruise Control)

② EPB(Electronic Parking Brake)

③ ESC(Electronic Stability Control)

④ SEA(Safe Exit Assist)

45 CAN의 데이터 링크 및 물리 하위 계층에서 CAN 계층으로 틀린 것은?

① 논리 링크 제어 계층

② 매체 접근 제어 계층

③ 물리 매체 독립 계층

④ 물리 부호화 하위 계층

CAN의 데이터 링크 및 물리 하위 계층		
데이터 링크 계층	논리링크 제어	CAN 제어기
	매체접근 제어	
	물리 부호화 하위 계층	
물리적 계층	물리 매체 접근 계층	CAN 수신기
	물리 매체 **의존** 계층	와이어, 커넥터

46 바디전장 제어장치(ETACS BCM) 장착 차량에서 배터리 세이버(자동 미등 소등) 기능에 대한 설명으로 옳은 것은? (단, 미등 스위치는 ON 상태이다)

① 시동을 끄고 IG key를 탈거하고 운전석 도어를 열면 자동 소등

② 시동을 끄고 IG key를 탈거하고 운전석 도어를 닫으면 자동 소등

③ 시동을 끄고 IG key를 탈거하고 모든 도어 중 어느 도어라도 열리면 자동 소등

④ 시동을 끄고 IG key를 탈거하면 미등 자동 소등

미등이 켜진 상태에서 시동키 탈거 후 운전석 도어를 열면 자동으로 소등된다.
                              – 근거) 현대/기아 자동차 메뉴얼

47 주행안전장치 스마트 크루즈 컨트롤 장치(SCC)에서 차량 설정 속도가 81 km/h라고 할 때 선행 목표 차간거리값으로 옳은 것은? (단, 현재 단계 설정값이 1.6초이다)

① 36m　　② 38m　　③ 42m　　④ 45m

$\dfrac{81}{3.6}$ [m/s]$\times$1.6 [s] = 36 [m]

48 자동차에 적용된 통신시스템의 장점이 <u>아닌</u> 것은?

① 진단장비를 이용한 정비로 정비성을 향상시킬 수 있다.

② 제어를 하는 ECU들의 통신으로 배선이 줄어든다.

③ 배선이 줄어들면서 그만큼 사용하는 커넥터 수 및 접속점이 감소하여 고장률이 낮아진다.

④ 전장품의 가장 먼 곳의 ECU에서 전장품을 제어한다.

> ④ 여러 제어기(ECU)끼리는 거리가 멀어도 CAN 버스로 통신이 가능하나, 각 ECU는 관련 전장품이 LIN 통신을 통해 가까이 제어된다.

49 코일에 전류를 인가했을 때 즉시 자력을 형성하지 못하고 지체되면서 전류의 일부가 열로 방출되는 현상은?

① 자기과도 현상

② 자기포화 현상

③ 자기유도 현상

④ 자기이력 현상

> [11-3, 08-1 기출]
> • 자기이력현상(히스테리시스) : 철심이 안에 있는 코일에 전류를 인가했을 때 코일의 저항성분으로 인해 코어에 즉각적인 자력이 형성되지 못하고 손실이 발생하며 열로 발산된다.
> • 자기포화 현상 : 자화력을 증가시켜도 자기가 더 이상 증가하지 않는 현상

50 자동차 CAN 네트워크에 대한 설명으로 <u>틀린</u> 것은?

① 지선이 단락되면 해당 제어기만 통신이 되지 않는다.

② 지선이 단락될 때 단락된 부위를 강제로 CAN bus에서 이탈시키면 통신이 정상적으로 돌아온다.

③ 지선 중 1선만 단선되면 CAN bus 전체에 영향을 주기도 하고 해당 제어기만 CAN bus에서 이탈되기도 한다.

④ 지선 중 2선 모두 단선되면 해당 제어기만 CAN bus에서 이탈되므로 CAN bus에 영향을 주지 않는다.

> CAN 네트워크에서 단락의 경우 주선이든 지선이든 상관없이 CAN bus 전체가 단락의 영향을 받기 때문에 모든 시스템이 통신 불가 상태가 된다. 이는 모든 제어기가 병렬로 연결되어 있기 때문이다.

51 전류를 계속 흐르게 하려면 전압을 연속적으로 만들어 주는 어떤 힘이 필요하게 되는데, 이 힘을 무엇이라 하는가?

① 자기력

② 기전력

③ 전자력

④ 전기장

> • 전압(전위차) : 전류를 흐르게 하는 힘
> • 기전력 : 전압을 연속적으로 만들어 주는 힘

52 단면적 $0.002cm^2$, 길이 10m 인 니켈-크롬선의 전기저항(Ω)은? (단, 니켈-크롬선의 고유저항은 $110\mu\Omega\cdot cm$이다)

① 45

② 55

③ 50

④ 60

> [17-3 기출] 도체에 작용하는 저항 $R = \rho\dfrac{l}{A}$
> • ρ : 고유저항, 저항률 [$\Omega\cdot cm$] ※ $1\mu\Omega = 10^{-6}\Omega$
> • l : 도체의 길이 [cm]
> • A : 도체의 단면적 [cm^2]
> $R = 110\times10^{-6}[\Omega\cdot cm]\times\dfrac{10\times10^2[cm]}{2\times10^{-3}[cm^2]}$
> $= 110\times10^{-6}\times5\times10^5 = 550\times10^{-1} = 55[\Omega]$

53 점화장치에서 파워 TR의 B(베이스) 전류가 단속될 때 점화코일에서는 가장 먼저 발생되는 현상은?

① 1차 코일에 전류가 단속된다.

② 2차 코일에 전류가 단속된다.

③ 2차 코일에 역기전력이 형성된다.

④ 1차 코일에 상호유도작용이 발생한다.

> [18-3 기출] TR의 베이스 전류 단속 → 1차 코일에 자기유도작용에 의해 1차 코일에 흐르는 전류를 단속하여 역기전력 발생 → 상호유도작용에 의해 2차 코일에 유기기전력 발생

54 전장 카메라의 보정 방법으로 <u>틀린</u> 것은?

① 보정 수행이나 작동에 영향을 줄 수 있는 DTC가 있는 확인한다.

② 차량은 트렁크 짐, 실내 탑승객 등 최대 적재상태로 한다.

③ 진단장비 커넥터를 연결하고 IGN ON 한다.

④ 카메라 시야에 방해가 없도록 윈드 쉴드 청소상태를 확인한다.

> [NCS 학습모듈] 타이어 압력, 트렁크 짐 등은 카메라 정렬 방향에 영향을 줄 수 있으므로 공차상태로 한다.

55 서미스터형 연료레벨 지시장치에서 연료탱크에 연료를 가득 차 있는데 연료경고등이 점등될 수 있는 원인으로 옳은 것은?

① 연료펌프 고장

② 경고등 접지선의 단선

③ 서미스터의 불량

④ 퓨즈의 단선

> [12-2 기출] 서미스터식 연료게이지의 경우 서미스터가 노출되면 서미스터의 온도는 상승, 저항은 감소되어 경고등이 점등된다.(부특성)

56 스마트 키 시스템에 대한 설명으로 틀린 것은?

① 스마트 키를 가진 운전자가 트렁크 리드 스위치를 누르면서부터 트렁크 잠금 해제 절차에 들어간다.
② 스마트 키를 가진 운전자가 도어핸들을 터치(또는 록 버튼 누름) 하면서부터 도어 잠금 해제 절차에 들어간다.
③ 스마트 키의 배터리 방전 시 시동을 걸 수 없다.
④ MSL(Mechanics Steering Lock) 장치는 미허가 사용을 금지하기 위한 조향 휠 블로킹(blocking) 장치이다.

> 스마트 키의 배터리가 방전되어도 비상으로 스마트 키를 FOB 홀더에 넣거나, 스마트 키를 SSB에 10초 이상 누르면 내부의 코일 안테나가 자화되어 스마트 키의 트랜스폰더 정보를 받아 시동을 걸게 한다.(림프 홈 모드)

57 스티어링 핸들 조향 시 운전석 에어백 모듈 배선의 단선과 꼬임을 방지해주는 부품은?

① 트위스트 와이어
② 프리 텐셔너
③ 인플레이터
④ 클럭 스프링

> 클럭 스프링 : 조향휠에는 에어백 장치 등이 위치하며, 장치의 배선은 조향휠 아래로 접근해야 한다. 만약 일반 전선을 사용할 경우 조향휠의 회전으로 인해 꼬이거나 단선되기 때문에 조향휠 어셈블리 밑에 클럭 스프링을 장착하여 접촉식으로 전기가 흐를 수 있도록 한다.
> ② 충돌 시 느슨한 벨트를 당겨주는 2차 사고 방지 역할
> ③ 에어백 가스 발생장치

58 경음기 소음 측정 시 암소음 보정을 하지 않아도 되는 경우는? (단, 소음진동관리법 시행규칙상에 의한다)

① 경음기 소음 84dB, 암소음 75dB
② 경음기 소음 90dB, 암소음 85dB
③ 경음기 소음 100dB, 암소음 85dB
④ 경음기 소음 100dB, 암소음 92dB

> [20-3 기출] '경음기 소음 - 암소음' 차이가 2dB 이하, 10dB 이상일 경우 보정하지 않아도 된다. ※ 암소음 보정값은 '경음기 소음 - 암소음'가 '3일 때 3', '4~5일 때 2', '6~9일 때 1'이다.

59 운행차 정기검사에서 측정한 경적소음이 1회 96dB, 2회 97dB이고 암소음이 90dB일 경우 최종측정치는? (단, 소음 진동 관리법 시행규칙에 의함)

① 94.0 dB(C)
② 96.0 dB(C)
③ 97.0 dB(C)
④ 94.3 dB(C)

> 경적소음 측정 시 5초 동안 작동시켜 최대 소음도를 측정한다.
> 경적소음 - 암소음 = 7이므로 보정값은 '1'이다.
> 즉, 최대 소음도 97에서 보정값 1을 빼면 96 dB이다.

60 타이어 공기압 경보장치(TPMS)에서 측정하는 항목이 아닌 것은?

① 타이어 온도
② 휠 속도
③ 휠 가속도
④ 타이어 압력

> TPMS에는 직접식과 간접식이 있다.
> • 직접식 : 공기주입밸브에 부착하여 타이어 압력과 온도를 감지
> • 간접식 : 휠스피드센서의 신호에 의해 공기압을 간접 유추

---

04 **친환경 자동차**

61 하이브리드 시스템에서 주파수 변환을 통하여 스위칭 및 전압을 제어하는 방식은?

① CAN 제어
② PWM 제어
③ SCC 제어
④ COMP 제어

> PWM(Pulse Width Modulation, 펄스 폭 변조) 제어는 스위칭 주기를 일정하게 하여 ON의 시간 비율을 조정하여 전압을 제어한다.

62 마스터 BMS의 표면에 인쇄 또는 스티커로 표시되는 항목이 아닌 것은? (단, 비일체형인 경우로 국한한다)

① 사용하는 동작 온도범위
② 셀 밸런싱용 최대 전류
③ 저장 보관용 온도범위
④ 제어 및 모니터링하는 배터리 팩의 최대 전압

> BMS의 제원 : 동작전압(팩 전압, 셀 전압), 최대전압, 동작온도, 저장온도, 동작전류 등
> ※ 셀 밸런싱은 셀간의 전압 편차를 줄이는 기능이다.

63 리튬이온(폴리머) 배터리의 양극에 주로 사용되는 재료가 아닌 것은?

① $LiTi_2O_2$
② $LiCoO_2$
③ $LiMnO_4$
④ $LiFePO_4$

> **리튬이온(폴리머) 배터리 양극재료**
> • $LiCoO_2$ (코발트산 리튬)
> • $LiMnO_4$ (망간산 리튬)
> • $LiFePO_4$ (올리핀산 철 리튬)

정답 **56** ③ **57** ④ **58** ③ **59** ② **60** ③ **61** ② **62** ② **63** ①

64 전기자동차의 구동모터 탈거를 위한 작업으로 가장 거리가 먼 것은?

① 보조배터리(12V)의 (−)케이블을 분리한다.
② 서비스(안전) 플러그를 분리한다.
③ 냉각수를 배출한다.
④ 배터리 관리 유닛의 커넥터를 탈거한다.

> 구동모터 정비 관련 사항 : 냉각수 배출, EWP, 감속기, OBD
> ※ 서비스 플러그를 분리하므로 BMS 커넥터는 탈거할 필요가 없다.

65 하이브리드 스타터 제너레이터의 기능으로 틀린 것은?

① 발전 제어
② 차량 속도 제어
③ 소프트 랜딩 제어
④ 엔진 시동 제어

66 하이브리드 차량의 내연기관에서 발생하는 기계적 출력 상당 부분을 분할(spilt) 변속기를 통해 동력으로 전달시키는 방식은?

① 직렬형
② 하드 타입 병렬형
③ 복합형
④ 소프트 타입 병렬형

> 동력 분할(spilt) 변속기를 통해 동력을 전달하는 것은 복합형이다.
> – 도요타의 프리우스

67 연료전지 자동차에서 수소라인 및 수소탱크 누출 상태점검에 대한 설명으로 옳은 것은?

① 수소 누출 포인트별 누설감지센서가 있어 별도 누설점검은 필요없다.
② 수소가스 누출시험은 압력이 형성된 연료전지 시스템이 작동 중에서만 측정한다.
③ 소량누설의 경우 차량시스템에서 감지할 수 없다.
④ 수소탱크 및 라인 검사 시 누출 감지기 또는 누출감지액으로 누기 점검을 한다.

> 일반적으로 수소탱크 및 수소라인의 6곳 이상에 감지기를 설치하며, 미세누설도 감지하며, 연료전지시스템의 작동이 정지되어도 감지한다.

68 연료전지 자동차에서 정기적으로 교환해야 하는 부품이 아닌 것은?

① 이온 필터
② 연료전지(스택) 냉각수
③ 감속기 윤활유
④ 연료전지 클리너 필터

> 필수 교체 대상 : 연료전지 에어클리너 필터(스택 출력의 저하), 이온필터, 연료전지냉각수, 실내 공조장치 에어필터
> ※ 감속기 오일은 원칙적으로 무점검/무교환 대상이다.

69 모터 컨트롤 유닛 MCU(Motor Control Unit)의 설명으로 틀린 것은?

① 3상 교류(AC) 전원(U, V, W)으로 변환된 전력으로 구동모터를 구동시킨다.
② 구동모터에서 발생된 DC 전력을 AC로 변환하여 고전압 배터리에 충전한다.
③ 가속시 고전압 배터리에서 구동모터로 에너지를 공급한다.
④ 고전압 배터리의 DC 전력을 모터 구동을 위한 AC 전력으로 변환한다.

70 상온에서 온도가 25°C 일 때 표준상태를 나타내는 절대온도(K)는?

① 0
② 100
③ 298.15
④ 273.15

> $K = 273.15 + °C = 273.15 + 25 = 298.15$

71 연료전지 자동차의 모터 냉각 시스템의 구성품이 아닌 것은?

① 전자식 워터펌프(EWP)
② 전장 냉각수
③ 냉각수 라디에이터
④ 이온 필터

> 이온 필터는 열관리 장치에 필요하다.

72 다음과 같은 역할을 하는 전기자동차의 제어 시스템은?

┌─────[보기]─────┐
배터리 보호를 위한 입출력 에너지 제한값을 산출하여 차량제어기로 정보를 제공한다.
└────────────────┘

① 냉각제어 기능
② 파워제한 기능
③ 완속충전 기능
④ 정속주행 기능

> 배터리 잔량이 5% 이하이면 경고문에 나타나며, 배터리 소모를 최소화하기 위해 출력을 제한한다. (이때 엔진을 강제구동시켜 HSG(발전기 역할)를 통해 고전압배터리 충전시킴)

73 환경친화적 자동차의 요건 등에 관한 규정상 일반 하이브리드 자동차에 사용하는 구동축전지의 공칭전압 기준은?

① 직류 60V 초과
② 교류 60V 초과
③ 직류 100V 초과
④ 교류 220V 초과

> 환경친화적 자동차의 요건 등에 관한 규정
> • 일반 하이브리드 : 직류 60V를 초과
> • 플러그인 하이브리드 : 직류 100V를 초과

정답 **64** ④ **65** ② **66** ③ **67** ④ **68** ③ **69** ② **70** ③ **71** ④ **72** ② **73** ①

74 하이브리드 자동차의 회생제동 기능에 대한 설명으로 옳은 것은?

① 급가속을 하더라도 차량 스스로 완만한 가속으로 제어하는 기능
② 불필요한 공회전을 최소화하여 배출가스 및 연료 소비를 줄이는 기능
③ 주행 상황에 따라 모터에 적절한 제어를 통해 엔진의 동력을 보조하는 기능
④ 차량의 관성에너지를 전기에너지로 변환하여 배터리를 충전하는 기능

75 전기자동차의 공조장치(히트펌프)에 대한 설명으로 틀린 것은?

① 온도센서 점검 시 저항(Ω) 측정
② PTC형식 이베퍼레이터 온도 센서 적용
③ 정비 시 전용 냉동유(POE) 주입
④ 전동형 BLDC 블로어 모터 적용

② Evaporator sensor는 증발기 온도를 감지하여 실내 온도 유지 및 결로 방지를 목적으로 하며, 통상 증발기 센서는 NTC 타입으로 사용된다.
③ 히트펌프 시스템에서 지정된 냉매(R-1234rf)와 전용 냉동유(POE) 주입
④ 기존 DC 모터 대신 BLDC(브러시리스) 타입 전동기를 적용시켜 고효율, 경량화, 저소음 저진동을 구현한다.

76 RESS(Rechargerable Energy Storage System)에 충전된 전기에너지를 소비하여 자동차를 운전하는 모드는?

① CS 모드
② CD 모드
③ HWFET 모드
④ FTP 모드

• CD 모드(충전-소진 모드, Charge-Depleting mode) : RESS에 충전된 전기 에너지를 소비하며 자동차를 운전하는 모드이다.
• CS 모드(충전-유지 모드, Charge-Sustaining mode) : RESS가 충전 및 방전을 하며 전기 에너지의 충전량이 유지되는 동안 연료를 소비하며 운전하는 모드이다.
• HWFET(HighWay Fuel Economy Test) 모드 : 고속도로주행 모드
• FTP-75 모드 : 도심주행모드

77 전기자동차 고전압 배터리의 안전 플러그에 대한 설명으로 틀린 것은?

① 일부 플러그 내부에는 퓨즈가 내장되어 있다.
② 탈거 시 고전압 배터리 내부 회로연결을 차단한다.
③ 전기자동차의 주행속도 제한 기능을 한다.
④ 고전압 장치 정비 전 탈거가 필요하다.

78 하이브리드 자동차의 내연기관에 가장 적합한 사이클 방식은?

① 오토 사이클
② 앳킨슨 사이클
③ 복합 사이클
④ 카르노 사이클

앳킨슨 사이클(Atkinson-cycle)
• 앳킨슨 사이클 가솔린 엔진은 하이브리드 시스템에 대부분 사용되는 형식으로 오토 사이클 엔진을 기초로 압축비보다 팽창비를 크게하여 열효율을 개선한 기관이다.
• 오토사이클 엔진에 비해 구조가 복잡하고 고회전이 어려워 작은 파워밀도와 낮은 RPM 토크를 가지지만 펌핑 로스를 줄여 연비를 높일 수 있다는 장점이 있다.(하이브리드 자동차의 엔진에 앳킨슨 사이클을 채택하는 가장 큰 이유는 연비를 높이기 위함)

79 수소 연료전지 자동차에서 열관리 시스템의 구성요소가 아닌 것은?

① COD 히터
② 연료전지 냉각펌프
③ 칠러 장치
④ 라디에이터 및 쿨링 팬

FCEV의 열관리 시스템 구성 : COD히터, 가습기, 고용량 워터 펌프, 고용량 라디에이터 및 냉각팬 등
※ COD 히터 : 냉간시동 시 예열 및 스택 내부에 남은 물과 산소를 없애는 데 필요하다.
※ 칠러는 FECV의 냉난방 장치의 구성품이며, FCEV의 열관리장치의 구성품이 아니다.

80 연료전지의 효율(η)을 구하는 식은?

① $\eta = \dfrac{1\text{mol의 연료가 생성하는 전기에너지}}{\text{생성 엔트로피}}$

② $\eta = \dfrac{10\text{mol의 연료가 생성하는 전기에너지}}{\text{생성 엔트로피}}$

③ $\eta = \dfrac{1\text{mol의 연료가 생성하는 전기에너지}}{\text{생성 엔탈피}}$

④ $\eta = \dfrac{10\text{mol의 연료가 생성하는 전기에너지}}{\text{생성 엔탈피}}$

연료전지 효율은 연료 전지가 연소되면서 에너지를 방출하는 것으로, 발생된 열과 발생된 전기에너지의 비로 표현한다. 이때 발생된 열은 '생성 엔탈피'의 변화로 '발열량'이라고도 한다.

CBT 실전모의고사 2회

01 자동차 엔진

1 디젤엔진의 배출가스 특성에 대한 설명으로 틀린 것은?

① 가솔린 기관에 비해 CO, HC 배출량이 적다.
② 입자상 물질(PM)을 저감하기 위해 필터(DPF)를 사용한다.
③ NOx 저감 대책으로 연소온도를 높인다.
④ NOx 배출을 줄이기 위해 배기가스 재순환장치를 사용한다.

[19–2 기출]
① 디젤엔진의 가솔린 엔진에 비해 NOx, PM 배출량이 많고, CO, HC 배출량이 적다.
③ 디젤엔진의 NOx는 고온희박 시 많이 발생되므로 온도를 낮춘다.

2 기관 고속운전 시 피스톤 링이 정확하게 상하운동을 못하고 링이 링 홈에서 고주파 진동을 하는 현상은?

① 링의 펌프 작용
② 스틱 현상
③ 플러터 현상
④ 스커핑 현상

• 플러터 현상 : 링이 링홈과 밀착되지 못하고 링 홈 상하면에 작용하는 가스압보다 링 관성력이 더 커져 들뜨며 고주파 진동을 하는 현상
• 스커핑(Scuffing) 현상 : 실린더 벽과 피스톤 링 마찰부분에 과도한 열이 축적되면 유막이 파손되고, 피스톤링이 직접 실린더 벽을 긁는 현상을 말한다. 실린더 벽, 피스톤 링의 마멸의 촉진 원인이 된다.

3 가솔린 기관의 조기점화에 대한 설명으로 틀린 것은?

① 조기점화가 일어나면 연료 소비율이 적어진다.
② 조기점화가 일어나면 출력이 저하된다.
③ 점화플러그의 전극에 카본이 부착되어도 일어난다.
④ 과열된 배기밸브에 의해서도 일어난다.

4 전자제어 디젤엔진에서 엑셀포지션센서 1, 2의 공회전 시 정상적인 입력값은?

① APS1 : 1.5~1.6V, APS2 : 0.70~0.85V
② APS1 : 1.2~1.4V, APS2 : 0.60~0.75V
③ APS1 : 0.7~0.8V, APS2 : 0.29~0.45V
④ APS1 : 2.0~2.1V, APS2 : 0.90~1.10V

[NCS 학습모듈]
• 공회전 시 – APS1 : 0.7~0.8V, APS2 : 0.29~0.45V
• 전개 시 – APS1 : 3.85~4.35 V, APS2 : 1.93~2.18 V

5 다음 중 윤활유 첨가제에 아닌 것은?

① 부식 방지제
② 유동점 강하제
③ 인화점 하강제
④ 극압 윤활제

윤활유 첨가제 종류 : 산화방지제, 부식방지제, 녹 방지제, 청정제, 분산제, 마찰조절제, 내마멸첨가제, 극압윤활제, 점도지수 향상제, 유동점강하제, 소포제, 유화제, 점착성부여제, 금속비활성제 등

6 커먼레일 디젤엔진의 솔레노이드식 인젝터 리턴량 점검 중 동적시험에 대한 설명으로 틀린 것은?

① 인젝터 점검방법 중 하나이다.
② 인젝터 누설량을 점검할 수 있다.
③ 리턴량이 많으면 인젝터가 양호이다.
④ 리턴량을 통해 동시에 고압펌프 압력도 점검할 수 있다.

[NCS 학습모듈] 리턴량이 최소치보다 3배 이상이면 인젝터가 불량하다.

7 다음은 배출가스 정밀검사에 관한 내용이다. 정밀검사모드로 맞는 것을 모두 고른 것은?

1. ASM2525 모드	2. KD147 모드
3. Lug Down 3 모드	4. CVS–75모드

① 1, 2
② 1, 2, 3
③ 1, 3, 4
④ 2, 3, 4

[15–2 기출]
1. ASM2525 모드 : 차대동력계상에서 25%의 도로부하로 40km/h 속도로 일정하게 주행하면서 배출가스를 측정
2. KD147 모드 : Lug Down 3 모드를 대신해 중소형 경유차량에 적용
3. Lug Down 3 모드 : 차대동력계상에서 자동차의 가속페달을 최대로 밟은 상태에서 최대출력의 정격회전수에서 1모드, 엔진정격회전수의 90%에서 2모드, 엔진정격회전수의 80%에서 3모드로 주행하면서 매연농도, 엔진회전수, 엔진최대출력을 측정
4. CVS–75모드 : 연비측정 모드에 해당

정 답 1 ③ 2 ③ 3 ① 4 ③ 5 ③ 6 ③ 7 ②

8 전자제어 엔진의 연료분사장치 특성으로 옳은 것은?

① 연료분사장치 단품의 제조원가가 저렴하여 엔진 가격이 저렴하다.

② 진단장비 이용으로 고장수리가 용이하지 않다.

③ 연료분사 처리속도가 빨라 가속 응답성이 좋다.

④ 연료 과다 분사로 연료소비가 크다.

9 운행차의 정밀검사에서 배출가스 검사 전에 받는 관능검사 및 기능검사의 항목이 <u>아닌</u> 것은?

① 조속기 등 배출가스 관련장치의 봉인훼손 여부

② 에어컨, 서리제어장치 등 부속장치의 작동 여부

③ 현가장치 및 타이어 규격의 이상 여부

④ 변속기, 브레이크 등 기계적인 결함 여부

정밀검사의 관능검사
• 배기관에 시료채취관이 충분히 삽입될 수 있는 구조인지 확인
• 에어컨, 히터, 서리제거장치 등 부속장치의 작동 여부
• 정화용촉매, 매연여과장치 및 그 밖에 관능검사가 가능한 부품의 장착 상태를 확인
• 조속기 등 배출가스 관련장치의 봉인훼손 여부를 확인
• 배출가스가 배출가스 정화장치로 유입 이전 또는 최종 배기구 이전에서 유출되는지를 확인
• 배출가스 부품 및 장치의 임의변경 여부를 확인
• 엔진오일 양 및 오일, 냉각수, 연료의 누설 여부 확인
• 냉각팬, 엔진, 변속기, 브레이크, 배기장치 등이 안전상 위험과 검사결과에 영향을 미칠 우려가 없는지 확인

10 전자제어 디젤장치의 EGR 작동 중지 조건이 <u>아닌</u> 것은?

① 가속 직후

② 공회전 시

③ 냉각수온이 37℃ 이하 또는 100℃ 이상일 때

④ AFS 고장 시

[NCS 학습모듈] 가속 직후 혼합비가 매우 희박하여(최대 32:1) 질소산화물(NOx)이 다량으로 배출되는 구간이므로 EGR 밸브가 작동하게 된다. (단, 급가속시에는 가속성을 향상시키기 위해 출력 저하 방지 목적으로 작동을 중지)

11 터보장치(VGT)가 작동하지 않는 조건으로 <u>틀린</u> 것은?

① 차속이 60~80km/h인 경우

② 냉각수온이 0℃ 이하일 경우

③ 터보장치(VGT) 관련 부품이 고장인 경우

④ 엔진 회전수가 700rpm 이하일 경우

VGT 작동 금지 조건
• 엔진 회전수가 700rpm 이하인 경우
• 냉각 수온이 0℃ 이하인 경우
• VGT 관련 부품이 고장인 경우

12 크랭크축의 엔드플레이 간극이 크면 나타나는 현상이 <u>아닌</u> 것은?

① 클러치 작동 시 진동 증대

② 피스톤 측압 증대

③ 밸브간극의 증대

④ 커넥팅 로드에 휨 하중 발생

• 클 경우 : 피스톤 측압 증대, 클러치 작동 시 충격·진동 증대, 커넥팅로드의 휨 하중 발생, 밸브개폐시기 틀려짐
• 작을 경우 : 소결, 마찰·기계적 손실 증대

13 다음 중 터보차저에 대한 설명으로 <u>틀린</u> 것은?

① 가속페달을 밟은 직후 일정 유량이 확보되기까지 시간 지연이 발생하는데 이를 터보래그라 한다.

② 가변 용량 터보차저(Variable Geometry Turbocharger)는 터보래그의 개선 효과가 있다.

③ 가변 용량 터보차저에는 웨이스트 게이트 밸브가 적용되지 않는다.

④ 인터쿨러는 실린더로 유입되는 공기밀도를 낮추는 장치이다.

임펠러에 의해 과급된 공기는 온도 상승 및 공기밀도 증대비율이 감소하여 노킹 유발 및 충전효율 저하의 원인이 된다. 이에 인터쿨러(임펠러와 흡기 다기관 사이에 설치)를 설치하여 과급된 공기를 냉각시켜 공기밀도를 높인다.

14 전자제어 디젤기관의 인젝터 연료분사량 편차보정기능(IQA)에 대한 설명 중 거리가 <u>먼</u> 것은?

① 각 실린더별 분사 연료량을 편차를 줄여 엔진의 정숙성을 돕는다.

② 인젝터의 내구성 향상에 영향을 미친다.

③ 강화되는 배기가스 규제대응에 용이하다.

④ 각 실린더별 분사 연료량을 예측함으로 최대의 분사량 제어가 가능하다.

[16-3 기출] IQA (Injection Quantity Adaptation)
생산되는 인젝터마다 전부하, 부분부하, 공전상태, 파일럿 분사 구간에 따른 분사량을 측정하여 엔진 조립 시 이 정보를 ECU에 저장하여 연료 분사량을 정밀하게 제어한다. – 인젝터별 분사시간 보정 및 실린더 간 연료분사량의 편차 감소, 최대 분사량 제어 등

15 과급장치 검사에 대한 설명으로 틀린 것은?

① 스캐너의 센서 데이터 모드에서 'VGT 액추에이터'와 '부스터 압력 센서' 작동상태를 점검한다.
② 엔진 시동을 걸고 정상 온도까지 워밍업한다.
③ 전기장치 및 에어컨을 ON한다.
④ EGR 밸브 및 인터쿨러 연결 부분에 배기가스 누출 여부를 검사한다.

[NCS 학습모듈] 과급장치 검사 시 전기장치 및 에어컨을 OFF한다.

16 오토사이클 엔진의 실린더 간극체적이 행정체적의 15%일 때 이 엔진의 이론열효율(%)은? (단, 비열비는 1.4이다)

① 약 55.73
② 약 46.23
③ 약 39.23
④ 약 51.73

- 오토사이클의 이론열효율(η_0) $= 1 - (\frac{1}{\varepsilon})^{k-1}$
- 압축비(ε) $= 1 + \frac{V_s}{V_c}$

- ε : 압축비
- k : 비열비
- V_s : 행정체적
- V_c : 연소실체적

※ 간극체적 = 피스톤이 상사점에 있을 때 피스톤 헤드와 실린더 헤드 사이의 체적 (즉, 연소실 체적)

$\therefore \varepsilon = 1 + \frac{V_s}{V_c} = 1 + \frac{1}{0.15} = 7.67$

$\therefore \eta_0 = 1 - (\frac{1}{7.67})^{1.4-1} = 0.5573$

17 기관 출력 시험에서 크랭크축에 밴드 브레이크를 감고 3m 거리에서 끝 지점의 힘을 측정했을 때 4.5kgf이다. 기관 속도계가 2800rpm일 때 제동마력은?

① 63.3 PS
② 52.8 PS
③ 48.2 PS
④ 84.1 PS

[08-2 기출]
- 제동마력 $= \frac{T \times n}{716.5}$ (T : 크랭크축 회전력, n : 엔진회전수)
- 회전력(토크) = 힘×거리 [kgf·m]
- $BHP = \frac{4.5 \times 3 \times 2800}{716.5} = 52.75$ PS

'716.5'에 대한 이해) '마력 = 토크×각속도'에서 '각속도 $= \frac{2\pi n}{60}$'이며, PS 단위를 요구하므로 '1PS = 75 kgf·m/s'를 적용하면 약 716.5이 나옴

18 윤활장치에서 유압조절밸브의 기능에 대한 설명으로 옳은 것은?

① 기관 오일량이 부족할 때 압력을 상승시킨다.
② 유압라인의 에어레이션 발생을 조절한다.
③ 유압이 높아지는 것을 방지한다.
④ 불충분한 오일량을 방지한다.

19 가솔린 엔진에서 가장 농후한 혼합기를 공급해야 할 시기는?

① 냉간 시동 시
② 감속 시
③ 가속 시
④ 저속 주행 시

초기 냉간 시동 시 오일 점도 증가로 인해 엔진 각부의 마찰이 증가하고 엔진부하가 증가하며 rpm 저하로 이어지므로 엔진 rpm 유지를 위해 공연비를 농후(약 9 : 1)하게 한다.

20 LPI 엔진의 구성품이 아닌 것은?

① 과류방지 밸브
② 액상·기상 솔레노이드 밸브
③ 릴리프 밸브
④ 연료차단 솔레노이드 밸브

- LPG : 액상·기상 솔레노이드 밸브, 베이퍼라이저, 믹서
- LPI : 연료펌프, 릴리프 밸브, 과류방지 밸브, 연료 레귤레이터 밸브

02 자동차 섀시

21 자동차가 정지 상태에서부터 100 km/h까지 가속하는데 6초 걸렸다. 이 자동차의 평균가속도는?

① 약 4.63 m/s²
② 약 16.67 m/s²
③ 약 6.0 m/s²
④ 약 8.34 m/s²

[15-1 기출] 가속도 $= \frac{\text{나중속도} - \text{처음속도}}{\text{걸린 시간}} = \frac{100[km/h] - 0}{6[s]}$

$= \frac{100/3.6 [m/s]}{6[s]} = 4.63 [m/s^2]$

22 총중량이 1 ton인 자동차가 72 km/h로 주행 중 급제동하였을 때 운동에너지가 모두 브레이크 드럼에 흡수되어 열이 되었다 흡수된 열량(kcal)은 얼마인가? (단, 노면의 마찰계수는 1이다)

① 60.25
② 47.79
③ 54.68
④ 52.30

[19-3 기출]
운동에너지 $E = \frac{1}{2}mv^2$ (m : 질량, v : 속도)

$= \frac{1}{2} \times \frac{1000 [kgf]}{9.8 [m/s^2]} \times (\frac{72}{3.6})^2 [m^2/s^2] = 20408 [kgf·m]$

1 kcal = 427 kgf·m 이므로 $\frac{20408}{427} = 47.79$ kcal

※ 이 문제는 중량과 속도가 제시되었으므로 운동에너지 공식을 이용한다.
(05년, 09년 중복문제)

23 일반적으로 무단변속기의 전자제어 구성요소가 가장 거리가 먼 것은?

① 오일온도센서 ② 유압센서
③ 솔레노이드 밸브 ④ 라인온도 센서

CVT 제어요소 : 유온센서, 유압센서, 회전속도센서, 각종 솔레노이드밸브

24 무단변속기의 구동방식에 해당되지 않는 것은?

① 트랙션 구동방식
② 가변체인 구동방식
③ 금속체인 구동방식
④ 유압모터-펌프 조합형 구동방식

무단변속기 구동방식에는 트랙션 구동방식, 벨트 구동방식(고무V벨트, 금속밸트, 금속체인), 유압모터-펌프 조합형 구동방식이 있다.

25 자동차관리법 시행규칙상 사이드슬립 측정기로 조향바퀴 옆 미끄럼량을 측정 시 검사기준으로 옳은 것은? (단, 신출 및 정기검사이며, 비사업용 자동차에 국한함)

① 조향바퀴 옆미끄럼량은 1미터 주행 시 3밀리미터 이내일 것
② 조향바퀴 옆미끄럼량은 1미터 주행 시 5밀리미터 이내일 것
③ 조향바퀴 옆미끄럼량은 1미터 주행 시 7밀리미터 이내일 것
④ 조향바퀴 옆미끄럼량은 1미터 주행 시 10밀리미터 이내일 것

조향바퀴 옆 미끄럼량 검사기준 : 조향륜의 옆미끄러짐은 1m 주행에 좌우 방향으로 각각 5mm 이내일 것

26 레이디얼 타이어의 특징이 아닌 것은?

① 미끄럼이 적고 견인력이 좋다.
② 하중에 의한 트레드 변형이 크다.
③ 타이어 단면의 편평율을 크게 할 수 있다.
④ 선회 시 트레드 변형이 적어 접지면적이 감소되는 경향이 적다.

[18-3 기출변형] **레이디얼 타이어의 특징**
• 미끄럼이 적고 견인력이 좋다.
• 하중에 의한 트레드 변형이 적다.
• 타이어 단면의 편평율을 크게 할 수 있어 접지면적이 크다.
• 선회 시 사이드 슬립이 적어 트레드 변형에 따른 접지면적 변화가 적고, 코너링 포스가 좋다.
• 로드홀딩이 향상되고, 스탠딩웨이브 현상이 적다.
• 저속 시 조향핸들이 무거우며, 브레이커가 튼튼해 충격흡수가 불량하므로 승차감이 나쁘다.

27 전자제어 제동장치 관련 톤 휠 간극 측정 및 조정에 대한 설명으로 틀린 것은?

① 톤 휠 간극을 점검하여 규정값 범위이면 정상이다.
② 톤 휠 간극의 규정값을 벗어난 경우 센서를 탈거한 다음 규정 토크값으로 조정한다.
③ 각 바퀴의 ABS 휠 스피드센서 톤 휠 상태는 이물질 오염 상태만 확인하면 된다.
④ 톤 휠 부와 센서 감응부(폴 피스) 사이를 시크니스 게이지로 측정한다.

[NCS 학습모듈] ABS 휠 스피드센서 톤 휠 상태(기어 파손 및 이물질 오염) 및 센서 폴피스 상태를 확인한다.
※ 규정값 이상일 경우 휠 스피드센서를 안쪽으로 규정값 안에 들도록 조정

28 코일 스프링에 대한 설명으로 틀린 것은?

① 에너지 흡수율이 크고 체적비율이 적다.
② 제작비가 적고 스프링 탄성이 좋다.
③ 단위 중량당 에너지 흡수율이 크다.
④ 판간 마찰이 있어 진동 감쇠 작용이 좋다.

코일 스프링의 사이의 마찰이 없으므로 진동 감쇠작용이 좋지 못하므로 쇽 업소버를 함께 사용한다.

29 자동변속기 장착 차량의 전자제어 센서 중 TPS(throttle position sensor)에 대한 설명으로 옳은 것은?

① 킥다운(kick down) 작용과 관련이 없다.
② 자동변속기 변속 시점과 관련 있다.
③ 주행 중 선회시 충격 흡수와 관련 있다.
④ 엔진 출력이 달라져도 킥다운과 관계없다.

① 킥다운 : 가속페달을 깊게 밟아(스로틀밸브가 85% 이상) 변속점을 지나 다운시프트되어 구동력이 증가된다
② 변속 시점은 차속신호와 TPS신호에 의해 결정된다.
④ 킥다운 시 엔진 RPM이 급격히 상승하지만, 가속페달의 위치에 따라 정해진 RPM 범위가 있다.

30 조향핸들 작동상태를 점검하려고 할 때 점검 요소가 아닌 것은?

① 오일 압력 조절밸브
② 볼 조인트
③ 조향 링키지
④ 스태빌라이저 바 부싱

스태빌라이저 바는 독립식 현가장치에 사용되며 앤티 롤을 제어하는 장치로, 조향핸들과는 무관하다.

31 유압식 동력조향장치의 오일펌프 압력시험에 대한 설명으로 **틀린 것은?**

① 유압회로 내의 공기빼기 작업을 반드시 실시해야 한다.

② 엔진의 회전수를 약 1000±100rpm으로 상승시킨다.

③ 시동을 정지한 상태에서 입력을 측정한다.

④ 컷오프 밸브를 개폐하면서 유압이 규정값 범위에 있는지 확인한다.

[14-2 기출] 파워스티어링의 오일펌프는 엔진 동력으로 구동되므로 압력시험 시 시동을 켠 상태에서 측정해야 한다.
※ 대부분의 유압장치의 정비 또는 검사 시 유압회로 내 공기를 제거해야 한다.

32 자동차의 축간거리가 2.5m 킹핀의 연장선과 캠버의 연장선이 지면 위에서 만나는 거리가 30cm인 자동차를 좌측으로 회전하였을 때 바깥쪽 바퀴의조향각도가 30°라면 최소회전반경은 약 몇 m인가?

① 4.3　　　　② 5.3

③ 6.2　　　　④ 7.2

[19-2 기출]

최소회전반경 $R = \dfrac{L}{\sin\alpha} + r$

$= \dfrac{2.5}{\sin 30} + 0.3 = 5.3\,[\text{m}]$

- L : 축거
- α : 전륜 바깥쪽 바퀴의 조향각
- r : 타이어 중심선에서 킹핀 중심선까지의 거리

33 브레이크 라이닝의 표면이 과열되어 마찰계수가 저하되고 브레이크 효과가 나빠지는 현상은?

① 브레이크 페이드 현상

② 언더스티어링 현상

③ 하이드로 플레이닝 현상

④ 캐비테이션 현상

[17-1, 13-1, 07-2 기출] 페이드(fade) 현상
계속적인 브레이크 사용으로 드럼과 슈(또는 패드와 라이닝)에 마찰열이 축적되어 드럼이나 라이닝이 경화됨에 따라 마찰계수가 저하되어 브레이크 효과가 나빠진다.

34 자동변속기 토크 컨버터의 기능으로 **적당하지 않은 것은?**

① 엔진의 충격과 크랭크축의 비틀림을 완화시킨다.

② 엔진에서 전달되는 토크를 증대시켜 저속출발 성능을 향상시킨다.

③ 속도가 빠를수록 토크증대 효과가 더 커진다.

④ 엔진 토크를 변속기에 원활하게 전달한다.

속도가 증가하다가 펌프와 터빈 속도가 같아지면 스테이터가 공전하며 토크변환비는 1:1이 된다.

35 듀얼클러치 변속기(DCT)의 특징으로 **틀린 것은?**

① 수동변속기에 비해 동력손실이 크다.

② 수동변속기에 비해 작동이 빠르다.

③ 수동변속기에 비해 연료소비율이 좋다.

④ 수동변속기에 비해 변속충격이 적다.

듀얼클러치 변속기(DCT)의 특징
- 작동이 빠르고 동력 손실이 적다.
- 변속충격이 적다.
- 가속력이 뛰어나고 연료소비율이 좋다.
- 변속을 위해 클러치 페달로 동력을 끊어지는 과정이 필요없다.

36 전자제어 현가장치 관련 점검결과 ECS 조작시에도 인디케이터 전환이 이루어지지 않는 현상이 확인됐다. 이에 대한 조치사항으로 **틀린 것은?**

① 인디케이터 점등회로를 전압 계측하고 선로를 수리한다.

② 컴프레셔 작동상태를 확인하고 이상있는 컴프레셔를 교체한다.

③ 커넥터를 확인하고 하니스 간 접지상태를 점검한다.

④ 전구를 점검하고 손상 시 수리 및 교체한다.

[NCS 학습모듈] ECS 조작 시에도 인디케이터 전환이 이루어지지 않을 경우 조치사항 ①, ③, ④가 해당되며, ②는 차고가 점점 내려갈 때 조치사항이다.

37 주행 중 급제동 시 차체 앞쪽이 내려가고 뒤가 들리는 현상을 방지하기 위한 제어는?

① 앤티 바운싱(Anti bouncing) 제어

② 앤티 롤링(Anti rolling) 제어

③ 앤티 다이브(Anti dive) 제어

④ 앤티 스쿼트(Anti squat) 제어

- 앤티 롤링 제어 : 선회 시 Roll을 억제
- 앤티 다이브 제어 : 제동 시 Nose down(앞쪽이 낮아짐) 제어
- 앤티 스쿼트 제어 : 급출발·급가속 시 Nose up 현상 제어
- 앤티 피칭 제어 : 요철 노면 주행 시 차체 흔들림 제어
- 앤티 바운싱 제어 : 상하운동 제어

38 유압식 전자제어 조향장치의 점검항목이 **아닌 것은?**

① 유량제어 솔레노이드 밸브

② 전기모터

③ 체크밸브

④ 스로틀 위치 센서

유압식이므로 전기모터는 점검항목이 아니며, 스로틀 위치 센서는 차속센서 고장 시 스로틀 개도량에 따라 핸들을 가볍게/무겁게 한다.

정답　**31** ③　**32** ②　**33** ①　**34** ③　**35** ①　**36** ②　**37** ③　**38** ②

39 조향장치에서 킹핀이 마모되면 캠버는 어떻게 되는가?

① 캠버의 변화가 없다.

② 항상 0의 캠버가 된다.

③ 더욱 정(+)의 캠버가 된다.

④ 더욱 부(−)의 캠버가 된다.

[17-2 기출] 킹핀이 마모되면 앞에서 보았을 때 바퀴 윗부분이 차체쪽으로 쏠리므로 부(−)의 캠버가 된다.

40 휠 얼라이먼트를 하는 이유가 아닌 것은?

① 조향 휠의 조작안정성 및 주행안정성 부여

② 조향 휠에 복원성 부여

③ 타이어의 편마모 방지로 타이어의 수명 연장

④ 제동 성능 향상

---

03 자동차 전기·전자

41 반도체의 장점이 아닌 것은?

① 내부 전력 손실이 적다.

② 온도 상승 시 특성이 좋아진다.

③ 소형이고 가볍다.

④ 수명이 길다.

[19-1, 17-1, 13-1 기출]
• 열과 고전압에 약하다.
• 정격값을 초과하면 파손되기 쉽다.

42 BCM(Body Control Module)에 포함된 기능이 아닌 것은?

① 와이퍼 제어 ② 암전류 제어

③ 파워 윈도우 제어 ④ 뒷유리 열선 제어

43 자동차에서 CAN 통신 시스템의 특징이 아닌 것은?

① 싱글 마스터(single master) 방식이다.

② 모듈 간의 통신이 가능하다.

③ 데이터를 2개의 배선(CAN-High, CAN-Low)을 이용하여 전송한다.

④ 양방향 통신이다.

[16-1 기출] CAN 통신은 다중(multi) 마스터 방식이다.

44 AGM 배터리에 대한 설명으로 틀린 것은?

① 충방전 속도와 저온 시동성을 개선하기 위한 배터리이다.

② 아주 얇은 유리섬유 매트가 배터리 연판들 사이에 놓여 있어 전해액의 유동을 방지한다.

③ 내부접촉 압력이 높아 활성 물질의 손실을 최소화하면서 내부 저항은 극도로 낮게 유지한다.

④ 충격에 의한 파손 시 전해액이 흘러나와 다른 2차 피해를 줄 수 있다.

AGM 배터리의 특징
• ISG 또는 회생제동장치 장착 자동차에 적합
• 일반 MF 배터리보다 3배 긴 수명
• 높은 전기 부하 처리, 빠른 충전 회복 능력
• 우수한 내진동성
• 높은 시동력과 신뢰할 수 있는 성능
• 무누액 밀폐형 구조 및 전해액 유지 보수 불필요
• 특수 유리섬유매트가 배터리 전해액을 흡착하여 높은 안정성 제공
• 성능 손실 없이 반복적인 충·방전

45 네트워크 통신장치(High Speed CAN)의 주선과 종단저항에 대한 설명으로 틀린 것은?

① 주선 중 한 선이 단선된 경우 120Ω의 종단저항이 측정된다.

② 종단저항은 CAN BUS에 일정한 전류를 흐르게 하며, 반사파 없이 신호를 전송하는 중요한 역할을 한다.

③ 종단저항이 없으면 C-CAN에서는 BUS가 OFF 상태가 되어 데이터 송수신이 불가능하게 된다.

④ C-CAN의 주선에 연결된 모든 시스템(제어기)들은 종단저항의 영향을 받는다.

종단저항이 없으면 BUS가 OFF 상태가 아니라 통신이 정상적으로 수행되지 못한다. 이 경우 반사파가 있는 삼각파형(톱날 형태파형)으로 측정되며 파형이 왜곡된다.

46 HS CAN(500kbit/s) 통신 종단저항에 대한 설명으로 틀린 것은?

① CAN 통신 회로 내에 일정한 전류를 흐르게 한다.

② CAN 통신 회로 내 한쪽 종단저항이 단선되면 BUS 내 모든 제어기가 통신 불가능하다.

③ CAN 통신 회로 BUS에 전파되는 신호가 양 끝단에서 반사되는 신호를 감소시킨다.

④ CAN 통신 회로의 종단저항의 합은 60Ω이다.

한쪽 종단저항이 단선되더라도 단선된 쪽의 종단저항이 설치된 부분(예: PCM 또는 실내정션박스)만 통신이 안되고, 다른 장치는 통신이 가능하다.
※ HS CAN : High Speed CAN

47 CAN 통신은 어떤 토폴로지(Toplogy)를 사용하는가?

① 복합(Complex) 토폴로지
② 링(Ring) 토폴로지
③ 버스(Bus) 토폴로지
④ 스타(Star) 토폴로지

토폴로지 : 모듈들의 물리적인 연결 방식
※ 토폴로지 종류 : 버스형, 스타형, 링형, 트리형, 메시형
※ CAN 통신은 트위스터 와이어에 모듈들이 병렬로 연결된 버스(라인) 형이다.

48 MOST 통신에 대한 설명으로 옳은 것은?

① 주로 멀티미디어 데이터를 전송
② High Speed CAN와 Low Speed CAN으로 구성
③ 데이터 영역에서 통신 BIT를 늘려 전송량을 증대시킴
④ 적은 변경으로 기존의 CAN 하드웨어 사용

49 자동차 검사기준 및 방법에서 전조등 검사에 관한 사항으로 틀린 것은? (단, 자동차관리법 시행규칙에 의함)

① 전조등의 변환빔을 검사한다.
② 공차상태에서 운전자 1인이 승차하여 검사를 시행한다.
③ 광도는 3천칸델라 이상이어야 한다.
④ 컷오프선의 꺾임점이 있는 경우 꺾임점의 연장선은 좌측 상향이어야 한다.

④의 경우 연장선은 우측 상향이어야 한다.
※ 2019년 전조등 검사 시 주행빔(상향등) 대신 변환빔(하향등)으로 변경

50 12V, 50Ah의 배터리에서 100 A의 전류로 방전하여 비중 1.220으로 저하될 때까지의 소요시간은?

① 5분   ② 10분
③ 20분   ④ 30분

축전지 용량 [Ah] = 방전전류 [A] × 방전시간 [h]
50 [Ah] = 100 [A]×h → h = 0.5시간

51 72 km/h로 정속주행하는 차량으로 자동차 주행안전장치에서 단계별 설정시간을 2초로 설정하였다면 앞차와 목표 차간거리는 몇 m 이상을 두어야 하는가?

① 20   ② 30
③ 40   ④ 50

72 [km/h] = 72/3.6 [m/s]×2 [s] = 40 [m]

52 전방 레이더 교환방법에 대한 설명으로 틀린 것은?

① 범퍼 장착 후 스마트 크루즈 컨트롤 센서 정렬을 실시한다.
② 탈거 절차의 역순으로 스마트 크루즈 컨트롤 유닛을 장착한다.
③ 스마트 크루즈 컨트롤 유닛의 커넥터를 분리하고 차체에서 탈거한다.
④ 범퍼를 탈거한다.

[NCS 학습모듈] 전방 레이더는 앞범퍼 안쪽에 장착되어 있으므로, 범퍼 탈거 → SCC 유닛 커넥터 분리 → 범퍼에서 레이더 모듈 탈거 및 장착 순으로 해야 한다.
※ 신품 교체 시 범퍼 장착 후 베리언트 코딩을 수행한다.

53 첨단 운전자 보조시스템(ADAS) 센서 진단 시 사양설정 오류 DTC 발생에 따른 정비 방법으로 옳은 것은?

① 베리언트 코딩 실시
② 시스템 초기화
③ 해당 센서 신품 교체
④ 해당 옵션 재설정

베리언트 코딩(Variant coding)이 필요한 경우 : 신품 교체 시, 사양이 다를 경우, 사양설정 오류, 전자제어장치의 소프트웨어 옵션이 기록 안됨
베리언트 코딩은 컴퓨터의 하드웨어가 원활하게 작동하기 위해 '드라이버' 라는 소프트웨어를 설치 및 옵션 제어 등의 최적화시키는 것과 유사하다. 신품으로 교환하거나 사양설정 오류 시 스캐너를 연결하고 제조사에서 제시한 해당 코딩번호를 입력한다.

54 차선이탈경보 및 차선이탈방지 시스템(LDW & LKA)의 입력신호가 아닌 것은?

① 와이퍼 작동 신호
② 방향지시등 작동 신호
③ 운전자 조향 토크 신호
④ 휠스피드 센서 신호

와이퍼 작동, 방향지시등 작동, MDPS 토크 센서(조향 의지), 비상등 작동은 운전자의 운전의지를 판단하며 카메라 모듈, 요레이트 & 가속도 센서는 차선 적합성 제어, 시스템 상태, 제어 영역 상태 등을 판단한다.

55 역방향 전류가 흘러도 파괴되지 않고 역전압이 낮아지면 전류를 차단하는 다이오드는?

① 검파 다이오드

② 발광 다이오드

③ 포토 다이오드

④ 제너 다이오드

제너 다이오드는 역방향으로 가한 특정값(제너전압, 브레이크다운 전압)까지는 전류를 차단시키고, 이 특정값 이상으로 전압이 흐르면 역방향으로 전류가 흐를 수 있도록 한다. 부하와 병렬로 연결시켜 제너전압과 동일한 전압으로 유지하도록 정전압 회로 및 과충전 방지회로에 사용된다.

56 다음 회로에서 저항을 통과하여 흐르는 전류는 A, B, C 각 점에서 어떻게 나타나는가?

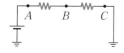

① A에서 가장 전류가 크고, B, C로 갈수록 전류가 작아진다.

② A, B, C의 전류가 모두 같다.

③ A에서 가장 전류가 작고 B, C로 갈수록 전류가 커진다.

④ B에서 가장 전류가 크고 A, C는 같다.

[16-3, 10-1기출] 저항 직렬 접속회로에서는 어느 지점에서나 전류는 같다.
※ 전압의 경우 : A(전원전압) > B > C(0V)
저항 병렬 접속회로에서는 어느 지점에서나 전압은 같다.

57 점화스위치 작동(start) 시, 기동전동기의 피니언이 작동하지 않을 때 점검항목에 해당되지 않는 것은?

① 점화코일

② 배선 및 퓨즈

③ 점화스위치

④ 배터리

이 문제는 시동 과정을 묻는다. 시동스위치 ON 되면,
배터리 – 퓨즈 – 시동SW – 인히비터SW – 스타트 릴레이 – 기동전동기
피니언 구동 (– 크랭크축 회전 – TPS 신호 – 연료펌프 구동 및 파워TR 스위칭 – 점화코일 – 시동)
※ ( )안은 컨트롤 릴레이의 작동과정임

58 첨단운전자보조시스템(ADAS) 기능 중 차선유지보조시스템(LKA)의 미작동 조건으로 틀린 것은?

① 곡률반경이 큰 도로 조건

② 주행 중 양쪽 차선이 사라진 도로

③ 차선 미인식

④ 방향지시등 작동

LKA의 주요 미작동 조건
• 차속 60km/h 이하 또는 180km/h 이상
• 운전자 의지로 작동 – 방향 지시등 작동 / 비상 경고등 작동 / 의도적인 차로 변경 / 급제동
• 양쪽 차선이 없거나, 1개만 인식되지 않거나, 2개 이상의 차선표시 라인이 있을 경우 (예 : 공사구간 또는 임시 차선 등)
• 선회 시 도로 차선의 곡률 변화가 매우 심할 경우(≒곡률반경이 작음)
• 급격한 경사로 및 언덕의 경우
• 차로 폭이 좁거나 너무 넓은 경우

59 타이어 압력센서에 대한 설명으로 틀린 것은?

① 휠 스피드 센서의 신호를 활용한다.

② 타이어의 압력과 온도를 감지하여 경보한다.

③ 휠에 장착하여 타이어 상태를 통신으로 ECU에 보낸다.

④ 각 바퀴의 공기압 수치를 계기판에 지시한다.

TPMS(Tire Pressure Monitoring System)에는 직접식과 간접식이 있으며 타이어 압력센서는 직접식에 해당하며, 휠 스피드 센서의 신호를 이용하는 방식은 간접식이다.

60 냉방장치의 구성품으로 압축기로부터 들어온 고온고압의 기체 냉매를 냉각시켜 액체로 변환시키는 장치는?

① 증발기

② 팽창밸브

③ 응축기

④ 건조기

에어컨 순환과정
압축기 → 응축기 → 팽창밸브 → 증발기 → 압축기
　　고온고압 기체　고온고압 액체　　저온저압 무화　저온저압 기체

61 전기차 배터리의 형태가 <u>아닌</u> 것은?

① 큐빅형 전지
② 각형 단전지
③ 원통형 전지
④ 주머니형 전지

> 전기차 배터리의 형태 : 각형, 원통형, 파우치형(주머니형)

62 수소연료전지 자동차를 충전할 때 노즐과 충전구를 연결하는 이음매이며, 적외선 통신으로 충전속도를 조절하는 기능을 갖고 있는 장치는?

① 스택
② 레귤레이터 장치
③ 리셉터클
④ 다기능 솔레노이드 밸브

> 리셉터클 어셈블리 : 수소 충전 주입구
> 수소가스 충전 시 압축으로 인해 탱크 내부의 온도가 상승하는데, 폭발 위험이 있는 85℃ 를 초과하지 않도록 충전노즐과 리셉터클이 적외선 통신을 통해 수소차의 저장탱크에서 온도, 압력, 부피 정보를 받아 충전속도를 조절한다.

63 자동차의 에너지소비효율, 온실가스 배출량 및 연료소비율 측정 산정방법에서 대한 기준으로 <u>틀린</u> 것은?

① 5-cycle 보정식을 적용한 에너지소비효율 및 연료소비율의 최종 결과치는 반올림하여 소수점이하 첫째자리까지 표시한다.
② CO_2 배출량은 측정된 단위 주행거리당 이산화탄소배출량(g/km)을 말하며, 최종 결과치는 반올림하여 정수로 표시한다.
③ 전기자동차의 경우 1회 충전 주행거리의 최종 결과치는 반올림하여 소수점 이하 첫째자리까지 표시한다.
④ 에너지소비효율, CO_2 등의 최종결과치를 산출하기 전까지 계산을 위하여 사용하는 모든 값은 반올림없이 산출된 소수점 그대로를 적용한다.

> ③ 전기자동차의 경우 1회 충전 주행거리의 최종 결과치는 반올림하여 정수로 표시한다.
> 근거) (산업통상자원부) 자동차의 에너지소비효율, 온실가스 배출량 및 연료소비율 시험방법 등에 관한 고시 – [별표 10] 자동차의 에너지소비효율, 온실가스 배출량 및 연료소비율 측정 산정방법 – 5. 표시를 위한 에너지소비효율 및 연료소비율 및 온실가스 배출량의 소수점 유효자리수

64 전기자동차 고전압 배터리의 안전플러그에 대한 설명으로 <u>틀린</u> 것은?

① 탈거 시 고전압 배터리 내부 회로연결을 차단한다.
② 전기자동차의 주행속도 제한 기능을 한다.
③ 일부 플러그 내부에는 퓨즈를 내장되어 있다.
④ 고전압 장치 정비 전 탈거가 필요하다.

> 속도 제한이 아니라 시스템 전원을 차단시킨다.

65 고전압 배터리 교환 시 정비방법으로 <u>틀린</u> 것은?

① 고압 배터리의 케이블을 분리한다.
② 점화스위치를 OFF하고 보조배터리의 (−) 케이블을 분리한다.
③ 고전압 배터리 용량(SOC)을 20% 이상 방전시킨다.
④ 고전압 배터리에 적용된 안전플러그를 탈거한 후 규정 시간 이상 대기한다.

66 전기자동차의 전력제어장치(EPCU) 교환 후 레졸버 오프셋 보정에 대한 설명으로 <u>틀린</u> 것은?

① 오프셋 조정의 경우 모터 위치 및 온도센서 데이터를 참고하여 진행
② 초기화 시 고전압 배터리 셀 전압 증가
③ 오프셋 보정 미실시 경우 주행거리 감소
④ 오프셋 보정 미실시 경우 최고출력 저하

> 레졸버 보정이 이루어지지 않으면 모터제어 시 정확한 회전자 위치를 반영하지 못하므로 최고 출력저하 및 배터리 전원 소모 증가 및 주행거리 감소 등의 영향이 있다. (고정자에 따른 회전자가 정확히 일치해야 회전이 최대가 된다.)

67 3상 교류에 의한 회전자계 내에서 동기전동기의 동기속도는? (단, 전원주파수는 f, 극수는 P, 동기속도는 N이다)

① $N = \dfrac{120}{P} \times f$ ② $N = \dfrac{P}{120} \times f$

③ $N = \dfrac{120}{f} \times P$ ④ $N = \dfrac{f}{120} \times P$

> [응용문제] 암기법 : 북(N)극(P) = 120주파(f)

정답 ▶   61 ①   62 ③   63 ③   64 ②   65 ③   66 ②   67 ①

68 하이브리드의 고전압 배터리 충전 불량의 원인이 <u>아닌</u> 것은?

① LDC(Low DC/DC Converter) 불량

② HSG(Hybrid Starter Generator) 불량

③ 고전압 배터리 불량

④ BMS(Battery Management System) 불량

> BMS는 SOC가 기준 이하로 낮으면 HCU로 SOC 정보를 보내 엔진을 강제 구동시키기 위해 HSG를 구동시켜 고전압 배터리를 충전시킨다.
> ※ LDC는 고전압 DC를 저전압 DC로 변환하여 저전압 배터리를 충전시키므로 고전압 배터리 충전과는 거리가 멀다.

69 현재 사용하는 전기자동차의 충전기 커넥터 및 소켓 규격이 아닌 것은?

① GB/T

② AC 단상 5핀

③ AC 3상 5핀

④ DC 차데모

> **전기자동차의 충전구 규격**
> • AC : 단상 5핀, 3상 7핀, GB/T
> • DC : 콤보 7핀, 콤보 9핀, 차데모 10핀, GB/T

70 수소가스 차량 연료장치에서 차단밸브 이후의 수소가스 누출 시 적색경고등이 점등되는 수소농도는?

① 2±1% 초과

② 3±1% 초과

③ 4±1% 초과

④ 5±1% 초과

> 차단밸브 이후의 연료장치에서 수소가스 누출 시 승객거주 공간, 수하물 공간, 후드 하부 등 밀폐 또는 반밀폐 공간의 공기 중 수소농도가 2±1% 초과 시 적색경고등이 점등되고, 3±1% 초과 시 차단밸브가 작동할 것

71 전기 자동차의 1회충전 주행거리 산정방법 중 복합 1회충전 주행거리(km)를 구하는 식은?

① 0.45×도심주행 1회충전거리 + 0.55×고속도로 주행 1회충전거리

② 0.50×도심주행 1회충전거리 + 0.45×고속도로 주행 1회충전거리

③ 0.55×도심주행 1회충전거리 + 0.45×고속도로 주행 1회충전거리

④ 0.65×도심주행 1회충전거리 + 0.45×고속도로 주행 1회충전거리

> 근거) (산업통상자원부) 자동차의 에너지소비효율, 온실가스 배출량 및 연료소비율 시험방법 등에 관한 고시 – [별표 10] 자동차의 에너지소비효율, 온실가스 배출량 및 연료소비율 측정 산정방법 – 4. 전기를 사용하는 자동차의 1회충전 주행거리 산정방법

72 전기자동차에 사용되는 감속기의 주요 기능에 해당하지 않는 것은?

① 감속 기능 : 모터 구동력 증대

② 증속 기능 : 증속 시 다운 시프트 적용

③ 차동 기능 : 차량 선회 시 좌우바퀴 차동

④ 파킹 기능 : 운전자 P단 조작 시 차량 파킹

> 전기자동차의 모터는 분당 회전수(RPM)가 내연기관 엔진보다 높으며, 회전수를 상황에 맞게 바꾸는 변속이 아닌, 회전수를 하향 조정(감속)한다. 감속기는 모터의 회전수를 필요한 수준으로 낮춰 전기차가 더 높은 토크(구동력)를 얻을 수 있다.

73 하이브리드 차량의 구동모터에 대한 설명으로 <u>틀린</u> 것은?

① 모터 고정자는 형성된 회전 자계에 의해 발생된 회전 토크를 변속기 입력축으로 전달한다.

② 댐퍼클러치는 엔진 또는 모터 회전에 따른 동력을 변속기 입력축에 전달하는 역할을 한다.

③ 모터의 고정자에는 3상(U, V, W) 계자코일이 Y결선으로 감겨있다.

④ 리어 플레이트에 로터의 위치 및 속도정보를 검출하는 레졸버가 장착된다.

> 모터 회전자는 영구자석이 내장된 로터이며, 모터 고정자에 형성된 회전자계에 의해 발생된 회전 토크를 변속기 입력축에 전달한다.
> 하이브리드 전기 자동차에 적용되는 모터 어셈블리는 엔진, 모터위치센서, 링기어, 모터회전자, 모터고정자, 댐퍼 플레이트 및 무단변속기로 이루어질 수 있다.
> 모터 어셈블리는 선간 저항(U–W, V–W, W–U), 온도 센서 저항 및 리졸버 (resolver) 저항을 포함하는 저항 검사와 절연 저항(U, V, W 상) 및 내전압 (U, V, W 상)을 검사하는 절연 검사에 의하여 정상 여부가 확인한다.

74 리튬-이온 배터리의 일반적인 특징에 대한 설명으로 <u>틀린</u> 것은?

① 과충전 및 과방전에 민감하다.

② 높은 출력밀도를 가진다.

③ 열관리 및 전압관리가 필요하다.

④ 셀당 전압이 낮다.

75 수소연료전지 자동차에서 스택의 원활한 화학반응을 위해 스택 내부 연료극의 수소농도를 관리하는 장치는?

① 가습기

② 운전압력 조절장치

③ 레벨 센서

④ 퍼지 밸브

> 스택 운전 중 공기극에서 연료극으로 질소가 조금씩 이동하는데, 질소 누적에 의해 수소의 순도는 점점 감소한다. 일정 수준 이상으로 스택 내의 수소의 순도를 유지하기 위해 퍼지밸브를 개방시켜 낮은 농도의 수소를 배출시킨다.

76 전기자동차의 난방장치의 흐름으로 옳은 것은?

① 컴프레셔 → 실내 콘덴서 → 팽창밸브 → 실외 콘덴서 → 칠러 → 어큐뮬레이터

② 실외 콘덴서 → 컴프레셔 → 실내 콘덴서 → 팽창밸브 → 칠러 → 어큐뮬레이터

③ 컴프레셔 → 실내 콘덴서 → 팽창밸브 → 칠러 → 실외 콘덴서 → 어큐뮬레이터

④ 실외 콘덴서 → 컴프레셔 → 실내 콘덴서 → 팽창밸브 → 칠러 → 어큐뮬레이터

> **전기자동차의 냉매 순환**
> • 난방 시 흐름 : 컴프레셔 → 실내 콘덴서(응축기) → 팽창밸브 → 실외 콘덴서(증발기) → 칠러 → 어큐뮬레이터
> • 냉방 시 흐름 : 컴프레셔 → 실외 콘덴서(응축기) → 팽창밸브(2단계) → 실내 콘덴서(증발기) → 어큐뮬레이터

77 환경친화적 자동차의 요건에 관한 규정상 플러그인 하이브리드 자동차에 사용하는 구동축전지 공칭전압 기준은?

① 직류 100V 초과

② 직류 60V 초과

③ 직류 120V 초과

④ 직류 220V 초과

> [환경친화적 자동차의 요건 등에 관한 규정] 제4조
> • 일반 하이브리드자동차에 사용하는 구동축전지의 공칭전압 : 직류 60 V 초과
> • 플러그인 하이브리드자동차에 사용하는 구동축전지의 공칭전압 : 직류 100 V 초과

78 전기자동차의 특징으로 거리가 먼 것은?

① 구동시스템이 전동기와 배터리로 구성되어 있다.

② 전동기는 직접 구동이 가능하기 때문에 차내 배치를 자유롭게 할 수 없다.

③ 출력 밀도가 높아 내연기관 차량에 비해 가속력이 좋다.

④ 소음과 진동이 거의 발생하지 않는다.

79 전기자동차의 감속기에 대한 설명으로 틀린 것은?

① 모터의 구동력을 기어비에 따라 증대 또는 감속한다.

② 감속기 내부에 수동변속기 오일을 사용한다.

③ 토크 증대 기능과 차동 기능이 있다.

④ 내부에 파킹기어를 가지고 있다.

80 병렬형 하드 타입 하이브리드 자동차에 대한 설명으로 옳은 것은?

① 배터리 충전은 엔진이 구동시키는 발전기로만 가능하다.

② 구동모터가 플라이휠에 장착되고 변속기 앞에 엔진 클러치가 있다.

③ 엔진과 변속기 사이에 구동모터가 있는데 모터만으로는 주행이 불가능하다.

④ 구동모터는 엔진의 동력보조 뿐만 아니라 순수 전기모터로도 주행이 가능하다.

> [17-3 기출]
> ① 직렬형에 해당
> ② 병렬형 소프트 타입에 해당
> ③ 하드 타입은 엔진의 클러치를 차단시켜 순수 모터만으로 주행이 가능하다.
> • TMED 방식의 배터리 충전 : 엔진 구동 충전, 회생제동모드의 충전, 공회전 상태에서 HSG를 통해 고전압 배터리를 충전
> • TMED 방식은 구동모터와 엔진 사이에 클러치가 있다.
> • TMED 방식은 출발 및 저속 주행 시 EV모드가 가능하며, 고속주행 및 가속 시 모터가 엔진을 보조하는 역할을 한다.

정답   **75** ④   **76** ①   **77** ①   **78** ②   **79** ①   **80** ④

CBT 실전모의고사 3회

01 자동차 엔진

1 가솔린 엔진에 사용되는 연료의 구비조건으로 **틀린** 것은?

① 연소 후 유해 화합물을 남기지 말 것
② 체적 및 무게가 적고 발열량이 클 것
③ 세탄가가 높을 것
④ 옥탄가가 높을 것

2 전자제어 엔진에서 연료 차단(fuel cut)에 대한 설명으로 **틀린** 것은?

① 엔진의 고속회전을 위한 준비단계이다.
② 인젝터 분사를 정지한다.
③ 배출가스 저감을 위함이다.
④ 연비를 개선하기 위함이다.

[16-2 기출]

3 정격출력이 80 ps / 4000 rpm인 자동차를 엔진회전수 제어방식(Lug-Down 3모드)으로 배출가스를 정밀검사할 때 2모드에서 엔진회전수는?

① 최대출력의 엔진정격회전수, 4000 rpm
② 엔진정격회전수의 90%, 3600 rpm
③ 엔진정격회전수의 80%, 3200 rpm
④ 엔진정격회전수의 70%, 2800 rpm

[14-3 기출 변형]
• Lug-Down 1모드 : 최대출력의 엔진정격회전수
• Lug-Down 2모드 : 엔진정격회전수의 90%
• Lug-Down 3모드 : 엔진정격회전수의 80%

4 디젤기관 연소실 중 와류실식의 특징이 **아닌** 것은?

① 직접 분사식에 비해 열효율이 높다.
② 실린더 헤드의 구조가 복잡하다.
③ 한냉 시 시동에는 예열플러그가 필요하다.
④ 직접 분사식에 비해 연료소비율이 높다.

디젤기관 연소실 중 열효율이 가장 높은 형식은 직접 분사식이다.
참고) 예열플러그의 경우 직접분사식·공기실식은 필요없으며, 예연소실식 및 와류실식은 예열플러그가 필요함

5 열선식(hot wire type) 흡입공기량 센서의 장점으로 **옳은** 것은?

① 질량유량의 검출이 가능하다.
② 먼지나 이물질에 의한 고장 염려가 적다.
③ 소형이며, 가격이 저렴하다.
④ 기계적 충격에 강하다.

[08-1 기출]
① 공기질량 검출방식, 직접 계측방식
② 먼지나 이물질에 의해 오염되기 쉬움(대책 : 시동 off 후 백금선의 이물질을 태우기 위해 일정시간 전류를 보냄)
③ 고가의 백금 와이어를 사용하므로 비쌈
④ 백금선이 가늘어 기계적 충격에 약함
※ 그 외 특징 : 온도에 따라 저항값이 빠르게 변화(정확도 및 응답성 우수), 구조 간단, 대기압·공기온도 보정 필요없음

6 크랭크축 엔드플레이 간극이 크면 발생할 수 있는 내용이 **아닌** 것은?

① 피스톤 측압 증대
② 클러치 작동 시 진동 발생
③ 커넥팅 로드에 휨 하중 발생
④ 밸브 간극의 증대

크랭크축 엔드플레이(유격)이 클 경우
• 소음, 크랭크축 메인 베어링의 손상 및 수명 단축
• 피스톤에 측압이 발생하여 실린더벽이나 피스톤링의 조기 마모 (압축누설 및 오일누설의 원인)
• 크랭크축 오일씰 손상, 커넥팅 로드의 휨
• 클러치 디스크 조기 마모

7 DPF(Diesel Particulate Filter)의 구성요소가 **아닌** 것은?

① 온도센서   ② PM센서
③ 차압센서   ④ 산소센서

• 온도센서 : DPF 재생 조건에 필요한 온도 검출
• 차압센서 : DPF 재생 시점과 DPF 진단
• 산소센서 : DPF 재생 시 연료공급 여부 확인
※ PM센서 : DPF에서 걸러지지 못하고 배출되는 PM 농도를 측정

정답 1③ 2① 3② 4① 5① 6④ 7②

8 액상 분사시스템(LPI)에 대한 설명 중 <u>틀린</u> 것은?

① 연료펌프를 설치한다.

② 빙결 방지용 인젝터를 사용한다.

③ 가솔린 분사용 인젝터와 공용으로 사용할 수 없다.

④ 액기상 전환밸브의 작동에 따라 분사량이 제어되기도 한다.

[기출] ④는 LPG에 해당한다.

9 운행차 정기검사 시 배출가스 정화용 촉매장치 미 부착 자동차의 공기과잉률 허용기준은? (단, 희박연소방식을 적용한 자동차는 제외한다)

① 1±0.10 이내 ② 1±0.15 이내

③ 1±0.20 이내 ④ 1±0.25 이내

휘발유·가스·알콜 자동차의 공기과잉률은 1±0.1 이내이다.
(촉매 미부착 시 1±0.20 이내)
– 근거) 운행차 수시점검 및 정기검사의 배출허용기준

10 전자제어 연료분사장치에서 인젝터 분사시간에 대한 설명으로 <u>틀린</u> 것은?

① 급감속할 경우 연료분사가 차단되기도 한다.

② 배터리 전압이 낮으면 무효분사시간이 길어진다.

③ 급가속할 경우 순간적으로 분사시간이 길어진다.

④ 지르코니아 산소센서의 전압이 높으면 분사시간이 길어진다.

지르코니아 산소센서에서 전압이 높다 → 센서 내외의 농도차(대기 중의 산소와 배기가스의 산소)가 크다 → 즉, 배기가스 내 산소농도가 작다 → 농후 혼합기로 판단 → 연료분사량을 줄이기 위해 분사시간을 짧게 한다. 무효 분사기간은 배터리 전원이 인젝터의 솔레노이드 코일을 자화시켜 니들밸브가 개방할 때까지의 시간을 말하며, 전압이 낮으면 무효 분사기간 이 길어진다.

11 전자제어 LPI 기관에서 인젝터 점검 방법으로 <u>틀린</u> 것은?

① 아이싱 팁 막힘 여부 확인 ② 연료 리턴량 측정

③ 인젝터 저항 측정 ④ 인젝터 누설 시험

연료 리턴량 측정은 커먼레일 디젤엔진의 점검에 이용된다.

12 디젤엔진에 적용되는 센서와 기능의 연결이 <u>잘못된</u> 것은?

① PM 센서 – DPF 재생시기 제어

② 흡입공기량 센서 – EGR 제어, 연료분사량 보정

③ NOx 센서 – 요소수 분사 제어

④ 연료온도센서 – 연료분사량 보정, 일정온도 이상 시 연료 분사량 제한

차압 센서 – DPF 재생시기 제어
※ PM 센서는 PM농도를 측정하여 PDF의 고장유무에 따른 PM을 모니 터링한다.

13 전자제어 디젤장치의 센서에 관한 설명으로 <u>옳은</u> 것은?

① 지르코니아 산소센서를 이용하여 EGR을 정밀제어한다.

② 차압센서는 필터의 후방의 압력을 검출한다.

③ 캠축 센서는 자체 기전력이 발생되어 신호를 전송한다.

④ 가속 페달 위치 센서는 스로틀 위치 센서와 동일한 원리이다.

① 커먼레일 엔진에는 정밀제어하기 위해 광역 산소센서를 이용한다.
② 차압센서는 필터의 전·후방의 압력차를 검출한다.
③ 캠축 센서는 홀센서 방식이므로 배터리 전압을 센서 전원으로 사용 한다.
④ APS와 TPS는 가변저항식이다.

14 2행정 디젤엔진의 소기방식이 <u>아닌</u> 것은?

① 단류 소기식 ② 루프 소기식

③ 가변 벤튜리 소기식 ④ 횡단 소기식

2행정 기관의 소기방식 : 단류 소기식, 루프 소기식, 횡단 소기식

15 전자제어 디젤엔진에서 진단장비를 활용하여 연료 보정량을 측정하였을 때 얼마 이상인 경우 불량가?

① ±1 mm³ 이상 ② ±2 mm³ 이상

③ ±3 mm³ 이상 ④ ±4 mm³ 이상

[NCS 학습모듈] 이 문제는 각 실린더의 분사 보정량 측정 시 약 700∼800rpm의 공회전에서 ±1∼4 mm³ 이내에서 표출되도록 한다.
※ ±4 mm³ 이상이면 노즐팁 마모, 긁힘 등 인젝터 불량

16 전자제어 가솔린 엔진에 사용되는 센서 중 흡기온도 센서에 대한 내용으로 <u>틀린</u> 것은?

① 엔진 시동과 직접 관련되며 흡입공기량과 함께 기본 분사량을 결정한다.

② 흡기온도를 검출하여 점화시기를 보정한다.

③ 온도에 따라 달라지는 흡기 온도밀도 차이를 보정하여 최적의 공연비가 되도록 한다.

④ 온도에 따라 저항값이 변화되는 NTC형 서미스터를 주로 사용한다.

기본분사량은 흡기공기량과 엔진회전수로 결정되며, 흡기온도센서는 연료량 및 점화시기 보정 역할을 한다. 흡기온도가 높으면 연소실에서 노킹 발생 가능성이 커지므로 점화시기를 지각시킨다.

17 내경 87 mm, 행정 70 mm인 6기통 기관의 출력이 회전속도 5500 rpm에서 90 kW일 때 이 기관의 리터당 출력(kW/L)는?

① 6　　　　　　　　　② 8
③ 15　　　　　　　　④ 36

[13-1, 07-1기출]
리터당 출력은 행정체적(배기량) 1[L]로 낼 수 있는 출력[kW]를 말한다.

총배기량 $= 0.785 \times 8.7^2 \times 7 \times 6 = 2495.5\ cm^3$
$\qquad\quad = 2.495L$ ($1cm^3 = 1cc = 0.001L$이므로)

$\therefore$ 리터당 출력 $= \dfrac{90\ [kW]}{2.495\ [L]} = 36\ [kW/L]$

18 다음 [보기]에서 설명하는 장치로 옳은 것은?

━━━━[보기]━━━━
과급압력이 지나치게 높으면 흡입공기량이 많아지고 압축행정 말에 압력이 급상승하여 노크를 유발하거나 크랭크기구 및 밸브 기구에 부하를 가할 수 있다. 한계 이상의 배기가스가 들어왔을 때 과부하가 걸리지 않도록 배기 일부를 바이패스(by-pass)시켜 회전에 사용할 배기량을 조절한다.

① 트윈 차저(Twin charger)
② 가변용량식 과급장치(VGT Variable Geometry turbo charger)
③ 슈퍼 차저(Supercharger)
④ 웨이스트 게스트 과급장치(Waste gate charger)

웨이스트 게스트 과급장치
터보차저의 부스트 압력이 너무 커서 이상연소와 엔진의 손상을 초래할 수도 있기 때문에 과도한 부스트 압력을 억제하기 위하여 웨이스트게이트(waste gate)밸브를 부착하여 부스트 압력이 미리 정해진 최대값에 도달하면 밸브가 열려서 배기가스의 일부분을 외부로 버린다. 웨이스트 게이트 장치는 부스트 압력 또는 컴퓨터에 의해 제어된다.

19 디젤엔진의 예열플러그에 대한 설명으로 옳은 것은?

① 고압연료라인에 장착되며, 연료온도를 상승시켜 시동성을 향상시킨다.
② 연소실에 장착되며, 연소실 내부의 공기온도를 상승시켜 시동을 향상시킨다.
③ 흡기매니폴드에 장착되며, 흡기공기의 온도를 상승시켜 시동을 향상시킨다.
④ 실린더헤드에 장착되며, 엔진오일의 온도를 상승시켜 엔진오일의 점도를 낮춘다.

예열플러그는 연소실에 설치되어 공기를 직접 예열한다.

20 전자제어 디젤장치의 전기식 저압펌프 구동회로에서 순차적인 작동방법으로 **틀린** 것은?

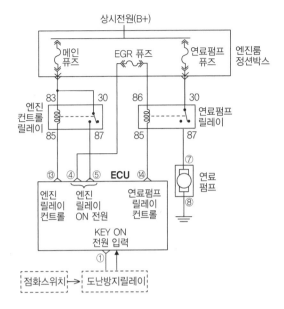

① 리모컨을 이용하여 도어 unlock 후 이모빌라이저 점화스위치를 켜면 ECU ①번 단자에 배터리 전원이 인가된다.
② ECU는 ⑭번 단자를 접지시켜 연료펌프 릴레이를 작동시키면 30번과 87번 단자가 도통되어 연료펌프에 배터리 전원이 인가되면 펌프가 구동된다.
③ ECU는 점화스위치 ON 후 연속적으로 연료펌프를 강제 구동시켜 시동지연을 방지한다.
④ ECU는 ⑬번 단자를 접지시켜 엔진 컨트롤 릴레이를 작동시키면 30번 단자와 87번 단자가 도통되어 ECU ④번과 ⑤번 단자에 메인 릴레이가 작동했다는 신호입력과 동시에 연료펌프 릴레이 코일 86번에 전원을 공급한다.

[NCS 학습모듈] **연료 펌프(저압) 회로의 작동 순서**
리모컨을 이용하여 도어 UN-LOCK 후 이모빌라이저 점화스위치를 켜면 ECU ①번 단자에 배터리 전원이 인가된다.

ECU는 ⑬번 단자를 접지시켜 엔진 컨트롤 릴레이를 작동시키면 30번 단자와 87번 단자가 도통되어 ECU ④번과 ⑤번 단자에 메인 릴레이가 작동했다는 신호 입력과 동시에 연료 펌프 릴레이 코일 86번에 전원을 공급한다.

ECU는 ⑭번 단자를 접지시켜 연료펌프 릴레이를 작동시키면 30번과 87번 단자가 도통되어 연료펌프에 배터리 전원이 인가되면 펌프가 구동하게 된다.

ECU는 점화스위치 ON 후 약 3초간 연료펌프를 강제 구동시켜 시동 지연을 방지하고, 엔진 회전수 신호인 크랭크각센서 신호가 입력되면 연료펌프를 연속으로 구동시킨다.

저자의 변) 이 문제는 컨트롤 릴레이의 작동원리를 묻는 문제입니다. 점화스위치 ON 후 컨트롤 릴레이는 연료펌프를 가동시켜 초기 시동을 유지시키며, 이후 CAS 신호에 의해 연료펌프는 연속적으로 구동됩니다. (338페이지 컨트롤 릴레이 작동 참조)

21 현가장치에서 드가르봉식 쇽업소버의 설명으로 가장 거리가 먼 것은?

① 질소가스가 봉입되어 있다.

② 오일실과 가스실이 분리되어 있다.

③ 오일에 기포가 발생하여도 충격 감쇄효과가 저하하지 않는다.

④ 쇽업소버의 작동이 정지되면 질소가스가 팽창하여 프리 피스톤의 압력을 상승시켜 오일 챔버의 오일을 감압한다.

> 드가르봉식 쇽업소버는 가스봉입형으로 쇽업소버의 작동이 정지되면 질소가스가 팽창하여 프리 피스톤의 압력이 상승시켜 오일 챔버의 오일을 가압한다.

22 무단변속기(CVT)의 제어밸브 중 라인압력을 주행조건에 맞도록 적절한 압력으로 조정하는 밸브는?

① 댐퍼클러치 제어 밸브   ② 레귤레이터 밸브

③ 클러치 압력제어 밸브   ④ 변속제어 밸브

> [19-1기출]

23 전자제어 현가장치의 점검을 위한 진단장비의 기능이 아닌 것은?

① 액추에이터 테스터

② 센서 출력값(서비스 데이터) 확인

③ 자기진단(고장내용)

④ 계기판 경고등 표시

> 전자제어장치는 진단장비(스캐너)를 연결하여 자기진단을 통해 고장증상(DTC) 및 센서 출력값을 확인할 수 있다. 그 외에 액추에이터의 강제구동으로 작동상태 점검 및 오실로프코프 기능이 있다.

24 주행 중 조향핸들의 떨림 현상이 발생하는 원인으로 틀린 것은?

① 타이로드 엔드 유격 발생

② 브레이크 디스크 마모

③ 휠 얼라이먼트 불량

④ 로어 암 볼조인트 불량

> 제동장치와 핸들의 떨림과는 무관하다.

25 VDC(Vehicle Dynamic Control) 모듈(HECU) 교환에 대한 일반적인 순서로 옳은 것은?

─[보기]─

1. 점화스위치를 OFF하고, 배터리 (−) 단자를 분리한다.
2. VDC 모듈 잠금장치를 위로 들어 올려 커넥터를 분리한다.
3. VDC 모듈에 연결된 브레이크 튜브 플레어 너트 6개소를 스패너를 사용하여 시계반대방향으로 회전시켜 분리한다.
4. VDC 모듈 브래킷 장착 너트를 풀고, HECU 및 브래킷을 탈거한다.

① 1 → 3 → 4 → 2   ② 1 → 3 → 2 → 4

③ 1 → 2 → 3 → 4   ④ 1 → 4 → 2 → 1

> [NCS 학습모듈] 통상 전자제어 모듈 교환시 배터리 (−) 분리 → 커넥터 분리 → 너트 제거 → 브래킷 및 모듈 탈거

26 전동식 동력조향장치의 작동에 대한 설명으로 틀린 것은?

① 운전자가 조향한다.

② 노면과 타이어의 마찰과 토션바에 비틀림이 발생한다.

③ 토션바의 비틀림량은 조향각 센서에 의해 감지된다.

④ 전자제어 컨트롤 모듈은 조향 토크 및 어시스트 토크를 연산하고 전동모터에 전류신호를 송신한다.

> 토션바의 비틀림은 토크센서에서 감지한다.
> ※ 조향각 센서는 스티어링 휠의 조작속도 및 속도를 감지한다.

27 자동변속기의 고장을 진단하기 전에 미리 점검할 항목이 아닌 것은?

① 자동변속기 오일 압력

② 자동변속기 오일의 누유 상태

③ 엔진의 공회전상태 및 이상연소 여부

④ 자동변속기 오일의 색깔과 냄새

28 현가장치 이상 시 나타나는 증상으로 틀린 것은?

① 승차감 불량

② 브레이크 풀림

③ 조향 불안정

④ 종감속 및 차동장치 소음

정답 **21** ④ **22** ② **23** ④ **24** ② **25** ③ **26** ③ **27** ③ **28** ②

29 변속기의 제3속 감속비 1.5, 종감속 구동피니언기어의 잇수가 5, 링기어의 잇수 22, 구동바퀴의 타이어 유효반경 280mm, 엔진회전수 3300 rpm으로 직전 주행하고 있다. 이때 자동차의 주행속도(km/h)는 약 얼마인가? (단, 타이어의 미끄러짐은 무시한다)

① 26.4 ② 52.8
③ 116.2 ④ 128.4

[15-2 기출]

- 주행속도 $V = \dfrac{\pi DN}{R_t \times R_f} \times \dfrac{60}{1000}$ [km/h]
  - D : 바퀴의 직경[m]
  - N : 회전수[rpm]
  - R_t : 변속비
  - R_f : 종감속비
- 종감속비 $= \dfrac{\text{링기어의 잇수}}{\text{구동피니언의 잇수}} = \dfrac{22}{5} = 4.4$
- $V = \dfrac{\pi \times 0.28[\text{m}] \times 2 \times 3300[\text{rpm}]}{1.5 \times 4.4} \times \dfrac{60}{1000} \fallingdotseq 52.8$ [km/h]

30 다음 승용차용 타이어 표기에 대한 설명으로 **틀린** 것은?

205 / 65 / R / 14

① 205 : 단면폭 205mm
② 65 : 편평비 65%
③ R : 레디얼 타이어
④ 14 : 림 외경 14mm

[19-1, 15-2기출]
- 205 : 타이어 폭(mm)
- 70 : 편평비(%)
- R : 레디얼 타이어
- 14 : 림 외경(inch)

31 전자제어 현가장치의 기능에서 앤티 스쿼트 제어에 대한 설명으로 **옳은** 것은?

① 급제동 시 차량의 앞쪽이 낮아지는 현상을 제어한다.
② 요철이나 비포장도로 주행 시 차량의 상하운동을 제어한다.
③ 급가속 시 차량의 앞쪽이 들리는 현상을 제어한다.
④ 차량이 선회할 때 원심력에 의해 바깥쪽 바퀴는 낮아지고 안쪽바퀴는 높아지는 현상을 제어한다.

[11-2 기출변형]
스쿼트(Squat)는 '앞이 들린다'는 의미로 급출발·급가속 시 노즈업 현상을 일으킨다. (↔다이브)

32 자동변속기 유압시험에 대한 설명으로 **틀린** 것은?

① 엔진 회전수 측정은 계기판 엔진 회전수 게이지를 활용하여도 된다.
② 유압을 측정할 수 있는 체크 포트(check port)에 압력게이지를 설치한다.
③ 유압시험 전 자동변속기의 오일을 예열(warm-up)한다.
④ 측정조건에 따라 차량을 주행하면서 각 포트의 유압을 측정한다.

① 엔진 회전수 측정은 엔진 회전계를 연결하고 보기좋은 곳에 위치시킨다. (NCS 학습모듈에 따름)
② 변속기의 로-리버스, 리어/프론트/엔드 클러치, 댐퍼클러치, 토크컨버터의 측정구에 오일압력게이지를 설치한다.
③ 유압시험 전 워밍업한다. (유온 70~80℃)
④ 측정조건이라 함은 레인지 위치 및 엔진 rpm에 따라 각 포트의 유압을 측정한다.

33 유압식 현가장치에서 로어(low) 암의 점검항목이 **아닌** 것은?

① 볼 조인트 ② 인슐레이터 베어링
③ 더스터 커버 ④ 부싱

[NCS 학습모듈] 암의 점검항목 : 암, 부싱, 볼조인트, 더스트 커버
인슐레이터는 스트러트 어셈블리 점검에 해당된다.

인슐레이터

34 브레이크 시스템에서 브레이크 오일 공기빼기를 해야 하는 경우가 **아닌** 것은?

① 캘리퍼 또는 휠실린더를 교체한 경우
② 하이드로릭 유닛을 교체한 경우
③ 브레이크 파이프를 교체한 경우
④ 브레이크 챔버를 교체한 경우

브레이크 챔버는 공기식 브레이크에 구성품이다.

35 동력조향장치의 구성품이 **아닌** 것은?

① 동력실린더 ② 제어 밸브
③ 수동 밸브 ④ 오일 펌프

동력조향장치의 제어밸브 안에는 엔진 정지 또는 오일 펌프의 고장, 회로에서의 오일 누출 등의 원인으로 유압이 발생하지 못할 때 조향핸들의 조작을 수동으로 할 수 있도록 해주는 안전체크밸브가 있다.

36 동력전달장치에서 토크컨버터와 유체클러치에 대한 설명으로 옳은 것은?

① 토크컨버터에서는 가이드 링이 있고, 유체클러치에는 스테이터가 있다.
② 토크컨버터와 유체클러치의 회전력 변환율은 2~3 : 1이다.
③ 토크컨버터와 유체클러치는 변속기 입력축과 터빈이 연결되어 있다.
④ 토크컨버터와 유체클러치는 토크증대효과가 있다.

① 유체클러치에는 스테이터가 없다.
②, ④ 유체클러치의 회전력 변환율은 1:1이므로 토크증대효과가 없다.

37 능동형 전자제어 현가장치의 주요 제어기능이 아닌 것은?

① 자세제어　　　　② 감쇠력 제어
③ 차고제어　　　　④ 차속제어

38 자동차가 직선도로를 5초 동안 15m 이동하였다면, 이 자동차의 속도(km/h)는?

① 0.83　　　　② 1.2
③ 10.8　　　　④ 108

속도 $= \dfrac{15}{5} = 3$ [m/s]　1 [m/s] = 3.6 [km/h]이므로
$3 \times 3.6 = 10.8$ [km/h]

39 유압식 브레이크의 마스터 실린더 단면적이 4 cm²이고, 마스터 실린더 내 푸시로드에 작용하는 힘이 80 kgf 라면, 단면적이 3 cm²인 휠 실린더의 피스톤에 작용하는 힘은?

① 40 kgf　　　　② 60 kgf
③ 80 kgf　　　　④ 120 kgf

$\dfrac{F_1}{A_1} = \dfrac{F_2}{A_2}$, $F_2 = F_1 \times \dfrac{A_2}{A_1} = 80 \times \dfrac{3}{4} = 60$ kgf

40 일체 차축 현가방식의 특징으로 틀린 것은?

① 앞바퀴에 시미 발생이 쉽다.
② 승차감이 좋지 않다.
③ 휠 얼라이먼트의 변화가 적다.
④ 선회 시 차체의 기울기가 크다.

[13-2 기출] 일체 차축 현가방식은 선회 시 차체 기울임이 작다.

03　자동차 전기·전자

41 그림과 같은 회로에서 전구의 용량이 정상일 때 전원 내부로 흐르는 전류는 몇 A인가?

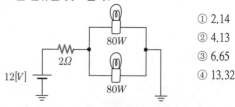

① 2.14
② 4.13
③ 6.65
④ 13.32

[18-2 기출] 전력 $P[\text{W}] = VI = \dfrac{V^2}{R}$, 전구의 저항 $R = \dfrac{12^2}{80} = 1.8[\Omega]$

전체 합성저항 $R_t = 2 + \dfrac{1.8}{2} = 2.9$　동일 저항의 병렬합성값 $= \dfrac{\text{저항값}}{\text{저항갯수}}$

∴ 전류 $= \dfrac{12}{2.9} = 4.13$[A]

42 발전기 B 단자의 접촉 불량 및 배선 저항과다로 발생할 수 있는 현상은?

① 과충전으로 인한 배터리 손상
② B단자 배선 발열
③ 엔진 과열
④ 충전 시 소음

[18-3 기출] 단자의 접촉불량 또는 배선 저항이 크면 발열될 수 있다.

43 자동차 편의장치 중 이모빌라이저 시스템에 대한 설명으로 틀린 것은?

① 이모빌라이저 시스템에 사용되는 시동키 내부에는 전자 칩이 내장되어 있다.
② 이모빌라이저는 등록된 키가 아니면 시동되지 않는다.
③ 통신 안정성을 높이는 CAN통신을 사용한다.
④ 이모빌라이저 시스템이 적용된 차량은 일반 키로 복사하여 사용할 수 없다.

① 전자칩 = 트랜스폰더
③ 이모빌라이저 시스템은 시동키와 자동차가 무선으로 통신하여 암호코드가 일치할 경우에 엔진시동을 허용한다.
②, ④ 이모빌라이저 시스템은 허용된 키 외에는 시동이 걸리지 않도록 고안된 차량 도난방지 시스템이다. 차량에 입력되어 있는 암호와 시동 키에 입력된 암호가 일치하여야만 시동이 걸리게 되므로, 다른 복제 키를 사용하면 시동이 걸리지 않는다. (열쇠 자체는 복사하여 사용할 수 있으나, 키에 삽입된 트랜스폰더는 정비소에서 등록작업을 거쳐야만 사용이 가능)

정답　36 ③　37 ④　38 ③　39 ②　40 ④　41 ②　42 ②　43 ③

44 SBW(shift by wire)가 적용된 차량에서 포지션 센서 또는 SBW 액추에이터가 증속(60km/h) 주행 중 고장 시 제어방법으로 옳은 것은?

① 변속단 상태 유지
② N단으로 제어하여 정차시킴
③ 경보음을 울리며 엔진 출력 제어
④ 브레이크를 제어하여 정차시킴

[NCS 학습모듈] SBW는 'P 모드'와 'Not P 모드(N, D, R)'로 구분하여 8km/h 이상에서는 P단 변경이 안되며, VCU(TCU)는 페일세이프 구현 시 파킹전환을 방지하여 현재 변속단 상태를 유지한다.
참고) P단 이동조건 : 브레이크페달 ON, 차속 8km/h 이하, 파킹스위치 ON, 레버이동 없음

45 자동차에서 CAN 통신시스템의 특징이 아닌 것은?

① 데이터를 2개의 배선(CAN-HIGH, CAN-LOW)을 이용하여 전송한다.
② 모듈간의 통신이 가능하다.
③ 양방향 통신이다.
④ 싱글 마스터 방식이다.

46 네트워크 회로 CAN통신에서 아래와 같이 A제어기와 B제어기 사이의 통신선이 단선되었을 때 자기진단 점검 단자에서 CAN통신 라인의 저항을 측정하였을 때 측정 저항은?

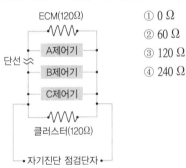

ECM(120Ω)
A제어기
단선
B제어기
C제어기
클러스터(120Ω)
자기진단 점검단자

① 0 Ω
② 60 Ω
③ 120 Ω
④ 240 Ω

• 정상 시 : 60Ω
• 단선 시(한 선 또는 두 선 모두) : 120Ω
• 차체 단락 시(두 선 중 하나) : 60Ω
• High-Low 두 선이 단락 : 0Ω

47 제동등과 후미등에 관한 설명으로 틀린 것은?

① LED 방식의 제동등은 점등 속도가 빠르다.
② 제동등과 후미등은 직렬로 연결되어 있다.
③ 브레이크 스위치를 작동하면 제동등이 점등된다.
④ 퓨즈 단선 시 후미등이 점등되지 않는다.

[18-1 기출] 제동등과 후미등 회로는 분리되어야 한다.

48 High speed CAN 파형분석 시 지선부위 점검 중 High-line이 전원에 단락되었을 때 측정파형의 현상으로 옳은 것은?

① Low 파형은 종단저항에 의한 전압강하로 11.8V 유지
② High 파형 0V 유지(접지)
③ 데이터에 따라 간헐적으로 0V로 하강
④ Low 신호도 High선 단락의 영향으로 0.25V 유지

[NCS 학습모듈] 3장 자동차전기전자 – 네트워크 섹션 284페이지 참조
②,③,④ High-line의 접지 단락

49 차량에 사용되는 통신방법에 대한 설명으로 틀린 것은?

① LIN 통신은 멀티마스터 통신이다.
② CAN 통신은 멀티마스터 통신이다.
③ MOST 통신은 동기통신이다.
④ CAN, LIN통신은 직렬통신한다.

• LIN 통신 : Single master – Multi slave, 직렬통신, 비동기
• CAN 통신 : Multi master, 비동기, 직렬통신
• MOST 통신 : 동기방식

50 스티어링 휠에 부착된 스마트 크루즈 컨트롤 리모콘 스위치 교환방법으로 틀린 것은?

① 고정 스크류를 풀고 스티어링 리모콘 어셈블리를 탈거한다.
② 클럭 스프링을 탈거한다.
③ 배터리 (-) 단자를 분리한다.
④ 스티어링 휠 어셈블리를 탈거한다.

탈거 시 배터리 (-) 단자 분리 → 컬럼에 고정된 조향휠 어셈블리 탈거 → 조향휠 어셈블리에 장착된 리모콘 어셈블리를 교체한다.

스티어링 휠 ASSY
스티어링 컬럼 ASSY
클럭 스프링
다기능스위치 ASSY

※ 클럭 스프링은 스티어링 컬럼쪽의 에어백 또는 리모콘 배선이 회전하는 조향휠 위쪽으로 회로를 연결시키기 위해 회로가 접촉될 수 있도록 하는 역할을 하며, 조향휠 어셈블리 바로 밑에 위치하며 리모콘 스위치 교체시에는 분리할 필요는 없다.

51 타이어 공기압 경보장치(TPMS)의 경고등이 점등될 때 조치해야 할 사항으로 옳은 것은?

① TPMS ECU 교환

② TPMS ECU 등록

③ TPMS 교환

④ 측정된 타이어에 공기주입

> TPMS는 타이어 압력이 규정치 이하이거나 급격한 공기누출 시, 센서 오류 및 송수신 오류 시 점등된다.

52 자동차 전조등 시험 전 준비사항으로 틀린 것은?

① 타이어 공기압력이 규정값인지 확인한다.

② 공차상태에서 측정한다.

③ 시험기 상하 조정 다이얼을 0으로 맞춘다.

④ 배터리 성능을 확인한다.

> 전조등 시험 시 공차상태에서 운전자 1인이 승차한 상태로 한다.

53 운행차 정기검사에서 소음도 검사 전 확인해야 하는 항목으로 거리가 먼 것은? (단, 소음 진동관리법 시행규치에 의한다.)

① 경음기　　　　② 원동기

③ 소음덮개　　　　④ 배기관

> **소음도 검사 전 확인**
> • 소음덮개 : 출고당시 소음덮개 등 떼어지거나 훼손되지 않을 것
> • 배기관 및 소음기 : 배기관 및 소음기를 확인하여배출가스가 최종 배출구 전에서 유출되지 아니할 것
> • 경음기 : 추가로 부착되어 있지 아니할 것
> 근거) 운행차 정기검사의 방법·기준 및 대상 항목

54 자동차에 사용되는 교류발전기 작동 설명으로 옳은 것은?

① 여자 다이오드가 단선되면 충전전압이 규정치보다 높게 된다.

② 여자 전류 제어는 정류기가 수행한다.

③ 여자전류의 평균값은 전압조정기의 듀티율로 조정된다.

④ 충전전류는 발전기의 회전속도에 반비례한다.

> ① 스테이터 코일의 단락 또는 여자 다이오드가 단선되면 충전전압이 규정치보다 낮게 된다.
> ② 여자 전류 제어는 전압조정기에서 수행한다.
> 　(참고 : 계자권선의 여자전류를 제어하여 출력전압의 크기를 제어한다)
> ③ 여자전원은 PWM제어(듀티율에 따른 평균값)를 통해 제어된다.
> ④ 충전전류는 발전기의 회전속도에 비례하므로 과전압과 과전류의 발생을 방지하기 위해 전압조정기가 필요하다.

55 차선이탈경보(LDW) 및 차선이탈방지 시스템(LKA) 제어의 미작동 조건에 대한 설명으로 틀린 것은?

① 방향지시등 & 비상등 ON 시 LDW/LKA 비활성화

② ESC 작동 시 LDW/LKA 비활성화

③ 차선 미인식 시 LDW/LKA 비활성화

④ 한 쪽 차선만 인식될 경우 LDW/LKA 비활성화

> [NCS 학습모듈] 한 쪽 차선만 인식될 경우 LKA는 제어하지 않지만, LDW는 인식된 한쪽 차선 기준에 대해 기능을 수행한다.

56 공기정화용 에어필터에 관련 내용으로 틀린 것은?

① 공기 중에 이물질만 제거 가능한 형식이 있다.

② 필터가 막히면 블로워 모터의 송풍량이 감소된다.

③ 필터가 막히면 블로워 모터의 소음이 감소된다.

④ 공기 중의 이물질과 냄새를 함께 제거하는 형식이 있다.

> [17-3 기출] 필터가 막히면 블로워 모터가 아니라 필터에 공기 저항이 생겨 소음이 크게 날 수 있다.

57 기동전동기의 작동원리는?

① 앙페르 법칙

② 플레밍의 왼손 법칙

③ 플레밍의 오른손 법칙

④ 렌츠의 법칙

> • 플레밍의 왼손 법칙 : 전동기, 하이브리드 자동차
> • 플레밍의 오른손 법칙, 렌츠의 법칙 : 발전기

58 후측방 레이더 감지가 정상적으로 되지 않고 자동해제 되는 조건으로 틀린 것은?

① 차량 후방에 짐칸(트레일러, 캐리어) 등을 장착한 경우

② 차량 운행이 많은 도로를 운행하는 경우

③ 범퍼 표면 또는 범퍼 내부에 이물질이 묻어 있는 경우

④ 광활한 사막을 운행하는 경우

> [NCS 학습모듈] **후측방 레이더 감지 제한 조건**
> • 범퍼 표면 또는 범퍼 내부에 이물질이 묻어 있을 경우
> • 차량 후방에 짐칸(트레일러 혹은 캐리어) 장착 또는 기타 장비를 거치한 경우
> • 차량이 적은 넓은 지역이나, 광활한 사막에서 운전할 경우
> • 눈이나 비가 많이 오는 경우

59 2개의 코일 간의 상호 인덕턴스가 0.8H일 때 한쪽 코일의 전류가 0.01초 간에 4A에서 1A로 동일하게 변화하면 다른 쪽 코일에 유도되는 기전력은?

① 100 V
② 240 V
③ 300 V
④ 320 V

[16-3 기출]

유도기전력 $e = -N\dfrac{d\phi}{dt} = -L\dfrac{di}{dt} = 0.8[H] \times \dfrac{4[A]-1[A]}{0.01[s]} = 240[V]$

N : 코일 권수, $d\phi$: 자속변화량[Wb], dt : 소요 시간(sec),
L : 인덕턴스[$H = Wb/A = (V/A{\times}sec)$] , di : 전류 변화량

※ '−'는 렌츠의 법칙에 관한 것으로, 유도기전력의 방향은 쇄교자속의 변화를 방해하는 방향을 나타내며, 기전력 크기와는 무관하다.
※ 코일에서 자속의 변화를 방해하는 전압이 유도되는 현상을 전자유도 현상이라 하고 유도되는 전압을 '유도기전력(유기기전력)'이라 함
※ 인덕턴스 : 회로의 전류 변화에 대해 전자기유도로 생기는 전압(역기전력)의 비율을 나타내는 양 ($L = d\phi/di$)

60 진단 장비를 활용한 전방 레이더 센서 보정방법으로 틀린 것은?

① 바닥이 고른 공간에서 차량을 수평상태로 한다.
② 메뉴는 전방 레이터 센서 보정(SCC/FCA)으로 선택한다.
③ 주행모드가 지원되지 않는 경우 레이저, 리플렉터, 삼각대 등 보정용 장비가 필요하다.
④ 주행모드가 지원되는 경우에도 수평계, 수직계, 레이저, 리플렉터 등 별도의 보정 장비가 필요하다.

[NCS 학습모듈] 주행 모드가 지원되지 않을 경우 레이저/리플렉터/삼각대 등 보정용 장비와 장비를 설치하고 측정할 장소가 필요하지만, 주행 모드가 지원되는 경우 수직/수평계를 제외하고는 별도의 보정 장비는 필요 없으나 보정 조건에 맞게 주행해야 하므로 교통 상황이나 도로에 인식을 위한 가드레일 등 고정 물체가 요구된다.

04 친환경자동차

61 고전압 배터리 셀 모니터링 유닛의 교환이 필요한 경우로 틀린 것은?

① 배터리 전압 센싱부의 이상 / 저전류
② 배터리 전압 센싱부의 이상 / 과전압
③ 배터리 전압 센싱부의 이상 / 전압편차
④ 배터리 전압 센싱부의 이상 / 저전압

CMU(Cell Monitoring Unit)는 셀 전압 측정, 셀 밸런싱, 셀 온도 등을 체크하며, 주 목적은 배터리가 과충전, 과방전, 과전류가 발생하지 않게 제어한다.

62 수소가스를 연료로 사용하는 자동차에서 내압용기의 연료공급 자동 차단밸브 이후의 연료장치에서 수소가스 누설 시 승객거주 공간의 공기 중 수소농도 기준은?

① 1%
② 3%
③ 5%
④ 7%

수소가스를 연료로 사용하는 자동차의 적합기준
1. 자동차의 배기구에서 배출되는 가스의 수소농도는 평균 4%, 순간 최대 8%를 초과하지 아니할 것
2. 차단밸브(내압용기의 연료공급 자동 차단장치) 이후의 연료장치에서 수소가스 누출 시 승객거주 공간의 공기 중 수소농도는 1% 이하일 것
3. 차단밸브 이후의 연료장치에서 수소가스 누출 시 승객거주 공간, 수하물 공간, 후드 하부 등 밀폐 또는 반밀폐 공간의 공기 중 수소농도가 2±1% 초과 시 적색경고등이 점등되고, 3±1% 초과 시 차단밸브가 작동할 것
근거) 자동차 및 자동차부품의 성능과 기준에 관한 규칙

63 전기자동차의 난방 시 고전압 PTC 사용을 최소화하여 소비전력 저감으로 주행거리 증대에 효과를 낼 수 있도록 하는 장치는?

① 히트펌프 장치
② 전력변환 장치
③ 차동제한 장치
④ 회생제동 장치

64 하이브리드 자동차의 EV 모드 운행 중 보행자에게 차량 근접에 대한 경고를 하기 위한 장치는?

① 파킹 주차 연동 소음 장치
② 전방 충돌방지 경보 장치
③ 급제동 경보 장치
④ 가상엔진 사운드 장치

65 하이브리드 자동차의 안전플러그에 대한 설명으로 틀린 것은?

① 안전플러그는 인터록이 적용되어 BMS에서 체결상태를 감지한다.
② 안전플러그가 탈거되면 클러스터에 경고등이 점등되며 Ready가 되지 않는다.
③ 안전플러그가 탈거된 상태에서는 엔진을 통한 주행만 가능하다.
④ 고전압 배터리에서 직렬로 구성된 모듈과 모듈 사이에 사용한다.

① HEV고전압배터리에는 고전압부 노출을 막고 안전을 강화하도록 인터록(Interlock) 타입 안전장치를 적용하며, BMS ECU에서 감지한다.
② 안전플러그가 탈거되면 인터록 회로가 차단되어 고전압배터리의 연결회로가 차단되어 Ready ON이 되지 않는다.
③ 안전플러그가 탈거되면 고전압이 MCU의 인버터에 인가되지 못하므로 모터 또는 HSG에 의한 시동이 안된다.(즉, 엔진 주행도 불가능)
참고) 안전플러그 내부에 125A 고전압 메인 퓨즈가 내장되어 있다(내부저항은 1오옴 이하일 때 정상)

66 전기자동차 구동모터의 Y결선에 대한 설명으로 옳은 것은?

① Y결선에서는 선전류와 상전류가 같다.
② Y결선에서는 선전류와 선전압이 같다.
③ Y결선에서는 상전압과 선전류가 같다.
④ Y결선에서는 상전압과 선전압이 같다.

Y결선과 △결선의 전압과 전류 관계 – 3장 발전기 섹션 참조		
	선간전압과 상전압	선전류와 상전류
Y결선	선간전압 = $\sqrt{3}$ 상전압	선전류 = 상전류
△결선	선간전압 = 상전압	선전류 = $\sqrt{3}$ 상전류

67 고전압 배터리 시스템의 데이터 SOH(State of Health)에 대한 의미를 설명한 것으로 옳은 것은?

① 배터리의 방전수준을 정격용량 백분율로 환산하여 표시하는 값
② 배터리의 내부저항 상승 및 전압 손실 등으로 발생한 배터리의 노화를 알 수 있는 값
③ 배터리가 완충상태 대비 몇 % 만큼 정격용량을 사용할 수 있는 지 알 수 있는 값
④ 배터리가 현재상태에서 필요한 임무를 수행할 수 있는 능력을 알 수 있는 값

• SOC (State Of Charge) : 배터리 충전률, 배터리의 사용가능 에너지(③)
• DOD (Depth Of Discharge) : 방전 수준(방전상태를 백분율로 표시)(①)
• SOH (State Of Health) : 성능지수, 열화 상태, 제조 후 노화정도(②)
• SOF (StateOf Function) : 기능 작동상태(④)

68 하이브리드 자동차 전기장치 정비 시 지켜야 할 안전사항으로 틀린 것은?

① 서비스 플러그(안전플러그)를 제거한다.
② 전원을 차단하고 일정시간 경과 후 작업한다.
③ 절연장갑을 착용하고 작업한다.
④ 하이브리드 컴퓨터의 커넥터를 분리해야 한다.

[16–2, 13–1 기출]

69 수소 연료전지 자동차의 수소 저장장치에 고압으로 저장된 수소를 감압시켜 연료전지를 저압으로 수소를 공급시키는 장치는?

① 레귤레이터   ② 리셉터클
③ 솔레노이드 밸브   ④ 스택

연료탱크에서 고압 레귤레이터와 저압 레귤레이터를 경유해서 스택으로 수소연료를 공급한다.

70 하이브리드 고전압 모터를 검사하는 방법이 아닌 것은?

① 배터리 성능 검사
② 레졸버 센서 저항 검사
③ 선간 저항 검사
④ 온도센서 저항 검사

고전압 모터 점검 사항
• 하이브리드 구동 모터 회로
• 하이브리드 구동 모터 U. V.W 선간 저항
• 하이브리드 구동 모터 레졸버 센서 저항
• 하이브리드 구동 모터 온도 센서 저항
• 하이브리드 구동모터 레졸버 보정
• HSG 장착 위치, HSG U, V, W 선간 저항, HSG 온도 센서 저항, HSG 레졸버 센서 저항

71 전력제어 컨트롤 유닛(EPCU)의 구성품으로 틀린 것은?

① 모터 컨트롤 유닛 – MCU(Motor Control Unit)
② 배터리 관리 유닛 – BMU(Battery Management Unit)
③ 저전압 DC–DC 컨버터 – LDC(Low Voltage DC–DC Converter)
④ 차량 컨트롤 유닛 – VCU(Vehicle Control Unit)

EPCU는 MCU, LDC, OBC, VCU의 통합제어모듈이다.

72 전기자동차 고전압장치 정비 시 보호장구 사용에 대한 설명으로 틀린 것은?

① 고전압 관련 작업 시 절연화를 필수로 착용한다.
② 절연장갑은 절연성능(1000V/300A 이상)을 갖추어야 한다.
③ 시계, 반지 등 금속물질은 작업 전 몸에서 제거한다.
④ 보호안경 대신 일반 안경을 사용해도 된다.

73 수소연료전지 자동차의 압축 수소탱크의 구성품이 아닌 것은?

① 고밀도 폴리머 라이너
② 압력 릴리프 기구
③ 탱크 내부 가스 온도센서
④ 유량 플로트 센서

① 탱크 내부는 수소 투과를 최소화하는 얇은 폴리머(또는 폴리아미드) 라이너로 만들어져 외피는 700bar의 고압을 유지하는 20～25mm 두께의 탄소섬유 강화 플라스틱(탄소섬유+에폭시 소재)으로 만들어져 있다.
② 압력 릴리프 밸브 : 내부온도상승으로 인한 폭발 방지를 위해 강제로 배기
③ 수소 충전 시 탱크 내부의 가스 온도 변화를 확인하기 위해 온도센서를 삽입한다.

74 자동차 및 자동차 부품의 성능과 기준에 관한 규정상 아래 그림과 밀접한 관련이 있는 장치는?

① 저소음자동차 경고음 발생장치
② 회생제동장치
③ 자동차안정성제어장치
④ 고전원전기장치

75 전기자동차 완속충전기(OBC)의 주요 제어 기능에 대한 설명으로 틀린 것은?

① 최대 용량 초과 시 최대출력 제한
② 내부 고장 검출
③ 입력 DC 전원 규격 만족을 위해 역률(power factor) 제어
④ 제한 온도 초과 시 최대출력 제한

• 입력 전원인 AC 전원 규격만족을 위한 Power Factor 제어
• DC link 전압 및 전류 제어
• 보호기능 OBC의 최대 용량 초과 시 출력 제한
• OBC의 제한 온도 초과 시 출력 제한
• BMS와 연동하여 배터리 팩의 이상 현상 시 출력 제한
※ 내용 자체가 어렵게 느껴지나 OBC의 기초(220V AC→ 고전압 DC)를 알면 답을 유추할 수 있다.

76 수소 연료전지 자동차에서 연료전지의 열관리 시스템에 대한 설명으로 틀린 것은?

① 연료전지 시스템은 산소와 수소가 반응할 때 전기뿐 아니라 열도 발생된다.
② 연료전지 냉각수 필터는 연료전지 냉각수로부터 이온을 포집한다.
③ 연료전지 차량도 라디에이터를 이용하여 열을 방출한다.
④ 연료전지에서 발생되는 열을 제어하기 위해 펠티어(peltier) 열전소자 쿨러로 냉각을 제어한다.

연료전지에 유입되는 냉각수는 냉각수 온도센서로 감지하여 팬을 구동시켜 라디에이터를 통해 방출하는 방식을 사용한다.(대용량 라디에이터가 필수적임)

※ 펠티어(peltier) 열전 소자 : 펠티어 효과(서로 다른 소자 양단에 DC전압을 가했을 때 한쪽 편은 흡열, 반대 편은 방열을 일으키는 현상)를 이용한 것으로 비교적 저용량의 냉각장치에 이용된다.

77 일반 하이브리드 자동차에서 직류전원을 교류전원으로 전환시키는 장치는?

① MCU (Motor Control Unit)
② EOP (Electronic Oil Pump)
③ BMS (Battary Management System)
④ HCU (Hybrid Control Unit)

78 전동식 컴프레셔 바디와 인버터 조립 시 도포해야 하는 것은?

① 실런트
② 냉매 오일
③ 써멀 구리스
④ 냉동유

전동식 컴프레셔와 인버터는 발열이 크기 때문에 조립 시 써멀 구리스(thermal grease)를 도포하여 외부의 열전달율을 좋게 해야 한다.

79 전기자동차의 히트펌프 시스템에서 냉방성능과 관련하여 2개의 정압사이클과 1개 단열과정, 1개 교축과정으로 이루어진 냉방사이클은?

① 랭킨 사이클
② 증기압축 냉동 사이클
③ 역 카르노 사이클
④ 카르노 사이클

증기압축 냉동 사이클은 역카르노 사이클(이상적인 사이클) 중에서 실현이 곤란한 단열과정, 즉 등엔트로피 팽창과정을 교축팽창을 이용하여 실용화한 것으로, '역랭킨 사이클'이라고 한다. 증발된 증기가 흡수한 열량은 역카르노사이클에 의하여 증기를 압축하고 고온의 열원에서 방출하는 사이클 사이에 액체와 기체의 두 상으로 변하는 물질을 냉매로 하는 냉동사이클로 냉동기에 널리 이용된다.

증기압축 냉동 사이클의 과정
• 압축 (①-②) : 저온저압의 기체 → 고온고압의 기체(단열압축)
• 응축 (②-③) : 일정한 압력하에서 고온고압 기체 → 고온고압의 액체로 응축되며 열을 방출하며 주위를 뜨겁게 함(정압방열)
• 팽창 (③-④) : 교축팽창하여 고온고압 액체 → 저온저압의 액체가 됨(등엔탈피 과정)
• 증발 (④-①) : 일정한 압력하에서 저온저압 액체 → 저온저압의 기체로 기화되며 주위로부터 열을 흡수함(냉동효과)(정압흡열)

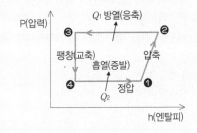

80 전기사용자동차의 에너지 소비효율 계산식으로 옳은 것은?

① $\dfrac{1회\ 충전\ 주행거리(km)}{차량주행\ 시\ 전기에너지\ 충전량(kWh)}$

② $1 - \dfrac{1회\ 충전\ 주행거리(km)}{차량주행\ 시\ 전기에너지\ 충전량(kWh)}$

③ $\dfrac{차량주행\ 시\ 전기에너지\ 충전량(kWh)}{1회\ 충전\ 주행거리(km)}$

④ $1 - \dfrac{차량주행\ 시\ 전기에너지\ 충전량(kWh)}{1회\ 충전\ 주행거리(km)}$

CBT 실전모의고사 4회

01 자동차 엔진

1 전자제어 디젤장치의 저압라인 점검 중 저압펌프 점검 방법으로 옳은 것은?

① 전기식 저압펌프 – 부압 측정
② 전기식 저압펌프 – 정압 측정
③ 기계식 저압펌프 – 전압 측정
④ 기계식 저압펌프 – 중압 측정

> 전기식 저압 펌프는 연료의 정압을 측정하고, 기계식은 연료의 부압을 측정하여 정상 유무를 판단한다.

2 실린더 헤드 교환 후 엔진 부조현상이 발생하였을 때 실린더 파워 밸런스의 점검과 관련된 내용으로 **틀린** 것은?

① 1개 실린더의 점화플러그 배선을 제거하였을 경우 엔진 회전수를 비교한다.
② 점화플러그 배선을 제거하였을 때의 엔진 회전수가 점화플러그 배선을 빼지 않고 확인한 엔진 회전수와 차이가 있다면 해당 실린더는 문제가 있는 실린더로 판정한다.
③ 엔진 시동을 걸고 각 실린더의 점화플러그 배선을 하나씩 제거한다.
④ 각각의 엔진 회전수를 기록하고 판정하여 차이가 많은 실린더는 압축압력 시험으로 재측정한다.

> [NCS 학습모듈 – 엔진본체정비 18p] 점화플러그 배선을 제거하였을 때의 엔진 회전수가 점화플러그 배선을 빼지 않고 확인한 엔진 회전수와 차이가 없다면 해당 실린더는 문제가 있는 실린더로 판정한다.

3 흡배기밸브의 밸브간극을 측정하여 새로운 태핏을 장착하고자 한다. 새로운 태핏의 두께를 구하는 공식으로 옳은 것은?
(단, N : 새로운 태핏의 두께, T : 분리된 태핏의 두께, A : 측정된 밸브간극, K : 밸브규정간극)

① $N = T + (A-K)$ ② $N = T + (A+K)$
③ $N = T - (A-K)$ ④ $N = T - (A+K)$

[기출 16-3]

4 운행차 배출가스 검사방법과 관련하여 차대동력계 검사장비의 준비사항에 대한 설명으로 **틀린** 것은?

① 코스트다운 점검은 당일 점검업무 개시 전에 실시하여야 하며, 최소한 1개월에 1회 이상 실시하여야 한다.
② 차대동력계는 작동요령에 따라 충분히 예열시킨 다음 코스트다운 점검을 실시하여야 한다.
③ 코스트다운 점검에서 부적합한 경우에는 차대동력계 자체손실마력을 측정하여 교정한 후 코스트다운 점검을 다시 실시하여야 한다.
④ 차대동력계는 형식승인된 기기로서 최근 1년 이내에 정도검사를 필한 것이어야 한다.

> [난이도 상, 운행차 배출가스 정밀검사 시행요령에 관한 규정 – 별표 1 정밀검사시행요령] 차대동력계
> • 차대동력계는 형식승인된 기기로서 최근 1년 이내에 정도검사를 필한 것이어야 한다.
> • 차대동력계는 작동요령에 따라 충분히 예열시킨 다음 코스트다운 점검을 실시하여야 한다.
> • 코스트다운 점검에서 부적합된 경우에는 차대동력계 자체손실마력을 측정하여 교정한 후 코스트다운 점검을 다시 실시하여야 한다.
> • 코스트다운 점검은 당일 검사업무개시 전에 실시하여야 하며, 최소한 1일 1회 이상 실시하여야 한다.
> • 엔진냉각용 송풍장치, 동력흡수장치용 냉각장치 및 기타 주변장치의 작동상태를 점검한다.

5 다음 중 터보차저에 대한 설명으로 **틀린** 것은?

① 가속페달을 밟은 직후 일정 유량이 확보되기까지 시간 지연이 발생하는데 이를 터보래그라 한다.
② 가변 용량 터보차저(Variable Geometry Turbocharger)는 터보래그의 개선 효과가 있다.
③ 가변 용량 터보차저에는 웨이스트 게이트 밸브가 적용되지 않는다.
④ 인터쿨러는 실린더로 유입되는 공기밀도를 낮춘다.

> [16-3 기출] 임펠러에 의해 과급된 공기는 온도 상승 및 공기밀도 증대 비율이 감소하여 노킹 유발 및 충전효율 저하의 원인이 된다. 이에 인터쿨러(임펠러와 흡기 다기관 사이에 설치)를 설치하여 과급된 공기를 냉각시켜 공기밀도를 높인다.

정답 1② 2② 3① 4① 5④

6 과급장치 검사에 대한 설명으로 **틀린** 것은?

① 스캐너의 센서 데이터 모드에서 'VGT 액추에이터'와 '부스터 압력 센서' 작동상태를 점검한다.

② 엔진 시동을 걸고 정상 온도까지 워밍엄한다.

③ 전기장치 및 에어컨을 ON한다.

④ EGR 밸브 및 인터쿨러 연결 부분에 배기가스 누출 여부를 검사한다.

[NCS 학습모듈] 과급장치 검사 시 전기장치 및 에어컨을 OFF한다.

7 전자제어 엔진(MPI)의 연료펌프에 대한 설명으로 **틀린** 것은?

① 체크밸브는 잔압을 유지시켜 재시동성을 높인다.

② 체크밸브와 릴리프 밸브가 있다.

③ 연료펌프 내 과류방지 밸브가 있다.

④ 전동식 연료펌프이다.

[NCS 학습모듈] 과류방지 밸브는 LPG 기관의 연료탱크에 설치되어 있다. 차량 사고 등으로 연료라인 파손 시 연료송출을 차단한다(첵밸브 방식)

8 고도가 높은 지역에서 대기압 센서를 이용한 연료량 제어방법으로 옳은 것은?

① 연료 보정량을 증량

② 기본 분사량을 감량

③ 기본 분사량을 증량

④ 연료 보정량을 감량

[17-3 기출] 고지대에서는 산소가 희박해져 혼합기가 농후해지므로 연료보정량을 감량시킨다.
※ 연료분사량은 '기본 분사량+연료보정량'을 의미하며, 연료보정에는 냉각수온도, 흡기온도, 대기압, 고회전 고부하, 산소센서, 인젝터의 전압에 의한 보정 등이 있다.
※ 대기압 센서는 피에조 저항형으로 고도에 따라 연료분사량 및 점화시기를 보정한다.

9 디젤엔진에서 연소실 내 공기유동을 강화하는 부품으로 옳은 것은?

① EGR 밸브

② SCV(Swirl Control Valve)

③ ACV(Air Control Valve)

④ 트윈 스크롤 터보차저

SCV(가변 스월 컨트롤 밸브)는 실린더로 유입되는 포트를 2개 만들어 저부하 영역에서 흡기의 유속을 증가시켜 스월(와류)를 일으켜 흡입효율을 향상시킨다.

10 기관 윤활장치에 대한 설명으로 **옳은** 것은?

① 엔진 온도가 낮아지면 오일의 점도는 낮아진다.

② 범용오일 10W-30이란 숫자는 오일의 점도지수이다.

③ 엔진오일의 압력은 약 $2\sim4$ kg/cm^{2}이다.

④ 겨울철에는 점도지수가 낮은 오일이 효과적이다.

① 엔진온도가 낮아지면 오일의 점도는 높아진다.
② 범용오일 10W-30이란 숫자는 오일의 점도이다.
④ 겨울철에는 점도지수가 높을수록(온도변화에 따른 점도변화가 적음) 효과적이다.

11 다음 설명에 해당하는 성능점검은?

┌─[보기]─────────────────────
│ 자동차에 장착한 상태에서 점화계통, 연료계통, 흡기계통을 종
│ 합적으로 점검하는 방법으로, 점화플러그 또는 인젝터 배선을
│ 탈거한 후 장시간 점검 시 촉매가 손상될 수 있으므로 빠른 시
│ 간 내에 점검해야 한다.
└──────────────────────────

① 실린더 파워밸런스 점검   ② 압축압력 점검

③ 엔진 공회전 점검   ④ 실린더 누설 점검

실린더 파워밸런스 점검의 가장 큰 특징은 촉매 손상 방지를 위해 측정시간을 최대한 단축해야 한다. (약 10초 이내)

12 엔진 작동 중 실린더 내의 흡입효율이 저하되는 원인으로 **틀린** 것은?

① 흡입압력이 대기압보다 높은 경우

② 밸브 및 피스톤링의 마모로 인한 가스누설이 발생되는 경우

③ 흡·배기 밸브의 개폐시기 불안정으로 인한 단속 타이밍이 맞지 않을 경우

④ 흡입 및 배기의 관성이 피스톤 운동을 따르지 못한 경우

[16-1 기출] 흡입효율이란 연소실에 얼마만큼의 공기가 흡입되는가를 나타내므로 압력이 높을수록 공기밀도가 높다.

13 전자제어 가솔린 연료분사 장치의 인젝터에서 분사되는 연료의 양은 무엇으로 조정하는가?

① 인젝터 개방시간

② 연료 압력

③ 니들 밸브의 행정

④ 인젝터의 유량계수와 분구의 면적

인젝터의 분사량은 통전시간(개방시간)에 의해 결정된다.

14 커먼레일 디젤엔진 연료계통의 구성부품으로 <u>틀린</u> 것은?

① 인젝터　　　　② 연료압력 조절밸브

③ 고압펌프　　　④ 스로틀 밸브

> **커먼레일 시스템의 요소**
> 공기 유량 센서, 흡기온도 센서, CKPS, APS, 냉각수온센서, 레일 압력 센서, 흡기압력센서, 람다센서, 레일압력 조절밸브, 연료압력 조절밸브, 전자식 EGR 솔레노이드 밸브, 스로틀 플랩 액추에이터, 가변 스월 액추에이터 등

15 LPG 엔진의 장점에 대한 내용으로 <u>틀린</u> 것은?

① 연소실에 카본부착이 적어 점화플러그 수명이 길어진다.

② 배기가스 상태에서 냄새가 없으며 CO 함유량이 적고 매연이 없어 위생적이다.

③ 엔진오일의 오염이 적으므로 오일 교환 기간이 길어진다.

④ 옥탄가가 낮아 노킹현상이 일어난다.

> LPG의 옥탄가는 가솔린 비해 약 10% 높아 노킹이 잘 일어나지 않는다.

16 엔진 ECU 제어 기능 중 분사량 제어와 <u>관련없는</u> 것은?

① 대시포트 제어

② 흡기온도에 따른 제어

③ 배터리(발전기) 전압에 따른 제어

④ 점화전압에 따른 제어

> **연료분사량 제어의 종류**
> • 기본 분사량 제어
> • 크랭킹 시 제어
> • 시동 후 제어
> • 냉각수 온도에 따른 제어
> • 흡기온도에 따른 제어
> • 배터리 전압에 따른 제어
> • 가속 및 출력 증가 시 제어
> • 감속 시(대시포트) 분사량 제어
>
> ※ 점화전압에 따라 분사량이 제어되는 것이 아니라 반대로 혼합기에 따라 점화전압에 영향을 미친다.

17 디젤엔진의 공회전 진동이 클 때 점검해야 할 내용으로 <u>적당하지 않은</u> 것은?

① EGR 밸브의 작동상태 점검

② 인젝터 유량 점검

③ 압축압력 점검

④ 터보차저 전단의 흡기계통 누설여부 점검

> EGR 밸브는 공회전 시 작동되지 않으므로 ①은 점검대상이 아니다.
> ※ EGR 밸브 비작동 조건 : 고출력 시, 냉간 시, 공회전 시, 시동 시

18 전자제어 커먼레일 디젤엔진의 연료장치에서 솔레노이드 인젝터 대비 피에조 인젝터의 장점으로 <u>틀린</u> 것은?

① 분사 응답성 향상

② 낮은 구동전압으로 안전성 향상

③ 배출가스 최적화

④ 연료소비 저감

> 피에조 인젝터의 장점 : 분사 응답성 향상(스위칭 ON 시간을 짧게 할 수 있음)으로 정밀한 제어, 정숙성, 매연 저감 및 연비 저감효과
> ※ 피에조 인젝터는 구동전압이 크므로(200V) 감전의 위험이 있다.

19 정격출력이 80ps/4000rpm인 자동차를 엔진회전수 제어방식(Lug-Down 3모드)으로 배출가스를 정밀검사할 때 2모드에서 엔진회전수는?

① 최대출력의 엔진정격회전수, 4000rpm

② 엔진정격회전수의 90%, 3600rpm

③ 엔진정격회전수의 80%, 2800rpm

④ 엔진정격회전수의 70%, 3200rpm

> [14-3 기출변형]
> • Lug-Down 1모드 : 최대출력의 엔진정격회전수
> • Lug-Down 2모드 : 엔진정격회전수의 90%
> • Lug-Down 3모드 : 엔진정격회전수의 80%

20 자동차 및 자동차부품의 성능과 기준에 관한 규칙 중 자동차의 연료탱크, 주입구 및 가스배출구의 적합 기준으로 <u>틀린</u> 것은?

① 배기관의 끝으로부터 20cm 이상 떨어져 있을 것 (연료탱크를 제외한다.)

② 차실 안에 설치하지 아니하여야 하며, 연료탱크는 차실과 벽 또는 보호판 등으로 격리되는 구조일 것

③ 노출된 전기단자 및 전기개폐로부터 20cm 이상 떨어져 있을 것 (연료탱크를 제외한다.)

④ 연료장치는 자동차의 움직임에 의하여 연료가 새지 아니하는 구조일 것

> • 배기관의 끝으로부터 30cm 이상 떨어져 있을 것
> • 노출된 전기단자 및 전기개폐기로부터 20cm 이상 떨어져 있을 것

정답 14 ④　15 ④　16 ④　17 ①　18 ②　19 ②　20 ①

21 중량이 2000kgf인 자동차가 20°의 경사로를 등반 시 구배(등판) 저항(kgf)는 약 얼마인가?

① 622 　　② 584 　　③ 684 　　④ 522

[15-3 기출] 구배(등판)저항 $R_g = W \cdot \sin\theta$
$= 2000 \times \sin 20° = 684\ kgf$ (W : 차량 총중량, θ : 경사각)

22 자동변속기에서 토크 컨버터의 구성부품이 아닌 것은?

① 스테이터 　　　　② 터빈
③ 액추에이터 　　　④ 펌프

토크 컨버터 : 펌프, 터빈, 스테이터

23 독립식 현가장치의 장점으로 틀린 것은?

① 스프링 아래 하중이 커 승차감이 좋아진다.
② 휠 얼라이먼트 변화에 자유도를 가할 수 있어 조종 안정성이 우수하다.
③ 좌·우륜을 연결하는 축이 없기 때문에 엔진과 트랜스미션의 설치 위치를 낮게 할 수 있다.
④ 단차가 있는 도로 조건에서도 차체의 움직임을 최소화함으로서 타이어의 접지력이 좋다.

스프링 아래 하중이 작아 승차감이 좋다.

24 토크비가 5이고 속도비가 0.5일 때 펌프가 3000 rpm으로 회전하면 토크 효율은?

① 1.5 　　② 2.5 　　③ 3.5 　　④ 4.5

[난이도 중, 17-1기출변형]
토크컨버터의 전달효율 = 속도비×토크비 = 0.5×5 = 2.5

25 전자제어 자동변속기에서 각 시프트의 위치를 TCU로 입력하는 기능을 하는 구성부품은?

① 인히비터 스위치 　　② 브레이크 스위치
③ 오버드라이브 스위치 　④ 킥다운 서보 스위치

인히비터 스위치의 역할
각 변속레인지(P, R, N, D 등)의 위치 검출, P·N단에서 시동 허용, R단에서 후진등 점등

26 자동차관리법 시행규칙의 자동차 검사기준 및 방법에서 자동장치의 검사기준으로 틀린 것은? (단, 신출 및 정기검사이며 비사업용자동차에 해당한다.)

① 모든 축의 제동력 합이 공차중량의 50% 이상일 것
② 주차 제동력의 합은 차량 중량의 30% 이상일 것
③ 동일 차축의 좌·우 차바퀴 제동력의 차이는 해당 축중의 8% 이내일 것
④ 각축의 제동력은 해당 축중의 50%(뒤축의 제동력은 해당 축중의 20%) 이상일 것

주차 제동력의 합은 차량 중량의 20% 이상일 것

27 자동변속기의 변속 품질제어 방법이 아닌 것은?

① 라인 압력제어
② 파일럿 제어
③ 오버랩 제어
④ 변속 중 점화시기 제어

변속 품질제어 방법
① 라인압력 제어 : 각각의 신호를 바탕으로 변속에 적합한 유압특성을 판단하여 라인 압력조절 솔레노이드 밸브를 작동
③ 오버랩 제어 : 변속시 해제되는 클러치 압력과 결합되는 클러치 압력 사이의 일정한 시간지연을 강제로 부가하는 것을 말하며 변속방향, 현재 기어단수 등에 따라 최적의 변속성능을 유지하기 위한 제어이다.
④ 변속 중 점화시기 제어 : 점화시기를 지각시켜 엔진토크를 감소시켜 변속의 용이성, 클러치의 슬립 감소, 클러치 수명연장 효과가 있다.
※ 그외 피드백 제어(학습제어), 인터페이스 제어

28 주행 중 차량에 노면으로부터 전달되는 충격이나 진동을 완화하여 바퀴와 노면과의 밀착을 양호하게 하고 승차감을 향상시키는 완충기구로 짝지어진 것은?

① 코일스프링, 토션 바, 타이로드
② 코일스프링, 판스프링, 토션바
③ 코일스프링, 판스프링, 프레임
④ 코일스프링, 너클 스핀들, 스태빌라이저

[19-1, 12-2기출] 타이로드과 너클 스핀들은 조향장치에 관련이 있다.

29 ABS 시스템에 장착된 G 센서(Gravity sensor)는 보통 IC가 내장되어 있다. G 센서 출력전압으로 옳은 것은?

① 0.5~4.5 V 　　　② 0~12 V
③ 5~12 V 　　　　④ 6~12 V

G 센서의 출력전압 : 0.5~4.5 V

정 답 21 ③　22 ③　23 ①　24 ②　25 ①　26 ②　27 ②　28 ②　29 ①

30 무단변속기 종류 중 트랙션 구동(Traction driver) 방식의 특징과 거리가 먼 것은?

① 변속 범위가 좁아 높은 효율을 낼 수 있고 작동상태가 정숙하다.
② 무게가 무겁고 전용오일을 사용하여야 한다.
③ 큰 추진력 및 회전면이 높은 정밀도와 강성이 요구된다.
④ 마멸에 따른 출력 부족 가능성이 크다.

> **트랙션 구동(Traction driver) 방식**
> • 장점 : 변속 범위가 넓고 전달효율 우수, 신속한 변속비 변화율 및 정숙성 등
> • 단점 : 큰 출력·높은 강성을 요구, 변속기가 무겁고, 롤러의 정밀제어 어려움, 트랙션 구동부의 피로수명 증가, 구동부의 대형화로 인한 과도한 회전관성, 마멸 등

31 조향장치 검사내용 중 정지상태의 스티어링 작동력 검사 내용으로 틀린 것은?

① 스티어링 휠을 돌리면서 급격히 힘이 변화하지 않는가를 점검한다.
② 핸들을 놓았을 때 70° 가량 복원되는지를 점검한다.
③ 스프링 저울로 스티어링 휠을 좌우 각각 1바퀴 반씩 회전시켜 회전력을 측정한다.
④ 차량을 평탄한 곳에 위치시키고 바퀴를 정면으로 정렬한다.

> **[NCS 학습모듈] 정지 상태의 스티어링 작동력 검사**
> • 차량을 평탄한 곳에 위치시키고 스티어링 휠을 정면으로 정렬한다.
> • 엔진의 시동을 걸고 1000rpm 내외로 회전수를 유지한 뒤, 공회전 상태로 유지한다.
> • 스프링 저울로 스티어링 휠을 좌우 각각 한 바퀴 반씩 회전시켜 회전력을 측정한다.
> • 스티어링 휠을 돌리면서 급격히 힘이 변하지 않는가를 점검한다.
> ※ ②는 스티어링 휠 복원 점검에 해당한다.

32 프런트 휠스피드 센서 교환에 대한 일반적인 순서로 옳은 것은?

[보기]
1. 프런트 휠&타이어를 탈거한다.
2. 프런트 휠 스피드 센서 장착 볼트를 탈거한다.
3. 프런트 휠 가드 및 고정 마운팅 볼트를 분리한다.
4. 프런트 휠 스피드 센서 커넥터를 분리한 후 센서를 탈거한다.

① 1 → 3 → 4 → 2
② 1 → 4 → 2 → 3
③ 1 → 3 → 2 → 4
④ 1 → 2 → 3 → 4

> [NCS 학습모듈 – 전자제어제동장치정비, 19p]

33 전자제어 현가장치(ECS)에서 앤티-다이브 제어 시 주요 입력요소로 사용되는 것은?

① 가속도 센서
② 스로틀 포지션 센서
③ 브레이크 스위치
④ 조향각 센서

> 다이브는 제동 시 발생하므로 브레이크 스위치를 입력신호로 한다.

34 타이어 트레드 패턴의 역할로 틀린 것은?

① 타이어의 열을 흡수한다.
② 구동력이나 선회성능을 향상시킨다.
③ 트레드에 생긴 절상의 확산을 방지한다.
④ 타이어의 사이드슬립이나 전진방향의 미끄러짐을 방지한다.

> [09-2 기출] 타이어의 열을 방출한다.

35 드가르봉식 쇽업서버에 대한 설명으로 틀린 것은?

① 늘어남이 중지되면 프리 피스톤은 원위치로 복귀한다.
② 밸브를 통과하는 오일의 유동저항으로 인하여 피스톤이 하강함에 따라 프리 피스톤도 가압된다.
③ 오일실과 가스실은 일체로 되어 있다.
④ 가스실 내에는 고압의 질소가스가 봉입되어 있다.

> [16-2 기출변형]
> 하나의 실린더 내에 프리 피스톤을 설치하여 피스톤에 의해 오일실과 가스실로 분리된 형태이다.

36 주행 중 유압식 파워스티어링 휠의 작동이 무거운 원인으로 틀린 것은?

① 오일펌프의 압력 부족
② 펌프 구동벨트 장력이 과다
③ 컨트롤 밸브의 고착
④ 기어박스의 손상

> 펌프 구동벨트 장력이 약해지면 동력전달이 불량해지므로 무거워지나 장력 과다는 동력전달에는 이상없으나 베어링 손상을 유발시킨다.

37 유압식 전자제어 조향장치의 점검항목이 아닌 것은?

① 전기 모터
② 유량제어 솔레노이드 밸브
③ 차속 센서
④ 스로틀 위치 센서

> 유압식 EPS의 주요 구성품 : 차속센서, 스로틀포지션센서, 조향각센서, 유량제어 솔레노이드 밸브, 전자제어 컨트롤 유닛

정답 **30** ① **31** ② **32** ③ **33** ③ **34** ① **35** ③ **36** ② **37** ①

38 전자제어 현가장치(ECS) 시스템의 센서와 제어기능의 연결로 틀린 것은?

① 앤티 다이브 제어 - 조향각 센서
② 앤티 피칭 제어 - 상하가속도 센서
③ 앤타 바운싱 제어 - 상하가속도 센서
④ 앤티 롤링 제어 - 조향각 센서

[13-1기출] 앤티 다이브 제어는 제동 시 노즈 다운 현상(앞쪽이 낮아지는 현상)을 제어하는 것으로, 입력으로는 브레이크 스위치와 차속센서가 있다. 조향각센서는 앤티 롤 제어에 사용된다.

39 자동차의 축거가 2.4m, 좌회전 시 조향각이 내측 50°, 바깥쪽 45°이다. 이 자동차의 최소회전반경(m)은 약 얼마인가? (단, 바퀴의 접지면 중심과 킹핀과의 거리는 20cm이다)

① 3.0　　② 3.3　　③ 3.6　　④ 4.0

[14-3, 13-1, 11-1, 19-2 기출]

최소회전반경 $R = \dfrac{L}{sin\alpha} + r$

$= \dfrac{2.4}{sin45} + 0.2 ≒ 3.6[m]$

• L : 축거
• α : 전륜 바깥쪽 바퀴의 조향각
• r : 타이어 중심선에서 킹핀 중심선까지의 거리

40 유압식 쇽업소버의 종류가 아닌 것은?

① 텔레스코핑식
② 드가르봉식
③ 벨로우즈식
④ 레버형 피스톤식

유압식 쇽업소버의 종류 : 텔레스코핑식, 드가르봉식, 레버형 피스톤식

03	자동차 전기·전자

41 자동차규칙상 저소음자동차 경고음 발생장치 설치 기준에 대한 설명으로 틀린 것은?

① 하이브리드자동차, 전기자동차, 연료전지자동차 등 동력발생장치가 내연기관인 자동차에 설치하여야 한다.
② 전진 주행 시 발생되는 전체음의 크기를 75데시벨(dB)을 초과하지 않아야 한다.
③ 운전자가 경고음 발생을 중단시킬 수 있는 장치를 설치하여서는 아니된다.
④ 최소한 매시 20킬로미터 이하의 주행상태에서 경고음을 내야 한다.

하이브리드자동차, 전기자동차, 연료전지자동차 등 동력발생장치가 전동기인 자동차(저소음자동차)에는 경고음발생장치를 설치하여야 한다.

42 주행안전장치 적용 차량의 전면 라디에이터 그릴 중앙부 또는 범퍼 하단에 장착되어 선행 차량들의 정보를 수집하는 모듈은?

① 레이더(Radar) 모듈
② 전자식 차량 자세제어(ESC) 모듈
③ 파워트레인 컨트롤 모듈(PCM)
④ 전자식 파킹 브레이크(EPB) 모듈

43 스마트 키 시스템이 적용된 차량에서 사용자가 접근할 때 기본 동작으로 옳은 것은?

① 언록 버튼 조작 시 인증된 스마트 키로 확인되면 록 명령을 출력한다.
② 스마트 키가 안테나 신호를 수신하면 인증정보를 엔진 ECU로 송신한다.
③ 송신기(LF)는 송신된 신호를 스마트 정션박스로 전송한다.
④ 스마트 키 ECU는 정기적으로 발신 안테나를 구동하여 스마트 키를 찾는다.

① 언록 버튼 조작 시 인증정보가 맞으면 언록 명령을 출력한다.
② 스마트 키가 안테나 신호(LF)를 수신하면 인증정보를 스마트 키 ECU로 송신한다.
③ 송신기(LF)는 송신된 신호를 스마트키로 전송한다.

※ 도어 언록 과정
㉠ 스마트 키를 소지하고, 도어핸들을 누름
㉡ 스마트키 유닛은 도어핸들 안테나를 통해 스마트키를 찾음(LF 송신)
㉢ FOB 키는 자기정보(인증정보)를 도어핸들 내의 RF 수신기를 통해 스마트키 유닛에 응답신호를 전송
㉣ 스마트키 유닛은 인증 확인 후 CAN 통신을 통해 BCM에 도어 언록 명령을 내림
㉤ BCM은 도어 해제 명령을 수행
　- 스마트키 유닛은 정기적으로 발신 안테나(LF)를 구동하여 스마트 키를 찾는다. (도어 핸들에서 0.7~1m 내 FOB 키를 확인)

44 0°F(영하 17.7℃)에서 300A 전류로 방전하여 셀당 기전력이 1V 전압강하 하는데 소요된 시간으로 표시되는 축전지 용량 표기법은?

① 냉간율
② 25 암페어율
③ 20 전압율
④ 20 시간율

[10-3 기출] **배터리 용량 표시방법**
• 냉간율 : -17.7℃(0°F)에서 300A로 방전하여 1셀 당 전압이 1V 강하하기까지 소요 시간을 표시
• 20 시간율 : 셀 전압이 1.75V로 떨어지기 전에 27℃에서 20시간 동안 공급할 수 있는 전류의 양을 측정하는 배터리율
• 25 암페어율 : 26.6℃(80°F)에서 일정 방전 전류(25A)로 방전하여 셀당 전압이 1.75V에 이를 때까지의 방전하는 것을 측정 → 발전기 고장 시 부하에 전류를 공급하기 위한 축전지 능력을 표시

45 자동차 검사를 위한 기준 및 방법으로 틀린 것은?

① 자동차의 검사항목 중 제원측정은 공차상태에서 시행한다.
② 긴급자동차는 승차인원 없는 공차상태에서만 검사를 시행해야 한다.
③ 제원측정 이외의 검사항목은 공차상태에서 운전자 1인이 승차하여 측정한다.
④ 자동차 검사기준 및 방법에 따라 검사기기·관능 또는 서류확인 등을 시행한다.

> [19–2 기출] 긴급자동차 등 부득이한 사유가 있는 경우에는 적차(積車)상태에서 검사를 시행할 수 있다.

46 자동차 전장부품의 제어방법 중 중앙제어 방식과 비교했을 때 LAN(Local Area Network) 시스템의 특징이 아닌 것은?

① 전장부품의 설치장소 확보가 용이
② 설계 변경의 어려움
③ 배선의 경량화
④ 장치의 신뢰성 및 정비성 향상

47 주행안전장치에 적용되는 레이더 센서의 보정이 필요한 경우가 아닌 것은?

① 주행 중 전방 차량을 인식하는 경우
② 접속사고로 센서 부위에 충격을 받은 경우
③ Radar sensor를 교환한 경우
④ Steering Angle sensor의 교환 및 영점 조정 후

48 IPS(Intelligent Power Switching device)의 장점에 대한 설명으로 틀린 것은?

① 회로의 단순화 : 소형의 퓨즈와 릴레이를 별개로 사용하여 회로가 단순
② 상품성 향상 : 서지전압에 대한 손상이 없어 내구성이 우수
③ 공간성 확보 : 릴레이 대비 크기가 감소되어 공간 효율성이 향상
④ 고장진단 기능 : 회로에 과전류가 흐를 때 이를 감지·기록

> IPS(고성능 반도체 스위치)는 기존의 퓨즈나 릴레이를 IC 소자로 대체한 전원 컨트롤러 장치이므로 서지전압에 의한 손상이 없어 내구성이 우수하며, 소형화가 가능하다. (퓨즈나 릴레이가 아님)

49 이모빌라이저 시스템에 대한 설명으로 틀린 것은?

① 키 등록(이모빌라이저 등록)을 해야만 시동을 걸 수 있다.
② 자동차의 도난을 방지할 수 있다.
③ 차량에 등록된 인증키가 아니어도 점화 및 연료공급이 가능하다.
④ 차량에 입력된 암호와 트랜스폰더에 입력된 암호가 일치하여야 한다.

50 주행보조시스템(ADAS)의 카메라 및 레이더 교환에 대한 설명으로 틀린 것은?

① 자동보정이 되므로 보정작업이 필요 없다.
② 후측방 레이더 교환 후 레이더 보정을 해야 한다.
③ 전방 레이터 교환 후 카메라 보정을 해야 한다.
④ 전방 레이터 교환 후 수평보정 및 수직보정을 해야 한다.

> 카메라는 자동보정이 있으나 레이더는 보정 레이저, 반사판(리플렉터), 수직/수평계(버블미터)를 이용하여 보정한다.

51 부특성 서미스터(NTC)를 적용한 냉각수 온도센서는 온도 상승에 따라 저항값이 어떻게 되는가?

① 상승한다.
② 감소한다.
③ 변함이 없다.
④ 상승 후 감소한다.

52 그림과 같은 회로에서 스위치가 OFF되어 있는 상태로 커넥터가 단선되었다. 이 회로를 테스트 램프로 점검하였을 때 테스트 램프의 점등상태로 옳은 것은?

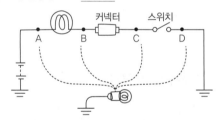

① A : OFF, B : OFF, C : OFF, D : OFF
② A : ON, B : OFF, C : OFF, D : OFF
③ A : ON, B : ON, C : OFF, D : OFF
④ A : ON, B : ON, C : ON, D : OFF

> 먼저 스위치 조작과 관계없이 커넥터가 단선되었으므로 배터리 ⊕전원 공급이 차단되어 C, D는 OFF이다. 그리고 A, B는 아래 그림과 같이 표현되며 모두 ON이 된다.

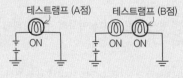

53 교류전류를 아래 그림과 같이 변환시키는 회로를 무엇이라 하는가?

① 전파정류회로
② 반파정류회로
③ 교활회로
④ 평활회로

54 자동긴급제동장치(AEB) 작동 시 감속도 1g란 어떠한 상황인가?

① 초당 약 15km/h의 속도변화로 35km/h의 속도로 주행 중인 차량이 급제동을 실시해 1초 후 0km/h가 될 정도의 감속도
② 초당 약 35km/h의 속도변화로 15km/h의 속도로 주행 중인 차량이 급제동을 실시해 1초 후 0km/h가 될 정도의 감속도
③ 초당 약 35km/h의 속도변화로 35km/h의 속도로 주행 중인 차량이 급제동을 실시해 1초 후 0km/h가 될 정도의 감속도
④ 초당 약 45km/h의 속도변화로 45km/h의 속도로 주행 중인 차량이 급제동을 실시해 1초 후 0km/h가 될 정도의 감속도

1G란 $9.8m/s^2$(중력가속도)의 크기로 표시하며, 1초당 약 35 km/h (= 35/3.6 = 9.72 [m/s] ≒ 9.8 [m/s])의 속도 변화율과 같다. 따라서, 35km/h로 주행 중이라면 1초 후 정지(0km/h)할 때 운전자는 1g의 감속도를 경험하게 된다.

55 자동차에 사용되는 통신에서 프로토콜에 따른 기준전압으로 옳은 것은?

① K–line : 5V
② LIN : 5V
③ HS CAN(500kps) : 2.5V
④ KW2000 : 5V

• K–line, LIN, KW2000 : 12V   • HS CAN(500kps) : 2.5V

56 점화플러그에 대한 설명으로 옳은 것은?

① 전극의 온도가 높을수록 카본퇴적 현상이 발생된다.
② 전극의 온도가 낮을수록 조기점화 현상이 발생된다.
③ 에어갭(간극)이 규정보다 클수록 불꽃 방전시간이 짧아진다.
④ 에어갭(간극)이 규정보다 클수록 불꽃 방전 시간이 높아진다.

[20–3 기출]
• 에어갭은 불꽃방전시간에 반비례하며, 전압에 비례한다.
• 전극 온도가 높으면 정상점화 전에 조기점화 현상이 발생되며, 너무 낮으면 카본이 부착되어 실화가 일어난다.

57 지르코니아 타입의 산소센서는 혼합기가 농후할 때 출력전압은?

① 0.5V에 가까워진다.   ② 변화가 없다.
③ 1V에 가까워진다.   ④ 0V에 가까워진다.

[21–1 기출]
• 지르코니아 방식   : 0V (희박) ~ 1V (농후)
• 티타니아 방식   : 0V (농후) ~ 5V (희박)

58 그림과 같은 회로의 파형은 어떻게 출력되는가?

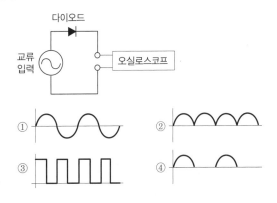

교류전원을 직류 관점에서 보면 ⊕, ⊖ 전원이 수시로 바뀌어 회로에 인가되어 양 전압과 음 전압을 반복하여 흐르는 파형이다. 이 때 다이오드를 부착하면 양 전압 또는 음의 전압 파형만 흐르는 반파정류가 된다.

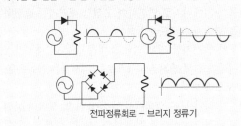

전파정류회로 – 브리지 정류기

① 사인파(정상) ③ 펄스파형

59 아래 조건에 해당하는 통신시스템은?

─[보기]─
• 통신속도 : 약 500 bit/s (최대 1 Mbit/s)
• 기준전압 : 약 2.5 V

① K–Line   ② 저속 CAN
③ 고속 CAN   ④ LIN

• K–line, LIN, KW2000 : 12V   • HS CAN(500kps) : 2.5V

60 자동차 네트워크 계통도(C-CAN) 와이어 결선 및 제어기 배열 과정에 대한 설명으로 **틀린** 것은?

① 제어기 위치와 배열 순서를 종합해 차량에서의 C-CAN와이어 결선을 완성한다.
② 각 조인트 커넥터 및 연결 커넥터의 위치를 확인한 후 표시한다.
③ 주선과 연결된 제어기를 조인트 커넥터 중심으로 표현한다.
④ PCM(종단저항)에서 출발해 ECM(종단저항)까지 주선의 흐름을 완성한다.

C-CAN의 주선은 PCM(ECM)에서 출발해 클러스터(계기판)로 끝난다. 주선은 하나의 선이 아니라 정비 및 점검 기준을 위해 중간에 여러 개의 조인트 커넥터가 설치되어 있다.

04 친환경자동차

61 HV 자동차의 주행상태 모드에 대한 내용으로 **틀린** 것은?

① 고전압 배터리를 포함한 모든 전기 동력 시스템이 정상일 경우 모터를 이용한 엔진 시동을 제어하는 기능을 시동 모드라 한다.
② 감속이나 제동 시 모터의 발전 기능을 통해 차량의 운동에너지를 전기에너지로 변환하여 고전압 배터리를 충전하는 기능을 회생제동 모드라 한다.
③ 자동차가 정지할 경우 연료 소비를 줄이고, 배기가스를 저감시키기 위해 엔진을 자동으로 정지시키는 기능을 오토 스톱 모드라 한다.
④ 엔진 부하가 낮은 영역에서 엔진 출력 및 모터의 동력 보조으로 운전하는 상태를 정속 주행 모드라 한다.

정속 주행 모드 : 정속 주행과 같이 엔진 부하가 낮은 영역에서는 엔진 출력만으로 효율적인 운전이 가능하기 때문에 모터를 이용한 동력보조는 이루어지지 않는다.
※ 오톱 스톱 = 아이들 스탑(idle stop)

62 전기자동차 또는 하이브리드 자동차의 구동 모터 역할로 **틀린** 것은?

① 고전압 배터리의 전기에너지를 이용하여 주행
② 모터 감속 시 구동모터를 직류에서 교류로 변환시켜 충전
③ 감속기를 통해 토크 증대
④ 후진 시에는 모터를 역회전하여 구동

모터 감속 시 회생제동에 의해 구동모터에서 발생된 AC에서 DC로 변환시켜 충전한다.

63 전기자동차의 히트펌프 시스템 구성부품으로 **틀린** 것은?

① 냉매 온도 센서
② 팽창밸브
③ 4-way 밸브
④ 전자워터펌프(EWP)

전기차 히트펌프 시스템의 기본 구조는 일반 에어컨과 동일하나 냉난방 모드에 따라 실내·외 콘덴서에서 증발과 응축 역할이 바뀐다.
• 냉매 온도 센서 : 외부 온도 및 습도로 인한 콘덴서 결빙 방지를 위해 콘덴서 토출구 냉매 온도 감지 또는 컴프레서와 실내 콘덴서 사이의 고압 측 냉매의 이상 고온을 감지(시스템 보호)
• 4-way 밸브(또는 3-way 밸브) : 압축기에서 토출된 냉매의 흐름을 바꿔 단일장치에서 냉/난방 모드를 변환시켜 준다.
• 칠러(Chiller) : 전장부품의 냉각을 목적으로 배터리·모터·인버터의 전장 폐열을 저온의 냉매와 열교환 한다.
※ EWP는 ODC/LDC/MCU/모터 등 전장 및 배터리의 냉각 시스템에 해당한다.

64 전동식 컴프레셔 인버터의 점검 요소로 **틀린** 것은?

① 저전압 핀의 저항 점검
② 컴프레셔와 절연 저항 점검
③ 고전압 핀의 저항 점검
④ U-V-W상 저항 점검

[NCS 학습모듈 – 전기자동차 특화시스템정비 36~39p]
전동식 컴프레셔 인버터 : 고전압 핀 저항, 저전압 핀 저항, 저전압 핀의 CAN 라인(high/low) 저항, CAN-GND 저항, 인터록(high/low) 저항, 컴프레셔와 인버터 절연저항
※ ④는 모터의 선간 저항 점검에 해당

65 전기자동차에서 감속기의 기능이 **아닌** 것은?

① 파킹   ② 토크 증대
③ 회생제동   ④ 차동

감속기의 기능 : 파킹, 토크 증대, 차동

66 하이브리드 자동차에 사용하는 고전압(니켈 이온 폴리머) 배터리가 72셀일 때 배터리 전압은 약 얼마인가?

① 144 V   ② 240 V
③ 270 V   ④ 360 V

리튬이온 폴리머(Li-Pb) 배터리의 셀 전압은 DC 3.75V이므로 3.75×72 = 270 [V]

정답 **60** ④ **61** ④ **62** ② **63** ④ **64** ④ **65** ③ **66** ③

67 수소연료전지 자동차의 흡입 공기량이 현저히 낮을 때 원인으로 거리가 먼 것은?

① 공기 압축기 및 블로어파워 제어 유닛(BPCU) 불량

② 운전압력조절장치의 동결

③ 보조 배터리의 용량 부족

④ 공기유량센서 불량

> **흡입공기유량이 현저히 낮을 경우**　　　　　　[응용문제]
> • 공기 압축기 및 블로어 파워 컨트롤 유닛 불량
> • 운전압력조절장치의 동결 또는 막힘
> • 공기 통로에서의 공기 누출되거나 공기 통로가 막힘
> • 공기유량 센서 불량
>
> ※ 공기압축기는 보조배터리 전원이 아니라 고전압을 공급받아 BCPU의 내부 인버터를 거쳐 공급받는다.

68 저속 전기자동차 에너지 소비효율 라벨에 표시되는 항목으로 옳은 것은?

① 고속도로 주행 에너지 소비효율

② CO_2 배출량

③ 복합 에너지 소비효율

④ 도심주행 에너지소비효율

> 자동차의 에너지소비효율 및 등급의 표시방법(라벨)

구분	표시항목
• 경형 자동차 • 승용, 승합 및 화물자동차 　(등급이 표시됨) • 하이브리드자동차	• 복합 • CO_2 • 도심 및 고속도로 주행 연비
• 저속 전기자동차	• 도심 주행 연비 • 1회 충전주행거리
• 고속(일반) 전기자동차	• 복합 • 1회 충전주행거리 • 도심 및 고속도로 주행 연비
• 플러그인 하이브리드자동차	• 전기 • 휘발유 • 1회 충전주행거리 • CO_2
• 수소자동차	• 복합 • CO_2 • 도심 및 고속도로 주행 연비

69 고전압배터리 팩 어셈블리 절연저항 점검에 적합한 장비는?

① 멀티 테스터　　　　② 오실로스코프

③ 메가옴 테스터　　　④ 통전 시험기

> 절연저항은 메가옴 테스터로 점검한다.

70 전기자동차의 안전플러그를 제거하고 남아있는 전압을 점검해야 하는 부품은?

① 차량 컨트롤 제어기　② 구동 모터

③ 보조 배터리　　　　④ 인버터 내부 커패시터

> 고전압 부품 취급 시 안전플러그를 제거하고 약 5분 경과 후 실시하는데 이는 인버터 내부 커패시터의 축적된 전하의 방전을 위함이다.

71 수소연료전지자동차의 수소충전에 대한 설명으로 틀린 것은?

① 충전소의 수소압력이 자동차의 수소탱크 압력보다 높을 시 탱크에 부착된 솔레노이드 밸브 내부의 체크밸브를 밀어 충전이 시작된다.

② 수소충전 후 자동차의 수소탱크가 규정 온도를 넘지 않도록 충전속도를 제어한다.

③ 자동차의 수소탱크에 저장되는 최대압력은 충전기 압력에 따라 달라질 수 있다.

④ 자동차와 충전기는 CAN 통신을 사용하여 수소탱크의 온도 및 압력을 실시간으로 공유한다.

> ①, ③ 수소탱크의 최대압력은 충전소 조건에 따라 달라질 수 있지만, 875bar로 설정하여 솔레노이드 밸브 내부의 체크밸브 플런저를 밀어 연료통로를 개방시켜 고압가스를 탱크에 충전한다.
> ② 수소충전 시 수소가스의 압축으로 인해 발생되는 열로 인해 탱크온도가 상승하므로 충전소는 탱크내부가 85℃를 초과하지 않도록 수소저장시스템의 온도와 압력을 측정하여 충전구(리셉터클)의 IR 이미터에 의해 적외선 통신을 하여 충전속도를 제어한다.

72 고전압 배터리 제어장치의 구성요소가 아닌 것은?

① 냉각 덕트

② 고전압 직류 변환장치

③ 배터리 전류 센서

④ 배터리 관리 시스템(BMS)

> 고전압 배터리 제어장치의 구성 : PRA(메인 릴레이, 프리챠저 릴레이 및 저항, 전류센서 등), BMS, 냉각팬, 냉각 덕트, 인슐레이터
>
> ※ 고전압 직류 변환장치(High voltage DC–DC Converter)는 배터리와 인버터 사이에 위치하며, 모터의 출력증대를 위해 고전압 배터리의 직류 전원을 승압하여 MCU(인버터)에 전달하는 전력변환제어기에 해당한다.

73 교류회로에서 유도저항을 R, 리액턴스를 X라고 할 때 임피던스(Z)를 나타내는 식은?

① $Z = \sqrt{R^2 + X^2}$

② $Z = \sqrt{R^2 + X}$

③ $Z = \sqrt{R + X^2}$

④ $Z = \sqrt{R + X}$

3장 발전기 참조

74 전기자동차 구동모터의 점검 방법으로 <u>틀린 것</u>은?

① 멀티미터를 사용하여 구동모터의 U, V, W선의 선간 저항을 점검한다.

② 절연저항 시험기를 사용하여 모터 하우징과 U, V, W선의 절연저항을 점검한다.

③ 내전압 시험기를 사용하여 누설전류를 점검한다.

④ 전류계를 사용하여 U-V-W 선간의 작동전류를 점검한다.

[NCS 학습모듈 – 전기자동차 특화시스템정비 79~80p]
• 모터 선간 저항 – 멀티미터를 이용하여 각 선간(U, V, W)의 저항을 점검
• 모터 절연 저항 – 절연저항 시험기를 이용하여 모터 하우징과 U, V, W 선의 저항 점검
• 절연 내력 – 내전압 시험기의 이용하여 누설 전류 점검
※ 내전압(耐電壓) 시험 : 전기적으로 접촉되어 있지 않은 두 개의 도체 사이에 얼마나 높은 전압을 인가해도 견뎌낼 수 있는가를 시험으로 누설전류를 점검하여 규정치 이상이면 불량으로 판단한다. (절연여부 검사)

75 자동차규칙에서 정의한 고전압전기장치의 직류 작동전압 기준으로 옳은 것은?

① 100V 초과 200 V 이하

② 80V 초과 2000 V 이하

③ 60V 초과 1500 V 이하

④ 30V 초과 1000 V 이하

고전원전기장치
• 직류 : 60V 초과 1,500V 이하
• 교류(실효치) : 30V 초과 1,000V 이하

76 연료전지 자동차에서 연료전지 스택의 생성 전압이 400V이고, 전류가 100A 일 때 출력(kW)은?

① 20　　② 40　　③ 80　　④ 160

[난이도 하] $P = VI = 400 \times 100 = 40{,}000$ [W] = 40 [kW]

77 전기자동차 완속 충전기(OBC) 점검 시 확인 데이터가 <u>아닌</u> 것은?

① AC 입력 전압　　② OBC 출력 전압

③ 1차 스위치부 온도　　④ BMS 총 작동시간

완속 충전기(OBC)는 AC 220V를 고전압 DC 전압으로 변환(승압)하여 배터리를 충전하는 전력변환장치로 고전압배터리 시스템과는 무관하다.

78 PRA(Power Relay Assembly)에 대한 설명으로 <u>틀린 것</u>은?

① 고전압 릴레이의 출력순서는 프리차지 릴레이 → 메인 릴레이(-) → 메인 릴레이(+)이다.

② 프리차지(pre-charge) 릴레이는 고전압 입력으로 인한 돌입 전류를 방지하여 릴레이를 보호한다.

③ 프리차지 릴레이는 메인 릴레이(+)에만 병렬 연결되어 있다.

④ PRA OFF 시 메인 릴레이(+) OFF → 메인 릴레이(-) OFF 순이다.

PRA 작동 순서 : 메인 릴레이 ⊖ ON → 프리차지 릴레이 ON → 캐퍼시터 충전 → 메인 릴레이 ⊕ ON → 프리차지 릴레이 OFF
※ "메인 릴레이 ⊖ ON"은 전원만 인가된 상태이고, ⊕일 때 작동된다.

79 저전압 직류변환장치(LDC)에 대한 설명으로 <u>틀린 것</u>은?

① 보조배터리(12V)를 충전한다.

② 약 DC 360V 고전압을 약 DC 12V로 변환한다.

③ 저전압 전기장치 부품의 전원을 공급한다.

④ 전기자동차 가정용 충전기에 전원을 공급한다.

LDC(Low DC–DC 컨버터)는 고전압 DC을 저전압 DC으로 변환하여 보조배터리를 충전한다. ④는 완속충전에 관한 설명이다.

80 하드 타입의 하이브리드 자동차에서 EV 주행 시 고전압 DC 전압을 AC 전압으로 변환시키고, 회생제동 시 HEV모터에 의한 AC 발전전압을 DC로 변환시켜 충전하게 하는 장치는?

① 인버터

② Low DC–DC 컨버터

③ 고전압 배터리 제어모듈(BMS)

④ Low AC–AC 인버터

HEV(EV) 차량의 인버터는 고전압 배터리 충전(AC→DC) 기능과 전기모터 구동 기능(DC→AC)을 한다.

CBT 실전모의고사 5회

01 자동차 엔진

1 가솔린기관에서 압축비가 12일 경우 열효율(η_o)은 약 몇 % 인가? (단, 비열비(k) = 1.4이다.)

① 54 　　　　　　② 60
③ 63 　　　　　　④ 65

정적사이클의 이론 열효율 $\eta_o = (1-(\frac{1}{\varepsilon})^{k-1}) \times 100\%$
(ε : 압축비, k : 비열비)
$\eta_o = (1-(\frac{1}{12})^{1.4-1}) \times 100\% = (1-(0.08)^{0.4}) \times 100\%$
$= (1-0.364) \times 100\% = 63.6\%$

2 운행차의 배출가스 정기검사의 배출가스 및 공기과잉률(λ) 검사에서 측정기의 최종측정치를 읽는 방법에 대한 설명으로 틀린 것은? (단, 저속공회전 검사모드이다)

① 측정치가 불안정할 경우에는 5초간의 평균치로 읽는다.
② 공기과잉률은 소수점 셋째자리에서 0.001 단위로 읽는다.
③ 탄화수소는 소수점 첫째자리 이하는 버리고 1ppm 단위로 읽는다.
④ 일산화탄소는 소수점 둘째자리 이하는 버리고 0.1% 단위로 읽는다.

배출가스 및 공기과잉률 검사 　　　　　[18-1 기출]
측정기 지시가 안정된 후 일산화탄소는 소수점 둘째자리 이하는 버리고 0.1% 단위로, 탄화수소는 소수점 첫째자리 이하는 버리고 1ppm단위로, 공기과잉률(λ)은 소수점 둘째자리에서 0.01단위로 최종측정치를 읽는다. 다만, 측정치가 불안정할 경우에는 5초간의 평균치로 읽는다.

3 LP가스를 사용하는 자동차의 봄베에 부착되지 않는 것은?

① 송출밸브 　　　② 메인 듀티 솔레노이드 밸브
③ 안전밸브 　　　④ 충전밸브

[18-2 기출] 봄베에는 충전밸브, 송출밸브, 안전밸브, 체크밸브, 긴급차단 솔레노이드 밸브 등이 부착되어 있다.
※ 메인 듀티 솔레노이드 밸브 : 믹서에 부착

4 과급장치의 VGT 솔레노이드 밸브 점검에 대한 설명으로 틀린 것은?

① 엔진시동을 걸고 정상온도까지 워밍업한다.
② 가속 시 'VGT 솔레노이드 밸브 작동 듀티값은 감소하고, 부스트 압력(boost pressure)값도 감소한다.
③ 스캐너의 센서 데이터 모드에서 'VGT 액추에이터'와 '부스트 압력센서' 작동상태를 점검한다.
④ 전기장치 및 에어컨을 OFF한다.

[NCS 학습모듈] 가속 시 'VGT 솔레노이드 밸브 작동 듀티값은 감소하고, 부스트 압력값은 증가한다.

5 전자제어 디젤장치의 레일 압력 조절밸브에 대한 설명으로 틀린 것은?

① 냉각수 온도, 배터리 전압, 흡입 공기 온도에 따른 보정을 한다.
② 연료 온도가 높을 경우에는 연료 온도를 제한하기 위해 압력을 특정 작동점 수준으로 낮추기도 한다.
③ 커먼레일 입구 또는 출구에 장착하며, 입구/출구 동시에 장착하기도 한다.
④ 연료 압력 조절 솔레노이드 밸브는 NC(normal close) 형식으로 전기가 공급될 때 열린다.

연료 압력 조절 솔레노이드 밸브는 NO (normal open) 형식으로 평상시 열린 상태이고, 레일 압력이 과도할 때 전원이 인가되어(듀티율이 높아짐) 통로를 닫는 구조이다.

6 가솔린 자동차에 장착된 삼원촉매에 대한 설명으로 틀린 것은?

① 삼원촉매 전후에 사용되는 산소센서는 대부분 바이너리(binary) 방식을 채택한다.
② HC, CO, NOx를 정화한다.
③ OBD-II의 중요한 진단 항목으로 규정된다.
④ 삼원촉매의 후단 산소센서 전압이 0~0.5 V 사이에서 변화가 없으면 촉매의 정화작용이 정상이라고 판단된다.

삼원촉매 후단에 장착된 산소센서는 촉매의 정상여부를 판단하는 용도로 사용된다. 즉, 정상 상태에서는 촉매 내에 CO, HC의 산화 작용으로 산소가 부족해지므로 0.6~ 0.7V 부근(농후)의 일정한 파형을 나타낸다.

정답 1③ 2② 3② 4② 5④ 6④

7 크랭킹(크랭크축은 회전)은 가능하나 기관이 시동되지 않는 원인으로 틀린 것은?

① 점화장치 불량   ② 알터네이터 불량

③ 메인 릴레이 불량   ④ 연료펌프 작동 불량

> [17-1 기출] 발전기가 불량하면 배터리 전압 부족으로 크랭킹이 불가능하다.
> ※ 인히비터가 불량하면 크랭킹 및 시동 모두 되지 않는다. (인히비터는 구조상 시동전동기와 직렬 연결되어 있으므로) 또한, 메인 릴레이는 시동에 관련된 연료펌프, ECU, 인젝터의 작동을 제어하는 장치이다.

8 전자제어 커먼레일 디젤엔진의 공기조절 밸브(air control valve)의 제어가 아닌 것은?

① 시동 정지 시 흡입 통로를 차단한다.

② 스로틀 밸브의 역할을 한다.

③ EGR 제어를 정확히 한다.

④ 후처리장치 재생 시 배기가스 상승을 위해 작동한다.

> [응용문제] ACV는 스로틀 플랩이라고도 하며 ①, ③, ④의 역할을 한다.
> ※ 디젤엔진은 스로틀 밸브를 사용하지 않는다. 흡입공기량에 따라 출력을 제어하는 가솔린 엔진과 달리 디젤엔진은 연료 분사량에 맞춰 출력을 제어하기 때문이다.

9 다음 중 터보차저 성능 저하의 원인과 가장 거리가 먼 것은?

① 엔진오일 압력이 낮을 경우

② 인터쿨러 호스와 파이프가 손상될 경우

③ 에어클리너 필터가 젖거나 오염된 경우

④ 산소센서가 불량일 경우

> [NCS 학습모듈 – 과급장치 정비]
> ① 오일 압력이 낮으면 과급장치에 공급되는 오일양이 감소됨으로써 윤활 작용 및 냉각작용 저하로 과급장치의 축 베어링이 소착될 수 있다.
> ② 인터쿨러 호스와 파이프가 손상되었거나 제대로 연결되어 있지 않으면 압축 공기가 누출됨으로써 과급장치의 허용속도가 초과되어 과급장치가 손상되거나 엔진 출력이 떨어진다.
> ③ 에어클리너 필터가 젖거나 오염된 경우 또는 비순정품을 사용했을 경우 과급장치로 가는 공기량이 줄고 과급장치 전단부의 압력이 낮아져 과급장치가 손상되거나 누유가 발생할 수 있다.

10 디젤엔진의 연료분사량을 측정하였더니 최대분사량이 25cc이고, 최소분사량이 23cc, 평균 분사량이 24cc이다. 분사량의 (+)불균율은?

① 약 2.1%   ② 약 4.2%

③ 약 8.3%   ④ 약 8.7%

> [17-1] $(+) \text{ 불균율} = \dfrac{\text{최대 분사량} - \text{평균분사량}}{\text{평균분사량}} \times 100 = \dfrac{25-24}{24} \times 100\%$
> $= 4.16\%$

11 고도가 높은 지역에서 대기압 센서를 이용한 연료량 제어방법으로 옳은 것은?

① 연료 보정량 증량   ② 기본 분사량 감량

③ 기본 분사량 증량   ④ 연료 보정량 감량

12 커먼레일 디젤엔진에서 연료압력조절밸브의 장착 위치는? (단, 입구 제어 방식)?

① 고압펌프와 인젝터 사이

② 저압펌프와 인젝터 사이

③ 저압펌프와 고압펌프 사이

④ 연료필터와 저압펌프 사이

> [19-1 기출] 입구 제어 방식은 압력조절밸브가 저압펌프와 고압펌프 사이에 위치하여 저압측(1차압력)의 연료분사 압력을 제어한다.

13 실린더 압축압력시험에 대한 설명으로 틀린 것은?

① 압축압력시험은 엔진을 크랭킹하면서 측정한다.

② 습식시험은 실린더에 엔진오일을 넣은 후 측정한다.

③ 건식시험에서 실린더 압축압력이 규정값보다 낮게 측정되면 습식시험을 실시한다.

④ 습식시험 결과 압축압력의 변화가 없으면 실린더 벽 및 피스톤 링의 마멸로 판정할 수 있다.

> **압축압력 시험결과**   [17-1 기출]
> 1. 정상압축 압력 : 규정값의 70%~100%, 각 실린더간 차이가 10% 이내
> 2. 규정값 이상 : 규정값의 10% 이상 (연소실 내의 카본)
> 3. 밸브 불량 : 규정값보다 낮으며 습식시험을 하여도 압축압력이 상승하지 않음 (70% 이하)
> 4. 실린더 벽, 피스톤 링 마멸 : 계속되는 행정에서 조금씩 압력이 상승하며, 습식시험에서는 뚜렷하게 상승 (70% 이하)
> 5. 헤드 개스킷 불량, 실린더 헤드 변형 : 인접한 실린더의 압축 압력이 비슷하게 낮으며, 습식 시험을 하여도 압력이 상승하지 않는다. (70% 이하)
> ※ 습식시험 : 밸브, 실린더 벽, 피스톤 링, 헤드 개스킷 불량 등의 상태를 판정하기 위하여 점화플러그 구멍으로 엔진오일을 약 10cc 정도 넣고 1분 후에 재시험하는 것

14 대기환경보전법령상 자동차연료 첨가제의 종류가 아닌 것은?

① 다목적 첨가제   ② 유막 형성제

③ 세척제   ④ 청정 분산제

> **자동차연료 첨가제**
> • 자동차 성능 향상 및 배출가스 감소 목적으로 탄소와 수소만으로 구성된 물질을 제외한 화학물질로, 자동차의 연료에 부피 또는 무게 기준으로 1% 미만의 비율로 첨가하는 물질
> • 첨가제의 종류 : 세척제, 청정분산제, 매연억제제, 다목적첨가제, 옥탄가향상제, 세탄가향상제, 유동성향상제 등

정답   **7** ②   **8** ②   **9** ④   **10** ②   **11** ④   **12** ③   **13** ④   **14** ②

15 엔진오일의 분류 방법 중 점도에 따른 분류는?

① SAE 분류   ② API 분류
③ MPI 분류   ④ ASE 분류

16 커먼레일 엔진의 예비분사가 중단되는 조건이 아닌 것은?

① 예비분사가 주 분사를 너무 앞지를 때
② 분사량이 너무 적거나 주 분사량이 불충분할 때
③ 엔진 회전 속도가 3000rpm 이상일 때
④ 배기가스 재순환(EGR) 관련 계통이 고장일 때

• 예비 분사의 중단 조건 : ①,②,③ 외에 연료압력이 최소값 이하일 때 등
• 사후 분사의 중단 조건 : 공기유량 센서 불량, 배기가스 재순환(EGR) 관련 계통이 고장일 때

17 다음 중 LPI(liquid petroleum injection) 엔진의 연료펌프 구성품이 아닌 것은?

① 매뉴얼 밸브   ② 기상/액상 솔레노이드 밸브
③ 릴리프 밸브   ④ 과류 방지 밸브

기상/액상 솔레노이드 밸브는 LPG 엔진의 봄베 내의 구성품이다.

18 다음은 배출가스 정밀검사에 관한 내용이다. 정밀검사모드로 맞는 것을 모두 고른 것은?

1. ASM2525 모드	2. KD147 모드
3. Lug Down 3 모드	4. CVS-75모드

① 1, 2   ② 1, 2, 3
③ 1, 3, 4   ④ 2, 3, 4

[15-2 기출]
1. ASM2525 모드 : 차대동력계상에서 25%의 도로부하로 40km/h의 속도로 일정하게 주행하면서 배출가스를 측정
2. KD147 모드 : Lug Down 3 모드를 대신해 중소형 경유차량에 적용
3. Lug Down 3 모드 : 차대동력계상에서 자동차의 가속페달을 최대로 밟은 상태에서 최대출력의 정격회전수에서 1모드, 엔진정격회전수의 90%에서 2모드, 엔진정격회전수의 80%에서 3모드로 주행하면서 매연농도, 엔진회전수, 엔진최대출력을 측정
4. CVS-75모드 : 연비측정 모드에 해당된다.

19 실린더 파워 밸런스 점검에 대한 설명에 해당하는 것은?

① 시험 게이지의 한쪽에는 컴프레셔로부터 압축공기를 연결한다.
② 시험 게이지를 점화플러그 구멍에 장착한다.
③ 시험하기 전에 모든 점화플러그를 제거한다.

④ 엔진 시동을 걸고 각 실린더의 점화플러그 배선을 하나씩 제거한다.

[NCS 학습모듈] 실린더 파워 밸런스 점검은 시동을 걸고 각 실린더의 점화플러그 배선을 하나씩 제거했을 때 엔진 회전수를 비교하며 각 실린더의 이상 여부를 판정한다.

20 운행차 정기검사에서 가솔린 승용자동차의 배출가스검사 결과 CO 측정값이 2.2%로 나온 경우, 검사 결과에 대한 판정으로 옳은 것은? (단, 2007년 11월에 제작된 차량이며, 무부하 검사방법으로 측정하였다.)

① 허용기준인 1.0%를 초과하였으므로 부적합
② 허용기준인 1.5%를 초과하였으므로 부적합
③ 허용기준인 2.5% 이하이므로 적합
④ 허용기준인 3.2% 이하이므로 적합

2006년 1월 1일 이후 가솔린 승용자동차의 배출가스 허용기준
• 일산화탄소 : 1.0% 이하
• 탄화수소 : 120ppm 이하
• 공기과잉률 : 1±0.1 이내

02 자동차 섀시

21 차체자세제어장치(VDC : vehicle dynamic control) 시스템에서 고장 발생 시 제어에 대한 설명으로 틀린 것은?

① 원칙적으로 ABS 시스템 고장시에는 VDC 시스템 제어를 금지한다.
② VDC 시스템 고장시에는 해당 시스템만 제어를 금지한다.
③ VDC 시스템 고장으로 솔레노이드 밸브 릴레이를 OFF시켜야 되는 경우에는 ABS의 페일 세이프에 준한다.
④ VDC 시스템 고장 시 자동변속기는 현재 변속단 보다 다운 변속된다.

[16-2 기출] VDC은 ABS, EBD, TCS를 포함한 자세제어 시스템으로, FTCS는 변속단을 고정시키는 기능이 있으며, 고장 시 변속단을 고정시킨다.

22 전자제어 조향장치 유압제어방식의 입력신호가 아닌 것은?

① 조향각   ② TPS
③ 차속   ④ 유량조절 솔레노이드 밸브

유량조절 솔레노이드 밸브는 ECU의 제어대상이다.

23 구동륜의 타이어 치수가 비정상일 때 나타날 수 있는 현상으로 가장 거리가 먼 것은?

① 변속기 소음
② 연비 변화
③ 차고 변화
④ 타이어 이상 마모

24 전자제어 제동장치의 점검 사항이 아닌 것은?

① 프로포셔닝 밸브
② ABS 휠 스피드 센서
③ 조향휠 각속도 센서
④ 브레이크 스위치

> 조향휠 각속도 센서는 전자제어 조향장치에 해당한다.
> ※ 프로포셔닝 밸브 : 휠 실린더에 오일 압력을 균일하게 공급하는 역할

25 전동식 전자제어 동력조향장치에 대한 설명으로 옳은 것은?

① 엔진의 동력을 이용하지 않지만 모터로 베인펌프를 회전시킨다.
② 모터 가격이 저렴하여 현재 모든 차량에 적용하고 있다.
③ 베인펌프를 사용하여 유압을 발생시킨다.
④ 모터를 사용하여 스티어링을 회전시키고 엔진동력을 사용하지 않으므로 연비가 좋다.

26 총중량 1200kgf, 전면 투영면적 1.4m²인 차량이 평탄한 포장도로를 100km/h 로 주행하고 있다면, 이 때 공기저항(kgf)는 약 얼마인가? (단, 공기저항계수는 0.025 이다)

① 15
② 18
③ 21
④ 27

> 공기저항 $R_a = \mu_a \times A \times V^2$ • μ_a : 공기저항계수
> $= 0.025 \times 1.4 \times (100/3.6)^2$ • A : 투영면적[m²]
> $= 27$ • V : 주행속도[m/s]

27 전자제어 현가장치 중 에어 쇽업소버로 차고를 높이는 방법으로 옳은 것은?

① 공기챔버의 체적과 쇽업소버의 길이를 증가시킨다.
② 앞뒤 솔레노이드 공기 밸브의 배기구를 개방시킨다.
③ 공기챔버의 체적과 쇽업쇼버의 길이를 감소시킨다.
④ 배기 솔레노이드 밸브를 작동시킨다.

> [18-1 기출]
> • 차고를 높일 때 : 공기챔버에 공기를 공급하여 체적과 쇽업소버의 길이를 증가시킨다.
> • 차고를 낮출 때 : 공기챔버의 공기를 방출하여 체적과 쇽업소버의 길이를 감소시킨다.

28 자동차검사기준 및 방법에 의해 공차상태에서만 시행하는 검사항목은?

① 제동력
② 제원 측정
③ 등화장치
④ 경음기

> 자동차의 검사항목 중 제원측정은 공차(空車)상태에서 시행하며 그 외의 항목은 공차상태에서 운전자 1명이 승차하여 시행한다. 다만, 긴급자동차 등 부득이한 사유가 있는 경우 또는 적재물의 중량이 차량중량의 20% 이내인 경우에는 적차(積車)상태에서 검사를 시행할 수 있다.

29 능동형 전자제어 현가장치의 주요 제어 기능이 아닌 것은?

① 차속제어
② 자세제어
③ 감쇠력 제어
④ 차고제어

> 차속은 입력신호로 사용되며, 제어대상이 아니다.

30 입출력 속도비 0.4, 토크비 2인 토크컨버터에서 펌프 토크가 8kgf·m일 때 터빈 토크(kgf·m)는?

① 2
② 4
③ 8
④ 16

> [기출] 토크비 $= \dfrac{\text{터빈 토크}}{\text{펌프 토크}}$, 터빈 토크 $= 2 \times 8 = 16$

31 차체의 롤링을 방지하기 위한 부품으로 옳은 것은?

① 스태빌라이저
② 컨트롤 암
③ 쇽업소버
④ 로어 암

> [17-1 기출] 스테빌라이저는 차체의 좌우 기울어짐을 방지한다.

32 무단변속기(CVT)의 장점으로 틀린 것은?

① 가속성능이 우수하다.
② 변속충격이 없다.
③ 연료소비율이 향상된다.
④ 연료소비량이 증가한다.

> [17-1 기출]
> 무단변속기의 장점 : 변속 충격 감소, 연료소비율 및 가속성능 향상 등

33 자동차의 바퀴가 동적 불균형 상태일 경우 발생할 수 있는 현상은?

① 트램핑
② 시미
③ 스탠딩 웨이브
④ 요잉

> [난이도 하, 기출중복] 동적 불균형 상태 → 시미

정답 ▶ 23 ①   24 ③   25 ④   26 ④   27 ①   28 ②   29 ①   30 ④   31 ①   32 ④   33 ②

34 사고 후에 측정한 제동궤적(skid mark)은 48 m이고, 사고 당시의 제동감속도는 6 m/s²이다. 이때 사고 당시의 주행속도는?

① 57.6 km/h

② 43.2 km/h

③ 84.4 km/h

④ 114 km/h

[15-1 기출] 등가속도 $2as = v^2 - v_0^2 = 0 - v_0^2$
(a : 가속도, s : 거리, v : 나중 속도, v_0 : 처음 속도)
$v_0 = \sqrt{2as} = \sqrt{2 \times 6 \times 48} = 24$ [m/s] $= 24 \times 3.6 = 86.4$[km/h]

35 자동변속기에서 토크컨버터의 불량이 발생했을 경우에 대한 설명으로 틀린 것은?

① 엔진 시동 및 가속이 불가능하다.

② 전·후진 작동이 불가능하다.

③ 댐퍼클러치가 작동하지 않는다.

④ 구동 출력이 떨어진다.

토크컨버터의 불량 시 전후진 이동 불가, 스톨 rpm 매우 낮음, 비정상적 출발 또는 출발 안됨, 변속시 과도한 충격 및 진동 등이 있다.
① 시동이 꺼질 수 있으나 엔진 시동이 불가능한 것은 아니다.
③ 댐퍼클러치의 비작동은 토크컨버터 또는 밸브바디 불량으로 발생할 수 있다.

36 자동차 및 자동차부품의 성능과 기준에 관한 규칙상 자동변속장치에 대한 기준으로 틀린 것은?

① 조종레버가 조향기둥에 설치된 경우 조종레버의 조작방향은 중립위치에서 전진위치로 조작되는 방향이 반시계방향일 것

② 주차위치가 있는 경우에는 후진위치에 가까운 끝부분에 있을 것

③ 중립위치는 전진위치와 후진위치 사이에 있을 것

④ 전진변속단수가 2단계 이상일 경우 40km/h 이하의 속도에서 어느 하나의 변속단수의 원동기 제동효과는 최고속변속단수에서의 원동기 제동효과보다 클 것

[17-3 기출]
1. 중립위치는 전진 - 후진 사이에 있을 것
2. 조종레버가 조향기둥에 설치된 경우 조종레버의 조작방향은 중립위치에서 전진위치로 조작되는 방향이 시계방향일 것
3. 주차위치가 있는 경우에는 **후진위치**에 가까운 끝부분에 있을 것
4. 조종레버가 전진 또는 후진위치에 있는 경우 원동기가 시동되지 아니할 것
5. 전진변속단수가 2단계이상일 경우 매시 **40킬로미터**이하의 속도에서 저속변속단수에서의 원동기제동효과는 고속변속단수에서의 원동기제동효과보다 클 것

37 자동변속기 토크컨버터에서 스테이터의 일방향 클러치가 양방향으로 회전하는 결함이 발생했을 때, 차량에 미치는 현상은?

① 출발이 어렵다.

② 전진이 불가능하다.

③ 후진이 불가능하다.

④ 고속 주행이 불가능하다.

[17-1 기출] 스테이터의 원웨이 클러치는 반시계방향으로의 회전을 방지하여 스테이터에 의해 토크 증대가 일어나도록 하는 역할을 한다.
만약 스테이터가 펌프 회전방향의 역방향으로 회전할 경우, 역류하는 오일이 펌프 회전을 방해하므로 전달효율이 떨어져 토크가 증대되지 않아 출발이 어렵다.

38 조향장치의 자동차 검사기준으로 틀린 것은?

① 조향륜 옆 미끄럼량 확인

② 조향 차륜의 최대 조향각도 확인

③ 조향계통의 변형 · 느슨함 여부 확인

④ 동력 조향 작동유의 유량 적정 여부 확인

[08-3 기출] 참고) 조향륜 옆미끄럼량은 1m 주행에 5mm이내일 것

39 4WD 시스템에 대한 설명으로 틀린 것은?

① 타이어 사이즈 또는 트레드가 다른 상태로 4륜 주행할 경우 드라이브 와인드 업(Drive Wind Up) 현상이 발생할 수 있다.

② 4륜 구동 특성상 타이어 교체 시 반드시 4개를 한꺼번에 교체해야 한다.

③ 일반적으로 상시 4륜형과 선택형 4륜형이 있다.

④ 4륜 구동 중 급선회(유턴 등) 시 타이트 코너 브레이크(Tight Corner Brake) 현상이 발생할 수 있다.

① 드라이브 와인드 업 : 앞뒤 타이어의 사이즈 또는 트레드가 다를 경우 코너링 시 회전반경 차이에 따른 회전속도 차가 발생하여 바깥쪽 바퀴가 안쪽 바퀴보다 빨리 돌아 휠 구동이 더 길어지는 현상

② 4WD는 타이어 교체 시 4개 모두 동일한 타이어로 교체해야 한다.

③ 4WD는 상시 4륜방식과 파트타임 4륜방식(2WD↔4WD)으로 구분된다.

④ 타이트 코너 브레이크는 센터 디퍼런셜 기어장치(중앙차동장치)를 통해 후륜으로 분배하는 토크를 조절하여 방지한다.

※ 타이트 코너 브레이크 : 센터 디퍼런셜 기어장치가 없는 4WD 장치에서 나타나는 현상으로, 급선회 시 모든 바퀴가 강제로 동일 속도로 회전할 때 전륜에 브레이크가 걸리고 후륜은 끌리며 공전하게 되는 부조화 현상

정답 ▶ 34 ③ 35 ① 36 ① 37 ① 38 ② 39 ④

chapter **07**

40 전자제어 구동력 조절장치(TCS)의 컴퓨터는 구동바퀴가 헛돌지 않도록 최적의 구동력을 얻기 위해 구동 슬립율이 몇 %가 되도록 제어하는가?

① 약 5~10% ② 약 15~20%
③ 약 25~30% ④ 약 35~40%

[20-1 기출] TCS는 미끄러운 노면에서 출발 또는 가속 시 스핀을 방지하기 위해 바퀴와 노면과의 슬립률을 최저값으로 유지하기 위해 약 15~20%로 제어한다.

03 자동차 전기·전자

41 차로이탈방지 보조시스템(LKA)의 미작동 조건이 아닌 것은?

① 급격한 곡선로를 주행하는 경우
② 급격한 제동 또는 급격하게 차선을 변경하는 경우
③ 차로 폭이 너무 넓거나 너무 좁은 경우
④ 노면의 경사로가 있는 경우

[응용문제] 차로이탈방지 보조시스템(LKA)의 미작동 조건에는 ①, ②, ③ 외에 ESC 기능이 작동하는 경우가 있다.

42 다음 회로에서 측정하는 점검 내용으로 바른 것은?

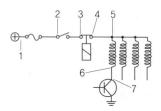

① 6번과 접지 사이에서 전압 파형을 측정 시 인젝터와 ECU 간의 접속상태를 알 수 있다.
② 릴레이 접점의 최적 측정장소는 3과 4 사이 전류 측정이다.
③ 인젝터 서지전압은 5번과 접지 사이에서 행하는 것이 가장 좋다.
④ 스위치 ON 후 TR이 OFF시 7번과 5번 사이의 전압은 12V 이어야 한다.

[07-2 기출] 회로는 (-) 제어방식의 인젝터 분사회로이다.
① ③ 인젝터 점검 시 오실로스코프의 적색 프로브를 인젝터 신호단자(6)에, 흑색 프로브를 접지에 물리고 전압파형 및 서지전압을 측정하여 솔레노이드 상태 및 인젝터와 ECU 간의 접속 상태를 알 수 있다.
② 릴레이는 3과 4 사이의 저항을 측정이다.
④ TR 'OFF' 상태에서는 1번~7번 사이에 점검봉으로 측정했을 때 전류가 흐르지 않으므로 전위차가 없다. (즉, 0 V가 된다)

43 자동차에 사용되는 통신에서 프로토콜에 따른 기준전압으로 옳은 것은?

① K-line : 5V ② LIN : 5V
③ HS CAN(500kps) : 2.5V ④ KW2000 : 5V

[NCS 학습모듈]
① K-line : 12V ② LIN : 12V
③ HS CAN(500kps) : 2.5V ④ KW2000 : 12V

44 이모빌라이저 시스템에 대한 설명으로 틀린 것은?

① 키 등록(이모빌라이저 등록)을 해야만 시동을 걸 수 있다.
② 자동차의 도난을 방지할 수 있다.
③ 차량에 등록된 인증키가 아니어도 점화 및 연료공급이 가능하다.
④ 차량에 입력된 암호와 트랜스폰더에 입력된 암호가 일치하여야 한다.

45 점화플러그에 대한 설명으로 옳은 것은?

① 전극의 온도가 높을수록 카본퇴적 현상이 발생된다.
② 전극의 온도가 낮을수록 조기점화 현상이 발생된다.
③ 에어갭(간극)이 규정보다 클수록 불꽃 방전 시간이 짧아진다.
④ 에어갭(간극)이 규정보다 클수록 불꽃 방전 시간이 높아진다.

[20-3 기출]
• 에어 갭은 방전시간에 반비례, 전압에 비례한다. (부하와 전압이 비례)
• 전극 온도가 높으면 정상점화 전에 조기점화 현상이 발생되며, 너무 낮으면 카본이 부착되어 실화가 일어난다.

46 전방 충돌 방지 보조 시스템(FCA)의 입력 요소가 아닌 것은?

① 엔진 토크 ② 조향각 센서 신호
③ Yaw 센서값 ④ 휠 스피드 센서

• FCA의 입력 요소 : 레이더, 카메라, 조향각센서, Yaw 센서, 휠 스피드 센서, 스위치
• FCA의 출력 요소 : 엔진 토크(PCM), 긴급 제동(ESC), 브레이크 램프

47 주행안전장치 적용 차량의 전면 라디에이터 그릴 중앙부 또는 범퍼 하단에 장착되어 선행 차량들의 정보를 수집하는 모듈은?

① 레이더(Radar) 모듈
② 전자식 차량 자세제어(ESC) 모듈
③ 파워트레인 컨트롤 모듈(PCM)
④ 전자식 파킹 브레이크(EPB) 모듈

48 전자력에 대한 설명으로 **틀린** 것은?

① 전자력은 자계방향과 전류의 방향이 평행일 때 가장 크다.

② 전자력은 도체의 길이, 전류의 크기에 비례한다.

③ 전자력은 자계의 세기에 비례한다.

④ 전류가 흐르는 도체 주위에 자극을 놓았을 때 발생하는 힘이다.

[16-3 기출] 전자력(전기자기력) : 자기장 내의 도체에 전류가 흐를 때 발생되는 자기장으로 인해 도체에 작용하는 힘을 말한다.

전자력 $F = B \cdot L \cdot I \cdot sin\theta$ [N]
∴ 공식에 의해 B, L, I가 일정할 때
　전자력은 $sin 90° = 1$,
　즉, 자계방향과 전류방향이
　직각일 때 최대가 된다.

• B : 자속밀도
• L : 도체의 길이
• I : 도체에 흐르는 전류의 세기
• θ : 자속과 전류가 이루는 각도

49 [보기]의 ( ) 안에 들어갈 적합한 용어는?

─────[보기]─────

C-CAN에서 주선이 아닌 지선, 즉 제어기로 연결되는 배선이 단선되거나 단락될 경우에는 크게 2가지 현상으로 나눌 수 있다. 첫째, ( ) 전체에 영향을 끼쳐 모든 시스템이 통신 불가 상태가 되는 경우이고, 다른 하나는 해당 시스템만 CAN BUS에서 이탈되는 경우이다.

① CAN LINE
② 종단저항
③ ECM
④ MOST

[NCS 학습모듈]
• 지선 1선 단선 : CAN BUS 전체에 영향을 끼치기도 하고, 해당 시스템만 CAN BUS에서 이탈되기도 한다.
• 지선 중 2선 모두 단선 : 해당 시스템만 CAN BUS에서 이탈되므로 CAN BUS에 영향을 주지 않는다.
• 주선이나 지선에 관계없이 1선이라도 단락 : CAN BUS 전체가 영향을 받아 모든 제어기가 통신 불가 상태가 된다.

※ 주선이 단선인 경우 통신이 가능한 제어기와 통신이 불가능한 제어기로 나눠진다. 즉 주선 내 하나의 종단저항만 있어도 제어기 간의 통신이 가능하다.
※ 단락의 경우에는 주선이든 지선이든 상관없이 CAN LINE 전체가 단락의 영향을 받기 때문에 모든 시스템이 통신 불가 상태가 된다.

50 자동차 전장부품의 제어방법 중 중앙제어 방식과 비교했을 때 LAN(Local Area Network) 시스템의 특징이 **아닌** 것은?

① 전장부품의 설치장소 확보가 용이

② 설계 변경의 어려움

③ 배선의 경량화

④ 장치의 신뢰성 및 정비성 향상

[19-2 기출, 난이도 하] LAN은 설계변경이 자유롭다.

51 운행차 정기검사에서 소음도 검사 전 확인해야 하는 항목으로 거리가 **먼** 것은? (단, 소음·진동관리법 시행규칙에 의함)

① 소음 덮개
② 배기관
③ 경음기
④ 원동기

[15-1 기출] 소음도 검사 전 확인 항목
• 소음덮개 등이 떼어지거나 훼손되었는지를 눈으로 확인
• 자동차를 들어올려 배기관 및 소음기의 이음상태를 확인하여 배출가스가 최종 배출구 전에서 유출되는지를 확인
• 경음기를 눈으로 확인하거나 3초 이상 작동시켜 경음기를 추가로 부착하였는지를 귀로 확인

52 IPS(Inteligent Power Switching device)의 장점에 대한 설명으로 **틀린** 것은?

① 회로의 단순화 : 소형의 퓨즈와 릴레이를 별개로 사용하여 회로가 단순

② 상품성 향상 : 서지전압에 대한 손상이 없어 내구성이 우수

③ 공간성 확보 : 릴레이 대비 크기가 감소되어 공간 효율성이 향상

④ 고장진단 기능 : 회로에 과전류가 흐를 때 이를 감지·기록

IPS는 기존의 퓨즈나 릴레이를 IC 소자로 대체한 전원 컨트롤러 장치이므로 서지전압에 의한 손상이 없어 내구성이 우수하며, 소형화가 가능하다. (소형의 퓨즈나 릴레이가 아님)

53 배터리측에서 암전류(방전전류)를 측정하는 방법으로 옳은 것은?

① 배터리 '+'측과 '-'측의 전류가 서로 다르기 때문에 반드시 배터리 '+'측에서만 측정하여야 한다.

② 디지털 멀티미터를 사용하여 암전류를 점검할 경우 검침봉을 배터리 '+'측에 병렬로 연결한다.

③ 클램프 타입 전류계를 이용할 경우 배터리 '+' 측과 '-'측 배선 모두 클램프 안에 넣어야 한다.

④ 배터리 '+'측과 '-'측 무관하게 한 단자를 탈거하고 멀티미터를 직렬로 연결한다.

[10-3 기출] 배터리 용량 표시방법
① 암전류는 배터리 ⊕ 또는 ⊖ 중 하나의 단자를 측정한다.
② 검침봉은 배터리 '+'측에 직렬로 연결한다.
③ 클램프 타입 전류계를 사용할 때는 방향을 구분하여 ⊕, ⊖선 중에 한 선만 클램프 안에 넣는다.
※ 암전류 : 시동 OFF 시에도 ECU 내부의 기억소자의 정보 보호 등을 위해 공급되는 백업 전원이나 시계 등 전장부품에서 소비되는 미소 전류

54 370V, 180A인 전기자동차의 모터 출력(PS)은?

① 66

② 74

③ 80

④ 90

> 출력(P) = 전압(V)×전류(I) = $370×180 = 66,600$ W
> 1 PS = 735.5W 이므로 $P = 66,600/735.5 = 90$ PS

55 CAN 통신데이터 프레임에서 동시에 다수의 제어기가 BUS에 신호를 보낼 경우 우선순위를 결정하는 것은?

① DLC (Data Length Code)

② ID (Identifier)

③ ACK (Acknowledgement)

④ SOF (Start of Frame)

> [응용문제]
> • SOF : bus가 idle 상태에 있을 때 특정 제어기가 데이터를 보내는 시작을 알리는 신호로 1bit의 우성 신호가 전송되며, 이 신호를 기준으로 다른 제어기는 동기화된다.
> • DLC : 정보를 가지는 데이터의 길이를 표시
> • ACK : 데이터를 정상으로 받았음을 알리는 신호

56 자동차규칙상 저소음자동차 경고음 발생장치 설치 기준에 대한 설명으로 틀린 것은?

① 하이브리드자동차, 전기자동차, 연료전지자동차 등 동력발생장치가 내연기관인 자동차에 설치하여야 한다.

② 전진 주행 시 발생되는 전체음의 크기를 75데시벨(dB)을 초과하지 않아야 한다.

③ 운전자가 경고음 발생을 중단시킬 수 있는 장치를 설치하여서는 아니 된다.

④ 최소한 매시 20킬로미터 이하의 주행상태에서 경고음을 내야 한다.

> 저소음자동차 경고음발생장치 설치 기준
> • 경고음발생장치는 하이브리드자동차, 전기자동차, 연료전지자동차 등 동력발생장치가 전동기인 자동차에 설치되어야 한다.
> • 최소한 매시 20킬로미터 이하의 주행상태에서 경고음을 내야 한다.
> • 경고음은 전진 주행시 자동차의 속도변화를 보행자가 알 수 있도록 기준에 적합한 주파수변화 특성을 가져야 한다.
> • 전진주행시 발생되는 전체음 크기는 75데시벨을 초과하지 않아야 한다.
> • 운전자가 경고음 발생을 중단시킬 수 있는 장치를 설치하여서는 아니 된다.

57 전방 충돌 방지 시스템(FCA)의 작동에 대한 설명으로 틀린 것은?

① 전방 차량 또는 보행자와의 거리를 인식하고 충돌 위험 단계에 따라 경고문 표시와 경고음 등으로 경고한다.

② 레이더는 카메라 정보와 퓨전 센서를 통해 잠재적 장애물의 유무를 판단한다.

③ 운전자가 가속 페달을 밟고 있어도 APS 값이 60% 미만이면 FCA는 충돌위험 단계에 따라 3단계로 구분되어 작동한다.

④ FCA에 의한 자동 제동제어가 작동 중 운전자에 의한 회피거동을 인지해도 안전을 위해 FCA에 의한 제동제어를 우선으로 한다.

> [응용문제] ④ FCA에 의한 자동 제동제어 중일지라도 운전자에 의한 회피거동을 인지하면 제동 제어는 즉시 해제된다.

58 스마트키 시스템의 주요 기능으로 가장 거리가 먼 것은?

① 스마트키 인증에 의한 도어록

② 스마트키 인증에 의한 트렁크 언록

③ 스마트키 인증에 의한 도어 언록

④ 스마트키 인증에 의한 엔진 정지

> 키없이 리모콘의 휴대만으로 차량의 도어 록 및 도어·트렁크 언록 및 엔진 시동을 가능하게 하는 개인인증 카드 시스템을 말한다.

59 교류전류를 아래 그림과 같이 변환시키는 회로를 무엇이라 하는가?

① 교활회로

② 반파정류회로

③ 전파정류회로

④ 평활회로

60 IC 조정기 부착형 교류발전기에서 로터코일 저항을 측정하는 단자는? (단, IG : ignition, F : field, L : lamp, B : battery, E : earth)

① IG단자와 F단자

② L단자와 F단자

③ B단자와 L단자

④ F단자와 E단자

> [16-2 기출] 발전기의 점검사항
> • 출력전류 또는 B단자 조정전류 측정 : 전류계로 B단자와 B단자에 연결되었던 배선 사이를 측정
> • 로터코일 저항 측정 : 저항계를 사용하여 L-F 단자 간의 저항을 측정

61 하이브리드 자동차의 모터 컨트롤 유닛(MCU)의 역할이 아닌 것은?

① 고전압 메인 릴레이(PRA)를 제어한다.
② 회생제동 시 모터에서 발생하는 교류를 직류로 변환한다.
③ 고전압 배터리의 직류전원을 교류전원으로 변환한다.
④ HCU의 토크 구동명령에 따라 모터로 공급되는 전류량을 제어한다.

> MCU는 HCU의 토크 구동 명령에 따라 모터의 회전수 및 토크를 제어하며, 인버터 기능(3상 교류 변환), 회생제동기능을 수행한다.
> ※ PRA는 배터리 팩 어셈블리 내에 위치하고 있으며, 배터리의 각 셀 모듈의 온도 측정, 고전압 연결/차단(메인 릴레이 및 프리챠지 릴레이), 전류 모니터링 등을 역할을 하며, 이는 HCU로부터 신호를 받은 BMS에 의해 제어된다.

62 전기자동차의 모터 컨트롤 유닛의 역할로 틀린 것은?

① 감속 시 구동모터를 제어하여 발전기로 전환
② 가속 시 구동모터의 절연 파괴 방지 제어
③ 직류를 교류로 변환하며 구동모터를 제어
④ 레졸버로부터 회전자의 위치 신호를 받아 모터를 제어

> **MCU의 주요 역할**
> • 가속 시 모터 구동 : 고전압 배터리 → MCU → 구동모터
> • 감속 시 고전압 배터리 충전 : 구동모터 → MCU → 고전압 배터리
> • 고전압 전장 시스템 냉각 : EWP 제어
> • 모터 전류/온도 측정
> • 모터 위치센서(레졸버)의 신호를 피드백 받아 모터 제어
> • HSG 제어(하이브리드 차량에만 국한)

63 연료전지 차량의 열관리 시스템의 구성부품으로 틀린 것은?

① PTC 히터   ② 탈이온기
③ 가습기   ④ 냉각수 펌프

> FCEV의 열관리 시스템 구성 : COD히터, PTC 히터, 탈이온기, 냉각수 펌프, 라디에이터 및 냉각팬, 온도센서 등
> ※ 가습기 : 스택 내부에 공급되는 공기에 수분을 공급 (공기공급장치에 해당)

64 하이브리드 자동차의 동력제어 장치에서 모터의 회전속도와 회전력을 자유롭게 제어할 수 있도록 직류를 교류로 변환하는 장치는?

① 컨버터   ② 레졸버
③ 인버터   ④ 커패시터

65 수소가스를 연료로 사용하는 자동차 배기구에서 배출되는 가스의 수소농도 기준으로 옳은 것은?

① 평균 2%, 순간 최대 4%을 초과하지 아니할 것
② 평균 5%, 순간 최대 10%을 초과하지 아니할 것
③ 평균 4%, 순간 최대 8%을 초과하지 아니할 것
④ 평균 3%, 순간 최대 6%을 초과하지 아니할 것

> 자동차의 배기구에서 배출되는 가스의 수소농도는 평균 4%, 순간 최대 8%를 초과하지 아니할 것

66 아래 점검 내용에 대한 조치사항으로 옳은 것은?

> ──[보기]──
> 하이브리드 전기자동차를 진단장비 서비스 데이터를 활용하여 고전압 배터리의 셀 전압 점검 시 최대 셀 전압이 3.78V이며 최소 셀 전압이 2.6V로 측정되었다.

① 셀 전압이 1V 이상 차이나는 셀이 포함된 모듈을 교환한다.
② 배터리 팩 전압이 정격전압을 유지할 경우 재사용이 가능하다.
③ 배터리 모듈의 위치를 변경하여 최대, 최소 전압을 보정한다.
④ 배터리를 완전 방전 후 재충전하면 사용이 가능하다.

> ① 셀 전압은 2.5~4.2V이며, 개별 셀 전압 편차가 1V 이상이면 결함이 있는 셀이 포함된 모듈을 교환한다. (3만km 이상 주행차량에 한하며, 3만km 이하인 경우 전압 편차가 0.15V 이상일 때 교환)
> ② 정격전압을 유지하더라도 SOH(65% 이하이면 배터리 시스템 어셈블리 교환), 셀 편차, 절연상태, 내부저항, 자기방전검사 등도 양호해야 재사용이 가능하다.
> ③ 배터리 모듈의 위치를 변경한다고 최대, 최소 전압이 보정되지 않는다.

67 전기자동차 또는 하이브리드 자동차의 구동 모터 역할로 틀린 것은?

① 고전압 배터리의 전기에너지를 이용하여 주행
② 모터 감속 시 구동모터를 직류에서 교류로 변환시켜 충전
③ 감속기를 통해 토크 증대
④ 후진 시에는 모터를 역회전하여 구동

> 모터 감속 시 구동모터를 AC에서 DC로 변환시켜 충전

정답   61 ①   62 ②   63 ③   64 ③   65 ③   66 ①   67 ②

68 자율주행시스템의 종류 중 지정된 조건에서 운전자의 개입 없이 자동차를 운행하는 자율주행시스템은? (단, 자동차 및 자동차부품의 성능과 기준에 관한 규칙에 의함)

① 완전 자율주행시스템
② 선택적 부분 자율주행시스템
③ 부분 자율주행시스템
④ 조건부 완전 자율주행시스템

자율주행시스템의 구분
• 부분 : 지정된 조건에서 자동차를 운행하되 작동 한계 상황 등 필요한 경우 운전자의 개입이 요구되는 시스템
• 조건부 완전 : 지정된 조건에서 운전자 개입 없이 운행하는 시스템
• 완전 : 모든 영역에서 운전자 개입 없이 운행하는 시스템

69 하이브리드 컨트롤 유닛(HCU)의 기능이 <u>아닌</u> 것은?

① 회생제동 제어
② fail-safe 제어
③ 배터리 출력 제어
④ 엔진/모터의 파워/토크 분배

[응용문제] HCU의 기능 : 차량정보, 운전자 요구, 엔진정보, 배터리 정보를 기초로 엔진/모터의 파워 및 토크를 배분, 회생제동 및 페일 세이프 제어 등
※ 배터리 출력 제어는 BMS의 역할이다.

70 자동차의 에너지 소비효율 산정에서 최종 결과치를 산출하기 전까지 계산을 위하여 사용하는 모든 값들을 처리하는 방법으로 옳은 것은?

① 반올림 없이 산출된 소수점 그대로 적용
② 반올림하여 소수점 이하 첫째자리로 적용
③ 반올림하여 정수로 적용
④ 반올림 없이 소수점 이하 첫째자리로 적용

에너지소비효율 등의 소수점 유효자리수
① 5-cycle 보정식을 적용한 에너지소비효율의 최종 결과치는 반올림하여 소수점 이하 첫째자리까지 표시한다.
② CO_2 배출량 : 측정된 단위 주행거리당 이산화탄소배출량(g/km)을 말하며, 최종 결과치는 반올림하여 정수로 표시한다.
③ 전기자동차 및 플러그인하이브리드자동차의 경우 1회 충전 주행거리의 최종 결과치는 반올림하여 정수로 표시한다.
④ 에너지소비효율, CO_2 등의 최종 결과치를 산출하기 전까지 계산을 위하여 사용하는 모든 값은 반올림없이 산출된 소수점 그대로를 적용한다.

71 전기자동차의 고전압 배터리 관련 정비에 대한 내용으로 <u>틀린</u> 것은?

① 안전플러그 탈착 후 잔류전류 방전까지 규정시간 이상 대기한다.
② 안전플러그는 탈착 후 반드시 신품으로 교환한다.
③ 통전시험으로 안전플러그를 점검한다.
④ 멀티테스터를 이용하여 메인퓨즈를 점검한다.

72 전기자동차의 출발/가속 주행모드에서 고전압 전기의 흐름 과정으로 옳은 것은?

① 고전압 배터리 → 전력제어장치 → 고전압 정션박스 → 파워릴레이 어셈블리 → 모터
② 고전압 배터리 → 파워릴레이 어셈블리 → 전력제어장치 → 고전압 정션박스 → 모터
③ 고전압 배터리 → 파워릴레이 어셈블리 → 고전압 정션박스 → 전력제어장치 → 모터
④ 고전압 배터리 → 고전압 정션박스 → 파워릴레이 어셈블리 → 전력제어장치 → 모터

[415p 참조] 고전압 배터리 → 파워릴레이 어셈블리(PRA) → 고전압 정션박스 → 전력제어장치(인버터) → 모터

73 환경친화적 자동차의 요건 등에 관한 규칙상 승용 고속전기자동차의 최고속도 기준은?

① 80 km/h
② 100 km/h
③ 180 km/h
④ 250 km/h

1. 초소형전기자동차 (승용자동차 / 화물자동차)
• 1회충전 주행거리 : 「자동차의 에너지소비효율 및 등급표시에 관한 규정」에 따른 복합 1회충전 주행거리는 55km 이상
• 최고속도 : 60km/h 이상

2. 고속전기자동차 (승용자동차 / 화물자동차 / 경·소형 승합자동차)
• 1회충전 주행거리 : 「자동차의 에너지소비효율 및 등급표시에 관한 규정」에 따른 복합 1회충전 주행거리는 승용자동차는 150km 이상, 경·소형 화물자동차는 70km 이상, 중·대형 화물자동차는 100km 이상, 경·소형 승합자동차는 70km 이상
• 최고속도 : 승용자동차는 100km/h 이상, 화물자동차는 80km/h 이상, 승합자동차는 100km/h 이상

3. 전기버스 (중 · 대형 승합자동차)
• 1회충전 주행거리 : "전기 자동차 에너지 소비율 및 일 충전 주행 거리 시험 방법(KS R 1135)"에 따른 1회충전 주행거리는 100km 이상
• 최고속도 : 60km/h 이상

74 하이브리드 자동차에서 고전압 배터리 관리 시스템(BMS)의 주요 제어 기능으로 <u>틀린</u> 것은?

① 출력제한
② SOC제어
③ 냉각제어
④ 모터제어

모터는 MCU(인버터)에서 제어한다.
BMS의 주요 제어 : 배터리 충전률(SOC), 배터리 출력(제한), 셀 밸런싱, 파워 릴레이, 냉각, 고장진단

정답 68 ④ 69 ③ 70 ① 71 ② 72 ③ 73 ② 74 ④

75 하이브리드 자동차의 하이브리드 컨트롤 유닛(HCU)의 학습 작업을 해야하는 경우가 아닌 것은?

① 엔진클러치 유압센서 교체 작업
② 구동모터/미션 정비작업
③ 고전압 배터리 유닛 교체 작업
④ 엔진 교체 작업

HCU는 엔진 토크, 모터 토크, 기어비 신호를 출력하고 차량 제동(회생제동 포함), 엔진 출발, 모터 작동 등을 제어하여 연비 및 최적의 주행을 결정하는 역할을 한다. 이에 해당 장치의 정비·교체 시 학습이 필요하다.

76 수소 연료전지 자동차의 수소탱크에 관한 설명으로 옳은 것은?

① 최대 사용한도는 20년에 5000회이다.
② 1년에 1회 의무적인 내압검사를 실시한다.
③ 수소탱크 제어모듈은 일정 압력 이상의 충전 시 충전 횟수를 카운트한다.
④ 탄소섬유로 이루어진 수소탱크는 강철에 비해 강도가 강하지만 강성은 약하다.

① 법규상 수소연료탱크의 최대 사용한도는 15년, 충전 횟수 4,000회(유럽의 경우 20년, 5000회)
 • 충전 사이클(Filling cycles) : 외부 수소를 용기에 충전하여 압력이 증가하는 사이클 (4,000회)
 • 의무 사이클(Duty cycles) : 수소차량의 운행사이클 (40,000회)
② 내압검사(정기검사) : 비사업용 승용자동차의 경우-4년, 그 밖의 자동차의 경우-3년
④ 탄소섬유는 강도, 강성 모두 우수하다.

77 연료전지시스템에 냉각장치가 반드시 필요한 이유는?

① 수소와 산소의 반응속도를 조절하기 위해
② 수소의 온도를 일정하게 유지하기 위해
③ 수소와 산소의 반응 시 발생되는 열을 줄이기 위해
④ 수소와 산소의 반응을 촉진하기 위해

[응용문제]

78 전기자동차의 히트 및 에어컨 시스템 점검·진단 시 방법으로 틀린 것은?

① 전기자동차 에어컨 컴프레서 냉매 오일은 PAG(Poly Akylen Glycol)계의 냉매오일을 사용해야 한다.
② 고압 및 저압 밸브를 개방한 상태에서 냉매를 회수한다.
③ 냉매 회수 작업 완료 후 에어컨 계통에서 배출된 컴프레서 오일량을 측정하고, 냉매 충전시 배출된 양만큼 오일을 보충한다.
④ 진공작업은 유입된 모든 공기와 습기를 제거하기 위한 작업이다.

[응용문제]
전기자동차 에어컨 냉매는 R-1234yf를 사용해야 한다.
 – 전기자동차 전용 에어컨 컴프레서 냉매 오일은 반드시 절연성이 높은 POE(Polyolester)계의 오일을 사용해야 하며 PAG(Poly Akylen Glycol)계의 냉매오일을 사용하거나 혼용하면 컴프레서 손상 및 안전사고를 유발할 수 있다.

79 전기자동차의 충전방법에 관한 내용으로 틀린 것은?

① 전기자동차 충전은 급속 충전기, 완속충전기, 휴대용 완속충전기로 구분한다.
② 완속 충전은 AC전원을 이용하여 충전한다.
③ 급속 충전은 DC로 인버터된 전원을 이용하여 충전한다.
④ 급속 및 완속 충전 시 공급되는 모든 전원은 OBC(On Board Charger)를 통해 변환된다.

• 급속충전 : DC → 고전압 정션박스 → PRA → 고전압배터리
• 완속충전 : AC → OBC → PRA → 고전압배터리

80 전기자동차 충전기 기술기준에서 충전기 기준 주파수는?

① 60 Hz
② 120 Hz
③ 180 Hz
④ 240 Hz

「전기자동차 충전기 기술기준」법규 – 충전기 기준 주파수 60 Hz

CBT 실전모의고사 6회

01 자동차 엔진

1 삼원촉매의 정화율을 나타낸 그래프이다. (1), (2), (3)에 적합한 배기가스를 순서대로 나열한 것은?

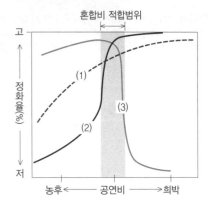

① NOx, CO, HC
② NOx, HC, CO
③ CO, NOx, HC
④ HC, CO, NOx

[기출] NOx는 환원반응을 통해 N_2+O_2로 변환되며, 분리된 O_2는 CO와 HC를 만나 산화반응하여 CO_2 또는 H_2O로 변환된다. 또한 NOx의 저감을 위해 일정량의 CO 농도가 포함되어야 정화효율이 높다.

① 희박 영역 : 배기가스 중 잔존산소가 많기 때문에 CO와 HC는 CO_2와 H_2O로의 변환이 활발하여 정화율이 높은 반면, NOx는 CO가 부족하여 환원반응이 어려워 정화률이 낮아진다.
② 농후 영역 : 배기가스 중 잔존산소가 부족하여 NOx는 N_2로 환원하기 쉬워 정화율이 높은 반면, CO와 HC는 CO_2와 H_2O로의 변환율이 낮아 정화율이 낮다.

2 과급장치(VGT터보)에서 VGT 솔레노이드 밸브 점검방법으로 틀린 것은?

① VGT 솔레노이드 밸브 저항 측정
② VGT 솔레노이드 밸브 제어선 전압측정
③ VGT 솔레노이드 밸브 전원선 전압측정
④ VGT 솔레노이드 밸브 신호선 전압측정

[NCS 학습모듈] VGT 솔레노이드 밸브 점검방법
• VGT 솔레노이드 밸브 전원선 전압
• VGT 솔레노이드 밸브 제어선 전압 및 단선 점검
• VGT 솔레노이드 밸브 단품점검(저항 측정)

3 VGT 솔레노이드 교환 후 진단 장비를 이용하여 점검할 때 VGT 작동금지 조건으로 틀린 것은?

① EGR, VGT 액추에이터, 부스터 압력센서가 고장인 경우
② 냉각 수온이 0℃ 이하인 경우
③ 엔진 회전수가 1500rpm 이하인 경우
④ 부스터 압력센서, 스로틀 플랫장치가 고장인 경우

[NCS 학습모듈] **가변용량터보차저(VGT) 시스템 작동금지 조건**
• 엔진회전수가 700rpm 이하인 경우
• 냉각수온이 약 0도 이하인 경우
• EGR, VGT 액추에이터, 부스터 압력센서, 흡입 공기량센서, 스로틀 플랫 장치가 고장인 경우
• 가속페달 센서 고장인 경우에는 가변용량 터보차저를 ECU에서는 제어 하지 않는다.
※ 저속구간에는 VGT 가동효과가 거의 없다.

4 디젤 연료분사펌프 시험기로 시험을 할 수 없는 항목은?

① 조속기 작동 시험
② 디젤기관의 출력 시험
③ 분사시기의 조정 시험
④ 연료 분사량 시험

[기능사 기출] **디젤 연료분사펌프 시험기 항목**
연료 분사량, 조속기 작동, 분사시기의 조정, 자동 타이머 조정, 연료 공급 펌프

5 전자제어 커먼레일(CRDI) 엔진의 공회전 부조 및 매연, 가속 불량 여부를 점검하는 방법이 아닌 것은?

① 압축 압력 시험
② 아이들 속도 비교 시험
③ 분사 보정 목표량 시험
④ 분사펌프 성능 시험

[NCS 학습모듈] 커먼레일 시스템의 점검사항
• 압축 압력 시험
• 아이들 속도 비교 시험
• 분사 보정 목표량 시험
• 솔레노이드식 인젝터의 연료 리턴량 (동적 테스트)
• 인젝터 파형 점검 / 인젝터 개시 압력 및 분사량 점검
• EGR 작동 상태 및 밸브 점검
• 공기유량센서 점검
• 연료압력조절밸브 점검
• 자기진단 고장 코드 점검 등

정답 1 ④ 2 ④ 3 ③ 4 ② 5 ④

6 디젤엔진의 시동성 향상을 위한 보조장치가 <u>아닌 것</u>은?

① 예열 플러그
② 감압장치
③ 히트 레인지
④ 과급장치

> **디젤엔진의 시동성 향상 보조장치**
> 감압장치, 예열장치(흡기히터, 히트 레인지, 예열플러그) 등
> ※ 과급장치는 시동성이 아니라 출력 향상을 위한 보조장치이다.

7 디젤기관에 과급기를 설치했을 때 얻는 장점 중 <u>잘못 설명한 것</u>은?

① 동일 배기량에서 출력이 증가한다.
② 연료소비율이 향상된다.
③ 잔류 배출가스를 완전히 배출시킬 수 있다.
④ 연소상태가 좋아지므로 착화지연이 길어진다.

> [기출 응용] 과급기는 체적효율이 향상되므로 연료 소비율이 향상되고, 압축온도가 상승하여 착화지연을 짧아지고 출력이 증가한다.

8 대기환경보전법령상 운행차배출 허용기준에 대한 설명으로 <u>틀린 것</u>은?

① 희박연소(lean burn) 방식을 적용하는 자동차는 공기과잉률 기준을 적용하지 아니한다.
② 휘발유와 가스를 같이 사용하는 자동차의 배출가스 측정 및 배출허용기준은 가스의 기준을 적용한다.
③ 알코올만 사용하는 자동차는 탄화수소 기준을 적용한다.
④ 휘발유사용 자동차는 휘발유 및 가스(천연가스는 포함한다)를 섞어서 사용하는 자동차를 포함하며, 경유사용 자동차는 경유와 알코올(천연가스는 제외한다)을 섞어서 사용하거나 같이 사용하는 자동차를 포함한다.

> 휘발유 사용 자동차는 휘발유·알코올 및 가스(천연가스를 포함한다)를 섞어서 사용하는 자동차를 포함하며, 경유 사용 자동차는 경유와 가스를 섞어서 사용하거나 같이 사용하는 자동차를 포함한다.

9 가솔린 연료와 비교했을 때 LPG 연료의 특징으로 <u>틀린 것</u>은?

① 프로판과 부탄이 주성분이다.
② 노킹 발생이 많다.
③ 옥탄가가 높다.
④ 배기가스의 일산화탄소 함유량이 적다.

> [17-2 기출] LPG 연료는 휘발유에 비해 옥탄가가 약 10% 높기 때문에 노킹 발생이 적다.

10 무부하검사방법으로 휘발유 사용 운행 자동차의 배출가스검사 시 측정 전에 확인해야 하는 자동차의 상태로 <u>틀린 것</u>은?

① 수동 변속기 자동차는 변속기어를 중립 위치에 놓는다.
② 배기관이 2개 이상일 때는 모든 배기관을 측정한 후 최대값을 기준으로 한다.
③ 측정에 장애를 줄 수 있는 부속장치들의 가동을 정지한다.
④ 자동차 배기관에 배출가스분석기의 시료채취관을 30cm 이상 삽입한다.

> [기출] 배기관이 2개 이상일 때에는 임의로 배기관 1개를 선정하여 측정을 한 후 측정치를 산출한다.

11 자동차의 에너지소비효율 및 등급표시에 관한 규정에서 자동차 에너지 소비효율의 종류로 <u>틀린 것</u>은? (단, 차종은 내연기관 자동차로 국한한다)

① 고속도로주행 에너지 소비효율
② 복합 에너지 소비효율
③ 평균 에너지 소비효율
④ 도심주행 에너지 소비효율

> 자동차의 에너지소비효율 및 등급표시에 관한 규정 중 '에너지소비효율 및 등급 표시의무와 표시방법(10조)'의 에너지 소비효율의 종류
> 도심주행 에너지소비효율, 고속도로주행 에너지소비효율, 복합에너지소비효율

12 공급과잉률(λ)에 대한 설명으로 <u>틀린 것</u>은?

① 전부하(최대분사량)일 때 공급과잉률은 0.8~0.9로 농후상태가 된다.
② 엔진에 흡입된 공기중량을 통해 연료량을 결정한다.
③ 연료에 필요한 이론적 공기량에 대한 공급된 공기량과의 비를 말한다.
④ 공기과잉률은 1에 가까울수록 출력은 감소하며, 배출가스가 검은색을 띤다.

> [15년 3회 기출] 공기과잉률(λ)은 1에 가까울수록 출력이 증가하여 λ = 0.8~0.9 정도의 농후 혼합기에서 최대 출력을 내지만 연비 및 배기가스는 증가한다. (연비는 λ = 1.1 정도로 희박할 때 가장 낮다)

13 엔진에서 윤활유 소비증대에 영향을 주는 원인으로 가장 적절한 것은?

① 신품 여과기의 사용
② 실린더 내벽의 마멸
③ 플라이휠 링기어의 마모
④ 타이밍 체인 텐셔너의 마모

> [18-1 기출] 윤활유 소비증대의 주 원인 : 연소, 누설(실린더벽의 마모)

14 전자제어 엔진에서 열선식(hot wire type) 공기유량 센서의 특징으로 옳은 것은?

① 응답성이 매우 느리다.
② 대기압력을 통해 공기질량을 검출한다.
③ 초음파 신호로 공기 부피를 감지한다.
④ 자기청정 기능의 열선이 있다.

[16-3회 기출 변형] **열선식 공기유량 센서의 특징**
열선에 전기를 공급하여 가열된 상태에 공기가 흐르면 온도가 감소된다. 이때 열선을 일정 온도(약 100℃)로 유지하기 위해 열선에 공급되는 전압을 실시간으로 계산하여 공기의 흐름량(질량)을 검출하므로 응답성이 비교적 빠르다. 또한 와이어가 가늘기 때문에 이물질에 의한 단선 또는 손상, 센싱오차가 있으므로 시동이 꺼질 때 자기청정(burn-off, 태움)을 한다.

15 실린더 헤드 교환 후 엔진 부조현상이 발생하여 실린더 파워 밸런스의 점검과 관련된 내용으로 **틀린** 것은?

① 점화플러그 배선을 제거하였을 때의 엔진 회전수가 점화플러그 배선을 빼지 않고 확인한 엔진 회전수와 차이가 있다면 해당 실린더는 문제가 있는 실린더로 판정한다.
② 엔진 시동을 걸고 각 실린더의 점화플러그 배선을 하나씩 제거한다.
③ 1개 실린더의 점화플러그 배선을 제거하였을 경우 엔진 회전수를 비교한다.
④ 파워밸런스 점검으로 각각의 엔진 회전수를 기록하고 판정하여 차이가 많은 실린더는 압축압력 시험으로 재측정한다.

[기출] 점화플러그 배선을 제거하기 전·후의 엔진 회전수 차이가 있다면 해당 실린더가 '문제가 없다'고 판정한다.

16 엔진 윤활유에 캐비테이션이 발생할 때 나타나는 현상으로 **틀린** 것은?

① 진동 감소
② 윤활 불안정
③ 불규칙한 펌프 토출압력
④ 소음 증가

[17-2 기출] 캐비테이션(공동현상)은 기어펌프의 오일 흡입 시 빠른 속도로 인해 일부분에 압력이 낮아지며 끓는점이 낮아져 기포가 발생한다. 그러면 빈 공간이 발생되고 이로 인해 펌프의 토출압력이 불규칙적이고, 소음·진동이 증가한다.

17 착화지연기간에 대한 설명으로 옳은 것은?

① 연료 분사되기 전부터 자기착화 되기까지 소요되는 시간
② 연료 분사된 후부터 자기착화 되기까지 소요되는 시간
③ 연료 분사되기 전부터 후 연소까지 소요되는 시간
④ 연료분사된 후 후기연소까지 소요되는 시간

18 회전수가 5000 rpm, 회전 토크(회전력)가 0.72 kgf·m일 때 기관의 제동마력은 약 얼마인가?

① 5 PS
② 7 PS
③ 50 PS
④ 70 PS

[18-1 기출]
$$제동마력(일률) = T \times \omega = T \times \frac{2\pi N}{60} = 0.72 \, [\text{kgf·m}] \times \frac{\pi \times 5000}{30} \, [\text{rad/s}]$$

$$\fallingdotseq 376.8 \, [\text{kgf·m/s}] = \frac{376.8}{75} \, [\text{PS}] = 5.024 \, [\text{PS}]$$

여기서, T : 엔진 회전력 [kgf·m], ω : 각속도 [rad/s] N : 회전수 [rpm]

19 다음과 같은 인젝터 회로를 점검하는 방법으로 가장 비효율적인 것은?

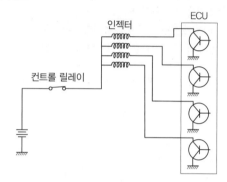

① 각 인젝터에 흐르는 전류 파형을 측정한다.
② 각 인젝터의 개별 저항을 측정한다.
③ 각 인젝터의 서지 파형을 측정한다.
④ 배터리에서 ECU까지의 총 저항을 측정한다.

[05-3 기출] 인젝터 회로의 주요 점검은 스캐너에 의한 인젝터 파형이다. 전압 파형 및 서지 전압을 통해 인젝터 및 인젝터 배선 접속 상태 등을 점검할 수 있고, 전류 파형을 통해 통전시간에 따른 기울기(무효분사시간+유효분사시간)를 파악할 수 있다.
파형이 비정상적일 때 인젝터(솔레노이드 코일) 뿐만 아니라 배선 접속 상태(전압강하·선간전압 등)도 점검해야 한다. 이때 배터리에서 ECU까지의 총 저항을 측정한 후 인젝터의 개별 저항을 측정하는 등 점차 불량 범위를 좁혀가는 것이 좋다.

20 엔진 본체의 압축압력시험과 관련하여 기계적인 부품에서 점검할 수 **없는** 것은?

① 흡·배기 밸브
② 피스톤 링
③ 인젝터
④ 실린더 개스킷

[기능사 기출 변형] 압축압력시험은 연소실 내 압력을 측정하여 주로 흡·배기 밸브와 밸브시트, 피스톤 링과 실린더 벽 사이의 간극, 실린더 개스킷에서의 누설 여부를 확인하기 위한 점검이다.

02 자동차 섀시

21 다음은 자동변속기 학습제어에 대한 설명이다. 괄호 안에 알맞은 것을 순서대로 적은 것은?

[보기]

학습제어에 의해 내리막길에서 브레이크 페달을 빈번히 밟는 운전자에 대해서는 빠르게 (   )를 하여 엔진브레이크가 잘 듣게 된다. 또한 내리막에서도 가속 페달을 잘 밟는 운전자에게는 (   )를 하기 어렵게 하여 엔진브레이크를 억제한다.

① 다운시프트, 다운시프트
② 업시프트, 업시프트
③ 다운시프트, 업시프트
④ 업시프트, 다운시프트

[15-3 기출] 내리막길에서 다운시프트를 하면 엔진 브레이크(바퀴의 회전이 엔진저항에 의해 감속)가 걸려 감속된다. 또한 오르막길이나 평지에서 가속페달을 깊게 밟게 되면 킥다운 작용(다운시프트)에 의해 강한 토크력으로 추월이 가능하다.

22 주행속도가 일정값에 도달하면 토크 컨버터의 펌프와 터빈을 기계적으로 직결시켜 미끄러짐에 의한 손실을 최소화하는 장치는?

① 프런트 클러치
② 리어 클러치
③ 엔드 클러치
④ 댐퍼 클러치

[17-2 기출] 댐퍼 클러치는 특정 회전속도 이상에서 토크컨버터의 미끄러짐을 최소화하기 위해 펌프와 터빈을 기계적으로 직결시켜 동력전달손실 감소 및 연비 향상의 효과가 있다.

23 자동변속기의 라인압력이 규정치보다 너무 높거나 낮게 되는 원인으로 적당하지 않은 것은?

① 레귤레이터 밸브 오일압력 조절이 불량하다.
② 댐퍼클러치가 열림 혹은 닫힘 상태로 고착되었다.
③ 오일필터가 막혔다.
④ 밸브바디 조임부가 풀렸다.

[NCS 학습모듈]
① 레귤레이터 밸브는 라인압력을 일정하게 유지하는 역할을 하므로 불량 시 라인압력이 높거나 낮게 된다.
② 댐퍼클러치가 고착되면 토크컨버터 압력이 부적당하며, 시동꺼짐이 발생할 수 있다.
③ 오일필터가 막히면 라인압력이 낮아진다.
④ 밸브바디 조임부가 풀리면 오일 누유로 압력이 낮아진다.

24 자동차관리법 시행규칙상 제동시험기 롤러의 마모 한계는 기준직경의 몇 % 이내인가?

① 2%
② 3%
③ 4%
④ 5%

자동차관리법 시행규칙
제동시험기 롤러는 기준 직경의 2% 이상 과도하게 손상 또는 마모된 부분이 없을 것

25 타이어의 종류 중 레이디얼 타이어의 특징으로 틀린 것은?

① 트레드 하중에 의한 변형이 적다.
② 코너링 포스가 우수하다.
③ 고속주행 시 안전성이 적다.
④ 접지면적이 크다.

레이디얼(radial) 타이어
카커스 코드를 단면방향으로 하고, 브레이커를 원둘레 방향으로 넣어서 만든 것이다. 따라서 반지름 방향의 공기압력은 카커스가 받고, 원둘레 방향의 압력은 브레이커가 지지한다.
• 타이어의 편평률을 크게 할 수 있어 접지면적이 크다.
• 브레이커가 튼튼해 타이어 수명이 길고, 트레드가 하중에 의한 변형이 적으나 충격 흡수가 불량하므로 승차감이 나쁘다.
• 선회 시 사이드 슬립이 적어 코너링 포스(구심력)가 좋다.
• 전동 저항이 적고, 로드 홀딩이 향상되며, 스탠딩 웨이브가 잘 일어나지 않는다.
• 고속 주행을 할 때 안전성이 좋다.
• 저속에서 조향 핸들이 다소 무겁다.

26 제동 초속도가 105 km/h, 차륜과 노면의 마찰계수가 0.4인 차량의 제동거리(m)는 약 얼마인가?

① 91.5
② 100.5
③ 120.5
④ 108.5

[18-1 기출] 제동거리 $S = \dfrac{v^2}{2\mu g}$ [m]

여기서, v : 제동 초속도[m/s], μ : 마찰계수, g : 중력가속도 (9.8m/sec²)

$\therefore S = \dfrac{(105/3.6)^2}{2 \times 0.4 \times 9.8} \fallingdotseq 108.5$ [m]

27 자동변속기에서 변속레버를 조작할 때 밸브바디의 유압회로를 변환시켜 라인압력을 공급하거나 배출하는 밸브로 옳은 것은?

① 레귤레이터 밸브
② 변속제어 밸브
③ 리듀싱 밸브
④ 매뉴얼 밸브

[19-1 기출] 매뉴얼 밸브는 변속레버 조작에 의해 유압회로를 변경하는 밸브이다.

28 공기식 현가장치에서 벨로스형 공기스프링 내부의 압력변화를 완화하여 스프링 작용을 유연하게 해주는 것은?

① 서지탱크　　　　② 언로드 밸브
③ 공기 압축기　　　④ 레벨링 밸브

[16-3, 19-1 기출]
- 레벨링 밸브 : 공기 스프링 내의 공기압력을 가감하여 차고를 일정하게 유지시킴
- 언로드 밸브 및 압력조정기 : 공기 탱크의 압력이 규정값 이상일 때 압축공기가 스프링 장력을 이기고 언로드 밸브를 밀어 흡기밸브가 열려 압축기의 작동을 멈추게 함 (즉, 공기압축기의 공기압력을 제어)

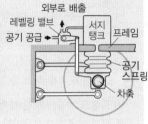

29 전자제어 현가장치에서 자동차가 선회할 때 차체의 기울어진 정도를 검출하는데 사용되는 센서는?

① G센서　　　　② 차속센서
③ 스로틀 포지션 센서　　　④ 리어 압력 센서

[17-2 기출] 선회 시에는 차체의 기울임이 좌우방향으로 이뤄지므로, 자동차 좌우방향으로 작용하는 가로 방향 가속도를 G센서로 감지한다. (롤 제어용 센서)

30 전자제어 현가장치 관련 점검 결과 일반적으로 경고등이 꺼지지 않고 계속 점등 시 조치해야 하는 사항으로 틀린 것은?

① 장비를 이용하여 차고 내림, 롤 제어를 수행시킨다.
② 전구 및 회로의 결선을 확인한다.
③ 하니스 또는 커넥터 점검 후 수리한다.
④ 커넥터를 확인한 후 지속적으로 점등 시 ECS ECU를 교환한다.

ESC 관련 경고등은 장치 자체의 고장을 표시하는 것이 아니라 눈길·빗길 또는 험로 등의 환경에서 주행안전성을 위해 해당 장치가 개입하여 제어를 한다는 것을 알리는 것이다.

31 전동식 EPS(Electric Power Steering) 시스템 조향장치의 단점이 아닌 것은?

① 전동 모터 구동 시 큰 전류가 흘러 배터리 방전대책이 필요하다.
② 설치 및 유지 가격이 유압식에 비해 비싸다.
③ 전기모터 회전 시 컬럼 샤프트를 통해 진동이 스티어링 휠에 전달될 수 있다.
④ 고성능화로 배출가스의 발생을 줄일 수 있으며, 연비 향상을 가져온다.

④는 장점에 해당한다. (동력절감에 따른 배출가스 감소 및 연비향상과 공간확보, 차량무게 감소, 주행보조장치 및 자율주행과의 연계 등)

32 코일 스프링의 특징이 아닌 것은?

① 단위 중량당 에너지 흡수율이 크다.
② 차축에 설치할 때 쇽업쇼버나 링크기구가 필요해 구조가 복잡하다.
③ 제작비가 적고 스프링 작용이 효과적이다.
④ 판간 마찰이 있어 진동감쇠 작용을 한다.

코일 스프링은 판간 마찰이 없으므로 진동 감쇠작용이 좋지 못하여 쇽업소버를 함께 사용한다.

33 자동차가 72 km/h로 주행하기 위한 엔진의 주행마력(PS)은? (단, 전주행저항은 75 kgf이다.)

① 16　　　　② 20
③ 25　　　　④ 30

[15-3 기출] 전주행저항은 반대로 전진하려는 힘과 같으므로
동력 P = 힘×속도 = 75 [kgf]×72/3.6 [m/s] = 1500 [kgf·m/s]
= 1500/75 [PS] = 20 [PS]

34 조향장치의 정비에서 더스터 커버와 컬럼 샤프트 어셈블리에 대한 정비가 아닌 것은?

① 오일펌프 브래킷에 오일펌프를 장착한다.
② 스티어링 로어 샤프트 및 조인트 어셈블리를 연결한다.
③ 스티어링 록 어셈블리는 후크와 샤프트 홈을 일치시켜 조립한다.
④ 작업 전 다목적 그리스를 베어링 내측과 커버 어셈블리 접촉면에 도포한다.

[NCS 조향장치·전자제어조향장치정비 23p]
(1) 작업 전 다목적 그리스를 베어링 내측과 커버 어셈블리 접촉면에 도포
(2) 탈거 과정을 참조해 반대 순서로 작업
(3) 스티어링 록 어셈블리는 후크와 샤프트 홈을 일치시켜 조립
(4) 스티어링 로어 샤프트 및 조인트 어셈블리를 연결
(5) 유니버설 조인트를 기어박스에 고정한 후, 스티어링 컬럼 샤프트를 장착
(6) 더스트 커버를 컬럼 샤프트 어셈블리에 장착
(7) 스티어링 컬럼 어셈블리를 컬럼 멤버 어셈블리에 장착
(8) 다기능 스위치를 장착하고 커넥터를 연결
(9) 로어 커버와 러버 및 로어 슈라우드를 장착
(10) 스티어링 휠을 장착

※ ①은 '파워 조향핸들 펌프 조립과 수리'에 대한 내용이다.

정답　28 ①　29 ①　30 ①　31 ④　32 ④　33 ②　34 ①

35 유압식 쇽업소버의 종류가 아닌 것은?

① 텔레스코핑식
② 드가르봉식
③ 벨로우즈식
④ 레버형 피스톤식

유압식 쇽업소버의 종류 : 텔레스코핑식, 드가르봉식, 레버형 피스톤식
※ 공기스프링의 종류 : 벨로우즈형, 다이어프램형

36 전자제어 현가장치 중 에어 쇽업소버로 차고를 높이는 방법으로 옳은 것은?

① 앞뒤 솔레노이드 공기밸브의 배기구를 개방시킨다.
② 공기 챔버의 체적과 쇽업쇼버의 길이를 증가시킨다.
③ 공기 챔버의 체적과 쇽업쇼버의 길이를 감소시킨다.
④ 배기 솔레노이드 밸브를 작동시킨다.

차고 상승 시 공기 챔버의 체적과 쇽업쇼버의 길이를 증가시킨다.

37 토크컨버터의 펌프 회전수가 2800rpm, 속도비가 0.6, 토크비가 4일 때 효율은 얼마인가?

① 0.24
② 0.34
③ 2.4
④ 3.4

[17–1 기출] 전달효율 = 속도비 × 토크비 = 0.6 × 4 = 2.4

38 드가르봉식 쇽업서버에 대한 설명으로 틀린 것은?

① 늘어남이 중지되면 프리 피스톤은 원위치로 복귀한다.
② 밸브를 통과하는 오일의 유동저항으로 인하여 피스톤이 하강함에 따라 프리 피스톤도 가압된다.
③ 오일실과 가스실은 일체로 되어 있다.
④ 가스실 내에는 고압의 질소가스가 봉입되어 있다.

[16–2 기출] 오일실과 가스실은 분리된 형태이다.

39 자동차의 바퀴가 동적 불균형 상태일 경우 발생할 수 있는 현상은?

① 트램핑
② 시미
③ 스탠딩 웨이브
④ 요잉

시미는 조향너클 핀을 중심으로 타이어가 옆으로 좌우로 회전하는 진동을 말한다.
※ 동적 불균형 : 타이어가 회전할 때 타이어 무게가 균일하지 못하고 한쪽으로 치우치면 옆으로 흔들리며, 조향 핸들에 진동을 가져온다.

40 앞차축에서 한쪽 차륜이 반대쪽 차륜보다 앞 또는 뒤로 처져 있는 정도를 무엇이라 하는가?

① 셋백
② 토 아웃
③ 슬립각
④ 캐스터

03 자동차 전기·전자

41 암소음이 88dB이고, 경음기 측정소음이 97dB일 경우 경음기 소음의 측정값(dB)은? (단, 소음진동관리법 시행규칙에 의함)

① 95
② 96
③ 97
④ 98

자동차 소음과 암소음 측정치의 차이에 따른 보정치

자동차 소음과 암소음 측정치의 차이	3	4~5	6~9
보정치	3	2	1

자동차 소음과 암소음 측정치의 차이가 9이므로 보정치는 1이다.
※ 97 – 1 = 96dB

42 물체의 전기저항 특성에 대한 설명으로 틀린 것은?

① 단면적이 증가하면 저항은 감소한다.
② 도체의 저항은 온도에 따라서 변한다.
③ 보통의 금속은 온도상승에 따라 저항이 감소된다.
④ 온도가 상승하면 전기저항이 감소하는 소자를 부특성 서미스터(NTC)라 한다.

[18–3 기출] 보통의 금속은 온도와 저항이 비례하는 정특성 성질이 있다.

43 CAN 버스의 특징에 대한 설명으로 틀린 것은?

① 외부 전파방해가 발생하면 기준 전압이 변해 CAN HIGH와 LOW 파형의 전압차도 함께 변경된다.
② CAN_high, CAN_low 라인 모두 끊어지면 통신은 전혀 안 된다.
③ 두 라인 중 한 선만 단선될 경우 120Ω이 측정된다.
④ 만약 크랭크각센서의 RPM신호를 입력받은 엔진 ECU가 CAN BUS에서 단선될 경우 크랭크각센서의 신호를 받는 나머지 ECU는 CAN TIME OUT이 출력된다.

[응용문제] ① 외부 전파방해가 발생하면 기준 전압이 변해도 CAN HIGH와 LOW 파형의 전압차는 변하지 않는다. 이는 CAN HIGH, LOW 모두 영향을 받기 때문이다.
② 2선 모두 끊어지면 통신이 되지 않는다(CAN BUS OFF, TIME OUT 모두 발생)
④ CAN time out은 일정시간 동안 원하는 메시지가 수신되지 않을 때 발생하는 코드로, 송신측 모듈(노드)의 불량일 가능성이 크다.

44 자동온도 조정장치(FATC)의 센서 중에서 포토다이오드를 이용하여 전류를 컨트롤 하는 센서는? □□□

① 일사 센서　　　　　② 내기온도 센서
③ 외기온도 센서　　　④ 수온 센서

[12-3 기출] 일사 센서(조도 센서)는 빛의 양에 따라 저항값이 변하는 포토다이오드를 이용한다.

45 주행안전장치 적용 차량의 전방 주시용 카메라 교환 시 카메라에 이미 인식하고 있는 좌표와 실제 좌표가 틀어진 경우가 발생할 수 있어 장착 카메라에 좌표를 재인식하기 위해 보정판을 이용한 보정은? □□□

① EOL 보정　　　　　② SPTAC 보정
③ SPC 보정　　　　　④ 자동 보정

[NCS 학습모듈] 보정판을 이용한 보정에는 EOL, SPTAC 보정이 있으며 EOL은 생산공장의 최종검차라인에 수행되며, SPTAC 보정은 주로 교환 등 A/S에서 보정판을 이용한 보정 작업이다.
※ SPC 보정 : 보정판이 없을 때 진단장비를 이용한 보정
※ 자동 보정 : 최초 보정 이후 진단장비를 사용하지 않고 실제 도로주행 중 발생한 카메라 장착각도 오차를 보정

46 스마트 컨트롤 리모콘 스위치로 제어기에서 5V의 전원이 공급되고 있을 때 CRUISE(크루즈) 스위치를 작동하면 제어기 "A"에서 인식하는 전압은? □□□

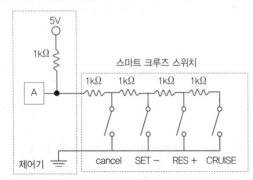

① 0V　　　　　　② 3V
③ 4V　　　　　　④ 5V

이해 회로에서 CRUISE 스위치만 close하면 다음과 같이 표현할 수 있다.
저항이 직렬 연결일 때 각 저항 뒤의 전압값은 전압강하에 의해 작아지며, 각 저항마다 1V씩 소모하여 각 저항을 지날 때마다 1V씩 줄어든다.(저항이 1kΩ으로 동일하기 때문) 그러므로 A 지점은 4V이다.

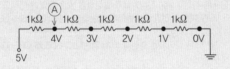

47 전자제어 점화장치의 작동 순서로 옳은 것은? □□□

① 각종 센서 → ECU → 파워 트랜지스터 → 점화코일
② ECU → 각종 센서 → 파워 트랜지스터 → 점화코일
③ 파워 트랜지스터 → 각종 센서 → ECU → 점화코일
④ 각종 센서 → 파워 트랜지스터 → ECU → 점화코일

[18-2 기출]

48 냉방장치에 대한 설명으로 틀린 것은? □□□

① 팽창밸브는 냉매를 무화하여 증발기에 보내며 압력을 낮춘다.
② 압축기는 증발기에서 저압기체로 된 냉매를 고압으로 압축하여 응축기로 보낸다.
③ 응축기는 압축기로부터 오는 고온 냉매의 열을 대기로 방출시킨다.
④ 건조기는 저장, 수분제거, 압력조정, 냉매량 점검, 기포발생 기능이 있다.

[21-1 기출] 건조기의 기능은 기포 발생이 아니라 기포 분리이다.

49 차량에 사용하는 통신 프로토콜 중 통신속도가 가장 빠른 것은? □□□

① LIN　　　　　② CAN
③ K-LINE　　　④ MOST

MOST > CAN > LIN > K-LINE

50 첨단 운전자 보조시스템(ADAS) 센서 진단 시 사양설정 오류 DTC 발생에 따른 정비 방법으로 옳은 것은? □□□

① 베리언트 코딩 실시
② 시스템 초기화
③ 해당 센서 신품 교체
④ 해당 옵션 재설정

베리언트 코딩(Variant coding)은 일반 컴퓨터(PC)의 하드웨어를 교체했을 때 원활한 작동을 위해 해당 하드웨어에 관련된 소프트웨어를 설치하여 옵션을 제어하여 최적화시키는 것과 유사하다. 신품으로 교환하거나 사양설정 오류 시 스캐너를 연결하고 제조사에서 제시한 해당 코딩번호를 입력한다.
참고) 베리언트 코딩이 필요한 경우
• 신품 교체 시
• 사양이 다를 경우
• 사양 설정 오류
• 전자제어장치의 소프트웨어 옵션이 기록 안됨 등

정답 44 ① 45 ② 46 ③ 47 ① 48 ④ 49 ④ 50 ①

51 점화장치에서 점화 1차 회로의 전류를 차단하는 스위치 역할을 하는 것은?

① 점화코일　　　　② 점화플러그
③ 다이오드　　　　④ 파워 TR

[난이도 하]

52 주행안전장치 적용 차량에서 전방 레이터 교환에 따른 베리언트 코딩 작업 항목이 아닌 것은?

① 전자식 파킹 브레이크 장치
② 운전자의 위치
③ 자동 긴급 제동장치
④ 내비게이션 기반 스마트 크루즈 장치

[NCS 학습모듈 자동차 주행안전장치정비 47p] **베리언트 코딩**
• FCA 보행자 옵션 : 전방 충돌 방지 보조(FCA)는 레이더 및 카메라 등 거리 감지 센서를 통하여 사전에 전방 보행자와의 거리를 미리 인식하여 충돌 위험을 운전자에게 알려주고 위험 상황 발생 시 자동 긴급 제동을 수행한다.
• FCA 옵션 : FCA 옵션이 활성화되면 시스템이 켜지고 작동 준비 상태가 된다. FCA 옵션 활성화 이후에는 시동 ON/OFF 여부와 관계없이 항상 On 상태를 유지한다.
• 내비게이션 기반 SCC 옵션 : SCC w/S&G 동작 중 내비게이션으로부터 사전에 전방의 제한 속도 정보를 사전에 수신하여 현재 차량이 과속 단속 구간 통과 시 제한 속도 이상으로 주행하는 경우 일시적으로 감속하여 운전자 편의를 향상시킨다.
• SCC 활성화 옵션 : SCC 옵션이 활성화되면 사용자의 주행 속도 설정과 차간거리 설정 이후 가속 페달을 밟지 않아도 차량의 속도를 일정하게 유지시키고 전방의 차량을 감지하여 선행 차량과의 거리를 일정하게 유지시켜 준다.
• 운전석 위치 : 운전석 위치 기준으로 LHD와 RHD로 구분된다.

53 자화된 철편에 외부자력을 제거한 후에도 자력이 남아있는 현상은?

① 자기 포화 현상
② 상호 유도 현상
③ 전자 유도 현상
④ 자기 히스테리시스 현상

[기출] **자기이력현상**(히스테리시스)
히스테리시스 현상이란 어떤 물질에 외부의 힘을 가하여 A 지점에서 시작하여 B 지점에 도달할 때, 외부의 힘을 없애도 다시 A 지점으로 회복되지 못하고 다른 값으로 유도되는 것을 말하며, 대표적인 예가 강자성체의 자화나 탄성의 변형 등이 있다.
자기이력현상에서는 자화된 철편에 외부자력을 인가한 후, 그 외부자력을 제거한 후에도 계속해서 자력이 남아 에너지 손실을 유발시키는 원인이 된다.
※ 자기포화 현상 : 자화력을 증가시켜도 자기가 더 이상 증가하지 않는 현상

54 PIC 스마트 키 작동범위 및 방법에 대한 설명으로 틀린 것은?

① PIC 스마트 키를 가지고 있는 운전자가 차량에 접근하여 도어 핸들을 터치하면 도어 핸들 내에 있는 안테나는 유선으로 PIC ECU에 신호를 보낸다.
② 외부 안테나로부터 최소 2m에서 최대 4m까지 범위 안에서 송수신된 스마트키 요구 신호를 수신하고 이를 해석한다.
③ 커패시티브(capacitive) 센서가 부착된 도어핸들에 운전자가 접근하는 것은 운전자가 차량 실내에 진입하기 위한 의도를 나타내며, 시스템 트리거 신호로 인식한다.
④ PIC 스마트키에서 데이터를 받은 외부 수신기는 유선(시리얼 통신)으로 PIC ECU에게 데이터를 보내게 되고, PIC ECU는 차량에 맞는 스마트 키라고 인증을 한다.

스마트키 유닛은 외부 안테나로부터 약 0.7~1m의 범위 안에서 도어핸들에 부착된 외부 안테나를 통해 송신된 스마트키 요구 신호를 수신하고 암호 일치 여부를 확인한다.

55 타이어 공기압 경보장치(TPMS)의 측정 항목이 아닌 것은?

① 타이어 온도
② 휠 속도
③ 휠 가속도
④ 타이어 압력

[중복] TPMS에는 직접식과 간접식이 있다.
• 직접식 : 공기주입밸브에 부착하여 타이어 압력과 온도를 감지
• 간접식 : 휠 스피드센서의 신호에 의해 공기압을 간접 유추

56 점화플러그 종류 중 저항 타입 점화플러그의 가장 큰 특징은?

① 라디오의 잡음을 방지한다.
② 불꽃이 강하다.
③ 고속 엔진에 적합하다.
④ 플러그의 열 방출이 우수하다.

[기출] 저항 플러그 : 전파 방해 방지를 위해 중심전극에 고저항을 설치

57 자동차 네트워크 통신 시스템의 장점이 아닌 것은?

① 복잡한 시스템
② 시스템 신뢰성 향상
③ 전기장치의 설치 용이
④ 배선의 경량화

58 가솔린 연료펌프의 규정 저항값이 3Ω이고, 배터리 전압이 12V일 때 연료펌프를 점검하여 분석한 내용으로 <u>틀린</u> 것은?

① 연료펌프의 전류가 규정값보다 낮게 측정된 경우 접지 불량일 수 있다.
② 연료펌프의 전류가 규정값보다 크게 측정된 경우 연료필터의 막힘 불량일 수 있다.
③ 연료펌프의 전류 점검 시 약 4A로 측정했다면 모터의 성능은 양호하다.
④ 연료펌프의 전류가 약 2A로 측정된 경우 연료펌프의 부하가 커졌다는 것을 알 수 있다.

---

① 접지 불량 → 접지면적이 작아짐 → 저항이 커져 → 전류가 낮아짐
② 연료필터가 막히면 고압으로 인해 모터 부하가 커지므로 그만큼 사용 전류가 커지게 된다.
　→ 부하가 걸린다 : 저항이 많이 걸린다는 의미이므로, 그만큼 전류소모가 많아진다.
③ 오옴의 법칙에 의해 맞음
④ 모터 전류(2 A)가 규정 전류(4 A)보다 낮으므로 부하가 작아진다.
　(부하와 전류는 비례한다)

정리

• 연료모터에 흐르는 전류가 규정전류보다 작으면 – 연료가 적으면 연료펌프에 걸리는 저항(부하)가 작기 때문에 회전이 원활해져 전류값도 낮아짐 (약 2A) – 이는 연료펌프 전류파형의 진폭도 작다는 의미이다.
• 연료모터에 흐르는 전류가 규정전류보다 크면 – 연료필터 막힘. 공급라인 꺾임 등으로 부하가 커져 회전수가 작아진다.

참고) 부하와 전류의 관계 (공식으로 해석하면)

$$E_c = \frac{PZ}{a}\phi N = K\phi N \qquad - ①$$
$$V = E_c + I_a \cdot R_a \rightarrow I_a = \frac{V - E_c}{R_a} \qquad - ②$$

• I_a : 전기자 전류
• V : 유입되는 전압
• E_c : 소비되는 역기전력
• R_a : 전기자 저항
• ϕ : 자속
• N : 회전수

부하가 증가하면 ① 식에서 회전수(속도)가 감소하고 이는 역기전력(E_c)가 감소한다.
② 식에서 E_c가 감소하면 전기자 전류(I_a)가 증가한다.

---

59 0°F(영하 17.7°C)에서 300A 전류로 방전하여 셀당 기전력이 1V 전압강하 하는데 소요된 시간으로 표시되는 축전지 용량 표기법은?

① 냉간율
② 25 암페어율
③ 20 전압율
④ 20 시간율

[10–3 기출] 배터리 용량 표시방법

• 냉간율 : 0°F(−17.7°C)에서 300A 방전하여 1셀 당 전압이 1V 강하하기까지 소요 시간을 표시
• 20 시간율 : 셀 전압이 1.75V로 떨어지기 전에 27°C에서 20시간 동안 공급할 수 있는 전류의 양을 측정하는 배터리율
• 25 암페어율 : 26.6°C(80°F)에서 일정 방전 전류(25A)로 방전하여 셀당 전압이 1.75V에 이를 때까지의 방전하는 것을 측정 → 발전기 고장 시 부하에 전류를 공급하기 위한 배터리 능력을 표시

---

60 차량 네트워크 계통의 에러 발생 중 다음에 해당하는 것은?

─[보기]─

메시지를 보냈지만 아무도 수신하지 않아 스스로를 (　　　) 상태로 판단하는 경우이다. 이후에 정상인 상태에서 진단을 수행하면 과거의 고장으로 (　　　)를 띄우게 된다.

① CAN bus off
② CAN message error
③ CAN 통신 불가
④ CAN time out

그림과 같이 ㉮ ECU에서 ❷ ECU와 ❸ ECU에 어떤 메시지(정보)를 보내려고 할 때 단선되었다고 가정하자.
그러면 ㉮ ECU에서는 메시지를 보냈지만 단선으로 인해 ❷, ❸ ECU에서 메시지를 수신하지 못해 스스로 **CAN bus off**로 판단한다. 즉 ㉮ ECU는 CAN 버스에서 이탈한 것이다.
그런데 이 진단은 현재의 단선 상태가 아니라, 정상적으로 결선한 후 진단했을 때 과거의 고장으로 CAN bus off를 띄우는 것이다. (즉, bus off DTC는 과거의 고장을 의미한다.)

※ **CAN time out** : ㉮ ECU가 ❷ 또는 ❸ ECU에게 어떤 정보를 요청했는데, 정보를 받지 못할 때 ㉮ ECU는 Time Out 에러를 검출시킨다. (몇 번 메시지를 요청해도 일정 시간 동안 원하는 메시지가 수신되지 않을 때 발생한다.) – 응답 지연

※ **CAN message error** : 수신측에서 받은 정보가 정상 범위를 벗어나거나 잘못된 경우 발생하는 코드이다.

※ **CAN 통신 불가** : 제어기와 진단 장비와의 CAN 통신이 불가능한 경우로, 마찬가지로 BUS OFF에서 정상화되면 과거 고장으로 표출한다.

이해

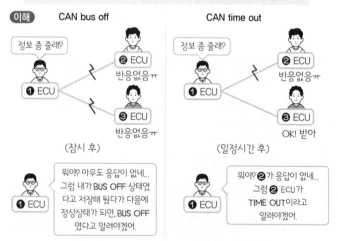

04 친환경 자동차

61 수소 연료전지 자동차의 연료라인 분해작업 시 작업 내용이 아닌 것은?

① 수소 가스를 누출시킬 때에는 누출 경로 주변에 점화원이 없어야 한다.
② 연료라인 분해 시 연료라인 내에 잔압을 제거하는 작업을 우선해야 한다.
③ 수소탱크의 해압밸브(블리드밸브)를 개방한다.
④ 연료라인 분해 시 수소탱크의 매뉴얼 밸브를 닫는다.

[현대자동차서비스 매뉴얼] **수소공급시스템 관련 부품 점검 및 정비**
• 시동 OFF, 배터리 +, − 단자 분리
• 수소탱크 매뉴얼 밸브를 잠근다.
• 연료라인 잔류압력 제거

※ 해압밸브(블리드밸브, 예비 수소 배출장치) : 저온시동 시 수분의 영향으로 레귤레이터 출구측의 압력이 상승하는 것을 방지하기 위해 해압밸브를 통해 수소를 배출시켜 출구압력을 정상압력범위에 있도록 한다.
※ 솔레노이드 밸브와 매뉴얼 밸브는 수소탱크에서 연료전지로 연결되는 유로를 개폐하며, 두 장치 중 어느 하나라도 동작하지 않으면 유로는 개방되지 않는다.

62 연료전지 자동차의 구동모터에 설치되어 로터의 정확한 위치를 파악하여 모터의 최대 출력 제어를 정밀하게 하기 위한 부품은?

① DC−DC 모터
② 인클로저
③ 모터위치 센서
④ 콘덴서

지문은 모터위치센서(레졸버)에 대한 설명이다.
※ 인클로저 : 연료전지 스택을 외부충격으로부터 보호하는 하우징 역할

63 하이브리드 전기자동차의 고전압 케이블의 점검에 대한 내용으로 옳은 것은?

① 단선 점검 시 U−V 단자 간의 저항이 1Ω 이하이면 정상
② 단락 점검 시 W−V 단자 간의 저항이 1Ω 이하이면 정상
③ 단선 점검 시 W−W 단자 간의 저항이 1Ω 이하이면 정상
④ 단선 점검 시 W−U 단락 간의 저항이 1Ω 이하이면 정상

• 단선점검 시 U−U, W−W, V−V 간 저항이 1Ω 이하일 때 정상이다.
• 단락점검 시 W−V 간, U−V 간, W−U 간의 저항이 ∞Ω이거나 약 10 MΩ일 때 정상이다. (절연상태 정상)

64 하이브리드 자동차의 전동식 워터펌프 교환 시 유의사항으로 틀린 것은?

① 전동식 워터펌프 교환 후 학습할 필요는 없다.
② 정비지침서의 분해 순서를 참고하여 작업한다.
③ 바닥에 냉각수가 흐르지 않도록 한다.
④ 하이브리드 차량이기 때문에 에어빼기는 필요치 않다.

65 전기자동차 배터리의 단자전류가 100A, 무부하 전압이 380V, 단자전압이 360V일 때 내부저항은?

① 0.1
② 0.2
③ 0.3
④ 0.4

배터리 방전 중 배터리 단자 전압은 다음과 같다.
배터리 단자전압 $V = E - (I \cdot R)$
E : 무부하 전압, I : 배터리에 흐르는 방전전류, R : 배터리 내부저항
$360 = 380 - (100 \times R) \rightarrow R = 0.2$

66 자동차규칙상 고전원전기장치 절연 안전성에 대한 설명 중 ( ) 안에 들어갈 알맞은 내용은?

[보기]

연료전지자동차의 고전압 직류회로는 절연저항이 ( ) 이하로 떨어질 경우 운전자에게 경고를 줄 수 있도록 절연저항 감시시스템을 갖추어야 한다.

① 100 Ω/V
② 200 Ω/V
③ 300 Ω/V
④ 400 Ω/V

연료전지자동차의 고전압 직류회로는 절연저항이 100 Ω/V 이하로 떨어질 경우 운전자에게 경고를 줄 수 있도록 절연저항 감시시스템을 갖추어야 한다.
『자동차 및 자동차부품의 성능과 기준에 관한 규칙』 – 고전원전기장치 절연 안전성 등에 관한 기준

67 고전압 배터리 제어장치의 구성요소가 아닌 것은?

① 배터리 관리 시스템(BMS)
② 고전압 직류 변환장치(HDC)
③ 냉각 덕트
④ 배터리 전류 센서

고전압 직류 변환장치(High voltage DC−DC Converter)는 배터리와 인버터 사이에 위치하며, 모터의 출력 증대를 위해 고전압 배터리의 직류전원을 승압하여 MCU(인버터)에 전달하는 전력변환제어기에 해당한다.

정답 61 ③ 62 ③ 63 ③ 64 ④ 65 ② 66 ① 67 ②

68 하이브리드 자동차의 모터 컨트롤 유닛(MCU) 취급 시 유의사항으로 틀린 것은?

① MCU는 고전압 시스템이기 때문에 작업하기 전에 고전압을 차단하여 안전을 확보해야 한다.
② 작업하기 전 반드시 절연장갑을 착용해야 하며, MCU 시스템을 숙지한 후 작동한다.
③ 고전압 차단을 피해서는 차량 이그니션 키를 OFF상태로 하고, 방전이 된 것을 확인하고 작업한다.
④ 방전 여부는 파워 케이블을 커넥터 커버 분리 후, 절연계를 사용하여 각 상간(U/V/W) 전압이 12V 인지 확인한다.

> 절연계는 절연저항을 측정한다.

69 엔진은 고전압 배터리를 충전하기 위한 역할만 하고, HEV모터에 의해서만 주행이 가능한 하이브리드 방식은?

① 직렬형
② 직·병렬형
③ 혼합형
④ 병렬형

> 직렬형 하이브리드 방식의 엔진은 고전압 배터리 충전용으로 이용된다.

70 전기자동차의 충전방법에 관한 내용으로 틀린 것은?

① 전기자동차 충전은 급속 충전기, 완속충전기, 휴대용 완속 충전기로 구분한다.
② 완속 충전은 AC전원을 이용하여 충전한다.
③ 급속 충전은 DC로 인버터된 전원을 이용하여 충전한다.
④ 급속 및 완속 충전 시 공급되는 모든 전원은 OBC(On Board Charger)를 통해 변환된다.

> OBC는 완속충전 시에만 사용된다.
> • 급속충전 : DC → 고전압 정션박스 → PRA → 고전압배터리
> • 완속충전 : AC → OBC → PRA → 고전압배터리

71 하이브리드 자동차의 EV 모드 운행 중 보행자에게 차량 근접에 대한 경고를 하기 위한 장치는?

① 주차 연동 소음 장치
② 제동 지연 장치
③ 보행자 경로 이탈 장치
④ 가상엔진 사운드 장치

72 수소 연료전지 자동차에서 셀에 공급된 연료의 질량이 950kg이고, 셀에서 반응한 연료의 질량은 700kg일 때 연료의 이용률(%)은?

① 73.6
② 36.8
③ 68
④ 135

> $연료의\ 이용률 = \dfrac{셀에서\ 반응한\ 연료의\ 질량}{셀로\ 공급된\ 연료의\ 질량} \times 100\%$
> $= \dfrac{700}{950} \times 100\% \fallingdotseq 73.6\%$

73 모터 컨트롤 유닛 MCU(Motor Control Unit)의 설명으로 틀린 것은?

① 구동모터에서 발생한 DC 전력를 AC로 변환하여 고전압 배터리에 충전한다.
② 고전압 배터리의 DC 전력를 모터 구동에 필요한 AC 전력으로 변환한다.
③ 3상 교류 전원(U, V, W)으로 변환된 전력으로 구동모터를 구동시킨다.
④ 가속시에 고전압 배터리에서 구동모터로 에너지를 공급한다.

> 고전압 배터리 충전 시 구동모터의 발생한 AC 전력을 DC로 변환한다.

74 플러그인 하이브리드자동차의 연료소비효율 및 연료소비율 표시를 위해 소모된 전기에너지를 자동차에 사용된 연료의 순발열량으로 등가 환산하여 적용할 때 환산인자로 틀린 것은?

① 휘발유 1 L = 7230 kcal
② 전기 1 kWh = 860 kcal
③ 경유 1 L = 6250 kcal
④ 1 cal = 4.1868 J

> 근거) 플러그인하이브리드자동차의 에너지소비효율, 온실가스 배출량 및 연료소비율 측정방법
> • 휘발유 1 L = 7,230 kcal
> • 전기 1 kWh = 860 kcal
> • 경유 1 L = 8,420 kcal
> • 1 cal = 4.1868 J

정답 ▶ **68** ④ **69** ① **70** ④ **71** ④ **72** ① **73** ① **74** ③

75 전기자동차에서 LDC, MCU, 모터, OBC를 냉각하기 위해 냉각수를 강제 순환하는 장치는?

① Chiller
② COD(Cathode Oxygen Depletion)
③ PTC(Posititive Temperature Coefficient)
④ EWP(Electronic Water Pump)

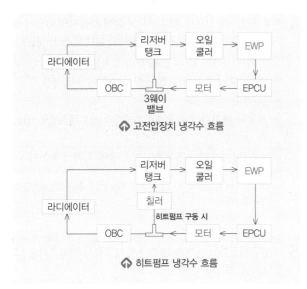

↑ 고전압장치 냉각수 흐름

↑ 히트펌프 냉각수 흐름

76 전기자동차의 공조장치(히트펌프)에 대한 설명으로 틀린 것은?

① 온도센서 점검 시 저항(Ω) 측정
② PTC형식 이베퍼레이터 온도 센서 적용
③ 정비 시 전용 냉동유(POE) 주입
④ 전동형 BLDC 블로어 모터 적용

② Evaporator sensor는 증발기 온도를 감지하여 실내 온도 유지 및 결로 방지를 목적으로 하며, 증발기 온도센서는 NTC 타입을 사용한다.

77 전기자동차의 모터 컨트롤 유닛의 역할로 틀린 것은?

① 감속 시 구동모터를 제어하여 발전기로 전환하는 기능
② 레졸버로부터 회전자의 위치 신호를 받는 기능
③ 직류를 교류로 변환하여 구동모터를 제어하는 기능
④ 가속 시 구동모터의 절연파괴 방지 제어 기능

모터의 절연파괴는 과부하로 인한 온도와 관계가 있으며, 모터 내부에 온도 센서(NTC 타입)를 설치하여 MCU가 모터 구동을 제한한다.

78 연료전지 스택에 필요한 주변장치(BOP)가 아닌 것은?

① 열관리 시스템
② 공기공급시스템
③ 연료공급시스템
④ 구동제어시스템

BOP(주변 기기) 구성요소
• 공기 공급 시스템(APS) – 공기 공급
• 연료 공급 시스템(FPS) – 수소 공급
• 열관리 시스템(TMS) – 연료전지 스택 냉각

※ BOP(Balance of Plant) : 연료전지의 본체(스택)를 제외한 스택의 작동을 돕는 필수장치

79 전기자동차 구동 모터의 단품 검사방법이 아닌 것은?

① 모터 최대회전 속도 검사
② 모터 절연내력 검사
③ 모터 선간저항 검사
④ 모터 절연저항 검사

[NCS 친환경자동차–전기자동차+특화시스템정비, 79p]
전기자동차 구동 모터 검사방법 (모터 단품 검사)
• 모터 선간저항 검사
• 모터 절연저항 검사
• 모터 절연내력 검사

80 연료전지 자동차에서 공기 압축기 작동의 불량 원인으로 틀린 것은?

① 공기량 센서 이상
② 운전압력조절장치 이상
③ 블로어 파워 컨트롤 유닛(BPCU) 이상
④ 공기 압축기 내부 베어링의 손상

운전압력조절장치는 공기압축기에서 유로를 조절하여 공기압력을 조절하며, 설정유량 이상일 경우 남는 공기를 외부로 배출하는 역할을 한다. (일종의 릴리프 밸브 개념)

CBT 실전모의고사 7회

01 자동차 엔진

1 크랭크축 엔드플레이 간극이 클 때 나타날 수 있는 현상이 아닌 것은?

① 밸브간극이 증대된다.
② 피스톤 측압이 증대된다.
③ 커넥팅로드에 휨 하중이 발생한다.
④ 클러치 작동 시 진동이 발생한다.

> **크랭크축 엔드플레이 간극이 클 때 나타나는 현상**
> • 크랭크축 메인베어링 손상
> • 커넥팅로드의 휨 하중
> • 피스톤 측압 발생으로 실린더 벽면과 피스톤링 조기 마모
> • 클러치 작동 시 진동 및 출력 저하
> ※ 밸브간극은 밸브스템엔드와 로커암 사이의 틈새를 말하며, 크랭크축과는 무관하다.

2 가솔린엔진과 비교한 디젤엔진의 특징으로 틀린 것은?

① 동일 마력대비 기관의 중량이 가볍다.
② CO, HC 배출가스가 적다.
③ 엔진 출력 대비 연료소비율이 적다.
④ 엔진의 압축압력이 높다.

> 디젤엔진은 가솔린엔진보다 동일 마력당 중량이 무겁다.
> ※ 디젤엔진은 공기과잉률이 약 1.2 이상 희박영역에서 운전되므로 CO 배출량은 극히 적다. 연료가 실린더 내에 분사되어 연소되므로 실린더 벽에 혼합기의 소염층이 거의 형성되지 못하므로 일반적으로 HC 배출량은 적다.

3 연료필터에서 오버플로우 밸브의 역할이 아닌 것은?

① 분사펌프의 압력상승 작용
② 필터 각 부의 보호 작용
③ 운전 중 공기빼기 작용
④ 연료공급 펌프의 소음발생 방지

> [18-1 기출]

4 무부하 검사방법으로 휘발유 사용 운행 자동차의 배출가스검사 시 측정 전에 확인해야 하는 자동차의 상태로 틀린 것은?

① 측정에 장애를 줄 수 있는 부속 장치들의 가동을 정지한다.
② 배기관이 2개 이상일 때는 모든 배기관을 측정한 후 최대값을 기준으로 한다.
③ 자동차 배기관에 배출가스분석기의 시료채취관을 30 cm 이상 삽입한다.
④ 수동 변속기 차량은 변속기어를 중립 위치에 놓는다.

> 배기관이 2개 이상일 때에는 임의로 배기관 1개를 선정하여 측정을 한 후 측정치를 산출한다.

5 휘발유자동차의 운행차 배출가스 정밀검사 부하검사방법에 대한 설명으로 틀린 것은?

① 검사모드 시작 25초 경과 이후 모드가 안정된 구간에서 10초 동안 배출가스를 측정하여 산술평균값으로 한다.
② 차대동력계에서의 배출가스 시험중량은 차량중량에 136 kg을 더한 수치로 한다.
③ 자동차를 차대동력계에서 25%의 도로부하로 25 km/h의 속도로 주행하고 있는 상태에서 배출가스를 측정한다.
④ 일산화탄소는 소수점 둘째자리 이하는 버리고 0.1%단위로 측정하고, 탄화수소와 질소산화물은 소수점 첫째자리 이하는 버리고 1 ppm단위로 측정한다.

> 자동차를 차대동력계에서 25%의 도로부하로 40 km/h의 속도로 주행하고 있는 상태에서 배출가스를 측정한다.

6 전자제어 연료분사식 가솔린 엔진에서 연료펌프와 딜리버리 파이프 사이에 설치되는 연료댐퍼의 기능으로 옳은 것은?

① 연료라인의 맥동 저감
② 분배 파이프 내 압력 유지
③ 감속 시 연료 차단
④ 연료라인의 릴리프 기능

> [17-3 기출]

정답 1 ① 2 ① 3 ① 4 ② 5 ③ 6 ①

7 디젤엔진에서 최대분사량이 40 cc, 최소분사량이 32 cc일 때, 각 실린더의 평균 분사량이 34 cc라면 (+) 불균율(%)은?

① 5.9　　　　　　　　② 23.5

③ 20.2　　　　　　　　④ 17.6

$$(+)\ 불균율 = \frac{최대\ 분사량 - 평균분사량}{평균분사량} \times 100 = \frac{40-34}{34} \times 100$$
$$= 17.6\%$$

8 디젤엔진에 장착되는 예열플러그의 시동성을 향상시키는 방법으로 옳은 것은?

① 흡기매니폴드에 장착되며, 흡입공기의 온도를 상승시킨다.
② 연소실에 장착되며, 연소실 내부의 공기온도를 상승시킨다.
③ 실린더헤드에 장착되며, 냉각수의 온도를 상승시켜 연소실 온도를 상승시킨다.
④ 연료라인에 장착되며, 연료온도를 상승시킨다.

①는 흡기 가열 방식이다. (흡기 히터, 히트 레인지)

9 터보차저가 장착된 엔진에서 출력부족 및 매연이 발생하는 원인이 아닌 것은?

① 터보차저 마운팅 플랜지에서 누설이 있다.
② 발전기에서 충전전류가 발생하지 않는다.
③ 에어클리너가 오염되었다.
④ 흡입매니폴드에서 누설이 있다.

터보차저는 배기가스 압력으로 회전하므로 발전기와는 무관하다.

10 점화플러그 조립작업에 대한 내용으로 틀린 것은?

① 점화플러그를 조립하기 전에 실린더 헤드 부위를 압축공기로 불어준다.
② 점화플러그를 실린더 헤드에 장착하고 연소가스가 세지 않게 임팩트를 사용하여 조립한다.
③ 점화케이블을 장착하고 엔진시동을 걸어 부조상태가 있는지 확인한다.
④ 점화플러그를 장착하기 전에 해당 차량의 규정 점화플러그를 확인한다.

점화플러그의 개스킷이나 턱이 밀봉작용을 하므로 임팩트 렌치로 규정값 이상으로 강하게 조일 경우, 개스킷이나 턱이 손상될 수 있으므로 각도법을 이용하여 조인다.
※ 임팩트 : 압축공기를 이용하여 타격을 주며 회전시키는 렌치로 작업량이 많거나 타이어 휠 조립과 같은 큰 힘이 필요할 경우 사용한다.

11 등온, 정압, 정적, 단열과정의 P-V 선도를 다음과 같이 도시하였다. 이 중에서 단열과정의 곡선은?

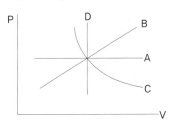

① A　　　　　　　　② B

③ C　　　　　　　　④ D

[15-2 기출] A : 정압과정,　C : 단열과정,　D : 정적과정
문제의 C는 등온과정 또는 단열과정에 해당한다.

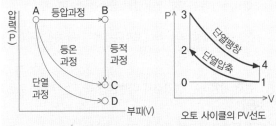

오토 사이클의 PV선도

참고) 기관에서의 단열 과정 :
• 1→2 : 공기를 압축할 때 부피가 줄어듦과 동시에 압력이 증가
• 3→4 : 폭발 연소 후 피스톤이 내려오며 압력은 감소하고, 부피가 증가

12 공회전 속도 조절장치(ISA)에서 열림(open) 측 파형을 측정한 결과 ON 시간이 1 ms이고, OFF 시간이 3 ms일 때 열림 듀티값은?

① 25　　　　　　　　② 35

③ 50　　　　　　　　④ 60

$$[20-1\ 기출]\ 열림\ 듀티값 = \frac{ON\ 시간}{ON\ 시간 + OFF\ 시간} \times 100 = \frac{1}{1+3} = 0.25$$

13 윤활유 점도와 점도지수에 대한 설명으로 가장 거리가 먼 것은?

① 점도는 끈끈한 정도를 나타내는 척도이다.
② 점도지수가 높을수록 온도변화에 따른 점도변화가 크다.
③ 압력이 상승하면 점도는 높아진다.
④ 온도가 높아지면 점도가 저하된다.

점도지수가 높을수록 온도변화에 따른 점도변화가 낮다.
※ 점도(끈끈한 정도)는 압력에 비례, 온도에 반비례한다.

14 다음 중 배출가스 저감장치로 가장 거리가 먼 것은?

① 촉매변환장치
② 블로바이 가스 재연소장치
③ 연료환원장치
④ 증발가스 제어장치

> 연료환원장치는 CO_2를 친환경연료장치로 변환하는 장치이다.

15 전자제어 가솔린 엔진에서 연료펌프 내부에 있는 체크밸브의 역할로 옳은 것은?

① 차량 전복 시 화재예방을 위해 휘발유의 유출을 방지한다.
② 연료라인에 적정압력이 상승될 때까지 시간을 지연시킨다.
③ 엔진정지 시 연료라인 내 압력을 일정하게 유지시켜 베이퍼록 현상을 방지한다.
④ 연료라인의 과도한 연료압력 상승을 방지한다.

> [09-1 기출] 체크밸브의 역할 : 잔압 유지, 베이퍼록 방지, 재시동성 향상

16 현재 사용하는 정기검사 디젤엔진 매연검사 방법으로 옳은 것은?

① 광투과식 무부하 급가속 모드 검사
② 광투과식 부하 가속 모드 검사
③ 여지 광반사식 매연검사
④ 여지 광투과식 매연검사

> • 광투과식 무부하 급가속 모드 (무부하검사방법)
> • 엔진회전수 제어방식 : Lug Down 3모드 (부하검사방법)
> • 한국형 경유 147 : KD147모드 (부하검사방법)

17 LPG 연료의 특성으로 틀린 것은?

① 무색, 무취, 무미하며 다량 흡입 시 마취 효과가 있다.
② LPG 충전은 법령상 봄베 체적의 85%를 넘지 않아야 한다.
③ 프로판의 비점은 약 $-0.5℃$ 이고, 부탄의 비점은 약 $-42.1℃$이다.
④ 기체상태의 LPG는 공기보다 1.5~2배 무겁다.

> 부탄의 비점 : 약 $-0.5℃$, 프로판의 비점 : 약 $-42.1℃$
>
> **이해** LPG 연료의 주성분은 부탄이다. 부탄의 비점(끓는점)은 $-0.5℃$이므로 겨울철($-0.5℃$ 미만)에서는 시동성이 나쁘므로 비점이 낮은($-42.1℃$) 프로판을 혼합하여 $-0.5℃$보다 더 낮은 온도에서도 연소될 수 있도록 한다.

18 전자제어 디젤엔진의 기계식 저압펌프 진공 규정값에 대한 판정결과로 옳은 것은?

① 약 0~7 cmHg – 연료필터 또는 저압 라인 막힘
② 약 8~19 cmHg – 정상
③ 약 20~60 cmHg – 저압 라인 누설 또는 흡입 펌프 손상
④ 약 70~80 cmHg – 정상

> [NCS 학습모듈]
> • 0~7 cmHg : 저압 라인 누설 또는 흡입 펌프 손상
> • 8~19 cmHg : 정상
> • 20~60 cmHg : 연료 필터 또는 저압 라인 막힘

19 VGT 솔레노이드 밸브와 부스터 압력센서의 작동에 대한 설명으로 틀린 것은?

① 엔진 워밍업 후 아이들 시 부스터 압력센서 출력값은 약 5013±100 hPa이다.
② 부스트 압력값이 일정 이상 증가되면 VGT 솔레노이드 밸브의 작동 듀티값은 더 이상 감소하지 않고 일정하게 유지된다.
③ 가속 시 VGT 솔레노이드 밸브의 듀티는 감소한다.
④ 가속 시 부스터 압력센서 출력값은 증가한다.

> [NCS 학습모듈] 아이들 시 부스트 압력센서 출력값 : 약 1013±100 hPa
> ※ 116~117페이지 참조

20 과급장치 수리가능 여부를 확인하는 작업에서 과급장치를 교환해야 하는 경우는?

① 과급장치의 액추에이터 로드 세팅 마크 일치 여부
② 과급장치의 액추에이터 연결상태
③ 과급장치의 배기 매니폴드 사이의 개스킷 기밀 상태 불량
④ 과급장치의 센터 하우징과 컴프레서 하우징 사이의 O링(개스킷) 손상

> [NCS 학습모듈] ①~③는 과급장치 본체와 외부 부품과의 연결상태를 말하므로 수리가 가능하나 ④는 과급장치 본체를 교환해야 한다. 과급장치의 내부의 베어링은 엔진오일의 윤활이 필수적이므로 본체의 O링이 손상되면 누유의 위험이 크다.

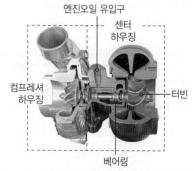

엔진오일 유입구
센터 하우징
컴프레셔 하우징
터빈
베어링

정답 14 ③　15 ③　16 ①　17 ③　18 ②　19 ①　20 ④

21 부동형 캘리퍼 디스크 브레이크에서 브레이크 패드에 작용하는 압력이 3000 N이고, 디스크와 패드 사이의 미끄럼 마찰계수는 0.6이다. 디스크의 유효반경에 작용하는 제동력(N)은?

① 3600   ② 5000
③ 1800   ④ 2500

캘리퍼형 브레이크는 디스크 양쪽으로 패드를 압착시켜 제동되므로 제동력은 '2×압력'이 된다.
2×3000 N×0.6 = 3600 N
문제에서 통상 마찰계수(물질마다 가지는 마찰 정도)가 주어지면 곱해준다.

22 조향기어의 방식 중 바퀴를 움직이면 조향핸들이 움직이는 것으로 각부의 마멸이 적고 복원성능은 좋으나 핸들을 놓치기 쉬운 것은?

① 반가역식   ② 가역식
③ 4/3 가역식   ④ 비가역식

• 가역식 : 바퀴를 움직이면 조향핸들이 움직이는 것으로 각부 마멸이 적고 복원성능은 좋으나 핸들을 놓치기 쉽다.
• 비가역식 : 바퀴를 움직여도 조향핸들이 움직이지 않는 것으로 바퀴의 충격이 핸들에 전달되지 않으나 복원성이 나쁘다.

23 스프링 정수가 6 kgf/mm인 코일스프링을 6 cm 압축하는 데 필요한 힘(kgf)은?

① 3.6   ② 36
③ 360   ④ 3600

$$스프링 \ 정수 = \frac{하중(힘)}{변형량} \rightarrow 6\,kgf/mm = \frac{하중(힘)}{60mm}$$
※ 하중(힘) = 360 kgf

24 주행 중 조향핸들이 한쪽으로 쏠리는 원인으로 틀린 것은?

① 한쪽 타이어의 마모
② 휠얼라이먼트 조정 불량
③ 동력조향장치 오일펌프 불량
④ 좌우 타이어 공기압 불균형

조향핸들이 한쪽으로 쏠리는 원인
1. 타이어 공기압이 불균일
2. 브레이크 드럼의 간극 불균일, 한쪽 브레이크 라이닝의 오염
4. 휠얼라이먼트 조정 불량
5. 조향너클이 휘어 있을 때
6. 현가스프링이 쇠약 또는 절손
7. 스테빌라이저가 절손

25 자동변속기에서 댐퍼클러치 솔레노이드 밸브를 작동시키기 위한 입력신호가 아닌 것은?

① 스로틀 포지션 센서
② 가속페달 스위치
③ 유온 센서
④ 모터 포지션 센서

스로틀 포지션 센서(TPS), 가속페달 스위치, 유온 센서, 펄스 제너레이터 B (변속기 출력축 회전속도), 점화신호(스로틀 밸브 열림량 보정, 엔진 회전속도 검출), 에어컨 스위치 등

26 전자제어 현가장치의 자세제어 중 안티 스쿼트 제어의 주요 입력신호는?

① 차고 센서, G 센서
② 브레이크 스위치, G 센서
③ 조향 휠 각도센서, 차속 센서
④ 스로틀 포지션 센서, 차속 센서

[15–2 기출] 안티 스쿼트 제어는 급출발·급가속시 노즈업 제어를 말하므로 TPS, 차속 센서가 주요 입력신호에 해당한다.

27 자동변속기 주행패턴 제어에서 스로틀밸브의 개도가 큰 주행상태에서 가속페달에서 발을 떼면 증속 변속선을 지나 고속기어로 변속되는 주행방식으로 옳은 것은?

① 리프트 풋 업(lift foot up)
② 오버 드라이브(over drive)
③ 킥 다운(kick down)
④ 킥 업(kick up)

• 킥 다운 : 적은 스로틀 개도의 일정한 차속으로 주행 중 스로틀 개도를 갑자기 증속시키면(85% 이상) 감속 변속선을 지나 감속되어 큰 구동력을 얻음
• 킥 업 : 킥다운시켜 큰 구동력을 얻은 후 스로틀 개도를 계속 유지할 때 트랜스퍼 구동기어의 회전수가 증가되면서 증속 변속 시점을 지나 증속 변속이 실시
• 리프트 풋 업 : 스로틀 밸브를 많이 열어 놓은 주행 상태에서 갑자기 스로틀 개도를 낮추면 증속 변속선을 지나 고속기어로 변속된다.

28 휠 스피드 센서 파형 점검 시 가장 유용한 장비는?

① 오실로스코프   ② 회전계
③ 전류계   ④ 멀티테스터기

파형 점검은 오실로스코프로 가능하다.

29 유체클러치의 스톨포인트에 대한 설명으로 틀린 것은?

① 스톨포인트에서 효율이 최대가 된다.

② 스톨포인트에서 토크비가 최대가 된다.

③ 펌프는 회전하나 터빈이 회전하지 않는 상태이다.

④ 속도비가 "0"일 때를 말한다.

[19-3 기출] 속도비 = 1 부근에서 전달효율이 최대이다. (약 98%)

30 속도비가 0.4이고 토크비가 2인 토크컨버터에서 펌프가 4000rpm으로 회전할 때, 토크컨버터의 효율(%)은 약 얼마인가?

① 20
② 40
③ 60
④ 80

[기출] 토크컨버터의 전달효율(%) = 속도비×토크비×100%
= 0.4×2×100 = 80%

31 텔레스코핑형 쇽업쇼버의 작동상태에 대한 설명으로 틀린 것은?

① 피스톤에는 오일이 지나가는 작은 구멍이 있고, 이 구멍을 개폐하는 밸브가 설치되어 있다.

② 단동식은 스프링이 압축될 때에는 저항이 걸려 차체에 충격을 주지 않아 평탄하지 못한 도로에서 유리한 점이 있다.

③ 실린더에는 오일이 들어있다.

④ 복동식은 스프링이 늘어날 때나 압축될 때 모두 저항이 발생되는 형식이다.

텔레스코핑형 쇽업쇼버의 단동식은 늘어날 때 통과하는 오일 저항으로 진동을 흡수하고, 압축될 때는 저항이 걸리지 않으므로 차체에 충격을 주지 않아 평탄하지 못한 도로에서 유리한 점이 있다.

32 타이어의 유효반경이 36cm이고 타이어가 500rpm의 속도로 회전할 때 차량 속도(m/s)는 약 얼마인가?

① 10.85
② 28.85
③ 18.85
④ 38.85

이해 차량 속도는 타이어가 얼마만큼 회전했냐를 말한다. 즉, 타이어 둘레 길이의 회전수를 의미한다.

V = 타이어 둘레×타이어 회전수 = $\pi D \times \dfrac{N}{60}$ · D : 바퀴의 직경 [m]
· N : 회전수 [rpm]

※ 60 : 분당회전수를 초당회전수로 변환하기 위해
※ 타이어 원둘레 = π×타이어 직경

$V = 3.14 \times (0.36 \times 2)$ [m] $\times \dfrac{500}{60}$ [/s] ≒ 18.84 [m/s]

33 VDC(Vehicle Dynamic Control)의 부가기능이 아닌 것은?

① 급제동 경보 기능

② 경사로 저속주행 기능

③ 경사로 밀림방지 기능

④ 급가속 제어 기능

주요기능 : ABS, EBD, TCS
부가기능 : DBC, HAC, BAS, ESS
• DBC (Downhill Brake Control, 경사로 저속주행 기능) : 급경사 내리막에서 브레이크 페달 작동 없이 자동으로 일정 속도(약 10km/h) 이하로 감속시켜 운전자가 조향 핸들 조작에 집중 할 수 있도록 도움
• HAC (Hill start Assist Control, 경사로 밀림방지 기능) : 경사가 심한 언덕에서 정차 후 출발할 때 차량이 뒤로 밀리는 것을 방지하기 위해 자동으로 브레이크를 작동시키는 시스템
• BAS (Brake Assist System, 제동력 보조) : 운전자가 급 브레이크를 밟은 상황에서 운전자의 제동에 추가적인 압력을 인가하여 제동거리를 단축시키고 차량의 안정성을 향상
• ESS (Emergency Stop Signal, 급제동 경보) : 주행 중 급제동 또는 ABS 작동시 제동램프가 빠르게 점멸되어 후방차량에게 위험 상황을 경고

34 파워 조향핸들 펌프 조립과 수리에 대한 내용이 아닌 것은?

① 스냅링과 내측 및 외측 O링을 장착한다.

② 호스의 도장면이 오일펌프를 향하도록 조정한다.

③ 오일펌프 브래킷에 오일펌프를 장착한다.

④ 흡입호스를 규정토크로 장착한다.

[NCS 학습모듈] ①은 조향기어 샤프트의 장착·수리에 대한 내용이다. 스냅링은 조향기어 샤프트 및 조향기어 박스 장착 시 필요하다.

35 텔레스코핑형 쇽업소버에 대한 설명으로 틀린 것은?

① 짧고 굵은 형태의 실린더가 주로 쓰인다.

② 내부에 실린더와 피스톤이 있다.

③ 진동을 흡수하며 승차감을 향상시킨다.

④ 단동식과 복동식이 있다.

텔레스코핑형 쇽업소버는 가늘고 긴 실린더의 조합으로 되어 있다.

36 전자제어 현가장치의 하이트 센서 이상 시 점검 및 조치해야 하는 내용으로 틀린 것은?

① 하이트 센서 계통에서 단선 혹은 단락을 확인한다.

② 센서 전원의 회로를 점검한다.

③ 계기판 스피드미터 이동을 확인한다.

④ ECS-ECU 하니스를 점검하고 이상이 있을 경우 수정한다.

[NCS 학습모듈] – 유압식전자제어현가장치정비 32P
③은 차속센서 이상 시 확인할 사항이다.

정답 29 ① 30 ④ 31 ② 32 ③ 33 ④ 34 ① 35 ① 36 ③

37 전자제어현가장치(ECS) 기능 중 엑스트라 하이(EX-HI) 선택 시 작동하지 않는 장치는?

① 컴프레셔
② 앞 공급 밸브
③ 뒷 공급 밸브
④ 감쇠력 조절 스텝모터

ECS 기능에는 감쇠력 제어, 자세 제어, 차고제어가 있으며, 문제에서 엑스트라 하이(EX-HI)가 언급되었으므로 차고 제어임을 알 수 있다.
※ 감쇠력 제어 : Soft, Medium, Hard
※ 차고 제어 : Low, Normal, High, Extra-High
※ 감쇠력 조절 스텝모터 : 속업소버 내부 오일 회로의 유로를 조정하여 감쇠력을 조정하는 역할을 한다.

38 자동변속장치의 조정레버가 전진 또는 후진 위치에 있는 경우에도 원동기를 시동할 수 있는 자동차 종류로 틀린 것은? (단, 자동차 및 자동차부품의 성능과 기준에 관한 규칙에 의한다)

① 주행하다가 정지하면 원동기의 시동을 자동으로 제어하는 장치를 갖춘 자동차
② 하이브리드 자동차
③ 원동기의 구동이 모두 정지될 경우 변속기가 수동으로 주차 위치로 변환되는 구조를 갖춘 자동차
④ 전기자동차

조종레버가 전진 또는 후진위치에 있는 경우 원동기가 시동되지 아니할 것. 다만, 다음 각 목의 어느 하나에 해당하는 자동차의 경우에는 그러하지 아니하다.
• 하이브리드자동차
• 전기자동차
• 원동기의 구동이 모두 정지될 경우 변속기가 자동으로 중립위치로 변환되는 구조를 갖춘 자동차
• 주행하다가 정지하면 원동기의 시동을 자동으로 제어하는 장치를 갖춘 자동차

39 전자제어 현가장치 관련 자기진단기 초기값 설정에서 제원입력 및 차종분류선택에 대한 설명으로 틀린 것은?

① 자기진단기 본체와 케이블을 연결한다.
② 차량 제조사를 선택한다.
③ 해당 세부 모델을 종류에서 선택한다.
④ 정식 지정 명칭으로 차종을 선택한다.

①은 선행작업에 해당하고, '제원입력 및 차종분류선택'은 자기진단기 초기 설정 시 필요한 작업이다.

40 독립식 현가장치의 장점으로 틀린 것은?

① 좌우륜의 연결하는 축이 없기 때문에 엔진과 트랜스미션의 설치 위치를 낮게 할 수 있다.
② 스프링 아래 하중이 커 승차감이 좋아진다.
③ 단차가 있는 도로조건에서도 차체의 움직임을 최소화함으로서 타이어의 접지력이 좋다.
④ 휠 얼라이먼트 변화에 자유도를 가할 수 있는 조종 안정성이 우수하다.

• 스프링 아래 하중이 작아 승차감이 좋다.
• 바퀴의 시미현상이 생겨도 로드홀딩(road holding)이 좋다.
• 유연하고 작은 스프링을 사용하고 좌우 바퀴가 별개로 작동되어 승차감이 좋다.
• 구조가 복잡하고 관절 부분이 많으므로 바퀴의 정렬이 틀려지기 쉽다.
• 바퀴의 상하 운동 때 윤거와 정렬 상태가 변화하므로 타이어 마멸이 빠르다.

03 자동차 전기·전자

41 축전지가 방전될 때 양극판은 어떻게 변하는가?

① 황산납 ($PbSP_4$)
② 과산화납 (PbO_2)
③ 묽은황산 ($2H_2SO_4$)
④ 납 (Pb)

[완전 충전시]　　　　　[완전 방전시]
⊕극판　전해액　⊖극판　　⊕극판　전해액　⊖극판
$PbO_2 + 2H_2SO_4 + Pb \rightleftharpoons PbSO_4 + 2H_2O + PbSO_4$
과산화납　묽은 황산　해면상납　　황산납　물　황산납
(산소 발생)　　　(수소 발생)

42 공기정화용 에어필터 관련 내용으로 틀린 것은?

① 필터가 막히면 블로워 모터의 소음이 감소된다.
② 공기 중의 이물질만 제거 가능한 형식이 있다.
③ 공기 중의 이물질과 냄새를 함께 제어하는 형식이 있다.
④ 필터가 막히면 블로워 모터의 송풍량이 감소된다.

[17-3 기출] 필터가 막히면 공기저항으로 인해 소음이 커진다.

정답 37 ④　38 ③　39 ①　40 ②　41 ①　42 ①

43 배터리 용량 시험 시 주의사항으로 가장 거리가 먼 것은?

① 시험은 약 10~15초 이내에 하도록 한다.
② 부하전류는 축전지 용량의 5배 이상으로 조정하지 않는다.
③ 전해액이 옷이나 피부에 묻지 않도록 한다.
④ 기름 묻은 손으로 테스터 조작은 피한다.

[16-3, 20-1 기출] **배터리 상태 판정 – 부하를 걸어 전압을 측정하여 판정**
• 셀 경부하시험 : 전조등을 점등한 상태에서 측정한다. 이때 셀당 전압이 1.95V 이상이고 각 셀의 전압 차이는 0.05V 이내이어야 한다.
• 중부하시험 : 배터리 용량 테스터를 사용하여 측정한다. 이때 배터리 용량의 3배의 전류로 15초 동안 방전한 후 12V 배터리의 경우 9.6V 이상이면 정상이다.

44 CAN 버스의 특징에 대한 설명으로 틀린 것은?

① 노드의 트랜시버에 의해 우성 수준이 형성되면 CAN-High, CAN-low 배선전압이 서로 반대방향으로 형성된다.
② CAN은 꼬여있는 트위스트 배선이나 차폐배선을 사용한다.
③ 저속 CAN 등급 B는 단일배선 적응 능력이 있어 하나의 배선이 단선되어도 통신이 가능하다.
④ 고속 CAN 등급 C는 단일배선 적응능력이 있어 하나의 배선이 단선되어도 통신이 가능하다.

CAN 데이터 버스 시스템은 등급 B(저속)와 등급 C(고속)로 구별되며, 최대 데이터 전송률은 등급 B에서 125 kbps, 등급 C에서 1 Mbps이다.
또한, CAN 데이터 버스 시스템은 2개의 배선을 이용하여 데이터를 전송하는데 CAN 등급 B는 단일배선 적응능력이 있으나, CAN 등급 C는 단일배선 적응능력이 없다.
※ 단일 배선 적응능력(suitability against single line) : CAN 데이터 버스 시스템에서 배선 하나가 단선 또는 단락 되어도 나머지 1개의 배선이 통신능력을 유지하는 것을 말한다.

45 CAN 버스의 특징에 대한 설명으로 틀린 것은?

① 외부 전파방해가 발생하면 기준 전압이 변해 CAN HIGH와 LOW 파형의 전압 차도 함께 변경된다.
② 2선이 모두 끊어지면 통신은 전혀 안되고, CAN BUS OFF라는 DTC가 출력된다.
③ HS CAN(500 kbit/s) 회로 BUS에 전파되는 신호가 양 끝단에서 반사되는 신호를 감소시킨다.
④ HS CAN(500 kbit/s) 통신 회로의 종단저항의 합은 60 Ω이다.

외부 전파방해가 발생하면 기준 전압이 변해도 CAN HIGH와 LOW 파형의 전압 차는 변하지 않는다. (CAN HIGH, LOW 모두 영향을 받기 때문)

	저속 CAN(M-CAN)	고속 CAN
2선 중 하나만 끊어지면	통신 가능	통신 불가능
2선 모두 끊어지면	통신 불가능	통신 불가능

46 발전기의 스테이터 및 로터 코일 점검에 대한 설명으로 틀린 것은?

① 스테이터 코일과 코일 사이가 통전 시 스테이터는 양호하다.
② 슬립링과 로터 철심 사이가 통전되면 로터 어셈블리를 교환한다.
③ 로터 코일와 슬립링 사이의 저항값이 너무 낮으면 회로가 단락상태이다.
④ 스테이터 코일과 스테이터 철심 사이의 통전여부를 점검하여 통전되면 스테이터는 양호하다.

스테이터 코일과 철심 사이가 통전되면 코일의 절연체(에나멜 코팅)가 파괴된 것으로 불량이다.

47 레이더 보정이 불량한 경우 발생할 수 있는 현상이 아닌 것은?

① 선행차량 감지 및 미감지를 반복하여 가감속이 일정하지 않다.
② 선행차량을 감지하지 못해 감속되지 않는다.
③ 선행차량이 없는데 셋팅된 속도로 가속된다.
④ 선행차량을 늦게 감지하여 감속이 늦어진다.

선행차량이 없을 때 설정 속도로 가속되면 정상이다.

48 전방 카메라(multi function camera) 보정 방법으로 틀린 것은?

① 카메라 시야에 방해가 없도록 윈드 쉴드 청소상태를 점검한다.
② 차량은 트렁크 짐, 실내 탑승객 등 최대 적재상태로 한다.
③ 진단 장비 커넥터를 연결하고 IGN ON 상태로 한다.
④ 보정 수행이나 작동에 영향을 줄 수 있는 DTC가 있는 지 확인한다.

카메라의 정확한 보정을 위해 얼라인먼트와 타이어 공기압을 점검하고 차량은 공차 상태를 유지한다.

49 완전 충전 상태인 100 Ah 배터리를 20 A의 전류로 얼마동안 사용할 수 있는가?

① 50분　　　　　② 100분
③ 150분　　　　　④ 300분

$100Ah = 20A × 시간$ → $시간 = 5 h = 5×60 = 300 min$

50 회로의 임의의 접속점에서 "유입하는 전류의 합과 유출하는 전류의 합은 같다"고 정의하는 법칙은?

① 키르히호프의 제1법칙

② 키르히호프의 제2법칙

③ 분배법칙

④ 쿨롱의 법칙

- 키르히호프의 제1법칙 : 부하의 접속점에서 유입하는 전류의 합과 유출하는 전류의 합은 같다.
- 키르히호프의 제2법칙 : 임의의 폐회로에서 기전력의 대수합은 전압강하의 대수합과 같다.

51 CAN의 데이터링크 및 물리 하위계층에서 OSI 참조 계층이 아닌 것은? (KS R ISO 11898-1에 의한다)

① 표현   ② 물리

③ 신호   ④ 응용

OSI 참조 7계층
아래로부터 물리 계층 → 데이터링크 계층 →
네트워크 계층 → 전송 계층 → 세션 계층 →
표현 계층 → 응용 계층

※ 자세한 내용은 옆 QR코드 참조

52 네트워크 통신장치의 점검진단 중 고객차량상태에 대한 문진 내용과 관련없는 것은?

① 고객의 차량은 고객이 가장 잘 인지하므로 차량 정보를 최대한 청취한다.

② 네트워크 통신장치의 진단기를 이용하여 진단한다.

③ 고객차량의 운행상황에 따른 이상유무를 확인한다.

④ 고객의 운행습관, 운행지역, 운행환경에 대한 정보를 수집한다.

진단기를 이용한 진단은 문진 이후에 진행한다.

53 전방차로를 인식하여 차량이 차선과 얼마만큼의 간격을 유지하고 있는지를 판단하며, 운전자가 의도하지 않은 차로 이탈 발생 시 경고하는 시스템은?

① 후측방 충돌 경고 (BSW: Blind–Spot collision Warning)

② 스마트크루즈 컨트롤 (SCC: Smart Cruise Control)

③ 전방충돌 경고 (FCW: Forward Collision Warning)

④ 차로이탈 경고 (LDW: Lane Departure Warning)

54 점화코일의 시정수에 대한 설명으로 옳은 것은?

① 인덕턴스를 작게 하려면 권선비를 크게 해야 한다.

② 시정수는 1차 전류값이 최대값 88.3%에 도달할 때까지의 시간이다.

③ 시정수는 1차코일의 인덕턴스를 1차코일의 권선저항으로 나눈 값이다.

④ 시정수가 작은 점화코일은 1차 전류의 확립이 빠르고 저속 성능이 양호하다.

[15–3 기출]
① 인덕턴스는 코일 내 전류의 흐름을 방해하는 요소로 권수비에 비례한다.
② 시정수 : 최대값의 63.2%까지 도달하는데 소요되는 시간
④ 시정수 값이 작을수록 1차전류의 증가속도가 빠르게 하여 고속성능을 양호하게 한다.

이해 고속일수록 드웰타임이 짧아져 1차전류가 감소하여 2차코일에 발생하는 전압이 낮아진다. → 그러기 위해 1차코일의 전기저항과 철심의 자기저항을 감소시키거나 1차코일의 권수를 적게 해야 한다. → 권수를 적게 하면 1차 코일의 인덕턴스가 감소함 → 즉, 시정수 값은 ③과 같으므로 시정수가 작아짐

55 자동차 전자제어모듈 통신방식 중 고속 CAN통신에 대한 설명으로 틀린 것은?

① 진단장비로 통신라인의 상태를 점검할 수 있다.

② 차량용 통신으로 적합하나 배선수가 현저하게 많아진다.

③ 제어모듈 간의 정보를 데이터 형태로 전송할 수 있다.

④ 종단 저항값으로 통신라인의 이상 유무를 판단할 수 있다.

[17–1 기출] 배선수가 적어진다.

56 발전기의 'L' 단자를 입력신호로 사용하는 목적은?

① 계기판의 충전경고등을 점등하기 위해

② 발전기의 조정전압을 제어하기 위한 신호를 출력하기 위해

③ 발전기의 발전 상태를 모니터링하기 위해

④ 로터의 전류를 제어하기 위해

- L 단자 : 충전 불가 시 계기판의 충전경고등을 점등
- B+ 단자 : 자동차 주전원 및 축전지 충전
- C 단자 : 발전기 전압을 제어하기 위해 신호를 출력
- FR 단자 : 필드 코일의 구동상태를 PWM 신호로 출력하여 발전기 상태를 모니터링

정답 ▶ 50 ①   51 ③   52 ②   53 ④   54 ③   55 ②   56 ①

57 주행안전장치의 통신 입력신호로 틀린 것은?

① 카메라 – 전방영상 신호

② 전방 레이다 – 전방 물체와의 거리 신호

③ 전동조향장치 – 차속 신호

④ 차체자세 제어장치 – 브레이크 작동 신호

> 브레이크 작동 신호는 VDC(차체자세 제어장치)의 출력신호에 해당한다.

58 전방충돌방지 보조장치(FCA)의 전방카메라 모듈 인식 한계 상황에 해당되지 않는 것은?

① 시스템 이상으로 해제

② 역광, 반사광으로 카메라 인식 불가 시

③ 화각 이외에서 갑자기 끼어드는 차량 및 보행자

④ 눈, 비, 안개 등의 기상 조건

> 시스템 이상으로 해제되면 카메라 모듈이 작동하지 않는다.
> ③~④는 인식 불능 또는 인식 지연 상태가 될 수 있다.

59 사이드슬립시험기로 미끄럼량을 측정한 결과 왼쪽바퀴가 in-9, 오른쪽 바퀴가 out-3를 표시했을 때 슬립량은?

① 안쪽으로 3mm

② 안쪽으로 6mm

③ 바깥쪽으로 3mm

④ 바깥쪽으로 6mm

> 사이드 슬립 = (9–3) / 2 = 3mm
> ※ 미끄럼 방향은 가장 큰 값을 기준으로 하므로 'in(안쪽)'이다.
> 참고) 규정값 : 5mm

60 경음기 소음 측정 시 암소음 보정을 하지 않아도 되는 경우는?

① 경음기 소음 : 84 dB, 암소음 : 75 dB

② 경음기 소음 : 90 dB, 암소음 : 85 dB

③ 경음기 소음 : 100 dB, 암소음 : 92 dB

④ 경음기 소음 : 100 dB, 암소음 : 85 dB

> 암소음 보정값은 '경음기 소음 – 암소음'가 '3일 때 3', '4~5일 때 2', '6~9일 때 1'이다.
> ※ 10dB 이상일 때는 암소음의 영향이 없는 것으로 간주하여 보정하지 않는다.
> 즉, ④의 암소음 보정값은 15dB이며, 10dB보다 높으므로 보정하지 않아도 된다.

---

04 친환경 자동차

※ 문제가 중복되어 생략합니다.

※ 그 외 에듀웨이 카페의 자료실에 응용문제가 수록되어 있으니 시간이 허락하면 한번쯤 눈으로 익히시기 바랍니다.
(인증 절차 필요-카페 참조)

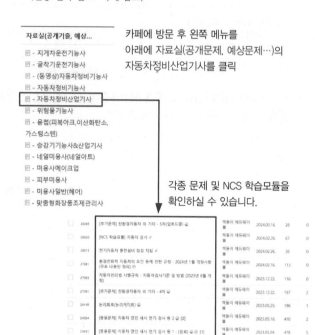

> 카페에 방문 후 왼쪽 메뉴를 아래에 자료실(공개문제, 예상문제…)의 자동차정비산업기사를 클릭

> 각종 문제 및 NCS 학습모듈을 확인하실 수 있습니다.

수험교육의 최정상의 길 - 에듀웨이 EDUWAY

(주)에듀웨이는 자격시험 전문출판사입니다.
에듀웨이는 독자 여러분의 자격시험 취득을 위한 교재 발간을 위해 노력하고 있습니다.

2025 기분파
자동차정비산업기사 필기

2025년 05월 01일 6판 3쇄 인쇄
2025년 05월 10일 6판 3쇄 발행

지은이 | 에듀웨이 R&D 연구소(자동차부문)
펴낸이 | 송우혁

펴낸곳 | (주)에듀웨이
주 소 | 경기도 부천시 소향로13번길 28-14, 8층 808호(상동, 맘모스타워)
대표전화 | 032) 329-8703
팩 스 | 032) 329-8704
등 록 | 제387-2013-000026호
홈페이지 | www.eduway.net

기획.진행 | 신상훈
북디자인 | 디자인동감
교정교열 | BTB P&D 연구소
인 쇄 | 미래피앤피

Copyright©에듀웨이 R&D 연구소. 2025. Printed in Seoul, Korea

책값은 뒤표지에 있습니다.

ISBN 979-11-94328-00-1

이 도서의 국립중앙도서관 출판시도서목록(CIP)은 서지정보유통지원시스템 홈페이지
(http://seoji.nl.go.kr)와 국가자료공동목록시스템(http://www.nl.go.kr/kolisnet)에서 이
용하실 수 있습니다.

Industrial Engineer Motor Vehicles Maintenance